Ostsee
Landkreis
Rügen
Stkr.
Stralsund
(Altkreis
Grimmen)
Stkr.
Greifswald
(Altkreis
Wolgast)
(Altkreis
Greifswald)
Landkreis
Ostvorpommern
Landkreis
Demmin
(Altkreis
Anklam)
Polen

Die Bau- und Kunstdenkmale in Mecklenburg-Vorpommern

# Die Bau- und Kunstdenkmale in Mecklenburg-Vorpommern

Herausgegeben vom Landesamt für

Denkmalpflege Mecklenburg-Vorpommern

im Henschel Verlag Berlin 1995

# Vorpommersche Küstenregion

**Mit Stralsund, Greifswald, Rügen und Usedom**

---

Bearbeitet von der Abteilung Forschung und Dokumentation durch

Gerd Baier, Horst Ende, Beatrix Dräger, Dirk Handorf und Brigitte Oltmanns

Mit Aufnahmen von Thomas Helms und Achim Bötefür

HENSCHEL VERLAG

*Abbildungen auf dem Schutzumschlag*
*Vorderseite:*
Stralsund, Marienkirche, Ansicht von Südosten;
Ralswiek, neues Gutshaus (Schloß);
Jarmshagen, Kapelle, Ansicht von Südwesten
Ahlbeck, Seebrücke.
*Rückseite:*
Heringsdorf, Hotel Camarra, Seestraße 2;
Nehringen, Klappbrücke über die Trebel;
Schaprode, Wohnhaus Dorfstraße 22;
Peenemünde, ehem. Heeresversuchsanstalt, Kraftwerk.

*Vordere Umschlagklappe:*
Heiliger Leichnam, Stralsund, St.-Nikolaikirche, Hagemeister-kapelle.
*Hintere Umschlagklappe:*
Greifswald, St.-Nikolaikirche, Turm von Nordwesten mit St.-Spiritus-Hospital.

Die Deutsche Bibliothek – CIP-Einheitsaufnahme
Die **Bau- und Kunstdenkmale in Mecklenburg-Vorpommern**/hrsg. vom Landesamt für Denkmalpflege Mecklenburg-Vorpommern. – Berlin: Henschel.
NE: Mecklenburg-Vorpommern/Landesamt für Denkmalpflege

Vorpommersche Küstenregion: mit Stralsund, Greifswald, Rügen und Usedom/bearb. von der Abteilung Forschung und Dokumentation durch Gerd Baier … Mit Aufnahmen von Thomas Helms und Achim Bötefür. – 1. Aufl. – 1995
ISBN 3-89487-222-5
NE: Baier, Gerd [Bearb.]

ISBN 3-89487-222-5


1. Auflage 1995
Lektorin: Mechthild Frick
Gestaltung und Satz: Ingeburg Zoschke
Schutzumschlag und Einband:
Günter Hennersdorf/Ingeburg Zoschke
Reproduktion: LiSa Lithographie und Satz GmbH
Printed in Germany
Druck und Binden: Interdruck Leipzig GmbH

# Inhaltsverzeichnis

# Vorwort

Mit dem vorliegenden Band wird die Reihe der »Bau- und Kunstdenkmale in Mecklenburg-Vorpommern« mit der Darstellung der vorpommerschen Küstenregion fortgesetzt. In diesem Bereich konzentriert sich in den Hansestädten Stralsund und Greifswald sowie in den Landkreisen Nordvorpommern, Ostvorpommern und Rügen ein Bestand von etwa 5000, zum Teil sehr hochrangigen Denkmalen.

Bei der zum 1. Juli 1994 in Mecklenburg-Vorpommern wirksam gewordenen Gebietsreform sind die bisherigen Landkreise aufgelöst und zu neuen, größeren Territorien zusammengefaßt worden; für die Stadtkreise und den Kreis Rügen ergaben sich keine Veränderungen, während im neuen Kreis Nordvorpommern die bisherigen Altkreise Ribnitz-Damgarten, Stralsund-Land und Grimmen mit der neuen Kreisstadt Grimmen, im Kreis Ostvorpommern die Altkreise Anklam, Greifswald-Land und Wolgast mit der Kreisstadt Anklam zusammengeführt wurden. Es stand außer Zweifel, daß der vorliegende Band, obwohl in der Erfassung und in der textlichen Darstellung auf die bisherigen Altkreise angelegt, dieser veränderten Situation Rechnung tragen muß. So werden die Denkmale in den neuen kreislichen Territorien vorgestellt. Da vom Territorium der nunmehrigen Landkreise Nord- und Ostvorpommern bereits die ehemaligen Kreise Ribnitz-Damgarten und Anklam in den 1990 bzw. 1984 erschienenen Bänden »Mecklenburgische Küstenregion« bzw. »Bezirk Neubrandenburg« vorgestellt wurden, war zu entscheiden, ob sie im vorliegenden Band noch einmal Berücksichtigung finden sollten. Die Bearbeiter entschieden sich für den Wegfall der Passagen, um den ohnehin bereits sehr umfänglichen Band nicht weiter zu vergrößern. In der Vorsatzkarte, in die die alten Kreisgrenzen als Orientierungshilfen eingefügt wurden, ist das unberücksichtigt gebliebene Gebiet unschwer zu erkennen. Die Land- und Stadtkreise sind wie bisher von West nach Ost geordnet, den Schluß bildet die Insel Rügen. Eine Übersichtskarte am Anfang der Texte zu den Landkreisen verzeichnet alle im Text abgehandelten Orte, ergänzt durch ein topografisches Grundgerüst aus Straßen und Gewässern. Den Texten zu den Stadtkreisen Stralsund und Greifswald sind Orientierungskarten der Innenstädte vorangestellt, die einzelne Hauptstraßen benennen und in den Legenden die wichtigsten Denkmale ausweisen.

Innerhalb der Landkreise sind die Gemeinden ohne Rücksicht auf etwaige Zugehörigkeiten zu Ämtern oder anderen Verbindungen alphabetisch geordnet worden; die Grundlage dafür war das Gemeindeverzeichnis für Mecklenburg-Vorpommern aus dem Jahre 1992 mit den aktuellen Nachträgen bis 1994, herausgegeben vom Statistischen Landesamt Mecklenburg-Vorpommern. Das Ortsregister auf den S. 634–635 verzeichnet alle Orte in alphabetischer Reihenfolge mit den zugehörigen Seitenangaben, so daß ein schnelles Auffinden der Beschreibungen auch ohne Kenntnis der Kreiszugehörigkeit möglich ist.

Die Reihenfolge der Bescheibungen folgt im wesentlichen dem bisher praktizierten Modell. Bei den Dörfern

wird dort, wo eine Kirche vorhanden ist, diese als das in der Regel bedeutendste und aussagekräftigste Denkmal dem übrigen Text vorangestellt. Es folgen Schlösser und Gutshäuser mit den ihnen zugeordneten Baulichkeiten und Parkanlagen, danach weitere Gebäude und Anlagen in der alphabetischen Reihenfolge der Straßenbezeichnungen. Leider war es mitunter unmöglich, die genaue Anschrift zu ermitteln.
Den Darstellungen der Städte sind in der Regel kurze Abrisse zur Stadtgeschichte und zum Stadtgrundriß vorangestellt; ihnen folgen – soweit vorhanden – ehem. Stadtbefestigung, die Sakralbauten, wobei hier die Reihenfolge von ihrer Bedeutung abhängig ist, und danach das Rathaus. Es schließen sich, wieder in alphabetischer Reihung und der Numerierung folgend, die Denkmale der einzelnen Straßenzüge an. Soweit sich bei den Städten ausgesprochene Innen- und Vorstadtbereiche unterscheiden lassen, werden diese gesondert dargestellt, um so der historischen Entwicklung Rechnung zu tragen und die Übersichtlichkeit zu erhöhen. Diese Ordnung wird auch bei den beiden großen Hansestädten Stralsund und Greifswald beibehalten; der leichteren Auffindbarkeit halber wurde bei ihnen auf eine territoriale, historisch oder topographisch bedingte Aufgliederung der Innenstadtbereiche verzichtet.
Bei den Einzeldarstellungen wird vom Gesamtbau ausgegangen, nach der Beschreibung des Äußeren folgt das Innere, danach die Ausstattung. Hier wurde die bereits in den vorangegangenen Bänden bewährte Abfolge beibehalten, die bei den Kirchen mit Prinzipalstücken wie Altar, Kanzel, Taufe, Orgel beginnt und sich mit Einzelkunstwerken wie Plastiken und Gemälden sowie Logeneinbauten, Gestühlen, Emporen, Kirchengeräten, Glocken, Epitaphien und Grabdenkmälern fortsetzt. Für die St.-Nikolai-Kirche in Stralsund mit ihrer besonders reichen Ausstattung machte sich eine weitere Aufgliederung notwendig. Angefügt sind die Friedhöfe mit ihren Grabdenkmälern und, falls vorhanden, dort stehende Glockenstühle mit den Glocken. Weil es sich bei den meisten der beschriebenen Sakralbauten um evangelische Kirchen handelt, wurde bei ihnen auf die Angabe der Konfessionszugehörigkeit verzichtet, bei anderen wird sie ausdrücklich vermerkt; gleiches gilt für die Pfarrhäuser.
Bei den Bauten und Anlagen, bei denen die ursprüngliche Zweckbestimmung mit der gegenwärtigen identisch ist, wird dies nicht besonders erwähnt. Dagegen erschien es wichtig, bei inzwischen erfolgter Nutzungsänderung auf die ursprüngliche Zweckbestimmung hinzuweisen, weil sich daraus durchaus Anhaltspunkte auf besondere bauliche oder gestalterische Lösungen ergeben können, die für das Verständnis solcher Objekte wichtig sein können. In diesen Fällen wird die ursprüngliche Nutzung der eigentlichen Beschreibung vorangestellt.
Angaben zu den Baustoffen der Gebäude werden ebenso gemacht wie zu den Materialien der Ausstattungsstücke. Lediglich auf Angaben zu immer wiederkehrenden und typischen Materialien wie Holz bei Plastiken und Schnitzwerken, Bronze bei Glocken und vergoldetes Silber bei Kelchen und Patenen wurde verzichtet.
Für die Zeitangaben werden Abkürzungen verwendet. Es stehen für Jahrhundert: Jh., Hälfte: H., Dittel: D., Mitte: M., Viertel: V., Anfang: A. und Ende: E.
Die Erarbeitung der Texte hat sich aus verschiedenen Gründen über einen sehr langen Zeitraum hingezogen. Die für 1992 geplante Herausgabe wurde durch die politischen Veränderungen der Jahre 1989/90, die unter anderem auch die Wiedererrichtung des Landesamtes für Denkmalpflege und eine teilweise Veränderung des Mitarbeiterkreises zur Folge hatten und am 30. November 1993 mit der Verabschiedung des Denkmalschutzgesetzes für Mecklenburg-Vorpommern auch neue fachliche Inhalte mit sich brachten, unmöglich. Besonders nachhaltig wirkte sich die beträchtliche Erweiterung der Denkmallisten aus, in die besonders zahlreich Anlagen und Bauten aus dem 19. und der ersten Hälfte des 20. Jahrhunderts aufgenommen wurden. Es machte sich erforderlich, die 1980/84 unter völlig anderen Bedingungen im Auftrag der damaligen Arbeitsstelle Schwerin des Instituts für Denkmalpflege durch Frau Brigitte Oltmanns erfaßten Objekte und die in den Jahren 1985/90 von Hauptkonservator Dr. Gerd Baier und Oberkonservator Horst Ende bereits einmal übergangenen Texte

sämtlich neu zu bearbeiten und in diesem Zusammenhang auch den größten Teil der neuerfaßten Denkmale durch die abermalige Bereisung der jeweiligen Erfassungsgebiete in Augenschein zu nehmen. Dafür waren die inzwischen von einem beim Landesamt für Denkmalpflege bzw. dem Amt für Denkmalpflege der Hansestadt Stralsund angesiedelten Erfasserteam aus freiberuflichen Kunsthistorikern erstellten Denkmalkarteien der Altkreise mit ihrem Text- und vor allem Bildmaterial eine willkommene und letztlich entscheidende Hilfe. Die Erfasser waren im einzelnen: Martha-Maria Schaaf (Landkreis Stralsund), Dr. Lars Bäcker, Thomas Brockow, Sabine Kahle und Friederike Thomas (Stadtkreis Stralsund), Beatrix Dräger und Karin Wörner (Stadtkreis Greifswald), Jörg Kirchner und Tjard Ross (Landkreis Greifswald), Dr. Hans-Christian Feldmann und Tjard Ross (Landkreise Rügen und Wolgast). Die Schlußbearbeitung der einzelnen Altkreise durch die Mitarbeiter des Landesamtes verteilte sich wie folgt: Dr. Gerd Baier (Landkreis Rügen), Beatrix Dräger (Stadtkreis und Landkreis Greifswald, Landkreis Grimmen), Horst Ende (Stadtkreis und Landkreis Stralsund), Dirk Handorf (Landkreis Wolgast). Da im ehemaligen Landkreis Grimmen bis zum Beginn der Textbearbeitung keine Erfassung stattgefunden hatte, übernahm Frau Dräger zugleich auch diese Aufgabe.

Die lange Bearbeitungsdauer wirkte sich auch nachhaltig auf die Gestaltung des Abbildungsteiles aus. Zunächst hatte von 1983-1986 Thomas Helms als damaliger Fotograf der Arbeitsstelle Schwerin des Instituts für Denkmalpflege einen erheblichen Teil der seinerzeit im Text abgehandelten Objekte fotografiert. Für die wegen der erweiterten Denkmallisten und aus Aktualisierungsgründen notwendigen Neuaufnahmen zeichnet der jetzige Amtsfotograf Achim Bötefür verantwortlich. Mancherlei Umstände machten es leider unmöglich, Abbildungen im gewünschten Umfang anzufertigen und im vorliegenden Band unterzubringen. Vor allem der in seinem Umfang erst während der Bearbeitung zu erkennende große Denkmalbestand machte es erforderlich, die Zahl der Abbildungen zu beschränken, um Platz für den Text zu gewinnen; daß dies zu Lasten der aus den Abbildungen zu erlangenden Informationen geht, ist den Herausgebern nur zu bewußt. Stellenweise, insbesondere bei der Stadt Stralsund, konnte auf die älteren Aufnahmen aus den Jahren 1983/86 auch deshalb nicht verzichtet werden, weil neue Bilder entweder wegen laufender Baumaßnahmen nicht angefertigt werden konnten oder der derzeitige Zustand der Gebäude wichtige Informationen nicht zu erkennen gibt. Die für den dargestellten Bereich sehr bedeutsame Bäderarchitektur auf Rügen und Usedom, die auf den alten Denkmallisten nur mit Einzelbeispielen vertreten war, konnte mit mehreren Aufnahmen kurz vor Redaktionsschluß noch berücksichtigt werden. Einige wenige ältere Aufnahmen wurden dem Archiv des Landesamtes entnommen.

Die Vorsatzkarte, die Übersichtskarten zu den Landkreisen und die Stadtpläne zeichnete freundlicherweise Herr Dipl.-Ing. Serafim Polenz, Schwerin. Die 1968 von Otto Haikenwälder angefertigten Grundrisse der Klosterkirche Bergen, der Greifswalder Kirchen St. Marien und St. Nikolai sowie des Klosters Eldena, der Stadtkirche Richtenberg, der Kirchen St. Marien, St. Nikolai, St. Jakobi, des Katharinenklosters und Heilgeisthospitals sowie des Rathauses in Stralsund und der Petrikirche Wolgast wurden mit freundlicher Genehmigung der »Vereinigung zur Herausgabe des Dehio-Handbuches« dem zuletzt 1990 herausgekommenen Dehio-Handbuch Mecklenburg-Vorpommern entnommen.

Redaktionsschluß für die Text- und Bildfassung war der 3. März 1995.

Schwerin, März 1995 — Horst Ende

# Einleitung

## Die Denkmale der vorpommerschen Küstenregion

Die im nachfolgenden Text behandelte vorpommersche Küstenregion mit den Inseln Rügen und Usedom ist Teil eines Gebietes, das eine bewegte und vielseitige Geschichte aufweist. Der Name Vorpommern ist als Bezeichnung für den westlichen Teil Pommerns erst seit 1842 gebräuchlich. Die aus dem Slawischen abgeleitete Landesbezeichnung enthält den Hinweis auf die Nähe des Meeres, und die Ostsee war denn auch für diese Landschaft ein in jeder Beziehung wichtiger Faktor. Dies gilt nicht zuletzt auch für die Geschichte, Kultur und Kunst dieser Region.

Die seit der Völkerwanderungszeit hier ansässigen Slawen gerieten seit dem 9./10. Jahrhundert immer stärker in das Spannungsfeld politischer und kriegerischer Auseinandersetzungen ihrer Nachbarn. Vom Nordwesten her versuchten die Dänen, ihre Vormachtstellung im westlichen Ostseeraum auszudehnen, aus Richtung Osten drängten die Polen in diesen Bereich, und aus westlicher Richtung waren aus dem damaligen deutschen Reich immer häufiger Anzeichen einer bevorstehenden Expansion in das Gebiet zwischen unterer Elbe und Oder zu bemerken. Um die Mitte des 12. Jahrhunderts eroberte Herzog Heinrich der Löwe weite Bereiche des späteren Mecklenburg, 1168 konnten sich die Dänen auf Rügen festsetzen, nachdem sie zuvor den Tempel von Arkona zerstört hatten. Erst nach dem Aussterben des rügenschen Fürstenhauses 1325 ging ihre Herrschaft hier endgültig zu Ende.

Auf dem Festland versuchten die Herzöge von Pommern, sich als Territorialfürsten zu behaupten. Diese Absichten wurden wesentlich durch die häufigen Landesteilungen erschwert, die insbesondere die Zentralgewalt schwächten. Davon profitierten u.a. die Städte, die auf eine Stärkung ihrer Machtposition bedacht waren. Ende des 13. Jahrhunderts schlossen sich die wichtigsten Orte, darunter die meisten Küstenstädte, dem Hansebund an, der neben wirtschaftlichen auch politische Interessen verfolgte.

Die wirtschaftliche Blütezeit im 14. und 15. Jahrhundert ging mit der Verlagerung des Fernhandels an die atlantische Küste um 1500 zu Ende. Der allmähliche Niedergang erreichte mit dem Dreißigjährigen Krieg, in dessen Verlauf 1637 das pommersche Herzogshaus erlosch, einen Tiefpunkt. Im Westfälischen Frieden von 1648 fiel Vorpommern an Schweden, das seiner festländischen Provinz in der Folgezeit relativ wenig Aufmerksamkeit widmete. Bemühungen Brandenburgs, sich Schwedisch-Vorpommern auf der Grundlage alter Erbansprüche einzuverleiben, hatten für den Bereich nördlich der Peene, zu dem auch die hier vorgestellte Küstenregion gehört, erst mit dem Wiener Kongreß von 1815 Erfolg. Das Gebiet wurde der preußischen Provinz Pommern zugeschlagen, Stralsund 1817 Sitz eines Regierungsbezirkes (bis 1932).

Mit dem Ende des zweiten Weltkrieges kamen die östlichen Teile Vorpommerns mit der Stadt Stettin an Polen, der verbliebene westliche Teil wurde fast geschlossen mit Mecklenburg zum Land Mecklenburg-Vorpommern vereinigt. Bei der Verwaltungsreform von 1952 wurde der vorpommersche Teil des Landes Mecklenburg auf mehrere Kreise der neugebildeten Bezirke Rostock und Neubrandenburg aufgeteilt. Erst mit der Neuformierung des Landes Mecklenburg-Vorpommern 1990 ist Vorpommern erneut als eigenständige Größe erstanden.

Siedlungsgeschichtlich wies die Küstenregion eine ursprünglich slawische Bevölkerung auf, die im Zuge der Kolonisierung von Zuwanderern aus Westfalen, Niedersachsen, Franken und in geringerem Umfang auch aus Brandenburg und Mitteldeutschland überlagert wurde. Besonders lange hielten sich slawische Einflüsse auf der Insel Rügen.
Die ländlichen Strukturen werden heute durch eine mehr als 800jährige Entwicklung geprägt, in deren Verlauf sich die ursprünglichen Gegebenheiten stark verändert haben. So sind die Dorfformen durch wirtschaftliche und politische Verhältnisse der Vergangenheit immer wieder beeinflußt worden. Haufen- und Straßendörfer, Streusiedlungen und Einzelhöfe sind das Ergebnis dieser Entwicklung, in deren Verlauf sich auch das Schicksal der bäuerlichen Bevölkerung niederschlug. Sie geriet insbesondere nach dem Dreißigjährigen Krieg in die Leibeigenschaft, die erst 1810 aufgehoben wurde. Der Nutznießer dieser Entwicklung war vor allem der Landadel, der seinen Besitz seit dem 16./17. Jahrhundert erheblich vergrößern konnte und mit Gutshaus- und Schloßbauten und den zugehörigen Parken vielerorts das Dorfbild prägte. Erst zwischen 1820 und der Mitte des 19. Jahrhunderts konnten sich im domanialen Bereich Bauern und Büdner auf erworbenem oder gepachtetem Land niederlassen. Trotzdem prägten nicht die nun neu errichteten Häuser dieser Schicht die Landschaft, sondern weiterhin die seit dem 19. Jahrhundert auch baulich oft erheblich vergrößerten Gutsbetriebe, von denen einzelne nach der Weltwirtschaftskrise zugrunde gingen und aufgesiedelt wurden. Die Bodenreform nach dem zweiten Weltkrieg bedeutete eine abermalige tiefe Zäsur.
Ein Blick auf den Denkmalbestand der ländlichen Bereiche zeigt die Dominanz von Sakralbauten und Gutsanlagen, zu denen ein geringerer Bestand an dörflichen Wohngebäuden, landwirtschaftlichen Nutzbauten und wenigen technischen Denkmalen kommt. Der historisch bedeutsamste Bestand manifestiert sich in den Sakralbauten, von denen die überwiegende Zahl mittelalterlichen Ursprungs ist. Wenige Gebäude gehen allerdings in ihren Anfängen noch in die Gründungsphase der Dörfer zurück; dies gilt für einige Kirchen auf Rügen, mit deren Bau nach der dänischen Besetzung der Insel am Ende des 12. Jahrhunderts begonnen wurde (Altenkirchen, Schaprode, Sagard) und die wohl auch von der zeitgenössischen dänischen Architektur beeinflußt sind. Wichtig war die Übernahme des Backsteins als Baumaterial. In der vorpommerschen Küstenregion wurde er von den Bauleuten bald technisch und gestalterisch beherrscht und die ihm innewohnenden Möglichkeiten schöpferisch weiterentwickelt. Portal- und Fensterlösungen sowie die vielfältigen Gestaltungen bei der Gliederung und Ausschmückung von Wand- und Giebelflächen sind dafür gute Belege. Daneben sind aber auch Bauten in Feldstein errichtet worden, meist mit dem leichter handhabbaren Backstein für die Ausbildung der architektonischen Details. Bei den Raumformen überwog der einfache Saalraum mit angefügtem, gerade oder polygonal geschlossenem Chor; Türme sind nicht in allen Fällen errichtet worden. Basilikale oder Hallenlanghäuser sind im Dorfkirchenbau die Ausnahme. Die Mehrzahl der Räume wurde eingewölbt, in einigen Fällen mit hoch aufsteigenden kuppeligen Domikal-, meist mit Kreuzrippengewölben. Öfters wurden Räume auf Wölbung vorbereitet, dann aber doch flachgedeckt.
Ausstattungsstücke aus mittelalterlicher Zeit haben sich in zahlreichen Kirchen erhalten. Dazu gehören mehrere Schnitzaltäre aus dem 15. Jahrhundert, die wohl in heimischen Werkstätten im Bereich der mecklenburgisch-vorpommerschen Ostseeküste entstanden. Der prachtvolle Altar in der Waaser Kirche ist eine Antwerpener Arbeit und erst in nachmittelalterlicher Zeit an seinen jetzigen Aufstellungsort gelangt. In mehreren Kirchen erhielten sich Einzelplastiken, u.a. Madonnen und Heiligenfiguren, ebenso Kruzifixe und Triumphkreuzgruppen. Relativ groß ist der Bestand an mittelalterlichen Taufen aus gotländischem Kalkstein oder heimischem Granit, meist mit runden oder polygonalen Kuppen, die

mit Blendarkaden, Graten oder ornamentalen Motiven verziert sein können. In einigen Orten haben sich meist ebenfalls aus gotländischem Kalkstein gefertigte Grabplatten erhalten. Auch bewegliches Kunstgut wie Glokken und mittelalterliche vasa sacra sind vorhanden. In zahlreichen Kirchen sind mittelalterliche Wand- und Gewölbemalereien aus dem 14. und 15. Jahrhundert sichtbar. Meist wurden sie in der nachreformatorischen Zeit überstrichen und erst im 19. Jahrhundert oder später freigelegt; bei den Malereien überwiegen biblische Motive und figürliche oder szenische Darstellungen aus den Heiligenlegenden.

Die nachreformatorische Ära, die in Pommern mit der Einführung der Reformation 1534 anhebt, hat vom 16. bis zum frühen 19. Jahrhundert nur wenige Kirchenneubauten hervorgebracht, weil der überkommene Bestand für die Bedürfnisse ausreichte; erwähnenswerte Beispiele aus dieser Zeit sind Nehringen und Griebenow. Dagegen sind mehrfach aus den unterschiedlichsten Gründen Kirchenräume vollständig oder in Teilen neu ausgestattet worden.

Die Zahl der Ausstattungsstücke aus der Renaissance- und Barockzeit in den Kirchen der Region ist beträchtlich. Darunter sind zahlreiche Altaraufbauten, die, in zumeist architektonischer Gliederung und häufig mehrgeschossig, Gemälde, Reliefs und vollplastische Arbeiten in figürlicher oder szenischer Darstellung in Verbindung mit zeitgenössichem Ornament enthalten. Diese Arbeiten entstehen fast alle in heimischen Werkstätten; als Materialien werden Holz und Stein verwendet, seltener Stuck oder Alabaster. Die Themen sind entsprechend der protestantischen Ikonographie überwiegend biblischen Inhalts, häufig durch Schriftzitate ergänzt. Für die Kanzeln, die nach der Reformation innerhalb der Kirchenausstattung zu einem der Prinzipalstücke werden, sind ähnliche Gestaltungsprinzipien und Themen zu konstatieren. Wo die mittelalterlichen Taufsteine nicht weiterverwendet werden, kommen jetzt hölzerne Taufbehälter mit aufgelegten Taufschüsseln aus Messing in Gebrauch. In der Barockzeit kommen von der Decke herabhängende oder stehende Taufengel hinzu. Viele Kirchen erhalten im 17. oder 18. Jahrhundert erstmals eine Orgel; von den sehr anfälligen Instrumenten haben meist nur die Prospekte überdauert, die Werke sind jünger. Erwähnenswerte Ausnahmen sind die Kindt-Orgel der Kirche zu Gingst und das kleine Werk in Griebenow. Zu den Ausstattungsstücken des 16. bis 18. Jahrhunderts gehören weiter verschiedene Gestühle, darunter die gerade in Vorpommern mehrfach erhaltenen Beichtstühle in Gestalt von geschlossenen, meist im Oberteil verglasten Verschlägen. Zahlreiche Werkstätten tragen mit Gemälden, Altargerätschaften, Leuchtern, Taufschalen, Becken und Glocken zur Ausstattung der Kirchen bei. Daneben entstehen Grabsteine und Epitaphien als Gedächtnismale für zumeist adelige Personen.

Von Anfang des 19. Jahrhunderts an werden auch im Kirchenbau und bei der Ausstattung historisierende Tendenzen spürbar. Besonders häufig werden Erneuerungen der Baulichkeiten oder der Ausstattung in neogotischen Formen vorgenommen, wobei man sich bei den Details meist an traditionellen Formen orientiert. Während die Strandkapelle von Vitt mit ihren sparsamen Formen am Anfang dieser Entwicklung steht, ist der Neubau der Kirche in Heringsdorf für die Folgezeit typisch. Er gehört überdies in die Reihe jener Kirchenneubauten, die mit dem Aufblühen der Badeorte an der vorpommerschen Küste seit der Mitte des 19. Jahrhunderts notwendig werden und für die auf Rügen als Beispiele Binz, Göhren und Baabe stehen.

Im profanen Bereich sind bedeutende Adelssitze aus mittelalterlicher Zeit in der hier vorgestellten Küstenregion nicht überliefert. Frühe Beispiele adeliger Wohnkultur sind einige Gutshäuser aus dem späten 16. und 17. Jahrhundert, bei denen im Vergleich zu den noch von Verteidigungsmöglichkeiten geprägten älteren Häusern der Wohnwert eindeutig für die Gestaltung ausschlaggebend war. Beispiele dafür sind das in Ludwigsburg bei Greifswald erhaltene Schloß aus dem späten 16. Jahrhundert und das um ein knappes Jahrhundert jüngere Schloß Spyker auf Rügen, die sich beide durch prächtige Stuckdecken in den Innenräumen auszeichnen. Vom späten 17. Jahrhundert an orientieren sich die Architekten an barocken Vorbildern und schaffen zum Teil aufwendige Einzelbauten, prächtige Dreiflügelanlagen oder ausgedehnte Gesamtanlagen mit repräsentativem Charakter, wie sie beispielweise die Schlösser in Griebenow, Karlsburg oder auch Kartzitz verkörpern; Parkanlagen unterstreichen diesen Anspruch. Im frühen 19. Jahrhundert werden diese Bauten schlichter, viel Wert wird jetzt auf eine gediegene Ausgestaltung der Innenräume gelegt, von denen sich leider keiner in der ursprünglichen Fassung erhalten haben. Mit der seit der Mitte des 19. Jahrhunderts gewachsenen Produktivität der landwirtschaftlichen Großbetriebe ergab sich die Möglichkeit und Notwendigkeit zum Neubau der Gutsanlagen, die jetzt in vielen Orten als umfänglicher Komplex mit dem eigentlichen Gutshaus und zahlreichen zugehörigen Wirtschaftsgebäuden neu entstehen. Meist sind es Backsteinbauten in historisierenden Formen mit Rückgriffen auf alle in der Kunstlandschaft anzutreffenden Stile. Seit dem späten 19. Jahrhundert bis in das zweite Jahrzehnt des 20. Jahrhunderts hinein werden Gutshäuser auch im Villenstil errichtet.

Der Bestand an historischen bäuerlichen Wohngebäuden ist vergleichweise gering. Das liegt zum Teil in der Vergänglichkeit des Baumaterials begründet, denn über Jahrhunderte hinweg wurde hauptsächlich Holz in Verbindung mit Lehm oder Backstein in Fachwerkbauweise verwendet, und erst im 19. Jahrhundert wurden auch Bauernhäuser in Massivbauweise errichtet. Die schlechte wirtschaftliche Situation der Dorfbevölkerung war ein weiterer Grund für eine relativ geringe Bautätigkeit, zumal die Zahl selbständiger Bauern bis zum Anfang des 19. Jahrhunderts gering war. Wie für Mecklenburg war auch für Vorpommern das Einheitshaus in Gestalt des niederdeutschen Hallenhauses mit großer Diele und charakteristischem Rohrdach typisch; davon haben sich sowohl auf Rügen als auch auf dem Festland nur wenige Beispiele aus dem 17./18. Jahrhundert erhalten. Weit häufiger finden sich in den Dörfern jüngere, in der Regel aus der 1. Hälfte des 19. Jahrhunderts stammende Büdnereien, die getrennte Wohn- und Wirtschaftsteile aufweisen und queraufgeschlossen sind. Typisch sind auch die von mehreren Familien bewohnten, vor allem in den Gutsdörfern errichteten mehrhieschigen Katen. Seltene Wirtschaftsgebäude sind die Göpelhäuser.

Die Städte der Region hatten für die Geschichte Vorpommern eine nicht zu unterschätzende Bedeutung. Von den heute 14 Städten des Bereiches sind allein zehn im 13. Jahrhundert gegründet und zumeist mit lübischem Recht bewidmet worden. Jünger sind nur Bergen, das als Marktflecken erst im 17. Jahrhundert Stadtrecht erhielt, und Franzburg, das sich nach der Säkularisierung des Klosters Neuencamp aus einer Handwerkersiedlung entwickelte, sowie Putbus und Saßnitz, die als fürstliche Residenz und Badeort bzw. ehemaliges Fischerdorf ebenfalls bereits seit längerem existierten, das Stadtrecht aber erst relativ spät erhielten.

Mehrere Städte sind aus Siedlungen in der Nachbarschaft ehemaliger slawischer oder deutscher Burgen erwachsen, andere aus »frischer Wurzel« gegründet worden. Einige haben das regelmäßige Gitterschema der Stadtgrundrisse mit den sich rechtwinklig kreuzenden Straßen bis heute als wertvolles Zeugnis aus ihrer Gründungsphase bewahren können, beispielsweise Greifswald, die Neustadt von Stralsund, Wolgast oder Grimmen. Auch die Lage und Größe des Marktplatzes, des Rathauses, der Kirchen und Klöster und anderer öffentlicher Bauten läßt bis heute Aufschlüsse über die Stadtgeschichte zu. Für Greifswald war die 1456 erfolgte Gründung der Universität von großer Bedeutung.

Zu ihrem Schutz umgaben sich die Städte sehr früh mit zumeist in Backstein errichteten Befestigungsanlagen, die während des Mittelalters immer wieder modernisiert wurden. Diese Mauerringe hatten neben ihrer fortifikatorischen Bedeutung auch die Aufgabe der Repräsentation, deshalb wurden besonders die Tore reich ausgestaltet. Beispiele dafür sind in Grimmen, Tribsees und Usedom erhalten. Als die Befestigungen aus mittelalterlicher Zeit wegen der weiterentwickelten Militärtechnik ihre Schutzfunktion nicht mehr erfüllten, mußten die Städte neue Festungsgürtel anlegen. Die Reste solcher Anlagen haben sich in Stralsund und Greifswald erhalten.

Die Pfarrkirchen der Städte weichen von den Dorfkirchen zunächst durch ihre Größe ab, sind aber in Kleinstädten wie in Richtenberg und Gützkow als um die Mitte des 13. Jahrhunderts begonnene Feldsteinbauten mit den ländlichen Sakralbauten aus gleicher Zeit durchaus noch zu vergleichen. In den beiden großen Städten Greifswald und Stralsund entschlossen sich die Bürger zu dieser Zeit zur Errichtung dreischiffiger Hallenkirchen, von denen mit der um die Mitte des 14. Jahrhunderts vollendeten Marienkirche in Greifswald ein großartiges Zeugnis dieser Baugesinnung und architektonischen Gestaltungskraft erhalten geblieben ist. Im benachbarten Stralsund ist der Gedanke des Hallenraumes bald zugunsten einer neuen Form aufgegeben worden, denn um 1270 begann man hier mit dem Neubau der St.-Nikolaikirche nach dem Vorbild der Marienkirche von Lübeck. Von dort übernahm man das aus dem nordfranzösisch-flandrischen Gebiet stammende Motiv der durch einen Umgang mit Kapellenkranz bereicherten Ostpartien ebenso wie das inzwischen vervollkommnete gotische Aufrißsystem des äußeren und inneren Aufbaues. St. Nikolai in Stralsund wurde zu einem Leitbau für zahlreiche weitere küsten- und binnenländische Kirchenbauten. Backsteinbasiliken sind während des 14. Jahrhunderts neben Stralsund auch in mehreren anderen Städten als Neu- oder Umbauten errichtet worden, so in Greifswald, Tribsees und Wolgast, während Grimmen an der Hallenkirche festhielt. In Wolgast entstand mit der Gertrudenkapelle um 1400 ein Zentralraum von ganz eigener Prägung.

In nachmittelalterlicher Zeit sind nennenswerte Sakralbauten im städtischen Bereich nicht entstanden, sieht man von der aus dem südlichen Querhausarm der ehemaligen Klosterkirche Neuencamp 1583 in Anlehnung an die Stettiner Schloßkapelle entstandenen Kirche in Franzburg und der durch den Umbau des klassizistischen Kursalons neugestalteten Kirche in Putbus sowie den in historisierenden Formen meist um die Jahrhundertwende erbauten katholischen Kirchen in einigen Orten ab.

Von den Klostergründungen fallen die frühen wie Eldena bei Greifswald (1199) und Neuencamp (1231) in die Zeit des Landesausbaues, an dem sich die Zisterzienser beteiligten. Ihre ausgedehnten Anlagen, die nach der Säkularisierung im 16. Jahrhundert größtenteils abgebrochen wurden, folgten in der Anlage und im Grundriß den Bedürfnissen des monastischen Betriebes, griffen aber in Material und Einzelformen auf jeweils zeitgenössische und landschaftstypische Formen zurück. Dies gilt auch für die Niederlassungen der Bettelorden in den Städten, wo sich mit den Klöstern der Dominikaner und Franziskaner in Stralsund zwei hervorragende Beispiele erhalten haben.

Eine Sonderentwicklung verkörpert die St.-Marienkirche in Bergen, die um 1180 als Palastkirche am Sitz des Rügenfürsten Jaromar als Backsteinbasilika des gebundenen Systems mit Herrschaftsempore im Westbau begonnen und bald danach als Klosterkirche eines hier eingerichteten Benediktinerinnenkonventes weitergeführt wurde. Ihre romanische Gestalt ist allerdings durch eine gotische Überformung im 14. Jahrhundert weitgehend verunklärt worden. Entsprechend ihrer Bedeutung und dem Vermögen ihrer Auftraggeber sind die städtischen Kirchen meist reich ausgestattet worden, wobei die Aufträge sowohl an leistungsfähige heimische wie auch auswärtige Werkstätten vergeben wurden. In eindrucksvoller Weise manifestiert sich dies in der St.-Nikolaikirche in Stralsund, wo sich die mittel- und nachmittealterliche Ausstattung in einer Fülle und Vielfalt erhalten hat, wie sie an keinem anderen Ort der mecklenburgisch-vorpommerschen Ostseeküste anzutreffen ist. Im Raum dieser Kirche, der entscheidend durch die jüngst restaurierte Ausmalung des mittleren 14. Jahrhunderts und die aus dem 14./15. Jahrhundert stammenden Fresken mitgeprägt wird, steht mit der Ende des 13. Jahrhunderts geschaffenen monumentalen Stuckplastik der Anna Selbdritt eine der frühesten und bedeutendsten Einzelplastiken des südlichen Ostseeküstengebietes. Der Hochaltar und mehrere von Innungen gestiftete Altaraufsätze aus dem 14. und 15. Jahrhundert sind die Hauptstücke der mittelalterlichen Ausstattung, zu der auch die Chorschranken, weitere Einzelfiguren und Maltafeln, Gestühlswangen, die astronomische Uhr, Leuchter und zahlreiche in situ verbliebene Grabplatten gehören. Vergleichbares hat sich anderenorts nicht erhalten; der ebenfalls reiche Bestand in St. Jakobi in Stralsund ist seit Kriegsende magaziniert. Lediglich Einzelstücke wie der Hochaltar der St.-Thomaskirche in

Tribsees aus der Zeit um 1430 lassen sich damit vergleichen. In der Renaissance- und Barockzeit wurden für die Stadtkirchen nur wenige Altaraufbauten geschaffen; Bergen, Garz und Lassan erhielten im 18. Jahrhundert neue Aufsätze.

In nachreformatorischer Zeit ergab sich in den Stadtkirchen ebenso wie in den Dorfkirchen die Notwendigkeit zur Neuaufstellung von Kanzeln. So wurden prächtige Renaissancewerke für St. Nikolai und St. Jakobi in Stralsund und für St. Marien in Greifswald in Auftrag gegeben, alle mit reichem, von der protestantischen Ikonographie geprägtem Bildprogramm. Barocke Stükke befinden sich in der St.-Marienkirche in Bergen, in der gleichnamigen Kirche in Grimmen sowie in den Stadtkirchen in Lassan, Garz und Richtenberg. Die neogotischen Kanzeln in der Greifswalder St.-Nikolaikirche, in St. Marien in Stralsund und in der Stadtkirche von Tribsees sind im Zusammenhang mit eingreifenden, die Räume insgesamt betreffenden neogotischen Umgestaltungen entstanden. Von den neugeschaffenen Taufen sind die für die Kirchen St. Nikolai und St. Marien in Stralsund geschaffenen Taufgehäuse aus dem frühen 18. Jahrhundert zu erwähnen, die als tempiettoartige hölzerne Bauten den repräsentativen Rahmen für die Taufzeremonie bilden.

Unter den Orgeln ragt das 1659 von Friedrich Stellwagen für die St.-Marienkirche in Stralsund gebaute Instrument heraus, von dem sich neben dem frühbarocken Prospekt auch wesentliche Teile des Werkes erhalten haben. Abgesehen von C. A. Buchholz aus Berlin, der in der ersten Hälfte des 19. Jahrhunderts mehrere Orgeln nach Vorpommern lieferte, sind die meisten Instrumente für die Stadtkirchen im 19. und 20. Jahrhundert von den leistungsfähigen Werkstätten der Mehmels und Grünebergs in Stralsund bzw. Stettin hergestellt worden. Mehrere davon sind nach dem zweiten Weltkrieg instandgesetzt und dabei teilweise klanglich umgestaltet worden.

Von den übrigen Ausstattungsstücken verdienen die prächtigen Gestühle erwähnt zu werden, die sich Innungen und Stadtverwaltungen anfertigen ließen und von denen sich u.a. in St. Nikolai Stralsund sehr gute Beispiele erhalten haben. Mit ihnen zusammen entstanden als Stiftungen häufig auch Wand- und Kronleuchter, die teilweise figürlichen Dekor aufweisen.

Der Raumeindruck der hansestädtischen Kirchen in Stralsund und Greifswald wird wesentlich auch durch Grabmäler und Epitaphien geprägt, die vom 16. bis frühen 19. Jahrhundert in großer Zahl Aufstellung fanden. Neben den Grabplatten mit Beschriftungen und Wappen verdienen die Epitaphien Beachtung. Waren sie im späten 16. Jahrhundert meist noch mehr oder weniger reich gerahmte Tafelbilder mit einem biblischen Motiv und einer Darstellung des Verstorbenen oder seiner Familie, wurden sie in der Folgzeit zu aufwendigen, meist mehrgeschossigen Aufsätzen aus Holz oder Stein mit reichem Bildprogramm und üppigem ornamentalen Dekor. Der Selbstdarstellung der großen Ratsfamilien dienten in den Stralsunder und Greifswalder Kirchen die prächtigen Schauwände, die vom späten 17. bis zum Ende des 18. Jahrhunderts als Abschlüsse der aus mittelalterlicher Zeit stammenden Seitenkapellen errichtet wurden. Das 19. Jahrhundert hat davon einen Teil im Rahmen von Erneuerungen der Innenräume beseitigt, zumal Wiederherstellungen wie die von St. Marien in Stralsund oder die des Greifswalder Domes allein auf die Wirkung der von späteren Zutaten befreiten und durch zeitgenössische Ergänzungen bereicherten mittelalterlichen Architektur angelegt waren.

Unter den städtischen Profanbauten hatten bei der Suche nach einer angemessenen architektonischen Gestaltung zweifellos die Rathäuser den höchsten Stellenwert. Sie waren in Stralsund und Greifswald aus einer Kombination von Verkaufsständen und Verwaltungsbau hervorgegangen und boten den Städten die willkommene Möglichkeit, kommunales Selbstverständnis und städtische Machtansprüche zu repräsentieren. Der bedeutendste Bau dieser Art ist zweifellos das Rathaus in Stralsund, dessen vierflügelige Anlage mit einem Kernbau aus dem späten 13. Jahrhundert und ständigen Veränderungen bis gegen Ende des 17. Jahrhunderts diese Entwicklung geradezu exemplarisch widerspiegelt. Mit der Errichtung der Schaufront vor dem nördlichen Flügelbau entstand hier einer der bedeutendsten gotischen Profanbauten im Ostseeküstengebiet. Selbst eine kleine Stadt wie Grimmen versuchte im 14. Jahrhundert überzeugend mit ihren Möglichkeiten eine ähnliche Selbstdarstellung. Die nachmittelalterlichen Rathäuser sind weitaus bescheidener, wie sich in Wolgast und bei dem über älteren Resten gestalteten Bau in Greifswald erkennen läßt. Eine originelle Lösung ist die Vierflügelanlage des Rathauses von Franzburg, das allerdings ursprünglich für die Verwaltung des königlichen Amtes errichtet worden war.

Ein zahlenmäßig großer Denkmalbestand sind die Bürgerhäuser. Für die Gestaltung der innerstädtischen Gebäude war die zumeist bis in die Frühzeit der Städte zurückreichende Parzellierung der Stadtquartiere in schmale und tiefe, sich der Straße nur mit einer Schmalseite zuwendende Grundstücke von nachhaltiger Bedeutung. Sie hatte die Ausbildung von Giebelhäusern zur Folge, die man während des gesamten Mittelalters in den meisten Orten als Wohnspeicherhäuser errichtete, weil man in ihnen Wohn- und Wirtschaftsfunktionen unter einem Dach vereinigen mußte. Das Erdgeschoß enthielt mit der großen Diele einen mehrfach nutzbaren Raum, während sich die Wohnräume im Obergeschoß oder in dem häufig hofseitig angefügten Kemladen befanden. Die Obergeschosse bis hinauf in den Giebel wurden für Speicherzwecke verwendet. Straßenseitig gestaltete man die Fassaden in Backstein mit blendengegliederten Giebeln, hofseitig häufig wohl in Fachwerk. Das innere Hausgerüst wurde zumeist von einem kräftigen, im Keller auf einem Feldsteinfundament ruhenden Stamm gestützt, dem sog. Hausbaum. Häuser dieser Art haben sich in größerer Zahl in Stralsund erhalten, einige gotische Giebelhäuser besitzt auch Greifswald, während sie in den übrigen Städten fast vollständig Bränden oder Umgestaltungen zum Opfer gefallen sind. In der Renaissancezeit änderte sich an der inneren Struktur des Bürgerhauses wenig, die Fassaden gestaltete man jetzt häufiger auch nach niederländischem Vorbild in einer Kombination von Backstein und aufgeputzten Gliederungen und mit abschließenden Schweif- oder Volutengiebeln. Seit dem späten 17. Jahrhundert wurden in den Städten verputzte Traufenhäuser üblich, deren zwei oder drei Geschosse nun fast nur noch Wohnzwecken dienten. Die Möglichkeiten zur Anlage solcher Gebäude ergaben sich durch Grundstücksregulierungen, die nach Bränden oder Zerstörungen im Zuge kriegerischer Auseinandersetzungen möglich waren. In den kleineren Städten überwiegen solche Gebäude, die dort häufig in Fachwerk errichtet und sofort oder später verputzt wurden. Die künstlerische Gestaltung dieser Gebäude beschränkt sich meist auf Faschenrahmungen von Türen und Fenstern und Gesimsausbildungen, mitunter werden auch die Dächer mit den Gauben als gestaltendes Element genutzt.

Eine gesonderte Entwicklung macht der Ort Putbus durch, der seit 1808 auf fürstlichen Wunsch als Residenz und Badeort ausgebaut wird, wobei die hier entstehende Architektur nachhaltig durch die zeitgenössische Berliner Bauschule geprägt wird.

Um die Mitte des 19. Jahrhunderts setzen sich historistische Fassadenlösungen durch. Zur gleichen Zeit beginnt in den größeren Städten die Bebauung in den bis dahin nur wenig erschlossenen Vorstädten, die in rascher Folge mit Mietshäusern, den Gebäuden von Genossenschaften und Villen bebaut werden. Diese Entwicklung hält über Jahrzehnte an, wobei nach der Jahrhundertwende die historistischen Lösungen durch Gebäude im Reformstil oder den Formen der Neuen Sachlichkeit und des Expressionismus abgelöst werden. An diese Entwicklung schließt auch die Mehrzahl der Architekten an, die nach 1933 Aufträge für Wohnungs- und Gesellschaftsbauten erhält. Der Wohnungsbau nach 1945 bringt nur wenige Beispiele denkmalwerter Architektur hervor.

Zu den Bauaufgaben, die im 19. und 20. Jahrhundert zu den traditionellen hinzukommen oder beträchtlich an Bedeutung gewinnen, gehören Verkehrs-, Industrie- und Militärbauten, Gebäude für die nun bei der öffentlichen Hand angesiedelten Aufgaben der Gesundheitspflege, Justiz, Erziehung, Kultur u.a. und vor allem in den Gemeinden an der Ostseeküste, die sich seit der Mitte des 19. Jahrhunderts zu Badeorten entwickeln, Baulichkeiten zur Beherbergung von Erholungssuchenden. Bis zum Ende des 19. Jahrhunderts bleibt die entsprechende

Architektur dem Historismus verhaftet, um die Jahrhundertwende setzen sich funktional bestimmte Baulösungen durch.
Zu den erwähnenswerten Verkehrsbauten gehören neue Bahnhöfe wie der von Stralsund (1905), Eisenbahn- und Straßenbrücken wie die technisch meisterhaft gelöste Hubbrücke über den Peenestrom bei Karnin (1934) oder die Rügendammbrücke in Stralsund (1936). Neue Militärbauten von Bedeutung sind das Marinelazarett in Stralsund (1938) und die ab 1936 bei Peenemünde errichtete Heeresversuchsanstalt, zu der u.a. auch Industriebauten in Stahlbetonskelettbauweise wie das Kraftwerk und das im Rohbau steckengebliebene Sauerstoffwerk gehören. Erwähnenswerte Bauten der Gesundheitspflege entstehen seit der Mitte des 19. Jahrhunderts in Stralsund (Krankenhaus in der Marienstraße, 1866, Provinzialheilanstalt, 1909 ff.), seit Anfang des 20. Jahrhunderts in größerem Umfang auch in Gestalt von Klinikneubauten in Greifswald. Zahlreiche Schulbauten, aus dem 19. Jahrhundert in historistischen Formen, später dann in zeitgenössischen modernen Formen des frühen und fortgeschrittenen 20. Jahrhunderts, prägen das Bild nahezu aller Städte der Region. In den seit der Mitte des 19. Jahrhunderts sich aus ehemaligen Fischerdörfern zu Seebädern entwickelnden Orten an den Ostküsten von Rügen und Usedom entstehen in wenigen Jahrzehnten mit Pensionen und Hotels dicht bebaute Promenaden und Straßen. Charakteristisch für diese Gebäude sind die den Fassaden zugeordneten Loggien, Balkone und Veranden, die den Gästen ein Höchstmaß an Sonnen- und Luftbädern gewährleisten sollten. Bei dem 1936 begonnenen »Kraft-durch-Freude«-Seebad Prora war dieser Anspruch im Sinne der nationalsozialistischen Überheblichkeit mit geplanten 20 000 Gästen pro Durchgang ins Gigantische getrieben worden, seine Verwirklichung allerdings scheiterte, weil der Bau der Anlage wegen des Ausbruchs des Zweiten Weltkrieges im Rohbaustadium steckenblieb.

Horst Ende

# Nordvorpommern

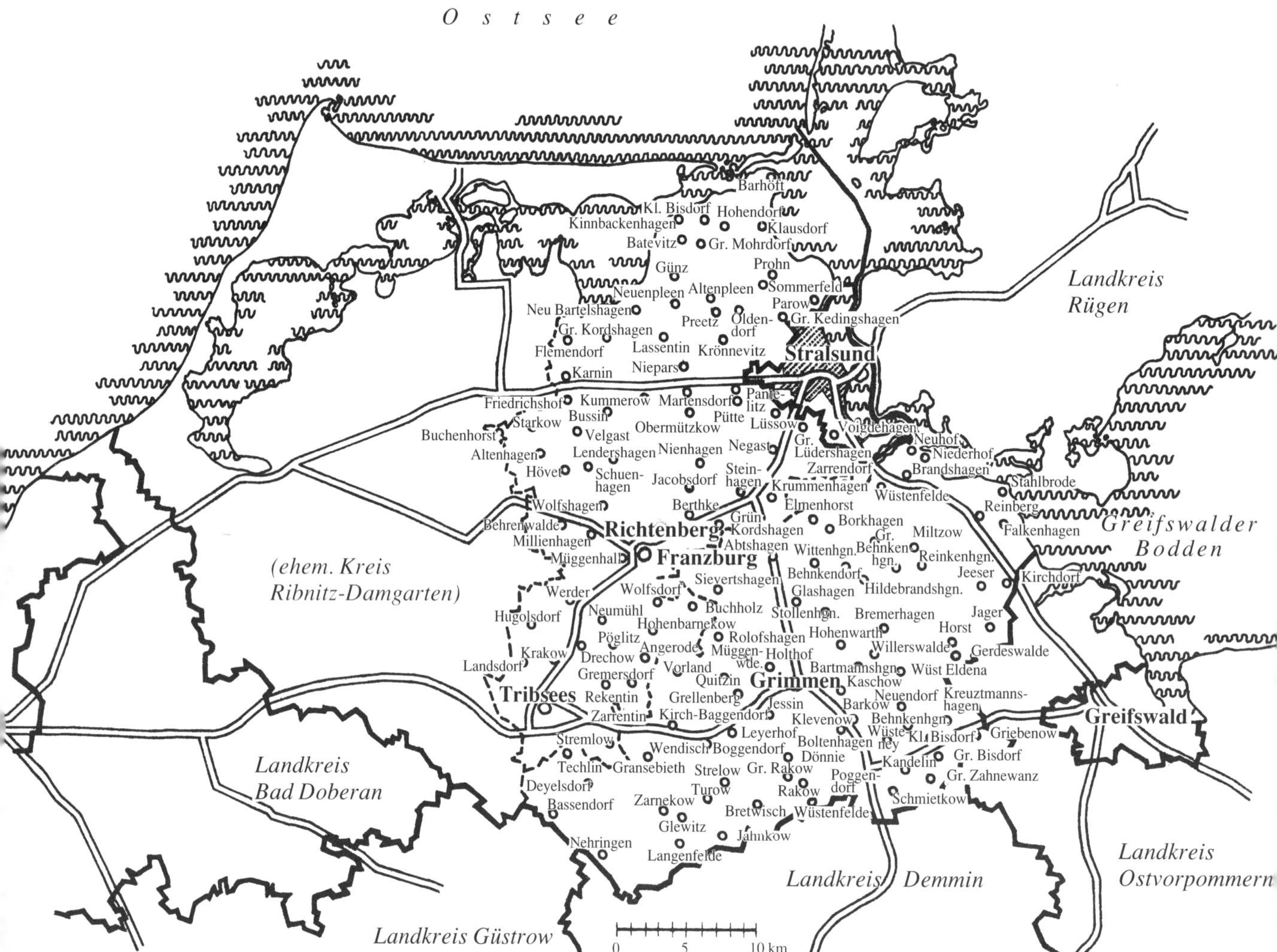

# Landkreis Nordvorpommern

**Abtshagen**

DORFKIRCHE Rechteckiger vierjochiger Backsteinbau mit polygonalem Ostschluß und Südsakristei, 15. Jh. Das Schiff mit abgetreppten Strebepfeilern, die Fenster mit Dreiecksschluß und Mittelpfosten. An der Nordseite rechts neben dem Portal im unteren Bereich Feldsteinmauerwerk. Die kreuzrippengewölbte Sakristei mit Blendengliederung und einfachen Fialen. Hölzerner Westturm auf quadratischem Grundriß, dessen von einem Zeltdach bekröntes Obergeschoß weit vorkragt. Das Innere mit Kreuzrippengewölben. Einheitliche neogotische Ausstattung mit Kanzelaltar, Emporen und Gestühl, 3. V. 19. Jh. Orgel von 1842 mit neogotischem Prospekt, das Werk von Carl August Buchholz, Berlin. Taufstein, Granit, 14. Jh. Zwei Pastorenporträts: J. Chr. Wossidlo † 1829 und A. Th. Wossidlo † 1859. Kelch u.

*Abtshagen, Dorfkirche Inneres nach Osten; Ansicht von Nordosten*

Patene, Silber, 1735. Kelch u. Patene, 1614. Oblatendose, Silber, 18. Jh. Taufschale, Messing, 18. Jh. Altarleuchterpaar, Messing, um 1650. Kruzifix, Gußeisen, 19. Jh. Glocke, 1861 von Eduard Zach, Stralsund. Vier Grabplatten: 1794, E. 18. Jh., 1801 und 1813.
Der Friedhof ist von einer Feldsteintrockenmauer umgeben, mit neogotischen Torpfeilern in Backstein.
WOHNHAUS Dorfstraße 54. Langgestreckter Ziegelfachwerkbau, die rechte Giebelseite massiv. Wohl A. 19. Jh. erbaut, in späterer Zeit erweitert und verändert.

**Altenhagen**
Ehem. SCHMIEDE (Werkstatt) Dorfstraße 23. Rechteckiger Backsteinbau mit Krüppelwalmdach, 1. H. 19. Jh., in der straßenseitigen Längsfront drei Rundbogenarkaden, die mittlere mit Tor, die seitlichen z. T. durchfenstert, urspr. zur Laube hin wohl offen. An der linken Schmalseite zeitgleicher Werkstattanbau mit Rundfenstern unter Flachdach.

**Altenpleen**
Ehem. GUTSHAUS (Wohnungen) Parkstraße. Zweigeschossiger Putzbau von neun Achsen in Neorenaissanceformen, 2. H. 19. Jh. Der dreiachsige Mittel- und die einachsigen Seitenrisalite an der Vorderfront mit Staffelgiebeln, die Rückseite schlichter. Das Portal mit rahmenden Halbsäulen und Wappenbekrönung. 1993/94 instandgesetzt, dabei in den Details verändert. Das HOFGEBÄUDE Florian-Geyer-Straße 10–14 ist ein mehrgliedriger Backsteinbau über U-förmigem Grundriß vom E. 19. Jh. mit übergiebelten Zwerchhäusern, charakteristisch das schwarzgebänderte Mauerwerk.
WOHNHÄUSER Stralsunder Straße 31, 32, 33 und 35, 39, 40. Dreihieschige Katen aus z. T. verputztem Backstein mit Krüppelwalmdächern, M. 19. Jh., Nr. 35, 39, 40 mit Rohrdach.
WOHNHAUS Stralsunder Straße 34. Katen aus verputztem Backstein mit rohrgedecktem Krüppelwalmdach, M. 19. Jh.

**Angerode**
WOHNHAUS Franzburger Straße 8. Achtachsiger Fachwerkbau mit Krüppelwalmdach, um 1800. Auf dem Hof ein zweigeschossiges Stallgebäude in Backstein mit Lisenengliederung und flachem, überstehenden Pappdach, M. 19. Jh.

**Barhöft**
HOTEL »Zum Seeblick« Am Hafen. Zweigeschossiger neunachsiger Backsteinbau mit überstehendem Satteldach, E. 19. Jh.; an der Straßenfront ein dreigeschossiger dreiachsiger Mittelrisalit mit flachem Dreieckgiebel.
Ehem. SCHULE Am Hafen. Eingeschossiger rechteckiger Backsteinbau vom E. 19. Jh.; an der Nordseite das segmentbogig geschlossene Portal, an der östlichen Schmalseite die segmentbogigen Fenster des Klassenraumes, darüber schlanke gotisierende Putzblenden.
Ehem. LOTSENHÄUSER Anlage aus zwei Doppelhäusern, jeweils zweigeschossige rechteckige Backsteinbauten von 1854 mit gelber Mauerbänderung, an den Schmalseiten eingerückte Anbauten mit Werkstatt- und Materialräumen.

*Linke Seite: Altenhagen, Schmiede, Straßenfront*

*Rechte Seite: Barkow, Gutshaus*

## Barkow

GUTSHAUS (Wohnungen) Dorfstraße 15. Lt. Inschrift 1875 errichtet. Elfachsiges Backsteingebäude über hohem Kellergeschoß mit Feldsteinsockel. Die mittleren sechs Achsen als Risalit mit einem zweiten Geschoß und flachem Stufengiebel gebildet, die gliedernden Lisenen über den Giebel hinausgeführt und mit kleinen Satteldächern abgeschlossen. Doppelter Zickzackfries und Deutsches Band, die Fenster mit gesimsartigen Verdachungen.

## Bartmannshagen

GUTSHAUS (Krankenhaus). Dreigeschossiger Putzbau von 1903 in neobarocken Formen über unregelmäßigem Grundriß; die Fassaden durch unterschiedliche Portal- und Fensterformen, Erker, geschwungene Giebel und differenzierte Dachgestaltung gekennzeichnet. Die Eingangshalle mit Portal und Gewölbe. An der rechten Fassadenseite ein moderner Vorbau.
Ehem. MARSTALL UND REITHALLE (Wohnungen u. Lagergebäude) A. 20. Jh. erbauter Gebäudekomplex aus Backstein. Die ehem. Reithalle mit Segmentbogendach, der ehem. Wasserturm mit abgetrepptem Giebel und Blendengliederung.

## Bassendorf

Ehem. GUTSHAUS (Wohnungen). Eingeschossiger neunachsiger Putzbau, Mansarddach mit Schopf. Der Kernbau wohl 18. Jh., später verändert. In der Mitte der Traufseiten je ein Frontispiz mit geschweiftem Giebel. Das Portal und die darüberliegenden Fenster geschoßweise von Pilastern gerahmt. An der Rückseite zwei Fledermausgauben.
Östlich gelegen ein 1875 erbautes eingeschossiges Nebengebäude mit Drempel in dekorativem Ziegelfachwerk mit Frontispiz und aufwendiger Haustür.
Von dem ehem. Gutspark hat sich eine bogig geführte Lindenallee erhalten.
NEUBAUERNHAUS In den 1950er Jahren erbaut. Der Wohnteil in Backstein, der Stallbereich in Feldstein mit Ecklisenen und Fenstereinfassungen in Backstein. Die Giebel und der Bereich zwischen Fenstern und Traufe verbrettert.

## Batevitz

Ehem. GUTSHAUS (Wohnungen) Dorfstraße 9. Im 4. V. 19. Jh. errichteter eingeschossiger rechteckiger Backsteinbau; an der Vorderfront aus der Mitte gerückter zweigeschossiger übergiebelter Risalit.

**Behnkendorf**
BAUERNHOF Nr. 11. Wohl 1. H. 19. Jh. errichtetes Gehöft, bestehend aus dem vierachsigen Wohnhaus aus Ziegelfachwerk mit rohrgedecktem Krüppelwalmdach und dahinter gelegenen zwei Scheunenbauten und einem Stall. Die Scheunen urspr. in Lehmfachwerk, einige Gefache in Backstein erneuert, rohrgedeckte Krüppelwalmdächer. Der Stall massiv, das Dach zerstört.

**Behnkenhagen**
GEHÖFT Wohnhaus und queraufgeschlossene Scheune in Fachwerk mit rohrgedecktem Krüppelwalmdach, 18./19. Jh. erbaut. Das sechsachsige Traufenwohnhaus an der Rückseite verputzt und durch Anbau verändert.
WOHNHAUS 1. H. 19. Jh. erbaut. Eingeschossiges siebenachsiges Wohnhaus in Fachwerk mit verputzter Fassade und Krüppelwalmdach. Mittiger Eingangsbereich mit rahmender Lisenengliederung an der Tür und den Gebäudeecken.

**Behrenwalde**
Ehem. GUTSHAUS (Wohnungen) Hofstraße 2. Zweigeschossiger Putzbau vom A. 20. Jh., die architektonischen Details in Backstein; an der Hofseite zweiachsiger Mittelrisalit mit Schweifgiebel.
WOHNHAUS Dorfstraße 12. Zweigeschossiger Backsteinbau vom E. 19. Jh., an den Giebelschrägen Konsoltreppenfriese, zwischen Erd- und Obergeschoß Deutsches Band. Gegenüber ein weiteres Gebäude dieses Typs.
WOHNHÄUSER Dorfstraße 1/2 und 3. Lange eingeschossige Backsteinbauten mit Konsoltreppenfriesen an den Giebelschrägen, E. 19. Jh., Nr. 1/2 durch Ladeneinbau stark verändert.
Ehem. GUTSARBEITERHÄUSER Hauptstraße 5, 6, 9 und 10. Eingeschossige, ehem. zweihieschige Ziegelfachwerkbauten mit je drei Fensterpaaren, Satteldach und verbretterten Seitengiebeln, errichtet 1877. Eine Besonderheit das mittig über der Traufe sitzende Giebelchen mit Tierbüsten (Schaf, Rind, Pferd, Schwein). Etwas aufwendiger die ehem. FÖRSTEREI Dorfstraße 7 mit acht Fensterachsen und zweiachsigem Mittelrisalit, an seinem holzverschalten Zwerchhaus Giebel mit Hirschkopf. Gegenüber die SCHULE Dorfstraße 8, ein eingeschossiger Fachwerkbau mit Schul- und Wohnteil, errichtet 1910 im sog. Heimatstil.

**Berthke**
Ehem. GUTSHAUS (Wohnungen) Damm 3. Zweigeschossiger Backsteinbau vom E. 19. Jh., an der Ostseite ein dreigeschossiger Flügel in Fachwerk, wohl zeitgleich. – Von den Wirtschaftsbauten erwähnenswert das Stallgebäude Damm 9, ein rechteckiger zweigeschossiger Backsteinbau vom E. 19. Jh., unten mit segmentbogigen Fenstern, oben mit gekuppelten schlitzartigen Luken.

**Bisdorf**
FORSTHAUS Dorfstraße 7. Eingeschossiger rechteckiger Backsteinbau vom E. 19. Jh. mit rustizierten Gebäudekanten und zweigeschossigem übergiebelten Mittelrisalit. Im Hof ein zugehöriges eineinhalbgeschossiges Stallgebäude.

**Boltenhagen**
GUTSHAUS Dorfstraße 20. Aus zwei Teilen bestehender Backsteinbau. Das ältere, wohl um 1850/70 entstandene eineinhalbgeschossige Backsteingebäude mit ge-

*Linke Seite: Bassendorf, Gutshaus, Hofseite*
*Rechte Seite: Behrenwalde, Haus Hauptstraße 9*

simsartigen Fensterverdachungen und einem Gesims oberhalb des Erdgeschosses, flaches Dach. E. 19. Jh. Anbau des zweigeschossigen fünfachsigen Gebäudes mit gelber Ziegelbänderung, Lisenen, Friesen und im Erdgeschoß rund-, im Obergeschoß segmentbogigen schmalen Fensterverdachungen. In den vermauerten Fenstern der Mittelachse weibliche Gewandfiguren. An der linken Giebelseite Anbau eines eingeschossigen vierachsigen Backsteingebäudes, wohl E. 19. Jh. Die Auffahrt wird von zwei Torpfeilern flankiert.

**Bookhagen**

GUTSHAUS Dorfstraße 9. Über hohem Sockelgeschoß errichteter eineinhalbgeschossiger neunachsiger Ziegelbau mit zweigeschossigem Mittelrisalit und Pappdach. Mittige Eingangstür mit halbrundem Oberlicht, darüber durch Segmentbogen gekoppeltes Fensterpaar. Fenster segmentbogig, zwischen den Geschossen Deutsches Band, durchgehende Sohlbankgesimse und Ziegelbänderung in gelbem Backstein. E. 19. Jh. erbaut.

KATEN Dorfstraße 15. Zweihieschiger vierachsiger Ziegelfachwerkkaten mit Krüppelwalmrohrdach, E. 19. Jh. Eingänge an den Giebelseiten.

**Brandshagen**

DORFKIRCHE Dreischiffige dreijochige Backsteinhalle mit eingerücktem zweijochigen Rechteckchor, Südsakristei und eingezogenem, von den vierten Seitenschiffsjochen begleitetem quadratischen Westturm. Ältester Teil der 1249 genannte Chor und die östliche Langhauswand. Am Chor Ecklisenen, Deutsches Band, der Giebel mit steigendem Rundbogenfries, gereihten Spitzbogenblenden und Blendenkreuz. Schlanke Spitzbogenfenster mit Maßwerkgliederung, darüber ein glasierter Rundbogenfries an der Nord- und Südseite. Das Südportalgewände sowie das Ost- und Südostfenster wohl mit dem Ausbau des Langhauses verändert.
Langhaus und Turm A. 14. Jh. Der östliche Schiffgiebel mit gestaffelten zweiteiligen Maßwerkblenden, die westlichen Halbgiebel mit einfachem Blendendekor; Fenster mit profiliertem Gewände und Maßwerkabschlüssen, Schiffsportale mit reichen Gewändeprofilen.
Der im Westen vor die Flucht der Seitenschiffe tretende Turm seitlich von einem polygonalen Treppenturm bzw. Wandpfeiler begrenzt, im Untergeschoß ein reich profiliertes Spitzbogenportal (vermauert) mit darüber gelegenem Fenster, im Obergeschoß über breitem Putzband zwei dreiteilige Maßwerkblenden. Jünger der bekrönende Fachwerk-Aufsatz mit massiv verblendeter Westwand und steilem Zeltdach. An der Chorsüdseite im 15. Jh. die Sakristei mit fialenbekröntem Blendengiebel angefügt, der Nordanbau 1780.
Im Inneren alle Raumteile kreuzrippengewölbt, der niedrigere Chor vom Langhaus durch spitzbogigen Triumphbogen abgesetzt. Im Chor die Gewölberippen auf Eckdiensten bzw. Konsolen mit Kelchkapitellen. Das Langhaus Vierstützenhalle mit Achteckpfeilern, als Kämpfer ein von Wülsten begrenztes Putzband, darauf die Rippen bzw. Scheidbogenarkaden ansetzend; die Turmhalle zum Mittelschiff durch Spitzbogenarkade voll geöffnet. An den Chorwänden und Langhausarkaden Reste szenischer Wandmalerei, 14. Jh., u. a. biblische Szenen (Adam und Eva bei der Arbeit) und Schiffdarstellung. Akanthusmalerei, 18. Jh.
Ausstattung: Altaraufsatz, 1707 von Hans Broder, Stralsund. Zweigeschossiger architektonischer Aufbau mit

*Brandshagen, Dorfkirche von Westen; Inneres nach Osten*

reichem Dekor aus Akanthusschnitzwerk sowie Figuren der Evangelisten, Allegorien von Glaube und Liebe und triumphierender Christus als Bekrönung. Posaunenengel, Engelputten und Cherubköpfchen. Von den eingefügten Gemälden die Stifterbildnisse wohl urspr., das Hauptbild mit der Himmelfahrt Christi 1815 von Weström, wohl gleichzeitig auch das Abendmahlsgemälde und die Gethsemanedarstellung im Sockel, bzw. Obergeschoß. Kanzel mit Aufgang und Schalldeckel in Empireformen, E. 18. Jh. Taufe, Kalkstein, um 1300, die Kuppa mit rundbogigen Blendarkaden. Orgel mit neogotischem Prospekt, das Werk 1922. Kruzifix, E. 15. Jh., mit plastischen Evangelistensymbolen, Triumphbalken mit reicher Akanthusschnitzerei, wohl um 1700. Tafelbild mit Darstellung eines Gastmahles, 17. Jh. Gemälde mit Madonnendarstellung (nach Murillo) in reich geschnitztem Akanthusrahmen, wohl 18. Jh. Gemälde mit Darstellung des leidenden Christus, 19. Jh. Zwei Wandteppiche aus Leinen mit applizierten Wappen, A. 19. Jh. Opferstock mit Eisenbeschlag, 15./16. Jh. Empore mit biblischen Gemälden u. Wappen, 18. Jh. Gestühlsreste mit Pilastergliederung, Akanthusschnitzwerk und emblematischen Gemälden, A. 18. Jh. Kastengestühl, 18. Jh. Lesepult,

18. Jh. Baldachin, E. 18. Jh. Zwei Kelche u. Patenen, 1583 u. 1758. Kelch, spätgotisch. Kanne, um 1860. Zwei Taufschalen, Messing, um 1700 u. Messing versilbert, um 1860. Leuchterpaar, Zinn, 1. H. 19. Jh. Vier Wandarme (Blaker), Messing, 18. Jh. u. zwei Wandleuchter, Schmiedeeisen, 18./19. Jh. Standleuchter, Messing, 17./18. Jh. Zwei Kronleuchter, Messing, 18. Jh. Totenschilde, Zinn, 1857 u. 1839. Zwei Glocken: 1760 von Johann Wosaeck, Stralsund, und 1782. Grabplatte H. v. Loten † 1442.

Auf dem Kirchhof Obelisk für B. Scheven † 1809; vier Grabstelen 18./19. Jh.

WOHNHAUS An der Kirche 3. Eingeschossiger fünfachsiger Backsteinbau mit Drempelgeschoß, wohl E. 19. Jh. errichtet. An der Fassade zwei nebeneinanderliegende Türen. Zahnschnittfries, die Fenster mit gesimsartigen Verdachungen.

WOHNHAUS Auf den Hörnern 1 b. Eingeschossiger siebenachsiger Putzbau mit Krüppelwalmdach, wohl 1. H. 19. Jh. Oberhalb der mittleren fünf Achsen dreiachsiger Frontispiz mit Giebel. Mittlere Eingangstür.

WOHNHAUS Auf den Hörnern 7. Eingeschossiges dreiachsiges Fachwerkgiebelhaus mit Krüppelwalmrohrdach. Mittelflurhaus. Im 17. Jh. erbaut. An der linken Traufseite in einer Flucht mit der Giebelwand ein Anbau.

*Dorfstraße*

WOHNHAUS Nr. 14. Fünfachsiger Backsteinbau, urspr. mit Krüppelwalmdach, an der Fassade eingeschossig, sonst zweigeschossig. Wohl aus der 2. H. 19. Jh. Mittlere Eingangstür mit Oberlicht aus der Entstehungszeit.

Ehem. LEHRER- UND KÜSTERWOHNHAUS Nr. 16. Eingeschossiger Ziegelfachwerkbau, wohl E. 18. Jh. erbaut.

Ehem. GASTHAUS Nr. 17. E. 19. Jh. erbautes eingeschossiges Backsteingebäude mit Drempelgeschoß und Zahnschnittfries, flaches Dach. Die Fenster segmentbogig, an der Giebelseite breiter Eingangsbereich, Tür zurückgesetzt.

Ehem. LANDARBEITERKATEN Nr. 33 a/b, 35 a/b/c, 37 a/b/c, 39 a/b. E. 19. Jh. erbaut. Eingeschossige Backsteinhäuser mit Drempelgeschoß und flachem Dach für zwei oder drei Familien. Unterhalb des Drempelgeschosses Zahnschnittfries, die Eingangsbereiche an den Giebelseiten. Wirtschaftsgebäude parallel zu den Wohnhäusern gelegen.

**Bremerhagen**

GUTSHAUS 1910 erbauter eingeschossiger achtachsiger Putzbau mit backsteinsichtigem Sockel und Mansarddach mit Schopf. Oberhalb der mittleren vier Achsen zweigeschossiger Frontispiz mit gleicher Dachform. Der Eingangsbereich in der fünften Achse über Treppe zugänglich. Die linke Giebelseite mit erkerartigem Anbau.

**Bretwisch**

DORFKIRCHE Rechteckiger Feldsteinbau mit vorgesetztem quadratischen Westturm, 1852 in neogotischen Formen erbaut. Die architektonischen Details, die fialenbekrönten Eckpfeiler und die von einem achtseitigen Spitzhelm bekrönten beiden Turmobergeschosse in Backstein. Der polygonal geschlossene niedrigere Ostteil und die Ostsakristei aus Backstein 1896 angefügt. Im Inneren der Ostteil mit Kreuzrippengewölbe, das Schiff mit in der Mitte angehobener Bretterdecke.

Ausstattung: Einheitliche neogotische Ausstattung vom E. 19. Jh. Glasfenster, 2. H. 19. Jh. Altargemälde mit Kreuzigung, 1864 von Ernst Hancke. Orgel mit neogotischem Prospekt, M. 19. Jh. von Friedrich August Mehmel, Stralsund.

Kirchhof mit Backsteinportal und umgebender Mauer, wohl um 1500. Das Portal mit korbbogiger Durchfahrt und Fußgängerpforte, darüber Putzspiegel und Zinnenbekrönung.

GEHÖFT Dorfstraße 21. Wohnhaus, 1. H. 19. Jh. Geweißter Ziegelfachwerkbau von sieben Achsen mit rohrgedecktem Krüppelwalmdach, linke Seite massiv. Fledermausgaube oberhalb des mittigen Eingangsbereiches. Klassizistische Haustür mit Oberlicht. – Das Wirtschaftsgebäude im rechten Winkel zum Haus gelegen.

LANDARBEITERKATEN an der Dorfstraße. 1870 erbaute zweigeschossige Backsteingebäude mit flachem Dach. Jeweils von zwei Familien bewohnt, die Ein-

gangsbereiche an den Giebelseiten. Das Obergeschoß mit Speicherluke an der Giebel- und schmalen Fenstern an der Traufseite. Die Fenster z. T. verändert.

**Buchenhorst**

BAHNHOF Bahnhofstraße. Empfangsgebäude: Backsteinbau mit zwei Vollgeschossen und Drempel, um 1890; die Segmentbogenfenster mit schmalen Verdachungen; bahnsteigseitig eingeschossiger Vorbau in angepaßten Formen mit großen Segmentbogenfenstern, wohl um 1910. – Zugehörig ein eingeschossiger Toilettenbau und ein zweigeschossiges Wohnhaus mit Treppenfries an den Giebelseiten.

**Buchholz**

Ehem. GUTSHAUS (Wohnungen) Hauptstraße 10 a. Rechteckiger eingeschossiger Backsteinbau mit Souterrain und Drempel, E. 19. Jh., an beiden Längsseiten übergiebelte zweigeschossige Mittelrisalite; charakteristisch die in gelbem Backstein ausgeführten architektonischen Details. – Von den Wirtschaftsgebäuden erwähnenswert: drei in Feldstein mit architektonischen Gliederungen in Backstein errichtete kleine Stallgebäude vom E. 19. Jh.

WOHNHAUS Hauptstraße 11. Fachwerkbau mit Ausfachungen in Backstein, M. 19. Jh.

**Bussin**

Ehem. GUTSHAUS (Wohnungen) Hauptstraße 27. Rechteckiger eingeschossiger Fachwerkbau, um 1870/80, an der Hofseite breiter Frontispiz, seine Giebelspitze ebenso wie die des östlichen Seitengiebels verbrettert. – Unmittelbar daneben zweigeschossiges Wirtschaftsbäude in Backstein, E. 19. Jh.

**Deyelsdorf**

DORFKIRCHE 1601/06 erbauter einschiffiger dreijochiger Rechteckbau aus verputztem Feldsteinmauerwerk mit geradem Chorabschluß und vorgesetztem Westturm. 1872 unter Heinrich Thormann eingreifend erneuert. Der Ostgiebel durch Rundbogenluken, Lisenen und Fialentürmchen gegliedert, ähnlich die westlichen

*Linke Seite: Bretwisch, Dorfkirche von Südwesten; Bretwisch, Gehöft Dorfstraße 21*

*Rechte Seite: Deyelsdorf, Kirche, Inneres nach Osten; Deyelsdorf, Dorfkirche, Orgel*

Halbgiebel. Das Südportal sowie die Rundbogenfenster mit in die Laibungskanten eingestellten Säulen und das Rundfenster in der Ostwand 1872 erneuert. Aus der gleichen Zeit die Eckquaderung und Putzfriese sowie der Emporenaufgang an der Ostwand. Der viergeschossige Turm mit gequaderten Lisenen an den Kanten, Rundbogenfries und spitzem Helm. An der Ostseite Erbbegräbnis Pogge von 1875.
Der Innenraum in der Art der protestantischen sächsischen Schloßkapellen mit flachem, durch aufgelegte Putzbänder gegliederten Kreuzgratgewölbe, vor den Längsseiten zweigeschossige rundbogige Wandnischen, die oberen als Emporen ausgebildet, die sich auf der Ostwand auf zwei Halbbögen auf mittlerer Konsole fortsetzen.
Ausstattung: Eichenholzkanzel mit Evangelisten- und Apostelreliefs, 1872. Taufe, 2. H. 19. Jh. Orgelprospekt, 1. H. 18. Jh., das Werk von 1876. Die Maßwerkbrüstungen und der tabernakelartige Altaraufbau vor der Ostempore mit einer verkleinerten Kopie des Thorvaldschen Christus von 1872. Sakristeigestühl mit gemalten biblischen Szenen, wohl 17. Jh. Kabinettscheibe von 1646. Opferkasten von 1654. Vier Epitaphe 1646, 1703, 1712 u. um 1750. Kelch u. Patene, 18. Jh. Taufschale,

Kupfer, um 1710. Taufkanne, Zinn, 18. Jh. Altarleuchterpaar, Messing, 18. Jh. Kruzifix, Messing, 19. Jh. Totenschilde, Zinn, 1. H. 19. Jh. Grabplatte Generalmajorin von Wachtmeistern †1759.

GUTSHAUS (Jugendclub) 1852/53 erbaut, wohl um 1885 neogotisch umgestaltet. Zweigeschossiger Putzbau über hohem Sockelgeschoß mit dreiachsigem Mittelrisalit und flachem Walmdach. Vor dem mittigen Eingangsportal Freitreppe, an der Rückseite ein dreiseitiger Erker, dreiachsiger Seitenrisalit mit neogotischem Ziergiebel. Fenster z. T. mit Maßwerk.
Die Wirtschaftsgebäude aus Backstein von 1885.

**Dönnie**

BAUERNHOF Dorfstraße 26. Wohnstallgebäude aus Ziegelfachwerk mit Krüppelwalmdach, wohl E. 19. Jh. An der straßenseitigen Traufseite zwölf Achsen. Die äußeren Gefache mit Andreaskreuz. Zugehörig ein Stallgebäude aus Backstein mit verbrettertem Obergeschoß und Teerpappendach.

**Drechow**

DORFKIRCHE Zweijochiger rechteckiger Feldsteinbau mit Nordsakristei, 14./15. Jh. Der Ostgiebel mit drei gestaffelten Spitzbogenblenden und die wohl im Barock segmentbogig veränderten Fenster in Backstein, ebenso die vermauerten Spitzbogenportale in der Nord- und Südseite. – Inneres flachgedeckt, die Sakristei mit Kreuzrippengewölbe. – Ausstattung: Halbkreisförmig geführte Altarschranke, A. 19. Jh., aus gleicher Zeit Kanzel und Gestühl. Orgel mit neogotischem Prospekt M. 19. Jh. Kruzifix 16. Jh. Empore 2. H. 18. Jh., die Brüstung mit Rundbogenarkaden und Rankenschnitzerei. Zwei Kelche und Patenen, um 1600 und 1624. Dose, Silber, 18. Jh. Deckelkanne, Silber, um 1850. Deckelkanne, Zinn, 1834. Altarleuchterpaar, Zinn, 18. Jh. Zwei Kronleuchter, Messing, 19. Jh. Zwei Grabplatten: H. v. Behr 1. H. 17. Jh. und Unbekannt, Kalkstein, 18./19. Jh. – Vor der Westwand der Kirche zweijochiger Glockenstuhl mit zwei Glocken: 1733 von Gottlieb Metzler, Stralsund, und BVG, Stahl, um 1920.

Ehem. GUTSHAUS (Wohnungen) Hofring 19. Zweigeschossiger siebenachsiger verputzter Fachwerkbau mit Krüppelwalmdach, wohl um 1800, später nach Süden um einen zweigeschossigen Anbau erweitert. – Von den ehem. Wirtschaftsgebäuden erwähnenswert: Pferdestall (Wohnungen), um 1860 errichteter eingeschossiger Backsteinbau mit Drempel, Lisenengliederung, Zierfriesen und Eckpfeiler mit zinnenartigen Aufsätzen; am Ostgiebel Pferdebüste.

WOHNHÄUSER Ehem. Pfarrhaus Am Teich 8. Eingeschossiger Putzbau mit Krüppelwalmdach, 1. H. 19. Jh., stichbogig geschlossener Eingang. Am Teich 10. Urspr. dreiachsiger Fachwerkbau mit rohrgedecktem Krüppelwalmdach, um 1800, die Vorderfront verputzt, nach Süden mit niedrigerem First erweitert.

Ehem. SCHULE Am Teich 11. Eingeschossiger Putzbau von um 1910, mit aufgelegter Gliederung aus kannelierten Pilastern und Gesimsband; an der südlichen Giebelseite das ehem. Klassenzimmer mit großen Segmentbogenfenstern, an der fensterlosen Straßenfront der urspr. Eingang.

## Elmenhorst

DORFKIRCHE Rechteckiger Feldsteinbau mit eingezogenem polygonal geschlossenen Chor aus Backstein, Südsakristei und vorgelagertem hölzernen Westturm. Das dreijochige Schiff mit der Sakristei aus dem 13. Jh., die blendengegliederten Giebel und abgefasten Laibungen der Fenster und des Nordportales in Backstein gemauert. Der polygonale Chor wohl im 15. Jh. angefügt mit dreieckig geschlossenen Fenstern. Der verbretterte Turm mit Zeltdach 17./18. Jh. Im Inneren alle Raumteile mit Kreuzrippengewölben, der Triumphbogen an der Schiffsseite abgetreppt. – Ausstattung: Altaraufsatz von 1730, zweigeschossiger architektonischer Aufbau mit Arkanthusohren, gewundenen Säulen und Putti. Predella mit Abendmahlsbild, darüber Geburt Christi, 19. Jh., über dem Hauptgesims Gethsemanedarstellung, davor Strahlenglorie mit Engelsputten, als Bekrönung triumphierender Christus. Kanzel, 1732, mit Rückwand und Schalldeckel. Am Kanzelkorb Gemälde des Salvators

*Linke Seite:*
*Drechow, Dorfkirche von Nordosten*

*Rechte Seite:*
*Elmenhorst, Dorfkirche von Nordosten; Altar; Kanzel*

und der Evangelisten, an der Rückwand sechs Gemälde mit Moses, Aaron, Josua, Elias, Simson, David. Taufe, Kalkstein, 14. Jh., Fuß und Schaft erneuert. Orgel 1875 von Friedrich August Mehmel, Stralsund. Westempore 1. H. 19. Jh. Pastorenporträt Wossidlo †1859. Deckelkelch u. Kanne, Silber, 1860. Patene, 18. Jh. Dose, 1689. Krankenkelch u. Patene, Silber, 19. Jh. Altarleuchterpaar, Messing, E. 19. Jh. Taufschale, Messing, 18. Jh. Kruzifix, 19. Jh. Epitaph U. Kisow †1687, ovales Porträtgemälde in reich geschnitztem Rahmen und Schrifttafel.

MÖBELWERK Dorfstraße. 1905 errichteter Gebäudekomplex, bestehend aus einzelnen Werkgebäuden in Backstein mit Teerpappendach, Segmentbogenfenstern und Deutschem Band. Die dreigeschossige Halle mit Lisenengliederung.

Ehem. BAHNHOF (Wohnhaus) Nr. 136. A. 20. Jh. errichteter zweigeschossiger dreiachsiger Ziegelbau mit Krüppelwalmdach. Oberhalb des Sockels verputzt, Umrahmungen der Segmentbogenfenster, Ecklisenen und Bänderung ziegelsichtig. An der den Gleisen zugewendeten Seite Zwerchgiebel.

SCHULE Schulstraße 158 und 159. Die sog. Alte Schule ist ein 1912 errichteter giebelständiger eingeschossiger Bau mit Mansarddach. Oberhalb einer hohen Zone in Backstein ist das Mauerwerk verputzt. An der Hofseite ein zweigeschossiger Frontispiz, rückseitig ein eingeschossiger Anbau. Der hofseitige Eingangsbereich mit Windfang. Die Neue Schule 1932 erbaut. Über Sockel verputztes Traufenhaus mit giebelseitigem Eingang. Der rückseitige Erweiterungsbau von 1955.

## Falkenhagen

SCHLOSS Um 1700 als zweigeschossiger siebenachsiger Backsteinbau mit Walmdach errichtet, die Obergeschoßseitenwände in Fachwerk. Die drei Mittelachsen an der Hofseite in flacher Vorlage mit Rundbogenportal, zwischen den Geschossen flaches Gesimsband. Im Inneren die urspr. Raumaufteilung weitgehend erhalten, in der bis ins Obergeschoß reichenden Diele hölzerne Treppe mit geschnitztem Geländer; Stuckdecken mit Zierleisten. An den Mittelbau seitlich angeschlossen eingeschossige Fachwerkbauten von sechs Achsen mit abgewalmtem Satteldach und massiver Hoffront; durch ein Tor mit dem erhaltenen eingeschossigen, den Hof seitlich begrenzenden Fachwerk-Wirtschaftsgebäude verbunden.

VERWALTERHAUS Über Kellergeschoß errichteter eingeschossiger Backsteinbau, 2. H. 19. Jh. Der Eingangsbereich von Schmalfenstern flankiert, darüber ein Zwerchhaus mit zwei Rundbogenfenstern. Die Fenster mit durchgehenden Sohlbankgesimsen, die Giebelecken mit Aufsätzen.

## Flemendorf

DORFKIRCHE Rechteckiger Backsteinbau auf Feldsteinsockel mit polygonalem Ostschluß, Nordsakristei und vorgesetztem quadratischen Westturm, E. 13. Jh. – Der vierjochige Bau mit dreiteiligen, spitzdreieckig geschlossenen Fenstern, die Spitzbogenportale an der Nord- und Südseite vermauert, im Westgiebel gestaffelte Spitzbogenblenden. Die Nordsakristei unter Schleppdach, ebenso wie der Turmunterbau aus Mischmauerwerk wohl 2. H. 15. Jh., das Turmportal 17. Jh., die in

*Linke Seite:*
*Falkenhagen, Gutshaus, Hofseite*

*Rechte Seite:*
*Flemendorf, Dorfkirche, Inneres nach Osten; Altaraufbau und Taufengel; Kruzifix und Sakramentshaus*

Backstein aufgeführten Obergeschosse und der verbretterte Turmaufsatz 19. Jh. – Im Inneren nur die Sakristei mit Kreuzrippengewölbe, das Schiff auf Wölbung vorbereitet, die Schildbögen erhalten, jetzt mit Balkendecke aus dem 17./18. Jh., im Polygon erneuerte Bretterdecke. – Unter dem nordöstlichen Chorfenster segmentbogig geschlossene Sakramentsnische, an der Rückwand gemalte Caritas-Gruppe, wohl 1937 bei der Freilegung der älteren Malereien entstanden. Im Schiff an der Nordwand aus der 2. H. 15. Jh. Christophorus und Kreuztragung, an der Westwand Drachen und Einhorn, die ornamentale Malerei an den Schildbogenlaibungen wohl 17. Jh.

Ausstattung: Altaraufsatz, zweigeschossiger architektonischer Aufbau aus der 1. H. 18. Jh., in dem von gewundenen Säulen gerahmten Hauptgeschoß Tafelbild vom A. 16. Jh. mit Hl. Sippe und der Stifterfamilie E. Henlein †1513, das Bild wohl Teil eines verlorenen Epitaphs; seitlich geschnitzte Akanthusohren und neue Medaillongemälde. Im Aufsatz Kreuzigungsgemälde, die Figuren der Evangelisten und des Salvators. Kanzel, M. 19. Jh. Schwebender Taufengel, 1. H. 18. Jh. Orgel mit neogotischem Prospekt von 1855, das Werk von Barnim Grüneberg, Stettin. Kruzifix, M. 15. Jh. Mondsichelmadonna, 2. V. 15. Jh. Schnitzfigur eines Heiligen um 1500. Zwei Gemälde: Geburt Christi 2. H. 18. Jh. und Anbetung der Könige 1. H. 19. Jh. Reste mittelalterlicher Glasmalerei: Wappen mit Inschrift, Kreuzigungsgruppe, Hausmarke. Kabinettscheibe, 1709. Freistehendes Sakramentshaus, wohl 15. Jh., rechteckiger kastenförmiger Aufsatz mit Beschlag aus Eisenbändern auf hohem sechsseitigen Fuß, hinter der rundbogigen Holztür schmiedeeisernes Gitter. Truhe, um 1500. Kelch, 17. Jh. Kelch und Patene, 18. Jh. Patene, 1701. Dose, Silber, 1717. Deckelkanne, Silber, 1. H. 19. Jh. Taufschale, Messing, 1. H. 19. Jh. Schale, Zinn, 1746. Glocke, 1777 von Gottlieb Metzler, Stralsund. Drei gerahmte Sargschilder: 1847 (2) und 1857. Zwei Epitaphien: J. Vagelsanck †1565, Holztafel mit Wappenschild und Blattrahmung; C. Balcken † 1647, Holztafel mit Gemälde des Verstorbenen unter dem Kruzifix, als Aufsatz Dreieckgiebel mit gemaltem Cherubkopf, unten Schrifttafel.

Auf dem Kirchhof zwei Grabkreuze, Gußeisen, für L. († 1855) und W. Resch († 1860).

WOHNHAUS Barther Straße 1/2/3/4. Vierhieschiger Katen in nachträglich verputztem Fachwerk, 1. V. 19. Jh., Rohrdach.

Ehem. KÜSTERHAUS Karniner Weg 4. Fachwerkbau 18. Jh., stark verändert. Der an der westlichen Schmalseite E. 19. Jh. in Backstein errichtete Schulanbau 1994 abgebrochen. – Auf dem Hof ehem. Durchfahrtsscheune, um 1800 in Lehmstakenfachwerk mit verbretterten Steilgiebeln und Rohrdach errichtet; die Hofseite noch urspr., die übrigen Wände z. T. in jüngerer Zeit verputzt.

Ehem. GUTSHAUS Karniner Weg 8. Eingeschossiger Backsteinbau von elf Achsen mit Lisenengliederung und Konsoltrauffries, M. 19. Jh. Um 1950 die drei Mittelachsen aufgestockt und mit Giebel abgeschlossen.

Von den WIRTSCHAFTSGEBÄUDEN erwähnenswert: Scheune Karniner Weg 14, eineinhalbgeschossiger Bau mit Untergeschoß in Fachwerk und verbrettertem Obergeschoß, wohl um 1900; Scheune Karniner Weg 20/23, ungewöhnlich großer Backsteinbau unter überstehendem Flachdach, wohl 4. V. 19. Jh., 1934 nach der Aufsiedlung des Gutes die Tore in den Schmalseiten vermauert und dahinter Wohnungen ausgebaut, an der Straßenseite die urspr. Lisenengliederung erhalten, die Tore nach 1934. – Auf der Feldmark ein SCHÖPFWERK, wohl 1. D. 20. Jh., Stahlgittermast mit sechsteiligem Flügelrad.

## Franzburg

Die Stadt aus einer nach der Säkularisierung des Klosters Neuencamp (1535) und dem Bau des Schlosses der pommerschen Herzöge (1580) entstandenen Handwerkersiedlung hervorgegangen, urspr. nur eine Straße (E.-Thälmann-Str.), später durch die Neustadt erweitert. Im Dreißigjährigen Krieg stark zerstört, der Wiederaufbau erst im 2. V. 18. Jh. begonnen. Die bis in die Gegenwart städtebaulich von der Kirche dominierte Stadt im späten 19. Jh. nach dem Anschluß an das Eisenbahnnetz und durch die Einrichtung des Lehrerseminars gewachsen.

STADTKIRCHE Urspr. der südliche Querhausarm der Kirche des Zisterzienserklosters Neuencamp vom E. 13.

Jh., nach dessen Säkularisierung 1535 und dem weitgehenden Abbruch der Klosterkirche um 1580 ab 1583 zur protestantischen Schloßkirche nach dem Vorbild der Stettiner Schloßkapelle ausgebaut und als östlicher Teil des Südflügels in den vierflügeligen Schloßkomplex integriert; dabei die Nordseite zwischen den erhalten gebliebenen Achteckpfeilern in Renaissanceformen geschlossen; auch diese Wand in die umfassende neogotische Umgestaltung des Äußeren in den Jahren 1876/77 unter Lübcke einbezogen. Rechteckiger Backsteinbau mit zweigeschossigem Sakristeianbau an der Ostseite. An der östlichen und westlichen Schmalseite über Maßwerkfriesen neogotische Giebel mit gestaffelten zweiteiligen Spitzbogenblenden und Fialenbekrönung; die Spitzbogenfenster mit profilierten Laibungen im Westen (zugesetzt), im Süden und Osten in Anlehnung an den Befund rekonstruiert, die Fenster der Nordwand analog gestaltet, das Maßwerk neogotisch. Von den beiden Spitzbogenportalen das westliche nach Befund erneuert (jetzt vermauert), das südliche in Wandvorlage aus der M. 19. Jh. An der Westseite halbrund vortretender Treppenturm. Der Sakristeianbau im Kern wohl 17. Jh., bei der neogotischen Umgestaltung ebenfalls stark verändert.

Im Inneren vor den Längswänden massive Emporen mit segmentbogigen Öffnungen im Erd- und Obergeschoß und Quertonne, in den kurzen Trennwänden nach außen gerückte rundbogige Durchgänge. Über dem Schiff Tonne mit Stichkappen.

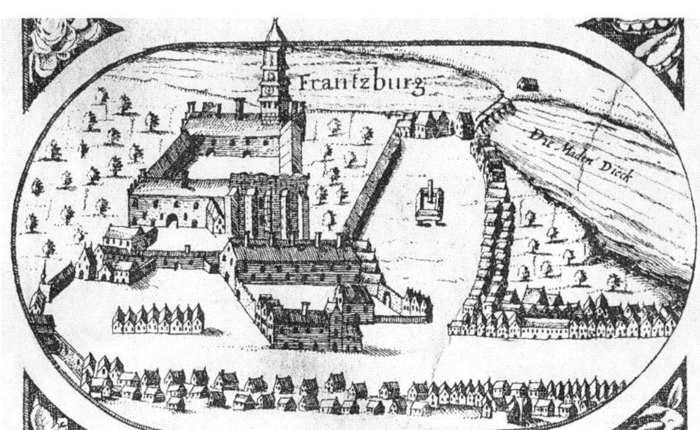

Ausstattung: Kanzelkorb, A. 17. Jh., wohl 1742 erneuert (ehem. in Deyelsdorf), vor den Kanten kannelierte toskanische Pilaster, in den Rundbogenarkaden gemalte Evangelistendarstellungen. Taufe, 1697 (ehem. in Rakow), hölzerner kelchförmiger Ständer, am Schaft Engelputten, an der Kuppa Engelhermen und Akanthusschnitzwerk, dazwischen Inschriften. Orgel, 1840, das Werk von Matthias Nerlich, Stralsund. Kruzifix, um 1723 von Elias Keßler, Stralsund. Mondsichelmadonna mit zwei Engelfiguren, um 1430. Pastorenbildnis C. Friese, †1728. Kelch, 1657. Patene, 1691. Kelch und Patene, 1736. Zwei Dosen, Silber, 1722 und 18. Jh. Leuchterpaar, Messing, 19. Jh. Sechs Sargwappen, Zinn, E. 18. Jh. Zwei Glocken: 1717 von Heinrich Schmidt,

*Franzburg, Stadtansicht (Lubinsche Karte); Stadtkirche von Nordosten*

*Linke Seite: Franzburg, Stadtkirche, Inneres nach Osten; Madonna*

*Rechte Seite: Franzburg, Schloß von Osten; Rathaus, Innenhof nach Nordwesten*

Stettin; 1842 von Simon Zach, Stralsund. Grabstele J. C. Nülcken † 1791. Epitaph Berglase, Sandstein, um 1615: architektonischer Aufbau mit den lebensgroßen Figuren der Verstorbenen im Hauptfeld, seitlich Wappenpilaster, im ädikulaartigen Aufsatz der Auferstandene und Ornamentstücke, Schriftunterhang.

An der Außenwand zwei Grabplatten von Äbten: H. Witte † 1518 und Valentin † 1520; die Gestalten der Verstorbenen ausgegründet mit geritzter Binnenzeichnung, in der Architekturrahmung Figuren auf Säulenpostamenten. Zwei weitere Grabplatten : E. 16. Jh. und 1616.

Ehem. SCHLOSS (Wohnungen) Petersstraße 1/2. Eines der Nebengebäude des nach der Säkularisierung des Klosters Neuencamp im 16./17. Jh. errichteten Schlosses. Zweieinhalbgeschossiger verputzter Backsteinbau mit Walmdach, im 19./20. Jh. mehrfach verändert. Im ersten und zweiten Obergeschoß segmentbogig geschlossene Fenster.

RATHAUS Ernst-Thälmann-Straße 71. Im 2. V. 18. Jh. errichtete Dreiflügelanlage aus um einen rechteckigen Hof gruppierten eingeschossigen Putzbauten mit Mansarddächern; die westliche Schmalseite durch an die Längsflügel im rechten Winkel angesetzte Stummelflügel von gleicher Höhe zur Straße offen, der Eindruck eines geschlossenen Innenhofes dadurch aber kaum beeinträchtigt. Die dem Markt zugewandte östliche neunachsige Front des Ostflügels ebenso wie die Hoffassade mit mittigem übergiebelten Frontispiz, die elfachsigen

Längsflügel mit mittleren, von Putzrustika gerahmten und durch Dreieckgiebel bekrönten Rundbogenportalen.
Ehem. LEHRERSEMINAR (Gymnasium) An der Promenade 1. Großer dreiflügeliger Backsteinbau in Neorenaissanceformen, errichtet 1872/1875. Walmdächer, umlaufendes Konsoltraufgesims. Der fünfzehnachsige Hauptflügel dreigeschossig, seine Mitte durch siebenachsigen Risalit mit Lisenengliederung und übergiebelte Portalachse betont. Das Hauptportal übergiebelt, von kannelierten Sandsteinsäulen gerahmt; im ersten Obergeschoß die gekuppelten Fenster der Aula. Die äußeren Achsen des Hauptflügels leicht vorgezogen, darin Seitenportale mit vorgelegtem Podest, Pergola und Terrasse, nur z. T. erhalten. Die vierachsigen Seitenflügel nur zweigeschossig mit durch gekuppelte Rundbogenluken aufgelockertem Drempel. An der Rückfront dreigeschossiger Funktionsanbau in gleichen Formen, seitlich freistehend die Turnhalle. Urspr. auch die erhaltenen Teile der Umfassungsmauer.
SCHULE An der Promenade 4. Um 1925 über hohem Sockelgeschoß errichteter zweigeschossiger Backsteinbau mit Walmdach; die Hauptfront mit dreigeschossigem sechsachsigen Mittelrisalit, hier und an den Gebäudenkanten Ecklisenen.
Ehem. PRÄBARANDENANSTALT (Internat) Garthofstraße 17/18. 1907 errichteter dreigeschossiger Putzbau mit Mansarddach und dreiachsigem übergiebelten Zwerchhaus; die Hoffront mit neun Achsen, in der Mitte hohe rundbogige Portalnische mit urspr. Haustür.
POSTAMT Schloßstraße. Zweigeschossiger Backsteinbau vom E. 19. Jh.mit schiefergedecktem Mansarddach, glasiertem Gesimsband und Vierpaßtrauffries. Die Portalachse in flacher Vorlage mit bekrönendem Staffelgiebel.

## *Wohnbauten*

### *An der Promenade*

WOHNHAUS Nr. 9, Ecke Garthofstraße. Zweigeschossiger Putzbau unter Walmdach mit abgeschrägter Eckachse, um 1910. Die Mittelachse mit Pilasterrahmung und urspr. Haustür; geschoßtrennendes Gesimsband.

WOHNHAUS Nr. 11. Eingeschossiger Backsteinbau mit Drempel aus weißen Verblendsteinen mit rot abgesetzter Architekturgliederung, 3. V. 19. Jh., die Mittelachse mit dem (vermauerten) Segmentbogenportal durch Pilasterrahmung und Bekrönung mit Dreieckgiebelchen betont; Rundbogenfenster; durch spätere Veränderungen der Fassaden beeinträchtigt.

*Franzburg, Ernst-Thälmann-Straße 65, Haustür; Häuser Ernst-Thälmann-Straße 85, 86 und 87*

*Ernst-Thälmann-Straße*

WOHNHAUS Nr. 11. Eingeschossiger verputzter Fachwerkbau, um 1800, mit urspr. klassizistischer Haustür.

WOHNHAUS Nr. 12. Eingeschossiger Bau vom E. 19. Jh. in Neorenaisanceformen mit Mansarddach, Konsoltraufgesims und angedeutetem Giebel über der Mittelachse; die Fenster mit von Dreiecksverdachungen bekrönten stuckierten Stürzen.

WOHNHAUS Nr. 15. Zweieinhalbgeschossiger Putzbau, urspr. A. 19. Jh., davon das in der flach vorgezogenen Mittelachse sitzende Korbbogenportal mit der Haustür erhalten; von einer Veränderung E. 19. Jh. der aufwendige Fassadendekor mit Putzrustika im Erdgeschoß, die klassizierenden Fensterrahmungen in den Hauptgeschossen und die Volutenrahmungen der Mezzaninfenster.

WOHNHAUS Nr. 23. Zweigeschossiger gotisierender Backsteinbau von um 1880 mit Mansarddach und mittlerem Zwerchhaus mit krabbenbesetztem, von Wimperg bekrönten Giebel. Die Fenster segmentbogig, im Obergeschoß in flachen, durch aufgesetzte Säulen mit Taustabornament getrennten Nischen; Spitzbogenportal.

WOHNHAUS Nr. 32. Zweigeschossiger Putzbau mit aufgelegter Backsteingliederung, um 1910; das Rechteckportal mit Pilasterrahmung, dreiachsiges Zwerchhaus.

WOHNHAUS Nr. 38. Zweigeschossiger Backsteinbau mit Konsoltrauffries und mittig aufgesetztem, von einer Ziervase bekröntem Lünettengiebel, um 1880. Unter den Segmentbogenfenstern des Obergeschosses ornamentierte Terrakottaplatten.

WOHNHAUS Nr. 65. Eingeschossiger verputzter Fachwerkbau mit Krüppelwalmdach, um 1820, die urspr. klassizistische Haustür erhalten.

WOHNHAUS Nr. 66, Ecke Kirchsteig. Verputztes Fachwerkgiebelhaus mit Krüppelwalmdach, um 1800.

WOHNHAUS Nr. 72. Zweigeschossiges Fachwerkgiebelhaus mit verputzter Vorderfront, 2.V. 19. Jh.

WOHNHAUS Nr. 76. Eingeschossiger Putzbau von um 1870 mit Konsoltraufgesims und Zwerchhaus; Portal und Fenster mit profilierten Faschen und von Klötzchen getragenen Stürzen.

WOHNHAUS Nr. 85. Zweigeschossiges Giebelhaus mit Krüppelwalm-Mansarddach, um 1800.

WOHNHAUS Nr. 86 (Museum). 1804 erbautes eingeschossiges verputztes Fachwerkhaus mit Krüppelwalmdach, urspr. Haustür; im Garten älterer Eibenbestand.

WOHNHAUS Nr. 90. Eingeschossiger verputzter Fachwerkbau mit übergiebeltem Zwerchhaus, A. 19. Jh.
WOHNHAUS Nr. 91. Zweigeschossiger Bau von um 1890 mit Konsoltraufgesims und Schieferdach, das Erdgeschoß mit Putzrustika, das Obergeschoß in Backstein mit reicher Putzgliederung, u. a. Faschenrahmungen und rustizierte Lisenen.
WOHNHAUS Nr. 92. Eingeschossiger verputzter Fachwerkbau mit Korbbogenportal, um 1800.

*Platz der Freiheit*
WOHNHAUS Nr. 6. Eingeschossigerr Backsteinbau vom E. 19. Jh.; unter der Traufe Zahnschnittfries, darunter Fries aus Terrakottaplatten mit rhombenförmigem Ornament. Die Mittelachse der platzseitigen Längsfront und das giebelseitig sitzende Portal mit Pilasterrahmung.

*Schloßstraße*
WOHNHAUS Nr. 1. Eingeschossiger Putzbau mit Krüppelwalmdach und urspr. Haustür, wohl A. 19. Jh.
WOHNHAUS Nr. 2. Zweigeschossiger Putzbau mit Neoempiredekor, um 1910. Die Mittelachse durch kleinen Dreieckgiebel betont.
WOHNHAUS Nr. 4. Zweigeschossiger Backsteinbau, um 1900.

*Wurthstraße*
WOHNHAUS Nr. 13, Ecke Rosmarienstraße. Zweigeschossiger Putzbau von um 1920; der Eingang in vertiefter, außermittig sitzender Nische, von Pilastern und Zahnschnittgesims gerahmt, darüber verglaste Loggia.
Ehem. SPEICHER (Wohnungen) Petersstraße 16. Zweigeschossiger Backsteinbau mit Drempel, 3. V. 19. Jh.; die Hoffront in Fachwerk; die Straßenfassade mit geschoßtrennendem Zahnschnittfries; im Drempel gekuppelte Segmentbogenluken, an der Seitenfront Ladeluken und Aufzugsvorrichtung.
Ehem. BAHNHOF Auf dem Gelände ehem. Lokschuppen, Fachwerkbau mit flachem, in Pappe gedeckten Satteldach, wohl. E. 19. Jh.
FRIEDHOF Erhalten fünf Stelen, Kalkstein, E. 18. Jh. Grabplatte Helene D. A. v. Platen † 1807. Fünf gußeiserne Grabkreuze 1874, 1875, 1882, 1886 (2). Kriegerehrenmal 1914–1918, geglätteter Findling. Grabstätte von drei namenlosen Häftlingen, Findling. Obelisk, Granit, mit Taube, Wappen und Inschrift, um 1900 (?).
DENKMAL in der Schloßstraße, Obelisk, gewidmet den Gefallenen des Deutsch-Französischen Krieges 1870/71.

### Friedrichshof
Ehem. GUTSHAUS (Wohnungen) Waldstraße 6. Eingeschossiger Putzbau von um 1910 in barockisierenden Formen. Die Mitte durch Zwerchhaus betont. Hofseitig von Balustrade eingefaßte Terrasse und urspr. Windfang mit geschweiftem Dachaufbau.
WOHNHAUS Waldstraße 12 a/b. Mehrhieschiger Fachwerkkaten mit Backsteinfüllungen und Rohrdach, um 1800.

### Gerdeswalde
LANDARBEITERKATEN Dorfstraße 6/7, 8/9, 10/11. In der 2. H. 19. Jh. errichtete zweigeschossige Backsteinhäuser mit flachem Dach. Das Obergeschoß niedriger, Segmentbogenfenster, die Eingänge an den Giebelseiten.

### Glashagen
GUTSHAUS Über Souterraingeschoß errichteter Backsteinbau. Im mittleren Teil eingeschossig mit Drempelgeschoß, an den Seitenrisaliten eineinhalbgeschossig mit Drempel, flache Dächer. Die Fenster segmentbogig, umlaufend Friese. Der mittlere Eingangsbereich mit vorgelagerter Treppe und hölzernem Windfang. Um 1870 errichtet.

### Glewitz
DORFKIRCHE Rechteckiger dreijochiger Backsteinbau auf Feldsteinsockel mit eingezogenem Chor mit 5/8-Schluß, dessen Wände höher als die des Langhauses. Der älteste Teil der wohl E. 13. Jh. entstandene Ostchor mit abgetreppten Strebepfeilern und hohen Spitzbogenfenstern mit einer Kreisblende im Zwickel. An der Südseite ein Rücksprungportal in einer flachen Vorlage, darüber kleine dreieckig geschlossene Blenden. Eine Sakristei an der Nordseite des Chores abgerissen. Das

*Linke Seite: Glewitz, Dorfkirche, Inneres nach Westen; Kruzifix*

*Rechte Seite: Griebenow, Schloß, Fassade*

dreijochige Schiff mit nach innen gezogenen Strebepfeilern, 15. Jh. Sein blendengeschmückter Westgiebel größtenteils vom Turm verdeckt, die Fenster und das Nordportal mit profilierten Gewänden.
Der Turm im unteren Teil massiv, das Obergeschoß mit Holzverbretterung und Pyramidendach.
Das Innere mit Kreuzrippengewölben, die im Chor 1719 erneuert, die Rippen hier auf bis zum Boden herabsetzenden Runddiensten aufsetzend.
Ausstattung: Altaraufsatz mit neogotischer Rückwand um 1860, darin Gemälde des segnenden Christus. Kanzel, E. 18. Jh. in Empireformen, am Korb Ölgemälde mit Szenen aus dem Leben Jesu, Schalldeckel mit Gebotstafeln und Putto mit Kreuz und Bibel. Taufe, 2. H. 19. Jh. Orgel mit neogotischem Prospekt, 1844 von Schulze, Paulinzella. Empore von 1683. Kruzifix, E. 15. Jh. Almosenkasten, 17./18. Jh. Emporen u. Kastengestühl, 19. Jh. Lesepult, 18. Jh. Kelch u. zwei Dosen, 18. Jh. Patene, Silber, 16./17. Jh. Zwei Patenen, Messing, 18. Jh. Zwei Patenen u. ein Kelch, Zinn, 18./19. Jh. Zwei Taufkannen, Messing, 18. Jh. u. 19. Jh. Zwei Taufschüsseln, Messing u. Kupfer, 18. Jh. u. 19. Jh. Kronleuchter, Messing, 19. Jh. Zwei Altarleuchterpaare, Zinn u. Gußeisen, 1. H. 19. Jh. Glocke, 15. Jh.
Auf dem Friedhof zahlreiche Grabwangen des 18./19. Jh.
PFARRHAUS Eingeschossiger Putzbau mit Krüppelwalmdach und vorgelagerter hölzerner Veranda, 1746 erbaut. Umbau 1910.

**Gransebieth**

GUTSHAUS Zweigeschossiges Backsteingebäude von zehn Achsen mit zweiachsigem übergiebelten Mittelrisalit und flachem Dach, 2. H. 19. Jh. Die Fenster segmentbogig, Gliederung durch Lisenen, Gesimse und Verdachungen.
SPEICHER und WOHNHAUS Lt. Inschrift 1921 erbauter massiver viergeschossiger Speicher auf fast quadratischem Grundriß mit Mansardwalmdach. An jeder Seite eine mehrfenstrige Gaube mit darüberliegender Fledermausgaube. An der linken Seite Anbau eines eingeschossigen massiven Wohnhauses mit Mansardgiebeldach.

## Grellenberg

GUTSHAUS 1925 nach der Zerstörung des älteren Vorgängerbaues errichtet. Zweigeschossiger Putzbau von sieben Achsen mit Walmdach. Mittelrisalit mit abgetrepptem Abschluß. Ecklisenen, Faschen und Fensterverdachungen sowie geometrische Ornamente oberhalb des rundbogigen Eingangsbereiches als Fassadendekor eingesetzt. An der rechten Giebelseite ein eingeschossiger Putzbau mit Krüppelwalmdach angebaut, wohl ein Teil des Vorgängerbaues.

## Gremersdorf

WOHNHAUS Dorfstraße 45. Eingeschossiger Putzbau von um 1910 mit aufgelegten Backsteingliederungen, segmentbogige Fenster.

## Griebenow

DORFKIRCHE Fünfzehnseitiger Fachwerkbau von 1616. Zeltdach mit hoher Mittelspitze. Halbrunde Holzsäulen tragen das geschnitzte Traufgesims mit Masken, gleiche Säulen betonen auch die Ecken im Innenraum, an dessen vielteiligem Zeltgewölbe angeputzte Grate. Ausstattung: Altar mit Mensaschranken 1654: Tafelbild mit Kreuzigungsdarstellung in Säulenrahmen mit figürlichem und floralem Dekor, A. 18. Jh. Kanzel mit Schalldeckel, Gestühl, ehem. Patronatsloge und Orgelempore, 2. H. 17. Jh. Oberteil der Patronatsloge, 18. Jh. Orgelprospekt und -werk, 18. Jh. Lesepult, aus Schnitzteilen A. 18. Jh. zusammengesetzt. Leuchterpaar, Holz, A. 18. Jh. Grabplatte F. Baras, † 1703. Grabplatte J. Normann, † 1739.

Kirchhof. Fünfzehnseitige von Rundbogennischen gegliederte Umfassungsmauer aus Backstein, 18. Jh., eingefügt ein offener hölzerner Glockenstuhl mit Zeltdach, 17. Jh. und rundbogigem Eingang, zwei Glocken 1653 u. 1655. Zwei Grabstelen 1800 und 1840.

SCHLOSS 1702–1706 im schwedischen Barockstil erbaut unter Einbeziehung eines älteren runden Warturmes im Westflügel. Über Souterraingeschoß errichteter zweigeschossiger Putzbau von dreizehn Achsen mit einmal durchbrochenem Walmdach und Dachreiter. Dreiachsiger Mittelrisalit an beiden Traufseiten, an der Vorderseite mit mittlerer Eingangstür und doppelläufiger Freitreppe. Das Portal wappenbekrönt. Symmetrischer Grundriß. Im Untergeschoß die ehem. Wirtschaftsräume, z.T. mit Kreuz- und Tonnengewölben versehen. In den beiden Hauptgeschossen die Wohn- und Gesellschaftsräume. Hinter der Eingangshalle an der Wasserseite befindet sich der große, in seinen Abmessungen und seiner Ausstattung aufwendige zweigeschossige Festsaal, nach dem Vorbild des Rittersaales in Stockholm gebildet. Die aufwendigen Stuckarbeiten von Italienern ausgeführt. Pilaster und zwei Kaminnischen mit Stuckkonsolen, reicher Wand- und Deckenstuck. In einem Raum Kamin mit Umrandung aus Delfter Fliesen, am Abzug Gemälde mit Bildnis des Grafen C. G. v. Reinschild, A. 18. Jh. Voute und Deckenspiegel mit gemaltem Palmettenfries bzw. vegetabilischen Ornamenten vom A. 19. Jh.

PARKANLAGE Von der im 18. Jh. entstandenen Anlage beträchtliche Teile erhalten, u. a. eine nördlich des Schlosses im Teich gelegene rechteckige Insel sowie im Bereich südlich und südöstlich des Schlosses barocke Alleen. Im 19. Jh. umfangreiche Veränderungen und Erweiterungen im Landschaftsstil.

Ehem. KAVALIERSHÄUSER Eingeschossige Putzbauten mit Krüppelwalmdach wohl noch aus dem 18. Jh., in der 1. H. 19. Jh. verändert. Links das ehem. Wirtschaftshaus (Wohnungen), fünfzehnachsig mit rundbogigen Fenster- und Toröffnungen sowie einem Frontispiz in der Gebäudemitte. Der gegenüberliegende ehem. Pferdestall in den gleichen architektonischen Formen z.T. abgebrochen und mit einem Neubau verbunden.

Ehem. TORHÄUSER Quadratische Ziegelfachwerkbauten mit Zeltdach und laternenartigem Aufsatz, wohl 1. H. 19. Jh.

Im ehem. Gutsdorf haben sich Ställe und Scheunen, eine Schmiede, Stellmacherei sowie die Wohnhäuser aus dem E. 19./A. 20. Jh. erhalten.

*Linke Seite: Griebenow, Kapelle und Glockenstuhl*

*Rechte Seite: Griebenow, Kapelle, Orgel; Grimmen, Stadtansicht (Lubinsche Karte)*

## Grimmen

STADTGESCHICHTE Erste urkundliche Erwähnung einer Ortschaft Grimmen von 1267. Stadtrecht wahrscheinlich 1285. 1287 Nachweis eines Stadtvogtes mit Wohnsitz im Fürstlichen Haus. 1304 Stadtsiegel. 1305 erste Urkunde mit wörtlicher Nennung als Stadt.
Der mittelalterliche Stadtgrundriß aus drei bogenförmig geführten Hauptstraßen mit rechtwinklig angelegten Querstraßen im wesentlichen erhalten. Die geschlossene Bebauung mit ein- und zweigeschossigen Bauten E. 18. und 19. Jh. in letzter Zeit durch Neu- und Umbauten verändert.

STADTBEFESTIGUNG Die Stadtmauer und die Tore vermutlich um 1320 entstanden. Die Mauer wurde in Abständen von etwa 100 m durch kleine rechteckige Wachtürme verstärkt, außerdem befand sich an der Nord- und Südseite der Mauer je ein runder »Fangelturm«. Schwere Zerstörungen während des 30jährigen Krieges. Ab 1815 Abbruch der Stadtmauer und Schleifung der Wälle und Gräben. Erhalten blieben die drei Tore.

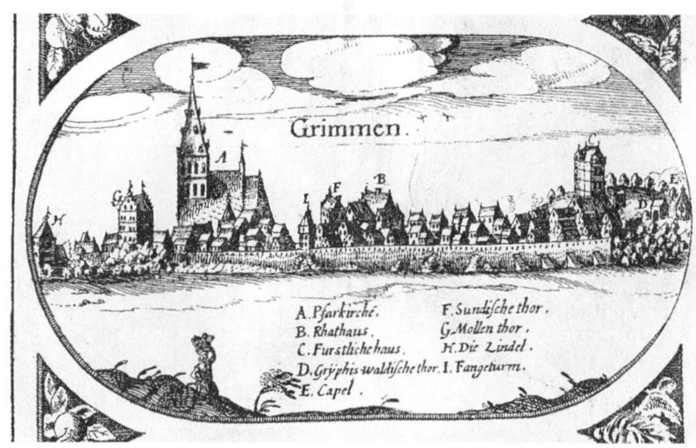


STRALSUNDER TOR Um 1320. Beherbergte zunächst den Torwächter, später den Gerichtsknecht und hatte bis 1850 einen Gefängnisraum. Quadratischer Backsteinbau über breit-spitzbogiger Durchfahrt, darüber an der Feldseite über doppeltem Deutschen Band zwei Reihen von schmalen und breiten Spitzbogenblenden, der Staffel-

giebel mit zweiteiligen spitzbogigen Blenden und Fialen. An der Stadtseite breite gereihte Spitzbogenblenden, am Dreiecksgiebel Fialen und schmale Blenden. Torflügel 17./18. Jh. 1978 umfassend restauriert.

GREIFSWALDER TOR Nach Zerstörung des Vorgängerbaues in der 2. H. 14. Jh. erbaut, um 1800 nach Blitzschlag starke Schädigung und Veränderung der Giebel. Backsteinbau von fast quadratischem Grundriß auf einem Feldsteinsockel mit spitzbogiger Toröffnung und Tonnengewölbe. Stadt- und Feldseite mit einfacher Blendengliederung. 1980 Rekonstruktion.

TRIBSEER (MÜHLEN)-TOR Wohl um 1320 errichteter Backsteinbau auf einem Feldsteinsockel auf fast quadratischem Grundriß. Das Tor diente als Wache mit Ausblick. Die Toröffnung spitzbogig, Tonnengewölbe. Die Blendengliederung unsymmetrisch, an der Stadtseite einfacher gestaltet. Torflügel 17./18. Jh. 1976 Restaurierung.

STADTKIRCHE ST. MARIEN Dreischiffige fünfjochige Backsteinhalle auf Feldsteinsockel mit Dachreiter und nördlichem Kapellenbau, der Chor eingerückt mit Dreiachtelschluß und einjochigem gleichhohen Umgangschor mit Nordsakristei. Der quadratische viergeschossige Westturm mit Seitenhallen, die oberen drei Geschosse mit Blendenschmuck, Pyramidendach.

Langhaus mit getreppten Strebepfeilern und Blendengiebeln im Osten und Westen 1267 urkundlich genannt. Wenig später der Chor, die Kapellen, die Sakristei und der Westturm angefügt, dessen urspr. schlanke Turmspitze nach Zerstörung durch ein Pyramidendach ersetzt. Die Agneskapelle an der Südseite 1846 abgebrochen. Erhalten die polygonal geschlossene zweijochige Kapelle an der Nordwand des zweiten Westjochs, die sog. Moritzkapelle. Die jetzt zugesetzten Korbbogenfenster 1615 bei der Umgestaltung zum Erbbegräbnis eingesetzt. Die Nordsakristei zweigeschossig.

Hallenchor mit Umgang, die Strebepfeiler nach innen gezogen, sie bilden hohe Wandnischen. Innen alle Bauteile außer der Nordkapelle mit Kreuzrippengewölben gedeckt, im Langhaus und Chor auf achteckigen Pfeilern ruhend. Die Chorpfeiler mit zierlichen Diensten und

neogotischen kelchförmigen Kapitellbändern. Die Seitenschiffe vom Chorumgang und den Turmseitenhallen durch Wände abgetrennt. Die Turmhallen untereinander und zum Langhaus geöffnet. Einschneidende Restaurierungen M. 19. Jh. und 1976/77.
Ausstattung: Altargestaltung M. 19. Jh., die hölzernen Chorschranken mit reichem Maßwerk und Wimpergen. Voraltar um 1900, das Verkündigungsrelief 1. H. 17. Jh. Kanzel mit Schalldeckel und Aufgang, um 1707. Korb mit den vier Evangelisten, üppigem Blattwerk und Engelköpfen von Engelsfigur getragen. Auf dem turmartigen Schalldeckel Figuren der Tugenden u. auferstandener Christus. Fünte, Kalkstein, 14. Jh., die Kuppa mit rundbogigen Blendarkaden. Orgel, 1992 von A. Voigt, Bad Liebenwerda. Mittelalterliches Weihwasserbecken in der Turmhalle. Schnitzfigur, Pietà, 2. H. 15. Jh. Vier Porträtgemälde: A. Brunst †1786, J. Berends †1745, B. Alberti †1644, Carl Bindemann †1878. Wandbrett 1622. Zwei Truhen mit Eisenbeschlag, wohl nachmittelalterlich. Ratsgestühl, neunsitzig, 15. Jh., mit neogotischem Baldachin, davor Gestühlsreihe mit Brüstung von 1590. Bürgerschaftsgestühl, sechssitzig, 15. Jh., das ausgeschnittene Brett des Baldachins mit reicher ornamentaler Bemalung und Stadtwappen, wohl E. 16. Jh. Davor Gestühlsreihe mit Brüstung E. 16. Jh. Gestühl der Schmiede u. Schuster, 1586. Gestühl der Schneider, 1787. Weitere Gestühlsteile des 17./18. Jh. Zwei Beichtstühle, 18. Jh. Zwei Kelche, eine Patene, 14./15. Jh.

*Linke Seite: Grimmen, Stralsunder Tor, Feldseite*

*Rechte Seite: Grimmen, Stadtkirche, Kanzel; Pietà*

Kelch u. Patene, 16. Jh., Kuppa 1651. Kelch u. Patene, Dose u. Deckelkanne, 18. Jh. Zwei Kronleuchter, Messing, 18. Jh. Zwei Glocken 1458. Zwei Glocken: 1651 u. 1796 von Gottlieb Metzler, Stralsund. Grabplatte H. Struve † 1391. Grabplatte J. Klingeberg † 1464 mit Ritzzeichnung eines Geistlichen. Grabplatte M. Hans Hase, Sandstein, 1633. Doppelepitaph C. Schwerin † 1603 und Frau, Sandstein, Relieffiguren in Stuckrahmen. Epitaph v. Schwerin, Holz, 1699.
Der ehem. Friedhof wurde in der 2. H. 19. Jh. eingeebnet und die Begrenzung entfernt.

KATHOLISCHE KIRCHE ST. JACOBUS 1926 nach Entwurf Paul Kühn, Berlin, erbaut. Das Bauwerk ist eine Verbindung von Kirche und Pfarrhaus. Zweigeschossiges im Obergeschoß verputztes Pfarrhaus mit Walmdach und Dachreiter mit kupfergedeckter welscher Haube. Der eingeschossige hallenartige Kirchenbau mit Attika, eingezogenem Rechteckchor und Spitzbogenfenstern.
Die Ausstattung im wesentlichen aus den 1930er und 50er Jahren. Fenster (Entwurf E. Lammer, Berlin, Ausführung A. Wagner, Berlin).

RATHAUS Zweigeschossiger Backsteinbau von drei zu fünf Achsen mit Giebeln um 1400. Zwischen den Geschossen umlaufender Putzfries, an den Giebelfronten darüber doppeltes Deutsches Band. Im Erdgeschoß der Marktfront die dreijochige kreuzrippengewölbte Gerichtslaube in drei Spitzbogenarkaden zum Markt geöffnet. Am Giebel zwischen polygonalen Pfeilern mit Türmchen schmale zweiteilige Spitzbogenblenden, der Südgiebel mit gestaffelten zweiteiligen Blenden. Achtseitiges, wohl mittelalterliches Dachtürmchen, die bekrönende Laterne mit Haube 2. H. 17. Jh.
PFARRHOF Domstraße 7. Zweigeschossiges fünfachsiges Fachwerktraufenhaus von 1738 mit später verputzter Straßenfront, Krüppelwalmdach. Westlich, im rechten Winkel gelegen ein langgestrecktes Stall- und Wirtschaftsgebäude aus Ziegelfachwerk, wohl aus der gleichen Zeit.

*Grimmen, Rathaus*

*Hafenstraße*

WOHNHAUS Nr. 6. Urspr. sechsachsiges Fachwerktraufenhaus aus der 1. H. 19. Jh., die massive verputzte Fassade E. 19. Jh.

Ehem. ROSSSCHLÄCHTEREI Nr.11. 1812 erbaut. Das zweigeschossiges Wohnhaus, ein Fachwerktraufenhaus, an der Straßenseite verändert. Der Stall mit Toreinfahrt, das Schlachthaus und das Gebäude zur Fleischverarbeitung erhalten.

WOHNHAUS Nr. 12. Zweigeschossiger Putzbau mit historistischer Fassadengestaltung, E. 19. Jh. erbaut.

AMTSGERICHT Nr. 14. 1838 errichtet. Über Feldsteinsockel erbautes eingeschossiges Backsteingebäude von 13 Achsen. Der fünfachsige Mittelteil als zweigeschossiger Risalit mit Giebel gebildet. Mittlerer Eingangsbereich, die Fenster rundbogig mit profiliertem Gewände aus gelbem Backstein, Lisenengliederung. Unterhalb der Traufe Rundbogenfries.

WOHNHAUS Kirchstraße 2. Eingeschossiger fünfachsiger verputzter Backsteinbau mit originaler Eingangstür aus der 1. H. 19. Jh.

*Lange Straße*

WOHN- UND GESCHÄFTSHAUS Nr. 1. Zweigeschossiger verputzter Eckbau von 1902. Das Obergeschoß mit der originalen neoklassizistischen Gliederung durch Pilaster, die Fenster mit Faschen und spitz- und segmentbogigen Verdachungen. An der rechten Seite geschweifter Giebel mit Obelisk-Aufsätzen.

BANKGEBÄUDE Nr.9. Zweigeschossiger Putzbau mit Mansarddach. Pilastergliederung, geschoßtrennende Gesimse. Erdgeschoßfenster rundbogig, alle Fenster mit Faschenrahmung. Oberhalb des Eingangsbereiches im zweiten Geschoß eine Nische. Rechts ein einachsiger dreigeschossiger Risalit.

Ehem. WOHNHAUS (Verwaltung) Nr. 41. Zweigeschossiger vierachsiger Putzbau mit Attika. Erdgeschoß mit Fugenschnittputz, Fenster des Obergeschosses mit Dreiecksverdachungen. Unterhalb der Attika Drempelgeschoß mit Ornamentfries. E. 19. Jh.

Ehem. HOTEL Nr.42. Zweigeschossiges sechsachsiges Fachwerktraufenhaus mit massiver Putzfassade und Krüppelwalmdach, wohl M. 19. Jh. Die doppelflügelige breite Eingangstür mit Ranken- und Porträtreliefs. Rechts eine Einfahrt.

WOHNHAUS Nr. 43. Zweigeschossiges verputztes Fachwerktraufenhaus. In der Gebäudemitte zweiachsige Utlucht mit Walmdach und Balkon, rechts eine Toreinfahrt. Wohl M. 19. Jh. erbaut.

Ehem. WOHNHÄUSER Nr. 46 und 47. A. 19. Jh. errichtete zweigeschossige Fachwerktraufenhäuser, die Fassade massiv mit Quaderung in Fugenschnittputz und Faschen. Nr.47 mit der originalen klassizistischen Haustür.

Ehem. DROGERIE UND RATSKELLER (Einwohnermeldeamt) Nr. 48. Neogotischer Klinkerbau, 1908 erbaut. Zweigeschossiges Eckgebäude mit Mansarddach. Ecke abgeschrägt mit Erker und Turmaufsatz, der ehem. Eingangsbereich zugesetzt. An den Traufseiten flache Mittelrisalite mit Giebelabschluß. Segmentbogenfenster. Sohlbänke abgetreppt, wie die Gesimsbänder mit grünglasierten Ziegeln.

*Markt*

WOHN- UND GESCHÄFTSHAUS Nr. 2. Zweigeschossiges, im Obergeschoß dreiachsiges verputztes Fachwerktraufenhaus mit Krüppelwalmdach, A. 19. Jh. Neue Geschäftseinbauten.

Ehem. WOHNHAUS Nr. 3. Ursp. fünfachsiges Traufenhaus mit Mitteleingang, darüber Zwerchhaus. Fenster und Tür mit profilierten Faschen und gesimsartiger Verdachung, A. 19. Jh.

WOHNHAUS Nr. 6. Zweigeschossiges verputztes Traufenhaus mit mittiger Eingangstür und schmalen Gesimsen. A. 20. Jh. errichtet.

Ehem. HOTEL Nr. 9. Zweigeschossiges sechsachsiges verputztes Fachwerktraufenhaus, um 1850 errichtet, 1906 als Schlächterei umgestaltet. In der Gebäudemitte Zwerchhaus mit mittlerer halbrunder begehbarer Nische.

*Mühlenstraße*

WOHNHAUS Nr. 1. Zweigeschossiges verputztes Fachwerktraufenhaus von vier Achsen mit geschweiftem Frontispiz, um 1800.

WOHN- UND GESCHÄFTSHAUS Nr. 5. Zweigeschos-

siges neogotisches Backsteingiebelhaus mit Mittelachse in Wandvorlage. Fenster und Tür segmentbogig mit geschweifter glasierter Verdachung und abgetreppten Sohlbänken. E. 19. Jh.

KAUFHAUS Nr. 8. Um 1910 errichtetes Eckgebäude aus verputztem Backstein mit flachem Walmdach. Erdgeschoß urspr. mit Segmentbogenfenstern, das Obergeschoß mit Lisenen, Fenstergiebel.

Ehem. DIAKONATSHAUS UND SCHEUNE (Gemeindehaus) Nr. 10/11. Eingeschossiges, jetzt verputztes Fachwerkgiebelhaus von fünf Achsen mit hohem Dachstuhl. Links Anbau einer niedrigen traufständigen Fachwerkscheune. Wohl E. 17. Jh. nach Umbau der ehem. »Capellaney« entstanden.

WOHNHAUS Nr. 20. Zweigeschossiges vierachsiges Giebelhaus aus verputztem Backstein und Fachwerk mit aufwendiger historisierender Fassade, um 1860.

*Linke Seite: Grimmen, Wohnhaus Mühlenstraße 20*
*Rechte Seite: Grimmen, sog. Kirchenbude Schulstraße 6*

*Norderhinterstraße*

WOHNHAUS Nr. 11. Giebelständiges Fachwerkgebäude mit einem zweiachsigen Anbau an der rechten Seite. Die Gefache in Lehm und Backstein, wohl in der 1. H. 19. Jh. erbaut.

SCHULE (Friedrich-Wander-Oberschule) Nr. 12. Haus 1: Zweigeschossiger Putzbau, 1848 erbaut, jetzt stark erneuert. Haus 2: Mädchenschulhaus und Turnhalle, 1905 erbaute Backsteingebäude, Segmentbogenfenster mit profiliertem Gewände. Verputzte Mauerpartien als Zierelement. Haus 3: 1930 nach Plänen von August Bastel, Greifswald, errichteter zweieinhalbgeschossiger Backsteinbau mit Walmdach. Frontispiz mit abgetrepptem Giebel, auf Pfeilern überdachter Eingangsbereich, Fensterbänder mit Putzbandabschluß.

WASSERTURM 1933 erbauter Backsteinturm. Unterhalb des Spitzdaches Fensterband. Der Eingang mit neogotischem Portal, darüber in einer Achse kleine Fenster in spitzbogiger Wandvorlage. Der obere Bereich durch Gesimse gestaltet.

Ehem. GASTSTÄTTE Nr. 22. Anstelle der ehem. alten Wache der schwedisch-königlichen Landreiterei als Gaststätte errichtetes siebenachsiges Fachwerktraufenhaus, 19. Jh.

WOHNHÄUSER Nr. 28/29/30. Häuserzeile von drei niedrigen eingeschossigen dreiachsigen Fachwerkhäusern, 1. H. 19. Jh.

*Schulstraße*

Ehem. KALAND-HAUS (Neuapostolische Kirche) Nr. 3. Zweigeschossiges dreiachsiges Backsteingiebelhaus mit Blendengiebel E. 15./16. Jh., Veränderungen 18./20. Jh.

Ehem. ARMENHAUS Nr. 5. Im Kern ein Fachwerktraufenhaus wohl noch aus dem 17. Jh., in neuerer Zeit stark verändert.

Sog. KIRCHENBUDE Nr. 6. Giebelständiger Fachwerkbau von 1819. Urspr. Wohnung für an der Kirche beschäftigte Handwerkerwitwen. Das Innere durch Flur erschlossen, an dessen linker Seite sechs Einraumwohnungen, an der rechten Seite Waschküche.

*Strohstraße*

WOHNHAUS Nr. 14. Zweigeschossiges verputztes urspr. fünfachsiges Fachwerktraufenhaus, wohl um 1870 erbaut. Schlichte Fassadengestaltung durch Gesimse, Faschen und Reliefmedaillons seitlich des mittleren Obergeschoßfensters.

WOHNHAUS Nr. 26. Freistehendes zweigeschossiges sechsachsiges Gebäude aus gelbem Backstein mit zweiachsigem Mittelrisalit mit barockisierendem Giebelabschluß und Utlucht im Erdgeschoß. Verputzte Eckrustizierung, Putzbänderung und Faschen. E. 19. Jh.

WOHNHAUS Nr. 30. Zweigeschossiger fünfachsiger Putzbau. Im Erdgeschoß links eine Toreinfahrt. Das Obergeschoß 2. H. 19. Jh. aufgestockt. Filigraner neogotischer Putzdekor.

***Straßen außerhalb der mittelalterlichen Stadtumgrenzung***

WINDMÜHLE Badeweg 13. 1881 errichtete Erdholländermühle. Achtkantständerbau, der Mühlenkörper oberhalb des Backsteinuntergeschosses mit Teerpappendekkung. Haube und Flügel fehlen. Technische Ausstattung erhalten.

Von dem ehem. Wirtschaftshof das Wohnhaus und ein Stallgebäude erhalten.

*Bahnhofstraße*

BAHNHOF An der 1878 fertiggestellten Bahnlinie Demmin-Grimmen-Stralsund 1881 errichtet. Zweieinhalbgeschossiger Backsteinbau, die äußeren Achsen an beiden Seiten als Risalit gebildet, mit flachem Dach. Das obere Halbgeschoß in Zierfachwerk, an der den Gleisen zugewendeten Seite verändert. Fenster und Türöffnungen rundbogig. An das Hauptgebäude angebaut ein Bau für die Lagerung des Frachtgutes und ein weiteres kleines Fachwerknebengebäude.

WOHN- UND GESCHÄFTSHAUS Nr. 1. 1909 erbaut. Zweigeschossiges verputztes Eckgebäude mit Mansarddach. Der Eingang in der abgeschrägten Ecke, über dem Fenster des Obergeschosses turmartiger Aufsatz mit einem dritten Geschoß, darüber ein rundtempelartiger Aufbau mit Kupferdach. Das Obergeschoß mit aufgemalter Pilastergliederung. An der Nordseite einachsiger gerader Erker, an der Westseite hölzerne Veranda. Darüber Zwerchhaus mit Lünettengiebel.

VILLA und LANDRATSAMT (Kreisverwaltung) Nr. 12/13. A. 20. Jh. errichtet, in den 1990er Jahren saniert und die innere Raumstruktur z.T. verändert.

WOHN- UND GESCHÄFTSHAUS Nr. 46. Zweigeschossiger Klinkerbau. Mittlere Achse als flacher Risalit gebildet mit Frontispiz. Ziegelbänderung und Ornamente unter den Fenstern aus glasierten Ziegeln, Segmentbogenfenster. 2. H. 19. Jh.

BANKGEBÄUDE Nr. 47. 1859 erbautes zweigeschossiges achtachsiges Backsteingebäude mit Mansarddach. Zwei Achsen als Risalit mit Frontispiz gebildet. Die Fenster mit Faschen und Verdachung. Das Erdgeschoß verputzt.

WOHN- UND GESCHÄFTSHAUS Nr. 48. Lt. Inschrift 1904 errichteter zweigeschossiger Putzbau. Die breiten Segmentbogenfenster mit geschwungenen Faschen, Pilastergliederung, Frontispiz mit Bärenskulpturen.
POSTGEBÄUDE Nr. 49. 1898 in neogotischen Formen errichtet. Zweigeschossiger Backsteinbau von sechs Achsen, die linken zwei Achsen leicht vorgesetzt, durch drei Fenster im Obergeschoß und Treppengiebel mit Vierpässen und fialenartigen Aufsätzen betont. Die Fenster segmentbogig, z. T. mit glasierten Ziegeln.
Ehem. SCHAUBURG (Geschäftshaus) Nr. 50. 1930 erbautes kleines, aus drei unterschiedlich hohen Bauteilen bestehendes verputztes Backsteingebäude mit Flachdächern. Sockel, Türeinfassung, Attika und Ziegelbänderung in Backstein.
KARL-MARX-GEDENKSTEIN 1953 aufgestellter Findling mit metallenem Porträtmedaillon und Inschrift.

*Buddelinerstraße*
WOHNHAUS Nr. 4. Zweigeschossiges vierachsiges verputztes Gebäude, im Kern wohl Fachwerk. A. 19. Jh.
WOHNHAUS Nr. 11. Zweigeschossiger dreiachsiger verputzter Fachwerkbau. Zwischen den Geschossen ein profiliertes Gesims, das Obergeschoß leicht vorkragend. Wohl 1. H. 19. Jh.
WOHNHAUS Nr. 13. Zweigeschossiger verputzter Fachwerkbau von drei Achsen. Zwischen den Geschossen ein Gesimsband. Wohl M. 19. Jh.

*Greifswalder Straße*
WOHNHAUS Nr. 13/13 a. Zweigeschossiges Doppelhaus von jeweils sechs Achsen aus Ziegelfachwerk mit verputzter Fassade. Die Eingangsachsen durch rahmende Pilaster und Giebelabschluß gestaltet. 2. H. 19. Jh. erbaut.
WOHN- UND GESCHÄFTSHAUS Nr. 24. Zweigeschossiger Ziegelfachwerkbau mit massiver Fassade. Doppelhaus mit jeweils fünf Achsen im Obergeschoß. Mittiger Eingangsbereich. Segmentbogenfenster mit gesimsartigen Verdachungen, Deutsches Band als Zierelement. 2. H. 19. Jh. errichtet.
WOHNHAUS Nr. 35. Zweigeschossiger Ziegelfachwerkbau mit verputzter Fassade mit neoklassizistischer Gestaltung, 2. H. 19. Jh.
WOHNHAUS Karlstraße 18. Zweigeschossiges Eckhaus aus Backstein in neogotischen Formen E. 19. Jh. erbaut. Architektonische Akzentuierung durch doppelgeschossigen Eckerker und zweiachsigen Mittelrisalit mit Zwerchhaus und Treppengiebel.
WOHNHAUS Neuberlin 34. Niedriges eingeschossiges sechsachsiges verputztes Traufenhaus, die originale Eingangstür erhalten. Wohl um 1820 errichtet.
SPEICHER Stralsunder Straße 55. Zwei 1902 erbaute viergeschossige vier- bzw. fünfachsige Speicher aus Backstein mit flachem Dach. In der jeweils linken Achse die Ladeluken.
WOHNHAUS Stralsunder Straße 58. Siebenachsiger verputzter Ziegelfachwerkbau mit Krüppelwalmdach, 1. H. 19. Jh. errichtet. An der Rückseite ein zweigeschossiger massiver Anbau. Zugehörig ein kleines Stallgebäude aus Ziegelfachwerk.
WOHN- UND GESCHÄFTSHAUS Straße der Solidarität 70. E. 19. Jh. errichtetes zweieinhalbgeschossiges Eckgebäude mit flachem Dach. Die straßenseitigen Fassaden massiv, das Drempelgeschoß und die Rückseiten in Zierfachwerk. Lisenengliederung, zwischen den Geschossen ein Vierpaßfries, die segmentbogigen Fenster mit gesimsartigen Verdachungen.
WOHNHAUS Wilhelmstraße. Zweigeschossiger siebenachsiger Putzbau im Stil der Spätgotik, E. 19. Jh. errichtet. Zweiachsige flache Seitenrisalite, die abgetreppten Giebel mit Fialenaufsätzen. Die Bekrönung des Mitteleinganges und die Fenstergewände in sandsteinimitierenden spätgotischen Formen.

**Groß Behnkenhagen**
Ehem. GUTSHAUS Dorfstraße 22. Über Kellergeschoß errichteter urspr. siebenachsiger Putzbau, später rechts um eine Achse und einen Anbau erweitert. Zweigeschossiger einachsiger Mittelrisalit mit Giebelabschluß, Eingangsbereich mit vorgelagerter Treppe. Fenster mit durchgehendem Sohlbankgesims, oberhalb der Fenster schmales Gesims, an den äußeren Achsen mit Giebelabschluß. Wohl E. 19. Jh. erbaut.

*Groß Bisdorf, Dorfkirche von Südosten; Friedhofsportal*

Im Inneren Chor und Sakristei mit Kreuzrippengewölben des 14. Jh., in der Chorostwand Sakramentsnische. Spitzbogiger Triumphbogen. Das auf Wölbung angelegte Langhaus mit Achteckpfeilern und profilierten Scheidbögen, im Mittelschiff hölzerne Flachtonne, in den Seitenschiffen schräge Bretterdecken. Deckenmalereien aus dem 18. Jh. mit Darstellungen aus der Genesis, Kap. 32, und der Tobiaslegende, musizierende Engel und Ranken in Grisaille-Malerei.
Ausstattung: Altaraufsatz, zweigeschossiger architektonischer Aufbau von 1703, Predella mit Abendmahlsdarstellung, Hauptgemälde mit Kreuzigungsgemälde, von gedrehten Säulen gerahmt, darüber Aufsatz mit Auferstehungsgemälde und seitlichen, zu Säulen gewundenen Strängen. Skulpturen der Evangelisten und des Salvators. Altarschranke mit geschweifter Brüstung, wohl gleichzeitig. Kanzel mit Portal, Aufgang und Schalldeckel, M. 17. Jh., die gemalten Landschaftsdarstellungen am Kanzelkorb 1719 von Friedrich Kühlens und Johann Christian Rettel. Zwischen den Hermenpilastern

**Groß Bisdorf**

DORFKIRCHE Dreischiffige Hallenkirche aus Backstein mit eingezogenem Rechteckchor aus Feldstein, Nordsakristei und vorgesetztem quadratischen Westturm. Das gesamte Gebäude mit einer Kalkschlemme überzogen.
Der Chor 2. H. 13. Jh., die Spitzbogenfenster an der Nord- und Südseite sowie das Südportal mit profilierten Backsteinlaibungen, die schlichtere Zweifenstergruppe in der Ostwand wohl auch urspr., der Giebel 1722 und 1810 erneuert. Die Nordsakristei unter Pultdach wohl 14. Jh. Das dreijochige Langhaus 14. Jh., die Spitzbogenfenster verändert, von den Portalen mit profiliertem Gewände das nördliche zugesetzt, das südliche in flacher Mauervorlage, seine Tür aus dem 18. Jh. innen mit geschnitzten Ranken. Der zweigeschossige Westturm verputzt, sein Obergeschoß mit achtseitigem kupfergedeckten Spitzhelm 1791 erneuert.

Rundbogenreliefs der Evangelisten. Auf dem Schalldeckel Kruzifix aus der 1. H. 17. Jh. Taufstein, 3. V. 19. Jh. Orgel mit neogotischem Prospekt, 2. H. 19. Jh., das Werk von Friedrich August Mehmel, Stralsund u. Wismar. Kruzifix, um 1500(?). Südempore, 18. Jh., an der Brüstung gemalte emblematische Darstellungen und Wappenschnitzereien. Pfarr- und Gemeindegestühl, A. 18. Jh., die vordere Brüstung mit Landschaftsmalerei und gemalten Festons. Kelch, 1727. Kelch, Patene u. Oblatendose, Messing versilbert, 19. Jh. Patene, Zinn, 1730. Zwei Kannen, Messing versilbert u. Zinn, 19. Jh. Taufschale, Messing versilbert, 19. Jh. Altarleuchterpaar, Silber, 19. Jh. Glocke, 1773 von Gottlieb Metzler, Stralsund. Drei Grabplatten: G.Rusken †1489, H. Rusken †1571 u. G. Rusken 16. Jh.
Auf dem Kirchhof verputztes Backsteinportal mit Gliederung durch toskanische Pilaster, rundbogige Tordurchfahrt und Fußgängerpforte, 1784. Kruzifix, E. 18. Jh. Grabstele, Schade †1838.

*Dorfstraße*

SCHEUNE Nr. 19. Längsaufgeschlossene Ziegelfachwerkscheune mit rohrgedecktem Satteldach, die Giebelspitzen verbrettert, 19. Jh.
WOHNHAUS Nr. 23. Ziegelfachwerkbau mit Mitteleingang und rohrgedecktem Krüppelwalmdach, um 1800.
WOHNHAUS Nr. 24. Eingeschossiges dreiachsiges Fachwerktraufenhaus mit rohrgedecktem Krüppelwalmdach und geklehmten Wänden, 18. Jh.
WOHNHAUS UND STALL Nr. 25. Fünfachsiges Fachwerktraufenhaus, die Fassade z.T. massiv mit rohrgedecktem Krüppelwalmdach. Wohl 18. Jh. Zugehörig ein Stallgebäude in Lehmfachwerk, Satteldach und verbretterte Giebel.
WOHNHAUS Nr. 26 und 26 a. Langgestrecktes neunachsiges massives Traufenhaus mit rohrgedecktem Krüppelwalmdach.
PFARRHOF Nr. 27. Siebenachsiges Traufenhaus mit Krüppelwalmdach. Ziegelfachwerkbau, die Fassade verputzt. Fensterveränderungen. Wohl im 18. Jh. errichtet.
WOHNHAUS UND STALL Nr. 29. Das Wohnhaus ein Fachwerkgebäude mit Krüppelwalmdach, die Gefache in neuerer Zeit verputzt, neuer Eingangsvorbau. Der zugehörige Fachwerkstall queraufgeschlossen mit rohrgedecktem Krüppelwalmdach, beide Gebäude wohl 18. Jh.
WOHNHAUS Nr. 30. Fachwerkgebäude mit rohrgedecktem Krüppelwalmdach, wohl 18. Jh.
BAUERNHAUS Nr. 32. Niederdeutsches Hallenhaus aus Lehmstakenfachwerk mit rohrgedecktem Krüppelwalmdach, wohl 18. Jh.
BAUERNHOF Nr. 33. Dreiseitige Anlage. Das zurückgesetzte massive Wohnhaus sechsachsig mit Krüppelwalmdach, 2. H. 19. Jh. Im rechten Winkel dazu eine längsaufgeschlossene Fachwerkscheune mit rohrgedecktem Krüppelwalmdach. Die urspr. Lehmstakengefache z. T. in Backstein ersetzt, wohl 1. H. 19. Jh. Parallel dazu ein queraufgeschlossenes Stallgebäude in Ziegelfachwerk mit mittlerer Torfahrt und rohrgedecktem Krüppelwalmdach, 2. H. 19. Jh.
WOHNHAUS Nr. 41. 1797 erbautes Fachwerkgebäude mit rohrgedecktem Krüppelwalmdach. Das Dach in neuerer Zeit ausgebaut.

**Groß Kedingshagen**

Ehem. GUTSHAUS Schloßplatz 38. Über hohem Sockel errichteter, differenziert gestalteter zweigeschossiger Putzbau in gotisierenden Formen, M. 19. Jh. In der Mitte der Hoffront polygonal vorspringender Vorbau. An der Südwestecke sechseckiger Turm mit Laternenaufsatz. – Südöstlich ausgedehnter

*Linke Seite: Groß Kordshagen, Gutshaus, Hofseite*

*Rechte Seite: Groß Kordshagen, Schöpfanlage*

WIRTSCHAFTSHOF mit zumeist zweigeschossigen neogotischen Backsteinbauten aus den Jahren zwischen 1860 und 1880, erwähnenswert der Komplex des ehem. Marstalls. – Südwestlich das
ehem. INSPEKTORHAUS Schloßplatz 42. Zweigeschossiger Putzbau von 1914 – Weiterhin erwähnenswert:
WOHNHAUS Schloßplatz 47. Zweigeschossiger Backsteinbau mit Ecklisenen und flachem Walmdach, errichtet 1902.
WOHNHÄUSER Dorfstraße Nr. 15–29. Eingeschossige Backsteinbauten mit zugehörigen Stallgebäuden, um 1900.

**Groß Kordshagen**

Ehem. GUTSHAUS Eingeschossiger Backsteinbau auf durchfenstertem Kellergeschoß und mit Drempel, um 1870/80. An der Hofseite dreiachsiger zweigeschossiger Mittelrisalit mit Dreieckgiebel.
WASSERSCHÖPFANLAGE In der Gemarkung stehende windgetriebene Eisenkonstruktion, wohl A. 20. Jh.

**Groß Lüdershagen**

Ehem. GUTSHAUS (Wohnungen) Kastanienweg 5/6. Eingeschossiger Putzbau mit Krüppelwalmdach, errichtet 1866. Die Hofseite mit genuteter Putzfassade, in der Mitte flacher Risalit mit schlankem Schweif-/Lünettengiebel, die zwei Fenster unter dem aufgelegten Wappen neogotisch. Für die Wirkung des Hauses die Gauben mit kleinen Schweifgiebeln bedeutsam. – Zugehörig mehrere Wirtschaftsgebäude, zumeist ein- und zweigeschossige Backsteinbauten aus der 2. H. 19. Jh., besonders erwähnenswert: ehem. Hundehaus, eingeschossiger Backsteinbau von um 1870, an den Längsseiten Mittelrisalite mit Schweif-/Lünettengiebeln nach dem Vorbild am Gutshaus.

**Groß Mohrdorf**

DORFKIRCHE Backsteinbau mit eingezogenem polygonal geschlossenen Chor, Südsakristei und Südvorhalle; der querrechteckige Westbau über die Flucht des Langhauses leicht hinausreichend. Einheitlicher Bau aus der 2. H. 13. Jh.
Am Chor unter den Spitzbogenfenstern umlaufendes Kaffgesims, die Mauerkrone mit opus spicatum. Die Sakristei urspr. eingeschossig mit umlaufendem Dreieckfries auf Konsolen und spitzbogigem Doppelportal (die westliche Öffnung vermauert), wohl im 19. Jh. aufgestockt, aus dieser Zeit die neogotischen Spitzbogenfenster und das östliche segmentbogige Portal. Am dreischiffigen zweijochigen Hallenlanghaus der Ostgiebel mit steigenden Spitzbogenblenden, die Fenster mit neogotischem Maßwerk 19. Jh.; das Kaffgesims des Chores unter den Fenstern weitergeführt, Nord- und Südportal mit reich profiliertem Gewände. Am Westbau die westliche Seite mit Portal in Mauervorlage und durch Klee-

blattbogenfries auf Konsolen verbundenen Ecklisenen, darüber abgewalmter Giebel mit seitlich gestaffelten, in der Mitte gereihten Spitzbogenblenden, wohl zu einem unvollendet gebliebenen Mittelturm mit seitlichen Halbgiebeln gehörend; schlichtes Walmdach. An der Südostseite des Westbaues polygonal vorspringender Treppenturm.

Im Inneren Chor, Langhaus und Turmhalle mit Kreuzrippengewölben auf Konsolen, Wanddiensten und Achteckpfeilern mit einfachen Kämpfern; der schmale spitzbogige Triumphbogen auf Wandvorlage. Das Langhaus zu den drei Turmhallen mit Spitzbogenarkaden geöffnet. An der Nordseite des Polygons gemauertes Sakramentshaus mit seitlichen fialenbekrönten Pfeilern und Dreieckgiebel mit Vierpaßrosette, darunter mit Eisenbändern beschlagene Holztür. An mehreren Stellen mittelalterliche Wand- und Gewölbemalerei: am Gurtbogen zwischen westlichem Mittelschiffsjoch und Turmhalle Majestas Domini mit dem Gekreuzigten im Schoß und Figuren der Madonna, Johannes Bapt. und Jeremias, M. 14. Jh.; in den Scheitelzwickeln des östlichen Mittelschiffsgewölbes vier tubablasende Engel, 2. H. 15. Jh.; an der nördlichen Schiffswand Reste einer szenischen Malerei aus dem 15. Jh.

Ausstattung: Altaraufsatz, 1700 von Johann Wendt, Stralsund. Zweigeschossiger architektonischer Aufbau, im Sockel zwischen geschnitzten Engelputten Abendmahlsrelief, darüber im Hauptfeld zwischen gewundenen Säulen plastische Kreuzigungsgruppe vor gemalter Stadtsilhouette, seitlich geschnitzte Akanthusohren mit Medaillonreliefs von Gethesemane und der Geißelung, über dem Hauptgesims mit Inschriftkartusche und Cherubköpfen das Obergeschoß mit Hochrelief der Auferstehung, in den Ohren Reliefmedaillons mit Emmausszene und Darstellung Christi mit dem ungläubigen Thomas, seitlich Figuren von Petrus und Paulus, auf dem Gesims zur bekrönenden Himmelfahrtsgruppe weisende Engelfiguren. Altarschranke mit durchbrochener Brüstung, auf den Pfosten plastische Schleifengehänge und Putten mit den arma Christi. Kanzel mit Aufgang, Portal, Rückwand und Schalldeckel, 1702 von J. Wendt, Stralsund. Als Kanzelträger Mosefigur, die Streben am Korb als Engelhermen ausgebildet, am Korb Rundbogenfelder mit Reliefs aus dem Leben Christi. Am Portal und Aufgang Figuren der Apostel und Evangelisten, auf der Tür Darstellung des Guten Hirten, im Zwickel darüber Reliefs von Spes und Fides. Am Schalldeckel über dem Hauptgesims in Rundbogenfeldern Reliefs mit alttestamentlichen Szenen, vor den Kanten des dahinter befindlichen oktogonalen Gehäuses Apostelfiguren, auf dem turmartigen Aufbau Balustrade mit Engelputten, die laternenartige Spitze von Madonnenfigur bekrönt. Orgel mit neogotischem Prospekt von 1870, das Werk von Friedrich August Mehmel, Stralsund. Kruzifix, um 1500, am Kreuz Reliefs der Evangelistensymbole. Langhausseitenemporen, 17./18. Jh. Westempore, 19. Jh. Ehem. Patronatsloge, M. 18. Jh., die Brüstung mit Felderteilung, darüber verglastes Oberteil, auf dem Gesims Wappen und Trophäenschmuck, Bandelwerk und Put-

*Linke Seite: Groß Mohrdorf, Dorfkirche von Nordosten*

*Rechte Seite: Groß Mohrdorf, Dorfkirche, Kanzel und Epitaph von der Osten; Sakramentshaus*

ten. Zwei Klingelbeutel, 1765 und E. 18. Jh. Vier Kelche, um 1600, 17. Jh. 1753 und 1900. Vier Patenen, 16. Jh., 1753, 18. Jh. und 1900. Zwei Dosen, Silber vergoldet, 18. Jh. und 1900. Weinkanne, Silber, 1855. Taufkanne und -schale, Silber, E. 19. Jh. und 1900. Zwei Kelchlöffel, Silber vergoldet, 18. Jh. und 1900. Leuchterpaar, Messing, 18. Jh. Kronleuchter, Messing, 1766. Glocke, 1864 von Simon Zach, Stralsund. Zwei Grabplatten: W. v. d. Osten † 1564 und G. v. d. Osten † 1613. Epitaph G. v. d. Osten † 1613, Sandstein; architektonischer Aufbau mit Marmorrelief der Auferstehung im Mittelfeld, darunter die knienden Figuren des Stifterpaares, seitlich Wappenfelder und Ohren mit Roll- und Beschlagwerkdekor; als Aufsatz gesprengter Dreieckgiebel, auf seinen Schrägen Todesgenien, als Bekrönung Putto mit Posaune; Schriftunterhang.
Auf dem Kirchhof: Drei Grabplatten 1795 und A. 19. Jh. (2); drei Grabstelen E. 18. Jh.(2) und A. 19. Jh.; Krieger-Ehrenmal 1914 – 1918, Findling. – Drei neogotische Mausoleen: 1. H. 19. Jh., rechteckiger Putzbau mit Spitzbogenblenden in den Seitenwänden; um 1880, zweijochiger Backsteinbau mit eingezogener, polygonal geschlossener Apsis; E. 19. Jh., rechteckiger Backsteinbau mit farbig verglasten Fenstern.
Ehem. GUTSHAUS (Wohnungen) Ringstraße 36. Breiter eingeschossiger Backsteinbau, 2. H. 19. Jh., um 1920 an beiden Längsseiten durch klassizierende fünfachsige Zwerchhäuser mit Dreieckgiebeln erweitert.
Ehem. SCHULE (Wohnhaus, Gemeinderaum) Lindenstraße 21. Eingeschossiger dreiachsiger Fachwerkbau mit Krüppelwalmdach, errichtet angeblich 1731, an der rechten Schmalseite eingeschossiger Anbau in Backstein mit rundbogigem Eingang.
Ehem. MOLKEREI Lindenstraße 10. Zweigeschossiger

Bau aus gelbem Backstein mit überstehendem Dach, um 1860; die drei mittleren Achsen der Hauptfront durch flache Vorlage und Dreieckgiebelabschluß betont.
Ehem. SCHNITTERKASERNEN (Wohnungen) Lindenstraße 11 und 12. Zwei vierhieschige eineinhalbgeschossige Backsteinbauten mit flachem überstehenden Pappdach, um 1870/80. Im Erdgeschoß Segmentbogenfenster, im Halbgeschoß kleine, z. T. vergrößerte Rechteckfensterchen.

**Grün Kordshagen**
Ehem. GUTSHAUS (Wohnungen) Gemeindedamm 8. Bescheidener eingeschossiger Putzbau mit Krüppelwalmdach, 2. H. 19. Jh., daneben
WOHNHAUS Gemeindedamm 11. 1904 errichteter zweigeschossiger Backsteinbau mit überstehendem Flachdach, Segmentbogenfenstern und geschoßtrennendem Zahnschnittfries.
SÜHNESTEIN für Detmar Mordorf †1440. Im Garten des Hauses Hauptstraße 5. Kalksteinstele mit rundem Kopfstück und Ritzzeichnungen auf beiden Seiten. Am Kopfstück Kreuzigungsgruppe bzw. Weltgericht, auf beiden Seiten darunter ganzfigurige Darstellung eines betenden Mönches mit Schwert im Leib. Unten lateinische bzw. niederdeutsche Inschrift.

*Linke Seite: Grün Kordshagen, Sühnestein*

*Rechte Seite: Hövet, Gutshaus, Hofseite Hohenwarth, Gutshaus, Hofseite*

**Günz**
Ehem. GUTSHAUS Straße des Friedens 10. Eingeschossiger Putzbau mit hohem Sockel und Drempel, die Architekturgliederungen in Backstein, 4. V. 19. Jh. An der Hofseite zweigeschossiger übergiebelter Mittelrisalit mit vorgelegter Terrasse. – Die größtenteils im gleichen Stil gehaltenen Hofgebäude zumeist stark verändert.

**Hildebrandshagen**
Ehem. GUTSHAUS Eingeschossiger siebenachsiger Putzbau mit dreiachsigem mittleren Frontispiz mit Giebelabschluß, wohl A. 19. Jh. errichtet. Die Gebäudeecken mit gequaderten Lisenen.
Zum Gutshof gehören zwei ehem. Feldsteinscheunen, ein Ziegelfachwerkstall und ein Stallgebäude in Backstein mit lisenengegliedertem Obergeschoß, 19. Jh.

**Hövet**
Ehem. GUTSHAUS (Wohnungen) Hofstraße 6. Zweigeschossiger Putzbau vom E. 19. Jh. auf hohem Kellergeschoß in Backstein und mit Krüppelwalmdach; an der Hofseite die Portalachse durch übergiebeltes Zwerchhaus und Verandavorbau betont. An die westliche Schmalseite ein stil- und zeitgleicher, aber um ein Geschoß niedrigerer Hausteil angefügt. – Zugehörig die GUTSARBEITERHÄUSER Dorfstraße 7 a/b, 8 a/b, 9 a/b, 10 a/b, 11 a/b, 12, 13 a/b, 15 a/b. Zwischen 1896 und 1902 errichtete zweigeschossige Backsteinbauten mit flachen überstehenden Pappdächern, segmentbogigen Türen und Fenstern und geschoßtrennendem Zahnschnittfries.

**Hohenbarnekow**
Ehem. GUTSHAUS (Wohnungen) Zweigeschossiger Putzbau mit gebrochenem Walmdach, M. 19. Jh. An der Hofseite zweiachsige Seitenrisalite, an der Gartenfront die drei mittleren Achsen in flacher Vorlage. Die Gebäudekanten rustiziert, kräftige Gesimse, unter der Traufe auf Konsolen.
Von den ehem. Wirtschaftsgebäuden erwähnenswert: STALLGEBÄUDE Am Schwimmbecken, eingeschossiger Feldsteinbau, um 1870 an den Schmalseiten Back-

steingiebel mit gotisierenden Luken, am Giebelfuß und der Giebelspitze Pfeileraufsätze mit spitzbogig geschlossenen Durchbrüchen.

**Hohendorf**

Ehem. GUTSHAUS (Hotel) Zweigeschossiger Putzbau in tudorgotischen Formen, errichtet 1854 nach Entwürfen von Friedrich Hitzig, Berlin. An einen zweigeschossigen Mittelbau nördlich und südlich leicht überhöhte Kopfbauten angefügt, hier und an dem an der Straßenseite polygonal vorspringenden Treppenturm die Gebäudekanten durch zinnenartige Türmchen betont. In die südöstliche Ecke zwischen Mittel- und Südbau der polygonale, 1953 abgebrochene und inzwischen rekonstruierte Bergfrit mit abschließendem Zinnenkranz eingefügt. – Kleiner Landschaftspark aus der M. 19. Jh.

**Hohenwarth**

Ehem. GUTSHAUS (Wohnungen) Um 1900 erbauter eingeschossiger siebenachsiger Putzbau über Feldsteinsockel mit hohem Mansardwalmdach. An der Hofseite über den drei Mittelachsen Frontispiz mit geschweiftem Giebel und großem Lünettenfenster, seitlich zwei halbrund abschließende Gauben.

WOHNHAUS Ortsausgang. Eingeschossiges siebenachsiges Fachwerktraufenhaus mit Krüppelwalmrohrdach und zweiachsigem Frontispiz. Wohnstallgebäude, 1. H. 19. Jh.

**Holthof**

Ehem. GUTSHAUS (Wohnungen) Nr. 9. Zweigeschossiger Putzbau von vier zu fünf Achsen mit polygonalem dreigeschossigen, urspr. mehrgeschossigen Eckturm an der Südostseite, M. 19. Jh. an der nördlichen Längsseite angefügter zweigeschossiger Seitenflügel. Umlaufender Zinnenkranz mit Ecktürmchen, die Fassaden durch vorgezogene Achsen und polygonale Mauervorlagen mit Zinnenabschluß gegliedert. An der Hoffront zweiachsiger erhöhter Mittelteil mit Balkon in Eisenguß. Der Seitenflügel eingerückt und von zweigeschossigem Eingangsvorbau abgeschlossen. Der neogotische Putzdekor 1975 stark reduziert.

**Horst**

DORFKIRCHE Rechteckiger zweijochiger Backsteinbau mit höherem eingerückten Rechteckchor, Südsakristei und vorgesetztem quadratischen Westturm, dessen Untergeschoß in Feldstein-Backstein-Mauerwerk. Der zweijochige Chor aus der 1. H. 14. Jh. mit hohem Feldsteinsockel, Ecklisenen und Spitzbogenfenstern mit tiefen, aus Viertelstäben gebildeten Gewänden, in der Nordwand reich profiliertes Gewändeportal aus z. T.

*Linke Seite: Horst, Dorfkirche von Nordwesten und von Südosten*
*Rechte Seite: Horst, Dorfkirche, Altar*

glasierten Steinen. Am Westgiebel des Chores einfache Spitzbogenblenden, der Ostgiebel im 17. Jh. als Schweifgiebel mit Belastungstürmchen erneuert. Mauerverzahnungen für geplanten dreischiffigen Hallenbau vorbereitet. Die Sakristei zeitgleich mit dem Chor. Über einem Feldsteinsockel kleine Spitzbogenfenster, die urspr. nebeneinanderliegenden zwei Blendengiebel im 15. Jh. nachträglich durch Aufstockung zu einem Blendengiebel zusammengefaßt, das Stichbogenportal in der Ostwand modern. Das zweijochige Schiff niedriger als der Chor, im 15. Jh. angefügt, die einmal abgestuften Gewände der Fenster und zugesetzten Portale mit innerer Fase. Der Turm ebenfalls 15. Jh., das Untergeschoß aus Feldstein mit spitzbogigem Westportal aus Backstein und darüber gelegener Kreisblende und z. T. zugesetzten seitlichen Fenstern; zwischen den beiden Backsteinobergeschossen vertieftes Putzband, das oberste mit gereihten Spitzbogenblenden bzw. Schalluken, darüber schlankes Pyramidendach.

Im Inneren Chor und Schiff mit Kreuzrippengewölben, im Chor die Schildbögen mit eingelegten Rundstäben; die Höhendifferenz zwischen Chor und Schiff durch hohe Schildbogenwand ausgeglichen, unter ihr breite Segmentbogenöffnung. Im Chor und Schiff Reste spätgotischer Wandmalerei, Heiligengestalten und Drolerien. Freilegung 1994/95.

Ausstattung: Schnitzaltar von 1510/20 im Stil brabantischer Altäre mit 10 Reliefs mit Szenen aus dem Marienleben und reichen Schleierbrettern. Predella mit zehn stehenden Heiligenfiguren. Altarschranke, 2. H. 19. Jh.

Kanzel mit Aufgang, Rückwand und Schalldeckel, 1602 von Marten Buggenhof, Greifswald. Der polygonale Korb mit Kopfkonsole, an den Ecken Hermenpilaster. Schalldeckel mit Rollwerkkartuschen und Fruchtgehängen. Der Aufgang 2. H. 18. Jh. angefügt. Taufsteinkuppa, Kalkstein, 1. H. 14. Jh. Orgel mit neogotischem Prospekt, 1. H. 19. Jh., das Werk von Johann Friedrich Nerlich, Stralsund. Kruzifix, E. 15. Jh., das Auflagekreuz mit geschnitzten Evangelistensymbolen. Kastengestühl in Chor und Schiff, 17. Jh. Geldkasten, 18. Jh. Zwei Patenen u. ein Kelch, Silber, 1808 u. A. 19. Jh. Kelch, Messing vergoldet, um 1868. Oblatendose, 1. H. 18. Jh. Zwei Krankenkelche, Kanne u. Oblatendose, Messing versilbert, E. 19. Jh. Zwei Kollektenschalen,

Messing, um 1617 u. 1743. Zwei Altarleuchterpaare, Messing, 18. Jh. u. 19. Jh. Kronleuchterteile, Messing, 17. Jh. Kruzifix, Messing, 19. Jh. Wappen-Epitaph von Platen, 1706, der Schild von kräftigem Akanthusschnitzwerk gerahmt, darunter ovale Inschrifttafel mit vegetabilischer Rahmung und Engelputten. Rest eines Epitaphs, 1778. Zwei Sargschilder, Zinn, 18. Jh. Im Turm vier Grabstelen, 18. u. 19. Jh.
Auf dem Kirchhof Backsteinportal, A. 16. Jh., die Tordurchfahrt segmentbogig, die Fußgängerpforte stichbogig in Spitzbogenblende geschlossen.
PFARRHAUS Dorfstraße 50. 1902 erbauter eingeschossiger Backsteinbau mit hohem Sockel und Drempel. Reich mit Segmentbogenfenstern durchgliedert.

**Hugoldsdorf**
Ehem. GUTSHAUS (Wohnungen) 1861 errichteter spätklassizistischer Putzbau mit Sockel-, Erd-, Ober- und Mezzaningeschoß, darüber Konsoltraufgesims und flaches Walmdach. An der Hoffront übergiebelter dreiachsiger Mittelrisalit, die drei äußeren Achsen jeweils in flachen Vorlagen. Portal und Erdgeschoßfenster mit Pilasterrahmungen und flachen Verdachungen. – Der Hof von zwei älteren Backsteingebäuden begrenzt: das nördliche von 1769 ein barocker Backsteinbau vom eineinhalb Geschossen mit Krüppelwalmdach; die Gebäudekanten und die Lisenen an der Mittelachse rustiziert. Das südliche nach 1840 errichtet, stark verändert.

**Jacobsdorf**
WOHNHÄUSER Dorfstraße 2. Fachwerkbau mit rohrgedecktem Krüppelwalmdach, A. 19. Jh. Am Hof jüngere eingeschossige Wirtschaftsgebäude in Fachwerk bzw. Backstein.
KATEN Schmiedeweg 12. Zweihieschiger Fachwerkkaten vom E. 19. Jh., das Rohrdach nach Norden mit Krüppelwalm, nach Süden Steilgiebel.
SCHEUNE Steinhäger Weg 10. Seitendurchfahrtsscheune in Lehmstakenfachwerk mit rohrgedecktem Krüppelwalmdach, A. 19. Jh.

**Jager**
DORFKIRCHE Um 1800 erbauter kleiner Putzbau mit schmalem Westturm. In den Längswänden drei zweiteilige Spitzbogenfenster, an der Westseite ein einfaches Spitzbogenportal. Der Turm mit kleinem Spitzhelm. Im Inneren eine Putzdecke. Einheitliche Ausstattung der Erbauungszeit. Harmonium (aus Chicago), E. 19. Jh.
Auf dem Kirchhof offener hölzerner Glockenstuhl, Glocke 1789 (aus Horst).
*Dorfstraße*
KATEN Nr. 6. Zweihieschiger Ziegelfachwerkbau z. T. verputzt, mit rohrgedecktem Krüppelwalmdach, um 1800 errichtet.
Ehem. SCHULE Nr. 8. Fünfachsiger Ziegelfachwerkbau mit mittiger Haustür, 1. H. 19. Jh. An der linken Seite ein einachsiger massiver Anbau mit Segmentbogenfenster, 2. H. 19. Jh. Zugehörig ein massives Wirtschaftsgebäude, 2. H. 19. Jh.
WOHNHAUS Nr. 10 und 13. Eingeschossige Backsteinbauten mit Krüppelwalmdach, 2. H. 19. Jh.
Ehem. GUTSHAUS Nr. 20. Siebenachsiger eineinhalbgeschossiger Backsteinbau mit flachem Dach, 2. H. 19. Jh. Schmaler Mittelrisalit mit Eingangsbereich, zwischen den Geschossen Zahnschnittfries. Die Fenster mit segmentbogigen Verdachungen.

**Jahnkow**
Ehem. GUTSHAUS (Wohnungen) Zweigeschossiger Putzbau mit Walmdach. Mittlerer korbbogiger Eingangsbereich, seitlich Rundbogenfenster. An der linken

Seite ein vierachsiger eingeschossiger Anbau mit Drempelgeschoß und flachem Dach. Wohl E. 19. Jh.
Zum ehem. Gutshof gehören ein Marstall und zwei Feldsteinscheunen. Der Marstall aus Feldstein mit Backsteinobergeschoß. An der hofseitigen Traufseite drei Risalite mit Toreinfahrt und Giebelabschluß. Die Hofanlage wird straßenseitig z. T. von einer Feldsteinmauer begrenzt.

**Jeeser**

WOHNHAUS Dorfstraße 4. Um 1750 erbautes siebenachsiges Ziegelfachwerkgebäude mit rohrgedecktem Krüppelwalmdach. An der Rückseite Fenster und Türen verändert, neue Fledermausgauben.

*Linke Seite: Hugoldsdorf, Gutshaus, Hofseite*

*Rechte Seite: Jager, Dorfkirche von Südwesten; Jessin, Gutshaus*

Der STALL E. 19. Jh. erbaut, Fenster verändert.
Ehem. GASTHAUS »Waldschlösschen« Dorflagerstraße 30. Um 1910 erbauter sechsachsiger Putzbau mit Krüppelwalmdach, Zierfachwerk an den Giebelseiten. Der Saalanbau mit großen Sprossenfenstern.

**Jessin**

Ehem. GUTSHAUS (Kreispflegeheim) 1916 in neobarocken Formen erbaut. Zweigeschossiger Putzbau von neun Achsen mit Mansarddach. An der Hofseite zweiachsige Seitenrisalite, die Mitte durch eine Portalhalle mit darüberliegendem Altan betont. An der Gartenfront die drei Mittelachsen zwischen Kolossalpilastern, der bekrönende Dreiecksgiebel mit Lünettenfenster. Im Inneren ein Raum mit Stuckdecke, im Treppenhaus ornamentale Glasmalereien der Entstehungszeit erhalten.

**Kandelin**

KAPELLE Rechteckiger verputzter Feldsteinbau, wohl 14. Jh. Die beiden Giebel über Putzbändern mit gestaffelten Backsteinblenden. Das nördliche Rundbogenpor-

tal und die Fenster später verändert. Innen eine flache Bretterdecke.
Ausstattung: Patene u. Oblatendose, Messing versilbert, 19. Jh. Zwei ausgesägte u. bemalte Holzfiguren (Petrus u. Christus), um 1800 (?).

**Karnin**

Ehem. GUTSANLAGE Das um 1860 errichtete neogotische Gutshaus durch Umgestaltungen völlig purifiziert.
PARK Der das Gutshaus umgebende, in seinen Anfängen auf das frühe 19. Jh. zurückgehende, um 1858 durch Peter Joseph Lenné umgestaltete Landschaftspark in seinen Strukturen erkennbar, u. a. das nördlich der B 105 gelegene Teichsystem und eine ca. 150 m lange Kastanienallee südwestlich des Gutshauses erhalten.
Von den Wirtschaftsgebäuden erwähnenswert:
Ehem. PFERDESTALL (Wohnung, Lager) Transitstraße 5. Rechteckiger Backsteinbau in den Formen der Tudorgotik mit polygonalen Ecktürmchen, Zinnenkranz, Kreis- sowie kielbogigen Fenstern und Toren.
WOHNHÄUSER Dorfstraße 6–15, 19–26 und Flemendorfer Weg 1. Von A. 19. Jh. bis ca. 1920 für die ehem. Gutsarbeiter als z. T. mehrhieschige Fachwerk- oder Backsteinbauten mit teilweise erhaltenen Krüppelwalmrohrdächern errichtet.
Ehem. KRUG Dorfstraße 27. Putzbau vom A. 19. Jh. mit Krüppelwalmdach und geschnitzter urspr. Haustür.

**Kaschow**

DORFKIRCHE Rechteckiger Fachwerkbau mit polygonalem Ostschluß und Dachtürmchen über dem Westgiebel, 18. Jh. Das Innere mit Balkendecke. Wandmalerei mit Quadern und Porträtmedaillons.
Ausstattung: Altaraufbau mit Schranken, E. 18. Jh. Kanzel, E. 18. Jh. Lesepult, 2. H. 18. Jh. Sakristeiverschlag, 2. H. 18. Jh. Gemeindegestühl, 2. H. 18. Jh. Kelch, 1794. Patene u. Dose, 1. H. 19. Jh. Altarleuchterpaar, Zinn, 18. Jh.
Auf dem von einer Feldsteintrockenmauer umgebenen Kirchhof sechszehn Grabstelen des 18./19. Jh.

*Dorfstraße*
WOHNHAUS Nr. 4. Fünfachsiges Lehmfachwerkgebäude mit hohem Krüppelwalmdach, wohl noch 18. Jh.
WOHNHAUS Nr. 10/11. Lehmfachwerkgebäude mit Krüppelwalmdach, die rechte Seite erneuert, 18. Jh.
WOHNHAUS Nr. 26. Kleines dreiachsiges Lehmfachwerkgebäude mit Krüppelwalmdach aus dem 18. Jh., die Fassade massiv erneuert.

**Kinnbackenhagen**

SCHEUNEN Strandstraße 5. Rohrgedeckter Lehmstakenfachwerkbau von 1743, an der Hofseite neben der Dieleneinfahrt Stallanbau. – Strandstraße 6. Queraufgeschlossene rohrgedeckte Stallscheune vom A. 19. Jh.

**Kirch-Baggendorf**

DORFKIRCHE Rechteckiger Feldsteinbau, eingezogener quadratischer Chor mit Nordsakristei, vorgesetzter Westturm; die architektonischen Details aus Backstein. Chor, Sakristei und Schiff wohl gleichzeitig M. 13. Jh. errichtet, ihre architektonischen Formen verwandt. Beim Chor die Lanzettfenster in der Ostwand zur gestaffelten Dreifenster-, in den Seitenwänden zu Zweifenstergruppen zusammengefaßt, in den abgestuften Laibungen eingelegte Rundstäbe, das Rücksprungportal in der Südwand ebenfalls mit eingelegtem Rundstab. Der Ostgiebel mit Gliederung aus Korbbogenblenden im 17./18. Jh. erneuert. Der Nordgiebel der Sakristei über Deutschem Band mit Rauten-, Spitzbogen- und Kreuzblende. Das zweijochige Schiff mit steigenden Spitzbogenblenden am Ostgiebel, zwischen den Luchten der gestaffelten Dreifenstergruppen in den Längswänden vorgelegte Halbsäulen, die abgestuften Laibungen mit eingelegtem Rundstab. Von den Rücksprungportalen mit eingelegtem, gewirteltem Rundstab das nördliche zugesetzt; im Turm inneres Westportal mit einmal abgestufter Laibung, eingelegtem Rundstab und Kämpferwulst. Der quadratische Unterbau des Westturmes im 15. Jh. errichtet, im Westen schlichtes abgefastes Spitzbogenportal, darüber Spitzbogenfenster, das abgesetzte verbretterte Obergeschoß und der überkragende achtseitige verschieferte Spitzhelm wohl 17. oder 18. Jh.

*Kirchbaggendorf, Dorfkirche, Nordportal und Fenster; Inneres nach Osten*

Im Inneren des Chores Kuppelgewölbe mit acht aufgelegten Rippen und Scheitelring, die Scheitelrippen mit Ausnahme der westlichen zu Kreuzen mit Kleeblattenden ausgebildet, die einmal abgestuften Fensterlaibungen mit eingelegtem Rundstab, in der Nordwand Sakramentsnischen. Die Sakristei mit rippenlosem Kuppelgewölbe. Im vom Chor durch einen breiten spitzbogigen Triumphbogen getrennten Schiff achtteilige Domikalgewölbe mit Bandrippen, die Schildbögen von Rundstäben begleitet, die Fenster wie außen gegliedert.
Ausmalung 3. V. 14. Jh. Triumphbogenlaibung mit Darstellungen der klugen und törichten Jungfrauen unter Wimpergen, darunter in Dreipaßarkaden Johannes Ev., Katharina und hl. Bischof bzw. Christus mit Kreuzesfahne und Seligen. Im Chor an der Südwand Rest eines Adoranten aus der gleichen Zeit. Der stilisierte vegetabilische Dekor am Gewölbe und den Wänden sowie die gemalten Arkaden an der Ostwand wohl um 1300.
Ausstattung: Hölzerner Altaraufsatz, 1703. Zweigeschossiger architektonischer Aufbau, Predella mit Abendmahlsdarstellung, Hauptfeld mit gemalter Kreuzigung, im Aufsatz ein Medaillongemälde mit der Grablegung, Rahmung durch Akanthusschnitzwerk. Der Auferstandene als bekrönende Figur. Altarschranke 19. Jh. Kanzel mit Portal, Aufgang und Schalldeckel, von Palmenbaum getragen, 1702. Gemalte Evangelistenfiguren und Szenen des AT und NT. Orgelprospekt, 2. H. 18. Jh., das Werk 2. H. 19. Jh. von Friedrich August Mehmel, Stralsund. Nordempore, 17. Jh., an der Brüstung zwischen kannelierten Pilastern flache plastische Rundbogenarkaden mit gemalten Wappen bzw. Sargschil-

dern. Südempore mit Sargschild 18. Jh. Westempore mit Balusterbrüstung auf korbbogig geöffnetem Unterbau, M. 18. Jh. Kastengestühl im Schiff, 19. Jh.
Zwei Kelche u Patenen, Silber, 1721 und 1725. Hostiendose, Silber, 1725. Kelchlöffel, Silber, um 1800. Kanne, Silber, 19. Jh. Krankenabendmahlsgerät, Messing versilbert, 19. Jh. Altarleuchterpaar, Silber, A. 19. Jh. Glocke, 1900 von Voß, Stettin. Zwei Epitaphien: J. V. Tribsees † 1625 und A. v. Jasmunt † um 1630, in braunem Sandstein in die Triumphbogenlaibung eingelassen. Epitaph C. von Bonow und Gemahlin, 1722. Grabstein mit Inschrift, 1405. Kronleuchter, Messing, 19. Jh. Wappenschilde, Zinn, 18. Jh. u. 19. Jh.
Der Friedhof von einer Feldsteinpackmauer umgeben, das Backsteinportal mit rundbogigem Eingang, 1722. Grabstele J. Welhafen † 1762.
PFARRHAUS Urspr. neunachsiges Fachwerktraufenhaus, um 1800 erbaut. In neuerer Zeit durch An- und Umbauten verändert.

GUTSHAUS (Schule). Zweigeschossiger neunachsiger Putzbau mit Walmdach, wohl um 1912 erbaut. Die dritte bis fünfte und die achte und neunte Achse als Risalit gebildet. Der erste mit Zwerchgiebel und Portikus mit Balkon und vorgelagerter Treppe. Fenster mit Faschen, im Erdgeschoß mit Dreiecksverdachung. Die kleineren Obergeschoßfenster mit durchgehendem Sohlbankgesims.

### Kirchdorf

DORFKIRCHE Rechteckiger Backsteinbau mit polygonalem Ostschluß und vorgesetztem, von Anbauten begleitetem quadratischen Westturm. Der dreijochige Bau des 14. Jh. E. 19. Jh. stark erneuert, dabei wohl die paarweise angeordneten Schiffsfenster neu angelegt, auch die Fenster des Polygons übergangen. Der neogotische Westturm mit offener Laterne und Spitzhelm. Im Inneren der Chor mit neunteiligem Rippengewölbe, der Triumphbogen vom E. 19. Jh., im Schiff Flachdecke.

*Linke Seite: Kirchbaggendorf, Dorfkirche, Wandmalerei am Triumphbogen; Grabplatten J. V. von Tribsees und Anna von Jasmunt*

*Rechte Seite: Kirchdorf, Dorfkirche von Südwesten*

Ausstattung: Gestühl, 18. Jh., mit geschnitzten Wangen von 1626. Hölzerne Westempore, 19. Jh. Taufschale, Messing, 19. Jh. Kronleuchter, Messing, 19. Jh. Glocke, 1649 von P. Barke. Grabstein J. Chr. Venthin † 1773.
Auf dem Kirchhof Grabkreuz, Schmiedeeisen, 1828. Zwei Grabkreuze, Gußeisen, M. 19. Jh.
Ehem. GUTSHAUS Dorfstraße 24. In der 2. H. 19. Jh. errichteter eingeschossiger Backsteinbau mit Keller und Drempelgeschoß, zweigeschossigem Mittelrisalit mit vorgelagerter Treppe. Seitlich je vier Segmentbogenfenster, an der rechten Giebelseite eine zweifenstrige Utlucht.

AUSSIEDLERGEHÖFTE an der Dorfstraße und der Straße in Richtung Tremt. In den 1930er Jahren erbaute giebelständige Bauernhäuser mit Krüppelwalmdach und Ziergiebel in Fachwerk. Der Wohnbereich an der Straßenseite, im rückwärtigen Bereich der Stallteil.

**Klausdorf**

Ehem. INSPEKTORHAUS Prohner Straße 36. Backsteinbau mit hohem Kellergeschoß, zwei Vollgeschossen und Drempel, errichtet um 1870. Am flachen dreiachsigen Mittelrisalit und über den Schmalseiten barockisierende Volutengiebel.

**Klein Bisdorf**

WOHNSTALLGEBÄUDE Landstraße 11. Traufenhaus aus verputztem Lehmfachwerk mit rohrgedecktem Krüppelwalmdach, wohl um 1800. Um 1900 z. T. massiv erneuert. Links der Wohnbereich, rechts der Stallteil.

**Klein Kedingshagen**

Ehem. GUTSHAUS (Wohnungen). Eingeschossiger Putzbau aus dem 2. V. 19. Jh.; die drei mittleren der insgesamt sieben Achsen als zweigeschossiger Risalit mit Dreieckgiebel ausgebildet.

**Klein Kordshagen**

Ehem. GUTSHAUS (Wohnungen) Hof 8. Eingeschossiger Backsteinbau auf Feldsteinsockel mit Souterrain, E. 19. Jh.; charakteristisch die in gelben Steinen ausgeführte Architekturgliederung und Bänderung.

**Klein Miltzow**

ZENTRAL-GEOLOGISCHES INSTITUT 1958 errichteter zweigeschossiger Putzbau auf L-förmigem Grundriß. An der Traufseite der Eingangsbereich risalitartig vorgezogen, mit Segmentbogenportal und seitlichen Rundfenstern. Die Erdgeschoßfenster annähernd quadratisch, die Obergeschoßfenster hochrechteckig. Gauben mit Segmentbogenabschluß. Das Hauptgebäude mit Labor- und Arbeitsräumen, an der Rückseite Saalanbau.

## Klevenow

KAPELLE Rechteckiger Fachwerkbau, um 1730 erbaut mit Mansarddach, der Eingang an der Westseite. Im Inneren hölzerne, mit Ranken und Engeln bemalte Tonne, die Portalrahmung innen mit aufgelegten hölzernen Pilastern und Giebelbekrönung mit Wappen.
Ausstattung: Kanzelaltar um 1735, architektonischer Aufbau, im Mittelteil der von übereck gestellten Kompositsäulen gerahmte Kanzelkorb mit Wappen, Fruchtgehängen und Bandelwerkdekor, seitlich Ohren mit Bandelwerk und Akanthus, in der Bekrönung Schalldeckel mit Strebekrone zwischen kräftigem Gesims sowie Engeln und Auferstandenem in reichem Akanthusdekor. Zwei Schnitzfiguren, Maria und Johannes, 18. Jh. Lesepult 18. Jh. Gestühl 18. Jh., die Brüstung mit Pilastergliederung, die Felder mit gemalter Marmorierung.
Auf dem Friedhof Grabplatte H. C. Hoppenrade †1782.
Ehem. SCHLOSS (Wohnungen) Rechtwinklige Zweiflügelanlage aus zweigeschossigen verputzten Einzelbauten. Der mittelalterliche Kernbau der ehem. pommerschen Grenzfestung von zwei zu zwei Achsen mit polygonalen Ecktürmen (jetzt ohne Dach) und leicht geschwungenem Giebel nach Zerstörung im 30jährigen Krieg im 18./19. Jh. verändert. Keller z. T. mit Tonnengewölben und Stichkappen gedeckt. Nördlich und westlich anschließend drei Erweiterungsbauten mit Krüppelwalmdach. Der mittlere z. T. in Fachwerk mit zum Hof offenen Arkadengang, am westlichen ein Erker.
WIRTSCHAFTSGEBÄUDE Eingeschossiger sechsachsiger Putzbau aus der 2. H. 19. Jh. mit einachsigem übergiebeltem Frontispiz.
Von der Einfriedung aus der M. 19. Jh. nur das TOR mit stichbogiger Durchfahrt und Pforte sowie ein Teil der anschließenden Mauer mit Rundbogenblenden erhalten, beide mit Zinnenbekrönung.

## Krakow

Ehem. GUTSHAUS A. 19. Jh. errichteter eingeschossiger Putzbau; die Mittelachse durch ein von Pilastern gerahmtes Portal und übergiebeltes Zwerchhaus betont.

## Kreutzmannshagen

DORFKIRCHE Rechteckiger Feldsteinbau mit polygonalem Ostschluß, wohl 15. Jh., die architektonischen Details in Backstein. In der Westwand Spitzbogenportal mit abgestuftem Gewände und eingestelltem Rundstab, der Giebel darüber vermutlich wegen geplanten Turmbaues nur an den Seiten mit gestaffelten Spitzbogenblenden gefüllt. In den Umfassungswänden zumeist dreiteilige Spitzbogenfenster mit Fase, das Südportal reicher profiliert. Das Innere auf Wölbung vorbereitet, nur die Schildbögen ausgeführt, als Raumabschluß über umlaufender Voute hölzerne bemalte Bretterdecke, 1760. Von den drei gemalten Deckenspiegeln der mittlere mit triumphierendem Christus in Strahlengloriole und Wolkenkranz. Im Chor unter dem Nordostfenster Sakramentsnische in rechteckigem Blendrahmen, gegenüber auf der Südseite Stichbogennische; das südliche Chorfenster mit zwei Spitzbogenöffnungen und Okulus im Zwickel jetzt zugesetzt, darunter das vermauerte segmentbogige Chorsüdportal.
Ausstattung: Altaraufsatz, 1756, die Holzarbeiten von Christian Pahlmann, die Gemälde von Samuel Schön-

feld (beide Greifswald). Architektonischer Aufbau, Predella mit gemaltem Abendmahl, Hauptgeschoß mit von Säulen und Pilastern gerahmtem Kreuzigungsgemälde, verkröpftes Gesims mit Taube des Hl. Geistes und flankiert durch Figuren von Moses und Ecclesia. Die Altarschranke gleichzeitig mit neutestamentlichen Szenen auf der Brüstung. Kanzel mit Portal, Aufgang, Rückwand und Schalldeckel, 1756/60. Der kleeblattförmig ausgebauchte Kanzelkorb mit der Darstellung des Gleichnisses vom viererlei Acker, an der Rückwand Schmerzensmann, auf dem Schalldeckel gedrückte Lünettengiebel, Strebenkrone und Auge Gottes im Strahlenkranz. Taufsteinkuppa, Granit, 14. Jh., Fuß und Schaft modern. Orgel mit neogotischem Prospekt, 2. H. 19. Jh., das Werk von Friedrich August Mehmel, Stralsund. Madonna, mittelalterlich. Bedelbrett mit Salvatordarstellung, 17. Jh. Liedertafeln, 18. Jh. Kastengestühl, 1704. Patene, 16./17. Jh. Kelch u. Patene, 1839. Krankenabendmahlsgerät, Zinn, 18./19. Jh. Taufschale, Messing, 18. Jh. Schale, Messing, 1716. Zwei Altarleuchterpaare, Zinnguß u. Gußeisen, M. 18. Jh. Kruzifix, Metallguß, 19. Jh. Grabplatte, 18. Jh., zu Gedächtnisplatte für Opfer beider Weltkriege umgestaltet. Grabstelle D. Anders † 1820. Glocke, 1850.

*Linke Seite: Klevenow, Kapelle*

*Rechte Seite: Kreutzmannshagen, Dorfkirche, Kanzel*

**Krönnevitz**

Ehem. GUTSHAUS (Wohnungen) Dorfstraße 29. Eineinhalbgeschossiger Putzbau in spätklassizistischen Formen, M. 19. Jh. Im Halbgeschoß zu Dreiergruppen geordnete Rundbogenfensterchen mit Pilasterteilung. Dominierend der fünfachsige zweigeschossige Mittelrisalit mit Dreieckgiebel und einer auf kannelierten ionischen Säulen ruhenden Vorhalle mit Altan, Obergeschoßfenstern mit Pilasterrahmung und einer Attika mit kleinen quadratischen Lüftungsöffnungen. Die Gliederung an der Gartenseite und den deutlich zurückgesetzten Anbauten schlichter. – Vom Park nur Reste erhalten.

**Krummenhagen**

Ehem. GUTSHAUS Dorfstraße 16/17. Rechteckiger eingeschossiger Fachwerkbau von neun Achsen mit Krüppelwalmdach, 19. Jh. – Das Nebengebäude Dorfstraße 18/19 1906 als zweigeschossiger Backsteinbau mit überstehendem Pappdach errichtet, das Portal und die Treppenhausfenster in segmentbogig geschlossener Putzblende.

Ehem. SCHULE (Wohnung) Dorfstraße 34. Eingeschossiger Lehmstakenfachwerkbau von um 1836 mit rohrgedecktem Krüppelwalmdach; die urspr., geschnitzte Haustür erhalten.

**Kummerow**

Ehem. GUTSHAUS (Wohnungen) Ausbau 3 a/3 b/3 c. Zweigeschossiger neobarocker Putzbau mit genuteten Gebäudekanten und Mansarddach, 1912/14 errichtet. An der Hofseite segmentbogig übergiebelter Mittelrisalit, davor sich mit drei rundbogigen Arkaden auf toskanischen Säulen öffnende Vorhalle mit Altan. An der Rückfront nur flache segmentbogig übergiebelte mittlere Vorlage mit dem großen dreiteiligen Rundbogenfenster des Treppenhauses. Im Inneren Vestibül und Treppenhaus in urspr. Gestaltung erhalten. – Im ehem. Gutsbereich mehrere, zumeist als eingeschossige Backstein- oder Putzbauten aufgeführte Wohn- und Wirtschaftsgebäude erhalten, erwähnenswert:

WOHNHAUS Schulstraße 32 a/b/c/d/e. 2. V. 19. Jh., Nr. 32 b mit spätklassizistischer Haustür.

STALLGEBÄUDE Schulstraße, 1884 errichteter zweigeschossiger Backsteinbau mit rund- und korbbogigen Öffnungen.

WOHNHAUS Ausbaustraße 15 a/b. Fachwerkbau mit Krüppelwalmdach, um 1830.

Ehem. SCHULE (Wohnung) Schulstraße 2 a/2 b. eingeschossiger, straßenseitig verputzter Backsteinbau mit Krüppelwalmdach, E. 18. Jh., die Haustür von 2 b urspr.

BAHNHOF Transitstraße 6. Wohngebäude, zweigeschossiger Backsteinbau von um 1890; die fünfachsige Straßenfront mit flachem überhöhten und übergiebelten Mittelrisalit.

**Landsdorf**

Ehem. GUTSHAUS Dorfstraße 63. Aus zwei in T-Form verbundenen, zu unterschiedlichen Zeiten errichteten zweigeschossigen Putzbauten bestehend. Der nördliche fünfachsige Flügel mit flachem übergiebelten und durch Pilaster gegliederten Mittelrisalit, mit von kannelierten ionischen Säulen gerahmtem Portal und Freitreppe, wohl um 1860/70. Der erst A. 2o. Jh. angefügte Südflügel an der Hofseite nur dreiachsig, aber insgesamt tiefer und deshalb an der Hof- und Gartenseite aus der Flucht des älteren Baues heraustretend. Zum Hof mit mittlerem, von Pilastern gerahmten Portalrisalit, davor eine wohl erst in jüngerer Zeit geschlossene Vorhalle und ein Podest mit Steinbank und Ziervase. Der gartenseitig gelegene Saal zeichnet sich nach außen durch drei große Fenster ab. – Der angrenzende

PARK im Landschaftsstil in seinen Strukturen erhalten, an der nördlichen Begrenzung ein Teichsystem, jenseits der Straße ehem. Gutsfriedhof. – Nordöstlich ein großer WIRTSCHAFTSHOF mit mehreren Backsteinbauten. Erwähnenswert: SPEICHER, viergeschossiger Bau von um 1880 mit Lisenengliederung, Zahnschnittfriesen und Konsolgesimsen. Daneben ein ehem. PFERDESTALL und ein angeblich als Backhaus genutzter quadratischer eingeschossiger pavillonartiger Bau mit Zeltdach und mittig angeordnetem Schornstein, errichtet wohl um 1900, sowie ein wohl ebenfalls A. 20. Jh. entstandenes kleines PUMPENHAUS.

**Langenfelde**

Ehem. SCHLOSS M. 19. Jh. errichteter monumentaler zweigeschossiger neoklassizistischer Putzbau auf hohem Feldsteingeschoß und flachem Dach hinter einem Attikageschoß. Die vier Fronten unterschiedlich gestaltet. Eckrisalite und runde Ecktürme an der West- und Südseite, ein zweiachsiger Mittelrisalit an der Hoffront und die flügelartig vorgezogenen Seitenrisalite der Nordseite gliedern zusammen mit Rustikaputz, Gesimsen und Attika den Bau.

**Lassentin**

Ehem. GUTSHAUS (Wohnungen) Kastanienweg 7. E. 19. Jh. über H-förmigem Grundriß errichteter Backsteinbau mit Souterrain; der Mittelbau eingeschossig mit Mezzanin, die querliegenden Seitenflügel zweigeschossig unter flachen überstehenden Pappdächern. An der östlichen Schmalseite in einer Vorlage das Portal, im Gegensatz zu den Segmentbogenfenstern stichbogig geschlossen. Stockwerkgesimse, an der Gartenseite eine hölzerne Veranda aus der Erbauungszeit. – Mehrere ehem. Wirtschaftsgebäude aus gleicher Zeit, ebenfalls in Backstein, z. B. der z. T. für Wohnzwecke durchgebaute zweigeschossige STALL Kastanienweg 1.

**Lendershagen**

WOHNHÄUSER Hauptstraße 1, 4, 5, 7, 15, 18, 19, 24. Wohl um 1830 mit Typenhäusern angelegte Siedlung; die zurückgesetzten Wohnhäuser massiv, fünfachsig und mit rohrgedecktem Krüppelwalmdach, die giebelständig zur Straße stehenden Stallscheunen in Ziegelfachwerk und ebenfalls mit rohrgedeckten Krüppel-

walmdächern. Weitgehend unverändert Hof Nr. 1, beim Wohnhaus die Straßenfront verbrettert; Nr. 4 mit verputzter Straßenfront und korbbogigem, von Pilastern gerahmten Portal mit geschnitzter Haustür, die Scheune abgängig. Nr. 5 um zwei Achsen nach Westen erweitert, die Scheune in Verfall.
Ehem. SCHULE (Wohnung) Hauptstraße 17. Zweigeschossiger Backsteinbau von um 1900, vier Achsen unter flachem Dreickgiebel, rechts davon die zurückgesetzte Portalachse; geschoßtrennendes Zahnschnittgesims.
Ehem. GASTHAUS (Wohnung) Hauptstraße 25. Zweigeschossiger Bau aus gelblichem Backstein vom E. 19. Jh., an der Fassade von Pfeilergiebel bekrönter Mittelrisalit; geschoßtrennender Zahnschnittfries; die architektonischen Details durch rote Steine betont; die Rückseite in Fachwerk.

**Leyerhof**

Ehem. GUTSHAUS Eingeschossiger Putzbau auf hohem Kellergeschoß um 1762. Der urspr. siebenachsige Bau 1922 auf elf Achsen erweitert, die vier Mittelachsen durch übergiebeltes Frontispiz erhöht. Im Keller Raum mit achtteiligem Gewölbe.

**Lüssow**

WASSERWERK 1894 in Betrieb genommener Komplex, aus dieser Zeit die meisten noch erhaltenen, in Backstein errichteten Gebäude, u. a. das Maschinenhaus, ein über T-förmigem Grundriß errichteter Bau mit Lisenengliederung sowohl am Kopfbau als auch am Hallenbau.
WOHNHÄUSER Zweigeschossige Backsteinbauten auf Feldsteinsockel, charakteristisch die schwarze Bänderung des Mauerwerkes und die Ziegelmuster über dem Obergeschoß. Das größere Haus mit dreigeschossigem Mittelrisalit und verschieferter westlicher Giebelseite, das kleinere Gebäude mit Drempel.

**Martensdorf**

BAHNHOF Die Gebäude wohl im Zusammenhang mit der 1888 in Betrieb genommenen Eisenbahnstrecke Stralsund–Ribnitz entstanden. Erwähnenswert:

*Langenfelde, Schloß*

EMPFANGSGEBÄUDE Transitstraße 5. Zweigeschossiger Backsteinbau mit segmentbogig geschlossenen Türen und Fenstern, bahnsteigseitig mit jüngerem eingeschossigen Vorbau von um 1910. – Zugehörig ein eingeschossiger Toilettenbau und das Wohnhaus, ein zweigeschossiger Putzbau mit aufgelegter Backsteingliederung und Krüppelwalmdach, sowie ein Schuppen.

**Middelhagen**

Ehem. GUTSHAUS 1886 wohl über älteren Grundmauern errichtet. Urspr. siebenachsiger eingeschossiger Putzbau mit Krüppelwalm-Mansarddach. Dreiachsiger zweigeschossiger Mittelrisalit. Eingangsvorbau später, an der Rückseite hölzerne Veranda. Teilweise unterkellert, Tonnengewölbe.
Zur Hofanlage gehören zwei einander gegenüberliegende Wirtschaftsgebäude aus Ziegelfachwerk mit Krüppelwalmdach.

KATEN Dorfstraße 7. In der 1. H. 19. Jh. erbauter Ziegelfachwerkkaten mit urspr. rohrgedecktem Krüppelwalmdach. Fenster und Eingangssituation verändert.

**Millienhagen**

SCHEUNEN Dorfstraße 35. Rechteckiger Lehmstakenfachwerkbau mit rohrgedecktem Walmdach, A. 19. Jh. – Feldweg Ausbau 27 und 29. Seitendurchfahrtsscheunen in Fachwerk, wohl 2. H. 19. Jh., die Giebelspitzen verbrettert; Nr. 19 mit Krüppelwalmdach.

**Miltzow**

SPEICHER Am Bahndamm 3. Fünfgeschossiger Backsteinspeicher mit Mansard-Walmdach. Zwischen den Geschossen Putzbänderung. In den 1920/30er Jahren erbaut.

BAHNHOF Bahnhofsallee. Massiver Bahnhofsbau aus der 2. H. 19. Jh. Zehnachsiger eingeschossiger Bau mit Drempelgeschoß, die äußeren drei Achsen der rechten Seite an Vorder- und Rückseite vorgesetzt mit einem zweiten Geschoß. Erdgeschoßfenster rundbogig, die Obergeschoßfenster rechteckig, alle mit gesimsartiger Verdachung. Zwischen den Geschossen Zahnschnittfries. An der rechten Seite Veranda, die hölzernen Stützen mit Laubsägearbeiten.

WOHNHAUS Bahnhofsallee 7. Zweigeschossiger fünfachsiger Backsteinbau mit Drempelgeschoß und flachem Dach, 2. H. 19. Jh. Mittiger Eingangsbereich, die Fenster mit gesimsartigen Verdachungen. Zwischen den Geschossen ein Zahnschnittfries.

**Müggenhall**

Ehem. GASTSTÄTTE An der Tankstelle. Eineinhalbgeschossiger Bau in gelbem Backstein mit rot abgesetzten Architekturgliederungen, um 1870; seitlich ein eingeschossiger Saalbau. Daneben ein Backsteinbau mit einem Voll- und zwei Halbgeschossen mit Stichbogenfenstern und flachem Satteldach, rechtwinklig ein eingeschossiger Bau angefügt.

LANDARBEITERHÄUSER Dorfstraße 22–29 und 50–53. 1901–1907 errichtete zweigeschossige Backsteinbauten mit flachen überstehenden Pappdächern und geschoßtrennenden Zahnschnittgesimsen; das Obergeschoß urspr. mit schmalen segmentbogig geschlossenen Fenstern, inzwischen meist verändert.

Ehem. GUTSHAUS (Wohnungen) Dorfstraße 44/45. Über H-förmigem Grundriß E. 19. Jh. errichteter Backsteinbau, der Mittelbau eineinhalbgeschossig, die Flügel zweigeschossig mit Dreieckgiebeln; charakteristisch die gelbe Bänderung des Mauerwerks.

UMFORMSTATION neben Ribnitzer Straße 73. Wohl um 1920 entstandener Putzbau mit integriertem Wohnteil.

**Müggenwalde**

Ehem. WASSERMÜHLE UND SCHULE (Wohnhaus u. Museum) Eingeschossiges massives Traufenhaus mit Feldsteinsockel und Krüppelwalmdach. An der rechten Giebelseite ein massiver Saalanbau. Vor der linken Giebelseite des Wohnhauses urspr. die Mühlenanlage. Die Mühle im 17. Jh. schon bekannt, wohl 1820 abgebrannt und durch das jetzige massive Wohnhaus ersetzt. Die Brandmauern des Vorgängerbaues erhalten. 1900 Anbau der Dorfschule. Das Mühlengelände über eine Steinbrücke zugänglich.

**Negast**

WOHNHAUS Hauptstraße 2. Dreihieschiger Fachwerkkaten mit rohrgedecktem Krüppelwalmdach, E. 18. Jh.; die Umfassungswände teilweise massiv erneuert. – Im Hof kleines rohrgedecktes Stallgebäude in Fachwerk, wohl um 1800.

Ehem. SCHULE Eingeschossiger Backsteinbau vom E. 19. Jh., in Wohn- und Schulteil untergliedert; Stichbogenfenster.

Ehem. GASTHAUS Seemühler Straße 8. Zweigeschossiges Giebelhaus in Fachwerk mit Ziegelfüllung aus dem 2. D. 19. Jh., an der Westseite wohl gleichzeitig ein traufständiger eingeschossiger Saalbau angefügt.

Ehem. FORSTHAUS Seemühler Straße 19. Siebenachsiger Fachwerkbau aus der 1. H. 19. Jh.

STALLSCHEUNE Seemühler Straße 20. Fachwerkbau mit rohrgedecktem Satteldach, um 1800.

Ehem. FORSTHAUS Penniner Damm 13. A. 19. Jh. errichteter, z. T. nachträglich verputzter Fachwerkbau mit Krüppelwalmdach.

## Nehringen

DORFKIRCHE Rechteckiger, im Osten dreiseitig geschlossener Putzbau. Die mittelalterliche Kirche um 1600 durchgreifend erneuert, weitere Instandsetzungen 1721/26 und um 1790. Der eingezogene quadratische Westturm mit Haube und offener Laterne 1744/45, ein halber Volutengiebel bekrönt den kleinen Treppenturm an der nördlichen Schiffswestseite. Flache Holzdecke A. 17. Jh. mit Rankenbemalung, 1722 verputzt und mit zwei ovalen Bildern, Himmelfahrt und Anbetung, in Stuckrahmen dekoriert.
Ausstattung: Altar, lt. Inschrift 1596. Architektonischer Aufbau mit Doppelsäulen und Marmorreliefs: Sündenfall, Aufrichtung der ehernen Schlange, Kreuzigung, Abendmahl. Die übrige Ausstattung 1722: Kanzel mit Schalldeckel und Aufgang, Sakristeigestühl, ehem. Patronatsgestühl, Empore mit aufgemaltem Passionszyklus. Orgelprospekt und Lesepult, Taufengel. Opferkasten, 18. Jh. Taufengel, 1. H. 18. Jh. Zwei Gemälde »Kreuzigung« und »Jüngstes Gericht«, 18. Jh. Kelch, A. 15. Jh. Kelch, um 1602. Patene, um 1655. Dose, 1766. Kollektenschale, Messing, A. 18. Jh. Epitaph J. Pfuel † 1702. Epitaph A. Keffenbrinck † 1835. Epitaph A. Schoulenburg † 1859.

*Nehringen, Dorfkirche von Osten; Gutshaus*

*Nehringen, Klappbrücke über die Trebel; Wohnhaus Dorfstraße 20*

Kirchhofumfassungsmauer aus verputztem Backstein mit Türmchen 18. Jh.
Ehem. GUTSHAUS 2. H. 18. Jh. erbaut. Eingeschossiger neunachsiger Putzbau mit hohem Mansardwalmdach. Übergiebelter Säulenportikus mit Lünettenfenster vor den drei Mittelachsen. Zu beiden Seiten rechtwinklig angeordnete eingeschossige Wohnbauten mit Mittelgiebel aus der gleichen Zeit, 1960 und 1976 durch Umbau verändert.
Gegenüber liegt das ehem. WIRTSCHAFTSGEBÄUDE (Gemeindeamt). Eingeschossiger Backsteinbau mit Mansarddach, die Mitte durch Pilaster und Giebel hervorgehoben.
BERGFRIT »Fangelturm«, M. 14. Jh. erbaut. Backsteinbau auf rechteckigem Grundriß, innen z.T. mit Tonnengewölbe.
KLAPPBRÜCKE Zweiteilige Klappbrücke über die Trebel. Holzkonstruktion mit Portalen, Waagebalken und daran befestigten Fahrbahnen, um 1900 errichtet, 1984/86 rekonstruiert.
WOHNHÄUSER Dorfstraße 19, 20, 21, 23, 24, 28, 29, 30. Ziegelfachwerkgebäude mit Krüppelwalmdach. Einige mit hohen Sprossenfenstern und Doppelflügeltüren mit Oberlicht. E. 18. Jh. erbaut.

## Neu Bartelshagen

Ehem. GUTSHAUS (Wohnungen) Dorfstraße 1. Eingeschossiger, im Kern wohl barocker Backsteinbau über T-förmigem Grundriß mit Krüppelwalmdach und genuteten Gebäudekanten; der gartenseitige Risalit verschindelt; um 1900 umgebaut, davon wohl das Zwerchhaus über dem Eingang und im Inneren Vestbül und Treppenhaus. – Zugehörig mehrere meist veränderte Ställe und Scheunen, sämtlich 19. Jh.

## Neuendorf

KAPELLE Rechteckiger Fachwerkbau, um 1800 erbaut. Das Innere flach gedeckt.
Ausstattung: Altaraufsatz mit Gemälde der Kreuzigung in reich geschnitzter Umrahmung, 18. Jh. Kelch und Patene, 18. Jh. Altarleuchterpaar, Zinn, 1731. Altarleuchterpaar, Messing, um 1903.
Auf dem Kirchhof freistehender Glockenstuhl. Zwei Grabstelen von 1800 und 1871.
WOHNSTALLHAUS Am Dorfbach 50. Fachwerkgebäude mit rohrgedecktem Krüppelwalmdach, 1. H. 19. Jh. erbaut.

WOHNSTALLHAUS an der Straße nach Kaschow. Traufenständiger Fachwerkbau mit rohrgedecktem Krüppelwalmdach. Links der vierachsige verputzte Wohnteil, rechts der Stall. Die doppelflüglige Tür in der ersten Achse. Rechts ein verbretterter Anbau. Wohl um 1800 erbaut.

WOHNHAUS Dörpallee 56. Siebenachsiges verputztes Wohnhaus mit Krüppelwalmrohrdach. Im Kern ein Fachwerkbau, wohl A. 19. Jh.

SCHMIEDE und WOHNHAUS Dörpallee 63. Massives eingeschossiges Traufenhaus mit Krüppelwalmdach, die Giebelseiten in Fachwerk. Links die Schmiede mit einem straßenseitigen Tor und Segmentbogenfenstern, rechts davon der Wohnteil. E. 19. Jh. erbaut. Zugehörig ein Stall und eine Scheune.

**Neuenpleen**

Ehem. GUTSHAUS Straße der Einheit 17. Eingeschossiger, auf hohem durchfensterten Sockelgeschoß um 1880 errichteter gelber Backsteinbau mit rot abgesetzten Architekturgliederungen. An der Hofseite die Mitte durch einen übergiebelten fünfachsigen Risalit mit dem Hauptportal betont.

**Neuhof**

ZIEGELEI Gebäudekomplex aus der M. 19. Jh., der Ringofen erhalten.

KATEN Dorfstraße 18/19, 20, 21, 23. Vierachsige Katen in Ziegelfachwerk, urspr. mit rohrgedecktem Krüppelwalmdach. Die Eingangsbereiche an den Traufseiten vermauert. Wohl um 1800 errichtet. Zugehörig kleine Wirtschaftsgebäude in Ziegelfachwerk.

**Neumühl**

Ehem. GUTSHAUS Eingeschossiger Putzbau aus der M. 19. Jh., wohl um 1900 bei einem Durchbau der zweigeschossige Aufbau über den fünf mittleren Achsen errichtet.

**Niederhof**

JÜDISCHER FRIEDHOF Im ehem. Schloßpark unterhalb des Lindenwalls gelegen. Von 1776 bis 1854 Begräbnisstätte für die in der Münze des Bankiers Joachim Ulrich Giese arbeitenden Juden. Von ca. vierzig erhaltenen Grabsteinen einige aufgerichtet.

PARK des ehem. Schlosses (Naturschutzgebiet). Von dem im 18. Jh. und 1870 angelegten Park einige Elemente wie der künstliche Wall mit Lindenallee, zwei Lindenalleen als Schloßzuführung sowie alte Eichen und Maronen erhalten. Auf einer künstlichen Insel die ehem. Gärtnerei mit den Resten eines Gewächs- und eines Bienenhauses aus dem E. 19. Jh.

TAGELÖHNERKATEN Dorfstraße 2/3, 4/5, 6/7. 1899 im »Schweizerstil« errichtete Wohnhäuser für vier bzw. fünf Familien. Langgestreckte verputzte eingeschossige Häuser mit Krüppelwalmdach und jeweils zwei Mittelrisaliten mit Giebelabschluß in Zierfachwerk. Die traufseitigen Eingänge mit einer vorgesetzten Klöntür. Die giebelseitigen Eingänge im Obergeschoß der Giebelseiten über eine überdachte Treppe begehbar. Parallel zum Haus Wirtschaftsgebäude.

**Nienhagen**

Ehem. GUTSHAUS Damm 21. Eingeschossiger Putzbau von um 1800; an der Hofseite hölzerne Veranda in Neo-Empireformen, um 1900. – Die Wirtschaftsgebäude vom E. 19. Jh., erwähnenswert das

SPRITZENHAUS von 1872, kleiner rechteckiger Feldsteinbau mit Architekturgliederungen in Backstein.

WOHNHAUS Damm 4. Zweihieschiger zweigeschossiger Backsteinbau mit segmentbogigen Fenstern und Türen, geschoßtrennendem Zahnschnittfries sowie flachem überstehenden Pappdach, errichtet 1896.

**Niepars**

DORFKIRCHE Urspr. dreischiffiger, jetzt zweischiffiger zweijochiger basilikaler Backsteinbau vom E. 13. Jh. mit zweijochigem Chor von Mittelschiffsbreite, Nordsakristei und Nordvorhalle. Anstelle des Westturmes Fachwerkanbau. Am Chor Giebel mit gestaffelten Spitzbogenblenden, die zweiteiligen Fenster mit Scheitelokulus. Am Sakristeigiebel urspr. wohl ebenfalls spitzbogige Blenden, jetzt stichbogig geschlossen.
Vom Langhaus das südliche Schiff abgebrochen, die

Spitzbogenarkaden zugesetzt. Über dem nördlichen Seitenschiff wohl erst im 15. Jh. die querliegenden Satteldächer errichtet, die Giebel mit gestaffelten Spitzbogenblenden, ähnlich die Lösung an der östlich anschließenden Vorhalle.

An der Westwand des Mittelschiffs unter Pultdach Vorhalle aus Fachwerk, wohl 18. Jh. – Am mittleren Strebepfeiler der Südseite Kalksteinplatte mit Sonnenuhr, 1804.

Im Inneren alle Raumteile kreuzrippengewölbt, im Chor die Rippen auf Runddiensten; im Schiff die mehrfach abgetreppten Schildbogenarkaden auf gedrungenen Rundpfeilern. Am nördlichen und westlichen Portal Weihwasserbecken, die Bohlentür des Westportals wohl noch mittelalterlich, die Tür im Nordportal mit Akanthusdekor, Cherubkopf und Monogramm A. 18. Jh.

Ausstattung: Altaraufsatz, M. 18. Jh. Zweigeschossiger architektonischer Aufbau, in der Predella Abendmahlsrelief, im Hauptgeschoß plastische Kreuzigungsgruppe, von gekuppelten Säulen und zwei Evangelistenfiguren gerahmt; zwei weitere Evangelisten auf den Verkröpfungen des Hauptgesimses sitzend. Im Oberteil Auferstandener vor gemaltem Hintergrund, von Blattgehängen, Flammenvasen und Akanthusschnitzwerk gerahmt, zuoberst Auge Gottes in Wolken-Engelgloriole. Gleichzeitig die abgerundete Altarschranke mit plastischem Rocailleornament. Kanzel mit Portal, Aufgang, Rückwand und Schalldeckel, 1723 von Elias Keßler, Stralsund. Am Korb Puttengruppe, auf der Tür Petrusfigur, an der Rückwand Gemälde des Pastors Eucharius Bützow; am Deckel Putten, Gesetzestafeln, Lambrequins, auf der Strebenkrone Posaunenengel. Taufstein, Granit, 14. Jh. Taufstein, Marmor, 2. V. 19. Jh., neoklassizistische Form mit Palmettendekor und Engelputten am Fuß. Orgel mit neogotischem Prospekt, das Werk 1867 von

*Linke Seite: Niepars, Dorfkirche, Kapellenanbauten an der Nordseite; Inneres nach Westen*

*Rechte Seite: Niepars, Dorfkirche, Altaraufbau und Epitaph Jäger*

Friedrich August Mehmel, Stralsund. Ehem. Patronatsloge, 18. Jh. Langhausempore, E. 18. Jh., in die Brüstung Wappentafel mit rahmender Schlange eingefügt. Kastengestühl, 18. Jh. Ehem. Altaraufsatz, Triptychon, wohl um 1600, mit gemalten Darstellungen aus dem Leben Christi, über dem Mittelteil ädikulaartiger Giebelaufsatz. Opferstock mit Eisenbeschlag, mittelalterlich (?). Zwei Kelche und Patenen, 1726 und 1728. Dose, Silber, 1725. Leuchter, Zinn, 18. Jh. Altarleuchterpaar, Eisen bronziert, M. 19. Jh. Wappenepitaph J. Jäger † 1729, der Schild von Helmzier, Akanthusschnitzwerk, Trophäen und den Figuren von Tod und Chronos gerahmt; am Schriftunterhang Todessymbole. Über dem Epitaph Harnisch, wohl A. 18. Jh. Im Fußboden der Kirche bzw. vor den Portalen mehrere Grabplatten: Fragment, Kalkstein, mit Wappen, wohl 1397; Unbekannt 14. Jh.; v. Mellenthin † 1745; E. Meyer † 1802; H...alcke † 1831; M. E..., um 1830. Mehrere Stelen: M. S. Erdmann † 1792; Pastor Otto E. 18. Jh. und 1778, 1782, E. 18. Jh.

Nördlich der Kirche freistehender Glockenstuhl, 19. Jh., stark erneuert, darin zwei Glocken: 1930 und um 1950.

WOHNHAUS Friedensstraße 9a/9b. Zweihieschiger Backsteinbau mit rohrgedecktem Krüppelwalmdach, wohl M. 19. Jh.

**Obermützkow**

Ehem. GUTSHAUS (Wohnungen, Verwaltung) Am Hofplatz 3. Zweieinhalbgeschossiger Putzbau aus der 2. H. 19. Jh., vom urspr. neogotischen Dekor nichts erhalten. Südlich des Hauses Reste eines kleinen Landschaftsparkes. – Am tiefen vorgelagerten Wirtschaftshof mehrere um 1860 in Backstein errichtete Stallungen und Scheunen erhalten. Am nördlichen Hofende barocke Toreinfahrt von 1746, Backstein, urspr. wohl vollständig verputzt; Pilastergliederung. Seitlich rundbogig geschlossene Durchgänge, darüber Terrakottaplatten mit Wappen und Inschriften; in der Mitte korbbogige Tordurchfahrt mit kräftigem Gesims und bekrönendem Schweifgiebel. Die angrenzende Hofmauer nur in Resten erhalten.

**Oldendorf**

Ehem. GUTSHAUS Dorfstraße 15/16. Eingeschossiger, wohl im 18. Jh. vollständig in Fachwerk errichteter Bau mit Krüppelwalmdach, um 1900 massiv verblendet, aus dieser Zeit das Zwerchhaus mit Schweifgiebel an der Hofseite. – Im Gutshofbereich mehrere Scheunen in Backstein, 2. H. 19. Jh.

**Pantelitz**

Ehem. GUTSHAUS (Wohnungen) Spätklassizistischer Putzbau aus der M. 19. Jh., charakteristisch der Massenaufbau mit niedrigerem Mittelteil und pavillonartig überhöhten Seitenteilen. Das Erdgeschoß des Mittelteils mit Segmentbogenportal und urspr. ebenso geschlossenen Fenstern, darüber ein Halbgeschoß mit kleinen, von Pilastern gerahmten Rechteckfenstern und niedriger Attika. Die Vollgeschosse der Seitenteile mit Pilastergliederung, unten mit Segment-, oben mit Rundbogenfenstern.

LANDSCHAFTSPARK wohl M. 19. Jh., stark verwachsen.

WOHNHÄUSER Hauptstraße 16. Um 1890 errichteter zweigeschossiger Backsteinbau mit Drempel und flachem überstehenden Dach, das Mauerwerk im Erdgeschoßbereich und am Drempel dunkel gebändert; an der östlichen Längsseite das Portal in flacher übergiebelter Vorlage. Hauptstraße (Eisenbahndienstwohnungen). Zweigeschossiger Putzbau von um 1890 mit aufgelegter Backsteingliederung (an der Eisenbahnstrecke zwischen Stralsund und Ribnitz ein mehrfach errichteter Haustyp).

Ehem. SCHULE Hauptstraße 25. Eingeschossiger Backsteinbau mit Krüppelwalmdach, um 1900.

**Parow**

Ehem. GUTSHAUS (Wohnungen) Am Gutshaus 50. Malerische Gebäudegruppe in den Formen des englischen Landhausstils des späten 16. Jh. mit der charakteristischen Kombination von Backstein, Putz- und Hausteinelementen sowie einem durch zahlreiche Schweif- und Volutengiebel und Erker lebhaft gegliederten Äußeren. Der zweigeschossige, an der Gartenfront sechsachsige Kernbau 1860 errichtet. An der Westseite ein rechteckiger Kapellenanbau mit eingezogenem polygonalen Chor und großen Kielbogenfenstern angefügt, nach Osten mehrere Erweiterungen, der quergestellte Seitenflügel mit dominierendem polygonalen Erker mit Spitzhelm. Im Inneren einige Stuckdecken mit einfachen Gliederungen erhalten, die Kassettendecke der Kapelle stark beschädigt. – An der Hofseite Gedenktafel für den Olympiasieger von 1928 im Dressurreiten, C. Fr. Freiherr v. Langen. – Im Umfeld des Gutshauses mehrere bis etwa 1913 errichtete, im Stil dem Haupthaus angepaßte

WIRTSCHAFTSGEBÄUDE, erwähnenswert: ehem. Pferdestall (Gaststätte, Wohnungen) Am Gutshaus 48, um 1900, das kleine Pumpen- und Aggregatehaus, ebenfalls um 1900, und die 1913 errichtete Gärtnerei Am Gutshaus 52, ein zweigeschossiges fünfachsiges Giebelhaus mit seitlich angefügten, durch Schildwände mit Schweifgiebeln abgeschlossene Gewächshäuser. – Der ausgedehnte

PARK aus der M. 19. Jh. in seinen Strukturen erkennbar, südlich und westlich des Gutshauses Reste von Hainbuchenalleen.

Ehem. GUTSARBEITERHÄUSER Wiesenweg 29–31, 39/40, und 42/43, zwei- und vierhieschige Fachwerkkaten mit rohrgedeckten Walmdächern, wohl 1. H. 19. Jh.

*Parow, Gutshaus, Hofseite*

Ehem. SCHULE Wiesenweg 41. Eineinhalbgeschossiger Backsteinbau, 3. V. 19. Jh.
Von den Funktionsgebäuden erhalten: neben Dorfstraße 45 der Backsteinbau der ehem. SCHMIEDE (Jugendklub) und in der Dorfstraße 21 ein ehem. GÖPELHAUS, ein achtseitiger Bau in Fachwerk mit Ziegelfüllungen und Rohrdach, wohl M. 19. Jh.
Am Strelasund umfangreicher Komplex von KASERNEN Pappelallee, entstanden nach 1935. Erwähnenswert: Signalgebäude, zweigeschossiger Backstein-/Putzbau mit ausladendem Balkon an der Seeseite; Sanitätsbaracke, eingeschossiger Backsteinbau mit Walmdach; mehrere Unterkunftsgebäude, zweigeschossige Backsteinbauten unter Walmdächern, ihre Eingänge mit rahmenden rustizierten Lisenen.

**Pöglitz**

Ehem. GUTSHAUS (Wohnungen) Lindenallee 5–10. Malerischer ein- bis dreigeschossiger neogotischer Putzbau, um 1860. Die gestalterischen Details und einzelne Bauteile bei einer Instandsetzung 1982 z.T. beseitigt bzw. purifiziert. An der Hofseite drei übergiebelte Risalite, am rechten polygonaler Erker mit wimpergbekrönten Fenstern. – Die erhaltenen Wirtschaftsgebäude schlichte Backsteinbauten, wohl ebenso wie die ehem. Gutsarbeiterhäuser an der Dorfstraße 2. H. 19. Jh. – Vor dem Gutshaus an der Zufahrt alte Lindenallee, hinter dem Haus kleiner Landschaftspark mit Kapelle, Feldstein, um 1950.

**Poggendorf**

KAPELLE Rechteckiger Putzbau aus Backstein und Feldstein mit verschliffenem polygonalen Ostschluß, wohl 15. Jh. erbaut. Der Giebel mit Blendengliederung, darunter vertieftes Putzband und Spitzbogenblende mit rundbogigem Portal. Die Fenster mit Holzrauten. Das Innere mit flacher Bretterdecke.
Ausstattung: Kanzelaltar, M. 18. Jh., Taufständer, 2. H. 19. Jh. Metallener Glockenstuhl mit Glocke.
Zwei Grabstelen, 1. D. 19. Jh.
KATEN Dorfstraße 7. Vierhieschiger Katen aus Ziegelfachwerk auf hohem Feldsteinsockel. Die äußeren Gefache mit Andreaskreuz, in den Giebeln Luken. An der Hofseite vier Eingangsbereiche.

KATEN Dorfstraße 31. Gebäude aus geweißtem Lehmfachwerk mit rohrgedecktem Krüppelwalmdach, 1. H. 19. Jh.

FORSTHAUS Dorfstraße 37. Wohl 2. H. 18. Jh. Ziegelfachwerkbau auf hohem Feldsteinsockel. Die Giebel verbrettert.

**Preetz**

Ehem. GUTSHAUS Dorfstraße 18. 1881 errichteter zweigeschossiger Putzbau über hohem Sockel mit kräftigen Gesimsbändern und umlaufendem, das flache Dach verdeckenden Kranzgesims. An der Südwestecke ein mehrgeschossiger polygonaler Turm mit Spitzhelm. Die Fassaden sehr differenziert und aufwendig durch übergiebelte Risalite, von Säulen und Pilastern gerahmte Portale und Fenster sowie Rustikapartien gegliedert. An der dem Garten zugewandten westlichen Längsfront eine stark beschädigte Terrasse, im dahinter befindlichen Risalit Ädikulanische mit eingestellten allegorischen Figuren; an der südlichen Schmalseite das Hauptportal, dahinter das durch zwei Geschosse reichende repräsentative Treppenhaus mit Wand- und Deckenstuck sowie Pilastergliederung. – Unweit des Gutshauses der ehem. MARSTALL Dorfstraße 20, ein zweigeschossiger Putzbau, wohl 1881; an der Vorderfront flacher Mittelrisalit, im bekrönenden Giebel Pferdebüste aus Terrakotta, seitlich übergiebelte Portalvorlagen mit Pilasterrahmung.

*Linke Seite: Poggendorf, Katen Dorfstraße 31; Preetz, Gutshaus, Gartenseite*

*Rechte Seite: Prohn, Dorfkirche, Inneres nach Osten; Triumphkreuzgruppe; Malerei im Chorgewölbe; Lesepult*

**Prohn**

DORFKIRCHE Quadratischer zweijochiger Backsteinbau mit eingezogenem quadratischen Chor, Nordsakristei und Südanbau; vor dem mittelalterlichen, ins Schiff einbezogenen Unterbau des Westturmes neuer quadratischer Westturm.

Ältester Bauteil der Chor aus der 2. H. 13. Jh. mit Ecklisenen und glasiertem Rundbogenfries auf Konsolen;

am Ostgiebel steigende Rundbogenblenden, im Giebelfeld Blendenreihe und Kreuzblende. In der Ostwand gestaffelte Dreifenstergruppe, die Gewände mit eingestellten Runddiensten aus wechselweise versetzten glasierten und unglasierten Backsteinen; die Zweifenstergruppen in den Seitenwänden ähnlich. Das nördliche Chorportal mit eingestellten Rundstäben und Kämpferband. Das Schiff wohl A. 14. Jh., sein Ostgiebel mit steigenden zweiteiligen Maßwerkblenden, das nördliche Portal mit z. T. glasierten Steinen. 1858 bei der Restaurierung der Kirche unter Lübcke das Schiffsdach über den Stumpf des Westturmes gezogen und gleichzeitig durch den Anbau von sich nach außen mit Spitzbogenarkaden öffnenden Seitenhallen auf Schiffsbreite gebracht. Neogotischer Westturm mit vier Schildgiebeln und Spitzhelm, gleichzeitig die neogotische Südvorhalle am Chor und das Fenstermaßwerk.

Im Inneren der Chor mit Netzgewölbe des 15. Jh., in der Ostwand Sakramentsnische. Spitzbogiger Triumphbogen. Im Schiff Kreuzrippengewölbe auf mittlerem Achteckpfeiler; die urspr. kreuzrippengewölbte Turmvorhalle durch breite Spitzbogenarkade zum Schiff hin geöffnet. Im Chorgewölbe Malerei vom E. 15. Jh. mit Deesis, seitlich Drolerieköpfe.

Ausstattung: Altartisch (modern) mit ehem. Triumphkreuzgruppe, 2. V. 15. Jh. Kanzel mit Portal, Aufgang und Schalldeckel, 1723/24 von Elias Keßler, Stralsund. Reicher Dekor aus geschnitztem Akanthus und Bandelwerk, Lambrequins, Cherubköpfchen und Engelputten; an der Tür Petrusfigur, auf dem Deckel männliche Figur mit flammendem Haupt, davor liegende Rückenfigur (wohl Offenb. Joh. 5). Schwebender Taufengel, 1727/28 von E. Keßler, Stralsund. Orgel mit neogotischem Prospekt von 1858, das Werk von Friedrich August Mehmel, Stralsund, 1963 durch A. Schuke, Potsdam, klanglich umgestaltet. Aufsatzstück mit Weltenrichter, fünf Figuren und Ornamentstücken vom ehem. Altaraufsatz, 1757/58 von Jacob Freese, Stralsund. Lesepult, 1727/28 von E. Keßler, Stralsund, auf dreiteiligem Volutenfuß stehende Engelfigur mit Pultbrett auf den Flügeln. Geschnitztes Wappen, 18. Jh. Glasmalerei im östlichen und nördlichen Chorfenster, 1911, Madonna, Brustbilder, Wappen und Teppichmuster. Westempore, 18. Jh., an der Brüstung gewundene Säulen. Von der 1725 entstandenen Patronatsempore Wappenaufsatz und Ornamentstücke erhalten. Sakristeigestühl, 1756/57 von J. Freese, Stralsund, architektonisch aufgebautes Gehäuse mit Rankenschnitzerei, über der Tür Segmentbogengiebel mit von Putten flankiertem Guten Hirten, seitlich Ziervasen. Gemeindegestühl, 19. Jh. Kelch, um 1500, Kuppa erneuert. Patene, 17. Jh. Taufschale, Messing, 18. Jh. Drei Kronleuchter, Messing, 1725 und 18. Jh.(2). Drei Grabsteine: Siegfried Plöhn †1329; Rudolf Beket †1482, mit Ritzzeichnung einer Hansekogge; Hagemeister †1671. Gedenkplatte für die Familie Scheerenbach, Marmor, M. 19. Jh. Zwei Epitaphien: H. Westphal †1635, von dem bereits 1605 gestifteten Werk nur das mittlere Tafelbild mit figurenreicher Kreuzigung und der Familie des Verstorbenen erhalten (z. Zt. im Pfarrhaus); J. Hagemeister †1676, in architektonischem Rahmen mit Knorpelwerkdekor, Engelköpfen und gewundenen Säulen. Tafelbild des Jüngsten Gerichtes, in den Ohren Brustbilder der Verstorbenen, unten Inschriftkartusche; als Bekrönung Medaillon mit Auferstehung, seitlich allegorische Figuren.

KIRCHHOF mit neogotischen Backsteinportalen von 1858. Erhalten vier Grabstelen aus dem 18./19. Jh., eine von 1789; vier Grabplatten 18./19. Jh., eine von 1815; drei gußeiserne Grabkreuze, 4. V. 19. Jh. und 1931. Gegenüber dem Westportal des Turmes auf der v. Hagemeisterschen Grabstelle drei Grabplatten, Sandstein, A. 19. Jh., mehrere Grabdenkmale in Form von Säulenstümpfen 1866, 1870, eine Stele 19. Jh.

PFARRHAUS Stralsunder Straße 18. Eingeschossiger Backsteinbau aus der M. 19. Jh. mit rohrgedecktem Krüppelwalmdach; an der Nordseite jüngerer Anbau mit dem Gemeinderaum. – Im Hof Fachwerkstallgebäude mit rohrgedecktem Krüppelwalmdach, wohl ebenfalls M. 19. Jh.

**Pütte**

DORFKIRCHE Rechteckiger Backsteinbau mit eingezogenem polygonal geschlossenen Chor und vorgesetztem quadratischen Westturm.

Im Inneren nur die Chorgewölbe auf in halber Höhe ansetzenden Runddiensten mit Kapitellen urspr.; spitzbogiger Triumphbogen mit erneuertem Kämpferprofil. Im Langhaus Achteckpfeiler, mit den Kreuzrippengewölben von 1866 auch die Kämpfer, Konsolen und Scheidbogenarkaden erneuert. In der Nordwestecke des Schiffes gewendelte Mauertreppe.

Einheitliche neogotische Innenausstattung von 1866: Kanzelaltar mit Wimpergbaldachin als Deckel, die Mensaplatte mittelalterlich; Orgel mit neogotischem Prospekt, das Werk 1829 von Carl August Buchholz, Berlin. Älter sind: Taufstein 14. Jh., Kuppa Granit, Schaft Kalkstein, der Fuß modern. Kelch und Patene, Silber, 1. H. 19. Jh. Taufschale, Messing, 17. Jh., im Spiegel Verkündigung. Kollektenschale, Messing, 1828. Deckelkanne, Silber, 1. H. 19. Jh. Kronleuchter, Messing, 18. Jh. Glocke, 1802 von Gottlieb Metzler, Stralsund. Zwei Grabplatten: G. Morder †1333 und P. Morder †1427, beide wohl M. 15. Jh. und mit Ritzzeichnungen eines Ritters in spätgotischer Architekturrahmung. Pastorengedenktafel, 1720, mit Akanthusrahmen und Cherubkopf als Bekrönung.

Auf dem Kirchhof südwestlich der Kirche das in gelbem Backstein um 1870/80 errichtete Mausoleum v. Pachelbel mit reichem neogotischen Dekor und Wimpergbekrönung. Kriegerehrenmal für Gefallene des 1. und 2.

Der einjochige Chor mit dem polygonalen Schluß wohl um 1300, die Maßwerke der Fenster von 1866, das zugesetzte Südportal in Mauervorlage. Das dreijochige dreischiffige Hallenlanghaus mit glattem Ostgiebel anschließend errichtet, die westlichen Halbgiebel mit gestaffelten Spitzbogenblenden, die Fenster wie im Chor. Von den beiden Portalen in den Längswänden das südliche mit z.T. glasierten Steinen. An einem Strebepfeiler der Südseite Kalksteinplatte mit Sonnenuhr, um 1800. Der Turm aus dem 15. Jh. mit Feldsteinunterbau, darin spitzbogiges Westportal; von den beiden Obergeschossen aus Backstein das obere mit schlichter Blendengliederung und Luken, die niedrigen Schildgiebel mit gestaffelten Spitzbogenblenden, darauf gedrungener achtseitiger Helm.

*Pütte, Dorfkirche, Inneres nach Osten; Taufstein*

Weltkrieges. Mehrere Grabstelen, Kalkstein, u. a. J. G. Osten, E. 18. Jh.(Fragment); J. P. Chr. Classen † 1805; Chr. Rassow (Schwester v. E. M. Arndt) † 1855. Von den Grabplatten erwähnenswert: B. U. v. Platen † 1800; Joh. Fr. Burmeister † 1807; B. Aug. Schulz † 1836 und Familie. Grabstelle des Malers und Zeichners Prof. Gustav Pflugradt † 1908.

*Dorfstraße*

WOHNHAUS Nr. 13. Straßenseitig verputztes Fachwerkhaus, E. 18. Jh.

PFARRHAUS Nr. 15. Stark erneuerter Putzbau mit rohrgedecktem Krüppelwalmdach vom A. 19. Jh.; wohl gleichzeitig die am Hof stehende Querdielenstallscheune in Fachwerk mit rohrgedecktem Walmdach.

WOHNHAUS Nr. 19. Backsteinbau mit Krüppelwalmdach, 18. Jh., die Rückseite nachträglich verputzt.

Ehem. PFARRWITWENHAUS Nr. 20. 1786 in Fachwerk errichtetes Querdielenhaus mit rohrgedecktem Walmdach.

Ehem. SCHMIEDE Neben Dorfstraße Nr. 4. Kleiner rechteckiger Backsteinbau vom E. 19. Jh. mit Fachwerkgiebel an der östlichen Schmalseite, darunter niedrigerer jüngerer Anbau mit Flachdach.

## Quitzin

Ehem. SCHLOSS 1607 erbauter dreigeschossiger Putzbau von fünf zu drei Achsen mit hofseitigem Mittelrisalit und hohem Mansarddach. Zu beiden Seiten niedrige eingeschossige Anbauten von fünf Achsen mit Mansarddächern, M. 18. Jh. An der Gartenseite Portal aus der M. 19. Jh. mit Pilasterrahmung, Gebälk und lateinischer Inschrifttafel. Im Inneren aufwendige Stuckdecken und eine breite, urspr. doppelläufige Treppe mit Balustern. Im Keller Kreuzgratgewölbe.

PARK In der Barockzeit angelegt und im 19. Jh. als Landschaftsgarten überformt.

KAPELLE Spätmittelalterlicher Rechteckbau aus verputztem Feldstein, der Ostgiebel z.T. in verputztem Fachwerk mit einer hölzernen Aufhängung für die Glocke. Der Westgiebel im 19. Jh. in Backstein erneuert. Sämtliche Fenster stichbogig geschlossen, in der Südwand ein schmales Spitzbogenportal.

Innen Kreuzrippengewölbe, das Tonnengewölbe der Westhälfte mit Stuckdekor vom A. 17. Jh.

Ausstattung: Altarschranken 1. H. 18. Jh., Kanzel, um 1700. Gestühl, 1. H. 18. Jh. Zwei Glocken: 17. Jh. und 1856.

Auf dem von einer Feldsteintrockenmauer umgebenen Friedhof eine Grabstele von 1746.

**Rakow**

DORFKIRCHE Rechteckiger zweijochiger Backsteinbau mit eingerücktem quadratischen Feldsteinchor, Nordsakristei und vorgesetztem quadratischen Westturm. Zwischen 1232 und 1288 als Feldsteinkirche erbaut, das zweijochige Schiff wohl um 1300 angefügt, die Südwand des Schiffes und der obere Teil des Westturmes im 15. Jh. in Backstein errichtet. Der Chor mit gestaffelter Dreifenstergruppe an der Ostwand und Zweifenstergruppe in den Längswänden mit Rücksprung. Der Giebel nachträglich verputzt mit zwei Reihen dreiteiliger Spitzbogenblenden und Blendenkreuz, wohl 1799 stark übergangen. Die Nordsakristei aus dem 13. Jh., im 18./19. Jh. stark überarbeitet. Die Spitzbogenfenster und das spitzbogige Stufenportal an der Südseite teilweise zugesetzt, die Nordwand E. 18. Jh. mit stichbogig geschlossenen und von Faschen gerahmten Fenstern erneuert. Das Schiffwestportal mit profiliertem Gewände im Turminneren.

Der geböschte verputzte Westturm aus Feldstein, die beiden Obergeschosse in Backsteinmauerwerk mit schiefergedecktem Zeltdach. Das spitzbogige Westportal 1898 stark erneuert.

Das Schiff zweijochig mit Kreuzrippengewölben und eingezogenen Strebepfeilern, der Chor mit achtteiligem Bandrippengewölbe mit Scheitelring. Triumphbogen. Die ornamentalen Wandmalereien aus dem 13., 15. und 18. Jh. Zweijochiger Sakristeianbau mit Kuppelgewölbe im Osten und Domikalgewölbe im Westen. Sakristeitür mit plastischem Relief einer Petrusfigur.

Ausstattung: Hölzerner Altaraufbau, 1760/70. Zweigeschossiger architektonischer Aufbau, in der Predella Abendmahlsgemälde, im von Säulen gerahmten Haupt- und Obergeschoß plastisches Kruzifix vor gemalter Landschaft mit Adorantin, darüber Auferstehung, je-

*Linke Seite: Pütte, Haus Dorfstraße 13; Quitzin, Kapelle von Süden*

*Rechte Seite: Rakow, Dorfkirche von Nordwesten; Gutshaus*

weils mit Inschriften. Über dem oberen Gesims plastische Verklärungsgruppe. Altarschranke gleichzeitig. Kanzel mit Aufgang und Schalldeckel, 1728 von Elias Keßler, Stralsund. Taufstein, 2. H. 19. Jh. Kruzifix, E. 14. Jh. Kastengestühl, 18. Jh. Orgel mit neogotischem Prospekt, 1852, das Werk von Fischer, Demmin. Verglasung, E. 19. Jh. Patene u. zwei Kelche, Silber, 18. Jh. Kelch u. Patene, um 1600. Zwei Kelche, Messing versilbert, um 1870 u. um 1920. Dose, Silber, 19. Jh. Zwei Kannen, 1. H. 18. Jh. u. Messing versilbert, 19. Jh. Taufschale, Messing, 1720. Zwei Altarleuchterpaare, Messing, 1702 u. Zinn, um 1900. Zwei Kronleuchter, Messing, 1724 u. 1727. Glocke, 16. Jh. Zwei Grabplatten: Schmalensee †1610 und A. Kruse †1780. Epitaph C. Lüdemann †1632 mit architektonischer Rahmung. Holzepitaph, 1632. Grabstelen 18. und 19. Jh.

Ehem. GUTSHAUS Im letzten V. 19. Jh. erbaut. Langgestreckter zweigeschossiger verputzter Ziegelfachwerkbau mit Krüppelwalmdach, flache Seitenrisalite mit Ecktürmen und Walmdach. Der rechte Teil noch in der originalen Backsteinsichtigkeit und Zierfachwerk im leicht vorkragenden Fachwerkobergeschoß. Fenster segmentbogig, Krüppelwalmdach mit Laubsägearbeiten.

SPEICHER E. 19. Jh. erbaut. Zweigeschossiger Bau aus gelbem Backstein mit Mansarddach, Lisenengliederung, segmentbogigen Luken und Toreinfahrten in rotem Backstein. Unter dem gemeinsamen Dach an der dem Gutshaus zugewendeten Giebelseite ein vierachsiger Wohnteil.

KATEN Dorfstraße 5/6. Vierhieschiger Katen aus Backstein mit Satteldach, um 1900 erbaut. Die Fenster segmentbogig, die Eingangsbereiche lisenenartig vorgeblendet. Hinter dem Haus Stall und Wirtschaftsgebäude.

BAHNHOF Um 1890 errichteter Ziegelbau mit Bänderung in gelbem Backstein. Risalit mit Fachwerkgiebel, an der den Gleisen zugewendeten Seite massiv erneuert. An der linken Seite ein Güterschuppen.

Die zugehörigen Kohleschuppen und Wohnhäuser der Bahnangestellten ebenfalls erhalten.

WOHNHAUS Dorfstraße 20. Ziegelfachwerkhaus auf Feldsteinsockel mit Krüppelwalmrohrdach 1756, 19./20. Jh. z.T. massiv erneuert.

**Reinberg**

KIRCHE Dreischiffige zweijochige Backsteinhalle mit einjochigem eingezogenen Feldsteinchor, quadratischer Backsteinwestturm in Mittelschiffsbreite. Der M. 13. Jh. erbaute Chor mit umlaufendem rundbogigen Konsolfries, im Osten gestaffelte Dreifenstergruppe und Backsteingiebel mit gestaffelten Spitzbogenblenden und ansteigendem Rundbogenfries. Langhaus 1. H. 14. Jh. mit Ecklisenen und Strebepfeilern an den Längswänden, im Westen einfacher Blendengiebel, am Ostgiebel zwischen rechteckigen blendengeschmückten Pfeilern breite zweiteilige Spitzbogenblenden. Der Turm im 14./15. Jh. der Westwand vorgelegt, die zweijochige Sakristei an der Chornordwand 15. Jh.

Im Chor Kreuzrippengewölbe, die Sakristei mit Sterngewölbe. Das Langhaus auf Wölbung vorbereitet, mit flacher Bretterdecke; zwischen Achteckpfeilern spitzbogige Arkaden. Wand- und Gewölbemalerei im Chor 1. H. 14. Jh. An den Wänden architektonische Quadermalerei mit vegetabilischen Motiven, dazwischen szenische Darstellung mit Anbetung der Hl. Drei Könige; am Gewölbe Deesis mit Auferstandenem und Engeln des Jüngsten Gerichtes, Christus in der Vorhölle, Adam und Eva bei der Arbeit. Über dem Triumphbogen Christophorus; Spuren figürlicher Wandmalerei auch im Langhaus.

Ausstattung: Altaraufsatz (z. Zt. abgebaut), 1726/27 aus der Werkstatt von E. Keßler, Stralsund, die Bemalung von J. Pieron, Stralsund. Kanzel mit Schalldeckel und Aufgang, 1722. Der Korb auf Volutenstreben, als Dekor Akanthus und Engelköpfchen, vor den Kanten gewundene Säulen; das Portal mit Pilasterrahmung und Verdachung, Brüstungsfelder marmoriert. Schalldeckel mit Strebenkrone und Akanthuskartuschen, als Bekrönung Engel des Jüngsten Gerichtes. Taufstein, A. 14. Jh. Orgelempore 1838. Ehem. Patronatslogen 1. H. 17. Jh. und 1818. Gestühl, 1. H. 17. Jh. Lesepult, 1. H. 18. Jh. Portikusrahmen am Grufteingang, 1728, Keßlerwerkstatt. Kreuzigungsgruppe, 1710/20 wohl von Johann Bartey. Zwei Kelche u. Patenen, 1651 u. 1776. Dose, 18. Jh. Taufschale, Messing versilbert, um 1739. Kollektenschale, Messing, um 1927. Kanne, Messing versilbert, 19. Jh. Kruzifix, Messingguß, 19. Jh. Gedächtnisfahne für A. P. Krassow †1736, Brokat. Zwei Glocken 14. und M. 15. Jh. Grabplatte Tyder †1390, mit Ritzfigur. Grabplatte Arnstedt †1711. Grabplatten von 1759, 1760, 1765, 1769.

Kirchhof, Backsteinportal 16./17. Jh., jetzt verputzt. An der Umfassungsmauer SÜHNESTEIN für Heyno van der Beken, 14./15. Jh., Johanniterkreuz, Kruzifix, kniendem Beter und Minuskelinschrift.

*Dorfstraße*

WOHNHAUS Nr. 29 u. 43. Fünfachsiger Backsteinbau mit Drempelgeschoß und flachem Dach. Fenster und mittige Tür mit Segmentbogenschluß, darüber Deutsches Band, 2. H. 19. Jh.

WOHNHAUS Nr. 33. Siebenachsiges massives Traufenhaus mit verputzter Fassade und einem zweiachsigen Zwerchhaus in Zierfachwerk, E. 19. Jh. Zugehörig ein kleines Ziegelfachwerkgebäude.

HOFANLAGE Nr. 36 a. Längsaufgeschlossene Ziegelfachwerkscheune mit Krüppelwalmdach und ein parallel stehender massiver Stall mit flachem Satteldach. Im

*Linke Seite: Rakow, Gutsspeicher*

*Rechte Seite: Reinberg, Dorfkirche, Inneres nach Osten; Wandmalerei im Chorgewölbe*

rechten Winkel dazu ein eineinhalbgeschossiges Wohnhaus aus Ziegelfachwerk mit verputzten Gefachen und flachem Satteldach. Die Hofanlage aus dem E. 19. Jh.
WOHNHAUS Nr. 41. Eingeschossiger fünfachsiger Putzbau mit Mittelrisalit, zweiachsigem Zwerchhaus und Frontispiz, Krüppelwalmdach. Wohl 1. H. 19. Jh.
Ehem. PFARRWITWENHAUS Nr. 42. Fünfachsiger Ziegelfachwerkbau mit rohrgedecktem Krüppelwalmdach und klassizistischer Haustür, 1. H. 19. Jh.
BAUERNHAUS Nr. 45. Giebelständiger Lehmfachwerkbau mit Krüppelwalmdach, 18. Jh.
WOHNHAUS Nr. 46. Massiver vierachsiger Bau mit Krüppelwalmdach und zweiachsigem Zwerchhaus mit Giebel. Die linke Giebelseite in Lehmstakenfachwerk. 2. H. 19. Jh.
Ehem. SCHULE Nr. 53. Wohl in den 1920er Jahren erbaut. Backsteinbau auf L-förmigem Grundriß. Giebelständiger Gebäudeteil mit spitzem Satteldach, rechts ein fünfachsiger Bau mit Krüppelwalmdach angefügt. Fenster verändert, die Haustüren aus der Entstehungszeit.

**Reinkenhagen**

DORFKIRCHE Zweijochiger Rechteckbau im unteren Teil in Feldstein, darüber Backstein; am eingerückten zweijochigen Backsteinchor auf hohem Feldsteinsockel Südsakristei und -vorhalle sowie nördlicher Gruftanbau; Westturm. Um 1300 Bau des dreijochigen Schiffes, des Chores und der Südsakristei in Feldstein begonnen, nach Planänderung in Backstein weitergeführt. Im 15. Jh. Einwölbung der östlichen Langhausjoche, das Westjoch abgetrennt und als Unterteil eines Turmaufsatzes verwendet. Chorfenster mit reich profiliertem Gewände aus Rundstäben. Blendengiebel an Chor und Sakristei, ein Fries von glasierten Platten mit Kleeblattbögen an der Sakristei wiederholt sich abgetreppt am Giebel der Vorhalle, die Wand darunter mit von Säule getragener gekuppelter Spitzbogenöffnung und Okulus im Zwickel. Der quadratische Turmaufsatz zwischen 1909/16 erbaut. Oberhalb des Zeltdaches offene Laterne.
Im Inneren Kreuzrippengewölbe im Chor auf Eckdiensten, der Gurtbogen zwischen den Jochen auf Konsolen. Sakristei mit Kreuzrippengewölbe, die Vorhalle mit Spitztonne. Die Längswände in hohe Spitzbogennischen aufgelöst, darunter im stärkeren Feldsteinmauerwerk die alten Fensteröffnungen als Nischen erhalten.

*Linke Seite: Reinkenhagen, Dorfkirche von Südosten; Kapelle und Eingangsvorbau an der Südseite*

*Rechte Seite: Reinkenhagen, Erdölpumpe*
*Richtenberg, Stadtansicht (Lubinsche Karte)*

Ausstattung: Altaraufsatz, 1772 von Jacob Freese, Stralsund. Zweigeschossiger architektonischer Aufbau, Sokkel mit Emmaus-Gemälde, darüber das von übereck gestellten Säulen bzw. Pilastern gerahmte Hauptfeld mit Auferstehungsgemälde, am verkröpften Hauptgesims Auge Gottes in Wolkengloriole und gesprengter Rundbogengiebel. Im Aufsatz Bild der Himmelfahrt, bekrönt vom Giebelfeld mit Gitterwerk. Am Haupt- und Obergeschoß Evangelistenfiguren, am Hauptgesims Engel. Altarschranken gleichzeitig. Lesepult, 18. Jh. Mittelalterlicher Opferkasten. Gerahmtes Tafelbild mit Kruzifix u. Stifterfamilie, wohl 17./18. Jh. Altardecke, Seide mit Goldstickerei, 1818. Zwei Klingelbeutel, M. 18. Jh. Kelch u. Patene, spätgotisch. Kelch u. Patene, 1604. Weinkanne, 18. Jh. Patene, Silber, 17. Jh. Kelch, 18. Jh. Zwei Oblatendosen, 18. Jh. u. 1720. Kanne, 19. Jh. Schale, Messing, 18. Jh. Altarleuchterpaar, Messing, 18. Jh. Epitaph I. Grünstorp und B. Freyenbrink, um 1632, Kreuzigungsdarstellung und Schrifttafel in architektonischer Rahmung. Totenschilde, Zinn, A. 19. Jh. Uhr, (Ed. Kerfhage u. Söhne in Buer i./Han.) 1914. Glocke, Eisen, 1920.

Auf dem Kirchhof Rest eines mittelalterlichen Backsteinportales mit stichbogigem Durchgang, die übrigen Teile jünger. Kindergrabstein, Granit, mit Ritzzeichnung von 1749.

ERDÖLPUMPE UND SEPARATORENSTATION 1962 angelegter Komplex zur Erdölförderung.

### Rekentin

Ehem. GUTSHAUS (Wohnungen) Dorfstraße 13. Zweigeschossiger Putzbau in klassizierenden Formen, 3. V. 19. Jh., an der Hof- und Gartenfront die beiden äußeren Achsen als flache übergiebelte Risalite ausgebildet.

### Richtenberg

1297 erstmals erwähnte, wohl aus einem Straßendorf hervorgegangene Stadt. Die Magistrale (Lange Straße, In der Kurve) Teil der alten Fernstraße Rostock – Bad Sülze – Stralsund), am höchsten Punkt im Stadtgebiet nördlich der Kirche zum dreieckigen Marktplatz erweitert; nur wenige Seitenstraßen.

STADTKIRCHE Dreischiffige dreijochige Backsteinhallenkirche mit eingezogenem quadratischen Feldsteinchor, Nordsakristei und vorgesetztem Westturm in Backstein. Ältester Teil der Chor aus der M. 13. Jh. mit

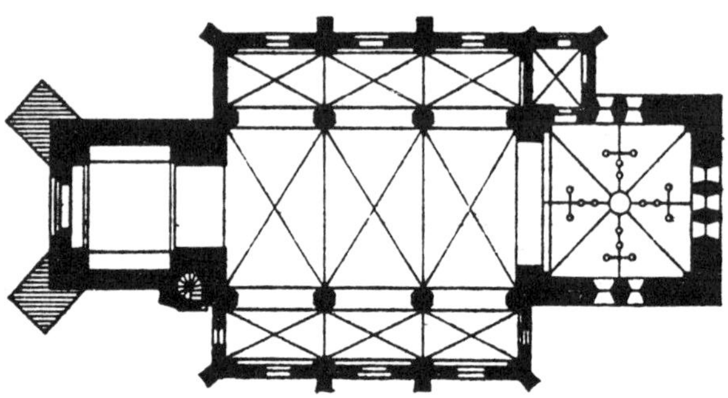

Architekturgliederung in Backstein; reicher Ostgiebel über doppeltem Deutschen Band mit zwei Reihen von dreiteiligen Rundbogenblenden und Mauerkreuz. Das Langhaus, die Sakristei und der Turm wohl nach 1400. Am Schiff Spitzbogenfenster mit dem für Stralsund charakteristischen spitzdreieckigen Schluß; am Halbgiebel der Sakristei Spitzbogenblenden, darunter zugesetztes Portal mit Rundfenster im Bogenbereich. Der Turm mit Blendengliederung und Pyramidendach. – Im Inneren im Chor achtrippiges Domikalgewölbe mit zu Kreuzen geformten Scheitelrippen und ringförmigem Schlußstein, die Diagonalrippen z.T. auf Maskenkonsolen. Breiter spitzbogiger Triumphbogen. Im Langhaus Achteckpfeiler mit abgetreppen Arkadenbögen und Kreuzrippengewölbe. – Stark erneuerte spätgotische Ausmalung 15. Jh., am Triumphbogen die Darstellungen von Petrus und Paulus.

Ausstattung: Altarschranken mit Balusterbrüstung, E. 18. Jh. Kanzel mit Portal, Aufgang und Schalldeckel um 1700; am Korb und Aufgang gemalte Szenen aus dem Leben Christi, im Mittelfeld Kreuzigungsgruppe. Orgel

mit neogotischem Prospekt, das Werk E. 19. Jh. von J.A.Mehmel, Stralsund. Sargkruzifix, Messing/Zinn, 18. Jh. Zwei Pastorenbildnisse: Tafelbild Benjamin Prüntz sen. † 1691, Ölgemälde B. Prüntz jun † 1745. Fragment einer Emporenbrüstung (Turm), mit Rokokokartusche und kassettierten Seitenfeldern, 2. H. 18. Jh. Kelch, 2. H. 15. Jh. Kelch und Patene, 1614. Dose, Silber vergoldet, 1747. Deckelkanne, Silber vergoldet, 1744. Vier Altarleuchter, Messing, 18. Jh. Zwei Kronleuchter, Messing: 1747 von Joh. Gottfried Wosaeck, Stralsund und 2. H. 19. Jh. Drei Epitaphien: Jacob Lange 1626, C. Dehne 1630 und Jochim Schere 1650, sämtlich architektonisch gerahmte Tafelbilder mit Darstellungen der Anbetung der Könige, des Auferstandenen mit Maria Magdalena und der Verkündigung sowie den Stifterfamilien. Zwei Epitaphgemälde: A. 18. Jh. mit Auferstehung und unbekannter Stifterfamilie beim Kreuz; Th. G. Schmidt † 1700, ovales Brustbild in Akanthusrahmen auf rechteckiger Inschrifttafel. Zwei Kriegergedenktafeln, E. 19. Jh. Kriegerdenkmal im Chor, steinerne, architektonisch gegliederte Rückwand mit neobarocker Bekrönung, A. 20. Jh. Mehrere Grabplatten: H. Swinemann † 1491/1496, mit figürlichem Wappenrelief. Gultzow † 1570. N. Cron/S. Rampe 1617, mit Wappenrelief.

Vor dem Turm Grabstele A. 19. Jh. als Trittstufe, auf dem ehem.Kirchhof zwei Stelen, 1842 und 1848.

RATHAUS Lange Straße 6. Zweigeschossiger Backsteinbau von 1895 mit wimperggeschmücktem Giebel über der leicht vorgezogenen Mittelachse, Zierfriesen und segmentbogigen Fenstern.

POSTAMT Lange Straße 93. Zweigeschossiger Putzbau, um 1880, die rustizierte Straßenfront mit faschengerahmten verdachten Rechteckfenstern und Rundbogenportal.

*Linke Seite: Richtenberg, Stadtkirche von Südosten; Grundriß; Kanzel*

*Rechte Seite: Richtenberg, Stadtkirche, Malerei am Triumphbogen; Chorgewölbe; Epitaph Schere*

*Wohnbauten*

*Am Markt*

WOHNHAUS Nr.1. Zweigeschossiger Bau mit Putznutung, M. 19. Jh.

WOHNHAUS Nr. 10. Zweigeschossiges Fachwerkgiebelhaus M. 19. Jh., an der Marktfront nachträglich eine massive Fassade mit Schweifgiebel vorgeblendet.

WOHNHAUS Nr. 15. Zweigeschossiger Fachwerkbau mit geputzter Fassade, um 1800.

WOHNHAUS Nr. 16. Eingeschossiges, nachträglich verputztes Fachwerkgiebelhaus, um 1800, die urspr. Empire-Haustür erhalten.

WOHNHAUS Nr. 20/21. Zweigeschossiger Putzbau auf hohem Sockelgeschoß, um 1870. Konsoltraufgesims, darunter stuckierter Festonfries.

WOHNHAUS Nr. 23. Als Wohn- und Geschäftshaus um 1910 errichteter dreigeschossiger Putzbau; im Erdgeschoß urspr. Ladeneinbau, in der Mittelachse darüber geschoßübergreifender Erker.

WOHNHAUS Nr. 24. Dreigeschossiger Putzbau in spätklassizistischen Formen, um 1840/50. Im Erdgeschoß Rundbogen-, in den Obergeschossen Rechteckfenster mit Faschenrahmung und Verdachung, über dem Zahnschnitt-Trauffries flacher Dreieckgiebel; das Rundbogenportal mit urspr. kassettierter Haustür. Im Hof die Gebäude der ehem. Kornbrennerei, s. S. 89. – Erwähnenswerte Haustüren in Nr. 11 und 13.

*In der Kurve*

WOHNHAUS Nr. 15. Eingeschossiges Giebelhaus mit Krüppelwalmdach, um 1800.

WOHNHAUS Nr. 20. Eingeschossiges verputztes Fachwerkhaus mit urspr. Haustür, 2. V. 19. Jh.

*Kirchenstraße*

PFARRHAUS Nr. 2. Eingeschossiger Fachwerkbau mit Krüppelwalmdach, errichtet 1788. An der nördlichen Hofseite wohl gleichzeitige Stallscheune, die Fachwerkwände teilweise massiv erneuert, die Steilgiebel verbrettert.

*Lange Straße*

WOHNHAUS Nr. 2. Zweigeschossiger verputzter Fachwerkbau mit Mansarddach, um 1800. Korbbogenportal mit zweiflügeliger geschnitzter Haustür in Empireformen.

WOHNHAUS Nr. 18. Eingeschossiger Putzbau mit Fachwerkseitengiebeln, um 1800. Weitere Gebäude dieses Typs Nr. 37 (mit übergiebeltem Zwerchhaus), 40, 42, 50 (aufgestockt) und 78.

WOHNHAUS Nr. 20. Zweigeschossiger Putzbau 2. V. 19. Jh.

WOHNHAUS Nr. 23. Eingeschossiger Putzbau mit Mansarddach, Korbbogenportal und klassizistischer Haustür, A. 19. Jh.

WOHNHAUS Nr. 85. Eingeschossiger verputzter Fachwerkbau mit Mansarddach, wohl E. 18. Jh., stark verändert.

WOHNHAUS Nr. 88. Zweigeschossiger Putzbau, M. 19. Jh., im Kern wohl älter; rechts Hofdurchfahrt, unter den Fenstern Spiegel mit Rautenmuster.

*Linke Seite: Richtenberg, Wohnhaus Lange Straße 2*
*Rechte Seite: Richtenberg, Wohnhäuser Lange Straße, östlich des Marktes*

WOHNHAUS Nr. 89. Zweigeschossiger Putzbau A. 19. Jh.; links Hofdurchfahrt, das mittige Korbbogenportal mit urspr. Haustür, zwischen den Geschossen Putzband.
WOHNHAUS Nr. 90. Zweigeschossiges Giebelhaus aus dem 2. V. 19. Jh., die Fassade mit Putznutung, urspr. Haustür, im Giebel kleine Merkurbüste.
WOHNHAUS Nr. 91. Zweigeschossiger Putzbau von um 1860. Im Erdgeschoß Putzrustika, Tür und Fenster segmentbogig und mit Faschenrahmung.
WOHNHAUS Nr. 92 (Altenheim). Dreigeschossiger Putzbau von um 1860. Die urspr. zwei selbständigen fünf- bzw. vierachsigen Gebäude in der Fassadengliederung mit rundbogigen, von Pilastern gerahmten Obergeschoßfenstern nur im rustizierten Erdgeschoß durch rund- bzw. segmentbogige Fenster unterschieden.
WOHNHAUS Nr. 95, Ecke Küsterstraße. Eingeschossiges verputztes Fachwerkhaus, um 1800, die Haustür urspr. In den Häusern Nr. 7, 8, 2 3, 73 und 76 noch erwähnenswerte urspr. Haustüren, zumeist in einfachen klassizistischen Formen vom A. 19. Jh.

*Wasserstraße*
WOHNHAUS Nr. 5. Eingeschossiger Putzbau mit Krüppelwalmdach, A. 19. Jh.; die Seitengiebel in Fachwerk; am Korbbogenportal rahmende Pilaster mit stuckierten Palmettenkapitellen.

Ehem. KORNBRENNEREI Am Markt 24 (Hof). Mehrteiliger Gebäudekomplex, ältester Bau wohl das über einem hohen Feldsteinsockel errichtete dreigeschossige Fachwerkgebäude, vermutlich M. 19. Jh., die Anbauten in Backstein wohl um 1880/90; an der Westseite ehem. Kesselhaus mit freistehendem Schornstein; an der Nordseite ein dreieinhalbgeschossiger Kopfbau in Backstein, nach Süden ein aufgestockter zweigeschossiger Hausteil und ein zweigeschossiger Querflügel mit segmentbogiger Tordurchfahrt, wohl sämtlich 2. H. 19 Jh.
Im Garten Pavillon mit welschem Dach, wohl M. 19. Jh.

Ehem. GASWERK (Gewerbe) Bahnhofstraße 6. E. 19. Jh. errichteter Komplex aus ein- und zweigeschossigen Putzbauten mit Backsteingliederungen; an der Hofseite links ein traufseitig stehender eingeschossiger Bauteil mit segmentbogigen Fenstern, daneben ein giebelständig stehender zweigeschossiger Bau, seine Rückseite eingeschossig und mit großen Rundbogenfenstern.
Ehem. FORSTHAUS (Wohnung) Ausbau 5. Eingeschossiger Fachwerkbau vom A. 19. Jh.
BAUERHÄUSER Ausbau 3. Eingeschossiger Putzbau mit rohrgedecktem Krüppelwalmdach, um 1800. – Dorfstraße 17. Hofanlage mit zwei älteren Gebäuden: Seitendielenscheune wohl A. 19. Jh. mit Lehmstakenfachwerk und Rohrdach; Stall, Backstein, wohl E. 19. Jh.

*Denkmäler*
Zum 700jährigen Stadtjubiläum. Lange Straße, Ecke Feldstraße. Prismenartiger Obelisk, Granit, Inschrift: 1231 – 1931 – 700 Jahre.
Kriegerdenkmäler. Auf dem Kirchhof bei der Stadtkirche, wohl A. 20. Jh., Findling, in jüngster Zeit umgestaltet.

Sowjetisches Ehrenmal Am Markt. Obelisk auf Postament mit Namensinschriften, nach 1945.

**Rolofshagen**

DORFKIRCHE (seit 1987 Ruine) Um 1300 erbauter zweijochiger Rechteckbau aus Feldstein mit einer Nordsakristei. Die architektonischen Details in Backstein. In den Wänden einfache Spitzbogenfenster mit abgeschrägter Laibung und Maßwerk des 19. Jh., im Süden ein spitzbogiges Rücksprungportal, das vermauerte Nordportal mit einfachem Profil und angedeuteter Kämpferzone, das Westportal erneuert. Die Giebel von schlanken gestaffelten Blenden mit Dreiecksschluß gegliedert, im Abschluß geteilt. An der Nordwestseite ein rechteckig vortretendes Treppentürmchen. Der dekorativ ausgeziegelte Fachwerkgiebel der Sakristei von 1656.

Das Innere ehem. kreuzrippengewölbt, im Chor Sakramentsnische mit mittelalterlicher Holztür; die Sakristei mit rippenlosem Kuppelgewölbe.

Ausstattung (deponiert): Kanzelaltar, 1. H. 18. Jh., architektonischer Aufbau mit Akanthus- und Lambrequindekor; zwischen zwei übereck gestellten Säulen der Kanzelkorb mit symbolischer Darstellung in Laubwerk. Seitlich anschließend die Wände des über der Brüstung in Akanthuswerk aufgelösten Sakristeigestühls. Schwebender Taufengel, 18. Jh. Klassizistischer Orgelprospekt von 1826, ohne Instrument. Kruzifix, 14. Jh. Westempore, 1. H. 19. Jh. Von gekrönten Adlern gehaltenes geschnitztes Wappen mit Inschriftendraperie der ehem. Patronatsloge, 1714. Lesepult, 18. Jh. Taufe, Sandstein, 19. Jh. Kelch u. Patene, Silber, 1634. Dose, Silber, 18. Jh. Kanne, Silber, 1. H. 19. Jh. Zwei Teller, Messing, 1727.

Am urspr. Ort: Fünf Grabplatten: J. Rechentin † 1603/ Eva Bibow, Bormann † 1795, † 1799, † 1816 und † 1818.

PFARRHAUS Siebenachsiges Fachwerktraufenhaus auf L-förmigem Grundriß mit zweiachsigem Frontispiz und Krüppelwalmdach, um 1800 erbaut. Die Fassade und der westliche Flügelanbau in Ziegelfachwerk, die Giebelseiten und die Rückseite in Lehmfachwerk. Zum Pfarrhof gehören eine U-förmig angelegte Hofanlage und kleinere Stallbauten hinter dem Wohnhaus.

**Schmietkow**

Ehem. GUTSHAUS Um 1900 über Kellergeschoß errichteter langgestreckter eingeschossiger Putzbau. Fenster mit Faschen, Gesimse am Sockel, unterhalb der Fenster und an der Traufe. Eingangsbereich verändert.

**Schuenhagen**

FORSTHAUS Hauptstraße 1. Eingeschossiger, durch gelbe Streifen optisch gebänderter Backsteinbau auf Feldsteinsockel und mit überstehendem Dach, um 1880. In der Mitte der neunachsigen Straßenfront zweigeschossiger dreiachsiger Risalit, in seinem Giebel Hirschkopf; seitlich urspr. Veranda.

**Sievertshagen**

LANDARBEITERKATEN Dorfstraße 19/20, 23/ 24, 25/26. Drei zweigeschossige sechsachsige Backsteinhäuser mit flachem Dach. Eingänge an den Giebelseiten, die Fenster segmentbogig, zwischen den Geschossen Zahnschnittfries. Um 1870 errichtet.

KATEN Dorfstraße 28. Zweihieschiges Lehmfachwerkhaus mit Krüppelwalmdach, einseitig zum Satteldach umgestaltet. Die Gefache z.T. in Backstein ersetzt. Eingänge an den Giebelseiten. Wohl um 1800 erbaut.

**Sommerfeld**

Ehem. GUTSHAUS Gartenweg 7. Rechteckiger, in zwei Etappen entstandener Putzbau. Älter der dreigeschossige östliche Teil mit rustizierten Gebäudekanten und hohem, über einem kräftigen Gesims aufsteigenden ungegliederten Dreieckgiebel, wohl 1. H. 18. Jh.; im Inneren ein Obergeschoßraum mit gefeldertem Wandpaneel, Kamin und schlichter Stuckdecke. Das Treppenhaus mit Resten barocker Einbauten in dem westlich angrenzenden zweigeschossigen Bauteil, der zu A. 20. Jh. wohl als Ersatz für einen älteren Vorgängerbau entstand; aus dieser Zeit auch der Staffelgiebel der westlichen Schmalseite, der kleine nördliche Portalvorbau und eine ornamentale Stuckdecke im Erdgeschoß. – Die Innenräume durch fehlende Nutzung stark beschädigt.

**Splietsdorf**

WOHNHAUS Dorfstraße 19. Eingeschossiges fünfachsiges Fachwerktraufenhaus mit Krüppelwalmrohrdach und Haustür mit Oberlicht, 1. H. 19. Jh.

*Linke Seite: Rolofshagen, Dorfkirche von Südwesten*

*Rechte Seite: Sommerfeld, Gutshaus, Hofseite; Starkow, Dorfkirche von Nordosten*

**Stahlbrode**

KAPELLE Rechteckiger Backsteinbau mit fünfseitigem Ostschluß, um 1886. Im Westen Treppengiebel mit spitzbogiger Glockenöffnung, darunter Stichbogenportal in spitzbogiger Mauervorlage. Das Innere mit Bretterdecke.

Ausstattung: Kanzelkorb vom ehem. Kanzelaltar, jetzt auf gemauertem Sockel, M. 18. Jh., vor den Kanten korinthische Säulen auf Postamenten, dazwischen Rundbogenarkaden. Kruzifix, 18. Jh.

FISCHERHAUS Dorfstraße 11. Wohl um die M. 19. Jh. errichtetes giebelständiges vierachsiges Backsteinhaus mit rohrgedecktem Krüppelwalmdach. Der Giebel in der 2. H. 19. Jh. verändert.

**Starkow**

DORFKIRCHE Dreischiffige Backsteinbasilika mit eingerücktem polygonal geschlossenen Chor, 2. H. 13. Jh. Am Chor Spitzbogenfries auf glasierten Konsolen, die Spitzbogenfenster zwei- und dreiteilig, die seitlichen mit Zwickelokulus. Das spitzbogige Nordportal in Wandvorlage mit Wimpergschluß, das Gewände z. T.

aus glasierten Steinen; Feldsteinsockel. Das dreijochige Langhaus am Obergaden mit doppeltem deutschen Band, zwischen den zweiteiligen Fenstern mit Zwikkelokulus schlanke Spitzbogenblenden; die Seitenschiffsportale mit z. T. glasiertem Gewände. Die westliche Giebelwand mit Rücksicht auf den geplanten Turm einfach gegliedert, im Giebel zwei gekuppelte Spitzbogenblenden, darunter eine flache, bis zum Boden reichende Spitzbogenblende, in ihr ein großes vermauertes zweiteiliges Fenster und ein ebenfalls zugesetztes, in jüngerer Zeit durchfenstertes Spitzbogenportal.
Im Inneren Chor und Langhausmittelschiff mit Kreuzrippengewölben, im Chorschluß auf dreiteiligen Runddiensten mit Kelchblattkapitellen, sonst auf Konsolen. Spitzbogiger Triumphbogen. Im Langhaus niedrige Achteckpfeiler mit einfachen Kämpfern, die Schildbogenarkaden zugesetzt. Die Seitenschiffe mit hölzernen Flachdecken, im Dachraum über ihnen die als Stützen der Mittelschiffsgewölbe dienenden Strebebögen. In der Südwestecke des Schiffes gewendelte Mauertreppe. – An der nördlichen Chorwand Reste figürlicher Wandmalerei: Christophorus und Wappen, dazu Inschriften.
Einheitliche neogotische Ausstattung 2. H. 19. Jh., im Altaraufbau Gemälde des auferstehenden Christus. Die Orgel 1880 von Friedrich August Mehmel, Stralsund, umgebaut von W. Stutz. Älter sind: Taufstein, Fragment, 13. Jh., erhalten Fuß und Boden der Kuppa. Kelch und Patene, 1747. Dose, Silber, E. 18. Jh. Altarleuchterpaar, Messing, 18. Jh. Zwei Grabplatten: 1409 und 1604.
Auf dem Kirchhof freistehender Glockenstuhl mit zwei Glocken: 1847 von Simon Zach, Stralsund; 1932. – Mehrere Grabstelen 18./19. Jh., einige als Trittstufen vor den Kirchenportalen.
WOHNHÄUSER Dorfstraße Nr. 2, Nr. 8 (ehem. Pfarrhaus) und Nr. 11 (ehem. Pfarrwitwenhaus): eingeschossige Fachwerkbauten mit Krüppelwalmdächern, A. 19. Jh., Nr. 8 mit Rohrdach; die Wände teilweise massiv erneuert.
Ehem. SCHULE Dorfstraße 3. Fachwerkbau mit Krüppelwalmdach, 1. H. 19. Jh., auf dem Hof kleines Stallgebäude in Lehmstakenfachwerk, wohl ebenfalls 1. H. 19. Jh.
Ehem. SCHMIEDE Hofstraße 9. Kleiner massiver Rechteckbau mit Walmdach, A. 19. Jh., an der straßenseitigen Schmalseite ein auf hölzernen toskanischen Säulen ruhender Unterstand, rückwärtig ein jüngerer massiver Werkstattanbau.

**Steinhagen**

DORFKIRCHE Stattlicher zweijochiger Backsteinbau mit nördlichem Seitenschiff und zweijochigem Rechteckchor von Schiffsbreite, E. 13. Jh. Der vorgesetzte quadratische Westturm mit Feldsteinpartien im Untergeschoß und Zeltdach sowie die südliche Vorhalle 15. Jh. Alle Giebel und die Turmobergeschosse mit Blendengliederungen. Mehrere Spitzbogenportale, im nördlichen Bohlentür aus dem 15./16. Jh., in der Südvorhalle Tür von 1676 mit Rautengliederung und umkränztem Schriftfeld.

*Linke Seite: Starkow, Dorfkirche, Inneres nach Osten*

*Rechte Seite: Steinhagen, Dorfkirche von Südosten; Inneres nach Westen*

Im Inneren Kreuzrippengewölbe auf halbrunden Wandvorlagen, zwischen Mittel- und Seitenschiff auf gedrungenen Achteckpfeilern, die Arkaden in jüngster Zeit im unteren Bereich zugesetzt. Unter den Fenstern im Chor und an der südlichen Schiffswand spitzbogige, durch halbrunde Pfeiler mit angedeuteten Kapitellen getrennte Blendarkaden. – Von der mittelalterlichen Ausmalung an der Ostwand Darstellungen des Jüngsten Gerichtes, der Kreuzigung und Marienkrönung vom A. 14. Jh. freigelegt, die ornamentale begleitende Malerei des 15.Jh an den Gewölberippen jüngst im westlichen Joch freigelegt und restauriert.

Ausstattung: Altar mit Triumphkreuzgruppe, 1. H. 16. Jh. Kanzel mit Aufgang, Schalldeckel und anschließendem Sakristeigestühl, 1659, in den Feldern von Aufgang und Korb gemalte Passionsszenen, reiches Ohrmuschelornament. Taufstein mit zwölfseitiger Kuppa, Granit, 14. Jh. Neogotischer Taufstein, 2. H. 19. Jh. Orgel mit neogotischem Prospekt, 1863, das Werk von Friedrich August Mehmel, Stralsund, 1992/93 durch W. Sauer, Frankfurt/O., restauriert. Tafelbild mit Abendmahl in Säulenrahmung (ehem. Altarbild), 18. Jh., 1818 erneuert, die damals aufgesetzte Dreieckgiebelbekrönung mit dem Auge Gottes abgestellt. Zwei Pastorenbildnisse: J. Fr. Hörnemann †1869; K. H. W. Hartmann Bäker †1911, 1922 von Hermann Dörmann, Detmold. Fünf Kabinettscheiben mit szenischen und ornamentalen Darstellungen, 17. Jh., eine datiert 1647. Schrank mit Eisenblechbeschlag und Bändern, 15. Jh. (?), später modernisiert. Südempore mit Darstellungen aus dem Lied Salomonis in durch Schuppenpilaster getrennten Pfeilern, um 1670. Nordempore mit Szenen aus dem Leben Christi, 18. Jh. Ehem. Beichtgestühl (im Turm abgestellt) mit Rocaillendekor und den Figuren Davids und Sauls über dem Gesims, 2. H. 18. Jh. Kelch und Patene, 1741. Kelch, 17. Jh. Patene, 18. Jh. Dose, Silber, um 1730.

*Linke Seite:*
*Steinhagen, Dorfkirche,*
*Fresko an der Ostwand;*
*Schrank;*
*Epitaph Klinkow*

*Rechte Seite:*
*Steinhagen, Hof*
*Hauptstraße 77/78;*
*Windmühle*

Kanne, Dublee, 1844. Leuchterpaar, Silber, um 1700. Klingelbeutel, 18. Jh. Glocke, 1603 von Adam Lehmeyer, Stralsund. Epitaph M. Klinkow und Frau † 1663/1676; reicher architektonischer Aufbau mit Knorpelwerkdekor, Figuren von Mose, Aaron, des Guten Hirten und der Caritas sowie Gemälden der Kreuzabnahme und Grablegung und Porträtmedaillons der Verstorbenen. In der Kirche und auf dem Kirchhof zwei Grabplatten, Kalkstein: H. Schilling † 1674; A. F. W.v. Neetzow † 1838. Drei Grabstelen, A. 19. Jh. Kriegerdenkmal 1914/18. Kirchhofsportal, Putzbau mit Stichbogenöffnungen, 1776.

Ehem. GUTSHAUS (Wohnungen) Wirtschaftshof 1. Zweigeschossiger Putzbau mit Backsteingliederungen und mittigem übergiebelten Zwerchhaus, errichtet 1898. Daneben das Gebäude für das Personal, Wirtschaftshof 2, ein dreigeschossiger Bau mit Erdgeschoß in Backstein und verputzten Obergeschossen mit Backsteinglie-

derungen von 1899. – Seitlich des Gutshauses Stallscheune von 1901, zweigeschossiger Backsteinbau mit flachem Satteldach, an der hofseitigen Schmalseite übergiebelter Mittelrisalit mit Ladeluke im Obergeschoß.

An der Dorfstraße mehrere ehem.

LANDARBEITERHÄUSER, erwähnenswert die Doppelhäuser: Dorfstraße 41/42, 43/44, 45/46, 47/48 und 49/50, zwischen 1899 und 1902 entstandene zweigeschossige Backsteinbauten mit überstehenden pappgedeckten Flachdächern und Zahnschnittfriesen; die kleineren Segmentbogenfenster des Obergeschosses inzwischen meist vergrößert. Nr. 39/40 ähnlich, aber giebelständig. Die Doppelhäuser Dorfstraße 12/13 und 13/14 von 1909 in Backstein mit Krüppelwalmdächern und kleinen seitlichen Stallanbauten; Nr. 55/56 von 1907.

Ehem. SCHULE (Wohnung) Dorfstraße 15 a. Ziegelfachwerkbau von um 1900, an der Südostecke kleine Arkade mit geschnitzter Säule, dahinter der sich in der östlichen Giebelwand durch große Fenster abzeichnende Klassenraum, im westlichen Hausteil die ehem. Lehrerwohnung.

*Dorfstraße* BAUERNHÄUSER

HAUS Nr. 61, Fachwerkbau mit rohrgedecktem Krüppelwalmdach, 2. V. 19. Jh.

HAUS Nr. 64, erwähnenswert das Stallgebäude in Fachwerk, M. 19. Jh.
HAUS Nr. 84, Fachwerkbau mit urspr. Haustür, um 1840. – Zum sog. Gutshoftyp mit traufseitig stehendem Wohnhaus im hinteren Hofbereich und seitlich angeordneten Wirtschaftsgebäuden gehören:
HAUS Nr. 73, ein Putzbau mit Mittelrisalit, Zwerchhaus mit Neorenaissancegiebel und Krüppelwalmdach, errichtet um 1870 und die in Lehmstakenfachwerk erbaute rohrgedeckte Durchfahrtsscheune.
HAUS Nr. 77/78, Putzbau aus dem 2.V. 19. Jh., daneben Fachwerkscheune mit Krüppelwalmrohrdach und achtseitiges Göpelhaus in Lehmstakenfachwerk mit Rohrdach.
WINDMÜHLE (Museum) Dorfstraße 91. Erdholländer mit drei verschindelten Fachwerkgeschossen über achtseitigem Grundriß und urspr. Ausstattung von 1752; Flügelkreuz und Windrose 1981/84 erneuert.

**Stoltenhagen**

DORFKIRCHE Rechteckiger Feldsteinbau mit eingezogenem quadratischen Chor und südlichem Sakristeianbau. Die architektonischen Details, die Westwand und der Ostgiebel in Backstein. Der Chor aus der M. 13. Jh., der Giebel in Backstein in opus spicatum, großem Blendenkreuz und Rauten. Die Fenster und das Nordportal im 19. Jh. stark erneuert. Die im 15. und A. 16. Jh. erbaute Sakristei E. 18. Jh. zur Gruft umgewandelt, in der südlichen Giebelwand einfache Spitzbogenfenster. Das einjochige Schiff aus der 2. H. 13. Jh., am Ostgiebel Spitzbogenblenden. An der Westseite ist die große Spitzbogenöffnung zum Schiff seit dem Turmabbruch im Mittelalter vermauert. Die Fenster und Portale der Längswände mit profilierten Laibungen, das Südportal zugesetzt.
Im Inneren von Schiff und Chor kuppelige Kreuzrippengewölbe, im Chor auf Kopfkonsolen. Der Gruftanbau flach gedeckt, Inschrifttafel über dem Grufteingang der Südwand von 1787.
Ausstattung: Altaraufbau u. Schranken, M. 19. Jh. Kanzel mit Schalldeckel, 1. H. 18. Jh., mit Akanthus und Bandelwerkdekor, am unteren Gesims die Sitzfiguren der Evangelisten. Vor dem Aufgang neogotische Brüstung mit barocker Ornamentkartusche als Bekrönung. Taufe, M. 13. Jh., die Kuppa mit Blendarkaden. Taufständer, 2. H. 19. Jh. Orgel mit neogotischem Prospekt von 1821, das Werk von C. A. Buchholz, Berlin. Gehäuse eines Tabernakels mit Bemalungsresten, 15. Jh. Lesepult, 1720. Empore u. Gestühl, 19. Jh. Zwei Kelche u. Patenen, 2. H. 15. Jh. u. 18. Jh. Kelch u. Patene, Silber, 1703. Kanne, Silber, 18. Jh. Leuchterpaar, Zinn, 1. H. 18. Jh. Wappenepitaph v. Appelmann 1. H. 18. Jh., Schild und Inschrifttafel von reich geschnitztem Akanthuswerk und Kriegstrophäen umgeben. Grabplatte G. Appelmann † 1768.
Auf dem von einer Feldsteintrockenmauer umgebenen Friedhof ein freistehendes verbrettertes Glockenhaus

*Linke Seite: Stoltenhagen, Dorfkirche von Südosten*

*Rechte Seite: Stoltenhagen, Dorfkirche, Inneres nach Osten; Epitaph Appelmann*

von 1667, mehrfach erneuert. Zwei Glocken: 1702 von Ernst Siebenbaum, Rostock, und 1728 von Johann Metzler, Stralsund.
Ehem. MAUSOLEUM Backsteinbau mit Fialen und Blendenkreuzen, 2. H. 19. Jh. errichtet.
SCHMIEDE Dorfstraße 19. In der 2. H. 19. Jh. errichteter, urspr. dreiachsiger Ziegelbau mit mittiger Toreinfahrt, Drempel und flachem Satteldach. Toreinfahrt verändert.
STALLSCHEUNE Dorfstraße 22 – 24. Lehmfachwerkbau von 1762 mit Krüppelwalmdach, die Eingänge an den Giebelseiten und der rückwärtigen Traufseite. Hinterer Gebäudeteil verputzt und durch Fenster verändert.
WOHNHAUS Dorfstraße 27. Siebenachsiger Fachwerkbau mit Krüppelwalmdach, wohl E. 18. Jh. Die rechte Giebelseite stark durchfenstert.

**Strelow**

Ehem. GUTSHAUS Über Granitsockel errichteter zweigeschossiger Putzbau mit Walmdach. Mittelachse vorgezogen mit abgeschrägten Ecken und bis ins zweite Obergeschoß reichenden Dreiviertelsäulen. An beiden Giebelseiten eingeschossige zweiachsige Anbauten.
Teile des ehem. LANDSCHAFTSPARKES erhalten.

**Stremlow**

Ehem. GUTSANLAGE: Das Gutshaus nicht erhalten, seitlich eine

STALLSCHEUNE Am Park 3, rechteckiger Backsteinfachwerkbau, wohl 2. H. 19. Jh., die Gefache mit Ziegelmustern; an der südlichen Längsseite mittig ein spitzgieblig bekröntes Zwerchhaus mit Ladeluke, wohl um 1920 eingefügt. In jüngerer Zeit der südwestliche Teil für Wohnzwecke ausgebaut.

Ehem. INSPEKTORHAUS Ziegelei 10. Eingeschossiger Backsteinbau mit Drempel von um 1860 mit Ecklisenen, Konsoltrauffries und an den Giebeln leicht überstehendem flachen Dach. Im Drempel gekuppelte Rechteckfensterchen.

**Techlin**

Ehem. GUTSHAUS (Wohnungen) Nr. 34. Um 1850 errichteter zweigeschossiger siebenachsiger Putzbau, die Erdgeschoßmauern aus Granit. Dreigeschossiger einachsiger Mittelrisalit, an den Ecken kleine turmartige Aufsätze. Dachreiter. Der urspr. neogotische Fassadendekor in späterer Zeit stark vereinfacht.

MARSTALL Ziegelfachwerkbau von 1851.

KATEN Nr. 6/7. Um die M. 19. Jh. errichteter Ziegelfachwerkbau. Gegen E. 19. Jh. an den Giebelseiten erweitert. Straßenseitig zwei Eingangsbereiche, ein weiterer an der linken Giebelseite. Zugehörig je ein Stall aus Granit mit verbrettertem Giebel.

**Tribsees**

STADTGESCHICHTE Im 2.V. 13. Jh. auf einer Landzunge am linken Hochufer der Trebel unweit der Landesgrenze zu Mecklenburg von den pommerschen Fürsten angelegte Stadt, bei der sich die Straße von Rostock/Bad Sülze nach Grimmen/Greifswald bzw. Stralsund gabelt. 1285 mit lübischem Recht bewidmet. Der Ort bereits im 13. Jh. mit Mauer und Toren befestigt, der ovale Stadtgrundriß durch die geographischen Gegebenheiten mit dem nach Norden, Westen und Süden abfallenden Gelände bestimmt. Magistrale ist die ca. 500 m lange Verbindung zwischen Stralsunder und Grimmener Tor (Karl-Marx-Straße), die sich südlich der auf dem höchsten Punkt der Stadt stehenden Kirche zum kleinen dreieckigen Marktplatz erweitert; nur wenige abgehende bzw. parallel verlaufende Straßen. 1702 großer Stadtbrand, dabei der ältere Hausbestand vernichtet, der Wiederaufbau größtenteils mit Fachwerkgebäuden auf dem erhaltenen mittelalterlichen Stadtgrundriß. Erst in der 2. H. 19. Jh. kleine städtebauliche Erweiterung nach Osten und Süden, u. a. durch den 1895 geschaffenen Anschluß an die Eisenbahn.

### *Innenstadt*

STADTBEFESTIGUNG Vom geschlossenen Befestigungsring des späten 13. Jh. sind nur Reste erhalten, die bedeutendsten die beiden Tortürme im Westen und Osten:

STRALSUNDER (STEIN-) TOR (Heimatstube). E. 13. Jh. errichteter, dem Grimmener Tor verwandter Backsteintorturm; über rechteckigem Grundriß drei Geschosse, im unteren die spitzbogig geschlossene Durchfahrt, darüber an der Feldseite gereihte Spitzbogenblenden, im Staffelgiebel rahmendes Putzband und Spitzbogenblenden, Eckfialen. Die Stadtseite schlichter, das mittige, über beide Obergeschosse reichende Fenster zugesetzt, im Giebel zwei rundbogige Luken und abschließende Rundbogenblende.

GRIMMENER (MÜHLEN-) TOR. E. 13. Jh. über quadratischem Grundriß errichteter dreigeschossiger Torturm mit spitzbogig geschlossener Durchfahrt. An der Südostecke der Feldseite großer übereck gestellter Stre-

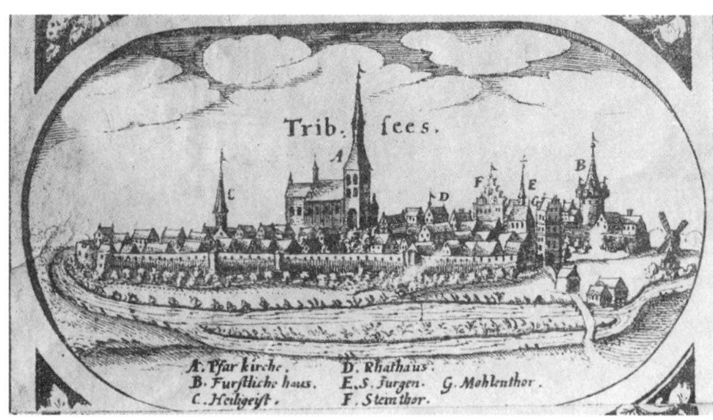

*Linke Seite:*
*Tribsees, Stadtansicht*
*(Lubinsche Karte)*

*Rechte Seite:*
*Tribsees, Stadtansicht*
*von Norden;*
*Stralsunder Tor, Stadtseite;*
*Grimmener Tor, Feldseite*

bepfeiler mit Jahreszahl 1732. Im obersten der durch Putzbänder getrennten Obergeschosse an der Feldseite gereihte, z. T. durchfensterte Rundbogenblenden, ebenso unter dem mit Eckfialen besetzten Giebel, wohl aus dem frühen 17. Jh., gleichzeitig wohl auch die Blendarkaden an der Stadtseite und der gestaffelte Lünettengiebel mit seinem Fialenabschluß. Die Durchfahrt mit Balkendecke und seitlichen Spitzbogenblenden.

MAUER Auf Feldsteinsockel ruhende, urspr. wohl 6 bis 7 Meter hohe Backsteinmauer vom E. 13. Jh., davon nur kurze, in der Höhe stark reduzierte Abschnitte erhalten, weitere Teile in den Gebäuden an den stadtseitig verlaufenden Mauerstraßen aufgegangen. Sichtbarer Abschnitt u. a. am Grundstück Ostmauerstraße 32, ca. 10 Meter langes Teilstück unterschiedlicher Höhe; nördlich der Kirche unter einem Fachwerkgebäude (Turnhalle) des 19. Jh. Mauerstück mit zwei spitzbogigen zugesetzten Öffnungen. – Der ca. 50 m lange, etwa 3 m hohe Mauerabschnitt auf der Südseite der Nordmauerstraße mit Rundbogenblenden und vermauertem Durchgang ebenfalls mittelalterlich, wohl ehem. die Einfriedung eines Privatgrundstücks.

*Linke Seite:*
*Tribsees, Stadtkirche*
*Inneres nach Südwesten*

*Rechte Seite:*
*Tribsees, Stadtkirche, Kanzel*

STADTKIRCHE St. Thomas. Dreischiffige Backsteinhallenkirche mit eingezogenem polygonal geschlossenen Chor auf Hausteinsockel, Nordsakristei, südlichem Choranbau, südlichen Vorhallen und vorgesetztem quadratischen Westturm.
In der nördlichen Seitenschiffswand Mauerpartien mit Lisenen und vermauerten Rundbogenfenstern eines basilikalen Vorgängerbaues aus dem 2.V. 13. Jh. erhalten, von diesem Bau auch die Untergeschosse des Turmes. In der 1. H. 14. Jh. Neubau einer Hallenkirche mit vierjochigem Langhaus und einjochigem polygonal geschlossenen Chor. A. 15. Jh. ein nicht vollendeter Umbau zur Basilika begonnen, dabei u. a. die Mittelschiffswände mit den heute vermauerten spitzbogigen Obergadenfenstern erhöht und die Seitenschiffsdächer zu Pultdächern umgebildet, so daß äußerlich der Eindruck einer Pseudobasilika entsteht. Am Chorjoch und Polygon Strebepfeiler, dazwischen die nachträglich verkleinerten Spitzbogenfenster. Am Hallenlanghaus der östliche Giebel mit schlichter Blendengliederung, im westlichen Halbgiebel des südlichen Seitenschiffs Teil einer Kreisblende. Die Portale in der Südwand beim Bau

*Linke Seite:*
*Tribsees, Stadtkirche, Hochaltar*

*Rechte Seite:*
*Tribsees, Stadtkirche, Hochalar, Mittelschrein*

*Linke Seite:*
*Tribsees, Stadtkirche,*
*Triumphkreuzgruppe;*
*Epitaph von Küssow*

*Rechte Seite:*
*Tribsees,*
*Rathaus und Wohnhäuser*
*Karl-Marx-Straße 14–17*

der neogotischen Vorhallen stark verändert, ebenso die Maßwerke der Fenster. An der Südseite Kalksteinplatte mit Sonnenuhr, um 1800. Beim Turm das Feldsteinuntergeschoß mit später verändertem Westportal und das darüber gelegene Geschoß in Backstein mit Ecklisenen und urspr. dreiteiligen Klangarkaden vom frühgotischen Vorgängerbau, im dritten und vierten Geschoß Rund- und Spitzbogenblenden, darin im obersten Geschoß rundbogige Schalluken; als Turmabschluß Zeltdach. Die spätgotische Sakristei mit Schleppdach. Die neogotischen Portalvorbauten an der Südseite von 1861/69.
Im Inneren Chor und Langhaus mit Kreuzrippengewölben, im Chor und den Langhausseitenschiffen auf Wanddiensten bzw. Konsolen, im Mittelachiff auf den durch Scheidbogenarkaden verbundenen Achteckpfeilern; die architektonischen Details stark von der Restaurierung des 19. Jh. geprägt (Abb. S. 100). In der Sakristei spätgotisches Netzgewölbe.
Ausstattung: Schnitzaltar um 1330/40 (Abb. S. 102, 103); im Schrein Relief der Sakramentsmühle, dabei die in Gestalt ihrer Symbole dargestellten Evangelisten den Trichter mit dem Wort Gottes füllend, die vier Kirchenväter das fleischgewordene Sakrament empfangend, darüber im Aufsatz Gottvater. Seitlich je drei Reliefs: oben Adam und Eva und die Verkündigung, in der Mitte die das Wasser zur Mühle leitenden Apostelgruppen, unten Eucharistie der Geistlichen bzw. Laien. In den Flügeln je vier Passionsreliefs, als Bekrönung Wimpergreihe mit reichem Krabbenbesatz, Kreuzblumen und den Halbfigurenreliefs der zwölf Propheten. Neogotische Kanzel mit Aufgang und Schalldeckel, um 1869 (Abb. S. 101). Der oktogonale Fuß in neun Pfeiler mit Blattkämpfern aufgelöst, am Korb krabbenbesetzte Maßwerkblenden, in der Brüstung des Aufgangs Dreipässe, der Schalldeckel mit reichem Maßwerk. Neogotischer Taufstein um 1869. Taufsteinkuppa, Granit, 14. Jh. Orgel mit neogotischem Prospekt von 1829, das Werk von Carl August Buchholz, Berlin, 1968 durch R. Schmeißer, Rochlitz, wiederhergestellt. Triumphkreuzgruppe, A. 18. Jh. von Johann Bartey, Stralsund. Sieben

Schnitzreliefs: Kreuzigung mit Stifterfamilie, vier Evangelisten, Petrus und Paulus, 1577 (urspr. zu der 1702 aus St. Jacobi, Lübeck, erworbenen Kanzel gehörend, jetzt in erneuerten Rahmungen). Zwei Gemälde: Bildnis Martin Luther, um 1730; Christus und Thomas, in neogotischem Rahmen, um 1869 (ehem. Altarbild). Langhausemporen, Patronatsloge, Chor- und Gemeindegestühl in neogotischen Formen, um 1869. Kelch, um 1500, die Kuppa erneuert. Zwei Kelche und Patenen, 1647 und 1749. Kelch, Zinn, 1734. Oblatendose in Turmform, Silber, E. 19. Jh. Deckelkanne, Silber, 1793. Taufkanne, Silber, um 1800. Schale, Messing, 18. Jh. Leuchterpaar, Messing, 1770. Drei Kronleuchter, Messing, 1723 und um 1870 (2). Zwei Glocken: 1485 und 1714 von Gottlieb Metzger, Stralsund. Drei Grabplatten: M. Hagemeister † 1505 und N. Crogher † 1506, beide mit Ritzzeichnung der Geistlichen; E. 16. Jh. mit Ritzzeichnung des auferstehenden Christus. Epitaph für Chr. v. Küssow † 1577, architektonischer Aufbau mit von marmorierten Säulen gerahmtem Mittelfeld, darin Tafelbild des Jüngsten Gerichtes; darüber Ädikulaaufsatz mit Auferstehung und Gottvater im Dreieckgiebel; unter dem Hauptfeld 1746 hinzugefügte Schrifttafel, seitlich von Postamenten auf Kopfkonsolen mit gemalten Wappen gerahmt, weitere Wappen und ein schlafender Putto am Unterhang.

RATHAUS Karl-Marx-Straße 18. Zweigeschossiger neogotischer Backsteinbau, 1885 nach Entwurf von Ernst v. Haselberg errichtet. Die mittlere der fünf Achsen als flacher Risalit mit Spitzbogenportal, Balkon und Staffelgiebel ausgebildet, sein steigender Spitzbogenfries ebenso wie der Konsoltrauffries und der geschoßtrennende Vierpaßfries glasiert; die Fenster im Erdgeschoß segmentbogig, oben spitzbogig geschlossen; das Hauptportal und die Fenstertür des Balkons mit Maßwerk.

## *Wohnbauten*

### *Hl.-Geist-Straße*

WOHNHÄUSER Nr. 11 und 12. zweigeschossige verputzte Fachwerkbauten vom A. 19. Jh., bei Nr. 12 über der Tür Rechteck-, über den Fenstern Lünettenblenden; die Haustüren 1. H. 19. Jh.

### *Karl-Marx-Straße*

WOHNHAUS Nr. 6. Zweigeschossiger Putzbau vom E. 19. Jh. in Neorenaissanceformen mit Mezzanin und Mansardwalmdach sowie kräftig ausgebildetem Konsoltraufgesims.

WOHNHAUS Nr. 8. Zweigeschossiges, wohl um 1900 verputztes älteres Fachwerkgebäude.

WOHNHAUS Nr. 12. Zweigeschossiger Putzbau aus der M. 19. Jh., die Putznutung und die Haustür noch aus der Erbauungszeit. Um 1900 im Erdgeschoß Ladeneinbauten, im Obergeschoß die Fenster mit Faschen und Sturzprofilen neugestaltet.

WOHNHAUS Nr. 16, Ecke Matthäistraße. Zweigeschossiger Putzbau mit Schweifgiebel, um 1800, die Haustür in Empireformen urspr. Im Hof mehrere in Fachwerk errichtete Wirtschaftsgebäude, das südlichste mit auf Streben vorgekragtem Obergeschoß.

WOHNHÄUSER Nr. 17 und 19. Zweigeschossige gotisierende Putzbauten mit Stufengiebel und Lisenengliederung, M. 19. Jh., im Kern wohl älter.

WOHNHÄUSER Nr. 20 und 22. Zweigeschossige Putzbauten mit Dreieckgiebeln, wohl M. 19. Jh., im Kern wohl älter.

WOHNHAUS Nr. 23. Zweigeschossiger verputzter Fachwerkbau, 18. Jh.; die beiden östlichen Achsen utluchtartig vorgezogen; in jüngerer Zeit der westliche Erdgeschoßbereich und das Mansarddach verändert.

Ehem. GASTHAUS »Mecklenburger Hof« (Wohnungen) Nr. 24. Zweigeschossiger Putzbau, M. 19. Jh., Tür und Fenster segmentbogig geschlossen und von profilierten Faschen gerahmt.

WOHNHAUS Nr. 27. Zweigeschossiges verputztes Fachwerkhaus, 18. Jh.; die beiden westlichen Achsen utluchtartig vorgezogen und mit Dreieckgiebel abgeschlossen; der Eingang wohl nachträglich vorgezogen; in jüngster Zeit stark durchgebaut.

WOHNHÄUSER Nr. 28 und 29. Zweigeschossige verputzte Fachwerkgebäude mit Krüppelwalmdächern, um 1800; bei Nr. 29 die gesamte Fassade, bei Nr. 28 nur das Erdgeschoß mit Putznutung, hier im Obergeschoß Lisenengliederung.

WOHNHAUS Nr. 30. Im Kern ein zweigeschossiges Fachwerkhaus des 18. Jh., die Fassade M. 19. Jh. durch neogotischen Staffelgiebel verändert; um 1900 Ladeneinbau, die Haustür mit Jugendstildekor gleichzeitig.

WOHNHAUS Nr. 34. Verputzter zweigeschossiger Backsteinbau, wohl A. 19. Jh., davon die gekuppelten Fenster und das neogotisch gesproßte Oberlicht in der östlichen Giebelfront; die Hauptfassade jünger.

WOHNHAUS Nr. 48. Zweigeschossiger verputzter Fachwerkbau, wohl 18. Jh., der neogotische Staffelgiebel 3. V. 19. Jh.

WOHNHAUS Nr. 62. Zweigeschossiger Putzbau, errichtet um 1910. Portal und Obergeschoßfenster korbbogig geschlossen, das Portal mit rahmender Putzrustika; über der zweiten Achse von links Zwerchhaus mit Schweifgiebel, darunter ein in einer Vorlage sitzendes breites Fenster, das zusätzlich durch rahmende ornamentierte Putzlisenen betont wird. Im Hof ein Wirtschaftsgebäude in Fachwerk, wohl E. 18. Jh.

WOHNHAUS Nr. 63. Zweigeschossiges Traufenhaus mit Krüppelwalmdach, 2. H. 19. Jh.; das Erdgeschoß glatt geputzt, das Obergeschoß in Backstein mit aufgelegter geputzter architektonischer Gliederung; das mittlere Fenster in übergiebelter Vorlage.

WOHNHÄUSER Nr. 64/65. Putzbau mit zwei Vollgeschossen und Mezzanin, um 1860. Die vierachsige Seitenfront wohl nachträglich um zwei weitere Achsen nach Norden erweitert; Türen und Fenster segmentbogig geschlossen und mit Faschenrahmung.

WOHNHAUS Nr. 69. Zweigeschossiges verputztes Fachwerkhaus mit Mansarddach, im Kern 18. Jh., die Marktfront mit Pilastergliederung; Korbbogenportal.

WOHNHAUS Nr. 70, Ecke Markt. Zweigeschossiges verputztes Fachwerkhaus, im Kern E. 18. Jh., die Marktfront mit dem Schweifgiebel wohl jünger; an den Gebäudekanten im Obergeschoß eingestellte toskanische Säulen.

WOHNHAUS Nr. 71. Zweigeschossiges verputztes Fachwerkhaus vom E. 18. Jh.

WOHNHAUS Nr. 72. Zweigeschossiger Backsteinbau vom E. 19. Jh.; im Erdgeschoß segmentbogig geschlossene Tür und Ladenfenster, die Fenster des Obergeschosses rundbogig; über der Mitte kleines gotisierendes Zwerchhaus.

WOHNHAUS Nr. 76. Zweigeschossiges, im Kern wohl im 18. Jh. errichtetes Fachwerkgiebelhaus mit über der östlichen Achse abgeschlepptem Dach. Die Putzfassade mit der aufgelegten Bandgliederung wohl um 1900.

*Kirchstraße*

WOHNHAUS Nr. 2. Eingeschossiger verputzter Fachwerkbau auf Feldsteinsockel mit Krüppelwalmdach, 1. H. 19. Jh. an beiden Längsseiten mittlere Zwerchhäuser, das straßenseitige M. 19. Jh. erneuert.

*Kirchplatz*

WOHNHAUS Nr. 7 (Ärztehaus). Zweigeschossiger, wohl nachträglich verputzter Backsteinbau mit Krüppelwalmdach, E. 18. Jh.

*Tribsees, Karl-Marx-Straße nach Westen*

*Knochenhauerstraße*

WOHNHAUS Nr. 8. Zweigeschossiges Traufenhaus, A. 19. Jh. in Fachwerk errichtet, wohl M. 19. Jh. verputzt, aus dieser Zeit die Tür und die Fenster mit flachen segmentbogigen Faschenrahmungen; das hölzerne Zwerchhaus jünger. In der Fassade Gedenktafel an den hier 1834 geborenen Landschaftsmaler Louis Douzette (Abb. S. 108).

WOHNHAUS Nr. 11. Zweigeschossiges verputztes Fachwerkhaus von um 1800, die Putzfassade wohl um 1900.

WOHNHAUS Nr. 17. 1897 errichteter Backsteinbau mit zwei Vollgeschossen und einem an der Straßenfront und westlichen Schmalseite schildartig gestalteten Mezzaningeschoß mit leicht erhöhtem Mittelteil; die architektonischen Gliederungen in gelbem Backstein. Obergeschoß und Mezzanin mit Lisenengliederung, Tür und Fenster segmentbogig.

WOHNHAUS Nr. 18. Zweigeschossiger Putzbau vom E. 19. Jh. mit neogotischem Staffelgiebel. Im Hof ein Wirtschaftsgebäude in Lehmstakenfachwerk, wohl A. 19. Jh.

*Neubaustraße*

WOHNHAUS Nr. 21. Eingeschossiger verputzter Fachwerkbau mit Mansarddach, um 1800; über dem Portal mit der urspr. geschnitzten Haustür zweiachsiges Zwerchhaus mit Schweifgiebel. Im Hof Wirtschaftsgebäude in Fachwerk mit Ladeluke im Dachbereich und Ziegelmuster in einzelnen Ausfachungen, wohl 19. Jh.; die Front zur Südmauerstraße in jüngerer Zeit völlig verändert.

*Nordmauerstraße/Südmauerstraße*

Fast durchweg eingeschossige Fachwerkbebauung aus dem 18. Jh., durch nachträglichen Verputz und Modernisierungen stark verändert. Ähnliches bei den diesen Häusern zugeordneten Wirtschaftsgebäuden am Fuß des Steilhanges an der Nordquebbe. Neben Nordmauerstraße 31 eine Treppe zu den Trebelwiesen aus Teilen von Mühlsteinen.

*Ostmauerstraße*

WOHNHAUS Nr. 1. Putzbau mit zwei Vollgeschossen und Drempel, 3. V. 19. Jh., die Vollgeschosse mit Kolossalpilastergliederung, unter den Obergeschoßfenstern Spiegel mit ornamentalem Stuckdekor.

SPEICHER Neubaustraße 41. Unterkellerter viergeschossiger Ziegelfachwerkbau mit hohem Mansarddach, wohl um 1800; im westlichen Teil Hofdurchfahrt. Im Inneren handbetriebener Haspelaufzug erhalten; die unteren Geschosse stark durchgebaut.

PFARRHAUS Papenstraße 9. Eingeschossiger Putzbau von um 1870 mit Haustür in Neorenaissanceformen, westlich angefügt ein zweigeschossiger neogotischer Kopfbau mit fialenbekrönten Eckpfeilern und geputztem rundbogigen Konsoltraufffries.

## *Vorstädte*

Vor dem Steintor entwickelte sich seit etwa 1860/70, später gefördert durch den Anschluß der Stadt an das Eisenbahnnetz 1895, eine kleine Vorstadt mit einigen Villenbauten, Schule und kleineren Betrieben. Einzelne Neubauten auch an der in Richtung Rostock führenden Sülzer Chaussee.

*Vor dem Steintor*

Ehem. BERGBRAUEREI Bergstraße 3. Um 1870 errichteter Backsteinbau mit zwei Vollgeschossen und Drempel unter flachem Satteldach; die mittlere der fünf Achsen in flacher Vorlage mit übergiebeltem Zwerchhaus, die Fenster mit den angedeuteten Verdachungen und der Eingang segmentbogig geschlossen; die Geschosse durch Zacken- bzw. Zahnschnittfriese getrennt, unter der Traufe Konsolfries. Im westlichen Teil des Hauses urspr. der Produktionsbereich, an der Giebelseite in den Obergeschossen Ladeluken. – Zugehörig der zwischen Berg- und Goethestraße gelegene ehem. Biergarten mit Veranda vom E. 19. Jh.

Ehem. MÄDCHENSCHULE Nr. 1, Ecke Willi-Braun-Straße. Zweigeschossiger Backsteinbau mit acht Ach-

sen; der östliche vierachsige Gebäudeteil mit dem Dreieckgiebel über den beiden Mittelachsen und der Portalnische von 1887, der westliche Teil von 1899. An der Hofseite durch die flacher ausgebildete Dachneigung zusätzliches Drempelgeschoß.

POSTAMT Nr. 3. Zweigeschossiger Putzbau in Neorenaissanceformen von 1909. Charakteristisch das Mansarddach mit den aufwendig angelegten Gauben und die Betonung der beiden östlichen Fassadenachsen durch eine flache Vorlage, gekuppelte Fenster mit Rahmung aus kannelierten Pilastern und den Schweifgiebel. Der westliche Teil schlichter, im Erdgeschoß Putznutung.

WOHNHAUS Nr. 2, Ecke Bergstraße. Zweigeschossiger Villenbau vom E. 19. Jh., das Malerische des Bauwerkes durch den polygonalen, spitz behelmten Eckturm, eine hölzerne Veranda an der Hofseite und die Kombination von geputzten und Fachwerkpartien betont.

WOHNHAUS Nr. 5. Eingeschossiger Villenbau über L-förmigem Grundriß, errichtet 1909. Der Kopfbau mit Fachwerkoberteil unter Krüppelwalmdach.

WOHNHAUS Sülzer Chaussee Nr. 14. Eingeschossiger Backsteinbau mit Drempel, im 3. V. 19. Jh. in den Formen des Rundbogenstils errichtet; zweigeschossiger übergiebelter Mittelrisalit, Ecklisenen, geschoßtrennendes Deutsches Band.

WOHNHAUS Sülzer Chaussee Nr. 15. Eineinhalbgeschossiger Backsteinbau mit Drempel, 3. V. 19. Jh.; die Fenster und das Portal segmentbogig geschlossen, im Drempel gekuppelte Luken bzw. Lukenblenden.

BAHNHOF Willi-Braun-Straße 18. Zweigeschossiger Backsteinbau vom E. 19. Jh. unter überstehendem Krüppelwalmdach, seitlich eingeschossige Anbauten; Segmentbogenfenster, im Mauerwerk helle schmale Gesimsbänder und Zahnschnittfries. – In der Nähe

LOKSCHUPPEN Waakster Moorweg, um 1900 errichteter eingeschossiger Fachwerkbau mit pappegedecktem Flachdach.

ALTER FRIEDHOF Clara-Zetkin-Straße. A. 19. Jh. angelegt, jetzt Parkanlage, in der jüngst rekonstruierten Feldsteinmauer an der Stadtseite Eingang mit neogotischen Backsteinpfeilern aus der M. 19. Jh. Erhalten eine Grabstele, Kalkstein, 1827. – Vor der Mauer

DENKMAL in Stelenform für die Gefallenen des Ersten Weltkrieges und des antifaschistischen Widerstandskampfes, um 1920 und nach 1945.

NEUER FRIEDHOF Goethestraße. Angelegt M. 19. Jh., aus dieser Zeit die neogotischen Pfeiler des Tores und die Umfassungsmauer. Erhalten vier Grabstelen, Granit, 3. V. 19. Jh. Vor dem Haupteingang die Feierhalle, um 1920/30 errichteter länglich oktogonaler Backsteinbau; an den Längsseiten niedrigere Funktionsanbauten.

GOETHE-DENKMAL Goethestraße. Auf einem mehrstufigen Sockel Kunststeinbüste des Dichters, errichtet 1932 anläßlich des 100. Todestages.

**Turow**

SCHLOSS (Rüstzeitheim) Zwei- bis dreigeschossige Dreiflügelanlage um einen rechteckigen Hof. In der 2. H. 15. Jh. anstelle einer frühmittelalterlichen Burg errichtet, später mehrfach umgebaut. Die einzelnen Flügel aus Feld- und Backstein, verputzt, z. T. in Fachwerk er-

*Linke Seite: Tribsees, Wohnhaus Knochenhauerstraße 8*

*Rechte seite: Turow, Schloß, Hofseite*

*Linke Seite:*
*Turow, Schloß, Erkerraum,*
*Leinwandtapete*

*Rechte Seite:*
*Turow, Schloß, Festsaal;*
*Gemälde*
*Friedericke Schröder*

gänzt, innen verändert. An der östlichen Ecke des Südflügels im ersten Geschoß ein halbrunder Erkervorbau. Im Südflügel Treppe mit Balustergeländer. In mehreren Räumen Stuckdecken des 18. Jh. Der Erkerraum aus dem 16. Jh. mit vier flachen Kreuzgewölben mit geputzten Zierrippen auf einer Mittelsäule, bemalte Leinwandtapeten fr. 19. Jh. mit antiken Landschaften und Figurenfriesen, zwischen den Fenstern Musengestalten. Im Festsaal zahlreiche Porträts des 17. bis 19. Jh. – Der Innenhof von Feld-/Backsteinmauern mit Glockentürmchen abgeschlossen. Am Vorhof massiver Speicher mit Fachwerkgiebeln und Rohrdach, 16./17. Jh. – Die Befestigungsmauer aus Feld-/Backstein und der Wassergraben z. T. erhalten. Im Park vier Sandsteinputten, 18. Jh., Personifikationen der Erdteile.

### Velgast

DORFKIRCHE Zweijochiger polygonal geschlossener Backsteinbau mit Nordsakristei, 15. Jh.; Teile der unteren Mauerpartien in Feldstein. Der mit Fialen besetzte Westgiebel über Putzband mit gestaffelten zweiteiligen

Spitzbogenblenden. An der Sakristei einfacher Giebel mit gestaffelten Blenden. Das Innere mit Kreuzrippengewölben auf z. T. figürlichen Konsolen (Masken, Tiere).

Ausstattung: Taufständer mit geschnitzten Puttenköpfen, 18. Jh. Orgel mit neogotischem Prospekt, das Werk aus dem 2. V. 19. Jh. von Carl August Buchholz, Berlin. Gestühl der Vorsteher, 1737. Fünf Kabinettscheiben mit szenischen und ornamentalen Darstellungen, 1. H. 18 Jh. Zwei Epitaphgemälde: Sparrenberg 2.H. 18. Jh.; Gekreuzigter mit unbekannter Person 18. Jh. Patene, Silber, 1809. Zwei Dosen, Silber, 1809 und 19. Jh. Kelch und Patene, Zinn, 18. Jh. Weinkanne, Silber, um 1800. Taufschale, Messing, 18. Jh. Kollektenschale, Messing, 18. Jh. – Auf dem Kirchhof vor dem Westgiebel der Kirche hölzerner Glockenstuhl, wohl 18. Jh., erneuert. Zwei Glocken 1924 von C. Voss, Stettin. Vier Grabstelen, Kalkstein, 1. H. 19. Jh. Das neogotische Friedhofstor mit spitzbogiger Durchfahrt wohl nach der M. 19. Jh.

BAHNHOF Komplex aus mehreren in Backstein errichteten Wohn- und Dienstgebäuden, um 1888 im Zusammenhang mit dem Bau der Eisenbahnstrecke Stralsund – Ribnitz errichtet, später z. T. verändert. Im einzelnen:

EMPFANGSGEBÄUDE Bahnhofstraße 3. Zweigeschossiger Bau mit trauf- und giebelständigen Teilen, die Türen und Fenster segmentbogig geschlossen. Aus gleicher Zeit das Toilettengebäude; das ebenfalls in Backstein errichtete Stellwerk wohl von um 1925.

DIENSTWOHNHÄUSER Bahnhofstraße 1, 2, 4 und 5. Zweigeschossige Gebäude mit pappgedeckten Satteldächern. Nr. 1 und 2 als fünfachsige Bauten mit übergiebelter Mittelachse an der Strecke mehrfach wiederkehrend. Bei Nr. 4 der westliche Anbau unter quergestelltem Satteldach.

Ehem. SCHULE (Wohnung) Schulstraße 5/6. Zweihieschiger Fachwerkbau mit Krüppelwalmdach, 2. V. 19. Jh.

*Linke Seite: Velgast, Dorfkirche von Westen; Konsolen im Chor*

*Rechte Seite: Vorland, Dorfkirche von Osten*

*Ernst-Thälmann-Straße*
WOHNHAUS Nr. 12. Fachwerkgebäude mit rohrgedecktem Krüppelwalmdach, M. 19. Jh.
WOHNHAUS Nr. 15. Zweigeschossiger, straßenseitig verputzter Backsteinbau 3. V. 19. Jh., die Hofseite in Fachwerk; in der neunachsigen neoklassizistischen Fassade die jeweils zwei äußeren Achsen als flache Vorlagen ausgebildet und durch geschoßweise Pilastergliederung betont; geschoßtrennendes Gesimsband.
WOHNHAUS Nr. 19. Backsteinbau mit zwei Vollgeschossen und Mezzanin, E. 19. Jh.; reizvoll der Kontrast des weißen Ziegelverblendmauerwerkes und der roten Gliederungselemente.
WOHNHAUS Nr. 20 Zweigeschossiger Backsteinbau mit Drempel, E. 19. Jh.
WOHNHAUS Nr. 24. Zweihieschiger Fachwerkkaten mit rohrgedecktem Krüppelwalmdach, A. 19. Jh.

*Grüner Weg*
WOHNHAUS Nr. 3/4. Fachwerkkaten mit rohrgedeckten Krüppelwalmdach, um 1830. WOHNHAUS Nr. 9. Zweigeschossiger Backsteinbau, E. 19. Jh., mit Flachdach und geschoßtrennendem Deutschen Band.
WOHNHAUS Hof 2 (Hinterhaus). Zweihieschiger Fachwerkbau auf Felsteinsockel, wohl A. 19. Jh.
WOHNHAUS Schulstraße 3/4. Zweihieschiger Lehmstaken-Fachwerkbau mit rohrgedecktem Krüppelwalmdach, 2. V. 19. Jh.

**Vorland**

DORFKIRCHE Rechteckiger zweijochiger Backsteinbau über Feldsteinsockel mit eingezogenem quadratischen Chor aus Feldstein, und Nordsakristei. Die architektonischen Details am Chor aus Backstein. Der einjochige Chor aus der M. 13. Jh., seine Fenster in der Ostwand zur gestaffelten Dreifenster-, in der Nord- und Südwand zu Zweifenstergruppen zusammengefaßt, die Laibungen mit eingestelltem Rundstab. An der Südseite Rücksprungportal mit eingestelltem Rundstab. Der Backsteingiebel über doppeltem deutschen Band unten mit gereihten schmalen, zweiteilig endenden Spitzbogenblenden, darüber einfache Spitzbogen- und steigende Rautenblenden sowie Blende mit aufgelegtem Kreuz. Am Sakristeigiebel die Gliederung des Chorgiebels in vereinfachter Form wiederholt. Das zweijochige Schiff wohl um 1300 auf Feldsteinsockel und mit hohen Spitzbogenfenstern errichtet, das Fenstermaßwerk 19. Jh. Der Ostgiebel am Fuß mit zweiteiligen Maßwerkblenden, darüber steigende schmale Spitzbogenblenden, der Westgiebel nach Brand und Abriß des Turmes 1762 ohne Gliederung erneuert. Das spitzbogige Westportal mit profiliertem Gewände, neogotische Tür. Im nördlichen Teil der Westwand Wendeltreppe.

*Linke Seite: Vorland, Dorfkirche, Inneres nach Osten; Fünte*

*Rechte Seite: Willerswalde, Kapelle von Südwesten*

Im Inneren der Chor mit Kreuzrippengewölbe, die inneren Fensterlaibungen ebenfalls mit eingelegtem Rundstab. Die Sakristei mit Kuppelgewölbe; extrem spitzer Triumphbogen. Das Schiff mit Kreuzrippengewölben auf Eckdiensten bzw. Wandvorlagen mit Konsolen, die Fenster in tiefen spitzbogigen Nischen. Am Triumphbogen stilisierte vegetabilische Wandmalerei, wohl von der Restaurierung 1887.
Ausstattung: Altaraufsatz. Architektonischer Aufbau mit Kruzifix und Figurengruppe im Mittelfeld, seitlich davon Inschrifttafeln, darüber Reliefs, u. a. des Guten Hirten, 1949. Kanzel, Taufständer, Westempore und Gestühl, von der Restaurierung 1887. Orgel mit neogotischem Prospekt und Werk von Friedrich August Mehmel, Stralsund u. Wismar, gleichzeitig. Älter sind: Taufe, Kalkstein, 14. Jh., die Kuppa mit rundbogigen Blendarkaden. Christus-Figur A. 18. Jh., wohl von einem Altaraufsatz. Mittelalterlicher Opferkasten. Kronleuchter, Messing, 18. Jh. Kelch u. Patene, 18. Jh. Dose, 18. Jh. Kanne, Silber, 1706. Zwei Grabplatten: Hans Reckentin, † 1577; 1689. Zwei Grabstelen: Schlagenteufel † 1786 und † 1793.
Auf dem Kirchhof verbrettertes quadratisches Glockenhaus mit Pyramidendach, wohl 2. H. 18. Jh., mehrfach erneuert.
KATEN Nr. 14. Eingeschossiges vierachsiges Fachwerktraufenhaus mit urspr. rohrgedecktem Krüppelwalmdach, um 1800. Eingangsbereiche an den Giebelseiten jeweils in einem vorgesetzten Gebäudeteil mit eigenem Krüppelwalmdach.
WOHNHAUS Nr. 16. Giebelständiges niedriges Wohnhaus mit hohem Dach. Zur Straßenseite ein einachsiger Gebäudeteil mit Satteldach vorgelagert. An den Gebäudeecken Pilaster, wohl E. 18. Jh. erbaut.

**Werder**

SCHEUNE Lindenallee. Großer Ziegel-Fachwerkbau mit z. T. noch rohrgedecktem Krüppelwalmdach, M. 19. Jh.

**Willerswalde**

KAPELLE Rechteckiger, jetzt verputzter Feldsteinbau mit Fachwerkgiebeln, 19. Jh. Die Rundbogenfenster mit Backsteinrahmung und gotisierendem Maßwerk. An der Westseite moderner Vorbau anstelle des abgebrochenen Fachwerkturmes.
KATEN Dorfstraße 5 a/b u. 6 a/b. Zweihieschige Ziegelfachwerkkaten mit Krüppelwalmdach, wohl 1. H. 19. Jh.

*Linke Seite:*
*Wolfsdorf, Dorfkirche*
*von Südwesten*

*Rechte Seite:*
*Zarrentin, Gutshaus,*
*Hofseite*

**Wolfsdorf**

DORFKIRCHE Von einem mittelalterlichen Bau nur der quadratische, im unteren Teil in Feld-, darüber in Backstein errichtete Westturm mit Zeltdach erhalten; an der Westseite Spitzbogenportal mit profiliertem Gewände. Als Kirchenraum 1855 ein Polygon in Backstein in neogotischen Formen mit flachem schiefergedeckten Dach und Spitzbogenfenstern mit hölzernem Maßwerk angefügt. Ausstattung: Kanzel und Gestühl, wohl 1855. Kruzifix, 1688. Kelch mit mittelalterlichem Schaft und Knauf, Fuß und Kuppa von 1657. Kelch und Patene, 1. H. 18. Jh. Dose, Silber, E. 17. Jh. Glocke, 1856 von Simon Zach, Stralsund.

**Wolfshagen**

Ehem. WOHNHAUS (Jugendklub) Dorfstraße 15. Fachwerkbau mit Krüppelwalmdach, M. 19. Jh. Auf dem Hof wohl zeitgleiches Stallgebäude in Lehmstakenfachwerk mit Rohrdach.

WOHNHAUS Landweg Ausbau Nr. 47/48. Fachwerkbau mit rohrgedecktem Krüppelwalmdach, M. 19. Jh., dazu Stallgebäude in Fachwerk mit verbrettertem Steilgiebel.

**Wüstenbilow**

GEHÖFT an der Landstraße Nr. 2. Das Wohnhaus ein Ziegelfachwerkgebäude mit rohrgedecktem Krüppelwalmdach und mittigem Eingangsbereich, wohl 1. H. 19. Jh. erbaut. Der Stall massiv mit segmentbogigen Fenstern und Türen, E. 19. Jh.

**Wüsteney**

KAPELLE Rechteckiger Feld- und Backsteinbau, wohl 15. Jh., mehrfach verändert und z.T. verputzt. Ostwand mit Spitzbogenfenster. In der Süd- und Westwand spitzbogig gerahmte Segmentbogenportale. Dach und Giebel fehlen.

Ehem. GUTSHAUS Um 1870 über Feldsteinsockel errichtetes eingeschossiges neunachsiges Backsteingebäude mit Drempel und flachem Dach. Die mittlere Eingangsachse als zweigeschossiger Risalit mit seitlich abgeschrägten Ecken gebildet. Fenster mit gesimsartigen Verdachungen, unterhalb der Fenster schlichte Gesimse.

**Wüstenfelde**

BAHNHOF des ehem. Gutes Niederhof. An der Strecke Greifswald – Stralsund gegen 1900 erbaut. Ziegelfachwerkbau mit aufwendigem Zierfachwerk. Zweigeschossiger Hauptbau mit Zwerchgiebel, ein eingeschossiger rechtwinklig gelegener und durch ein Zwischenteil verbundener Gebäudekörper an der linken Schmalseite, beide mit Krüppelwalmdach.

**Zarnekow**

Ehem. GUTSHAUS Eineinhalbgeschossiger Putzbau mit Walmdach, an den Schmalseiten, etwas zurückgesetzt, eingeschossige Anbauten mit Krüppelwalmdach. Der Hauptbau mit Mittelrisalit und vorgesetztem Eingangsbereich, das Erdgeschoß durch breite Lisenen, Faschen und Putzspiegel gegliedert, unterhalb der Halbgeschoßfenster durchgehendes Gesims. Rückseite mit Veranda. Das Haupthaus 1869 errichtet, die seitlichen Anbauten später.

**Zarrendorf**

Ehem. SCHULE Dorfstraße 30. A. 20. Jh. errichteter Schulbau. Zweigeschossiger vierachsiger Backsteinbau mit Walmdach, daran an der linken Seite ein eingeschossiger vierachsiger Gebäudeteil mit Krüppelwalmdach angesetzt. Segmentbogenfenster. Das Obergeschoß z. T. verputzt mit backsteinsichtigen Lisenen.

KINDERHEIM Dorfstraße 64. Von dem E. 19. Jh. erbauten Komplex haben sich eine Scheune und ein sechseckiger Kapellenbau mit einem freistehenden Glockenstuhl erhalten. Beide Gebäude in Zierfachwerk und urspr. rohrgdeckt.

BAUERNHAUS Waldstraße 2. Ziegelfachwerkbau mit rohrgedecktem Krüppelwalmdach aus der 1. H. 19. Jh. An der linken Seite der Wohnteil mit einer doppelflügeligen Tür, rechts der Stallbereich mit einer großen Toreinfahrt.

**Zarrentin**

Ehem. GUTSHAUS Eingeschossiger Putzbau mit hohem Mansardwalmdach. Dreiachsiger Mittelrisalit mit übergiebeltem Frontispiz. Zwischen 1770 und 1800 erbaut.

## Stadt Stralsund

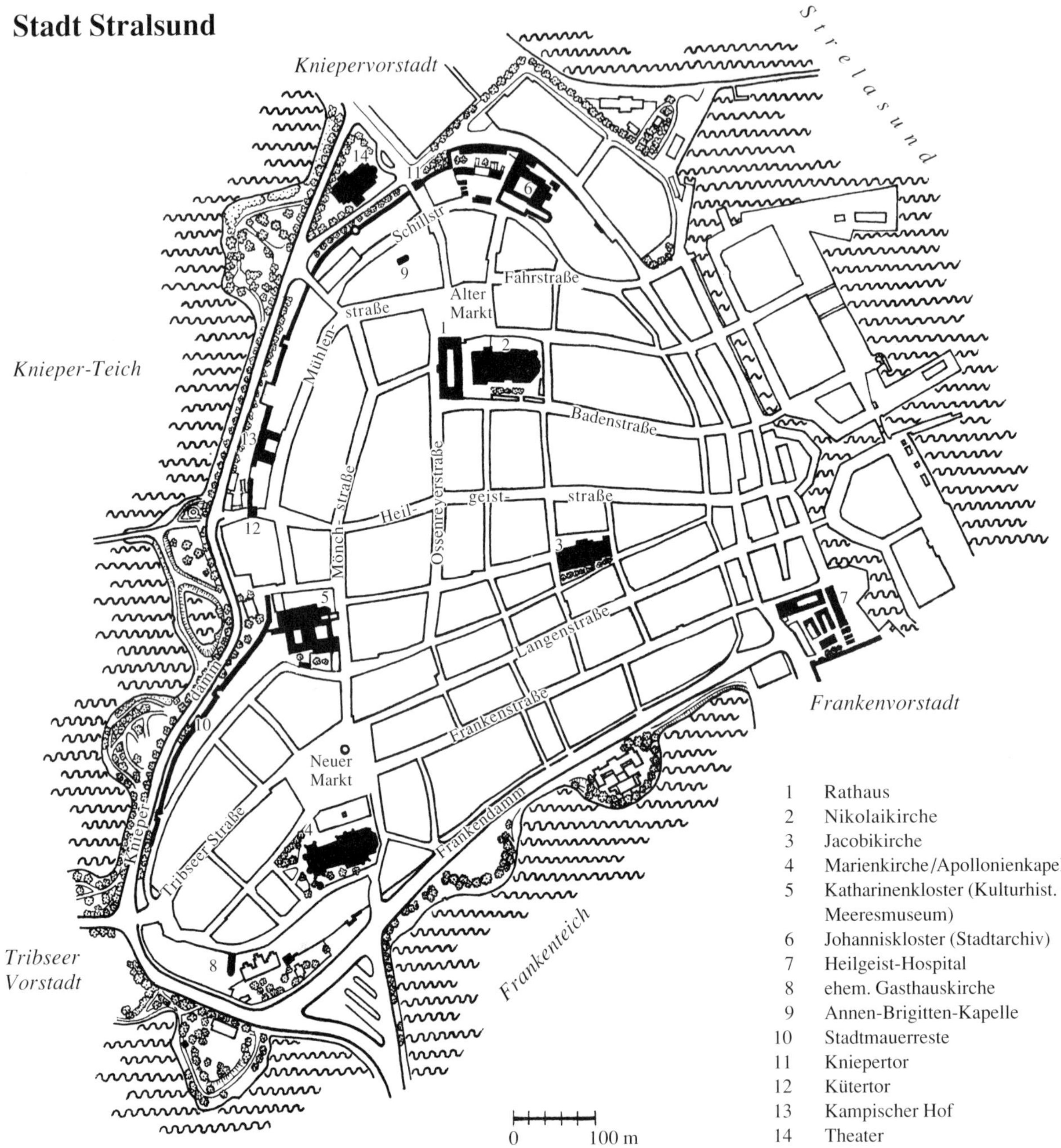


1 Rathaus
2 Nikolaikirche
3 Jacobikirche
4 Marienkirche/Apollonienkapelle
5 Katharinenkloster (Kulturhist. u. Meeresmuseum)
6 Johanniskloster (Stadtarchiv)
7 Heilgeist-Hospital
8 ehem. Gasthauskirche
9 Annen-Brigitten-Kapelle
10 Stadtmauerreste
11 Kniepertor
12 Kütertor
13 Kampischer Hof
14 Theater

# Stadtkreis Stralsund

**Stadtgeschichte**

Als Stadt vermutlich um 1230 gegründet, wahrscheinlich hervorgegangen aus einer im Bereich des späteren Alten Marktes entstandenen deutschen Kaufmannssiedlung, die in der Nachbarschaft eines älteren slawischen Fischer- und Fährortes angelegt worden war. 1234 erste urkundliche Erwähnung anläßlich der Verleihung des lübischen Rechtes durch den Rügen-Fürsten Wizlaw I. Für die Entwicklung der Kommune die günstige topographische Lage zwischen dem Festland und der Insel Rügen vorteilhaft. Bereits M. 13. Jh. erste Erweiterung des Altstadtgebietes. 1256 erste Nennung einer Neustadt. Die im Bereich der heutigen Stadt noch existierende Stadt Schadegard bald aufgegeben, ihre genaue Lage bisher nicht nachgewiesen. 1271 großer Stadtbrand, danach Wiederaufbau mit steinernen Häusern. Noch vor 1300 Bau einer die Gesamtstadt umschließenden Befestigung. 1293 Bund mit weiteren Ostseeküstenstädten. Im 14./15. Jh. politische und wirtschaftliche Blütezeit der Hansestadt, symbolisch dafür u. a. der Sieg 1316 gegen Dänemark und 1370 Abschluß des Stralsunder Friedens. Mit der Verlagerung der Haupthandelswege nach Westeuropa Beginn des Niedergangs der Stadt. Im Dreißigjährigen Krieg 1628 von Wallenstein erfolglos belagert, durch den Westfälischen Frieden von 1648 an Schweden gefallen, dadurch der wirtschaftliche Niedergang weitergeführt. Bei militärischen Auseinandersetzungen 1678 mit dem Großen Kurfürsten bzw. von 1711/15 unter Karl XII. von Schweden schwere Zerstörungen, ebenso beim Stadtbrand von 1680. 1806/13 durch die Napoleonische Besetzung erneut schwer geschädigt; 1809 Tod von Ferdinand v. Schill in Stralsund. 1815 durch den Wiener Kongreß als Teil der neuen Provinz Pommern an Preußen gekommen, Stralsund wird als Provinzialhauptstadt Verwaltungszentrum und als Festung bedeutender Militärstandort in Vorpommern. 1863 erster Eisenbahnanschluß in Richtung Berlin, zur gleichen Zeit Neuausbau des Hafens. 1873 Entfestung der Stadt, danach rasche städtebauliche Erweiterung über die mittelalterlichen Stadtgrenzen hinaus durch Bebauung der bereits in Ansätzen bestehenden Vorstädte südlich, westlich und nordwestlich der Altstadt, zugleich Entstehung bzw. Ausbau mehrerer Industrieunternehmen. 1936 mit dem Bau des Rügendammes Schaffung einer festen Straßen- und Eisenbahnverbindung mit der Insel Rügen. 1944 durch Luftangriffe schwere Schäden in der Altstadt. Nach dem 2. Weltkrieg weiterer Ausbau als Industriestandort, dadurch erhebliche Steigerung der Einwohnerzahl und Entstehung neuer Wohngebiete, gleichzeitig durch die verfehlte Baupolitik der ehem. DDR progressiv fortschreitender Verfall der historischen Altstadt.

**Stadtgrundriß**

Das Altstadtareal auf einem diluvialen Inselkern zwischen Sund, Knieper- und Frankenteich als unregelmäßiges Dreieck mit langer Westseite und kürzeren Seiten im Osten und Süden gelegen.

Etwa die Hälfte des Innenstadtbereiches die sog. Altstadt, der älteste Siedlungskern Stralsunds, mit Altem

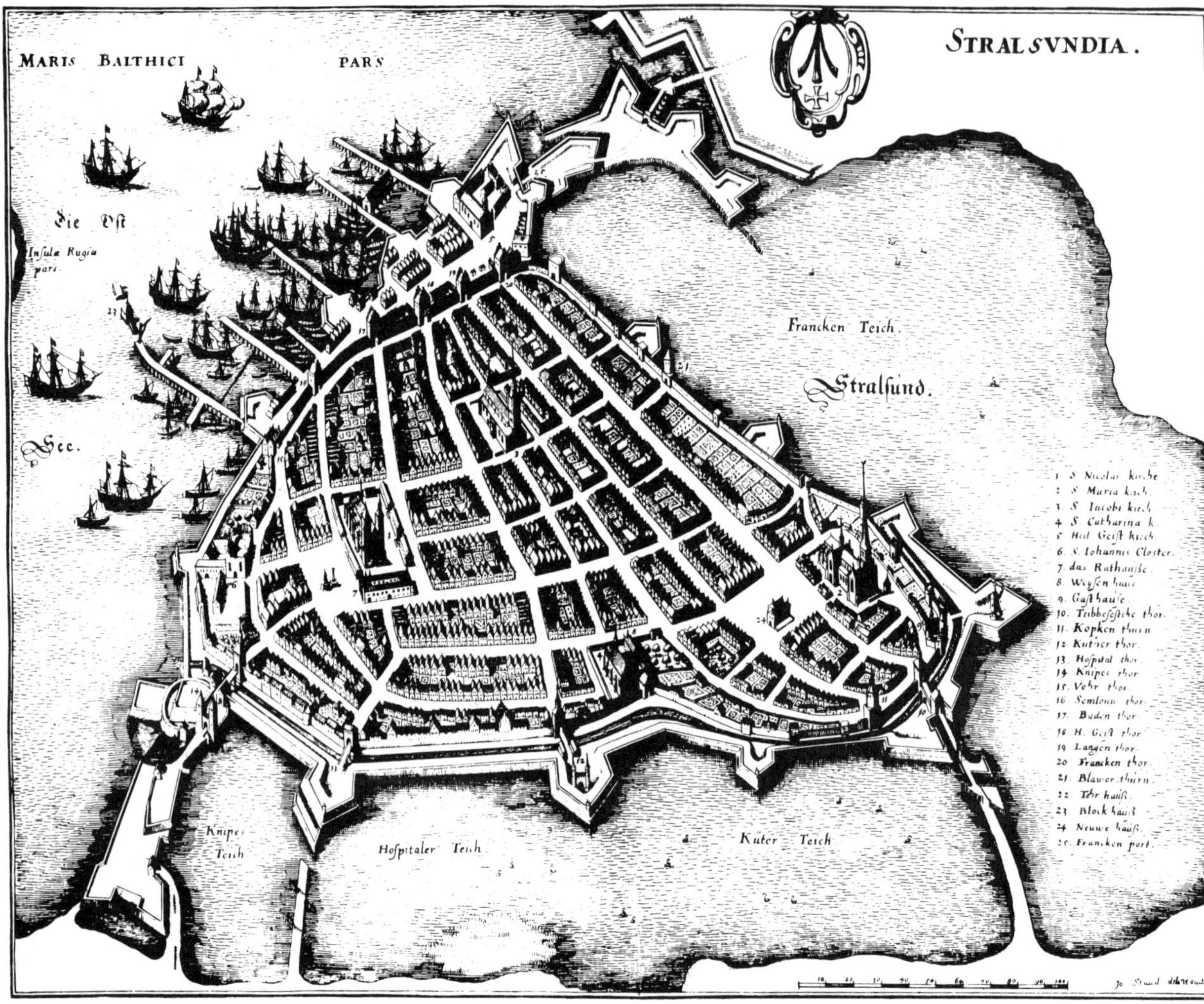


Markt, Rathaus und St.-Nikolaikirche. Das Stadtgebiet in der Gründungsphase zunächst nur bis zur heutigen Schill- und Mühlenstraße, Bielkenhagen, Böttcher-, Jacobiturm- und Bechermacherstraße reichend; von den nahe der Stadtmauer errichteten Klöstern der Franziskaner und Dominikaner letzteres wohl erst mit der ringförmigen Stadterweiterung im Osten, Norden und Westen und im Süden bis zur Papenstraße/Apollonienmarkt nach M. 13. Jh. ins Stadtgebiet einbezogen. Mit dieser Erweiterung die besondere Bedeutung der in östlicher Richtung zum Hafen führenden Straßen (Fähr-, Semlower, Baden- und Heilgeiststraße) auch im Stadtgrundriß verdeutlicht, eine gleichbedeutende Verbindung in südlicher Richtung nur die zur Neustadt führende Ossenreyerstraße.

Die südliche Hälfte des Stadtgebietes die sich weit in Ost-West-Richtung erstreckende sog. Neustadt. Ihr Gebiet deutlich in einen östlichen Bereich mit gitterförmi-

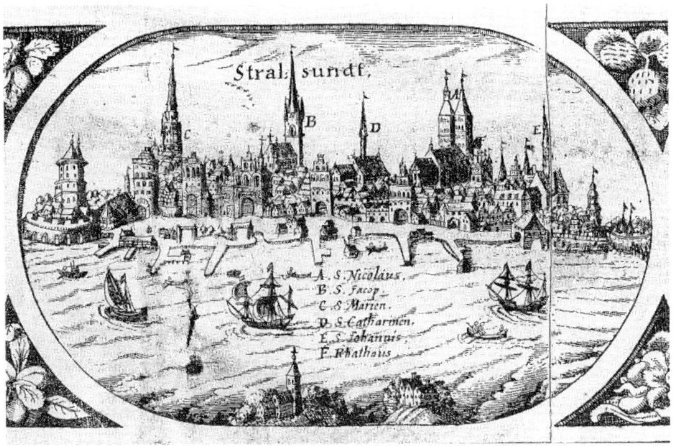


*Linke Seite: Stralsund aus der Vogelschau, Kupferstich um 1650*

*Rechte Seite: Stralsund, Stadtansicht nach Lubin, 1618*

gem Straßennetz mit den zum Hafen verlaufenden Hauptstraßen (Langen- und Frankenstraße) und dem im südöstlichen Randbereich liegenden Heilgeist-Hospital und den ovalen westlichen Teil mit rundlingsartiger Struktur mit Neuem Markt und St.-Marienkirche zerfallend. Die hier vermutete Lage der Stadt Schadegard nicht nachweisbar. Vom Neuen Markt führt die Tribseer Straße zum westlichen Stadtausgang beim späteren Tribseer Tor. 1303 wird die auf der Grenze zwischen Alt- und Neustadt erbaute St.-Jakobikirche erstmals genannt.
Die mittelalterliche Ausdehnung bis zur M. 19. Jh. nahezu unverändert, der Grundriß trotz der Kriegszerstörungen im 17./18. Jh. unverändert beibehalten. 1628 mit der Anlage von Außenwerken an der Landseite begonnen, unter schwedischer Herrschaft später weiter ausgebaut. In den Vorstadtbereichen bis zur Entfestung 1873 Ackerbürger- und seit dem frühen 19. Jh. mehrere Sommerhäuser Stralsunder Bürger, vor kriegerischen Auseinandersetzungen mehrfach beseitigt. 1862/65 umfassender Ausbau der Hafenanlagen durch Schaffung der aus zwei Teilen bestehenden künstlichen Hafeninsel. Mit der Anlage des ersten Bahnhofs 1863 die Erschließung der Tribseer Vorstadt praktisch eingeleitet, nach 1873 auch in den übrigen Vorstadtbereichen schnelle Bebauung mit Mietshäusern, Villen und genossenschaftlichen Wohnbauten, die ehem. Landstraßen zu den Nachbarstädten dabei zu Magistralen entwickelt. Die weitgehende Beseitigung der Festungsanlagen im innerstädtischen Randbereich vom 4. V. 19. Jh. an zum Ausbau der die Altstadt im Süden, Westen und Nordwesten umgebenden Ringstraße aus Franken-, Knieper- und Fährwall bzw. zur Schaffung von Grünanlagen genutzt. Um 1920 neue Verbindung vom Frankenwall zum Bereich südlich des Frankenteiches (Karl-Marx-Straße).

**Stadtbefestigung**

Mit der Anlage einer die Gesamtstadt umschließenden Mauer aus Backstein im 4. V. 13. Jh. begonnen, Wallgräben und die künstlich angelegten Stadtteiche sorgten an der Feldseite für eine wirkungsvolle zusätzliche Sicherung.
Bis in die 2. H. 15. Jh. kontinuierliche Instandhaltung bzw. Modernisierung des mittelalterlichen Mauerringes, seit 1628 zwischen der Mauer und den Teichen bzw. an der Hafenseite Anlage eines Kranzes von Bastionen. Die bereits im Spätmittelalter einsetzende Überbauung der Mauer verstärkte sich im 17./18. Jh. mit deren schwindender fortifikatorischer Bedeutung bzw. dem seit M. 18. Jh. einsetzenden Verfall. Beträchtliche Verluste seit der Entfestung 1873 durch Abbrüche und die Schaffung neuer Verkehrslösungen, denen die Mehrzahl der Tore zum Opfer fiel. 1944 durch Bombenschäden weitere Verluste.

STADTMAUER Der mittelalterliche Mauerring urspr. etwa 3000 Meter lang und durchschnittlich bis zu 10 Meter hoch, landseitig durch vier, hafenseitig von sechs Toranlagen unterbrochen, dazwischen mehrere Türme und zahlreiche Wiekhäuser über quadratischem, rechteckigem oder halbrund vortretendem Grundriß.
Heute noch insgesamt ca. 1100 Meter in unterschiedlicher Höhe und verteilt auf mehrere Abschnitte erhalten, die am besten erhaltenen Teilstücke im westlichen und nordwestlichen Bereich am Knieper- und Fährwall. Im Abschnitt zwischen Tribseer Straße und Kampischem

*Linke Seite: Stralsund, Mauerturm am Knieperwall*

*Rechte Seite: Stralsund, Kniepertor, Feldseite; Kütertor, Feldseite*

Hof sowie zwischen Mönchstraße und Johanniskloster mehrere überbaute Türme und Wiekhäuser, meist in die Baulichkeiten der angrenzenden Grundstücke einbezogen, z. B. beim »Mauerhaus« der Jugendherberge am Kütertor (vergl. S. 174), beim Seitengebäude des Klosters Kleiner St. Jürgen (vergl. Knieperstraße Nr. 10, S. 201) und beim ehem. Hospital Swartes Gang (vergl. Mönchstraße Nr. 62, S. 213). Im südlichen Mauerabschnitt am Frankenteich zwei Mauertürme erhalten: Wichmannsgang 2, in jüngster Zeit für Wohnzwecke ausgebaut (vergl. S. 232), und in der 2. H. 19. Jh. in das Haus Frankendamm 24 b einbezogener Turmrest, seine inschriftliche Datierung in das Jahr 1308 wohl ein Hinweis auf die Bauzeit der Mauer im Bereich der ehem. Neustadt. Weiter östlich an der Marienchorstraße auf den Mauerresten ein klassizistisches Gartenhaus errichtet (vergl. Marienchorstraße 1/2 S. 206).
1977/79 der Mauerabschnitt am Knieperwall zwischen Kampischem Hof und Schillstraße in einer der mittelalterlichen Fassung angenäherten Gestalt rekonstruiert; die Mauer hier stadtseitig mit einem auf rundbogigen Arkaden ruhenden Laufgang, darüber der nur in einem Teilstück wiederhergestellte hölzerne Wehrgang. Der erneuerte Mauerturm beim Gr. Kurhof mit Walmdach, das Innere als Gaststätte ausgebaut; weiter südlich querrechteckiges, zur Stadtseite offenes Wiekhaus mit Fachwerkobergeschoß, Walmdach und hölzernem Innenausbau. – Ein kleiner Mauerabschnitt, der zugleich als Einfriedung des Johannisklosters diente, im östlichen Bereich des Komplexes in jüngerer Zeit mit Zinnenbekrönung rekonstruiert, die angrenzende Mauer mit spitzbogigen Fenstern Teil der Umfassungswand eines verlorengegangenen Klostergebäudes.
Von den ehem. zehn Toren nach Abbrüchen zwischen 1853 und 1881 und dem 1960 erfolgten Abbruch des 1944 zerstörten Semlower Tores nur die Tortürme von zwei Landtoren erhalten, beide rechteckige dreigeschossige Backsteinbauten mit spitzbogigen Durchfahrten. Das ältere das am nordwestlichen Stadtausgang gelegene

KNIEPERTOR vom A. 15. Jh., 1967/68 zur Wohnung ausgebaut. An der Feldseite mit zwei Reihen von je fünf Spitzbogenblenden, dazwischen ein auch an der Stadtseite vorhandener Fries aus hängenden Kreuzblumen. Die zwei hohen Segmentbogenblenden an der Stadtseite aus dem späten 19. Jh. beim jüngsten Ausbau durchfenstert. An der Feldseite nördlich der Durchfahrt Kalksteinplatte mit der Jahreszahl 1714, an der Stadtseite südlich der Durchfahrt Gedenkstele von um 1815 für den 1809 am Tor standrechtlich erschossenen Mitkämpfer Schills, Fr. G. v. Petersson.

An der Westseite der Stadt das den Ausgang zum Damm durch den Knieperteich sichernde

KÜTERTOR von 1446. An der Feldseite mit gekuppelten Spitzbogen- und unterschiedlich großen Segmentbogenblenden, an der reicher gegliederten Stadtseite

in jüngerer Zeit z. T. durchfensterte Rund-, Spitz- und Segmentbogenblenden. Als Abschluß Zeltdach mit geschlossener Laterne und Spitze von 1862.

A. 17. Jh. umfassende Erneuerung der Befestigungsanlagen durch die Schaffung eines die Stadt umgebenden, aus 15 Bastionen bestehenden Festungsgürtels mit entsprechenden Außenwerken. Die Bastionen an den Toren besonders stark ausgebaut, die übrigen in die Teiche bzw. in den Hafen vorgeschoben.

Die Bastionen und Wälle bereits seit dem 18. Jh. im Verfall, bis zur offiziellen Entfestung der Stadt 1873 aber partiell immer wieder erneuert bzw. durch neue Anlagen, insbesondere nach der Übernahme Stralsunds durch Preußen 1815 wie auch während des Deutsch-Dänischen Krieges 1864, erweitert; dazu auch das an der äußeren Barther Straße gelegene

ROSTOCKER WERK gehörend, eine fünfstrahlige Bastion mit vorgelegtem Wassergraben, die 1864 zur Sicherung der nach Barth führenden Landstraße und der zu dieser Zeit bereits projektierten, später mit anderer

Streckenführung errichteten Bahnverbindung nach Rostock dienen sollte; der von Erdwällen eingefaßte Innenraum urspr. bebaut, die Gebäude inzwischen verloren. Wohl ebenfalls um die M. 19. Jh. die auf älteren Teilen errichteten, jetzt als Lager genutzten Außenanlagen des ehem.

FRANKENTORES am Frankendamm, Ecke Klosterstraße. In der Nordwand vermauertes segmentbogiges Tor, von halbrund vortretenden Türmen flankiert, daran seitlich Kasematten mit segmentbogigen Luken anschließend. In die Fassade am Frankendamm 1892 eine Gedenktafel an den Stralsunder Aufenthalt des schwedischen Königs Karl XII. im Jahre 1715 eingefügt.

Die Festungsbaulichkeiten nach der Entfestung Stralsunds zumeist abgebrochen, die Flächen für Grünanlagen bzw. für den Verkehr in Anspruch genommen; auf der Blauturmbastion 1900 die Knabenschule (vergl. Gerhart-Hauptmann-Schule S. 194) errichtet, die Umrisse von zehn Bastionen des innerstädtischen Festungsgürtels und mehrerer Anlagen im Vorfeld (Kniepervorstadt, Insel Dänholm) aber bis heute im Stadtgrundriß deutlich ablesbar.

## *Sakralbauten*

ST.-NIKOLAIKIRCHE Monumentaler Backsteinbau, als frühester Nachfolgebau der Lübecker Marienkirche und des von ihr vertretenen flandrisch-nordfranzösischen Kathedralschemas von großer architekturgeschichtlicher Bedeutung. Dreischiffige Backsteinbasilika von sechs Jochen mit zwischen den Strebepfeilern zum Schiff geöffneten Seitenkapellen, an den beiden nordwestlichen Jochen zur tieferen Annenkapelle erweitert. Der zweijochige basilikale Chor von Langhausbreite mit polygonalem Binnenschluß, der Chorumgang mit fünf polygonalen Kapellen, die durch Anbauten z. T. erweitert wurden. An die nordöstliche Umgangskapelle die polygonal geschlossene Taufkapelle angefügt. Die Chorseitenschiffe im Norden durch zwei Kapellen, im Süden durch die Vorhalle und das Archiv erweitert. Im Westen vorgelegte Doppelturmfront mit dazwischenliegender Eingangshalle.

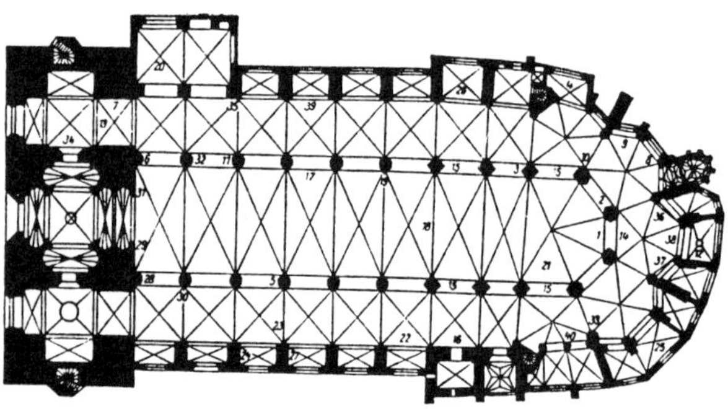

*Linke Seite:*
*Stralsund,*
*St.-Nikolaikirche,*
*Grundriß und*
*Ansicht von Osten*

*Rechte Seite:*
*Stralsund,*
*St.-Nikolaikirche*
*von Nordosten*

Von dem um 1260 vollendeten Vorgängerbau, einer dreischiffigen Backstein-Hallenkirche mit dreischiffigem, gerade geschlossenen Chor und vorgesetztem quadratischen Westturm Mauerteile in den Außenwänden der Chorjoche und im Mittelteil der Westturmanlage erhalten. Der Neubau der jetzigen Basilka um 1270 begonnen und in den Ostteilen A. 14. Jh. abgeschlossen, das Langhaus mit den Seitenkapellen wohl 1311 begonnen und bis M. 14. Jh. vollendet, die Kapellen am Chor im 15. Jh. angefügt. Der Westbau in der 2. H. 14. Jh. abgeschlossen. Die südliche Turmbekrönung nach einem Brand 1662 im Jahre 1667 in barocker Form erneuert. 1678 bei einem erneuten Brand schwere Schäden am Gebäude. M. 19. Jh. und 1891 bis gegen 1910 umfassende Restaurierung des Innenraumes. 1978 wurde mit der z. Zt. noch in Gang befindlichen Restaurierung der Architekturfarbigkeit aus der M. 14. Jh. begonnen.
Das Äußere von monumentaler Wirkung und großer städtebaulicher Relevanz, insbesondere im Zusammenhang mit dem nahen Alten Markt und dem Rathaus.
Prägende Elemente das Strebepfeiler- und -bogensystem am Chor und in vereinfachter Gestalt am Langhaus. Beim Chor die freitragenden Strebebögen zwischen den Fenstern an schmalen lisenenartigen Vorlagen anset-

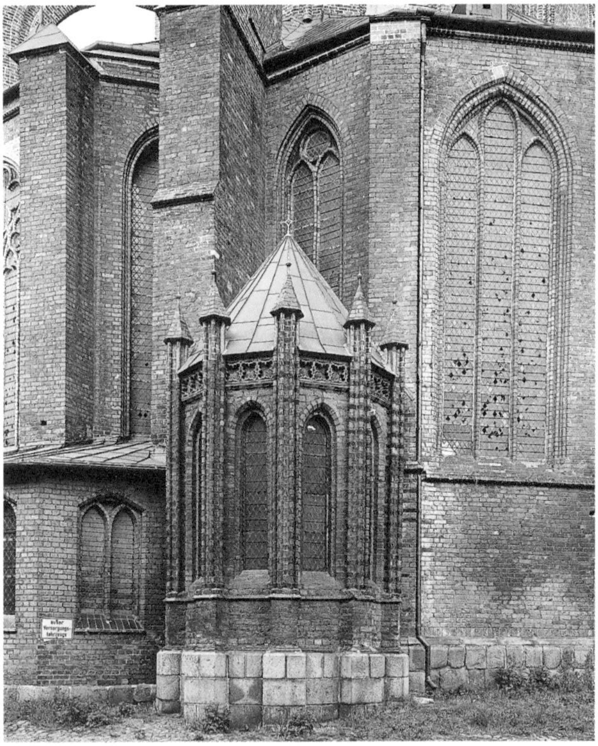

zend, dazwischen die spitzbogigen Obergadenfenster und der glasierte Kleeblattbogenfries. Die Chorumgangskapellen unter gefalteten Pultdächern, ihre Spitzbogenfenster zwei- bis vierbahnig, unter den Sohlbänken umlaufendes Kaffgesims, der Sockel aus Granitquadern. An der mittleren, südöstlichen und südlichen Umgangskapelle niedrige Kapellenanbauten unter umlaufendem Pultdach mit zweibahnigen, gedrückt spitzbogigen Fenstern; der nordöstlichen Kapelle die polygonal geschlossene Taufkapelle auf hohem Granitquadersockel angeschlossen, über ihren einteiligen Fenstern glasierter Maßwerkfries, vor den Kanten des Polygons auf hohen Postamenten aus Schichten glasierter und unglasierter Steine gemauerte Pfeilertürmchen mit Zeltdächern und gliedernden Rundstäben. An der nordwestlichen Chorumgangskapelle und den Chorseitenschiffen Kapellenanbauten von gleicher Höhe mit zwei- bis sechsbahnigen Fenstern. An der Westwand der südlichen Chorseitenkapelle zwei Maßwerkfriese und über dem zugesetzten Fenster ein Halbgiebel mit drei gereihten Spitzbogenblenden. An der Chornordseite ein korbbogig geschlossenes Portal, seine geschnitzte hölzerne Tür von 1701 mit Rahmung aus reichem Akanthuswerk, Adlern und Engelputten, zwei männlichen Gestalten und Inschriftkartusche.
An der Südseite als Zugang zur Vorhalle Spitzbogenportal mit profiliertem Gewände.
Am Langhaus das Aufrißsystem des Chores weitgehend beibehalten, die Strebebögen hier unmittelbar an die Wand geführt; die Spitzbogenfenster im Obergaden von den steileren Dächern der Seitenschiffe höher angeschnitten, unter der Traufe der Fries des Chores fortgesetzt. Als Bekrönung des Daches barocker Dachreiter mit offener Laterne und Spitze. Die Außenwände der Seitenkapellen glatt, ihre Fenster vier- bis sechsbahnig. Von den beiden Spitzbogenportalen an der Südseite das östliche zugesetzt, das westliche mit reich profiliertem Gewände über schrägem Sockel. An der Nordseite des Langhauses Zugang nur über das Spitzbogenportal der am westlichen Ende stehenden Annenkapelle; ihre Fenster in der Nord- und Ostwand fünfbahnig, der östliche Halbgiebel mit zwei gestaffelten Spitzbogenblenden.
Die Westtürme und die zwischen ihnen liegende, aus dem Untergeschoß des älteren Einturmes hervorgegangene Mittelhalle auf hohem, mit Kalksteinquadern verkleidetem Sockel; Kalksteinbinder auch als Eckverstärkungen an den Turmschäften. An der Nord- und Südseite jeweils ein polygonal vorspringender Treppenturm mit Segmentbogenportal, Schlitzfenstern und halbem Zeltdach. Im Mittelteil des Westbaues großes Spitzbogenportal in dekorativ mit Stabwerk und Putzgrund gestalteter Vorlage, seitlich von Kleeblattbogenblenden und Vierpaßfriesen begleitet; das reich profilierte Gewände über durchgehender Sockelschräge und kleinen Kalksteinpostamenten. Die hölzernen Türeinbauten wohl um 1700, neben den Türflügeln rahmende Kompositsäulen und geschnitztes Akanthusornament, im Tympanon ovales Inschriftfeld, von Putten und Akanthuswerk gerahmt und von Gottvaterfigur bekrönt. Beider-

seits des Portals Kalksteinplatten mit Inschriften von 1311 und 1329 oder 1360. Das große, von zweiteiligen Spitzbogenblenden begleitete fünfbahnige Fenster des Mittelbaues bis zur Höhe des ersten Turmgeschosses aufsteigend, darüber drei bis in den Dreieckgiebel reichende Staffelblenden.

In den Untergeschossen der Türme einfache Spitzbogenfenster und -blenden, die vier Obergeschosse mit Gesimsen und geschoßtrennenden Putzbändern; an den freistehenden Seiten je drei zweiteilige Blenden mit Scheitelkreis und nach gleichem Schema unterteilten Binnenblenden.

Der Südturm mit geschweifter Haube, offener Laterne und unten ausgebauchter Spitze, der Nordturm mit flachem Zeltdach.

Das Innere mit Kreuzrippengewölben. Im Chor die Hochschiffwände mit tiefen Fensternischen, diese unten durch hölzerne Brüstungen mit Fialengliederung von um 1582 bzw. 1694/1707 begrenzt. Die Bündelpfeiler mit Kämpfern aus plastischem Laubwerk und Tierdarstellungen. Die Arkaden zu den Seitenschiffen bzw. zum Umgang spitzbogig und mit kräftig profilierten Laibungen. An der Innenseite der Pfeiler die Kämpferzone von den aufgelegten Dienstbündeln durchbrochen, z. T. über und unter einem in Höhe des Arkadenscheitels umlaufenden plastischen Laubwerkfries hinweggeführt und an laubwerkgeschmückten Kämpfern endend. Im Polygon hölzerne Gewölbescheibe vom A. 14. Jh. mit Flachrelief des Gnadenstuhls, umgeben von den Symbolen der Evangelisten und stilisierten Blüten, weiter westlich an den Mittelschiffsgewölben noch zwei hölzerne Scheiben mit Wolken und Spruch von 1669 bzw. von 1670 mit der Darstellung des Turmbrandes von 1662; die kleineren hölzernen Scheiben mit z. T. gemalten Rosetten wohl noch 15. Jh.

In den Chorseitenschiffen und im Chorumgang die Gewölbe auf Diensten mit Kämpfern wie im Hohen Chor, an einzelnen Stellen der Zwischenraum vom Dienst bis zum Gewölbeansatz durch Stelzung überbrückt. Nur im Bereich der Chorseitenschiffe an den Außenwänden Vorlagen aus Dreiviertel- und Halbrundstäben mit Fa-

*Linke Seite: Stralsund, St.-Nikolaikirche, Chor mit Taufkapelle von Nordosten*

*Rechte Seite: Stralsund, St.-Nikolaikirche, Westportal und Gewölbescheibe im Chor*

*Linke Seite: Stralsund, St.-Nikolaikirche, Chorinneres nach Südosten*

*Rechte Seite: Stralsund, St.-Nikolaikirche, Archivtür*

beltieren als Kämpferschmuck; sie sind zusammen mit den anschließenden Wandteilen einschließlich des durch die Wand geführten Laufganges Reste des Vorgängerbaues.

Der Chorumgang mit den Kapellen verschmolzen, die Fenster in tiefliegenden Spitzbogennischen; im nordöstlichen Bereich unter ihnen Wandnischen, zu den Kapellen Spitzbogenarkaden. Die dreijochige Taufkapelle zum Chorumgang durch Doppelarkade geöffnet, die reich profilierten Pfeiler aus glasierten und unglasierten Steinen von Wimpergen und Fialentürmchen bekrönt. Das Innere mit kleinteiligem Sterngewölbe, im Polygon auf figürlichen Kapitellen, an den Längswänden auf figürlichen Konsolen.

Von den niedrigen Seitenkapellen im mittleren und südlichen Chorumgangsbereich die Hovener-Kapelle mit kleinem Wandkamin des 17. Jh. erwähnenswert.

Die südliche Vorhalle mit Sterngewölbe auf einfachen Kopfkonsolen, am Spitzbogenportal zum Chorseitenschiff Kalkstuckkämpfer mit Anbetung der Könige, Frauenkopf und Fabeltieren; der hölzerne Türeinbau von um 1700 mit geschnitztem vegetabilischen Rankenwerk, im Bogenfeld von Engeln gehaltene Inschriftkartusche und Akanthuslaub.

Das Portal vom südlichen Chorseitenschiff zur westlichen Chorseitenkapelle (Archiv) mit reich geschnitzter Rahmung aus dem 2. V. 14. Jh., die Pfosten mit Weinlaubranke in Flachschnitzerei und Abschluß durch Drachen mit männlicher und weiblicher Gestalt, darüber Dreipaßbogen mit Drachen und trompeteblasenden Mischwesen in den Zwickeln; das Türblatt mit aufgelegtem Rautendekor, Türklopfer, Überfall und Riegel.

Im Langhaus Achteckpfeiler mit eingelegten Kantenstäben, im übrigen das zweizonige Aufrißsystem des Chores beibehalten; die Obergadenfenster des Mittelschiffs hier in spitzbogigen Wandnischen. In den Arkadenbögen zwischen Mittel- und Seitenschiff die Scheitelrippe von Kopfkonsolen ausgehend, denen gemalte Körper zugeordnet sind. Die Seitenschiffsgewölbe auf schlichten Konsolen, zu den Kapellenanbauten einfache Spitzbogenarkaden, bei der zweijochigen Annenkapelle die innere Wand auf einen quadratischen Pfeiler reduziert.

Das Turmmassiv innen in drei kreuzrippengewölbte Hallen gegliedert, die seitlichen voll zu den Langhausseitenschiffen geöffnet und in den Pfeilernischen und Durchgängen mit kleinen Kreuzrippengewölben. Den Wänden der Mittelhalle nach Aufgabe des Einturmbaues eine neue Architekturgliederung aufgelegt, seitdem die große Spitzbogenöffnung zum Mittelschiff mit zwei,

nach Norden, Süden und Westen mit einem Netzgewölbe geschlossen. Als Zugänge von der nördlichen und südlichen Nebenhalle portalartige Durchgänge mit kämpferlosen Gewänden über schrägem Sockel.
Der Innenraum in seiner Wirkung stark von der Farbigkeit der Architekturteile geprägt; das mittelalterliche System mehrfach, u. a. 1704, 1890/94 und 1909 restauriert und dabei z. T. verändert, z. Zt. die Rekonstruktion des Zustandes von M. 14. Jh. im Gange. Auffällig die auf den Bereich der Arkadenbögen und die nach oben anschließende Wandzone konzentrierte reiche Farbgebung, die mit dem Weiß der Pfeiler und der Obergadenzone kontrastiert. Die von Krabbenleisten begleiteten Gewölberippen und die Profile der Arkadenbögen im Wechsel rot und blau, bei den Dienstbündeln zusätzlich grün; die Kapitelle und der plastische Laubwerkfries oberhalb der Arkadenscheitel vergoldet vor schwarzem Fond; im unteren Bereich des Obergadens hinter den hölzernen Brüstungen gemalte Triforiumszone mit in Kreuzblumen endenden Wimpergen. Mit der Raumausmalung die
*Wand- und Gewölbemalerei* in engem Zusammenhang stehend, deshalb hier dargestellt. Erhalten ein großer Bestand an meist nur fragmentarisch überlieferten Darstellungen, vor allem im Bereich der Seitenwände des südlichen Seitenschiffes, der Pfeiler und Arkadenzwickel im Langhaus, der Wandpfeiler im Obergadenbereich des Chores sowie an den hölzernen Brüstungen über den Arkadenbögen sowie in den Turmhallen. Von den figürlichen und szenischen Wandmalereien erwähnenswert: Apostelfiguren an den Wandpfeilervorlagen im Obergadenbereich, 2. V. 14. Jh., Auferstehung Christi und große Christophorus-Gestalt, um 1340 (5. Südkapelle v. W.), Szenen der Georgs-Legende und Propheten-Medaillons, um 1375 (6. Südkapelle), Wurzel Jesse und Madonna im Strahlenkranz mit Halbfigurenbildern von Propheten, um 1420 (nördliche Turmhalle). An den Langhauspfeilern und Kapellenseitenwänden zahlreiche retabelartige Malereien, u. a. Gekreuzigter zwischen Maria; Aposteln und Nikolaus, um 1335 (3. Südkapelle), Madonna zwischen Petrus und Paulus, Brustbild Christi, Kreuzigungsgruppe, Christus mit Kreuz, um 1330 (5. Nordpfeiler), Kreuzigungsgruppe mit trauernden Engeln, seitlich Petrus und Paulus, darunter Verkündigung, M. 14. Jh. (4. Nordpfeiler), Salvator mundi, Madonna und Paulus, um 1370 (4. Südpfeiler, sog. Bunter Pfeiler). An allen Langhauspfeilern als Ergänzung zu den um 1300 entstandenen plastischen Männerköpfen gemalte Körper von um 1370. An den Scheidbögen zu den Seitenschiffskapellen und Turmhallen ornamental-figürliche Malerei aus der 2. H. 14. Jh., in den Zwickeln der Chor- und Langhausarkaden zwischen blattbesetzten Ranken Köpfe, Tiere, Masken oder Blüten, 2. H. 14. Jh.
Mit ihrer reichen mittelalterlichen und nachreformatorischen Austattung vermittelt die St.-Nikolaikirche neben St. Marien in Rostock die eindrucksvollste Vorstellung von der Ausgestaltung einer hanseatischen Pfarrkirche im mecklenburgisch-vorpommerschen Ostseeküstenbereich.

*Hauptausstattung*
Hauptaltar. Entwurf 1700 von Andreas Schlüter, Berlin, 1707/08 von Thomas Phalert, Stralsund, und auswärtigen Bildhauern ausgeführt, die Reliefs der Rückseite und Teile des Dekors der seitlichen Schranken 1733/35 hinzugefügt. Hölzerner architektonischer Aufbau; am Sockel Emmausrelief, darüber Schmiedegitter; das von Engeln und Kompositsäulen flankierte Hauptfeld mit von Engelwolke umgebenem Auge Gottes, darüber bis in den gesprengten Segmentbogengiebel reichendes Abendmahlsrelief, als Bekrönung Triumphkreuzgruppe, ergänzt um die Figuren von Glaube und Hoffnung. Auf der Rückseite unten Relief mit Auge Gottes, oben Gethsemane-Relief. Vor dem Aufbau Schranke mit gedrechselten Traillen und Pfosten mit vegetabilischem Dekor. Seitlich anschließend Schranken, über ihren Durchgängen bzw. dem Gitterwerk Abschlußbalken mit Lambrequins, Girlanden, Ziervasen, Putten und Bandelwerkdekor.
Kanzel mit Portal, Aufgang und Schalldeckel, 1611; 1678 um den Portalaufsatz und den Schalldeckel erweitert; Marmor, Sandstein und Alabaster. Als Trägerfigur Moses. Am Korb zwischen ornamentierten Säulen in den Feldern Alabasterreliefs von Verkündigung, Geburt,

Kreuzigung, Auferstehung und Himmelfahrt Christi sowie des Jüngsten Gerichtes; am Sockel Beschlagwerk, Grotesken, Putten. Der Aufgang Blendarkaden mit Evangelistenreliefs, das Portal mit den Figuren von Petrus und Paulus, als weiterer Schmuck Engelputten und Cherubkopf, im Portalaufsatz Relief des Sündenfalls, auf der Rückseite gemaltes Bild des barmherzigen Samariters. Am oktogonalen Deckel Cherubköpfe und Inschriften, der mehrgeschossige Aufsatz von 1678 verloren.

Taufe, Kalkstein, E. 13. Jh., an der halbkugeligen Kuppa kerbschnittartiger Dekor aus Fabeltieren, Ranken und Rosetten. Taufgehäuse, Holz, 1714 von Elias Keßler und Habermeyer, beide Stralsund, die Fassung von 1723/32. Großer architektonischer Aufbau mit baldachinartigem, von Karyatiden (Personifikationen von Glaube, Liebe, Hoffnung und Geduld) getragenem Oberteil; zwischen den Stützen kleine Sitzfiguren der Evangelisten. Auf dem Gebälk Engelfiguren, auf der Strebenkrone Johannes d. T.; reiches Akanthusornament, Engelputten. Im Gehäuse Taufe in Kelchform. An der Westwand der Kapelle zugehörige Stiftertafel.

Orgel mit neogotischem Prospekt nach Entwurf von Lübke 1840/41, das Werk von Aug. Buchholz, Berlin, 1951 durch A. Schuke, Potsdam, klanglich umgestaltet. Die neogotische Empore ebenfalls 1841.

*Mittelalterliche Altäre, Schnitzarbeiten, Plastiken und Gemälde*

Junge-Altar, um 1430. Urspr. Pentaptychon, die Kastenflügel verloren. Im Schrein unter Maßwerkbaldachin Madonna, seitlich unter Baldachinen urspr. je zwei Engelfiguren übereinander (zwei verloren); die Außenflügel mit gemalter Verkündigung; Abschlußleiste mit Wappen, Inschrift und Blattkamm; ein Hauptwerk des »weichen Stils« in der Region. – Olaf-Altar, um 1430. Schmales tabernakelartiges Gehäuse auf Konsole, die thronende Sitzfigur des Hl. Olaf unter Baldachin; auf den Außenseiten der erhaltenen drei bemalten Klappflügel Ganzfiguren von Brigitta, Olaf und Sunniva, auf den Innenseiten fragmentarisch erhaltene Bilder der Olaf-Legende. – Riemer-Altar, 2. V. 15. Jh. Urspr. Pentaptychon, die beweglichen äußeren Flügel verloren. Im

*Stralsund, St.-Nikolaikirche, Olaf-Altar, Tafelmalerei*

Schrein unter Baldachinen plastische Darstellung der Kreuzigung Christi durch die Tugenden mit Gottvater, Maria, Johannes und Titulusschreiber; in den Kastenflügeln vier alttestamentliche Relieffiguren und vier Kirchenväter. Auf den Rückseiten der Kastenflügel übereinander je zwei gemalte Bilder der Wunder Christi mit plattdeutschen Inschriften, getrennt durch Medaillons mit Prophetenköpfen. – Schneider-Altar, E. 15. Jh. Triptychon. Im horizontal geteilten Schrein unter Astmaßwerk Gnadenstuhl, unten Madonna, ein Teil der Figuren verloren. Auf den Rückseiten der Kastenflügel und den Innenseiten der Malflügel zwölf Passionsszenen, auf den Malflügeln außen ganzfigurige Darstellungen von Maria, Katharina, Dorothea und Maria Magdalena. Gemalte Predella mit Gnadenstuhl zwischen vier Heiligen. – Ehem. Hochaltar, E. 15. Jh. Triptychon. Im Mittelschrein Fragmente einer figurenreichen Kreuzi-

*Linke Seite: Stralsund, St.-Nikolaikirche, Riemer-Altar, geöffnet, und Rückseite der Kastenflügel*

*Rechte Seite: Stralsund, St.-Nikolaikirche, ehem. Hochaltar*

gung, in den Kastenflügeln Passionsreliefs, in den Rahmenleisten kleine Heiligenfigürchen. Als Predella drei Reliefs (Verkündigung, Geburt und Beschneidung Christi). Seitlich gesondert aufgestellt die 1990 aus Museumsverwahrung zurückgeführten Malflügel mit Szenen aus dem Leben Mariens und Annas. – Bergenfahrer-Altar, um 1500. Pentaptychon. Im Schrein figurenreiche Kreuzigung mit Königen, Propheten und Engeln mit den arma Christi in den Zwickeln. In den Kastenflügeln vier Passionsreliefs; auf den Rückseiten der Kasten- und Innenseiten der Malflügel acht Szenen aus dem Marienleben, auf den Außenseiten der Mal- und den Standflügeln vier weibliche Heiligengestalten. Gemalte Predella mit Veraikon und Halbfiguren von Petrus und Paulus. – Bürgermeister-Altar, um 1515. Triptychon. Im Schrein figurenreiche Kreuzigung, in den Kastenflügeln vier Reliefs mit Georgs Kampf gegen den Drachen, Enthauptung der Katharina, Martin mit dem Bettler und der Enthauptung einer weiteren Heiligen. Auf den Rückseiten der Kasten- und Innenseiten der Malflügel Szenen aus dem Marienleben, der linke Malflügel verloren, auf der Rückseite des rechten Malflügels Schmerzensmutter. – Apollonia-Tafel, E. 15. Jh. Ehem. Altarflügel mit ganzfiguriger Darstellung der Heiligen.

Figur der Anna Selbdritt, Kalkstuck, Holz, um 1290. Monumentale Sitzfigur; eines der bedeutendsten frühgotischen Werke dieses Genres im Osteeraum. An den Seiten des Throns Blendmaßwerk, darüber je ein Engelrelief; die Thronrückwand Holz. Am Sockel Fries aus Vierpaßmedaillons mit Büsten, dazwischen je zwei kleine Rosetten. Figur »Heiliger Leichnam«, M. 14. Jh., große Standfigur des die Wundmale weisenden Christus. Kruzifix, 2. H. 14. Jh. (in der Hagemeisterkapelle/ Winterkirche). Triumphkruzifix (über dem Hochaltar),

E. 14. Jh., an den Kreuzenden Fragmente der Evangelistensymbole. Kreuztragender Christus, nach 1400, wohl Teil einer ehem. Passionsgruppe. Sitzfigur des Hl. Olaf, 1. V. 15. Jh. Drei Sitzfiguren, 2. V. 15. Jh.: Nikolaus, Katharina und Apostel (?), wohl Teile eines ehem. Altaraufsatzes.

Astronomische Uhr, 1394 von Nikolaus Lilienfeld. Architektonischer Aufbau; im unteren Teil zu seiten einer Gitteröffnung jeweils eine gemalte männliche Figur mit Spruchband in halb geöffneter Tür als Symbol von Morgen und Abend, auf der Südseite Brustbild eines Mannes (Uhrmacher?). Im Oberteil große quadratische Uhrscheibe mit vier gemalten Halbfiguren bedeutender Astronomen (Ptolemäus, Alfons V. v. Kastilien, Hali und Albumacar) in den Ecken, in der Mitte konzentrische Kreise mit Stundenangaben, Tierkreiszeichen, darüber Sonnen-, Mond- und Sternzeiger; das mittelalterliche Uhrwerk weitgehend erhalten. Die Schauseite 1994 restauriert. Das urspr. geschnitzte Rahmenwerk aus Fialen, Maßwerk und einem Gnadenstuhl-Relief seit 1945 verschollen.

Chorschranken, A. 15. Jh., die nördliche 1411 gestiftet. Zwischen die Pfeiler eingefügt, das hölzerne Rahmengerüst im Bereich der Brüstung ausgemauert, im oberen Teil rautenförmig geschmiedete Gitter; die rahmenden Bohlen der Brüstung mit gewundenen Bändern und ve-

*Stralsund, St.-Nikolaikirche, Bergenfahrer-Altar; Anna Selbdritt; Hl. Leichnam; Astronomische Uhr*

getabilischem Dekor, der Abschlußfries mit Kreuzblumenkamm sowie szenischen und figürlichen Flachschnitzereien: auf der Nordseite vor allem Propheten, Wappen und Hausmarken, auf der Südseite Szenen aus dem Marienleben, der Kindheits- und Passionsgeschichte Christi und Darstellungen der sieben Todsünden; an den Innenseiten musizierende Engel und Büsten alttestamentlicher Gestalten. Auf der einflügeligen Tür im Nordosten gemalte Verkündigung, auf der doppelflügeligen Tür gegenüber Kirchenväter, Apostel und Heilige. Mittelalterliches Weihwasserbecken, Kalkstein, die flache Kuppa auf im Wechsel mit glasierten Steinen gemauertem Fuß.

*Emporen und Gestühle*

Ehem. Sängerempore an der Nordwand des Langhaus-Mittelschiffes, 1505 von Johannes Schulte, Falkenberg. Auf zwei gewölbten Konsolen ruhende, kanzelkorbartig

erweiterte Brüstung; ihre Felder durch Maßwerkfialen getrennt und mit gemalten Darstellungen von Christus und den Aposteln in Halbfigurenbildern geschmückt; darunter umlaufende niederdeutsche Minuskelinschrift und Maßwerkleiste.

Ehem. Orgelempore im Hohen Chor, A. 16. Jh. Auf zwei Konsolgewölben ruhende Empore mit polygonal

*Oben: Stralsund, St.-Nikolaikirche, südliche Chorschranke, Ausschnitt*

*Unten: Stralsund, St.-Nikolaikirche, nördliche Chorschranke, Tür mit Verkündigung; Gestühl der Nowgorodfahrer, Ausschnitt*

vortretendem Mittelteil; an der Brüstung gemalte Halbfigurenbilder von Heiligen, darunter vier Stifterbüsten (?), am Gewölbe gemalte Wappen.
Brüstungsfragment (deponiert), mit spätgotischem Faltwerk, wohl A. 16. Jh.
Gestühlsbrüstung, 17. Jh. (in der 2. nördl. Chorkapelle von O), mit Säulengliederung und gemalten biblischen Szenen.
Regierungschor, 3. V. 18. Jh. Architektonisch gegliederte, durchfensterte Loge mit von wilden Männern gehaltenem pommerschen Wappen auf dem Architrav; Rocailledekor.
Nowgorodfahrer-Gestühl, Fragment, 2. H. 14. Jh. Vier Tafeln mit Darstellungen der Pelztierjagd, der Honigsuche und des Handels zwischen Jägern und Hansekaufleuten.
Ehem. Chorgestühl, E. 14. bis A. 16. Jh. Fünf Wangen mit Flachschnitzereien von Heiligen (Bischof, Christophorus, Petrus, Hieronymus), Wappen und Maßwerk, als oberer Abschluß Wimperge mit Fialen.
Krämergestühl, 1574. Kastengestühl, die Brüstung mit durch kannelierte Halbsäulen getrennten Muschelnischen mit Figuren von Christus, der Evangelisten, von Tugenden und eines Wächters mit Keule bzw. rundbogigen Blendarkaden; als oberer Abschluß fragmentarisch erhaltener Gitterfries mit Kinderköpfchen.

Ratsgestühl, 1652. Monumentales Kastengestühl; die architektonisch gegliederte Brüstung mit gekuppelten Kompositsäulen und Füllungen mit Stadt- und Bürgermeisterwappen; als Dekor Knorpelwerk und Puttenköpfe.
Aarhusfahrer-Gestühl, 1. V. 18. Jh. Kastengestühl; die Brüstung mit durch schmale Lisenen getrennten Feldern mit aufgelegten Blütengehängen und Bandelwerkdekor; am oberen Rand durchbrochenes Schnitzwerk aus Blumenkörben und stilisiertem Akanthus.
Goldschmiedegestühl, um 1730. Kastengestühl in der Art des Aarhusfahrer-Gestühls; der figürliche Dekor der durchbrochenen Abschlußleiste z. T. verloren.
Gemeindegestühl. Im Langhaus Kastengestühl 3. V. 17. Jh. mit Pilastergliederung, rundbogigen Blendarkaden und Zahnschnittgesims. Im Chor Kastengestühl 1. H. 18. Jh. mit Pilastergliederung und geschweiften Füllungen.

*Gemälde*

Drei Tafelbilder, E. 17. Jh.: Barmherziger Samariter, Auferweckung des Lazarus und männlicher Kopf.
Drei Gemälde: Bethlehemitischer Kindermord, Kopie nach Rubens von 1684; Kreuzabnahme und Himmelfahrt Christi, Kopien von Pollet nach den Gemälden im Hauptaltar der St.-Jakobikirche von Johann Heinrich Tischbein, wohl A. 19. Jh.

*Möbel*

Almosentisch, E. 17. Jh. Von vier Löwen getragene Bodenplatte mit Dekor (Fruchtgehänge), darüber die von die Jahreszeiten verkörpernden Putten gestützte Tischplatte mit Intarsieneinlagen.
Schrank, 1. H. 17. Jh., mit gemalten Tugendallegorien auf den Türflügeln. Schrank, 1. V. 19. Jh., in Biedermeierformen. Sessel A. 19. Jh.
Lesepult, 1706. Auf drei Volutenfüßen mit Akanthusschnitzerei stehende Engelfigur, auf den Flügeln die Pultplatte befestigt.

*Kirchengerät, Leuchter und Glocken*

Fünf Kelche: 1487, 1507, 1. H. 17. Jh., 1678 und 1722.

*Linke Seite: Stralsund, St.-Nikolaikirche, Grabplatte G. Storkow; Grabstein J. Klinckow/A. Völschow*

*Rechte Seite: Stralsund, St.-Nikolaikirche, Epitaph C. Middelborch; Epitaph P. Baumann/M. Meyer; Epitaph L. Steinwich*

Zwei Patenen, 15. Jh. und 1722. Oblatendose, Silber, 1647. Kanne, Silber, 1647. Kelchlöffel, Silber, 1670. Zwei Taufschalen: E. 16. Jh. mit Sündenfall; 1647 mit gravierter Taufe Christi im Fond. Drei Kollektenbecken, Messing: 1685, 1693 und 18. Jh.
Altarleuchterpaar, Messing, 1678 mit gebuckeltem Balusterschaft. Leuchterpaar, Messing vergoldet, A. 19. Jh. Vier Kronleuchter, Messing: 1633 und 17. Jh. (3), drei mit Balusterschaft, Kugel und Doppeladler, der vierte mit traubenartigem Knauf an der Kugel und Strahlenkranzmadonna mit Kogge als oberem Abschluß. Drei Stableuchter, Holz: 15. Jh. (2), mit spiralig gewundenem Schaft, darüber mit gotischem Maßwerk geschnitzter kapitellartiger Kerzenträger; befestigt im Gestühl der Aarhusfahrer, und M. 18. Jh., mit kanneliertem Schaft und geschnitztem Kerzenträger am Goldschmiede-Gestühl.
35 Wandarme, Messing, 16., 17. und 18. Jh., einzelne datiert auf 1575 (Gewandhausalterleute), 1576, 1590, 1591, 1610, 1614, 1624, 1633, 1649, 1653, 1662, 1698 und 1771. Ein- und mehrarmig und z. T. mit gegossenem und graviertem Dekor aus Masken, Delphinen, Greifen, Wappen, Akanthuslaub und Inschriften.
Vier Glocken: 1595 (abgestellt) von Gregorius Czerian; 1662 von Adam Lehmeyer, Stralsund; 1923 und 1964. Tretrad im Turm, Holz, 2. H. 17. Jh.

*Grabplatten, Epitaphien und Gruftkapellen*

Etwa 300 Grabplatten bzw. -fragmente, aus mittelalterlicher Zeit zumeist aus Kalkstein, vom 16. bis 18. Jh.

auch Sandstein, davon zahlreiche mehrfach benutzt, zumeist in situ im Kirchenfußboden belassen. Erwähnenswert sind:
Bürgermeister A. Hovener † 1357, Messing; gravierte Platte mit der lebensgroßen Gestalt des Verstorbenen in architektonischer Rahmung mit Gottvaterfigur, Engeln, Propheten, Heiligen, Aposteln und Drolerien, unter den Füßen des Toten Jagdmotive. In die umlaufende Minuskelinschrift Vierpaßmedaillons mit Evangelistensymbolen und Wappen eingefügt. – Gherrin Storkow † 1338, mit Majuskelinschrift und zwei spitzbogigen Arkaden und Zwickeln mit Eichenlaub, in der rechten Arkade männliche Figur, die linke leer. – B. Ploetze † 1437, mit Minuskelinschrift, Evangelistensymbolen und Ritzfigur des Geistlichen. – B. Moltcan, um 1455, mit Minuskelinschrift und aufgesetztem Wappenschild aus Bronze. – J. Lange, A. 16. Jh., mit Minuskelinschrift und Ritzfigur des Geistlichen in Architekturrahmung. – J. Klinckow † 1601/A. Völschow, mit Relieffiguren des Ehepaares und Wappenreliefs. – M. Duwal † 1634/A. v. Berg, mit Relieffiguren des Ehepaares vor schwach angedeuteter Architekturkulisse, seitlich Wappen, unten Schrifttafel.
Epitaphien. Zwei Wappenepitaphien: N. Steven † 1555 und Chr. Lorbeer † 1555, rechteckige Tafeln mit Wappenreliefs, Helmzier und in Akanthuswerk aufgelösten Helmdecken, Inschriften. – M. Schermer † 1565, Rahmen mit Auferweckung des Sohnes der armen Witwe durch Christus im Hauptfeld, darunter der Gekreuzigte und kniende Familienangehörige. – C. Middelborch † 1572, mehrgeschossiger architektonischer Aufbau mit Tafelbildern: im Hauptfeld volkreiche Szene mit Prediger, Kreuzigung und Auferstehung Christi. – P. Baumann † 1577/M. Meyer, architektonischer Aufbau mit Gemälde der Auferstehung Christi im Hauptfeld, flankiert von Adam und Eva, der gemalten Stifterfamilie im Sockel und umgeben von reicher Ornamentik. – J. Klinckow † 1601, Sandstein, dreigeschossiger architektonischer Aufbau mit zentraler Kreuzigungsgruppe, darüber Auferstehung Christi, Tugendallegorien und Gottvaterbüste sowie reiches Roll- und Beschlagwerkornament. – L. Steinwich † 1629, architektonischer Aufbau mit Tafelbildern der Kreuzabnahme und Grablegung. – M. Simon † 1628, errichtet 1630, Marmor und Sandstein, wohl aus der Werkstatt von Hans Lucht, Stralsund; zentrale Inschrifttafel und Halbfigurenreliefs der Ehepartner; reiche Spätrenaissanceornamentik. – J. M. Duwal † 1634, Alabaster, Kalkstein und Holz, mit zentraler Kreuzigungsgruppe und Figuren der Ehepartner sowie weiterer Familienangehöriger; Knorpelwerkdekor. – Unbekannt, M. 17. Jh., Wappentafel mit Knorpelwerkrahmen. – P. Schoras, 1660, mehrgeschossiger Aufbau mit zentraler Darstellung der Kreuzigung. – Rottmann † 1673, mehrgeschossiger Aufbau mit zentraler Kreuzigung, darüber Grablegung, reicher figürlicher Dekor, Schotenknorpel. – J. Bavemann † 1676, Wappenepitaph mit rahmendem Trophäenschmuck. – Unbekannt, 17. Jh., mit Tafelbild der Kreuzigung. – J. v. Klinckowström † 1702, Wappenepitaph mit Akanthusschnitzerei und Trophäenrahmung. – E. Preis † 1707, im Hauptfeld Kreuzigungsrelief. – Chr. v. Staude † 1723, Marmor und Sandstein, von Elias Keßler, Stralsund, mit von Reliefmedaillon des Verstorbenen bekrönter Inschrifttafel. – Epitaph der Aarhusfahrer, 1730, Marmor und Stein, mit zentraler Inschriftplatte.
Epitaphgemälde (Tafelbilder): C. Ketelhodt † 1546. – H. Schwerin † 1602, Brustbild von 1591. – G. Zesemann †

*Linke Seite: Stralsund, St.-Nikolaikirche, Epitaphgemälde H. Schwerin und A. Stolterfoot*

*Rechte Seite: Stralsund, St.-Nikolaikirche, Kapellenschauwand Sander/Florentzen*

1638, gemalt 1636 von Zacharias Mauss. – A. Stolterfoot † 1639, Kniestück. – H. Prummenthal † 1676, Halbfigurenporträt in aufwendiger Rahmung. – J. Prellerus E. 17. Jh., Kniestück.
Gruftkapellen in den Turmnebenhallen, Seitenkapellen des Langhauses und im Chorumgang, 2. H. 17. Jh. bis A. 19. Jh., einige mit tonnengewölbten Grabkammern zu ebener Erde, alle mit Schauwänden (Aufzählung im Uhrzeigersinn von Nordwest nach Südwest): K. E. Reimer, A. 19. Jh., architektonische Gliederung mit gemalter Marmorierung, in der Lünettenblende des Giebelaufsatzes antike Öllampe, seitlich Flammenvasen. – Zander/v. Opffern, 1705, architektonische Gliederung mit Pilastern, auf dem Architrav liegende allegorische Figuren und Genien mit Totenschädeln. – Kampe, um 1700, architektonisch gegliederter Logenaufbau mit leicht gebauchter Brüstung und Bekrönung durch Obelisk. – J. F. Sander/Florentzen, 1760, reich gestalteter Logenprospekt mit drei großen, rundbogig geschlossenen Fensteröffnungen, darüber geschnitzte Draperien mit Lambrequins, in der Mitte ein Segmentbogengiebel mit der Figur des Chronos, darüber das in eine Wolkengloriole gebettete Auge Gottes, seitlich auf dem Architrav allegorische Figuren. – Spiet/Blut, E. 18. Jh., architektonische Gliederung mit Pilastern, an der Mitteltür an Schleifen hängende Medaillons, auf dem Hauptgesims von Prudentia bekrönter Aufsatz. – Bürgermeister E. Hagemeister, 1738, dreiteiliger Logenprospekt mit mehreren allegorischen weiblichen Gestalten, in der Bekrönung der Tod vor von Engeln gehaltener Draperie und eine von Engeln begleitete Wolke mit dem himmlischen Jerusalem und dem Lamm Gottes. – H. Teetze/L. Buchowen/J. C. v. Haken, 1705, geschlossene Wand mit Gitteröffnung zum Chorumgang und ornamentalem sowie figürlichem Dekor. – Hagemeister, 1760, architektonische Gliederung mit Pilastern, im konkav geschwungenen mittleren Giebelaufsatz geflügelter Chronoskopf. – N. Brahme, 1649, architektonische Gliederung in Spätrenaissanceformen (u. a. Ohrmuschelwerk), der Aufbau mit Wappen und Akanthusschnitzwerk und Lambrequins, 2. V. 18. Jh. – Baumann/v. Schärenbach, 1749, architektonische Gliederung mit marmorierten Kompositsäulen am Portal und Wappenschild sowie allegorischen Frauenfiguren als Bekrönung. – Ch. Charisius, 1697, architektonische Gliederung mit reichem Schotenknorpelwerk. – J. H. Reimer, 1791, architektonische Gliederung mit Doppelportal und Chronosfigur im Giebelaufsatz. – Siegfries, 2. V. 18. Jh., zwei architektonisch gleich gegliederte dreiteilige Logenprospekte,

Lambrequins, Akanthus- und Bandelwerkdekor – v. Olthoff, M. 17. Jh., architektonische Gliederung mit Knorpel- und Akanthuswerk und figürlichem Dekor, um 1760 das Mittelfeld neu dekoriert. – Gildehausen, 1695, dreiteilige architektonische Gliederung mit querovaler Inschriftkartusche auf dem Architrav.
Krieger-Ehrenmal, Bronze, 1931 von Hans Schwegerle, Berlin, 1941 aufgestellt; überlebensgroße Gestalt Christi mit horizontal ausgebreiteten Armen.

ST.-MARIENKIRCHE Monumentale dreischiffige Backstein-Basilika von fünf Jochen mit begleitenden Seitenkapellen und dreischiffigem basilikalen Querhaus; der polygonal geschlossene Binnenchor vom Umgang und fünf mit ihm verschliffenen Kapellen umgeben; die nordwestlich gelegene Bruderschaftskapelle schon in mittelalterlicher Zeit abgetrennt. Vor dem nördlichen Querhaus Portalvorhalle. Im Westen mächtiger quadratischer Turmbau mit angeschlossenen Seitenhallen. Nach Einsturz einer älteren Hallenkirche 1382 oder 1384 Baubeginn der Basilika am Querhaus E. 14. Jh., dieses A. 15. Jh. vollendet, der Bau anschließend nach Osten und Westen fortgesetzt, der Turm 1416 begonnen. Die Portalvorhalle am Querhaus um 1430, der Turm 1473 fertiggestellt, zu dieser Zeit wohl auch der Gesamtbau vollendet. Vierungsturm und Barockhaube des Westturmes von 1708. 1842/47 eingreifende Restaurierung unter J. W. Brüggmann; um 1940 Teile der neogotischen Innenraumgestaltung beseitigt.
Das Äußere der Kirche von monumentaler Wirkung, gesteigert durch den Verzicht auf schmückende Details. Am Chor niedriger Feldsteinsockel und umlaufendes Kaffgesims, darüber in den Wänden des Polygons von zwei halbierten dreibahnigen Fenstern flankierte mittlere fünfbahnige Spitzbogenfenster, in der südwestlichen Umgangskapelle leicht variiert, in der Nordwestkapelle achtbahniges Fenster, darunter zwei vermauerte halbierte vierbahnige Fenster.
Am Querhaus die Stirnseiten des Mittelschiffs jeweils mit großen siebenbahnigen Spitzbogenfenstern, ihr Maßwerk M. 19. Jh. erneuert, darüber Giebel mit je fünf Staffelblenden und bekrönenden Fialentürmchen, die Seitenschiff- und Obergadenfenster des Querhauses fünfbahnig, die Halbgiebel ebenfalls mit Staffelblenden. An der Südostecke des südlichen und an der Nordwestecke des nördlichen Querhausmittelschiffes polygonal vortretende Stiegentürme, an den übrigen Kanten Strebepfeiler. Im Süden Spitzbogenportal aus großen, einmal gefasten Granitsteinen, im Norden am Mittelschiff Portalvorhalle, in ihrer Schauwand zum Neuen Markt in hoher, reich profilierter Portalnische Rechteckportal und

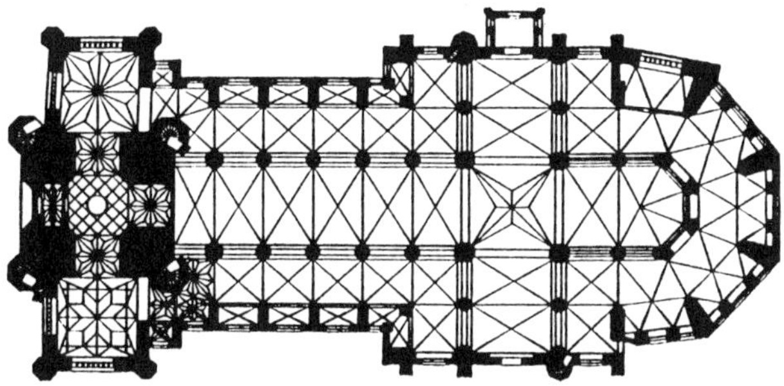

maßwerkverziertes Tympanon, daneben tiefe Spitzbogennischen, ähnliche auch an den beiden Schmalseiten. An den Gebäudekanten übereck gestellte Pfeiler mit Kantenstäben; unter attikaähnlicher Bekrönung mit polygonalen Fialentürmchen und Spitzbogennische ein um die Kanten verkröpftes Gesimsband.
Über der Vierung ein achtseitiger Turm, seine Laterne mit segmentbogigen Arkaden, geschweifter Haube und Spitze.
Am Langhaus die Seitenschiffe mit fünfbahnigen, überwiegend segmentbogig geschlossenen Fenstern, über den Pultdächern die Obergadenfenster mit dem für Stralsund typischen spitzdreieckigen Schluß. Als Traufgesims an den Obergaden von Langhaus und Chor hängender Kreuzblumenfries.
Der riesige Westbau dreiteilig. Der quadratische Mittelbau an den Kanten durch polygonale Stiegentürme mit Zeltdächern verstärkt, die Ecktürme der Westfront in den unteren zwei Dritteln mit Kalksteinplatten verkleidet. In der Westwand hohes neunbahniges Spitzbogenfenster, die Laibung bis zur Sockelschräge durchgeführt,

*Linke Seite:*
*Stralsund,*
*St.-Marienkirche,*
*Grundriß*

*Rechte Seite:*
*Stralsund,*
*St.-Marienkirche*
*von Südosten*

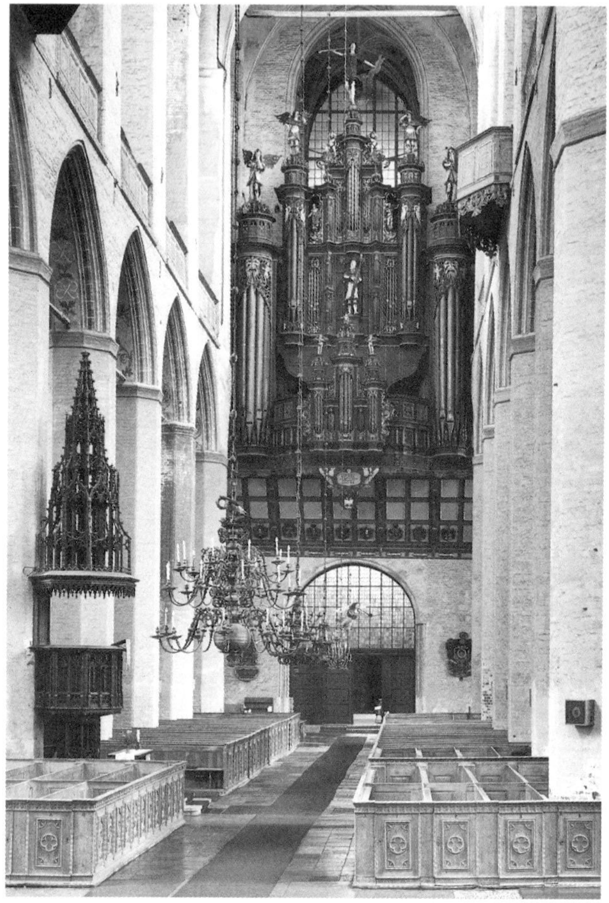

dabei das 1877 stark erneuerte Westportal und die zwei seitlich über ihm befindlichen Kreisblenden einschließend. Zwischen dem Unterbau und dem folgenden Geschoß vermittelt ein zwischen die Ecktürme gelegter Laufgang mit Rundbogenöffnungen, spitzdreieckigen Blenden und Pultdach; darüber ein zurückgesetztes, an den Ecken abgeschrägtes niedriges Geschoß mit verschiedenartigen Blenden, darauf der oktogonale Turmschaft mit rundbogig geschlossenen Blenden. Als Bekrönung verkupferte geschweifte Haube mit offener Laterne, segmentbogigen Arkaden, Balusterbrüstung, zwiebelförmigem Helm und Spitze.

*Linke Seite:*
*Stralsund, St.-Marienkirche, Inneres nach Osten und Inneres nach Westen mit Kanzel und Stellwagen Orgel; Taufstein*

*Rechte Seite:*
*Stralsund, St.-Marienkirche, Schnitzfiguren von der Nordvorhalle*

Der Mittelbau seitlich durch quadratische Anbauten westwerkartig erweitert, an ihren Stirnseiten Eckverstärkungen durch polygonal ausgebildete Pfeiler mit niedrigen Zeltdächern; die hohen Spitzbogenfenster jeweils achtbahnig, nur an der Ostseite schmaler; reicher, sich auf den Mittelbau fortsetzender Maßwerktrauffries. Über den Stirnseiten Schildgiebel mit überhöhten, durch einen Dreieckgiebel mit Fialenpfeilern betonten Mittelteil.

Im Inneren das System der von Achteckpfeilern und Arkaden gestützen Obergadenwände mit tiefen spitzbogigen Fensternischen und kräftigen Wandpfeilern im gesamten Bau durchgeführt. Der im Chor und östlichen Querhaus vorhandene neogotische Dekor in Gestalt von aufgelegten Dienstbündeln an den Pfeilern, vegetabilischem Schmuck an den Arkadenkämpfern, Maßwerk in den Arkadenzwickeln, des Triforiums im Binnenchor und der in frühgotischen Formen gehaltenen Wimpergarchitektur der Chorschranken von der Restaurierung 1842/47.

Das Innere überwiegend kreuzrippengewölbt, lediglich die Vierung, die nördliche Portalvorhalle und der Westbau mit Sterngewölben, in den Umgangskapellen sechsteilige Rippengewölbe.

Wand- und Gewölbemalerei. Von der urspr. Ausmalung 1940 Teile in den Arkadenlaibungen im Langhaus und Westteil des Querhauses freigelegt. Vom A. 15. Jh. im südwestlichen Querhaus und südlichen Seitenschiff Halbfiguren von Propheten in rhombischen Rahmungen, bärtige Männerköpfe auf den Arkadenlaibungen, Figur im Malerkittel im Gewölbe und drolerieartige Halbfiguren in den Gewölbezwickeln. Aus dem 2. V. 15. Jh. Heiligenfiguren, Propheten und musizierende Engel in den nördlichen Langhausarkaden, in den Gewölbezwickeln Halbfiguren modisch gekleideter Männer und musizierende Engel. In der Marienbruderschaftskapelle vom A. 15. Jh. bärtiger Christuskof (Veraikon) und sitzender Mann an der Ostwand.

Ausstattung: Altar von 1847, als Aufsatz der aus Semlow stammende große Schnitzaltar aus der M. 15. Jh. mit zentraler Marienkrönung, z. Zt. wegen Restaurierungsarbeiten nur die Predella mit den vier Kirchen-

vätern und das Gehäuse des Schreins aufgestellt. Kanzel mit Aufgang, Rückwand und Schalldeckel, reiche neogotische Schnitzarbeit von 1847. Taufe, Kalkstein, E. 13. Jh., an der Kuppa rundbogige Blendarkatur; der Stein aufgestellt im hölzernen Taufgehäuse von um 1738, einem tempiettoartigen achtseitigen Pavillon auf mehrstufigem Unterbau; das mit einer Strebenkrone abgeschlossene Dach von acht mit Pilastern hinterlegten korinthischen Säulen getragen, reicher Dekor aus Cherubköpfchen, Putten, Lambrequins und Akanthusschnitzwerk, zuoberst Figur Johannes d. T.

Orgel mit 1653/59 erbautem Werk von Friedrich Stellwagen, Hamburg, eine der bedeutendsten barocken Orgeln Norddeutschlands; das Werk nach 1945 restauriert. Der gleichzeitige Prospekt mit seiner Aufteilung in Haupt- und Oberwerk, Pedaltürme und Rückpositiv den inneren Aufbau des Instrumentes verdeutlichend; der Dekor aus frühbarockem Knorpelwerk, musizierenden Mischwesen, Fratzen, Engeln, Putten und der Figur des harfespielenden König David. Unter der Empore Inschriftkartusche, Stifterwappen und schwebender Engel. Unter dem Werk in der Turmnische hölzerne Verkleidung mit Kassettierung, in den Feldern gemalte weibliche Figuren des Alten Testamentes und Tugenden. Drei Schnitzfiguren: Madonna, Petrus und Paulus, um 1440, ehem. in den Außennischen der nördl. Portalvorhalle. Kruzifix, 3. D. 15. Jh. Kruzifix, Zinkguß, A. 19. Jh. Gemälde, 17. Jh., mit Paradiesdarstellung bzw. Genreszenen. Gemälde mit personifizierten weiblichen Tugenden, E. 17. Jh., ehem. in St. Jacobi. 10 Pastorenporträts 17. bis 19. Jh. Gemälde einer Seebestattung, A. 20. Jh. Glasmalerei, E. 19. Jh., im mittleren Chorumgangsfenster, mit auferstehendem Christus in der Mandorla und anbetenden Engeln. Opferstock mit Eisenbeschlägen, mittelalterlich. Tretrad im Turm, wohl 17./18. Jh. Zwei ehem. Sängeremporen am Obergaden des Mittelschiffs, wohl 17. Jh. Mehrere bemalte Brüstungsfelder in den Fensternischen des Obergadens, 17. Jh., die Bemalung wie die der Sängeremporen im 19. Jh. erneuert. Ehem. Ratsgestühl, um 1723, aus der Werkstatt des Elias Keßler, Stralsund; das erhaltene Brüstungsfeld mit Pilastergliederung, rundbogigen Nischen, Bandelwerkdekor und den Figuren der Könige Joas, David und Hiskia sowie des Hohenpriesters Jojada. Emporenbrüstung über der Bruderschaftskapelle, mit Pilastergliederung, 18. Jh. Neogotisches Gemeindegestühl in Kastenform mit aufgelegtem Blendmaßwerk, M. 19. Jh. Sakristeiverschlag im südlichen Querhaus, M. 18. Jh., architektonisch gegliederte, mit Marmorierung bemalte Schauwand, mit Akanthusschnitzwerk.

Vier Kelche und Patenen: um 1500; 1. H. 16. Jh.; 1513 (2). Kelch, 1559, auf dem Fuß gravierte Passionsszenen. Drei Patenen: 1. H. 18. Jh. und 1. H. 19. Jh. (2). Taufschale, Silber vergoldet, 1647. Becken, Messing, 17./18. Jh. Oblatendose, Silber, 2. H. 17. Jh., in Gestalt eines niedrigen Humpens mit vier Reliefmedaillons der Evangelisten und graviertem Rankenwerk auf dem Deckel. Deckelkanne, Silber, 1558. Zwei Kelchlöffel, Silber, 18. Jh. und A. 19. Jh. Drei Leuchterpaare, Messing: 1635, 1665 und 18. Jh. Leuchterpaar, Bronze vergoldet, 18. Jh. Sechs Kronleuchter, Messing: 1557 mit Relief des Salvators; 1639 und 1649 mit Pelikan bzw. Reichsadler und 18. Jh. (3). 16 ein- und mehrarmige Wandleuchter, Messing, u. a. um 1600 (4), 1724 (2) 18. Jh. (8). Drei Glocken: 1647; 1663 von Joachim Eberling; 1830 von Simon Zach, Stralsund. Zahlreiche Bruchstücke mittelalterlicher Grabsteine und aus dem 17./18. Jh.; eine größere Zahl z. T. mehrfach wiederverwendeter Grabplatten erhalten. Zwei Epitaphien: B. Crockisius † 1675, mit Kruzifixgemälde, Inschriftfeld und architektonischer Rahmung; A. Wagner † 1700, Wappenepitaph mit Helmzier, Trophäenschmuck und Inschriftkartusche. Vier Epitaphgemälde: Ph. Hartmann † 1665, Halbfigurenbild mit Inschrift; J. Coppenius † 1671, Halbfigurenbild mit Inschrifttafel; M. Kienast † 1711, mit Dreiviertelbild des Geistlichen in ovalem Rahmen, Inschrifttafel und Aufsatz; Chr. Beezen † 1746, Ganzfigurenbild mit geschnitztem Wappenaufsatz und Inschrifttafel.

Gruftkapellen in den Seitenkapellen des Langhauses, Querhauses und im Chorumgang mit überwiegend hölzernen, architektonisch gegliederten Schauwänden (Aufzählung im Uhrzeigersinn von Nordwest nach Südwest): Unbekannt, M. 18. Jh., mit gemalter Marmorierung. – Unbekannt, M. 18. Jh., in Gestalt eines Logenprospektes mit Bandelwerkschnitzerei. – E. B. Sager, 1775, in Gestalt eines Logenprospektes mit Allianzwappen und geschnitzter Apotheose mit Kronos, zahlreichen allegorischen Figuren sowie Laub- und Bandelwerkdekor. – v. Küssow, 1742 von Michael Müller, Stralsund; Logenprospekt mit Relief des verlorenen Sohnes, Wappenkartusche, Ziervasen und Bandelwerkdekor; die westliche Seitenwand massiv. – J. v. Lilienstedt † 1732, über einem Sockel Schmiedegitter mit Bandelwerkdekor, dahinter an der Rückwand das nach 1732 von Jan

*Linke Seite:*
*Stralsund,*
*St.-Marienkirche,*
*Kronleuchter von 1649*

*Rechte Seite:*
*Stralsund,*
*St.-Marienkirche,*
*Grabkapelle v. Lilienstedt;*
*St.-Jacobikirche,*
*Grundriß*

Baptist Xavery, Antwerpen, aus Mamor und Sandstein errichtete Grabmal in Gestalt eines angedeuteten Sarkophages mit darüber befindlicher, in eine Draperie eingebundener, konisch gestalteter Inschrifttafel und der davor liegenden Gestalt des Verstorbenen. – M. v. Neugebauer † 1741, mit architektonischer Gliederung, Wappen, allegorischen Figuren und Akanthusschnitzwerk. – v. Clingen 1743, mit architektonischer Gliederung, gemalter Marmorierung, Wappen sowie den Figuren von Mars und Venus über dem Portal sowie Viktoria, Zeit, Vergänglichkeit, Wissenschaft und Kunst um die Inschriftkartusche. – Unbekannt, 3. V. 18. Jh., teilweise marmoriert, mit zopfartigen Draperien. – Unbekannt, 2. V. 18. Jh., über dem Architrav Lünettengiebel mit Krone und eine von liegenden Engeln flankierte Madonnenfigur.

APOLLONIENKAPELLE 1416 südwestlich der St.-Marienkirche in Backstein errichtete Sühnekapelle; achtseitiger Zentralbau mit Zeltdach, schmaler rechteckiger Putzblende unter der Traufe, zweibahnigen Spitzbogenfenstern und zwei Segmentbogenportalen. Im Inneren achtteiliges Rippengewölbe, die Fenster zwischen den nach innen gezogenen Strebepfeilern in spitzbogigen Wandnischen.

ST.-JACOBIKIRCHE Im Osten gerade geschlossene dreischiffige siebenjochige Backstein-Basilika mit vorgesetztem quadratischen Westturm von Mittelschiffsbreite. Der Grundriß durch eine bereits in mittelalterlicher Zeit vorgenommene Planänderung, die eine Verlegung des Westturmes unter Nutzung der westlichen bestehenden Turmpfeiler nach Westen zur Folge hatte, geprägt; dieser neue, ebenfalls quadratische Turm von fünfjochigen Seitenhallen begleitet und durch zusätzliche Seitenkapellen verbreitert; solche Seitenkapellen von unterschiedlicher Tiefe auch an den vier westlichen Jochen des Langhauses. Am östlichsten Joch der Nordseite zweigeschossige zweijochige Sakristei.

Der bestehende Bau in der 1. H. 14. Jh. als Hallenkirche errichtet und um 1400 durch Erhöhung des Mittelschiffes zur Basilika umgestaltet, dabei auch die Langhaus-

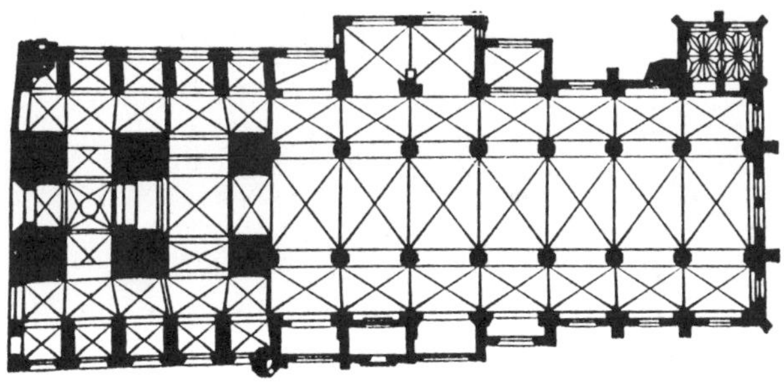

seitenkapellen angelegt und nach Abtragung des urspr. Westturmes bis zur Traufhöhe des Hochschiffdaches der neue Turm errichtet, aus gleicher Zeit auch die Turmnebenhallen und -seitenkapellen; ebenfalls noch vor E. 15. Jh. Anbau der Nordsakristei. 1662 Zerstörung des mittelalterlichen Turmhelmes, aus der Folgezeit der neue Turmabschluß und neuer östlicher Dachturm. M. 19. Jh. umfassende Restaurierung des Bauwerkes, dabei u. a. sämtliche Fenstermaßwerke in reichen Formen erneuert. 1944 durch Bombeneinwirkung schwere Bauschäden, zugleich erhebliche Teile der Ausstattung vernichtet. Bis 1951 der Bau weitgehend wiederhergestellt, mit Ausnahme des im Turmobergeschoß eingerichteten Gustav-Adolf-Saales aber gottesdienstlich nicht genutzt, das Langhaus praktisch profaniert (Lager), die Ausstat-

tungsteile deshalb überwiegend magaziniert. Seit 1994 umfassende bauliche Restaurierung der Kirche, die künftige Nutzung noch ungeklärt.
Das Äußere jetzt wesentlich durch die Umgestaltung des 15. Jh. geprägt; in den drei östlichen Jochen die Gliederungselemente des älteren Hallenbaues z. T. erhalten. Hoher Sockel aus Granit und Kalkstein (z. T. Grabplattenfragmente). An der Ostwand übereckgestellte Strebepfeiler mit bekrönenden Fialentürmchen, die spitzbogigen Fenster mit Gewände aus Rundstab und Kehle in den Ostwänden der Seitenschiffe dreibahnig und mit Vierpaßmaßwerk, das große, beim Umbau der Halle zur Basilika erhöhte Mittelfenster mit oben gegabeltem Mittelpfosten und Vierpaßmaßwerk. Über einem Vierpaßfries der Ostgiebel des Mittelschiffes mit gestaffelten, in Kleeblattbogen endenden Blenden, die beiden mittleren mit kleinen spitzbogigen, paarweise geordneten Öffnungen; die Giebel der Seitenschiffe ähnlich. Als Bekrönung des Hauptgiebels barocker Dachturm, seine achtseitige Laterne mit Segmentbogenarkaden, geschweiftem Helm und darüber mit kleiner geschlossener Laterne und Spitze.
An den Obergadenwänden und am Mauerwerk des älteren Turmbaues Trauffries aus Vierpässen.
Von den sieben fünfbahnigen Obergadenfenstern mit Kleeblattbogenschlüssen und Kämpferknick nur der Bogenbereich sichtbar, der untere Teil von den Pultdächern der Seitenschiffe verdeckt. In den Längsseiten der Seitschiffe im dritten Joch von Osten spitzbogige Portale mit angedeuteter Kämpferzone, das Gewände mit dreifachem Rücksprung, Rundstab und Kehle. Das unter den Fenstern verlaufende Kaffgesims um die Portale herum-

*Linke Seite: Stralsund, St.-Jacobikirche von Nordwesten und Nordosten*

*Rechte Seite: Stralsund, St.-Jacobikirche, Inneres nach Westen (historische Aufnahme um 1930)*

gekröpft; die Spitzbogenfenster vier- und sechsbahnig, das reiche Maßwerk nach den Kriegsschäden nicht erneuert. Von den westlichen Halbgiebeln am Turm der nördliche mit zwei Blenden, die größere durchfenstert, der südliche nach Kriegsschaden vereinfacht wiederhergestellt.

Die Nordsakristei unter quergestelltem Satteldach, an der nördlichen Giebelseite hohe, vom Obergeschoß bis in den Giebel reichende Spitzbogenblenden; die Strebepfeiler z. T. mit blendenartigen Putzbändern und kräftigen Fialenaufsätzen.

Der mehrgeschossige Westturm an der Westseite mit hoher, dreimal gestufter, reich profilierter Spitzbogenblende, darin unten nach dem Vorbild der Marienkirche das Hauptportal mit ebenfalls reich profiliertem Gewände, darüber ein die Blende bis zum Scheitel füllendes sechsbahniges Fenster mit Maßwerkschluß. Geschoßtrennende Gesimse, darunter glasierte Maßwerkfriese; in den Wänden des zweiten und dritten Geschosses je drei Spitzbogenblenden mit großer Scheitelrosette und kleineren zweiteiligen Binnenblenden; die acht Seiten des obersten Geschosses mit ebensolchen Blenden von Ecktürmen mit schlanken zweiteiligen Blenden und gebrochenem Zeltdach flankiert. Über dem Oktogon achtseitiges geschweiftes Kuppeldach mit Spitze.

Im Kircheninneren Achteckpfeiler mit Kämpfern aus Wulst und Kehle, nur das östliche Freipfeilerpaar mit Kantenrundstäben. Die Arkadenbögen dreimal abgestuft mit gefasten Kanten und breiter Laibung, der Obergaden über den Arkadenscheiteln in spitzbogige Fensternischen und breite Wandpfeiler aufgelöst. Die Kreuzrippengewölbe im Mittelschiff auf Konsolen, in den Seitenschiffen auf Dienstbündeln. In den Arkaden der beiden östlichen Mittelschiffsjoche gemauerte neogotische Chorschranken. Das Untergeschoß der Sakristei mit zwei Sterngewölben auf Eckkonsolen, das Ober-

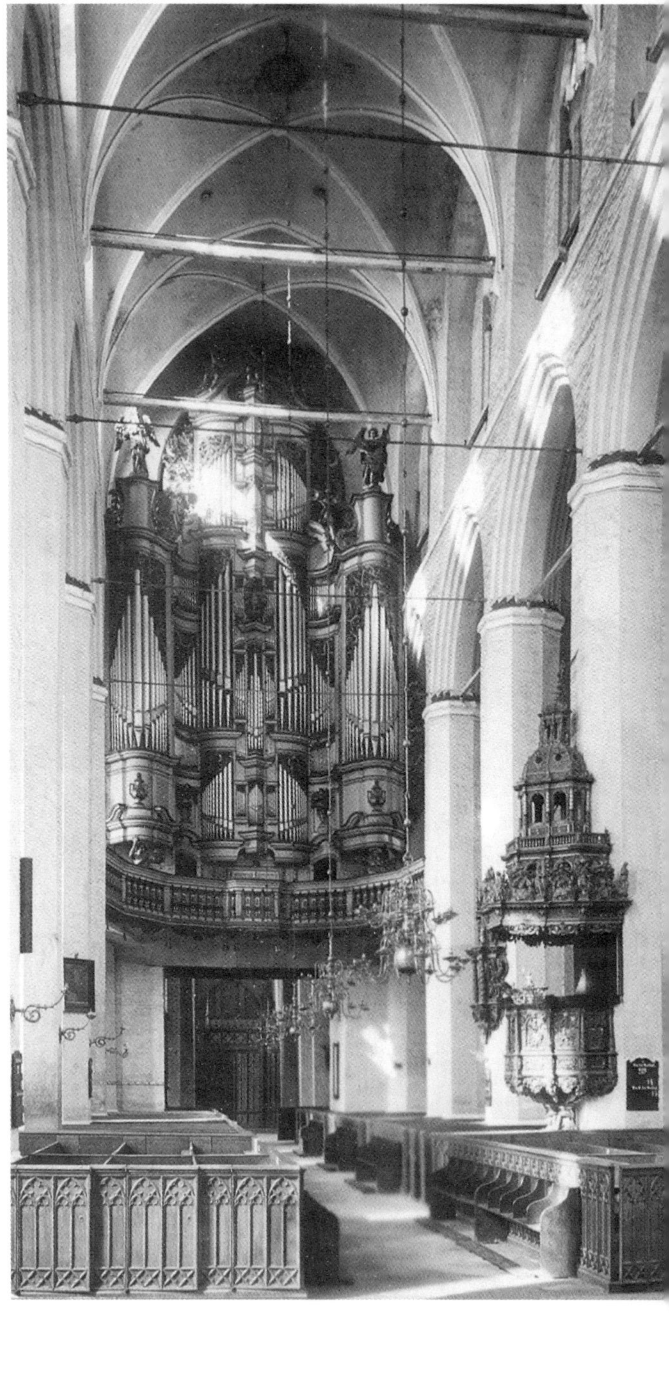

geschoß flachgedeckt. Im Turm der quadratische Mittelraum des Erdgeschosses ebenfalls sterngewölbt, die anderen Räume des Erd- und ersten Obergeschosses mit Kreuzrippengewölben. Am nordwestlichen Turmpfeiler des älteren Turmbaues Inschriftplatte, Kalkstein, 14. Jh.

Wand- und Gewölbemalerei: Von der einstigen reichen figürlichen und ornamentalen Ausmalung nach dem 2. Weltkrieg an Pfeilern, Schildbögen und Wänden partiell ornamentale, vegetabilische und figürliche Malereien zutage getreten, erwähnenswert die Reste roter Quadermalerei aus der 1. H. 14. Jh. an Obergaden und Arkadenpfeilern des nordöstlichen Innenraumbereiches sowie florale und ornamentale Motive des 15. Jh. an Mittelpfeilern und Arkaden der südlichen Schiffspfeilerreihe.

Ausstattung: Die überaus reiche Ausstattung seit Kriegsende bis auf wenige Stücke magaziniert und nicht zu besichtigen; einige wenige Stücke in die Heilgeist-Kirche umgesetzt (s. d.). In der Kirche verblieben: Altaraufbau, 1786/88 von Christoph Nathanael Freese, Stralsund, geschaffener zweigeschossiger architektonischer Aufbau mit einem von Kompositsäulen flankierten Hauptgeschoß, verkröpftem Architrav und säulenflankiertem Obergeschoß. Die von Johann Heinrich Tischbein, Kassel, stammenden Gemälde mit der Kreuzabnahme bzw.

der Himmelfahrt Christi erhalten. Kanzel mit Portal, Aufgang und Schalldeckel aus Sandstein, Marmor, Alabaster und Holz, 1627/35 von Hans Lucht, Stralsund, z. Zt. zerlegt, einzelne Teile, u. a. die Reliefs des Korbes, restauriert. Taufstein, Kalkstein, M. 14. Jh., die achtseitige Kuppa mit Resten figürlicher Bemalung, wohl 17. Jh. Orgelprospekt, 1732 nach Entwurf von Gottlieb Richter, der figürliche Dekor von Michael Müller, Stralsund, nur teilweise erhalten, das Werk von 1870 verloren. Orgelempore mit der Balusterbrüstung wohl 2. V. 18. Jh., an der Unterseite in Rankenmalerei eingebettet sieben längsovale Felder mit Personifikationen der sieben freien Künste.

In der Winterkirche (Gustav-Adolf-Saal) im Turmobergeschoß: Schrankpult 2. H. 15. Jh., in der Stirnseite zwei rechteckige Türen mit Schmiedebeschlägen, an beiden Seiten flankierende Wangen mit Flachreliefs von Jakobus d. Ä. und Laurentius in kielbogig geschlossenen, mit Kreuzblumen und Fialen bekrönten Blenden. Vier Kronleuchter, Messing: 1638; 1662; 1671 mit Diana-Figur am Schaft; 1720. Sieben Wandarme, Messing, 16./17. Jh., einer mit Delphinkopf von 1572, ein dreiarmiger von 1732. Im Vorraum Schnitzfigur des Amos, 1951 von Wilhem Groß. Von den vasa sacra erhalten: Drei Kelche: 1506, mit sechs Apostelfigürchen am Nodus; 2. H. 16. Jh./17. Jh.; 1655. Dose in Kastenform, um 1700. Taufschale, Silber, 1647, mit gravierter Darstellung der Taufe Christi im Fond. Zwei Deckelkannen, Silber, 1643. Klingelbeutel, Zinn mit Leder und Stoff, 18. Jh. Tretrad im Turm, Holz, 2. H. 17. Jh. Kalkbottich 17./18. Jh. Zwei Glocken: 1707 von Conrad Kleymann, Lübeck, und 1740 von Johann Wosaeck, Stralsund.

KATHOLISCHE PFARRKIRCHE »HL. DREIFALTIGKEIT« (Frankenwall 7). Rechteckiger basilikaler Backsteinbau in neoromanischen Formen mit nördlich vorge-

*Linke Seite: Stralsund, St.-Jacobikirche, Gustav-Adolf-Saal im Turm; Wandmalerei auf einem nördlichen Langhauspfeiler; Schrankpult; Tretrad im Turm*

*Rechte Seite:*
*Stralsund, Kath. Kirche, Hofseite; Inneres zum Altarraum*

tisch überformt. Die Westfassade mit gestaffelten spitzbogigen Maßwerkblenden im Giebel und seitlichen Fialen, davor eine kleine Eingangshalle mit Spitzbogenportal; die Fenster der Längswände und des Ostschlusses rundbogig, wohl von einer Umgestaltung im 2. V. 19. Jh. Die spätklassizistische innere Ausgestaltung mit durch Sterne und eine im Strahlenkranz angebrachte Uhr verzierter flacher Putzdecke gleichzeitig; die Wände glatt, als Fußboden Tafelparkett mit Intarsieneinlagen im Altarbereich. – Einheitliche Ausstattung aus dem 2. V. 19. Jh.: Architektonischer Altaraufbau mit von Pilastern gerahmtem Gemälde »Anna und Brigitta vor Christus«, dazu Altarschranke aus geschnitzten Kandelaberbäumen, seitlich zugehörige hölzerne Kandelaber. Kan-

legtem Querbau, errichtet 1905. 1966/67 nach Entwurf von K.-H. Wegner umgestaltet und nach Norden umorientiert. An der Frankenstraße die ehem. Eingangsfront mit Blendengliederungen und jetzt vermauertem Mittelportal, an der Hofseite am Mittelschiff die ehem. Apsis gestelzt halbrund hervortretend, ihr Oberteil mit spitzdreieckig geschlossenen Blenden und Rautenornament. Im flachgedeckten Inneren der vom Schiff durch einen Triumphbogen abgesetzte Altarraum mit plastisch strukturierter Klinkerverblendung, sog. Rotes Meer, nach Entwurf von Friedrich Press, Dresden, von ihm auch die Entwürfe für wesentliche Teile der Ausstattung. – Älter sind: Taufstein, Granit, um 1230, mit Maskenköpfen an der Kuppa. Zwei Holzplastiken: Madonna, um 1460, 1525 beschädigt, ehem. im Kloster St. Jürgen am Strande; Maria Magdalena, um 1600. Monstranz, Silber teilvergoldet, 18. Jh. – Auf dem Hof Glockenträger von 1988, die Glocke von 1477.

ST.-ANNEN-KAPELLE (Schillstraße 6, Hof). Rechteckiger, im Osten dreiseitig geschlossener verputzter Backsteinbau vom E. 15. Jh., bei einem Umbau 1863 nach Westen verlängert und gleichzeitig stark neogo-

zel mit Feldereinteilung am Korb. Orgelprospekt, das Werk verloren. Vier Gemälde: Christuskopf, Gekreuzigter, Madonna und Anna Selbdritt. Westempore mit gefelderter Brüstung. Bankgestühl mit geschnitzten Seitenwangen und Armstützen. Kronleuchter, Messing vergoldet. Leuchterpaar, Zinn. Jünger sind: Glasmalerei in den Ostfenstern mit den Figuren von Moses und Petrus, 1855 von Martin, Kgl. Institut für Glasmalerei Berlin. Glocke, Gußeisen, 1860. – In der nördlichen Außenwand Fragment der Grabplatte für E. Therne, A. 16. Jh.

Ehem. DOMINIKANERKLOSTER ST. KATHARINEN (Museen) Mönchstraße 25–27/Katharinenberg 14. M. 13. Jh. im Südwesten der Altstadt zwischen Stadtmauer, Bielkenhagen, Mönchstraße und Katharinenberg angelegt; um 1262 Baubeginn, 1287 Weihe der Kirche und mehrerer Gebäude; bis A. 16. Jh. Teile der Klausurgebäude mehrfach verändert bzw. neu errichtet, nach der Reformation profaniert und besonders die Klausurgebäude im 3. V. 19. Jh. durch die Restaurierung unter Ernst v. Haselberg stark verändert. Seit 1924 schrittweiser Ausbau zum Museum.

Die ausgedehnte Anlage aus der Kirche und den südlich von ihr gelegenen, um zwei Binnenhöfe gruppierten ehem. Klausurgebäuden bestehend. Mittelpunkt des Komplexes die

KLOSTERKIRCHE (Meeresmuseum). Dreischiffige Backstein-Hallenkirche von acht Jochen mit eingezogenem einschiffigen, zweijochigen Chor mit polygonalem Ostschluß; 1287 der Chor und die drei östlichen Langhausjoche geweiht, die westlichen fünf Joche bis M. 14. Jh. ausgeführt; im 15. Jh. der Ostgiebel und die zwei westlichen Portale an der Nordseite eingefügt bzw. ver-

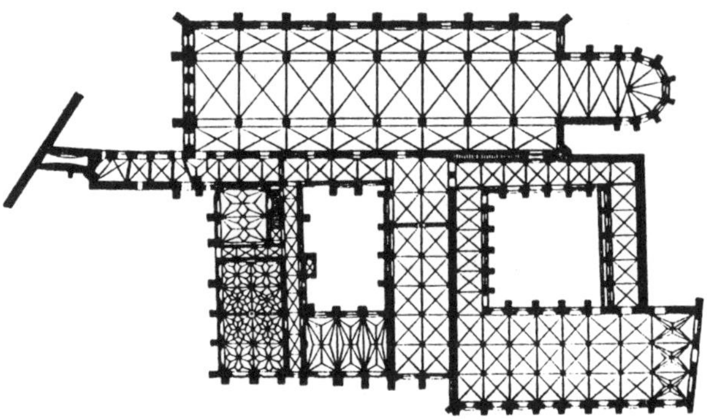

*Linke Seite:*
*Stralsund, Kath. Kirche, Madonna; Taufstein; St.-Annen-Kapelle von Westen*

*Rechte Seite:*
*Stralsund, ehem. Dominikanerkloster St. Katharinen, Grundriß; Kirche, Westseite*

ändert. 1670 Umbau zum städtischen Arsenal, seit 1686 schwedisches Zeughaus, dafür Zwischendecken eingezogen und Mauerdurchbrüche angelegt. Bei der Rekonstruktion zum Museum seit 1951 die Veränderungen des 17. bis 19. Jh. etappenweise beseitigt und im Schiff ein Raumtragewerk für zwei Ausstellungsebenen eingebaut. Der Chor der Kirche mit Feldsteinsockel, unter den Fenstern umlaufendes, um die Strebepfeiler verkröpftes glasiertes Kaffgesims; schlanke zweibahnige Fenster, z. T. mit Maßwerk; im Mauerwerk über den Fenstern opus spicatum.

Der Ostgiebel des Langhauses mit steigenden einteiligen Spitzbogenblenden und Kreisblende im Scheitel. In den Ostwänden der Seitenschiffe dreibahnige Spitzbogenfenster mit urspr. Maßwerk. An der Südostecke ein polygonal vorspringender Treppenturm mit massiver Zeltdachspitze. Der Westgiebel mit gestaffelten zweiteiligen Spitzbogenblenden, in der Wand darunter einfache Spitzbogenfenster, beim Mittelschiff zur gestaffelten Dreifenstergruppe geordnet. Die Fenster in den Langhauswänden urspr. zwei- oder dreibahnig, jetzt größtenteils vermauert. Von den drei Portalen an der Nordseite das östliche mit Blattwerk in der Kämpferzone und Gewändeprofil aus Kehle, Platte und Halbrundstäben mit dem Bau entstanden, die übrigen spätgotisch.

Im Inneren die Kreuzrippengewölbe des Chores im Polygon auf bis zum Boden geführten Rundddiensten, an den Längswänden auf in halber Höhe auf Konsolen endenden Runddiensten, die Kapitelle mit frühgotischem

*Linke Seite: Stralsund, ehem. Dominikanerkloster St. Katharinen, Kirche, Chor und Langhaus (Meeresmuseum)*

*Rechte Seite: Stralsund, ehem. Dominikanerkloster St. Katharinen, nördlicher Kreuzgang*

Laubwerk aus Kalkstuck. In der Südwand des Polygons spitzbogige Nische mit profiliertem Gewände.
Im Langhaus Achteckpfeiler, nur das zweite Stützenpaar von Osten Rundsäulen; die Stützen im frühgotischen Ostteil mit Laubwerkkapitellen, in den jüngeren Teilen mit geputzter Kämpferzone, in den Seitenschiffen die Kreuzrippengewölbe auf halbrunden Wandvorlagen mit Blattkapitell, im jüngeren Teil auf Konsolen. Die Architekturfarbigkeit beim Ausbau zum Museum 1978 nach Befund erneuert. – Im Dach Tretrad, Holz, 2. H. 17. Jh.
KLAUSURGEBÄUDE (Kulturhistorisches Museum). Südlich der Kirche im wesentlichen im 15. Jh. errichtet und nach der Reformation durch die Nutzung als Schule und Waisenhaus stark verbaut, seit 1924 schrittweise mit der Einrichtung zum Museum rekonstruiert und restauriert.
Die Gebäude mit durchgehend kreuzrippengewölbten Kreuz- und Erschließungsgängen um zwei Binnenhöfe gruppiert. Der achtjochige nördliche Kreuzgangflügel etwa mit der Länge der frühgotischen Bauteile der Kirche identisch, die nach Osten anschließende dreijochige neogotische Verlängerung mit dem abschließenden Backsteinportal und Staffelgiebel von 1868. Hier und an der Hofseite des westlichen Kreuzgangflügels hohe spitzdreieckig geschlossene Fenster. An der Südseite des Hofes der zweigeschossige Remterbau, im Erdgeschoß mit spitzbogigen, oben mit segmentbogigen Fenstern; die östliche Giebelwand zur Mönchstraße zusammen mit der Verlängerung des Remters um ein Joch nach Osten um 1500 entstanden, von einer Umgestaltung M. 17. Jh. bei der Restaurierung 1934 nur der Giebelumriß erhalten, gleichzeitig das große mittlere Spitzbogenfenster im Obergeschoß und die Reste der Blendengliederung freigelegt und die drei Fenster im Erdgeschoß frei rekonstruiert. Im Erdgeschoß innen dreischiffiger achtjochiger Saal (Sommerrefektorium) mit Kreuzrippengewölben, nur das östliche Joch der drei Schiffe mit Sterngewölben; als Stützen achtseitige Kalkstein- bzw. Granitpfeiler, ihre quadratischen Kapitelle mit Platte und Karnies und ähnlich gestalteten Basen, als zweites Stützenpaar von Osten Säulen, die Wandkonsolen z. T. mit Masken. In den Gewölbekappen 1955 die spätgotische Ausmalung mit feinteiligem Rankenwerk und monumentalen Blüten mit Drolerien freigelegt.
Der östliche Kreuzgangflügel zwischen Remter und Kirche wohl schon um M. 17. Jh. abgebrochen oder zweigeschossig überbaut, davon die zweigeschossige Gliederung der Hofseite mit Segmentbogenblenden; die Außenfront zur Mönchstraße wohl M. 19. Jh.

Vor der Südwestwand der Kirche zweigeschossiger, bis zum Necessarium an der Stadtmauer geführter Flügel, seine nach Nordwesten abgeschrägte Schildwand mit Staffelblendengiebel.
Die um den westlichen Hof gruppierten Gebäude zweigeschossig und 1868 unter E. v. Haselberg eingreifend neogotisch verändert; davon u. a. der Stufengiebel an der Südwand des Westflügels; ein Teil dieser Veränderungen bei den jüngsten Restaurierungen wieder beseitigt. Die innenräumliche Situation durch die Anlage eines vor den Westflügel hofseitig gelegten schmalen Ganges und eines weiteren, in dem nördlichen Hausteil zur Westwand geführten Stichganges recht kompliziert.
Im Ostflügel das fünfjochige zweischiffige ehem. Winterrefektorium mit Kreuzrippengewölben auf achtseiti-

gen Kalksteinpfeilern mit viereckigen Basen und Kapitellen aus Platte und Kehle. Nördlich vorgelagert ein kreuzgewölbter Vorraum mit Mittelstütze in gleichen Formen. Der dreijochige Erdgeschoßraum des Südflügels mit Sterngewölbe. Im südlichen Teil des Westflügels zweischiffiger Saal mit drei im 19. Jh. erneuerten Granitpfeilern und sternförmigem Netzgewölbe. Jenseits des Stichganges schmaler zweijochiger, ebenfalls sterngewölbter Raum, aus seinem östlichen Bereich eine Treppe zum Obergeschoß abgehend.
Zum mittelalterlichen Bestand des Klosters auch das am Katharinenberg 14 stehende ehem.
TOR gehörend, ein Backsteinbau mit spitzbogiger Durchfahrt und segmentbogiger Seitenpforte; über der Durchfahrt Spitzbogen- und Kreisblenden, als Bekrönung kleiner blendengeschmückter Staffelgiebel. – Neben dem Tor das ehem.
PFÖRTNERHAUS, ein zweigeschossiger rechteckiger Backsteinbau mit in jüngerer Zeit durchfensterten geschoßübergreifenden Segmentbogenblenden in der Westwand und Staffelblendengiebel. An der äußeren Baunaht und im Inneren die Errichtung des heutigen Baues in zwei Etappen erkennbar; zuerst der östliche

*Linke Seite: Stralsund, ehem. Dominikanerkloster St. Katharinen, Ostgiebel des Remterbaues; Sommerrefektorium, Westflügel, Gewölbe*

*Rechte Seite: Stralsund, ehem. Dominikanerkloster St. Katharinen, Winterrefektorium; Klostertor am Katharinenberg*

Hausteil entstanden, sein Westgiebel mit Blendengliederung und Maßwerkbemalung im Bodenraum als Zwischenwand erhalten. – Zum Klosterbereich gehörend auch das

HAUS (Werkstatt, Wohnungen) Mönchstraße 26. Eingeschossiger Putzbau von drei Achsen mit Mansarddach, 18. Jh.

Ehem. FRANZISKANERKLOSTER ST. JOHANNIS (Stadtarchiv, Wohnungen) Schillstraße 27/28/Klosterhof 1–34. 1254 gegründete Niederlassung des Bettelordens im Norden der Altstadt an der Stadtmauer. Großer, um zwei Höfe gruppierter Baukomplex aus dem 13. bis 15. Jh., in nachreformatorischer Zeit nach Westen um mehrere Wohngebäude erweitert und über Jahrhunderte als Armenhaus, Altenheim und zeitweise in Teilen als Taubstummenschule genutzt. 1624 durch einen Brand das Langhaus der Kirche und die Obergeschosse der Klausurgebäude zerstört bzw. beschädigt. Die Wiederherstellung bis M. 17. Jh. dauernd, der anstelle des nicht wiederaufgebauten Langhauses der Klosterkirche angelegte »Kreuzganghof« 1944 zusammen mit dem Chor der Kirche durch Luftangriff vernichtet. 1964/86 umfassende Restaurierung des Komplexes und Einrichtung als Außenstelle des Stadtarchivs.

KLOSTERKIRCHE Ehem. fünfjochige dreischiffige Backstein-Hallenkirche mit dreieinhalbjochigem polygonal geschlossenen Chor vom A. 14. Jh. Vom Chor die Umfassungswände in voller Höhe erhalten bzw. rekonstruiert, die Gewölbe verloren, ihre Ansätze im Polygon auf bis zum Boden herabgeführten Halbrundvorlagen, an den Längswänden auf stuckierten Konsolen; unter den Fenstern mehrere segmentbogig geschlossene Wandnischen. Von den beiden Portalen das nördliche innen mit kräftig profiliertem Gewände unter Verwendung glasierter Steine. Dahinter die jetzt vom Ostflügel der ehem. Klausur aus erreichbare kreuzrippengewölbte Sakristei und eine ins Obergeschoß des Ostflügels führende steinerne Treppe. Die nach 1624 als neuer Westabschluß des Chores errichtete gotisierende Wand 1944 teilzerstört und bei der jüngsten Restaurierung bis zur Traufhöhe mit großem mittleren Spitzbogenfenster rekonstruiert. Vom Langhaus die Umfassungswände in unterschiedlicher Höhe erhalten, z. T. 1651 bei der Anlage des Kreuzganghofes verändert; die Westwand nur im südlichen Teil urspr., das Segmentbogenportal und das nördlich anschließende Mauerstück aus jüngster Zeit. Von den ehem. Portalen nur ein vermauerter Eingang an der Südseite (Schillstraße) mit der barocken Schnitzfigur des Namenspatrons in der mittleren Nische über dem Bogenfeld, vom ehem. Westportal ein Stück des rechten Gewändeprofils erhalten. Von den Gewölben des 1651 angelegten »Kreuzganges« nur die Schildbögen und Ansätze vorhanden; in der Nordwand unter mehreren älteren spitzbogigen Wandblenden klassizistische Grabstelen, Kalkstein, A. 19. Jh. In der Kirchenruine seit 1988 Pietà, Bronze, vergrößerte Nachbildung von Hans-Peter Jaeger, Stralsund, nach Modell von Ernst Barlach.

*Linke Seite: Stralsund, ehem. Franziskanerkloster St. Johannis, Ruine der Kirche von Südosten*

*Rechte Seite: Stralsund, ehem. Franziskanerkloster St. Johannis, Kreuzganghof nach Nordosten und Kreuzgang im Ostflügel*

KLAUSURGEBÄUDE Sich nördlich der Kirche bis zur Stadtmauer erstreckender Komplex mit zwei Höfen, Kreuzgang und mehreren kreuzgangähnlichen Erschließungsgängen. Von dem an die Kirche unmittelbar anschließenden Geviert mit zweigeschossigen Gebäuden und Binnenhof der Südflügel 1624 zusammen mit der Kirche zerstört und bis auf Reste des Sockels verschwunden. Die erhaltenen drei Flügel in den Erdgeschossen hofseitig mit dem ehemals umlaufenden Kreuzgang, außen durch die mehrbahnigen Spitzbogenfenster ablesbar; besonders originell die Ausbildung dieser Fenster am Nordflügel, wo sie in tiefen Segmentbogennischen mit gekrümmten kuppeligen Abschlüssen sitzen; die Obergeschoßfenster der Hofseiten rechteckig oder segmentbogig. Die freiliegenden Außenwände der drei Flügel z. T. bereits in mittelalterlicher Zeit verändert. Am Ostflügel die Mittelachse durch einjochigen Anbau unter Schleppdach erweitert, das an der nördlichen Schmalseite im Erdgeschoß massive, oben in Fachwerk errichtete Haus mit Krüppelwalmdach 1829 für die Taubstummenschule errichtet, 1844 nach Westen um einen gleichhohen Anbau unter Pultdach erweitert.
Die Kreuzgänge durchgehend kreuzrippengewölbt, die Konsolen von unterschiedlicher Gestalt.
Die entsprechenden Gänge im Obergeschoß mit Balkendecken, im Nordflügel als »heller Gang« mit mehreren verschließbaren Herdkammern für die dahinter gelegenen ehem. Wohnräume des Altenheimes, in einem jetzt translozierter barocker Kachelofen, 18. Jh. Im Ostflügel im sog. Bürgermeistergang Sammlung von Portäts Stralsunder Bürgermeister, 16. bis 19. Jh.

Die Erdgeschoßräume der drei erhaltenen Kreuzgangflügel überwiegend gewölbt. Im Westflügel vierjochiger Saal mit spitz- und segmentbogigen Nischen in der Ostwand. Ungleich bedeutsamer der im südlichen Teil des Ostflügels gelegene ehem. zweischiffige dreijochige Kapitelsaal mit achtseitigen monolithischen Kalksteinsäulen als Gewölbestützen, ihre Basen mit Wulst und Ecksporn. An der Westwand Ansatzspuren einer früheren, niedriger ansetzenden Einwölbung. Die Gewölbekappen mit stilisierten Rankenbäumen und Kreuz-

*Linke Seite: Stralsund, ehem. Franziskanerkloster St. Johannis, Kapitelsaal, Nordwand mit Wandmalerei (Kreuzigung)*

*Rechte Seite: Stralsund, ehem. Franziskanerkloster St. Johannis, Gang im Westflügel; Westflügel von Nordwesten*

blumen; auf den beiden nördlichen Schildwänden Darstellungen einer Kreuzigung und der Stigmatisation des Hl. Franziskus, A. 15. Jh., darunter ebenso wie an der Westwand des Saales Fragmente einer gemalten Zinnenarchitektur.

An den Kapitelsaal nördlich ein ehem. gewölbter, jetzt flachgedeckter Raum anschließend, sein spitzbogiger Zugang vom Kreuzgang her mit reich profiliertem Gewände, von Spitzbogenfenstern mit Zwickelokolus flankiert. Der aus unterschiedlich geformten und getönten mittelalterlichen Tonfliesen bestehende Fußboden des Raumes urspr. im Löwenschen Saal des Rathauses.

Die Obergeschoßräume sämtlich flachgedeckt, ihre Raumaufteilung in jüngster Zeit stark verändert.

Der Westflügel schon im 14. Jh. durch einen an die nördliche Schmalseite angefügten, ebenfalls zweigeschossigen dreijochigen Flügel-Anbau erweitert, der sich im Grundriß vom älteren Teil durch einen von Westen her geführten kurzen, mit Rippendreistrahlen überwölbten schmalen Gang absetzt, der auch an der Ostseite dieses Anbaues als kreuzrippengewölbter Gang weitergeführt wurde. In der Westwand im Erdgeschoß spitzdreieckig geschlossene, darüber kleine rechteckige Fenster. Das Portal zum Gang segmentbogig. Die nördliche Schmalseite über der Stadtmauer aufsteigend und mit großem, bis in den von einem Dreieckaufsatz aus der M. 17. Jh. bekrönten Giebel reichenden, im 19. Jh. erneuerten Maßwerkfenster und polygonalem Erker an der nordwestlichen Gebäudeecke, das Dach nahtlos an den älteren Westflügel angeschlossen. Im Inneren im

Philosophen. In der nordöstlichen Raumecke ein gemalter Wandschrank mit Büchern.
Im durchgehenden Obergeschoß des älteren und jüngeren Teils des Westflügels unter dem sichtbaren Dachstuhl der sog. Räucherboden mit den zu Seiten eines Mittelganges angeordneten niedrigen Fachwerkeinbauten der ehem. Prövener-Wohnungen und der ihnen zugeordneten, im Gang stehenden verschließbaren Herdkammern, aus deren unter dem Dach endenden Abzügen der Rauch in den Bodenraum gelangte.
Der an den Nordwestflügel rechtwinklig anschließende, mit seiner nördlichen Längswand ebenfalls auf der Stadtmauer aufsitzende sog. Küchenflügel dreigeschossig und sehr unterschiedlich durchfenstert; der Dreieckaufsatz auf dem östlichen Giebel M. 17. Jh. Im Erdgeschoß an der Südseite ein gewölbter Erschließungsgang, im Obergeschoß der vom »Räucherboden« aus zugängliche sog. dunkle Gang, jetzt im südlichen Teil Bibliothek mit Holzbalkendecke und Kamin, an der Nordseite hinter einer Fachwerkwand ehem. kleine Wohnräume.

Erdgeschoß ein zweischiffiger, urspr. dreijochiger Saal, dessen nördliches Joch bereits um 1500 abgeteilt wurde. Die Kreuzrippengewölbe auf zwei Kalksteinsäulen mit Kelchknospenkapitellen und auf hohen Postamenten sitzenden Basen mit Rundwulst und Eckblättern, an den Wänden auf Konsolen; die Schildwände der Schmalseiten mit rechteckigen Wandverstärkungen. In der Nordostecke des größeren Raumes Kamin aus dem 17. Jh. In beiden Raumteilen umfangreiche Reste mittelalterlicher Ausmalung freigelegt; im südlichen Raum die Gewölbe mit farbigen Rippen, Begleitkrabben, stilisierten Rankenbäumen in den Zwickeln und Disteln in den Scheiteln. Im nördlichen Raum an der Ostwand wohl Darstellung des Gastmahls von Ahasver, an der Südwand Reste eines Frieses mit Medaillonköpfen von Propheten und

Von dem urspr. an den Küchenflügel anschließenden nördlichen Klausurgebäude nur die über der Stadtmauer sitzende nördliche Umfassungswand mit großen Spitzbogenfenstern erhalten.
In den Verbindungsgängen der westlichen Klausurgebäude und im Obergeschoß des Ostflügels mehrere translozierte Wandmalereien museal untergebracht: aus Semlower Straße 10 Christgeburt, Kreuzigung und Marienkrönung, M. 14. Jh.; aus dem Rathaus (Achtmannskammer) Urteil Salomonis, 16. Jh.; aus Schillstraße 22 Genrebild in Art einer Chinoiserie, E. 18. Jh. Im Vorraum des Kapitelsaales großes, auf Holzbohlen gemaltes Lünettenfeld aus dem Rathaus mit gemalten pommerschen und kursächsischen Wappen von 1560.
Der Komplex der mittelalterlichen Klostergebäude vom 17. bis 19. Jh. nach Westen unter Einbeziehung der Stadtmauer um mehrere, sich heute um zwei Höfe gruppierende Wohnbauten für alte und kranke Bürger erweitert.
Am nördlichen Hof zunächst westlich der segmentbogigen Mauerpforte zwei zweigeschossige Traufenhäuser in Backstein, das westliche mit Spitzbogenblende im Ost- und segmentbogigen Luken im Westgiebel aus dem 17. Jh., im Kern wohl mittelalterlich. Die anschließende Reihe eingeschossiger Backsteinhäuser von insgesamt 13 Achsen wohl aus gleicher Zeit.
Die vom südlichen Hof her erschlossene mittlere Gebäudereihe aus im Erdgeschoß massiven, im Obergeschoß in Fachwerk errichteten Häusern des 18. Jh. bestehend; der zweigeschossige Bau aus gelbem und rotem Back-

stein mit flachem Satteldach, Rautenfries auf Konsolen unter der Traufe, Segmentbogenfenstern und durch Lisenen betonter Mittelachse wohl um 1870. An der Westseite des südlichen Hofes drei zweigeschossige Fachwerkgiebelhäuser, wohl 17. Jh. Die eingeschossige Bebauung der Südseite 18. Jh.
Die torähnlichen rundbogigen Durchfahrten zwischen dem Westflügel der Klausur und der Hofbebauung wohl M. 17. Jh.

*Linke und rechte Seite:*
*Stralsund, ehem. Franziskanerkloster St. Johannis, Westflügel, Wand- und Gewölbemalerei im nördlichen Raum;*
*Westflügel, Räucherboden;*
*Westflügel, Bibliothek; nordwestlicher Hof*

HEILGEIST-HOSPITAL Klosterstraße 2–23. 1327 nach Aufgabe eines älteren Standortes in der Neustadt hier neu gegründet; die mittelalterliche Anlage bei den Beschießungen der Stadt 1628 und 1715 erheblich beschädigt und danach jeweils stark erneuert. Der Spitalkomplex in seiner Geschlossenheit im südlichen Ostseeküstenbereich neben Lübeck das besterhaltene Beispiel dieses Typs.

Ältester und wichtigster Teil des Komplexes ist die HEILGEISTKIRCHE. Der bestehende Bau A. 15. Jh. als dreischiffige, im Osten gerade geschlossene Backstein-Hallenkirche von vier Jochen angelegt; die schmalen rechteckigen Halbjoche an der Westseite angeblich die Reste eines geplanten Turmes und seiner Nebenräume, heute voll ins Langhaus einbezogen. Die mittelalterliche

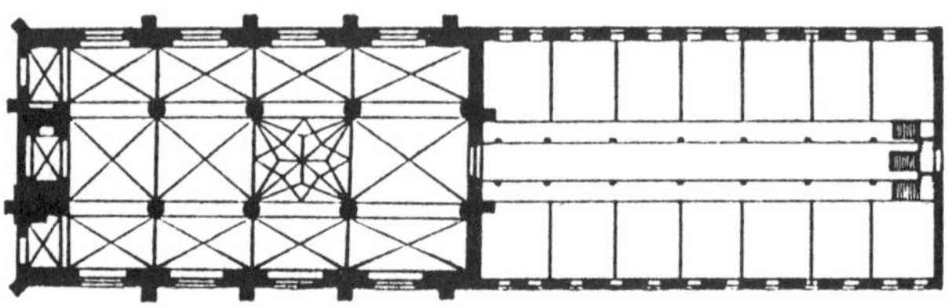

Bausubstanz durch die Erneuerungen des 17./18. Jh. und bei den Restaurierungen 1843 und um 1880 stark verändert. Neben den Umfassungsmauern die Strebepfeiler der Längsseiten, die Spitzbogenfenster und wohl auch die Giebelgliederungen mit jeweils drei gestaffelten Spitzbogenblenden urspr. oder nach älterem Vorbild erneuert. Von den Portalen das westliche stark neogotisch

*Linke Seite: Stralsund, ehem. Heilgeist-Hospital, Kirche, Inneres nach Osten; Altaraufbau; Grundriß*

*Rechte Seite: Stralsund, ehem. Heilgeist-Hospital, Spitalhof nach Westen*

überformt und im Gewände verputzt, das östliche zusammen mit der Erneuerung der Kirchenostwand 1643/54 wiederhergestellt, davon die im spitzen Bogenfeld befindliche Inschriftkartusche und ihre aus Knorpelwerk, Engelköpfchen und der Taube des Hl. Geistes bestehende Rahmung, gleichzeitig das jetzt zugesetzte kleine Rundbogenportal in der Nordwand aus Kalksandstein, ebenfalls mit Inschriftkartusche und mit der Taube geschmücktem Giebelfeld. Wohl auch aus dem 17. Jh. der achteckige Dachturm über dem Westende mit offener Laterne, Schweifhaube und Spitze.

Im Inneren die mittelalterlichen Achteckpfeiler mit barocken Kämpferbändern, die verbindenden Arkadenbögen zweimal abgestuft; Kreuzrippengewölbe, im zweiten Mittelschiffsjoch von Osten Sterngewölbe. Die Fenster in flachen spitzbogigen Wandnischen. Vor der Ostwand Empore, dahinter segmentbogige Portale aus dem 17. Jh. mit neogotischen Maßwerkfüllungen in den spitzen Bogenfeldern als Durchgänge zu den beiden Hofgalerien.

Ausstattung: Altaraufbau um 1770/75 aus der Werkstatt von Jacob Freese, Stralsund; zweigeschossige architektonische Gliederung mit Gemälden der Himmelfahrt im Hauptgeschoß, Emmausdarstellung im Sockel und Ausgießung des Hl. Geistes im abschließenden Giebelfeld. Akanthusschnitzwerk, Rocaillen und figürlicher Dekor (Evangelisten, Engelwolke). Altarschranken gleichzeitig. Kanzel auf balusterförmiger Stütze, um 1700. Orgel mit neogotischem Prospekt, 1828, das Werk von C. A. Buchholz, Berlin, nach mehreren Veränderungen und Kriegsschäden 1960 durch A. Schuke, Potsdam, klanglich neugestaltet. Altarkruzifix, M. 19. Jh. Vier Gemälde: Kreuztragung und Kreuzabnahme, Kopien E. 18. Jh. nach Johann Heinrich Tischbein; Opferung Isaaks, E. 18. Jh.; Christus auf dem See Genezareth, 19. Jh. Zwei Pastorenporträts, 2. V. 19. Jh. und E. 19. Jh. Glasmalerei im Ostfenster mit Darstellungen der Reformatoren, E. 19. Jh. Opferstock mit Beschlägen, 18. Jh. Ostempore mit Balusterbrüstung, um 1700, die Seitenteile 18. Jh. Sakristeiverschlag mit verglasten Oberteilen, 18. Jh. Gemeindegestühl, 18. Jh., die Bänke im Mittelschiff jünger. Zwei Stühle, um 1700. Drei Kelche: 1586; 1612; 2. V. 17. Jh. Vier Patenen: 15. Jh. (3) und 17. Jh. Zwei Dosen, Silber, 1637 und 1653. Deckelkanne, Silber vergoldet, 1637, der Kannenkörper birnenförmig. Deckelkanne, Silber, 18. Jh., auf dem Deckel plastische Pelikangruppe. Kollektenschale, Messing, 1726. Leuchterpaar, Messing, 1655, Fuß und Tropfteller mit getriebenem Buckeldekor, hier und am würfelförmigen, gegossenen Nodus Cherubköpfchen. Zwei Kronleuchter, Messing: 17. Jh., mit Löwenmaske am unteren

Ende, und 18. Jh., mit Kugel und Fischweibchen als oberem Abschluß. Wandarm, Schmiedeeisen, M. 17. Jh. Zwei Glocken: mittelalterlich und 1844 von Simon Zach, Stralsund. Grabplatte für Niemann † 1638. – Aus St. Jakobi stammen: Relief mit Kruzifix und knienden Stiftern, Alabaster, 1651, vom Epitaph Stappenbeck. Drei Kelche: 1506; 16. Jh.; und 1655. Zwei Patenen, 15. Jh. Dose, 1626. Zwei Deckelkannen, 1673. Klingelbeutel, 1763.

HOSPITALGEBÄUDE An die Ostwand der Kirche sind zwei parallel stehende, am östlichen Ende durch einen Querbau verbundene zweigeschossige Häuser so angefügt, daß sie einen schmalen Binnenhof umschließen. Diese originelle Lösung angeblich 1724 nach einem Entwurf von Nils Eosander ausgeführt, der Rathaushof von um 1680 dabei als Vorbild dienend. Die äußeren Längswände wohl urspr. ebenfalls in Fachwerk, später massiv erneuert. Der durch die Kirche oder von Osten her durch ein Korbbogenportal mit Inschrifttafel von

*Linke Seite:*
*Stralsund,*
*ehem. Heilgeist-Hospital*
*von Nordosten;*
*Elendenhaus von Norden*

*Rechte Seite:*
*Stralsund, Alter Markt*
*mit Rathaus und*
*St.-Nikolaikirche*

1643 erreichbare Hof von den auf toskanischen Säulen ruhenden, gedeckten Galerien vor den Längswänden geprägt. Die Einzelwohnungen im Erdgeschoß vom Hof aus zugänglich, das Obergeschoß über eine Treppe im Ostflügel erreichbar. Der gesamte Gebäudekomplex seit 1985 in umfassender Wiederherstellung, die urspr. Raumstruktur erhalten.
In der Flucht der nördlichen Längswand ein korbbogig geschlossenes Hofportal mit Giebelaufsatz, daneben die Giebelfront des die östliche Begrenzung des Spitalkomplexes bildenden eingeschossigen und 15 Achsen langen ELENDENHAUSES von 1637, das lt. Inschrifttafel an der hofseitigen Längswand der Versorgung auswärtiger Kranker diente. An der nördlichen Schmalseite dreigeschossiger Volutengiebel mit Sandsteinrelief der Ausgießung des Hl. Geistes und Segmentbogenfenstern, darunter Rechteckfenster mit schönen geschmiedeten Fensterkörben aus der Erbauungszeit. Das Hausinnere stark verändert, an den südlichen Hausteil mehrere kleinere Fachwerkgebäude aus dem 18. Jh. anschließend. Die in vier Zeilen geordneten, z. T. verputzten eingeschossigen Fachwerkgebäude im Spitalhof wohl 18. Jh., in jüngerer Zeit z. T. erneuert.

## *Profanbauten*

RATHAUS Vierflügeliger Backsteinbau mit schmalem rechteckigen Binnenhof, einer der bedeutendsten mittelalterlichen Profanbauten im Ostseeküstenbereich. Seine Baugeschichte und funktionale Entwicklung bisher nicht völlig erforscht. Älteste Bauteile wohl die beiden Längsflügel an der West- und Ostseite und die kreuzgewölbten Kellerräume, um 1270, wenig später vermutlich durch den heute nur noch fragmentarisch erhaltenen südlichen Kopfbau am damals noch vorhandenen Wendenmarkt verbunden. Das Gegenstück an der Nordseite in seinen Anfängen nicht sicher zu datieren, wohl aber

ebenfalls zur urspr. Konzeption gehörend, sicher erst der Ausbau um oder nach der M. 14. Jh. Um 1680 nach Teilzerstörungen im südlichen Bereich barocke Erneuerung einzelner Teile, u. a. der beiden Untergeschosse der nördlichen Marktfront, und im Hof Errichtung der Galerie. Aus dem 1. V. 18. Jh. der Mittelrisalit über dem Durchgang an der Außenseite des Westflügels. 1865 und 1881/85 durchgreifende Restaurierungen unter Ernst v. Haselberg, dabei die beiden Kopfbauten stark neogotisch überformt. Seit 1968 andauernde Restaurierungen, vor allem im Inneren.
Eindrucksvollster Teil des Rathauses ist der nördliche Kopfbau mit sechs Achsen zum Alten Markt und je zwei Achsen nach Osten und Westen. Das aufgehende Mauerwerk und die architektonischen Details unter reichlicher Verwendung von abwechselnd in Schichten versetzten glasierten und unglasierten Steinen errichtet. Im Erdgeschoß sechs einmal gestufte spitzbogige Arkadenöffnungen mit eingelegten Rundstäben, darüber glasierter Vierpaßfries; im Obergeschoß die sechs Fenster

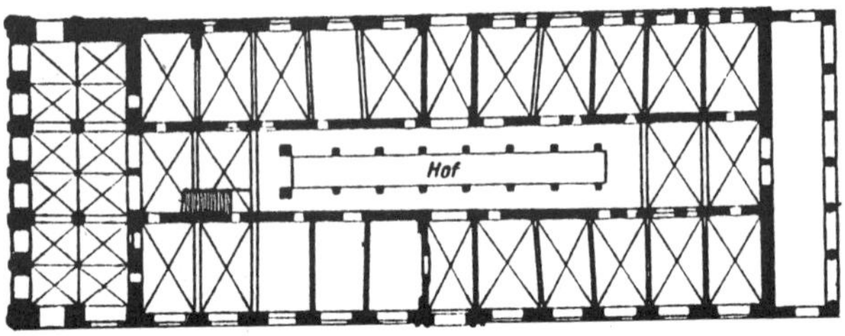


der Hauptfront in Segmentbogenblenden, ihre drei gleichhohen Bahnen kleeblattbogig geschlossen, im Bogenfeld jeweils ein farbig eingelegtes Wappen ehemals verbündeter Hansestädte; darüber weiterer Vierpaßfries. Die sechs Achsen der beiden Vollgeschosse durch von Rundstäben begleitete Pfeilervorlagen getrennt, in Höhe der Friese durch »Kapitelle« mit Vierpaß unterbrochen.

*Linke Seite: Stralsund, Rathaus, Grundriß, Erdgeschoß und Marktfront von Norden*

*Rechte Seite: Stralsund, Rathaus, Marktfront von Nordosten und Halle im Nordflügel*

Die hohe Schauwand von sieben polygonalen Pfeilern mit Kantenstäben und kleinen Spitzhelmen gegliedert. Die dazwischenliegenden Flächen, von den die äußeren breiter als die vier inneren sind, durch über drei Geschosse reichende doppelte Rundbogenblenden gegliedert, in denen jeweils drei übereinanderliegende gekuppelte kleeblattbogige Binnenblenden bzw. Luken liegen; die mittleren und oberen mit darüberliegenden Okuli. Als oberer Abschluß zwischen den freistehenden Pfeilern krabbenbesetzte Wimperggiebel mit großen, von ornamental gestalteten neogotischen Rosetten aus Blech gefüllten kreisförmigen Windlöchern und kleine Rundbogenfenster. Die zweiachsigen Seitenfronten mit glei-

cher Gliederung, nach Westen jedoch ohne Schildwand; einzelne Öffnungen zugesetzt.
Im Erdgeschoß innen zweischiffige kreuzrippengewölbte Halle auf mittlerer Stützenreihe aus Achteckpfeilern mit einfachen Kämpfern bzw. schlanken achtseitigen Kalksteinsäulen mit Blattkapitellen, diese wohl E. 13. Jh.; zwischen Wänden und Pfeilern gestufte Gurtbögen mit eingelegten Kantstäben, die an den Wänden auf Wandvorlagen bzw. Konsolen ansetzen. Die südliche Innenwand der Vorhalle, die zum ältesten Baubestand des Gebäudes zählt, in den architektonischen Details durch Umbauten mehrfach verändert, östlich des Durchgangs zum Hof Rundbogenportal mit abgefaster Laibungskante in größerer Spitzbogenblende, östlich daneben rechteckiger Blendenrest mit gefaster Kante; im westlichen Teil Zugang zum Ratskeller aus jüngerer Zeit. An der Ostseite Oberteil eines mittelalterlichen Beischlagsteines aus Kalkstein, wohl 15. Jh.
In dem zweijochigen kreuzrippengewölbten Durchgang zum Hof 1579 an der Westseite ein Treppenaufgang in Renaissanceformen eingefügt; an seiner nördlichen Schmalseite das korbbogige Portal mit sandsteinerner Rahmung aus Pfeiler und Rundbogen mit Diamantbuckeln, in der gleichen Form die gemauerte Treppenwange, ihre korbbogigen Arkaden verglast; wohl gleichzeitig auch das schmiedeeiserne Gitter des Oberlichtes,

*Linke Seite: Stralsund, Rathaus, Eingang zum Obergeschoß; Portalrisalit an der Westseite*

*Rechte Seite: Stralsund, Rathaus von Südosten*

die Tür um 1800; im Inneren des Aufgangs Tonnengewölbe mit Stichkappen. Aus gleicher Zeit wohl auch die der schmalen Front zum Hof vorgelegte Architekturgliederung mit rundbogiger Durchgangsöffnung in Rustikarahmen im Erdgeschoß, darüber Scheinbalustrade und zwei durch eine ionische Säule getrennte Rundbogenfenster mit Eierstabrahmung, kleinem Wappenrelief im Zwickel und Triglyphengesims.

Von den Obergeschoßräumen des nördlichen Flügels der sog. Löwensche Saal in jüngerer Zeit stark verändert, im Vorraum Reste der neogotischen Innenarchitektur erhalten.

Die beiden an den nördlichen Kopfbau angrenzenden schmalen elfachsigen Flügel zu Seiten des Hofes wie dieser unterkellert, die Fensterschächte der Keller im Sockel als Öffnungen in niedrigen Segmentbogenblenden sichtbar. Die mehrfach veränderten, jetzt rechteckigen Fenster des Erdgeschosses am Westflügel in der Front zur Ossenreyerstraße in breiten Spitzbogenblenden mit Kämpferknick, die des Ostflügels in schlanken, unterschiedlich breiten Spitzbogenblenden, urspr. im Wechsel Zugang bzw. Fenster enthaltend und damit die Nutzung als Kaufhaus unterstreichend ; das jeweils mittlere Joch als spitzbogig geöffneter Duchgang offen gehalten. Die Fenster der beiden Obergeschosse des Westflügels in geschoßübergreifenden dichtgestellten Spitzbogenblenden, in der Außenwand des Ostflügels nur im ersten Obergeschoß und sämtlich segmentbogig. Die Wandgliederung der Hoffronten im wesentlichen der der Außenfassaden entsprechend.

Vor der Mittelachse der westlichen Längsfront barocker Portalrisalit von um 1720: im Erdgeschoß Rundbogenportal, flankiert von gekuppelten Kompositpilastern und bekrönt von einem reich profilierten Architrav mit Stadtwappen und gesprengtem Giebel, darüber in den Obergeschossen seitlich gekuppelte Pilaster, zwischen ihnen übereinander zwei Segmentbogenfenster in fla-

cher Vorlage; als Bekrönung einfacher Volutengiebel mit Segmentbogenluke und geschweiftem Aufsatz.
Der große Keller unter dem Gebäude insgesamt sechsschiffig, da die durch drei Pfeilerarkaden getrennten Schiffe durch mittlere Säulenreihen nochmals zweischiffig unterteilt sind; die Kreuzrippengewölbe mit bandartigen, an den Kanten abgefasten Rippen, die z. T. im 19. Jh. ergänzten achtseitigen Kalksteinsäulen mit Sockelwulst bzw. aus Wulst und Platte gebildeten einfachen Kapitellen; an den Wänden einfache Kalksteinkonsolen, darunter teilweise kleine, spitzdreieckig geschlossene Nischen.
Im Erdgeschoß die Mehrzahl der Räume mit gotischen Kreuzrippengewölben des 14. Jh. Im Westflügel die beiden Räume am Nord- und Südende 1712 neu gestaltet, davon der Bandelwerk-Stuckdekor der Gewölbe mit plastischen Köpfen über den segmentbogigen Fensternischen. Im südlichen Raum, der sog. Achtmannskammer, Wandbespannung aus Leinen, die einzelnen hochrechteckigen Felder durch gemalte Goldborte mit Bandelwerkmotiven gerahmt; über dem Gesims in den beiden Lünetten an den Längswänden ältere, auf Leinwand gemalte allegorische Darstellungen mit Justitia und Victoria, 1678/80 bzw. 1708 durch zeitgenössische Stadtansichten bereichert. In diesem Raum jetzt auch die Schranke des ehem. Gerichtszimmers von um 1730 mit hohem, von Pilastern gerahmten Rundbogenportal, profiliertem Architrav sowie giebelartigem Abschluß mit bekrönendem, von Löwe und Greif gehaltenen Stadtwappen und seitlichen Ziervasen; die ehem. Schauseite mit reichem geschnitzten Dekor aus vergoldetem Akanthuswerk und Blütengehängen, die Rückseite mit gemalter Marmorierung; im Portal niedrige Doppeltür, anschließend gefelderte Brüstungen. Zur Raumausstattung jetzt gehörend: Truhe mit Intarsieneinlagen, 3. V. 18. Jh., und Kronleuchter, Messing, E. 17. Jh., am oberen Ende des Balusterschaftes Figur des Hl. Georg.
Im nördlichsten Raum des Obergeschosses des Westflügels die ehem. Ratsstube mit einfacher Stuckdecke aus dem 2.V.18. Jh. und hierher umgesetzter einflügeliger Tür von um 1600 mit zwei von Pilastern gerahmten Rundbogenfeldern unter von flankierenden Pilastern

getragenem, kräftig profilierten Architrav; sämtliche Flächen mit reichem Intarsiendekor.
Der südliche Kopfbau des Rathauses 1678 weitgehend zerstört und bis auf geringe Reste abgetragen; nach der Kriegszerstörung 1944 des im Südosten angrenzenden Hauses die Reste der gotischen Ostwand in der Gliederung der nördlich anschließenden Ostwand des Ostflügels sichtbar geworden, aber nur ein kleiner Mauerteil mit großer zugesetzter Spitzbogenarkade und dem darin befindlichen, ebenfalls vermauerten barocken Rundbogenportal mit Scheitelstein erhalten, gleichzeitig die Mauerkrone mit stufenförmiger Abtreppung instandgesetzt. Im Erdgeschoß zur Badenstraße hin offene Vorhalle mit fünf Achteckpfeilern, diese wohl nicht mittelalterlich; über ihnen hölzerne Gesimse und dahinter das von einer neogotischen Brüstung verdeckte Pultdach. Die in der Flucht der Südwände der seitlichen Längsflügel stehende Abschlußwand im ersten und zweiten Obergeschoß ehem. die nördliche Innenwand eines Saales des südlichen Kopfbaues, 1885 zur Außenwand umgestaltet und dabei angeblich die Gliederung des zweiten Obergeschosses frei hinzugefügt. Im ersten Obergeschoß spitzbogige Pfeilerarkaden mit durch Wülste an-

gedeuteten Kämpfern und einmal abgestuften gefasten Bogenlaibungen, in die über niedrigen Brüstungen Fenster mit hölzernen und steinernen neogotischen Maßwerken gesetzt sind; im mittleren Bereich in Kämpferhöhe die Ansätze von zwei Gurtbögen erhalten. Im zweiten Obergeschoß von den dreiluchtigen Fenstern nur die östlichen spitzbogig, die übrigen segmentbogig geschlossen.
Im Innenhof von schlanken Kompositsäulen auf hohen Postamenten mit Akanthusdekor getragene hölzerne Galerie von um 1680, vielleicht von Nils Eosander d. Ä., die Brüstung mit kräftigen Flaschenbalustern zwischen Säulenpostamenten mit Fruchtbündeln, darauf die das Dach stützenden Säulen mit Kompositkapitellen. Das

*Linke Seite: Stralsund, Rathaus, Hof; ehem. Provinzialbank Alter Markt 4*

*Rechte Seite: Stralsund, Wulflamhaus Alter Markt 5; Wohnhaus Alter Markt 6*

jetzt den Innenhof abschließende Glasdach eine stilwidrige Zutat aus jüngster Zeit. – In einer Nische neben dem Durchgang im Westflügel Bronzebüste des schwedischen Königs Gustav II. Adolf, Nachguß des Originals von Hans van der Putt, aufgestellt 1930.

*Alter Markt*

Zentraler Platz der ehem. Altstadt nordwestlich der Nikolaikirche mit dem Rathaus, mit dem übrigen Stadtgebiet durch sechs abgehende Straßen verbunden.
Ehem. PROVINZIALBANK (Verwaltung) Nr. 4, Ecke Knieperstraße. Viergeschossiger Klinkerverblendbau auf Natursteinsockel, in den Formen der Neuen Sachlichkeit 1930 nach Entwurf von Adolf Theßmacher, Stettin, errichtet. Mit Rücksicht auf die historische Traufhöhe des Alten Marktes das vierte Geschoß ober-

halb des umlaufenden Traufgesimses deutlich zurückgesetzt. Die unteren Geschosse blockhaft geschlossen und nur durch Fensterbänder aufgelockert, das oberste Geschoß durch enggestellte, bis kurz über die Gebäudekante geführte Wandpfeiler gegliedert. An der Platzseite vorgelegte Freitreppe und breitrechteckige, durch eine Werksteinkante betonte Portalnische, an den beiden Stützpfeilern die Sandsteinplastiken eines Fischers und einer Bäuerin.

WOHNHAUS (Gaststätte) Nr. 5 (sog. Wulflamhaus). Das bekannteste der mittelalterlichen Giebelhäuser Stralsunds, errichtet um 1360, seitdem sowohl außen als auch innen mehrfach tiefgreifend verändert, so daß die originale Bausubstanz weitgehend verlorengegangen ist. Die jetzige Gestalt von der Restaurierung 1988/91. Vom Typ her ein Dielenhaus mit Pfeilergiebel, ungewöhnlich jedoch das zusätzliche Geschoß zwischen Diele und Giebelfuß. Die Diele nach außen durch hohes Spitzbogenportal und seitliche Segmentbogenfenster angedeutet; darüber die segmentbogig geschlossenen Fenster des Zwischengeschosses. Der Pfeilerstaffelgiebel mit zweiteiligen Spitzbogenblenden, in diesen gekuppelte kleeblattbogig geschlossene Binnenblenden oder Luken mit Scheitelrosetten aus Vierpässen unter Verwendung von Glasursteinen. Am Hofgiebel einfache rekonstruierte Blendengliederung.

Im Inneren Diele, ihr Unterzug vom Hausbaum getragen. Das Zwischengeschoß mit Balkendecke, im vorde-

ren Raum bemalt. An der Wand Rankenmalerei und Kreuzigungsgruppe, 15. Jh.
An der Hofseite zweigeschossiger Kemladen in Fachwerk, stark erneuert.
Im hinteren Hofbereich ehem. Wirtschaftsgebäude, sog. Brauhaus (Theater), zweigeschossiger geschlämmter Backsteinbau, wohl 16. Jh., stark erneuert.
WOHNHAUS Nr. 6. Viergeschossiges Giebelhaus von drei Achsen, urspr. ein Dielenhaus mit zwei Speichergeschossen und ausgebautem Dach mit straßenseitigem Pfeilergiebel aus der 1. H. 14. Jh., davon im Inneren Reste des tragenden Gerüstes erhalten. M. 17. Jh. barock überformt, weitere Umbauten im 19. Jh. 1968 der untere Fassadenbereich nach Analogieschluß rekonstruiert, dabei das Portal und die Fenster in geschoßübergreifende segmentbogige Blenden eingefügt. Der Giebel durch die bis oberhalb des ersten Obergeschosses heruntergeführten Pfeilervorlagen gestalterisch mit dem zweiten und dritten Obergeschoß zusammengeschlossen; von seiner barocken Umgestaltung die seitlichen Voluten und der gesprengte geschweifte Aufsatz. Haustür 18. Jh. Der schlichte Hofgiebel über Fachwerkwand mit gereihten Segmentbogenluken. An der Hofseite eingeschossiger Kemladen in Backstein, wohl 16. Jh.; an der östlichen Längsseite mit bis zum Boden reichenden segmentbogigen Blenden, der nördliche Teil mit starken Stützpfeilern, das hier vorhandene Obergeschoß wohl 19. Jh.
Ehem. HOTEL »Artushof« (Bank, Gaststätte) Nr. 8. Dreigeschossiger barockisierender Putzbau unter Mansarddach von 1911. Die neunachsige Marktfront mit vierachsigem, an die Südseite gerückten Risalit, dieser durch einen von gekuppelten Säulen getragenen Altan und das übergiebelte Zwerchhaus besonders betont; der benachbarte Fassadenteil mit großen rundbogigen Erdgeschoßfenstern, darüber Scheinbalustrade. Die ähnliche Front an der Mühlenstraße mit Erker und Zwerchhaus.
WOHN- UND GESCHÄFTSHAUS Nr. 10. 1931 durch die Umgestaltung eines 1856 errichteten gründerzeitlichen Vorgängerbaues entstandener dreigeschossiger Backsteinbau. Im Erdgeschoß drei spitzbogig geschlossene Schaufenster; über dem ersten Obergeschoß flacher, stark stilisierter Kreuzblumen- und Zahnschnittfries, das zweite Obergeschoß leicht zurückgesetzt. Der spitzbogige Eingang in dem westlich angrenzenden, zurückgesetzten zweigeschossigen Hausteil. – Der zwischen Rathaus und Nr. 10 stehende zweigeschossige, in Backstein errichtete Zwischenbau im Kern wohl mittelalterlich, der Giebel barock. An der Marktseite im Erdgeschoß große, jetzt vermauerte Spitzbogendurchfahrt mit Viertelsäule am linken Gewände, darüber durchfensterte Segmentbogenblende und ein Volutengiebel, an der Rückfront große zugesetzte Stichbogenöffnung mit einbeschriebener kleinerer, ebenfalls zugesetzter und wohl barocker Rundbogenöffnung, darüber zwei durchfensterte Blenden und ein einfacher kleiner Dreieckgiebel mit Stichbogenfenster.
WOHNHAUS Nr. 11. Dreigeschossiges dreiachsiges Backstein-Giebelhaus, urspr. ein Bau des 15. Jh., nach 1553 stark verändert, 1891/93 erneut umgebaut. Das Erdgeschoß mit Putznutung des 19. Jh., die Haustür in Empireformen vom A. 19. Jh. Im ersten Obergeschoß stichbogige durchfensterte Blenden, über den Segmentbogenfenstern des zweiten Obergeschosses Fries aus 14, 1893 erneuerten Porträtmedaillons der Werkstatt des Statius von Düren. Der Staffelgiebel mit segmentbogigen Fenstern und Blenden.
WOHNHAUS Nr. 12. Schlichter dreigeschossiger Putzbau, M. 19.Jh. – Daneben zweigeschossiger Putzbau aus der M. 19. Jh. in neogotischen Formen als Vorbau zum nördlichen Zugang der St.-Nikolaikirche. Unten hohes Spitzbogenportal, darüber von Pfeilern mit Türmchen eingefaßter Giebel mit drei spitzbogigen Blenden.
WOHNHAUS Nr. 13, Ecke Semlower Straße. 1876 errichteter Putzbau mit drei Vollgeschossen und Drempel sowie abgeschrägter Eckachse, klassizierender Stuckdekor.
Ehem. SCHWEDISCHE KOMMANDANTUR (Gaststätte) Nr. 14. Dreigeschossiger Putzbau mit hohem, durch barocke Gauben und am First sitzende Schornsteine in seiner Wirkung unterstrichenen Walmdach von 1746. Die mittleren drei der insgesamt sieben Achsen als übergiebelter Risalit ausgebildet, das Wappen im Giebelfeld verloren.

*Stralsund, ehem. Schwedische Kommandantur Alter Markt 14*

WOHNHAUS Nr. 15. Dreigeschossiger dreiachsiger Putzbau, der Hauskern wohl 17./18. Jh.; die Fassade mit der Kolossalpilastergliederung der Obergeschosse, den Fensterverdachungen und dem Konsolkranzgesims wohl 2. V. 19. Jh., das Erdgeschoß mit den Schaufenstereinbauten und dem Portal A. 20. Jh.

WOHNHAUS (Gaststätte) Nr. 16, Ecke Fährstraße. Dreigeschossiger fünfachsiger Putzbau; der Kern wohl von 1758, A. 19. Jh. klassizistisch überformt, davon wohl das Portal mit Pilasterrahmung und von Konsolen getragener Verdachung und die Neugestaltung der nördlichen Giebelwand zur Fährstraße mit dem schlichten Dreieckgiebel; der K. F. Schinkel zugeschriebene Entwurf nicht belegt. Im 3. V. 19. Jh. das Erdgeschoß rustiziert, gleichzeitig die Tür in der südlichen Achse.

Im ersten Obergeschoß mehrere Räume mit Jugendstilstuckdecken. – Zugehörig auch das ehem. Haus Fährstraße 1, ein bis ins 16. Jh. zurückreichender, heute schlichter zweigeschossiger Putzbau über hohem durchfensterten Kellergeschoß.

*Am Fischmarkt*

Im Vorfeld des Hafens.

Ehem. MILITÄRWAGENHAUS (Lagerschuppen) Nr. 13a. 1864/65 errichtet; über dem massiven Erdgeschoß zwei Obergeschosse in Fachwerk mit Backsteinfüllungen; flaches Satteldach. An der westlichen Längsseite überdachte Aufzugsanlage. – Unweit davon auf der ehem. Kron-Lastadie-Bastion drei 1901/05 errichtete schlichte eingeschossige Backsteingebäude unter Flachdächern.

*Am Kütertor*

Kurze Verbindung von der Feldseite des Kütertors zum Knieperwall.

Ehem. ALTE WASSERKUNST (Jugendherberge) Nr. 1, Ecke Knieperwall. Zweigeschossiges Traufenhaus von vier Achsen unter Mansarddach, angeblich 1690 von dem aus Wismar stammenden Kunstmeister Jochim Zwolle erbaut. Das massive Erdgeschoß verputzt, das Obergeschoß und die Giebelseiten in Fachwerk. In der

westlichen Längsseite korbbogiges Portal. – Auf dem Grundstück das nördlich an das Kütertor anschließende sog. Mauerhaus, ein zweigeschossiger, über der Stadtmauer errichteter Backsteinbau mittelalterlichen Ursprungs, durch Umbauten mehrfach verändert. – Seitlich davon der 1894 erbaute mehrgeschossige oktogonale Backsteinturm der »jüngeren Wasserkunst«.

WOHNHAUS Nr. 2/3. Zweigeschossiges Doppelhaus von insgesamt acht Achsen unter Mansarddach; Nr. 2 im Kern 18. Jh., Nr. 3 1934 in Anlehnung an den schlichten benachbarten Barockbau Knieperwall 1 a errichtet.

WOHNHAUS Nr. 4. Dreigeschossiges schmales neogotisches Traufenhaus, 1875 unmittelbar an die Südwestecke des Kütertores angefügt. Im Erdgeschoß Segmentbogenfenster, in den Obergeschossen übergreifende Spitzbogenblenden, darüber attikaähnlicher Abschluß mit Dreieckfries und Fialentürmchen.

*Am Langenkanal*

Im Hafenbereich.

SILO Nr. II (Lager). Wohl um 1928 entstandener, 1939/42 erweiterter sechsgeschossiger, nur an der östlichen Giebelseite durchfensterter Backsteinbau von stadtbildprägender Bedeutung. Am östlichen Ende des Satteldaches ein turmstumpfartiger Aufbau in Backstein.

DREHBRÜCKE über den Langenkanal. A. 20. Jh. errichtete Zweifeldbrücke mit Drehkranz auf Mittelpfeiler.

KAIMAUER zwischen Langenbrücke und Flotthafen (nördl. Grenze). In der Linienführung der barocken Stadtbefestigung im Hafenbereich folgend, entstanden im Zusammenhang mit der Anlage der 1862/68 künstlich geschaffenen Hafeninseln. – Ein weiterer Abschnitt am Querkanal zwischen der Zugbrücke am Querkanal und der Drehbrücke Langenkanal. – Aus dieser Zeit auch das Kopfsteinpflaster mehrerer Straßen im Hafenbereich: Am Langenkanal, Am Querkanal, Holzstraße.

*Am Querkanal*

Im Hafenbereich.

WOHNHÄUSER Nr. 2 (Gaststätte) und 3. Im 4. V. 19. Jh. errichtete zweigeschossige Putzbauten von fünf bzw. vier Achsen; Nr. 2 mit zweiachsigem Zwerchhaus.

HÄUSER Nr. 4, 5, 5 a (Verwaltung). 1877 errichteter Komplex von Backsteinbauten mit drei Vollgeschossen und Drempel, die vorderen Gebäudekanten abgeschrägt; charakteristisch der Farbwechsel des Backsteinmaterials bei den architektonischen Gliederungen, die Bänderung des aufgehenden Mauerwerks und die Fachwerkkonstruktion beim Drempel sowie der Veranda von Nr. 4.

BRÜCKE. Einseitige Klappbrücke von 1932; genietete Stahlkonstruktion.

*An der Fährbrücke*

Im Hafenbereich.

WOHNHAUS Nr. 1. Zweigeschossiger Putzbau über Souterrain von 1886; neoklassizistischer Fassadendekor.

WOHNHAUS Nr. 2. Dreigeschossiger neunachsiger Putzbau mit neoklassizistischem Dekor von 1879; das Erdgeschoß mit Putznutung, rechts Hofdurchfahrt; der Eingang mit Pilasterrahmung; Konsolkranzgesims.

Ehem. ZOLLGEBÄUDE (Gewerbe). Eingeschossiger Fachwerkbau der 1920er Jahre, nach 1980 stark erneuert; an der westlichen Giebelseite vertiefte Eingangsnische.

*Linke Seite: Stralsund, ehem. Alte Wasserkunst Am Kütertor 1*

*Rechte Seite: Stralsund, ehem. Wohnhaus Badenstraße 13 (Stadtarchiv); Wohnhaus Badenstraße 12*

*Apollonienmarkt*
Kurze Verbindung zwischen Mönch- und Ossenreyer-/Judenstraße, setzt sich nach Osten in der Papenstraße, nach Westen in der Straße Am Katharinenberg fort.

WOHN- UND GESCHÄFTSHAUS Apollonienmarkt 1, Ecke Mönchstraße. Dreigeschossiger Putzbau mit Drempel, errichtet um 1885. Die städtebaulich wichtige abgeschrägte Eckachse in den Obergeschossen durch Fenster mit flankierenden Dreiviertelsäulen, Triglyphenfries bzw. Scheinbalustrade und Dreieckgiebelverdachung betont, die anschließenden Fassaden zur Mönchstraße bzw. am Apollonienmarkt schlichter.

WOHNHAUS Nr. 3 (Gaststätte). Urspr. vierachsiges Traufenhaus vom A. 18. Jh., wohl um M. 19. Jh. bei gleichzeitiger Erneuerung der Putzfassade auf sechs Achsen erweitert; außer der Haustür mit Rautengliederung im Inneren weitere barocke Ausstattungsteile erhalten.

WOHNHAUS (Gaststätte) Nr. 16. Viergeschossiger Neorenaissancebau von 1896, das Erdgeschoß mit Putzgliederung, die Obergeschosse in gelbem Klinkerverblendmauerwerk. Im Erdgeschoß rundbogiger Eingang, darüber in jedem Geschoß dreifach gekuppelte Fenster, als Abschluß Schweifgiebel. In die Straßenfront sechs Nachbildungen von Terrakottaplatten des Statius von Düren aus der M. 16. Jh. mit Medaillonbildnissen eingefügt.

*Badenstraße*

Eine der wichtigen innerstädtischen West-Ost-Verbindungen; führt von der Ossenreyerstraße südlich des Rathauses zum Hafen.

WOHNHÄUSER Nr. 1 und 2. Viergeschossige Putzbauten von 1782 bzw. aus der M. 18. Jh., im Kern wohl älter; die gründerzeitliche Fassadenüberformung 1950 beseitigt.

WOHNHAUS Nr. 5. Dreigeschossiger Putzbau mit Drempel, im Kern wohl ein Giebelhaus vom E. 19. Jh., A. 20. Jh. verändert; davon die Jugendstil-Ausgestaltung des Treppenhauses erhalten.

WOHNHAUS Nr. 7. Viergeschossiges Traufenhaus von um 1865; das Erdgeschoß mit Putznutung, im ersten Obergeschoß kannelierte Pilaster und ein über alle Fenster gezogener Sturz, der in der Mitte giebelartig ausgebildet und mit einem Merkurputto besetzt ist. In der Gesamthaltung ähnlich angelegt das benachbarte

WOHNHAUS Nr. 8 von 1868, die Fassade hier aber insgesamt schlichter; im Hausflur zwei Tondi mit allegorischen Stuckreliefs, 2. H. 19. Jh.

WOHNHAUS Nr. 9. Dreigeschossiges Giebelhaus aus der 2. H. 18. Jh. mit älterem Hauskern, die Straßenfront in der 2. H. 19. Jh. durch plastischen Dekor bereichert. Volutengiebel mit gesprengtem Aufsatz, schlichter Hofgiebel.

WOHNHAUS Nr. 10. Viergeschossiges Giebelhaus mit Putzfassade von 1800, im Kern wohl mittelalterlich. Die Mittelachse mit segmentbogiger Portalnische durch Putznutung im Erdgeschoß und flache, von Kolossallisenen begleitete Vorlage in den Obergeschossen betont; über dem verkröpften Hauptgesims attikaartiges Zwischengeschoß, darüber Schweifgiebel. Ladeneinbau und Haustür M. 19. Jh.

WOHNHAUS Nr. 12, Ecke Jacobiturmstraße. Zweigeschossiges Giebelhaus aus der M. 16. Jh., nach Brand 1966 rekonstruiert. Der spätgotische Giebel mit aufgelegtem kielbogigen Maßwerk, geschoßtrennenden Gesimsen und aus Viertelkreisen bestehenden Schrägen. Das Korbbogenportal mit der geschnitzten Rokokohaustür von einem Umbau M. 18. Jh. (Abb. S. 175).

Ehem. WOHNHAUS (Stadtarchiv) Nr. 13. Dreigeschossiges Traufenhaus aus dem 17./18. Jh., 1866 an der Straßenfront verändert. Das Erdgeschoß mit Putzbänderung, zwischen Erd- und erstem Obergeschoß vegetabilischer Stuckfries, die Mittelachse durch ein übergiebeltes zweiachsiges Zwerchhaus mit Pilasterrahmung betont. Über der Haustür von Löwe und Greif gehaltenes Stadtwappen. Im Inneren 1976 die barocke Treppenbrüstung rekonstruiert. Im Vestibül hölzerne Gedenktafel von 1729 für den Senator Henning Levi und doublierte Leinwandbespannung aus dem Haus Badenstraße 44 mit antiker Szenerie, vermutlich Orpheus und Eurydike (Abb. S. 175).

Ehem. MÖBEL- UND SPIEGELFABRIK (Wohnhaus) Nr. 15. Im Kern ein dreigeschossiges Traufenhaus von 1710, um 1880 die Fassade z. T. barockisierend erneuert mit reichem Stuckdekor im Erdgeschoß und Pilastergliederung in den Obergeschossen; gleichzeitig auch die Haustür mit Eisengußfigürchen und das von wilden Männern gehaltene Wappen aus Zinkguß über der Tür.

Ehem. REICHSBANKFILIALE (Behörden) Nr. 16. Zweigeschossiger neogotischer Backsteinbau über L-förmigem Grundriß von 1893 nach Entwurf von Max Hasak, Berlin. Die hausteinverkleidete Straßenfront in frühgotischen Formen; im Erdgeschoß das Portal und die dreiteiligen Fenster mit tiefen spitzbogigen, durch Säulen mit Blattkapitellen und Schaftringen getrennten Laibungen, im Obergeschoß zweiteilige Fenster in Spitzbogenblenden unter durchgezogenem Sturzgesims. Über der Traufe attikaähnliche Balustrade mit spitzbogigen Öffnungen, in der Mitte ein von Fialtürmchen flankiertes Zwerchhaus. An der Hofseite von Hauptbau und Seitenflügel die Treppenhäuser polygonal vortretend. Im Durchgang zum Hof Tonnengewölbe mit Stichkappen.

Ehem. MEYERFELDSCHES PALAIS (Verwaltung) Nr. 17. Bedeutendstes der aus dem 18. Jh. stammenden Stadtpalais, 1726/30 für den schwedischen Generalgouverneur nach Plänen von Cornelius Loos, Stockholm, als zweigeschossige Dreiflügelanlage mit nach Süden offenem Hof errichtet. Die zweigeschossigen Putzbauten mit gebändertem Sockel, genuteten Gebäudekanten und abgewalmten Mansarddächern. Die Straßenfront elfachsig und mittig durch einen flachen übergiebelten dreiachsigen Risalit mit Segmentbogenportal und vorgelegter zweiläufiger Freitreppe betont. Im Hof am Nord- und Westflügel übergiebelte Segmentbogenportale mit Pilasterrahmung. Im Inneren stark verändert, im Vestibül noch vier toskanische Säulen erhalten, die Keller mit Kreuzgratgewölben. – Die Hofsituation in der 2. H. 19. Jh. durch die Errichtung eines zweigeschossigen, an die Rückfront des Gebäudes Heilgeiststraße 63 angefügten Wohnhauses zwischen den in konkav geschwungenen Abschlußwänden sitzenden rundbogigen Durchfahrten verändert; an der Badenstraße seitliche, von Pilastern gerahmte, segmentbogig geschlossene Hofeinfahrt.

BÜROGEBÄUDE Nr. 18. 1959/62 als viergeschossige Stahlbetonkonstruktion (Saugschalverfahren) nach Entwurf von G. Martens und H. Schönig mit Rasterfassade errichtet, die Straßenfront durch das verglaste Treppenhaus geprägt. An der Westseite 1965/66 kubisch gestalteter Saalbau mit in große Fensterfläche aufgelöster Straßenfassade angefügt, die freistehenden Stützen des Erdgeschosses durch spätere Wände verdeckt.

Ehem. ZOLLHAUS Nr. 26, Ecke Am Fischmarkt. 1873 errichteter zweieinhalbgeschossiger Backsteinbau, die Obergeschosse mit Lisenengliederung.

Ehem. LANDSTÄNDISCHES HAUS Nr. 39. Dreigeschossiges Traufenhaus vom A. 18. Jh. mit genuteten Gebäudekanten und Rundbogenportal mit Rahmung aus flachen Sandsteinbossen, darüber das Wappen der pommerschen Landstände. Hofseitig die urspr. Durchfahrtsöffnung mit rautengegliederter Tür erhalten. Im Inneren der alte Treppenaufgang mit Balusterbrüstung und im ersten Obergeschoß zwei Räume mit einfachen Stuckdecken erhalten.

WOHNHAUS Nr. 40. Zweigeschossiges Backsteingiebelhaus aus dem 15. Jh., bei der Sanierung 1965/66 die Wohngeschosse mit den geschoßübergreifenden Segmentbogenblenden weitgehend erneuert. Der viergeschossige Staffelgiebel mit seinen schmalen, gerade oder spitzbogig endenden Blenden und dem Lünettenabschluß dagegen urspr.

WOHNHAUS Nr. 41. Dreigeschossiges Giebelhaus aus dem 17. Jh., die Straßenfassade im 2. V. 19. Jh. vor allem im Bereich der Wohngeschosse verändert. Zwischen Erd- und Obergeschoß vegetabilischer Stuckfries aus dem 19. Jh., am Giebelfuß Konsolfries, sonst einfache Stockwerkgesimse. Der dreistufige Giebel mit flachem Dreieckschluß und segmentbogigen Luken.

*Stralsund, Wohnhäuser Badenstraße 40 und 41*

WOHNHAUS Nr. 42. Stattliches Giebelhaus vom A. 17. Jh., das schönste Beispiel für die niederländisch beeinflußte Renaissancearchitektur in Stralsund. Vermutlich durch Veränderungen in der Struktur des Hauses die beiden unteren Geschosse im 18. Jh. durchgebaut und außen verputzt, aus dieser Zeit wohl auch das große korbbogige Portal mit dem Natursteingewände und die zweiflügelige Haustür. Die oberen Hausteile mit zwei ehem. Speichergeschossen und dem dreigeschossigen

*Linke Seite:*
*Stralsund, Wohnhaus Badenstraße 42;*
*Wohnhaus Badenstraße 44, Straßenfront,*
*und Kemladen, Hoffront*

Giebel urspr., die manieristische Wirkung auf der Kombination von Backstein und den aufgelegten Putzgliederungen beruhend. Die Lukenfenster von Halbsäulen und profilierten Bogenschlüssen gerahmt, zwischen den Geschossen unterschiedlich breite Putzbänder oder einfache Gesimse; in den Giebelstufen Voluten, als Abschluß geschweifter Aufsatz. Im Inneren mehrere Türen und die Brüstung der Treppe zum Obergeschoß aus dem 16. Jh. erhalten. – Der Kemladen, ein zweigeschossiger Putzbau, wohl 17. Jh.

WOHNHAUS Nr. 43/43 a. Auf zwei älteren Grundstücken 1728 errichteter viergeschossiger Putzbau, die im 19. Jh. vorgenommenen Veränderungen bei der Restaurierung 1975/76 z. T. wieder beseitigt; von der barocken Gliederung die heute unmotiviert wirkenden Kapitelle der früheren Kolossalpilaster oberhalb des Traufgesimses erhalten. Die Stockwerkgesimse, das kräftige Konsolkranzgesims und die Fenstergliederung aus dem 19. Jh., der störende Dachausbau von 1962. An der Hofseite Teile der Umfassungswände in Fachwerk.

WOHNHAUS (Galerie) Nr. 44. Eines der entwicklungsgeschichtlich und künstlerisch bedeutendsten Wohngebäude Stralsunds. Aus dem straßenseitigen Hauptgebäude sowie Quer- und Seitenflügel bestehend. Auf dem Grundstück im 14./15. Jh. zwei unterschiedlich breite gotische Backstein-Giebelhäuser errichtet, wesentliche Teile ihrer Substanz um die M. 16. Jh. bei einer umfassenden Neugestaltung beibehalten und bis heute erhalten, u. a. die im Hausflur sichtbaren Hausbäume, der westliche mit Kerbschnittverzierung. Vom östlichen

*Rechte Seite: Stralsund, Wohnhaus Badenstraße 44, Kemladen, Deckenmalerei im Erdgeschoß; Badenstraße mit den Wohnhäusern Nr. 45 ff. und der St.-Nikolaikirche*

Haus der spätgotische Backsteingiebel der Hofseite erhalten. Die Straßenfassade des Gesamthauses seit der Restaurierung 1978 in einer dem Zustand um die M. 16. Jh. nahekommenden Gestalt mit geputzten Gliederungen: in den beiden Vollgeschossen segmentbogige Tür- und Fensteröffnungen, eine Ausnahme lediglich das vollständig rekonstruierte sechsteilige Obergeschoßfenster des Westbaues mit seiner hölzernen Pfostenteilung und die Haustür. Ungewöhnlich für die Kunstlandschaft das Sitznischenportal und der auf toskanischen Säulen ruhende Fachwerkerker. Die Obergeschosse und die Giebel gestalterisch durch die manieristische Putzarchitektur zusammengefaßt, als Abschluß Volutengiebel mit Dreieckaufsätzen. – Im Inneren im Hausflur eine wohl nach hierher versetzte hölzerne Portalrahmung aus dem 17. Jh. mit seitlichen Pilastern, Maskenmedaillons im Zwickel und mit Vegetabilien sowie verstümmelten Porträtmedaillons gefülltem Architrav. Im zweiten Obergeschoß zwei Räume mit gleichzeitigen, ornamental dekorierten Stuckdecken. Im Treppenhaus hölzernes Brüstungsgeländer aus dem 18. Jh.

Der an den westlichen Hausteil angefügte Kemladen aus der M. 16. Jh., zum Hof mit aufgelegter zweigeschossiger Arkadengliederung, an einem der angedeuteten Brüstungsfelder des Obergeschosses Wappenrelief v. Gyldenhusen. Im Inneren zwei Erdgeschoßräume mit Kreuzrippengewölben, die Gewölbekappen mit gemalter Kassettierung in der Art des Serlio, in einigen Feldern Brustbilder von Philosophen.
Der dreigeschossige Querflügel im Kern wohl ebenfalls ein Bau des 16. Jh., durch Umbauten stark verändert; in der Mitte mit Ladeluken und übergiebelter Aufzugsvorrichtung.
WOHN- UND GESCHÄFTSHAUS (Apotheke) Nr. 45, Ecke Bechermacherstraße. Zweigeschossiger dreiachsiger Putzbau mit backsteinsichtigem gotischen Pfeiler-

giebel; in seiner jetzigen Gestalt das Ergebnis einer 1988/90 durchgeführten Rekonstruktion, dabei eine Annäherung an den spätgotischen Zustand des 15. Jh. angestrebt. Das mittelalterliche Haus um 1600 dem damaligen Zeitgeschmack entsprechend u. a. durch zweigeschossigen Dielenausbau, Fassadenverputz und Ergänzung des Giebels um Volutenschwünge auf den seitlichen Abtreppungen verändert, die Eingriffe des 19. Jh. bei der letzten Wiederherstellung beseitigt; in den Vollgeschossen jetzt querrechteckige bleiversproßte Fenster, über dem Eingang Steinrelief eines schreitenden Bären; in die historisierende Erneuerung auch die Seitenfront zur Bechermacherstraße einbezogen. Am Hof zwei Kemladen und ein Querflügel; im westlichen, zweigeschossigen Bau aus dem 18. Jh. neben der Tür ein Stein mit Hausmarke, Initialen und der Jahreszahl 1601, in einer Mauervorlage zwei wohl aus anderem Zusammenhang stammende kleine Putten des 18. Jh. Im Obergeschoß ein Raum mit Stuckdecke aus dem 18. Jh. – Vor dem Haus zwei Beischlagsteine, der rechte moderne Kopie in Beton.

WOHNHAUS Nr. 46, Ecke Bechermacherstraße. 1985 errichtete Kopie des 1885 erbauten klassizierenden zweigeschossigen Traufenhauses, die architektonischen Details nachgebildet, der Stuckdekor vom Vorgängerbau übertragen; die Rückfront nach dem Vorbild erneut in Fachwerk ausgebildet.

WOHNHÄUSER Nr. 47, 48 und 49 bis 51. Schlichte zwei- und dreigeschossige Putzbauten aus der M. 18. Jh., die Obergeschosse an den Rückfronten z. T. in Fachwerk. Nr. 47 und 49 mit Mansarddächern; Nr. 48 wohl M. 19. Jh., der Keller mittelalterlich. Nr. 51 mit Holzbalken aus dem 15. Jh., Nr. 47 und 51 mit Haustüren vom A. bzw. M. 19. Jh.

*Badstüberstraße*

Schmale Gasse zwischen den östlichen Abschnitten von Franken- und Badenstraße.

WOHNHÄUSER Nr. 7, 13, 15 und 16. Ein- und zweigeschossige Putzbauten aus der 2. H. bzw. vom E. 18. Jh. Nr. 13 mit Fachwerkobergeschoß, Nr. 15 mit Fugenschnittputz im Erdgeschoß und aufgesetzten Putzspiegeln im Obergeschoß, hier wie bei Nr. 16 korbbogiges Portal, bei Nr. 15 mit klassizistischer Haustür.

WOHNHAUS Nr. 22. Dreigeschossiges verputztes Giebelhaus von um 1800, im Kern vermutl. älter. Die Vollgeschosse mit Stockwerkgesimsen, das Hauptgesims vorkragend. Der Schweifgiebel mit schildartigem, dreieckig geschlossenen Aufsatz. Im Inneren Treppe mit Stabwerkgeländer.

*Bechermacherstraße*

Kurze Verbindung östlich der St.-Nikolaikirche zwischen Semlower und Badenstraße.

WOHNHAUS Nr. 1. Zweigeschossiger Backsteinbau mit weitgehend mittelalterlicher Substanz; vom gotischen Hauskern bei einer Instandsetzung 1976 Teile der Fassadengliederung mit spitzbogigen Wandblenden und Wandpfeilern freigelegt und erhalten; kleinere Partien des mehrfach gestörten Mauerwerks verputzt.

WOHNHAUS Nr. 2. Schlichtes zweigeschossiges Giebelhaus mit geputzter Fassade, 18. Jh., im Kern vermutl. älter. Im Dreieckgiebel segmentbogige Luken.

*Bielkenhagen*

Kurze Straßenverbindung südlich des Katharinenklosters zwischen Heilgeist- und Mönchstraße.

Ehem. LOGENHAUS »Sundia zur Wahrheit« Nr. 5. 1875 vermutl. von Ernst v. Haselberg in Neorenaissanceformen errichteter zweigeschossiger Backsteinbau, die in roten Ziegeln ausgeführten architektonischen Gliederungen wirkungsvoll vom gelben Fond abgesetzt. Im Erdgeschoß segmentbogiges Portal und gekuppelte Fenster in Segmentbogenblenden, im Obergeschoß durch kannelierte Kompositsäulen getrennte Rundbogenfenster in segmentbogigen Blenden, in ihren Zwikkeln Putti mit Freimaurersymbolen; der geschoßtrennende Fries mit Rosetten und der auf Konsolen ruhende rundbogige Trauffries aus Terrakotta.

WOHNHAUS Nr. 7, Ecke Heilgeiststraße. Zweigeschossiger Putzbau mit Giebelfront zur Heilgeiststr., 18. Jh., im Kern älter. Die östliche Längsseite mit drei abgestuften Mauerpfeilern, die Giebelfront mit rustizierten Ecklisenen; kräftiges Gesims; Volutengiebel.

*Stralsund, ehem. Logenhaus Bielkenhagen 5; Gerichtsgebäude Bielkenhagen 9*

Ehem. GEFÄNGNIS Nr. 8. Rechteckiger viergeschossiger Bau aus rotem Backstein mit gelber Bänderung, 3. V. 19. Jh. An den Längsseiten flache übergiebelte Risalite mit Lisenengliederung, steigenden Rundbogen- und Zahnschnittfriesen, Rund- und Stichbogenfenstern sowie Eckbetonungen, die Seitengiebel ähnlich. An den Gebäudekanten zinnenartige Aufsätze.

GERICHTSGEBÄUDE Nr. 9. Im 3. V. 19. Jh. errichtet, stilistisch dem benachbarten Gefängnisbau verwandt. Der Kopfbau am Bielkenhagen zweigeschossiger kubischer Backsteinbau mit durch Vorlagen betonten Gebäudekanten und drei segmentbogig geschlossenen Obergeschoßfenstern.

Zwischen den Geschossen Fries aus gelben Terrakottaplatten mit vegetabilischem Dekor. Vor dem Portal auf vier kannelierten Säulen ruhender Altan mit segmentbogigen Erdgeschoßarkaden, in der Vorhalle zweiläufige Freitreppe. Der sich anschließende, bis zum Knieperwall reichende Verwaltungsbau dreigeschossig, in den Details schlichter.

*Bleistraße*

Verbindung in der Neustadt zwischen Marienstraße und Neuem Markt.

Ehem. HOTEL »Rostocker Hof« (Wohnungen) Nr. 1, Ecke Marienstraße. Dreigeschossiger Putzbau mit Drempel, errichtet 1772, das zweite Obergeschoß und der Drempel von 1878. Die schlichte Fassade mit Stockwerkgesimsen und Konsoltraufgesims.

WOHNHAUS Nr. 2. Zweigeschossiger Putzbau mit Mansarddach, 1896 zunächst eingeschossig errichtet, A. 20. Jh. aufgestockt, der Fassadendekor in Jugendstilformen von 1912.

WOHNHAUS Nr. 2 a. Zweigeschossiger Putzbau aus der M. 18. Jh., im Korbbogenportal urspr. Haustür mit Rautengliederung. Der westliche Hausteil später verändert. Im Inneren Rokokotür (Erdgeschoß) und Treppe mit Brettbalustern.

Ehem. REALSCHULE (Berufsschule) Nr. 4, Ecke Marienstraße. Blockhafter dreigeschossiger Backsteinbau in neogotischen Formen von 1875/76. Die nach Osten gewandte Hauptfront zweiteilig: nördlich leicht zurückgesetzter viergeschossiger und zweiachsiger Hausteil mit Spitzbogenportal, südlich fünfachsiger Teil mit Seg-

mentbogenfenstern im Erd- und ersten Obergeschoß, darüber die maßwerkverzierten Spitzbogenfenster der Aula. Zwischen den Geschossen Wimperg-Maßwerkfriese, unter dem reicheren Trauffries große Kreisblenden.

WOHNHAUS Nr. 5. Dreigeschossiger Putzbau aus der 1. H. 19. Jh., 1895 verändert und 1944 teilzerstört. Erdgeschoß mit Putzrustika, geschoßtrennende Gesimse; die Mitte durch flachen Risalit mit Kolossalpilastergliederung in den Obergeschossen betont.

WERKSTATTGEBÄUDE Nr. 9. Zweigeschossiger Backsteinbau von 1865. Im Erdgeschoß drei vermauerte stichbogige Tore, die eingestellten gußeisernen Säulen mit Palmettenkapitellen. Die Obergeschoßfenster in Blendnischen aus gelben Steinen.

WOHNHAUS Nr. 13 a, Ecke Marienstraße. Schlichter zweigeschossiger Putzbau aus dem 2. V. 19. Jh., E. 19. Jh. verändert; die Gebäudekanten mit geputzten Kolossalpilastern.

WOHNHAUS Nr. 14, Ecke Marienstraße. Zweigeschossiger Putzbau aus der M. 18. Jh.; zwischen Erd- und Obergeschoß breites Putzband, im Hausflur zwei schlichte Barocktüren.

WOHNHAUS Nr. 15. Zweigeschossiger Putzbau aus der M. 18. Jh. mit rustizierten Ecklisenen und geschoßtrennendem Gesimsband.

*Böttcherstraße*

Verbindung von der Mönchstraße in Höhe Katharinenkloster zur St.-Jakobikirche.

WOHNHÄUSER Nr. 1–3. Zwei- und dreigeschossige Putzbauten aus der 1. H. 18. Jh.; Nr. 2 von 1737. Bei Nr. 1 das oberste Geschoß 1866 aufgestockt, klassizistische Haustür. Nr. 2 an der Hofseite mit Obergeschoß in Fachwerk, im Inneren Füllungstüren vom A. 20. Jh. Nr. 3 E. 19. Jh. aufgestockt, die Haustür mit Rautendekor.

WOHNHAUS Nr. 4. Dreigeschossiger Putzbau von um 1800 mit Putznutung und übergiebeltem utluchtartigen Anbau, 1927 aufgestockt. Korbbogige Portalnische mit geschnitzter Haustür vom A. 19. Jh.

Ehem. SPEICHER (Wohnungen) Nr. 6. Viergeschossiger Backsteinbau mit Lisenengliederung.

WOHNHAUS Nr. 10. Spätklassizistischer dreigeschossiger Putzbau aus der M. 19. Jh. mit Putznutung im Erdgeschoß, im ersten Obergeschoß Fensterstürze mit vegetabilischem Stuckdekor.

Ehem. SPEICHER (Museum) Nr. 23. Fünfgeschossiges Giebelhaus von 1753, der nördliche Teil von 1801, mehrfach verändert, zuletzt beim Durchbau für Ausstellungszwecke 1974/81. Die Straßenfront mit korbbogigem Portal, Ladeluken, Aufzugsvorrichtung und seitlichen Segmentbogenfenstern.

WOHNHAUS Nr. 26, Ecke Filterstraße. Zweigeschossiges dreiachsiges Giebelhaus aus der 2. H. 19. Jh., das Erdgeschoß verputzt, die Backsteingliederung der Obergeschosse und der Schweifgiebel wohl A. 20. Jh.

Ehem. GASTHAUS (Wohnungen) Nr. 29. Zweigeschossiger Putzbau aus der M. 18. Jh., das übergiebelte Zwerchhaus von 1907; korbbogiges Portal mit Haustür aus der M. 19. Jh., an der Fassade Gedenktafel an die Gründung der SPD 1891.

WOHNHAUS Nr. 30, Ecke Ossenreyerstraße. Im Kern zweigeschossiges Fachwerkhaus aus der M. 18. Jh., zur Böttcherstraße M. 19. Jh. durch einen zweigeschossigen vierachsigen Vorbau erweitert.

SPEICHER Nr. 34. Sechsgeschossiger Backsteinbau von 1854, die Traufseite zur Böttcherstraße mit Kranzgesims aus gelben Klinkern.

WOHNHAUS Nr. 35. Zweigeschossiger Putzbau aus der M. 18. Jh. mit genuteten Gebäudekanten und Korbbogenportal; die geschnitzte Rokokohaustür z. Zt. deponiert. Innen Treppenlauf mit geschnitzter Balusterbrüstung und Flurtür mit originalem Beschlag erhalten.

*Fährstraße*

Verbindung vom Alten Markt zum Hafen.

WOHNHAUS Nr. 1, s. Alter Markt 16

WOHNHAUS Nr. 2. Dreigeschossiges Giebelhaus von fünf Achsen, urspr. mit gotischem Kern und Veränderungen des 18./19. Jh., bei der Sanierung 1976/79 stark erneuert. Das Portal in flacher, im Erdgeschoß genuteter und bis zum Giebelansatz geführter Vorlage. Der mehrgeschossige gestelzte Giebel mit geschwungenem Aufsatz und Dreieckbekrönung. Geschnitzte Haustür A. 19. Jh. Hofseitig an der Ansatzstelle des abgebrochenen Kemladens spitzbogige Nische als Rest des Luchtfensters erhalten.

WOHNHAUS Nr. 6 a. Zweigeschossiges Giebelhaus von drei Achsen, entstanden um M. 17. Jh., die Vollgeschosse mit Putznutung und Lisenen. Der Volutengiebel mit seinen kräftig ausgebildeten Gesimsen und den durch Putzpilaster getrennten rundbogigen, z. T. durchfensterten Blenden wohl nach dem Vorbild von Badenstraße 42 entstanden.

WOHNHAUS Nr. 7. Dreigeschossiger Putzbau aus der 2. H. 18. Jh., die Fassade in der 2. H. 19. Jh. übergangen und in den Details verändert, die flache mittlere Vorlage mit dem korbbogigen Portal und die geschnitzte Haustür urspr., die beiden stehenden Gauben A. 20. Jh.

WOHNHÄUSER Nr. 8–10. Viergeschossige Putzbauten aus den Jahren 1952/54.

*Linke Seite: Stralsund, ehem. Realschule Bleistraße 4*

*Rechte Seite: Stralsund, ehem. Wohnhaus Fährstraße 11, Straßenfront und Portal*

Ehem. WOHNHAUS (Gemeindehaus) Nr. 11. Backsteinsichtiges Giebelhaus von 1602 mit Resten eines mittelalterlichen Vorgängerbaues, 1987/92 unter Beseitigung von Veränderungen des 18./19. Jh. in der Renaissancefassung rekonstruiert. Im Unterteil korbbogiges Portal mit Haustür vom A. 19. Jh. und segmentbogige Fenster, rechts das große Fenster der hohen Diele. Die beiden Speichergeschosse und der dreigeschossige Giebel mit gereihten Segmentbogenblenden (Abb. S. 183).

WOHNHÄUSER Nr. 12 und 13. Viergeschossige Giebelhäuser von jeweils vier Achsen aus dem 17. Jh., in der 2. H. 18. und im 19. Jh. die urspr. Speicher zu Wohnhäusern umgebaut. Im Erdgeschoß mit Putznutung; bei Nr. 12 das korbbogige Portal mit Rokokohaustür in flacher Vorlage, in den Obergeschossen Kolossalpilaster. Der Stufengiebel von Nr. 13 1975 nach dem Vorbild des Nachbarhauses rekonstruiert.

WOHNHAUS Nr. 14/15, Ecke Mauerstraße. Aufwendiger Putzbau in neobarocken Formen von 1874 mit drei Vollgeschossen und Mezzanin. Die jeweils vierachsigen Fassaden zur Fähr- bzw. Mauerstraße durch dreiachsigen abgerundeten Eckbau verbunden; der hier urspr. vorhandene turmartige Aufsatz nicht erhalten. Im Erdgeschoß Putzrustika, in den Obergeschossen Kolossalpilaster. An der Fährstraße ein dreiachsiger Anbau mit Loggia im ersten Obergeschoß. Im Hausflur zwei Tondi (Gips) aus der Erbauungszeit mit allegorischen Reliefs.

WOHNHAUS Nr. 17, Ecke Fährwallstraße. Zweigeschossiges Giebelhaus von drei Achsen. Vom mittelalterlichern Kern das Umfassungsmauerwerk erhalten, an der östlichen Längsseite ein Zahnschnittfries zwischen Erd- und Obergeschoß. Der einfache Giebel mit kleinen Abstufungen wohl 18. Jh. – Zweigeschossiger Kemladen in Fachwerk.

WOHNHAUS Nr. 18. Viergeschossiger Putzbau unter Pultdach aus dem 3. D. 19. Jh.; die sieben Achsen breite Fassade durch kräftige Stockwerkgesimse, Putznutung und dreieckig bzw. rundbogig verdachte Obergeschoßfenster gegliedert, die Gebäudekanten und das Portal durch Rustika betont.

WOHNHAUS Nr. 19. Dreigeschossiger Putzbau von 1774. Jeweils die zweite Achse von außen im Erdgeschoß durch flache Vorlage, darüber durch Lisenen hervorgehoben. Segmentbogenportal mit geschnitzter Haustür aus der Erbauungszeit.

WOHNHÄUSER Nr. 20/ 21. Viergeschossige Putzbauten aus den Jahren 1952/54. Vor dem Haus im Bürgersteig GEDENKSTEIN für den hier am 31. Mai 1809 im antinapoleonischen Kampf gefallenen Offizier Ferdinand von Schill.

WOHNHAUS Nr. 22. Dreigeschossiges fünfachsiges Giebelhaus, im Kern wohl mittelalterlich, danach mehrfach erneuert, so 1796 und 1848. Das Erdgeschoß mit Putznutung, in den Obergeschossen die Mittelachsen in flacher Vorlage, darüber gestelzter Dreieckgiebel. Der reiche Stuckdekor der Empirezeit 1960 beseitigt.

Ehem. WOHNHAUS (Gaststätte, Verwaltung) Nr. 23. Viergeschossiges Giebelhaus; urspr. ein Dielenhaus des 14. Jh. mit Speicherböden im zweiten und dritten Obergeschoß und ausgebautem Giebel, im 17. und 19. Jh. verändert, 1980/83 in der Fassung M. 17. Jh. rekonstruiert. Im Erdgeschoß mittleres Korbbogenportal, seitlich und im ersten Obergeschoß neue hölzerne Rechteckfenster, im zweiten und dritten Geschoß sowie im Schweifgiebel gekuppelte segmentbogige Luken. Das Innere vollständig erneuert und funktionell mit Haus Nr. 24 verbunden. Im Hausflur das früher in die Fassade eingelassene Bildnismedaillon des hier geborenen Chemikers Carl Wilhelm Scheele (1742 – 1786).

WOHNHAUS Nr. 24 (Gaststätte). Zweigeschossiges Giebelhaus von drei Achsen, wie Nr. 23 1980/83 durchgreifend restauriert, dabei der untere Bereich nach Befund in der Gestalt des mittelalterlichen Dielenhauses wiederhersgetellt, am Giebel die Veränderungen von 1637 und aus dem 19. Jh. übernommen. Im Erdgeschoß große mittlere Spitzbogenblende mit dem Portal und seitliche hohe Segmentbogenfenster, im niedrigen ersten Obergeschoß gereihte Segmentbogenluken. Der

*Linke Seite:*
*Stralsund, Fährstraße 21, Schill-Gedenkstein im Bürgersteig*

*Rechte Seite:*
*Stralsund, ehem. Wohnhäuser Fährstraße 24 und 23, Straßenfront; Diele (Gaststätte) Fährstraße 24; Medaillon im ehem. Wohnhaus Fährstraße 23 und Gedenktafel im ehem. Wohnhaus Fährstraße 24*

Stufengiebel mit Rechteckfenstern, aufgelegten Putzbändern und Dreieckabschluß; im Bauschutt gefundene glasierte Konsolköpfe deuten auf einen reich dekorierten mittelalterlichen Pfeilergiebel hin. Der Hofgiebel mit segmentbogigen Luken. Im Inneren im Erdgeschoß die Diele mit barockem Galerieeinbau rekonstruiert, an der Ostseite dabei segmentbogige Wandnischen freigelegt. Erhalten auch Reste illusionistischer Quadermalerei aus der 1. H. 16. Jh., die Balkendecke mit barocker Rankenmalerei. Im Obergeschoß ein geschnitzter Fensterpfosten aus dem 15. Jh. mit vegetabilischem Dekor. Die vor dem Eingang aufgestellten mittelalterlichen Beischlagsteine 1983 aus musealem Besitz übernommen.

WOHNHAUS Nr. 25. Schlichter dreigeschossiger Putzbau unter Walmdach vom A. 19. Jh.
WOHNHAUS Nr. 26, Ecke Schillstraße. Das städtebaulich bedeutsame Gebäude im Kern urspr. mittelalterlich, in der 1. H. 18. Jh. zum dreieinhalbgeschossigen Traufenhaus mit Volutengiebel über der zweiachsigen östlichen Schmalseite verändert. 1970/72 als Kopie wiedererrichtet.
WOHNHÄUSER Nr. 27 und 28. Dreigeschossige Putzbauten von je drei Achsen, im Kern mittelalterlich, um 1820 stark erneuert. Nr. 27 um 1860 weiter verändert, im Erdgeschoß mit Putznutung, Mansarddach.
WOHNHÄUSER Nr. 29 und 30. Viergeschossige Giebelhäuser von jeweils drei Achsen, errichtet M. 18. Jh., in der Anordnung von zwei Voll- und zwei inzwischen zu Wohnzwecken umgebauten Speichergeschossen weiteren Häusern der Straße verwandt. Bei der Sanierung 1965 das Innere vollständig modernisiert und beide Gebäude funktionell miteinander verbunden, in der historischen Gestalt nur die Straßenfassaden erhalten. Nr. 29 mit bis in die Giebel durchlaufenden rustizierten Lisenen und hohem zweigeschossigen Volutengiebel, Nr. 30 mit paarweise geordneten Rundbogenluken im zweiten und dritten Obergeschoß sowie im viergeschossigen Stufengiebel. Die geschnitzte Haustür in Empireformen ehem. am Haus Frankenstraße 64.
WOHNHÄUSER Nr. 31/32. Dreigeschossige Putzbauten von je drei Achsen, im Kern mittelalterlich, A. 19. Jh. bzw. 1794 überformt. Nr. 32 mit utluchtartigem, von Schweifgiebel bekröntem Risalit vor der westlichen Achse, barocker Haustür und über mittelalterlichem Kern errichtetem dreieinhalbgeschossigen Kemladen.

*Fährwall*
Verbindung vor der Außenseite der ehem. Stadtmauer vom Platz vor dem Kniepertor zur Einmündung der Fährstraße.
SPEICHER Nr. 2, 4, 5 und 7. Zwei-, drei- und viergeschossige, z. T. verputzte Backsteinbauten mittelalterlichen Ursprungs, später mehrfach überformt; Segmentbogenluken z. T. erhalten. Die ruinösen Gebäude Nr. 5 und 7 urspr. mit Staffelblendengiebeln, davon nur die unteren Partien erhalten, bei Nr. 5 noch die seitlichen Spitzbogenblenden vorhanden.
SPEICHER Nr. 6 und 8. Sechs- bzw. fünfgeschossige Backsteinbauten aus dem 3. V. 19. Jh., Nr. 6 im Unterteil wohl 17./18. Jh.; bei Nr. 8 die äußeren der sieben Achsen als Risalite ausgebildet.
FEUERWACHE Nr. 18. Zweigeschossiger Klinkerbau mit Walmdach, im sog. Heimatstil wohl um 1920 errichtet. Der seitlich stehende Backsteinturm wohl jünger (um 1970).

*Linke Seite: Stralsund, Wohnhaus Fährstraße 26*

*Rechte Seite: Stralsund, ehem. Lyzeum Fährwall 19*

Ehem. MÄDCHEN-LYZEUM (Hansa-Gymnasium) Nr. 19. Großer vierflügeliger Backsteinbau von 1911/13 nach Entwurf von Budewitz in einer Mischung aus neogotischen Formen und Reformstil, das Malerische des Komplexes durch die Anordnung des hohen Turmes an der Südseite, das durch Spitzbogenblenden an der Straßenfront belebte Turnhallen-/Aula-Gebäude sowie die Stiegentürme usw. unterstrichen. Die Aula mit angeböschter hölzerner Decke, in den Fenstern die urspr. farbige Glasmalerei erhalten.

*Filterstraße*

Verbindung von der Franken- zur Badenstraße.

WOHNHAUS Filterstraße Nr. 2, Ecke Papenstraße. Zweigeschossiger Putzbau mit mittelalterlichem Kern, vom 17. bis 19. Jh. stark überformt.

WOHNHAUS Nr. 2 a. Zweigeschossiger zweiachsiger Backsteinbau , angeblich von 1412; spätere Veränderungen des 18./19. Jh. bei der jüngsten Restaurierung 1986/90 durch Teilrekonstruktion gotischer Partien beseitigt. An der nördlichen Schmalseite die Giebelgliederung mit drei zweiteiligen gestaffelten Spitzbogenblenden wiederhergestellt, der Südgiebel glatt, darunter geschoßübergreifende Segmentbogenblenden. Die Straßenfront in ihrer Gliederung nachmittelalterlich, das Gesims und die Profile über den Obergeschoßfenstern rekonstruiert.

SPEICHER Nr. 10. Dreieinhalbgeschossiger Backsteinbau aus dem 3. V. 19. Jh.; die architektonischen Gliederungen z. T. in gelben Klinkern. KorbbogigeToreinfahrt von 1906, die Fenster im Erdgeschoß rund-, in den Obergeschossen stichbogig.

*Frankenstraße*

Straßenzug vom Neuen Markt zum Hafen.

WOHNHAUS Nr. 3. Zweigeschossiges, urspr. mittelalterliches Backstein-Traufenhaus, 1986/89 stark erneuert. Im Erdgeschoß drei große durchfensterte rundbogige Blendarkaden, in der mittleren das Portal. Über einem Putzband das Obergeschoß mit acht gereihten, z.

T. durchfensterten Segmentbogenluken. Die westliche Giebelwand und die Hofseite ebenfalls mit segmentbogigen Blendarkaden, im fragmentarisch erhaltenen Westgiebel Staffelblenden.

WOHNHAUS Nr. 6, Ecke Lobshagen. Schlichter dreigeschossiger Putzbau von drei Achsen unter Walmdach, 2. H. 18. Jh.; das Erdgeschoß mit Putzbänderung; schöne zweiflügelige geschnitzte Haustür vom A. 19. Jh.

WOHNHAUS Nr. 9 (Schiffercompagnie). Zweigeschossiges, im Kern mittelalterliches Giebelhaus, die heutige Gestalt von 1828. Der dreigeschossige Giebel mit Segmentbogenluken und geschweifter Bekrönung. Das Portal mit von Konsolen getragenem Sturz und schöner geschnitzter zweiflügeliger Haustür. Im ersten Obergeschoß der Sitzungssaal der 1488 gegründeten Schiffercompagnie mit musealer Ausstattung.

WOHNHAUS Nr. 10. Viergeschossiger Putzbau aus dem 3. V. 19. Jh.

WOHNHAUS Nr. 11. Zweigeschossiger Putzbau von 1754, das Erdgeschoß mit Putzbänderung, in der korbbogigen Portalnische die barocke Tür mit Rautengliederung, ältere Türen auch im Inneren.

WOHNHAUS Nr. 12. Zweigeschossiges dreiachsiges Giebelhaus, in der 2. H. 15. Jh. als Backsteinbau mit Pfeilergiebel errichtet, im 17./18. Jh. umgestaltet und dabei mit Ausnahme der sechs profilierten Pfeilervorlagen des Straßengiebels verputzt; an der Hofseite Blendgiebel, die überdachte Aufzugsvorrichtung wohl 19. Jh. Durch den Abbruch des Nachbarhauses Nr. 13 in der östlichen Brandmauer geschoßweise angeordnete Rund- und Segmentbogenblenden und kleine Spitzbogennische in der Südostecke sichtbar geworden. – Im Hof des Grundstücks 1894 im Rundbogenstil errichtetes Backsteingebäude mit Betsaal.

WOHNHAUS Nr. 17. Dreieinhalbgeschossiger Putzbau aus der M. 19. Jh., im Kern wohl älter. Die Fassade im Erdgeschoß mit Putznutung, im ersten Obergeschoß die Fenster mit kannelierten Pilastern und kräftig profilierten Verdachungen.

WOHNHAUS Nr. 18. Zweigeschossiger Putzbau, im

*Linke Seite: Stralsund, Haus der Schiffercompagnie Frankenstraße 9, Obergeschoßraum; Wohnhaus Frankenstraße 12*

*Rechte Seite:
Stralsund, Wohnhaus
Frankenstraße 28,
Aufzugsrad;
Straßenfront;
Keller mit
Hausbaumfundament;
Diele*

Kern wohl aus dem 18. Jh., zu A. 19. Jh. und 1856 umgestaltet.

WOHNHAUS Nr. 19. Dreigeschossiger Putzbau mit Korbbogenportal, 18. Jh.

WOHNHÄUSER Nr. 20 und 21, Ecke Fischergang. Putzbauten mit drei Vollgeschossen und Drempel von 1878. Die Eckachsen abgeschrägt, das Erdgeschoß mit Putznutung, Stockwerkgesimse.

WOHNHAUS Nr. 28. Eingeschossiges Backsteingiebelhaus von vier Achsen, 14. Jh.; nach mehreren späteren Umbauten 1974/76 in großen Teilen auf die mittelalterliche Gestalt zurückgeführt, im Inneren der barocke Dielenausbau beibehalten. Eines der eindrucksvollsten Beispiele des mittelalterlichen Wohnhausbaues in Stralsund. Die Straßenfront im Erdgeschoß mit zwei spitzbogigen Nischen, in der östlichen das Portal, daneben ein vierteiliges Spitzbogenfenster; auf der westlichen Seite als Pendant eine durchfensterte Segmentbogenblende. Im Staffelgiebel zweiteilige Spitzbogenblenden, der Hofgiebel mit fünf Reihen von Segmentbogenluken und kleinem Lünettenaufsatz. Im unteren Wandbereich das ehem. Luchtfenster erhalten, daneben der Ansatz des abgebrochenen Kemladens. Im Inneren das urspr. konstruktive Gerüst mit dem Hausbaum erhalten, die 1687 eingefügte Längs- und Quergalerie bei der letzten Wiederherstellung freigelegt und restauriert. Im Dachraum altes Aufzugsrad (Abb. S. 189).

WOHNHAUS Nr. 29. Zweieinhalbgeschossiges Giebelhaus von vier Achsen, urspr. wohl ein Backsteinbau des 14./15. Jh., spätestens 1734 bei der Umgestaltung der Fassade verputzt , in der 2. H. 19. Jh. abermals verändert. Straßenseitig Schweifgiebel mit gesprengtem Aufsatz, der Hofgiebel mit Segmentbogenluken und Lünettenabschluß. Der zweigeschossige Kemladen ein verputzter Backsteinbau, im Ursprung wohl mittelalterlich. Haustür M. 19. Jh.

WOHNHAUS Nr. 30. Viergeschossiges Giebelhaus von drei Achsen, im Kern ein mittelalterlicher Backsteinbau, um 1700 und in der 2. H. 19. Jh. eingreifend verändert. Vom barocken Umbau der Schweifgiebel mit seinem gesprengten Aufsatz und das Korbbogenportal mit der rautengegliederten Tür erhalten; im Inneren wesentliche Teile des mittelalterlichen Hausgerüstes (Hausbaum, Holzbalkendecken) sowie die barocke Längsgalerie erhalten.

WOHNHAUS Nr. 31. Zweieinhalbgeschossiges dreiachsiges Giebelhaus, im Kern wohl mittelalterlich; der Schweifgiebel aus der 1. H. 18. Jh., aus dem frühen 19. Jh. weitere Veränderungen (Erdgeschoß).

WOHNHÄUSER Nr. 32 – 34. Dreigeschossige Giebel-

*Linke Seite: Stralsund, Wohnhäuser Frankenstraße 30, 31 ff.*

*Rechte Seite: Stralsund, Wohnhaus Frankenstraße 36; Wohnhäuser Frankenstraße 39, 40 ff.*

häuser von drei bis fünf Achsen mit zumeist älterem Hauskern, in der 2. H. 18. Jh. barock verändert. Ihre Fassaden mit betonter Mittelachse, architektonisch gerahmten Fenstern und tiefen Portalnischen sowie Schweifgiebeln. Ornamentaler Stuckdekor, bei Nr. 33 unter den seitlichen Fenstern des zweiten Obergeschosses ovale Putzspiegel mit stuckierten Füllhörnern und Ankern.

WOHNHAUS Nr. 36, Ecke Priegnitz. Von einem dreigeschossigen mittelalterlichen Backsteinbau des 14. Jh. nur die zur Priegnitz gewandte Giebelseite sichtbar, im Erdgeschoß mit zugesetztem Spitzbogenportal, im Obergeschoß mit schlitzartigen Rechteckfenstern. Der fragmentarisch erhaltene Giebel mit gestaffelten Spitzbogenblenden. Die dreiachsige Längswand zur Frankenstraße im 18./19. Jh. erneuert.

WOHNHAUS Nr. 37. Dreigeschossiger Putzbau M. 19. Jh., im Kern wohl älter.

KATHOLISCHE PFARRKIRCHE »HL. DREIFALTIGKEIT« Nr. 38. s. Sakralbauten

WOHNHAUS Nr. 39 (kath. Pfarramt). Dreigeschossiger Putzbau mit Drempel, errichtet 1748. Die Fassade im Erdgeschoß gebändert, das Portal in einer von Pilastern gerahmten korbbogigen Nische.

WOHNHAUS Nr. 40. Zweigeschossiges vierachsiges Giebelhaus, im Kern wohl 16./17. Jh., von einer Umgestaltung in der 1. H. 18. Jh. der Dreieckgiebel mit seiner geschweiften Bekrönung; die Fassadengliederung der Vollgeschosse in der 2. H. 19. Jh. verändert.

WOHNHAUS Nr. 41. Zweieinhalbgeschossiger Putzbau von 1781 mit Mansarddach; Fassadengliederung durch genutete Gebäudekanten, Fenster mit profilierten Faschen und korbbogige Portalnische; die urspr. Haustür, mehrere barocke Innentüren und die Treppe erhalten.

WOHNHAUS Nr. 42. Zweigeschossiges dreiachsiges Giebelhaus, von einem älteren Kernbau des 16. Jh. noch der Hofgiebel in Backstein erhalten, die Straßenfront 1736 mit genuteten Gebäudekanten, flachem Mittelrisalit mit segmentbogiger Portalnische sowie Schweifgiebel erneuert. Aus dieser Zeit wohl auch die Treppe und

*Stralsund, Wohnhäuser Frankenstraße 42, 41 ff.*

der dreigeschossige Kemladen. Haustür in Empireformen. 1910 der Giebel im unteren Bereich für Wohnzwecke durchgebaut.

WOHNHAUS Nr. 43. Zweigeschossiger Putzbau aus der 1. H. 19. Jh., der Hauskern wohl mittelalterlich. Östlich anschließend ein zweigeschossiger Putzbau, wohl M. 19. Jh.

WOHNHAUS Nr. 44. Dreigeschossiger Putzbau von 1748; im Erdgeschoß mit Putznutung, die geschnitzte Haustür vom A. 19. Jh. Das oberste Geschoß 1867 aufgesetzt, der westliche Anbau von 1869.

WOHNHAUS Nr. 45. Dreigeschossiger Putzbau von 1732, in der 2. H. 19. Jh. aufgestockt, gleichzeitig die Fassade neu gegliedert.

WOHNHAUS Nr. 46. Dreigeschossiger Putzbau vom E. 18. Jh., 1897 um das Drempelgeschoß erhöht. Erdgeschoß mit Putznutung und korbbogiger Portalnische, die geschnitzte Haustür vom A. 19. Jh.

WOHNHAUS Nr. 47. Dreigeschossiger Putzbau M. 19. Jh.

WOHNHAUS Nr. 48, Ecke Badstüberstraße. Dreigeschossiger Putzbau von 1913 mit abgeschrägter Eckachse, Putzbänderung im Erdgeschoß und geschoßtrennenden Gesimsbändern; die Portalachse durch dreieckiges Zwerchhaus betont; urspr. Haustür.

WOHNHAUS Nr. 49, Ecke Badstüberstraße. Dreigeschossiger dreiachsiger Putzbau von 1785, das dritte Geschoß und der Drempel von 1874/75. Geschoßtrennende Gesimse, die Gebäudekanten genutet; korbbogige Portalnische mit geschnitzter zweiflügeliger Rokokohaustür.

WOHNHAUS Nr. 50. Dreigeschossiger Putzbau aus der M. 18. Jh., davon die Haustür erhalten. Im 2. V. 19. Jh. die Fassade erneuert. Im Erdgeschoß Putzbänderung; Stockwerkgesimse, über dem Erdgeschoß stuckierter Rankenfries.

WOHNHAUS Nr. 51. Zweigeschossiges dreiachsiges Giebelhaus aus der 2. H. 18. Jh., im Kern wohl älter, die Fassade 1969 vereinfacht erneuert. Im Erdgeschoß seitlich liegende rundbogige Portalnische mit geschnitzter zweiflügeliger Rokokohaustür. Über dem kräftigen Traufgesims Schweifgiebel mit Dreieckaufsatz, darin Stuckrelief mit Taube des hl. Geistes. Im Treppenhaus Brüstungsgitter aus der Erbauungzeit.

WOHNHAUS Nr. 52. Dreigeschossiger Putzbau aus der 2. H. 18. Jh., um 1903 und in jüngster Zeit verändert; das Erdgeschoß mit Putznutung und korbbogigem Portal.

Ehem. POMMERSCHE EISENGIESSEREI UND MASCHINENFABRIK (Lager, Wohnungen) Nr. 57/Langenstraße 26/27. In mehreren Etappen gewachsener Betriebskomplex, die Mehrzahl der Backstein-Gebäude wohl aus dem 3. V. 19. Jh., die in schlichten Neorenaissanceformen gehaltene Industriearchitektur zu den frühesten Beispielen dieser Architekturgattung im Stadtgebiet gehörend.

An der Frankenstraße dreigeschossiger neunachsiger Bau von 1872, seine Wirkung auf der Kombination von roten und gelben Verblendziegeln beruhend; im Erd- und zweiten Obergeschoß Segmentbogenfenster, im ersten Obergeschoß Rundbogenfenster mit gesimsartigen Stürzen; Konsoltraufgesims, an der westlichen Giebelseite am Fuß des flachen Giebels weitergeführt. Östlich davon ein kürzerer zweieinhalbgeschossiger Bau von 1889 mit flachen übergiebelten Seitenrisaliten, in den gestalterischen Details dem älteren Bau nachempfunden. Im Inneren die ehem. Produktionsräume mit schlanken gußeisernen Säulen. – An der Langenstraße eingeschossiges Fabrikgebäude vom E. 19. Jh. mit hohen Rundbogenfenstern in bis zum Sockel reichenden ebensolchen Blenden; westlich davon älterer dreigeschossiger Speicherbau mit rund- und segmentbogig geschlossenen Fenstern und Blenden, seine westliche Giebelseite mit Pilaster- und Zahnschnittrahmung und flachem Dreieckgiebel.

WOHNHAUS Nr. 60. Dreigeschossiger Putzbau aus der 2. H. 19. Jh., im Kern wohl älter; schöne zweiflügelige geschnitzte Haustür von um 1830.

Ehem. POMMERSCHE EISENGIESSEREI Nr. 61/Langenstraße 21(Gewerbe). Um 1880 errichteter zweigeschossiger Bau aus gelbem Backstein mit roter Architekturgliederung, die Fenster im Erdgeschoß stich-, im Obergeschoß rundbogig, darüber Konsolkranzgesims. – In der Langenstraße ehem. Gießereihalle.

WOHNHAUS Nr. 62. Dreigeschossiger Putzbau mit neoklassizistischer Gliederung, errichtet im 3. V. 19. Jh. Erdgeschoß mit Putznutung, die Haustür und die Obergeschoßfenster dreieckgiebelig verdacht. Konsoltraufgesims.

WOHNHAUS Nr. 63 a, Ecke Jacobiturmstraße. Viergeschossiger Putzbau mit abgeschrägter Eckachse; für die Bauzeit um 1910 die Kombination von hellen Klinkern und geputzter Architekturgliederung typisch.

WOHNHAUS Nr. 71, Ecke Unnütze Straße. Zweigeschossiger Putzbau M. 18. Jh.; die Fassade mit Putznutung, geschoßtrennendes Zahnschnittgesims; zweiflügelige Haustür von um 1810 mit klassizistischen Motiven.

WOHNHAUS Nr. 75. Doppelhaus; der östliche Hausteil ein um 1860 errichteter Putzbau von fünf Achsen mit Putznutung, geschoßtrennendem Gesims mit Stuckfries und Konsolkranzgesims; die drei Gauben von 1903. Im Hausflur von kannelierten Halbsäulen getragene Stuckdecke, in den Wandfeldern sechs stuckierte Tondi mit allegorischen Motiven. Der westliche Hausteil von 1866, urspr. nur das Erdgeschoß mit Putzbänderung, das Obergeschoß mit Pilastergliederung 1895 aufgesetzt.

*Frankenwall*

Teil der die Innenstadt umschließenden, auf dem ehem. Wall verlaufenden Ringstraße, verbindet den früheren Stadtausgang im Südosten am ehem. Frankentor mit dem Platz vor dem südwestlich gelegenen ehem. Tribseer Tor.

WOHNHAUS Nr. 1, Ecke Wasserstraße. Putzbau mit zwei Vollgeschossen und Mezzanin, errichtet um 1870/80. Abgeschrägte Eckachse, das Erdgeschoß mit Putzbänderung.

SPEICHER Nr. 3. Viergeschossiger Backsteinbau, die beiden unteren Geschosse von 1751, das zweite und dritte Obergeschoß aus dem späten 19. Jh.; aus gleicher Zeit wohl der angrenzende sechsgeschossige Speicherbau.

SPEICHER Nr. 6. Zweigeschossiger Backsteinbau, im 17./18. Jh. wohl unter Einbeziehung von Teilen der mittelalterlichen Stadtmauer entstanden.

KATH. PFARRKIRCHE »HL. DREIFALTIGKEIT« Nr. 7. s. Sakralbauten

SPEICHER Nr. 12. Zweigeschossiger Backsteinbau, das Erdgeschoß z. T. in Feldstein, die Seitengiebel Fachwerk. Über der Mitte großes zweiachsiges Zwerchhaus in Fachwerk. Der Bau wohl im 18. Jh. unter Einbeziehung mittelalterlichen Mauerwerks erneuert.

WOHNHAUS Nr. 23. Zweigeschossiger Putzbau von fünf Achsen, errichtet nach 1815; das Erdgeschoß in Backstein, das Obergeschoß Fachwerk; an der westlichen Schmalseite einmal gestufter Schweifgiebel mit Lünettenaufsatz; hölzerne Veranda E. 19. Jh.

WOHNHAUS Nr. 24 b. Dreigeschossiger Backsteinbau unter flachem Satteldach, unter Verwendung von Mauerwerk eines mittelalterlichen Wiekhauses im 3. D. 19.

*Stralsund, ehem. Höhere Knabenschule Frankenwall 25*

Jh. errichtet; der zweigeschossige Anbau an der Ostseite wohl gleichzeitig.

WOHNHAUS Nr. 24 d. Zweigeschossiger Fachwerkbau unter Walmdach, 18. Jh.

WOHNHAUS ohne Nr. (nahe dem Krankenhaus). Eingeschossiger neogotischer Backsteinbau vom E. 19. Jh., an der westlichen Längsseite Mittelrisalit mit einfachem Blendengiebel, ähnlich die Dreieckgiebel der Schmalseiten. An der Südseite ein Fachwerkanbau unter Walmdach aus gleicher Zeit.

WOHNHAUS ohne Nr. (nahe dem Krankenhaus). Zweigeschossiger Putzbau in L-Form, 1843 als Pockenstation des Krankenhauses errichtet, dabei das Mauerwerk eines mittelalterlichen Wickhauses mit Fachwerkobergeschoß und Walmdach mitverwendet.

Ehem. HÖHERE KNABENSCHULE (Gerhart-Hauptmann-Schule) Nr. 25. Einer der größten historisierenden Schulbauten der Stadt, 1898/1900 im Stil der Brunsberg-Gotik als dreigeschossiger Backsteinbau von 22 Achsen Breite errichtet. Im Erd- und ersten Obergeschoß segmentbogige, im obersten Geschoß spitzbogige Fenster, die Hauptfassade zum Frankenwall durch Mittel- und Seitenrisalite mit blendengegliederten und maßwerkverzierten Pfeilergiebeln hervorgehoben, der Mittelrisalit durch Altan, große Maßwerkrosette, Mosaik und Uhr besonders betont.

WOHNHAUS Nr. 26. Villenartiges zweigeschossiges Traufenhaus von vier Achsen unter Mansarddach, um 1880 in Backstein mit werksteinimitierender Putzgliederung errichtet. Die Hauptfassade durch rustizierte Gebäudekanten, Erdgeschoßfenster mit kannelierten und von Diamantbuckeln unterbrochenen Rahmungen und großen Mittelerker im Obergeschoß sowie einen Zwerchgiebel mit Viertelkreisstufen, Obelisken und Lünettenaufsatz in reichster Neorenaissance gestaltet. An der westlichen Schmalseite ein dreigeschossiger Treppenhausanbau mit von Zeltdach bekröntem Aufsatz.

WOHNHAUS Nr. 27, Ecke Frankenwall. Viergeschossiger Putzbau in Neorenaissanceformen, 4. V. 19. Jh. Erdgeschoß mit Putznutung, über den Fenstern des ersten und zweiten Obergeschosses Dreieck- bzw. Ädikulaverdachungen, die abgeschrägte Eckachse durch Obergeschoßerker betont.

*Hafenstraße*

Straßenzug im östlichen Bereich der Hafeninsel.

WOHNHAUS Nr. 15. Zweigeschossiger Backsteinbau mit Drempel aus dem 4. V. 19. Jh. Portal und Fenster segmentbogig, die architektonischen Details in gelbem Backstein.

SPEICHER III Nr. 16. 1912/14 als achtgeschossiger verputzter Skelettbau mit abgewalmtem Mansarddach errichtet; Lisenengliederung.

SILO IV 1935/36 über T-förmigem Grundriß errichteter mehrgeschossiger Backsteinbau, der höhere südliche Kopfbau mit Stufengiebeln, der Nordflügel mit Relief einer Hansekogge an der östlichen Längsseite.

SILO V Backsteinbau von 1940/41 mit Lisenengliederung; angeschlossen zwei bereits 1937 errichtete Getreidefördertürme, der östliche eine Stahlgitterkonstruktion, der westliche mit Backsteinummantelung.

SPEICHER I Sechsgeschossiger Backsteinbau vom E. 19. Jh., durch Lisenen, Blenden, Friese und einen Eckturm an der Neuen Semlower Straße geprägt.

SPEICHER II Fünfgeschossiger Backsteinbau vom E.

19. Jh., die Seitenrisalite und Ecktürme von Zinnen bekrönt.
SPEICHER Ecke Am Querkanal. E. 19. Jh. errichteter viergeschossiger Backsteinbau, die Obergeschosse mit Lisenengliederung, die architektonischen Details in gelbem Backstein.

*Heilgeiststraße*
Straßenzug vom Hafenbereich in westlicher Richtung durch die Innenstadt zum Kütertor.
Ehem. SPIELKARTENFABRIK (Gewerbe) Nr. 2/3. 1909/11 errichteter dreigeschossiger Backsteinbau; gutes Beispiel für die Ablösung des Historismus durch einen funktional-sachlichen Stil. In den unteren Geschossen Rechteckfenster, oben z. T. in gemeinsamen Blenden zusammengefaßte Rundbogenfenster. Jeweils vier der insgesamt acht Achsen von übergiebeltem Zwerchhaus bekrönt. An der Westseite zurückgesetzte viergeschossige Portalachse mit bekrönendem Dreieckgiebel angeschlossen.
WOHNHAUS Nr. 9, Ecke Mönchstraße. Urspr. wohl ein gotisches Dielenhaus, um die M. 18. Jh. durch die Verlegung des Eingangs und einen Anbau an der nördlichen Traufseite erweitert. Bei einem abermaligen Durchbau 1868 der barocke Giebel zur heutigen Dreieckform vereinfacht. Im Inneren die urspr. Raumgliederung des Erdgeschosses noch ablesbar.
WOHN- UND GESCHÄFTSHAUS Nr. 14. Dreigeschossiger vierachsiger Putzbau mit Mansarddach, seine urspr. barocke Fassade durch Umbauten in den Jahren 1867 und 1902 völlig verändert, davon u. a. der Erker des zweiten Obergeschosses und das übergiebelte Zwerchhaus, das von kannelierten Halbsäulen flankierte Portal und der sparsame Dekor im Erdgeschoß von 1909. Mit dem benachbarten
WOHN- UND GESCHÄFTSHAUS Nr. 15 zusammengelegt, die Gestaltung des Erdgeschosses deshalb von Nr. 14 übergreifend; die Gliederung der Obergeschosse von 1892; vom barocken Kernbau von 1681 der zweimal gestufte Volutengiebel mit Lünettenaufsatz erhalten.
WOHNHAUS (Gaststätte) Nr. 15 a. Zweigeschossiger Putzbau mit abgewalmtem Dach, der urspr. Bau von um 1700 E. 19. Jh. umgestaltet. Im Erdgeschoß Putzbänderung, die Fenster des ersten Obergeschosses durch Faschen und Dreieckstürze auf Volutenkonsolen besonders betont. Die Ausstattung der Gaststätte im »altdeutschen Stil«.
WOHN- UND GESCHÄFTSHAUS Nr. 16. Dreigeschossiger Putzbau mit Walmdach von um 1930; Erd- und erstes Obergeschoß durch umgreifende profilierte Rahmung zusammengefaßt, im Stil an die Fassade des zugehörigen Kaufhausbaues Ossenreyerstraße 19 anknüpfend. Als Fassadenabschluß übergiebeltes Zwerchhaus.
WOHNHAUS (Gaststätte) Nr. 30. Dreigeschossiges fünfachsiges Giebelhaus, eines der eindrucksvollsten Bürgerhäuser der Stadt. 1743 unter Einbeziehung älterer Bausubstanz mit dem einmal abgestuften Volutengiebel errichtet; die Fassade mit Stockwerkgesimsen und durchlaufender mittlerer Wandvorlage mit Segmentbogenportal in genuteter Rahmung im Erdgeschoß und von Kolossalpilastern flankierten Fenstern in den Obergeschossen, mit Pilasterrahmungen auch die übrigen Obergeschoßfenster. Der Innenausbau stark verändert, Teile einer älteren Konstruktion mit Hausbaum erhalten, desgl. barocke Türen; die Treppe M. 19. Jh. – Im Hof dreigeschossiger Kemladen, im Kern barock.
WOHNHAUS Nr. 31. Spätklassizistischer viergeschossiger Putzbau aus dem 3. V. 19. Jh. Die Straßenfassade mit Putznutung, das Portal mit Pilasterrahmung und Verdachung. Die Fenster des dritten Obergeschosses abweichend als gekuppelte Rundbogenfenster ausgebildet.
WOHNHAUS Nr. 39, Ecke Jacobichorstraße. Zweigeschossiger Putzbau, 1. H. 18. Jh., davon das Korbbogenportal und die zweiflügelige Haustür mit Rautengliederung erhalten, die Fassade im 19. Jh. verändert.
WOHNHAUS Nr. 43/Papenstraße 25. Doppelhaus mit Kern aus dem 16. Jh., die Einzelgebäude mit zur Straße abgewalmten Dächern wohl E. 19. Jh. durch neue Fassade zusammengefaßt. Im ersten Obergeschoß barockes Landschaftszimmer. – Im Hof zweigeschossiger Backstein-Speicher, M. 19. Jh.
Ehem. BANKGEBÄUDE (Sparkasse) Nr. 43 a. 1922 als Anbau an das Bankgebäude von 1912 angefügt. Portikus mit vier Pfeilern und bekrönendem Dreieckgiebel; über

dem Rechteckportal Lünettenblende. Von den Seitenfenstern nur die Bogenabschlüsse erhalten.
WOHNHAUS Nr. 62. Dreigeschossiger Putzbau, wohl 19. Jh., die Fassade mit dem segmentbogig übergiebelten Zwerchhaus von 1906.
Ehem. HAUPTKASSENGEBÄUDE (Verwaltung) Nr. 63. Großer dreigeschossiger Backsteinbau mit Sandsteingliederungen, 1887 in den Formen der niederländischen Renaissance errichtet; charakteristisch die Buckelquaderung, die Putzbänder und die Zwerchhäuser in Gestalt von zweigeschossigen Schweifgiebeln. Am Portal und in der Fassade insgesamt drei Wappenreliefs.
WOHNHÄUSER Nr. 64 und 65. Dreigeschossige Putzbauten mit Schweifgiebeln, 2. H. 18. Jh., im Kern wohl älter; beide mit genuteten Gebäudekanten. Bei Nr. 64 das Korbbogenportal mit rautengegliederter Haustür und die profilierte, an den Ecken ausgeklinkte Faschenrahmung der Obergeschoßfenster urspr., Fenster und Putzbänderung des Erdgeschosses von 1904. Nr. 65 mit Segmentbogenportal in genuteter Vorlage, die Mittelachse darüber bis in den Giebel hinein durch Lisenen gerahmt.
WOHNHAUS Nr. 66. Viergeschossiger barockisierender Putzbau von 1895, im Kern wohl älter. Mit seiner Fassadengliederung durch genutete Kanten, das Korbbogenportal, die durch Kolossalpilaster betonte Mittelachse u. ä. am Formengut älterer Gebäude orientiert.
WOHNHAUS Nr. 68. Dreigeschossiger Putzbau aus der M. 18. Jh. mit Schweifgiebel, die abgestufte segmentbogige Portalnische im Erdgeschoß wohl im 19. Jh. übergangen; der Rückgiebel in Fachwerk.

WOHN- UND GESCHÄFTSHAUS Nr. 69. Zweigeschossiger Putzbau mit dreigeschossigem, von einem gesprengten Lünettenaufsatz bekrönten Giebel; urspr. ein Pfeilergiebelhaus des 15. Jh., im 17. Jh. barockisiert, im 19. Jh. erneut verändert. Bei der Restaurierung 1981 wurde mit der Andeutung der rundbogigen Abschlüsse der Erdgeschoßöffnungen und den als Putzritzung sichtbar gemachten Segmentbogenluken des Obergeschosses sowie der Hervorhebung der gotischen Pfeilervorlagen innerhalb des Schweifgiebels die Hausgeschichte sichtbar gemacht.

WOHNHAUS Nr. 72. Viergeschossiger, stark veränderter Putzbau aus der M. 19. Jh.; aus der gleichen Zeit die schöne zweiflügelige kassettierte Haustür in ausgekleideter Portalnische.

WOHN- UND GESCHÄFTSHAUS Nr. 74, Ecke Jacobiturmstraße. Zweigeschossiger Putzbau mit Schweifgiebel, 17. Jh., im Kern älter, davon an der östlichen Längswand zwischen zwei Stützpfeilern Mauerpartie mit abgefaster Segmentbogenblende erhalten. Der Giebel mit Stichbogenluken; innen älteres Aufzugsrad.

WOHNHAUS Nr. 78. Dreigeschossiger Putzbau vom A. 19. Jh., die linke Achse als Risalit mit Dreieckgiebelabschluß ausgebildet; Putznutung, Korbbogenportal. Die Gesamtwirkung durch die gestalterische Anbindung des linken Erdgeschoßteiles an das Nachbarhaus empfindlich beeinträchtigt.

WOHN- UND GESCHÄFTSHAUS Nr. 79, Ecke Kleinschmiedestraße. Dreigeschossiger Putzbau von 1792 mit gestelztem schlichten Dreieckgiebel.

WOHNHAUS Nr. 87. Dreigeschossiger Putzbau vom E. 18. Jh., die äußere Erscheinung durch eine Restaurierung von 1954 geprägt; damals die Hauptfassade mit dem Schweifgiebel in nüchterner Gliederung mit seitlich gelegenen Kolossallisenen erneuert und die durch Kriegszerstörungen freigestellte östliche Längswand durch flache Wandvorlage mit Giebelabschluß belebt.

WOHNHAUS Nr. 88. Viergeschossiger Putzbau aus dem 3. V. 19. Jh., im Hausflur gründerzeitlicher Stuckdekor und geflieste Wandfelder.

WOHNHAUS Nr. 89. Eindrucksvoller dreigeschossiger Putzbau mit geschweiftem Volutengiebel, 1. H. 18. Jh., in der Fassadengliederung dem Haus Nr. 30 verwandt. Im Erdgeschoß nur die korbbogige Portalnische mit der zweiflügeligen rautengegliederten Haustür urspr. In den Voll- und Giebelgeschossen die Mittelachse durch begleitende Kolossalpilaster betont, die Fenster des ersten Obergeschosses durch oben ausgeklinkte profilierte

*Linke Seite: Stralsund, ehem. Hauptkassengebäude Heilgeiststraße 63; Wohnhäuser Heilgeiststraße 69, 68 ff.*

*Rechte Seite: Stralsund, Wohnhaus Heilgeiststraße 94, Fassade und Haustür*

Faschen und den fast völlig verlorengegangenen Stuckdekor der Stürze bereichert.

WOHN- UND GESCHÄFTSHAUS Nr. 91. Dreigeschossiger Putzbau M. 19. Jh., der Hauskern älter. Haustür in flacher Vorlage; Stockwerkgesimse; über dem mittleren Rundbogenfenster des ersten Obergeschosses Putzspiegel mit aufgelegtem Feston.

WOHN- UND GESCHÄFTSHAUS Nr. 93, Ecke Mönchstraße. Zweigeschossiger Putzbau mit einmal abgestuftem Volutengiebel von um 1680, der Hauskern wohl 14. Jh. Die Erweiterung im Bereich der Vollgeschosse um eine Achse nach Westen wohl bereits im 18. Jh.

WOHNHAUS Nr. 94. Zweigeschossiger Putzbau mit östlichem Seitengiebel in Fachwerk, errichtet 1747, 1891 wiederhergestellt und um eine Achse nach Westen verbreitert, dabei die Fassadengliederung mit rosettenbesetztem Gesimsband, Putznutung und übergiebeltem Zwerchhaus erneuert. In der korbbogigen, von geputzten Lisenen gerahmten Portalnische die aufwendigste barocke Haustür Stralsunds mit Rautengliederung und reicher Rocailleschnitzerei.

WOHNHAUS Nr. 95, Ecke Mühlenstraße. Schlichter zweigeschossiger Putzbau aus dem 18. Jh., zur Mühlenstraße einfacher Dreieckgiebel.

Ehem. TORSCHLIESSERHAUS (Café) Nr. 96, Ecke Mühlenstraße. 1977/79 errichtete Kopie eines Fachwerkbaus des 18. Jh.

*Henning-Mörder-Straße*

Verbindung zwischen Tribseer Straße und Katharinenberg.

WOHNHAUS Nr. 1. Zweigeschossiger verputzter Backsteinbau von 1866, im Kern wohl älter. Ebenfalls M. 19. Jh. die Hofbegrenzungsmauer mit Stichbogenöffnungen und Konsolfries. An der Südseite des Hofes ein zweigeschossiges Wirtschaftsgebäude in Fachwerk, wohl M. 18. Jh., vermutlich gleichzeitig der zweigeschossige Querflügel mit urspr. Haustür.

WOHNHAUS Nr. 4, 4 a, 4 b, Ecke Katharinenberg. Dreigeschossiger Putzbau mit abgerundeter Eckachse, im 3. V. 19. Jh. durch den Umbau eines in der 2. H. 18. Jh. als Kaserne errichteten Vorgängerbaues entstanden; geschoßtrennende Gesimse, Erdgeschoß mit Putznutung, die Rückfront in Fachwerk.

*Jacobiturmstraße*

Von Norden nach Süden verlaufender Straßenzug von der Bader- zur Langenstraße, dabei die Westseite der St.-Jacobikirche tangierend.

WOHNHÄUSER Nr. 16 und 17. Urspr. Standort eines mittelalterlichen Traufenhauses und zum Grundstück des Pfarrhauses Langenstraße 57 gehörend; deshalb die Straßenfassade im 17. Jh. gemeinsam mit der Seitenfront dieses Hauses konzipiert, die Teilung in Einzelgrundstücke erst 1835. Die Fassade des Doppelhauses zweigeschossig und sechsachsig, jeweils in der zweiten Achse von außen segmentbogiges Portal mit kräftiger Rustikarahmung und Gesims, bei Nr. 16 als Bekrönung ein Dreieckgiebel. Im Erdgeschoß große Segmentbogenfenster, über dem breiten Putzband im Obergeschoß gereihte Segmentbogenluken. Nr. 16 nach Kriegsschaden Ruine, Nr. 17 1972 gleichzeitig mit der Fachwerkbebauung des Hofes rekonstruiert.

WOHNHAUS Nr. 32. Dreigeschossiges Traufenhaus von 12 Achsen aus verputztem bzw. geschlämmtem Backstein, das äußere Erscheinungsbild das Ergebnis von drei Bauetappen im Spätmittelalter, im 16. und 17. Jh. Der mittelalterliche Backsteinbau des 14./15. Jh. wohl nur zweigeschossig, verschiedene seiner architektonischen Details wie ehem. rund- und spitzbogige Fensteröffnungen und -blenden oder das Fragment eines Kreuzfrieses im Südteil der Straßenfront, eine kleine Segmentbogennische und die von Bohlen gebildeten Stürze der Obergeschoßfenster in den vierachsigen Seitenteilen erhalten und 1976 freigelegt.

Von einem 1568 erfolgten Umbau die in den dritten Achsen von außen befindlichen Portale, das nördliche vollständig: seine Rundbogenöffnung mit Eierstabfries auf der gefasten Kante von kannelierten ionischen Säulen auf hohen, mit Löwenmasken geschmückten Postamenten flankiert, in den Bogenzwickeln Cherubköpfchen, an den Außenseiten in Klauenfüßen auslaufende Volutenschwünge. Der profilierte Architrav mit lateinischer Abbreviatur, darüber Dreieckgiebel mit vegeta-

*Stralsund, Wohnhaus Jacobiturmstraße 32, Fassade und nördliches Portal*

bilisch gerahmten Doppelwappen, auf den Giebelschrägen liegende männliche Allegorien. Über der Giebelspitze drei quadratische Terrakottaplatten mit Reliefs in der Art des Statius von Düren, außen jeweils männliches bzw. weibliches Porträtmedaillon, dazwischen Anbetung der Könige. Die doppelflügelige Haustür in Empireformen vom A. 19. Jh. Das südliche Portal schlichter, hier nur zwei umkränzte Medaillonköpfe aus Sandstein in fragmentarischem Zustand erhalten, wohl ebenfalls M. 16. Jh.
Der Mittelteil des Hauses im 17. Jh. eingestürzt und seine vier Achsen mit einer zeitgenössischen geputzten Kolossalpilastergliederung erneuert; diese zugleich auf die gesamte Hausfront übertragen und erst bei der Restaurierung 1976 auf den Mittelteil reduziert.

*Katharinenberg*

Vom ehem. Stadteingang am Tribseer Tor parallel zur Stadtmauer verlaufende, am Katharinenkloster nach Osten zur Mönchstraße abbiegende Straße.
WOHNHAUS Nr. 1. Dreigeschossiger Putzbau mit Souterrain, A. 20. Jh., charakteristisch die Putznutung der Untergeschosse, die zwei geschoßübergreifenden , übergiebelten Erker der Obergeschosse und eine zwischen ihnen angeordnete große Dachgaube in Fachwerk.

Ehem. WAISENHAUS (Wohnungen) Nr. 7/7 a. Dreigeschossiger Putzbau von um 1855, am Ansatz von Hofdurchgang bzw. Treppenhaus oktogonaler Pfeiler, das Treppenhaus mit für Stralsund früher Steintreppe. – Das Nebengebäude unter Pultdach, in den Details ähnlich.
WOHNHAUS Nr. 11, Ecke Henning-Mörder-Straße. Vierhieschiger eingeschossiger Fachwerkbau auf Feldsteinsockel, wohl M. 19. Jh., in der Längsfront zur Henning-Mörder-Straße mit elf Achsen.
Ehem. GARTENLOKAL »Volksgarten« (Gaststätte, Wohnungen) Nr. 13. Wohl ehem. Bereich des Stadthofes der Fürsten von Rügen, das bis zur Poststraße und an die Rückfront der Häuser des Neuen Marktes reichende Grundstück ab 1865 bebaut und als Gartenlokal genutzt, gegenwärtig z. T. in devastiertem Zustand. Das Hauptgebäude ein zweigeschossiger Putzbau mit kräftigen Gesimsen und Attikageschoß. Westlich anschließend Fachwerkmauer, dahinter fragmentarisch erhaltene überdachte Veranden. Weiter östlich kleiner zweigeschossiger neobarocker Putzbau mit segmentbogig abgeschlossenem Volutengiebel, die später angefügte westliche Achse mit ihrem Giebelabschluß eine Wiederholung des Nachbarmotivs. An der Poststraße erhalten ein segmentbogig geschlossenes Hofportal mit kräftig bossierten rahmenden Pilastern, errichtet wohl 1902.

Nr. 14, s. Katharinenkloster

WOHNHAUS Nr. 30. Über der Stadtmauer errichteter zweigeschossiger Putzbau mit Krüppelwalmdach, wohl aus der 2. H. 19. Jh.

SPEICHER Nr. 34/35. Vier- bzw. dreigeschossige Backsteinbauten, 3. V. 19. Jh., die stichbogigen Lukenöffnungen bei Nr. 34 geschoßweise durch Zahnschnittfriese getrennt, bei Nr. 35 Lisenengliederung.

WOHNHAUS Nr. 39. Unter Einbeziehung von Mauerpartien eines mittelalterlichen Wiekhauses 1985 errichteter, zum Katharinenberg hin zweigeschossiger Putzbau.

*Kiebenhieberstraße*

Straßenverbindung zwischen Tribseer Straße und Marienstraße.

WOHNHAUS Nr. 4. Zweieinhalbgeschossiger Putzbau, über älterem Kern E. 17. Jh. als Fachwerkbau errichtet, 1877/79 massiv erneuert. Im Inneren barocke Türen.

WOHNHAUS Nr. 5. Dreigeschossiger Putzbau vom A. 19. Jh. mit Empirehaustür.

*Kleinschmiedestraße*

Kurze Verbindung zwischen Baden- und Heilgeiststraße.

WOHNHÄUSER Nr. 20, 21 und 22. Schlichte dreigeschossige Putzbauten von zwei und drei Achsen, Nr. 20 1879 durch den tiefgreifenden Umbau eines gotischen Giebelhauses zur heutigen Form verändert. Nr. 21 von 1803, Nr. 22 aus der 1. H. 18. Jh. mit stuckiertem Palmettenfries über dem Erdgeschoß und Akanthusfries oberhalb des zweiten Obergeschosses; im Hof ein kleiner zweigeschossiger Fachwerkanbau mit vorkragendem Obergeschoß.

*Klosterhof* Nr. 1–34. s. Johanniskloster

*Klosterstraße* Nr. 2–23. s. Heilgeistkloster

Ehem. FRANKENKASERNE (Lager) Ohne Nr., Ecke Frankendamm. Auf den Resten der Hl.-Geist-Bastion aus dem 17./18. Jh. wohl M. 19. Jh. errichtet. In der Nordwand vermauertes segmentbogiges Tor, von halbrund vortretenden Türmen flankiert, daran seitlich Kasematten mit segmentbogigen Luken anschließend. In die Fassade am Frankendamm 1892 eine Tafel zum Gedenken an den Stralsunder Aufenthalt des schwedischen Königs Karl XII. im Jahre 1715 eingefügt.

*Knieperstraße*

Verbindung vom Alten Markt zum Kniepertor.

WOHNHAUS Nr. 1. Putzbau mit drei Vollgeschossen und Mezzanin; urspr. zweigeschossiger Barockbau, M. 19. Jh. aufgestockt; Stockwerkgesims; im Erdgeschoß spätbarockes Portal mit zugehöriger Haustür, die Fenster hier und im ersten Obergeschoß barock gerahmt, im zweiten Obergeschoß Rundbogenfenster.

WOHNHAUS Nr. 2. Zweigeschossiger Putzbau aus der

*Linke Seite:*
*Stralsund, Wohnhäuser Knieperstraße 5, 4 ff.*

*Rechte Seite:*
*Stralsund, ehem. Hospital Kleiner St. Jürgen, Knieperstraße 9, und Wohnhaus Knieperstraße 17*

2. H. 18. Jh., die Mittelachse mit dem von Pilastern gerahmten Korbbogenportal als flache Vorlage ausgebildet; geschnitzte Haustür aus der Erbauungszeit.

WOHNHAUS Nr. 3. Dreigeschossiges Giebelhaus mit hohem, segmentbogig abgeschlossenen Volutengiebel, M. 18. Jh.; die Fassade in jüngerer Zeit vereinfacht.

WOHNHAUS Nr. 4. Dreigeschossiges Giebelhaus aus der 2. H. 18. Jh. mit genuteten Lisenen; das zweite Obergeschoß als Sockel des mit einem gesprengten Aufsatz bekrönten Volutengiebels aufgefaßt.

WOHNHAUS Nr. 5. Dreigeschossiges Giebelhaus aus der M. 18. Jh., im Kern mittelalterlich. Bei einer Umgestaltung im 19. Jh. das Erdgeschoß mit Putznutung erneuert und ein Dreieckgiebel ausgebildet. Die Hoffront mittelalterlich; Kemladen.

WOHNHAUS Nr. 6. Zweigeschossiger Putzbau von um 1830; das Erdgeschoß mit Putzrustika, gegen das Obergeschoß mit kräftigem Gesims abgesetzt; das stark überstehende Konsoltraufgesims an der Unterseite mit Stuckrosetten besetzt; im Dach mittiges Zwerchhaus. Urspr. zweiflügelige Haustür mit aufgelegter Rautengliederung.

WOHNHAUS Nr. 8. Zweigeschossiger, 1993 rekonstruierter Fachwerkbau, die Haustür A. 19. Jh.

Ehem. HOSPITAL »Kleines St.-Jürgenkloster« (Wohnungen) Nr. 9. Zweigeschossiger Putzbau von vier Achsen, mit seiner nördlichen Giebelseite an das Kniepertor grenzend, errichtet 1743. Im Korbbogenportal rautengegliederte Haustür aus der Erbauungszeit, darüber Sandsteinrelief mit St. Georg als Drachentöter. Zum Hospital auch das mit seiner nördlichen Wand auf der ehem. Stadtmauer stehende, östlich an das Tor anschließende zweigeschossige Gebäude von sechs Achsen gehörend, seine backsteinsichtige Fassade mit zwei kräftigen Stützpfeilern 1978 restauriert.

WOHN- UND GESCHÄFTSHAUS Nr. 15, Ecke Schillstraße. Großes dreigeschossiges Eckhaus von um 1905 in Neorenaissanceformen; städtebaulich durch die abgeschrägte Eckachse mit dem zweigeschossigen Erker betont.

WOHNHAUS Nr. 16. Dreigeschossiger Putzbau aus der 1. H. 18. Jh., im Kern noch mittelalterlich; das Erdgeschoß mit Putznutung, in den Obergeschossen die Gebäudekanten rustiziert, im Dach schöne stehende Gauben aus der Erbauungszeit; die geschnitzte Haustür A. 19. Jh.

WOHNHAUS Nr. 17. Im Kern ein mittelalterliches Giebelhaus mit erhaltenem Hausbaum; A. 18. Jh. zum dreiachsigen Traufenhaus umgewandelt. Die die Mittelachse flankierenden, aus Wandpfeilern hervorgegangenen Pilaster und die seitlichen, Erd- und Obergeschoß umgreifenden Blenden Reste einer älteren Gliederung. Korbbogenportal mit Haustür 1. H. 18. Jh. Im Rahmen einer 1994 begonnenen Sanierung nur die Straßenfront und der Hausbaum erhalten.

WOHNHAUS Nr. 20, Ecke Alter Markt. Dreigeschossiger Putzbau in Neorenaissanceformen von um 1870/80, die Hauptfront zur Knieperstraße mit reichem Stuckdekor, darunter allegorische Reliefs. Die vierachsige Marktfront schlichter, durch einen polygonalen Eckerker in den Obergeschossen gestalterisch gefaßt.

*Knieperwall*

Parallel zur Stadtmauer verlaufender Straßenzug zwischen den Plätzen vor dem Kniepertor und dem abgebrochenen Tribseer Tor.

WOHNHAUS (»Beghinenhaus«) Nr. 1. Dreigeschossiger Backsteinbau auf hohem Sockel, um1870. Die Obergeschosse mit übergreifender Lisenengliederung; Dreiecktrauffries.

WOHNHAUS Nr. 1 a, Ecke Am Kütertor. Zweigeschossiger Putzbau mit Mansarddach, E. 18. Jh., die Hoffront in Fachwerk mit übergiebeltem Zwerchhaus; der an der Straße Am Kütertor stehende Anbau vom E. 19. Jh.

GEMEINDEHAUS Nr. 15. Eingeschossiger Putzbau auf hohem Sockel, um 1920 wohl durch tiefgreifenden Umbau eines älteren Gebäudes aus der M. 19. Jh. entstanden; der südliche Teil mit übergiebeltem Zwerchhaus, hier spitzbogiges Portal mit neogotischer Tür.

*Külpstraße*

Kurze Verbindung vom Alten Markt zur Schillstraße am Johanniskloster.

WOHNHAUS Nr. 5. Schlichtes dreigeschossiges Giebelhaus, M. 18. Jh., die Fassade und der Dreieckgiebel mit abgesetzter Bekrönung im 19. Jh. und wohl auch bei der Sanierung 1966/67 vereinfacht.

WOHNHAUS Nr. 6. Zweigeschossiger Putzbau aus dem 3. V. 18. Jh.; zwischen den Geschossen breites geputztes Gesimsband; Korbbogenportal mit rautengegliederter Haustür.

WOHNHAUS Nr. 8, Ecke Schillstraße. Großes dreigeschossiges Haus in Neorenaissanceformen mit Mansarddach, errichtet 1888. Im Erdgeschoß Putzbänderung, in den Obergeschossen geputzte Fensterrahmungen vor Backsteinverblendmauerwerk.

WOHNHÄUSER Nr. 9 und 10. Schlichte zweiachsige Putzbauten, M. 18. Jh. Nr. 10 mit Korbbogenportal und kassettierter Haustür aus der M. 19. Jh.

WOHNHAUS Nr. 11. Dreigeschossiger Putzbau von fünf Achsen mit Seitengiebeln in Fachwerk, der urspr. Bau aus der M. 18. Jh. um 1850/60 mit Putzfassade in spätklassizistischen Formen erneuert; im Erdgeschoß Putzbänderung, zwischen den Geschossen Mäander- bzw. Konsolfries. Die Fenster im ersten Obergeschoß mit profilierten Faschen und von Konsolen getragenen Verdachungen, im niedrigeren zweiten Obergeschoß mit Pilasterrahmung. Im Satteldach Schleppgauben.

WOHNHAUS Nr. 12. Dreigeschossiges Giebelhaus vom

E. 17. Jh., 1913 im Zusammenhang mit der Erneuerung des Inneren die Fassade stark verändert, u. a. durch Verlegung der Einfahrt an die Seite, Verdoppelung der Fenster, Ausbau des Giebels; die Putzbänderung des Erdgeschosses und die Nutung der bis in den Giebel geführten Lisenen beiderseits der Mittelachse beibehalten; der zweigeschossige Volutengiebel damals verändert und in seiner Höhe reduziert. Südlich ein einachsiger Hausteil mit Mansarddach angefügt. – Im Hof ein im Kern mittelalterlicher Kemladen sowie Reste eines ins späte 13. Jh. zu datierenden Turmhauses.

WOHNHAUS Nr. 13. Dreigeschossiger Klinkerbau von 1936, das Erdgeschoß des vorgezogenen dreiachsigen Hauptbaues mit spitzdreieckig geöffneten Arkaden.

*Langenstraße*

Eine der Hauptstraßen in der Neustadt, verbindet den Neuen Markt mit dem Hafen.

WOHNHAUS Nr. 3. Zweigeschossiger Putzbau aus der 2. H. 18. Jh. mit geschnitzter Haustür vom A. 19. Jh.

*Linke Seite: Stralsund, Wohnhäuser Külpstraße 9 und 10*

*Rechte Seite: Stralsund, Wohnhäuser Külpstraße 11 und 12*

WOHNHAUS Nr. 4. Zweigeschossiger Putzbau mit Seitengiebeln in Fachwerk vom E. 18. Jh.; das Erdgeschoß über hohem Sockel mit Putznutung und tiefer rundbogiger Portalnische; unter den Obergeschoßfenstern Spiegel mit stuckierten Draperien; zwischen Erd- und Obergeschoß breites Gesimsband; geschnitzte Haustür aus der Erbauungszeit.

WOHNHAUS Nr. 5/6, Ecke Judenstraße. Doppelhaus aus zwei zweigeschossigen Putzbauten, der westliche wohl 2. V. 18. Jh. mit Putzrustika im Erdgeschoß und rustizierten Gebäudekanten im Obergeschoß sowie Konsolkranzgesims; der östliche ein 1855 wohl weitgehend erneuertes Gebäude mit Fachwerkseitenwand, in der Hauptfassade große segmentbogige Tordurchfahrt.

WOHNHAUS Nr. 7. Viergeschossiger Putzbau aus der M. 19. Jh., mit spätklassizistischer kassettierter Haustür.

WOHNHAUS (Gaststätte) Nr. 10, Ecke Unnütze Straße. Zweigeschossiger Putzbau vom E. 18. Jh., die Hauptfassade 1871 überformt. Das Erdgeschoß mit Putzbänderung; geschoßtrennendes Gesimsband, genutete Gebäudekanten. Haustür aus der Erbauungszeit mit Rautengliederung.

WOHN- UND GESCHÄFTSHAUS Nr. 11/12, Ecke Unnütze Straße. Dreigeschossiger Putzbau von um 1900/1910. Die im Erdgeschoß abgeschrägte Ecke mit Ladeneingang in den Obergeschossen als überhöhter polygonaler Erker mit welscher Haube angedeutet. Die Fassaden durch Putzbänderung im Erdgeschoß, eine Loggia sowie mit Dreieckgiebeln abgeschlossene mehrachsige Vorlagen geprägt. In der Seitenfront das pilastergerahmte übergiebelte Portal.

WOHNHAUS Nr. 13. Dreieinhalbgeschossiger Putzbau mit Stockwerkgesimsen aus dem 3. V. 18. Jh., davon die zweiflügelige geschnitzte Haustür erhalten; die Fassade um M. 19. Jh. spätklassizistisch überformt; in der östlichen Seitenwand älteres Mauerwerk mit Segmentbogenblenden, wohl mittelalterlich.

WOHNHAUS Nr. 23. Dreigeschossiges Giebelhaus vom A. 18. Jh., im Kern wohl älter; genutete Gebäudekanten; der dreigeschossige Volutengiebel mit kräftigen Gesimsen, rechteckigen Luken und geschweiftem Aufsatz.

WOHNHAUS Nr. 25. Zweigeschossiger Putzbau aus

dem 18. Jh., die Fasssade wohl E. 19. Jh. überformt; die Hoffront in Fachwerk.

WOHNHAUS Nr. 28. Zweigeschossiger Putzbau von 1724; das Erdgeschoß mit Putzrustika; Korbbogenportal mit barocker Haustür, darüber von Gesimsen gerahmtes Putzband. Die Hofseite in Fachwerk.

WOHNHAUS Nr. 30. Zweigeschossiger Putzbau von 1744, aus dieser Zeit das Korbbogenportal und die Haustür. Im Zusammenhang mit der Aufstockung 1868 auch die Fassade mit Stockwerkgesimsen neu gegliedert.

WOHNHAUS Nr. 31. Viergeschossiger Putzbau von 1777, das zweite und dritte Obergeschoß zwischen 1875 und 1889 aufgesetzt. Das Erdgeschoß mit Putznutung, geschoßtrennende Gesimse, Konsoltraufgesims; geschnitzte zweiflügelige Haustür aus der Erbauungszeit mit Rocailleornamentik.

WOHNHAUS Nr. 33, Ecke Badstüberstraße. Zweigeschossiger Putzbau von 1728, die Seitengiebel in Fachwerk; die Straßenfront im 19. Jh. verändert, die Haustür 2. V. 19. Jh.

WOHNHAUS (Gaststätte) Nr. 38 a, Ecke Kronswinkel. Dreigeschossiger Putzbau vom A. 19. Jh.; geschoßtrennende Gesimse.

WOHNHAUS Nr. 40, Ecke Am Fischmarkt. Zweigeschossiger Putzbau aus der 1. H. 18. Jh.

WOHNHAUS (Gaststätte) Nr. 41, Ecke Am Fischmarkt. Zweigeschossiger Putzbau aus der M. 18. Jh., die Hofseite in Fachwerk.

GESCHÄFTSHAUS Nr. 44/45. Dreieinhalbgeschossiger Skelettbau, um 1925. Die Obergeschosse mit übergreifenden Pfeilern, die hochrechteckigen Fenster geschoßweise zu Vierergruppen zusammengefaßt; die mittleren acht der insgesamt 16 Achsen durch ein viertes Geschoß mit spitzdreieckig geschlossenen Fenstern überhöht.

Ehem. SPEICHER (Geschäftshaus) Nr. 54. Dreieinhalbgeschossiger Backsteinbau aus der M. 19. Jh., 1930 umgebaut. Die äußeren Achsen risalitartig vorgezogen und durch genutete Kanten betont.

WOHNHAUS Nr. 55. Putzbau mit drei Vollgeschossen und Drempel, 2. V. 19. Jh., nach Brand im Jahre 1918 verändert. Noch urspr. das stichbogige Portal mit Rahmung durch geputzte Pilaster und die zweiflügelige geschnitzte Haustür.

WOHNHAUS Nr. 57, Ecke Jacobiturmstraße. Dreieinhalbgeschossiger Putzbau des 18. Jh., im Kern mittelalterlich, davon an der Rückfront Reste gotischen Mauerwerkes mit Fragmenten eines Blendengiebels erhalten; um 1870 und 1910 verändert.

PFARRHAUS Nr. 58, Ecke Jacobiturmstraße. Zweigeschossiger Putzbau; die heutige Fassade 1981 in Anlehnung an die Gliederung des 17. Jh. rekonstruiert, dabei die barocke Gestaltung von 1764 aufgegeben. Im Erdgeschoß segmentbogige Fenster mit schmalen profilierten Faschen, das urspr. Segmentbogenportal mit rustizierter Rahmung und Dreieckgiebelbekrönung vermauert, das jetzige angeglichen, darin Tür mit Rautengliederung. Zwischen den Geschossen breites, von Gesimsen begleitetes Putzband; die rechteckigen Obergeschoßfenster glatt in die Wand eingeschnitten. An der Giebelfront im Erdgeschoß zwei Segmentbogenfenster, im Oberge-

*Linke Seite: Stralsund, Pfarrhaus Langenstraße 58*

*Rechte Seite: Stralsund, ehem. Colbergsche Stiftung Langenstraße 68*

schoß gereihte Segmentbogenluken. An der Hauptfront Gedenktafel für den von 1814 bis 1841 im Hause wohnenden Theologen, Philologen, Historiker und Dichter Gottlieb Christian Friedrich Mohnicke.

Ehem. SCHULE (Wohnungen) Nr. 61, Ecke Filterstraße. Zweigeschossiger Putzbau vom A. 19. Jh. Die westliche Gebäudekante rustiziert, umlaufendes, kräftig profiliertes Traufgesims; an der Längsseite zweiachsiges übergiebeltes Zwerchhaus.

WOHNHAUS Nr. 63. Dreigeschossiger Putzbau, im Kern ein Fachwerkbau vom A. 18. Jh., davon die Hoffront erhalten. A. 19. Jh. und später mehrfach verändert, um M. 19. Jh. zu mehreren Mietwohnungen durchgebaut, davon Teile der Ausgestaltung, u. a. Küchen mit Herdglocken, Türen und Treppen erhalten. Teile des Dachwerkes 17. Jh., hier zweitverwendet. Im Erdgeschoß Ladeneinbau der 1920er Jahre.

WOHNHAUS Nr. 64. Putzbau mit drei Vollgeschossen und Drempel, um 1860, die Fassade mit spätklassizistischer Gliederung.

WOHNHAUS Nr. 67, Ecke Judenstraße. Zweigeschossiges verputztes Giebelhaus, 2. H. 18. Jh., im Kern wohl älter. An der Hauptfront nur der geschweifte Giebel mit Lünettenfenster unverändert; an der Traufseite das Dach auf überstehenden gekehlten Balkenköpfen.

Ehem. COLBERGSCHE STIFTUNG Nr. 68. Zweigeschossiger Putzbau von 1845 mit spätklassizistischer Gliederung; das Erdgeschoß mit Putznutung, das Portal und die Obergeschoßfenster mit Faschenrahmung; 1985/86 stark erneuert.

WOHNHAUS Nr. 69. Viergeschossiger Putzbau von 1952; im Hof die Fundamente der Synagoge von 1786.

Ehem. LOGENHAUS »Gustav Adolf zu den 3 Strahlen« (Verwaltung, Wohnungen) Nr. 70. Dreigeschossiger Putzbau auf hohem Sockel, 1846/47 in spätklassizistischen Formen errichtet; Sockel und Erdgeschoß mit Putzbänderung, kräftige Stockwerkgesimse; die jeweils zwei äußeren Achsen bis zum ersten Obergeschoß risalitartig vorgezogen und mit Dreieckgiebel abgeschlossen.

WOHNHAUS Nr. 71. Viergeschossiger Putzbau von 1972/73, in die Fassade das spätgotische Backsteinportal eines Vorgängerbaues aus dem 14. Jh. eingefügt.

*Lobshagen*

Kurze Verbindung zwischen Frankenstraße und Frankenwall.

WOHNHAUS Nr. 3 (Hofgebäude). Dreigeschossiger Fachwerkbau mit flachem Pappdach.

WOHNHÄUSER Nr. 5 und 6. Eingeschossige, z. T. verputzte Fachwerkbauten, wohl A. 19. Jh.; Nr. 5 in Giebelstellung, Nr. 6 angrenzend und nur über den Gang erreichbar; ein weiterer zweigeschossiger Anbau vom E. 19. Jh. im Erdgeschoß in Backstein, im Obergeschoß in Fachwerk.

*Marienchorstraße*

Östlich der St.-Marienkirche verlaufende Verbindung vom Frankenwall zum Neuen Markt, der südliche Ab-

schnitt zwischen Frankenwall und Abzweig Marienstraße erst 1920 angelegt.

WOHNHAUS Nr. 1/2. Zweigeschossiges Doppelhaus mit mittelalterlichem, später mehrfach, zuletzt A. 19. Jh. verändertem Kern; die gemeinsame Straßenfront dreiachsig; jedoch durch die vorstehende, an den Kanten abgefaste und um ein Halbgeschoß mit flachem Zeltdach wendelsteinartig erhöhte Mittelachse und unterschiedlich hohe Traufen sowie Verputz bzw. Backsteinsichtigkeit uneinheitlich. Die Längsseiten mit fünf bzw. sechs Achsen. Bei Nr. 1 ein Anbau auf den Resten der Stadtmauer mit leicht vorkragendem Obergeschoß in Fachwerk, wohl 18. Jh., und ein Gartenhaus mit Lünettenfenster im rückwärtigen Dreieckgiebel, wohl A. 19. Jh., errichtet. Bei Nr. 2 über mittelalterlichen Mauerresten zweigeschossiges Quergebäude mit Fachwerkgiebel; an der Hofseite Maßwerkritzungen im Putz und im Inneren des Erdgeschosses Reste von mittelalterlicher Fugenmalerei.

WOHNHAUS Nr. 3. Zweigeschossiges fünfachsiges Doppelgiebelhaus, wohl 16. Jh., im Kern vermutlich älter; die Fassade E. 19. Jh. in Neorenaissanceformen erneuert. Erdgeschoß mit Putzbänderung, das segmentbogige Portal mit geschnitzter zweiflügeliger Rokokohaustür; die beiden Volutengiebel mit gesprengten Aufsätzen; die Hofgiebel in Fachwerk; in den freigelegten Brandmauern Fragmente segmentbogiger Blendarkaden.

*Marienstraße*

Verbindung vom Platz am ehem. Tribseer Tor zur Marienkirche, etwa parallel dem gekrümmten Verlauf der Stadtmauer folgend.

Ehem. NAVIGATIONSSCHULE (Klinik) Nr. 1. Zweigeschossiger Backsteinbau mit Feldsteinsockel, Rundbogenfenstern, Stockwerkgesimsen und Drempel, errichtet 1852. Das vermauerte Mittelportal mit Pilasterrahmung in flacher Vorlage. An der Hofseite oktogonaler fünfgeschossiger Turm des ehem. Observatoriums, an seiner Traufe vorgekragter Rundbogenfries, als Bekrönung verglaste Laterne. – Zur Klinik auch das um 1950 als zweigeschossiger Putzbau errichtete, östlich angrenzende Gebäude gehörend.

WOHNHAUS Nr. 2. Zweigeschossiger Putzbau 2. H. 18. Jh., im Inneren Treppe vom A. 19. Jh.

Ehem. GASTHAUSKIRCHE St. Antonius (Apotheke, Ärztehaus) Nr. 3. Nach der Gründung des Armen- und Altenheimes (»Gasthaus«) 1408 wohl um 1430 errichtete einschiffige, nach Süden orientierte Backsteinkirche mit dreiseitigem Chorschluß, 1770 durch die Explosion des nahen Pulverturms stark beschädigt und 1781 bis 1784 im Zusammenhang mit dem Ausbau zum ersten Stralsunder Krankenhaus stark verändert; aus dieser Zeit der zweigeschossige Innenausbau und die Segmentbogenfenster, der Wandputz und die Strebepfeiler wohl erst aus jüngerer Zeit. Mit dem Durchbau verbunden die Neugliederung der Straßenfront in Gestalt einer zweigeschossigen Hausfassade mit genuteten Lisenen, kräftigem Traufgesims und zweigeschossigem Volutengiebel. – Hinter der Kirche ein Gartenhaus aus dem 18. Jh. mit Fachwerkobergeschoß, errichtet unter Einbeziehung von Resten der ehem. Stadtmauer.

Ehem. KRANKENHAUS (Ärztehaus) Nr. 4. 1862/66 mit vier Vollgeschossen und Drempel errichteter neogotischer Backsteinbau; an den Schmalseiten flache Treppengiebel, von den Längsseiten nur die südliche mit segmentbogigen Portalen und Fenstern sowie der Gliederung aus abwechselnd schmalen und breiten geschoßübergreifenden Spitzbogenblenden mit gelben Ziegelmustern urspr., an der Nordseite zwei seitliche Treppenhausrisalite und der 1899 in angepaßten Formen errichtete OP-Anbau.

WOHNHAUS Nr. 6. Vorderhaus: Viergeschossiger Backsteinbau, 1865/66 nach Entwurf von Ernst v. Haselberg errichtet. Das Erdgeschoß, die Ecklisenen und der Trauffries in rotem Backstein, die Obergeschosse in gelben Verblendsteinen. – Hinterhaus: Viergeschossiger

*Linke Seite: Stralsund, Wohnhaus Marienchorstraße 3; ehem. Gasthauskirche Marienstraße 3, Ansicht von Nordosten und Straßenfront*

*Rechte Seite: Stralsund, ehem. Krankenhaus Marienstraße*

Backsteinbau mit Drempel, das Portal in einem unterhalb des Drempels endenden Mittelrisalit.
Ehem. VEREINIGTE STIFTUNGEN (Wohnungen) Nr. 7–13 und 15. Dreigeschossige Backsteinbauten aus dem 3. V. 19. Jh. mit Drempel; gestalterisch durch flache Risalite, Lisenen und unterschiedliche Zierfriese sowie die Verwendung von rotem und gelbem Backstein geprägt und damit dem Haus Nr. 6 ähnlich.
PFARRHAUS Nr. 16. Zweigeschossiger Putzbau vom E. 18. Jh., das Erdgeschoß mit Putznutung, rundbogig geschlossenem Portal und Haustür vom A. 19. Jh.
WOHNHAUS Nr. 17. Putzbau mit drei Vollgeschossen und Drempel, 1866 durch den Umbau eines Barockhauses entstanden; die Fassade mit Kolossalpilastern, die Haustür von 1877.
WOHNHAUS Nr. 18. Zweigeschossiger Putzbau vom A. 19. Jh., das Erdgeschoß mit Putzrustika; klassizistische Haustür. – Im Hof ein zweigeschossiger Anbau mit Resten von mittelalterlicher Bausubstanz.
WOHNHAUS Nr. 19, Ecke Marienchorstraße. Zweigeschossiger, im Kern mittelalterlicher Putzbau; der östliche Teil des Hauses 1920 zugunsten des Durchbruchs von der Marienchorstraße zum Frankenwall abgebrochen. Der erhaltene Teil straßenseitig mit abgefasten durchgehenden Pfeilervorlagen und spitzdreieckigem Trauffries. Der zweigeschossige Kemladen aus gleicher Zeit, an seiner Hoffront im Erdgeschoß segmentbogige Blendarkaden.

*Mönchstraße*
Hauptstraßenzug im westlichen Teil der Innenstadt vom ehem. Hospitalertor im Nordwesten zum Neuen Markt.
WOHNHAUS Nr. 3. Zweigeschossiger verputzter Fachwerkbau, 18. Jh.; die Fassade im Erdgeschoß mit Putznutung.
SUPERINTENDENTUR Nr. 5. Zweigeschossiger Putzbau von elf Achsen, in der 2. H. 18. Jh. durch den Umbau von zwei älteren Gebäuden zur heutigen Gestalt verändert, die urspr. Grundstücksgrenze noch am Fassadenknick ablesbar.
WOHNHAUS Nr. 6. Zweigeschossiger Putzbau aus der 2. H. 18. Jh. mit älterem Hauskern; schönes übergiebeltes zweiachsiges Zwerchhaus. Der zweigeschossige Kemladen im Kern ebenfalls mittelalterlich, das vorkragende Fachwerkobergeschoß 18. Jh.
WOHNHAUS Nr. 7. Zweigeschossiges Giebelhaus des 15. Jh., die Giebelgliederung mit Staffelblenden im Zusammenhang mit einer Umgestaltung M. 19. Jh. vergleichbaren Vorbildern nachempfunden. – Die Hofbebauung 18. Jh., im Kern älter.
WOHNHAUS Nr. 8. Dreigeschossiger Putzbau, 2. H. 18. Jh., im Kern älter; von um 1820 Haustür und Treppe.
WOHNHAUS Nr. 9. Dreigeschossiges Traufenhaus vom A. 20. Jh., das Erdgeschoß mit Putznutung, die Obergeschosse in Backstein mit geputzter architektonischer Gliederung, über der mittleren der drei Achsen Zwerchhaus in Gestalt eines kleinen Barockgiebels.
WOHNHAUS Nr. 10. Dreigeschossiger Putzbau, wohl

*Linke Seite: Stralsund, Wohnhaus Mönchstraße 11*

*Rechte Seite: Stralsund, Wohnhäuser Mönchstraße 16, 15 ff.*

18. Jh., die Fassade M. 19. Jh., ihr neogotischer Dekor auf die südliche Achse mit dem Portal und die zinnenartige Bekrönung konzentriert.

WOHNHAUS Nr. 11. Zweieinhalbgeschossiger Putzbau von 1789, eines der charaktervollsten Wohngebäude Stralsunds. Die Fassade symmetrisch gegliedert: die äußeren Achsen mit den Portalen als flache Vorlagen mit Putznutung im Erdgeschoß und genuteten Kolossallisenen in den Obergeschossen ausgebildet, ihre Vasenbekrönungen in jüngerer Zeit verlorengegangen. – Der zweigeschossige Hofflügel wohl 17. Jh.

WOHNHAUS Nr. 12. Dreigeschossiges, im Kern wohl noch mittelalterliches Giebelhaus, die Straßenfassade mit dem geschwungenen Giebel aus der 1. H. 18. Jh., in jüngerer Zeit purifizierend erneuert. Der zweigeschossige Kemladen wohl spätmittelalterlich, seine freistehende Nordwand mit gereihten Segmentbogenblenden in beiden Geschossen.

WOHNHAUS Nr. 13. Dreigeschossiger Putzbau mit geschwungenem, von gesprengtem Aufsatz bekröntem Giebel, 17. Jh., später mehrfach verändert. Aus der 2. H. 19. Jh. der utluchtartige Erdgeschoßanbau; Korbbogenportal mit rautengegliederter Tür. Der zweigeschossige Kemladen wohl 17. Jh.

WOHNHAUS Nr. 14. Dreigeschossiger Putzbau mit Volutengiebel, im Kern 17. Jh.; der Utluchtanbau und die barockisierende Fassadengestaltung von 1879.

WOHNHAUS Nr. 15. Viergeschossiger Putzbau mit dreigeschossigem Schweifgiebel, im Kern ein Bau von 1794, 1902 stark erneuert, aus dieser Zeit die neobarocke Fassade.

WOHNHAUS Nr. 16. Zweigeschossiger Putzbau mit geschwungenem Giebel, im Kern mittelalterlich; von einer Erneuerung in der 1. H. 17. Jh. auch der schlichte Giebel mit den stichbogigen Luken.

WOHNHAUS Nr. 17. Dreigeschossiger Putzbau von 1727, der Stufengiebel von 1879.

WOHNHAUS Nr. 18/18 a. 1861 errichteter dreigeschossiger Putzbau. Der nördliche Haussteil mit klassizierender Fassadengestaltung; die Portalachse durch die Pilasterrahmung und gekuppelte Fenster in den Obergeschossen betont; an der Hofseite das Treppenhaus halbrund hervortretend. Der südliche Hausteil neogotisch, die Mittelachse in den Obergeschossen in flacher Vorlage und mit Zinnenabschluß.

WOHNHAUS Nr. 19. Dreigeschossiger Putzbau aus der M. 19. Jh. mit klassizierender Fassadengestaltung. Im Erdgeschoß Putznutung, die Obergeschosse durch Kolossalpilaster zusammengefaßt; unter den Fenstern des ersten Obergeschosses Scheinbalustraden, unterhalb der Attika reicher Trauffries.

WOHNHAUS Nr. 20, Ecke Heilgeiststraße. Dreigeschossiges Giebelhaus aus der 1. H. 18. Jh., im Kern älter; die Straßenfront mit schlichtem Dreieckgiebel, im korbbogigen Portal geschnitzte zweiflügelige Haustür.

WOHNHAUS Nr. 22. Zweigeschossiger Putzbau aus der M. 18. Jh. mit übergiebeltem Zwerchhaus in Fachwerk.

WOHNHAUS Nr. 23. Dreigeschossiger Putzbau von

1722; die äußeren Achsen mit den Portalen durch Putznutung im Erd- und genutete Kolossallisenen in den Obergeschossen hervorgehoben. Im Dach zwei Reihen übergiebelter stehender Gauben; geschnitzte zweiflügelige Haustüren in Zopfstilformen.

WOHN- UND GESCHÄFTSHAUS Nr. 24, Ecke Bielkenhagen. Dreigeschossiger Putzbau in barockisierenden Formen vom E. 19. Jh. mit niedrigem Mansarddach.

Ehem. DOMINIKANERKLOSTER St. Katharinen (Museen) Nr. 25. s. Sakralbauten S. 151 ff.

Ehem. KNABENSCHULE (Ernst-Moritz-Arndt-Schule) Nr. 28, Ecke Katharinenberg. Dreieinhalbgeschossiger neogotischer Backsteinbau aus gelben Verblendsteinen, errichtet 1867/69. Die Hauptfront zur Mönchstraße in der Mitte durch flache Vorlage mit den segmentbogigen Portalen und den maßwerkverzierten Fenstern der Aula im zweiten Obergeschoß besonders hervorgehoben, sonst segmentbogige Fenster und Maßwerkfriese, das dritte Obergeschoß mit kleinen gekuppelten Spitzbogenfenstern; die Seitenfront zum Katharinenberg mit segment- und spitzbogigen Blenden. – Im Hof Bronzebüste Arndts, 1900 von Albert Mahnke, Berlin.

WOHN- UND GESCHÄFTSHAUS Nr. 29, Ecke Katharinenberg. Viergeschossiger Putzbau in spätklassizistischen Formen, errichtet um 1880, ähnlich dem gegenüberliegenden Eckhaus mit besonders betonter abgeschrägter Eckachse.

WOHN- UND GESCHÄFTSHAUS Nr. 33, Ecke Neuer Markt. Viergeschossiger Putzbau von 1909, die Eckachse durch einen schräggestellten zweigeschossigen Erker und einen Altan hervorgehoben, die Schmalseite zum Neuen Markt mit Dreieckgiebel.

WOHN- UND GESCHÄFTSHAUS Nr. 34, Ecke Neuer Markt, s. Neuer Markt 10.

WOHN- UND GESCHÄFTSHAUS Nr. 36. Putzbau mit drei Vollgeschossen und Drempel, im 3. V. 19. Jh. in spätklassizistischen Formen errichtet; Stockwerkgesimse, Konsoltraufgesims.

WOHNHAUS Nr. 38. Mehrfach umgebautes Giebelhaus; vom Ursprungsbau, einem gotischen Dielenhaus des 14./15. Jh. mit Pfeilergiebel, außen nur zwei polygonale Pfeilervorlagen am Straßengiebel, der Hofgiebel sowie im Inneren Teile der mittelalterlichen Konstruktion wie der Fuß des Hausbaumes erhalten. Von den Veränderungen des 17. bis 19. Jh. die utluchtartigen Anbauten an der Straßenfront und Teile des Innenausbaues aus dem späten 18. Jh. erwähnenswert.

WOHNHAUS Nr. 40, Ecke Apollonienmarkt. Zweigeschossiger Putzbau vom E. 18. Jh. unter Mansarddach; die westliche Schmalseite A. 19. Jh. neugestaltet, dabei als Abschluß ein gestelzter Dreieckgiebel mit Relief des Drachentöters St. Georg in der Giebelspitze angelegt.

Ehem. HOSPITAL »Kloster St. Jürgen am Strande« Nr. 41. 1753/54 errichtet, die eindrucksvolle spätklassizistische dreigeschossige neunachsige Fassade mit Putznutung und Stockwerkgesimsen von einer Umgestaltung um 1830. Die drei mittleren Achsen in flacher Vorlage, seitlich davon die Portale. Unter den Obergeschoßfenstern Spiegel mit stuckiertem Rankenwerk. Im Inneren die urspr. Raumgliederung mit Mittelflur erhalten. – Im

Hof zwei im rechten Winkel aufeinanderstoßende zweigeschossige Nebengebäude aus der 2. H. 18. Jh., das nördliche in Fachwerk.

WOHN- UND GESCHÄFTSHAUS Nr. 44. Viergeschossiger Putzbau aus der 2. H. 19. Jh. mit Stockwerkgesimsen, Konsoltraufgesims und geschoßweiser Pilastergliederung.

Ehem. WOHNHAUS (Museum) Nr. 45, Ecke Böttcherstraße. Dreiachsiges Backsteingiebelhaus aus der M. 14. Jh., im 17./18. Jh. durch neue Fassadengliederung, Reduktion des Pfeilergiebels und den zweigeschossigen Ausbau der Diele verändert. 1993/94 auf der Grundlage der im Grund- und Aufriß noch ablesbaren mittelalterlichen Strukturen und der erhaltenen Teile der urspr. Innenausgestaltung, u. a. des Hausbaumes, der urspr. Gestalt angenähert, dabei der hintere Teil der Diele und die barock bemalte Bretterdecke zurückgewonnen, der vordere Teil zweigeschossig belassen, ebenso die Fassade mit dem barocken Korbbogenportal; das hohe urspr. Spitzbogenportal und die großen segmentbogigen Fenster der Diele im Mauerwerk ablesbar; an der Hofseite das Luchtfenster rekonstruiert. Der Straßengiebel mit mittlerer, im Zwickel mit drei Kreisblenden gefüllter Spitzbogenblende, die seitlichen Blenden gekuppelt; im Hofgiebel drei Spitzbogenblenden. Die Traufseite an der Böttcherstraße mit kräftigen Pfeilervorlagen, an sie der zeitgleich errichtete zweigeschossige Kemladen mit rundbogigen Obergeschoßfenstern anschließend.

WOHNHAUS Nr. 46, Ecke Böttcherstraße. Siebenachsiger Putzbau mit zwei Vollgeschossen und Mezzanin unter Walmdach, um 1800. Symmetrisch gegliederte Fassade mit von Pilastern gerahmtem und von Konsolenverdachung bekröntem Mittelportal, die äußeren Achsen in flachen Vorlagen und durch Putznutung, Fensterverdachungen und Faschenrahmung betont; unter einigen Fenstern stuckierte Spiegel mit Reliefdekor aus Masken, Trophäen und Rankenwerk.

WOHNHAUS Nr. 47. Dreigeschossiger Putzbau mit geschwungenem Giebel, 1. H. 18. Jh., das Erdgeschoß 1874 durch kräftige Putzbänderung verändert, Stockwerkgesimse.

WOHNHAUS Nr. 48. Dreigeschossiger Putzbau mit fla-

*Linke Seite: Stralsund, ehem. Knabenschule Mönchstraße 28*

*Rechte Seite: Stralsund, ehem. Hospital »Kloster St. Jürgen am Strande«, Mönchstraße 41; Wohnhaus Mönchstraße 46*

chem Dreieckgiebel, M. 19. Jh., im Kern älter. Im Erdgeschoß Korbbogenportal und Segmentbogenfenster, die Obergeschosse mit Kolossalpilastergliederung.

WOHNHAUS Nr. 49. Dreigeschossiger Putzbau mit Drempel, E. 19. Jh. mit klassizierender Fassadengliederung errichtet; Erdgeschoß und Gebäudekanten mit Putznutung, im ersten Obergeschoß dreieckgiebelige Fensterstürze.

WOHNHAUS Nr. 49 a. Dreigeschossiger Putzbau, 1914 durch Umbau eines älteren Hauses nach Entwurf von R. Schwark entstanden; das Erdgeschoß mit Putzrustika und Tordurchfahrt, darüber die mit Lisenen gegliederten Obergeschosse und ein breites Zwerchhaus. Die südliche Fassadenachse mit dem Eingang leicht vorgezogen und in ihrer Gliederung von der Geschoßeinteilung des Wohnteiles abweichend.

WOHNHAUS Nr. 50. Dreigeschossiger Putzbau in reichen Neorenaissanceformen und mit Mansarddach, 4. V. 19. Jh; Erdgeschoß mit Putznutung, die Obergeschoßfenster mit Pilasterrahmung und kräftigen Verdachungen.

WOHNHAUS Nr. 52. Dreigeschossiges Giebelhaus, der urspr. Bau des 15. Jh. vom 17. Jh. an mehrfach verändert; die beiden unteren Geschosse mit Putznutung und Fenstergliederung des 19. Jh., darüber der bis zum zweiten Obergeschoß heruntergezogene und durch geputzte Gesimse und Voluten im 17. Jh. neugestaltete Giebel, seine gestaffelten spitzbogigen Blendenpaare wohl vom mittelalterlichen Bestand her abgeleitet. Am Hofgiebel gereihte Rundbogenluken. Im Boden altes Aufzugsrad.

WOHNHAUS Nr. 53. Dreigeschossiges Giebelhaus; der im Kern mittelalterliche Bau vom 17. bis 19. Jh. mehrfach verändert; die rustizierte Putzfassade mit Stockwerkgesimsen, faschengerahmten Fenstern und spätklassizistischer Haustür M. 19. Jh.; das zweite Obergeschoß ebenso wie der Treppengiebel mit rechteckigen Luken. Der Hofgiebel 17. Jh. Im Hof ein Speichergebäude aus dem 17./18. Jh.

WOHNHAUS Nr. 54. Dreigeschossiger Putzbau mit einmal abgestuftem, mit Dreieckaufsatz abgeschlossenem Giebel, 3. V. 19. Jh., im Kern mittelalterlich, der Hofgiebel in Fachwerk. Im Inneren Flur, Treppenhaus und Spiegelsaal mit Stuckdecke 3. V. 19. Jh. Der Kemladen 18. Jh., im 19. Jh. aufgestockt.

WOHNHAUS Nr. 55. Zweigeschossiger Putzbau mit zweigeschossigem geschweiften Giebel, errichtet um 1780; das Portal in einer bis in den Giebel reichenden und dort segmentbogig abgeschlossenen Vorlage; das Erdgeschoß mit Putznutung.

WOHNHAUS Nr. 56. Zweigeschossiger geschlämmter Backsteinbau aus der 1. H. 18. Jh. mit zweigeschossigem Dreieckgiebel, zweiflügeliger geschnitzter Rokokohaustür und bei den Fenstern durchgehend angewendeten Sturzbohlen.

Ehem. WOHNHAUS (Verwaltung) Nr. 57. Palaisartiger Putzbau mit zwei Vollgeschossen und Mezzanin unter Walmdach, um 1800. Die äußeren Achsen als flache Vorlagen ausgebildet, im Erdgeschoß mit korbbogiger Durchfahrt bzw. vermauerter durchfensterter Wandblende, darüber durch Dreieckverdachung bzw. ornamentierte Stuckleiste betonte Fenster. An der Hofseite das Treppenhaus halbrund hervortretend. In den ehem. Salons des ersten Obergeschosses Decken mit ornamentierten Stuckleisten, die Kronleuchter wohl 2. H. 19. Jh. – Im Hof aus der Bauzeit des Hauptgebäudes stammendes zweigeschossiges Seitengebäude in Fachwerk.

WOHNHAUS Nr. 58, Ecke Ravensberger Straße. Zweigeschossiger Putzbau aus der M. 18. Jh., die Fassaden um 1800 verändert. Putznutung, an der Front zur Ravensberger Straße übergiebeltes mittleres Zwerchhaus, die Giebelseite zur Mönchstraße nur z. T. durchfenstert. Gedenktafel an den Dichter Friedrich Spielhagen (1829–1911).

WOHNHAUS Nr. 58 b. Zweigeschossiger Putzbau in spätklassizistischen Formen mit Putznutung und Konsoltraufgesims, M. 19. Jh. Die drei Fensterachsen des Obergeschosses in portikusähnlicher Vorlage mit Pilastergliederung und Dreieckgiebel zusammengefaßt.

WOHNHAUS Nr. 59. Zweigeschossiger Putzbau auf hohem Sockel, 2. H. 18. Jh. Mittig sitzendes übergiebeltes Zwerchhaus, Korbbogenportal mit zweiflügeliger geschnitzter Rokokohaustür, davor Freitreppe.

WOHNHAUS Nr. 61, Ecke Mühlenstraße. Zweigeschossiger Putzbau mit Pultdach, an der nördlichen Schmal-

*Stralsund, ehem. Stift »A. Swartes Gang«, Mönchstraße 62; Wohnhaus Mühlenstraße 2 und ehem. Wohnhaus Mühlenstraße 3*

seite mit Krüppelwalm, M. 18. Jh.; das Erdgeschoß mit Putzrustika, Stockwerkgesims.
Ehem. STIFT »Arend Swartes Gang« Nr. 62. Der über Teilen der Stadtmauer errichtete, aus zwei aneinandergereihten eingeschossigen Backsteingebäuden bestehende Komplex 1569 als Dienstmädchenunterkunft gestiftet und dabei wohl auch baulich erneuert. Städtebaulich wirksam nur die 1895 errichtete westliche Schaufront mit nach Süden abgetreppter Schildwand, segmentbogigen Blenden und Portal sowie mehreren glasierten Wappenreliefs.

*Mühlenstraße*
Von der Nordwestecke des Alten Marktes zunächst in westlicher Richtung bis zur Kreuzung mit der Mönchstraße verlaufende, dann bis zur Heilgeiststraße am Kütertor führende Verbindung.
WOHNHAUS Nr. 1. Zweigeschossiger Putzbau mit Pfeilergiebel, im Kern ein Backsteinbau vom A. 14. Jh., später mehrfach überformt. Aus der Erbauungszeit der viergeschossige Pfeilergiebel mit gekuppelten spitzbogigen Luken bzw. Blenden, die seitlichen Rundbogenblenden wohl jünger; urspr. auch der Hofgiebel mit seiner einfachen Blendengliederung. Um 1550 innerer Durchbau mit zwei neuen Hausbäumen, um 1770 erneuter Ausbau, dabei äußerlich der Giebel im Umriß barockisiert, im Inneren wohl die Fachwerkeinbauten und die Galerien in der Diele erneuert. Seit 1994 Rekonstruktion. Der zweigeschossige Kemladen mittelalterlich.
WOHNHAUS Nr. 2. Zweigeschossiger Putzbau mit Kern aus dem 14./15. Jh.; von der mittelalterlichen Straßenfront nur die Portalansätze, die beiden mittleren Pfeilervorlagen und die spitzbogigen Lukenöffnungen im Giebel, an der Hofseite aus gleicher Zeit Fragmente der Blendengliederung des Giebels und der Luchtöffnung erhalten. Um 1700 Umgestaltung des Straßengiebels zum gestelzten Schweifgiebel mit gesprengtem Aufsatz. Der zweigeschossige Kemladen mit Fachwerkobergeschoß ebenfalls um 1700. – Seit 1994 eingreifende Sanierung.
Ehem. WOHNHAUS (Galerie) Nr. 3. Eingeschossiger Backsteinbau vom A. 15. Jh. mit reichem Staffelgiebel, 1977/79 in der angenommenen mittelalterlichen Gestalt rekonstruiert. Im Erdgeschoß der Straßenfront mittig

Spitzbogenblende mit dem Portal, seitlich je eine segmentbogige Blende mit Fenster. Der durch ein Putzband abgesetzte Giebel mit fünf in reichen Maßwerkfüllungen endenden, durch gekuppelte Lukenpaare belebten zweiteiligen Spitzbogenblenden. Der Hofgiebel mit gereihten segmentbogigen Lukenfestern, unter einem Entlastungsbogen das große rechteckige Luchtfenster. Im Inneren vom urspr. Bau die Raumstruktur und einzelne Teile des Ausbaues, z. B. der Hausbaum erhalten; im Erdgeschoß Diele mit Balkendecke, die Westwand mit spitzbogigen Blendarkaden, gegenüber der neue barockisierende Galerieeinbau mit verglastem Untergeschoß und Balusterbrüstung.

Ehem. WOHNHÄUSER (Behörde) Nr. 4–6. Zwei- bzw. dreigeschossige Giebelhäuser, im 18. Jh. unter Verwendung von Teilen der mittelalterlichen Vorgängerbauten stark verändert, bei den Rekonstruktionen in jüngster Zeit einschließlich der Fassaden weitgehend erneuert. Nr. 4 mit Putzfassade des späten 19. Jh., Nr. 5 mit barockem Volutengiebel aus der 2. H. 18. Jh., Nr. 6 mit Schweifgiebel vom E. 18. Jh.

Ehem. WOHNHAUS (Musikschule) Nr. 7. Über zwei älteren Grundstücken angeblich in der 2. H. 18. Jh. neu errichtetes Traufenhaus, die jetzige Gestalt von einer Umgestaltung im 3. V. 19. Jh. Die kräftig konturierte Blendfassade mit fünf kannelierten ionischen Halbsäulen auf Postamenten, darüber Architrav mit Stuckdekor und die Pfeiler der ehem. Dachbalustrade. Das Erdgeschoß über einem Sockel mit rechteckigen Putzspiegeln mit Putzbänderung, reicher die Gliederung des Obergeschosses mit gekuppelten Fenstern über Scheinbalustraden und mit stuckierter Bekrönung. Im Inneren mehrere Räume und der Flur im Obergeschoß, hier insbesondere der Saal, in den Formen des zweiten Rokokos aus der 2. H. 19. Jh. mit stuckierten Wandfeldern, Supraporten mit gerahmten Medaillonaufsätzen, reichem Deckenstuck und auf Leinwand gemalten allegorischen Deckenbildern. Ein Nachbarraum mit halbhohem hölzernen Paneel, Balkendecke, stuckierter Voute sowie zeitgenössischem Ofen und Lüster.

WOHNHAUS Nr. 8. Dreigeschossiger Putzbau mit zweigeschossigem Dreieckgiebel, wohl E. 17. Jh., im Kern älter. Die Putzfassade im Erdgeschoß genutet, darin Korbbogenportal mit geschnitzter Rokokohaustür. Der einmal gestufte Giebel mit geschweiftem Oberteil, zur

*Linke Seite: Stralsund, ehem. Wohnhaus Mühlenstraße 7, Saal und Raum im Obergeschoß; Fassade*

*Rechte Seite: Stralsund, Wohnhaus Mühlenstraße 21; ehem. Kampischer Hof Mühlenstraße 23*

Hofseite ein erst nachträglich verputzter Fachwerkgiebel.

WOHNHAUS Nr. 9, Ecke Mönchstraße. Zweigeschossiger, zur Mönchstraße abgewinkelter Putzbau, im Kern 18. Jh., 1869 die Fassaden neu gestaltet. Im Erdgeschoß Putzbänderung, oben Putznutung, dazwischen stuckierter Ornamentfries.

Ehem. STALLGEBÄUDE (Lager) Nr. 10, Ecke Mönchstraße. 1872 als Pferdestall errichteter, rechteckiger gelber Backsteinbau; in der übergiebelten Schmalseite zur Mühlenstraße stichbogige Tür und Fensteröffnungen und eckpfeilerartig verstärkte Gebäudekanten. Die Längsfront zur Mönchstraße mit Lisenengliederung und kräftig ausgebildetem Traufgesims, in der Mitte kleines übergiebeltes Zwerchhaus.

WOHNHAUS Nr. 21. Zweigeschossiges, z. T. verputztes Giebelhaus, wohl 2. H. 15. Jh., bei der Sanierung 1965/67 die urspr. Gestalt des Dielenhauses nur z. T. wiederhergestellt; das urspr. Spitzbogenportal innerhalb der verputzten Vollgeschosse freigelegt, der Backsteinpfeilergiebel mit sieben zweiteiligen Blenden in der nachmittelalterlichen reduzierten Form mit dem bekrönenden Dreieckaufsatz von um 1700 beibehalten, der Durchbau der Diele ebenfalls belassen; die Haustür E. 18. Jh.

WOHNHAUS Nr. 22. Zweigeschossiges, z. T. verputztes Giebelhaus, im Kern wie das Nachbarhaus Nr. 21 urspr. ein mittelalterliches Dielenhaus mit Pfeilergiebel, durch Umbauten stark verändert; noch urspr. die Umfassungsmauern und der mittlere Teil des Pfeilergiebels. Vermutlich E. 17. Jh. zweigeschossiger Ausbau der Diele und Verlegung des Eingangs in den südlichen Anbau sowie Umwandlung des Pfeilergiebels in einen Schweifgiebel, gleichzeitig die Fassade verputzt. Der Kemladen und ein weiteres Hofgebäude 18./19. Jh.

Ehem. KAMPISCHER HOF (Wohnungen, Lager) Nr. 23. 1257 erstmals erwähntes Stadthaus des Klosters Neuencamp (Franzburg), genutzt als Unterkunft und Lager. Aus dieser Zeit wohl der Kern der den Hofraum seitlich begrenzenden Backsteinbauten; der mit seiner Rückwand auf der Stadtmauer stehende Querbau vermutlich in seinen Anfängen aus gleicher Zeit, seine heutige Gestalt aber entscheidend von einer Umgestaltung 1686 und 1724 geprägt, damals wohl auch die Hofmauer neu errichtet.

Der zweigeschossige Nordflügel im vorderen Teil wohl urspr. mit Wohnräumen, dahinter und im Obergeschoß Speicher. Im Erdgeschoß an der Straßenfront drei durchfensterte spitzbogige Blendarkaden, darüber der bis auf das Obergeschoß herabgeführte gotische, im 17. Jh. zum Schweifgiebel veränderte Blendengiebel. Die hofseitige Längswand mit Rundbogenportal und segmentbogiger Einfahrt sowie Segmentbogenfenstern im Erd- und Rundbogenluken im Obergeschoß.

Der südlich gelegene Speicherbau viergeschossig, in den Untergeschossen mit zahlreichen Fenstern, die beiden Obergeschosse durch übergreifende Rund- und Segmentbogenblenden zusammengefaßt. Das Walmdach mit im 17./18. Jh. aufgesetztem zurückspringenden Fachwerkaufbau. Der Keller zweischiffig und kreuzrippengewölbt, die hölzernen Speicherbodeneinbauten der Obergeschosse 17. Jh.

Das verputzte siebenachsige Quergebäude zweigeschossig, das mittlere Rundbogenportal mit Rustikarahmung, seitlichen Kompositpilastern und rundbogiger Übergiebelung.

WOHNHAUS Nr. 24. Zweigeschossiger Putzbau E. 18. Jh., im nördlichen Gebäudeteil mittelalterlicher Kellerrest.

Ehem. SCHULE (Kindergarten) Nr. 30. Dreigeschossiger Putzbau mit Drempel, 1854/65 errichtet. Rundbogenportal mit Pilasterrahmung in Vorlage, das Erdgeschoß mit Putzbänderung, Stichbogenfenster.

WOHNHAUS Nr. 31. Zweigeschossiger Putzbau M. 18. Jh., mit Korbbogenportal.

WOHNHAUS Nr. 32 a. Zweigeschossiger Putzbau mit zur Straße abgewalmtem Dach, M. 18. Jh.

WOHNHAUS Nr. 33. Zweigeschossiger Putzbau von 1785 mit schlichtem gestelzten Dreieckgiebel, als Abschluß Dreieckaufsatz.

WOHNHAUS Nr. 34. Dreigeschossiger Putzbau mit spätklassizistischer Fassadengliederung, M. 19. Jh. Stockwerkgesimse; Haustür aus der Erbauungszeit.

WOHNHAUS Nr. 35. Zweigeschossiger Putzbau E. 18. Jh.; das Erdgeschoß mit Putzrustika, die Haustür mit Rautengliederung aus der Erbauungszeit.

WOHNHAUS Nr. 36. Zweigeschossiger Putzbau von um 1800, mit urspr. Haustür.

WOHNHAUS Nr. 42/42 a. Dreigeschossiger Putzbau mit Drempel, M. 18. Jh. als Postgebäude errichtet, später aufgestockt; nach Kriegszerstörung 1944 verändert wiederaufgebaut.

WOHNHAUS Nr. 49. Dreigeschossiger Putzbau aus dem 1. V. 19. Jh., die Straßenfront mit Putznutung, Stockwerkgesimsen und Konsoltraufgesims, zusammen mit den Faschenrahmungen der Fenster des ersten Obergeschosses und des Portals 1989 erneuert.

WOHNHÄUSER Nr. 51 und 52. 1801/02 als dreigeschossige Putzbauten mit genuteten Gebäudekanten und faschengerahmten Fenstern errichtet, Nr. 52 mit Schweifgiebel. Bei beiden Häusern das mittlere Fenster des ersten Obergeschosses besonders betont, unter den Fenstern des zweiten Obergeschosses stuckierte Tuchdraperien. Bei Nr. 52 die geschnitzte Haustür beim Ladeneinbau an die Seite versetzt.

WOHNHÄUSER Nr. 53 und 54. Zweigeschossige Putzbauten aus der M. 18. Jh., die Haustüren A. 19. Jh.

Ehem. POSTHALTEREI (Wohnungen) Nr. 55. Zweigeschossiger Putzbau aus der 2. H. 18. Jh., 1919 durch einen Dachausbau in Fachwerk verändert, im Korbbogenportal zweiflügelige Haustür vom A. 19. Jh.

*Neue Badenstraße*

Kurze West-Ost-Verbindung auf der nördlichen Hafeninsel in Verlängerung der Badenstraße.

WOHN- UND GESCHÄFTSHAUS Nr. 3, Ecke Hafenstraße. Dreigeschossiger Backsteinbau mit geputzter Architekturgliederung, 1869 im Stil der niederländischen Renaissance errichtet. An der östlichen Schmalseite mehrstufiger Schweifgiebel, an der nördlichen Längsseite ähnlich gestaltetes Zwerchhaus.

WOHNHAUS Nr. 4, Ecke Hafenstraße. Dreigeschossiger gelber Backsteinbau von 1876 mit rot abgesetzten Architekturgliederungen; in den Lisenen der Obergeschosse und im Trauffries farbig glasierte Kacheln mit stilisiertem vegetabilischen Dekor.

HAFENAMT Um 1860 auf der Kaimauer über hohem Sockel errichtet. Zweigeschossiger, im Osten halbrund geschlossener kapellenartiger Backsteinbau; an der Westseite Rundbogenportal in übergiebelter Vorlage, darüber Stichbogenfenster und gestaffelter Blendengiebel; an der nördlichen und südlichen Längsseite jeweils eingeschossige Anbauten unter quergestellten Satteldächern mit Blendengiebeln.

*Neue Semlower Straße*

Kurze West-Ost-Verbindung auf der Hafeninsel.

SPEICHER Zweigeschossiger Backsteinbau mit Lisenengliederung in den Obergeschossen und mit Mansarddach, wohl um 1910.

*Neuer Markt*

Zentraler Platz der ehem. Neustadt nördlich der St.-Marienkirche, mit dem übrigen Stadtgebiet durch sieben, davon zwei zum Hafen führende Straßen verbunden.

HOTEL »Schweriner Hof« Nr. 1, Ecke Bleistraße. Dreigeschossiger Putzbau des 18. Jh., A. 20. Jh. stark überformt, aus dieser Zeit die beiden Zwerchhäuser an der Hauptfront; Korbbogenportal mit Haustür vom A. 19. Jh.

WOHNHAUS (Gaststätte) Nr. 2. Dreigeschossiger Backsteinbau in Neorenaissanceformen aus dem 4. V. 19. Jh.; die Fassade durch Putzbänderung und -rustika im Erdgeschoß, einen Balkon und von Giebel bzw. Zwerchhaus bekrönten flachen Vorlagen gegliedert.

HAUPTPOSTAMT Nr. 3/4. Dreigeschossiger neogotischer Backsteinbau von 1888 mit von Pfeilergiebeln bekrönten Risaliten, Wandblenden sowie spitzbogigen Portalen und Fenstern; 1923/24 an der Poststraße Anbau des Telegrafenamtes als schlichter drei- und viergeschossiger Backsteinbau, 1930/31 durch einen Anbau in angepaßten Formen (Katharinenberg 12) abermals erweitert.

WOHN- UND GESCHÄFTSHAUS Nr. 6. Dreigeschossiges Giebelhaus mit barockem Kern, 1866 durch eine neue Fassade mit spitzdreieckigem Konsolfries am Hauptgesims und an den Staffeln des Treppengiebels neogotisch überformt.

*Stralsund, Hauptpostamt Neuer Markt 3/4; Wohn- und Geschäftshaus Neuer Markt 6*

WOHN- UND GESCHÄFTSHAUS (Sparkasse) Nr. 7. Dreigeschossiger Putzbau mit klassizierender Fassade vom A. 20. Jh., der Hauskern wohl 1. H. 18. Jh. Das Erdgeschoß mit Putznutung, von den seitlich liegenden Eingängen der westliche mit Pilasterrahmung, Architrav und geschnitzter Haustür; in den Obergeschossen die vier Mittelachsen durch geschoßweise Pilastergliederung, Stuckdekor und übergiebeltes Zwerchhaus betont.

WOHN- UND GESCHÄFTSHAUS Nr. 8. Dreigeschossiger Putzbau mit nach vorn abgewalmtem Satteldach; die Fassade mit Putznutung, Stockwerkgesimsen und faschengerahmten Fenstern von 1865, der Hauskern wohl spätmittelalterlich, A. 19. Jh. erneuert, davon einzelne Fenster der Rückfront und das Treppenhaus erhalten.

WOHN- UND GESCHÄFTSHAUS Nr. 9. Dreigeschossiges Giebelhaus, im Kern mittelalterlich, im 18./19. Jh. überformt. Vom A. 19. Jh. die segmentbogige Portalnische und der einmal abgestufte Vordergiebel mit Dreieckaufsatz; die gestalterischen Details der Platzfront 2. H. 19. Jh.

WOHN- UND GESCHÄFTSHAUS Nr. 10, Ecke Mönchstraße 34. Dreigeschossiger Putzbau, 1. H. 18. Jh., die Fassade M. 19. Jh. verändert; Stockwerkgesimse.

WOHN- UND GESCHÄFTSHAUS (Gaststätte) Nr. 11. Zweigeschossiger Putzbau aus dem 2. V. 18. Jh.; die westliche Achse als Utlucht ausgebildet und mit Volutengiebel bekrönt; zweiflügelige Haustür mit Rautengliederung aus der Erbauungszeit.

WOHNHAUS Nr. 12. Dreigeschossiger Putzbau, M. 19. Jh., das Erdgeschoß mit Putznutung, Stockwerkgesimse.

WOHNHAUS (Gaststätte) Nr. 13, Ecke Langenstraße. Dreigeschossiges Giebelhaus aus der 1. H. 18. Jh., die vereinfachte Fassade mit dem schlichten abgestuften Dreieckgiebel von der Wiederherstellung 1925. – Vor dem Nachbarhaus Nr. 14 im Pflaster

*Linke Seite:*
*Stralsund, Wohn- und Geschäftshaus Neuer Markt 7 und Wohnhäuser Neuer Markt 10–12*

*Rechte Seite:*
*Stralsund, ehem. Garnisonslazarett Neuer Markt 16/17*

GEDENKSTEIN, Granit, mit dem Stralsunder Stadtwappen, zur Erinnerung an die 1407 auf dem Neuen Markt erfolgte Verbrennung von drei Geistlichen anläßlich eines Streits mit dem Bischof von Schwerin.
WOHNHAUS Nr. 15. Zweigeschossiger Putzbau von 1867, der urspr. Drempel 1967 im Zusammenhang mit der Gebäudesanierung ausgebaut, gleichzeitig die Fassade vereinfacht.
Ehem. GARNISONSLAZARETT (Verwaltung) Nr. 16/17, Ecke Frankenstraße. Monumentaler kastellartiger Bau im Rundbogenstil, 1874 in gelbem, rot gebänderten Backstein errichtet. Die dem Platz zugewandte westliche Schmalseite mit sieben, die Hauptfront an der Frankenstraße mit 19 Achsen. Das Gebäude durch seine turmartig ausgebildeten Eckrisalite und das umlaufende, stark vorkragende Konsolkranzgesims geprägt. In der Hauptfront ein überhöhter dreiachsiger Mittelrisalit mit großen Maßwerkfenstern im zweiten Obergeschoß.
WOHNHAUS (Gaststätte) Nr. 22. Zweigeschossiger Putzbau aus dem 17./18. Jh., die südliche Achse utluchtartig vorgezogen. In der durch den Abbruch des Nachbarhauses zeitweilig freigestellten nördlichen Seitenfront segmentbogige Blendarkaden in beiden Geschossen sichtbar. – Das südlich angrenzende Wohnhaus Nr. 22 a urspr. wohl mit ähnlicher Fassadengliederung, im 19. Jh. durch aufgelegte Gliederungen verändert.
Sowjetischer EHRENFRIEDHOF Nördlich der St.-Marienkirche 1945 angelegt, 1967 nach Entwurf von Friedrich Rogge, Dresden, neugestaltet. Mittelpunkt ein Denkmal in Gestalt eines pylonenartigen Aufbaus aus rotem Granit mit aufgelegtem sowjetischen Staatswappen und Bronzetafel mit Zweifigurengruppe; davor liegende Inschriftenplatte; in der angrenzenden Grünfläche die Soldatengräber.

*Nikolaikirchhof*
Südöstlich der St.-Nikolaikirche gelegener Bereich des mittelalterlichen Friedhofs, mit seiner Ostseite an die Bechermacherstraße grenzend.
Ehem. NIKOLAI-SCHULE (Wohnungen) Nr. 1/2. Zweigeschossiger Backsteinbau über trapezförmigem Grundriß vom A. 15. Jh., in der 2. H. 19. Jh. stark restauriert,

1993/95 saniert und restauriert. An der nördlichen Schmalseite über den beiden Vollgeschossen mit Segmentbogenfenstern vertiefter glasierter Vierpaßfries und Deutsches Band, darüber der Pfeilergiebel mit von Wimpergen bekrönten gekuppelten Spitzbogenblenden mit Scheitelokulus. An der Südseite neogotischer, bis zum ersten Obergeschoß heruntergezogener Giebel mit Spitzbogenblenden, diese z. T. segmentbogig durchfenstert, im Erdgeschoß darunter Segmentbogenfenster. An der östlichen Längsseite zur Bechermacherstraße hoher Sockel mit segmentbogig geschlossenen Kellerluken, darüber neun geschoßübergreifende Segmentbogenblenden mit z. T. vermauerten Fensteröffnungen. An der westlichen Längswand die Gliederung ähnlich, hier nur die jeweils zweite Achse von außen mit den Eingängen segmentbogig geschlossen, die Türöffnungen nachmittelalterlich. Im Inneren die Raumstruktur des 17./18. Jh. und Teile der Ausgestaltung erhalten. – Nördlich des Hauses in der Flucht der Ostwand ca. 30 m lange mittelalterliche Backsteinmauer, als Abgrenzung des Gärtchens zum Hof nachmittelalterliche Fachwerkwand.

*Olof-Palme-Platz*

Platz vor der Feldseite des Kniepertores im Nordwesten der Innenstadt.

WOHNHAUS Nr. 1, Ecke Fährwall. Dreigeschossiger Putzbau in Neorenaissanceformen von 1896, die Fassaden mit reicher Architekturgliederung durch Putzrustika, Fensterverdachungen, Stockwerkgesimse und Konsoltraufgesims; über den drei östlichen Achsen der Platzfront reich dekorierter Schweifgiebel. An der Hofseite in allen Geschossen Veranden.

WOHNHÄUSER Nr. 2 und 3. Zweigeschossige Putzbauten von 1886 bzw. 1882 mit Mansarddächern; die Fassaden mit Putzrustika, geschoßweisen Gesimsbändern und in den Obergeschossen gerade bzw. dreieckgiebelig verdachten Fenstern. Im Inneren Teile der urspr. Ausgestaltung (Flure, Treppenhäuser) erhalten.

WARMBAD Nr. 5. Zweigeschossiger Backsteinbau, 4. V. 19. Jh., an der Straßenfront flache dreiachsige Seitenrisalite, der westliche mit Lünettengiebel. Im Inneren polygonaler Lichthof.

THEATER 1913/14 nach Entwurf von Karl Moritz, Köln, errichteter, 1916 eingeweihter Putzbau; differenziert gestaffelter Baukörper in den neoklassizistischen Formen der frühen Reformarchitektur, prägend das hochaufragende, mit Dreieckgiebeln abgeschlossene Bühnenhaus. Die dem Platz zugewandte nördliche Schmalseite mit flachem übergiebelten Portikus, davor halbrund vorspringender Altan auf gekuppelten kannelierten Säulen, auf der Brüstung seitlich zwei, Drama und Musik verkörpernde allegorische Figuren aus Kunststein. Das Innere 1968 modernisiert, dabei die urspr. Ausgestaltung weitgehend beseitigt.

*Ossenreyerstraße*

Von der Südwestecke des Alten Marktes in südlicher Richtung bis zur Kreuzung Apollonienmarkt/Judenstraße/Papenstraße führende wichtige altstädtische Straße.

Ehem. WOHNHAUS (Verwaltung) Nr. 1. Dreigeschossiger Putzbau mit Walmdach, errichtet um 1700. Die Fas-

*Linke Seite:*
*Stralsund,*
*Theater am*
*Olof-Palme-Platz*

*Rechte Seite:*
*Stralsund,*
*Wohnhaus Ossen-*
*reyerstraße 7*
*und Warenhaus*
*Ossenreyer-*
*straße 8–12*

sade durch auf hohen Postamenten stehende Kolossalpilaster gegliedert; rundbogige Hofdurchfahrt. Im Inneren das Treppenhaus bei der Sanierung des Gebäudes 1986/88 unter Verwendung barocker Brüstungsteile erneuert. Im Obergeschoß Saal mit von Philipp Hackert 1762/65 gemalten Tapeten, Landschaften der böhmisch-sächsischen Schweiz und eine Stadtansicht von Dresden darstellend; der Raumfußboden mit gemalter illusionistischer Felderteilung. – Das Gebäude funktionell mit dem angrenzenden dreigeschossigen Giebelhaus Ossenreyerstraße 2 verbunden.

WOHNHAUS Nr. 3, Ecke Ravensbergerstraße. Schlichter zweigeschossiger Putzbau vom A. 19. Jh., durch den nachträglichen Ladeneinbau entstellt.

WOHNHAUS Nr. 4, Ecke Ravensbergerstraße. Zweigeschossiger Putzbau von 1733, der urspr. vorhandene Barockgiebel bei der Umgestaltung der Straßenfront 1865 beseitigt und durch Walm ersetzt; 1966 erneute Veränderungen des Erdgeschoßbereiches und der Seitenfront. An der Straßenfassade die Kanten geschoßweise durch Lisenen mit Putzspiegeln betont, die Obergeschoßfenster mit reicher barocker Rahmung, unter der Traufe Konsolfries.

Ehem. GEWANDHAUS (Wohnungen) Nr. 5. Zweigeschossiger Putzbau, im Kern ein gotisches Giebelhaus von um 1400, davon der 1969 restaurierte Hofgiebel in Backstein mit spitz- und segmentbogigen Blenden erhalten. Die Vorderfront nach Entfernung des um 1870 angetragenen neobarocken Dekors im Jahre 1968 jetzt mit schlichter mittlerer Wandvorlage und Segmentbogenfenstern, lediglich am Portal geringfügiger Rest des Stuckdekors des 19. Jh. erhalten. Im Hof zweigeschossiger Kemladen aus dem 17./18. Jh.

WOHNHAUS (Gaststätte) Nr. 6. Zweigeschossiges Giebelhaus aus der 2. H. 18. Jh., im Kern wohl älter. Erd- und Obergeschoß im 19./20. Jh. bei Durchbauten auch äußerlich durch Gaststätten- bzw. Rundbogenfenster verändert, in der urspr. Form der Schweifgiebel mit den segmentbogigen Luken.

WOHNHAUS (Gaststätte) Nr. 7. Zweigeschossiger Putzbau mit einmal abgestuftem Schweifgiebel, urspr. gotisches Dielenhaus, in der 2. H. 18. Jh. besonders an der Straßenfront modernisiert. Die Mittelachse in flacher, durch geschoßweise angeordnete Pilaster betonter Vorlage; Stockwerkgesimse.

WARENHAUS Nr. 8–12. Dreigeschossiger Skelettbau von 1912 mit Werksteinverkleidung, 1927 nach Süden erweitert; an der Stelle von fünf Giebelhäusern in auf historisierende und Jugendstilelemente zurückgreifenden Stilformen errichtet. Das Erdgeschoß mit durchgehender, von Pfeilern unterbrochener Schaufensterfront, die Fenster der Obergeschosse durch geschoßübergreifende Wandpfeiler bzw. Pfosten zu Dreiergruppen zusammengefaßt, über jeder zweiten übergiebeltes Zwerchhaus. An der Hoffront die architektonische Gliederung in gelbem Backstein. Im Inneren der urspr. Lichthof im südlichen Teil 1993 wiederhergestellt, im oberen Wandbereich Handwerks- und Gewerbezweige verkörpernde Figuren in Kunststein und die »Wertheim-Eule«.

WOHN- UND GESCHÄFTSHAUS Nr. 13. Dreigeschossiger Putzbau mit Schweifgiebel, im Kern ein gotisches Dielenhaus aus dem 15. Jh., im 17./19. Jh. umgestaltet. Der einmal abgestufte Giebel mit seinen polygonalen Pfeilervorlagen in Backstein bis auf das zweite Obergeschoß heruntergezogen; an den Vorlagen in Traufhöhe bzw. in Höhe des Giebelschwungansatzes kapitellartige Verkröpfungen. Zuoberst gesprengter Aufsatz.

WOHN- UND GESCHÄFTSHAUS Nr. 14. Zweigeschossiges verputztes Giebelhaus mit Kern aus dem 13./14. Jh., im 17./18. Jh. mehrfach verändert, 1994/95 saniert und restauriert. Im straßenseitigen Mauerwerk 1968/69 »archäologisches Fenster« mit Resten der mittelalterlichen Gliederung (Ansatz des spitzbogigen Dielenportals, Fensteröffnung) freigelegt und durch eine vom Kemladen stammende Sandsteinplatte mit Hausmarke von 1608 bereichert. Der Pfeilergiebel mit gekuppelten, mit Scheitelokuli gefüllten spitzbogigen Luken bzw. Blenden. Am backsteinsichtigen Hofgiebel die ehem. Luchtöffnung noch gut ablesbar, im Giebel darüber spitzbogige Blenden mit jetzt größtenteils vermauerten Luken. Im Inneren die mittelalterliche Diele im Kern er-

*Stralsund, Warenhaus Ossenreyerstraße 19*

halten, im Obergeschoß Räume mit Ausgestaltung in Neoempireformen.

WOHN- UND GESCHÄFTSHAUS Nr. 15. Dreigeschossiges Giebelhaus aus der 2. H. 18. Jh. mit genuteten Gebäudekanten und flacher mittlerer Vorlage mit Segmentbogenportal im Erd- und von geschoßübergreifenden Lisenen mit Putzspiegeln gerahmten Fenstern in den Obergeschosssen. Der gestelzte und einmal gestufte Schweifgiebel mit flachem Lünettenaufsatz.

WARENHAUS Nr. 19. Dreigeschossiger Bau mit Klinkerfassade von 1930 in den Formen der Neuen Sachlichkeit, der Hauskern älter. Die Straßenfront in zwei Zonen zerfallend: eine untere, horizontal geprägte mit einem das Erdgeschoß und die Fensterreihe des ersten Obergeschosses rahmenden, kräftig profilierten Zahnschnittfries, und eine obere mit Vertikaltendenz, in der die wechselweise zwischen die Fenster gesetzten schmalen oder breiteren Wandpfeiler und ein attikaähnlicher Abschluß dominieren.

WOHN- UND GESCHÄFTSHAUS Nr. 20. Viergeschossiger Backsteinbau von um 1905, das Erdgeschoß in jüngerer Zeit vollständig verändert; die Obergeschosse mit durchlaufenden, von verkröpften Gesimsbändern unterbrochenen Lisenen; unter den Segmentbogenfenstern Putzspiegel mit gemaltem vegetabilischen Dekor in Jugendstilformen; als oberer Abschluß Konsolkranzgesims.

WOHN- UND GESCHÄFTSHAUS Nr. 24. Dreigeschossiger Putzbau M. 18. Jh., M. 19. Jh. umgestaltet.

WOHN- UND GESCHÄFTSHAUS Nr. 25/26, Ecke Böttcherstraße. Im Kern zweigeschossiger Fachwerkbau des 18. Jh., wohl M. 19. Jh. durch zweigeschossige Vorbauten erweitert.

WOHN- UND GESCHÄFTSHAUS Nr. 43, Ecke Böttcherstraße. Dreigeschossiges neobarockes Giebelhaus von 1890. An der Hauptfront die Mittelachse in den Obergeschossen durch Erker und Altan betont; als Abschluß hoher gestufter Volutengiebel.

WOHN- UND GESCHÄFTSHAUS Nr. 44/45. Dreigeschossiges neunachsiges Backstein-Traufenhaus mit Putzgliederungen in neogotischen Formen, errichtet 1903. Am Portal Säulen mit Knospenkapitellen, an den Fenstern krabbenbesetzte Wimperge oder Vorhangbögen, als oberster Abschluß übergiebelter Frontispiz.

WOHN- UND GESCHÄFTSHAUS Nr. 46. Dreigeschossiger Putzbau vom E. 19. Jh. in reichen Neorenaissanceformen; das durch Ladeneinbauten veränderte Erdgeschoß mit Putzbänderung, darüber Beschlagwerkfries, an den Obergeschoßfenstern rundbogige Verdachungen mit eingestellten Büsten bzw. gerade Verdachungen mit Festons; der Drempel mit kannelierten Pilastern.

*Papenstraße*

Verbindung vom Apollonienmarkt zur Wasserstraße, dabei die Südseite der St.-Jacobikirche tangierend.

WOHNHAUS Nr. 10. Zweigeschossiger Putzbau mit Mansarddach, M. 18. Jh.

SPEICHER Nr. 25. Zweigeschossiger Backsteinbau, M. 19. Jh., urspr. zum Grundstück Heilgeiststraße 43 gehörend. Im Erdgeschoß stichbogiger Eingang und rundbogige Tordurchfahrt, das rechteckige Außentor wohl jünger.

WOHNHAUS Nr. 29, Ecke Jacobichorstraße. Zweigeschossiger Putzbau M. 18. Jh., im Inneren Treppenhaus und einzelne Ausbauteile aus der 1. H. 19. Jh. erhalten.

WOHNHAUS Nr. 41, Ecke Ossenreyerstraße. Zweigeschossiger Putzbau mit mittelalterlichem Kern; mehrfach, zuletzt E. 19. Jh. stark verändert. Parallel zur Papenstraße der zweigeschossige Kemladen, die Straßenfront verputzt und mit Stützpfeilern, die östliche Giebelwand in Fachwerk.

*Priegnitz*

Verbindung von der mittleren Frankenstraße zum Frankenwall.

WOHNHAUS Nr. 2, Ecke Frankenwall. Zweigeschossiger Putzbau vom A. 19. Jh., im Kern wohl älter; zum Frankenwall einfacher Dreieckgiebel mit Lünettenfenster, Stockwerkgesimse.

*Ravensbergerstraße*

Kurze Straße zwischen Mönchstraße und Ossenreyerstraße in Höhe des Rathauses.

WOHNHAUS Nr. 4. Zweieinhalbgeschossiges verputztes Giebelhaus aus dem 2. V. 18. Jh., später z. T. verändert; die Gebäudekanten rustiziert, unter den Fenstern des ersten Obergeschosses Putzspiegel mit vegetabilischem Stuckdekor des 19. Jh.; die Mittelachse von rustizierten Lisenen eingefaßt. Das Halbgeschoß unter dem Giebel nachträglich für Wohnzwecke ausgebaut; im Giebel segmentbogige Luken. Der zweigeschossige Kemladen im Obergeschoß Fachwerk, wohl 18. Jh.

WOHNHAUS Nr. 5. Dreigeschossiges Giebelhaus von 1738, 1899 die unteren Giebelgeschosse für Wohnzwecke ausgebaut; das Erdgeschoß mit Putzrustika und stichbogigem Portal; dreigeschossiger Volutengiebel.

*Linke Seite: Stralsund, Wohnhaus Schillstraße 35*

*Rechte Seite: Stralsund, Haus der ehem. Kramerkompagnie Schillstraße 37 Fassade und Hofgebäude*

WOHNHAUS Nr. 6. Dreigeschossiger Putzbau in spätklassizistischen Formen vom E. 19. Jh., im Kern wohl älter. Erdgeschoß mit Putzbänderung, Stockwerkgesimse, Konsoltraufgesims.

*Schillstraße*

Straßenzug in der nördlichen Altstadt, von der nördlichen Mönchstraße am Johanniskloster vorbei zur mittleren Fährstraße führend.

Ehem. KLOSTER St. Annen und Brigitten Nr. 5, 6, 7 a – c und 8. Im einzelnen:

WOHNHAUS Nr. 5. Dreigeschossiger Putzbau von um 1825, das zweite Obergeschoß 1863 aufgestockt; Erdgeschoß mit Putzrustika, Stockwerkgesimse.

WOHNHAUS Nr. 6. Vorderhaus: 1863 errichteter dreigeschossiger neogotischer Bau aus rotem und gelbem Backstein mit großem mittleren Spitzbogenportal, in den Obergeschossen übergreifende durchfensterte Spitzbogenblenden mit Scheitelrosette; im Inneren im Haupttreppenhaus eiserne Treppenkonstruktion aus der Erbauungszeit. – Hofgebäude: Zweigeschossiger Backsteinbau mit Drempel, wohl ebenfalls 1863; das Mauerwerk gelb gebändert, Tür und Fenster segmentbogig. – Im Hof die

KAPELLE St. Annen. s. Sakralbauten S. 150 f.

WOHNHÄUSER Nr. 7 a – c. Zweigeschossiger Putzbau vom A. 18. Jh., die Straßenfront mit Kolossalpilastergliederung; die drei rechteckigen Portalnischen mit separaten querovalen Oberlichtern, die schlichten Haustüren A. 19. Jh.

WOHNHAUS Nr. 8. Zweigeschossiger Putzbau, A. 18. Jh., die Straßenfront mit Kolossalpilastergliederung; an der Ostseite ein jüngerer Anbau in verputztem Fachwerk unter Pultdach.

WOHNHAUS Nr. 18. Dreigeschossiger Putzbau, im Kern ein mittelalterliches Dielenhaus vom E. 14. Jh., vom 17. bis 19. Jh. mehrfach verändert; die urspr. Gliederung aber noch ablesbar. Das hohe Spitzbogenportal der Diele im 17. Jh. nach Einbau des Zwischengeschosses durch Einzug eines Korbbogenportals aufgegeben, der Bogenbereich jetzt Teil einer durchfensterten Nische, wohl gleichzeitig die in seitlichen Segmentbogenblenden liegenden ehem. Rechteckfenster vermauert und als flache Blenden ausgebildet und zweigeschossig durchfenstert. Unter der Traufe gereihte, jetzt durchfensterte Segmentbogenluken.

WOHNHAUS Nr. 19. Zweigeschossiger Putzbau aus der M. 18. Jh. mit älterem Kern; die mittlere Achse der der Straßenkrümmung folgenden Fassade risalitartig vorgezogen und über einer flachen geschoßübergreifenden Segmentbogenblende wohl im 19. Jh. mit einem kleinen Staffelgiebel bekrönt. In der südöstlichen Seitenwand des Vorbaues Korbbogenportal mit rautengegliederter Tür.

WOHNHAUS Nr. 20. Dreigeschossiger Bau in spätklassizistischen Formen mit verputztem rustizierten Erdgeschoß und backsteinsichtigen Obergeschossen, wohl M. 19. Jh.; Portal mit Pilasterrahmung und urspr. Haustür; Stockwerkgesimse; Konsoltraufgesims.

WOHNHAUS Nr. 21. 1973/74 in der Gestalt des mittleren 18. Jh. rekonstruiertes dreigeschossiges Giebelhaus, die Haustür vom A. 19. Jh. ehem. Mühlenstraße 37.

WOHNHAUS Nr. 27/28. Zweigeschossiger, im westlichen Teil leicht gekrümmter Putzbau, wohl 1. H. 18. Jh., zur Umbauung des ersten Hofes des Johannisklosters

gehörend. An der übergiebelten östlichen Schmalseite neben dem Klostertor kleiner eingeschossiger massiver Anbau unter Pultdach; die zweiflügeligen Haustüren A. 19. Jh.

Ehem. WERKSTATTGEBÄUDE Nr. 29 (Hof). Auf der Stadtmauer sitzender zweigeschossiger Backsteinbau.

WOHNHAUS Nr. 30. Viergeschossiger Putzbau vom E. 19. Jh. mit zweigeschossigem utluchtartigen übergiebelten Anbau vor der westlichen Achse; im Kern wohl ein älterer Bau; die Haustür mit Rautenmotiv 18. Jh. – Kemladen und Hinterhaus in Fachwerk wohl 18. Jh., im Erdgeschoß mittelalterliches Mauerwerk.

WOHNHAUS Nr. 31. Dreigeschossiger Putzbau M. 19. Jh., im Kern wohl älter.

WOHNHAUS Nr. 32, Ecke Knieperstraße. Dreigeschossiger Putzbau unter Mansarddach, A. 20. Jh. unter dem Einfluß des Reformstils errichtet; für die Wirkung des Gebäudes der Kontrast von in erhabenem Glattputz ausgeführten Architekturdetails und dem üblichen Putzfond charakteristisch. Die Mitte der Fassaden in den Obergeschossen durch angedeutete Portikusse mit Dreieckgiebeln betont.

WOHNHAUS Nr. 34, Ecke Knieperstraße 12. Dreieinhalbgeschossiger Putzbau in neogotischen Formen von 1863; die Hauptfront mit Stockwerkgesimsen, das obere Halbgeschoß von Eckpfeilern eingefaßt und mit durchfenstertem Zinnenfries, in der Mitte giebelartig überhöht. An der östlichen Giebelseite in den Obergeschossen polygonaler Erker mit reichem neogotischen Dekor. – Im Hof zweigeschossiger Backsteinbau mit mittelalterlichem Kern, mit der Nordwand auf der Stadtmauer stehend.

WOHNHAUS Nr. 35. Zweigeschossiges Giebelhaus vom A. 18. Jh., die Mittelachse in flacher Vorlage, im Obergeschoß an den Gebäudekanten und am Mittelfenster genutete Lisenen, über dem kräftig profilierten Abschlußgesims Schweifgiebel mit von drei Kreisfenstern umgebenem Rechteckfenster. – Im Hof ein zweigeschossiger Kemladen in Fachwerk, wohl 18. Jh., daran rechtwinklig anschließend ein mit der nördlichen Umfassungswand auf der Stadtmauer stehender zweigeschossiger Backsteinbau mit mittelalterlichem Kern.

WOHNHAUS Nr. 36. Zweigeschossiger Putzbau von um 1825, M. 19. Jh. um drei Achsen nach Westen erweitert.

Im Erdgeschoß die Fenster in Rundbogenarkaden, das mittlere mit profiliertem Sturz, die hier urspr. vorhandene Tür um eine Achse nach Westen verlegt; geschoßtrennendes Gesims, über der Mitte übergiebeltes Zwerchhaus, am Erweiterungsbau Attika. Die Rückfront stark verändert: in der Mitte rechteckiger Erker mit Staffelgiebel von 1911, ebenso in Backstein wie der 1891 an der südwestlichen Gebäudeecke angefügte Turm mit Spitzhelm.

Ehem. KRAMERKOMPAGNIE (Wohnungen) Nr. 37. Zweigeschossiger Putzbau M. 18. Jh., die symmetrisch angelegte neunachsige Fassade mit rundbogigen Eingängen in den äußeren und jeweils vierten Achsen; in der Mitte in flacher Vorlage mit auf Konsolen ruhender Verdachung korbbogige Hofdurchfahrt; die Torflügel und die Haustüren A. 19. Jh.

Der Hof von ein- und zweigeschossigen Gebäuden umschlossen. Das hintere Haus, ein zweigeschossiger, mit der Rückwand auf der Stadtmauer stehender Backsteinbau, im Kern mittelalterlich, vom 17. bis 19. Jh. mehrfach verändert; mittelalterliche Reste das spitzbogige Portal, die rundbogig geschlossenen Kellerhälse, eine vierteilige Spitzbogenblende im Obergeschoß und das Fragment eines Zahnschnittfrieses; an der westlichen Schmalseite der von einem jüngeren Anbau im Unterteil verdeckte Dreieckgiebel mit gestaffelten Spitzbogenblenden; sein Dreieckaufsatz wohl 17. Jh.; die übrigen Portale und Fenster 17. bis 19. Jh., zwei der Haustüren A. 19. Jh. – Im Inneren Diele mit barocker Galerie, die Holzdecke z. T. bemalt. In einem Erdgeschoßraum Nische mit gemalter Einfassung in Renaissanceformen. Im Obergeschoß der Saal der ehem. Kramerkompagnie.

Die beiden Seitenflügel im Hof mit z. T. in Fachwerk aufgeführten Obergeschossen bzw. Giebeln, 17./18. Jh. (Abb. S. 225).

Ehem. MILITÄRBÄCKEREI (Wohnungen) Nr. 38. 1869 errichtetes zweigeschossiges Giebelhaus aus gelbem Backstein; das mittlere Portal in flacher, bis zum gestaffelten Giebelabschluß geführter Vorlage.

Ehem. PROVIANTMAGAZIN (Lager) Nr. 39, Ecke Mönchstraße. Großer rechteckiger viergeschossiger Backsteinbau auf Feldsteinsockel, die beiden Untergeschosse von 1717, das zweite und dritte Obergeschoß vom E. 19. Jh. An der südlichen Längsseite zwei große Segmentbogenportale mit rustiziertem Gewände und rautengegliederten Toren, das kleine Portal dazwischen wohl auch urspr., die Eingänge in den Schmalseiten jünger. Die rechteckigen Lukenöffnungen in den drei unteren Geschossen durch hölzerne Pfosten zweigeteilt, oben mit massiven Zwischenstützen; Konsoltraufgesims; die Giebelseiten ähnlich gestaltet. An der Nordwestecke großes freistehendes korbbogiges Hofportal in Backstein.

*Seestraße*

Straße am Hafenrand, dem Verlauf der alten Bastionen folgend.

WOHNHÄUSER Nr. 1 und 2. 1903 bzw. 1902 errichtete dreigeschossige Backsteinbauten mit verputzten rustizierten Erdgeschossen, Mansarddächern und Zwerchhäusern mit Lünettengiebel; der Fassadenknick bei Nr. 1 durch polygonalen Eckerker mit Schweifhaube betont.

WOHNHÄUSER Nr. 3 und 4. 1905 erbaute viergeschossige Backsteinhäuser aus gelben bzw. roten Steinen, die

Fassaden durch die von Bänderungen, Fensterverdachungen und Friesen hervorgerufenen Kontraste belebt.
WOHNHAUS Nr. 5. 1914 errichteter viergeschossiger Putzbau, in der südlichen Achse das von Halbsäulen gerahmte Portal und das Treppenhaus; in den beiden oberen Geschossen polygonale Erker bzw. Loggien.
Ehem. SEENOTRETTUNGSSTATION Nr. 7, Ecke Johannischorstraße. Eingeschossiger rechteckiger neogotischer Backsteinbau von um 1860; an den Schmalseiten und im Süden des kapellenartigen Baues Stufengiebel mit Blendengliederung.
Ehem. FABRIKGEBÄUDE Nr. 8. Backsteinbau von um 1900, der dreigeschossige Kopfbau mit flachem Stufengiebel, dahinter zweigeschossiger Fabrikteil.
WOHNHAUS Nr. 9. Zweigeschossige Villa in Backstein vom A. 20. Jh., an der Straßenfront zwei der vier Achsen mit bekrönendem Dreieckgiebel.
VERWALTUNGSGEBÄUDE Nr. 10. Langgestreckter zweigeschossiger Backsteinbau, um 1955, über dem Eingangsbereich im Dach viereckiger Turm mit gläsernem Aufsatz.
IPPENSCHUPPEN (Rügenkai). Stählerne ausgemauerte Eisenbinder-Tragkonstruktion, um 1950 (?).
Ehem. KLÄRWERK. Zweigeschossiger Backsteinbau von um 1870 mit Segmentbogenfenstern, umlaufendem Konsolfries; die Giebel mit pfeilerartigen Bekrönungen.

*Semlower Straße*
Wichtige West-Ost-Verbindung von der Südostecke des Alten Marktes zum Hafen.
WOHNHAUS Nr. 9, Ecke Bechermacherstraße. Dreigeschossiges dreiachsiges Giebelhaus, 1682 unter Nutzung älterer Bauteile stark erneuert, nach Bombenschaden 1944 in den Jahren 1959/62 saniert, dabei das Korbbogenportal beseitigt und der Eingang in die Bechermacherstraße verlegt. Die drei Vollgeschosse durch

*Linke Seite: Stralsund, ehem. Proviantmagazin Schillstraße 39*

*Rechte Seite: Stralsund, Wohnhäuser Semlower Straße 17, 18 und Wohnhäuser Semlower Straße 31, 32*

Kolossalpilaster zusammengefaßt, der dreigeschossige Schweifgiebel in altertümlichen Spätrenaissanceformen mit kleinteiliger geschoßweiser Pilastergliederung.

WOHNHAUS Nr. 15. Fünfgeschossiges dreiachsiges Giebelhaus, durch den Abbruch des Nachbarhauses an der westlichen Längsseite Teile einer gotischen Gliederung mit Rund- und Segmentbogenarkaden sichtbar geworden. Der einfache, durch übergreifende Kolossalpilaster mit den darunterliegenden drei Geschossen gestalterisch vereinigte Schweifgiebel 1939 ausgeführte Rekonstruktion anstelle eines 1879 errichteten neogotischen Aufbaues.

WOHNHAUS Nr. 16. Viereinhalbgeschossiger Putzbau von 1878 mit rustiziertem Erdgeschoß, Stockwerkgesimsen und Konsolkranzgesims.

WOHNHAUS Nr. 17. Zweieinhalbgeschossiger Putzbau mit abgewalmtem Dach, 2. H. 18. Jh. Die Straßenfront mit Kolossalpilastergliederung; im Mezzaningeschoß gekuppelte Rechteckfenster. Zweiflügelige Haustür vom A. 19. Jh.

WOHNHAUS Nr. 18. Dreigeschossiges Giebelhaus aus der 1. H. 18. Jh.; Schweifgiebel mit Dreieckaufsatz; korbbogiges Portal mit rautengegliederter Haustür.

WOHNHAUS Nr. 30. Dreigeschossiger Putzbau von 1756, in der durch Kriegszerstörung freigestellten Ostwand alle Geschosse mit gereihten Segmentbogenblenden; in der korbbogigen Portalnische geschnitzte Haustür aus der Erbauungszeit.

WOHNHAUS Nr. 31. Dreigeschossiges Doppelgiebelhaus von acht Achsen aus der 1. H. 18. Jh.; im Kern mittelalterlich; die urspr. Aufteilung in zwei Grundstücke im Grundriß noch ablesbar und wohl auch in der asymmetrischen Lösung mit dem großen, mehrfach abgestuften Volutengiebel über den westlichen sechs und dem kleineren Giebel gleicher Gestalt über den beiden östlichen Achsen nachlebend. Korbbogenportal mit zweiflügeliger Haustür vom A. 19. Jh. Im Inneren Teile älterer Ausstattungen erhalten, u. a. im ersten Obergeschoß Saal mit Wandpaneel und einfacher Stuckdecke. Hinter dem östlichen Bau zweigeschossiger Kemladen, die rückwärtigen Gebäude zur Mauerstraße im Kern noch mittelalterlich (Abb. S. 227).

WOHNHAUS Nr. 32. Dreigeschossiges Giebelhaus, 1. H. 18. Jh., Rest eines urspr. ähnlich Nr. 31 gestalteten, 1944 weitgehend zerstörten, im Kern mittelalterlichen Doppelgiebelhauses; bei der Sanierung 1965/66 dem Nachbarhaus angeglichen, die dadurch erreichte Vereinheitlichung der Häuser Nr. 31 und 32 historisch falsch.

WOHNHAUS Nr. 36. Schlichter dreigeschossiger Putzbau aus dem 2. V. 19. Jh., an der Rückfront die Obergeschosse in Fachwerk. Dreigeschossiger Kemladen.

WOHNHAUS Nr. 39–41. Dreigeschossiger Putzbau von 1952, der risalitartige vierachsige Mittelbau mit seiner barockisierenden Fassadengliederung (Korbbogenportal, Pilastergliederung, Dreieckgiebel) charakteristisch für die historisierende Periode der Nachkriegsarchitektur im Osten Deutschlands.

*Tribseer Damm*
(östlicher Abschnitt am Innenstadtrand)
DIENSTWOHNGEBÄUDE Nr. 77. Zweigeschossiger Bau von 1893 in gelbem Backsteinverblendmauerwerk, an der Straßenfront zweiachsiger Mittelrisalit mit großem Blendengiebel, an der Ostseite Portalrisalit; mit seinen Neorenaissanceformen dem benachbarten BAHNVERWALTUNGSGEBÄUDE Nr. 78 verwandt; das gelbe Backsteinmauerwerk des dreigeschossigen Baues mit roter Musterung; straßenseitig dreiachsiger übergiebelter Mittelrisalit, das von Diamantbuckeln gerahmte große Rundbogenportal mit geschnitzter Tür; die Fenster segmentbogig, in den Obergeschossen in geschoßübergreifenden Blenden.

*Tribseer Straße*
Vom Platz vor der Stadtseite des ehem. Tribseer Tores zur Nordwestecke des Neuen Marktes führende Straße.
BANKGEBÄUDE Nr. 1. 1927 nach Entwurf von Grantz als Reichsbankfiliale errichteter viergeschossiger rechteckiger Backsteinbau mit hohem Satteldach; beiden Längsseiten außen polygonale Türme mit Spitzhelmen vorgelegt, dazwischen an der Platzseite eingeschossiger Vorbau mit tiefer, rundbogig geschlossener Portalnische, darauf Terrasse.
WOHNHAUS Nr. 6. Zweigeschossiger Putzbau, 3. V. 18. Jh., Korbbogenportal; geschoßtrennendes Gesims.
WOHNHAUS Nr. 7. Zweigeschossiger Putzbau von 1771, mit Korbbogenportal und rustizierten Gebäudekanten im Obergeschoß; von einer Umgestaltung 1907 außer dem Ladeneinbau die Putznutung des Erdgeschosses und der stuckierte Rankenfries zwischen Erd- und Obergeschoß.
WOHNHAUS Nr. 8. Zweigeschossiger verputzter Fachwerkbau, 3. V. 18. Jh.; die heutige Fassadengestaltung mit Putzrustika und Gesimsen von 1893.
WOHNHAUS Nr. 11. Zweigeschossiger Putzbau, M. 18. Jh., stark verändert; zweiflügelige Haustür mit Rautengliederung und barocken Spiegeln.
Ehem. KNABENSCHULE (Ernst-Moritz-Arndt-Schule) Nr. 12. Zweigeschossiger neogotischer Backsteinbau über H-förmigem Grundriß, 1859/60 nach Entwurf von

*Linke Seite:*
*Stralsund,*
*Bankgebäude*
*Tribseer Straße 1*

*Rechte Seite:*
*Stralsund,*
*ehem. Knabenschule*
*Tribseer Straße 12*
*und Wohnhaus*
*Tribseer Straße 19*

*Linke Seite: Stralsund, Wohnhaus Tribseer Straße 27*

*Rechte Seite: Stralsund, ehem. Wiekhaus Wichmannsgang 2 von der Feldseite*

Ernst v. Haselberg errichtet. Zwischen Erd- und Obergeschoß und an der Traufe glasierte Maßwerkfriese; die nördlichen Schmalseiten der Seitenflügel unten mit drei Segmentbogenblenden, darüber nach innen abgetreppte Pfeilergiebel mit rautenverzierten Blenden. Der Verbindungsbau mit spitzbogiger Durchfahrt in maßwerkverzierter Vorlage.

WOHNHAUS Nr. 13. Dreieinhalbgeschossiger Putzbau von 1879; Erdgeschoß mit Putznutung, Stockwerkgesimse, Konsoltraufgesims.

WOHNHAUS Nr. 14. Zweigeschossiges Giebelhaus aus der 2. H. 18. Jh.; an der Straßenseite Schweifgiebel, hofseitig einfacher Fachwerkgiebel. Dreigeschossiger Kemladen in Fachwerk.

WOHNHAUS Nr. 19. Zweigeschossiges Giebelhaus von 1788 mit genuteten Gebäudekanten und gestelztem Schweifgiebel mit Lünettenaufsatz; Korbbogenportal mit geschnitzter zweiflügeliger Haustür.

WOHNHAUS Nr. 20. Zweigeschossiger Putzbau, M. 18. Jh., die Hoffront in Fachwerk; geschnitzte Haustür A. 19. Jh.

WOHN- UND GESCHÄFTSHAUS Nr. 20, I, Ecke Neuer Markt. Dreigeschossiger Putzbau von um 1870/80. Die abgeschrägte Eckachse durch geschoßweise Pilastergliederung und Balkon im ersten Obergeschoß betont, sonst durchgehende Putznutung, Stockwerkgesimse.

WOHNHAUS Nr. 23, Ecke Henning-Mörder-Straße. Zweigeschossiges Giebelhaus von um 1800, an der Straßenfront nur der über einem Zahnschnittgesims aufsteigende Schweifgiebel unverändert.

WOHNHAUS Nr. 24. Eingeschossiger Putzbau unter Walmdach, M. 18. Jh.; über den beiden mittleren Achsen an der Straßen- und Hofseite übergiebelte Zwerchhäuser.

WOHNHAUS Nr. 24 a. Um 1760 als zweigeschossiger Putzbau errichtet, M. 19. Jh. auf dreieinhalb Geschosse erhöht und klassizistisch überformt. Die seitlichen Achsen als flache Vorlagen ausgebildet, im Erdgeschoß ehem. große Hofdurchfahrten; das Erdgeschoß mit Putznutung; Stockwerkgesimse, Konsoltraufgesims.

Ehem. FAYENCE-MANUFAKTUR (Wohnungen, Gaststätte) Nr. 26. 1757 errichteter Putzbau, im 19. Jh. aufgestockt und stark verändert.

WOHNHAUS Nr. 27. Zweigeschossiger Putzbau vom E. 18. Jh., die Gebäudekanten genutet, geschoßtrennendes Putzband; die Mittelachse durch das mit Putznutung gerahmte segmentbogige Portal und die hochrechteckigen Putzspiegel im Obergeschoß betont; zweiflügelige geschnitzte Haustür vom A. 19. Jh.

WOHNHAUS Nr. 28. Zweigeschossiger Putzbau mit geschoßtrennendem Putzband, 2. H. 18. Jh.; korbbogiges Portal mit zweiflügeliger rautengegliederter Haustür.

WOHNHAUS Nr. 29. Dreigeschossiger Putzbau, 19. Jh., im Eingang zweiflügelige Rokoko-Haustür.

WOHN- UND GESCHÄFTSHAUS Nr. 30, Ecke Katharinenberg. Viergeschossiger Putzbau von 1911 mit geschoßübergreifenden Erkern, Balkonen und pilastergegliederten Schweifgiebeln an den beiden Hauptfassaden.

*Wasserstraße*

Östlichste der Nord-Süd-Straßen, in Hafennähe zwischen den Einmündungen Fährstraße und Frankenwall verlaufend.

WOHNHAUS Nr. 9. Zweigeschossiger, im Kern wohl mittelalterlicher Putzbau, die Fassade von um 1900.

WOHNHAUS Nr. 10. Zweigeschossiger Putzbau mit Mansarddach, A. 18. Jh.; Korbbogenportal, geschoßtrennendes Gesimsband, am Obergeschoß seitlich hochrechteckige Putzspiegel.

WOHNHAUS Nr. 11. Zweigeschossiger Putzbau vom E. 18. Jh. mit genuteten Gebäudekanten und geschoßtrennendem Putzband. Das Korbbogenportal in genuteter Putzvorlage, die Fenster darüber von hochrechteckigen Putzspiegeln gerahmt.

WOHNHAUS Nr. 13. Zweigeschossiger Putzbau, 1. H. 18. Jh. Stockwerkgesimse, kassettierte Haustür.

WOHNHAUS Nr. 25, Ecke Heilgeiststraße. Zweigeschossiger Putzbau vom E. 18. Jh., A. 19. Jh. verändert. Erdgeschoß mit Putznutung, mittig angeordnetes übergiebeltes Zwerchhaus.

WOHNHAUS Nr. 26, Ecke Heilgeiststraße. Dreigeschossiger Putzbau vom E. 19. Jh., im Kern ein barockes Haus aus der M. 18. Jh., davon im Erdgeschoß barocke Deckenmalerei (verdeckt) erhalten.

WOHNHAUS Nr. 27. Dreigeschossiger Putzbau, 2. H. 18. Jh., später stark verändert. Vom A. 19. Jh. schöne geschnitzte zweiflügelige Haustür mit Löwenköpfen und Palmettenmotiven.

WOHNHÄUSER Nr. 28 und 30. Dreigeschossige Backsteinbauten von um 1930. Nr. 28 mit Zickzackband als Trauffries, Nr. 30 mit rustizierten Gebäudekanten im Erdgeschoß und zweiachsigem Zwerchhaus.

WOHNHAUS Nr. 33. Zweigeschossiger verputzter Fachwerkbau von 1745, die Straßenfront wohl noch im 18. Jh. massiv verblendet. Die Mittelachse mit Rundbogenportal und übergiebeltem Zwerchhaus, unter den Obergeschoßfenstern vertiefte Spiegel mit Reliefstuck (Festons, Groteskenwerk, gekreuzte Stäbe mit Lorbeerkränzen) vom E. 18. Jh., gleichzeitig die Haustür.

WOHNHAUS Nr. 34. Zweigeschossiger Putzbau von 1745 mit mittig angeordnetem übergiebelten Zwerchhaus; geschoßtrennendes Gesimsband.

WOHNHAUS Nr. 35, Ecke Frankenstraße. Dreigeschossiger Putzbau von 1868, in einen vier- bzw. dreiachsigen Fassadenteil aufgegliedert; Erdgeschoß mit Putzbänderung, Stockwerkgesimse.

WOHNHAUS Nr. 36, Ecke Frankenstraße. Zweigeschossiger Putzbau von 1798, später mehrfach verändert.

WOHNHAUS Nr. 37. Zweigeschossiger Putzbau aus der 2. H. 18. Jh., später verändert; die Haustür M. 19. Jh., die übrige Fassadengestaltung mit Rautenfeldern unter den Obergeschoßfenstern und Konsoltrauffries 3. D. 19. Jh.

WOHNHAUS Nr. 38. Viergeschossiger Putzbau mit Fassade aus der 2. H. 19. Jh., der Hauskern älter.

WOHNHAUS Nr. 42. Dreigeschossiger Putzbau mit Fassade M. 19. Jh., der Hauskern älter.

WOHNHÄUSER Nr. 43–47. Zeile mit zweigeschossigen Putzbauten von zwei bzw. vier Achsen von 1732 (Nr. 44, 47), 1736 (Nr. 43), 1749 (Nr. 46) und E. 18. Jh. (Nr. 45); Nr. 46 mit Mansarddach, die meisten Fassaden im 19. Jh. verändert, bei Nr. 47 die schöne zweiflügelige Rokoko-Haustür erhalten.

WOHNHAUS Nr. 48. Dreigeschossiger Putzbau mit zurückgesetzter südlicher Portalachse, im Kern wohl 18. Jh.; die jetzige Fassade mit Putznutung im Erdgeschoß und Stockwerkgesimsen M. 19. Jh.

WOHNHAUS Nr. 57, Ecke Langenstraße. Zweigeschossiges verputztes Fachwerk-Giebelhaus aus der M. 18. Jh., wohl M. 19. Jh. Fassade verputzt; an der Traufseite im Erd- und Obergeschoß das Fachwerk z. T. sichtbar.
WOHNHAUS Nr. 59. Eingeschossiges Giebelhaus, wohl M. 18. Jh., der Dreieckgiebel mit dem gestelzten Aufsatz wohl A. 20. Jh. erneuert.
Ehem. STADTWAAGE (Bibliothek) Nr. 68, Ecke Langenstraße. Zweigeschossiger Backsteinbau, im Kern mittelalterlich, vom 17. bis 19. Jh. mehrfach verändert, nach Kriegszerstörung 1944 in den Jahren 1991/92 wiederhergestellt. Die Fassaden mit geschoßübergreifenden durchfensterten Segmentbogenblenden, an der westlichen Giebelseite erneuerte überdachte Aufzugsvorrichtung; das Gebäudeinnere modernisiert.
WOHNHAUS Nr. 69. Zweigeschossiges verputztes Fachwerkgiebelhaus, 18. Jh., die Traufseite fachwerksichtig; der Kemladen ebenfalls Fachwerk; das zweite Obergeschoß wohl im 19. Jh. aufgestockt.
WOHNHAUS Nr. 70. Eingeschossiges verputztes Fachwerkgiebelhaus, 1. H. 18. Jh.
WOHN- UND GESCHÄFTSHAUS Nr. 71. Dreigeschossiger Putzbau in Neorenaissanceformen mit Mansarddach, errichtet wohl 1898. Im Erdgeschoß Rundbogenportal mit Rustikaeinfassung, die Obergeschosse mit Pilastergliederung, zuoberst Zwerchhaus mit Dreieckgiebel. – Zum Fischmarkt fünfgeschossiges, z. T. verputztes Backsteingebäude von 1898, die unteren drei Etagen wohl Lagergeschosse, darüber zwei hohe Wohngeschosse mit aufgelegtem architektonischen Raster, Balkonen und segmentbogig überfangenen Fenstern und bekrönendem Dreieckgiebel mit gestaffeltem Aufsatz.
WOHNHÄUSER Nr. 71 a und 72. Dreigeschossiger Putzbau von 1867 in aufwendigen Neorenaissanceformen. – Am Fischmarkt wohl gleichzeitig entstandenes Hinterhaus, ein zweigeschossiger Putzbau auf hohem Sockel mit ein bzw. zwei Geschossen; der nördliche Hausteil im ersten Obergeschoß mit von kannelierten Säulen gerahmtem Erker, darüber Altan.
WOHNHAUS Nr. 78, Ecke Semlower Straße. Zweigeschossiges verputztes Fachwerkgebäude, 18. Jh., die südliche Achse als Utlucht vorgezogen.
WOHNHAUS Nr. 80. Zweigeschossiger Putzbau M. 18. Jh. mit genuteten Gebäudekanten; A. 19. Jh. im Inneren z. T. verändert (Treppenhaus), 1896 die südliche Achse in angepaßten Formen angefügt. An der Straßenfront kleiner Vorbau mit korbbogigem Abschluß über dem Kellerhals.

*Wichmannsgang*

Von der Marienstraße abzweigender Zugang zur ehem. Stadtmauer.
Ehem. WIEKHAUS (Wohnung) Nr. 2. Rechteckiger dreigeschossiger Backsteinbau mit Fachwerkgiebeln an der Nord- und Südseite; etwa in der Mitte der östlichen bzw. westlichen Längsseite die ehem. Stadtmauer ansetzend, an der Ostseite mit rekonstruiertem Zinnenabschluß. Der Bau um 1300 als zur Stadt hin offenes Wiekhaus im Zuge des Stadtmauerringes errichtet, um 1400 erweitert und aufgestockt. Nach einer Teilzerstörung 1678 für Wohnzwecke ausgebaut und seitdem mehrfach verändert, ab 1974 saniert und z. T. rekonstruiert. Die feldseitig vorspringenden Umfassungswände ungegliedert, nach Süden geschoßweise kleine, von segmentbogigen Entlastungsbögen überfangene Rechteckfenster. Innerhalb der Mauer an den Längsseiten urspr. große, jetzt an der Ostseite verglaste, nach Westen vermauerte spitzbogige Arkaden, darüber Segmentbogenluken; Satteldach. Im Inneren modern ausgebaut, an einer Fensterlaibung im zweiten Obergeschoß der Ostseite Reste mittelalterlicher ornamentaler Malerei, wohl 15. Jh. (Abb. S. 231).

*Zipollenhagen*

Kurze Straßenverbindung von der Marienchorstraße zum Frankenwall.
WOHNHAUS Nr. 8, Ecke Lobshagen. Viergeschossiger Putzbau über L-förmigem Grundriß, errichtet 1908. Das in Backstein gehaltene Erdgeschoß optisch als Sockel wirkend, darüber die drei geputzten Obergeschosse, das dritte mit gliedernden Backsteinlisenen; die südliche Achse an der Ecke zum Lobshagen als flache Vorlage ausgebildet und durch Giebelabschluß mit überstehendem Krüppelwalmdach betont.

# Bau- und Kunstdenkmale in den Vorstädten und Ortsteilen

## Frankenvorstadt

Südlich und südwestlich der Innenstadt gelegen, vom Frankenteich, der Bahnlinie nach Greifswald und dem Strelasund/Ziegelgraben begenzt; die alte Landstraße nach Greifswald als Magistrale durch die Vorstadt führend, seit der Eröffnung des Rügendamms 1937 für den Fahrzeugverkehr auch die Inselzufahrt von großer Bedeutung. Vor der Entfestung der Stadt 1873 bereits mit einzelnen Ackerbürgerhäusern und mehreren Industriebetrieben bebaut, nach der Aufhebung der Bebauungsbeschränkungen seit dem 4. V. 19. Jh. schnell und großflächig bebaut.

WOHNHÄUSER August-Bebel-Ufer 6 bis 24. Von 1927–32 nach Entwürfen von Rudolf Seck, Podejuch, Heinrich Roder, Stralsund, Hoffmann, Stettin und Heinrich Stein errichtete zweigeschossige Backsteinbauten mit Walmdächern; die Zeilenbauten bzw. Doppelhäuser durch Vorlagen und Risalite gegliedert und in der Fluchtlinie dem Ufer des Frankenteiches folgend; stilistisch den Bauten der benachbarten »Bürgermeistersiedlung« verwandt.
WOHNHAUS Bahnhofstraße 3. Zweigeschossiger Putzbau mit Drempel, 1887/89 in neoklassizistischen Formen errichtet; zwischen den Geschossen Gesimsband, unter dem überstehenden Dach Konsoltrauffries.
WOHNHAUS Bergener Weg 7/8. In unveränderter Gestalt erhaltenes Siedlungshaus, 1933/34 als eingeschossiger Putzbau mit Satteldach und verbretterten Giebeldreiecken errichtet.

*Dänholmstraße*
WOHNHAUS Nr. 10. Dreigeschossiger neogotischer Backsteinbau vom A. 20. Jh.; an den Schmalseiten blendengegliederte Staffelgiebel, die Fassadenflächen durch den Wechsel von Putz- und Backsteinflächen geprägt.
REPARATURWERFT Nr. 11. Hervorgegangen aus der ehem. Kgl. Werft, die erhaltenen historischen Anlagen wie Hafenbecken, Slippanlage, Landungsbrücke usw. wohl zumeist 4. V. 19. Jh., mit dem Neuausbau der Werft nach 1951 zumeist stark erneuert bzw. verändert.
Ehem. ELEKTRIZITÄTSWERK (Lager, Wohnungen) Nr. 14. 1911 begonnener, in den 1920er Jahren erweiterter, 1944 teilzerstörter und in der Folgezeit durch Umnutzung (u. a. Sund-Schwimmhalle) und Umbauten weiter veränderter Komplex aus mehreren Backsteinbauten. – Erwähnenswert der fünfgeschossige Turm von 1926/27 mit seinen vom Expressionismus beeinflußten Gestaltungselementen wie dem als geschoßtrennendes Gesims mehrfach angewendeten Zickzackband und dem von schmalen Konsolen getragenen überstehenden Betondach mit flachem Zeltdachabschluß. Daneben die zwischenzeitlich als Schwimmhalle genutzte ehem. Turbinenhalle mit blendengegliederten Giebeln.

*Stralsund, ehem. Elektrizitätswerk Dänholmstraße 14, Turm*

GEMEINDEHAUS (Wohnungen) Diebsteig 15. Zweigeschossiger barockisierender Putzbau von 1913, errichtet nach Entwurf von Albert Viernow, Stralsund; besonders aufwendig das über eine Freitreppe erreichbare rundbogige Portal mit Säulenrahmung und kräftig profiliertem Architrav; Konsoltraufgesims.

Ehem. SCHMIEDE / WOHNHAUS Diebsteig 16. 1896 errichteter zweigeschossiger Backsteinbau, die südliche Haushälfte Werkstatteil mit großen segmentbogigen Eisenfenstern.

*Fährhofstraße*

WOHNHAUS Nr. 5/6/7. Dreigeschossiger 16achsiger Backsteinbau von 1902 mit Segmentbogenfenstern, Stockwerkgesimsen und Konsoltrauffries; frühes Beispiel genossenschaftlichen Wohnungsbaues.

WOHNHAUS Nr. 8/9. Zweigeschossiger Putzbau von 1896 mit sparsamem Baudekor; die beiden Eingangsachsen mit übergiebelten Frontispizen.

WOHNHAUS Nr. 11, Ecke Franz-Wessel-Straße. 1911/12 nach Entwurf von A. Viernow, Stralsund, auf spitzwinkligem Grundstück errichteter viergeschossiger Putzbau mit backsteinsichtigem Erdgeschoß; besonders erwähnenswert die Ecklösung mit dem in Neorenaissanceformen gehaltenen, wohl von innerstädtischen Vorbildern beeinflußten Giebel mit seinen angeputzten Halbsäulchen und den mit Lünettenabschlüssen besetzten abgetreppten Schrägen.

*Frankendamm*

WOHNHAUS Nr. 3. Dreigeschossiger Klinker-/Putzbau in Neorenaissanceformen mit Mansarddach, um 1870; reicher Stuck- und Putzdekor auf gelbem Klinkerfond; die Mitte durch Balkone und übergiebeltes Zwerchhaus betont.

VERWALTUNGSGEBÄUDE Nr. 5. Dreigeschossiger achtachsiger Klinkerbau von 1930; die nördliche Achse als überhöhter Risalit vorgezogen.

WOHNHAUS Nr. 10/12/14/16/18/20. Fünfgeschossiger Putzbau, 1953 auf den Kellern der kriegszerstörten Frankenhof-Kaserne errichtet; das Erdgeschoß mit Putzbänderung, die Gebäudekanten durch Kolossallisenen betont. Im Erdgeschoß des Mittelrisalits Durchgang mit eingestellter Doppelarkade, der Sgraffitoschmuck in den Obergeschossen mit maritimen Motiven von Erich Kliefert, Stralsund. Südlicher Kopfbau des Baublocks ist das HOTEL »Baltic« Nr. 22. 1953/54 unter Verwendung von Teilen eines Kasernenbaues zunächst als Ledigenwohnheim errichtet, 1958 zum Hotel umgestaltet. Sechsgeschossiger turmartiger Backsteinbau mit sockelartig ausgebildetem Erdgeschoß, das abschließende Walmdach von Laterne bekrönt. An der südwestlichen Gebäudeecke Keramikrelief mit Kogge.

POLIZEIPRÄSIDIUM Nr. 21, Ecke Wulflamufer. Dreigeschossiger Putzbau aus den 1950er Jahren über L-förmigem Grundriß; an der Front zum Wulflamufer übergiebelter Risalit in Backstein, im Erdgeschoß durch Arkaden geöffnete Vorhalle, darüber der über zwei Geschosse reichende Saal mit hohen, stichbogig geschlossenen Fenstern.

WOHNHAUS Nr. 25. Dreigeschossiger Putzbau mit Drempel, 1896 nach Entwurf von Carl Elsner errichtet; das Erdgeschoß mit Putznutung; Stockwerkgesimse,

Konsoltraufgesims. Das Portal mit eingestellten Säulen, im Türsturz von Genien gehaltenes Wappen, unter den seitlichen Fenstern des zweiten Obergeschosses Putzspiegel mit stuckierten Buketts.

WOHN- UND GESCHÄFTSHAUS Nr. 29. Um 1925 errichteter dreigeschossiger Putzbau, der Dekor in den Formen des »art déco«; im Erdgeschoß aufgeputzte Rautengliederung, über den Fenstern des ersten Obergeschosses spitzbogige Verdachungen.

KINO »Sundlichtspiele« Nr. 37. Im Foyer zwei 1956 von Tom Beyer, Stralsund, gemalte Vedouten mit Ansichten der Hansestadt.

WOHNHAUS Nr. 40, Ecke Grünstraße. Eingeschossiger Putzbau mit Krüppelwalmdach, 2. V. 19. Jh.; Typ des Ackerbürgerhauses; urspr. kassettierte Haustür; 1926 um den zweigeschossigen zweiachsigen Anbau an der Südseite erweitert.

WOHNHAUS Nr. 41. Viergeschossiger gelber Backsteinbau von 1914/15 mit Mansarddach; die beiden mittleren der insgesamt sechs Achsen in risalitartiger, extra überdachter Vorlage; die Gebäudekanten mit Kolossalli-

*Linke Seite: Stralsund, Gemeindehaus Diebsteig 15, Portal*

*Rechte Seite: Stralsund, Wohnhaus Frankendamm 25, Portal; Frankendamm 29; Frankendamm 67, Portal und Gesamtansicht*

*Stralsund, ehem. Frankenkaserne (Goetheschule) Frankenhof 7/8*

senen, ihre Kapitelle ebenso wie die in den vertieften Putzspiegeln unter den Obergeschoßfenstern sitzenden Masken bzw. Blütenmotive aus glasierter Terrakotta.
WOHNHAUS Nr. 49. Viergeschossiger siebenachsiger Putzbau von 1912/13; die mittleren drei Achsen mit dem Treppenhaus und seitlichen geschoßübergreifenden Erkern von einem hohen Dreieckgiebel abgeschlossen.
WOHNHAUS Nr. 53. Eingeschossiges Fachwerk-Giebelhaus mit Krüppelwalmdach, 1. H. 19. Jh.
WOHNHAUS Nr. 58, Ecke Quergasse. Eingeschossiger verputzter Fachwerkbau mit Krüppelwalmdach, 1. D. 19. Jh.; urspr. Haustür mit Gliederung durch aufgelegte Leisten.
WOHNHAUS Nr. 67. Eingeschossiger barockisierender Backsteinbau, 1920 nach Entwurf von A. Viernow, Stralsund, errichtet. Gebäudekanten und Türrahmung mit genuteten Lisenen, an der Straßenfront zwei übergiebelte Zwerchhäuser, an der linken Schmalseite polygonaler Erker.
WOHNHAUS Nr. 70. Zweigeschossiger Putzbau von 1879/80 in spätklassizistischen Formen mit Drempel und Stockwerkgesimsen.
ALTER FRANKENFRIEDHOF. 1713 eröffnet, heute Parkanlage. Erhalten Grabplatte für Carolina Helena Johanna von Polett, geb. v. Pachelbel, † 1757.
Schräg gegenüber der 1864 geweihte NEUE FRANKENFRIEDHOF, heute ebenfalls Parkanlage, die gärtnerische Anlage in ihren Grundzügen erhalten.
KATHOLISCHER FRIEDHOF Nr. 73. 1912 angelegt; eingefaßt von Backsteinmauer.
Ehem. KASERNE (Goetheschule) Frankenhof 7/8. Um 1935 als dreigeschossiger Klinkerbau mit Walmdach errichtet, 1949/50 zur Schule umgebaut. An der westlichen Längsseite zwei flache Treppenhausrisalite, sonst prägend die Fensterbänder.

*Franzenshöhe*

WOHNHAUS Nr. 6. Eingeschossiger Fachwerkbau mit Krüppelwalmdach und urspr. kassettierter Haustür, 2. V. 19. Jh.
Ehem. KALKBRENNEREI. Komplex aus der ehem. Unternehmervilla und mehreren Wirtschaftsgebäuden; 1837 gegründet und bis in die 1930er Jahre betrieben. – Erwähnenswerte Einzelbauten sind:
VILLA Zweigeschossiger Putzbau in neoklassizistischen Formen mit Flachdach, errichtet um 1870; zwischen dem niedrigen Erd- und dem als Beletage aufgefaßten Obergeschoß umlaufendes Gurtgesims; Fugenschnittputz; an der Ostseite Altan.

Ehem. MASCHINENHAUS (Wohnungen). Eingeschossiger Putzbau mit Pappdach, 4. V. 19. Jh.
Ehem. SCHEUNE (Wohnungen). Zweigeschossiger zehnachsiger, im Erdgeschoß massiver, oben in Fachwerk errichteter Bau mit flachem Satteldach, E. 19. Jh., 1919 zum Arbeiterwohnhaus umgebaut.
KALKBRENNOFEN vom Typ des Neuen Rüdersdorfer Ofens, erbaut wohl nach 1870; zweigeschossiger massiver polygonaler Unterbau, daraus der etwa 20 m hohe, sich nach oben stark verjüngende Schornstein erwachsend.

*Franz-Wessel-Straße*
WOHNHÄUSER Nr. 1 bis 24, 26. Teil des sog. Bürgermeisterviertels, einer von 1926 bis 1941 im Auftrag verschiedener Baugenossenschaften errichteten Anlage, die 1954 durch einige angepaßte Neubauten geringfügig ergänzt wurde. Die um vier langgestreckte, urspr. parzellierte Innenhöfe errichtete Blockrandbebauung in der Karl-Marx-Straße, Wulflamufer, Krauthofstraße, Lambert-Steinwich-Straße, Smiterlowstraße und Otto-Voge-Straße aus zwei- und dreigeschossigen, überwiegend in Backstein errichteten Wohngebäuden bestehend; städtebaulich wirkungsvolle Bereiche wie die Eckgebäude oder die dem Frankenteich zugewandte Bebauung des Wulflam-Ufers dreigeschossig ausgebildet und durch abgewalmte Dächer, Risalite, Frontispize, Loggien oder ornamentale Ziegelsetzungen bereichert; die Stilformen eine Mischung von Elementen der Neuen Sachlichkeit und traditioneller Formen der Backsteinbaukunst.

*Fritz-Reuter-Straße*
WINDMÜHLENGEHÖFT Nr. 7/8. Mehrere Einzelbauten, erwähnenswert:
WINDMÜHLE vom Typ der Ständer-Holländer-Mühle, 2. H. 18. Jh., 1961 stillgelegt und 1980 durch einen Brand beschädigt; über massivem Erdgeschoß achtseitiger verschindelter Mühlenkörper aus Fachwerk; Windkraftanlage verloren.
MÜHLENHAUS Eingeschossiger sechsachsiger verputzter Fachwerkbau unter Mansarddach, 2. H. 18. Jh., wohl in der 1. H. 19. Jh. die zweite und dritte Achse von rechts als zweigeschossiger übergiebelter Risalit ausgebildet.
Mehrere Wirtschaftsgebäude (Scheune, zwei Ställe, Maschinenhaus, Speicher), sämtlich Backsteinbauten mit Pappdach.
Ehem. KNABENVOLKSSCHULE (Fritz-Reuter-Schule) Nr. 40, Ecke Großer Diebsteig. 1924/25 errichteter dreigeschossiger Backsteinbau; die Hauptfassade siebenachsig, in der Mitte zweiläufige Freitreppe zum Hauptportal mit genuteten Pilastern und Dreieckgiebelverdachung; über den seitlichen Achsen jeweils parallel laufende Satteldächer mit Volutengiebeln; an der Nordseite dreigeschossiger Querflügel mit Giebel zur Gartenstraße.
Ehem. SPRITZENHAUS (Wohnungen) Gartenstraße 28. Eingeschossiger gelber Backsteinbau von 1878/79 mit architektonischen Gliederungen in roten Ziegeln, errichtet nach Entwurf von Ernst v. Haselberg, 1911/12 zum Wohnhaus umgebaut.

*Greifswalder Chaussee*
Ehem. GASWERK (Verwaltung, Lager) Nr. 4. 1856 gegründetes Unternehmen. Von den Bauten erwähnenswert:
GASOMETER I 1856/57 über dem Grundriß eines gestreckten Oktogons errichteter gelber Backsteinbau mit Lisenengliederung; der Sockel mit Rundbogenfenstern, darüber gekuppelte Schlitzfenster, als Abschluß kräftiges Traufgesims mit vierfachem Deutschen Band und Konsolen in rotem Backstein; das Dach und die technische Ausstattung verloren. Vor dem Gasometer das in gleichen Formen gehaltene und wohl gleichzeitig errichtete ehem. Maschinenhaus.
GASOMETER II Zylindrischer dreigeschossiger gelber Backsteinbau mit Lisenengliederung, 1904/05 in Anlehnung an den älteren Gasometer errichtet; als Abschluß flaches Kuppeldach mit Laterne; der Gasbehälter nicht erhalten.
GASOMETER III Stahlgerüstkonstruktion von 1914.
JÜDISCHER FRIEDHOF Nr. 42. 1850 angelegter, 1912 erweiterter Begräbnisplatz; heute kleine gestaltete Anlage mit ca. 30 Grabstelen und -steinen, der älteste von

*Stralsund, Ziegelgrabenbrücke*

1854. Als Einfassung zeitgenössische Backsteinmauer mit von Pfeilern flankiertem Tor.

WOHNHAUS Nr. 46. Zweigeschossiger fünfachsiger Putzbau in Neorenaissanceformen, die Fassadenmitte durch Portal, Fachwerkerker und Giebel mit Renaissancedekor betont.

BRAUEREI Nr. 84/85. Gebäudekomplex aus E. 19. Jh. in historisierenden Formen errichteten Backsteinbauten, erwähnenswert u. a. das zweigeschossige Gärhaus und das eingeschossige Maschinenhaus; der zweigeschossige Stahlbetonskelettbau des sog. Flaschenkellers von 1921.

WOHNHAUS Großer Diebsteig 21. Zweigeschossiger Putzbau mit Mezzanin, 1908/09 in klassizierenden Formen errichtet.

*Hafenstraße*

WOHNHAUS Nr. 24. Dreigeschossiger achtachsiger gelber Backsteinbau von 1901, die zwei äußeren Achsen mit flachen übergiebelten Vorlagen.

KÜHLHAUS Nr. 30. 1953/54 errichteter kubischer fensterloser Putzbau mit Pilastergliederung und attikaähnlichem Abschluß; an der Nordseite risalitartiger Funktionsanbau.

SILO I Backsteinbau mit Satteldach, errichtet 1940/42, das Keramikrelief »Schnitter« von Paul Horn, Greifswald, angeblich 1939.

WOHNHÄUSER Karl-Marx-Straße 2–16 (gerade Nr. ), s. Franz-Wessel-Straße

WOHNHÄUSER Krauthofstraße 1 a, 1 b, 2–33, s. Franz-Wessel-Straße

WOHNHÄUSER Lambert-Steinwich-Straße 1–35, 37, 39, 41, 43, s. Franz-Wessel-Straße

WOHNHAUS Peter-Blome-Straße 16. Dreigeschossiger Putzbau mit Drempel von 1908/09; reiche Fassadengliederung, Stockwerkgesimse.

WOHNHAUS Reiferbahn 1. Am Seitengiebel des Hauses Sgraffito-Bild »Fischwirtschaft«, 1956 von Tom Beyer, Stralsund.

ZIEGELGRABEN-/RÜGENDAMMBRÜCKE Rügendamm. 1933/36 hergestellte Verbindung vom Festland zur Insel Dänholm und von dort zur Insel Rügen. Die Brücke über den Ziegelgraben aus zwei einteiligen, hydraulisch betriebenen Klappbrücken für den Eisenbahn- bzw. Straßenverkehr bestehend, die Eisenbahnbrücke eine geschweißte, die Straßenbrücke genietete Stahlkonstruktion; nach Kriegsschäden 1951 in urspr. Gestalt wiederhergestellt.
Im Zusammenhang mit dem Brückenbau auch die Gebäude für den Brückenwärter bzw. das Stellwerk entstanden; beide in Backstein und mit flachen, überstehenden Betondächern. Die Brücke über den Strelasund starre Stahlkonstruktion.

WOHNHAUS Sastrowstraße 1/2/3. Zweigeschossiger dreizehnachsiger Putzbau unter Walmdach von 1927, die barockisierenden Formen durch genutete Gebäudekanten und die von Volutenschwüngen gerahmten Zwerchhäuser unterstrichen; die Türen mit Pilasterrahmung, dreieckgiebeligen Verdachungen und stuckiertem Rankenwerk in den Formen der art déco.

WOHNHÄUSER Smiterlowstraße 1–25 (ungerade Nr.). s. Franz-Wessel-Straße

BAHNHOF RÜGENDAMM Werftstraße. 1936 errichteter zweigeschossiger rechteckiger Backsteinbau unter Walmdach; über den Eingängen auf zwei Pfeilern ruhende, urspr. vorn abgerundete Betondächer; an der südwestlichen Schmalseite pavillonartiger Anbau.

WOHNHÄUSER Wulflamufer 5–22. s. Franz-Wessel-Straße
In den Anlagen am Ufer des Frankenteiches das LAMBERT-STEINWICH-DENKMAL 1904 nach Modell von Wilhelm Jacobi, Berlin, in Lauchhammer geschaffenes Bronzestandbild des Bürgermeisters im Kostüm von 1628, zunächst auf dem Alten Markt aufgestellt, 1937 an seinen jetzigen Standort umgesetzt.

*Stralsund, Wohnhaus Wulflamufer 16; Lambert-Steinwich-Denkmal*

## Insel Dänholm

Die zwischen Stralsund/Frankenvorstadt und Rügen gelegene Insel seit dem 17. Jh. zumindest sporadisch für militärische Zwecke genutzt, seit A. 19. Jh. auch Ausflugsziel. Mit dem Übergang Vorpommerns an Preußen 1815 in die Festungsanlagen um die Stadt Stralsund einbezogen und zunächst im Bereich der Sternschanze ausgebaut, nach M. 19. Jh. Marinebasis mit eigens angelegtem Hafen und den zugehörigen Militärbauten. Nach der Entfestung Stralsunds 1873 nicht aufgegeben, sondern als militärisches Objekt und Ausbildungsstätte bis 1990 weitergenutzt.

Von den Baulichkeiten erwähnenswert:

STERNSCHANZE Im nördlichen Teil der Insel nahe dem späteren Rügendamm nach 1815 geschaffene fünfstrahlige Anlage mit urspr. zwei Wällen und Graben, nach der M. 19. Jh. erneuert und ausgebaut; der äußere Wall nicht mehr vorhanden; im nördlichen Wallteil Grabenwehr und Kasematten, wohl 3. V. 19. Jh., ihre Abschlußwände zum Innenhof in Backstein mit segment- und rundbogigen Eingängen und Luken, Lisenen und z. T. Konsolfriesen. Im Hof zwei ehem.

WOHNHÄUSER für Militärangehörige (Museum) Haus 10 und 12. Zweigeschossige Backsteinbauten mit einfachen Dreieckgiebeln und Treppenfriesen an den Schmal- und Konsoltraufgesimsen an den Längsseiten; segmentbogige Eingänge und Fenster. 1815 zunächst als eingeschossige Lagerhäuser errichtet, 1865 aufgestockt, 1923/24 umgebaut, die hofseitigen Treppenhausvorbauten am Haus 10 nach 1950 hinzugefügt. – An der Ostseite des Hofes das ehem.

LATRINENGEBÄUDE (Werkstatt) Haus 11. Zweigeschossiger Backsteinbau mit segmentbogigen Toren und Fensteröffnungen, 1865 zunächst als eingeschossiger Bau errichtet, 1895 aufgestockt.

Ehem. DAMPFKANONENBOOTSCHUPPEN (Lager) Haus 27. 1850/52 errichteter eingeschossiger Backstein-/Fachwerkbau unter fünf parallel verlaufenden flachen Satteldächern; die ehem. an der Hafenseite gelegenen großen Tore vermauert, das Innere verändert.

Ehem. PROVIANTMAGAZIN (Behörde) Haus 28. Großer rechteckiger dreigeschossiger Backsteinbau von 1859, an den Schmalseiten mit einfachen Dreieckgiebeln; segmentbogige Türen und Fenster.

Ehem. BEAMTEN- UND ARBEITERWOHNHÄUSER (Verwaltung) Häuser 17 und 19. Die zeitweise auch als Kasernen genutzten zweieinhalbgeschossigen Backsteinbauten mit segmentbogigen Türen und Fenstern nach 1850 erbaut; die Architekturgliederungen am Haus 17 z. T. in gelbem Backstein, der südliche Erweiterungsbau in angepaßten Formen von 1913.

Ehem. LAGERHAUS Haus 20. Der zeitweise als Exerzierhalle genutzte eingeschossige Fachwerkbau unter Satteldach aus der 2. H. 19. Jh.

Ehem. WIRTSCHAFTSGEBÄUDE (Verwaltung, Gaststätte) Haus 5. 1935/36 als südlicher Abschluß eines seitlich mit Kasernengebäuden aus gleicher Zeit umstandenen Hofes errichteteter zweigeschossiger Backsteinbau mit dreiachsigen Seitenrisaliten und Walmdach; auf dem Dachfirst mittig turmstumpfartig angelegter Aufbau einer ehem. Flakstellung.

HAFEN 1849/51 im südlichen Teil der Insel angelegt, wenig später u. a. durch westliche Zufahrt erweitert; der durch den Hafenbau abgetrennte südliche Inselbereich (»Kleiner Dänholm«) gleichzeitig mit den beim Hafenbau angefallenen Erdmassen an der Westseite durch Wälle mit Kasematten gesichert.

## Kniepervorstadt

Nordöstlich der Innenstadt zwischen Knieper- und Moorteich, dem Neubaugebiet Knieper-West, dem Stadtrand sowie dem Strelasund gelegener Stadtteil mit Resten ehem. Ackerbürgersiedlungen, größeren Bereichen mit Villen und Wohnhausbauten der 1920/1930er Jahre sowie Beispielen des genossenschaftlichen Wohnungsbaues.

*An den Bleichen*

WOHNHAUS Nr. 2 (ehem. Niedermühle). 1893 errichtetes, 1902 umgebautes Haus mit Teilen eines Vorgängerbaues von 1809 im Kellerbereich. Dreigeschossiger

Putzbau; das Erdgeschoß mit Putzbänderung, die vier mittleren Achsen der Straßenfront in den Obergeschossen mit durchgehenden Balkonen und Dreieckgiebel als Abschluß. – Im Hof ein ehem. Ackerbürgerhaus, eingeschossiger Fachwerkbau mit Krüppelwalmdach, 1. V. 19. Jh.

WOHNHAUS Nr. 6/8/10. Zweigeschossiger symmetrisch angelegter Putzbau, errichtet 1924; in seinen Formen eine Mischung aus Neoklassizismus und Reformstil. Der Mittelbau unter eigenem Walmdach mit von Säulen gerahmtem Portal, die Seitenbauten mit Pilastergliederung und jeweils in der 3. Achse von außen durch einen Risalit mit klassizierendem Stufengiebel betont.

WOHNHAUS Nr. 11/13. 1911/12 als Doppelhaus mit eingeschossigem traufständigen Mittelteil und flankierenden zweigeschossigen Giebelbauten errichtet.

VILLA Nr. 15. Eingeschossiger fünfachsiger Putzbau mit Mansarddach; die nach Süden orientierte Hauptfront mit vierachsigem Portikus und durch kannelierte Pilaster betonten Gebäudekanten; über dem Eingang überhöhter Giebelaufbau.

WOHNHAUS Nr. 16/18. Als zweigeschossiger Putzbau unter Walmdach nach Entwurf von A. Viernow 1927 errichtetes Doppelhaus.

WOHNHÄUSER Nr. 22/24 und 26/28. Zweigeschossige achtachsige Putzbauten unter Walmdach von 1929; bei Nr. 22/24 die äußeren Achsen überhöhte Risalite mit Klinkerverblendung und gezackter Traufline, dazwischen ein schlicht verputzter Mittelteil; bei Nr. 26/28 die vier Mittelachsen überhöht und durch gezackte Traufline hervorgehoben.

Ehem. KNABEN-MÄDCHEN-VOLKSSCHULE (Lambert-Steinwich-Schule) Nr. 27. 1929/31 nach Entwurf von D. Gerlach über L-förmigem Grundriß errichteter Backsteinbau; das viergeschossige sechsachsige Hauptgebäude an der westlichen Längsseite mit flachen Seitenrisaliten, an der südlichen Schmalseite mit dreiseitig vorspringendem, der Belichtung der Mittelflure dienendem Obergeschoßerker, ornamentierten Gebäudekanten und umlaufendem Rautenband unter der Traufe; an der Nordseite Anbauten mit Eingang und Turnhalle.

*Stralsund, ehem. Knaben-Mädchen-Volksschule An den Bleichen 27*

*Dr.-Wilhelm-Külz-Straße*

WOHNHAUS Nr. 2, Ecke Friedrich-Engels-Str. 7. Um 1925 errichtetes, differenziert gestaltetes Doppelhaus mit eingeschossigem Mittelbau unter Mansarddach und zweigeschossigen Seitenteilen unter Walmdächern.

WOHNHAUS Nr. 9. 1928 nach Entwurf der Architekten Mohr und Weidner, Berlin, errichteter zweigeschossiger Putzbau unter überstehendem Walmdach; an der Straßenfront außermittig sitzender Altan, darüber Terrasse vor spitzbogig geschlossener Wandblende.

WOHNHAUS Nr. 14. Giebelständiges, durch sein steiles Satteldach mit zwei ausgebauten Geschossen geprägtes Haus von 1928; an der Straßenfront die Kratzputz-Partien mit der Holzverschalung des Giebelbereiches kontrastierend.

WOHNHAUS Ernst-Moritz-Arndt-Straße 6. Eingeschossiger fünfachsiger Putzbau mit Krüppelwalmdach, 1. H. 19. Jh., ehem. Ackerbürgerhaus.

*Friedrich-Engels-Straße*
WOHNHAUS Nr. 12 a–c. Dreifamilienhaus von 1929; zweigeschossiger Putzbau unter Walmdach, die Fassade an der Vorderseite durch zwei dreigeschossige turmartige Risalite geprägt. An der Zufahrt die
WOHNHÄUSER Nr. 12 und 14. Zweigeschossige Putzbauten vom E. 1920er Jahre unter Krüppelwalmdächern, die Straßenfront mit zweigeschossigen verklinkerten Risaliten.
Ehem. GASTHAUS Nr. 13. Malerischer eingeschossiger Fachwerkbau von 1897.
WOHNHAUS Nr. 15. Zweigeschossiger vierachsiger Putzbau unter Walmdach; vom E. 19. Jh. das Erdgeschoß in Backstein mit gelben Bändern, um 1925 das Obergeschoß mit Walmdach aufgesetzt.
WOHNHAUS Nr. 17. Dreigeschossiger achtachsiger Backsteinbau mit hohem ausgebauten Mansardgeschoß, der urspr. Bau von 1894 mehrfach, zuletzt 1927 umgebaut; die jeweils 3. Achse von außen als Erkerrisalit ausgebildet. Der Eingang in einer Portalnische mit drei von kannelierten Pfeilern gerahmten rechteckigen Arkaden.
Ehem. VILLA Nr. 20. Zweigeschossiger fünfachsiger Putzbau mit Pilastergliederung unter Walmdach, 1923 nach Entwurf von A. Viernow erbaut; an der Straßenseite dreiachsiger Mittelrisalit, durch rundbogigen Giebel und Balustrade betont, gartenseitig über einer Terrasse halbrund vorspringender Mittelrisalit mit von vorgestellten Säulen getragener Kuppel mit Mansardfenstern.

RUDERCLUBHAUS Friedrich-Naumann-Straße 5. Zweigeschossiger Backsteinbau unter Walmdach von 1927 mit Bootsliegehalle im Erd- und Vereinsräumen im Obergeschoß.

*Gerhart-Hauptmann-Straße*
WOHNHAUS Nr. 1. Zweigeschossiges Gebäude über T-förmigem Grundriß aus hellem, rot gebändertem Backstein mit überstehendem, in Schiefer gedeckten Dach, 1874 im späten Schweizerhaus-Stil errichtet; dafür Details wie die ausgesägten Windbretter der in Fachwerk gehaltenen Giebel am nördlichen Kopfbau und dem südlich anschließenden traufständigen Hausteil ebenso cha-

rakteristisch wie der auf verzierten Streben ruhende Balkon. Im Inneren Teile der urspr. Ausgestaltung erhalten.

TURNHALLE Nr. 2, Ecke Sarnowstraße. 1884 errichteter eineinhalbgeschossiger Backsteinbau mit Lisenengliederung und umlaufendem glasierten Spitzbogenfries, in der Folgezeit durch mehrere An- und Umbauten verändert, die Gleichrichterstation von 1930.

WOHNHAUS Nr. 4, Ecke Sarnowstraße. Zweigeschossiger Backsteinbau mit verputztem Drempelgeschoß, errichtet 1898 in Formen der italienischen Renaissance; der flache Mittelrisalit mit Erdgeschoßerker; Stichbogenfenster.

Ehem. SCHLOSSBRAUEREI (Wohnhaus »Schloß am Sund«) Nr. 5/5 a.. Dreieinhalbgeschossiger Putzbau auf hohem Sockel, errichtet 1877 mit zinnenartiger Attika und Spitzbogenkonsolfries; an der Straßenfront ein viergeschossiger turmartiger Anbau, originell der dreigeschossige Loggiaanbau an der Südseite mit den Spitzbogenarkaden; das burgartige Aussehen beim Umbau zum Wohnhaus 1914 beibehalten.

VILLA Nr. 14, Ecke Friedrich-Naumann-Straße. Eingeschossiger Putzbau im Stil eines Landhauses mit ausgebautem Mansarddach und dreigeschossigem Eckturm, errichtet 1911 nach Entwurf von Hans Wilhelm, Berlin.

*Große Parower Straße*

WOHNHAUS Nr. 5. Dreigeschossiger Putzbau von 1911 mit Obergeschoßerker, zweiachsigem Zwerchhaus und Mansarddach.

WOHNHAUS Nr. 10/12. Dreigeschossiger zehnachsiger gelber Backsteinbau von 1879, in den 3. Achsen von außen die Portale in flachen, von Schild- bzw. Dreieckgiebel abgeschlossenen Vorlagen.

WOHNHAUS Nr. 14. Zweieinhalbgeschossiger fünfachsiger Backsteinbau von 1875, die Portalachse mit hölzernem Zwerchgiebel.

WOHNHÄUSER Nr. 17, 19 und 23. Eingeschossige, urspr. wohl in Fachwerk errichtete Putzbauten mit Krüppelwalmdach, vor M. 19. Jh. als Ackerbürgerhäuser erbaut; bei Nr. 17 die Gebäudekanten und das Portal mit genuteten Lisenen, bei Nr. 19 die geschnitzte klassizistische Haustür erhalten, bei Nr. 23 die südliche Giebelfront in Fachwerk.

Ehem. RETTUNGSHAUS (Schwesternheim) Nr. 42. Zwei durch einen eineinhalbgeschossigen Zwischenbau verbundene neogotische, 1898 bzw. 1904 errichtete Backsteingebäude.

Ehem. MARINELAZARETT (Krankenhaus) Nr. 47–53. 1936/38 nach Entwurf von A. Stieler, Berlin, errichteter drei- und viergeschossiger Stahl-Beton-Skelettbau mit Backsteinverkleidung; der viergeschossige Kopfbau vorn abgerundet; rückseitig durch Pergolen verbundene Flügelbauten.

An der Straßenfront großes keramisches Relief von Adolf Wamper, 1938, »Herakles die Hydra erwürgend«; am Nordflügel »Möwe«, Zinkguß, 1938 von Gerhard Schliepstein.

*Linke Seite: Stralsund, Wohnhäuser Gerhart-Hauptmann-Straße 4 und Gerhart-Hauptmann-Straße 5/5 a*

*Rechte Seite: Stralsund, ehem. Marinelazarett Große Parower Straße 47–53*

*Hainholzstraße*

ST.-JÜRGEN-FRIEDHOF 1673 angelegter, 1969 aufgelassener Begräbnisplatz mit jetzt parkartigem Charakter. Im älteren Teil die Hauptalleen erhalten. Im südwestlichen Bereich mehrere Grabstellen mit querovalen gußeisernen Grabschildern aus der M. 19. Jh., u. a. für die Familien Hevernick, Blandow, den ehem. Oberbürgermeister Gronow und Tiedt. An der Nord- und Ostseite des älteren Teiles geschlossene Reihen von überwiegend neogotischen Gruftkapellen bzw. aufwendigen Wandgräbern, M. 19. bis A. 20. Jh., in jüngster Zeit durch Vandalismus stark beschädigt. An der nördlichen Hauptallee die Grabstätten von historisch bedeutsamen Persönlichkeiten, erwähnenswert u. a.: Ferdinand v. Schill † 1809, mit bronzenem Porträtmedaillon an hohem Granitfindling, davor gußeiserne Platte mit lateinischer Inschrift von 1838; rechts davon ein Gedenkstein für die anderen in Stralsund gefallenen Waffengefährten Schills, links Grabstelle für Antoine Benedict Carteret † 1809. Unweit davon die Grabstätte der Familie Tiburtius mit Grabstein für den Schriftsteller Carl Tiburtius (1834–1910) und die Ärztin und Frauenrechtlerin Franziska Tiburtius (1843–1927). In der Nähe der Schillschen Grabstätte auch die Gräber von A. Dähmlow † 1931, K. Krull † 1932 und W. Heinze † 1945. Im mittleren Bereich an der südlichen Allee Grabmal Carl Aug. Friedr. Herm. Schulze † 1869 in spätklassizistischen Formen mit Freimaurersymbolik.

WOHNHÄUSER Nr. 13, 14, 41 und 45. Eingeschossige, urspr. in Fachwerk errichtete, meist später vollständig verputzte ehem. Ackerbürgerhäuser mit Krüppelwalmdächern aus der 1. H. bis M. 19. Jh.; die Wirtschaftsteile sämtlich umgestaltet, z. T. auch die Wohnteile stark verändert. Nr. 13 über den beiden Mittelachsen aufgestockt; Nr. 14 mit übergiebeltem Frontispiz von 1867. Nr. 41 mit genuteten Lisenen an den Gebäudekanten und am Portal; die Mittelachse durch Schweifgiebel mit Dreieckaufsatz betont; die Haustür um 1820/30. Nr. 45 unter Walmdach, die Fassadengliederungen 1937 modernisiert.

WOHNHAUS Nr. 49. Zweigeschossiger gelber Backsteinbau mit roten Architekturgliederungen, 1881; das Portal in flacher übergiebelter Vorlage, die Gebäudeecken an der Traufe durch turmartige Aufsätze betont.

Ehem. SCHULE (Kindergarten) Nr. 53. Kubisch aufgefaßter, wohl nach dem Vorbild der Realschule in der Bleistraße E. 19. Jh. errichteter zweigeschossiger Backsteinbau; rechts ein dreigeschossiger zweiachsiger Risalit.

*Linke Seite: Stralsund, ehem. St.-Jürgen-Friedhof, Grabtafel Blandow; Grabstätte Ferdinand v. Schill, Medaillon*

*Rechte Seite: Stralsund, ehem. St.-Jürgen-Friedhof, Grabstelle Schuffenhauer*

Ehem. SCHULE (Wohnung) Nr. 54, Ecke Lindenstraße. 1826 als eingeschossiger Bau errichtet, 1846 erweitert, 1862 zum zweigeschossigen Putzbau mit Krüppelwalmdach aufgestockt.

WOHNHAUS Joh.-R.-Becher-Straße 4. Siebengeschossiges Außenganghaus, sowohl Längs- als Kopfbau mit überstehendem Dach, errichtet um 1970.

*Kleine Parower Straße*

VILLA (Seniorenheim) Nr. 7, Ecke Paul-Sack-Straße. Zweigeschossiger Backsteinbau von 1872 mit einem zweiachsigen giebel- und einem vierachsigen traufständigen Hausteil; die Eingangslösung um 1920 verändert. Seitlich ein Stallgebäude in Fachwerk aus der Entstehungszeit.

WOHNHAUS (Gastätte) Nr. 9. Eineinhalbgeschossiger gelber Backsteinbau, 4. V. 19. Jh., mittig ein übergiebelter zweigeschossiger Frontispiz.

WOHNHAUS Nr. 13. Eingeschossiger fünfachsiger Putzbau mit Krüppelwalmdach, 1. H. 19. Jh., die Gebäudekanten und die Portalrahmung genutet, am Portal mit aufgelegten Pilastern; das übergiebelte Zwerchhaus von 1894.

WOHNHAUS Nr. 18/20/22. Als eingeschossiger Putzbau um 1925 errichtetes Dreifamilienhaus unter Mansarddach, durch die zweiachsigen Zwerchhäuser mit Sattel- bzw. Krüppelwalmdächern geprägt.

*Knieperdamm*

WOHNHAUS Nr. 1. Im 1. D. 19. Jh. als Torschreiberhaus in Gestalt eines eingeschossigen sechsachsigen Putzbaues errichtet, um 1930 umgestaltet; zweiachsiges Zwerchhaus mit angesetzten Voluten, an der Rückfront ein zweigeschossiger dreiachsiger Mittelbau mit Gliederung in den Formen der 1930er Jahre.

VILLA Nr. 3. Dreigeschossiger gelber Klinkerbau mit Drempel, 1882 in Neorenaissanceformen italienischer Prägung errichtet. Eckrustika; im Erdgeschoß Erker mit kannelierten Pilastern; überstehendes Dach. An der Gartenseite ein Mittelrisalit mit vorgelegter Veranda.

VILLA Nr. 3 a. Zweigeschossiger Putzbau von um 1900 mit Erker in Fachwerk und Giebel mit hölzernen Verstrebungen.

Ehem. WOHNHAUS (Schülerfreizeitzentrum) Nr. 5. Eingeschossiger Putzbau mit Krüppelwalmdach, 1. V. 19. Jh., ab 1867 Haus der Bürger-Ressource-Gesellschaft, deshalb mehrfach durch Um- und Anbauten verändert, u. a. durch eingeschossigen Fachwerkanbau von 1879.

WOHNHAUS Nr. 7. Zweigeschossiger Putzbau von 1908 mit Fachwerkgiebel; seitlich ein Eingangsvorbau, dahinter ein halbrund vorspringendes Treppenhaus mit Kegeldach.

WOHNHAUS Nr. 8. Dreigeschossiger sechsachsiger, im Erdgeschoß verputzter Backsteinbau von um 1905; zweiachsiger übergiebelter Mittelrisalit, Mansarddach; das Erdgeschoß mit Putzbänderung und genuteten Lisenen.

WOHNHAUS Nr. 9. Eingeschossiges, von urspr. sechs auf vier Achsen verkürztes ehem. Ackerbürgerhaus aus der 1. H. 19. Jh.; stark verändert.
WOHNHAUS Nr. 10. Dreigeschossiger siebenachsiger Bau von 1901 mit verputztem Erdgeschoß und backsteinsichtigen Obergeschossen; die äußeren Achsen flache Risalite mit Staffelgiebeln, zwischen ihnen Mansarddach; im Hausflur Wandgemälde mit Landschaften und Deckenplafond mit Puttengruppe in Wolken.
WOHN- UND GESCHÄFTSHAUS Nr. 18, Ecke Spielhagenstraße. Dreigeschossiger weißer Klinkerverblendbau mit geputzten Architekturgliederungen von um 1905, das Erdgeschoß mit Putzbänderung; die abgeschrägte Eckachse in den Obergeschossen durch einen Erker und und einen turmartigen Abschluß mit Pyramidendach betont, an der Straßenfront außermittig sitzender kleiner Schweifgiebel.
WOHNHAUS Nr. 20, Ecke Spielhagenstraße. Zwei eingeschossige mehrachsige, urspr. in Fachwerk errichtete Putzbauten aus der 1. H. 19. Jh.
WOHNHAUS Nr. 28. Sechsachsiger, urspr. eingeschossiger Fachwerkbau aus der 1. H. 19. Jh.; 1905 aufgestockt und verputzt; das Erdgeschoß mit Putzbänderung, zwischen den Geschossen breites Gesimsband.
WOHNHAUS Nr. 32. Eingeschossiges siebenachsiges, urspr. in Fachwerk mit Krüppelwalmdach errichtetes Ackerbürgerhaus aus der 1. H. 19. Jh., später verputzt; der straßenseitige zweigeschossige übergiebelte Risalit wohl 3. D. 19. Jh.
WOHNHAUS Nr. 49/50. 1898 errichtetes siebenachsiges Doppelhaus von zwei Geschossen; die mittlere und die äußeren Achsen als übergiebelte dreigeschossige Risalite ausgebildet.
WOHNHAUS Nr. 53. Zweigeschossiger fünfachsiger Bau von 1906; das Erdgeschoß mit Putzbänderung, das Obergeschoß in Klinkerverblendmauerwerk; über der östlichen Achse Aufsatz mit Schweifgiebel.
WOHNHAUS Nr. 73/74. Baugruppe über L-förmigem Grundriß. 1899 zunächst das zurückgesetzt stehende Gebäude Nr. 74 errichtet, 1927 in zeitgenössischen Formen als Backsteinbau mit geputztem Obergeschoß und Treppenhausrisalit mit abschließendem Stufengiebel erneuert und 1929 mit dem dreigeschossigen Nachbarhaus Nr. 73 mit rundbogiger Hofdurchfahrt zusammengelegt. Im Winkel ein mit spitzbogigen Arkaden geöffneter polygonaler Anbau mit Altan.
VILLA Nr. 75, Ecke Friedrich-Engels-Straße. Eineinhalbgeschossiger vierachsiger Putzbau im Landhausstil von 1878, die Fassade mit vegetabilischem Stuckdekor.
VILLA Nr. 79/79 a. 1876 in neogotischen Formen errichteter, mit seinem zinnenkranzgesäumten Turm stadtbildprägender Putzbau; 1903 und später verändert.

*Lindenstraße*

WOHNHÄUSER Nr. 13, 36, 38, 39, 42 und 45, Ecke Carl-v.-Essen-Straße. Eingeschossige, z. T. verputzte ehem. Ackerbürgerhäuser mit Krüppelwalmdächern, 1. H. 19. Jh.; zumeist verändert. Bei Nr. 13 die urspr. Aufteilung in Wohn- und Wirtschaftsteil durch die an der Rückseite vermauert erhaltene Tordurchfahrt noch ablesbar. Nr. 42 mit übergiebeltem Dachausbau von 1905. Bei Nr. 38 und 42 die originalen klassizistischen Haustüren erhalten.

*Prohner Straße*

WOHNHAUS Nr. 9, Ecke Tessiner Straße. Dreigeschossiger Putzbau von sechs Achsen unter Walmdach, errichtet 1929 als Haus für Lungenkranke, die Loggien heute verglast; an der nordwestlichen Schmalseite dreieckig vorspringender Erker.
ICKE'SCHE STIFTUNG Nr. 10. Zweigeschossiges siebenachsiges, z. T. backsteinsichtiges Traufenhaus von 1914; die drei mittleren Achsen als flacher übergiebelter Risalit mit Backsteinlisenen ausgebildet; über dem Eingang vom Haus Wichmannsgang 2 um 1919 translozierte Inschrifttafel von 1776.
WOHNHAUS Nr. 12 a. Zweigeschossiger Putzbau mit Drempel von 1870, 1901 nach Brand erneuert; neoklassizistische Fassade mit flach vortretenden Seitenrisaliten und geschoßtrennendem Gesims.
Ehem. BELLEVUE-BRAUEREI (Gewerbe) Nr. 13. Das Hauptgebäude mit der früheren Produktionshalle ein zweigeschossiger Backsteinbau von 1869 mit architektonischer Gliederung aus gelben Steinen, ein gutes Bei-

spiel für den Industriebau nach der M. 19. Jh. Die fünfachsige Vorderfront mit Eckrustika und Giebeltürmchen, an der südlichen Giebelseite mit polygonal vorspringendem, von Dachtürmchen flankierten Mittelbau; unter dem Bau gewölbte Keller. Weiter erwähnenswert: zweigeschossiges Lagerhaus von 1875 mit Obergeschoß in Fachwerk und fünfgeschossiger Speicherbau mit Lisenengliederung.

WOHNHAUS Nr. 48. Elfgeschossiges Hochhaus vom A. 1970er Jahre; das oberste Geschoß mit Außengang unter vorkragendem Dach.

ZENTRALFRIEDHOF mit GEDENKSTÄTTE für die Opfer des 2. Weltkrieges. Mauer aus Werkstein mit Inschrifttafel aus Marmor, davor zwei Platten mit den Namen russischer Kriegsopfer, errichtet 1971 als Ersatz für eine ältere Anlage.

*Rosengarten*

VILLA Nr. 1, Ecke Knieperdamm. 1913 nach Entwurf von A. Viernow, Stralsund, errichteter zweigeschossiger Putzbau unter Walmdach; neoklassizistischer Portikus.

WOHNHAUS Nr. 3/4. 1911/12 nach Entwurf von A. Viernow, Stralsund, als ein- bzw. zweigeschossiger Putzbau unter Walm- und Mansarddach in den Formen der Reformarchitektur errichtet.

*Sarnowstraße*

In den Anlagen des stadtnahen Abschnittes der Straße das

SCHILL-DENKMAL 1909 nach Entwurf von Hans Weddo v. Glümer, Berlin. Bronzestandbild Ferdinand von Schills in Husarenuniform mit gezogenem Degen auf einem mehrstufigen steinernen Unterbau und quadratischem Sockel mit Girlandenschmuck.

WOHNHAUS Nr. 6. Dreigeschossiger dreiachsiger Putzbau mit Drempel; 1880 durch Aufstockung eines älteren Hauses vom A. 19. Jh. entstanden; geschoßtrennende Gesimse.

WOHNHAUS Nr. 7/7 a. Zweigeschossiger Putzbau von sechs Achsen mit Mezzanin, 1877.

VILLA Nr. 8. 1874 über asymmetrischem Grundriß aus ein- und zweigeschossigen Bauteilen errichtete Baugruppe; prägnant der zweigeschossige Kopfbau mit dem polygonalen Erker und der dahinterstehende Turm.

*Stralsund, Schill-Denkmal Sarnowstraße*

DOPPELVILLA Nr. 9/10. Zweigeschossiger sechsachsiger Putzbau von 1874; die Fassade mit Putznutung und überhöhten, übergiebelten Mittelrisaliten.

WOHNHAUS Nr. 11. Zweigeschossiger siebenachsiger Putzbau mit Drempel, erbaut 1878; neoklassizistische Gliederung mit genuteten Gebäudekanten, Kranzgesims und zweiachsigen übergiebelten Risaliten (Abb. S. 248).

WOHNHAUS Nr. 17. 1874 errichteter fünfachsiger Putzbau, der westliche Teil giebelständig (Abb. S. 248).

WOHNHAUS Nr. 18/18 a. Über L-förmigem Grundriß 1928 errichteter zweigeschossiger Winkelbau; der zur Straße gewandte Giebel des Vorderhauses mit Holzver-

schalung, im Winkel überhöhter, von Fachwerkgesims und Spitzhelm bekrönter Treppenturm.

VILLA Nr. 19, Ecke Gerhart-Hauptmann-Straße. 1890 errichteter, 1914 und 1928 erweiterter eingeschossiger Putzbau unter Mansarddach mit übergiebeltem Zwerchhaus und breitem Erker an der Straßenfront sowie Portal mit Pilasterrahmung an der Schmalseite.

WOHNHAUS Nr. 20. Großer zweigeschossiger Backsteinbau in Neorenaissanceformen mit geputzten Architekturgliederungen und Mansarddach, erbaut 1901. Die Baumasse durch Risalite, geschoßübergreifenden Eckerker, Putzbänder und Zwerchgiebel gestaltet.

WOHNHAUS Nr. 21. Gelber Backsteinbau mit Putzgliederung, übergiebeltem Risalit und Eckerker, errichtet 1899; ein Teil des Dekors neogotisch.

WOHNHAUS Nr. 23. Eingeschossiger Putzbau von 1923 nach Entwurf von Kankel mit steilem ausgebauten Satteldach; unten mittig sitzender polygonaler Altan; die Giebelfläche in Fachwerk bzw. holzverschalt.

VILLA Nr. 26. Zweigeschossiger Putzbau von 1914 nach Entwurf von Otto Knauf; charakteristisch der leicht getreppte Giebel mit dem überstehenden Dach und das die beiden zweigeschossigen Erker über die Eingangsachse hinweg verbindende Vordach sowie der Balkon mit Jugendstilgitter.

VILLA Nr. 27. Eingeschossiger, der Straße mit Fachwerkgiebel zugewandter Putzbau unter Mansarddach nach Entwurf von Hans Wilhelm, Berlin, 1912.

DOPPELVILLA Nr. 48/49. Zweigeschossiger Putzbau von 1878 in neoklassizistischen Formen; beiderseits der Mittelachse überhöhte übergiebelte Risalite mit aufgelegter geschoßweiser Pilastergliederung.

WOHNHAUS Nr. 50. Zweigeschossiger Putzbau unter Walmdach, 1930 in kubisch strengen Formen errichtet; straßenseitig leicht überhöhter Risalit mit überstehendem Dach, über dem Eingang großes Atelierfenster.

BRUNNENAUE A. 18. Jh. für Badekuren in Gestalt eines Landschaftparkes geschaffene Anlage, nach den Napoleonischen Kriegen erneuert und 1861 erweitert.

PLANETARIUM Schwedenschanze. Eingeschossiger Putzbau der 1950er Jahre unter Satteldach mit segmentbogigem Eingang, eine der ersten Einrichtungen dieser Art in der Nachkriegszeit; im Kuppelsaal ein Zeiss-Projektor.

WOHNHAUS Spielhagenstraße 1. Zweigeschossiger Putzbau von 1930 unter Walmdach; der überhöhte Treppenhausrisalit mit vertikalem Fensterband.

*Linke Seite: Stralsund, Wohnhäuser Sarnowstraße 17 und Sarnowstraße 11*

*Rechte Seite, o. links u. rechts: Stralsund, Villa Sarnowstraße 19; unten: Wohnhäuser Sarnowstraße 50 und Sarnowstraße 48/49*

WOHNHAUS Spielhagenstraße 2. Zweigeschossiger Putzbau von 1924 unter überstehendem Walmdach, in der Straßenfront halbrund vorspringender Erker mit Altan und Fledermausgaube im Dach.

*Sundpromenade*
Um 1910 angelegter Weg entlang des Strelasundes zwischen Nordmole und späterem Krankenhaus.
In den Anlagen das
THÄLMANN-DENKMAL von 1962, Bronzestandbild von Walter Arnold, Dresden, vor gerundeter Mauer aus Werkstein.

Ehem. RÄUCHERHÄUSER Sundpromenade 1 und 2. Eingeschossige, z. T. verputzte Fachwerkbauten mit Krüppelwalmdächern, um 1835 errichtet.

Ehem. GASTHAUS (Wohnung) Vogelwiese 64. Zweigeschossiger neogotischer Putzbau von 1879; die mittleren drei der insgesamt fünf Achsen überhöht; Erdgeschoß mit Putzbänderung, umlaufender Zinnenkranz über Rundbogenfries.

WOHNHAUS Wallensteinstraße 6. Eingeschossiger siebenachsiger Putzbau mit Mezzanin, 1. D. 19. Jh., der Mittelrisalit mit Zwerchhaus. Errichtet als Wohnhaus des Bauerngehöftes auf dem Hainholz; E. 19. Jh. durch Anbauten erweitert.

## Tribseer Vorstadt

Westlich und südwestlich der Innenstadt zwischen Moorteich, Knieperteich, der Bahnstrecke nach Greifswald und dem südwestlichen Vorland gelegener Stadtbereich, der von den alten Landstraßen nach Barth, Rostock und Richtenberg/Tribsees durchzogen wird. Der bis zur M. 19. Jh. und vor der Entfestung der Stadt 1873 nur mit wenigen Sommersitzen Stralsunder Bürger und Ackerbürgerhäusern bebaute Bereich seit der Anlage des ersten Bahnhofes (1863) und der Aufhebung der Baubeschränkungen insbesondere seit dem 4. V. 19. Jh. und im frühen 20. Jh durch den Bau von Mietshäusern, Genossenschaftswohnungen und Villen weiträumig bebaut.

*Alte Richtenberger Straße*
WOHNHAUS Nr. 24. Eingeschossiger, nachträglich z. T. verputzter Fachwerkbau mit Krüppelwalmdach und Durchfahrt im linken Hausteil, 2. V. 19. Jh.; gutes Beispiel für das im Vorstadtbereich häufig errichtete Ackerbürgerhaus.
Weitere erwähnenswerte Gebäude dieses Typs Nr. 32 und 37.
WOHNHAUS Nr. 33. Zweigeschossiger Putzbau in spätklassizistischen Formen, 2. V. 19. Jh.
WOHNHÄUSER Nr. 48/50/52. Um 1928 errichtetes eingeschossiges verputztes Dreifamilienhaus; die Eingänge durch achsial angeordnete Zwerchhäuser im Mansarddach betont.
WOHNHAUS Nr. 56. Zweigeschossiger Putzbau unter Walmdach, um 1930.

WOHNHAUS Alte Rostocker Straße 10 a. Zweigeschossiger Backsteinbau von um 1870; die Architekturgliederungen (rustizierte Gebäudekanten, Gesimsverdachungen, Konsolfries) in gelbem Backstein.

*Barther Straße*
WOHNHAUS Nr. 1. Viergeschossiger neunachsiger Putzbau mit Drempel, 1906; die Fassade mit Obergeschoßerker.
WOHNHAUS Nr. 17/18. Viergeschossiges, insgesamt 12 Achsen breites Doppelhaus in gelbem Backstein von um 1870/80; Segmentbogenfenster mit Gesimsverdachungen.
WOHNHÄUSER Nr. 74 bis 77. Drei- und viergeschossige Mietshäuser mit geputzten, backsteinsichtigen oder in Mischformen aus Putz und Backstein gehaltenen Fassaden vom E. 19. Jh. (Nr. 75), um 1900 (Nr. 76, 77) und um 1925 (Nr. 74).
WOHNHAUS Nr. 81. Eingeschossiger Putzbau vom A. 19. Jh.; mittig ein zweiachsiges übergiebeltes Zwerchhaus.

WOHNHAUS Nr. 87/88. Zweieinhalbgeschossiger gelber Backsteinbau von 16 Achsen Breite, um 1870; die architektonischen Details in roten Steinen; jeweils die vierte bis siebente Achse von außen als flacher übergiebelter Risalit ausgebildet.
ROSTOCKER WERK s. Stadtbefestigung

*Baumschulenstraße*
WOHNHAUS Nr. 1/2. Dreigeschossiger Backsteinbau in historisierenden Formen von um 1870.
WOHNHÄUSER Nr. 5/6. Dreigeschossige Backsteinbauten in gelbem Backstein mit aufgelegten geputzten Architekturgliederungen und ausgebauten Mansarddächern, um 1870.
WOHNHÄUSER Nr. 7/8, Ecke Ketelhotstraße 1 a/b/c. Dreigeschossige Putzbauten mit Drempel und sehr flachem Satteldach, 1931/35 nach Entwurf von R. Glissmann errichtet. Die städtebauliche Wirkung des Komplexes mit Ausnahme kleiner architektonischer Details in Backstein allein auf der Wirkung der rhythmischen Gliederung des Baukörpers basierend.

*Carl-Heydemann-Ring*
BRUNST-WEBER-STIFTUNG Nr. 2/4, Jungfernstieg 10 a – d. Großer, übereck gestellter Winkelbau in Backstein, zunächst 1895 nach Entwurf von E. v. Haselberg die Brunst-Stiftung als zweigeschossiges Gebäude mit schwarzgebändertem Mauerwerk, Lisenengliederung, Zahnschnitt- und Konsolfriesen errichtet, das zweite Obergeschoß mit den in Rundbogenblenden sitzenden Fenstern und dem Dreieckgiebel über den abgeschrägten Eckachsen aus den 1920er Jahren. Zwischen Erd- und erstem Obergeschoß der Eckfassade Porträtmedaillon des Stifters Albert Brunst, Bronze, 1896 von Schweinitz, Berlin. – Das Haus der Amanda-Weber-Stiftung 1931 als schlichter dreigeschossiger Backsteinbau in den Formen der Neuen Sachlichkeit mit durch plastisch-ornamentale Ziegelsetzungen betonten Hauseingängen und Treppenhäusern sowie Trauffries am Jungfernstieg angefügt.
VILLA Nr. 6. 1914 nach Entwurf von Otto Knauf errichteter zweigeschossiger Putzbau mit vorkragendem Traufgesims, Erdgeschoß-Eckerker, übergiebeltem Zwerchhaus sowie Walm- und Mansarddachbereichen.
WOHNHAUS Nr. 9 Zweigeschossiger fünfachsiger Putzbau unter Walmdach, um 1830 als Sommerhaus in einem großen Gartengrundstück errichtet; die Gebäudekanten mit genuteten Lisenen, das Mittelportal mit von gekuppelten Konsolen getragener Verdachung, über dem Türsturz und dem von Lisenen gerahmten Obergeschoß-Mittelfenster stuckierter vegetabilischer Dekor. E. 19. Jh. das Haus um einen angepaßten Bau nach Westen erweitert.
WOHNHAUS Nr. 23. Zweigeschossiges Einfamilienhaus von 1935 nach Entwurf von Wilhelm Fütterer, Stralsund; rechteckiger Putzbau unter überstehendem Walmdach, rundbogiger Eingang mit Backsteinrahmung.
VILLA Nr. 27. Zweigeschossiger Putzbau von 1901/07 nach Entwurf von H. Albrecht.
VILLA Nr. 29. 1897/98 errichtet, bestehend aus einem zweigeschossigen giebelständigen Putzbau mit Backsteingliederungen und einem eingeschossigen traufständigen Hausteil; das turmartig angelegte Treppenhaus mit Krüppelwalmdach.
WOHNHAUS Nr. 41. 1925/26 nach Entwurf von H. Roder, Stralsund, errichteter zweigeschossiger vierachsiger Putzbau mit Pilastergliederung unter Walmdach; an der Hauptfront Erdgeschoßerker.
WOHNHAUS Nr. 43. 1930/31 nach Entwurf von J. Schurig errichteter zweigeschossiger zweiachsiger Putzbau mit Erdgeschoßerker an der Südseite.
WOHNHAUS Nr. 87. Dreigeschossiger Backstein-/Putzbau mit Mansarddach, E. 19. Jh., die beiden Mittelachsen durch übergiebeltes Zwerchhaus betont.

*Friedrich-Engels-Straße*
VILLA Nr. 19. 1901 nach Entwurf von H. Vitzdamm errichteter zweigeschossiger gelber Backsteinbau mit aufgelegter Putzgliederung; das Äußere durch Erker, Schweifgiebel und den seitlich stehenden viergeschossigen Turm mit geschweifter Haube malerisch aufgelockert.
WOHNHAUS Nr. 21. 1910 errichteter drei- und vierge-

schossiger Putzbau, bestimmend der viergeschossige Mittelbau mit breitem Fachwerkgiebel; an der Nordseite durch einen Risalit mit Krüppelwalmdach betont, südlich von einem vortretenden Bauteil mit Mansarddach flankiert.

WOHNHAUS Nr. 26. Eingeschossiger, barockisierender Putzbau mit Krüppelwalm-Mansarddach von um 1925.

Ehem. SCHULE Nr. 28. Zweigeschossiger Putzbau von um 1830 mit Krüppelwalmdach, die mittlere Portalachse mit übergiebeltem Zwerchhaus. 1995 instandgesetzt, an der Rückfront neuer Portalvorbau.

*Jungfernstieg*

WOHNHAUS Nr. 1. Dreigeschossiger sechsachsiger Bau mit Drempel von 1880; Erdgeschoß mit Putzbänderung, Stockwerkgesimse.

WOHNHAUS Nr. 3 a. Dreigeschossiger siebenachsiger Putzbau von 1894 mit genuteten Gebäudekanten, Konsoltraufgesims und einachsigem Mittelrisalit; im Erdgeschoß massiver Windfang, darüber Veranda und Altan.

WOHNHAUS Nr. 3 b. Zweigeschossiger sechsachsiger Putzbau auf hohem Sockel, 1897 zunächst als eingeschossiger Bau errichtet, 1907 umgebaut. An der Straßenfront der zurückgesetzte Mittelteil links von dreiachsigem Risalit mit Fachwerkgiebel, rechts von einachsigem Risalit mit Treppengiebel, dessen Staffeln in Backstein ausgeführt sind, flankiert.

WOHNHAUS Nr. 4. Eingeschossiger fünfachsiger holzverschalter Fachwerkbau mit Krüppelwalmdach, wohl 2. V. 19. Jh.; straßenseitig zweigeschossiger verputzter und übergiebelter Mittelrisalit mit rustizierten Gebäudekanten, vermutlich aus einem Sommerhaus hervorgegangen; E. 19. Jh. an der Nordseite um einen zweigeschossigen Putzbau erweitert.

VILLA Nr. 4 a. 1901 mit Souterrain, zwei Vollgeschossen und Dachgeschoß errichtet; an der Straßenfront ein außermittig angeordneter übergiebelter Risalit, die Nordwestecke durch einen Erker betont; die Architekturdetails eine Mischung aus spätgotischen und Jugendstilelementen; schöne Treppenhausverglasung in Jugendstilformen.

VILLA Nr. 4 b. 1895 nach Entwurf von W. Dalmer errichteter zweigeschossiger Putzbau mit gelbem Backsteinfond im Obergeschoß und überstehendem Dach.

VILLA Nr. 4 c. Zweigeschossiger sechsachsiger Putzbau von 1894 mit Putzgliederung; die Straßenfassade mit vierachsigem übergiebelten Mittelrisalit.

WOHNHAUS Nr. 5 a/5 b. Eingeschossiger holzverkleideter Fachwerkbau mit Drempel und Pfettendach, im 2. V. 19. Jh. als Sommerhaus errichtet, später verändert, die Erweiterung nach Norden von 1923.

WOHNHAUS Nr. 7. Dreigeschossiger siebenachsiger gelber Backsteinbau von 1877/78 mit Stockwerk- und Traufgesims in rotem Backstein; die Fassade mit zwei zweiachsigen, von flachen Dreieckgiebeln abgeschlossenen Seitenrisaliten.

AMANDA-WEBER-STIFTUNG Nr. 10 a–d, s. Brunst-Weber-Stiftung Carl-Heydemann-Ring 2–4

WOHNHAUS Nr. 12 b, Ecke Rudolf-Breitscheid-Straße. Viergeschossiger Putzbau von 1911 mit abgerundeter, durch Bekrönung mit Spitzhelm betonter Ecke; an beiden Fassaden übergiebelte Risalite und Balkone.

WOHNHAUS Nr. 13. Viergeschossiger achtachsiger Putzbau von 1914 nach Entwurf von Heinrich Roder, Stralsund; die Straßenfront mit Fassadenknick, Obergeschoßerkern, zurückgesetzten Partien mit Balkonen und einachsigem Risalit unter eigenem Dach.

WOHNHAUS Nr. 14, Ecke Wolfgang-Heinze-Straße. Neoklassizistischer Putzbau von vor 1885 mit Sockel, zwei Vollgeschossen und Mezzanin sowie genuteten Gebäudekanten; die Lage auf dem sich nach Norden verengenden Grundstück durch turmartigen Treppenhausbau mit Aussichtsplattform an der nördlichen Schmalseite betont, an der Südseite dreigeschossiger übergiebelter Risalit, davor halbrunder Vorbau mit Terrasse von 1927.

WOHNHAUS Nr. 15. Dreigeschossiger siebenachsiger Backsteinbau mit Putzgliederung und verputztem Sockelgeschoß, 1900/01 nach Entwurf von Albert Glissmann, errichtet; einachsige Seitenrisalite mit schweifgiebelartigen Abschlüssen; betonte Mittelachse.

WOHNHAUS Nr. 16/16 a/17/Wolfgang-Heinze-Straße 21. Viergeschossiger, z. T. mit ausgebautem Dachgeschoß über L-förmigem Grundriß nach Entwurf von

Wilhelm le Couve errichteter Putzbau von monumentaler Wirkung; reiche Fassadengliederung durch Risalite, Erker, Balkone und Loggien; der Fassadenputz partiell eine Bossierung imitierend; Haustüren und Treppenhäuser aus der Entstehungszeit.

VILLA Nr. 18. Zweigeschossiger vierachsiger Putzbau von 1903 mit Mansarddach; die Fassade mit durch Lünettengiebel betonter Mittelachse.

WOHNHÄUSER Nr. 19 bis 28. Zeile aus drei- und viergeschossigen, sieben bis zehn Achsen breiten Putzbauten von 1906 (Nr. 20) und 1908/09 (Nr. 19, 21 bis 28); die Fassaden überwiegend durch übergiebelte Risalite sowie Balkone, Loggien und z. T. durch mit dem Putz kontrastierende Flächen mit Backsteinverblendmauerwerk belebt.

*Ketelhotstraße*

WOHNHAUS Nr. 1 a/b/c. s. Baumschulenstraße 7/8

WOHNHAUS Nr. 6. 1936 nach Entwurf von W. Fütterer, Stralsund, errichteter zweigeschossiger Putzbau mit überstehendem Walmdach; die kubische Grundhaltung durch das aus der Nordwand heraustretende, überhöhte und flach gedeckte Treppenhaus und den zweigeschossigen Erker an der Ostseite gemildert.

WOHNHAUS Nr. 8. Dreigeschossiger neunachsiger Putzbau von 1927; jeweils die zweiten Achsen von außen als Risalite mit gekuppelten Fenstern ausgebildet; die Mittelachse durch Portal mit Gewände und vollplastischer Frauenfigur aus Terrakotta betont.

WOHNHÄUSER Knöchelsöhren 2/2 a und 3/3 a. Dreigeschossige Backsteinbauten mit Mezzaningeschoß, errichtet 1896 vom Bauverein Stralsund, damit frühes Beispiel genossenschaftlichen Wohnungsbaues; das zweite Obergeschoß partiell mit Putzflächen, darüber das erst 1906 aufgesetzte Halbgeschoß mit den pappegedeckten Pfettenspanndächern.

WOHNHAUS Küterdamm 1. Eingeschossiger Putzbau unter Walmdach, 1923/24 nach Entwurf von Albert Viernow, Stralsund; wasserseitig ein zweigeschossiger übergiebelter Risalit.

*Stralsund, Wohnhäuser Mariakronstraße 3/4*

WOHNHAUS Küterdamm 3/5. Doppelwohnhaus von 1928/29; Putzbau mit Pilastergliederung unter Walmdach, die Eingänge an den Schmalseiten; über dem Portal und der Fassadenmitte übergiebelte Zwerchhäuser.

WOHNHÄUSER Mariakronstraße 1/2, 3/4 und 5/Ecke Rudolf-Breitscheid-Straße 6. Dreigeschossige Backsteinbauten von um 1870; die Portale von Nr. 3/4 in flachen, mit Lünettengiebeln abgeschlossenen Vorlagen; ähnlich R.-Breitscheid-Str. 8/10.

WOHNHAUS Mariakronstraße 8. Zweigeschossiger Putzbau unter überstehendem Walmdach, Entwurf von W. Fütterer, 1935/36. An der Nordseite ein aus der Fassade vortretender überhöhter Treppenhausbau, an der Ostseite ein Altan.

*Rostocker Chaussee*

TANKSTELLE Nr. 19. Kleiner Backsteinbau von 1935/36 mit vorspringendem, vorn abgerundeten und von zwei Freipfeilern getragenem Dach.

WOHNHAUS Nr. 24. Zweigeschossiger Putzbau unter Walmdach, 1937 als Einfamlienhaus nach Entwurf von W. Fütterer, Stralsund, errichtet.

Ehem. PROVINZIALHEILANSTALT (Krankenhaus West) Nr. 78. Auf einer Fläche von 100 ha am westlichen Stadtrand in zwei Etappen 1909/12 bzw. ab 1914 nach Entwurf von Drews im Pavillonsystem konzipierte Anlage mit zwei sich kreuzenden, in Nord-Süd- bzw. Ost-West-Richtung verlaufenden Hauptachsen, ihre Endpunkte im Osten, Süden und Westen durch markante Bauten betont. Gegenüber dem im Norden gelegenen Haupteingang hinter zwei Rondells das sog. GEMEINSCHAFTSHAUS (Bibliothek), ein eingeschossiger barockisierender Putzbau über H-förmigem Grundriß von 1909/10, der Mittelbau unter Walmdach mit Laterne hofseitig mit Vestibülvorbau, an der Rückseite die urspr. Pilastergliederung und die hohen gesproßten Korbbogenfenster unverändert erhalten; die Seitenflügel unter eigenen Mansarddächern.

Die eindrucksvollere Ost-West-Achse von Wasserturm und Kirche dominiert; der dem Kessel-/Maschinenhaus zugeordnete WASSERTURM ein etwa 30 m hoher, sparsam gegliederter Backsteinbau mit einem leicht gekrümmten, von einem laternenartigen Aufsatz bekrönten Dach. Am westlichen Ende der Achse die 1909/10 in Hanglage als unterkellerter Putzbau errichtete
KIRCHE mit eingezogener polygonaler Apsis und über der nordwestlichen Gebäudeecke erbautem mehrgeschossigen Glockenturm mit Satteldach und Dachreiter; für das Äußere der an der Nordseite unter drei quergestellten Satteldächern befindliche Galerieanbau charakteristisch, ebenso die dreibahnigen Rundbogenfenster in der West- und Südwand. Das Innere ein flachgedeckter Saalraum mit zwischen Pfeiler an der Nord- und Westseite eingezogenen Emporen, die nördliche unter geputzten Gratgewölben; eine angeputzte Kalotte auch in der Apsis; nach jahrzehntelanger Nutzung als Lager die urspr. ornamentale Ausmalung in späten Jugendstilformen stark beschädigt, eine Restaurierung des Bauwerkes z. Zt. im Gange. – Zahlreiche weitere ein- bis dreigeschossige Putzbauten mit Gliederungen durch Risalite, Giebel, Veranden und überstehende Krüppelwalmdächer z. T. mit den urspr. Details erhalten, ebenso die urspr. parkartige Gestaltung des gesamten Geländes weitgehend erhalten.

WOHNHAUS Rudolf-Breitscheid-Straße 2. Dreigeschossiger zehnachsiger Putzbau mit ausgebautem Mansarddach, errichtet 1912 nach Entwurf von H. Roder, Stralsund. Mietshaus für gehobene Ansprüche, am Äußeren u. a. durch Erkerrisalit und die Balkone in der westlichen Fassadenhälfte ablesbar.

WOHNHAUS Rudolf-Breitscheid-Straße 7. Eingeschossiger Fachwerkbau von um 1870 mit überstehendem Satteldach; E. 19. Jh. ein zweigeschossiger Backsteinbau angefügt.

WOHNHAUS Rudolf-Breitscheid-Straße 8–10, s. Mariakronstraße 1 – 6

*Tribseer Damm*
Ehem. VERSICHERUNGSGEBÄUDE (Verwaltung) Nr. 1 a. Viergeschossiger Backsteinbau von 1937; an beiden Schmalseiten Staffelgiebel, die Straßenfront mit gebändertem Erdgeschoß, darin spitzdreieckige Fenster und ebensolche Portale mit nach innen abgeschrägten Gewänden und männlichen Büsten als Schlußsteine; über dem zweiten Obergeschoß verdachtes Gesims.

HOTEL »AM BAHNHOF« Nr. 4, Ecke Jungfernstieg. Viergeschossiger Putzbau von 1902/04 in Neorenaissanceformen; die Südfront an den Gebäudekanten durch bis in das Dachgeschoß reichende polygonale Erker mit Laternenaufsätzen betont, dazwischen ebenso wie an der Seitenfront zum Jungfernstieg Zwerchgiebel; die Seitenfront mit breiten Balkonen, Obergeschoßerkern und Loggien im Erdgeschoß 1965 unschön modernisiert.

Ehem. HOTEL (Gewerbe) Nr. 4 a, Ecke Barther Straße. Dreigeschossiger Putzbau von 1879 mit vier- bzw. achtachsigen , durch eine abgeschrägte Ecke mit bekrönendem Volutengiebel verbundenen Fassaden; Erdgeschoß mit Putzrustika, geschoßtrennende Gesimse. Konsolkranzgesims. Die faschengerahmten Fenster im ersten Obergeschoß mit durch stuckiertes Ranken- und Groteskenwerk verzierten Stürzen.

WOHNHAUS Nr. 6. Dreigeschossiger fünfachsiger Putzbau mit Mansarddach von 1882; das Erdgeschoß mit Putzbänderung, die Fenster mit profilierten Faschenrahmen, im zweiten Obergeschoß mit Kartuschen.

WOHNHAUS Nr. 8. Dreigeschossiger gelber Backsteinbau in Neorenaissanceformen von 1899/1900; die beiden äußeren Achsen von Schweifgiebeln abgeschlossen; übergiebeltes Portal mit Pilasterrahmung.

WOHNHAUS Nr. 10. Dreigeschossiger Backsteinbau mit Lisenengliederung von 1885/86; das dritte Geschoß nachträglich aufgesetzt.

WOHNHAUS Nr. 13/14. Viergeschossiges achtachsiges Doppelhaus in Neorenaissanceformen, errichtet 1899

*Linke Seite: Stralsund, ehem. Versicherungsgebäude Tribseer Damm 1 a*

*Rechte Seite: Stralsund, Hotel am Bahnhof Tribseer Damm 4*

mit rustizierten Gebäudekanten und flachen seitlichen Risaliten; als oberer Abschluß niedrige Attika; zwei Rundbogenportale mit Haustüren aus der Entstehungszeit.

WOHNHAUS und SCHMIEDE Nr. 16. 1878 errichteter dreigeschossiger Backsteinbau mit Mezzanin; zwischen den Geschossen Zahnschnittfriese, Kranzgesims; die segmentbogigen Fenster mit zarten Gesimsverdachungen; östlich anschließend die 1879 erbaute, zurückgesetzte zweigeschossige Schmiede mit großem segmentbogigen Tor.

WOHNHÄUSER Nr. 17–19. 1913 nach Entwurf von H. Roder, Stralsund, errichtete drei- und viergeschossige Putzbauten mit Gliederung durch Risalite, Balkone, Loggien und verschiedene Dachformen; in den Hausfluren zeitgenössischer Stuckdekor an Wänden und Dekken.

WOHNHAUS Nr. 21. Eingeschossiger Putzbau mit Krüppelwalmdach, A. 19. Jh.

WOHNHAUS Nr. 28. Eingeschossiger Putzbau mit Krüppelwalmdach, 1. V. 19. Jh., die Fassade mit schö-

ner Putzrustika und urspr. Haustür; das übergiebelte Zwerchhaus jünger.

WOHNHAUS Nr. 36, Ecke Carl-Heydemann-Ring. Eingeschossiger fünfachsiger Backsteinbau von um 1860 auf hohem Sockel und mit Drempel; straßenseitig zweigeschossiger übergiebelter Mittelrisalit mit segmentbogigem Portal, davor doppelläufige Freitreppe.

WOHNHAUS Nr. 39. Dreigeschossiger achtachsiger Putzbau von um 1925, charakteristisch die auf die Fensterzone beschränkte Bänderung; mittig angeordnetes dreiachsiges übergiebeltes Zwerchhaus.

WOHNHÄUSER Nr. 48 und 49. Eingeschossige verputzte Fachwerkhäuser von je fünf Achsen, wohl A. 19. Jh., das Dach nach Westen abgewalmt; die Eingänge in ein- bzw. zweiachsigen übergiebelten Frontispizen.

WOHNHAUS Nr. 53. Dreigeschossiger Putzbau von um 1925, die Hauptfront mit flachem Mittelrisalit und gedrücktem Schweifgiebel.

WOHNHAUS Nr. 54. Viergeschossiger Putzbau von um 1920; die Hauptfront mit hohem, mehrfach abgestuftem Schweifgiebel.

WOHNHÄUSER Nr. 64 und 65. 1909 nach Entwurf von H. Knebusch, Stralsund, errichtete viergeschossige Putzbauten mit Drempel bzw. Mezzanin, die äußeren Achsen als Risalite ausgebildet, die Mittelachsen in den Obergeschossen mit roten oder gelben Backsteinverblendern ausgelegt; interessant die zum Jugendstil tendierende Putzornamentik und bei Nr. 64 die Imitationen von bossierten Werksteinen.

WOHNHAUS Nr. 70. Viergeschossiger Putzbau von 1906 nach Entwurf des Büros Dehmlow & Möllenhusen mit reicher Fassadengliederung; die Fenster im ersten und zweiten Obergeschoß dreieckgiebelig verdacht, im dritten Obergeschoß mit kannelierten Pilastern.

HAUPTBAHNHOF 1904/05 nach Entwurf von Heinrich errichteter, differenziert gegliederter neogotischer Backsteinbau; Zentrum der Anlage das zweigeschossige Empfangsgebäude mit der Halle, ihre großen Giebel an den Schmalseiten mit siebenbahnigen Spitzbogenfenstern und Blendengliederung; östlich daneben an der Straßenfront ein oktogonaler Turm mit abgestufter welscher Haube, an ihn ein eingeschossiger Funktionsanbau und ein Kopfbau mit Blendengiebel angrenzend; rechts vom Empfangsgebäude rechtwinklig anschließender Flügel mit halbrund vortretendem Turm mit Haube und Laterne sowie mehreren blendengegliederten Zwerchhäusern. In der Empfangshalle unterhalb der angeböschten, durch dekorative Balkenlagen verzierten Decke zwei von Erich Kliefert, Stralsund, 1935 geschaffene Panoramagemälde mit Ansichten von Stralsund bzw. Rügen.

WOHNGEBÄUDE Nr. 77, s. Innenstadt Tribseer Damm

VERWALTUNGSGEBÄUDE Nr. 78, s. Innenstadt Tribseer Damm.

*Wolfgang-Heinze-Straße*

WOHNHAUS Nr. 1. 1911/12 errichteter zwei-bis viergeschossiger Putzbau, durch Risalite mit Fachwerkpartien, neoromanische Fenstergliederungen, unterschiedliche Dach-und Fensterformen sowie Putzstrukturen sehr differenziert gestaltet. Eingangsflur und Treppenhaus mit gleichzeitigem floralen Stuckdekor und schönen Türfüllungen.

WOHNHAUS Nr. 2. 1910/11 errichteter viergeschossiger neunachsiger Putzbau, die mittleren drei Achsen von Giebel abgeschlossen; geschoßübergreifende Erker.

WOHNBAUTEN Nr. 6 bis 20. Überwiegend drei- und viergeschossige Putzbauten, zumeist als Mietshäuser in den beiden ersten Jahrzehnten des 20. Jh. errichtet, stilistisch noch stark von den gründerzeitlich-historistischen Bauten des späten 19. Jh. geprägt. Erwähnenswerte Einzelbauten sind:

WOHNHAUS Nr. 8 b (sog. Immenhus). Im Mittelteil dreigeschossiger, in den flachen Seitenrisaliten viergeschossiger, z. T. verputzter Backsteinbau von 1909. Die Fassade durch Rauhputz, hellen Backstein und Fachwerkpartien, Mansarddach bzw. Krüppelwalme sowie Rechteck-, Rund- und Spitzbogenfenster mit z. T. spitzbogiger Sprossung sehr differenziert gestaltet; stichbogiges Portal in flacher Vorlage. Im Hausflur ornamentaler Stuckdekor in Jugendstilformen, an den Längswänden Stuckreliefs mit von Pferden bzw. Panthern gezogenen Wagengespannen und Musikanten nach antikem Vorbild; die hölzernen Türrahmungen und die Treppenhausbrüstungen in einer Mischung von Neogotik und Jugendstil.

Ehem. MÄDCHENVOLKSSCHULE (W.-Heinze-Schule) Nr. 9. 1914/15 errichteter Putzbau von insgesamt 16 Achsen Breite; der zurückgesetzte zweigeschossige Mittelbau beidseitig von kräftig vorspringenden dreigeschossigen vierachsigen Flügeln mit nach vorn abgewalmten Dächern flankiert, deren vordere hofseitige Kante jeweils mit einem aus der Flucht vortretenden polygonalen Treppenturm mit Zeltdach besetzt, in ihren Stirnseiten Portale mit Rahmung aus kannelierten Pilastern und rundbogigen Aufsätzen mit Kunststeinreliefs.

Ehem. FINANZAMT (Verwaltung) Nr. 10, Ecke Barther Straße. Dreigeschossiger Backsteinbau mit überstehendem Walmdach, erbaut 1926/27. Die Fassade mit Gliederung durch Lisenen, spitzgiebelige Verdachungen, Spiegel mit Rautenmusterreliefs und schwarzglasierte figürliche Keramiken mit maritimem Bezug (Büsten, Ornamente); gutes Beispiel für die zeitgenössische, traditionelle Überlieferungen einbeziehende Bauweise der 1920er Jahre.

WOHNHAUS Nr. 14. Viergeschossiger siebenachsiger Putzbau von 1906/07; im Erdgeschoß Putzbänderung, in den Obergeschossen rustizierte Gebäudekanten; originell die an die Bäderarchitektur erinnernde, vom Erd-

*Linke Seite: Stralsund, Hauptbahnhof*

*Rechte Seite: Stralsund, ehem. Finanzamt Wolfgang-Heinze-Straße 10*

geschoß bis ins zweite Obergeschoß reichende Anordnung von verglasten Veranden vor den zurückgesetzten mittleren Achsen.

## Stralsund-Devin

Ehem. KURPARK. M. 19. Jh. an der Deviner Bucht als Landschaftspark angelegt, durch den Bau eines Pavillons 1862 zum Ausflugsziel geworden; 1887 Errichtung des Kurhauses, 1905 Ausbau des Pavillons zum Saal. Die Baulichkeiten stark verändert, die Parkanlage in ihren Strukturen stark verwischt.

## Stralsund-Voigdehagen

DORFKIRCHE Vierjochiger, im Osten polygonal geschlossener Backsteinbau aus der 1. H. 15. Jh., an der Chornordseite ehem. Gruftanbau in neogotischen Formen vom A. 19. Jh. Die Fenster spitzdreieckig geschlossen, in der Südseite spitzbogiges Portal mit hölzerner Tür vom A. 19. Jh. Das Innere flachgedeckt, die Wände durch die Schildbögen der geplanten Einwölbung gegliedert.

Ausstattung: Altaraufsatz 1698. Architektonischer Aufbau mit Kreuzigungsgruppe im Haupt- und Auferstehungdarstellung im Obergeschoß, von spiralig gewundenen Säulen gerahmt, zuoberst Himmelfahrtsgruppe. In den Seitenwangen Reliefs von Gethsemane und der Geißelung, auf dem Hauptgesims Figuren von Petrus und Paulus; Akanthusschnitzwerk. Kanzel, Korb A. 19. Jh., der Deckel 1. H. 17. Jh. mit Reliefs der vier Evangelisten, Gnadenstuhl und Figur Luthers vor reich gestalteten Ädikulanischen, dazwischen Tugendfigürchen; Strebenkrone. Orgel mit neogotischem Prospekt, das Werk

*Linke Seite: Stralsund-Voigdehagen, Dorfkirche von Südosten*

*Rechte Seite: Stralsund, Voigdehagen. Dorfkirche, Inneres nach Osten und Taufschale*

von C. A. Buchholz, Berlin, um 1825. Patronatsloge, 1725 von Elias Keßler, Stralsund, auf dem Gesims Wappen und Putten. Gemeindegestühl, 1. V. 19. Jh. Taufschale, Messing, 17. Jh., im Fond getriebene Darstellung der Kundschafter mit der Weintraube. Kollektenschale, Messing, um 1825. Kronleuchter, Messing, M. 19. Jh. Zwei Grabplatten: J. Vulpius † 1671 und A. Alberti/C. Buchow 1701.

Vor der Westwand der Kirche Glockenstuhl mit drei Glocken, Gußstahl, 1927.

Vor der Nordwand Erbbegräbnis der Familie v. Wulffcrona, rechteckiger Putzbau M. 19. Jh., mit Inschriftplatte, Sandstein, 1798. Auf dem Kirchhof sieben Grabstelen, 18./19. Jh.

PFARRHAUS Eingeschossiger neunachsiger Backsteinbau in neogotischen Formen von 1891. Das Portal und die spitzbogigen Flurfenster in flacher Vorlage, die übrigen Fenster segmentbogig.

Die zwischen den Voigdehäger Teichen verlaufende Kopfsteinpflasterstraße im Kern vermutlich die ehem. STAUMAUER für die 1303 erstmals genannte Wassermühle und damit ein mittelalterliches technisches Denkmal.

# Ostvorpommern

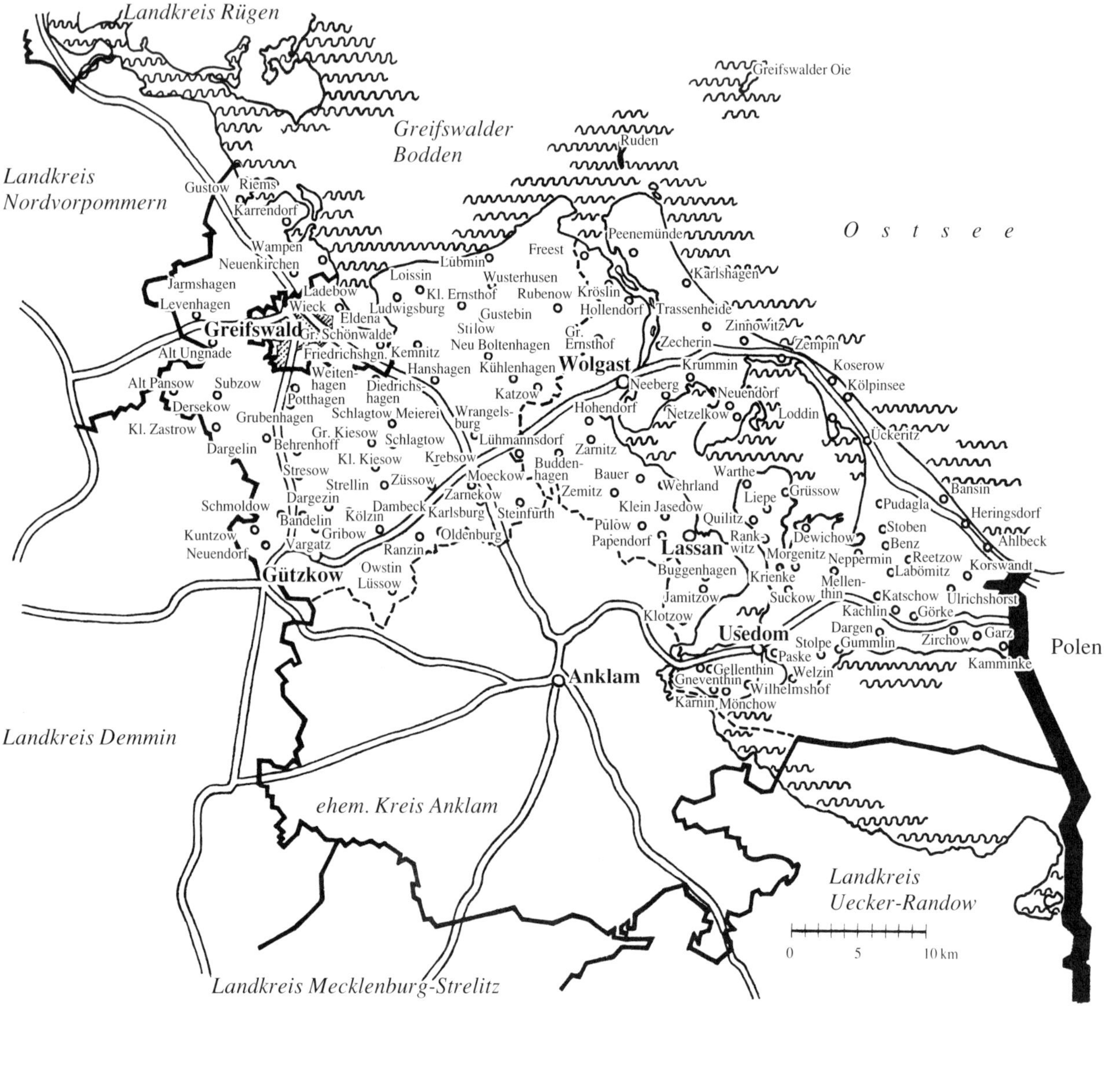

# Landkreis Ostvorpommern

**Ahlbeck**
Um 1800 gegründetes Fischerdorf. Erste Badesaison 1852, danach Entwicklung zu einem bedeutenden Badeort an der Vorpommerschen Ostseeküste.

KIRCHE 1894/95 errichteter, kreuzförmiger, neogotischer Backsteinbau auf Sockel aus Feldsteinquadern mit polygonalem Chorschluß. An Chor und Schiff Strebepfeiler. Das Querhaus im Norden und Süden mit je einer Dreifenstergruppe mit abgetrepptem Gewände. In den Giebeln schmale hohe Spitzbogenblende über Sägezahnfries. Eingerückter Westturm, flankiert von zwei Treppentürmchen. Westportal in Wandvorlage, darüber drei Segmentbogenblenden. Über Geschoßgesims gekuppelte spitzbogige Schalluken des Glockengeschosses, hoher Pyramidenhelm. – Im Innern die Chorfenster mit Glasgemälden versehen: florale Ornamentik mit Evangelistensymbolen, Kelch und Agnus Dei sowie segnender Christus, E. 19. Jh. Gemälde, Porträt Kantor J. Koch, 1900 von Th. Ziegler. Zwei Kelche, Messing versilbert, M. 19. Jh. von Hossauer, Berlin, und Messing vergoldet, um 1900. Patene, Messing versilbert, um 1900. Oblatendose, Messing versilbert, um 1900. Taufschale, Messing versilbert, 1895. Drei Leuchterpaare: Messing, 2. H. 19. Jh., Messing versilbert, um 1900, Zinn, um 1900.
FRIEDHOFSKAPELLE Neogotischer Putzbau mit eingezogenem polygonalem Chorschluß, leicht vortretenden Querhausarmen und Eingangsvorhalle, wohl um 1900 erbaut. Gebäudekanten, Traufgesims und Strebepfeiler sowie Bogenlaibungen der Spitzbogenfenster backsteinsichtig. Putzflächen der Giebel abgetreppt. Kreisblenden in den Querhausgiebeln.

*Ahlbeck, Kirche von Südosten*

BAHNHOF Bahnhofstraße. Um 1880 errichteter, zu Beginn des 20. Jh. erweiterter Gebäudekomplex aus unverputztem Backstein. In der Mitte das zweigeschossige Empfangs- und Abfertigungsgebäude mit Walmdach und Seitenrisalit, dieser mit dekorativer Laubsägearbeit im Giebel. Rechts massiver Erweiterungsbau auf T-förmigem Grundriß, durch niedrigen Verbindungsbau mit dem Empfangsgebäude verbunden. Links massiver langer Lagerschuppen mit Laderampe und Schiebetoren.
PENSION Bergstraße 6. Dreigeschossiger Putzbau von sechs Achsen, errichtet E. 19. Jh. An den Seiten zweiachsige Risalite mit geschoßtrennenden und Sohlbankgesimsen sowie Pilastergliederung.
HAUS SANKE Bergstraße 6 a. Im 1. V. 20. Jh. erbaute Villa, massiv und verputzt. An der zweigeschossigen vierachsigen Fassade zweiachsiger Mittelrisalit. Der rechten Achse zwei Balkone vorgelagert, der obere verglast. Aufwendige Metallsprossung. Ein ähnlich verglaster Balkon vor großer Gaube im rechten Walm.
PENSIONEN Bismarkstraße 1–3. Zweigeschossige Putzbauten von acht bzw. neun Achsen mit Seitenrisaliten, Nr. 1 mit z. T. unverputzten Flächen aus gelbem Backstein. Die Giebel der Risalite teilweise geschweift. Gliederung der Bauteile durch starke Gesimse, Pilaster und Halbsäulen, die Eingänge in Portalnischen. In den Dächern mehrere Gauben. Erbaut E. 19. Jh.

*Dünenstraße*
KONZERTPAVILLON Kleiner Holzbau über quadratischem Grundriß auf massivem Putzsockel. Den Bretterwänden äußerlich dekoratives fachwerkartiges Holzgerüst vorgelegt. Weit überstehendes Dach, auf Konsolen ruhend. Der Pavillon wohl um 1900 erbaut.
SEEBRÜCKE Breiter hölzerner Steg mit rechteckiger Plattform auf der Seeseite, darauf eingeschossige Pavillonbauten mit quadratischen Ecktürmchen, 1890/92 erbaut. Die urspr. hölzerne Unterkonstruktion in Stahl erneuert. Vor der Seebrücke ÖFFENTLICHE UHR, auf quadratischem Sockel reich verzierte Säule mit Zopfstildekor, darüber drei Zifferblätter, von Windrichtungsanzeiger bekrönt. 1910 errichtet.
PAVILLON Nr. 1. Hölzerner, zehneckiger, durchfensterter Zentralbau mit rohrgedecktem Kegeldach. Der vordere Teil des Polygons geöffnet, das Gebälk hier von zwei dorischen Säulen getragen. Errichtet 1. H. 20. Jh.
KINDERHEIM KAISER-WILHELM-STIFT Nr. 2 1912/13 erbaute Anlage auf ovalem Grundriß, bestehend aus eingeschossigen Fertigteilholzhäusern. In der Längsachse gegenüberliegend Hauptgebäude und Speisesaal an den äußeren Punkten des Ovals; das Hauptgebäude achtachsig mit polygonaler Auslucht, darüber Zwerchhaus, flankiert von zwei großen Schleppgauben; der Speisesaal neunachsig mit dreiachsigem Mittelrisalit. Auf dem Dachfirst des Gebäudes Dachreiter mit Lüftungsschlitzen. Die Giebelseiten mit polygonalen Annexen. Zwischen diesen Bauten an den Längsseiten je zwei Häuser mit Schlaf- und Waschräumen, diese durch Laubengänge mit Hauptgebäude bzw. Speisesaal verbunden. In der Mitte des Ovals runder Pavillon mit rohrgedecktem Kegeldach und großzügig durchfensterter Wand. Nach vier Seiten vortretende Eingangsvorbauten. Außerhalb des Ovals das Pförtnerhaus, ein Wohnhaus und zwei Nebengebäude.

*Linke Seite: Ahlbeck, Pension Bismarckstraße 2*

*Rechte Seite: Ahlbeck, Seebrücke;*
*Kinderheim Kaiser-Wilhelm-Stift, Dünenstraße 2, Hauptgebäude; Unterkunftsgebäude*

Seebrücke

WOHNHAUS Nr. 9. Zu Beginn des 20. Jh. errichteter zweigeschossiger, siebenachsiger Putzbau mit Krüppelwalmdach. Dreiachsiger Mittelrisalit mit schmalem Dreieckgiebel, dahinter geschweifter Dacherker mit reicher Putzverzierung. Geschoßtrennendes Gesims, Fenster mit Schlußsteinen, darin z.T. Masken. Mittige Glastür, gerahmt von Säulen und Gebälk, davor Freitreppe. Aufwendig gearbeitetes Gartentor mit Monogramm E S.
PENSION Nr. 12. Zweigeschossiger vierachsiger Bau mit Krüppelwalmdach, die Vorderseite aus weißglasierten Ziegeln und Schmuckelementen mit grünglasierten Steinen, alle übrigen Seiten verputzt. Links einachsiger Risalit mit hohem Dreieckgiebel, in den Obergeschossen gekuppelte Rundbogenfenster in Rundbogenblenden. An der rechten Gebäudeecke runder dreigeschossiger Turm. Romben- und Spitzbogenfriese. In die Fenstergewände z.T. kleine Halb- oder Viertelsäulen eingestellt. Rechts hölzerner verglaster Erker mit aufwendiger Sprossung. Der Bau um 1900 errichtet.
VILLA ROSENHOF Nr. 13. Vom A. 20. Jh. stammendes, zweigeschossiges, dreiachsiges Gebäude mit Walmdach. Hoher massiver Sockel, das Erdgeschoß massiv und verputzt, das Obergeschoß in Fachwerk errichtet, verputzte Gefache. Zweiachsiger Seitenrisalit. Links Eckfenster im Erdgeschoß, von Segmentbogen an der Vorderseite und Rundbogen an der Giebelseite überfangen. Die Bögen auf gedrungenen Säulen. Rechts rechteckige Auslucht mit Eingangsvorbau, das Obergeschoß als halbrunder Turm ausgebildet.
PENSION IDUNA Nr. 14. Zu Beginn des 20. Jh. errichteter dreigeschossiger Putzbau. Der Fassade zwei massive verputzte Loggien mit großen Fenstern vorgesetzt. Zwischen diesen wenig hervortretender Mittelrisalit mit in Fachwerk errichtetem zweiten Obergeschoß und Giebel.
PENSION WANDA Nr. 16. Dreigeschossiger Putzbau mit Seitenrisaliten, E. 19. Jh. Dem Mittelteil in den Obergeschossen verglaste Balkone vorgelegt, Brüstungsgitter und Metallsprossung sehr aufwendig.
PENSION Nr. 19. Dreigeschossiger fünfachsiger Putzbau, A. 20. Jh. errichtet. Zwei turmartige Risalite mit geschweiften Hauben, im Mittelteil offene Loggia im zweiten Obergeschoß, darüber gedrungener Schweifgiebel. Aufwendiges Putzdekor als Blatt- und Rankenwerk.
PENSION Nr. 22. Dreigeschossiger Putzbau von fünf Achsen mit zwei Seiten- und einem Mittelrisalit. Portalnische in Ädikularahmung über Freitreppe. Geschoßtrennende Gesimse. Die Fassade von aufgeputztem Blatt- und Rankenwerk überzogen. Der Bau A. 20. Jh. errichtet.
PENSION Nr. 25. Zweigeschossiger Putzbau vom E. 19. Jh. Achtachsig. Zwei dreiachsige Seitenrisalite mit starkem geschoßtrennenden Gesims und Pilastergliederung. Ein ähnlicher Risalit an der rechten Giebelseite.
WOHNHAUS Nr. 26. Zweigeschossiger neunachsiger Putzbau, E. 19. Jh., mit neoklassizistischen Seitenrisaliten, in deren Erdgeschoßmitte jeweils eine Glastür. Die urspr. Haustür in einer Portalnische. Unterhalb der Traufe Konsolgesims.
PENSION SEEBLICK Nr. 27. Dreigeschossiger neunachsiger Putzbau, im letzten V. 19. Jh. errichtet. Dreiachsige Seitenrisalite. Die Obergeschosse des Mittelteils aufwendig verglast. An der linken Seite hölzerner Erker.
PENSION Nr. 28. Am E. 19. Jh. erbautes, zweigeschossiges, neoklassizistisches Gebäude mit dreiachsigen Seitenrisaliten. Der Bau gänzlich massiv und verputzt.
VILLA EMANUEL Nr. 31. Neoklassizistischer Putzbau des letzten V. 19. Jh., eingeschossig mit Drempel und zweigeschossigem Mittelrisalit mit filigranen Brüstungsgittern. Am rechten Giebel weiterer Risalit.
PENSIONEN Nr. 32 und 33. Dreigeschossige Putzbauten von neun Achsen und dreiachsigen Seitenrisaliten, die zweiten Obergeschosse von Nr. 32 in Holz, hier der mittlere Bauteil mit Balkonen und aufwendigen Brüstungsgittern, Nr. 33 einfach verglast.
HAUS DER ERHOLUNG Nr. 37. Um 1960 errichteter Putzbau, das linke Fassadendrittel leicht vorgezogen. Dreiteilige Eingangssituation. Im rechten Bauteil dicht beieinanderliegende Rechteckfenster, alle Fenster- und Türgewände aus Naturstein. Auf dem First imposanter Dachreiter. Rechtwinklig nach hinten eingeschossiges langgestrecktes Wirtschaftsgebäude angeschlossen.
PENSION AM MEER Nr. 42. Dreigeschossiger neoklassizistischer Putzbau mit Mittel- und Eckrisalit. Fenster

mit Putzfaschen, z. T. Dreieckgiebel als Verdachungen. Geschoßtrennende Gesimse, unter der Traufe umlaufendes Konsolgesims. Erbaut E. 19. Jh.

HOTEL AHLBECKER HOF Nr. 47. Dreigeschossiger, z. T. verputzter Backsteinbau vom letzten V. 19. Jh. Die 18achsige Fassade mit schräggestellten dreigeschossigen Eckerkern. Großzügig verglaster vierachsiger Mittelrisalit. Zurückspringende Bauteile backsteinsichtig mit reicher Putzgliederung. Der eingeschossige Vorbau später hinzugefügt.

HOTEL Nr. 49. Viergeschossiger Putzbau von elf Achsen, errichtet E. 19. Jh. Geschoßtrennende Bänder in Backstein mit farbigem Rautendekor, Konsolfries und Deutschem Band. Die äußeren Achsen und die Mittelachse mit Backsteinloggien in den ersten beiden Obergeschossen leicht überhöht. Mehrere Balkone mit filigranen Gittern.

VILLA ELSA Nr. 51. Zweigeschossiger siebenachsiger Putzbau mit dreiachsigem Mittelrisalit vom E. 19. Jh. An der linken Ecke zweigeschossiger massiver Verandenanbau.

PENSION Nr. 52. Dreigeschossiger Putzbau von fünf Achsen, E. 19. Jh. Mittelrisalit und dreigeschossige Auslucht an der linken Giebelseite. Weite Dachüberstände. Die Fenster und Türen erneuert.

PENSION Nr. 53. Um 1930 errichteter Putzbau von zwei Geschossen und acht Achsen mit Walmdach und dreiachsigen Seitenrisaliten. Eckpilaster grob gequadert.

PENSION Nr. 55. Vom E. 19. Jh. stammender Putzbau, zweigeschossig mit dreiachsigen Seitenrisaliten. Mittige Portalachse mit Balkon. Umlaufendes geschoßtrennendes Gesims, Putzquaderung im Erdgeschoß.

PENSION Nr. 56. Dreigeschossiger Putzbau mit Seitenrisaliten in neoklassizistischen Formen vom E. 19. Jh.

PENSION Nr. 57. Im letzten V. 19. Jh. errichteter Putzbau von zweieinhalb Geschossen und acht Achsen. Die Seitenrisalite aufwendig gegliedert. Vor dem Erdgeschoß eingeschossiger dreiflügeliger Holzbau mit dekorativ aufgesetzter Holzkonstruktion in Fachwerkmanier. Zwei polygonale Pavillons mit großen Rundbogenfenstern und geschweiften Hauben vor den abgewinkelten Flügeln.

*Ahlbeck, Villa Emanuel, Dünenstraße 31*

PENSION Nr. 58. Aufwendig gegliederter Putzbau vom E. 19. Jh. mit zwei Geschossen und 13 Achsen sowie einem Mittel- und zwei Seitenrisaliten, diese mit Säulen und Eckpilastern, im Erdgeschoß gequadert. Baluster in Brüstungsfelder eingestellt. Der Mittelrisalit später mit zusätzlichem Geschoß versehen.

*Goethestraße*

PENSIONSBAUTEN Am E. 19. Jh. errichtete Putzbauten von zwei Geschossen mit Seiten- bzw. Mittelrisaliten in neoklassizistischer Form.

PENSION SEE-ECK Nr. 1 mit offenen Loggien und Säulen, weiterer Risalit an der Giebelseite von HAUS EDEN Nr. 2, gleichfalls bei PENSION WALD UND SEE Nr. 3, hier jedoch anstelle eines Risalits an der Vorderseite zweigeschossige Auslucht.

PENSION MEERESSTILLE Nr. 5. Fünfachsiger Putzbau mit dreiachsigem Mittelrisalit, rechts zweigeschossiger, im Erdgeschoß offener Verandenanbau. Links pilastergerahmtes Portal. Fenstersprossung z. T. sehr aufwendig.

PENSION Nr. 8. Dreigeschossiger Putzbau mit Mittelrisaliten an Vorder-, Giebel-, und Rückseite sowie weit überstehendem Flachdach. Umlaufendes geschoßtrennendes Gesims. Teilweise aufwendige Sprossung der Fenster. Der das Grundstück abgrenzende Zaun aus der Entstehungszeit der Pension vom E. 19. Jh.

PENSIONEN Nr. 9–11 und Nr. 20. Reich gegliederte Putzbauten mit Seiten- und z. T. Mittelrisaliten in neoklassizistischen Formen mit Pilastern, Halbsäulen, Gesimsen und Brüstungsfeldern. Dekorative Brüstungs- und Balkongitter, z. T. aufwendige Fenstersprossung.

WOHNHAUS Nr. 33. Zweigeschossiger Putzbau von neun Achsen auf unregelmäßigem Grundriß mit Erkern und Türmen. Unterhalb der Traufe und in den Brüstungsfeldern florale Putzverzierungen, die Fenster größtenteils spitz- oder segmentbogig. Das Gebäude um 1900 errichtet.

HAUS CARMEN Nr. 34. Im letzten V. 19. Jh. errichteter Putzbau von zwei Geschossen mit reicher Putzgliederung, die z. T. auf Formen der ital. Renaissance zurückgreift. Eckrustizierung, Mittelrisalit mit Eckpilastern und Halbsäulen, Konsol- und Zahnschnittfriese. Massiver, verputzter, abgerundeter Verandenanbau von zwei Geschossen mit Halbsäulengliederung an der Gartenseite.

WOHNHAUS Grenzstraße 1. Zweigeschossiger Holzbau mit Krüppelwalmdach. Dem um 1900 errichteten Gebäude Leistenkonstruktion in Fachwerkmanier aufgelegt. Dekorative geschoßtrennende Bänder in Laubsägearbeit, mehrere Ausluchten.

WOHNHAUS Heimstraße 3. Zu Beginn des 20. Jh. errichteter zweigeschossiger Putzbau auf hohem Sockelgeschoß. Mansarddach. Rechts ein Seitenrisalit, die linke Seite als polygonaler Turm ausgebildet. Umlaufendes Gesims über dem Sockel. Die Fassade mit sparsamem Putzdekor in Form von Festons, Ranken- und Blattwerk verziert. Im Dach mehrere Gauben.

*Kaiserstraße*

Im letzten V. 19. Jh. entstandener Straßenzug mit Pensionen, errichtet als zweigeschossige Putzbauten mit vorgezogenen Risaliten. Fassadengliederung durch Gesimse und Putzfaschen sowie Eckpilaster und Halbsäulen. Teilweise aufwendige Brüstungsgitter. In dieser Art VILLA DORA Nr. 7, VILLA BELLEVUE Nr. 8, PENSION Nr. 9, VILLA AMOR Nr. 10, VILLA ERNA Nr.

11, PENSION BELLA VISTA Nr. 17, PENSION Nr. 23, PENSION Nr. 39, PENSION Nr. 44 und PENSIONEN Nr. 47–49 erbaut.
KIOSK Um 1900 errichteter giebelständiger Holzbau von einem Geschoß mit aufwendiger Laubsägearbeit.

*Karlstraße*
WOHNHAUS Nr. 1. Zweigeschossiger Putzbau von fünf Achsen mit dreiachsigem Mittelrisalit, dieser durch Eckpilaster und Säulen gegliedert. Umlaufendes geschoßtrennendes Gesims. Das Gebäude im letzten D. 19. Jh. errichtet.
WOHNHÄUSER Nr. 2–5. Zweigeschossige Putzbauten mit dreiachsigen Seitenrisaliten in neoklassizistischen Formen, 2. H. 19. Jh. Die Fassaden teilweise durch Halbsäulen oder Pilaster sowie starke Gesimse gegliedert.
WOHNHAUS Nr. 6. Putzbau von zwei Geschossen und fünf Achsen, an der linken Seite dreiachsiger Seitenrisalit mit Pilastergliederung. Schmales Gesims zwischen den Geschossen. Erbaut 2. H. 19. Jh.

*Kirchenstraße*
WOHNHAUS Nr. 3. Dreigeschossiger z. T. verputzter Backsteinbau von acht Achsen, E. 19. Jh. Links abgeschrägte Gebäudeecke. Erker im ersten Obergeschoß in den äußeren Achsen, Fenster mit Faschen und Verdachungen, z. T. Dreieckgiebel. Urspr. Haustür erhalten.
PENSION Nr. 7. Zweigeschossiger zehnachsiger Putzbau mit Dachgeschoß und dreigeschossigen dreiachsigen Seitenrisaliten, diese mit gesprengten Dreieckgiebeln. Gliederung durch Halbsäulen über Pilastern. Portalnische mit urspr. Haustür, E. 19. Jh.
VILLA STRANDSCHLOSS Nr. 8. Im letzten V. 19. Jh. errichteter, zweigeschossiger, fünfachsiger Putzbau mit abgerundeter Gebäudekante, ein Altan um diese herumgeführt. An der Vorderseite Auslucht auf Pilastern und Säulenpaar. Kräftige Gliederung durch Gesimse. Im Dach mehrere Gauben.
VILLA UTPATEL Nr. 16. Zweigeschossiger siebenachsiger Putzbau, E. 19. Jh. Dreiachsige Seitenrisalite mit Drempel. Die Mittelachse wohl später vor die Risalite gezogen. Im rechten Winkel an der Rückseite des Gebäudes das HAUS SONNENSCHEIN, zweigeschossiger Putzbau mit Zwerchdach auf Holzkonsolen, E. 19. Jh.
WOHNHAUS Korswandter Weg 29. Um 1910 auf unregelmäßigem Grundriß errichtetes eineinhalbgeschossiges Gebäude mit Krüppelwalmdach. Das Erdgeschoß massiv und verputzt, Halbgeschoß und Giebel in verputztem Fachwerk auf Konsolen, leicht vorkragend. Rückwärtiger Giebel verschindelt.
GRABMAL Kurparkstraße. Prunkvolles Sandsteingrabmal in neogotischen Formen, architektonischer Aufbau mit z. T. figürlichen Reliefs, errichtet um 1900.
WARMBAD Kurparkstraße. Zweigeschossiger vierachsiger Backsteinbau mit gerade angesetzten, neunachsigen, urspr. eingeschossigen Flügeln, letztes V. 19. Jh., in den 70er Jahren 20. Jh. um ein Geschoß aufgestockt.

*Linke Seite: Ahlbeck, Haus Carmen, Goethestraße 34; Wohnhaus Grenzstraße 1*

*Rechte Seite: Ahlbeck, Warmbad, Kurparkstraße*

Im Obergeschoß des Mittelbaus Rundbogenfenster, die beiden mittleren durch überhöhten Blendbogen gekuppelt. Bögen durch abwechselnd rote und gelbe Steine akzentuiert. Vor dem Mittelbau verandenartiger Anbau von sechs zu drei Achsen, Eisenguß-Glas-Konstruktion auf massivem verputztem Sockel.

PENSION Kurparkstraße 3. Dreigeschossiger Putzbau mit dreiachsigen Seitenrisaliten, zwischen diesen zwei durchlaufende Balkone, der obere verglast. An der linken Seite ein Rechteckerker. Urspr. Haustür in Portalnische. E. 19. Jh. errichtet.

*Kurstraße*

PENSION Nr. 1. Dreigeschossiger Putzbau mit Mittelrisalit und Krüppelwalmdach, um 1900 erbaut. Oberstes Geschoß und Giebel des Risalits sowie zwei Dacherker in verputztem Fachwerk. Die äußeren Achsen mit je drei übereinander angeordneten Balkonen. An der linken Seite dekorativer Portalvorbau mit urspr. Haustür.

PENSION Nr. 2. Zweigeschossiger, dreiachsiger, z. T. verputzter Backsteinbau vom E. 19. Jh. In der Mittelachse zweigeschossiger Turmerker über Portal. An den Gebäudeseiten je ein dreiachsiger Mittelrisalit vortretend. Aufwendiges Neorenaissancedekor.

PENSION Nr. 7. Zweigeschossiger Putzbau von neun Achsen, E. 19. Jh., mit vortretenden dreiachsigen Seitenrisaliten. Gliederung durch Halbsäulen und Eckpilaster. Urspr. Haustür in Portalnische mit Pilasterrahmung erhalten.

VILLA PHÖNIX Nr. 8. Zweigeschossiger Putzbau, errichtet im letzten V. 19. Jh. Zwei Loggienvorbauten, abgerundete Gebäudeecke mit kleinem Türmchen, polygonaler Pyramidenhelm. Fenster von Pilastern und Gebälk gerahmt, Sohlbankgesims im Obergeschoß.

PENSION FORTUNA Nr. 9. Zweigeschossiger fünfachsiger Putzbau mit dreiachsigem Mittelrisalit in neoklassizistischen Formen, E. 19. Jh. An der linken Seite Loggia mit Holzaufsatz.

PENSION EDELWEISS Kurze Str. 1. Zweieinhalbgeschossiger Putzbau von neun Achsen mit dreiachsigen Seitenrisaliten, letztes V. 19. Jh. Geschoßtrennende Gesimse. Zwischen den Risaliten Balkon.

*Lindenstraße*

SOWJETISCHER EHRENFRIEDHOF Nach 1945 geschaffene parkähnliche Anlage, bestehend aus zu beiden Seiten einer Hauptachse gelegenen, durch schmales Wegenetz geteilte Grabparzellen. Auf diesen niedrige Steine mit rotem Sowjetstern. Die Hauptachse zu tempelartiger, offener, von vier Pfeilern getragener Halle führend. Zwischen den mittleren Pfeilern Obelisk, an der Rückwand Tafeln mit Namen der Gefallenen. Sowjetwappen im Tympanon.

WOHNHAUS Nr. 8. Eingeschossiger, z. T. verputzter Backsteinbau von vier Achsen mit zweiachsigem Mittelrisalit und Mansarddach. Aufwendiges Neobarockdekor. Der Mittelrisalit mit Balkon, dekoratives Brüstungsgitter. E. 19. Jh. errichtet.

WOHNHAUS Nr. 13. Zweigeschossiger siebenachsiger Backsteinbau vom E. 19. Jh. mit dreiachsigem Mittelrisalit. An der rechten Seite Eingangsvorbau mit Schleppdach. Geschoßtrennung durch Zickzackfries, Horizontalgliederung durch Bänder aus gelbem Backstein, unter den Fenstern Brüstungsfelder mit Rauten.

VILLA CLARA Nr. 30. Eineinhalbgeschossiger fünfachsiger Putzbau mit breitem dreiachsigem Mittelrisalit, im Kern wohl 1. H. 19. Jh., im letzten V. 19. Jh. das Erdgeschoß verändert und der Risalit angefügt. Dieser durch Eckpilaster und Säulen, im Obergeschoß kanneliert, gegliedert.

VILLA MARGARETE Nr. 104. Zu Beginn des 20. Jh. errichteter zweigeschossiger, dreiachsiger Backsteinbau mit einachsigem Mittelrisalit. Stark profilierte geschoßtrennende Gesimse. Giebel des Risalits geschweift, Rahmung von Fenstern und Tür mittels Putzquaderung.

PENSION WALDBLICK Nr. 110. Zweigeschossiger Putzbau von fünf Achsen, an der vorderen und rechten Gebäudeseite je ein dreiachsiger Mittelrisalit. Neoklassizistisches Dekor, E. 19. Jh. erbaut.

SCHULE Nr. 112. Um 1910 errichteter, eingeschossiger, siebenachsiger Putzbau auf Sockelgeschoß mit Mansardkrüppelwalmdach. An Vorder- und Rückseite je ein zweigeschossiger dreiachsiger Mittelteil. Rückseitig hölzerner verglaster Eingangsvorbau. Auf dem Dach mittig großer Dachreiter mit Pyramidenhelm. Das einge-

*Ahlbeck, Wohnhaus Lindenstraße 8*

schossige TOILETTENGEBÄUDE durch Laubengang mit dem Schulhaus verbunden.

PENSIONEN Neue Dünenstraße 4, 5 und 9. Zweigeschossige Putzbauten mit drei, Nr. 5 mit zwei Risaliten und Pilastergliederung, errichtet im letzten V. 19. Jh.
HAUS GYDOW Neue Dünenstraße 7. Zweigeschossiger Putzbau von fünf Achsen, E. 19. Jh., den drei linken Achsen eine Loggia vorgelegt. Vor dem Haus aufwendiger Metallzaun aus der Erbauungszeit.
PENSION GOODE WIND Neue Straße 7. Im letzten V. 19. Jh. errichteter fünfachsiger Putzbau mit dreiachsigen Seitenrisaliten. Das zweieinhalbgeschossige Gebäude mit umlaufendem geschoßtrennenden und Sohlbankgesims im ersten Obergeschoß. Der Balkon über dem Eingang entfernt.
PENSION MELANIE Neue Straße 8/9. Zweigeschossiger zehnachsiger Putzbau mit vorkragendem Zwerchdach. Zwischen den Geschossen schmales Gesims, unterhalb der Traufe floraler Fries. Um 1900 errichtet.
PENSION HAUS REGINA Ritterstraße 7/7 a. Zweigeschossiger Putzbau von zehn Achsen mit zwei dreiachsigen Seitenrisaliten vom E. 19. Jh. Weite Dachüberstände auf Holzkonsolen.
PENSION RUTH Ritterstraße 11. Zweigeschossiger fünfachsiger Putzbau mit dreiachsigem Mittelrisalit in neoklassizistischen Formen vom E. 19. Jh.
PENSIONEN Schulstraße 24 und 25. Am E. 19. Jh. errichtete zweigeschossige Putzbauten von acht bzw. neun Achsen mit dreiachsigen Seitenrisaliten, zwischen diesen ein Balkon.
PENSION Schulzenstraße 3. Putzbau von zwei Geschossen und fünf Achsen mit Mittelrisalit sowohl an der Vorder- als auch der rechten Giebelseite. Gliederung horizontal durch Gesimse, vertikal durch Halbsäulen und Pilaster. Brüstungsfelder mit ornamentalen Aufputzungen. Am E. 19. Jh. erbaut.
WOHNHAUS Schulzenstraße 6. Zweigeschossiger Putzbau mit flachem Zwerchdach, 1907 erbaut. Aufgeputzte Jugendstilornamente um Türen und Fenster.
PENSION CECILIE Schulzenstraße 22. Im letzten V. 19. Jh. errichteter, zweigeschossiger, achtachsiger Putzbau mit Seitenrisaliten und Balkon mit dekorativem Brüstungsgitter vor den beiden mittleren Achsen des Obergeschosses.

*Seestraße*
WOHNHAUS Nr. 4. Eineinhalbgeschossiger Putzbau von sieben Achsen mit dreiachsigen Mittelrisaliten an der Vorder- und linken Giebelseite. Die Obergeschosse der Risalite in Holz, leicht vorkragend. Errichtet E. 19. Jh.
WOHNHAUS Nr. 6. Dreigeschossiger Putzbau von fünf Achsen, E. 19. Jh. Die Erdgeschoßzone verändert, vor erstem Obergeschoß Balkon über gesamte Fassadenbreite. Fenster mit Putzfaschen, besonders dekorativ die Mittelachse, von zwei Pilastern flankiert. Fensterverdachungen in Lünettenform mit Fächerrosetten.
PENSION Nr. 7. Zweigeschossiges Gebäude von acht Achsen, das Erdgeschoß massiv und verputzt, das Obergeschoß in Holz. Zwerchdach, im Giebel mit Laubsägearbeit, um 1900 errichtet.
WOHNHAUS Nr. 13. Um 1900 errichteter zweigeschossiger Putzbau mit Dachgeschoß. Reiche Fassadengliede-

rung durch Gesimse, Pilaster, Faschen und Balkone. Die rechte Gebäudeecke abgeschrägt und akzentuiert durch geschweiften Giebelaufsatz mit Lünette, die rechte Achse mit kleinem Dreieckgiebel.

PENSION Nr. 15. Dreigeschossiger Putzbau von acht Achsen mit vortretenden massiven Loggien, diese nach vorn durch Rundbogenarkaden auf Säulen in beiden Obergeschossen geöffnet. Ähnliche Loggien an der rechten Giebelseite, hier jedoch um ein Geschoß erhöht. Zwischen den Säulen und Eckpfeilern aufwendige Brüstungsgitter. Die Pension im letzten V. 19. Jh. erbaut. Der das Erdgeschoß umgebende Vorbau mit polygonal hervortretendem Pavillon wohl A. 20. Jh. hinzugefügt.

WOHNHAUS Nr. 21. Eineinhalbgeschossiger vierachsiger Putzbau vom E. 19. Jh. mit Dacherker. Fenster mit Faschen und einfachen Verdachungen. An den Giebelseiten zweigeschossige Veranden, die Obergeschosse in Holz.

PENSION UND GESCHÄFTSHAUS Nr. 23. Putzbau von zwei Geschossen, das Obergeschoß z. T. in Holz. Konkav geöffnete rechte Gebäudeecke, hier ein Eingang mit darüberliegendem Fenster in Ädikularahmung, 2. H. 19. Jh. Die Erdgeschoßzone später verändert.

POST Nr. 24. Um 1900 errichteter zweigeschossiger Putzbau von neun Achsen. An der linken Seite dreiachsiger Risalit mit gesprengtem Dreieckgiebel, rechts einachsiger Risalit mit Pyramidenhelm. Geschoß- und Sohlbankgesimse. Fensterverdachungen im Obergeschoß abwechselnd als Dreieck- oder Segmentgiebel ausgebildet. An der rechten Giebelseite dreiachsiger Holzerker mit flachem Dach.

PENSIONEN Strandstraße 4 und 7. Achtachsige Putzbauten vom E. 19. Jh. Die zweigeschossigen Gebäude mit dreiachsigen Seitenrisaliten. Gliederung durch Gesimse und Pilaster bzw. Halbsäulen. Fenster z. T. erneuert.

PENSION Stresemannstraße 1. Zweigeschossiger zehnachsiger Putzbau mit Dachgeschoß und Seitenrisaliten, errichtet E. 19. Jh. Breiter Balkon im Mittelteil. Die Risalite durch Säulen und Eckpilaster gegliedert, letztere z. T. kanneliert. Urspr. Haustür erhalten.

PENSION CARLSBURG Stresemannstraße 2. Über verputztem Sockel errichteter, zweigeschossiger, neunachsiger Putzbau mit Dachgeschoß, dreiachsigen Seitenrisaliten und Mittelrisalit von einer Achse, E. 19. Jh. Die Seitenrisalite durch Säulen gegliedert, flache Pyramidendächer, der Mittelrisalit mit flachem Dach. In seinen Brüstungsfeldern Metallgitter, vor dem Haus dekorativer Zaun aus der Erbauungszeit.

PENSION PIPPINGSBURG Stresemannstraße 3. Um 1900 errichteter zweieinhalbgeschossiger Putzbau von fünf Achsen mit Seitenrisaliten und Mittelrisalit. Die Seitenrisalite mit Pyramidendächern, der Mittelrisalit und das Halbgeschoß mit Dreieckgiebeln aus Fachwerk und Dachüberstand, Balkone vor den zurückgesetzten Bauteilen.

PENSIONEN Vinetastraße 3 und 4. Putzbauten von zweieinhalb bzw. zwei Geschossen und acht Achsen mit dreiachsigen Seitenrisaliten in neoklassizistischen Formen, errichtet um 1900.

PENSION Wilhelmstraße 14. Im 1. V. 20. Jh. errichteter dreigeschossiger Putzbau mit Fußwalm. Zweiachsiger Mittelrisalit, begrenzt von kannelierten Eckpilastern. Sparsames Fassadendekor aus Zahnschnittfriesen, aufgeputzten Sternen, Zickzackbändern und expressivem Gesims am oberen Teil des Risalits.

PENSION Wilhelmstraße 21. Eineinhalbgeschossiges Gebäude von fünf Achsen, Mittelrisalit mit hohem Dreieckgiebel, wohl um 1900 errichtet. Der Risalit massiv und verputzt mit Gliederung durch Halbsäulen, aufwendige Gitter in den Brüstungsfeldern. Die zurücktretenden Fassadenteile in gelbem Backstein, die Giebelseiten verputzt. Eckquaderung, verputzter Sockel.

### Alt Pansow

KAPELLE 1841/42 nach Entwurf von Menzel erbaut. Neogotischer Rechteckbau aus Backstein mit Lisenengliederung, abgestuftem Konsolfries und Deutschem Band. Rechteckfenster mit Rautenverglasung. Spitzbogenportal im oberen Teil verändert. Innen flache Holzdecke. Ausstattung von 1841/42. Ehem. Altarskulptur »Christus triumphator«, 18. Jh. Kelch u. Patene, 1768. Kanne, Zinn, um 1800. Altarleuchterpaar u. -kruzifix, Eisenguß, 1842. Kronleuchter, Messingguß, vor 1800. Glocke, vor 1842.

FRIEDHOF mit Feldsteintrockenmauer, Grabwangen des 18./19. Jh. aus Kalkstein.

KATEN Rosenweg 10. Traufenhaus aus geweißtem Lehmfachwerk mit rohrgedecktem Krüppelwalmdach, wohl 1. H. 19. Jh. Tür und vier unregelmäßige Fensterachsen zur Straßenseite. Linker Giebel verbrettert.

WOHNHAUS Rosenweg 16. Eingeschossiges, siebenachsiges, verputztes Backsteintraufenhaus mit rohrgedecktem Krüppelwalmdach, 1. H. 19. Jh. Die Haustür original, die rechten drei Fensterachsen zugesetzt. Im Hof Stall in Ziegelfachwerk mit rohrgedecktem Krüppelwalmdach.

WOHNHAUS Rosenweg 19. Eingeschossiges fünfachsiges Traufenhaus aus verputztem Backstein, wohl A. 20. Jh. Fassade mit Putzgliederung. Originale Haustür und Klappläden.

### Alt Ungnade

KAPELLE 1850 von Menzel errichteter schlichter neogotischer Rechteckbau aus Backstein mit Lisenengliederung, Konsolfries und Deutschem Band. Westportal in Spitzbogenblende. Im Inneren flache Holzdecke. Ausstattung von 1850. Glocke 19. Jh.

WOHNHAUS Kurze Straße 8. Eingeschossiger verputzter Backsteinbau mit Krüppelwalmdach, Doppelwohnhaus. Fenster und Türen segmentbogig mit Faschen, wohl E. 19. Jh.

Ehem. BÜDNEREI Kurze Straße 12. Eingeschossiger ursprünglich fünfachsiger Fachwerkbau mit rohrgedecktem Krüppelwalmdach, wohl A. 19. Jh. Die Lehmgefache weitgehend durch Ziegel ersetzt. Die massive Gebäudeerweiterung der linken Seite jünger. Die Fenster mit Klappläden, oberhalb der Tür eine Fledermausgaube. An der Rückseite neue Anbauten.

### Bandelin

Ehem. GUTSHAUS (Kinderheim). 1930 über hohem Sockelgeschoß als zweigeschossiger, elfachsiger, neobarocker Putzbau mit von Fledermausgauben besetztem Walmdach errichtet. An der Hofseite flacher dreiachsiger Mittelrisalit mit Wappenkartusche im Giebelfeld und Freitreppe. An der Gartenfront der halbkreisförmig vortretende Risalit mit Kolossalpilastern, kupferbelegtem Kuppeldach und breit ausschwingender Freitreppe. Dahinter der ovale Gartensaal. Im jetzt als Diele genutzten ehem. Jagdzimmer Konsolen in Bärengestalt und

*Linke Seite: Ahlbeck, Pension, Wilhelmstraße 14*

*Rechte Seite: Alt Ungnade, Katen, Kurze Straße 12*

*Bandelin, Gutshaus*

Wappenscheiben bemerkenswert. Treppenhaus und einige Stuckdecken erhalten.
Der zugehörige Landschaftspark wohl 2. H. 18. Jh., jetzt verwildert.
Vom ehem. Wirtschaftshof der 1860 erbaute und 1867 um ein Fachwerkgeschoß erhöhte MARSTALL bemerkenswert. Das Untergeschoß in Feldstein, das darüberliegende Geschoß in Backstein. Architekturgliederung in gelbem Backstein. In ähnlicher Gestaltung eine große SCHEUNE von 1864 und die ein Karree bildenden langgestreckten ehem. LANDARBEITERKATEN.

**Bansin**

Jüngstes Seebad auf Usedom, 1887 als Bade-, Kur- und Erholungsort gegründet.
KIRCHE 1938 erbaute einschiffige Saalkirche mit dreiseitig geschlossenem Chor in Schiffsbreite und nordwestlich angefügtem Turm. Auf Backsteinsockel errichteter Putzbau, Rauhputz. Im Südosten polygonale Sakristei. Fenster in Chor und Schiff segmentbogig. Der Westgiebel mit Eckquaderung und fünf bandartig angeordneten Rechteckfenstern. Krüppelwalmdach. Fünfgeschossiger Turm mit Satteldach und Eingangsvorhalle. – Das Innere mit Holzdecke versehen. Schnitzaltar um 1985 von A. Neumann, Bansin, vierteilige Komposition, Kruzifix und drei Tafeln. Kruzifix um 1985 von A. Neumann, Bansin. Gemälde Christus am Kreuz, 19. Jh. Vier Glasgemälde: Seeadler auf Felsen (Wappen von Bansin), Gekreuzigter Christus, Luther und Evangelistensymbole, 1938. Zwei Kelche, Messing versilbert, z. T. vergoldet, 19. und 20. Jh. Zwei Patenen, Messing und Messing versilbert, um 1900 und 20. Jh. Ziborium, Messing versilbert, um 1900. Zwei Weinkannen, Messing und Messing versilbert, 20. Jh.
BAHNHOF Ahlbecker Chaussee. Eingeschossiger Putzbau mit großem Dacherker, im rechten Teil in polygonalen Turm übergehend. Die Bahnsteigseite mit Dachüberstand, Schleppdach auf Eisenstützen als Bahnsteigüberdachung und dreiachsigem Zwerchhaus. Mehrere Schleppgauben. Rechts polygonale Auslucht. A. 20. Jh. errichtet.
Ehem. WARMBAD (Geschäftshaus) Badstraße 1. Eingeschossiger Putzbau mit Drempel auf Backsteinsockel, um 1900 erbaut. Dreiachsiger Mittelrisalit. Sämtliche Fenster mit Faschen in Backstein, ebenso die Gebäudekanten und horizontal verlaufenden Bänder. Zur Wald-

straße fünfachsig, das Obergeschoß mit vier Achsen, zweigeschossiger Seitenrisalit, Gliederung wie Fassade zur Badstraße mit Faschen und Bändern in Backstein.
PENSION Badstraße 2. Dreigeschossiger Putzbau von neun Achsen, errichtet um 1900. Dreiachsige Seitenrisalite, vor die Fassade tretend, das erste Obergeschoß des Mittelteils als offene Loggia gestaltet, das zweite Obergeschoß verglast. Stark profilierte geschoßtrennende Gesimse. Die Dreieckgiebel der Risalite mit flächigen Aufputzungen versehen.

*Bergstraße*
WOHNHAUS Nr. 1. Um 1900 entstandener zweigeschossiger Backsteinbau auf unregelmäßigem Grundriß, durch dekorative Putzflächen gegliedert. Giebel in Backsteinfachwerk. An der Vorderseite großflächig verglaster hölzerner Erker mit Schleppdach. Seitlich an das Haus ein Eingangsvorbau angefügt.
WOHNHAUS Nr. 3. Im 1. V. 20. Jh. entstandener zweigeschossiger Holzbau mit flachem Dach, das Obergeschoß leicht vorkragend.
PENSION GERDA Nr. 5. Um 1915 errichteter dreigeschossiger Putzbau von fünf Achsen mit Mansarddach. Das Gebäude wohl urspr. mit Seitenrisaliten und Putzquaderung. Der Mittelteil ungegliedert, wohl später verändert. Das aufgesetzte Halbgeschoß aus jüngerer Zeit.
WOHNHAUS Nr. 6. Zweigeschossiger Putzbau auf Backsteinsockel mit Mansarddach, errichtet um 1910. Der Mittelteil leicht gerundet, das Obergeschoß verandenartig verglast. Ein Erker am rechten risalitartig gebildeten Gebäudeteil mit mäßig geschweiftem Giebel. Links vorspringender Bauteil mit zurücktretendem 4/8-Aufsatz in der Dachzone. An der rechten Seite ein Risalit mit großem Hufeisenbogenfenster im Obergeschoß.
PENSIONEN Nr. 7, 13, 14, 17, 22, 23 und 39. Zwei- bzw. dreigeschossige Putzbauten mit Seitenrisaliten, Nr. 7 und 14 mit backsteinsichtigen Fassaden, errichtet um 1900. Die Gebäude durch geschoßtrennende Gesimse, Pilaster und Halbsäulen gegliedert. In den Dreieckgiebeln der Risalite z. T. ornamentale Aufputzungen, Nr. 23 mit geschweiften Giebeln.
PENSIONEN Nr. 9 und 10. Um 1900 errichtete Putzbauten von zwei bzw. drei Geschossen mit Mittelrisaliten, diese durch Halbsäulen gegliedert. Weite Dachüberstände mit freiliegendem Sprengwerk. Aufputzungen an Fassaden und Risaliten.
PENSION STRANDVILLA IMPERATOR Nr. 12. Zweigeschossiger Putzbau mit Mansarddach und dreigeschossigem Mittelrisalit vom A. 20. Jh. Zurückhaltende Gliederung durch schmale Gesimse und einfach ornamentierte Bänder. Flache Erker in den äußeren Achsen mit darüberliegenden Balkonen. Portalnische mit urspr. Haustür über Freitreppe.
VILLA DIANA Nr. 15. Zweigeschossiger fünfachsiger Putzbau mit Seitenrisaliten vom Beginn 20. Jh. Der Mittelteil im Erdgeschoß aus grünglasierten Steinen mit dazwischenliegenden Putzbändern erbaut. Mittige rundbogige Portalnische. Das Obergeschoß mit vorkragendem hölzernen Loggienvorbau versehen. Aufwendige Putzgliederung in den Risaliten, hier auch große Segmentbogenfenster mit dekorativer Sprossung.
PENSION VILLA FRIEDA Nr. 16. Zweigeschossiger fünfachsiger Putzbau mit Mansarddach, errichtet um 1910. Die beiden Seitenrisalite mit großen, z. T. aufwendig gesproßten Fenstern und geschweiften Giebeln. Urspr. umlaufendes geschoßtrennendes Putzband, bei Erneuerung des Mittelteils in jüngster Zeit entfernt.
PENSION BELVEDERE Nr. 18. Zweigeschossiger Putzbau, errichtet um 1900, Mittelrisalit. Über den seitlichen Achsen übergiebelte Dacherker. Putzquaderung und reichhaltige ornamentale Aufputzungen in den Giebeln. Zugehörig ein zweigeschossiges HOFGEBÄUDE mit ornamentalen Putzflächen und geschoßtrennendem Gesims.
PENSION VILLA CAROLA Nr. 19. Zweigeschossiger vierachsiger Putzbau über gequadertem Sockel mit Mansarddach und Mittelrisalit, um 1900 erbaut. Über den seitlichen Achsen Dacherker, der Mittelrisalit in den Obergeschossen gequadert, die gerundeten Teile von Kolossalpilastern flankiert. Umlaufendes geschoßtrennendes Gesims.
PENSIONEN Nr. 20 und 21. Zweigeschossige, größtenteils verputzte Backsteinbauten mit Seitenrisaliten. Vor

die zwischen den Risaliten befindlichen Fassadenteile Holzerker in ganzer Breite gelegt, dabei die Mittelachse turmartig überhöht. Fenster mit Karniesbogen. Nr. 21 gänzlich verglast, bei Nr. 20 im hinteren Teil als Balkon ausgebildet. Die urspr. Haustüren in Portalnischen.

MÜHLE Bansin Dorf. In der 2. H. 19. Jh. erbauter Erdholländer mit rückwärtig angefügten eingeschossigen Backsteinbauten als Wirtschaftsgebäude.

PENSIONEN Goethestraße 1 und 6. Zwei- bzw. dreigeschossige Putzbauten mit Seitenrisaliten, jene von Nr. 1 als Holzbauteile in Fachwerkmanier ausgeführt. Beide Pensionen um 1900 erbaut.

WOHNHAUS Heinrich-Heine-Straße 2. Zweigeschossiger dreiachsiger Putzbau mit großem Dacherker und der Fassade vorgelagerter Auslucht von 1914. Eingeschossiger Vorbau an der rechten Giebelseite aus jüngerer Zeit.

PENSION CREMONA Heinrich-Heine-Straße 5. Zweigeschossiger siebenachsiger Putzbau mit dreiachsigem Mittelrisalit zwischen zwei Balkonen und zweigeschossiger Auslucht an der rechten Giebelseite, errichtet um 1900.

*Seestraße*

PENSIONEN Nr. 3, 10, 68, 79 und 84. Zwei- bzw. dreigeschossige neoklassizistische Putzbauten mit Seitenrisaliten, errichtet um 1900. Obergeschoß der Risalite von Nr. 68 in Holz. Vor dem Gebäude Nr. 3 Metallzaun in Jugendstilformen.

PENSION Nr. 4. Um 1900 errichteter neoklassizistischer Putzbau von drei Geschossen und neun Achsen mit dreiachsigen Seitenrisaliten und einachsigem turmartigem Mittelrisalit, dieser unter Faltdach.

HOTEL ZUR POST Nr. 5. Putzbau von zwei Geschossen und elf Achsen mit einem Seiten- und einem Mittelrisalit in typischer Gliederung durch Halbsäulen, Eckpilaster und Gesimse. Abgeschrägte Gebäudekante an der linken Seite mit turmartigem Erker. Der Giebel mit dreigeschossigem dreiachsigem Vorbau. Auf der Vorder- und Rückseite mehrere Balkone. Erbaut um 1900.

PENSIONEN Nr. 9 und 74. Zwei- bzw. zweieinhalbgeschossige Putzbauten von je sieben Achsen mit dreigeschossigen Mittelrisaliten, die Giebel sowie das zweite Obergeschoß des Risalits von Nr. 9 in verputztem Backsteinfachwerk, das Erdgeschoß verändert. Gliederung durch umlaufende Gesimse, Halbsäulen und Eckpilaster. Beide Pensionen um 1900 entstanden.

WOHNHAUS Nr. 75. Über verputztem Sockel um 1900 erbauter zweigeschossiger, z. T. verputzter Backsteinbau mit flachem Seitenrisalit an der Vorder- und Mittelrisalit an der Rückseite. Links ein kleines Ecktürmchen. Die Fenster in Putzfaschen mit ornamentalem Dekor über den Stürzen. In jüngster Zeit der eingeschossige Vorbau sowie die seitliche Auslucht stark verändert.

HOTEL BUCHENPARK Nr. 83. Um 1900 errichteter zweigeschossiger Putzbau mit Eckturm und neoklassizistischen Seitenrisaliten zur See- und Waldstraße. Der Bau durch Gesimse, Putzbänder sowie Säulen und Eckpilaster in den Risaliten gegliedert. Im Mansarddach mehrere Gauben.

*Strandpromenade*

KONZERTPAVILLON Um 1930 errichteter Holzbau mit apsidial hineingewölbter Orchestermuschel. Die Außenseiten des Gebäudes sowie der kleinen seitlichen Anbauten durch waagerechte Stäbe gegliedert.

ÖFFENTLICHE UHR Normaluhr auf um 1930 errichtetem dekorativem, pfeilerartigem Backsteinsockel mit leicht hervortretenden umlaufenden Bändern.

WOHNHAUS Nr. 5. Eingeschossiger vierachsiger Holzbau auf massivem verputztem Sockel, um 1900 erbaut. Giebelständig. Weit überstehende Dach- und Giebelzone, darunter an beiden Ecken des Gebäudes polygonale Auslucht. Eingangsvorbau unter Schleppdach. Zweigeschossiger Giebel mit dreiachsiger offener Loggia. In den Dachflächen Zwerchhäuser. Die Rückseite des Hauses zweigeschossig, das Erdgeschoß massiv und verputzt. Mittig vortretende Auslucht.

WOHNHAUS Nr. 6. Putzbau von zwei Geschossen und neun Achsen, errichtet um 1900. Seitenrisalite und turmartiger Mittelrisalit, verbunden durch z. T. massive Balkone. In den Giebeln der Seitenrisalite Dreifenstergruppe, ein Halbrund bildend. Putzdekor in Jugendstilformen, Festons, Brüstungsfelder der Seitenrisalite mit figürlichen Reliefs. Auf der Rückseite durch senkrecht verlaufende Putzbänder akzentuierter Mittelrisalit als Treppenhaus.

WOHNHAUS Nr. 7. Giebelständiger Holzbau auf massivem verputztem Sockelgeschoß, dieses mit Putzquaderung versehen. Krüppelwalmdach, am vorderen Giebel mit überhöhter Spitze. Weiter Dachüberstand. Mehrere Ausluchten, die markantesten den Giebelseiten vorgelegt. Diese zweigeschossig mit begehbaren kleinen Dachterrassen. Die vordere rechteckig, großflächig durchfenstert und mit spitzen Blendbögen unterhalb des Brüstungsgeländers, die hintere Auslucht mit abgeschrägten Ecken und Fußwalm. Um 1900 errichtet.

WOHNHAUS/GASTSTÄTTE Nr. 10. Giebelständiges Gebäude von zwei Geschossen und vier Achsen, um 1900 erbaut. Das Erdgeschoß massiv und verputzt, Obergeschoß und Giebel verbrettert. Polygonale Eckerker. Die Fenster z. T. halbkreisförmig. Im Dach links ein Zwerchhaus, rechts Schleppgaube mit Zwerchdach. Seitlich versetzte Risalite an den Traufseiten, diese mit Walmdach. Die hintere Giebelseite dreigeschossig mit zweiachsiger Nische.

PENSION VINETA Nr. 11. Zweigeschossiger, um 1900 errichteter Putzbau. Das giebelständige Gebäude mit verbrettertem Obergeschoß. Dreigeschossige polygonale Ecktürme, die Obergeschosse verschindelt, verbunden durch vorgelegte, zweigeschossige, hölzerne Loggia mit gedrungener Bogenarkatur.

WOHNHAUS Nr. 16. Auf massivem verputztem Sockel errichteter zweigeschossiger Holzbau, entstanden um 1900. Fachwerk mit verbretterten Gefachen. Vortretende zweigeschossige Auslucht mit abgeschrägten Kanten, großflächig durchfenstert, darüber überdimensionierter Giebel. Rechts zweigeschossige Veranda, an dieser die Gefache z. T. mit Laubsägearbeiten gefüllt. Umlaufendes, geschoßtrennendes, hölzernes Ornamentband. Im hinteren Teil ein zweigeschossiger polygonaler Anbau.

WOHNHAUS Nr. 26. Im letzten V. 19. Jh. errichteter Putzbau von drei Geschossen und neun Achsen. Zwei Seitenrisalite mit urspr. offenen Loggien, Säulengliederung, geschoßtrennende Gesimse. Der Mittelteil urspr. offen, die Risalite wohl durch Balkone verbunden, später durch Errichtung einer großflächig durchfensterten Verbretterung geschlossen.

WOHNHAUS Nr. 30. Auf Sockelgeschoß errichteter zweigeschossiger Putzbau mit Mittelrisalit und Mansarddach. Der Mittelrisalit mit betonter Mittelachse, leicht vortretend und durch Säulen akzentuiert. Im Giebel sich zu einem Halbrund fügende Dreifenstergruppe. Zu beiden Seiten des Giebels Dacherker. Balkone mit dekorativen Brüstungsgittern. Auf der Rückseite Mittelrisalit als Treppenhaus. Hölzerner, großflächig durchfensterter Eingangsvorbau in der Art einer Veranda.

*Waldstraße*

WOHNHAUS Nr. 3. Um 1910 errichteter zweieinhalbgeschossiger Putzbau von sechs Achsen. Das erste Obergeschoß gänzlich als offene Loggia ausgebildet. Schlichte Gliederung durch einfache, z. T. gequaderte Pfosten. Portalnische mit urspr. Haustür.

WOHNHAUS Nr. 21. Zweieinhalbgeschossiger neunachsiger Putzbau, E. 19. Jh. Seitenrisalite, überhöhte mittige Portalachse. Geschoßtrennende Gesimse in den Risaliten, Halbsäulen und Eckpilaster. Stuckkonsolen und ornamentierte Felder mit Blattmaskaronen in der Halbgeschoßzone. Tiefe Portalnische.

WOHNHAUS Nr. 22. Um 1915 entstandener giebelständiger Putzbau von zwei Geschossen. Krüppelwalmdach. Giebel in verputztem Backsteinfachwerk. Links risalitartig vorgezogener Eingangsvorbau mit Treppenhaus.

WOHNHAUS Nr. 23. Putzbau von zwei Geschossen und sieben Achsen, um 1900 entstanden. Dem Obergeschoß offene hölzerne Loggia vorgelegt, die beiden linken äußeren Achsen übergiebelt. Ornamentale Laubsägearbeit und weiter Dachüberstand.

WOHNHAUS Nr. 24. Auf Sockel errichteter zweigeschossiger Putzbau, Obergeschoß und Giebel des Seitenrisalits in verputztem Backsteinfachwerk. Weiter Dachüberstand mit freiliegendem Sprengwerk im Giebel. Der rechte Gebäudeteil mit offener Loggia. Errichtet um 1900.

WOHNHAUS Nr. 25. Putzbau vom E. 19. Jh., zweieinhalbgeschossig, siebenachsig, Mittelrisalit. Links dreigeschossiger hölzerner Anbau.

WOHNHAUS Nr. 28. Putzbau von sieben zu acht Achsen, zweigeschossig, Mansarddach, errichtet E. 19. Jh. Die mittleren Achsen leicht vorgezogen. Gebäudekante abgeschrägt und von vorgelegtem dreigeschossigem Turm betont. Durch Seitenrisalite die äußeren Achsen aufgewertet. Der Baukörper von Pilastern, Gesimsen und Putzornamenten in Brüstungsfeldern gegliedert. Dekorative Gauben in der Dachzone.

WOHNHAUS Nr. 33. Um 1910 errichteter zweigeschossiger Putzbau auf Sockel. Vierachsig, Mittelrisalit mit offener Loggia im Obergeschoß. Gequaderte Eckpilaster, quadratische Aufputzungen, Sockelgesims.

**Bauer**

SPEICHER der ehem. Gutsanlage. Langgestrecktes zweigeschossiges Gebäude mit Krüppelwalmdach, Erdgeschoß und Giebel in Feldstein, Obergeschoß in Backstein, ebenso Ecklisenen, Fenster-, Tür- und Lukeneinfassungen der Feldsteinbauteile sowie geschoßtrennendes Band und Rahmung der Giebel. Mittiger zweigeschossiger Dacherker. Im Dach übereinander zwei lange Schleppgauben mit Lüftungsschlitzen. In der gleichen Art und Weise, jedoch ohne Dacherker und Gauben, eine STALLSCHEUNE erbaut. Eine weitere STALLSCHEUNE gänzlich aus Backstein errichtet. Sämtliche Gebäude 1925 entstanden.

KATEN Altbauer 19. Um 1850 errichteter zweihieschiger Backsteinfachwerkkaten mit Krüppelwalmdach. Das urspr. Rohrdach in Wellasbest erneuert. Fenster und Türen verändert. Gegenüber dem Katen auf der anderen Straßenseite zugehöriger STALL, eingeschossiger Backsteinfachwerkbau.

**Behrenhoff**

DORFKIRCHE Urspr. dreijochige Basilika aus Backstein mit gleichhohem, gerade geschlossenem Chor aus Granitquadermauerwerk und südlicher Vorhalle. Chor M. 13. Jh., das Langhaus im 14. Jh. angebaut. Das nördliche Seitenschiff M. 17. Jh. abgetragen, die nördlichen Arkaden zugesetzt und mit Fenstern versehen. Das südliche Seitenschiff und die Vorhalle stark erneuert. Unter den Traufen Treppenfriese, die Obergadenwand gegenüber dem Chor etwas zurückgesetzt. Chor- und im 19. Jh. erneuerter Westgiebel in Backstein mit Blendengliederung, fialenbekrönt. Alle Fenster spitzbogig mit gußeisernem Maßwerk, 19. Jh. Spitzbogenportale.

Inneres: Die gedrungenen spitzbogigen Arkaden auf Achteckpfeilern zum Mittelschiff hin profiliert. Darüber sechsteiliges Rippengewölbe, südliches Seitenschiff mit Kreuzrippengewölbe. Ornamentale Gewölbemalereien, 15. Jh. Im Chor anstelle der ehem. Gewölbe flache Holzbalkendecke. Wandmalereien im Chor, 14. Jh., 1897/98 durch H. Seliger freigelegt und stark ergänzt. Obere Zone: Zwölf Apostel; untere Zone: Sündenfall und zehn Rundmedaillons mit Engeln, Heiligen, Marienkrönung, Märtyrerin, Bischof, Johannes d. T., Höllenrachen. Darunter ein schmaler Fries mit Weihekreuzen, Wappen und Weinlaub.

*Ausstattung:* Die Prinzipalstücke der Ausstattung von 1857/58. Altarblock mit Retabel von Theodor Prüfer, Berlin. Kanzel mit durchbrochenem Schalldeckel. Orgel

*Linke Seite: Behrenhoff, Kirche von Südosten*

*Rechte Seite: Behrenhoff, Kirche, nördliche Chorwand*

1858 von Fischer, Demmin, erbaut, später durch F. Beyer, Stralsund, erweitert; neogotischer Prospekt. Gestühl 1858. Übrige Ausstattung: Plastiken und Reliefs aus bemaltem Eichenholz mit Passionsszenen von einem ehem. Altar, 1. H. 17. Jh. (z. Zt. ausgelagert). Kalksteinfünte um 1300, die Kuppa um 1900 falsch ergänzt. Gemälde, Bildnis Magister Johann Friedrich Peltz, 1848 von W. Titel. Chorfenster 1907/09. – Kelch 1. H. 15. Jh. Patene 15. Jh. Patene um 1600. Kelch 1606. Oblatendose, Zinn, 1915. Kollektenschale, Messing, 1753. Kanne, Messing versilbert, 1840. Patene, Kupfer, 19./20. Jh. Zwei Kelche, Messing versilbert, um 1900. Patene u. Hostiendose, Messing versilbert, E. 19. Jh. Taufschale, Messing versilbert, um 1885. Altarleuchterpaar, Zinn, 1796, u. Messing, 1881. Zwei Altarkruzifixe, Messing versilbert u. Eisenguß, E. 19. Jh.

Grabplatte Behr und Lepel, Kalkstein, 1617; Grabplatte Johann Christian Möller, Kalkstein, 1806.

Der FRIEDHOF mit Feldsteintrockenmauer eingefaßt. Westlich der Kirche zweijochiger Glockenstuhl, 1. D. 19. Jh. Zwei Glocken, 15. Jh. u. 1724, gegossen von Joachim Metzker, Engel von Elias Keßler modelliert.

PFARRHAUS Dorfstraße 27. Eingeschossiger siebenachsiger Backsteinbau auf Feldsteinsockel mit Schieferdach, 2. H. 19. Jh. Unter der Traufe eingetiefte Putzbänder. Der Mittelrisalit mit Treppengiebel und vorgelagerter Treppe wohl später hinzugefügt.

Ehem. GUTSPARK 1840 – 1860 nach Plänen von Peter Joseph Lenné gestalteter Landschaftspark mit reichem dendrologischen Bestand. Am Eingang zwei verputzte Pfeiler mit gekuppelten doppelten Halbsäulen an Vorder- und Rückseite. Als Bekrönung Bären mit Wappenschilden, um 1900 errichtet.

MARSTALL des ehem. Gutes. In der 2. H. 19. Jh. errichteter eingeschossiger neunachsiger Bau aus gelbem Backstein mit Feldsteinsockel auf U-förmigem Grundriß. Die Innenhoffassaden aus rotem Stein. Einachsiger Mittelrisalit mit zugesetztem Tor, seitlich darüber zwei

Medaillons mit Pferdeköpfen. Die Seitenflügel risalitartig vorgesetzt. Im rechten Flügel urspr. wohl Remise, die segmentbogigen Toröffnungen jetzt zugesetzt. Im Innenhof schmale gekoppelte Rechteckfenster.

Ehem. LANDARBEITERKATEN Dorfstraße 29/30, 33/34, 37/38, 39/40. Eingeschossige Häuser, um 1860/70 erbaut. Die Traufseiten aus Backstein, die Schmalseiten in Feldsteinmauerwerk mit Architekturgliederung in Backstein. Einzelne mit Zwerchhäusern oder Blendgiebeln.

**Benz**

DORFKIRCHE Dreijochiger, z. T. verputzter Feldsteinbau mit eingezogenem Chor und Westturm aus dem 15./16. Jh., der Chor 1741 angefügt, der Turm im 17. Jh. erbaut. Teilweise verputzter, gerade geschlossener Feldsteinchor mit Segmentbogenfenstern, Rundfenster und Kreisblende im Giebel. Unterhalb des Ostgiebels Wandvorlage mit Pultdach, darin schlichter Eingang, flankiert von zwei kräftigen Strebepfeilern aus Backstein mit Feldstein. Das Schiff aus Feldstein, die Gebäudekanten z. T. in Backstein erneuert, der Ostgiebel in verputztem Backsteinfachwerk errichtet. Massiver verputzter Westgiebel. Segmentbogenfenster mit darüberliegenden Schleppgauben im Dach. In der Nord- und Südwand je ein Portal. Das Hauptportal im eingezogenen Westturm als flache Vorlage mit Dreieckgiebel, Sockel und Kämpferband, Scheitelkonsole und Rundfenster im Dreieckgiebel ausgebildet. Der Turmunterbau aus Feldstein errichtet, das Oberteil verputzt. Abschließende Haube mit Laterne 1740 aufgesetzt. Am Turm Reste einer Blendengliederung. – Das Innere von gebrochener Holztonne überdeckt, auf dieser Malerei, Sterne in Ehrenkränzen, kassettiert, 19. Jh. Altar und Kanzel E. 18. Jh. Fuß und Schaftteil eines Taufsteines um 1320. Orgel M. 19. Jh. Sechs Schnitzfiguren, Heilige, 15. Jh. Vier Engelfiguren wohl 17. Jh. Glasgemälde, Agnus Dei, 19. Jh. Kruzifix, Messing versilbert, 19. Jh. Leuchterpaar und Kronleuchter, Messing, 19. Jh. Kelch und Patene um 1675. Drei Kelche: M. 19. Jh. von Humbert, Messing versilbert, 19. Jh. von Jürst, und Zinn, 20. Jh. Oblatendose, Zinn, 20.

*Linke Seite:*
*Benz, Dorfkirche, Inneres nach Osten; Schnitzfiguren, Hll. Johannes d. T., Petrus, Katharina, 15. Jh.*

*Rechte Seite:*
*Benz, Dorfkirche, Grabplatte J. von Küssow; Erdholländer*

Jh. von Knöfel. Drei Kannen, Messing versilbert, 19. Jh. Taufschale, Messing versilbert, 19. Jh. Glocke 1814 von Gebrüdern Schwenn, Stettin. Grabplatte J. von Küssow † 1586, mit Darstellung des Verstorbenen im Harnisch.
FRIEDHOFSKAPELLE Putzbau, um 1900 errichtet. Dreiseitiger Chorschluß und eingezogener Portalvorbau. Im Chor kleines Rundfenster, in den Seiten glatt eingeschnittene Rundbogenfenster. Walmdach. Der Portalvorbau spitzbogig geöffnet. Der Friedhof von Feldsteinmauer umgeben. Innerhalb der Mauer ein SCHUPPEN aus Backsteinfachwerk mit verbretterten Giebeln, 19. Jh.
PFARRHAUS Um 1900 errichteter eingeschossiger Backsteinbau auf Feldsteinsockel, auf der Vorder- und Rückseite ein Portalvorbau, Konsolfries unter der Traufe.

FRITZ-BEHN-DENKMAL Fritz-Behn-Straße. 1971 von Hans Kies geschaffenes Denkmal für den aus Benz stammenden, 1944 von den Nationalsozialisten getöteten Kommunisten Fritz Behn. Auf einem Sockel befindlicher Bronzeguß, Fahne mit Reliefdarstellung der konspirativen Tätigkeit Behns.
GEHÖFT Labömitzer Straße 11. In der 2. H. 19. Jh. entstandene Hofanlage. Das WOHNHAUS als eingeschossiger Putzbau mit Rohrdach und verbretterten Giebeln errichtet. SCHEUNE, Lehmfachwerk, z. T. massiv erneuert, mit Rohrdach, und STALL aus Lehmziegelfachwerk und Feldstein sowie ebenfalls verbretterten Giebeln und Rohrdach.
MÜHLE Erdholländermühle mit Keller, dreigeschossiger Aufbau und Haube in Fachwerk, holzbeschindelt. Flügelkreuz, Windrose und Ausstattung erhalten bzw. rekonstruiert, A. 19. Jh. errichtet.

**Buddenhagen**

VILLA (Wohnhaus). Im 1. V. 20. Jh. errichteter eingeschossiger Putzbau von fünf Achsen. Mittiger, leicht vorkragender Dacherker in verputztem Fachwerk mit Zwerchhaus. Auf der Rückseite zweigeschossiger Dacherker mit verbrettertem Obergeschoß. Rechteckiger dreigeschossiger Turm am rechten Giebel, das zweite Obergeschoß in verputztem Backsteinfachwerk. Pyramidendach mit Wetterfahne.

**Buggenhagen**

Ehem. GUTSHAUS (Wohnhaus). Zweigeschossiger Putzbau mit Mansarddach, 1. H. 19. Jh. Links rechtwinklig eingeschossiger Flügel angefügt, Mansarddach, am Giebel abgewalmt. Das Hauptgebäude mit Zwerchhaus, dieses mit Haube versehen. Leicht vorgezogener Mittelrisalit an der Gartenseite, ausgebildet als Säulenportikus mit vorgelegter Freitreppe. Geschoßtrennendes Gesims. Im Treppenhaus vier Rundbogenarkaden auf drei quadratischen Pfeilern, hölzernes Treppengeländer mit verzierten Feldern, florale Ornamentik.

Ehem. PFERDESTALL auf dem ehem. Gutshof. Eingeschossiger Backsteinbau mit rohrgedecktem Krüppelwalmdach, ein Giebel verbrettert, der andere in Backsteinfachwerk aufgeführt. Vor diesem niedrigerer Vorbau aus Backsteinfachwerk mit weitem Dachüberstand, von Fachwerkgerüst getragen. Die Gefache des Gerüstes z. T. mit dekorativen Laubsägearbeiten gefüllt. In gleicher Art und Weise Rahmung des zweiflügeligen Tores in der Giebelseite des Vorbaus. Der Pferdestall um 1850 errichtet. Zur Gutsanlage ferner ein eingeschossiger KATEN aus Backsteinfachwerk, M. 19. Jh., sowie ein eingeschossiger STALL von 1901, ein langgestreckter Backsteinbau, und eine PARKANLAGE gehörig.

Ehem. SCHULE (Wohnhaus) Schulstraße 6. Auf Feldsteinsockel errichteter eingeschossiger Backsteinfachwerkbau der 1. H. 19. Jh. In der 2. H. 19. Jh. durch zweigeschossigen Backsteinbau von sieben Achsen auf leicht geböschtem Feldsteinsockel erweitert. Umlaufender geschoßtrennender Zahnschnittfries. An der hinteren rechten Gebäudeecke ein kleiner massiver Erker.

**Dambeck**

Ehem. GUTSHAUS Eingeschossiger elfachsiger Putzbau mit Souterraingeschoß und Krüppelwalmdach, 2. H. 19. Jh. In der Fassadenmitte übergiebeltes Zwerchhaus und Pilastergliederung. Vor den Eingängen der Vorder- und Rückseite ehem. hölzerne, nachträglich veränderte Veranden. Quaderung in Fugenschnittputz. Fenster mit Verdachung und heruntergezogenen Putzfaschen. Rechts ein dreiachsiger Anbau mit Rustizierung und flachem Dach, 4. V. 19. Jh.

**Dargelin**

Ehem. GUTSHAUS Eingeschossiger neunachsiger Putzbau mit Krüppelwalmdach, M. 19. Jh. Einachsiger Mittelrisalit, das Portal und darüberliegende Fenster segmentbogig, im Giebel Lünettenfenster. Eckrustizierung.

KATEN Dorfstraße 1/2. Doppelhieschiger Katen aus Lehm- und Ziegelfachwerk mit rohrgedecktem Krüppelwalmdach, wohl 1. H. 19. Jh. Fenster verändert.

**Dargen**

BAHNWÄRTERHAUS Um 1935 erbaut. Dreigeschossiger Backsteinbau mit geschoßtrennenden Bändern und Walmdach. Rundfenster im ersten Obergeschoß, rechteckige, leicht hervortretende Portalrahmung.

LANDWARENHAUS Auf L-förmigem Grundriß errichteter eingeschossiger Putzbau, entstanden um 1965. Segmentbogige Schaufenster in vortretendem Fassadenteil, große Schleppgaube im Dach.

**Dargezin**

Ehem. SCHULE (Wohnhaus) Dorfstraße 18. E. 19. Jh. Backsteingebäude mit Feldsteinsockel auf T-förmigem Grundriß und flachen Satteldächern. Der giebelständige Gebäudeteil mit Drempel. Die Fenster mit schmaler Verdachung, urspr. segmentbogig.

Ehem. LANDARBEITERKATEN Dorfstraße 19–22. E. 19. Jh. erbaut. Vier giebelständige, in einer Reihe stehende Häuser mit flachen Satteldächern. Die Giebelseiten aus Feldstein mit Fenstereinfassungen und Friesen in Backstein, die Langseiten in Backstein.

FELDSTEINSCHEUNE E. 19. Jh. mit Fachwerkgiebel, sein oberer Teil verbrettert.

Ehem. BAHNHOF In regionaltypischer Bauweise zwischen 1893 und 1900 errichteter Bahnhof an der Kleinbahnstrecke Greifswald – Jarmen. Zweigeschossiger giebelständiger Backsteinbau auf hohem Feldsteinsockel mit Putzbänderung und seitlichen eingeschossigen Flügelbauten. Fenster und Türen mit Segmentbogenschluß.

**Dersekow**

DORFKIRCHE Zweijochiger Rechteckbau mit geradem Ostschluß aus unregelmäßigem Feldsteinmauerwerk mit

seitlichen Choranbauten in Backstein, geböschter hölzerner Westturm mit Spitzhelm. Die Kirche aus der 2. H. 13. Jh., Choranbauten im 19. Jh. angefügt, der Westturm 17. Jh. Die Giebel, Fenster- und Portalrahmungen aus Backstein. Im Ostgiebel fünf gestaffelte Blenden mit Dreieckschluß und zwei Binnenblenden, Fialenaufsätze. Der blendengegliederte Westgiebel 1862 stark erneuert, die Spitzbogenfenster mit gußeisernem Maßwerk aus gleicher Zeit. Drei Portale mit abgestuftem Gewände, das nördliche zugesetzt. In der Westwand Verzahnungen für beabsichtigten Turmbau. Die Treppengiebel der Anbauten 1983 durch die abgeschleppten Dächer auf halbe Giebel reduziert.
Im Inneren gebuste Kreuzrippengewölbe über Schildbögen auf Wandvorlagen, wohl 15. Jh. Die Gewölbemalerei 15. Jh., 1938 ergänzt, 1988 erneut restauriert. Die Winterkirche unter der Orgelempore von 1966.
Ausstattung: Altar M. 19. Jh., mit modernem Kruzifix. Kanzel 1865. Fünte, Kalkstein, 1. H. 13. Jh., Schaft und Fuß 1956 erneuert. Orgel M. 19. Jh. von F. A. Mehmel, Stralsund. Schmiedeeiserner Leuchter E. 19. Jh., mit neuem hölzernen Reif. Altarleuchterpaar, Messing, 1860. Patene um 1500. Kelch 1500, Kuppa 1662 erneuert. Kelch u. Patene, Zinn, 1772. Zwei Oblatendosen, Silber, 1630 u. um 1904. Taufschale, Messing getrieben, um 1700. Kollektenschale, Messing, 1725. Zwei Taufkannen, Messing versilbert, um 1800 u. 1834. Taufschale, Messing versilbert, 1861. Altardecke 1794; roter Samt auf Leinenunterlage mit aufgesticktem Allianzwappen (Blixen-Essen) und Inschrift.
Friedhof mit Feldsteintrockenmauer. Westlich der Kirche ein freistehender zweijochiger Glockenstuhl von 1827. Zwei Glocken: 1869 von F. Scheunemann, Demmin, u.1924, Stahl.

*Dersekow, Kirche von Osten*

*Ernst-Thälmann-Straße*

Ehem. KÜSTERHAUS UND SCHULE Nr. 10. 1796 erbaut. Querhaus in geweißtem Lehmfachwerk mit rohrgedecktem Krüppelwalmdach. Zweifluchtiges Einheitshaus mit ehem. Schulraum, Küsterwohnung, Querdiele und Stall.
PFARRHAUS Nr. 12. 1906 in neobarocken Formen erbaut. Eingeschossiger achtachsiger Putzbau mit Mansardwalmdach. Zweigeschossiger zweiachsiger Mittelrisalit. An den Gebäudeecken Putzpilaster. In der jeweils zweiten Achse von außen links die Tür mit Rahmung auf Konsolen, rechts die gleiche Rahmung. Zwei dreifenstrige Gauben mit geschwungenem Abschluß und kleine Fledermausgauben. An der Rückseite verglaste Veranda.
Ehem. PFARRWITWENHAUS Nr. 13. Um 1800 erbauter Katen aus Lehmstakenfachwerk auf Feldsteinsockel mit rohrgedecktem Krüppelwalmdach. Die Vorderseite verputzt mit sechs unregelmäßigen Achsen, die Fenster mit Klappläden, die Haustür original. An der Rückseite Anbau mit Schleppdach. Inneres zweifluchtig mit Hinterflurküche.

Ehem. KIRCHENDIENERHAUS Nr. 14. Verputzter Backsteinbau mit rohrgedecktem Krüppelwalmdach, wohl 1. H. 19. Jh. Das zweifluchtige Raumbild des Inneren stark verändert.

**Dewichow**

Ehem. GUTSHAUS (Wohnhaus). Eingeschossiger Putzbau von neun Achsen mit Krüppelwalmdach aus der 1. H. 19. Jh. Im leicht eingezogenen Mittelteil das rechteckige Portal, flankiert von schmalen hochrechteckigen Fenstern. Davor Treppe angelegt. An der Gartenseite dreiachsiger Mittelrisalit mit Giebeldreieck, im unteren Teil durch Säulen geöffnet, Freitreppe. Im Dach des Gebäudes Fledermausgauben.

**Diedrichshagen**

FORSTHAUS 2. H. 19. Jh. Eingeschossiger siebenachsiger Backsteinbau mit Schieferdach. Mittelachse in flacher Vorlage mit niedrigem Zwerchhaus unter überstehendem Dach, unten rundbogige Portalnische. Fenster segmentbogig.

Hinter dem Haus eine queraufgeschlossene Ziegelfachwerkscheune mit Rohrdach. In der Nähe eine in jüngster Zeit stark erneuerte Darre in Gestalt eines kleinen Ziegelfachwerkhäuschens mit Rohrdach.

**Freest**

*Dorfstraße*

WOHNHAUS Nr. 35. Eingeschossiger Putzbau von fünf Achsen mit Krüppelwalmdach, im Kern 2. V. 19. Jh. Die massiven Umfassungswände kurz nach 1920, wohl anstelle ursprünglicher Fachwerkkonstruktion, errichtet.

WOHNHAUS Nr. 44. Über einem Feldsteinsockel errichteter eingeschossiger, achtachsiger Ziegelfachwerkbau mit rohrgedecktem Krüppelwalmdach. Im Dach große Fledermausgaube. Das Gebäude wohl in der 1. H. 19. Jh. erbaut.

RÄUCHEREI Nr. 49. Zweigeschossiger Backsteinbau, um 1925 errichtet. Horizontale Gliederung durch Konsolfries als geschoßtrennendes Gesims. An der Vorderseite drei der ursprünglichen, mehrfach geteilten Sprossenfenster erhalten, zwei weitere auf der Rückseite. An die linke Giebelseite schließt das eigentliche Rauchhaus an: eingeschossiger Backsteinbau mit Pultdach und großem Schornstein. Im Innern sechs Altonaer Räucheröfen.

SALZHÜTTEN Urspr. als Verschlußlager für steuerfreies Monopolsalz in der 1. und 2. H. 19. Jh. errichtet. Sieben kleine eingeschossige Bauten in unterschiedlicher Bauweise: verputztes Fachwerk mit Backstein- und Lehmausfachungen, Holzverschalung oder Massivbauten; die Giebel verbrettert, Dächer z. T. rohrgedeckt.

SCHULE Oberreihe 14. Eingeschossiger Putzbau auf Backsteinsockel mit Mansarddach mit Schopf. An der vorderen Traufseite dreiachsiger Mittelrisalit mit Krüppelwalmdach; an seiner linken Seite der Eingang, durch Schleppdach des Hauptbaus geschützt. Zwei weitere Türen rechts des Risalites und auf der Rückseite, zur ehem. Lehrerwohnung gehörig.
Auf dem Hof das ehem. Stall- und Toilettengebäude. Ein über niedrigem Backsteinsockel errichteter eingeschossiger Putzbau mit Walmdach und mittigem Dachhäuschen. Beide Häuser im 1. D. 20. Jh. errichtet.

**Garz**

DORFKIRCHE Spätgotischer Rechteckbau, Feldstein mit Backstein, 15. Jh. Der Ostgiebel mit Spitzbogenblenden, darüber eine Kreisblende. In der Mitte der Ostwand Spitzbogenfenster, wohl später verkleinert. Glatt eingeschnittene Rundbogenfenster in der Nord- und Südwand, diese nicht urspr. Der Westgiebel mit Segmentbogenblenden verziert, spitzbogiges schmales Westportal. An der Südwestseite später angefügter Stützpfeiler. – Das Innere flachgedeckt. An der Ostwand zwei längsrechteckige Nischen mit eingestellter Säule. Altar, Kanzel und Westempore um 1780. Orgel 1. H. 19. Jh. von Kaltschmidt, Stettin. Sakramentsnische mit Holztür 16. Jh., Gestühl und Opferstock 2. H. 18. Jh. Zwei Votivschiffe, Fregatten, 1770 und 1825. Predigttafel 1793. Zwei Gedenktafeln, Joh. Klüss, 1905, und Friedrich und Robert Runge, 1913. Fünf Kriegergedenktafeln, 1813/14, 1815, 1844 und 1871. Kelch 1619. Opferteller, Zinn, 1722. Leuchter, Zinn, 1704. Kronleuchter, Messing, 19. Jh. Wandleuchter, Messing, A. 20. Jh. Horn, Messing, um 1810. An der Kirche hölzerner Glockenstuhl mit Glocke 1936. Friedhofsmauer aus Feldstein. Westlich der Kirche KRIEGERDENKMAL für die Gefallenen des ersten Weltkrieges, auf hohem Feldsteinsockel Gedenkstein mit bekrönender Adlerplastik.

*Linke Seite: Freest, Salzhütten, Gesamtanlage*

*Rechte Seite: Garz, Dorfkirche von Südosten; Votivschiff von 1825*

WOHNHAUS Ernst-Thälmann-Straße 14. Eingeschossiger giebelständiger Lehmfachwerkbau, 2. H. 19. Jh., z. T. massiv erneuert und verputzt, die Giebel verbrettert.
WOHNHAUS Friedensstraße 11. In der 2. H. 19. Jh. errichteter, eingeschossiger, fünfachsiger Putzbau mit Rohrdach und verbretterten Giebeln. Aus der gleichen Zeit die links vom Haus stehende SCHEUNE, eingeschossiges verputztes Fachwerk mit einer massiven Giebelseite und verbretterten Giebeln.
WOHNHAUS Friedensstraße 18. Eingeschossiger vierachsiger Putzbau, E. 19. Jh., mit urspr. Haustür. Fenster in Putzfaschen, Sohlbankgesims.

**Gellenthin**

WOHNHAUS Dorfstraße 11. Aus der 2. H. 19. Jh. stammender eingeschossiger Putzbau von fünf Achsen mit Rohrdach, die urspr. Haustür erhalten. Zugehörig eingeschossige SCHEUNE, errichtet aus Backstein mit Fachwerkteil, Rohrdach.

**Gneventhin**

WOHNHAUS Dorfstraße 4. Im 19. Jh. entstandener eingeschossiger Putzbau mit Krüppelwalmdach und Feldsteinsockel, Fassade gequadert. Links zweigeschossiger Backsteinbau angefügt.
SCHEUNE Dorfstraße 8. Eingeschossiger Backsteinfachwerkbau, errichtet in der 2. H. 19. Jh. Der langgestreckte Baukörper urspr. unter Rohrdach, dieses in Wellasbest erneuert.
WOHNHAUS an der B 110. Eineinhalbgeschossiger Backsteinbau von acht Achsen mit zweiachsigem Dacherker. Das Gebäude aus gelben Ziegeln auf Feldsteinsockel errichtet. Gliederung durch schmale Bänder in roten Ziegeln, unterhalb des Drempels Deutsches Band. Der Bau aus dem letzten D. 19. Jh. stammend.

**Görke**

STALL Dorfstraße 6. Zweigeschossiger Backsteinbau, 2. H. 19. Jh. Giebelständiges Gebäude, das Obergeschoß der Traufseiten verbrettert. Neben dem Stall eingeschossige SCHEUNE aus gleicher Zeit, Backsteinbau mit Lisenengliederung, Giebelspitze verbrettert. Rohrdach, z. T. mit Wellasbest erneuert.

**Greifswalder Oie**

BOOTSSCHUPPEN Um die Jahrhundertwende entstandener eingeschossiger Backsteinbau von drei Achsen. Das Gebäude von Ecklisenen eingefaßt, die Traufseiten durch Lisenen und Konsolfriese in Traufhöhe gegliedert, getreppte Konsolfriese in den Giebeln.
LEUCHTTURM Oktogonaler achtgeschossiger Backsteinturm mit gläserner zylindrischer Laterne und flachem Kegeldach auf eingeschossigem quadratischen Backsteinunterbau, im letzten V. 19. Jh. errichtet. Rundbogenfenster an Vorder- und Rückseite in jedem 2. Geschoß. Als Abschluß des massiven Teils geputzter Rautenfries, darüber Bogenfries in gelben Ziegeln.
Neben dem Leuchtturm das WOHNHAUS aus der gleichen Zeit, zweieinhalbgeschossiger giebelständiger Backsteinbau von drei Achsen. Das Halbgeschoß des Sockels verputzt. Hinter dem Leuchtturm eineinhalbgeschossiger vierachsiger Backsteinbau auf Natursteinsockel mit Flachdach, wohl urspr. als Wirtschaftsgebäude genutzt.

**Gribow**

Ehem. GUTSHAUS 1888 errichtetes zweigeschossiges Backsteingebäude auf hohem Feldsteinsockel mit Drempel. Mittelrisalit mit hoher pilastergerahmter Eingangstür mit Dreieckgiebelverdachung. Fenster leicht segmentbogig. Zwischen den Geschossen und unterhalb der Traufe Friese und Gesimse.
Der vor dem Gutshaus gelegene, 1886 erbaute Wirtschaftshof von Feldsteinmauer umgeben. Von den Gebäuden eine große Ziegelfachwerkscheune und zwei Ställe mit Erdgeschoß in Feldstein und Backsteinobergeschoß bemerkenswert.

**Gristow**

DORFKIRCHE Rechteckbau aus Backstein über Granitquadersockel mit nördlichem Sakristeianbau, A. 14. Jh. Der neogotische Westturm 1839/42 angefügt. Langseiten mit Strebepfeilern, die Portale und Fenster abgese-

Gristow, Kirche von Osten

hen vom Rundfenster oberhalb des Südportals spitzbogig. Das gußeiserne Maßwerk 19. Jh. Unter der Traufe umlaufender, im 19. Jh. teilweise erneuerter Vierpaßfries. Ostgiebel mit gestaffelten Spitzbogenblenden und einem kräftigen Fialentürmchen mit Kegeldach auf der Giebelspitze. Sakristeigiebel mit Halb- und Rundblenden. Der dreigeschossige neogotische Westturm mit achtseitigem kupfergedeckten Pyramidenhelm, umlaufender Brüstung und Ecktürmchen.
Das Innere nach Einsturz der Gewölbe 1665 flachgedeckt. In der Westwand tiefe Spitzbogennischen. Ausstattung: Die zugehörige Innenausstattung weitgehend 2. H. 19. Jh. Orgel M. 19. Jh. von J. A. Mehmel, Stralsund, mit neogotischem Prospekt. Figur des Johannes, Holz, farbig gefaßt, 18. Jh. Gedenktafel zum Turmeinsturz um 1665. Gemälde, Bildnis Pastor Zarnekow, 1875. Kelch u. Patene 18. Jh. Oblatendose, Silber, 18. Jh. Altarleuchterpaar, Messing, 1. H. 19. Jh. Kronleuchter, Messing, 1743. Glocke 1881 von Voß, Stettin. Drei Grabplatten, Kalkstein: Siegfried Lobestein 1403, Jürgen Ventian 1743, Anna Tugendreich-Holsten, 18. Jh. Sonnenuhr, Kalkstein, 18. Jh.
Auf dem ehem. Friedhof Grabwangen aus Kalkstein 18./19. Jh. und vier gußeiserne Grabkreuze 19. Jh.
FRIEDHOFSKAPELLE Neogotischer Rechteckbau der 2. H. 19. Jh. aus Backstein. Strebepfeiler und umlaufendes verkröpftes Kaffgesims. Spitzbogenfenster, im Osten Fensterrose. Verputzte Blenden.

*Dorfstraße*

PFARRHOF M. 19. Jh. erbaut. Das siebenachsige WOHNHAUS aus Backstein über Feldsteinsockel. Mittelrisalit mit Zwerchhaus, davor eine verglaste hölzerne Veranda. Die Fenster mit Segmentbogenschluß und Gesimsverdachung. Unter der Traufe ein Lochfries, Ecklisenen.
Hinter dem Pfarrhaus STALL und queraufgeschlossene Scheune aus Ziegelfachwerk mit rohrgedecktem Krüppelwalmdach, 1. H. 19. Jh.
WOHNHAUS Nr. 20/21. Siebenachsiger Ziegelfachwerkbau mit Feldsteinsockel und Krüppelwalmdach, um 1800. Die originale Haustür mit Rautenverzierung und Oberlicht. Die Fenster mit flachdreieckiger Verdachung und Klappläden.
Ehem. PFARRWITWENHAUS Nr. 37. Um 1810 erbautes siebenachsiges Wohnhaus aus Fachwerk mit verputzten Gefachen auf Feldsteinfundament, mit rohrgedecktem Krüppelwalmdach. Doppelhaus. In der Mitte zwei Eingangstüren, die rechte noch original. Die Fenster der rechten Seite mit originaler Versprossung.

Ehem. SCHULE Nr. 40. Fünfachsiges Gebäude in Lehmstakenfachwerk mit rohrgedecktem Krüppelwalmdach, 18. Jh. In späterer Zeit um drei massiv gemauerte Achsen beidseitig erweitert. Originale, doppelflügelige, geschnitzte Haustür mit Oberlicht und Holzfaschenrahmung. In der Mitte Fledermausgaube.
Gegenüber eine queraufgeschlossene Stallscheune in Ziegelfachwerk, in einigen Gefachen noch Lehmstaken. Rohrgedecktes Krüppelwalmdach.

**Groß Ernsthof**

GUTSHOF Das ehem. GUTSHAUS, ein über einem Feldsteinsockel errichteter, eingeschossiger, siebenachsiger, verputzter Fachwerkbau mit Krüppelwalmdach, wohl im 1. D. 19. Jh. entstanden. Dem Eingang kleiner Vorbau mit Dreieckgiebel vorgesetzt.
Die SCHEUNE über einem Feldsteinsockel als Fachwerkbau wohl im 2. D. 19. Jh. errichtet. Rohrgedecktes Krüppelwalmdach. An den Giebelseiten jeweils ein zweiflügeliges Holztor. Mehrere Luken an den Traufseiten.
Der STALL ehemals Fachwerkbau, Reste an der Rückseite und der vom Gutshaus abgewandten Seite erhalten, ansonsten massiv mit rohrgedecktem Krüppelwalmdach und hohen Giebelbrettern. Die zum Hof gerichtete Traufseite rhythmisch durch drei zweiflügelige Holztore und paarweise angeordnete querrechteckige Sprossenfenster gegliedert. 19. Jh.

**Groß Kiesow**

DORFKIRCHE Rechteckiger Saalbau aus Backstein auf hohem Granitquadersockel mit Rollschicht und Karnies, eingezogenem quadratischen Chor aus lagerhaft geschichteten Feldsteinen und Westturm. Der Chor 2. H. 13. Jh., Schiff und Ostgiebel im 14. Jh. angefügt. Der Turm im Erdgeschoß mittelalterlich, die Obergeschosse 1653 in Fachwerk errichtet und im 19. Jh. in Backstein ummantelt.

*Groß Kiesow, Kirche, Inneres nach Osten*

Am Chor Priesterpforte und Spitzbogenfenster aus Backstein. Im Osten gestaffelte Dreifenstergruppe, in der Südwand Zwillingsfenster. Ihre Gewände mit eingelegtem Halb- oder Dreiviertelstab schichtenweise aus glasierten und unglasierten Steinen gemauert. Unterhalb von Giebel und Traufe ein aufgelegter Rundbogenfries. Der Ostgiebel aus Backstein mit zweiteiligen Spitzbogenblenden und Blendenkreuz. Am Schiff die Fenster im unteren Teil zugesetzt. An der Südseite mit glasierten Steinen. Unter der Traufe Zahnschnittfries. Blendengiebel. Westturm in Backstein auf hohem Granitquadersockel, mit zwei Obergeschossen in neogotischer Gliederung und welscher kupfergedeckter Haube und offener Laterne.
Im Chor Kreuzrippengewölbe, die Rippen von floralen Motiven begleitet, wohl um 1300. Das flachgedeckte, auf Wölbung vorbereitete Schiff mit eingezogenen Strebepfeilern, auf denen Schildbögen ruhen. In den Bogenlaibungen Malereien, wohl 1. H. 17. Jh., 1935 freigelegt und teilw. verändert. In quadratischen gerahmten Feldern szenische Darstellungen. An der Südseite: Verkündigung, Anbetung der Könige, Geburt Christi. An der Nordseite: Opferung Isaaks, Taufe Christi, Kreuzigung. In den Zwickeln zwischen den Schildbögen zwei weibliche Figuren in zeitgenössischer Tracht: Judit u. ?.
*Ausstattung:* Altartisch und zwei zugehörige schmiedeeiserne Standleuchter, 1988 von Volker Mixsa, Dresden. Kanzel A. 17. Jh.; Taufstein, polierter schlesischer Marmor, 1859. Dornenkrone von Volker Mixsa, 1988. Orgel 1862, wohl M. Fernau, Stralsund. Neogotischer Prospekt. Gemälde des ehem. Altars, Kopie einer Kreuzigung von Anton van Dyck, 17. Jh. Vier Votivscheiben, 17. Jh. Glasfenster mit Kruzifix als Gefallenenehrung, 1920. Kelch, um 1667. Patene, A. 17. Jh. Kelch u. Patene, Zinn, 1711 u. 18. Jh. Zwei Patenen, Messing u. Messing versilbert, 19. Jh. Zwei Oblatendosen, Silber, 1657 u. um 1700. Oblatendose, Messing versilbert, um 1900. Krankenkelch, Silber, A. 17. Jh. Teller, Zinn, 1637. Zwei Kollektenschalen, Messing, 17. Jh. Taufschale, Messing, um 1655. Zwei Kannen, Messing versilbert, E. 19. Jh. Zwei Altarleuchterpaare, Zinn, 1741 u. 1736. Fünf Sargbeschläge, Blei, 19. Jh. Kriegerdenkmal von Volker Mixsa, Dresden. Zwei Glocken: 1830 von Simon Zach, Stralsund, u. 1929, Stahl.
FRIEDHOF mit Feldsteintrockenmauer, mehrere Grabwangen 18./19. Jh. aus Sand- oder Kalkstein sowie zwei gußeiserne und sieben schmiedeeiserne Grabkreuze, z. T. A. 19. Jh. Mittelalterliches FRIEDHOFSPORTAL aus Backstein mit rundbogiger Tordurchfahrt und Fußgängerpforte. An der Außenseite Rund- und Spitzbogenblenden.
PFARRHAUS Schulstraße 12. Siebenachsiges Ziegelfachwerkgebäude auf Feldsteinsockel mit Krüppelwalmdach, wohl A. 19. Jh., die Rückseite teilweise massiv erneuert. Im Inneren die urspr. Raumstruktur mit Lehmwänden und originalen Türen erhalten.

### Grubenhagen

Ehem. GUTSHAUS Dorfstraße 3. Schlichtes eingeschossiges Backsteingebäude auf Feldsteinsockel mit Bänderung in gelbem Backstein und Mittelrisalit mit Zwerchhaus, 2. H. 19. Jh. Großes rundbogiges Portal.
Ehem. PFERDESTALL Backsteinbau, E. 19. Jh. Auffällig das hohe Krüppelwalmdach mit Schlepp- und Fledermausgauben. An einer Giebelseite mit Zwerchhaus und Ladetüren.

### Grüssow

GEHÖFT Dorfstraße 1. WOHNHAUS Eingeschossiger fünfachsiger Putzbau mit Rohrdach, verbrettertem Giebel und Fledermausgaube. Der STALL auf L-förmigem Grundriß als Backsteinbau errichtet. Rohrdach, Giebel verbrettert. Die SCHEUNE eingeschossig, Lehmfachwerkbau, z. T. massiv, Rohrdach, Giebel verbrettert. Zugehörig ein eingeschossiger SCHUPPEN aus Backsteinfachwerk mit verbrettertem Giebel und Rohrdach. Alle Gebäude in der 2. H. 19. Jh. entstanden.
WOHNHAUS Dorfstraße 3. Giebelständiger Putzbau vom E. 19. Jh., eingeschossig, zwei zu fünf Achsen. Eckquaderung. Die Fenster mit stark profilierten Verdachungen, darunter aufgeputztes Ornament. Portal von Pilastern gerahmt. Auslucht.
GEHÖFT Dorfstraße 4. Zwei Scheunen und ein Stall. Die SCHEUNEN eingeschossige Backsteinbauten mit

verbretterten Giebeln, eine unter Rohrdach. Der STALL rohrgedeckter Backsteinbau von einem Geschoß, Giebel verbrettert. 2. H. 19. Jh.

## Gummlin

GEHÖFT Dorfstraße 1. Entstanden in der 2. H. 19. Jh. WOHNHAUS Eingeschossiger siebenachsiger Putzbau mit rohrgedecktem Krüppelwalmdach, Giebel in verputztem Backsteinfachwerk. Zugehörig eingeschossiger rohrgedeckter STALL aus Backstein sowie SCHEUNE, eingeschossiger Backsteinbau mit Lisenengliederung, Ecklisenen und abgetrepptem Traufgesims.
FISCHERHAUS (Wohnhaus) Dorfstraße 4. Eingeschossiger sechsachsiger Putzbau mit Rohrdach und Fledermausgaube, 2. H. 19. Jh.

## Gustebin

STALLSCHEUNE Feldsteinbau, 2. H. 19. Jh. Fenster- und Toröffnungen in Backstein. Das verbretterte Obergeschoß A. 20. Jh.

## Gützkow

STADTKIRCHE ST. NIKOLAI. Dreijochiger Feldsteinbau aus der 2. H. 13. Jh. mit eingezogenem quadratischen Chor, Nordsakristei und Westturm. Backsteingiebel mit Blendengliederung. Durch eine Restaurierung von Theodor Prüfer 1881 stark überformt.
Die schlanken Chorfenster annähernd rundbogig, im Langhaus neogotische Spitzbogenfenster, die Gewände in Backstein. Die Priesterpforte und das Südportal mit

schwarzglasierter Laibung zugesetzt. Das nördliche Schiffsportal von 1881. Gleichzeitig das Turmportal und die drei neogotischen Obergeschosse des Turmes aus Backstein mit Schalluken, Friesen und Schildgiebeln mit Blenden und Spitzhelm.
Im Chor kuppliges Kreuzgewölbe mit Rundstabrippen auf Eckvorlagen. Die Sakristei mit Kuppelgewölbe. Breiter, gedrückter Triumphbogen. Das dreijochige Langhaus zweischiffig mit Rundpfeilern, die mittleren Joche mit Kreuzgewölben des 15. Jh., die halben Sterngewölbe der äußeren Joche von 1881.
*Ausstattung:* Neogotisches Altarretabel, Kanzel mit Schalldeckel, Taufe, Orgelprospekt und Gestühl von 1881. Orgel 1831, C. A. Buchholtz, Berlin, seitdem mehrfach umgebaut. Bildnis des Magisters Schröder, um 1766. Kelch, 17. Jh. Kelch, Silber, um 1750. Kelch, Zinn, 18. Jh. Zwei Kelche, Messing versilbert, um 1865 u. 19. Jh. Zwei Krankenkelche u. Patenen, Silber, 17. Jh.

Drei Patenen, 17. Jh., 18. Jh. u. 20. Jh. Patene, Messing, 19. Jh. Zwei Weinkannen, Messing versilbert, 2. H. 19. Jh. Löffel, Silber, um 1850. Zwei Oblatendosen, Messing versilbert, 19. Jh. Taufschale, Alpaka (?) versilbert, um 1858. Vier Altarleuchterpaare: Zinn, 1730 u. 19. Jh., Gußeisen, 2. H. 19. Jh., u. Messing versilbert, um 1908. Kronleuchter, Messing, M. 19. Jh. Glocke 1798, gegossen von Gottlieb Metzger, Stralsund. Grabplatte H. F. Gehring, Kalkstein, nach 1823.

PFARRHAUS Kirchstraße 11. Eingeschossiges siebenachsiges Traufenhaus aus Ziegelfachwerk mit zweiachsigem übergiebelten Zwerchhaus und Krüppelwalmdach, wohl M. 18. Jh. An der südlichen Schmalseite hölzerne Veranda, E. 19. Jh. Straßenseitige Begrenzung des Hofes durch hohe Backsteinmauer, eingeschossige Wirtschaftsgebäude in Backstein mit Blendarkaden, E. 19. Jh.

*Linke Seite: Gützkow, Kirche von Süden;*
*Gützkow, Ansicht auf der Lubinschen Karte*

*Rechte Seite: Gützkow, Kirche, Inneres nach Westen;*
*Katholische Kirche*

KATHOLISCHE KIRCHE ST. MARIEN, Gebrüder-Kressmann-Straße. 1910 nach Entwurf von J. K. Tietz, Greifswald, in gotisierenden Formen erbaut. Rechteckiger Backsteinbau mit eingezogenem niedrigen Chor, blendengegliederten Giebeln und Spitzbogenfenstern. Im Westen Portalvorbau und Treppentürmchen. Im Inneren flache Holzdecke. Der kapellenartige Ausbau der Südseite mit Taufbrunnen.

Ehem. SCHLOSS (Schule). Sehr stark umgebautes verputztes Backsteingebäude aus der M. 19. Jh., der urspr. neogotische Fassadendekor nur in Resten erhalten.

Vom seitlich gelegenen Wirtschaftshof erwähnenswert eine Stallscheune aus Feldsteinmauerwerk mit Architekturgliederung in Backstein und nachträglich aufgesetztem Obergeschoß.

GRUFTKAPELLE DES GUTES Im ehem. Schloßpark 1859 errichtete Gruftkapelle für die Familie von Lepel nach Entwurf von Richard Lucae in neogotischen Formen aus gelbem Backstein. An der Rückseite unter dem chorähnlichen Anbau der Zugang zur Gruft. Auf dem Putz der vermauerten Fenster Bibeltexte.

RATHAUS Pommersche Straße 27. 1872 erbaut. Traufständiges zweigeschossiges siebenachsiges Gebäude aus verputztem Backstein mit Drempel auf einem durchfensterten Feldsteinsockel. Übergiebelter einachsiger Mittelrisalit mit vorgelegter Treppe. Fenster mit Faschenrahmung, Quaderung in Fugenschnittputz und Gesimse. An den Giebelseiten Lisenen. 1992 instandgesetzt.

Ehem. BAHNHOF Greifswalder Straße 2. Zwischen 1893 und 1900 erbauter Bahnhof an der Schmalspurstrecke Greifswald–Jarmen. Regionaltypischer Bau mit massivem Erdgeschoß auf hohem Feldsteinsockel und einem auf Knaggen leicht vorkragenden Fachwerkobergeschoß mit Zierverband. Überstehendes Teerpappendach. Die Erdgeschoßfenster urspr. segmentbogig, umlaufendes Putzband. Seitlich eingeschossiger Flügelanbau.

Ehem. GASTHOF (Jugendfreizeitzentrum) Hasenberg. Lt. Inschrift 1878 erbaut. Zweigeschossiges, vierachsiges, giebelständiges Backsteingebäude mit flachem überstehenden Satteldach, gleichzeitig der eingeschossige Saalbau mit übergiebelter Portalvorlage und Lisenengliederung. Alle Fenster- und Türöffnungen rundbogig. Am Hauptbau hofseitig hölzerne Veranda.

*Kirchstraße*

WOHNHAUS Nr. 3. Zweigeschossiges, urspr. sechsachsiges Traufenhaus mit Krüppelwalmdach, 1. H. 19. Jh. Das Erdgeschoß wohl massiv, das Obergeschoß Fachwerk. Der westlich anschließende Anbau mit Hofeinfahrt nachträglich.

Ehem. SCHMIEDE Nr. 7. A. 19. Jh. errichtetes Fachwerkhofgebäude mit Ziegel- und Lehmfüllung. Im westlichen Gebäudeteil große Tordurchfahrt. Die unregelmäßig verteilten segmentbogigen Fenster mit Metallsprossen, wohl M. 19. Jh. Im Inneren der Rauchfang erhalten.

WOHNHAUS Nr. 17. E. 19. Jh. in Neorenaissanceformen erbautes zweigeschossiges siebenachsiges Traufenhaus aus Backstein mit aufgelegter Putzgliederung. Rechts eine Toreinfahrt. Haustür original. Von der Innenausstattung das Treppenhaus mit Ausmalung und Geländer sowie alte Füllungstüren bauzeitlich.

WOHNHAUS Nr. 24. Traufständiges, zweigeschossiges, fünfachsiges, kleinstädtisches Bürgerhaus aus verputztem Backstein, wohl M. 19. Jh. Die Fenster- und Türrahmen mit profilierten Faschen, zwischen den Geschossen und unterhalb der Sohlbänke profilierte Gesimse.

WOHNHÄUSER Pommersche Straße 48, 49, 50. 1. H. 19. Jh. errichtete zweigeschossige Handwerkerhäuser aus Fachwerk, nachträglich zu unterschiedlichen Zeiten verputzt. Nr. 50 mit originaler geschnitzter Haustür.

WOHNHAUS Teichstraße 1. Eingeschossiger siebenachsiger Fachwerkbau mit Krüppelwalmdach, E. 18. Jh. Im 19. Jh. Vorderfassade massiv erneuert.

**Gützkow-Fähre**

WOHNHAUS des ehem. Sägewerkes, 1901 erbaut. Eineinhalbgeschossiges vierachsiges Ziegelfachwerkhaus mit verputzten Gefachen und dekorativer Balkensetzung. Zweiachsiges Zwerchhaus, das Mezzanin über Knaggen leicht vorkragend. Überdachter Eingangsbereich an der rechten Giebelseite. Die Fenster original mit geschnitzten Rahmen.

**Hanshagen**

DORFKIRCHE Feldsteinchor mit geradem Ostschluß und Nordsakristei, zweijochiges Schiff und Westturm aus Backstein. Chor mit Sakristei um 1300, das Schiff im 15. Jh. angefügt, der Turm E. 19. Jh. Restaurierungen 1783 und 1861.

Priesterpforte mit reichem Gewände aus glasierten und unglasierten Steinen, Portalöffnung in Putzblende. Die Dreifenstergruppe der Ostwand mit einer gemeinsamen Blende, an der Südwand nur noch die Blende erhalten, zugehöriges Fenster verändert. Großes Rundfenster an der Nordwand. Giebel in Backstein, der Ostgiebel schlicht mit Segment- und darüberliegendem Rundbogenfenster, Sakristeigiebel mit drei abgestuften Blenden. Das Schiff mit Strebepfeilern und eingetieften Putzbändern unterhalb der Traufe, spitzbogiges Nordwestportal. Der neogotische Westturm dreigeschossig mit Schildgiebeln und kupferbeschlagenem Spitzhelm, an der Nordseite Treppenturm.

Im Chor hochaufsteigendes, ringförmig gemauertes Domikalgewölbe mit kräftigen Rundstabrippen. An der Südwand Fresko »Hl. Michael«. Breiter spitzbogiger Triumphbogen. Sakristeigewölbe ohne Rippen und Grate. Das Kreuzgewölbe des Schiffes auf tief ansetzenden Schildbögen. Birnstabrippen. Ornamentale Gewölbemalerei 15. Jh.

*Ausstattung:* Kanzelaltar, verputzter mittelalterlicher Altarblock, der hölzerne Aufsatz 1798 von J. G. Quistorp. Altarschranken mit Blendarkaden und kannelierten Pilastern, wohl 17. Jh. Taufe, Holz, um 1800. Orgel

*Linke Seite: Gützkow, Wohnhaus Kirchstraße 17*

*Rechte Seite: Hanshagen, Kirche, Kollektenschale*

1839 von C. A. Buchholtz, Berlin, 1860 durch F. A. Mehmel, Stralsund, erweitert, 1954 durch B. Grüneberg, Greifswald, wiederhergestellt. Juratengestühl M. 19. Jh., Kastengestühl A. 19. Jh. Kelch u. Patene 1650. Patene, Zinn, 17./18. Jh. Kollektenschale, Messing, um 1650. Taufschale, Messing, um 1800. Kruzifix, Gußeisen, M. 19. Jh. Zwei Glocken: 1888 u. 1927. Grabplatte Pastor Henning Möller † 1780, Kalkstein.

Auf dem Friedhof vor der Schiffssüdwand Grabplatte Carl Johann und Michael Gadke †1818, Sandstein. Grabwangen aus Kalkstein und gußeiserne Grabkreuze, 19. Jh.

WASSERMÜHLE Ehem. Papiermühle. 1798 erbaut, nach 1855 zur Mahlmühle umgerüstet. Ziegelfachwerkgebäude auf hohem Feldsteinsockel mit Krüppelwalmdach, an beiden Längsseiten durch je zwei durchlaufende Hechte unterbrochen. Oberschlächtiges Wasserrad, der technische Apparat der Mahlmühle weitgehend erhalten.

Giebelseitig das ehem. WOHNHAUS. Untergeschoß massiv, Obergeschoß und Rückseite in Ziegelfachwerk mit Krüppelwalmdach, durch einen Dachhecht unterbrochen. Daran anschließend eingeschossiger Backsteinbau mit Lisenengliederung und Teerpappendach.

KATEN Alter Fliederberg 15. Siebenachsiger Lehmfachwerkbau mit rohrgedecktem Krüppelwalmdach, wohl A. 19. Jh. Linke Giebelseite und ein Teil der Rück-

seite stark verändert. Steht in einer Reihe urspr. gleichartiger Häuser, die eine charakteristische Dorfstraße bilden. Parallel zum Haus ein FACHWERKSTALL mit verbrettertem Giebel und Rohrdeckung. Fünf Stalltüren, an der Rückseite ein Tor.

Vergleichbare STALLBAUTEN Fliederberg 16, Untere Bachstraße 1 und 2 sowie Gang 6.

WIRTSCHAFTSGEBÄUDE des Forsthofes. Im rechten Winkel zum Forsthaus gelegen. Der Stall aus Ziegelfachwerk auf Feldsteinsockel, die Scheune aus Backstein, beide queraufgeschlossen mit rohrgedecktem Krüppelwalmdach, wohl 1. H. 19. Jh.

*Linke Seite: Hanshagen, Wassermühle mit Mahlwerk*

*Rechte Seite: Heringsdorf, Kirche von Osten; Bahnhof*

**Heringsdorf**
1818 als Fischerkolonie angelegt. Badebetrieb nach 1825 begonnen, danach Entwicklung zum vornehmsten Badeort auf der Insel Usedom, u. a. von König Friedrich Wilhelm IV. von Preußen und den Kaisern Friedrich III. und Wilhelm II. besucht.

KIRCHE Auf Geheiß König Friedrich Wilhelms IV. von Preußen nach Plänen von Ludwig Persius 1846–1848 errichteter neogotischer Backsteinbau auf z. T. hohem Feldsteinsockel mit polygonalem eingezogenen Chor und nordwestlich angefügtem schlanken Turm. 1914 Hinzufügung der Seitenschiffe und des spitzbogigen Arkadenganges an der Nord- und Westseite. Der Chor auf hohem Feldsteinsockel, flankiert von den gerade schließenden Seitenschiffen, mit drei Lanzettfenstern in abgetreppter Laibung. Ähnliche Fenster in eingetiefter Spitzbogenblende in der Ostseite der Seitenschiffe, an der Nord- und Südseite fortgesetzt. Der Ostgiebel des Langhauses mit Rundfenster und Giebelreiter, im Westen Dreifenstergruppe, darüber Rundfenster. Der Westseite ein Arkadengang vorgelegt. Dieser an der Nordseite um drei Joche, an der Südseite um ein Joch weitergeführt. In der Arkade schmales abgetrepptes Westportal. Quadratischer Turm mit geschoßtrennenden Gesimsen

und Pyramidenhelm. – Im Innern der Chor gewölbt, Mittelschiff und Seitenschiffe flach gedeckt, umlaufende hölzerne Empore. Einheitliche Ausstattung aus der Erbauungszeit. Fünf Glasgemälde, Einsetzung des Abendmahles, Taufe Christi, Christus segnet die Kinder, Christus bei Maria und Martha, 2. H. 19. Jh. und Kreuzigung, 1914. Kruzifix, Eisenguß, E. 19. Jh. Zwei Kelche, Messing z. T. vergoldet, 19. Jh. Patene, Messing versilbert, 19. Jh. Oblatendose, Silber, M. 19. Jh. Leuchterpaar, Messing, M. 19. Jh. Kanne, Messing versilbert, M. 19. Jh. Taufschale, Zinn, 19. Jh.

FRIEDHOFSKAPELLE Bansiner Landweg. Neogotischer Putzbau mit eingezogenem polygonalen Chorschluß vom A. 20. Jh. Lisenen, Strebepfeiler an den Gebäudeecken, Giebelaufsätze, Fenster- und Türfaschen sowie schmaler Sockel und Traufe in Backstein.

BAHNHOF Am Bahnhof. 1894 errichteter zweigeschossiger Backsteinbau auf T-förmigem Grundriß mit an den Giebeln weit überstehendem Dach, freiem Sprengwerk und aufwendigen Laubsägearbeiten. Gliederung durch Schichten von glasierten Ziegeln und geschoßtrennendes Konsolgesims. Um 1910 der rechte Erweiterungsbau angefügt. Backsteinbau auf T-förmigem Grundriß, spiegelbildlich zum ersten Bau, mit z. T. rechteckig durchfenstertem Blendengiebel, Rundbogenblenden und überdachter Eingangszone. An diesen abgewinkelt der eingeschossige Anbau für Gepäckabfertigung und Postverkehr angeschlossen. Gliederung der Gebäude durch Lisenen. Gleichzeitig die gußeiserne Trägerkonstruktion der Bahnsteigdächer errichtet. An der linken Seite um 1920/30 eingeschossiger Erweiterungsbau in Backsteinfachwerk mit Risaliten und Schleppgauben im Dach angefügt. Auf dem Bahnhofsgelände ein 1907 hergestellter EISENBAHNWAGGON, ehem. Bestandteil des Kaiserlichen Hofzuges.

WOHNHAUS Am Kulm 1. Eingeschossiger Putzbau mit Drempel auf hohem Sockel, errichtet 2. H. 19. Jh.

PENSION Am Kulm 2. Zweigeschossiger Putzbau mit Drempel und vortretenden verglasten Loggien, erbaut im letzten V. 19. Jh. Das Erdgeschoß und die Gebäudeecken gequadert, umlaufendes geschoßtrennendes Gesims, Pilaster und Halbsäulen. Fenster in geohrten Faschen.

*Badstraße*

WOHNHAUS Nr. 7. Zweigeschossiger giebelständiger Putzbau der 2. H. 19. Jh. Vor dem Giebel aufwendig gestaltete, zweigeschossige, verglaste Holzveranda mit vierachsigem Erd- und zweiachsigem Obergeschoß.

ERHOLUNGSHEIM DES DIAKONISCHEN WERKES IN DER POMM. EV. KIRCHE Nr. 11. Aus drei Gebäuden bestehendes Ensemble. Das HAUS GOTTESGABE in der M. 19. Jh. als Fachwerkbau über Feld- und Backsteinsockel errichtet. Der Bau eineinhalbgeschossig, eine Giebelseite verbrettert, hier ein Balkon auf Konsolen. Hinter dem Haus ein oktogonaler Pavillon. 1882 das HAUS LUG INS MEER über teilweise verputztem Feldsteinsockel als zweieinhalbgeschossiges Fachwerkhaus errichtet. Die Seiten verbrettert, die östliche Traufseite fachwerksichtig. Zweigeschossiger massiver Verandenanbau, dem nördlichen Giebel vorgelegt. An der südlichen Giebelseite eingeschossiger massiver Anbau, um die Gebäudeecke herumgeführt und in z. T. verglaste Holzlaube mündend, 1907 erbaut. Von 1906 stammt das HAUS BETHANIENRUH, ein über L-förmigem Grundriß errichteter zweigeschossiger Putzbau mit backsteinsichtigem Sockelgeschoß und Mansarddach mit Gauben. Giebel verbrettert. Mittelrisalit mit vorgelegter Auslucht zur Strandpromenade. Umlaufender Konsolfries.

VILLA (Kinderkrippe) Nr. 13. Im 3. V. 19. Jh. vom Berliner Apotheker Schering errichteter zweigeschossiger Putzbau mit Drempel. Das Erdgeschoß der Giebelseite als geöffnete, von Pfeilern getragene Vorhalle ausgebildet. Umlaufendes geschoßtrennendes Gesims.

WOHNHAUS Nr. 14. Zweigeschossiger Putzbau mit Drempel vom E. 19. Jh. mit zwei vortretenden unverglasten Loggien. Putzquaderung im Erdgeschoß, die Erdgeschoßzone der rechten Loggia in jüngster Zeit stark verändert. Die Gesamtwirkung des Baus dadurch beeinträchtigt.

*Brunnenstraße*

HAUS OSTARA Nr. 1. Um 1910 errichteter zweigeschossiger Putzbau von fünf Achsen mit Seitenrisaliten. Mansarddach. Schlichte Putzgliederung. Vor dem Obergeschoß des zurückgesetzten Bauteils Balkon.

*Heringsdorf, Haus Ostara, Brunnenstraße 1;*
*Des Kaisers Pavillon, Brunnenstraße*

einfassungen, Sockel und Traufe in Backstein. Daneben die eingeschossige SCHMIEDE mit gleichen Gestaltungsmerkmalen, die Fenster verändert.

WOHNHAUS Nr. 8. Zweigeschossiger, z. T. verputzter Backsteinbau, um 1910 errichtet. Giebel in Fachwerk. An der vorderen Seite zwei hölzerne Loggien mit Schleppdächern und mittiger Dacherker. Das Gebäude unter Krüppelwalmdach.

WOHNHAUS Nr. 9. Neoklassizistische Villa vom 3. V. 19. Jh., zweigeschossig, dreiachsig mit leicht vortretender, durch Eckquaderung akzentuierter Portalachse. Umlaufendes geschoßtrennendes Gesims. An der linken Seite ein Risalit.

WOHNHAUS Nr. 10. Zweigeschossiger fünfachsiger Putzbau aus der M. 19. Jh., errichtet auf unregelmäßigem Grundriß. An das Gebäude mehrere Veranden und Ausluchten angefügt, z. T. in Holz mit großflächiger Verglasung. Umlaufendes geschoßtrennendes Gesims.

DES KAISERS PAVILLON (Gaststätte) Langgestreckter Holzbau in Neorenaissanceformen mit großflächiger, erneuerter Verglasung und Zwerchdach, 1911 als Salchows Weinstuben erbaut. Im Sockel Laubsägearbeit. Innen offener Dachstuhl, das Gebälk z. T. dekorativ ornamentiert.

HAUS SANSSOUCI Nr. 2. Zweigeschossiger Putzbau auf Feldsteinsockel mit dreigeschossigem Mittelrisalit, sein drittes Geschoß in Holz. Festons in den Brüstungsfeldern, Medaillons zwischen den gekuppelten Obergeschoßfenstern und im Giebel des Risalits. Das Haus im letzten V. 19. Jh. erbaut.

WOHNHÄUSER Nr. 3 und 6. Zweigeschossige Putzbauten vom E. 19. Jh. mit Seiten- bzw. Mittelrisaliten, Nr. 3 mit Obergeschoß in Holz. Gliederung durch Halbsäulen und Eckpilaster.

Ehem. ELEKTRIZITÄTSWERK Nr. 7. Um 1900 errichteter zweigeschossiger Putzbau mit Pilastern, Fenster-

*Bülowstraße*

WOHNHAUS Nr. 6. Im letzten V. 19. Jh. errichteter zweigeschossiger Putzbau von sieben Achsen mit aufwendigen Holzveranden. Diese besitzen dekorative Laubsägearbeiten als Brüstungsfelder bzw. Rankenwerk im Giebel. An der linken Seite dreigeschossiger turmartiger Anbau, vermutlich als Belvedere errichtet.

HAUS STELLA MARIS Nr. 7. Zweigeschossiger Putzbau von fünf Achsen über hohem Sockel, errichtet E. 19. Jh. Die drei mittleren Achsen leicht vortretend und durch Halbsäulen im Erdgeschoß akzentuiert. Geschoßtrennendes Gesims. Unterhalb der Traufe Triglyphenfries. Zu dem Gebäude gehört ein einzelnstehender, hölzerner, oktogonaler PAVILLON, wohl um 1900 entstanden.

PENSION ARIANE Nr. 13. Neoklassizistischer Putzbau vom E. 19. Jh. mit dreiachsigem Mittelrisalit. Die urspr. offenen Loggien im Risalit und an der linken Gebäudeecke später mit Fenstern verschlossen. Stark hervortretendes Traufgesims, Konsolfries in den Giebeln.

HOTEL STADT BERLIN Nr. 15. Zweieinhalbgeschossiger Putzbau mit Drempel in neoklassizistischen Formen vom E. 19. Jh. Dreiachsiger Mittelrisalit mit offenen Loggien. Rechts übereck gestellte Auslucht. Der Eingangsbereich stark verändert, eingeschossiger schlichter Anbau aus jüngster Zeit. Auf dem Hof das ehem. GESINDEHAUS, ein eineinhalbgeschossiger Backsteinbau mit Mittelrisalit und umlaufendem Deutschen Band, E. 19. Jh.

*Delbrückstraße*

Ehem. KURVERWALTUNG Am E. 19. Jh. entstandener eineinhalbgeschossiger Putzbau auf Backsteinsockel mit backsteinsichtigen Bändern, Lisenen, Fenster- und Türeinfassungen. An der Vorder- und Rückseite risalitartige Vorsprünge.

VILLA Nr. 5. Eingeschossiger Putzbau von fünf Achsen über leicht geböschtem Sockel. An den Fassaden jeweils dreiachsiger Portikus mit Dreieckgiebel, die zur See gewandte Seite am aufwendigsten mit zwei Porphyrsäulen, Mosaikgemälde im Giebel und Freitreppe. Am Ostgiebel apsisartiger Vorbau mit Balusterattika. Im Giebel

*Linke Seite: Heringsdorf, Villa, Delbrückstraße 5; Villa Staudt, Delbrückstraße 6*

*Rechte Seite: Heringsdorf, Villa, Delbrückstraße 13/14; Remise, Delbrückstraße 13/14*

Wappenkartusche mit Monogramm HB und Erbauungsjahr 1883. Rustizierungen, Konsolfriese, Gesimsbänder, Festons und Rechteckfelder mit figürlichen Reliefs gliedern den Baukörper. Zur Villa gehörig die eingeschossige REMISE (Wohnhaus) Nr. 4 a, ein dreiachsiger Putzbau mit Mittelrisalit, dessen Giebel in Neorenaissanceform.

VILLA STAUDT Nr. 6. 1873 errichteter zweigeschossiger Putzbau mit Mansarddach. An der Vorder- und Rückseite Mittelrisalit, letzterer mit aufgeputztem Familienwappen. Dreigeschossiger Eckturm an der rechten Seite.

VILLA OPPENHEIM Nr. 10. Nach dem Vorbild palladianischer Villen in der 2. H. 19. Jh. entstandener Putzbau von eineinhalb Geschossen auf leicht geböschtem Feldsteinsockel. Hoher Portikus mit vorgelagerter Freitreppe. Die urspr. Akroterien des Giebels sowie eine Balusterattika mit Vasenaufsätzen nicht erhalten, ebenso Teile des vor der Villa befindlichen Gartens verloren. Das Gebäude mehrfach auf Radierungen von Lyonel Feininger dargestellt.

VILLA (Hotel) Nr. 13/14. Zweigeschossiger neobarocker Putzbau mit Attika, Mansarddach und Gauben, errichtet um 1900. Zugehörig neobarocke REMISE mit vorkragendem, auf Konsolen ruhendem Traufgesims und aufwendiger Putzgliederung. Urspr. Zaun zwischen massiven verputzten Pfeilern mit großem zweiflügeligen Tor erhalten.

VILLA Nr. 15. Auf hohem Feldsteinsockel errichteter eingeschossiger Putzbau mit übergiebeltem Portikus nach dem Vorbild palladianischer Landhäuser, E. 19. Jh. Zugehörig ein weiterer zweigeschossiger Putzbau in neoklassizistischer Form mit Seitenrisaliten aus gleicher Zeit.

VILLA Nr. 16. Zweigeschossiger fünfachsiger Putzbau, E. 19. Jh., die äußeren Achsen leicht vorgezogen. Das Erdgeschoß gequadert. Die rückseitige Mittelachse mit Freitreppe, Balkon und kleinem Zwerchhaus.

WOHNHAUS Nr. 17. Zweigeschossiger Putzbau mit leicht vortretendem Mittelrisalit. Umlaufendes geschoßtrennendes Gesims als backsteinsichtiges Deutsches Band. Errichtet um 1900.

WOHNHAUS Nr. 25. Zweigeschossiger Putzbau vom E. 19. Jh., die mittleren drei Achsen übergiebelt und leicht aus der Fassade hervortretend. Abgeschrägte rechte Ecke mit Erker auf Konsolen. Betonte Portålachse an der rechten Giebelseite.

PENSIONEN Nr. 26, 45, 48, 50 und 51. Zweigeschossi-

ge Putzbauten mit Seiten- bzw. Mittelrisaliten in neoklassizistischen Formen vom E. 19. Jh. Gliederung durch Halbsäulen und Eckpilaster, die Fenster z. T. mit Verdachungen. Teilweise weite Dachüberstände. Zu Nr. 26 kleines zweigeschossiges WOHNHAUS mit Jugendstilputzdekor und niedrigen, z. T. hölzernen Anbauten gehörig. Dieser Bau wohl um 1910 errichtet.

PENSION Nr. 30. Um 1900 errichteter zweigeschossiger Putzbau mit Dachgeschoß. Dreiachsiger Seitenrisalit, im Obergeschoß mit Bogenstellung. Rechts Balkon mit gebauchtem Gitter.

PENSION Nr. 39/40. Zweigeschossiger Putzbau, um 1900, mit aufwendigem hölzernen Mittelrisalit.

PENSION Nr. 43/44. Außerordentlich reich gegliederter und verzierter, z. T. verputzter Backsteinbau von drei Geschossen und elf Achsen mit Seitenrisaliten und turmartigem Mittelrisalit. Die geschweiften Giebel der Risalite mit aufgesetzten Vasen und kleinen Obelisken. Starkes, von Konsolen getragenes Traufgesims, Säulen und Pilaster. Vereinzelt Ranken- und Blattwerk. Um 1900 errichtet.

VILLA Nr. 53/54. In der 2. H. 19. Jh. errichteter zweigeschossiger Putzbau, nach italienischen Renaissancevorbildern auf leicht geböschtem Sockel. Mehrere Anbauten, u. a. vorn Auslucht mit begehbarer Dachzone, links zweigeschossiger, polygonal hervortretender Vorbau, das Obergeschoß in Holz. Weiter Dachüberstand.

REMISE Nr. 55. Zur benachbarten Villa Nr. 53/54 gehöriger, um 1900 errichteter, eingeschossiger Putzbau mit Drempel und Zwerchdach. Dahinter das eineinhalbgeschossige GESINDEHAUS mit vorkragendem hölzernen Halbgeschoß.

VILLA IKAROS Nr. 56. Zweigeschossiger, z. T. verputzter Backsteinbau auf hohem Sockel mit flachem Dach. Mittige Risalite, rustizierte Gebäudekanten, Fenster des Obergeschosses mit Dreieckgiebelverdachungen, auf Hermenpilastern ruhend. Nischen mit eingestellten Vasen. Der Bau um 1900 errichtet.

*Eichenweg*

PENSION Nr. 1. Putzbau von zwei Geschossen, dreigeschossige Seitenrisalite in neoklassizistischen Formen, E. 19. Jh. Seitlich zweigeschossige Anbauten mit Drempel. Die Risalite als offene Loggien ausgebildet, dekorative Brüstungsgitter, Gebälk auf Konsolen ruhend.

PENSION Nr. 2. Putzbau von zwei Geschossen mit

Drempel, Seitenrisaliten und betonter Portalachse. Gliederung durch Säulen, Pilaster, Gesimse. Die ehem. offenen Erdgeschoßzonen der Risalite geschlossen. Das Bauwerk um 1900 errichtet. In der gleichen Art PENSION Nr. 3.

PENSION Nr. 4. Dreigeschossiger Putzbau vom E. 19. Jh. mit dreiachsigen Seitenrisaliten. Breiter Putzfries, in den Giebeln florale Ornamentik um zentrales Medaillon.

PENSIONEN Nr. 7–9. Um 1900 errichtete Backsteinfachwerkbauten über unregelmäßigen Grundrissen mit Ausluchten, Balkonen, Veranden und Türmen mit z. T. großflächiger Verglasung.

PENSION Nr. 10. Neoklassizistischer Putzbau von zwei Geschossen über gequadertem Sockelgeschoß mit zweigeschossiger Auslucht und dekorativer z. T. hölzerner Veranda.

*Friedensstraße*

Zentrale Straße des Ortes. Mit der ersten Anlage des Seebades vermutlich Teile dieses Straßenzuges festgelegt. Bebaut mit größtenteils in der 2. H. 19. Jh. entstandenen Pensionen, Logier- und Wohnhäusern in neoklassizistischen Formen mit Risaliten, Loggien, Veranden, Säulen- und Pilastergliederung.

WOHNHÄUSER Nr. 1, 5, 6, 8, 16 und 29. Zwei- bzw. zweieinhalbgeschossige neoklassizistische Putzbauten vom E. 19. Jh. mit vor die Fassade gelegten Risaliten. Diese z. T. loggienartig geöffnet. Gliederung durch Säulen und Pilaster. In den Risaliten teilweise aufwendig gearbeitete Brüstungsgitter. Nr. 6 mit Resten ornamentaler Sgraffitoverzierungen.

WOHNHAUS Nr. 11. Auf Feldsteinsockel errichteter zweigeschossiger Putzbau mit großflächig verglaster Veranda von zwei Geschossen, risalitartig vortretend. Das Obergeschoß in Holz. An der rechten Gebäudeseite vorspringender Bauteil, um die Ecke geführt, im Erdgeschoß verändert. Zur Brunnenstraße ähnliche Veranda. Wohl um 1900 erbaut.

LOGIERHAUS Nr. 12. Zweigeschossiger Putzbau mit Drempel, errichtet im letzten V. 19. Jh. An der linken Seite Eckbetonung durch mächtige dreigeschossige Loggia, die urspr. offenen Arkaden durch Fenster verschlossen. Der Bau durch Säulen und Pilaster gegliedert, das Erdgeschoß gänzlich verändert.

WOHNHAUS Nr. 13. Zweigeschossiger, z. T. verputzter Backsteinbau mit Mansarddach vom E. 19. Jh. Rechts schwach hervortretender Seitenrisalit mit korinthischer – über ionischer – und dorischer Säulenstellung. Polygonaler Eckturm an der linken Seite, urspr. wohl mit spitzem Helm, jetzt Flachdeckung. Mittige Portalachse mit urspr. Haustür in Portalnische, darüber Balkon. Im Dach acht Gauben.

PENSION Nr. 17. Zweigeschossiger Putzbau von fünf Achsen mit seitlicher Loggia, 2. H. 19. Jh. Gliederung des Obergeschosses durch pilastergerahmte Fenster mit Segmentverdachungen, die fünf Achsen durch vorgelegten Balkon zusammengefaßt. Das urspr. offene Obergeschoß der Loggia mit querrechteckigem Fenster in jüngster Zeit verschlossen, das Erdgeschoß des Gebäudes völlig verändert.

*Linke Seite: Heringsdorf, Pension, Delbrückstraße 43/44; Villa, Delbrückstraße 53/54*

*Rechte Seite: Heringsdorf, Pension, Eichenweg 1*

PENSION SOMMERHEIM Grenzstraße 2. In der 1. H. 20. Jh. errichteter größtenteils hölzerner Bau von zwei Geschossen im Schweizerhausstil. Das Obergeschoß mit Fensterband. Brüstungsfelder und Balkonbrüstungen als Laubsägearbeiten ausgeführt.

PENSION FLORA Kirchsteig 2. Schlichter zweigeschossiger Putzbau mit geschoßtrennendem Gesims und Sohlbankgesimsen, errichtet um 1900. Dem Bau großflächig verglaste, zweigeschossige, hölzerne Veranda angefügt.

*Klenzestraße*

WOHNHAUS Nr. 3. Zweieinhalbgeschossiger, z. T. verputzter Backsteinbau vom letzten V. 19. Jh. in Neorenaissanceformen. Flacher Mittelrisalit, die vordere Seite geöffnet, das Obergeschoß von Palladiomotiv bestimmt.

An der rechten hinteren Seite ein viergeschossiger Turm mit Aussichtsgeschoß. Ihm vorgelagert an der rechten Seite des Gebäudes zwei Balkone, auf Pilastern und je einer Säule ruhend. Links eine nachträglich veränderte Loggia.

WOHNHÄUSER Nr. 4, 5 und 13. Eineinhalb- bis zweieinhalbgeschossige Putzbauten mit z. T. nur leicht hervortretenden Mittelrisaliten, errichtet im letzten V. 19. Jh. Die Baukörper durch Halbsäulen, Pilaster und Gesimse gegliedert. Fenster in Putzfaschen, teilweise von Pilastern gerahmt und mit Dreieckgiebelverdachungen versehen. Am rechten Giebel von Nr. 13. hölzerne Veranda.

WOHNHÄUSER Nr. 6, 12 und 14. Zweigeschossige Putzbauten in neoklassizistischen Formen, E. 19. Jh. errichtet. Dreiachsige, mittige, z. T. offene Loggien.

WOHNHAUS Nr. 7. Über z. T. hohem Sockel errichteter zweigeschossiger Putzbau mit Mansarddach vom E. 19. Jh. Die Fassade des Obergeschosses in Backstein. Dreigeschossige Mittelrisalite, Turm an der linken abgeschrägten Gebäudekante. Gliederung und Baudekor in der Art barocker französischer Hotels.

PFARRHAUS Nr. 9. Eingeschossiger Backsteinbau mit Drempel, errichtet in der 2. H. 19. Jh. Der siebenachsigen Fassade mit flachem Mittelrisalit eine offene Loggia

vorgelegt. Umlaufender Konsolfries, weiter Dachüberstand auf hölzernen Konsolen.

WOHNHAUS Nr. 15. Zweigeschossiger Putzbau vom E. 19. Jh., über die gesamte Fassadenbreite neunachsige Loggia vorgezogen, diese im 1. V. 20. Jh. errichtet. Gliederung durch z. T. gequaderte Lisenen und große Brüstungsfelder. Die mittleren drei Achsen übergiebelt, im Tympanon Fenster in Form eines halben Achtecks.

*Kulmstraße*

WOHNHÄUSER Nr. 1, 20 und 22. Zwei- und dreigeschossige Putzbauten mit z. T. nur flach hervortretenden Mittelrisaliten und auf Konsolen ruhenden weiten Dachüberständen, entstanden E. 19. Jh. Umlaufende geschoßtrennende Gesimse. Die Anbauten von Nr. 1 aus jüngerer Zeit stammend.

WOHNHÄUSER Nr. 5 und 8. Zweieinhalbgeschossige Putzbauten mit Seitenrisaliten, Nr. 8 zusätzlich mit Mittelrisalit. Gliederung durch Halbsäulen, Pilaster, Gesimse. Der mittlere Teil von Nr. 5 backsteinsichtig. Die Fenster der Obergeschosse mit Dreieckgiebelverdachungen. Beide Häuser im letzten V. 19. Jh. errichtet.

WOHNHÄUSER Nr. 11, 16 und 24–26. Eineinhalb- bis zweieinhalbgeschossige Putzbauten mit Mittelrisaliten bzw. Loggien vom E. 19. Jh. Weite Dachüberstände auf hölzernen Konsolen, in den Giebeln offenes Sprengwerk, z. T. mit Laubsägearbeiten.

HAUS RENATE Nr. 2. Am E. 19. Jh. entstandener neoklassizistischer Putzbau von zwei Geschossen mit offener risalitartiger Loggia.

WOHNHAUS Nr. 3. Dreieinhalbgeschossiger, über Sokkel errichteter Putzbau vom E. 19. Jh.; an der rechten Seite vorspringender, um die Ecke geführter Bauteil mit abgeschrägter Kante, hier Erker über Portal. Links dreiachsige Loggia, im zweiten Obergeschoß offen. An der rechten Seite dreigeschossige Auslucht. Der Bau durch Gesimse, Säulen und Pilaster gegliedert, Putzquaderung im Erdgeschoß. Dekorative Brüstungsgitter.

WOHNHAUS Nr. 23. Zweigeschossiger Putzbau vom 3. V. 19. Jh. mit flachem Walmdach. Die beiden jeweils äußeren Achsen der fünfachsigen Fassade mittels Balkonen zusammengefaßt. Breites geschoßtrennendes Band, Putzquaderung. Rückseitig eingeschossiger Anbau mit Mittelrisalit in apsidialer Form.

*Linke Seite: Heringsdorf, Wohnhaus, Klenzestraße 3; Pfarrhaus, Klenzestraße 9*

*Rechte Seite: Heringsdorf, Wohnhaus, Klenzestraße 15; Wohnhaus, Kulmstraße 27*

WOHNHAUS Nr. 27. 1867/68 errichteter Backsteinbau mit Krüppelwalmdach über T-förmigem Grundriß, eineinhalbgeschossig, dreiachsig. Halbgeschoß und Giebel in Backsteinfachwerk.
An der Vorderseite vortretender Risalit mit hölzernem Balkon über Wandvorlage, seitlich polygonaler Anbau. Rückseitiger Giebel mit hölzerner verglaster Loggia auf Holzstützen. Die Fassade in gelben Ziegeln, von Bändern in rotem Backstein durchzogen. Geschoßtrennendes Deutsches Band, Schmuckwerk in neogotischer Formensprache, darunter Plastiken auf Säulen mit Blattkapitellen unter Baldachinen sowie der Renaissance verpflichtete figürliche Reliefs und Medaillons mit vollplastischen Köpfen.
WOHNHAUS Lindemannstraße 2. Wohl um die M. 19. Jh. errichteter Putzbau mit Krüppelwalmdach, der zweigeschossige Risalit mit urspr. wohl geöffneten Loggien im späten 19. Jh. angefügt, aus dieser Zeit einheitliche neoklassizistische Putzfassade in Anlehnung an die typischen Logierhäuser der Seebäder.
HAUS ELIM Lindemannstraße 4. 1894 errichteter Holzbau über unregelmäßigem Grundriß. Zweigeschossig, massives verputztes Sockelgeschoß. Giebelständiges Gebäude mit breitgelagerter Auslucht. Einachsiger Mittelrisalit an der rechten Traufseite. Weite Dachüberstände mit freiliegendem Sprengwerk.
WOHNHÄUSER Lindemannstraße 8 und 11. Zweigeschossige Putzbauten mit Mittelrisaliten, errichtet im letzten V. 19. Jh. Hölzerner Risalit auf massivem verputztem Sockel bei Nr. 8, dieses Gebäude mit backsteinsichtigem Obergeschoß und Erdgeschoß mit Putzquaderung, Nr. 11 in typischer neoklassizistischer Form.

*Lindenstraße*
WOHNHAUS Nr. 1. In der 2. H. 19. Jh. entstandener zweigeschossiger Putzbau mit Drempel über verputztem Sockel. Die Gebäudeecke zur Friedensstraße abgeschrägt und als vorspringender, um ein Geschoß erhöhter Bauteil mit dominierender Wirkung. Den Fassaden massive zweigeschossige Veranden vorgestellt, z.T. geöffnet. Gliederung durch Pilaster und Säulen. Putzquaderung im Erdgeschoß. Umlaufendes geschoßtrennendes Gesims, darüber bandartige Aufputzungen mit floralen Motiven, von Medaillons mit Reliefköpfen unterbrochen. Putzfestons im Drempel, Konsolfries als Traufgesims.
WOHNHÄUSER Nr. 2, 10 und 11. Zweigeschossige neoklassizistische Putzbauten vom E. 19. Jh. mit durch Säulen, Pilaster, Brüstungsfelder und Gesimse gegliederten Mittelrisaliten.
WOHNHAUS Nr. 3. Um 1900 errichteter neoklassizistischer Putzbau. Zweigeschossig, achtachsig, zwei Seitenrisalite. Das Dach in seinem Verlauf durch Halbgeschoß angehoben.
VILLA HÄHLE Nr. 4. Auf Backsteinsockel errichteter, zweigeschossiger, siebenachsiger Putzbau mit vortretender, mittlerer, zweigeschossiger Loggia, in dieser sehr aufwendig gesproßte Fenster. Schleppgaube aus jüngster Zeit.
HAUS ALBERTINA Nr. 5. Zweigeschossiger Putzbau vom E. 19. Jh. Abgerundete Gebäudekante mit vorgelegtem halbrunden Balkon auf Hermenpilastern. An den Fassaden dreiachsige offene Veranden, die Mittelachsen leicht vorgezogen und durch Übergiebelung betont. Die Fenster des Gebäudes pilastergerahmt mit geraden oder segmentbogigen Verdachungen. Unter dem Dach ein Drempel.
WOHNHAUS Nr. 13. Breitgelagerter zweigeschossiger Putzbau mit Mittelrisalit, im Obergeschoß als offene Loggia ausgebildet. Dekorative Brüstungsgitter und Balkone auf der Höhe eines geschoßtrennenden Bandes. Errichtet um 1900.

*Maxim-Gorki-Straße*
HAUS SAN REMO Nr. 10. Über Sockelgeschoß um 1910 errichteter, zweigeschossiger, fünfachsiger Putzbau. Dreiachsiger Mittelrisalit mit offenen Loggien in beiden Obergeschossen, Rundbogenarkaden mit Putzquaderung. Das Sockelgeschoß gequadert. Gliederung durch Lisenen und Putzbänder. Fenster z. T. in geohrten Faschen.
HAUS IRMGARD (Museum) Nr. 13. 1906/07 errichteter zweigeschossiger Putzbau mit Rauhputzbändern und Fenstereinfassungen. Zweigeschossiger, durch Eckpila-

ster und Halbsäulen gegliederter Seitenrisalit mit Jugendstilgittern. Gleiches Brüstungsgitter ziert halbrunden Balkon an der rechten äußeren Achse des Hauses. Derartige Gitter einzigartig im Ort. Das Haus von Maxim Gorki während seines Aufenthaltes in Heringsdorf 1922 als Wohn- und Arbeitsstätte genutzt.

WOHNHAUS Nr. 14. Um 1910 erbaut. Zweigeschossiger vierachsiger Putzbau mit Flachdach und großflächig durchfenstertem Mittelrisalit.

WOHNHAUS Nr. 48. Zweigeschossiger, über Sockel errichteter Putzbau mit Seitenrisaliten. Der Bau durch Säulen, Pilaster, geschoßtrennende und Sohlbankgesimse gegliedert. Drempel mit Reihung kurzer Pilaster. Mittige Portalachse, dort Balkon mit neobarockem Gitter. Der Bau im letzten V. 19. Jh. errichtet.

WOHNHAUS Nr. 50. Um 1900 als Villa für den Leibarzt Kaiser Wilhelms II., Dr. Körte, errichtet. Zweigeschossiger Putzbau auf hohem Backsteinsockel, Walmdach. An der Gartenseite vortretender Risalit, im Obergeschoß als hölzerne Veranda über abgetrepptem Backsteingesims ausgebildet, zur Strandseite in polygonalen Eckturm übergehend. Eingeschossige Auslucht, darüber verbretterter Dacherker. In ähnlicher Art und Weise die WOHNHÄUSER Nr. 52 und 53 erbaut.

*Neuer Weg*

WOHNHAUS Nr. 3. Um 1900 errichteter, zweigeschossiger, fünfachsiger Putzbau, die mittleren drei Achsen leicht vorgezogen. Der Fassade großflächig geöffnete eingeschossige Loggia vorgelegt, durch filigrane Gußeisenkonstruktion um ein Geschoß erhöht.

PENSION ODIN Nr. 4. Zweigeschossiger siebenachsiger Putzbau mit dreigeschossigem Mittelrisalit, erbaut um 1900. Mansarddach. Leicht geböschter Sockel. Lisenengliederung. Fenster mit Faschen und Dreieckgiebelverdachungen.

PENSION Nr. 7. Zweigeschossiger Putzbau von neun Achsen, erbaut um 1900. Dreiachsiger Seitenrisalit mit Volutengiebel, mittige Portalachse, durch Dacherker um

*Heringsdorf, Haus Irmgard, Maxim-Gorki-Straße 13; Wohnhaus, Maxim-Gorki-Straße 14*

ein Geschoß erhöht. Links Aufsprengung des Mansarddaches durch eingeschossigen reich gegliederten Aufbau von einer zu zwei Achsen.

WOHNHAUS Nr. 8. Im letzten V. 19. Jh. entstandener zweigeschossiger Putzbau in neoklassizistischen Formen. Loggia in der Art eines Seitenrisalits. Portalzone verändert.

WOHNHAUS Neuhofer Straße 64. Über Sockel errichteter zweigeschossiger Putzbau mit hölzerner Veranda, um 1900. Der massive Bauteil durch geschoßtrennendes Gesims und Fenster in geohrten Faschen gegliedert. Ähnlich WOHNHAUS Nr. 69, hier jedoch die Veranda massiv mit reichem Jugendstildekor.

*Puschkinstraße*

VILLA Nr. 7. Zweigeschossiges Gebäude, das Erdgeschoß massiv und verputzt, Eckquaderung in Naturstein. Hölzernes Obergeschoß in dekorativem Fachwerk, z. T. weite Dachüberstände mit aufwendigem Sprengwerk in den Giebeln. Vortretender Mittelteil mit polygonaler Auslucht an der Straßenfront. Errichtet im 1. V. 20. Jh.

VILLA Nr. 9. Zweigeschossiger Putzbau auf hohem Backsteinsockel mit seitlich versetztem Risalit, dieser mit eingeschossiger Auslucht aus Backstein. Links hölzerne Veranda. Die Villa im 1. V. 20. Jh. erbaut.

VILLA POSEIDON Nr. 10. Um 1900 entstandener Putzbau von zwei Geschossen. Mansarddach. Die Fassaden mit vortretenden Risaliten. Dreieck- und geschweifter Giebel.

PENSION Nr. 15. Vom E. 19. Jh. stammender, typischer neoklassizistischer Putzbau mit geöffneten Seitenrisaliten und mittiger Portalachse.

HAUS AEGIR Nr. 18. Zweigeschossiger Backsteinbau mit verputzten Seitenrisaliten und gleichfalls verputztem Mittelrisalit. Der Bau mit reichen Aufputzungen versehen, durch Bänder und Gesimse sowie Säulen und Pilaster gegliedert. Fenster in Putzfaschen. Mehrere Balkone mit dekorativen Gittern.

VILLA Rudolf-Breitscheid-Straße 5. Im letzten V. 19. Jh. als Wohnhaus für Werner Delbrück errichtet. Zweigeschossiger, z. T. verputzter Backsteinbau, gegliedert durch backsteinsichtige Bänder, Lisenen und Fenstereinfassungen. Giebel und Aufsätze in dekorativem Fachwerk.

WOHNHAUS Rudolf-Breitscheid-Straße 7. Um 1850 errichteter eingeschossiger Putzbau, die Rückseite nachträglich um ein Geschoß erhöht. Verglaste Veranda angefügt.

SCHULE Schulstraße 30. Auf L-förmigem Grundriß im Jahre 1906 errichteter zweigeschossiger Backsteinbau

über Feldsteinsockel mit großem Zwerchdach. Geschoßtrennendes Gesims, segmentbogige Fenster. Überdachter Eingang mit aufwendigem Sprengwerk.

*Seestraße*

KULTURHAUS 1946 von sowjetischen Bauleuten errichtet. Zweigeschossiger Putzbau in vereinfachten klassizistischen Formen mit übergiebeltem, von Pfeilern getragenem Portikus. Im Tympanon figürliche Reliefdarstellung, tanzendes Paar zwischen musizierender männlicher und lesender weiblicher Gestalt. Im rechten Gebäudeteil über beide Geschosse reichende hochrechteckige Fenster. Gleiche Fenster an rechter Giebelseite. Im Innern Theatersaal mit 750 Plätzen.

HOTEL CAMARRA Nr. 2. Reich gegliederter dreigeschossiger Putzbau von neun Achsen. Mittige Loggia, durch gekuppelte Säulen besonders akzentuiert. Links turmartiger Anbau. Die äußeren Achsen durch massive Erker hervorgehoben, die die Loggia flankierenden Achsen mit neobarocken Balkonen. Aufwendige Putzreliefs nach barocken Vorbildern. Das Hotel im letzten V. 19. Jh. errichtet.

HOTEL Nr. 4. Neoklassizistischer Putzbau vom E. 19. Jh., dreigeschossig mit Seitenrisaliten und turmartigem Mittelrisalit.

HOTEL Nr. 5. Um 1900 erbauter, dreigeschossiger, z. T. verputzter Backsteinbau von 13 Achsen. Die zurückgesetzten Teile in hellem Backstein. Seitenrisalite und Mittelrisalit durch Balkone mit dekorativen Gittern verbunden. Hölzerne Vorbauten nachträglich angefügt. Mansarddach mit mehreren Gauben.

VILLA Nr. 12. Über z. T. leicht geböschtem Sockelgeschoß errichteter zweigeschossiger Putzbau auf unregelmäßigem Grundriß. Die linke Fassadenhälfte vorspringend, hier mittig zweiachsige offene Loggia. Seitlich dreigeschossige Auslucht. Gebäudekanten und Einfassungen der Loggia sowie z. T. bei Fenstern und Türen gequadert. Erbaut E. 19. Jh.

RATHAUS Nr. 13. Zweigeschossiger Putzbau mit Seitenrisalit auf Feldsteinsockel vom E. 19. Jh. Seitlich loggienartiger Eingangsvorbau. Die Fassade durch Gesimse und paarweise angeordnete Pilaster gegliedert. Mittig

*Linke Seite: Heringsdorf, Kulturhaus, Seestraße*

*Rechte Seite: Heringsdorf, Hotel, Seestraße 2; Rathaus, Seestraße 13*

zwei Nischen mit eingestellten Plastiken. Der weite Dachüberstand von Konsolen getragen.

POSTAMT Nr. 17. Um 1900 errichteter zweigeschossiger Backsteinbau in neogotischer Formensprache, Walmdach. Seitlich nach links versetzter flacher Mittelrisalit. Der Baukörper durch Gesimse und Bänder in schwarzglasierten Steinen gegliedert. Konsolfries unterhalb der Traufe. Rechts Portalvorbau mit Strebepfeilern, links an das Gebäude Eingangsvorbau mit spitzbogigem Portal angefügt. Das Bauwerk bestand urspr. nur aus dem linken fünfachsigen Teil, wenig später Erweiterung um den rechten Bauteil.

VILLA ANNA Nr. 18. Im letzten V. 19. Jh. errichteter Putzbau von zwei Geschossen. Siebenachsig, Mittelrisalit, dieser und der linke Gebäudeteil großflächig durchfenstert. Typische neoklassizistische Gliederung, Putzquaderung im Erdgeschoß, Festonfries unterhalb der Traufe.

WOHNHAUS Nr. 40. Neoklassizistischer Putzbau von zwei Geschossen, Walmdach. Flacher Mittelrisalit, diesem offene Loggia vorgelegt. Eine ähnliche, jedoch verglaste Loggia an der rechten Giebelseite. Genutete Putzfassade, Konsolfries als Traufgesims. Der Bau vom E. 19. Jh. stammend.

*Strandstraße*

Vermutlich eine der ersten angelegten Straßen des Seebades, bebaut mit an ländlicher Bauweise orientierten Logierhäusern aus der 2. H. 19. Jh. Zweieinhalbgeschossige Putzbauten mit nur z. T. massiven Verandavorbauten und sparsamer Putzgliederung. Die größtenteils hölzernen Vorbauten großflächig durchfenstert. Zu diesen Gebäuden gehören die WOHNHÄUSER Nr. 1, 3, 5, 8 und 9.

WOHNHAUS Nr. 14. Um 1910 entstandener Putzbau von zwei Geschossen und vier Achsen. Zweiachsiger Seitenrisalit mit aufwendigem floralen Stuckornament im Giebel und ornamentierten Brüstungsfeldern. Gequaderte Gebäudekanten.

WOHNHAUS Nr. 15. Zweigeschossiger siebenachsiger Putzbau, errichtet um 1900, Flachdach. Zwei Seitenrisalite mit Säulen und Eckpilastern, im Obergeschoß als jeweils offene Loggia ausgebildet. Die seitlichen Fensterbrüstungen und Pilaster im Obergeschoß mit Aufputzungen von floraler Ornamentik versehen. Anklänge an Jugendstilmotive deutlich.

## Hohendorf

DORFKIRCHE Zweijochiger gotischer Saalbau mit eingezogenem Rechteckchor und quadratischem Westturm aus Feldstein und Backstein. Der Chor in der 2. H. 13. Jh. errichtet. Im 14. Jh. das Schiff ausgeführt, um 1400 Turm angefügt. Oberbau des Turmes und Spitze des östlichen Chorgiebels 16. Jh. 1771 umfassende Sanierungsarbeiten mit Wiederherstellung der Umfassungsmauern durchgeführt. Der gerade geschlossene Rechteckchor etwa bis zur Hälfte aus Feldsteinquadern errichtet, darüber Backstein. Im Süden eine Vorhalle mit rundbogiger Pforte. Östlich davon Rundfenster mit glasierten Steinen im Gewände und glatt eingeschnittenes Segmentbogenfenster. Auf der Nordseite Rechteckfenster, darunterliegende Pforte vermauert. Die Ostseite mit vierbahnigem Rundbogenfenster. Im Giebel über einem Zickzackfries vier dreiteilige Spitzbogenblenden, darüber lateinisches Kreuz in Putzblende, von zwei zweibahnigen Spitzbogenblenden flankiert. Das Schiff im unteren Teil in Feldstein, darüber in Backstein erbaut. Blendenverzierter Westgiebel. Je ein vermauertes abgetrepptes Portal im Süden in Wandvorlage, darüber Spitzbogenfenster. Strebepfeiler. Turmunterbau aus Backstein, verbretterter Aufsatz mit spitzem Helm. Spitzbogiges Westportal mit dreifach abgetrepptem Gewände. – Der Chor im Innern kreuzrippengewölbt, vom Schiff durch gedrungenen spitzbogigen Triumphbogen getrennt. Flache Holzbalkendecke im Schiff. Die Ausstattung 1842 völlig erneuert, aus dieser Zeit Kanzel, Orgelempore und Orgel, Patronatsgestühl sowie Gemälde, Segnender Christus. Zwei Kruzifixe, Eisenguß, 19. Jh. Zwei Kelche und Patenen, 1598 und 18. Jh. Drei Kelche, Messing z. T. versilbert, 19. Jh. und 20. Jh. Zwei Patenen, Messing versilbert, 19. Jh. und 20. Jh. Weinkanne, Kelch und Oblatendose, Silber, 20. Jh. Weinkanne, Messing versilbert, 1891. Zwei Ziborien, Silber und Messing versilbert, 20. Jh. Kelchlöffel, Silber, 20. Jh. Kollektenschale, Mes-

*Hohendorf, Dorfkirche von Südosten*

sing, um 1900. Taufschale, Messing, 20. Jh. Zwei Leuchterpaare, Zinn, 1726, und Silber, 20. Jh. Grabplatten der Familie von Köller: Klaus von Köller † 1559, Anna von Köller † 1600, Dorothea von Köller † 1613, Klaus von Köller † 1615. Zwei Grabplatten, 1784 und 1830. Fünf Grabstelen, 19. Jh. Grabkreuz, Eisen, 19. Jh. Zwei Glocken, 1879. Um den Kirchhof Feldsteinmauer, darin verputztes Backsteinportal mit großer rundbogiger Durchfahrt und kleinerem rundbogigen Durchgang, wohl 18. Jh.

PFARRHOF unmittelbar bei der Kirche gelegen. Das PFARRHAUS um 1800 erbaut. Eingeschossiger siebenachsiger Backsteinfachwerkbau, die Giebelseiten später massiv erneuert und verputzt. Rohrgedecktes Krüppelwalmdach mit Fledermausgaube. Die urspr. innere Raumaufteilung weitestgehend erhalten. Die SCHEUNE um 1800 als eingeschossiger Lehmfachwerkbau mit rohrgedecktem Walmdach errichtet. Eine Giebelseite massiv erneuert. Der Scheune E. 19. Jh. massiver STALL mit Pultdach angefügt. STALL, 2. H. 19. Jh., eingeschossiger Backsteinbau mit rohrgedecktem Krüppelwalmdach. In den Giebeln je eine Luke.

**Hollendorf**

WOHNHAUS Nr. 9/10. Über Feldsteinsockel errichtetes, eingeschossiges, zehnachsiges Doppelhaus mit rohrgedecktem Krüppelwalmdach, 1. H. 19. Jh. Der einstige Fachwerkbau jetzt massiv und verputzt. Vor dem Gebäude giebelständige Ziegelfachwerkscheune, teilweise massiv erneuert, verputzt. Krüppelwalmdach in Rohrdeckung.

**Jamitzow**

Ehem. GUTSHAUS (Wohnhaus). 1911 errichteter zweigeschossiger Backsteinbau mit übergiebelten Seitenrisaliten, die Giebelfelder von Konsolfries gerahmt. Der Mittelteil mit großer korbbogiger Durchfahrt. Im Dach eine Schleppgaube. Auf der Rückseite ebenfalls zwei Seitenrisalite, diese unter Walmdächern, mittiger Frontispiz. Links und rechts eingeschossige gerade Flügel angefügt.

STALLSCHEUNE auf dem ehem. Gutshof. Zweigeschossiger 17achsiger Backsteinbau mit Krüppelwalmdach, im Erdgeschoß größtenteils segmentbogige Fenster, Türen und Tore. Auf der Rückseite halbrunde Türmchen. Der Dachfirst mit liegenden Aufsätzen, darin Lüftungsschlitze. A. 20. Jh.

Ehem. SCHEUNE (Wohnhaus) auf dem ehem. Gutshof. Eingeschossiger Backsteinfachwerkbau, z. T. massiv erneuert. Fenster und Türen teilweise verändert. Rohrdach, eine abgewalmte Giebelseite, der andere Giebel verbrettert. A. 20. Jh.

SCHMIEDE (Lager) auf dem ehem. Gutshof. Quadratischer eingeschossiger Backsteinbau mit Pyramidendach, 1. D. 20. Jh. Vorder- und Rückseite mit rundbogiger Öffnung, Fenster bzw. Tür, in Wandvorlage, flankiert von zwei Rundfenstern.

TRANSFORMATORENHAUS auf dem ehem. Gutshof.

Kleiner eingeschossiger Backsteinbau mit Mansarddach. Traufgesims als Zahnschnittfries ausgebildet.
WOHNHAUS Lange Straße 25/25 a. Der eingeschossige neunachsige Backsteinbau 1911 als Doppelhaus für Gärtner und Kutscher des Gutes errichtet. Das Dach mit Schleppgauben. Links und rechts eingeschossige Stallanbauten von etwa halber Gebäudetiefe und niedrigerer Firsthöhe. Zugehörig die eingeschossige REMISE aus Backstein mit Lisenengliederung und großem rundbogigen Portal aus gleicher Erbauungszeit.

### Jarmshagen

KAPELLE Um 1800 erbaut, Restaurierungen 1859 und 1984. Rechteckiger Ziegelfachwerkbau mit geschlämmten Ausfachungen auf Feldsteinfundament, das Satteldach an der Ostseite abgewalmt. An der Giebelseite Dachreiter mit geschwungener verkupferter Haube auf angebolzten Klappstielen. Längsseiten mit K-Streben und hochliegenden gekuppelten Fenstern mit Rautenverglasung. Im Inneren flache neue Holzdecke.
Ausstattung: Gemälde hinter dem Altar mit Kreuzigungsdarstellung von J. F. Riemer, um 1650. Altarschranke von 1644 mit ausgesägten Balustern. Gestühlswangen 17. Jh. Lesepult, Holz, 1. H. 19. Jh. Zwei Gemälde mit »Lucas u. Johannes« und »Matthäus u. Markus«, wohl 17. Jh. Altarleuchterpaar, Zinn, A. 19. Jh. Kollektenschale, Messing, 18. Jh. Glocke 1689.
Der umgebende Friedhof mit Packsteinmauer, mehrere Grabwangen des 18. und 19. Jh.

### Kachlin

STALL der ehem. Gutsanlage. Eingeschossiger Feldsteinbau mit Backsteingiebeln, wohl 2. H. 19. Jh. An der vorderen Seite massiver Dacherker mit Luke und Schleppdach. Fenster und Türen segmentbogig geschlossen und mit Backstein eingefaßt.

### Kamminke

WOHNHAUS Bergstraße 15/16. Als Doppelhaus errichteter eingeschossiger Putzbau von sieben Achsen mit Rohrdach, 2. H. 19. Jh. Giebel verbrettert. Mittig zwei Haustüren aus der Erbauungszeit.
*Dorfstraße*
FORSTHAUS Eingeschossiger giebelständiger Backsteinbau auf Feldsteinsockel mit umlaufendem Sockelgesims, 1. V. 20. Jh. Zugehörig eine STALLSCHEUNE aus Backsteinfachwerk vom E. 19. Jh.
WOHNHAUS Nr. 9. Eingeschossiger fünfachsiger Putzbau mit Rohrdach, 2. H. 19. Jh. Im rechten Gebäudeteil größere Fenster, links die Sohlbänke als Gesims durchgezogen. Der linke Teil wohl wenig später angefügt.
WOHNHAUS Nr. 19. Um 1850 errichteter, eingeschossiger, vierachsiger Putzbau mit Rohrdach.
WOHNHAUS Nr. 20. In der 2. H. 19. Jh. entstandener eingeschossiger Putzbau von fünf Achsen. Profiliertes Gesims, gleichzeitig als Sockel- und Sohlbankgesims ausgebildet. Rohrdach. Urspr. Haustür erhalten.

WOHNHAUS Nr. 60. Aus der 2. H. 19. Jh. stammender eingeschossiger Putzbau, vierachsig, Rohrdach, Giebel verbrettert.

WOHNHAUS Wiekstraße 5/5 a. Eingeschossiger zweihieschiger Putzbau von neun Achsen, 2. H. 19. Jh., Rohrdach.

WOHNHAUS Wiekstraße 6. Eingeschossiger Putzbau mit Drempel des letzten V. 19. Jh., fünfachsig. Fenster und Tür segmentbogig, Putzfaschenrahmung. Sohlbankgesims, geschoßtrennendes Gesims unterhalb des Drempels.

WOHNHAUS Wiekstraße 16. Putzbau von einem Geschoß und sechs Achsen, 2. H. 19. Jh. Fenster und Tür in Putzfaschen. Kleiner Dacherker mit Schleppdach in der Mitte des Hauses.

GEDENKSTÄTTE GOLM. ca. 3 ha große Anlage auf einer Anhöhe, dem Golm, nahe der Grenze zu Polen. 1943 begonnen, 1972/73 nach Entwürfen von R. Lasch erweitert. Zentral angeordnetes ringförmiges Mahnmal aus Beton auf der Bergkuppe, innerhalb des Betonringes gepflasterte Fläche mit mittiger runder Bronzeplatte und Inschrift: DREIUNDZWANZIGTAUSEND TOTE DES ZWEITEN WELTKRIEGES MAHNEN

Auf der Umfassungswand Schriftzug: DASS NIE EINE MUTTER MEHR IHREN SOHN BEWEINT. Um das Mahnmal vier Friedhöfe: im Norden Soldatenfriedhof für die Opfer des Garzer Flugplatzes und die beim Bombenangriff auf Swinemünde am 12. März 1945 umgekommenen Soldaten, im Osten Marinefriedhof für die im Lazarett Swinemünde verstorbenen Marinesoldaten und die Besatzung eines U-Bootes, im Südosten die Massengräber der Opfer des Bombenangriffes auf Swinemünde und im Südwesten der Friedhof der zivilen

*Linke Seite: Jarmshagen, Kapelle von Südwesten*

*Rechte Seite: Kamminke, Gedenkstätte Golm, Skulptur »Weg ins Leben« und Gesamtanlage*

Kriegsopfer, Swinemünder Bürger und Flüchtlinge, die beim Bombenangriff ums Leben kamen. Auf dem Gelände Skulptur »Weg ins Leben« von W. Eckardt.
MÜHLE In der Nähe des Zeltplatzes. Dreigeschossiger Erdholländer aus Backstein über rundem Grundriß mit geböschtem Mauerwerk und flachem Kegeldach, 19. Jh.

**Karlsburg**

SCHLOSSANLAGE (Sanatorium) Eine der bedeutendsten barocken Schloßanlagen Pommerns. 1732/39 im Auftrag von Carl Behrend von Bohlen auf den Grundmauern des alten Gutshauses erbaut. Von dem geplanten Schloßkomplex aus mittlerem Corps de Logis und zwei durch Galerietrakte angeschlossenen Seitenflügeln nur der Mittelbau und der östliche Seitenflügel mit Verbindungsgalerie ausgeführt. Das Corps de Logis ist ein über hohem Kellergeschoß errichteter zweigeschossiger, neunachsiger Putzbau mit Mansardwalmdach und übergiebelten Mittelrisaliten an Hof- und Gartenseite, die einachsigen Seitenrisalite der Vorderfront durch konkav gebildete Wände mit dem mittleren Gebäudeteil verbun-

den. Rundbogenportal mit Freitreppe. Der Flügelbau nahezu quadratisch, seine mittleren Achsen durch flache Wandvorlagen eingefaßt. Eckbetonung der einzelnen Gebäudeteile durch Quaderung in Fugenschnittputz. Der hofseitige Treppenhausanbau modern. Die Fenster der Galerie und der Obergeschosse segmentbogig. Auf dem Dach barocke Schornsteine und unterschiedliche Gauben. Die gartenseitige Treppe und Veranda am Corps de Logis 19. Jh. An der Südseite Stein mit Wappen derer von Bismarck-Bohlen.
Die innere Raumstruktur erhalten. Auf der Parkseite des Erdgeschosses der Weiße Saal mit reichem Stuck an Wänden und Decke, u. a. Bandelwerkdekor, sowie zwei Kaminen. Zur Saalausstattung gehören sechs Gemälde mit Halb- und Dreiviertelporträts des 18./19. Jh. teilweise in aufwendig vergoldeten Rahmen: Caroline Gräfin Bismarck-Bohlen (1797–1858), Friedrich I., König von Schweden (1676–1751), Ulrike Louise, Königin von Schweden, Prinzessin von Preußen (1720–1782), Feldmarschall Curt Christoph Graf von Schwerin (1684–1757), Carl Heinrich Behrend Graf von Bohlen (1705–1757), H. E. von Schönfeldt. Im östlich anschließenden Jagdzimmer Wandvertäfelungen mit Intarsien, Deckenmalerei und ein figürlich im Rokokostil gestalteter Kachelofen. Zwei Gemälde: Herr in Frack und Zylinder auf einem Apfelschimmel (Friedrich Frh. von Dörnberg 1781–1877) wohl von P. Peters, 1868; Brustbild eines Mannes mit roter Weste (Detlef von Walsleben 1744–1770). Vorzimmer mit Kachelofen in Rocailleformen. Bibliothek mit Holzvertäfelung an der Westseite des Saales.
Der SCHLOSSPARK mit dendrologischen Besonderheiten. 1848 von Landschaftsgärtner Franz angelegt. Vorgängergartenanlagen waren ein französisch beeinflußtes Parterre vor dem Schloß von 1750/80 und ein um 1800 angelegter englischer Landschaftspark südlich des Schlosses. Kernstück sind zwei sich kreuzende Lindenalleen, eine vierreihig bepflanzte führt als Hauptachse auf das Schloß zu. Symmetrisch zur Hauptachse liegen zwei Teiche. Im Park Kompositkapitell aus Kalkstein, angeblich vom Säulengang im Schloß Wolgast, 1612/14. Marmorskulptur »Flora«, wohl 2. H. 18. Jh.

*Linke Seite: Kamminke, Mühle; Karlsburg, Schloß*

*Rechte Seite: Karlshagen, Gedenkstätte, Mosaikwand*

Das schmiedeeiserne Gittertor der Hauptachse in den 1890er Jahren nach Plänen von Helene Bismarck-Bohlen gearbeitet.
Der ehem. Hundezwinger aus Feldsteinmauerwerk mit Fenster- und Türrahmungen in Backstein, M. 19. Jh.
Am nördlichen Ende der Schloßachse befindet sich die halbkreisförmig um einen Platz mit zwei Teichen gruppierte barocke DORFANLAGE. Die eingeschossigen Häuser, Dorfstraße 3, 5, 7, 9, 10–35 sind in ihrer Anlage ein wohlerhaltenes Zeugnis feudaler Baugesinnung.

**Karlshagen**

GEDENKSTÄTTE In drei Abschnitte geteilter Friedhof für die Opfer der Bombenangriffe auf Peenemünde und Karlshagen 1943/44. Gedenkstein als stilisiertes Kreuz für 213 getötete Zwangsarbeiter im ersten Abschnitt, daran anschließend die Gräber von 2000 Opfern der alliierten Luftangriffe, diese namentlich auf aneinandergereihten quadratischen Steinplatten genannt. Zu diesen Gräbern ein Gedenkstein und mehrere Steine mit Bibeltexten gehörig. Der dritte Abschnitt abgesenkter basaltgepflasterter Platz mit in die Böschung eingelassener Gedenktafel für 66 Opfer des Faschismus. An der Kopf-

seite des Platzes Stufenanlage über die gesamte Länge geführt, darauf dreiteilige Mosaikwand: Kampf gegen Raketenproduktion, antifaschistischer Widerstand, Flucht sowj. Häftlinge mit deutschem Kriegsflugzeug aus Peenemünde; 1970 von Klaus Rößler.

Ehem. SCHULE (Wohnhaus) Hauptstraße 36. Eingeschossiger Putzbau von vier Achsen über niedrigem Natursteinsockel, 1951 errichtet. Fensterumrahmungen und Ecklisenen in Backstein, über den Fenstern Deutsches Band. Im Dach Zwerchhaus zwischen zwei Schleppgauben. Auf der Rückseite Anbau aus jüngster Zeit.

WOHNHAUS Hauptstraße 37. Aus dem 2. V. 19. Jh. stammender eingeschossiger, massiv erneuerter Putzbau von vier Achsen mit rohrgedecktem Satteldach.

WOHNHAUS Hauptstraße 69. Um 1900 errichtetes Pensionshaus. Zweigeschossiger neunachsiger Putzbau, die jeweils beiden äußeren Achsen als Risalit mit verbrettertem Obergeschoß ausgebildet.

FORSTHAUS Peenestraße 4. Im letzten V. 19. Jh. errichteter eineinhalbgeschossiger Backsteinbau von sechs Achsen. Mittelrisalit, aus diesem im Obergeschoß großflächig verglaster Holzerker hervortretend. Der Bau durch Eckrustizierung und Deutsches Band gegliedert. An der rechten Seite Holzveranda auf Backsteinsockel mit Pultdach.

**Karnin**

Ehem. BAHNHOF Zweigeschossiger Bau von vier Achsen, errichtet wohl im 1. D. 20. Jh. Hoher Backsteinsockel, die Mitte massiv und verputzt, das Obergeschoß in Fachwerk mit verputzten Gefachen. Krüppelwalmdach. Einachsiger Mittelrisalit mit Walmdach. Nach links eingeschossiger massiver Bauteil auf T-förmigem Grundriß angeschlossen.

HUBBRÜCKE 1932/34 errichtete Eisenbahnbrücke über den Peenestrom, 1945 gesprengt. Hubteil erhalten. Die nach dem Fahrstuhlprinzip funktionierende Brücke bestand urspr. aus zweigleisigem Brückenteil zwischen vier Pfeilern, Stahlfachwerk, genietet.

LEUCHTTURM Viergeschossiger Putzbau auf rundem Grundriß mit auskragender Galerie und Kegeldach, 1. H. 20. Jh.

**Karrendorf**

BAUERNHAUS Haus Nr. 17. Siebenachsiger Ziegelfachwerkbau mit Krüppelwalmdach, teilweise noch Lehmgefache, wohl 1. H. 19. Jh.
Im Dorf mehrere Katen in Ziegelfachwerk mit rohrgedecktem Krüppelwalmdach, 19. Jh.

**Katschow**

WOHNHAUS Dorfstraße 19. 1930 erbaut. Eingeschossiger fünfachsiger Putzbau mit Zwerchhaus, in dessen Giebel eine Kreisblende mit Erbauungsjahr.
GEHÖFT Mühlenstraße 4. Im 19. Jh. errichtete Hofanlage. Das WOHNHAUS als eingeschossiger Putzbau von vier Achsen mit Krüppelwalmdach erbaut. Zwei rohrgedeckte STÄLLE, z.T. massiv, teilweise verputztes Lehmfachwerk, und zwei SCHEUNEN, davon eine aus Feldstein und verputztem Lehmfachwerk und verbretterten Giebeln, die andere aus verputztem Lehmfachwerk erbaut, massiv erneuert. Giebel verbrettert. Beide Scheunen unter Rohrdach.
WOHNHAUS Mühlenstraße 10. Im letzten D. 19. Jh. entstandener Putzbau von eineinhalb Geschossen und fünf Achsen mit geschoßtrennendem Gesims und Sohlbankgesims. Fenster und Tür in Putzfaschenrahmung, die urspr. Haustür erhalten. Das Vollgeschoß mit Putznutung.

**Katzow**

DORFKIRCHE ST. JOHANNES. Rechteckiger Backsteinbau über Feldsteinsockel mit geradem Ostschluß und südlichem Sakristeianbau, 2. H. 14. Jh. Abgetreppte Strebepfeiler. Alle Fenster spitzbogig mit abgefasten Laibungskanten. Das West- und Südportal spitzbogig. Ostgiebel mit zweireihigen Blenden und zwei doppelten Deutschen Bändern, darüber Blendenkreuz. 1990 der Kirchenbau durch Brand stark in Mitleidenschaft gezogen. Beim Wiederaufbau auf den unvollendeten Turm eine Kopie des Westgiebels übertragen. Ergänzung eines kupfergedeckten Dachreiters mit zwei Gebetsglocken. Der gesamte Innenraum mit Ausstattung verloren und modern erneuert. Im Osten gewölbte Gruft.
Kelch u. Patene, Silber, um 1724. Patene um 1800. Oblatendose, Silber, um 1681. Ziborium, Messing versilbert, 19. Jh. Krankenabendmahlsgerät, Silber, 2. H. 19. Jh. Taufkanne, Messing versilbert, 19. Jh. Taufschale, Messing, 18. Jh. Altarleuchterpaar, Zinn, um 1726.
PFARRHAUS Siebenachsiger Ziegelfachwerkbau mit Feldsteinsockel und Krüppelwalmdach, wohl 1. H. 19. Jh. In der Mittte kassettierte Haustür mit Oberlicht.
Seitlich eine Stallscheune aus Lehm- und Ziegelfachwerk mit Rohrdach. Straßenseitig verbretterter Stallgiebel.
Ehem. HIRTENKATEN Dorfstraße 1. Fachwerkbau mit verputzten Lehm- und Backsteinausfachungen und rohr-

*Linke Seite: Karnin, Bahnhofsgebäude; Hubbrücke*

*Rechte Seite: Katzow, Kirche von Westen*

gedecktem Krüppelwalmdach, urspr. dreihieschig mit gemeinsamem Rauchfang, wohl um 1800.
Links davon giebelständiger Fachwerkstall, um 1800.
KATEN Dorfstraße 14. Wohl 1. H. 19. Jh. Langgestreckter mehrhieschiger Katen aus Lehmfachwerk mit rohrgedecktem Krüppelwalmdach. Der rechte vierachsige Gebäudeteil massiv und verputzt mit Fugenschnitt. In der Gebäudemitte Fledermausgaube.

**Kemnitz**

DORFKIRCHE HL. KREUZ Sechsjochiger Rechteckbau aus Backstein mit geradem Chorschluß, Seitenschiff und Vorhalle an der Südseite, Nordsakristei und Westturm. Von der im 14. Jh. erbauten dreischiffigen Kirche mit leicht erhöhtem Mittelschiff das nördliche Seitenschiff nicht erhalten, die südlichen Umfassungsmauern so weit abgetragen, daß sich Mittel- und Seitenschiff unter einem Dach befinden. Die Strebepfeiler bis auf die barocken der Nordwand mittelalterlich. Die Vorhalle und das südliche Schiffsportal spätgotisch, die Priesterpforte stark verändert. Fenster der Südseite mit eingestelltem Rundstab. Kleeblattbogenfries unter der Traufe der Nordseite und an der Chorsüdseite. Am Ostgiebel gestaffelte Blenden mit Kleeblattbogenschluß und darüberliegende, von Rhomben begleitete Kreuzblende. Belastungstürmchen und Giebel der Sakristei barock. Der neogotische Westturm dreigeschossig mit schiefergedecktem Spitzhelm und Ecklisenen mit Pyramiddächern. 1841/42 nach Plänen von Menzel errichtet.
Im Inneren flache Kreuzgewölbe mit stuckierten Rippen in Schiff und Chor unter Andreas Mayer 1743 eingezogen, das Südschiff durch Vermauerung der Arkaden abgetrennt. In der Ostwand spitzbogige Blenden, Chorsüdwand mit Sakramentsnische. Sakristei kreuzgratgewölbt.
*Ausstattung:* Kanzelaltar, 2. H. 18. Jh., wohl von Andreas Mayer, Greifswald. Altarschranke mit durchbrochener Brüstung und aufgemalten Girlanden. Taufständer 2. H. 18. Jh. Orgel, J. F. Nerlich, Stralsund, 1885, Umbau durch F. A. Mehmel, 1963 durch W. Sauer, Frankfurt/O. erneuert. Gestühl 18. Jh. Emporen wohl 2. H. 18. Jh. Brüstungsfragment 1. H. 17. Jh. Kruzifix, Holz, um 1900. Kelch u. Patene um 1500. Kelch um 1756. Oblatendose, Silber, 1. H. 18. Jh. Taufkanne 1. H. 19. Jh. Taufbecken, Messing, 19. Jh. Patene, Messing vergoldet, 19. Jh. Taufschale, Zinn, um 1830. Kronleuchter, Messing, 1729. Zwei Altarleuchterpaare: Holz, vergoldet, M. 18. Jh., u. Messingguß, 1913.
Zwei Grabplatten: Gertrud (Spandow?), Kalkstein, 1368; unbeschriftet, mit Hausmarke, brauner Kalkstein wohl 16./17. Jh. Glocke, 1819 von S. Zach, Stralsund.
Verputztes, wohl barockes Friedhofsportal mit rundbogiger Einfahrt und Fußgängerpforte. Friedhof mit Feldsteintrockenmauer. Grabwangen 18./19. Jh., Grabplatten und Grabsteine, A. 19. Jh.
PFARRSCHEUNE Schulstraße 3. Um 1800 errichtetes Lehmfachwerkgebäude mit kalkgeschlemmten Ausfachungen, queraufgeschlossen mit rohrgedecktem Krüppelwalmdach.

**Klein Ernsthof**

WINDMÜHLE 19. Jh. Aus Holz gebauter und verschindelter Erdholländer (Achtkantständerbau). Die drehbare Haube nur noch teilweise erhalten, Flügel fehlen.

**Klein Jasedow**

Ehem. GUTSPÄCHTERHAUS (Wohnhaus). In der 1. H. 19. Jh. errichtetes eingeschossiges Gebäude aus Back-

*Linke Seite:*
*Katzow, Katen,*
*Dorfstraße 14*

*Rechte Seite:*
*Kemnitz, Kirche, Kelch,*
*um 1500;*
*Inneres nach Osten;*
*Ansicht von*
*Südwesten*

steinfachwerk. Krüppelwalmdach. Der achtachsige, ehem. verbretterte Bau mit großen Dacherkern an der Vorder- und Rückseite.

Ehem. SPEICHER Dreigeschossiger Backsteinbau, 2. H. 19. Jh. Geschoßtrennende Bänder. Die Öffnungen der Luken z. T. verändert.

STALL Langgestreckter eineinhalbgeschossiger Backsteinbau, das Halbgeschoß in Backsteinfachwerk. Giebel verputzt. Wohl 2. H. 19. Jh.

**Klein Kiesow**

Ehem. LANDARBEITERKATEN Dorfstraße 21. 1896 errichtetes eingeschossiges Backsteingebäude mit Feldsteinsockel und Drempel von acht zu vier Achsen. Unterhalb des Drempels Zahnschnittfries. An der Längsseite zwei Türen, die Fenster mit schmaler gesimsartiger Verdachung.

Der LANDARBEITERKATEN Dorfstraße 17 ähnlich.

Ehem. GUTSHAUS Dorfstraße 29. Eingeschossiger

*Klein Zastrow, Gutshaus;*
*ehem. Taubenhaus*

zwölfachsiger Putzbau mit Krüppelwalmdach und fünfachsigem zweigeschossigen Mittelrisalit mit neobarockem Fenster im Giebel, wohl A. 20. Jh. An der rechten Seite eingeschossiger Anbau, links Überdachung auf Säulen. An der Rückseite zweigeschossiger Flügelanbau mit Walmdach und Kolonnaden im Erdgeschoß. Doppelstöckiger Risalit mit dreiseitigem Erker im Obergeschoß. Zweifenstrige Gauben mit volutenartiger Rahmung.
Zum Gutskomplex gehören mehrere Wirtschaftsgebäude. Zwei- und dreigeschossige Speicher aus Backstein mit flachem Satteldach sowie ein großer Feldsteinstall mit Architekturgliederung in Backstein und an den Traufseiten verbrettertem Obergeschoß.

**Klein Zastrow**

Ehem. GUTSHAUS (Waldorfschule). E. 19. Jh. errichtet. Zweigeschossiger Putzbau mit Kellergeschoß in Feldstein, Erdgeschoß mit Quaderung, darüber Gesimse, Walmdach. Die Vorderseite mit sieben Achsen, die äußeren risalitartig gebildet, deren Fenster im Erdgeschoß mit stark plastischer Dreiecksverdachung und Fensterbänken, beide auf Konsolen. Mittige Eingangstür mit Pilastereinfassung, davor Freitreppe mit Vasenaufsätzen. Im Obergeschoß Wappenkartusche, Fenster mit Faschen. An den Giebelseiten Mittelrisalite, das Portal in Ädikula, darüber hohes zweiluchtiges Fenster. Sämtliche Fenster mit Faschenrahmung. Rückseite zehnachsig mit vorgelagerter Treppe.
Das Gutshaus liegt innerhalb eines Landschaftsparkes; darin ein um 1900 erbautes TAUBENHAUS aus Ziegelfachwerk auf quadratischem, im Obergeschoß achteckigem Grundriß mit flachem Teerpappendach. Die Obergeschoßfenster ursprünglich.

**Klotzow**

WOHNHAUS Bergstraße 10. Vierhieschiger eingeschossiger Backsteinbau mit rohrgedecktem Krüppelwalmdach, A. 20. Jh.
WOHNHAUS Bergstraße 14. Eingeschossiger urspr. vierhieschiger Backsteinbau, A. 20. Jh. Der achtachsige Bau unter Krüppelwalmdach, rohrgedeckt. Im linken Teil zwei neue Fledermausgauben.
Am Rande des Dorfes ein eingeschossiges fünfachsiges WOHNHAUS mit Rohrdach. Der verputzte Backsteinbau um die M. 19. Jh. errichtet. Giebel massiv und verputzt.
SCHEUNE am nördlichen Ortseingang. Eingeschossiger Backsteinfachwerkbau unter Rohrdach, E. 19. Jh. Giebel verbrettert.

## Kölpinsee

WOHNHAUS Strandstraße 25. Eingeschossiger Putzbau des 1. V. 20. Jh. Die vorderen Gebäudeecken als offene quadratische Eingangsvorhallen mit rustizierten Stützen gebildet. Motivwiederholung an den hinteren Giebelseiten. Vierachsiges Zwerchhaus an der Vorderseite, rückseitig zwei kleine Zwerchhäuser mit verbretterten Giebeln.

Ehem. SCHULE (Wohnhaus) Strandstraße 54. Auf Klinkersockel errichteter zweigeschossiger sechsachsiger Putzbau mit vierachsigem Mittelrisalit und Mansarddach, laut Inschrift 1930 entstanden. Die Gebäudeecken durch Klinkerlisenen gefaßt, Deutsches Band als Traufgesims. Der Risalit im Erdgeschoß und Giebel unverputzt, seine Ecklisenen aus Klinkern mit Plattenfries. Rückspringender überdachter Eingang mit schrägem Portalgewände, davor gerade, zweiläufige Treppe. Dekorative Brüstungsfelder unterhalb der Fenster des Risalites. Im Dach mehrere Gauben.

HAUS BEATUS ILLE (Wohnhaus) Waldstraße. Auf unregelmäßigem Grundriß errichteter Holzfachwerkbau über hohem verputzten Backsteinsockel, wohl um 1910 entstanden. Mittelrisalit mit Balkon an der Vorderseite, die linke Giebelseite im Obergeschoß zum Teil vorkragend. Vorgezogene Dächer mit teilweise aufwendigem Sprengwerk.

BAHNHOF Im 1. V. 20. Jh. errichteter, eingeschossiger, vierachsiger Putzbau mit Mansarddach und großem Dacherker. Der rechte Giebel als Säulenvorhalle ausgebildet; sechs toskanische Säulen tragen ein einfaches Gebälk. Die Rückseite von Zwerchhaus mit Lünettengiebel bestimmt. Segmentbogig schließende Gauben im Dach.

## Kölzin

DORFKIRCHE 1860/62 errichteter neogotischer Rechteckbau mit Chorpolygon aus regelmäßig behauenem Feldstein. Blendengegliederte Giebel in Backstein. Der westliche Stufengiebel mit Glocke. Spitzbogige Fenster- und Türöffnungen, unter der Traufe ein Rundbogenfries. An der Südseite verputzter Sakristeianbau.

*Ausstattung:* Orgel 1862, F. A. Mehmel, Stralsund, mit neogotischem Prospekt. Fensterverglasung um 1862. Kerzenhalter, Messing, 1862. Zwei Kruzifixe, 2. H. 19. Jh.

Die Kirche von Feldsteinmauer mit Eckpfeilern in Backstein umgeben.

Ehem. SCHNITTERKASERNE Hauptstraße 3. M. 19. Jh. erbauter zweigeschossiger, siebenachsiger Backsteinbau mit mittiger Tür. Zahnschnittfries und Konsolfries.

BAUERNHAUS Hauptstraße 16. Siebenachsiges Fachwerkhaus mit Krüppelwalmdach, wohl 2. H. 18. Jh. Die Lehmausfachungen teilweise durch Backstein ersetzt. Im rückwärtigen Gebäudeteil wohl ehem. Stall, drei schmale Türen.

BAUERNHAUS Hauptstraße 17. Eingeschossiges neunachsiges Haus mit Drempel aus gelbem Backstein, E. 19. Jh. Zweigeschossiger im Erdgeschoß einachsiger Mittelrisalit mit Portalnische und darübergelegenen Rundbogenfenstern. Die Fenster der Fassade segmentbogig. Risalit, Fensterverdachung und stark profiliertes Konsolgesims in rotem Stein.

Hinter dem Haus um einen Hof gruppiert drei Ställe und ein Speicher aus Backstein, 19. Jh. Giebelständig zur Straße ein Feldsteinstall mit Backsteinobergeschoß an den Traufseiten. Große segmentbogige Toreinfahrten und darüberliegender Zahnschnittfries.

## Korswandt

Ehem. GUTSHAUS (Wohnhaus). Eingeschossiger sechsachsiger Putzbau mit Mansardkrüppelwalmdach. Zweiachsiger, seitlich nach links versetzter Mittelrisalit mit schlichter Haustür unter Dreieckgiebelverdachung. Die Fenster in einfachen Putzfaschen. Eckpilaster mit stark reduziertem Kapitell. Auf der Gartenseite großflächig durchfensterter, ebenfalls seitlich versetzter Risalit. Beide Risalite mit geschoßtrennenden Putzbändern, der hintere zusätzlich durch kannelierte Pilaster gegliedert. Gartenseitig verglaste Tür mit vorgelegter Freitreppe. Der Bau um 1910 entstanden.

Ehem. SCHULE (Kindergarten) Bergstraße 5. Vom E. 19. Jh. stammender eingeschossiger Backsteinbau mit später hinzugefügtem verputzten Dacherker.

STALL Bergstraße 6. Eingeschossiger Fachwerkbau,

die Gefache verputzt. Rohrdach, Giebel verbrettert, 2. H. 19. Jh.
WOHNHAUS Bergstraße 15. Wohl aus der 2. H. 19. Jh. stammendes, eingeschossiges, giebelständiges Gebäude, die Giebelseiten verbrettert. Die linke Seite aus verputztem Backsteinfachwerk errichtet, die rechte Seite massiv und verputzt. Rohrdach. Teilweise die Fenster verändert.
WOHNHAUS Dorfstraße 6. In der 2. H. 19. Jh. errichteter Putzbau von einem Geschoß und fünf Achsen. Sohlbankgesims, Fenster und Tür in Putzfaschenrahmung.
GEHÖFT Dorfstraße 24. Hofanlage aus der 2. H. 19. Jh. Eingeschossiges sechsachsiges WOHNHAUS aus verputztem Backsteinfachwerk, die linke Giebelseite sowie der rechte Giebel massiv und verputzt. Rohrdach. Zugehörig giebelständige eingeschossige STALLSCHEUNE aus Backsteinfachwerk, z. T. massiv erneuert. Giebel verbrettert, Rohrdach.

**Koserow**

DORFKIRCHE Rechteckiger Feldsteinbau mit eingerücktem Westturm und leicht eingezogenem Rechteckchor aus Feldsteinquadern und Backstein. Der Feldsteinsockel des Chores aus der 2. H. 13. Jh., die übrigen Teile im 15. Jh. errichtet. Blendenschmuck am Ostgiebel des Chores und am Westgiebel des Langhauses. Vier Portale, die beiden nördlichen zugesetzt, Süd- und Westportal spitzbogig mit gestuftem Gewände. Über dem Westportal Fensterrosette in spitzem Blendbogen mit dreifach gestuftem Gewände. 1897 die Langhaussüdwand teilweise, das Turmoberteil vollständig erneuert. 1977 das Bauwerk restauriert.

Im Innern tonnengewölbte Holzdecke. Schnitzaltar, 2. H. 15. Jh., wohl aus Lübecker Werkstatt, 1955 restauriert und neu zusammengestellt. Mittelschrein mit Kreuzigungsgruppe, in den angrenzenden Kastenflügeln übereinander je zwei Paare von Heiligen, die äußeren gemalten Flügel mit Darstellungen der Heiligen Ursula, Maria Magdalena, Margaretha und Agnes. Kanzel, Empore, Orgel 1897. Kruzifix, schwedisch, 15. Jh. Kelch, Silber, vergoldet, 2. H. 18. Jh. Taufschale mit Darstellung des Sündenfalls, Messing, um 1700. Leuchterpaar, Messing, 1651. Kronleuchter, Messing, 1900. Osterleuchter, Schmiedeeisen, 1958. Votivschiff, Fregatte, 1823. Glocke 1886 von Voß, Stettin.
PFARRHAUS Schulstraße 27. Eingeschossiger sechsachsiger Backsteinbau mit Drempel, wohl E. 19. Jh. Der Drempel mit kleinen Lichtöffnungen, Klötzchenfries und Konsolfries. Am linken Giebel eingeschossiger Anbau von einer zu zwei Achsen mit Walmdach.
Die PFARRSCHEUNE als eingeschossiger Lehmfachwerkbau mit Rohrdach wohl in der 1. H. 19. Jh. errichtet. Die Gefache teilweise verputzt, Giebel verbrettert.
ATELIERHAUS (Gedenkstätte). Eingeschossiger Putzbau, errichtet ab 1932 durch Otto Niemeyer-Holstein. Den Kern der Anlage bildet ein 1932 von ihm erworbener S-Bahn-Waggon, heute völlig in Anbauten verschwunden. Gebäudeerweiterungen in den 40er und 60er Jahren, M. 60er Jahre das »Tabu«, Niemeyer-Holsteins Atelier, eingerichtet. Besonders bemerkenswert die umfangreiche Gemäldesammlung mit Werken von Otto Niemeyer-Holstein, Max Schwimmer, Wilhelm Rudolph, Curt Stormer und anderen. Zugehörig zum Atelierhaus ein Garten, darin sowie in Atelier und Wohnhaus Plastiken von Waldemar Grzimek, Fritz Cremer, Wieland Förster, Gustav Seitz, Wilhelm Lehmbruck und weiteren namhaften Bildhauern.

*Linke Seite: Koserow, Dorfkirche von Nordosten*

*Rechte Seite: Koserow, Dorfkirche, Schnitzaltar, 2. H. 15. Jh., und Kruzifix*

BAHNHOF Zweigeschossiger Putzbau von drei Achsen mit Walmdach und seitlichen eingeschossigen Anbauten, entstanden um 1915. Die Fassaden durch teilweise großflächige Verglasung an der linken sowie polygonal hervortretende Auslucht an der rechten Seite der dem Bahnsteig zugekehrten Front belebt.

SALZHÜTTEN Um 1820 entstandenes Ensemble von acht Hütten zur Lagerung steuerfreien Salzes für die Fischkonservierung. Die rohrgedeckten Bauten in Ziegel- oder Lehmfachwerk errichtet, teilweise massiv erneuert. Die Giebel z. T. verbrettert.

PENSION Hauptstraße 5. Putzbau von zwei Geschossen und neun Achsen, die zwei äußeren dreigeschossig als Risalite vor die Fassade tretend. An der linken Seite dreigeschossiger quadratischer Turm mit kurzem spitzem Helm. Geschoßtrennende Gesimse. Die Brüstungsfelder als Diamantquader gestaltet. Das Bauwerk wohl um 1900 entstanden.

WOHNHAUS Meinholdstraße 19. Im 1. V. 20. Jh. errichtetes eingeschossiges Giebelhaus auf Backsteinsockel mit verputztem Geschoß und dekorativem Fachwerkgiebel. An der rechten Seite leicht vorkragender großer Dacherker. Eingangsvorbau an der linken Seite, hinten turmartiger Anbau.

WOHNHAUS Waldstraße 2. Eineinhalbgeschossiger Holzbau des 1. V. 20. Jh. mit Krüppelwalmdach und kleinem Dacherker. Eingeschossiger massiver Anbau aus jüngster Zeit an der linken Giebelseite.

**Krebsow**

Ehem. GUTSHAUS Zweigeschossiger elfachsiger Putzbau mit Drempel und flachem Satteldach, um 1900. Am Mittelrisalit Veranda. An der Rückseite geschoßtrennendes Gesims und schmale gesimsartige Fensterverdachungen erhalten. Erdgeschoßfenster segmentbogig. Im Drempel übereck gestellte kleine quadratische Fenster.

WIRTSCHAFTSGEBÄUDE Fünf Wirtschaftsgebäude aus Feldstein mit Fenster- und Türrahmungen in Backstein. Bemerkenswert eine eineinhalbgeschossige Stallscheune aus sorgfältig vermauertem Feldstein mit Krüppelwalmdach, wohl 1. H. 19. Jh. Segmentbogenfenster. Rahmungen und Ecklisenen in Backstein, Lüftungsöffnungen. An der Giebelseite Lastenaufzug.

GUTSSTALL Dorfstraße 12/13. Großer Feldsteinstall mit gestauchtem Mansardgiebeldach, 1829 errichtet. Feldsteinmauerwerk der Straßenseite regelmäßig aus behauenen Quadern, Rückseite und Giebelseiten aus unbehauenen Feldsteinen. Segmentbogige Fenster- und Türeinfassungen aus Backstein, an den Traufseiten Zwerchhäuser.

**Krienke**

Ehem. GESINDEHAUS (Wohnhaus) Dorfstraße 15. Eingeschossiger Backsteinbau vom E. 19. Jh. mit Mansarddach. Rechts eingefügter Stallteil. Im Dach mit Holzluken verschlossene Gauben.

**Kröslin**

DORFKIRCHE Über schmalem Feldsteinsockel errichteter gotischer Backsteinbau des 15. Jh. mit Nordsakristei und eingezogenem Westturm. Die Außenmauern des Schiffs mit Strebepfeilern, Blendengiebel an der Sakristei und der Schiffostwand, dort besonders aufwendig mit z. T. zweiteiligen Blenden und Blendenkreuz über doppeltem Deutschen Band. Das Turmoberteil M. 18. Jh. erneuert und mit welscher Haube gedeckt. – Der vierjochige Innenraum von weiten gebusten Kreuzrippengewölben überspannt, ebenso die Sakristei kreuzrippengewölbt. In der Ostwand Sakramentsnische, darüber Wandmalerei, vermutl. Darstellung des Himmlischen Jerusalem. Gewölbe in der Turmhalle vorbereitet, je-

*Linke Seite:*
*Krebsow, Gutsstall*

*Rechte Seite:*
*Kröslin, Dorfkirche von Norden;*
*Fünte*

doch flache Holzdecke eingezogen. Zwei Kanzeln, 17. Jh. (ausgelagert) und 2. H. 19. Jh. Fünte, Kalkstein, 14. Jh., die oktogonale Kuppa mit Kleeblattarkaden und Blütenrosetten sowie Reliefköpfen in den Zwickeln. Orgel 1856 von Grüneberg, Stettin. Orgel- und Nordempore 2. H. 19. Jh., die Balustrade nachträglich durch Aufschriften dem Gedenken der Opfer des 1. Weltkrieges gewidmet. Wandteppich, Wolle/Leinen, 1948. Kelch 16. Jh. Kelch und Patene 1. H. 18. Jh. Zwei Kelche, Zinn, 1778 und 18. Jh. Kelch, Messing versilbert, E. 19. Jh. Kelch, Silber, um 1950. Mittelalterliche Patene. Patene, Zinn, um 1878. Oblatendose, Silber, 1779. Zwei Paar Krankenabendmahlsgeräte, Messing versilbert und vergoldet, E. 19. Jh. Zwei Kannen, Zinn, 1. H. 19. Jh. und um 1950. Kanne, Messing versilbert, 19. Jh. Weinkanne, Messing versilbert, E. 19. Jh. Leuchterpaar, Messing, um 1800. Kronleuchter, Messing, 19. Jh. Taufschale, Messing, 18. Jh. Zwei Schalen, Messing, 1652 und 18. Jh. Grabplattenfragment 1374. Grabplatte C. Masdorp †1587. Grabplatte C. Schmitt †1599. Auf dem Kirchhof zwei Grabplatten 18. Jh. Zehn Grabstelen 18./19. Jh. Kriegerdenkmal erster Weltkrieg.

FRITZ-REUTER-REALSCHULE Aus zwei aneinandergefügten Bauteilen auf verfugtem Natursteinsockel errichtetes Backsteinbauwerk vom E. 19. Jh. Der linke Teil giebelständig mit zwei Geschossen und vier Achsen, seine rechte Traufseite mit Schindeln verkleidet. Daran anschließend eingeschossiger, fünfachsiger, leicht zurückspringender Gebäudeteil. Beide Teile umgibt ein Würfelfries, Sägezahnleiste an der Traufe des rechten Teils. Leichter hölzerner Vorbau mit Schleppdach auf Putzsockel vor der Eingangszone.

STALL Bahnhofstraße 27. Kleiner eingeschossiger Fachwerkbau mit Rohrdach, die Gefache überwiegend mit Lehmstaken ausgefacht, z. T. in Backstein erneuert. Zwei doppelflügelige Brettertore an der Vorderseite, Luke im Giebel. Errichtet im 19. Jh.

FORSTHAUS Eingeschossiger Fachwerkbau mit verputzten Gefachen auf Sockel aus Feldsteinquadern. Giebel verbrettert, im Dach Schleppgauben. An der Rückseite verglaste Veranda mit Schleppdach. Im rechten Winkel zum Forsthaus ein Stallgebäude, Fachwerk, beide Häuser um 1935 errichtet.

BÜDNEREI Freester Straße 24/25. Eingeschossiger Fachwerkbau von sechs Achsen mit rohrgedecktem Krüppelwalmdach, im Kern M. 19. Jh. Fassade massiv erneuert. Zwei Eingänge in den mittleren Achsen, der rechte (Nr. 24) mit spätklassizistischer Haustür.

BAUERNHAUS Freester Straße 30/31. Im letzten V. 18. Jh. entstandenes eingeschossiges Fachwerkhaus von sieben Achsen auf Feldsteinsockel mit rohrgedecktem Krüppelwalmdach. Meist verputzte Gefache, an der Rückseite massiv ersetzt. Fenster und Türen größtenteils nicht dem Charakter des Bauwerks entsprechend erneuert. Im Dach große Fledermausgaube.

WOHNHAUS Freester Straße 46. Auf verputztem Sockel errichteter, eingeschossiger, neunachsiger Putzbau. Gliederung durch Brüstungsfelder, Putzfaschenrahmungen und einfache, auf Konsolen ruhende Fenster- und Türverdachungen. Putzgesimse am Giebel. 2. H. 19. Jh. Zugehörig eine SCHEUNE, giebelständiger Ziegelfachwerkbau mit verbrettertem Giebel, errichtet wohl im 2. V. 19. Jh., rückwärtig um 1900 massiv erweitert. Lisenengliederung, Konsolfries an der Giebelseite. Beide Bauteile unter Rohrdach.

Ehem. SCHULE Kirchstraße 4. Eingeschossiger Fachwerkbau von sechs Achsen, wohl um 1800 errichtet. Die Gefache verputzt, die Giebelwände massiv erneuert. Rohrgedecktes Krüppelwalmdach.

PFARRHAUS Platz der Einheit 6. Auf verfugtem Natursteinsockel errichteter eingeschossiger Backsteinbau des letzten V. 19. Jh. Fassadengliederung durch Lisenen und abgetrepptes Traufgesims. Mittig der Eingang, flankiert von zwei hochrechteckigen schmalen Fenstern, nach links und rechts anschließend je vier weitere Fensterachsen, paarweise zusammengestellt.

**Krummin**

DORFKIRCHE Ehem. Klosterkirche des 1289 gegründeten Zisterzienserinnenklosters. Dreijochiger Saalbau über kreuzförmigem Grundriß mit leicht eingezogenem, polygonal geschlossenem Chor und quadratischem Westturm, im Kern 1. H. 14. Jh., Kreuzarme und Westturm 1856/57 durch König Friedrich Wilhelm IV. hinzugefügt. Die unteren Schichten der Umfassungsmauern des Schiffs aus Feldstein, das übrige Mauerwerk aus Backstein. Verputzte Kreuzarme. Das Schiff von Strebepfeilern umgeben, die Stützpfeiler des Chores nachträglich angefügt. Zweibahnige Fenster mit Scheitelkreis in Chor und Schiff. Vermauertes Nordportal. Der Turm mit schiefergedecktem Helm über vier Schildgiebeln, abgetreppte spitzbogige Schalluken mit Brüstungsfeldern, Ecklisenen. – Im Innern flache Balkendecke, rundbogiger Triumphbogen. Die Kreuzarme in den oberen Teilen logenartig zum Hauptraum geöffnet.

Altar, 1993, mit Kruzifix, E. 15. Jh. Kanzel 1856/57. Taufe, Marmor, 1867. Orgel, 1863 von B. Grüneberg, Stettin. Neun Glasgemälde, Ähre und Saatkorn, Rebstock, Hahn, Taube, Anker, Schiff, Brot und Wein, Siebenarmiger Leuchter sowie Erzengel Michael, 1993 von H. Lindner, Stralsund. Kronleuchter, Messing, E. 18. Jh. Empore, Patronatsemporen, Gestühl, 1856/57. Drei Gemälde, Porträt Heinrich von Corswandt, Porträt Marie

*Linke Seite: Kröslin, ehem. Schule, Kirchstraße 4; Krummin, Dorfkirche, Kelch, 16. Jh.*

*Rechte Seite: Kuntzow, Kapelle; Gutshaus*

von Corswandt, Porträt Otto Heinrich von Corswandt, E. 19. Jh. und 1. D. 20. Jh. Kelch, 16. Jh., reicher Akanthusdekor an Knauf und Fuß, aufgelegte, gegossene, vegetabile Verzierungen und Drahtschmelzornamente. Kelch, 1726. Kelch, Zinn, 18. Jh. Kelch, Zinn, 1. H. 19. Jh. Zwei Kelche, Messing versilbert, 19. Jh. Zwei Patenen, 1726 und 1737. Zwei Patenen, Messing versilbert, 19. Jh. Zwei Oblatendosen, Silber, 1679 und 1695. Ziborium, Messing versilbert, 19. Jh. Drei Weinkannen, Messing versilbert, 19. Jh. Schale, Messing, 18. Jh. Glocke, 1837 von Simon Zach, Stralsund. Drei Grabplatten von Heyden 1782, 1789 und 18. Jh. Fünf Särge, Zink, 19. u. 20. Jh.
Auf dem Friedhof drei Grabplatten, 19. Jh.

**Kühlenhagen**

KATEN Dorfstraße 12. Zweihieschiger Katen aus Klehmstakenfachwerk, z. T. Backsteinausmauerung, 1. H. 19. Jh. Rohrgedecktes Krüppelwalmdach. Eingänge an den Giebelseiten.

**Kuntzow**

KAPELLE Rechteckbau aus Ziegelfachwerk mit verputzten Gefachen und westlichem, massivem verputzten Gruftanbau. 1839/40 auf den Grundmauern eines Vorgängerbaues des 18. Jh. errichtet. An der Südseite

einachsiger Eingangsvorbau mit angeschlepptem Dach. Bleiverglaste Fenster mit spitzbogigem Oberlicht. Gruft mit Rundbogenportal. Im Inneren flache Holzdecke, der Gruftanbau mit Kreuzgewölbe. Ausstattung: Altar, 19. Jh. mit Kopie des Gemäldes »Heilige Nacht« von Correggio. Taufe, Kunstsandstein, 19. Jh. Gemälde »Kreuzigung« von E. C. Vorwerck, 17. Jh.
Auf dem Friedhof ein einfacher Glockenstuhl. Glocke, E. 18. Jh.
Ehem. GUTSHAUS Lt. Inschrift 1812 erbauter eingeschossiger Putzbau mit Kellergeschoß und Mansardkrüppelwalmdach. Zweigeschossiger Mittelrisalit mit Rundbogenportal und vorgelagerter Treppe. Oberhalb des von Schmalfenstern flankierten Portals flach eingetiefte Felder mit Stuckornamentik, darüber ein teilweise

zugesetztes Lünettenfenster, dieses wie die äußeren Fensterachsen mit aufgemalten Scheinfenstern. Im Giebel des Risalits Wappen (Corswandt). Gebäudeecken mit eingestellten Säulen. Geputzte Muschel- und Zopfornamentik. Gauben segmentbogig mit Rundbogenfenstern.
Ehem. LANDARBEITERKATEN Dorfstraße. Vierhieschiger Fachwerkbau mit rohrgedecktem Krüppelwalmdach, M. 19. Jh. Die Lehmgefache teilweise in Backstein ersetzt. Zwei mittige Fledermausgauben.

**Labömitz**

FEUERWEHRGERÄTEHAUS Dorfstraße. Eingeschossiger giebelständiger Feldsteinbau, Giebel in Backstein, A. 20. Jh. Vorn großes zweiflügeliges Holztor. An der hinteren Giebelseite kleiner hölzerner Schuppen.

## Lassan

STADTMAUER Wohl um 1300 errichtete Befestigungsanlage. Westlich der Stadtkirche bedeutende Reste der auf einem Wall über Feldsteinsockel aufgeführten Backsteinmauer erhalten. Stützpfeiler beidseitig in regelmäßigen Abständen.

STADTKIRCHE ST. JOHANNES. Dreischiffige spätgotische Backsteinhalle von drei Jochen mit quadratischem Westturm. Der eingezogene Rechteckchor mit Nordsakristei von einem Vorgängerbau aus der M. 13. Jh. erhalten, dieser über Sockel aus Feldsteinquadern errichtet. An seiner Ostseite Dreifenstergruppe, das Gewände im Schichtenwechsel mit glasierten Steinen versehen, flankiert von zwei Blendbögen. Blendengiebel über Rundbogenfries. Vermauerte Priesterpforte an der Südseite, das Gewände fünffach abgestuft. Schichtenwechsel von glasiertem und unglasiertem Backstein. Das Schiff mit Strebepfeilern, im Nordwesten sechsseitiger Treppenturm. Dem blendengeschmückten Ostgiebel wohl im 17. Jh. ein Giebelreiter aufgesetzt. Die Seitenschiffe um ein Joch bis zur Westfront des Turmes vorgezogen und zur Turmhalle geöffnet. Je ein Portal an der Nord- und Südseite. Fünffach abgestuftes Westportal in Wandvorlage, darüber hohe Spitzbogenblende. Zweiteilige Blenden am Turmobergeschoß. Geschweifte Haube mit oktogonalem Pyramidenhelm 2. H. 17. Jh. – Innen Kreuzrippengewölbe, im Chor auf Laubwerkkonsolen,

*Linke Seite: Lassan, Stadtkirche St. Johannes von Osten und Altar*

*Rechte Seite: Lassan, Stadtkirche St. Johannes, Kanzel und Triumphkreuzgruppe*

im Schiff auf Achteckpfeilern ruhend, hier bei größerer Instandsetzung 1883 ergänzt. Altaraufsatz mit kräftiger architektonischer Gliederung, davor Schnitzfiguren der vier Evangelisten in starker Bewegung, um 1727 von Elias Keßler, Stralsund. Barocke Altarschranken. Die Kanzel zeitgleich aus gleicher Werkstatt mit Engel als Trägerfigur und sitzenden Putti auf stark vorkragenden Blattkonsolen am gebauchten Kanzelkorb. Triumphierender Christus auf dem Schalldeckel. Triumphkreuzgruppe, E. 15. Jh. Gemälde, Porträt J. J. Spalding, A. 19. Jh. Intarsienschrank, 1. H. 18. Jh. Zwei Kelche, 2. H. 15. Jh. Zwei Kelche, um 1500, einer mit Kuppa 1. H. 17. Jh. Kelch 18. Jh. Kelch, Silber, um 1833. Kelch, Messing versilbert, 19. Jh. Zwei Patenen, 15. Jh. Patene, 17. Jh. Patene, 1745. Kelch und Patene, 18. Jh. Zwei Patenen, Silber, 19. Jh. von Hossauer, Berlin. Patene, Messing, 19. Jh. von Th. Prüfer, Berlin. Zwei Krankenkelche und -patenen, 1691, und Kupfer versilbert, 19. Jh. Zwei Oblatendosen, Silber, 1631 und um 1726 von G. Giese, Anklam. Oblatendose, Kupfer versilbert, 19. Jh. Vier Leuchterpaare, Silber, Messing, Zinn, Gußeisen, 19. Jh. Zwei Kronleuchter, Messing, 19. Jh. Drei Taufschalen, Messing, 1654 und 1924, und Silber, 1905. Kollektendose, Messing, 18. Jh. Kollektenschale, Messing, 18. Jh. Zwei Klingelbeutel, Ring und Stabhülse Silber, 1823 und 1859. Kollektenteller, Zinn, um 1900. Zwei Glokken, 1690 und 1731 von F. Metzeler, Stralsund.

WOHNHAUS Bergstraße 1. Eingeschossiger Putzbau von sieben Achsen, M. 19. Jh. Fenster und Tür in Putzfaschen.

SPEICHER Bergstraße. Aus der 2. H. 19. Jh. stammender dreigeschossiger Backsteinbau von vier Achsen. Geschosse durch Putzbänder getrennt. Die zweite Achse mit türhohen Luken, im obersten Geschoß über die Traufe aufsteigend, hier Vorrichtung für die Winde. Verbretterter Aufbau über hinterem Teil des Speichers.

*Hohentorstraße*

WOHNHAUS Nr. 1. Eingeschossiger fünfachsiger Putzbau, M. 19. Jh. Einfache Putzfaschenrahmungen.

WOHNHAUS Nr. 7. Dreigeschossiger Backsteinbau von fünf Achsen mit Pultdach. Reiche Gliederung durch Rauhputzbänder, Putzfaschen, Segment- und Dreieckgiebel sowie dekorierte Brüstungsfelder im ersten Obergeschoß. Stark profiliertes Gesims oberhalb des Erdgeschosses. Der Bau im letzten V. 19. Jh. errichtet.

WOHNHAUS Nr. 8. Eingeschossiger Putzbau von sechs Achsen, M. 19. Jh., mit Putzfaschenrahmungen, über dem Fenstersturz flachen Dreieckgiebel bildend. Der korbbogige Eingang von zwei Pilastern flankiert. Pilaster an den Gebäudekanten.

WOHNHAUS Nr. 20. 1923 erbauter zweigeschossiger Putzbau von sechs Achsen. Über den Erdgeschoßfenstern korbbogiges Putzfeld, z. T. verputzte Brüstungsfelder. An der linken Seite Tordurchfahrt. Über der Haustür Inschriftfeld mit Datierung.

WOHNHAUS Nr. 26. Aus dem letzten V. 19. Jh. stammender zweigeschossiger Putzbau von drei Achsen mit Neorenaissancedekor in Anlehnung an Nr. 7.

WOHNHAUS Nr. 29. Um 1900 errichteter eingeschossiger Putzbau von drei Achsen mit zweiachsigem Dacherker mit Eckrustizierung. Die Fenster hier rundbogig, sämtlich mit Putzfaschenrahmung.

*Lange Straße*

Eine der beiden Hauptachsen der Stadt, bebaut vor allem mit eingeschossigen, vier- bzw. fünfachsigen Ackerbürgerhäusern und meist zweigeschossigen Bürgerhäusern mit aufwendigen Gestaltungen der Putzfassaden, größtenteils 2. H. 19. Jh.

WOHNHAUS Nr. 7. Eingeschossiger vierachsiger Putzbau, errichtet 1887. Tür und Fenster mit Putzfaschenrahmung und Verdachungen auf Konsolen. Aufwendig gestaltete zweiflügelige Haustür.

WOHNHAUS Nr. 11. Eingeschossiger Putzbau von acht Achsen über schmalem Sockel mit zweigeschossigem dreiachsigem Mittelrisalit, 2. H. 19. Jh. Fenster und Türen mit Faschen, der Risalit durch Eckpilaster, im Obergeschoß durch Ecklisenen betont.

WOHNHAUS Nr. 13. Zweigeschossiger vierachsiger Putzbau, 2. H. 19. Jh. Das urspr. eingeschossige Gebäude wohl um 1900 um ein Geschoß erhöht. Fenster und Tür mit Faschen, Quaderung an den vorderen Gebäudekanten.

WOHNHAUS Nr. 17. Zweigeschossiger Backsteinbau von vier Achsen, errichtet im letzten V. 19. Jh. Das Erdgeschoß mit Putzrustizierung. Aufwendige Gestaltung der Fassade mit Neorenaissanceformen, Fensterschlußsteine, Maskarone, Gesimse und Pilaster. Im Innern zweiflügelige Windfangtür, A. 20. Jh.

WOHNHAUS Nr. 19. Zweigeschossiger Putzbau von fünf Achsen, 2. H. 19. Jh., mit geschoßtrennendem Gesims, Sohlbankgesims und Brüstungsfeldern im Obergeschoß. Fenster und Tür mit Putzfaschen, unterhalb der Traufe ein Konsolfries.

WOHNHAUS Nr. 23. 1865 errichteter zweigeschossiger Putzbau von sechs Achsen mit gequaderter Fassade. Das urspr. vierachsige Gebäude 1938 um zwei Achsen nach links erweitert.

WOHNHAUS Nr. 27. Zweigeschossiger Putzbau von vier Achsen mit spätklassizistischer Fassade, das Erdgeschoß gequadert. Die Fenster im Obergeschoß mit Brüstungsfeldern, darin filigraner floraler Ornamentschmuck in Putz. Konsolfries unterhalb der Traufe.

WOHNHAUS Nr. 41. Zweigeschossiger fünfachsiger Putzbau, wohl 2. D. 19. Jh. Die Geschosse durch Putzband getrennt. Mittige Portalnische mit gestufter Putzfasche, die zweiflügelige Haustür mit aufwendig gestalteten Füllungen und dekorativem Oberlicht.

WOHNHAUS Nr. 43. In der 1. H. 19. Jh. errichteter zweigeschossiger Putzbau von fünf Achsen, die Mittelachse und die Seiten durch Pilaster betont. Unterhalb der Obergeschoßfenster Putzgirlanden, in der Mittelachse Inschriftfeld.

WOHNHAUS Nr. 55. Zweigeschossiger fünfachsiger Putzbau, 2. H. 19. Jh. Die Gebäudekanten und die Einfassung des Durchfahrtstores gequadert, Fenster und Tür mit Putzfaschen, Brüstungsfelder unterhalb der Erdgeschoßfenster, die Sohlbänke im Obergeschoß als Gesims durchgezogen. In beiden Geschossen schmales Rauhputzband.

WOHNHAUS Nr. 57. Zweigeschossiger achtachsiger Putzbau, 2. H. 19. Jh., mit Pilastergliederung, geschoßtrennendem Gesims und Konsolgesims unterhalb der Traufe. Unter den Fenstern Brüstungsfelder, in der Mittelachse Inschriftfeld.

WOHNHAUS Nr. 59. Zweigeschossiger siebenachsiger Putzbau mit Drempel, 2. H. 19. Jh. An der linken Seite breite Tordurchfahrt. Gebäudekanten und Toreinfassung gequadert. Geschoßtrennendes Gesims. Fenster und Tür mit Faschen.

WOHNHAUS Nr. 66. Zweigeschossiger Putzbau von vier Achsen, errichtet 1909. Über dem Sturz des Eingangs dreipaßförmige Putzblende. Fenster mit Faschen, über den Stürzen als Vorhangbögen ausgebildet. Die Geschosse durch Putzband getrennt.

WOHNHAUS Markt 1. Zweigeschossiger dreiachsiger Backsteinfachwerkbau mit massiver Putzfassade, errichtet 1874. Das Dach auf der linken Seite abgewalmt. An der Rüchseite eingeschossiges WIRTSCHAFTSGEBÄUDE aus Backsteinfachwerk.

WOHNHAUS Markt 12. Zweigeschossiger fünfachsiger Putzbau, die Rückseite in Backsteinfachwerk. Über dem Türsturz in der Mittelachse Putzfeld mit Monogramm in stehendem Oval, von floraler Ornamentik gerahmt. Vertikale Fassadengliederung im Obergeschoß. Der Bau wohl um die M. 19. Jh. errichtet, die Putzfassade um 1900. STALLSCHEUNE an der Rückseite des Gebäudes, langgestreckter zweigeschossiger Bau mit mittiger Durchfahrt. Die zur Straße gewandte Fassade aus Backstein, die Hofseite in Fachwerk mit Lehmstaken, hier vorkragendes Obergeschoß.

WASSERMÜHLE (Museum) Mühlenstraße 3. 1907 errichteter giebelständiger Fachwerkbau von drei zu vier Achsen, die Giebelseiten massiv, der hintere Giebel verbrettert. Unterhalb des Erdgeschosses der Traufseite geböschte Feldsteinwand. Teile der Mühleneinrichtung erhalten.

WOHNHAUS Mühlenstraße 6. Eingeschossiger sechsachsiger Putzbau der 2. H. 19. Jh. Fenster und Türen mit Faschen.

WOHNHAUS Mühlenstraße 14. Zweigeschossiger Putzbau von fünf Achsen, errichtet 1920. Die linke Seite des Daches abgewalmt. Die Fassade mit Pilastern sowie Girlanden und Kränzen in Brüstungsfeldern.

SCHÜTZENHAUS Promenade. 1890 errichteter eingeschossiger Putzbau von elf Achsen mit Pilastergliederung. Fenster und Türen in Ädikularahmungen.

GRUNDSCHULE Schulstraße. Zweigeschossiger sechsachsiger Putzbau, errichtet um 1900, mit zwei einachsigen Seitenrisaliten. Umlaufende Bänder und Gesimse sowie Faschen aus unverputztem Backstein. Die Rückseite durch neuere Anbauten verdeckt.

SCHULE (Kindergarten) Schulstraße. Zweigeschossiger Putzbau von fünf Achsen über Sockelgeschoß in Backstein. Walmdach. Der Bau um 1900 errichtet. Hauptgesims mit Rhombenfries, Konsolfries unter der Traufe; Gebäudekanten sowie Fenster- und Türfaschen unverputzt. Auf der Rückseite breiter Mittelrisalit. Mehrere Schleppgauben im Dach.

SCHULE Schulstraße. Zweigeschossiger Backsteinbau von fünf Achsen mit breitem, über drei Geschosse reichendem Mittelrisalit. In der Mittelachse Rundbogenportal. Segmentbogenfenster mit eingetieften Putzblenden in den Brüstungsfeldern. Unterhalb der Traufe Sägezahn- und Konsolfries. Auf der Rückseite dreigeschossiger einachsiger Mittelrisalit. Die Giebel mit abgetreppten Blenden. Das Schulhaus E. 19. Jh. errichtet.

WOHNHAUS Schützenhof 18. Eingeschossiger Putzbau von fünf Achsen aus der M. 19. Jh. Putzquaderung, Fenster und Tür mit Faschen, im Drempel quadratische Öffnungen, z. T. als Blendfelder ausgebildet. Zweigeschossige STALLSCHEUNE auf dem Hof, das Erdgeschoß massiv mit Metallsprossenfenstern, das Obergeschoß in Backsteinfachwerk, rückseitig massiv erweitert.

GEHÖFT Schützenhof 19. Bestehend aus Wohnhaus, Stall und Scheune, errichtet im 19. Jh. Das WOHNHAUS als eingeschossiger siebenachsiger Putzbau mit Mansardkrüppelwalmdach erbaut. Der massive STALL zweigeschossig mit Metallsprossenfenstern und Flachdach. Die SCHEUNE z.T. massiv, eine Hälfte in Backsteinfachwerk. Im Giebel große Einfahrt. Zur Straße Abgrenzung des Hofes durch Backsteinmauer.

*Wendenstraße*
WOHNHÄUSER Nr. 9, 10, 48 und 57. Eingeschossige Putzbauten von fünf Achsen aus der 2. H. 19. Jh. Die Gebäudekanten z. T. gequadert, Fenster und Türen mit Faschen. Die Schleppgaube von Nr. 9 in jüngster Zeit hinzugefügt.
WOHNHÄUSER Nr. 19 und 55. In der 2. H. 19. Jh. errichtete zweigeschossige Putzbauten, Nr. 19 mit Giebeln in verputztem Backsteinfachwerk. Geschoßtrennende Gesimse, Fenster und Türen mit Faschen. Nr. 55 mit großer Einfahrt.
WOHNHAUS Nr. 21. Zweigeschossiger Backsteinfachwerkbau mit massiver Fassade von sieben Achsen, 1787 errichtet. Das Gebäude unter Krüppelwalmdach.
PFARRHAUS Nr. 31. Zweigeschossiger sechsachsiger Backsteinfachwerkbau mit massiver Fassade und Krüppelwalmdach, 1749 erbaut.
WOHNHÄUSER Nr. 41 und 58. In der 2. H. 19. Jh. entstandene Putzbauten von zwei Geschossen und fünf bzw. vier Achsen. Fenster und Türen mit Faschen, Nr. 41 mit Eckpilastern und aufwendig gestalteter Haustür.
WOHNHAUS Nr. 32. 1825 erbautes zweigeschossiges Backsteinfachwerkhaus von fünf Achsen mit verputzter Fassade. An der linken Giebelseite Fachwerkanbau mit großer Einfahrt und Schleppdach, der rechte Gebäudeteil in jüngster Zeit massiv erneuert, hier die Fenster verändert.
WOHNHAUS Nr. 42. Eingeschossiger siebenachsiger Putzbau, errichtet 1916. Fenster mit Faschen. Die urspr. Haustür in einer Portalnische, diese von Putzquaderung eingefaßt.
WOHNHAUS Nr. 47. Giebelständiges Backsteinfachwerkhaus mit massiver Giebelfassade von zwei Geschossen und drei Achsen. Mansarddach. Der massive Teil in jüngerer Zeit neu verputzt.
FISCHERHAUS Nr. 68. Eingeschossiger zweiachsiger Fachwerkbau mit Lehmausfachungen, die Fassade massiv und verputzt. Das Haus um 1850 errichtet.
SPEICHER Nr. 74. In der 2. H. 19. Jh. entstandener dreigeschossiger Putzbau von drei Achsen und zwei großen Einfahrten im Erdgeschoß. Kleines Zwerchhaus über der Mittelachse.
WOHNHAUS Nr. 76. Zweigeschossiger sechsachsiger Backsteinfachwerkbau mit verputzten Gefachen, 1858 errichtet. Weiter Dachüberstand. Die Giebelseiten wenigstens im Erdgeschoß massiv, darüber mit Pappschindeln verkleidet. Die urspr. Haustür erhalten.

**Levenhagen**
DORFKIRCHE ST. MARIA UND JOHANNES. Zweijochiger Rechteckbau mit eingezogenem niedrigen Chor im 5/8-Schluß und Südsakristei aus Backstein, hölzerner Westturm. Der Chor im 14. Jh. über Fundamenten eines Vorgängerbaues der 2. H. 13. Jh. errichtet, das Schiff wohl 1. H. 15. Jh. Am Chor Strebepfeiler mit verkröpftem Kaffgesims und Putzband unter der Traufe. Priesterpforte rundbogig in Spitzbogenblende mit Binnenblende und Kleeblattbogenschluß. Die gotische Vorhalle mit reicher Blendengliederung und Belastungstürmchen. Alle Fenster spitzbogig und glatt eingeschnitten. Schiff-

*Linke Seite:*
*Levenhagen,*
*Kirche von Osten*
*und ehem.*
*Wallfahrtskapelle*

*Rechte Seite:*
*Levenhagen,*
*Kirche, Fünte;*
*Liepe, Dorfkirche*
*von Südosten*

südportal mit dem darüberliegenden Fenster in einer Blende. Das Westportal bis auf den kleinen Durchgang zugemauert. Giebel mit Blendengliederung, an der Westwand Verzahnungen für geplanten Turmbau. Verbretterter Fachwerkturm mit kupferbeschlagenem Spitzhelm.
Im Inneren spitzer Triumphbogen mit abgefaster Laibung. Das Schiff mit Kreuzrippengewölben, in der Mitte kräftige Wandpfeiler mit Durchgängen. Die Wand- und Gewölbemalerei, 15. Jh.: Schweißtuch der Veronika, von zwei Engeln gehalten, darunter Maria mit Kind und Johannes Ev. Ostwand der südöstlichen Fensternische mit Fragment eines Christophorus vor sternenbesetztem Hintergrund. Blattornamentik der Triumphbogenlaibung und auf den Arkadenbögen des Schiffes sowie Priesterkarikatur neben der Priesterpforte, 17. Jh.
*Ausstattung:* Altaraufsatz, Holz, farbig gefaßt, 1646, mit dreigeschossigem Aufbau: Abendmahl u. Mannalese, freiplastische Figuren: Johannes d. Täufer und Paulus (?), Aaron u. Christus triumphator, Ohrmuschelwerk. Kanzel 17. Jh. Fünte mit Ritzzeichnung: Apostel in Arkaden, Kalkstein, 1. H. 14. Jh. Fragmente eines Beichtstuhles E. 17. Jh. Kruzifix 18. Jh. Sechs rhombenförmige Kabinettscheiben um 1630/40. Drei Kronleuchter, Messing, 1722, 1741 u. 18. Jh. Vier Wandleuchter, Messing, 18./19. Jh. Kelch u. Patene 15. Jh. Krankenkelch u. Patene 18. Jh. Oblatendose, Silber, A. 18. Jh. Taufschale, Messingblech, 17./18. Jh. Kollektenschale, Messing, 17./18. Jh. Zwei Altarleuchterpaare, Messing versilbert, 1875 u. um 1900. Drei Grabkreuze, Schmiedeeisen, 1. H. 19. Jh. Zwei Glocken, 1668 von P. Barner, Greifswald, u. 1968.
Auf dem Friedhof Grabwangen 18. u. 19. Jh.
Ehem. WALLFAHRTSKAPELLE Nordöstlich der Kirche gelegen. Fast quadratischer Backsteinbau mit blendengeschmückten Pfeilergiebeln an der Ost- und Westseite. Das Innere kreuzrippengewölbt. Um 1430 für ein wundertätiges Marienbild errichtet. 1922 Umgestaltung zur Kriegergedenkstätte, heute ungenutzt.
Ehem. GUTSHAUS Eingeschossiger siebenachsiger Backsteinbau, 2. H. 19. Jh. Das mittige Zwerchhaus mit Stufengiebel, hölzerne Eingangsveranda.

**Liepe**

DORFKIRCHE Im 16. Jh. errichteter gotischer Rechteckbau aus Feld- und Backstein. Ein erster Kirchenbau aus dem 13. Jh. nachweisbar. Das jetzige Gebäude vierjochig mit Krüppelwalmdach und ohne gesonderten Chorbau. Die Ostseite fensterlos, stattdessen eine Segmentbogenblende zwischen zwei Spitzbogenblenden. Letztere nehmen je vier lanzettartige, spitz schließende Blenden auf. Im Giebel hölzerne Luke. An den Gebäu-

*Liepe, Dorfkirche, Inneres nach Osten; westlicher Eingangsvorbau*

deecken zwei übereck gestellte Strebepfeiler. Weitere Stützen in unregelmäßiger Folge an der Nord- und Südwand. Wechsel von Spitzbogenfenstern und -blenden. In der Südwand zwei Portale, das östliche rundbogig mit gespitztem Rundstab, Fase und Kante, das westliche spitzbogig mit gespitztem Rundstab. Segmentbogenblenden im Westen, der Westgiebel ebenfalls mit Holzluke. Portalvorbau in Backsteinfachwerk, 19. Jh., der Giebel des Vorbaus klassizistisch, zwei Pilaster tragen durchfensterten Dreieckgiebel. Zwischen den Pilastern kassettierte zweiflügelige Tür. – Im Innern flache Bretterdecke. Der Innenraum durch hölzerne Ständer in drei Schiffe gegliedert. Zahlreiche größtenteils segmentbogig geschlossene Nischen, an der Ostwand mit Malerei, wohl Kreuzigung und Grablegung Christi, 16. Jh. Hier auch eine mit Holztür verschlossene Sakramentsnische. Kanzelaltar 1772. Beichtstuhl 1735. Gestühl 1772. Orgel 2. H. 19. Jh. Gemälde, Christus am Kreuz, 18. Jh. Kelch 16. Jh., Kuppa erneuert. Patene um 1650. Auf dem Kirchhof drei Grabsteine, 1866 und 2. H. 19. Jh. Glockenstuhl mit zwei Glocken, 1922 und 1955.

PFARRHAUS Dorfstraße. Um 1915 errichteter eingeschossiger Putzbau von sieben Achsen auf Backsteinsockel. Krüppelwalmdach. Die linken fünf Achsen giebelartig überhöht, jedoch bündig mit der Fassade. Über der Haustür auf Holzstützen ruhendes Vordach. Rückseite ähnlich gestaltet. Zugehörig ein eingeschossiger rohrgedeckter STALL aus Lehmfachwerk, Giebel aus Backsteinfachwerk, 2. H. 19. Jh.

POSTAMT Dorfstraße 6. Eingeschossiger sechsachsiger Backsteinbau mit Rohrdach, A. 20. Jh. errichtet. Urspr. Haustür erhalten, hölzerne Schleppgaube später hinzugefügt.

WOHNHAUS Hauptstraße 1. Eingeschossiger Putzbau mit Drempel, errichtet um 1900. Das siebenachsige Gebäude mit Eckquaderung und Sohlbankgesims versehen. Fenster und Portal in Putzfaschen, in der Portalnische urspr. Haustür mit Jugendstildekor. Im Dach störende liegende Dachfenster aus jüngster Zeit.

GEHÖFT Hauptstraße 17. In der 2. H. 19. Jh. entstanden. Das WOHNHAUS eingeschossig, errichtet aus verputztem Backstein, Eckquaderung, segmentbogige Fenster in Faschen mit einfachen Verdachungen. Ebenso die Tür gerahmt. Drei Kreisblenden. Die SCHEUNE giebelständig, z. T. massiv, teilweise Fachwerk, Rohrdach, Giebel verbrettert.

WOHNHAUS Poststraße 5. Um 1850 errichteter eingeschossiger Putzbau von sechs Achsen mit urspr. Haustür.

WOHNHAUS Poststraße 8. Giebelständiger eingeschossiger Putzbau mit Rohrdach, entstanden um 1850. Zwischen Geschoß und Giebel breites Putzband. Fenster und Tür in Faschen.

GEHÖFT Poststraße 9. Entstanden in der 2. H. 19. Jh. Das WOHNHAUS Putzbau von einem Geschoß und sieben Achsen, Eckquaderung, Fenster und Tür segmentbogig, von Faschen gerahmt. Drei Kreisblenden. Die SCHEUNE als eingeschossiger Backsteinbau errichtet. Giebelständiges Gebäude mit Schleppgaube. Vor dem Wohnhaus zwei massive STALLSCHEUNEN aus der M. 20. Jh., giebelständig, zweigeschossig, Tor in Wandvorlage.

## Loddin

SCHEUNE Dorfstraße 30. Giebelständiger, rohrgedeckter, eingeschossiger Lehmfachwerkbau, 19. Jh., z. T. massiv erneuert. Giebelspitzen verbrettert.

STALLSCHEUNE Dorfstraße 35. Auf Feldsteinsockel errichteter eingeschossiger Lehmfachwerkbau mit rohrgedecktem Walmdach, 1. H. 19. Jh. Wohl um 1900 z. T. massiv erneuert und umgebaut.

## Loissin

Ehem. GUTSHAUS Zweigeschossiger elfachsiger Putzbau mit Drempel und flachem Satteldach, 2. H. 19. Jh. Im Obergeschoß Architekturgliederung durch Gesimse, Pilaster und gesimsartige Verdachungen. Segmentbogige Haustür und vorgelagerte Treppe. An der linken Schmalseite einachsiger zweigeschossiger Anbau.

SPEICHER Dreigeschossiger Backsteinbau, 2. H. 19. Jh. Obergeschosse mit Lisenengliederung. Segmentbogenöffnungen.

An der Dorfstraße stehen mehrere doppel- und mehrhieschige Ziegelfachwerkkaten, M. 19. Jh. mit Krüppelwalmdach. In Nr. 7 hat sich eine Herdglocke erhalten.

KADAVERHAUS Kleines Backsteingebäude mit dachreiterartigem Lüftungsaufsatz, E. 19. Jh. An den Längsseiten segmentbogige Tore, die Traufe darüber in einem Bogen leicht angehoben.

## Lubmin

DORFKIRCHE ST. PETRUS, Freester Straße. 1957 als einer der seltenen Kirchenneubauten in Vorpommern erbaut. Schlichter giebelständiger Backsteinbau mit Rauhputz, an der Eingangsgiebelseite hölzerner Dachreiter. Rechteckige Sprossenfenster mit schlichter Glattputzrahmung.

Taufschale, Messing, 1649. Kruzifix, Holz, um 1900.

BAUERNHAUS Altes Dorf 18/19. Backsteinbau mit Bänderung aus glasierten Ziegeln, zweigeschossigem Mittelrisalit mit Zwerchhaus und Fachwerkgiebel und je vier seitlichen Achsen, 2. H. 19. Jh. Fenster und Tür segmentbogig. An der rechten Giebelseite Eingangsbau.

KATEN Freester Straße 2/3. Zweihieschiger vierachsiger Ziegelfachwerkkaten mit gekalkten Ausfachungen und rohrgedecktem Krüppelwalmdach, um 1800. Türen an der Rückseite.

BAHNHOF Freester Straße 8. E. 19. Jh. als Kleinbahnhof an der Strecke Wolgast-Lubmin erbaut. Giebelständiger Bau mit massivem Erdgeschoß und auf Knaggen leicht überstehendem Halbgeschoß aus Fachwerk mit verputzten Gefachen und Fußbändern. Flaches Satteldach. Erdgeschoßfenster mit Segmentbogenschluß. Eingeschossige Anbauten.

KATEN Freester Straße 56. Lt. Inschrift 1822 errichteter Ziegelfachwerkkaten mit rohrgedecktem Krüppelwalmdach. Die Rückseite weiß gekalkt. Möglicherweise ist er der rechte vierachsige Gebäudeteil eines urspr. zweihieschigen Katens.

KATEN Lange Straße 29. Sechsachsiger verputzter Ziegelfachwerkbau mit kassettierter Haustür in der dritten Achse und rohrgedecktem Krüppelwalmdach, wohl 1. H. 19. Jh.
Zum Katen gehörig ein Ziegelfachwerkstall mit verbrettertem Giebel und Rohrdeckung.
KINDERERHOLUNGSHEIM Philosophenweg 10. In den 1920er Jahren errichteter zweigeschossiger Backsteinbau mit Souterraingeschoß und zweiachsigen Seitenrisaliten, die mittleren neun Achsen mit flachem abgetrepptem Giebel. An der Rückseite Flügelanbauten mit Walmdach, dazwischen zweigeschossiger verandaartiger Bau mit Souterraingeschoß und zwei Reihen aus großen Sprossenfenstern.
VILLA Villenstraße 12. Um 1900 erbauter zweigeschossiger vierachsiger Backsteinbau mit Bänderung aus glasierten Ziegeln und flachem teerpappengedeckten Dach. Zweiachsiger Mittelrisalit, an der Rückseite und linken Schmalseite einachsiger Risalit mit Portal, alle mit flachem Giebel. An der rechten Seite doppelstöckiger Wintergartenanbau. Fenster mit Segmentbogenschluß.

**Ludwigsburg**

KAPELLE 1708 errichteter schlichter Rechteckbau aus verputztem Backstein. Ostseite mit zwei, die Längsseiten mit drei Spitzbogenfenstern. An der Westseite das Portal und vier kleine Fenster, darüber ein Dachturm mit schindelgedecktem achtseitigen Spitzhelm. Das Innere mit Holztonne, unter der Westempore verglaste Winterkirche.
*Ausstattung:* Kanzelaltar 1710, wohl von Elias Keßler, Stralsund. Altarschranke 17. Jh., Stabgitter zwischen kannelierten Pilastern mit Stableiste. Taufstein, Gestühl, Orgelempore von 1865. Orgel, 1867 von B. Grüneberg, Stettin, 1967 durch Sauer, Frankfurt/O., klanglich umgestaltet. Holztafel in der Form einer Kartusche mit Inschrift zur Erbauung der Kirche, um 1708. Kronleuchter, Messing, 2. H. 17. Jh. Kelch, Silber, 18. Jh. Kollektenschale, Messing, 17. Jh. Taufschale u. Oblatendose, Alpaka (?), versilbert, um 1900. Zwei Altarleuchterpaare, Gußeisen u. Messing versilbert, 19. Jh. Zwei Glocken 15. Jh. u. 1709. Zwei Grabplatten, Kalkstein, 1764.
MAUSOLEUM Westlich der Kirche gelegen. Neogotischer Backsteinbau, 2. H. 19. Jh. An den Ecken je zwei Strebepfeiler mit Belastungstürmchen. An den Längsseiten zwei Spitzbogenfenster mit eingelegtem Rundstab. Ostportal mit gerahmtem Sturz im Spitzbogengewände, im Tympanon Medaillon mit Christusdarstellung. Kehle und Konsolfries unter der Traufe, Westseite mit Luke im Dachstuhl.

*Linke Seite: Ludwigsburg, Schloß; Stuckdecke (Detail)*

*Rechte Seite: Ludwigsburg, Kirche, Kronleuchter*

Das Friedhofsportal massiv und glatt verputzt mit einer großen und zwei seitlichen kleinen Rundbogenöffnungen, wohl 18. Jh. Die Fachwerkmauer des 18. Jh. nicht mehr vorhanden.

SCHLOSS 1577 als Witwensitz für Herzogin Hedwig Sophie von Pommern-Wolgast errichtet. Im 17./18. Jh. Umbauten u. Giebelerneuerung. 1860 Erneuerung des Saales im 1. OG und zahlreicher Türen. Dreigeschossiger Putzbau von elf zu vier Achsen mit Flügelbauten an der Vorder- und Rückfront auf dem Grundriß eines lateinischen Kreuzes. Kein Fassadendekor. Erdgeschoßfenster mit Segmentbogenschluß, die anderen hochrechteckig, im 2. OG mit originaler Sprosseneinteilung. Im östlichen Flügel der segmentbogige Haupteingang mit barocker Tür und Oberlicht, an der Nordseite zweigeschossiger Anbau mit Gurtgesims und Kielbogengiebel, an der Südseite Reste eines Treppenvorbaues. Im Inneren abgesehen von späteren Trennwänden die urspr. Raumaufteilung weitgehend erhalten. Die Eingangshalle im nördlichen Teil mit Kreuzgratgewölbe auf drei toskanischen Säulen, die südlichen Räume mit Kreuzgratgewölbe, ein Raum tonnengewölbt mit Stichkappen, westlich die ehem. Küche. Im östlichen Teil die ehem. Portalrahmung aufgestellt mit seitlichen Hermenpilastern, Ohrmuschelkartusche und zwei Wappen. In den Obergeschossen Bretterdecken mit sichtbaren Balken. Im ersten Geschoß Stuckdecke aus der Zeit um 1600 mit Darstellungen von grotesken Tieren und Menschen zwischen Ranken, Früchten und Blumenzweigen, die in Streifen nebeneinander geordnet sind. Im zweiten Geschoß an der Ost- und Südwand Wandmalereien mit der Darstellung ganzfiguriger Personen. Hinter dem Schloß ersteckt sich ein spätbarocker PARK, wohl 2. H. 18. Jh. angelegt. Um 1830 Erweiterung nach Süden in der Form eines Landschaftsparkes, heute verwildert.

SPEICHERGEBÄUDE Bildet mit seiner Toreinfahrt den Eingang zum Schloßhof und schließt auf der W- und N-Seite im rechten Winkel den nördlich vom Schloß gelegenen Wirtschaftshof ab. Erdgeschoß massiv, Obergeschoß und Westflügel in Ziegelfachwerk. Krüppelwalmdach. Die hölzerne Rahmung der Tordurchfahrt hofseitig mit Pilastern und Gebälk sowie Inschrift »Anno 1742«, an der Straßenseite die Jahreszahl 1894. Aus dieser Zeit die massive Aufmauerung des Erdgeschosses und eine Gebäudeverlängerung an der Nordseite.

Zum Wirtschaftshof gehören ein Stall und eine Scheune aus Ziegelfachwerk mit rohrgedecktem Krüppelwalmdach, M. 19. Jh. sowie ein massives Stallgebäude mit Krüppelwalmdach von 1858. An der Vorderseite dreiachsiger Risalit mit Zwerchhaus u. Dreiecksgiebel, wie die Gebäudeecken mit turmartigen Aufsätzen. Kreuzblumenfries unter der Traufe, Giebel mit Zahnschnittfriesen. Fenster- und Stalltüren rundbogig.

KATEN Nordwestlich vom Schloß auf dem Wirtschaftshof gelegen. Ziegelfachwerkbau mit Krüppelwalmdach, E. 18. Jh. An den Längsseiten K-Streben.

In der Dorfstraße und am Parkweg Katen der Gutsarbeiter aus Ziegelfachwerk mit rohrgedecktem Krüppelwalmdach, wohl 1. H. 19. Jh.

## Lühmannsdorf

KATEN Karl-Marx-Straße 78/79. Zweihieschiger achtachsiger Backsteinbau mit rohrgedecktem, einseitig abgewalmtem Dach, wohl M. 19. Jh. Die Kastenfenster mit Beschlägen aus der Entstehungszeit, Klappläden.

FORSTHOF Dreiseithof aus Backstein, in den 1920er Jahren erbaut.

**Lüssow**

DORFKIRCHE Backsteinbau mit dreiseitigem Ostschluß auf teilweise verputztem Sockel, wohl 15. Jh. Westlicher Gruftanbau und Südturm von 1878. Abgetreppte Strebepfeiler. In der Ostwand ein vermauertes gotisches Spitzbogenfenster, die anderen Fenster von 1878. Das einmal abgestufte Westportal befindet sich im Inneren des kreuzgratgewölbten Gruftanbaues (jetzt Winterkirche). Im Westgiebel fünf gestaffelte Spitzbogenblenden mit gekuppelten Binnenblenden und Kreisblende im Zwickel. Der dreigeschossige neogotische Turm mit hohem schiefergedeckten Pyramidhelm.

Im Inneren schwere Kassettendecke und hölzerne Wandverkleidung.

*Ausstattung:* Hauptausstattung 1724/25 von Elias Keßler, Stralsund: Altaraufsatz mit Abendmahlsdarstellung und plastischem Kruzifix vor gemaltem Wolkenhimmel. Altarschranke mit geschnitzten Balustern, Fruchtgehängen u. Blattwerk; Taufengel. Kanzel: Korb um 1630/50, Aufgang und Schalldeckel 1724/25 vermutlich E. Keßler, Gemälde an der Brüstung 19. Jh. Orgel 1878. Gestühl 18./19. Jh. Fensterverglasung um 1878. Kronleuchter 17. Jh. (aus Wusterhusen). Zwei Wandleuchter, Messing, 18. Jh. Zwei Altarleuchterpaare, Zinn, 1796 u. um 1831. Altardecke, Flachstickerei in farbiger Seide, M. 17. Jh. Zehn Totenkranzkonsolen, Kiefernholz, 18./19. Jh. Zwei Glocken 1829 u. 1925.

Der Friedhof von Feldsteinmauer umgeben.

Ehem. HERRENHAUS 1868 in Neorenaissanceformen erbaut, jetzt stark verändert. Zweigeschossiger elfachsiger Putzbau auf Feldsteinsockel, jeweils mit drittem Geschoß und Giebelabschluß in den drei äußeren Achsen. Schieferdeckung. Mittelrisalit mit Eingang, urspr. als Turm gebildet mit welscher Haube, die Giebel mit Voluten. Die Rückseite ähnlich wie die Fassade, der dreiachsige Mittelrisalit mit drittem Geschoß und Giebel von halbrunden Türmen flankiert.

PARKANLAGE M. 18. Jh., später zu einem Landschaftspark umgestaltet.

### Mellenthin

DORFKIRCHE Erstmalig 1336 erwähnt. Dreijochiger Saalbau mit gerade geschlossenem quadratischem Chor und quadratischem Westturm. Der Chor im 13. Jh. aus Feldstein in unregelmäßiger Schichtung errichtet. Laibungen der nachträglich veränderten Fenster in Backstein, ebenso der Giebel, dieser mit Spitz- und Segmentbogenblenden in zwei Reihen versehen, durch Deutsches Band getrennt. In den unteren Giebelecken zwei Rautenblenden. An der Chornordseite Sakristeianbau. Das Schiff im 14. Jh. erbaut, Backstein mit Feldstein, Strebepfeiler. Rundbogige Fenster und Südportal einmal abgetreppt. Wohl im 15. Jh. der spätgotische Backsteinturm hinzugefügt. Spitzbogiges, dreifach abgetrepptes Westportal. Die innere Laibung rundbogig, davor Archivolte in Dreipaßform mit darunterliegender kleiner Spitzbogenblende. Geschweifte Haube und oktogonaler Helm, 1755 aufgesetzt. – Im Innern Kreuzrippengewölbe im Chor, das Schiff von Tonne überdeckt, umlaufendes profiliertes Hauptgesims. Der Chor durch gedrungenen spitzen Triumphbogen vom Schiff getrennt. Gewöl-

*Linke Seite: Lüssow; Kirche, Inneres nach Osten; Altardecke; Herrenhaus*

*Rechte Seite: Mellenthin, Dorfkirche, Altaraufsatz; Gemälde »Jüngstes Gericht«; Grabplatte der Eheleute R. v. Neuenkirchen und I. v. Eickstaedt*

bemalerei im Chor M. 15. Jh., alt- und neutestamentliche Szenen, Martyrium des Hl. Erasmus, Die Seeligen und die Verdammten. Altar 18. Jh., mit Darstellung des Hl. Abendmahles. Kanzel 18. Jh., mit Schnitzfigur Hl. Laurentius, 15. Jh. Orgel, 1879 von B. Grüneberg, Stettin. Gestühl, Beichtstuhl und Westempore 18. Jh. Mittelalterliches Weihwasserbecken. Opferstock wohl 15. Jh. Zwei Gemälde, Jüngstes Gericht, 1694, und Kreuzigung, 1698. Zwei Kruzifixe, Zinn, 15. Jh und 1690. Schnitzfiguren, Pietà und Christus 15. Jh., Heiliger, A. 16. Jh. Zwei Taufschalen, Messing, 1646, und Messing vergoldet, 1895. Leuchter, Messing versilbert, 1896. Drei Leuchterpaare, Messing, 1660, Zinn, um 1850, und Neusilber, um 1900. Kollektenteller, Zinn, 1872. Zwei Kannen, Zinn, 1832 und 1834. Grabplatte der Eheleute R. von Neuenkirchen und I. von Eickstaedt, E. 16. Jh. mit farbig gefaßten Reliefs der Verstorbenen. Glocke, 1654 von G. Köckritz, Stettin. FRIEDHOFSMAUER aus Backstein mit Stützpfeilern, auf der Innenseite segmentbogige Nischen, 16. Jh. In der Mauer zwei PORTALE aus verputztem Backstein, 18. Jh.

Ehem. SCHLOSS (Wohnhaus/Museum). 1575/80 für Rüdiger von Neuenkirchen, einen Vertrauten von Herzog Ernst Ludwig, erbaut. Von einem Wassergraben umgebene Dreiflügelanlage, die Gebäude aus verputztem Backstein errichtet. Das Hauptgebäude zweigeschossig, sieben Achsen, Krüppelwalmdach. Zur Hof-

*Linke Seite: Mellenthin, Schloß, Hofseite; Inschrifttafel; Renaissancekamin*

*Rechte Seite: Mönchow, Dorfkirche von Nordosten*

seite zwei einachsige Seitenrisalite unter Walmdach. Zwischen diesen ebenfalls einachsiger, aber wesentlich breiterer Mittelrisalit. Die Gebäudeecken gequadert, an den Ecken des Mittelrisalites bis zur Höhe des ersten Obergeschosses Ecklisenen, darauf bis zum zweiten Obergeschoß reichende Dreiviertelstäbe. Umlaufendes Traufgesims, in den Risaliten als geschoßtrennendes Gesims fortgeführt. Fenster in Faschen. Rechts neben dem Mittelrisalit offener Eingangsvorbau mit Rundbogenöffnung und Kreuzgratgewölbe, 1904 hinzugefügt. Hier zweiteilige Inschrifttafel, Familienwappen und Schriftfeld in Rollwerkrahmungen, 1596 angebracht. Auf der Gartenseite breiter zweiachsiger Mittelrisalit. Vor diesem 1904 Freitreppe angelegt, im letzten D. 20. Jh. wieder entfernt. Treppenhausvorbau am rechten Giebel. – Im Innern Kreuzgratgewölbe im Keller-, Erd- und Obergeschoß, in der Eingangshalle von einer Säule getragen. Hier Renaissancekamin von 1613, urspr. im Obergeschoß. Farbig gefaßtes Reliefdekor mit Darstellung, wie der Teufel mit einem Herren in einer Kutsche davonfährt. Im Oberteil Blattmaskaron, der Aufsatz von zwei Atlanten in antiken Rüstungen getragen. Im Mittelrisalit die steinerne Haupttreppe.
Der Westflügel neunachsig, das Anschlußstück zum Hauptgebäude abgebrochen. Ehem. mittiger, jetzt seitlich nach rechts versetzter Dacherker, flankiert von langgestreckten Fledermausgauben. Die Gebäudekanten gequadert. 1967 rückseitig um ein Geschoß erhöht. Krüppelwalmdach. Der Ostflügel eingeschossig, achtachsig, mittiger Dacherker. Das Gebäude unter Krüppelwalmdach. Zur Hofseite zwei Rundbogenportale, schräg eingeschnitten, ein weiteres Rundbogen- und ein Segmentbogenportal. Links der ehem. Zugang zur Schloßkapelle mit muschelförmigen Sitznischen in der Laibung. Im Park eine einzelnstehende Säule.
An der zum Schloß führenden Straße drei ehem. GESINDEHÄUSER (Wohnhäuser). Eingeschossige Backsteinbauten auf quadratischem Grundriß mit Mansardpyramidendach, 1. H. 19. Jh. Links der Straße zwei Gebäude, durch langgestreckten Stallteil aus Backstein mit Halbgeschoß aus Backsteinfachwerk verbunden. Rechts ein Einzelhaus.

**Moeckow**

STALL Großer Feldsteinstall mit Krüppelwalmdach, segmentbogige Öffnungen in Backstein, 19. Jh. Alle Räume überwölbt, das Dach zweigeschossig ausgebaut.

**Mönchow**

DORFKIRCHE Rechteckiger Backsteinbau des 17. Jh., im Osten gerade geschlossen, quadratischer Westturm. Der Ostgiebel in Backsteinfachwerk, in der Ostwand drei segmentbogige Fenster. Wohl später die lisenenartigen Strebepfeiler angefügt. Vier paarweise angeordnete Segmentbogenfenster in den Langhauswänden. Im Südwesten Portal in einer massiven verputzten Vorlage, im oberen Teil durch Bänder gegliedert, wohl 18. Jh. Der Turmunterbau in Backstein mit Feldstein, 16. Jh. Spitzbogige Portalblende im Westen, darin rundbogiges Por-

*Linke Seite: Mönchow, Dorfkirche, Schnitzfigur, Triumphierender Christus; Mausoleum der Familie Dannenfeldt*

*Rechte Seite: Morgenitz, Dorfkirche von Südwesten; Altaraufsatz; Inneres nach Südosten*

tal. Oberbau des Turmes aus Backsteinfachwerk, 17. Jh. Spitzer Helm. – Im Innern flache Balkendecke. Zwei ausgefachte Nischen in gemauerter Altarmensa. Altaraufsatz, um 1680. Altarschranken, Sakristeigestühl und Westempore, 1683 und 18. Jh. Kanzel, um 1680. Geschnitzte Christusfigur auf Konsole, um 1680. Kronleuchter, Messing, 1653. Zwei Kelche, Patene und Oblatendose, E. 17. Jh. Epitaph, um 1680. Zwei Glocken, 1754 von J. H. Scheel, Stettin, und 1960.
Auf dem Friedhof MAUSOLEUM DER FAMILIE DANNENFELDT, um 1900 als neobarocker Backsteinbau mit Sandsteinteilen errichtet. Eingeschossiger quadratischer Baukörper, der Mittelteil überhöht und von Kuppel bekrönt. Diese von vier Obelisken auf Sockeln umgeben. Pilastergerahmtes Portal mit rundbogigem Oberlicht. Vor dem Portal Freitreppe. Die Seitenteile leicht vortretend. Der Baukörper durch Lisenen mit Dreiviertelstäben an den Kanten gegliedert. Auf der Rückseite eine leicht hervortretende fensterlose Apsis.

**Morgenitz**

DORFKIRCHE Rechteckiger Backsteinbau des 16. Jh., ohne gesonderten Chor und Turm. Das Dach im Osten abgewalmt. An den Gebäudeecken übereck gestellte Strebepfeiler, die restlichen Strebepfeiler später hinzugefügt. Im Ostgiebel zwei kleine Segmentbogenfenster, darunter dreiteilige Segmentbogenblenden. An den Langseiten je drei Segmentbogenfenster mit gefasten Laibungen, auf der Nordseite glatt eingeschnittenes Rundbogenportal. Im Westgiebel sechs gestaffelte Rundbogenblenden. Rundstab in die Laibung des Spitzbogenportals eingestellt. – Im Innenraum Holztonne, urspr. wohl gewölbt. Die Fenster in Nischen. Nordportal mit Rundstäben. Altaraufsatz, 1775 von C. P. Hirt, Usedom. Dreizoniger Aufbau mit Darstellung des Hl. Abendmahls, der Auferstehung Christi und Christi Himmelfahrt sowie Petrus und Paulus. Kanzel, 1777 von C. P. Hirt, Usedom. Gestühl und Beichtstuhl, 1775 von C. P. Hirt, Usedom. Orgel 1895. Lesepult 18. Jh. Zwei Liedtafeln um 1800. Kruzifix, Zink, um 1700. Mittel-

alterliches Weihwasserbecken. Vier Kelche, 1707, Zinn, 1894, und Messing versilbert, z. T. vergoldet, 1896 und um 1900. Drei Patenen, Messing versilbert, 1882, Zinn versilbert 19. Jh., und Messing versilbert, E. 19. Jh. Oblatendose, Messing versilbert, z. T. vergoldet, um 1910. Krankenabendmahlsgerät, Messing versilbert, 1914. Kanne, Messing versilbert, 19. Jh. Taufschale, Zinn, 1887. Leuchterpaar, Zinn, 18. Jh. Wetterhahn, Eisenblech, 1736. Vier Totenbrettchen 1777, 1781, 1789 und 1797. Votivbild C. Weißenborn † 1798. Grabstein 1654.

PFARRHAUS Dorfstraße. Eingeschossiger sechsachsiger Backsteinbau auf Feldsteinsockel, E. 19. Jh. Segmentbogige Fenster, Eingang auf der Rückseite. Zugehörig eingeschossige STALLSCHEUNE aus Backsteinfachwerk mit Rohrdach, 2. H. 19. Jh.

Ehem. SCHULE (Wohnhaus) Dorfstraße. Vom E. 19. Jh. stammender Backsteinbau auf L-förmigem Grundriß. Der giebelständige Teil mit vier großen Segmentbogenfenstern, abgetrepptes Gewände.

WOHNHAUS Dorfstraße 9. Eingeschossiger Backsteinfachwerkbau von fünf Achsen, im 19. Jh. errichtet. Mit-

*Linke Seite:*
*Netzelkow, Dorfkirche, Taufstein;*
*Grabmal des Christian Carl von Lepel*

*Rechte Seite:*
*Netzelkow, Kirchhof, Glockenstuhl;*
*Neu Boltenhagen, Kirche von Süden*

tige zweiflügelige Haustür mit Oberlicht. Das Dach urspr. rohrgedeckt, in Wellasbest erneuert.
STALLSCHEUNE Dorfstraße 14. In der 2. H. 19. Jh. errichteter eingeschossiger Backsteinfachwerkbau auf L-förmigem Grundriß, z. T. massiv erneuert. Rohrdach, Giebel teilweise verbrettert.
SCHEUNE Dorfstraße 48. Eingeschossiger Backsteinfachwerkbau, 2. H. 19. Jh. Die giebelständige Scheune unter Rohrdach, Giebel verbrettert.

**Neeberg**

SCHEUNE Dorfstraße 4. In der 1. H. 19. Jh. errichteter eingeschossiger Lehmfachwerkbau, rohrgedecktes Krüppelwalmdach, verbretterte Giebel.
WOHNHAUS Dorfstraße 10. Um 1800 errichtetes eingeschossiges Gebäude mit rohrgedecktem Krüppelwalmdach. Lehmfachwerk, z. T. massiv erneuert, verputzt.

**Neppermin**

STALLSCHEUNE Dorfstraße 8. Im 19. Jh. errichteter eingeschossiger Bau aus verputztem Lehmfachwerk über Feldstein- und Backsteinsockel. Gefache z. T. massiv erneuert, Giebel verbrettert, Rohrdach.
WOHNHAUS Dorfstraße 46. Eingeschossiger fünfachsiger Putzbau auf Feldsteinsockel mit rohrgedecktem Krüppelwalmdach, errichtet wohl im 2. D. 19. Jh. Giebel in verputztem Backsteinfachwerk. Die Fenster der Vorderseite paarweise angeordnet und mit kurzem Sohlbankgesims zusammengefaßt. Mittig die Haustür, gerahmt von zwei Pilastern. Auf der Rückseite die Fenster und eine Tür unregelmäßig angeordnet.
KATEN Schulstraße 14. Eingeschossiger verputzter Fachwerkbau mit Rohrdach und verbretterten Giebeln. Mittige Haustür zwischen paarweise angeordneten Fenstern. Im linken Gebäudeteil Stall. Zugehörig eingeschossige SCHEUNE aus Lehmfachwerk mit Rohrdach, Giebel verbrettert. Beide Gebäude im 19. Jh. errichtet.

**Netzelkow**

DORFKIRCHE ST. MARIEN. Gotischer Rechteckbau des 15. Jh. mit polygonaler Apsis. Ehem. ein quadratischer Westturm vorhanden, wohl im 16. Jh. errichtet, jedoch bereits E. 17. Jh. ein Glockenstuhl nachgewiesen. Der südwestliche Anbau als Grablege der Familie von Lepel 1747 angefügt. Umbau 1879, dabei Apsis und Nordsakristei errichtet. 1985/86 restauriert.
Der im Osten gerade geschlossene Backsteinbau urspr. dreijochig entsprechend der Stellung der Strebepfeiler. An den Gebäudeecken die Strebepfeiler übereck gestellt. Zweiteilige Spitzbogenblenden mit Scheitelkreis im Ostgiebel, die zwei Lanzettfenster oberhalb der Apsis im 19. Jh. hinzugefügt. Südwestlich schlichter Anbau mit korbbogiger Tür und Kreuzblende. Im Norden Sakristeianbau. Spitzbogiges Westportal mit abgefaster Laibung, das Giebelfeld im 19. Jh. erneuert und dabei verändert. Giebelreiter im Osten und Westen. – Im

Innern die Apsis mit Gratgewölbe versehen, urspr. mit Sternenhimmel bemalt. Das Schiff von dreiseitig gebrochener Holzdecke überdeckt, Wandflächen durch Putzlisenen gegliedert, die die Balkenauflagen der Decke aufnehmen. Fenster und Türen beim Umbau erneuert. Westempore 19. Jh. Orgel, 1879 von B. Grüneberg, Stettin. Taufstein 14. Jh. Weihwasserbecken vor 1520. Gemälde, Beweinung Christi, Öl auf Leinwand, Kopie nach A. van Dyck. Kelch 1649. Patene und Ziborium A. 19. Jh. Grabmal Christian Carl von Lepel †1747, auf hölzernem Sarkophag liegende geharnischte Figur des Verstorbenen mit Trophäenbündel. Auf dem Kirchhof Glockenstuhl mit zwei Glocken, 15. Jh., eine mit Lepelschem Wappen. Der Kirchhof von Feldsteinmauer umgeben.

**Neu Boltenhagen**

DORFKIRCHE Einheitlicher zweijochiger Backsteinbau auf Granitsockel mit eingezogenem, gerade geschlossenem Chor und Nordsakristei, E. 13. Jh. Der Fachwerkvorbau an der Südseite von 1605. Geböschter hölzerner Westturm mit Bretterverschalung und achteckigem schindelgedeckten Turm, 18. Jh. Die einmal abgetreppten Strebepfeiler mit Putzblende am Schiff und an den Ecken schräggestellt. Fenster und Portale spitzbogig, die Schiffsportale zugesetzt, das nördliche mit glasierten Steinen mit Fasen, das südliche mit Rund- und Birnstäben. Priesterpforte mit mehrfach abgestuftem Gewände. Die Sakristeifenster 1767 mit Segmentbogen geschlossen. Der barocke Ostgiebel schmucklos, Sakristeigiebel mit Kreuzblende über doppelter Stromschicht.

Im Chor halbkreisförmige, im Schiff segmentbogige hölzerne Tonnendecke, 1767 nach einem Brand eingebaut. Die Schildbögen des ehem. Gewölbes erhalten. An den Längswänden des Chores breite Segmentbogennischen, in der Ostwand und unter den östlichen Fenstern des Schiffes Sakramentsnischen. Wandmalerei an der Ostwand, um 1400. Sakristei mit tief herabgezogenem Kreuzrippengewölbe auf Konsolen.

*Ausstattung:* Kanzelaltar nach Entwurf von Andreas Mayer, Greifswald, 1767 von Andreas Pahlmann, Greifswald, geschaffen. Fünte, Granit, 1250. Orgel, 1868 von C. F. Buchholtz, Berlin, mit klassizistischem

Prospekt. Emporen und zwei Patronatslogen 1767. Tafelbild »Dornengekrönter Christus«, 1. V. 19. Jh., angeblich von W. Titel. Sargbeschlag, Zinn, 1839. Inschrifttafel von 1767. Geldkasten, Eiche, 16. Jh. Kelch u. Patene 1782. Kelch 18. Jh. Oblatendose, Silber, 17. Jh.; Taufschale, Messing, E. 17. Jh.; Kanne, Messing, 1843. Altarleuchterpaar, Messing, 1718. Zwei Kruzifixe, Holz u. Metallguß, 2. H. 19. Jh. Glocke 1845.
Vor dem Chor der Kirche Grabplatte für Pastor F. A. G. Titel † 1819, Kalkstein. Auf dem Friedhof Grabwangen des 18./19. Jh., Kalkstein.
Ehem. PFARRWITWENHAUS Dorfstraße. Fünfachsiges Ziegelfachwerkgebäude auf Feldsteinsockel mit rohrgedecktem Satteldach und im oberen Bereich verbrettertem Giebel. Mittelrisalit und Zwerchhaus.

**Neuendorf**

Ehem. HERRENHAUS (Wohnhaus) Auf L-förmigem Grundriß errichteter eingeschossiger Backsteinfachwerkbau, der rechtwinklig angesetzte Flügel zweigeschossig, 2. H. 18. Jh., z. T. massiv erneuert. Krüppelwalmdach, der hintere Gebäudeteil mit Vollwalm. Mittiger übergiebelter Dacherker. In jüngster Zeit eingeschossige Anbauten hinzugefügt.

**Neuendorf** (bei Gützkow)

Ehem. GUTSHAUS Eingeschossiger elfachsiger Putzbau mit schiefergedecktem Satteldach, M. 19. Jh. Die mittleren drei Achsen leicht vorgezogen mit Zwerchhaus. Fenster mit profilierten Faschen und schmalen Gesimsen. Im Erdgeschoß des Mittelrisalits Rankenfriese. Die Rückseite schlichter.

**Neuenkirchen**

DORFKIRCHE Backsteinbau auf zweifach gestuftem Feldsteinsockel. Chorquadrat mit Nordsakristei, 13. Jh., mit einem breiteren zweijochigen Langhaus und Westturm aus dem 14. Jh. Der zweigeschossige Fachwerkaufbau des Turmes mit niedrigem Pyramidhelm von 1694. Fenster mit hölzernem Maßwerk von 1864. Das Südportal vermauert, die ehem. Priesterpforte mit reichem Gewändeprofil teilweise aus glasierten Steinen. Neogotisches Westportal. Chor und Sakristei mit Ecklisenen und blendengeschmückten Giebeln sowie Treppenfries und Deutschem Band. An der Südseite Gewölbeansätze einer ehem. zwei Joch großen kreuzgewölbten Vorhalle erkennbar.
Im Inneren spitzbogiger Triumphbogen mit profilierter Laibung, von Säulen gestützt. Chor und Sakristei mit

*Neuenkirchen, Pfarrhaus*

Kreuzrippengewölben mit schwach vortretenden Schildbögen auf Eckkonsolen. In der Chorostwand Sakramentsnische. Im Schiff achtteilige Rippengewölbe auf Vorlagen. In den Zwickeln des östlichen Schiffsgewölbes Drolerien mit Minuskelinschriften, 15. Jh. Im westlichen Zwickel spätgotische Rankenmalerei.
*Ausstattung:* Altarbereich 1968 umgestaltet, aus dieser Zeit Altarblock, Kruzifix u. Verglasung des Ostfensters. Kastengestühl 18. Jh. (1968 verändert). Kanzel 1854. Orgel 1836. Orgelempore 18. Jh. Als Verkleidung des Orgelgebläses zwei Wände eines ehem. Beichtstuhles 18. Jh. Tafelbild »Anbetung der Könige«, 17. Jh. Gemälde »Abendmahl«, nach 1700 (im Pfarrhaus). Zwei Kronleuchter, Messing, 1613 u. 18. Jh. Altarleuchterpaar, Zinn, 1707. Altarleuchterpaar, Messing u. Gußeisen, 1. H. 19. Jh. Kelch u. Patene, 15. Jh. Kelch, 1744 u. 1. H. 18. Jh. Patene, Zinn, 17. Jh. Patene 19./20. Jh. Taufkanne, Zinn, 1834. Oblatendose, Messing versilbert, um 1893. Taufschale u. Kanne, Messing, 1925. Kruzifix, Gußeisen, 19. Jh. Zwei Glocken, Stahlguß, 1921. Grabplatte Jacobus Volquim, Kalkstein, 1378. Grabplatte (Fragment) Petrus Warschow, Kalkstein, 1402.
Auf der Nordseite der Kirche eine große Anzahl Grabwangen aus Kalkstein, 18./19. Jh. Gruft der Familie Balthasar, 1811 abgedeckt. Grabstätte des schwedischen Philosophen und Dichters Th. Thorild †1808.
Friedhof mit Feldsteinpackmauer umgeben, neogotische Backsteinportale.
PFARRHAUS Alwine-Wuthenow-Ring 11. Neunachsiges Wohnhaus aus Fachwerk mit geweißten Lehmfächern und rohrgedecktem Krüppelwalmdach, wohl 1. H. 19. Jh. Originale Glasfüllungstür mit Oberlicht, darüber eine breite Fledermausgaube.
Rechtwinklig zum Pfarrhaus gelegen ein kleiner Stall aus Lehmfachwerk mit rohrgedecktem Krüppelwalmdach.
Ehem. GUTSHAUS Eingeschossiges neunachsiges Backsteinhaus mit Krüppelwalmdach, E. 19. Jh. In der Gebäudemitte ein breiter, spitzer Frontgiebel mit vier Rundbogenfenstern, Traufgesims mit Konsolfries, Sohlbänke mit Klötzchenfries. Eingangsvorbau aus neuerer Zeit, an der Rückseite einige bauliche Veränderungen. Rechtwinklig vor dem Gutshaus ein Stall aus Ziegelfachwerk.
KATEN Theodor-Körner-Straße 1. Vierachsiger Katen aus Lehmfachwerk mit rohrgedecktem Krüppelwalmdach, um 1800.

**Oldenburg**

Ehem. BÜDNEREI Waldweg 8. Ziegelfachwerkgebäude auf Feldsteinsockel mit rohrgedecktem Krüppelwalmdach, wohl M. 19. Jh. An der rechten Seite der ehem. Stallteil.

**Owstin**

Ehem. GUTSHAUS Schlichtes, neunachsiges, verputztes Ziegelfachwerkgebäude mit massiver Rückseite und Krüppelwalmdach, 1. H. 19. Jh. Haustür mit Treppe in der Fassadenmitte. Auf dem rückseitigen Dach vier Fledermausgauben. Zum Gutshaus gehören große Wirtschaftsgebäude aus Backstein.
Ehem. LANDARBEITERHÄUSER Dorfstraße. Drei eingeschossige siebenachsige Backsteinhäuser mit hohem spitzen, an den Giebelseiten hochgezogenen Walmdach, um 1900 erbaut. Drei Eingänge in der Fassadenmitte, zwei weitere an der Rückseite. Zu jedem Haus gehört eine Stallscheune aus Backstein.

**Papendorf**

Ehem. GUTSHAUS (Wohnhaus). Im 19. Jh. errichteter eingeschossiger Putzbau von acht Achsen mit zweiachsigem Dacherker und Krüppelwalmdach. Um 1900 Erweiterung durch eingeschossigen zehnachsigen Putzbau. An der Hof- und Gartenseite Mittelrisalit, hofseitig unmerklich, gartenseitig sehr stark vorgezogen. Rechteckfenster mit Putzfaschen.

**Paske**

WOHNHAUS Dorfstraße 9. Putzbau von einem Geschoß und sechs Achsen, 2. H. 19. Jh. Fassade genutet, die Segmentbogenfenster in Putzfaschen, ebenso die in einer Nische liegende urspr. Haustür. Sohlbankgesims, einfache Fenster- und Türverdachungen. Zugehörig eingeschossige rohrgedeckte SCHEUNE aus Backstein.

**Peenemünde**

KAPELLE Oktogonaler Zentralbau aus Backsteinfachwerk, 1876 als Friedhofskapelle nach Plänen von Friedrich Kräger errichtet. Der Ursprungsbau 1993 durch Neubau in historisierender Form ersetzt, dabei Neugestaltung des Innenraumes als Gedenkstätte nach Entwürfen von Hermann Lindner, Stralsund. Vor der Kapelle ein Glockenstuhl mit Glocke, 1993.

Ehem. HEERESVERSUCHSANSTALT Auf der nördlichen Spitze der Insel Usedom um Peenemünde ab 1936 durch W. von Braun, Dornberger und Kesselring im Auftrag der Deutschen Wehrmacht geschaffene Forschungs- und Erprobungsstätte für Raketen und Flugkörper. Auf dem Gelände Werkhallen, Versuchsanlagen, Startplätze für Raketen, Flugplatz, Produktionsstätten und Wohnbauten errichtet. Etwa 2 300 Wissenschaftler, Ingenieure und Spezialisten an der Forschung beteiligt, hier u. a. die Fieseler Fi 103 (V-1) und die Großrakete A-4 (V-2) entwickelt. Die Produktion der V-Waffen mit etwa 10 000 KZ-Häftlingen und mehreren tausend Zwangsarbeitern durchgeführt. 1944 Bombardierung der Heeresversuchsanstalt, 1945 Einnahme des Geländes durch die Rote Armee, ab 1948 systematischer Abbau und Sprengung der Anlagen. Das Hafengelände 1950 von der Seepolizei übernommen, ab 1956 Standort der DDR-Volksmarine. Der Flugplatz von 1948 bis 1959 durch sowjetisches Jagdfliegergeschwader genutzt, 1960 Stationierung der Luftstreitkräfte der NVA. Am 2. Dezember 1989 Öffnung des seit 1936 bestehenden militärischen Sperrgebietes.

Ehem. KRAFTWERK Über unregelmäßigem Grundriß auf Stahlbetonpfählen 1939 bis 1942 errichtetes dreieinhalbgeschossiges Gebäude, Skelettbauweise, verklinkert. Der südliche Teil sowohl in der Höhe als auch in der Flucht abgetreppt, turmartiger Anbau an der Südostecke. Gliederung durch Lisenen und Fensterbänder. Im Norden rechtwinklig Flügel mit monumentalem Treppenhaus im Innern angefügt. An diesen zu Beginn 50er J. 20. Jh. weiterer Flügel als zweigeschossiger giebelständiger Backsteinbau angesetzt, die Anlage somit hufeisenförmig geschlossen. Im Innern des Kraftwerks die Kesselanlagen z. T. noch vorhanden. Zum Kraftwerk die südlich von ihm errichtete Beschickungsanlage gehörig. In der ehem. BUNKERWARTE jetzt das Historisch-Technische Informationszentrum untergebracht.

Ehem. SAUERSTOFFWERK (Ruine). Um 1940 in Skelettbauweise errichteter verklinkerter Bau von dreieinhalb Geschossen. Lisenengliederung. Eingeschossiger langgestreckter Dachaufbau mit liegenden Fensterbändern.

*Linke Seite: Peenemünde, ehem. Heeresversuchsanstalt, Kraftwerk; Sauerstoffwerk*

*Rechte Seite: Pudagla, Schloß, Wappentafel*

Ehem. PRÜFSTAND VII (Ruine). Ort des Starts der ersten Großraumrakete A-4. Von einem Erdwall umgebene, abgesenkte, stark bewehrte Betonfläche, auf der sich urspr. Prüftürme, ein sieben Meter tiefer Prüfschacht, Gleisanlagen, Versorgungsschächte und Kriechgänge befanden. Die Fläche heute unter Wasser. In unmittelbarer Nähe Fundamente und Trümmer einer FERTIGUNGSHALLE. Weiterhin auf dem Gelände ruinöse STARTRAMPEN der Fi 103 mit Unterstand und Flak-Stellung, überforstete Fundamente der GEFANGENEN- UND ZWANGSARBEITERUNTERKÜNFTE, ein BUNKER (Ruine), 1942 errichtet, 1945 gesprengt.

**Potthagen**

FORSTHAUS Dorfstraße 21. Eingeschossiger siebenachsiger Backsteinbau auf Feldsteinsockel mit Krüppelwalmdach, 2. H. 19. Jh. Die mittleren drei Achsen der Fassade und der Rückseite mit Zwerchhaus, das vorderseitige mit Giebelabschluß und Lünettenfenster. Die Zwerchhäuser und die Erhöhung der Traufe von 1913. Segmentbogenfenster, Tür in abgetreppter flacher Wandvorlage.

Scheune aus Lehmstakenfachwerk mit rohrgedecktem Krüppelwalmdach, an der Hofseite massiv erneuert. Kleines Stallgebäude aus Ziegelfachwerk mit Rohrdeckung.

KATEN Dorfstraße 22. Langgestreckter, vierhieschiger, zehnachsiger Katen aus Lehmfachwerk mit rohrgedecktem Krüppelwalmdach, um 1800.

Zugehörig ein Stall aus Lehmfachwerk mit Rohrdeckung.

**Pudagla**

Ehem. SCHLOSS (Wohnhaus/Gaststätte). Um 1150 eine von Herzog Ratibor von Pommern gestiftete Prämonstratenserabtei in Grobe erbaut. Durch Schenkungen, Gebietstausch und Ankäufe erwarben die Prämonstratenser bis E. 13. Jh. den größten Teil der Insel Usedom, u. a. 1273 Pudagla. 1308 Übersiedlung der Abtei dorthin, Errichtung von Klausur, Wirtschaftshof und Kirche. 1535 Aufhebung des Klosters. Das ehem. Abtshaus von Herzog Ernst Ludwig 1574 zum Witwensitz für seine Mutter, Herzogin Marie von Pommern, umgewandelt.

Zweigeschossiger Putzbau von zwölf Achsen mit Krüppelwalmdach. An der linken Ecke ein runder Erker. Segmentbogiges, von Pilastern gerahmtes Hauptportal. Die Pilaster tragen Gebälk, welches von mittig über dem Segmentbogen befindlicher Konsole zusätzlich gestützt wird. Oberhalb des Portals hochrechteckiges Feld mit eingelassener Inschrifttafel und Pommerschem Wappen in architektonischer Rahmung. Traufgesims aus Kehle und Viertelstab gebildet. Fledermausgauben im Dach.

Auf der Rückseite vortretender Risalit als Haupttreppenhaus. Die Fenster z. T. gekuppelt, vielfach verändert. Rundbogenportal mit verputztem, schräg eingeschnittenem Gewände, urspr. wohl mit Gewändeprofil, Viertelstab und Kehle. Ein zweites Portal zu Fenster umgebaut. Im Innern Räume mit Tonnen- und Kreuzgratgewölben.

BOCKWINDMÜHLE an der Straße nach Neppermin. Hölzerner Mühlenrumpf, auf Bock drehbar gelagert, Haube in der Art eines Satteldaches mit kleinem überdachten Aufzug, Steert. Errichtet 1856.

**Pulow**

Ehem. GUTSHAUS (Wohnhaus). Eineinhalbgeschossiger elfachsiger Putzbau auf Sockelgeschoß, errichtet um 1900. Zur Hofseite leicht vortretender Mittelrisalit, flankiert von Ecklisenen, die oberhalb der Traufe in polygonale Türmchen übergehen, urspr. mit Vasenaufsätzen. Fenster und Tür in Putzfaschen mit einfachen Verdachungen, die Fassade gequadert. Auf der Gartenseite mittiger Dacherker, urspr. mit Dreieckgiebel, dieser abgetragen. Im rechten Giebel geschweifte, vierflügelige, neobarocke, verglaste Tür. Innen Treppenhaus kreuzgratgewölbt, neobarocke Treppe, Vertäfelungen.

**Quilitz**

KATEN Dorfstraße. Eingeschossiger Putzbau von vier Achsen, rohrgedecktes Krüppelwalmdach, die rechte Seite mit Vollwalm. Fenster und Tür in Putzfaschen. Stallteil in der linken Gebäudehälfte. Einer der Giebel aus Lehmfachwerk errichtet, M. 19. Jh., die Putzfassade wohl wenig später.

KATEN Dorfstraße 21. Aus verputztem Lehmfachwerk errichteter Bau, eingeschossig, Rohrdach, 19. Jh. Die linke Dachseite abgewalmt, der rechte Giebel verbrettert. Zweiflügelige Haustür aus der Erbauungszeit. Stall im rechten Hausteil.

**Rankwitz**

WOHNHAUS Dorfstraße 17. In der 2. H. 19. Jh. errichteter eingeschossiger Putzbau von fünf Achsen. Fenster und Tür in Putzfaschen, die Tür in Portalnische. Eckquaderung.

WOHNHAUS Dorfstraße 19. Eineinhalbgeschossiger Backsteinbau, siebenachsig, leicht vortretender Mittelrisalit. Vorn geöffneter Portalvorbau mit Treppe und urspr. Haustür. Gliederung durch Gesimse. Erbaut E. 19. Jh.

WOHNHAUS Peeneweg 18. Backsteinbau von eineinhalb Geschossen und fünf Achsen, 19. Jh. Fenster und Tür in Putzfaschen, Sohlbankgesims im Halbgeschoß.

## Ranzin

DORFKIRCHE Einschiffiger, dreijochiger, rechteckiger Bau aus unbehauenem Feldsteinmauerwerk mit geradem Chorabschluß, E. 13. Jh., und Westturm von 1861. Die Traufen und der blendengegliederte backsteinerne Ostgiebel wohl im 15./16. Jh. verändert. Fenster und Portale spitzbogig mit profiliertem Backsteingewände und hölzernem Maßwerk. Priesterpforte und das innere Westportal auffällig schmal und hoch. Der Westturm im Erdgeschoß verputzt, mit Eckstrebepfeilern, die beiden Obergeschosse in Backstein, achtseitiger kupferbeschlagener Spitzhelm, urspr. mit Gauben.

Innenraum: Die beiden östlichen Joche mit Kreuzrippengewölbe auf kräftigen Wandpfeilern und tief heruntergezogenen Schildbögen. Die Ostwand nachträglich mit einer 1/2 Stein breiten Wand verstärkt, zwei rundbogige Blendnischen und eine Spitzbogennische mit Wandmalerei »Genesisdarstellungen«, 14. Jh. Die beiden westlichen Joche mit flacher Holzbalkendecke, im Osten Gewölbeansätze. Die Fenster in Segmentbogennischen.

*Ausstattung:* 1966/67 bei der Gesamtinstandsetzung weitgehende Entfernung der neogotischen Ausstattungsstücke. Kastengestühl im Chor u. Gemeindegestühl, 19. Jh. Orgel, 1911 von B. Grüneberg, Stettin, mit neogotischem Prospekt. Glasfenster, 1907 gestiftet, P. G. Heinersdorff, Berlin. Chorfenster, 1966 von Lothar Mannewitz, Rostock. Truhe (Gotteskasten), Holz mit Eisenbändern beschlagen, 1736. Drei Gemälde 19. Jh. Zwei Kelche u. eine Patene, 17. Jh. u. 1818. Kelch, Zinn, 19. Jh. Oblatendose, Silber, 1686. Zwei Taufschalen u. eine Kanne, Messing versilbert, E. 19. Jh. Ziborium in Kelchform, Silber, 19. Jh. Kronleuchter, Messing, 18. Jh. Zwei Altarleuchterpaare, Messingguß u. Zinn, E. 19. Jh. u. 1. H. 19. Jh. Kruzifix E. 19. Jh. Votivtafel E. 19. Jh. Grabplatte Michael Horn, Kalkstein, 1315. Grabplatte Michael Horn, Kalkstein, 1357. Grabplatte Michael Horn, Kalkstein, 1407. Glocke, mittelalterlich.

PFARRHAUS Dorfstraße 8. Siebenachsiger verputzter Backsteinbau mit Krüppelwalmdach, wohl E. 18. Jh.

Ehem. KÜSTEREI Dorfstraße 11. Ziegelfachwerkbau mit Krüppelwalmdach, A. 19. Jh.

SCHAFSTALL DES GUTES Feldsteinbau aus regelmäßigen Quadern, im oberen Geschoß in Backstein mit flachem Satteldach, 1867 erbaut. Mittelrisalit mit rundbogiger Einfahrt und Stufengiebel. Segmentbogenfenster und Toreinfahrten. Im Obergeschoß Gesimse, Luken und dreifache Rundbogenblenden, an den Giebeln Lisenen und Medaillons mit Widderköpfen.

Der ehem. Schweinestall aus Backstein mit ähnlicher Gliederung.

WOHNHAUS Dorfstraße 17. Zweigeschossiger Feldsteinbau auf hohem Sockelgeschoß mit flachem Satteldach. Segmentbogenfenster mit Einfassungen in Backstein, die mittleren Obergeschoßfenster in einer Wandvorlage. Unter der Traufe Bogenfries aus Backstein. An den Giebelseiten breite Segmentbogenblenden.

*Linke Seite: Ranzin, Kirche von Nordwesten*

*Rechte Seite: Ranzin, Kirche, Grabplatte, Michael Horn †1357; Kelch, 17. Jh.*

**Reetzow**

Ehem. SCHULE (Wohnhaus) Ihlenfelder Straße 7. Auf T-förmigem Grundriß errichteter eingeschossiger Backsteinbau, der giebelständige Teil mit Krüppelwalmdach. Segmentbogenfenster mit abgetrepptem Gewände. Errichtet E. 19. Jh. Um 1930 durch den fünfachsigen Anschlußbau erweitert.

KATEN Ihlenfelder Straße 33. Eingeschossiger vierachsiger Lehmfachwerkbau mit Rohrdach, z. T. in Wellasbest erneuert. Links der Stallteil. Das Gebäude in der 2. H. 19. Jh. erbaut.

SCHEUNE Ihlenfelder Straße 37. Eingeschossiger Lehmfachwerkbau aus der 2. H. 19. Jh. mit Rohrdach. Giebel verbrettert.

SCHEUNE Steinstraße 11. Lehmfachwerkbau von einem Geschoß auf niedrigem Feldsteinsockel. Gefache z. T. massiv erneuert. Rohrdach, Giebel verbrettert, 19. Jh.

**Rubenow**

SCHEUNE Dorfstraße. Längs- und queraufgeschlossenes Gebäude aus Lehmstakenfachwerk mit unterschiedlichen Traufhöhen und rohrgedecktem Krüppelwalmdach, 1. H. 19. Jh. Zu einem großen Teil massiv erneuert.

SCHEUNE Hauptstraße. Längsaufgeschlossener Ziegel-Fachwerkbau mit rohrgedecktem Krüppelwalmdach, 19. Jh. Eine Traufseite und Giebelseite massiv aufgemauert mit verbrettertem Giebel.

**Ruden**

Ehem. FLAKSTELLUNG (Beobachtungsturm). An der Südspitze der Insel gelegener fünfgeschossiger Backsteinturm, Flachdeckung. Liegendes Fensterband im Obergeschoß. Der Turm entstand um 1940 im Zusammenhang mit der ehem. Heeresversuchsanstalt Peenemünde.

**Schlagtow**

MEDAILLONS im Treppenhaus des ehem. Gutshauses. Drei runde Gipsreliefs mit Figurengruppen in antikisierender Formensprache, lt. Inschrift von Bertel Thorvaldsen (wohl Abgüsse). Sommer, Herbst und Winter symbolisierend.

**Schlagtow-Meierei**

BAUERNSIEDLUNG Pappelweg 1–8. Siedlung aus gleichartigen Bauernhäusern, 1934 errichtet. Häuser aus verputztem Backstein auf L-förmigem Grundriß. Die straßenseitigen Giebel des Wohnbereiches in Zierfachwerk, z. T. mit Inschrift. Hofseite des Stalles mit mittiger Toreinfahrt, Metallfenster.

**Schmoldow**

Ehem. GUTSHAUS 1865 auf rechtwinkligem Grundriß über hohem Sockelgeschoß errichteter zweigeschossiger Putzbau mit neobarockem Fassadendekor und hohem Walmdach. Teil einer geplanten Vierflügelanlage mit Innenhof. Seitenrisalite mit pilastergerahmter und übergiebelter Fensterachse. Das Portal mit Säulenrahmung und plastischer Giebelverdachung. Zwischen den Geschossen ein Palmettenfries.
Der ehem. Landschaftspark heute verwildert.

**Steinfurth**

RUINE DER EHEM. DORFKIRCHE Im 30jährigen Krieg zerstört. Urspr. wohl ein aus Feldstein erbautes dreijochiges Schiff mit vorgesetztem Westturm und eingezogenem Chor aus Backstein mit geradem Ostschluß.

Das Schiff flachgedeckt, der Chor mit Kreuzrippengewölbe. Die Gewölberippen sitzen auf kleinen zugespitzten Konsolen vor Wandpfeilern auf. Turm und Langhaus A. 14. Jh., der Chor wohl erst M. 14. Jh.
Auf dem Friedhof Erbbegräbnis Bismarck-Bohlen. 1858 in neogotischen Formen errichteter gelber Backsteinbau mit polygonalem Ostschluß. Oberhalb des Westportals Rundfenster und Wappenstein. Im Inneren Kreuzgratgewölbe, teilweise auf Konsolen, teils auf Halbsäulen aufliegend. Grufteingang an der Chornordseite, im Schiff große gußeiserne Luke. Mittelgang der Gruft mit Kreuzgratgewölbe, Seitenkapellen tonnengewölbt.
Ausstattung: Grabplatten, Marmor. Christusfigur, 19. Jh. Chorfenster von 1910.

Ehem. GUTSHAUS Dorfstraße 16. Eingeschossiger zwölfachsiger Putzbau mit Walmdach, lt. Inschrift 1911 erbaut. Vierachsiger Mittelrisalit mit Krüppelwalmdach, die Ecken der Fassade eingeschnitten, darin kleine Anbauten mit Lünettenfenstern und eigenen Walmdächern. Oberhalb eines Lünettenfensters die Initialen F. U. B. B. (Friedrich Ullrich Bismarck-Bohlen).

### Stilow

Ehem. GUTSHAUS Zweigeschossiger siebenachsiger Putzbau, wohl M. 19. Jh. Fassade mit Fugenschnittputz und umlaufenden schmalen Gesimsen. Faschenrahmung, Fenster verkleinert. Eingangsachse in flacher Wandvorlage mit Verdachung. An der linken Giebelseite eine fünfseitige Utlucht.

### Stoben

WOHNHAUS Am Fuchsberg 2. In der 2. H. 19. Jh. errichtetes achtachsiges Gebäude aus verputztem Backsteinfachwerk mit Rohrdach. Am linken Giebel des eingeschossigen Hauses etwas niedrigerer STALL in gleicher Beschaffenheit angefügt. Dem Wohnhaus in der Mitte ein kleiner Eingangsvorbau vorgelagert.
WOHNHAUS Bergstraße 6. Auf Feldsteinsockel errichtetes eingeschossiges Gebäude aus verputztem Lehmfachwerk mit Rohrdach und verbrettertem Giebel, entstanden 2. H. 19. Jh.

*Linke Seite: Schmoldow, Gutshaus*

*Rechte Seite: Stolpe, Dorfkirche, Schnitzfiguren, 18. Jh.*

### Stolpe

DORFKIRCHE 1871 errichteter, rechteckiger, neogotischer Backsteinbau auf niedrigem Feldsteinsockel mit eingezogenem polygonalen Chor und eingerücktem rechteckigen Westturm. Im Chor ein Spitzbogenfenster, Konsolfries unterhalb der Traufe, am Schiff fortgeführt, ebenso am Turm als geschoßtrennendes Gesims. Nordwestlich kleiner Portalvorbau. Der Turm mit Westportal und polygonalem Pyramidenhelm. – Im Innern Holzbalkendecke im Schiff, der Chor gewölbt, durch schmalen Triumphbogen vom Schiff getrennt. Hölzerne Orgelempore im Westen. Orgelprospekt 18. Jh. Zwei Schnitzfiguren, Apostel, 18. Jh. Zwei Gemälde, Porträt C. H. Vogel, 1848 von M. Berger, und Porträt H. F. Krauthoff, 19. Jh. von O. Bosel. Kruzifix 19. Jh. Opferständer um 1850. Antependium, Seide mit Silberspitze und gestickten Ranken, 1761. Leuchterpaar, Zinn, 1756. Zwei Kronleuchter, Messing, 19. Jh. Sieben Wandleuchter, Messing, 19. Jh. Glocke 15. Jh.
Westlich der Kirche KRIEGERDENKMAL, errichtet im 1. D. 20. Jh. Auf Feldsteinsockel quadratisches Postament, darauf das Standbild eines Soldaten. Inschrift-

tafel: WIR GEDENKEN/ DER OPFER/ WIR MAHNEN/ ZUM FRIEDEN.

Ehem. GUTSHAUS (Wohnhaus). Putzbau von zwei Geschossen, im Kern wohl 17. Jh. Die Vorderseite sechsachsig mit dreiachsigem übergiebelten Mittelteil, der Giebel geschweift mit Gliederung durch Pilaster und Gebälk in Renaissanceformen. Zwischen die erhaltenen Reste zweier runder Ecktürme eingeschossiger, im linken Teil zweigeschossiger Vorbau gespannt, dieser urspr. als Arkadengang mit Rundbogenarkaden ausgebildet, heute verändert. Die Arkaden beseitigt, stattdessen vier querrechteckige Fenster. Mittiges Portal, von zwei Strebepfeilern flankiert. Auf der Gartenseite weit vortretender dreiachsiger Mittelrisalit. Der urspr. geschweifte Renaissancegiebel begradigt. Rechts Terrassenvorbau. Ein ehem. hier befindlicher runder Turm abgetragen. Links neben dem Risalit eingeschossiger Anbau. Das Gutshaus zu Beginn 20. Jh. stark verändert.
PFARRHAUS Dorfstraße. Eingeschossiger siebenachsiger Putzbau mit Krüppelwalmdach und mittigem Portal aus der 1. H. 19. Jh.
SCHEUNE Am Feldweg nach Mellenthin. In der 2. H. 19. Jh. errichteter Backsteinfachwerkbau, massiv erweitert. Rohrdach. An der massiven Giebelseite Deutsches Band. Zwei Holztore. Großer, risalitartig vortretender Anbau von drei zu zwei Achsen.
GEHÖFT Dorfstraße 45. In der 2. H. 19. Jh. entstandene Hofanlage, bestehend aus Wohnhaus, Scheune und Stall. Das WOHNHAUS als eingeschossiger siebenachsiger Putzbau mit Rohrdach und verbrettertem Giebel errichtet. Die SCHEUNE aus verputztem Lehmfachwerk mit Rohrdach, verbrettertem Giebel und großem Holztor an der Traufseite erbaut. Der aus Backsteinmauerwerk errichtete STALL ebenfalls unter Rohrdach mit verbrettertem Giebel. An die Giebelseite hölzerner SCHUPPEN mit Schleppdach angefügt.

### Strellin

WIRTSCHAFTSHOF DES EHEM. GUTES Hofanlage aus fünf einander gegenüberliegenden Ställen und Scheunen und einer etwas abseits gelegenen Schmiede. Die Stallgebäude aus Feldstein mit Sattel- bzw. Krüppelwalmdach. Fenster- und Türeinfassungen in Backstein, Giebel teilweise verbrettert. Wohl A. 19. Jh.
Schmiede aus den 20er Jahren 20. Jh. Eingeschossiger Putzbau auf Feldsteinsockel. Der Wohnteil an der linken Seite, rechts die Schmiede mit einem überdachten offenen Vorraum. Ausstattung der Werkstatt vollständig erhalten.

### Stresow

Ehem. GUTSHAUS Siebenachsiger Putzbau über Feldsteinsockel mit flachem Satteldach, M. 19. Jh. Die mittleren fünf Achsen mit einem zweiten Geschoß. Mittelrisalit seitlich abgeschrägt, davor Freitreppe mit halbrunder Glasverdachung. Obergeschoßfenster rundbogig. Fenster mit flacher Gesimsverdachung.

### Subzow

Ehem. GUTSHAUS Eingeschossiger siebenachsiger Putzbau mit Kellergeschoß und Krüppelwalmdach, um 1910 errichtet. Mittiges Zwerchhaus, Eingangsvorbau mit oberem Austritt und vorgelagerter Freitreppe. Oberhalb der Kellerfenster Segmentbogen in den Putz eingetieft. Fenster mit Faschen. Rückseite mit vorgelagerter Terrasse auf Pfeilern, an der linken Giebelseite fünfseitige Utlucht.

*Linke Seite: Stresow, Gutshaus*

*Rechte Seite: Trassenheide, Erdholländer*

**Suckow**

GEHÖFT Dorfstraße. In der 2. H. 19. Jh. errichtet. WOHNHAUS eingeschossiger Putzbau mit Drempel und Krüppelwalmdach. Unterhalb des Drempels Geschoßgesims. Mittiges Portal. Die SCHEUNE als giebelständiger Backsteinbau mit verbretterten Giebeln errichtet. Die Traufseite in Lehmfachwerk. Der ebenfalls giebelständige STALL massiv mit verbretterten Giebeln. Beide Gebäude unter Rohrdach.

**Trassenheide**

BAHNHOF Bahnhofstraße. Um 1910 errichteter eingeschossiger Putzbau von fünf Achsen mit Zwerchdach. Die Fenster kleinteilig gesproßt, mittige Türen an Straßen- und Bahnsteigseite, rundbogige Oberlichte. Im Dach Fledermausgauben. An den Giebelseiten eingeschossige Anbauten, rechts in Holz, großflächig durchfenstert, links massiv und Fachwerk, verputzt. Walmdächer.

MÜHLE (Ferienheim) Mühlenstraße. Erdholländermühle, dreigeschossiger Rumpf über achteckigem Grundriß, Fachwerk beschiefert, Haube und Flügelkreuz. 2. H. 19. Jh. errichtet.

**Ückeritz**

BAHNHOF Eingeschossiger Putzbau, errichtet um 1910. Die Eingangszone leicht vorgezogen. Großes Zwerchhaus, an dieses turmartiger übergiebelter Vorbau angelehnt. Links das Dach abgewalmt, eingeschossiger, großflächig durchfensterter, verandenartiger Holzanbau an der linken Giebelseite. Rechts schlichtes eingeschossiges Gepäckabfertigungsgebäude aus verputztem Backstein angefügt.

PENSION AGNES Am Kurplatz 1. Um 1900 errichteter giebelständiger Putzbau, zweigeschossig. Die Giebelseite mit zweigeschossiger Loggia, ihre Kanten durch Säulen betont, korbbogige Fenster. Geschoßtrennendes Gesims und Sohlbankgesims, letzteres über die linke Traufseite fortgeführt. Hier eingeschossige Auslucht mit großflächig verglastem dekorativem Aufbau, Haubendach und Windrose. Fenster und Haustür in Putzfaschen.

SCHEUNE Nebenstraße 4. Im 2. D. 19. Jh. errichteter eingeschossiger Lehmfachwerkbau, Gefache teilweise in Backstein erneuert. Die linke Giebelseite verputzt, Giebel verbrettert, Rohrdach.

WOHNHAUS Nebenstraße 13. E. 19. Jh. entstandener eingeschossiger Putzbau mit Stallteil, hier der Giebel abgewalmt. Die Fenster in Putzfaschen, Sohlbankgesims, Rohrdach. Die Haustür 1. V. 20. Jh.

SCHULE Strandstraße 3. Zweigeschossiger Putzbau mit Walmdach, errichtet um 1930. Sockel, Gebäudekanten und Traufzone verklinkert. Der dreiachsige Eingangsbereich um ein Geschoß erhöht mit Lisenengliederung und drei Ziergiebeln in Backstein. Auf der Rückseite vortretender Mittelrisalit mit Erdgeschoß, Lisenengliederung und Dreieckgiebeln in Backstein.

PENSIONEN Waldstraße 6 und 9. Zweigeschossige Putzbauten mit Seitenrisaliten, Gliederung durch Halbsäulen und Pilaster. Das Obergeschoß des zurückgesetzten Mittelteiles loggienartig vorkragend, in Nr. 6 verglast, bei Nr. 9 offen. Erbaut um 1900.

### Ullrichshorst

GEHÖFT Dorfstraße 7. In der 2. H. 19. Jh. entstanden. Das WOHNHAUS als eingeschossiger Putzbau von sechs Achsen mit Rohrdach errichtet, die Fassade mit Putzquaderung versehen. Urspr. Haustür mit Oberlicht erhalten. Auf dem Hof eingeschossige SCHEUNE in Backsteinfachwerk, Rohrdach.

GEHÖFT Dorfstraße 26. Hofanlage, bestehend aus Wohnhaus und drei Stallscheunen, nach einem Brand der Vorgängeranlage 1908 entstanden. Eingeschossiges sechsachsiges WOHNHAUS, auf Backsteinsockel errichteter Putzbau. Die Fenster von Pilastern flankiert. Über den Stürzen ornamentales Dekor. Unverputzte Rückseite. Die STALLSCHEUNEN zweigeschossig. Unverputzte Backsteinbauten, eine mit großem mittigen Tor. Dieses unterbricht umlaufendes Deutsches Band. Links etwas kleineres Tor, rechts Tür, von zwei kleinen Fenstern flankiert. Hier der Stallteil. Die anderen Stallscheunen ähnlich.

Ehem. SCHULE (Wohnhaus) Dorfstraße 62. Um 1900 errichteter eingeschossiger Backsteinbau mit segmentbogigen Fenstern und Türen.

### Usedom

ANKLAMER TOR Gotischer Backsteinturm von drei Geschossen über spitzbogiger Durchfahrt. Walmdach anstelle urspr. Giebel zur Stadt- und Feldseite. Gliederung der Geschosse durch zumeist rundbogige Blenden. An der Stadtseite geschoßtrennende Putzblenden, im dritten Obergeschoß segmentbogige Luken. Über drei Geschosse reichende Fallgatternische auf der Feldseite. Der Torturm um 1450 erbaut.

STADTKIRCHE ST. MARIEN. Dreischiffige sechsjochige Hallenkirche mit eingezogenem polygonalem Chor und eingebundenem quadratischem Westturm mit Turmseitenhallen. Der gotische Backsteinbau im letzten V. 15. Jh. errichtet, dieser besaß dreischiffiges Langhaus von vier Jochen mit einschiffigem polygonalem Chor und von den vorgezogenen Seitenschiffen flankiertem Westturm mit 1673 aufgesetztem oktogonalem Pyramidenhelm. Die E. 19. Jh. begonnene Restaurierung

*Linke Seite: Usedom, Anklamer Tor und Turm der Stadtkirche St. Marien*

*Rechte Seite: Usedom, Stadtkirche St. Marien, Inneres nach Westen*

führte wegen vielfacher Schäden zu fast völligem Neubau, ausgeführt nach Plänen von L. Böttger 1891/93. Im wesentlichen der Grundriß erhalten, lediglich der Chor erheblich verkleinert, hier sowie auf der Südseite neue Fundamente. Verblendung der erhaltenen Nordseite, der Westturm neogotisch überformt. Langhaus und Chor von Strebepfeilern umgeben. Im Chor dreiteilige, im Langhaus vierteilige Spitzbogenfenster. Der Ostgiebel des Schiffs gestuft und mit Spitzbogenblenden verziert. Bandförmige Blendfelder unterhalb des Giebels, am Chor fortgeführt. Quadratischer Sakristeianbau mit Walmdach in der Südostecke zwischen Chor und Langhaus. Der Turm mit verputzten Blendengliederungen in seinem Oberbau und Satteldach in Nord-Süd-Richtung, von zwei Fialturmgiebeln mit Spitzbogenblenden und mittigem Zifferblatt eingefaßt. Westportal mit spitzbogigem gestuftem Gewände in Wandvorlage. Doppelportale zu den Turmseitenhallen. Südwestlich hervortretender Treppenturm mit Kegeldach. – Im Innern der Chor gewölbt, das Schiff mit flacher Holzbalkendecke geschlossen. Aufteilung in drei Schiffe durch rechteckige hölzerne Stützen mit hölzernen Arkadenstellungen.

Orgelempore im Westen. Altarschranken 1743. Kruzifix 19. Jh. Glasgemälde, Auferstehung Christi, 19. Jh. Gemälde, Porträt Pastor Vogel, 1848 von M. Berger. Kelch und Patene 1596, erneuert 1651. Kelch 1790. Patene 17. Jh. Krankenoblatendose, Silber, 1. H. 17. Jh. Krankenabendmahlsgerät, Messing versilbert, z. T. vergoldet, 19. Jh. Ziborium 1660. Taufschale und Taufkanne, Messing versilbert, 19. Jh. Vase, Kupfer, 19. Jh. Vier Glocken, 1693 von Peter Barner, Greifswald, 1964, und zwei Stahlglocken, 1956. Drei Grabplatten, Ratibor I. und Pribislawa, 15. Jh., J. Rohner, um 1500, O. Volcmar † 1694.

FRIEDHOFSKAPELLE Neogotischer oktogonaler Backsteinzentralbau vom E. 19. Jh. mit hervortretendem rechteckigem Chor. Der Bau spitzbogig durchfenstert, Konsolfries im Giebel des Chores. Vorn in jüngster Zeit hinzugefügter, überdimensionierter, giebelständiger Vorbau aus hauptsächlich gelbem Backstein, der Giebel verputzt. Aufwendig gearbeitetes zweiflügeliges FRIEDHOFSTOR, Metallstäbe mit aufgelegten Festons, zwischen zwei Backsteinpfeilern mit Kreuzblenden.

RATHAUS Markt 1. Zweigeschossiger Putzbau von sieben Achsen mit leicht vortretendem dreiachsigem Mittelrisalit, errichtet im letzten V. 18. Jh. Das Erdgeschoß genutet, das Obergeschoß des Risalits durch Lisenen gegliedert, hier Brüstungsfelder unter den Fenstern. Im mittleren Brüstungsfeld umranktes Stadtwappen. Geschoßtrennendes Band, auf den Seitenteilen und auf der Rückseite als Gesims fortgeführt. Der Bau unter Krüppelwalmdach. Putzfassade, Fenster und Tür wohl E. 19. Jh. erneuert.

Ehem. BAHNHOF (Wohnhaus/Gaststätte) Bäderstraße. Im letzten D. 19. Jh. errichteter zweigeschossiger Backsteinbau. Der Mittelteil fünfachsig mit Drempel, dreiachsiger Mittelrisalit. Links und rechts etwas niedrigere Anbauten von je zwei Achsen, leicht rückspringend. Im Erdgeschoß sämtliche Fenster und Türen rundbogig, segmentbogige Fenster im Obergeschoß, dazwischen geschoßtrennendes doppeltes Deutsches Band.

WOHNHAUS Goethestraße 1. Eingeschossiger siebenachsiger Putzbau mit Drempel aus der 2. H. 19. Jh. In der Mitte dreiachsiger Risalit mit weit überstehendem Krüppelwalmdach und geschoßtrennendem Gesims. Die seitlichen Fensterachsen durch je eine Dreieckgiebelverdachung zusammengefaßt.

WOHNHAUS Goethestraße 3. Auf Feldsteinsockel errichteter, zweigeschossiger, sechsachsiger Putzbau von 1896. Rustiziertes Erdgeschoß und umlaufendes geschoßtrennendes Gesims, der Mittelteil der Fassade ausgespart und von zwei Lisenen flankiert. Die Fenster im Obergeschoß mit einfachen Verdachungen auf Konsolen, die Brüstungsfelder mit floralem Putzdekor. In der urspr. Haustür Neorenaissancegitter, darin Monogramm CO und Jahr der Erbauung.

*Markt*

WOHNHAUS Nr. 14. Putzbau von zwei Geschossen und drei Achsen, wohl M. 19. Jh. Fenster und Tür mit Putzfaschen, unter den Fenstern Sohlbankgesims. Geschoßtrennendes Gesims. Haustür mit aufwendigem Neorenaissancedekor vom E. 19. Jh.

WOHN- UND GESCHÄFTSHAUS Nr. 16. Um die M. 19. Jh. errichteter zweigeschossiger Putzbau mit geschoßtrennendem Gesims. Im Erdgeschoß Ladenlokal mit Schaufenster und Eingangstür um 1900.

PFARRHAUS Nr. 20. Zweigeschossiges siebenachsiges Gebäude mit Krüppelwalmdach, erbaut um 1800. Das Erdgeschoß massiv und verputzt, Obergeschoß und Giebel in verputztem Backsteinfachwerk. Mittige Portalachse mit klassizistischer Haustür. Im Dach eine Gaube. Zum Pfarrhaus eine z. T. massive, teilweise in Fachwerk errichtete eingeschossige SCHEUNE gehörig.

WOHNHAUS Nr. 21. Im 19. Jh. errichteter zweigeschossiger Backsteinbau mit von Putzbändern und Sohlbankgesims gegliederter Fassade. Dreieckgiebelverdachungen der Fenster im Erdgeschoß. Portalnische mit urspr. Haustür.

WOHNHAUS Peenestraße 21. Über Sockel errichteter eingeschossiger Putzbau mit dreiachsigem mittigem Dacherker, M. 19. Jh. Die Fassade gequadert, im Dacherker zwei Pilaster. Dreieckgiebel mit Medaillon.

WOHNHAUS Peenestraße 25. Putzbau der M. 19. Jh., zweigeschossig, vierachsig. Gequaderter Sockel, umlaufende Sohlbankgesimse, geschoßtrennendes Gesims.

*Usedom, Markt mit Pfarrhaus und Anklamer Tor*

Fenster mit Faschen, im Obergeschoß einfache Verdachungen auf Konsolen. Portalachse an der rechten Giebelseite.

WOHNHAUS Peenestraße 34. Um die M. 19. Jh. errichteter Putzbau von einem Geschoß und fünf Achsen mit urspr. Haustür in der Fassadenmitte.

WOHNHAUS Priesterstraße 13. Eineinhalbgeschossiger Putzbau, entstanden um 1800. Die beiden rechten Achsen des vierachsigen Gebäudes bis unmittelbar unter das Halbgeschoß vorgezogen und mit Pultdach versehen. Links eine kleine eingeschossige SCHEUNE angefügt.

SCHEUNE Priesterstraße 32. Eingeschossiger Backsteinfachwerkbau der M. 19. Jh. auf schmalem Feldsteinsockel mit großem mittigen Holztor.

CHRISTIANISIERUNGSDENKMAL Schloßberg. Auf erhöhtem, von Backsteinmauer umgebenem, über Freitreppen erreichbarem Plateau errichteter leicht geböschter Backsteinsockel mit pyramidal abgetrepptem Oberteil. Darauf steinernes lateinisches Kreuz. An der Vorderseite des Sockels Inschrifttafel: AN DIESER STÄTTE / NAHMEN ZU PFINGSTEN 1128 / DIE FÜHRER DER WENDEN / IN WESTPOMMERN / DAS CHRISTENTUM AN. / GOTT WILL NICHT / ERZWUNGENEN, SONDERN / FREIWILLIGEN DIENST / OTTO VON BAMBERG. / ERRICHTET 1928.

*Swinemünder Straße*

WOHN- UND GESCHÄFTSHAUS Nr. 7. Errichtet in der 2. H. 19. Jh. Zweieinhalbgeschossiger vierachsiger Putzbau mit Sohlbankgesimsen und stark profiliertem geschoßtrennendem Gesims.

WOHNHAUS Nr. 11. Zweigeschossiger, giebelständiger, jetzt verputzter Backsteinbau, wohl in der 2. H. 18. Jh. errichtet. Das Obergeschoß leicht vorkragend. Links eingeschossiger zweiachsiger Vorbau mit Pultdach.

WOHNHAUS Nr. 23. Eingeschossiger zweiachsiger Putzbau der 2. H. 19. Jh. An der linken Giebelseite Eingangsvorbau mit aufwendiger großer Tür.

WOHNHAUS Nr. 37. In der 2. H. 19. Jh. errichteter, zweigeschossiger, dreiachsiger Putzbau. Das Erdgeschoß gequadert, Pilastergliederung im Obergeschoß, Sohlbankgesimse sowie geschoßtrennendes Gesims.

WOHNHAUS Nr. 41. Eineinhalbgeschossiger Putzbau des 19. Jh. mit Ecklisenen und unmerklich vorgezogenem Mittelteil. Breites geschoßtrennendes Gesims. Im Obergeschoß Balkon, auf Säulen ruhend, das Brüstungsgitter verloren. Urspr. Haustür erhalten.

SCHEUNE Wiekstraße 6. Im 19. Jh. errichteter eingeschossiger Backsteinfachwerkbau mit Rohrdach.

### Vargatz

Ehem. GUTSHAUS Eingeschossiger neunachsiger Putzbau mit hohem Krüppelwalmdach, um 1830 errichtet. Schlichte klassizistische Fassadengestaltung: dreiachsiger Mittelrisalit mit flachem Dreiecksgiebel, Quaderung in Fugenschnittputz. An der Rückseite Flügelanbau, die Fassade mit hohem Zwerchhaus, Hofseite zweigeschossig.

Zum Gutshaus gehört ein zeitgleicher Stall aus Backstein mit Mansardgiebeldach. Segmentbogenöffnungen, im Giebel, Lünettenfenster und Lisenengliederung.

### Wampen

Ehem. GUTSHAUS Eingeschossiger neunachsiger Backsteinbau mit Souterrain, um 1850 erbaut. Der veränderte Eingangsbereich urspr. segmentbogig, davor Freitreppe. Lisenengliederung und Klötzchenfriese, Fenster mit Segmentbogenschluß. Mittiges Zwerchhaus. An der Rückseite ein dreiachsiger Dachausbau.

### Warthe

WOHNHAUS Am Leuchtberg 6/6 a. Zweihieschiger Putzbau aus der 2. H. 19. Jh. Eingeschossig, sechsachsig, Rohrdach. Zugehörig zwei aneinandergereihte SCHEUNEN, eingeschossige Bauwerke aus verputzten Lehmziegeln bzw. verputztem Lehmfachwerk. Rohrdächer, verbretterte Giebel.

WOHNHAUS Am Leuchtberg 8. Eingeschossiger Putzbau von fünf Achsen mit Rohrdach, 2. H. 19. Jh. Auf dem Hof STALLSCHEUNE, eineinhalbgeschossiger Backsteinbau mit umlaufendem geschoßtrennendem Deutschen Band.

WOHNHÄUSER Dorfstraße. Eingeschossige Putzbauten aus der 2. H. 19. Jh., z. T. mit Rohrdächern, größtenteils vierachsig. Zu dieser Gruppe Nr. 5, 16 und 17 gehörig, Nr. 16 in Backstein. Auf den Höfen SCHEUNEN und STÄLLE in verputztem Fachwerk bzw. massiv mit Rohrdächern und teilweise verbretterten Giebeln.

GEHÖFT Peeneweg 9. Dreiseitige Anlage, 2. H. 19. Jh., bestehend aus Wohnhaus, Scheune und Stall. Das WOHNHAUS massiv und verputzt, die WIRTSCHAFTSGEBÄUDE in Fachwerk, verbretterte Giebel. Sämtliche Gebäude eingeschossig und rohrgedeckt.

WOHNHAUS Peeneweg 13. Eingeschossiger fünfachsiger Putzbau mit Rohrdach, 2. H. 19. Jh., die Fenster in profilierten Putzfaschen.

WOHNHAUS Peeneweg 14. In der 1. H. 19. Jh. errichtetes eingeschossiges Gebäude mit rohrgedecktem Krüppelwalmdach. Urspr. wohl gänzlich in Fachwerk, z. T. massiv erneuert.

## Wehrland

DORFKIRCHE Rechteckiger Feldsteinbau mit eingezogenem, gerade geschlossenem Chor, errichtet im 14. Jh. Ein Turm, an dem 1598 eine Ausbesserung bezeugt wird, nicht mehr vorhanden. Der Chor urspr. niedriger, im 17. Jh. nachträglich erhöht, ebenso die Giebelkanten des Schiffs im Westen. Sauber geschichtetes Feldsteinmaterial, am Chor mit Ritzfugen versehen. Das große spitzbogige Ostfenster mit abgetrepptem Backsteingewände und drei eingestellten Rundstäben in den Abstufungen jetzt vermauert. In der Nord- und Südwand des Chores je ein weiteres Spitzbogenfenster. Dreijochiges Schiff, die Fenster in Backsteingewänden, im Norden zugemauertes Portal. Abgestuftes Westportal mit Kämpferwulst in Backstein, darüber Backsteingiebel mit Spitzbogen- und Rautenblenden. – Innen flache, mit Ranken bemalte Balkendecke, um 1700, die Innenseiten der nördlichen und südlichen Chorwand im oberen Viertel aus Backsteinfachwerk. Sakramentsnische mit mittelalterlicher Tür, darauf Rankenmalerei, innen Sterne auf blauem Grund. – Kuppa und Schaft eines mittelalterlichen Taufsteins. Orgel, 19. Jh. von W. Remler, Berlin. Kruzifix, Gußeisen, 19. Jh. Knüpfteppich mit Evangelistensymbolen, M. 19. Jh. Liedtafel 1. H. 19. Jh. Leuchterpaar, Eisen, um 1825. Kelch und Patene 2. H. 15. Jh. Taufschale, Messing, 17. Jh. Schale, Messing, 18. Jh.

*Linke Seite: Wehrland, Dorfkirche von Nordwesten;*

*Rechte Seite: Wehrland, Dorfkirche, Taufstein; Inneres nach Osten*

Bei der Kirche GLOCKENSTUHL mit Glocke von 1937. Die FRIEDHOFSMAUER aus Feldstein, der obere Abschluß in Backstein, wohl 15. Jh.

Ehem. GUTSHAUS (Wohnhaus). Zweigeschossiger spätklassizistischer Putzbau des 2. V. 19. Jh. Neunachsiger Baukörper mit dreiachsigem übergiebeltem Mittelrisalit. Die Fassade gequadert. Starkes geschoßtrennendes Gesims und Sohlbankgesims im Obergeschoß umlaufend. In den Seitengiebeln je ein Halbrundfenster mit aufwendiger rosettenartiger Sprossung. Rechts vom Gutshaus zwei WOHNSTALLHÄUSER, um 1850 errichtete eingeschossige Backsteinbauten, das Traufgesims als Konsolfries ausgebildet. Eines der Gebäude durch rohrgedeckten massiven Scheunenteil erweitert. Dieser durch flachgedeckten, verputzten, eingeschossigen Baukörper mit eingeschossiger SCHEUNE aus Backsteinfachwerk verbunden.

## Weitenhagen

DORFKIRCHE Zweijochiger Saalbau mit einem schwach eingezogenen Chor mit 5/8-Schluß, um 1400 erbaut. Backsteinbau auf Feldsteinfundament. Die einmal abgetreppten Strebepfeiler am Chor mit niedrigerem Kaffgesims u. Abtreppung. Westgiebel ohne Gliederung. An der Südseite später eine Sakristei angefügt, das Portal mit profiliertem Gewände, der Giebel mit drei gestaffelten schmalen Spitzbogenblenden über einer zweifachen Stromschicht. Das Schiff mit dreiteiligen, einfach profilierten Spitzbogenfenstern. Die beiden Chorsüdfenster zugesetzt, sie bilden nach innen Spitzbogenblenden mit rechteckigem Mittelpfosten und einer Kreisblende im Bogenfeld. – Innenraum: Gedrückt spitzbogiger Triumphbogen, in die Kanten der spitzbogigen Fensternischen des Chores ein Rundstab eingelegt. Kreuzrippengewölbe im Chor auf Diensten endend, im Schiff auf Wandvorlagen, in den Ecken auf Konsolen. Die Rippen der Gewölbe von ornamental gehaltenen Krabben begleitet.

*Ausstattung:* Kruzifix, Holz mit Resten originaler Bemalung und Dornenkrone aus echten Zweigen, um 1500. Orgel, 1861 von Mehmel, Stralsund, neogotischer Prospekt. Orgelempore mit Grisaillemalereien des ehem. Chorgestühles. Kelch 1602. Patene 15./16. Jh. Oblatendose, Messing versilbert, 2. H. 19. Jh. Krankenkelch u. Kanne, Messing versilbert, E. 19. Jh. Patene, Zinn, 19. Jh. Altarleuchterpaar, Messing, 1692. Taufschale, Messing, 16. Jh. Kollektenschale, Messing, 1690. Zwei Kronleuchter, Holz, 19. Jh. Altarleuchter, Metallfolie auf Pappmaché, 19. Jh. Grabplatte Catharina Hintze, Kalkstein, 1785. Grabplatte Christine Maria Schmidt, Kalkstein, 1828. Glocke, 1803 von J. G. Metzger, Stralsund.

Friedhof mit Feldsteinpackmauer. Spätgotisches Friedhofsportal aus Backstein mit großer korbbogiger Durchfahrt, daneben einfache Kreisblenden, rechts eine Fußgängerpforte. Westlich der Kirche ein hölzerner zweijochiger Glockenstuhl, 19. Jh. Glocke, 1803.

Grabwangen aus Kalkstein u. Granit, 18. u. 19. Jh. Obelisk, Grabmal Joh. Christ. Friedr. Hollander, geb. Holst †1819, Gußeisen. Zwei schmiedeeiserne Grabkreuze von 1832.

Ehem. KÜSTERHAUS UND SCHULE Hauptstraße 43. Lehmfachwerkbau mit rohrgedecktem Krüppelwalmdach, um 1800. Tür mit halbrundem Oberlicht, rechts das Tor des ehem. Stallteils.

## Welzin

Ehem. GUTSHAUS (Wohnhaus). Um 1850 errichteter, eineinhalbgeschossiger, siebenachsiger Putzbau mit geschoßtrennendem Gesims. Sohlbankgesims im Erdgeschoß, hier genutete Putzfassade. Die Fenster in Putzfaschenrahmung, übergiebelte Auslucht. Auf dem Hof zweigeschossige SCHEUNE in Backstein mit Lisenengliederung und Deutschem Band, zugehörig ein STALL, ebenfalls in Backstein.

*Dorfstraße*
Ehem. SCHULE (Wohnhaus). Vom E. 19. Jh. stammender eingeschossiger Backsteinbau von fünf Achsen mit weit überstehendem Dach.
WOHNHAUS Nr. 16. Eingeschossiger fünfachsiger Putzbau, 2. H. 19. Jh., die Vorderseite mit Putzquaderung, Tür und Fenster in Putzfaschen. Auf dem Hof EISKELLER, aufgeführt in Backstein.
WOHNHAUS Nr. 18. Putzbau von einem Geschoß und sechs Achsen mit Krüppelwalmdach, rohrgedeckt, 2. H. 19. Jh. Segmentbogige Fenster und Tür in putzgequaderter Fassade. Rückseitig eine Fledermausgaube.
GEHÖFT Nr. 30. Errichtet in der 2. H. 19. Jh. mit eingeschossigem rohrgedeckten WOHNHAUS aus verputztem Backstein mit Sohlbankgesims. Die SCHEUNE in Backstein mit Rohrdach. Zweigeschossige STALLSCHEUNE, Backsteibau mit geschoßtrennendem Deutschen Band.

**Wilhelmshof**

STALLSCHEUNE Dorfstraße 13. Um 1850 errichteter zweigeschossiger Backsteinfachwerkbau, z. T. massiv erneuert. Der langgestreckte Baukörper unter Rohrdach, dieses z. T. in Wellasbest ergänzt. Große Fledermausgaube. Die Giebel verbrettert.

**Wolgast**

Die Stadt liegt am linken Ufer des Peenestromes im Küstentiefland der Ostsee. Bereits in slawischer Zeit wichtiger Burgort am Übergang der Ostseeküstenstraße über die Peene. 1123 Eroberung des Ortes. Zerstörung des slawischen Gerowit-Tempels 1128 durch Bischof Otto von Bamberg, danach planmäßige Anlage der später ummauerten Stadt auf regelmäßigem Grundriß mit gitterförmigem Straßennetz um die St.-Petri-Kirche, die anstelle des slawischen Heiligtums aufgeführt wurde. Stadtrecht seit 1257. Haupterwerbszweige waren Fernhandel und Schiffahrt. Im Mittelalter gehörte die Stadt der Hanse an. 1282 urkundliche Erwähnung des Rates, welcher die Nieder- und Obergerichte ausübte. Errichtung des Schlosses anstelle der aus dem 13. Jh. stammenden Burg ab 1563. Dieses war Residenz der Herzöge von Pommern-Wolgast, die über ein selbständiges

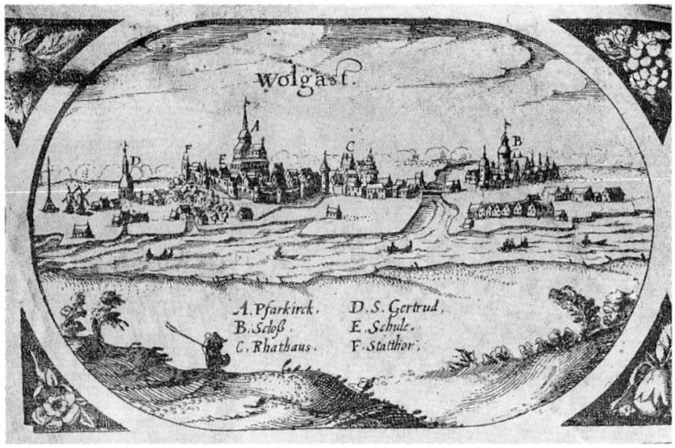


Herzogtum herrschten, das bis 1625 bestand. In der 2. H. 17. Jh. kriegszerstört, als Kurfürst Friedrich Wilhelm von Brandenburg die Stadt belagerte, und seitdem Ruine, wurde das Schloß 1843 abgetragen. 1648 fiel Wolgast an Schweden, 1815 an Preußen. Als Folge des Nordischen Krieges brannte die Stadt 1713 völlig nieder. Im 19. Jh. Industrialisierung des Ortes mit der Entstehung eines Gußstahlwerkes, Eisengießereien, holz- und metallverarbeitenden Werken sowie Fabriken für Tabakverarbeitung und Zementwarenherstellung. Die wichtigsten Erwerbszweige in dieser Zeit waren der Schiffbau und der Getreidehandel. 1863 erfolgte die Anbindung an die Bahnlinie nach Züssow. Von 1952 bis 1993 war Wolgast Kreisstadt des gleichnamigen Landkreises, der 1993 im Großkreis Ostvorpommern aufging.

STADTBEFESTIGUNG Die mittelalterliche Stadt ehemals von einem geschlossenen Mauerring mit Toren und Türmen umgeben. Reste der maßgeblich im 13. Jh. errichteten Backsteinmauer von etwa zwei bis fünf Metern Höhe in der Oberwallstraße und der Straße An der Stadtmauer erhalten, z. T. zur Stadtseite geböscht. An der Oberwallstraße Stumpf eines sechseckigen Wehrturmes überkommen. Die drei Tore im 19. Jh. abgetragen.

*Linke Seite: Weitenhagen, Kirche, Inneres nach Osten*

*Rechte Seite: Wolgast, Ausschnitt aus der Lubinschen Karte*

STADTKIRCHE ST. PETRI. Dreischiffige gotische Backsteinbasilika von vier Jochen auf Feldsteinsockel mit einjochigem, polygonal geschlossenem Umgangschor und quadratischem Westturm. Die Seitenschiffe als fünfseitiger Umgang um den Chor geführt, im Westen als Turmnebenhallen vorgezogen. Errichtet als einheitlicher Bau um 1370, nach Brand 1713 Erneuerung 1716/28; von einer vorangegangenen frühgotischen Kirche nur ein reich profiliertes Spitzbogenportal in der Südwand der südlichen Turmseitenhalle erhalten. Strebepfeiler umstellen den hohen, einfach gegliederten Bau mit sparsamem Baudekor, umlaufendes Traufgesims aus

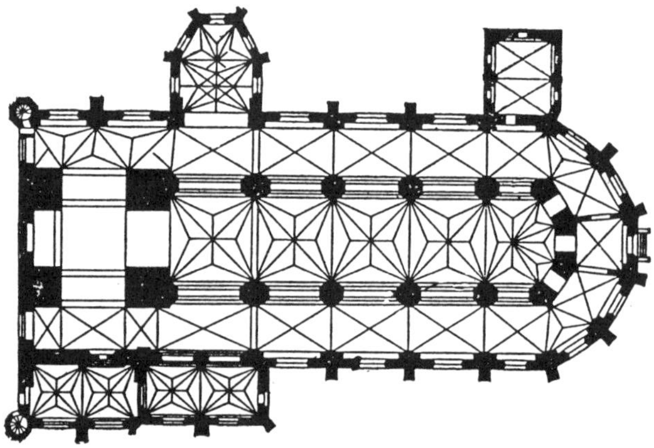

Vierpässen und schmale zweiteilige Blenden am ersten Turmgeschoß, westliche Turmwand mit reich profiliertem Portal und Treppentürmchen an den Ecken. Das zweite und das niedrigere dritte Freigeschoß des Turmes 1727 oktogonal erneuert, niedriges Zeltdach nach Brand 1920 aufgesetzt. Im Nordosten zweijochige Sakristei angesetzt, heute Taufkapelle, über der Nordwand Blendengiebel. Dreiseitig geschlossene Kapelle im Nordwesten. Am südlichen Seitenschiff, mit der Westfassade fluchtend, zweijochige zweigeschossige Petrikapelle, östlich anschließend ähnlicher eingeschossiger Raum. – Innen die um 1400 eingezogenen Sterngewölbe in Chor und Mittelschiff und die Kreuzgratgewölbe der Seitenschiffe von achtseitigen Pfeilern mit dünnen Eckstäben getragen, über den spitzbogigen Arkaden ein kräftiges Ge-

*Linke Seite: Wolgast, Stadtkirche St. Petri, Inneres nach Osten und Grundriß*

*Rechte Seite: Wolgast, Stadtkirche St. Petri, Schnitzfiguren des Mönchower Altars; Epitaph für Herzog Philipp I.*

sims, die Obergadenfenster in reich profilierten Schildbögen. Die Gewölbe nach 1713 erneuert. Reste von Wandmalerei am südöstlichen Chorumgangspfeiler: Katharina A. 15. Jh. Christophorus A. 16. Jh. In den Chorumgangsgewölben dekorative Malereien sowie Heilige und Wappen von Pommerschen Herzögen und adeligen Stiftern, A. 15. Jh., 1942 freigelegt und stark restauriert. Die Sakristei mit Kreuzrippengewölbe, reiche Sterngewölbe in der Nordwestkapelle, Stern- und Kreuzgewölbe in der Petrikapelle, der östlich anschließende Raum sterngewölbt.
*Ausstattung:* Kanzel 1710. Lesepult mit reichem Schnitzdekor 1645. Orgel, um 1825 von Buchholz, Berlin. Figuren des Schnitzaltars aus Mönchow, 15. Jh., Maria zwischen zwei Bischöfen, in den Seiten je sechs Heilige. Kruzifix, 15. Jh., aus St. Marien Rostock. Taufengel, Zinkguß, 1840, Nachbildung von Thorvaldsen. 24 Tafelbilder, 1700 von Caspar Sigmund Köppe (aus der Gertrudenkapelle), Totentanzzyklus in Anlehnung an Holzschnitte von Hans Holbein. Gemälde, Christus in Gethsemane, 1842 von Reinhold Begas. Zwei Glasgemälde, Segelschiff »Carl von Wolgast«, 1846, und Brigg »Eiche von Wolgast«, 19. Jh. Aquarell, Segelschiff, 1. H. 19. Jh. Porträt Gustav Adolph von Schweden, 19. Jh. Fünf Gemälde von A. Schöngrün, Brand der Petrikirche 1920, Brigg, A. 20. Jh., Überführung des Leichnams Gustav Adolfs nach Schweden, A. 20. Jh., Ruine des Wolgaster Schlosses, A. 20. Jh., Burg Landskron, A. 20. Jh. Wappen, Eisenblech, 1788. Wetterfahne, Eisenblech, 1731. Votivschiff, Vollschiff Leopold,

2. H. 19. Jh. Zwei Kronleuchter, Messing, 1753 und 1754. »Gerowit- Stein«, Stein mit Ritzzeichnung, männliche Gestalt mit Lanze, oben ein Weihekreuz, 12. Jh. Stein mit Ritzzeichnung, männliche Gestalt vor doppellinigem Halbkreis, wohl Weltenrichter, 12. Jh. Wappen des Herzogs Bogislaw X., roter Sandstein, 1496, ehemals am Schloß. Zwei Kelche 16. Jh und 2. H. 17. Jh. Zwei Kelche 2. H. 18. Jh. Drei Kelche, Zinn vergoldet, 1716. Patene 1746. Zwei Patenen, Zinn vergoldet, 1746 und 1793. Patene, Silber, um 1900. Krankenabendmahlsgerät, Messing versilbert, z. T. vergoldet, 19. Jh. Kanne, Silber vergoldet, 1772. Zwei Kannen, Zinn, 2. H. 18. Jh. Zwei Oblatendosen, Silber, 18. Jh. Zwei Taufschalen, Messing versilbert, 1845 und 20. Jh. Zwei Taufschalen, Messing, 20. Jh. Kruzifix, Zinn auf Samtkissen, A. 19. Jh. Sargschmuck der Wolgaster Schiffer. Leuchterpaar, Messing, 1749. Grabmal Philipps I., Messinggußplatte mit Aufsatz, die Inschriften in reich mit Grotesken, Blattwerk, Wappen und Figuren dekoriertem Rahmen, 1690 von Wolf Hillger, Freiberg. Grabsteinfragment 1665. Acht Grabstelen im Chorumgang: R. Lüder † 1779. M. Wendt † 1813. Ehepaar Blank † 1818. M. Wegner † 1826. M.Wegner † 1828. J. Beyer †1829. C. Deutsch † 1839. J. Franz, 1880. Zwei Grabstelen Nordwand Langhaus: C. Volckmann † 1825. C. Bütow †1864. Acht Grabplatten im Chor: I. Welcher † 1700. D. Rützen † 1787. M. Blandow † 1797. I. Odebrecht † 1801. R. Plath † 1809. R. Odebrecht † 1811. M. Bartels † 1817. J. Berens †1827. Zwei Grabplatten Nordwand Langhaus: 1815 und C. Mertens † 1835. Drei Grabplatten im Fußboden des westlichen Langhauses: M. Westphalen † 1807. J. Hoffmann † 1816. A. Hoffmann † 1820. Unterhalb des Chores Gruft der Pommerschen Herzöge, neun Zinksärge der herzoglichen Familie, u. a. Prunksarkophage des Herzogs Philipp Julius von 1625, Friedrich Casimir † 1644 und Katharina Eleonore † 1647. Die Särge mit ornamentalem Beschlagwerk und Gravuren reich geschmückt, Wappen, florale Ornamentik, Bibelzitate. Auf dem Sargdeckel Friedrich Casimirs Kruzifix mit Engelköpfen an den Enden des Schaftes und der Kreuzarme. An den Seiten Löwenkopfreliefs in gravierten, z. T. reliefierten Kränzen mit runden Tragegriffen. Der Sarg auf vier liegenden Löwen ruhend. Bibliothek mit altem Buchbestand, u. a. Barther Bibel von 1588.

BEGRÄBNISKAPELLE ST. GERTRUD. Zwölfseitiger Backsteinzentralbau mit Strebepfeilern und Zeltdach mit schlankem Mitteltürmchen, 1. V. 15. Jh. An der Südwestseite Treppenturm. Die zwölf dreibahnigen Spitzbogenfenster wohl 1869 verändert, zu dieser Zeit auch das gestufte Nordportal eingefügt. – Im Innern reiches Sterngewölbe auf rundem Mittelpfeiler. Einige Nischen, das ursprüngliche Portal und vermauerte Pforte zum Treppenturm freigelegt.

KAPELLE ST. JÜRGEN. Schlichter einschiffiger Backsteinbau des 15. Jh. Die Ostpartie mit dreibahnigem Spitzbogenfenster um die M. 20. Jh. neu aufgemauert. Im Giebel Reliefdarstellung: Der Hl. Georg kämpft mit dem Drachen. Der Westgiebel mit drei Spitzbogenblenden über dem zugesetzten Westportal und zwei flankierenden Segmentbogennischen. Das Glockentürmchen auf dem Westgiebel später aufgesetzt. Südliche Eingangsvorhalle im 19. Jh. hinzugefügt. – Im Innern Flachdecke. Die Fenster in bis zum Boden reichenden Nischen. Die Ausstattung sämtlichst 50er Jahre 20. Jh. Glasgemälde Hl. Christophorus 19. Jh. Bei der Kapelle

*Linke Seite: Wolgast, Stadtkirche St. Petri, Fürstengruft, Zinksarg Friedrich Casimirs*

*Rechte Seite: Wolgast, Friedhofsportal bei der Kapelle St. Jürgen*

zwei Friedhofstore, von Strebepfeilern gestützte rundbogige Backsteinportale, und Reste einer Packsteinmauer, 16. Jh.

KATHOLISCHE KIRCHE 1910 errichteter neogotischer Backsteinbau mit stark eingezogenem Rechteckchor. Der Chor in seinem oberen Teil durch Backsteinlisenen auf Putzflächen gegliedert; im Langhaus paarweise angeordnete Lanzettfenster, gemeinsam mit je einem Rundfenster von Blendbögen überfangen, die Fenster zwischen abgetreppten Strebepfeilern. Rundbogenfries. Gestaffelte Blenden im Westgiebel, an dieser Seite auch das Eingangsportal über einer Freitreppe, flankiert von zwei dreibahnigen Fenstern. Im Nordwesten schließt ein Turm auf quadratischem Grundriß an; die Obergeschosse gliedern dreibahnige Fenster. Unterhalb der Traufe Reihung schmaler Schallöffnungen. Pyramidendach. Einheitliche Ausstattung der Erbauungszeit.

## Altstadt

RATHAUS Freistehender, rechteckiger, zweigeschossiger Putzbau von sieben zu vier bzw. drei Achsen. 1718–1724 unter Verwendung von Resten des zerstörten mittelalterlichen Vorgängerbaus auf gleichem Grundriß errichtet. Der Marktgiebel geschweift mit aufgesetzter Laterne, die Fassade durch vier abgetreppte Strebepfeiler und verkröpfte Geschoßgesimse gegliedert. An der Rückseite seitlich pfeilerartige Verstärkungen mit Aufsätzen; im Giebel Lisenengliederung als Rest des spätgotischen Blendenschmucks. Satteldach mit Schleppgauben. Vor dem Rathaus ein Brunnen mit Reliefs zur Stadtgeschichte, 1936 von Kurt Beer.

WOHNHÄUSER An der Stadtmauer 10 und 54. Zweieinhalbgeschossige Backsteinbauten auf Feldsteinsockeln von fünf bzw. vier Achsen und Flachdächern. Geschoßtrennende Gesimse, bei Nr. 10 nur zwischen Erd- und erstem Obergeschoß, letztes V. 19. Jh.

*Badstubenstraße*

WOHNHAUS Nr. 1. Auf Feldsteinsockel errichtetes, zweigeschossiges, fünfachsiges Fachwerkhaus; im Kern 2. H. 18. Jh. Die Fassade massiv und verputzt, Fenster im Erdgeschoß erneuert. Gefache im Giebel mit Lehmstaken ausgefacht, z. T. durch Backstein ersetzt.

WOHNHAUS Nr. 10. Zweigeschossiges giebelständiges Fachwerkhaus auf Feldsteinsockel, 2. H. 18. Jh. Der vierachsige Giebel massiv und verputzt mit Gesims oberhalb des Erdgeschosses. Die Gefache in Backstein, verputzt.

WOHNHAUS Nr. 41. Über Feldsteinsockel errichteter zweigeschossiger Fachwerkbau von fünf Achsen, erbaut M. 18. Jh. Fassade massiv erneuert mit Eckquaderung und genutetem Erdgeschoß. Erdgeschoßfenster mit profilierten Faschen. Geschoßtrennendes Gesims. Die Gefache mit Lehmstaken oder Backstein ausgefacht, z.T. verputzt. Rückseitig rechtwinklig dazu ein etwas späterer Fachwerkanbau von zwei Geschossen, als Speicher errichtet. Holzluken im hinteren Giebel.

WOHNHAUS Nr. 45. Zweigeschossiger, fünfachsiger, giebelständiger Backsteinbau aus der 2. H. 18. Jh. Der Giebel verputzt. In der Mittelachse korbbogiger Eingang mit abgefastem Portalgewände. Zweiflügelige Tür mit hölzernem Mittelpfosten auf gedrehtem Sockel. Im Giebel fünf Luken.

WOHNHAUS Nr. 47. Aus der 1. H. 19. Jh. stammender zweigeschossiger Backsteinbau von fünf Achsen mit verputzter Fassade. Einfaches geschoßtrennendes und profiliertes Sohlbankgesims im Obergeschoß. Abgetrepptes vorkragendes Traufgesims.

WOHNHAUS Nr. 48. Zweigeschossiges Fachwerkhaus, wohl um 1800 erbaut. Nur das rechte Drittel in Fachwerk erhalten, das Erdgeschoß auch hier wie der Rest der Fassade des Hauses massiv und verputzt. Vorkragendes Obergeschoß auf zwei Holzständern über rückspringendem Erdgeschoß an der Vorderseite des Fachwerkteils. Der Giebel mit auf Konsolen ruhenden vorkragenden Geschossen. Die Gefache verputzt, am rechten Giebel backsteinsichtig mit Putzresten. Fenster erneuert.

*Burgstraße*

WOHNHAUS Nr. 5. Im 17. Jh. errichteter, giebelständiger, zweieinhalbgeschossiger Putzbau mit Eckquaderung. Fenster in geohrten Faschen. Der rundbogige Eingang von zwei Pilastern flankiert, die ein auf einem Triglyphenfries ruhendes Gebälk tragen. Abgetreppter Volutengiebel, durch schmale Gesimse und zwei Pilaster gegliedert, zwischen den Pilastern drei Fenster.

WOHNHAUS Nr. 6. Über einem Sockel mit Feldsteinen errichteter dreigeschossiger Putzbau von sieben Achsen mit Mansarddach. Die Fassade durch Geschoß- und Sohlbankgesimse horizontal gegliedert, Putzquaderung in allen Geschossen. Mittiges Rundbogenfenster anstelle der ehemaligen Tordurchfahrt. Im Dach vier Gaubenreihen übereinander, diese mit zweiflügeligen Luken verschlossen. Das Gebäude über älteren Kellern bald nach 1713 errichtet, Fassade mehrfach verändert.

WOHNHAUS Nr. 7. Errichtet nach 1713. Dreigeschossiger achtachsiger Putzbau, urspr. wohl mit Mansarddach. Im Erdgeschoß die beiden mittleren Achsen zu einem zentralen Eingang zusammengefaßt. Gliederung der Fassade durch gesproßte Kreuzstockfenster. Drei Gaubenreihen im Dach.

*Wolgast, Wohnhaus, Burgstraße 6*

WOHNHAUS Nr. 8. Zweigeschossiger Putzbau von fünf Achsen mit aufwendig gestalteter Fassade der M. 19. Jh. Das Gebäude im Kern aus dem 16. Jh. stammend, nach 1713 und um 1850 erneuert. Die Mittelachse leicht risalitartig hervortretend, flacher Giebel mit Akroterien und floralem Schmuck im Giebelfeld. Obergeschoßfenster der Mittelachse von zwei Pilastern flankiert und von Rundbogen überfangen. Unterhalb der Traufe Rundbogenfries. Geschoßtrennendes Gesims, das Erdgeschoß gequadert. Schmaler Putzsockel.

WOHNHAUS Nr. 9. Zweigeschossiger, jetzt verputzter Backsteinbau von fünf Achsen. In der zweiten Achse eine bis zur Traufe reichende Auslucht auf hohen Rundbögen. Kreuzgratgewölbte Räume im Erdgeschoß; 16./17. Jh.

WOHNHAUS Nr. 10. Giebelständiges zweigeschossiges Fachwerkhaus über Feldsteinsockel von zwei zu vier Achsen, verputzte Gefache. Die Giebelseite zum Kirchplatz massiv, ebenso die Erdgeschoßzone zur Burgstraße. Erbaut 2. V. 18. Jh.

WOHNHAUS Kirchplatz 4. Auf Feldsteinsockel errichtetes, zweigeschossiges, dreiachsiges Fachwerkhaus mit verputzten Gefachen, 2. V. 18. Jh. Gleichzeitig und in derselben Art und Weise die Nachbarhäuser Nr. 5, 9, 10 und 11 erbaut.

SCHULE Kirchplatz 8. Dreigeschossiger Putzbau von 13 Achsen und Dacherker, errichtet 1910. Das Dach links mit ganzem Walm, rechts mit Giebel. Die Rückseite siebenachsig auf Backsteinsockel mit Souterraingeschoß. Mittelrisalit, darin das Treppenhaus. An der Giebelseite zweigeschossiger Anbau von drei Achsen mit Mansarddach und leicht vorgezogener, mit dem Hauptgebäude fluchtender Achse des Treppenhauses. Profiliertes Traufgesims.

WOHNHAUS Kleine Brückenstraße 4. Zweigeschossiges Giebelhaus aus Backstein mit Feldstein, teilweise verputzt. Das rundbogige Portal mit verputztem Gewände und profilierter Archivolte. An der rechten Traufseite Rücksprung von Fassade und Dach, der so entstehende Giebelteil der Rückseite mit verputztem Fachwerk. Das Gebäude wohl im 16. Jh. errichtet und nach dem Stadtbrand von 1713 erneuert und erweitert.

PFERDESTALL Kurze Straße 4. Wohl in der M. 18. Jh. errichteter zweigeschossiger Stallbau. Drei Seiten des Erdgeschosses und Teile des Obergeschosses massiv und verputzt, der Rest in verputztem Fachwerk mit Lehmausfachungen. Im Erdgeschoß großes Tor, darüber zwei Luken.

*Lange Straße*

WOHNHAUS Nr. 1. Über Feldsteinsockel errichteter, giebelständiger, zweigeschossiger Putzbau aus der 2. H. 18. Jh. Von der urspr. Fachwerkkonstruktion der rückwärtige Giebel erhalten. An der Traufseite geschoßtrennendes Gesims, Portalnische mit zweiflügeliger Kassettentür, gesproßtes Oberlicht und Laterne.

WOHNHAUS Nr. 2. Giebelständiger zweigeschossiger Putzbau von fünf Achsen auf hohem Sockel und zweiachsigem Anbau mit Flachdach. Die Fenster des Obergeschosses in profilierten Faschen unterhalb einfacher Verdachungen. Geschosse durch profiliertes Gesims getrennt, darüber Brüstungsfelder, wohl 2. D. 19. Jh. Auf dem Hof Wirtschaftsgebäude auf L-förmigem Grundriß, das Erdgeschoß massiv, Obergeschoß in Fachwerk, errichtet wohl um die M. 18. Jh.

WOHNHAUS Nr. 3. Zweigeschossiger Fachwerkbau von sechs Achsen, 2. H. 18. Jh. Die Fassade massiv. Breites profiliertes Geschoßgesims, die Fenster des Erdgeschosses mit Putzfaschen.

WOHNHAUS Nr. 5. Giebelständiges Fachwerkhaus mit massiver Blendfassade. Der dreigeschossige vierachsige Bau wohl um 1800 entstanden, im letzten V. 19. Jh. erneuert und mit neoklassizistischer Fassade versehen.

WOHNHAUS Nr. 6. Zweigeschossiger giebelständiger Fachwerkbau mit massiver verputzter Fassade. Im gequaderten Erdgeschoß rundbogiger Eingang zwischen zwei Schaufenstern. Das Obergeschoß vierachsig, von seitlichen Pilastern gerahmt und profiliertem Gesims eingefaßt. Am Giebel Schalen als Akroterien. Das Gebäude um 1800 errichtet und im letzten V. 19. Jh. erneuert.

WOHNHAUS Nr. 7. Zweigeschossiger Fachwerkbau von fünf Achsen, die fünfte Achse hinter die Flucht des Gebäudes zurücktretend, Fassade massiv und verputzt, im Erdgeschoß gequadert, Sohlbankgesims und Putzfaschen im Obergeschoß. Auf der Rückseite Hofsituation durch zwei zweigeschossige Anbauten, jeweils im Erdgeschoß massiv und verputzt, im Obergeschoß mit verputzten Gefachen. Die Gebäude im 2. D. 18. Jh. erbaut.

WOHN- UND GESCHÄFTSHAUS Nr. 8/9. Um 1900 errichteter dreigeschossiger Putzbau mit Erkern und Frontispizen. Abgeschrägte Gebäudeecke. Die Fassade gequadert, geschoßtrennende Gesimse zwischen Erdgeschoß und erstem Obergeschoß sowie zwischen den Geschossen der Erker.

WOHNHAUS Nr. 14. Giebelständiger zweigeschossiger Putzbau von fünf Achsen, 17. Jh. Der geschweifte Stu-

*Linke Seite: Wolgast, Speicher und Reste der Stadtmauer, Oberwallstraße*

*Rechte Seite: Wolgast, Bankgebäude, Rathausplatz 2*

fengiebel mit Viertelkreisrosetten, Lünette als Giebelbekrönung. Die Fenster mit Dreieckgiebelverdachungen, drei große Schaufenster im Erdgeschoß später hinzugefügt. Rückseite backsteinsichtig. Dreizoniger Giebel, die beiden oberen Geschosse mit Holzluken. Innen Balkendecken mit Lehmstaken erhalten.

Ehem. WOHNHAUS (Sparkasse) Nr. 19. Zweigeschossiger neunachsiger Putzbau mit Mansarddach, 2. D. 18. Jh. In den dreigeschossigen Giebeln Holzluken, ebenso in den in drei Reihen übereinanderliegenden Dachgauben. Das Gebäude 1992 umgebaut und an der Rückseite mit gläsernem Treppenturm versehen.

WOHNHAUS Nr. 20. Breitgelagerter zweigeschossiger Fachwerkbau auf Feldsteinsockel, 2. V. 18. Jh. Das Erdgeschoß verändert, jetzt massiv und verputzt. Geschoßtrennendes, stark profiliertes Gesims, darüber dünn überschlämmte dekorative Backsteinausfachungen. Im Dach zwei Schleppgauben.

SPEICHER Oberwallstraße. 14achsiger Fachwerkbau mit Mansarddach, 2. H. 18. Jh. Nach der fünften und neunten Achse entsprechend des Straßenverlaufes leicht nach hinten abgeknickt. Vorderseite und linker Giebel massiv und verputzt. Von den Einfahrten im Erdgeschoß wohl nur die in der Mitte urspr. Das Obergeschoß mit Holzluken, später z. T. in Fenster verwandelt.

*Rathausplatz*

BANKGEBÄUDE Nr. 2. 1932 von Hans Poelzig errichteter dreieinhalbgeschossiger Klinkerbau mit flachem Dach. Im Erdgeschoß querrechteckiges Fensterband. Die Langseite des Baukörpers mit verkürztem Aufbau der Obergeschosse über dem Erdgeschoß, nachträglich verändert.

KAUFHAUS Nr. 3. Zweigeschossiger Putzbau, A. 20. Jh. Das Erdgeschoß genutet, abgeschrägte Gebäudeecke; schmales, profiliertes, geschoßtrennendes und breites Traufgesims. Zum Rathausplatz und zur Wilhelmstraße je ein dreiachsiger Frontispiz.

WOHNHAUS Nr. 4. Zweigeschossiger Fachwerkbau mit massiver verputzter Fassade, wohl um 1750 errichtet, in der 2. H. 19. Jh. erneuert. Fassade mit genutetem Erdgeschoß, profiliertem geschoßtrennenden Gesims und Traufgesims mit Konsolfries. Fenster in geohrten Faschen.

WOHNHAUS Nr. 5. Auf Feldsteinsockel errichteter zweigeschossiger Fachwerkbau von fünf Achsen mit Krüppelwalmdach, 2. D. 18. Jh., mehrfach verändert. Das Erdgeschoß massiv erneuert und verputzt, verputzte Gefache im Obergeschoß und in der Giebelseite. An der Rückseite zweigeschossiger Fachwerkanbau, das Erdgeschoß im hinteren Teil verändert, jetzt massiv und verputzt.

Ehem. WOHN- UND SPEICHERGEBÄUDE (Museum) Nr. 6. Zweigeschossiges fünfachsiges Fachwerkhaus auf verputztem Feldsteinsockel mit Speichergeschoß über umlaufendem Pultdach, 17. Jh. Das Erdgeschoß zum Rathausplatz massiv und verputzt, verputzte Gefache. Mittiger rückspringender Eingang mit rundbogigem Oberlicht. Klassizistische Füllungstür vom E. 18. Jh. Im mit Walmdach versehenen Speichergeschoß Luken mit Schlagläden.

WOHNHAUS Nr. 8. Giebelständiger Fachwerkbau von zwei Geschossen und drei Achsen, errichtet im 2. D. 18. Jh. Die Giebelfassade im letzten V. 19. Jh. massiv erneuert und mit Neorenaissancedekor versehen.

WOHNHAUS Nr. 9. Zweigeschossiger siebenachsiger Fachwerkbau mit Krüppelwalmdach, 2. D. 18. Jh. Fassade und rechte Giebelseite massiv erneuert. Gebäudeecke im Erdgeschoß abgeschrägt. Geschoß- und Traufgesims mit einfachem Profil. Das Gebäude 1957 umgebaut.

*Schusterstraße*

WOHNHAUS Nr. 2. Auf Feldsteinsockel errichteter dreieinhalbgeschossiger Fachwerkbau mit massiver verputzter Fassade und Flachdach. Die Fassade mit neoklassizistischem Dekor. Der urspr. Bau zweigeschossig und mit Satteldach, wohl in der 2. H. 18. Jh. errichtet, 1849 gänzlich umgebaut und verändert.

WOHNHAUS Nr. 7. Um die M. 18. Jh. errichteter, zweigeschossiger, vierachsiger Fachwerkbau auf massivem Sockel, die Giebelseite im 19. Jh. massiv erneuert. Diese sowie die Gefache verputzt. Die Putzfassade durch geschoßtrennende Gesimse horizontal gegliedert.

WOHNHAUS Nr. 12. Zweigeschossiger vierachsiger Putzbau mit Krüppelwalmdach, errichtet um 1800. Die Fassade gänzlich gequadert, Fenster im Obergeschoß mit Faschen. Zwischen den Geschossen ein Gesims, die Sohlbäke der Fenster als Gesimse durchgezogen.

WOHNHAUS Nr. 32/33. Dreigeschossiger achtachsiger Putzbau mit aufwendig gestalteter Fassade in Neorenaissanceformen, um 1900 errichtet.

WOHNHAUS Steinstraße 11 a. Um 1910 errichteter, zweigeschossiger, dreiachsiger Putzbau mit Mansarddach. In der Mitte des Obergeschosses rechteckiger Erker, großer Dacherker mit geschweiftem Giebel. Hinter dem Bauwerk ein langgestrecktes FABRIKGEBÄUDE, dreigeschossig, zehnachsig, das Erdgeschoß massiv, die Obergeschosse in Fachwerk mit breiten Fensterbändern, 1. V. 20. Jh.

WOHNHAUS Steinstraße 12. Giebelständiger zweigeschossiger Putzbau von drei Achsen, wohl A. 19. Jh. Gebäudeecke im Erdgeschoß abgeschrägt, im Obergeschoß Fenster mit Faschenrahmung und durchgezogenen Sohlbänken. Stufengiebel mit abgetrepptem Rundbogenfries.

WOHNHAUS Steinstraße 14. Zu Beginn des 19. Jh. entstandener, zweigeschossiger, vierachsiger Putzbau mit geschweiftem Giebel. Fenster in Obergeschoß und Gie-

bel mit Faschen, über den Stürzen Putzverzierungen. Das Erdgeschoß in jüngerer Zeit verändert.
WOHNHAUS Swinkestraße 4. Zweigeschossiger vierachsiger Fachwerkbau, errichtet in der 2. H. 18. Jh. Die Gefache der Straßenseite verputzt, alle übrigen backsteinsichtig.

*Wilhelmstraße*

WOHNHAUS Nr. 2. Zweigeschossiger giebelständiger Fachwerkbau von vier Achsen, 1. H. 19. Jh. Die Fassade massiv erneuert und verputzt. Reste von Putzquaderung erhalten. Das Fachwerk mit Lehmausfachungen.
WOHNHAUS Nr. 8. Zweigeschossiges, massives, verputztes Giebelhaus von fünf Achsen, errichtet in der 1. H. 19. Jh. Geschoßtrennendes Gesims, die Fenster mit Faschen, Sohlbänke als Gesims durchgezogen. Im Obergeschoß einfache Verdachungen auf Konsolen.
WOHNHAUS Nr. 12. Zweigeschossiger giebelständiger Putzbau von drei Achsen, 1. H. 19. Jh. An der linken Seite eine Toreinfahrt. Geschoßtrennendes Gesims.
WOHNHAUS Nr. 29. Eingeschossiges dreiachsiges Fachwerkgiebelhaus auf Feldsteinsockel mit verputzten Gefachen und Krüppelwalmdach, in der 1. H. 19. Jh. errichtet. An den Gebäudeecken je eine K-Strebe. Mittige doppelflügelige Füllungstür mit Oberlicht. Die Schleppgaube Zutat aus jüngster Zeit.

## *Bau- und Kunstdenkmale außerhalb des ehem. Befestigungsringes*

### *Nordwestlich der Altstadt*

AM LUSTWALL Ehemalige Wallanlage, der Stadtmauer vorgelagert. Im 19. Jh. am nördlichen Ende mit einer homogenen Häuserzeile bebaut. Größtenteils zweigeschossige, massive, verputzte Wohnhäuser von zwei bis vier Achsen.
SCHULE Am Lustwall 7. Zweigeschossiger zwölfachsiger Putzbau von 1856/57, die Giebelseiten fünfachsig. Die vierte bis sechste Achse der Vorderseite als übergiebelter Risalit mit rundbogigem Eingang und großen rundbogigen, in einer Arkade liegenden Obergeschoßfenstern ausgebildet. Der Eingang von zwei Pilastern und Gebälk gerahmt. Schmales geschoßtrennendes Gesims. Auf der linken Giebelseite segmentbogige Füllungstür, davor gerade, zweiläufige Treppe. Genutete Erdgeschoßzone. Die Fenster der äußeren Achsen paarweise zusammengefaßt, im Obergeschoß zusätzlich durch Pilaster gegliedert. Im Giebelfeld drei Fenster und drei Kreisblenden, das Dach des rechten Giebels mit Krüppelwalm.
Hinter dem Schulgebäude die TURNHALLE aus gleicher Erbauungszeit. Eingeschossiger Backsteinbau von sieben Achsen über Feldsteinsockel. Mittig der Risalit mit rundbogigem Eingang und Blendengiebel. Die Fenster des Baus mit Rundbogenschluß zwischen Lisenen, diese z. T. gequadert und durch Rundbogenfries verbunden. Darüber Konsolfries. Die Giebelseiten mit je zwei Kreisluken über drei Blendbögen.

*Breite Straße*

WOHNHÄUSER Nr. 6 a und 6 b. Zweigeschossige Putzbauten von sieben bzw. fünf Achsen. Das Erdgeschoß durch Putzstreifen horizontal gegliedert. Über den Obergeschoßfenstern und in ihren Brüstungsfeldern Verzierungen aus Ranken und Rollwerk. Beide Häuser im letzten D. 19. Jh. errichtet.
GERICHTSGEBÄUDE Nr. 6 c. Aus zwei Baukörpern zusammengefügtes zweigeschossiges Backsteinbauwerk von 1896. Der linke Teil giebelständig mit drei Fensterachsen, die Fenster in einer über beide Geschosse reichenden Blende. Stufengiebel. An seine Rückseite langgestreckter zweigeschossiger Backsteinbau angefügt. Der rechte Teil traufständig und leicht zurückgesetzt, mit stark eingezogener Eingangszone.
WOHNHAUS Nr. 16. Eingeschossiger, giebelständiger, größtenteils lehmausgefachter Fachwerkbau des 18. Jh. Die Vorderseite massiv erneuert und verputzt. Krüppelwalmdach. An den Traufseiten mehrere Fenster unterschiedlicher Größe.
GESELLSCHAFTSHAUS Nr. 21. Um 1910 errichteter eingeschossiger Putzbau auf halbem Sockelgeschoß mit Mansardkrüppelwalmdach. Im Dach Dacherker mit Lü-

nettengiebel und Vorhangbogenfenster. An der rechten Seite zweigeschossiger Treppenturm mit sechsseitigem Dach, daneben Eingangsvorbau. Der Rückseite Terrasse vorgelagert. Zwei Dacherker, davon einer mit Schleppdach.

## *Westlich der Altstadt*

MÜHLE Am Paschenberg. Oktogonales Bauwerk, die geböschten Wände mit Dachpappe verkleidet, 2. H. 19. Jh. In unregelmäßigen Abständen kleine Fensteröffnungen, flaches achtseitiges Pyramidendach.

MÜHLE Mühlentrift. In der 2. H. 19. Jh. errichteter Holländer mit oktogonalem, verbrettertem Aufsatz, flacher Haube und kleinen, in senkrechten Bahnen angeordneten Segmentbogenfenstern. Bei der Mühle mehrere WIRTSCHAFTSGEBÄUDE aus gleicher Erbauungszeit.

## *Südwestlich der Altstadt*

BAHNHOF Zweigeschossiger Backsteinbau von fünf Achsen mit nach vorn und hinten vortretendem, zweigeschossigem, giebelständigem Anbau mit Drempel, 2. H. 19. Jh. Oberhalb des Erdgeschosses Deutsches Band umlaufend. Die Fenster im Erdgeschoß ehemals rundbogig geschlossen, in jüngster Zeit verändert.

*Bahnhofstraße*

WOHNHAUS Nr. 5. Um 1910 errichteter zweigeschossiger Putzbau mit Mansarddach. An jeder Seite des Eckhauses ein zweigeschossiges Dachhaus mit Fußwalm. Abgeschrägte Hausecke, darüber in den Winkel der Dachhäuser hineinragender Erker mit pyramidalem Mansarddach. Zur Bahnhofstraße im Obergeschoß mittig ein Balkon, im Erdgeschoß drei segmentbogig schließende, bis auf den Sockel hinabreichende Schaufenster.

WOHNHAUS Nr. 12. Putzbau von einem Geschoß mit fünfachsiger Fassade, 2. H. 19. Jh. Die linke Achse mit stark zurückgesetztem Eingang als Ädikula ausgebildet. Konsol- und Palmettenfries, nach rechts unterhalb der Traufe fortgesetzt. Über den Rechteckfenstern Abschlaggesimse auf kleinen Konsolen; Putzfaschen, einfache Brüstungsfelder. Der Fassadenputz genutet, gequaderter Sockel.

WOHNHÄUSER Nr. 49, 51, 53, 55. Vier zweigeschossige Putzbauten mit spätklassizistischem Fassadendekor, 3. V. 19. Jh. Das Haus Nr. 49 mit Reminiszenzen an italienische Villen.

SCHULE Nr. 72. Dreiflügelanlage mit rückseitigem Hof. Zweigeschossiger Backsteinbau mit neunachsigem Hauptgebäude und siebenachsigen Flügeln. Die mittleren sieben Achsen der zur Straße gewandten Fassade risalitartig vorgezogen. In den Mittelachsen des Hauptbaus und der Flügel Eingang und Treppenhaus. Letzteres als Dacherker jeweils über die Traufe hinausragend. Eingangszone und erstes Treppenhausgeschoß leicht vortretend. Auf der Rückseite des Hauptgebäudes ebenfalls ein Mittelrisalit. Walmdächer. Das Bauwerk wohl um 1910 errichtet.

WOHNSIEDLUNG Nr. 118–122. In der 2. H. 19. Jh. entstandene Anlage aus fünf zweigeschossigen neun- bzw. sechzehnachsigen Putzbauten, z. T. mit Drempel und Mittelrisaliten an Vorder- und Rückseiten sowie geschoßtrennenden Gesimsen (Nr. 118–120) und Ecklisenen.

BELVEDERE im Park Belvedere. Neogotischer Backsteinbau auf oktogonalem Grundriß mit geschoßhohem Feldsteinsockel. Im Sockelgeschoß Kielbogenfenster, darüber zwei schmale Putzgesimse. Das Obergeschoß mit zweibahnigen Spitzbogenfenstern und Vierpässen durchfenstert. Das flache Dach hinter verputzter Attika verborgen. Kleeblattbogenfries unterhalb der Attika. An den Gebäudekanten je ein Türmchen mit Zinnenkranz. Viergeschossiger runder Turm mit Zinnenkranz an der Ostseite. Um 1850 errichtet. Nebengebäude aus jüngster Zeit.

WOHNHAUS Chausseestraße 36. Um 1850 errichteter eingeschossiger Putzbau von sieben Achsen mit Krüppelwalmdach und spätklassizistischer Fassade auf Natursteinsockel. Die äußeren Achsen leicht vorgezogen. Fenster in Putzfaschenrahmung. Unterhalb der Traufe grober Zahnschnittfries.

Ehem. NICKELTSCHE VILLA (Wohnhaus) Chaussee-

straße 80. Eingeschossiger fünfachsiger Putzbau von 1906. Zweigeschossiger Mittelrisalit, im Obergeschoß große Loggia, davor Balkon mit Gitter in neobarocker Form. Zweiachsiger Seitenrisalit mit hohem Walmdach an der rechten Gebäudeseite. Am rechten Giebel verglaster Eingangsvorbau.

*Ernst-Thälmann-Platz/ Ernst-Thälmann-Straße*
Um 1960 entstandene dreigeschossige Putzbauten einer Wohnsiedlung. Die bis zu 30achsigen Gebäude besitzen z. T. Risalite bzw. flach hervortretende Erker.

## *Südlich der Altstadt*

KORNSPEICHER Am Speicher. Beachtlicher dreigeschossiger Backsteinfachwerkbau von 39 Achsen, errichtet 1836. In der Mitte zweigeschossiger Dacherker mit vorkragendem Satteldach, gleichartige Dachüberstände an den Giebeln für die Lastenwinden. Sämtliche Luken mit Holztüren verschlossen. Der rechte Giebel massiv. Auf beiden Seiten des Daches drei übereinanderliegende Hechte. Innen fassen sechs Schüttböden 5 000 t Getreide.

*August-Dähn-Straße*
Die Straße wurde am E. 19. Jh mit meist sehr großen Villen bebaut, die z. T. den Pensionsbauten der Ostseebäder ähneln, dabei besonders bemerkenswert Nr. 2, ein zweigeschossiger fünfachsiger Putzbau mit Seitenrisalit und hölzernem Giebelsprengwerk mit Laubsägearbeit, sowie Nr. 5 und 8, zweigeschossige Putzbauten von drei Achsen mit Seitenrisalit und zweigeschossigem Verandenanbau mit hölzernem, großflächig verglastem Obergeschoß.

WOHNHAUS Berliner Straße 20. Eingeschossiger dreiachsiger Putzbau, erichtet in der 1. H. 19. Jh. Stark profiliertes Traufgesims, im Dach eine Gaube.
WOHNHAUS Friedrichstraße 18. Eingeschossiger Putzbau von drei Achsen. Profiliertes Traufgesims. Der rechte Giebel verbrettert. 2. V. 19. Jh.

*Kronwiekstraße*
WOHNHAUS Nr. 3. Zur Kronwiekstraße giebelständiger zweigeschossiger Putzbau von drei Achsen, Krüppelwalmdach. Hausecke abgeschrägt mit rückspringendem Eingang. Die Traufseite im Obergeschoß fünfachsig. Rundbogenportal in der Mittelachse, geschoßtrennendes Bandgesims. Das Gebäude wohl um die M. 18. Jh. entstanden, im 19. Jh. erneuert.
Ehem. ARMENHAUS (Verwaltungsgebäude) Nr. 17. Zweigeschossiger Putzbau von 15 Achsen mit Krüppelwalmdach, 2. V. 19. Jh. Betonung der Mitte des Baus durch fünfachsigen übergiebelten Risalit, zentraler Okulus im Dreieckgiebel. Die Fassade über einem Sockel gequadert und durch Sohlbankgesims im Obergeschoß sowie Gesims auf Kämpferhöhe der Erdgeschoßfenster im Risalit gegliedert. Im Erdgeschoß Fenster und Eingang rundbogig, vor dem Eingang kleine Terrasse, in diese die Treppe eingeschnitten. Zweiflügelige, rautenförmig kassettierte Eingangstür mit verglastem Oberlicht in Form eines stilisierten Sterns. Innen Füllungstüren aus der Erbauungszeit erhalten.
WOHNHAUS Nr. 45. Geburtshaus Philipp Otto Runges. Zweigeschossiger fünfachsiger Putzbau auf Feldsteinsockel vom 1. D. 18. Jh. Die Fassade mittels geschoßtrennendem Gesims und vier gequaderten Pilastern an den Kanten und als Rahmung der mittleren Achse gegliedert. Vor korbbogigem Eingang mit barocker Füllungstür kurze Freitreppe mit schmiedeeisernem Geländer. Zugehörig die benachbarte Remise aus Ziegelfachwerk mit massiver Fassade und Pultdach.
WOHNHAUS Nr. 47. Erker. Auf vier Holzstützen ruhender Fachwerkbauteil mit dekorativen Backsteinausfachungen und Walmdach, errichtet um 1915.
WOHNHAUS Mühlenstraße 7. Eingeschossiger Putzbau

*Linke Seite: Wolgast, Kornspeicher, Am Speicher*

*Rechte Seite: Wolgast, Wohnhaus, Kronwiekstraße 45*

von vier Achsen auf niedrigem Sockel, 2. V. 19. Jh., die Fenster mit Schlagläden.
POSTAMT Platz der Jugend. Dreiflügeliger Backsteinbau von zwei Geschossen, E. 19. Jh. errichtet. Jeder Flügel siebenachsig. Die äußeren Achsen paarweise angeordnet und leicht aus der Fassadenflucht vortretend in einem Blendbogen, der in einen Stufengiebel übergeht. Eingeschossiger Eingangsvorbau mit Walmdach und abgetreppten Strebepfeilern. Dekorative Fassadengliederung durch Terrakottaelemente und glasierten Backstein.
WOHNHAUS Schützenstraße 28. Eingeschossiger vierachsiger Putzbau, 2. V. 19. Jh. Im linken Giebel Reste von Fachwerk vorhanden. In der gleichen Art WOHNHÄUSER Nr. 39 und 40 erbaut.
SCHULE Unterwallstraße 18 a. Auf Feldsteinsockel er-

richteter, zweigeschossiger, neogotischer Backsteinbau von neun Achsen mit dreiachsigem Mittelrisalit und Blendengiebel, gestuftes Portal. Gliederung durch einzelne Schichten glasierter Ziegel. Sohlbankgesimse. Profiliertes Traufgesims, darunter Konsolfries. Im Dach vier Gauben. Das Gebäude im letzten V. 19. Jh. errichtet.

WOHNHAUS Werftstraße 22. Zweigeschossiger sechsachsiger Putzbau, errichtet M. 19. Jh. Geschoßtrennendes Gesims, Fenster mit Faschen, im Obergeschoß mit einfacher Verdachung auf Konsolen. Unterhalb der Traufe Konsolgesims mit Perlstab.

*Schloßinsel*

FABRIKGEBÄUDE Franzstraße. Zweieinhalbgeschossiger Backsteinbau von sechs zu drei Achsen und rechteckigem Turm an der hinteren rechten Gebäudeecke, 1938 errichtet. Die Fenster der Vollgeschosse fast quadratisch, die des Halbgeschosses querrechteckig, sämtlich mit Metallsprossen. Fensterstürze aus Beton. Betont schlichte Gliederung des Baukörpers durch Lisenen und schmale Querriegel. Im Dach Schleppgauben. Der Turm mit Flachdach und Ecklisenen.

SPEICHER Hafenstraße. Dreigeschossiger giebelständiger Backsteinbau von fünf zu neun Achsen, errichtet um 1840. Segmentbogige, mit Holztüren verschlossene Luken gliedern die Fassade. An der Vorderseite mittig großes zweiflügeliges Tor. Im Dach je zwei übereinanderliegende Hechte, an der Giebelspitze das Dach als Platz für die Winde vorgezogen.

WOHNHAUS Schifferstraße 13. Eingeschossiger fünfachsiger Putzbau aus der 1. H. 19. Jh. mit großem Dacherker.

WOHNHAUS Schifferstraße 19. Zweigeschossiger fünfachsiger Putzbau, errichtet im letzten D. 18. Jh. mit gequaderten Ecklisenen, mittiger Eingang mit Korbbogenschluß.

*Linke Seite: Wolgast, Speicher, Hafenstraße; Wrangelsburg, Amtshaus, Portaleinfassung*

*Rechte Seite: Wusterhusen, Kirche von Südosten*

SPEICHER Schifferstraße. Im 19. Jh. errichteter giebelständiger Fachwerkbau von zwei Geschossen, das Erdgeschoß z. T. massiv erneuert. Die Vorderseite mit großen Luken, an den Traufseiten anstelle der urspr. Luken mehrere Fenster. Vorkragendes Dach als Überstand für die Winde an der Giebelspitze.

**Wrangelsburg**

Ehem. GUTSANLAGE Das Herrenhaus 1880 im Stil der Tudorgotik erbaut. Zweigeschossiger elfachsiger Putzbau mit Kellergeschoß. Die mittleren drei Achsen ursprünglich turmartig gebildet, am Eingangsvorbau große Spitzbogenfenster. Oberhalb des mittleren Obergeschoßfensters Wappen. Die Traufen mit abgetrepptem Spitzbogenfries und Zinnenornament, Fenster mit Gesimsverdachungen. An den Schmalseiten Treppengiebel und Spitztürmchen. Auf der Rückseite ein zweiachsiger Mittelrisalit mit Treppengiebel. Im Inneren einige originale Türfüllungen und Stuckdecken erhalten.
Hinter dem Schloß Landschaftspark, um 1750 angelegt.
Ehem. AMTSHAUS Zweigeschossiger Putzbau mit Krüppelwalmdach und vier Fledermausgauben, 1819. Portalrahmung mit zwei Sandsteinreliefs – Spes und Fides – (Kopien) vom Vorgängerbau des Herrenhauses, 1660.
Zwei Feldsteinscheunen, 1. H. 19. Jh.
GRABKAPELLE Friedhof. Kleiner Putzbau mit Fugenschnitt und kupfergedecktem Satteldach. Rahmung der Giebelfelder und der Traufe profiliert. Rundbogenportal, von Halbsäulen flankiert. 1. H. 19. Jh.

**Wusterhusen**

DORFKIRCHE Dreijochige dreischiffige Hallenkirche mit Westturm aus Backstein mit eingesprengten Feldsteinen, eingezogener Chor mit Nordsakristei in Feldstein, der fünfseitige Chorschluß in Backstein.
Mitte 13. Jh. Bau einer Saalkirche mit einjochigem, gerade geschlossenem Chor u. Sakristei in Feldsteinmauerwerk. Im 15. Jh. Hinzufügung des polygonalen Ostschlusses u. Umgestaltung von Schiff u. Turm. Das nördliche Seitenschiff wohl nach Einsturz 1627 u. 1648 mit geringeren Abmessungen ohne Wölbung aufgebaut.

An der Chornordwand Portal in flacher spitzbogiger Vorlage mit im Sockelbereich gewirteltem Rundstab u. durch Wulstband betonter Kämpferzone. Zwei Rundbogenfenster von unterschiedlicher Höhe. Die Priesterpforte mit reichem Gewände aus scharrierten Steinen, schichtenweise grün glasiert. Dreifenstergruppe in Korbbogennische. Sakristei mit verputztem Giebel u. einteiligen Spitzbogenblenden. Das regelmäßige Feldsteinmauerwerk der Schiffsostwand mit dem zugesetzten Rundbogenfenster noch vom Ursprungsbau. An der südlichen Westwand Mauervorlage mit Fenster bis in Traufhöhe. Spitzbogenportale an der Nord- und Südseite, Fenster vierteilig mit geraden Pfosten. Der Westturm mit Spitzbogenportal, Gewände aus Fasen u. Rundstäben, in den unteren drei Geschossen schmale Spitz-

*Linke Seite: Wusterhusen, Kirche, Altar; Fünte*

*Rechte Seite: Wusterhusen, Katen, Bergstraße 1; Zarnekow, Kirche von Nordosten*

bogenfenster, darüber Stromschicht u. Blenden mit mittleren Schalluken. Blendengeschmückte Schildgiebel, einige mit Andreaskreuzen. Achtseitiger schindelgedeckter Spitzhelm.

Im Inneren der Chor mit achtteiligem hochgezogenen Gewölbe, das Polygon mit kleinteiligem Stern-, die Sakristei mit Kuppelgewölbe. Im Schiff Achteckpfeiler, die Arkadenbögen nach den Mittel- und Seitenschiffen profiliert. Kreuzrippengewölbe.

*Ausstattung:* Barock umgestalteter mittelalterlicher Altarblock, als Aufsatz Kompositstück eines um 1500 entstandenen Flügelaltars (um 1650 u. später mehrfach verändert u. restauriert). Predella mit Abendmahlsdarstellung; Mittelschrein mit Kreuzigung von Caspar Nieman, 1650. In den Flügeln vollplastische Figuren (Moses u. Aaron), 1739, seitlich Ornamentwangen in üppigen Knorpelwerkformen mit hochovalen Gemälden (Gethsemanedarstellung, Ecce Homo). Auf den Außenflügeln acht gemalte Darstellungen der Marienlegende, um 1500. Zwischen Mittel- und Oberteil profiliertes Gebälk mit Cherubköpfen, darüber Auferstehung; in den Knorpelwerkwangen Kreuz u. Anker, rechts eine Taube. Kanzel, Holz, 1. H. 17. Jh., Schalldeckel u. Brüstung um 1740. Fünte, Granit, 1. H. 13. Jh. Taufständer, Zinkguß, 1841. Orgel, M. 19. Jh. von C. A. Buchholtz, Berlin; 1923 durch Heintze, Kolberg, erweitert, 1951 durch B. Grüneberg, Greifswald, ausgetauscht. Frauengestalt, Holz, 18. Jh. Corpus von einem Kruzifix u. Pietà, Holz, barock. Drei Reliefs, Holz, 15./16. Jh. (von St. Jakobi, Stralsund). Zwei Bildnisse 17./18. Jh. Zwei Kronleuchter, Messing, 1648 u. 1739. Altarleuchter, Messing, 1663. Kelch u. zwei Patenen, Silber, M. 19. Jh. Oblatendose u. Kanne, Silber, 1842. Krankenkelch, Silber, 1859. Taufschale, Messing getrieben, 1649. Taufschale, Alpaka versilbert, M. 19. Jh. Kruzifix E. 19. Jh.

Zwei Glocken A. 14. Jh. u. 1419. Grabplatte Pastor Christoph Caden † 1662, Kalkstein.

Friedhof mit Feldsteinmauer und neogotischem Backsteinportal.

WOHNHAUS Bergstraße 1. Kate aus Lehmfachwerk mit gekalkten Gefachen und rohrgedecktem Walmdach, an der Schauseite Krüppelwalm, E. 18. Jh.

*Wolgaster Straße*

KATEN Nr. 2. Katen aus Lehmfachwerk mit rohrgedecktem Krüppelwalmdach, E. 18. Jh. Zugehörig ein kleiner Fachwerkstall mit rohrgedecktem Satteldach.

Ehem. PFARRWITWENHAUS Nr. 5. Fünfachsiges Haus aus gekalktem Lehmfachwerk mit rohrgedecktem Krüppelwalmdach, um 1800. Stallgebäude aus Fachwerk aus der Entstehungszeit.

PFARRHAUS Nr. 6. Verputzter Backsteinbau mit Krüppelwalmdach, um 1800. Gebäudeecken mit gequaderten Lisenen. Mittige Eingangsveranda. Innen Lehmfachwerkwände.

Hinter dem Pfarrhaus ein M. 19. Jh. angelegter GARTEN.

Zum Pfarrhof gehört eine Scheune aus Fachwerk mit rohrgedecktem Krüppelwalmdach. Die Lehmausfachung vereinzelt durch Backstein mit Lehmputz ersetzt.

WOHNHAUS Nr. 11. Vierachsiges verputztes Lehmfachwerkgebäude mit rohrgedecktem Krüppelwalmdach und Fledermausgaube, um 1800.

ALTE SCHULE Nr. 12. Fachwerkhaus, die Lehmgefache z.T. in Backstein ersetzt, Krüppelwalmdach. Um 1800 erbaut. An der linken Seite um zwei Achsen erweitert. Mittige Fledermausgaube. Stall aus Ziegelfachwerk mit rohrgedecktem Satteldach.

**Zarnekow**

DORFKIRCHE Rechteckiger Feldsteinbau aus schichtweise versetzten behauenen Quadersteinen, mit einem gerade geschlossenen Chor und nördlichem Sakristeianbau, E. 13. Jh. Die südliche Portalvorhalle spätgotisch. Westturm mit Untergeschoß in Feldstein, die beiden Obergeschosse, Ecklisenen und Fenster- und Türgewände in Backstein und mit einem achtseitigen bleigedeckten Spitzhelm, 2. H. 19. Jh. Fenster und Portale mit Backsteingewände, die spätgotisch vergrößerten Fenster im 19. Jh. verkleinert, neogotisches Maßwerk. In der Mitte der Südwand ein großes Rundfenster. Das Nordportal zugesetzt, das westliche Portal der Südseite mit grünglasierten Formsteinen, das östliche mit reicher Profilierung und schwarzglasierten Formsteinen, beide mit Wulstband in der Kämpferzone. Im Ostgiebel fünf

*Zarnekow, Kirche, Altar*

gestaffelte zweiteilige Spitzbogenblenden. Sakristeigiebel mit Kleeblattkreuz auf vertieftem Grund über zwei rautenförmigen Blenden.
Das Innere mit flacher Holzdecke, an den Längswänden und in den Ecken flache Wandvorlagen als Auflager für die geplanten Gewölbe. Die Ostwand mit spitzbogiger Sakramentsnische. Der rundbogige Durchgang vom Schiff zur kreuzrippengewölbten Sakristei vermauert. Turmuntergeschoß kreuzgewölbt.
Ausstattung: Altaraufsatz aus Sandstein, 1622: Abendmahlsrelief, gerahmt von Säulen, Ohrmuschelwerk und Stifterwappen. Sakramentsschrank 15. Jh.: schmiedeeiserne Gittertür und hölzerne Außentür, von außen mit Bandeisen beschlagen, innen mit Darstellung eines stehenden Schmerzensmannes u. mit spätgotischem Rankenwerk. Kanzel, Holz, 19. Jh., jetzt zu ebener Erde aufgestellt. Taufständer, Holz, 19. Jh. Orgel M. 19. Jh., neogotischer Prospekt. Gemälde »Anbetung der Hirten« (Honthorst zugeschrieben), wohl 1660/70 (Leihgabe der Kirche zu Pantelitz). Gemälde Bildnis Albert August Schulz, 1845 von F. Boeck (im Pfarrhaus). Altarleuchterpaar, Messing, 1733 u. 1736. Patene, Messing vergoldet, 15. Jh. Kelch, Zinn, 17. Jh. Kelch u. Kanne, Zinn, um 1900. Altarleuchterpaar, Messing, 19. Jh. Zwei Votivwappen, Metall, 19. Jh. Kaselkreuz 15. Jh., wohl schon 1612 auf neue Unterlage aufgenäht, 1890 Corpus des Kruzifix entfernt und durch Medaillon ersetzt. Glasfenster »Christi Himmelfahrt« (Kopie nach Raffael), 1890, Institut für Glasmalerei, Berlin. Drei Glocken, 1765 von G. Metzger, Stralsund, u. 1937. Grabplatte v.

Norman, Kalkstein, um 1600. Grabplatte Johanna Rahel Froehner, geb. Symeon (1727–1807). Grabplatte Pastor Georg Christian Froner (1730–1796), Kalkstein. Friedhof mit Feldsteinpackmauer.

KATEN in der Nähe des Pfarrhofes. Zweihieschiger Lehmfachwerkkaten mit einzelnen Ziegelausfachungen und rohrgedecktem Krüppelwalmdach, um 1800.

**Zarnitz**

Ehem. GUTSHAUS (Wohnhaus). Eingeschossiges siebenachsiges Gebäude mit rohrgedecktem Krüppelwalmdach. Der linke Teil der Fassade massiv und verputzt, der rechte Fassadenteil in verputztem Backsteinfachwerk. Mittige, später erneuerte Tür, flankiert von zwei schmalen hochrechteckigen Fenstern. Fledermausgaube im Dach. Das Gebäude wohl im 1. D. 19. Jh. errichtet. Vor dem Haus eine hölzerne PUMPE aus gleicher Zeit.

GEHÖFT Dorfstraße 7. 1856 durch Aufsiedlung entstanden. Eingeschossiges fünfachsiges WOHNHAUS, Backsteinfachwerkbau mit rohrgedecktem Krüppelwalmdach. Auf der Rückseite massiver Eingangsvorbau. Zugehörig eine SCHEUNE aus Backsteinfachwerk mit Krüppelwalmdach in Rohrdeckung und mit einer massiven Giebelseite.

**Zecherin**

SCHEUNE Dorfstraße 13. Giebelständiger Lehmfachwerkbau mit rohrgedecktem Krüppelwalmdach, 1. H. 19. Jh. Der Bau z. T. massiv erneuert, Giebel verbrettert. Im Dach kleine Gaube.

WOHNHAUS Dorfstraße 17. Eingeschossiger giebelständiger Putzbau mit rohrgedecktem Krüppelwalmdach, 1. H. 19. Jh. Zugehörig massive eingeschossige STALLSCHEUNE mit Rohrdach und verbretterten Giebeln vom E. 19. Jh.

**Zemitz**

DORFKIRCHE Im 18. Jh. errichteter einschiffiger Putzbau auf Feldsteinsockel mit dreiseitigem Chor in Schiffsbreite. In Chor und Schiff glatt eingeschnittene Rundbogenfenster. An der Nordseite ein massiver verputzter Anbau mit Eingang nach Osten, wohl zu Beginn 20. Jh. angefügt. Fledermausgauben im Dach des Schiffes. Quadratischer, zur Hälfte in das Schiff eingebundener Westturm, massiv und verputzt mit hölzernem Aufsatz und geschweifter Haube. Rundbogiges Westportal. Das Schiff innen mit einer Holztonne geschlossen, die im Chor in drei Kuppelsegmente übergeht. Im Westen hölzerne Orgelempore, darüber große rundbogige Öffnung zum Turm. Ausstattung aus der Erbauungszeit.

**Zempin**

BAHNHOF Um 1935 errichteter eingeschossiger Putzbau auf T-förmigem Grundriß mit backsteinsichtigem Sockel. Segmentbogig geschlossener Eingang an der Straßen- und Bahnsteigseite, große Schleppgauben im Dach.

SALZHÜTTEN Drei urspr. als Verschlußlager für steuerfreies Monopolsalz errichtete kleine Bauten, Fachwerk mit Backstein- und Lehmausfachungen, z. T. massiv erneuert. Rohrdächer, teilw. durch Wellasbest ersetzt.

WOHNHAUS Strandstraße 16. Zweigeschossiger Putzbau mit Seitenrisalit, geschoßtrennendem Gesims, Pilastergliederung und Putzfaschen im rückspringenden Bauteil. Errichtet um 1900.

*Waldstraße*

KRIEGERDENKMAL Um 1920 errichteter Granitblock mit den Namen der im Ersten Weltkrieg gefallenen Zempiner auf kleiner, über eine Freitreppe zu erreichender Anhöhe.

WOHNHAUS Nr. 5. Um 1900 errichtetes zweigeschossiges Gebäude aus verputztem Backstein mit breitem vierachsigen Mittelrisalit. Das Obergeschoß durch Rundbogenarkaden geöffnet, das Untergeschoß großflächig verglast. Geschoßtrennendes Gesims, Mittelpfeiler, Säulen, Eckpilaster. Dem Risalit kleine Freitreppe vorgelegt.

WOHNHÄUSER Nr. 9 und 25. Putzbauten von zwei Geschossen mit breitem Mittelrisalit, dieser mit geschoßtrennendem Gesims, Säulen- und Pilastergliederung. Um 1900 erbaut.

*Zinnowitz, Hotel Kormoran, Dünenstraße 14*

WOHNHÄUSER Nr. 11, 18, und 19. Zweigeschossige Putzbauten mit dreiachsigen, z. T. im Obergeschoß offenen Seitenrisaliten. Geschoßtrennende Gesimse, Säulen- und Pilastergliederung, um 1900 entstanden. Nr. 19 mit großflächig verglastem eingeschossigem Vorbau, A. 20. Jh.

WOHNHÄUSER Nr. 16 und 21. Zweigeschossige Putzbauten, errichtet um 1910, mit dreigeschossigen Seitenrisaliten. Die Gebäude unter Walmdach, die übergiebelten Risalite im obersten Geschoß und Giebel aus verputztem Backsteinfachwerk.

WOHNHAUS Nr. 26. Putzbau von zwei Geschossen und vier Achsen, A. 20. Jh. Stark hervortretender Mittelrisalit mit Pilastergliederung und ornamentalen Aufputzungen in den Brüstungsfeldern. Geschoßtrennendes Gesims, Fenster z. T. in Putzfaschen, Eckquaderung.

**Zinnowitz**

1309 erstmals urkundlich erwähnt, Fischer- und Bauerndorf. Um 1880 Entwicklung zum Badeort. Von 1953 bis 1983 Ferienort der Industriegewerkschaft Wismut für Bergleute aus dem Uranbergbau des Erzgebirges und Südostthüringens.

KIRCHE 1898 errichteter neogotischer Backsteinbau. Vierjochige Saalkirche mit eingezogenem fünfseitigen Chorschluß und rechteckigem Westturm. Beiderseits des Chores rechteckige Anbauten. Der Chor von Strebepfeilern umgeben, ebenso das Schiff. Sein Ostgiebel mit gestaffelten Spitzbogenblenden verziert. In der Nord- und Südwand zweiteilige Spitzbogenfenster, darunter gekuppelte Segmentbogenfenster, getrennt durch Zahnschnittfries. Der rechteckige Westturm von zwei Treppentürmen flankiert. Das Westportal in Wandvorlage mit Wimperg, darüber Fensterrose in Spitzbogenblende. Die Nord- und Südseite mit Dreieckgiebel versehen, da-

*Zinnowitz, Hotel Asgard, Dünenstraße 20*

zwischen steiles Pyramidendach. – Der Innenraum mit trapezförmiger Holzdecke geschlossen, im Chor Rippengewölbe. Das Innere verputzt. Fenstereinfassungen und Einfassungen des Triumphbogens backsteinsichtig. Umlaufende hölzerne Empore aus der Erbauungszeit. Glasgemälde im Chor, Christus rettet Petrus aus dem Meer, 19. Jh. Kruzifix, Bronze, 19. Jh. Fünf Kelche, 14. Jh., 1649, Messing versilbert, 19. Jh. und Messing versilbert, E. 20. Jh. Zwei Krankenkelche, Messing versilbert, 19. Jh. Krankenabendmahlsgerät, Zinn, 18. Jh. Kelch und Ziborium, Messing versilbert, z. T. vergoldet, 19. Jh. Zwei Ziborien, Messing versilbert, 19. Jh. Ziborium und Patene, Messing versilbert, z. T. vergoldet, 19. Jh. Drei Patenen, 15. Jh., und Messing versilbert, 19. Jh. Vier Weinkannen, Messing versilbert, 19. Jh. Drei Taufschalen, Messing, um 1680, und Messing versilbert, 19. Jh. Zwei Kollektendosen, Messing, E. 18. Jh. Leuchterpaar, Messing versilbert, 19. Jh. Altarleuchter, Messing/Kupfer, 19. Jh. Altarleuchter, Messing, 19. Jh. Kronleuchter, Messing, 19. Jh.

Ehem. SCHULE (Wohnhaus) Alte Strandstraße 47. Zweigeschossiger Backsteinbau, errichtet aus gelben Ziegeln, auf niedrigem Feldsteinsockel. Umlaufende Bänder in roten Ziegeln sowie geschoßtrennendes Gesims aus gleichem Material mit darunterliegendem Fries, rote Ziegelkreuze. Fenster und Tür segmentbogig geschlossen. Der Bau um 1900 entstanden.

BAHNHOF Am Bahnhof. Im Zuge der 1911 eröffneten Inselbahnstrecke entstandener eingeschossiger Putzbau. Unregelmäßiger Grundriß, der mittlere Teil T-förmig. Kleiner polygonaler Turm an den zur Straße weisenden breiten Giebel angefügt. Rechts langgestreckter Anbau für Güterabfertigung mit weitem Dachüberstand und großer Schleppgaube. Auf der Bahnsteigseite von gezahnten Holzstützen getragenes Schleppdach.

*Dünenstraße*

BOOTSSCHUPPEN Eingeschossiger giebelständiger Backsteinbau, errichtet um 1900. Lisenengliederung, umlaufendes Deutsches Band. In der vorderen Giebelseite zwei große segmentbogige Tore.

HOTEL VINETA Nr. 1. Dreigeschossiger Putzbau von 29 Achsen, errichtet um 1955. Zwei Seitenrisalite, durch Balkone miteinander verbunden. Der Bau nimmt Bezug auf den im späten 19. und frühen 20. Jh. häufig verwendeten Villentyp der Bäderarchitektur.

Ehem. PENSION MIRAMARE (Hotel Kormoran) Nr. 14. Um 1900 errichteter zweigeschossiger Putzbau von neun Achsen, z. T. auf Feldsteinsockel erbaut. Zwei Seitenrisalite mit geschweiften Giebeln. Zwischen den Risaliten zweigeschossige Loggia. Der Bau durch aufgelegtes Netz von backsteinsichtigen Lisenen, Bändern und Fenstereinfassungen gegliedert. Im Mansarddach mehrere Gauben.

VILLA SEESCHLÖSSCHEN Nr. 15. Zweieinhalbgeschossiger Putzbau, elfachsig, zwei Seitenrisalite und zusätzlicher Mittelrisalit mit Aussichtstürmchen. Der Baukörper in Höhe und Tiefe gestaffelt. Gliederung durch Gesimse und Halbsäulen. Das Erdgeschoß gequadert, die Gebäudekanten z. T. mit Eckquaderung versehen. Mittiger, auf zwei Säulen ruhender Balkon mit dekorativem Brüstungsgitter. Die überdimensionierten Akroterien später hinzugefügt. Auf dem Aussichtstürmchen urspr. ein Fahnenmast. Der Bau um 1900 errichtet.

Ehem. PENSION BALTISCHES HAUS (Hotel Asgard) Nr. 20. Über einem Sockelgeschoß errichteter zweigeschossiger Putzbau, um 1900 entstanden. Breiter Mittelrisalit, flankiert von zwei Seitenrisaliten, Walmdächer, Giebel in verputztem Fachwerk. Die Rückseite ähnlich gegliedert, hier am rechten Seitenrisalit übereck gestelltes Türmchen. Die urspr. dekorativ gestalteten Schornsteine vom Gebäude entfernt. Eingeschossiger, das Haus stark beeinträchtigender Erweiterungsvorbau aus jüngster Zeit.

VILLA AM MEER Nr. 22. Zweigeschossiger Putzbau mit zweiachsigem Mittelrisalit und polygonalen Seitenrisaliten, der linke mit ehemals offener Laterne als Aussichtsturm errichtet und mit Haube gedeckt, um 1900. Die Fenster der Villa z. T. rund- oder segmentbogig geschlossen. In den Brüstungsfeldern kleine Blendbogenarkaden aus Backstein. Weite Dachüberstände an den Giebeln mit freiliegendem dekorativem Sprengwerk. Hölzerne Treppenaufgänge an beiden Giebelseiten. Auf der Rückseite zwei dreigeschossige Ausluchten.

VILLA FAHL Nr. 25. Dreigeschossiger neunachsiger Putzbau mit Seitenrisaliten, um 1910 errichtet und durch Säulen, Pilaster und geschoßtrennende Gesimse gegliedert. Der Mittelteil verändert, das oberste Geschoß

*Linke Seite: Zinnowitz, Villa Am Meer, Dünenstraße 22*

*Rechte Seite: Zinnowitz, Pension San Remo, Karl-Marx-Straße 11*

urspr., backsteinsichtige Flächen aus gelben Ziegeln, hier nur die Fenster erneuert. Mittelrisalit auf der Rückseite.

VILLA WALD UND SEE Nr. 26/27. Doppelbau, dreigeschossig mit je zwei Seiten- und einem Mittelrisalit, um 1900 entstanden. Der verputzte Backsteinbau durch Säulen, Pilaster und Gesimse gegliedert. An den Eckpilastern z. T. Putzornamente in Sgraffitotechnik.

Ehem. KINDERHEIM Erich-Steinfurth-Straße. 1875 als Hotel Belvedere des Badearztes Dr. Sachse errichtet, 1926/27 großzügig umgebaut und erweitert. Komplex von Putzbauten, durch Laubengang verbunden. Das Hauptgebäude dreigeschossig mit Mansarddach und seitlichem Zwerchhaus. Zweigeschossiges Portal mit von Pilastern getragenem gesprengtem Dreieckgiebel. Auf der Rückseite mittige Loggia mit vorgelegter zweiläufiger Treppe. Die Turnhalle eingeschossig. Langgestreckter Baukörper von 13 Achsen. Der Laubengang vor das Gebäude als Pfeilerhalle gelegt. Breite Freitreppe vor den mittleren vier Achsen. Zum sog. Jungenhaus der Laubengang leicht abgeknickt, hier durch zwei doppelte Pfeilerstellungen Akzent gesetzt. An dieser Stelle unter dem Laubengang eine Durchfahrt. Das Gebäude dreigeschossig mit Walmdach und Gauben. Ein polygonaler Risalit neben dem von Säulen flankierten Portal nimmt die Treppe auf. Links massiver verputzter Pavillon. Auf dem Gelände eingeschossiger STALL, massiv und verputzt, mit Walmdach und kleinen übergiebelten Dacherkern, 1. V. 20. Jh. Ehem. ISOLIERSTATION (Wohnhaus), 1. V. 20. Jh. Eingeschossiger Putzbau mit Mansarddach und Dachgauben, links eingetiefte Portalnische. Ähnlich ein WOHNHAUS erbaut, dieses mit zweiachsigem Zwerchhaus. Die um 1930 errichtete LIEGEHALLE rohrgedeckt. Zwei hölzerne Pavillons, verbunden durch eine im Halbrund aufgeführte, hinten geschlossene hölzerne Laube.

VILLA BOTE (Ferienheim) Glienbergweg 6. Auf einem Sockelgeschoß im letzten V. 19. Jh. errichteter zweigeschossiger Putzbau von sieben Achsen. Mittelrisalit mit vorgelagerter Freitreppe, durch Säulen gegliedert. Umlaufende Gesimse.

*Johannes-ter-Morsche-Straße*

PENSION VATERLAND Nr. 2. Im späten 19. Jh. entstandener zweigeschossiger Putzbau von sieben Achsen mit seitlichen Loggien. Säulen und Eckpilaster. Das Erdgeschoß in jüngerer Zeit verändert.

PENSIONEN Nr. 4, 21 und 30. Zwei- bzw. zweieinhalbgeschossige Putzbauten vom E. 19. Jh. Die Seitenrisalite als offene Loggien ausgebildet, bei Nr. 21 noch erhalten. Gliederung durch geschoßtrennende Gesimse, Säulen und Pilaster. Fenster in Putzfaschen, die Türen z. T. in Portalrahmungen.

PENSIONEN Nr. 8 und 19. Zweigeschossige Putzbauten mit breitgelagerten fünfachsigen Mittelrisaliten. Umlaufendes geschoßtrennendes Gesims, Pilastergliederung, die Fenster der Risalite im Obergeschoß z. T. rundbogig. Errichtet im letzten D. 19. Jh.

PAVILLON Nr. 4 a. Eingeschossiger Putzbau, E. 19. Jh., mit Zwerchdach und übergiebeltem rundbogigem Portal, flankiert von zwei Schaufenstern.

PAVILLON Nr. 24. Eingeschossiger Backsteinbau, um 1900 errichtet. Walmdach. Traufgesims als Konsolfries ausgebildet. Rundbogiges Portal zwischen zwei Schaufenstern.

HAUS WALDESRUH (Ferienheim) Nr. 26. Zweigeschossiger Backsteinfachwerkbau im Schweizerhausstil, mit hölzernen Balkonen und Laubsägearbeiten in den Giebeln der Dachüberstände, E. 19. Jh.

*Karl-Marx-Straße*

WOHNHAUS Nr. 2. Um 1925 errichteter eingeschossiger Putzbau mit Walmdach und Zwerchhaus. Quadratischer zweigeschossiger Anbau, das Erdgeschoß in Backstein mit Ecklisenen und geschoßtrennendem Gesims. Die Fenster z. T. in Backsteineinfassungen. Eingang mit abgetrepptem Portalgewände.

WOHNHAUS Nr. 7. Um 1900 entstandener neoklassizistischer Putzbau von zweieinhalb Geschossen und elf Achsen. Der zwischen zwei Seitenrisalite gespannte Mittelteil aus gelbem Backstein. Hier Balkon mit dekorativem Brüstungsgitter. Mittige Portalachse, durch gequaderte Lisenen akzentuiert. Die Seitenrisalite durch Säulen und Pilaster gegliedert.

Ehem. WARMBAD Nr. 8. Backsteinbau, um 1900 errichtet. Zentraler zweigeschossiger Pavillon mit abgeschrägter Gebäudeecke, an dieser eingeschossiger Eingangsvorbau in Backsteinfachwerk angefügt. Zwei eineinhalbgeschossige massive Flügel rechtwinklig am Pavillon angebaut. Lisenengliederung, umlaufender Konsolfries. Die Fenster im Obergeschoß des Pavillons rundbogig, übereck eine Rundbogenblende.

Ehem. PENSION (Volksbank) Nr. 9. Zweieinhalbgeschossiger Putzbau vom E. 19. Jh. Zwei Seitenrisalite, der linke übergiebelt. Abgeschrägte Gebäudeecke mit vorgelagertem, dreigeschossigem, quadratischem Turm, hier auch das Portal. Pyramidendach. An der rechten Seite Mittelrisalit. Diesem zweigeschossige Auslucht vorgelegt. Typische Gliederung durch Gesimse, Säulen und Pilaster. Umlaufender Konsolfries.

PENSION SAN REMO Nr. 11. Auf Feldsteinsockel errichteter Putzbau, zweieinhalbgeschossig, vierachsig, E. 19. Jh. Zwei Seitenrisalite, der linke mit Neorenaissancegiebel, der rechte turmartig mit Pyramidendach und Laterne. Die Ecken der Risalite gequadert. Gliederung durch Gesimse, die Fenster in Putzfaschen.

WOHNHAUS Nr. 13. Zweigeschossiger Putzbau auf hohem Feldsteinsockel, errichtet um 1900. Fünfachsig, dreiachsiger Mittelrisalit mit geöffneten Loggien und Volutengiebel. Links oktogonaler dreigeschossiger Turm, rechts eine Auslucht.

VILLA DAHEIM Kirchstraße 9. Um 1900 errichteter zweigeschossiger Putzbau. Seitenrisalit mit mittleren Säulen und Eckpilastern, die Fenster im Obergeschoß rundbogig. Am linken Giebel zweigeschossige Auslucht, in der Wirkung durch Veränderungen stark beeinträchtigt.

WOHNHAUS Kirchstraße 16. Zweigeschossiger Putzbau von fünf Achsen, errichtet um 1890. Flaches Walmdach. Gliederung des Baukörpers durch backsteinsichtige Kanten, Gesimse, Bänder und Faschen. Der urspr. Eingang an der Vorderseite des Hauses nicht mehr vorhanden. Rückseitig eine zweigeschossige Auslucht aus Backstein mit Rundbogenfenstern. Die übrigen Fenster segmentbogig. Der Bau in Anlehnung an Landhäuser der italienischen Renaissance entstanden.

WOHNHAUS Kirchstraße 19. Auf Feldsteinsockel errichteter, zweigeschossiger, siebenachsiger Putzbau mit Mittelrisalit, dessen Obergeschoß in Holz. Gliederung durch Pilaster und kassettierte Brüstungsfelder. In ähnlicher Art und Weise am rechten Giebel eine Auslucht. E. 19. Jh.

KULTURHAUS 1953/57 entstandener Monumentalbau nach Entwürfen von W. Litzkow, G. Ulbrich und G. Möhring. H-förmige Anlage, bestehend aus zwei- und dreigeschossigen Putzbauten mit Attika. Der Mittelpavillon mit Pfeilerportikus und Freitreppe, flankiert von zwei einachsigen Risaliten mit hohen längsrechteckigen Fenstern. Die weiteren Flächen des Baukörpers durch Lisenen gegliedert. Schlichte langgestreckte Putzbauten stellen die Verbindung zu den Seitenflügeln her. Diese erfahren Gliederung durch stilisierte Kolossalpilaster. An der vorderen Seite je ein von Pilastern flankiertes, von Lisenen und Bändern eingefaßtes Portal, davor zweiläufige Treppenanlagen. Im Innern urspr. großer Theatersaal mit 900 Plätzen, Speisesaal mit 400 Plätzen, ein Tanzcafé und mehrere Klubräume.

FRIEDHOFSKAPELLE Neuendorfer Weg. Eingeschossiger Backsteinbau mit überhöhtem, nach vorn und hinten vorspringenden Mittelteil. Flachdach. Errichtet um 1930. Im Mittelteil große Rundbogenblende, darin zweiflügelige Eingangstür und fünf schmale, der Blendenform angepaßte Fensterbahnen. Umlaufender Zickzackfries, an der vorderen Seite durch lateinisches Kreuz unterbrochen. In den Seiten glatt eingeschnittene Fenster. Der Bau durch Sachlichkeit und Klarheit ausgezeichnet.

WOHNHAUS Oiestraße 2. Putzbau von zwei Geschossen und neun Achsen, E. 19. Jh. Dreiachsige Seitenrisalite, Rundbogenfenster im Obergeschoß, Gliederung durch Säulen und Pilaster. Umlaufende Gesimse, im Mittelteil Balkon auf zwei Rechteckpfeilern. Fenster z. T. verändert.

PENSION WEISS Potenbergstraße 11. Zweigeschossiger Putzbau auf Backsteinsockel mit Fachwerkdacherker. Ornamentale Stuckfelder mit figürlichen Reliefs, wohl Allegorien von Jahreszeiten. Überdachte Terrasse, z. T. verglaste Eisengußkonstruktion mit dekorativer floraler Ornamentik. Errichtet E. 19. Jh.

WOHNHAUS Potenbergstraße 15. Um 1900 entstandener Putzbau, zweigeschossig, Seitenrisalite aus verputztem Backsteinfachwerk. Zurücktretender Fachwerkaufbau auf dem Dach des Mittelteiles. Fenster und Türen mehrfach verändert. Im Obergeschoß eigentümliche Paarung von je zwei Rundbogenfenstern ohne Mittelpfosten, diese urspr.

PENSION (Wohn- und Geschäftshaus) Potenbergstraße 28. Neoklassizistischer Putzbau vom E. 19. Jh., zweigeschossig, neunachsig, mit breitem Mittelrisalit. Typische Gliederung durch Säulen, Pilaster und Gesimse. Mittige Portalachse mit Portalnische und Nische mit Konsole für eine Plastik. Im Giebeldreieck Medaillon mit figürlichem Relief. Die Fenster z. T. elegant gesproßt.

ORCHESTERPAVILLON Strandpromenade. Um die M. 20. Jh. errichteter querrechteckiger Baukörper aus verputztem Backstein mit hineingewölbter Orchestermuschel. An den Seiten apsidiale Anbauten mit Fensterbändern, hinten ein Anbau auf polygonalem Grundriß.

TOILETTENHAUS Strandpromenade. Eingeschossiger Backsteinbau mit Walmdach, die Giebelseiten verputzt und durch Backsteinbänder gegliedert. Erbaut um 1930.

KRIEGERDENKMAL Wilhelm-Pieck-Straße. Auf einem Sockel errichteter Gedenkstein mit Relief, umranktes Schwert, und giebelartigem Aufsatz, 20er Jahre 20. Jh.

WOHNHAUS Wilhelm-Pieck-Straße 34. Zweigeschossiger, über einem Backsteinsockel errichteter, um 1930 entstandener Putzbau. Flachdach. Der linke Teil leicht vortretend mit abgeschrägten Kanten. Im Erdgeschoß rechteckige Dreifenstergruppe mit dreifacher Segmentverdachung. Umlaufendes geschoßtrennendes Gesims. Der rechte Teil mit kleiner Terrasse im Obergeschoß. Abgerundete Gebäudekante. Das Portal an der rechten Seite.

WOHNHAUS Wilhelm-Pieck-Straße 37. Zweigeschossiger neunachsiger Putzbau vom E. 19. Jh. Zwei durch kannelierte Halbsäulen und Pilaster gegliederte Seitenrisalite, zwischen diese auf zwei Säulen ruhender Balkon gespannt. Gebänderte Putzfassade, geschoßtrennendes Gesims, Sohlbankgesimse.

## Zirchow

DORFKIRCHE Rechteckiger Feldsteinbau, 2. H. 13. Jh., mit quadratischem Westturm. Der Ostgiebel mit zwei schmalen Rundbogenfenstern. Je drei Rundbogenfenster in der Nord- und Südwand sowie rundbogiges Portal im

*Züssow, Kirche, Votivscheiben*

Süden. Die Laibungen der Fenster und des Portals in Backstein, die Bauteile im 19. Jh. erneuert und dabei verändert. Der Turm im 15. Jh. hinzugefügt, erbaut aus Feldstein und Backstein. Am Turmunterbau unterschiedliche Spitzbogenblenden, z.T. zweiteilig mit Scheitelkreis. Vierfach abgestuftes spitzbogiges Westportal. Fußwalm, darüber verbretterter Aufsatz mit oktogonaler Haube und Spitzhelm. – Flache Holzbalkendecke im Innern. Mittelalterliche Wandmalerei, Geißelung Christi, an der Südwand. Altargemälde Christus als Schmerzensmann in ädikulaartiger Rahmung. Altarschranken, Kanzel, Orgelempore und Orgel um 1850. Gestühl 18./19. Jh. Kruzifix wohl 15. Jh. Krankenabendmahlsgerät 19. Jh. Zwei Patenen, 17. Jh., und Messing vergoldet, 1957 von Griese, Erfurt. Zwei Oblatendosen, Messing versilbert, 19. Jh, und Messing vergoldet, 1957 von Griese, Erfurt. Kanne, Messing vergoldet, 1957 von Griese, Erfurt. Taufschale, Messing, A. 18. Jh. Leuchterpaar, Kupfer versilbert, 19. Jh. Glocke, 1820 von Gebr. Schwenn, Stettin. Auf dem Kirchhof Grabplatte 1802 und vier Grabstelen 1820, 1822, 1825 und 1829.

*Hauptstraße*

PFARRHAUS Nr. 6. Eingeschossiger sechsachsiger Backsteinbau aus der 2. H. 19. Jh. auf hohem Feldsteinsockel mit Zahnschnittfries als Traufgesims. Eine aus Backsteinfachwerk errichtete eingeschossige STALLSCHEUNE auf dem Hof. Der Bau teilweise massiv erneuert.

WOHNHAUS Nr. 7. Eingeschossiger Putzbau von 1934 mit zweigeschossigem Mittelrisalit, dieser mit geschoßtrennendem Gesims. Eckquaderung im Obergeschoß und Medaillon mit Jahr der Erbauung im Giebel.

Ehem. SCHULE (Wohnhaus) Nr. 37. In der 2. H. 19. Jh., errichteter eingeschossiger Backsteinbau von sechs Achsen über Feldsteinsockel. Segmentbogige Tür und Fenster.

Ehem. PFARRWITWENHAUS (Wohnhaus) Nr. 39. Eingeschossiger dreiachsiger Backsteinbau, 2. H. 19. Jh., mit Rohrdach, darin Fledermausgaube. Zugehörig ein STALL, eingeschossiger Backsteinbau mit Rohrdach, die Giebel in Lehmfachwerk erbaut.

**Züssow**

DORFKIRCHE Rechteckbau aus Feldstein mit dreiseitig geschlossenem Chor, E. 14. Jh. Nordseitiger Anbau mit Pultdach (Leichenhalle). 1946 anstelle der ehem. Sakristei angebaut. Chor mit einmal abgetreppten Strebepfeilern. Spitzbogenfenster mit Backsteinlaibung, an der Nordseite mit einem, sonst mit zwei Stäben. Nordportal vermauert. Traufgesims und blendengeschmückter Westgiebel von 1887.

Innenraum: Balkendecke mit mittlerem Unterzug. Auflager für eine nicht ausgeführte Wölbung unterhalb der Decke sichtbar. Hölzerne West- und Südempore mit Bemalung. In der nordöstlichen Chorwand Sakramentsnische mit Spitzbogen und Backsteineinfassung. Tür zur ehem. Sakristei vermauert. Neben dem Nordportal Wandmalerei »Christophorus«.– Ausstattung: Flügelaltar E. 15. Jh. u. E. 16. Jh., Kreuzigungsgruppe, im Mittelschrein modern. Kanzel von 1687, in den Feldern des Korbes Rundbogenblenden mit gemalten Wappen; Ohrmuschelornament. Orgel um 1860 von B. Grüneberg, Stettin, später durch W. Sauer klanglich umgestaltet, neogotischer Prospekt. Empore mit Passionsszenen A. 18. Jh., die übrigen Felder 1946 neu bemalt. Sakristeiverschlag 18. Jh., in den Fenstern der Tür 16 Votivscheiben, 2. V. 17. Jh., wohl holländischer Import. Gemälde »Christus zwischen Kriegsknechten« E. 17. Jh. Im Sakristeiverschlag Holzfigur »Moses« A. 18. Jh. Zwei Kelche 15. Jh., 1625 verändert. Patene um 1788. Kollektenschale, Messing vergoldet, 17./18. Jh. Krankenabendmahlsgerät, Messing versilbert, 19. Jh. Oblatendose, Silber, 1788. Taufschale, Messing, E. 17. Jh. Weinkanne, Messing versilbert, 19. Jh. Taufkanne, Messing versilbert, 20. Jh. Zwei Altarleuchter, Messing getrieben und gepunzt, um 1690. Kronleuchter, Messing, 17. Jh.

Auf dem Friedhof Glockenstuhl des 19. Jh. mit zwei Glocken, 1880 und 1962, aus Stahl. Eine beschädigte Glocke von 1880 vor der Kirche aufgestellt. Kuppa eines mittelalterlichen Taufsteins, Granit. Drei Grabsteine der Familie v. Seeckt, Kalkstein, um 1800. Zwei Grabwangen, Kalkstein, und 14 gußeiserne und ein schmiedeeisernes Grabkreuz, 19. Jh.

# Stadt Greifswald

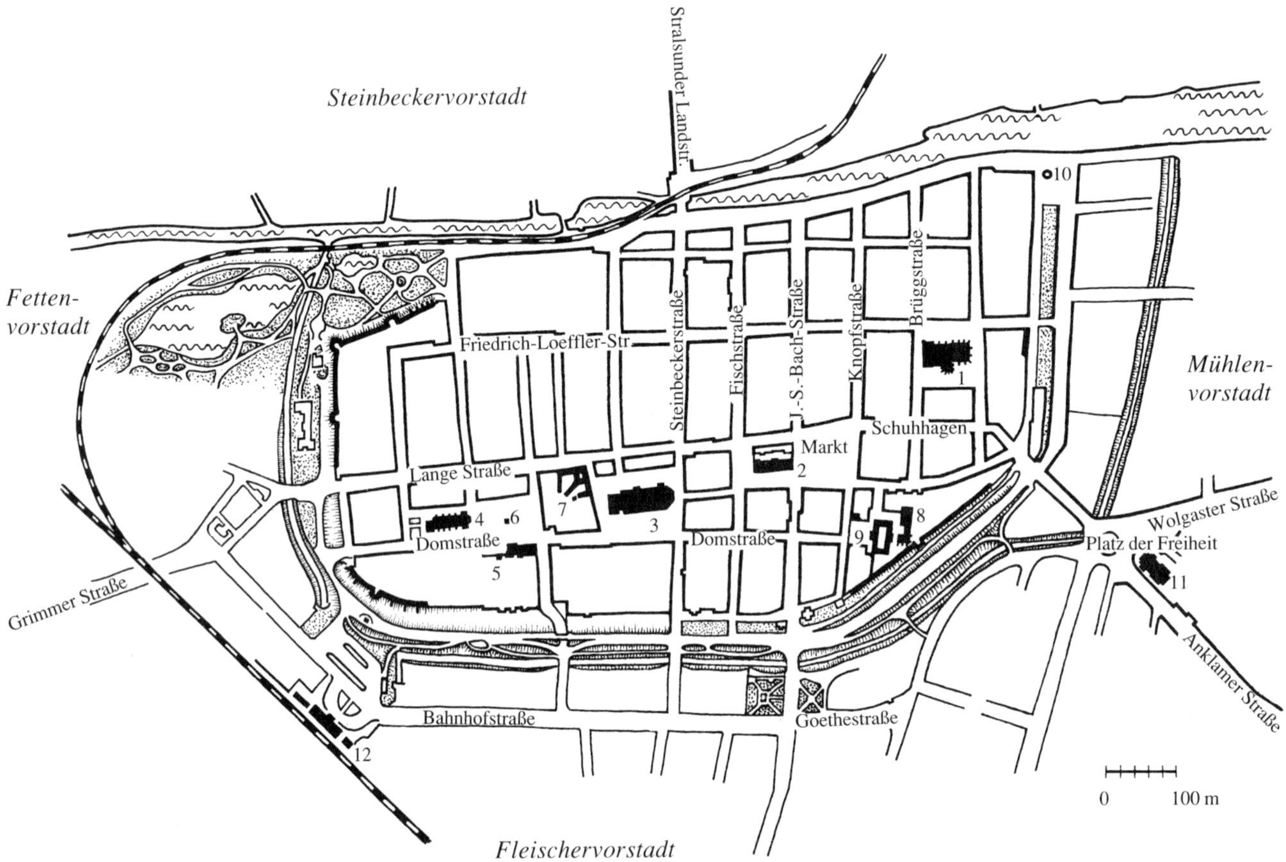


| | | | | | | | |
|---|---|---|---|---|---|---|---|
| 1 | Marienkirche | 4 | Jakobikirche | 7 | St. Spiritus | 10 | Fangelturm |
| 2 | Rathaus | 5 | Universität | 8 | Ehem. Franziskanerkloster (Museum) | 11 | Theater |
| 3 | Nikolaikirche (Dom) | 6 | Rubenow-Denkmal | 9 | Ehem. Graues Kloster | 12 | Bahnhof |

# Stadtkreis Greifswald

**Stadtgeschichte**

1199 Gründung des Klosters Eldena an der Ryckmündung durch dänische Zisterziensermönche. In der 1. H. 13. Jh. erfolgte von Eldena aus eine Stadtgründung in unmittelbarer Nähe einer Saline nördlich des Ryck. Wahrscheinlich bestand bereits vorher eine Ansiedlung vorwiegend deutscher Kaufleute im Bereich der Nikolaikirche, dem höchsten Teil des langgestreckten Stadthügels. Erste urkundliche Erwähnung 1248 als »oppidum Gripheswald«. 1250 die Verleihung des lübischen Stadtrechtes durch Herzog Wartislaw III. von Pommern-Demmin. Der Fernhandel entwickelte sich, Greifswald wurde gegen E. 13. Jh. zu einer führenden Handelsstadt im »Wendischen Quartier« der Hanse und blieb bis in das 17. Jh. Mitglied des Bundes. Die drei Pfarrkirchen entstanden in der 1. H. 13. Jh. Der dem Kolonisationsschema entsprechende Stadtgrundriß mit einem annähernd regelmäßigen gitterförmigen Straßennetz aus drei parallel von Ost nach West verlaufenden Straßen, die von elf zum Ryck führenden Straßen gekreuzt werden, entstand bereits in der 2. H. 13. Jh. Während der älteste Teil der Stadt mit der Marienkirche, Nikolaikirche und dem zwischen beiden gelegenen Markt mit Rathaus sowie einem 1242 gegründeten Franziskanerkloster und 1262 erstmals erwähnten Hospital St. Spiritus auf dem östlichen Teil des Hügels entstand und bis zur Weißgerberstraße reichte, entwickelte sich auf dem westlichen Teil des Hügels bald danach eine Neustadt mit dem heutigen Rubenowplatz als Markt und der Jakobikirche. Beide Stadtteile wurden 1264 zu einem Gemeinwesen vereinigt und mit einer Stadtbefestigung umgeben. 1264 erfolgte die Gründung eines Dominikanerklosters an der nördlichen Stadtmauer im Bereich der heute dort gelegenen Kliniken. 1301 Erwähnung des Georgs-Hospitals vor dem Mühlentor, 1329 wird ein Heiliggeisthospital im Norden des Steinbeckertores genannt. 1456 wurde durch Bürgermeister Heinrich Rubenow die Universität gegründet. 1535 Aufhebung des Klosters Eldena und Umwandlung in ein herzogliches Amt. 1631 kampflose Einnahme der Stadt durch die Schweden. Nach dem 30jährigen Krieg begann der wirtschaftliche Niedergang, wozu Kriege und Stadtbrände beitrugen. 1648 fiel Greifswald an Schweden, 1815 kam es zusammen mit dem ehem. Schwedisch-Vorpommern zu Preußen. Seit M. 19. Jh. dehnte sich die Stadt über die mittelalterliche Stadtmauer hinaus nach Süden aus, die Fleischervorstadt entstand. Die anlaufende Industrialisierung und seit 1863 der Anschluß an das Eisenbahnnetz waren wesentliche Faktoren für die Stadterweiterung. 1869 erfolgte die Stillegung der Saline. Seit A. 20. Jh. entstand die Mühlenvorstadt im Osten der Stadt, 1957 – 1961 das Ostseeviertel. 1968 – 1986 fand eine dynamische Stadtentwicklung im Zuge der Erweiterung des VEB Kernkraftwerkes Bruno Leuschner statt, in dessen Folge die ausgedehnten Wohngebiete in Großplattenbauweise Schönwalde I und II im Südosten der Stadt gebaut wurden. 1978 – 1986 erfolgte ein Flächenabriß der nördlichen Altstadt und ein Ersatz in Plattenbauweise.

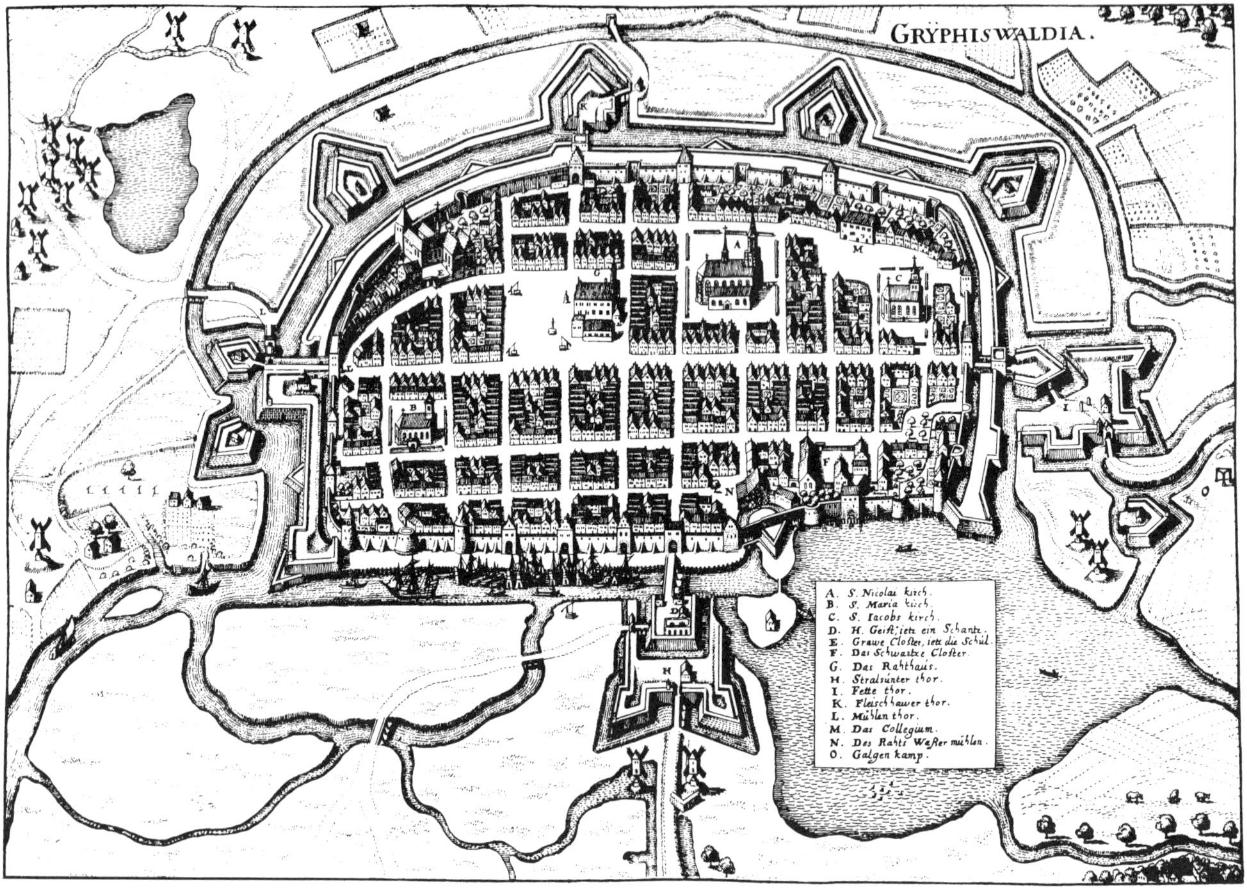


STADTBEFESTIGUNG 1264 erteilte Herzog Wartislaw die Genehmigung zur Anlage einer Stadtbefestigung. 1272 – 1278 wurde eine etwa 10 m hohe Mauer mit Wiekhäusern und Türmen sowie vier Haupttoren (Fleischertor im Süden, Mühlentor im Südosten, Steinbeckertor im Norden und Vettentor im Westen) mit einem dreifachen Wall-Graben-System errichtet. An der Hafenseite befanden sich am Ende der Straße kleine Wassertore. An den Enden dieses nördlichen Mauerzuges lagen im Osten der Fangelturm und im Westen der Raventurm. Nach 1630 erfolgte im Laufe des 17. Jh. durch Vorlagern von Bastionen mit Wassergräben ein Ausbau der Befestigungsanlage. Seit M. 17. Jh. verfielen die mittelalterliche Stadtbefestigung und im 2. V. 18. Jh. auch die Bastionen. 1787 wurde der mittlere Wall eingeebnet und mit Linden und Pappeln bepflanzt, die Pappeln wurden 1796 durch Kastanien ersetzt. 1811 und 1815 erfolgte eine Planierung des Walls zwischen dem Raventurm und dem Vettentor und die Anlage eines kleinen Englischen Gartens (jetzt Credner-Park) durch den Kunstgärtner Lorgus, Stralsund. Die ehem. Innentore, die durch Umbauten nicht mehr den mittelalterlichen Originalen entsprachen, wurden in der 2. H. 19. Jh. abgerissen. Als letztes fand 1951 der Abbruch

*Linke Seite: Greifswald, Stadtansicht (Lubinsche Karte)*

*Rechte Seite: Greifswald, Fangelturm*

des klassizistischen Steinbeckertores statt. Die erhaltenen Teile der mittelalterlichen Mauer befinden sich im Westen, Südwesten und Südosten des ehem. Mauerringes. Die in Backstein über einem Steinfundament in verschiedenen Mauerverbänden errichteten Mauern sind drei bis fünf Meter hoch und werden in Abständen durch die rund oder eckig vorspringenden Umfassungsmauern der ehem. Wiekhäuser unterbrochen. Von dem nordwestlichen Eckturm (Raventurm) steht nur noch das untere Geschoß, der nordöstliche Fangelturm ist erhalten. Am Südrand der Innenstadt besteht noch der zu einer Grünanlage umgestaltete mittlere Wall mit davorliegendem Graben.

FANGELTURM Hansering. Seit 1349 Vangentorm (Gefangenenturm) genannt, 1774 Einrichtung eines Observatoriums. Dreigeschossiger Rundturm mit Zinnenkranz, urspr. viergeschossig mit Kegeldach. Geschoßtrennung durch Deutsches Band, die urspr. Fenster und Schießscharten zugemauert.

## *Sakralbauten*

MARIENKIRCHE Pfarrkirche der Altstadt. Monumentale dreischiffige fünfjochige Hallenkirche aus Backstein mit einer Sakristei am Ostende der Nordwand, südlichem Kapellenanbau mit doppeltem Ostschluß, einem von Seitenhallen und Nebenkapellen begleiteten Westturm und breiter westlicher Vorhalle.

Baubeginn in der 2. H. 13. Jh., die ältesten erhaltenen Bauteile sind die Südostecke und zwei östliche Pfeilerpaare des Schiffes. Das Untergeschoß des Westturmes mit den Seitenhallen sowie die Marienkapelle um 1300 bereits kreuzgewölbt. Bis 1320 von Osten nach Westen eine schrittweise Fertigstellung der Umfassungswände und des Stützensystems des Schiffes, Bau des zweiten Turmgeschosses. Um 1330 Errichtung der Schiffsgiebel, Bau der Turmobergeschosse und Aufbringen des spitzen Helms, Einwölbung des Schiffes. 1382 weitgehende Fertigstellung der Kirche. Um 1400 Anbau der Annenkapelle auf der Südseite. A. 15. Jh. Erhöhung der Turmseitenhallen, Errichtung von drei Kapellen an der südlichen Seitenhalle und dem südwestlichen Langhausjoch; die westliche Turmhalle M. 15. Jh. Seit dem 3. V. 16. Jh. mehrere bauliche Veränderungen, wesentlich die des vierten Turmgeschosses und des Turmhelms M. 17. Jh. Umfassende Restaurierungen 1885/87, 1935/37 und 1974/84 sowie zu Beginn der 1990er Jahre.

Die Langhauswände einschließlich der Ostwand durch

Strebepfeiler und hohe Spitzbogenfenster gegliedert, der Sockel aus zwei Schichten behauener Granitquader mit profiliertem Abschlußgesims aus dunkelgrün glasiertem Backstein, das Traufgesims mit vorkragender Kehle nur unter dem Dach der Annenkapelle zusammenhängend erhalten. Die mehrteiligen Profile der Fensterlaibungen unterschiedlich gestaltet und von den Bauabschnitten bestimmt. Das fünfteilige Mittelfenster der Ostwand 1568 erneuert, die gestaffelte dreiluchtige Teilung der übrigen Fenster 1887 vereinheitlicht. Von den drei spitzbogigen Portalen liegen die beiden südlichen in Wandvorlagen, die bei dem von der Annenkapelle verdeckten südwestlichen Portal nach oben dreimal abgestuft sind; das Nordportal und das zugesetzte östliche Portal der Südseite mit schräger Sockelzone, Schichtenwechsel mit grünglasierten Formsteinen, Kämpfer mit Laubwerkkapitellen aus Kalkstuck, am Nordportal 1887 anders erneuert. Den Schiffsostgiebel gliedern acht gestaffelte Spitzbogenblenden mit weiß verputztem Grund, dazwischen fünf als Fialen endende Pfeiler mit maßwerkverschlossenen Nischen, im 17. Jh. z. T. vereinfacht. Die bis zur Erhöhung der Turmseitenhallen sichtbaren westlichen Halbgiebel der Langhausseitenschiffe gliedern drei gestaffelte Spitzbogenblenden.

Der Innenraum zu den Turmseitenhallen in voller Höhe geöffnet, urspr. auch zur Turmhalle hin. Das Profil der vier Freipfeilerpaare ist unterschiedlich, die achteckigen

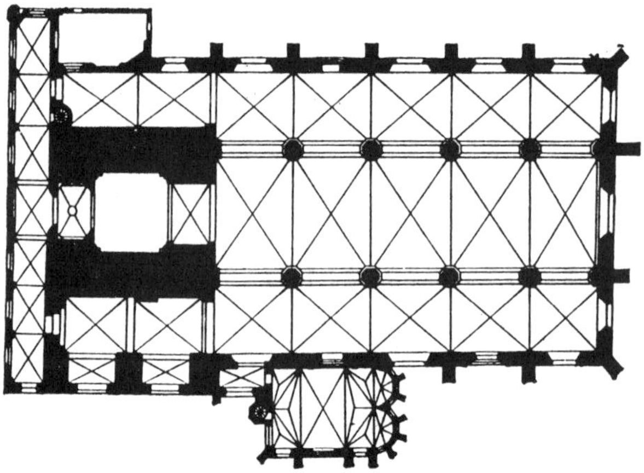

Kämpferplatten mit dünnen Randwülsten aus der Zeit der Einwölbung der Schiffe, die Achtecksockel aus Zementguß von 1885–1887. Am Fuß des südlichen dritten Pfeilers von Osten eine wohl urspr. Segmentbogennische unbekannter Bedeutung. Die tiefen inneren Laibungen der bis zum Scheitel der Gewölbe aufsteigenden Fenster bis zum Kämpferpunkt schräg und im Bereich des Bogens rechtwinklig in die Wände eingeschnitten. An der nördlichen Ostwand und an der östlichen Nordwand reichen die Laibungen bis zum Fußboden hinunter. Zwei gekoppelte Segmentbogennischen unter dem

*Linke Seite: Greifswald, Marienkirche, Ostgiebel; Grundriß*

*Rechte Seite: Greifswald, Marienkirche, Annenkapelle; Inneres nach Osten*

östlichsten Fenster der Südwand dienten einem liturgischen Zweck.

Das über allen Schiffen liegende Dach besitzt einen im Kern wohl noch aus dem 15./16. Jh. stammenden Kehlbalkendachstuhl mit doppelt stehendem Stuhl.

Im Erdgeschoß des Westturmes eine die gesamte Mauertiefe einnehmende kreuzgewölbte Portalhalle mit aus den Ecken aufgehenden kleeblattförmigen Rippen und einem vorderen und rückwärtigen Spitzbogenportal, das westliche wohl 15. Jh., das innere um 1300 mit einer reichen Kämpferzone aus Kalkstuck mit Tierdarstellungen zwischen stilisiertem Weinlaub, die Archivoltenzone fünfmal gestuft mit farbigem Schichtenwechsel von glasierten und unglasierten Steinen. Vor den Seitenwänden der Portalhalle Blendarkaturen oberhalb eines Granitsockels, die kleeblattförmigen Wanddienste im farbigen Schichtenwechsel, Kalkstuckkämpfer mit Blattdekor (nur an der Nordwand erhalten geblieben). Spuren von Malerei um 1300 am Gewölbescheitel, die Scheibe mit Relief des thronenden lehrenden Christusknaben, E. 13. Jh. An der Ostwand, im Bereich der ehem. Marienkapelle, Wandmalerei »Madonna im Strahlenkranz«, 1. H. 15. Jh. Über der Portalvorhalle liegt ein bis dicht unter die Mauerkrone des untersten Turmgeschosses reichender und durch die gesamte Tiefe der Westwand hindurch führender Raum mit Spitztonne, urspr. beidsei-

*Linke Seite:*
*Greifswald, Marienkirche, Annenkapelle, Inneres nach Osten; östliche Nebenkapelle der südlichen Turmseitenhalle, Wandmalerei (Gethsemane u. Geißelung)*

*Rechte Seite:*
*Greifswald, Marienkirche, östliche Nebenkapelle der südlichen Turmseitenhalle, Wandmalerei (Kreuztragung und Kreuzigung); Aufzugsrad im Turm; Altar*

tig offen, diente er zur Belichtung der Turmhalle. Das zweite Turmgeschoß seit dem 2. V. 15. Jh. von den Dächern der erhöhten Turmseitenhallen verdeckt, Reste der urspr. Blendengliederung und der Friese an der Nord- und Südwand erhalten. Das dritte Turmgeschoß durch Spitzbogenblenden gegliedert, z. T. durchfenstert. Das vierte Turmgeschoß im 17. Jh. erneuert, leicht zurückgesetzt mit drei Paar (im Osten zwei) spitzbogigen Schalluken mit Kreisblenden in den Zwickeln. Turm mit Pyramidendach, gaubenartige Türmchen. Im Inneren das Lastenaufzugsrad (Tretrad) aus dem 17. Jh. erhalten.

Die nach 1400 erhöhten, innen zweijochigen Turmseitenhallen mit Pultdach bilden mit den Nebenkapellen eine architektonische Einheit. Von den Fenstern der ersten Bauphase nur das später zugesetzte Westfenster der nördlichen Halle unter dem Dach der Vorhalle erhalten. Das Innere der Turmseitenhallen mit aus den Wänden aufgehenden Kreuzgewölben gestaltet, die von den Gewölben der Langhausseitenschiffe durch spitzbogige Gurtbögen auf Wandvorlagen geschieden sind. Die Höhendifferenz wird durch Schildwände geleistet. An der Südwand der nördlichen Turmseitenhalle die Abbildung eines 1545 bei Wieck gestrandeten Walfisches, 16. Jh., Freskotechnik. In der östlichen Nebenkapelle der südlichen Turmseitenhalle eine ehem. von zwölf Weihekreuzen unterbrochene gemalte Inschrift, darüber in Seccotechnik je zwei übereinanderliegende Wandbilder.

An der Westwand oben Gethsemane, unten Geißelung Christi, an der Ostwand oben Kreuztragung und unten Kreuzigungsgruppe mit Philippus und Jacobus als weitere Assistenzfiguren. Ein die Wände überziehendes vegetabilisches Ornament 1956 z. T. freigelegt. In der westlichen Nebenkapelle der südlichen Turmseitenhalle Spiralranken und Blüten, 1411.
Die an der Nordwestseite gelegene, später als Kalkhaus genutzte ehem. Marienkapelle steht im Verband mit der nördlichen Turmseitenhalle. Erhalten haben sich die Südwand, das südliche Drittel des polygonalen Ostschlusses, die Westwand mit einem Spitzbogenfenster mit drei gestaffelten Luchten und der Ansatz der Nordwand. Der Rest des in opus spicatum gemauerten West-

giebels läßt auf einen urspr. Dreiecksgiebel mit Deutschem Band, gestaffelten Spitzbogenblenden und Satteldach schließen. Die Ost- und Nordwand von 1672 oder 1787 und niedriger als die urspr. Wände. Der Innenraum ist zweijochig, im Osten dreiseitig geschlossen mit Kreuzgewölbe und reicher Innengliederung durch Blendnischen aus glasierten Formziegeln an der Süd- und Westwand.

Die um 1400 errichtete Annenkapelle an der Langhaussüdwand mit zwei nebeneinanderliegenden polygonalen Apsiden im Osten. Eng beieinanderstehende Strebepfeiler mit Eckstäben und Putzblenden, urspr. in Fialen endend. Maßwerkfriese an den Strebepfeilern und unterhalb der Traufe, im Westen ein Treppenturm. An der Kapellensüdwand drei eingeritzte mittelalterliche Sonnenuhren. Das Spitzbogenportal mit dreimal abgestuftem Gewände zugesetzt. Im Inneren des einschiffigen Raumes ein kreuzgewölbtes Mitteljoch, nach Osten und nach Westen anschließend je ein halbes Sterngewölbe. In den beiden Apsiden sechsteilige Gewölbe.

Von der urspr. Innenausstattung nur wenig erhalten, da die Kirche im 30jährigen Krieg und 1806/07 ausgeräumt und als Magazin genutzt wurde.

*Hauptausstattung:* Altar 2. D. 19. Jh., Kopie nach Correggios »Die Heilige Nacht«, 1807 von Fr. A. v. Klinkowström. Neogotischer Eichenholzrahmen, 1837. Neogotische Altarschranke, Taufe u. Kastengestühl, 1837. Kanzel, 1587, Tischler- und Holzbildhauerarbeiten von Jost Flege und Joachim Tarneke, Malerarbeiten Hans Kramer, Greifswald, und Meister David, Rostock, die

*Linke Seite: Greifswald, Marienkirche, Kanzel und Detail vom Korb*

*Rechte Seite: Greifswald, Marienkirche, Schnitzrelief mit Darstellung der Grablegung;*
*Annenkapelle, Schnitzrelief »Hl. Sippe«*

Intarsien 1585–1588 von Joachim Mekelenborg. In den Rundbogenarkaden: Petrus, Christus, Johannes d. T., vier Evangelisten. Die Rückwand mit Bildnissen von Bugenhagen, Luther, Melanchthon, oberhalb der Kanzeltür »Maria im Rosenhag«. Taufschale, Messing, A. 16. Jh. In der Annenkapelle Weihwasserbecken, Kalkstein, um 1300, an der Nordwand neben der Sakristeipforte in die Wand eingelassen. Orgel, 1868 von Friedrich A. Mehmel, Stralsund, mit romantischer Disposition französischer Stilart, fünfteiliger neogotischer Prospekt. Orgelempore, M. 18. Jh. und 1868.

*Schnitzarbeiten, Gemälde, Glasmalerei:* Schauwand des Erbbegräbnisses der von Essenschen Kapelle vor der M. 18. Jh. (Plastik von Möller, Stralsund). Im Auftrag des Hofgerichtsdirektors Franz Joachim Edler von Essen errichtet. Einige zugehörige Plastiken im Museum der Stadt Greifswald aufbewahrt. Grablegungsgruppe, Eiche gefaßt, E. 15. Jh., im nördlichen Seitenschiff. Mittelschrein eines unter mitteldeutschem Werkstatteinfluß entstandenen Flügelaltars. »Heilige Sippe«, Eiche gefaßt, A. 16. Jh. von einer Stralsunder Werkstatt (Annenkapelle). Zwei Kruzifixe, Eiche, 16. Jh., in der westlichen und östlichen Nebenkapelle der südlichen Turmseitenhallen. Madonnenfigur, Terrakotta, 1842. Drei Gemälde mit Bildnissen, 17. u. 19. Jh. Glasmalerei, 2. V. 19. Jh., Ostfenster des Mittelschiffes. Stollentruhe 16. Jh. u. Kastentruhe 17. Jh. in der Turmvorhalle, Eiche mit Eisenbeschlägen.

*Grabplatten und Epitaphien:* Von den über 300 Grabsteinen aus gotländischem Kalkstein, die den Fußboden bedeckten, sind die wichtigsten an den Wänden aufgestellt. Gedenkstein für Heinrich Rubenow, nach 1462 an der Nordseite des südöstlichen Turmpfeilers. Epi-

taph Katharina Calen-Tide, 1615, jetzt an der Südseite des nordöstlichen Turmpfeilers. Epitaph-Fragment, um 1625, in der westlichen Nebenkapelle der südlichen Turmseitenhalle. Epitaph Dr. Conrad Friedelieb von Friedenberg, Jurist und Universitätsprofessor, 1. V. 18. Jh. in der südlichen Turmseitenhalle, Lindenholz. Grabmal Franz von Essen, † 1714, in der nördlichen Turmseitenhalle, Kiefern- und Lindenholz, Holzarbeiten von Johann Pieton (Wismar), Malerarbeiten 1723 von Johann Prerow (Greifswald). Grabplatte Lambert Warendorp, 1350 (im nördlichen Seitenschiff liegend). Grabplatte Berta von Münster, 1536 (im südlichen Seitenschiff liegend). Grabplatte Werlemann, 1360 (an der Wand des nördlichen Seitenschiffes vor der alten Sakristeipforte). Grabplatte des Priesters Johann Blyvelhyr, A. 15. Jh., im nördlichen Seitenschiff. Grabplatte Stevelin, nach 1520 (Ostwand der Turmvorhalle). Grabplatte Otto Preen und Gattin Anna Behr, 1585 (an der Wand des nördlichen Seitenschiffes). Grabplatte Joachim Beringe, 1613, (im südlichen Seitenschiff). Grabplatte Friedelieb von Friedensberg und Catharina Bünsow, 1671, (in der Turmvorhalle). Passionsstein der Familie Bollhagen-Völschow, um 1600 (an der Ostwand des südlichen Seitenschiffes).

Kelch u. Patene, 14. Jh. Drei Patenen, 15. Jh., um 1500 u. 16. Jh. Drei Kelche, 1480/90, um 1500 u. E. 17. Jh. von Johann Christoph Pohl. Oblatendose, 1613 von Bartholomäus Otto. Oblatendose, 1622. Weinkanne, 1667

*Linke Seite: Greifswald, Marienkirche, Rubenow-Stein; Epitaph Katharina Calen-Tide; Grabplatte Werlemann*

*Rechte Seite: Greifswald, Nikolaikirche (Grundriß); Turm und Langhaus von Süden*

von Michel Wismar. Zwei Kannen, 1670 u. 18./19. Jh. Zwei Patenen, Messing u. Zinn, 19. Jh. Zwei Altarleuchterpaare, Messing versilbert, A. 19. Jh., u. Gußeisen, 2. H. 19. Jh. Glocken: Betglocke 1418, 1614 umgegossen. Wächterglocke, 1569 von Johannes von Burg. Kleine Glocke 1614.

NIKOLAIKIRCHE Evangelischer Dom. 1280 zum erstenmal urkundlich erwähnt, 1456/57 zur Kollegiatskirche erhoben, seit 1945 Dom. Neuneinhalb Joch lange Basilika aus Backstein mit dreiseitig geschlossenem

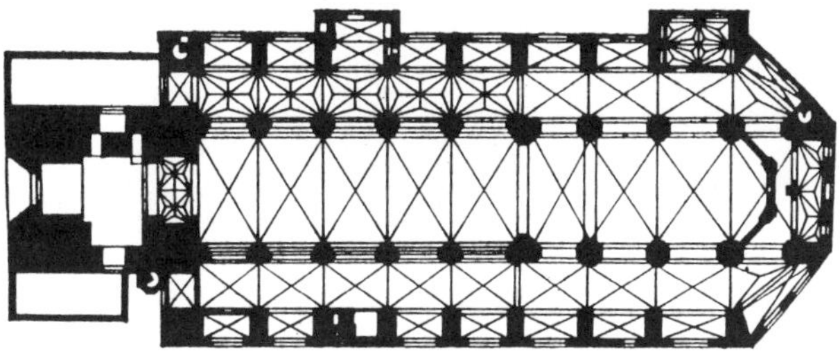

Chor, Kapellenanbau und Sakristei an der Nordseite. In der 1. H. 15. Jh. unter Einbeziehung des Vorgängerbaues, wohl eine fünfjochige dreischiffige Backsteinhallenkirche, errichtet. Diese wurde kurz nach 1400 bis 1411 um einen viereinhalbjochigen Chor erweitert, die Seitenschiffe durch den umgebenden Kapellenkranz verbreitert und im Osten schräg an die gerade Chorostwand des durchgehenden Mittelschiffes angefügt. Die Außenwände sind glatt, die Spitzbogenfenster an den Seitenschiffen und am Obergaden regelmäßig gereiht. Ihre Stäbe stoßen in das Gewände. Der Turm, dessen erstes Geschoß wohl von dem Vorgängerbau stammt, wurde um das zweite Geschoß mit den vier runden Ecktürmen erhöht und anschließend das basilikale Langhaus aufge-

*Linke Seite: Greifswald, Nikolaikirche, Rubenow-Tafel; Bildnis Paolo Lucht*

*Rechte Seite: Greifswald, Nikolaikirche, Epitaph Schwarz; Wappen-Epitaph Burchard Müller v. d. Lühne*

mauert. Das zweite Turmgeschoß durch zwei Reihen von rundbogigen Blenden geschmückt und durch einen Zinnenkranz bekrönt. Darüber erhebt sich das schlanke spätgotische Oktogon mit Maßwerkblenden. Die Zwiebelhaube 1653 aufgesetzt, nachdem der Spitzhelm zum zweiten Mal heruntergestürzt und die Gewölbe der Kirche und den Ostgiebel z. T. zerstört hatte. Das überstuckierte Maßwerk der Fenster 19. Jh. Die Hauben der Ecktürme 1741 aufgesetzt. Die im Norden und Süden an den Turm angebauten Häuser mit Pultdach wurden 1980 erneuert und wiederholen entsprechende im 17. Jh. gebaute »Materialhäuser«, die die Schließung der beiden spitzbogigen Seitenportale und eine teilweise Fenstervermauerung erforderlich machten.
Innenraum: Das Mittelschiff läuft bis an die Chorostwand durch und ist wie die Seitenkapellen von einem Kreuzrippengewölbe überfangen. Die fünf westlichen

Joche der nördlichen Seitenkapellen mit Sterngewölben der Zeit um 1400, die Marienkapelle an der Ostwand und die Sakristei mit figurierten, von Rippendreistrahlen gezeichneten Gewölben bedeckt. Die Joch- und Schiffsaufteilung wird durch kräftige Achteckpfeiler markiert, die bis in Höhe der Obergadenzone geführt sind. Die fünf westlichen Pfeiler im Kern noch von der älteren Hallenkirche. An den Mittelschiffswänden befinden sich zwischen Arkaden und Obergadenfenstern triforiumsartige Blendbögen.
Von den Wandmalereien der 1. H. 15. Jh. nur einige Reste erhalten. In der südöstlichen Kapelle des Langhauses (Kapelle XVII) Majestas Domini mit den apokalyptischen Tieren; in der Chorseitenkapelle XIX Kreuzigungsszene mit Baldachinarchitektur, darüber Auferstehung Christi, an der Ostwand eine weitere Kreuzigungsgruppe. Die Kapelle XX mit Kreuzigung, Auferstehung, Schmerzensmutter Maria mit dem Leichnam ihres Sohnes. Darüber Petrus, Paulus und Jacobus d. Ä., von Wimpergen bekrönt. Kreuzigungsszene mit vier Rundmedaillons mit Evangelistensymbolen, Schmerzensmann, umgeben von Leidenswerkzeugen, und Madonna in der Kapelle XXI. Im südlichen Seitenschiff ornamentale Wandmalereien.
1824/33 umfassende Restaurierung des Kircheninneren durch den Schinkelschüler Gottlieb Christian Giese im Sinne einer romantisch-neogotischen Idealvorstellung, Holzarbeiten von Christian Friedrich ausgeführt. Der Altarbereich wurde erhöht, eine dreiseitige neogotische hölzerne Altarwand eingebaut, die Architekturglieder mit neogotischem Baudekor versehen. Einige Seitenkapellen wurden durch halbhohe Brüstungswände geschlossen. Einschließlich der ortsfesten Ausstattungsstücke erhielt der Raum eine einheitlich helle Farbgebung. Sämtliche Ausstattungsstücke wie die Altarbrüstung, Kanzel, Taufe, Orgelbrüstung und das Gestühl wurden erneuert. 1981 Restaurierung des Innenraumes im Sinne der Gieseschen Konzeption und Gestaltung eines neuen liturgischen Zentrums im zweiten Joch der Langhausmitte durch Hans Kock, Kiel.
Ein großer Teil der mittelalterlichen Ausstattung ist seit der Einführung der Reformation (1534) bis zum

Jahre 1793 schrittweise aus der Kirche entfernt worden.

*Ausstattungsstücke:* Von den neogotischen, von Christian Friedrich gearbeiteten Ausstattungsstücken haben sich erhalten: Altar, 1824. Altarbrüstung u. Kanzel, 1827. Taufständer u. Gestühl, 1824. Orgelprospekt (die 1832 von der Firma Buchholz gebaute Orgel wurde durch eine moderne Orgel der Firma Jehmlich, Dresden, ersetzt).

Zwei Beichtstühle, Holz, 1720 als Schauwand der Kapelle VI (Stoermer-Dersekow) und Kapelle XVII (Bokholtsche Kapelle). Brüstung mit Rechteckfeldern, in der Mitte Eingangstür. Darüber Fensterzone, darunter Gemälde mit Inschriften.

*Gemälde:* Rubenow-Tafel, Tempera auf Eichenholz, 1460 vom Greifswalder Bürgermeister und Universitätsgründer gestiftet. Die Darstellung zeigt Heinrich Rubenow und sechs Greifswalder Professoren im Gebet, zwischen ihnen Maria und das Jesuskind in einer Mandorla (Kapelle XIV). Stiftung des Archidiakons M. Alexander Christiani († 1637): zwei Gemälde, »Hochzeit zu Kanaa« und »Anbetung der Könige«, A. 17. Jh., Gemälde »Bethlehemitischer Kindermord«, 18. Jh., Barockrahmen. 16 Gemälde mit Bildnissen von Geistlichen aus dem 17. bis 19. Jh.

Glasmalereien in den Chorfenstern 1879/81 von Oidtmann & Co., Linnich a. Rh. Am vierten Fenster der Südwand das 1883 gestiftete sog. Reformationsfenster mit neogotischem Maßwerk.

*Epitaphien:* Epitaph Jacob Runge (1527 – 1593), Gemälde in Beschlagwerkrahmen. Epitaph Prof. Joachim Stephani (1544 – 1623), 1602, Gemälde » Auferweckung des Lazarus« in architektonischer Rahmung. Epitaph Christian Schwarz († 1648), Gemälde »Ecce Homo«, Zierrahmen aus Knorpel- und Ohrmuschelwerk. Epitaph Prof. Johannes von Essen, 1684, Gemälde »Kreuzabnahme« und schmale Inschrifttafel. Epitaph Familie von Eickstadt, 1579, Bronze, rechteckige Tafel mit erhabener Inschrift in Rollwerkrahmen, darüber Rundfeld mit Wappen, flankiert von wilden Männern. Epitaph des Ratsherrn Hermann Wolfradt († 1655), 1828 aus Teilen des von Wolfradt gestifteten Hochaltars zusammenge-

*Linke Seite:*
*Greifswald,*
*Nikolaikirche,*
*Inneres nach Westen*

*Rechte Seite:*
*Greifswald,*
*Nikolaikirche,*
*Inneres nach Osten*

*Linke Seite: Greifswald, Nikolaikirche, Archivschrank*

*Rechte Seite: Greifswald, Jakobikirche von Südwesten; Inneres nach Osten*

setzt. Zwei Tondi mit Bildnissen, Öl auf Blech, seitlich zwei geschnitzte Wappen, darunter Tafel mit aufgemalter Inschrift. Epitaph Graf Heinrich Friedrich von Wartensleben (1649–1715), 1716, Sandstein. Epitaph Chr. Balthasar von Hartmannsdorff (1746–1820), nach 1820, Bronze, Platte mit erhabener Inschrift, darunter Wappenschild. Vier Wappen-Epitaphien, E. 17. Jh.
*Begräbnisse:* Begräbnis der Familie Essen-Corswandt, 1720 (Kapelle II); hölzerne Schauwand mit geschlossener Brüstung u. verkröpften Pilastern, darüber Akanthusblattwerk und korinthische Pilaster; in der Mitte die Gruft mit schräg ansteigendem Dach, seitlich Gemälde »Auferstehung« und »Grablegung Christi«; oberhalb der Balustrade die Figuren der christlichen Tugenden. Begräbnis der Familie Scheffel-Lembke, 1741 (Kapelle XXI); Schauwand aus verputztem Backstein mit architektonischer Gliederung und gesprengtem Giebel; plastische Rocaillen auf Sockeln mit Wappen, Festons zwischen Kapitellen. Giebelspitze mit hölzerner vollplastischer Figur des Todes. Begräbnis der Familie Corswandt, 1703 (Kapelle XVIII).
*Grabplatten:* 350 Grabplatten und Grabsteinfragmente, 14.–19. Jh., aus gotländischem Kalk- und Sandstein.
Bürgermeisterkapelle: Tür zur Kapelle 2. V. 15. Jh., außen kreuzweise mit Eisenbändern beschlagen, das große Kastenschloß mit Holzkern. Zwei Archivschränke, Eiche mit eisernen Beschlägen, um 1450. Truhe, Eiche mit Eisenbeschlägen, 16./17. Jh.
Kelch, um 1500. Kelch u. Patene, mittelalterlich. Kelch, 1762. Patene, 1745. Oblatendose, vor 1663. Weinkanne, Zinn, 1609. Patene, Kelch u. Oblatendose, Messing versilbert, 19. Jh. Kelch u. Weinkanne, Zinn, 19. Jh. Kelch, Messing, 19. Jh. Altarleuchterpaar, Holz vergoldet, 1824. Altarleuchterpaar, Messing, 19. Jh. Taufschale, Messing, 17. Jh. Zwei Kruzifixe, 19. Jh.
Professorenglocke von 1440 v. Rickert de Monkehagen. Glocke, 1727. Schlagglocke, mittelalterlich. Schlagglocke, 1918, Gußeisen.

JAKOBIKIRCHE Pfarrkirche der Neustadt. Dreischiffige fünfjochige Hallenkirche aus Backstein mit polygonalem Chor von Mittelschiffsbreite, Nordanbau, Südsakristei am Chor und eingerücktem, urspr. fünfgeschossigem Westturm mit südlichem Anbau. Als zweischiffige, fünf Joch lange Halle mit geradem Ostschluß und Sakristei an der Nordseite sowie dem Turmuntergeschoß zwischen 1250 und 1264 begonnen und um 1280 fertiggestellt. In der 1. H. 14. Jh. Bau des zweiten Turmgeschosses und des zugehörigen Treppentürmchens. M. 14. Jh. Anbau des Chores mit der nördlich angrenzenden Sakristei, zugleich Umbau des Schiffes zur dreischiffigen Halle mit neuer Wölbung und Erneuerung des östlichen Giebels. Um 1400 Aufbau des dritten und vierten Turmgeschosses. 1461 bei einem Stadtbrand teilweise Zerstörung der Kirche, Abbruch der beiden Anbauten an der Nordseite von Schiff und Chor, Errichtung des südlichen Choranbaues. 1552 ein fünftes Turmgeschoß auf einer Stadtansicht zu sehen, 1611 Errichtung eines neuen Turmhelms. 1707 Erneuerung des fünften Turmgeschosses in Fachwerk. 1807/10 weitgehende Zerstörung der Ausstattung und der Portalgewände. Der In-

nenraum 1817 durch Johann Gottlieb Quistorp wiederhergestellt. Unter C. A. Menzel 1842 Erneuerung der Wanddienste im Chor und neue Ausstattung. Nach 1895 Ausmalung des Inneren durch Seliger, Berlin. 1937/39 Instandsetzungsarbeiten an den Wänden und Fensterrippen, freie Rekonstruktion des rückwärtigen Teiles der Gewände der südlichen Schiffsportale, das Nordportal zugesetzt. 1955 Turmbrand, dabei die Orgel zerstört. Ausbau der zwei unteren Turmgeschosse zur modernen Winterkirche. 1965 wurde ein neues Pyramidendach aufgebracht und auf das Fachwerkgeschoß verzichtet. Erneuerung der Ausmalung 1956/57 und Ersatz des aus dem 17. Jh. stammenden Materialhauses durch einen ähnlichen Neubau mit Schleppdach.

Sockel aus zwei Schichten Granitquadern und darüberliegenden Backsteinschichten mit oberem Karniesabschluß. Ecklisenen, zweifach abgestufte Strebepfeiler und Maßwerkfries am Langhaus. Zwischen Sockel und Fenstersohlbänken ein auf halber Höhe umlaufendes Kaffgesims aus dunkel glasierten Ziegeln. Den Ostgiebel aus dem 14. Jh. gliedern symmetrisch angelegte steigende Blenden mit eingestellten kleineren Blenden und Kreisblende im Zwickel sowie barocke fialenartige Türmchen. Wetterfahne von 1578. Der Chor mit 5/8-Schluß, seine Mauerkrone niedriger als die des Schiffes. Als Hauptgesims eine unten abgefaste Rollschicht, darunter ein eingetiefter Formsteinfries. Die Laibungen der dreibahnigen Spitzbogenfenster sind einmal abgestuft mit eingestelltem Rundstab und abgefasten Kanten, die Stäbe stoßen in das Gewände. Die zwei südlichen und das zugesetzte nördliche Portal mit reich profiliertem Gewände im Schichtenwechsel über Sockelschrägen.

Das erste Turmgeschoß an der Nord- und Südwand mit breiten Spitzbogenblenden mit vier gestaffelten Binnenblenden, die Fenster 1960 eingebaut. In den beiden Obergeschossen Gliederung durch drei über beide Geschosse geführte und in halber Höhe vom Maßwerkfries durchschnittene hohe Spitzbogenblenden, die im dritten Geschoß zweiteilig sind. In der Ostwand des vierten Turmgeschosses sieben schlanke Spitzbogenblenden. Das Westportal aus dem 13. Jh. elfmal abgestuft mit abgefasten Kanten und eingestellten Rundstäben, die Kämpferzone mit Weinblattdekor und an das äußere Ende versetztem Löwenrelief aus Kalkstuck nur auf der Südseite alt, die Nordseite 1927 frei erneuert.

Im Inneren das dreischiffige Langhaus mit Kreuzrippengewölben auf Rundpfeilern mit kräftig profiliertem Sockel und bandförmigen Kämpfern, an der Triumphbogenwand von in halber Höhe auf Kragkonsolen sitzenden dreiseitigen Wandpfeilern, an der Westwand von Konsolen getragen. In den Seitenschiffen gehen die Gewölbe mit Ausnahme von runden Diensten in den Ostecken von den noch zur ehem. zweischiffigen Halle gehörenden, einmal abgestuften frühgotischen Wandvorlagen mit halbrundem Hauptdienst und in die hintere Stufe gestellten Rundstäben aus, die im Wechsel schichtweise aus schwarzglasierten und roten Steinen gemauert sind, das Rippenprofil rechteckig. Die Chorgewölbe ruhen seit 1842 auf polygonalen Eckdiensten aus Holz mit laubwerkverzierten Kapitellen, die z. T. in halber Höhe von Stuckkonsolen abgefangen werden. Die Ankerbalken von 1685.

*Ausstattung:* Neogotischer Altar, 1842. Die drei Gemälde der polygonalen Rückwand wenige Jahre später von G. F. Bolte hinzugefügt. In gemalten Maßwerkgehäusen Kreuzigungsszene, Apostel Paulus und Jacobus, Andreas und Petrus, in den Zwickeln je zwei Evangelistensymbole. Altarschranke mit durchbrochenen Maßwerkfeldern, Eiche. Neogotische Kanzel mit Schalldeckel, Eiche, nach 1885. Auf den Brüstungsfeldern des polygonalen Korbes die vier Evangelisten. Taufe, Granit, 2. H. 13. Jh. Taufe, Kunststein, 1842. Orgelempore, um 1770. Neogotisches Chorgestühl, Kiefernholz mit Grisaillemalerei, 1842. Zwei Skulpturen, Petrus und Paulus, Eiche, 2. H. 15. Jh. Glasmalerei in den Chorfenstern, 1898 von Hans Seliger, Berlin. Geldkasten, Eiche, 1746. Glocke, 1964 von Schilling.

Grabplatten im Mittelgang und den Quergängen des Schiffes, urspr. mittelalterlich, schwedischer Kalkstein. Von den 13 erhaltenen Platten sind die meisten seit dem

*Linke Seite: Greifswald, Jakobikirche, Taufe*

*Rechte Seite: Greifswald, Jakobikirche, Kelch 2. H. 14. Jh.; Kirche St. Josef von Süden*

17. Jh. zum zweiten und dritten Male verwendet worden.

Drei Kelche, 2. H. 14. Jh., 2. H. 15. Jh. u. 1741. Patene, spätmittelalterlich. Abendmahlskanne, 1740. Oblatendose, 1666. Kelch, Messing versilbert, um 1900. Taufkanne, Neusilber, 19. Jh. Zwei Altarleuchter, Eisenguß bronziert, 1. H. 19. Jh. Zwei Altarleuchter, 2. H. 19. Jh. Kollektenschale, 1933.

KATHOLISCHE KIRCHE ST. JOSEF Rubenowstraße. 1869/71 nach Plänen von Schneider (Aachen) errichteter neogotischer Backsteinbau mit Querhaus, polygonal geschlossenem Chor und Westturm. Die Sakristei im Winkel zwischen Chor und südlichem Querhausflügel. An der Ostwand des nördlichen Querhausflügels liegt eine zu ihm offene polygonale Taufkapelle. Der viergeschossige Westturm mit schmalen Seitenhallen und einem vom Viereck zum Achteck überführten spitzen Helm. Das westliche Spitzbogenportal mit den Figuren des lehrenden und des segnenden Christus. Im Inneren Kreuzrippengewölbe auf barockisierenden Pilastern, im Chor das Gewölbe sechsteilig; in den Wänden des Chorpolygons und des Querhauses große flache Spitzbogenblenden. Chorfenster mit Szenen aus dem Leben Mariens 1990 eingebaut (Entwurf von Brückner-Fulroth, 1970, Farbgestaltung verändert).

Die Ausstattung im wesentlichen aus der Amtszeit des kurz vor 1930 nach Greifswald gesandten und 1944 im Zuchthaus Bautzen hingerichteten Pfarrers A. M. Wachsmann.

Tabernakel, Kreuz und Auferstandener Christus sowie ein gemalter Kreuzweg aus der Zeit erhalten. Der Altarbereich mit Marmorboden und schlichter Mensa 1991 neu gestaltet.

Auf dem Kirchhof Grabstätte für A. M. Wachsmann.

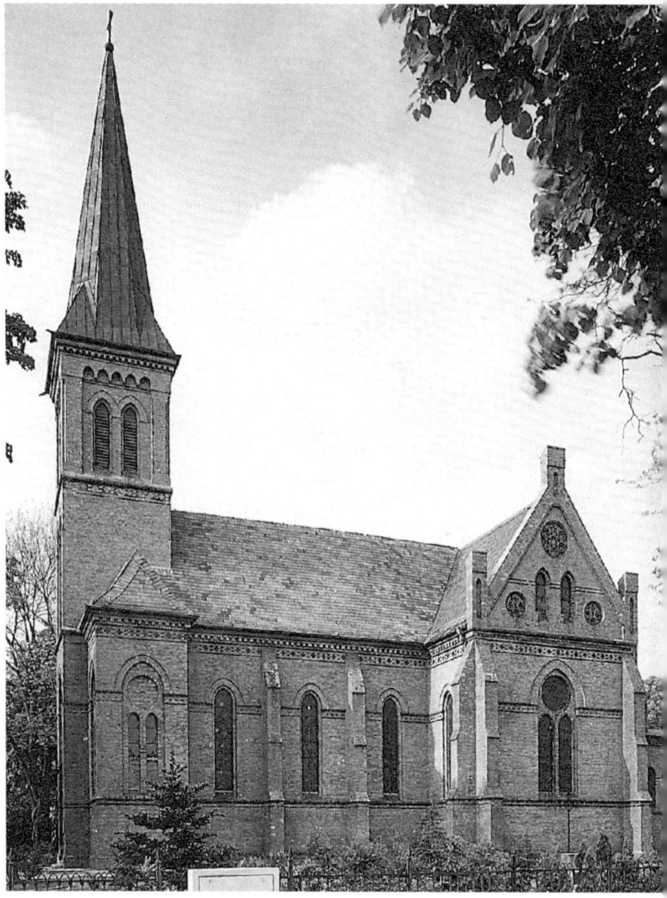

## *Profanbauten*

RATHAUS Von dem 1250 errichteten ersten Bau noch der Keller erhalten. Das jetzige Rathaus im Kern aus dem 14. Jh., im 16. und 17. Jh. erfolgten bauliche Veränderungen. 1720 Wiederaufbau des 1713 zu großen Teilen verbrannten Rathauses in barockisierenden Formen, 1736 bei erneutem Brand Zerstörung des Westturmes, anschließend tiefgreifende Fassadenveränderungen (Schließung der Vorhallen, Treppengiebel zum Volutengiebel umgestaltet). Dachreiter von 1738, 1748 Stuckierung des Ratssitzungszimmers durch Balthasar Braun

*Linke Seite:*
*Greifswald, Rathaus und Apotheke*

*Rechte Seite:*
*Greifswald, Rathaus, Kleines Ratssitzungszimmer und Detail der Wandbespannung*

und 1749 Ausstattung mit gemalten Wandbespannungen der Gebrüder Holzerlanden. 1850 Abriß des bis dahin erhaltenen Turmunterbaus auf der Westseite und kleinere Giebelveränderungen. 1934/36 Freilegung der Vorhalle, Instandsetzung der marktseitigen Giebelfront, innere Umbauten. Restaurierung des kleinen Ratssitzungssaales 1938/40 und 1962. Einbau von Gauben.

Zweigeschossiger Putzbau von 6:16 Achsen, die Giebelseiten zum Markt und Fischmarkt hin. An der Seite zum Markt drei Arkadenöffnungen, die Halle von quadratischen Jochen mit Kreuzrippengewölbe überspannt, sechs Fenster im ersten Geschoß, durchfensterter Volutengiebel mit horizontalen Gesimsen und Lünettenabschluß, Belastungstürmchen. An der rückseitigen Traufseite nur das südliche, von einem rechteckigen Kreuzrippengewölbe überspannte Joch freigelegt und durch je eine spitzbogige Arkade nach Westen und Süden geöffnet. In der siebten Achse der südlichen Traufseite eine reliefierte Bronzetür von Jo Jastram, Rostock, 1966. Über der Mitte des Dachfirstes ein achtseitiger Dachreiter mit offener Laterne, geschweifter Haube und schlanker Spitze. Zwölf Gauben mit segmentbogigem Abschluß.

Im Inneren mittelalterlicher Keller, der durch sieben rechteckige Mittelpfeiler in zwei Schiffe von je acht kreuzrippengewölbten Jochen unterteilt wird, durch neuzeitliche Einbauten ist der Raumeindruck verändert. Kleines Ratssitzungszimmer mit wertvoller barocker Innenausstattung:

An den Wänden ein umlaufendes hölzernes Paneel mit querrechteckiger Felderteilung und an den Enden zugespitzten querovalen Füllungen. Die Türen mit kräftig profilierten Rahmen und Füllungen. Spiegelgewölbe mit Bandelwerkdekor und von einem kräftigen Gesims um-

zogen. Die Wände mit bemalten Leinwandbespannungen der Gebrüder Holzerlanden von 1749. Zwischen hochrechteckigen Wandfeldern mit Rocaillendekor acht auf Ludwig Gottfrieds »Historische Chronik oder Beschreibung der merkwürdigsten Geschichten vom Anfang der Welt bis 1743« zurückgehende szenische Darstellungen in Grisaillemalerei, von rocaillengeschmückten gemalten Rahmen umgeben und durch lateinische Inschriften erläutert. Das westlich angrenzende Kabinett mit Netzgewölbe.

*Am Mühlentor*

Ehem. WOHNHAUS Nr. 1. E. 19. Jh. erbaut. Freistehender Klinkerbau auf unregelmäßigem Grundriß mit schiefergedecktem ausgebauten Mansarddach. Die Fassade mit neogotischem Dekor: Bänderung aus glasierten Ziegeln und Mittelrisalit mit lisenenverziertem Giebel. An der rechten Seite ein hölzerner Wintergartenanbau. Hinter dem Gebäude eine Stallscheune aus Ziegelfachwerk.

WOHNHAUS Nr. 2. Längsrechteckiger Backsteinbau mit Mansarddach, 1. D. 20. Jh. errichtet. Hohes Sockelgeschoß, darüber unterschiedlich große, vielfach gesproßte Fenster. Utlucht und vorgesetzter Eingang mit Balkon. Traufgesims mit mehrfacher wellenartiger Profilierung, sechs stehende Gauben mit Dreiecksschluß. An der Rückseite ein vorgesetzter Gebäudeteil mit später aufgemauertem Altan, vorgelagerte Treppe.

Ehem. LOGENHAUS (Gaststätte) Nr. 3. Zwischen 1835 und 1839 für die Freimaurerloge »Carl zu den drei Greifen« gebaut. Villenartiger, spätklassizistischer, zweigeschossiger zehnachsiger Putzbau mit dreiachsigen Seitenrisaliten und flachem Walmdach. Die Obergeschoßfenster der Seitenrisalite halbrund abschließend, durchgehendes Sohlbankgesims. In der Gebäudemitte ein neuerer durchfensterter Vorbau.

STADTVILLA Nr. 4. 1910 erbaute freistehende eingeschossige Villa aus verputztem Backstein auf längsquadratischem Grundriß mit hohem Mansarddach. Fassade dreiachsig, die Mittelachse zweigeschossig mit halbrundem Giebelabschluß und je einem halbrunden Balkon in beiden Geschossen, der obere auf Säulen aufliegend. Der Eingangsbereich an der rechten Gebäudeseite, zu einem massiven Windfang führen vorne und hinten je eine Treppe. An der Rückseite ein vortretender zweigeschossiger Gebäudeteil mit Tür. Hochrechteckige, halbrund abschließende Gauben und Fledermausgauben. Im Inneren eine reiche Holzausstattung im Dielenbereich sowie einige Fenster mit opakem Glas und Landschaftsdarstellungen.

Ehem. KURHAUS für Sol- und Moorbäder Anlagen 1. Auf dem Gelände der Wallanlagen 1881/82 nach Entwurf von Stadtbaumeister Haas im Zuge des Versuches, die Salzquellen im Rosenthal medizinisch zu nutzen und Greifswald zum Kurort zu machen, errichtet. Langgestrecktes Gebäude von 21 Achsen aus drei zweigeschossigen, durch eingeschossige sechsachsige Zwischentrakte verbundenen Pavillons mit Mansarddächern und modern erneuerten Gauben aus verputztem Backstein errichtet. Der urspr. sehr aufwendige Neorenaissancedekor stark dezimiert. Wintergartenanbau von 1957, die Parkanlage verändert.

*Baderstraße*

ALTE APOTHEKE Nr. 1. Zweigeschossiges verputztes Backsteinhaus von sieben Achsen im Obergeschoß, wohl um 1670 über zwei Vorgängerbauten des 14. Jh. unter Einbeziehung mittelalterlicher Bauteile errichtet. Die jetzige Fassade aus der Zeit des grundlegenden Umbaus von 1851 mit feinem klassizierenden Baudekor. Die nördlichen zwei Achsen treten als übergiebelter Risalit mit Tür und zwei flankierenden Erdgeschoßfenstern vor. Die Obergeschoßfenster des Hauptbaus halbrund abschließend mit verbundenen Faschenrahmen, oberhalb Rosettendekor. Die anderen Fenster gerade und fassadenbündig abschließend. Erdgeschoßfenster wohl um 1800. Tür mit Diamantquaderung. Im Inneren Reste einer Hausbaumkonstruktion sowie Renaissance- und Barockmalerei, Rokokopaneele und Stuckdecken. Im Obergeschoß dominiert die neogotische Raumgestaltung.

WOHNSPEICHERHAUS Nr. 2. Zweigeschossiges verputztes massives Giebelhaus mit fünf Achsen im Obergeschoß und vier Speichergeschossen, im 14. Jh. errichtet. Der Giebel mit acht gestaffelten schmalen Spitzbogenblenden, in denen in vier Etagen die Speicherluken lagen, der geschwungene Giebelrand und die Mauerwerksverputzung aus der 1. H. 17. Jh., weitere Veränderungen 2. H. 19. Jh. und 1927. Im Erdgeschoß ein einfaches klassizistisches Portal mit halbrundem Abschluß, seitlich Ladeneinbauten. Im Geschoß darüber Segmentbogenfenster mit Faschen und Verdachung.

HOTELBAU Nr. 3. Zweigeschossiges Traufeneckhaus aus verputztem Backstein, um 1780 erbaut. 1806 grundlegender Umbau, 1825 Anbau des nördlichen großen Saales, 1852 südlicher Anbau anstelle der ehem. Stallgebäude in der Domstraße. E. 19. Jh. leichte Fassaden-

*Linke Seite:*
*Greifswald,*
*Baderstraße 1,*
*Alte Apotheke*

*Rechte Seite:*
*Greifswald,*
*Baderstraße 2,*
*Wohnspeicherhaus;*
*Baderstraße 25,*
*Speicher*

änderung und Ausbau des Dachgeschosses, wohl gleichzeitig die konstruktivistische Saalausmalung. Die Fassade durch eine regelmäßige Reihung fassadenbündiger Fenster mit Verdachung, einem horizontalen Gesims und Fugenschnittputz im Erdgeschoß gestaltet. Im Keller ein Kreuzgrat- und Tonnengewölbe des 18./19. Jh.
WOHNHAUS Nr. 18. Eingeschossiges vierachsiges Traufenhaus aus verputztem Backstein. Wohl 1. H. 19. Jh. erbaut, die Haustür aus der Entstehungszeit. Steht in einer Reihe urspr. gleichartiger Häuser.
FEUERWEHR Nr. 23. E. 19. Jh. errichteter Gebäudekomplex, bestehend aus einem zweigeschossigen neogotischen Backsteinhaus mit Seitenrisalit sowie einem an der rechten Seite angebauten zweigeschossigen Gebäude mit Segmentbogenfenstern im zweiten Geschoß und neuen Toreinfahrten für die Feuerwehr. Im Hof ein mehrgeschossiger Schlauchturm in Ziegelfachwerk. Zur Domstraße hin ist der Hof durch eine Klinkermauer mit Pfeilerbekrönungen abgegrenzt.
SPEICHER Nr. 25. Als städtisches Zeughaus errichtet, um 1650 Umbau zu einem vierstöckigen Speicher. Langgestreckter giebelständiger Bau aus verputztem Backstein mit geschweiftem Volutengiebel und drei Speicherböden, die durch Luken in der Mitte der Giebelfront erschlossen werden. Die Eingänge korbbogig gebildet, am Giebel ein Lastenaufzug. Im Inneren hat sich das hölzerne Lastenaufzugsrad erhalten.

### *Brüggstraße*

WOHNHÄUSER Nr. 33 und 34. Zwei gleichartige zweigeschossige fünfachsige Traufenhäuser aus verputztem Backstein, um 1800 wohl von J. G. Quistorp erbaut. Nr. 33 mit einem schlichten Gesims zwischen den Geschossen, die Fenster mit heruntergezogenen Faschen, Putzspiegel. In der fünften Achse eine zurückgesetzte Eingangstür wohl aus der Entstehungszeit. Nr. 34 Fassade mit Putzrustika und mittiger klassizistischer Haustür, vorgelagert drei Treppenstufen. Die Fenster in der originalen Versprossung mit heruntergeführten Faschen und Putzspiegeln.

WOHNHAUS Nr. 35. Eingeschossiges zweiachsiges Giebelhaus aus verputztem Ziegelfachwerk, wohl noch 17. Jh. Die Tür in der ersten Achse und die Fenster mit der farblich abgesetzten Gestaltung aus der 1. H. 19. Jh.

WOHNHAUS Nr. 38. Repräsentatives doppelstöckiges sechsachsiges Traufenhaus aus verputztem Backstein, um 1860/70 erbaut. Spätklassizistische Fassadengestaltung mit einem zweiachsigen Mittelrisalit, die urspr. Tür mit Rosettendekor, Puttenköpfen in den Zwickeln, die Fenster mit flankierenden Pilastern mit korinthischen Kapitellen, rustiziertes Erdgeschoß.

WOHNHAUS Caspar-David-Friedrich-Straße 2. Um 1800 erbaut, 1873–1896 Nutzung als Klinik und erstes Hygieneinstitut der Universität. Zweigeschossiges neunachsiges Traufenhaus aus verputztem Backstein. Die Fenster und die Eingangstür mit Faschenrahmung, geschoßtrennendes profiliertes Gesims.

WOHNHAUS Caspar-David-Friedrich-Straße 3. Doppelgeschossiges achtachsiges Traufenhaus mit fünf segmentbogig abschließenden Dachgauben, 1827 erbaut. Die Kreuzstockfenster hochrechteckig mit kleinteiliger Versprossung und Faschenrahmung, die segmentbogig abschließende Haustür und das Tor wohl 19. Jh.

WOHNHAUS Caspar-David-Friedrich-Straße 4. Zweigeschossiges Traufenhaus von fünf Achsen im Obergeschoß aus verputztem Backstein. Im Kern wohl 16. Jh., sonst um 1800. Fenster fassadenbündig. In der zweiten Achse Rundbogenportal mit profiliertem Bogen, Gewände aus polygonalen Pfeilern mit einfachem Kämpferkapitell. Von Lisenen und Gesims gerahmt.

*Domstraße*

GERICHTSGEBÄUDE Nr. 6. Doppelgeschossiges achtzehnachsiges Klinkergebäude auf unregelmäßigem Grundriß, 1898–1900 errichtet. Die Fassade gestaffelt, der mittlere Gebäudeteil dreigeschossig mit Mittenbetonung durch abgetreppten Giebel. Neogotischer Fassadendekor mit maßwerkartigen Friesen aus schwarz glasierten Ziegeln, Giebel und Fialen. Im Inneren ein Treppenhaus in Neorenaissanceformen.

Ehem. KÜSTERHAUS von St. Jakobi Nr. 8. Eingeschossiges fünfachsiges verputztes Backsteintraufenhaus, 1747 erbaut. In der Mitte eine klassizistische Haustür.

Ehem. PFARRHAUS von St. Jakobi (Universitätsinstitut) Nr. 9. Zweigeschossiges achtachsiges Traufenhaus aus verputztem Backstein, 1747 erbaut. In der fünften Achse ein Portal mit Pilasterrahmung und Architrav. Über der Tür eine Gedenkplatte für Ludwig Gotthard Kosegarten, von einem Vorhangmotiv gerahmt. Alle Fenster mit Faschenrahmung, schlichte Putzspiegel unterhalb der Obergeschoßfenster.

INSTITUTSGEBÄUDE (Geschichte u. Sprachwissenschaft) Nr. 9 a. 1911 aus verputztem Backstein errichte-

*Linke Seite: Greifswald, Domstraße 9, ehem. Pfarrhaus von St. Jakobi*

*Rechte Seite: Greifswald, Domstraße 10 a, Physikalisches Institut; Domstraße 11, Universitätshauptgebäude, Hofseite*

tes Institutsgebäude auf längsrechteckigem Grundriß mit Mansarddach in schlichter architektonischer Gestaltung. Der Dachbereich verändert. Das eiserne Kellergeländer in Formen des Jugendstils mit Masken und stilisierten Ornamenten. Die Decke des Treppenhauses in Freskotechnik mit antikisierender Motivik.

Ehem. PROFESSORENWOHNHAUS (Universitätsinstitut) Nr. 10. 1747 errichteter zweigeschossiger siebenachsiger verputzter Backsteinbau mit Mansardwalmdach. Spätbarocke Haustür.

PHYSIKALISCHES INSTITUT Nr. 10 a. 1889/91 gebaut. Symmetrischer Ziegelbau von zwei Geschossen und elf Achsen mit Walmdach. In der Gebäudemitte, leicht vorgezogen und das Dach hoch überragend, die Sternwarte. Die architektonische Gliederung mit Bänderung aus glasierten Ziegeln; Segmentbogenfenster und große Sohlbänke.

UNIVERSITÄTSHAUPTGEBÄUDE Nr. 11. 1747/50 von Andreas Mayer (Greifswald) auf den Grundmauern des Vorgängerbaues von 1591, dem ersten eigenständigen Universitätsgebäude der 1456 gestifteten Universität, erbaut. Die Nordseite wurde 1831/32 im Sinne des Klassizismus verändert. Dreigeschossiger langgestreckter Rechteckbau von 23 Achsen aus verputztem Backstein

*Linke Seite: Greifswald, Domstraße 11, Universitätshauptgebäude, Aula*

*Rechte Seite: Greifswald, Croy-Teppich (Universitätsbesitz)*

mit Mansarddach und segmentbogig abschließenden Gauben. Die dem Hof zugewendete Südseite ist die ehem. Hauptseite. Mittenbetonung durch einen dreiachsigen Risalit, in den oberen beiden Geschossen Gliederung durch Pilaster mit Volutenkapitellen, die ein Architrav und ein Gesims mit Zahnschnittleiste tragen. Bekrönung durch das freiplastische pommersche Herzogswappen und zwei Vasen. Die vorspringenden Treppenhäuser sind eine Veränderung von 1886/88. Die Fenster der sieben mittleren Achsen durch Faschen in den beiden Obergeschossen miteinander verbunden, die Fenster des zweiten Geschosses segmentbogig abschließend, die Fenster des ersten Geschosses mit halbrundem Abschluß, dazwischen gerahmte Putzspiegel. Alle anderen Fenster gerade mit Faschen, die Fenster des zweiten Geschosses mit Segmentbogenabschluß. Die Nordseite ähnlich, aber flächiger und schlichter gestaltet. Im Giebelfeld zwei wilde Männer, die das preußische Wappen stützen, das 1815 anstelle des urspr. dort angebrachten schwedischen Wappens eingefügt wurde. Das Innere 1882/88 umfassend durchgebaut. Das alte Archiv am östlichen Gebäudeende mit Kreuzgratgewölbe. Der spätbarocke ehem. Bibliotheksraum seit 1882 als Aula umgenutzt. Der plastische Schmuck von Jakob Freese, Stralsund. 24 marmorierte Holzsäulen tragen eine Galerie, die Brüstung mit Putten und Vasen bekrönt. Zwischen den ionischen Säulenpaaren jeweils eine Herme (Apoll, Minerva, Merkur und die neun Musen). An der

Decke gemalte Stuckimitation. Ausstattung der Aula: Professorenbildnisse aus dem 17./18. Jh. Gedenkstein für Herzog Ernst Ludwig von Pommern-Wolgast († 1592) mit Relieffigur in architektonischer Rahmung, um 1580/90 wohl aus dem Werkstattumkreis von Philipp Brandin, Wismar. Rektorstuhl in barockisierenden Jugendstilformen von Heinrich Vogeler, Worpswede, 1906.

Im Treppenhaus zum Rektorat: Wappentafel (ehem. Wolgaster Schloß), 1551 von Paul van Hove mit pommerschem Herzogswappen mit Akanthus als Helmdecken unter dem Dach einer Ädikula. Darunter Inschriften von 1803 und 1804. – Inschrifttafel zur Einweihung des Universitätsgebäudes, 1751 von Jacob Freese, Stralsund. Rahmen aus weißem Marmor, daran Kartusche mit schwedischem Königswappen.

*Kunstbesitz* (Auswahl): Vier Szepter, Silber vergoldet, 1456/59, eines Kopie von 1547. Rektorinsignien, bestehend aus einer goldenen Amtskette mit Medaillon mit Doppelbildnis des Ernst Croy und der Anna von Pommern, A. 17. Jh.; goldener Rektorring mit Saphir, ehem. Siegelring des letzten pommerschen Herzogs Bogislaw XIV.; Radmantel aus rotem Samt auf Seidenfutter mit Silberfadenstickerei und Applikationen mit filigraner Perlenstickerei, 1619 von Heinrich Möller, Stralsund, als Stiftung des Herzogs Philipp Julius von Pommern-Wolgast gefertigt. Buckelpokal (»Lutherbecher«), Augsburg um 1600, wohl von Nikolaus Leiß. Croy-Teppich, wollener Gobelin (4,46 x 6,90 m) des Stettiner Tapetmachers Peter Heymans, Auftragswerk des Herzogs Philipp I. von Pommern-Wolgast, 1554. Die Darstellung dem Andenken an die 1536 von Luther vollzogene Vermählung Herzog Philipps I. von Pommern mit Maria von Sachsen sowie der Einführung der Reformation in Pommern gewidmet. Esther-Teppich, wollener Gobelin, M. 16. Jh. 36zeilige Gutenberg-Bibel, 1458– 1460 in Bamberg gedruckt. Gemälde »Maria an der Fensterbank«, A. 16. Jh. 32 Porträts Greifswalder Professoren, seit 1831 von Wilhelm Titel gemalt. 66 Brustbilder von Rektoren und Professoren aus verschiedenen Jahrhunderten.

Ehem. WOHNHAUS (Universitätsverwaltung) Nr. 12. Um 1700 auf drei mittelalterlichen Grundstücken erbaut, um 1800 Umbau und klassizistische Fassadengestaltung. Seit 1866 Universitätsbesitz, 1896–1905 Hals-Nasen-Ohren-Klinik, bis 1924 Gerichtsmedizinisches Institut, nach 1945 Universitäts-Bauamt. Zweigeschossiges, im Obergeschoß sechsachsiges Traufenhaus aus verputztem Backstein mit Fachwerkgiebelseiten. Im Erdgeschoß Fugenschnittputz, ein mehrfach profiliertes geschoßtrennendes Gesims, die Fenster des Obergeschosses mit Faschen und durchgehendem Sohlbankgesims. In der dritten Achse das Eingangsportal mit klassizistischer Haustür und seitlich rahmenden Pilastern mit eingetieften Putzspiegeln. Anbau eingeschossig in Fachwerkkonstruktion.

Ehem. PFARRHAUS von ST. NIKOLAI (Verwaltungsgebäude) Nr. 13. 1747 erbautes zweigeschossiges achtachsiges Traufenhaus aus verputztem Backstein. Fassadengestaltung durch ein schlichtes geschoßtrennendes Gesims, das Portal mit flacher Pilasterrahmung und Architrav, klassizistische Tür mit Rautenmusterung. In der achten Achse eine Toreinfahrt. Keller mit Tonnengewölbe.

Ehem. SITZ DES GENERALSUPERINTENDENTEN (Universitätsinstitut) Nr. 14. 1782 erbaut, 1826–1878 Einrichtung der ersten Frauenklinik der Universität. 1885 starke Veränderungen von Dach, Fassade und Zwischengeschoß. Zweigeschossiges siebenachsiges verputztes Backsteintraufenhaus mit Drempelgeschoß. Die Fenster mit achtfacher Versprossung und fassadenbündig. In der vierten Achse eine schlichte klassizistische Haustür. Oberhalb der Obergeschoßfenster ein flaches Gesims.

Ehem. KIRCHENDIENERBUDEN Nr. 15, 16, 17, 18. Vier gleichartige eingeschossige zweiachsige geschlämmte Backsteintraufenhäuser, 1736 errichtet. Jeweils eine Tür und ein Fenster bilden eine Wohnungseinheit (Nr. 18 verändert). Türen mit Rautenmusterung und Oberlicht aus der Entstehungszeit, Fenster viergeteilt mit Klappläden. Keller mit Tonnengewölbe.

Ehem. WOHNHAUS Nr. 19. Um 1850 erbautes doppelgeschossiges, im Obergeschoß dreiachsiges Traufenhaus aus verputztem Backstein. Im Erdgeschoß Geschäftseinbau, barocke Haustür.

Ehem. LANDGERICHT (Universitätsinstitut) Nr. 20. Zweieinhalbgeschossiger Baublock um einen Lichthof aus verputztem Backstein. Die Traufseite elfachsig. 1833/34 von W. Steinbach, Greifswald, nach Plänen der Berliner Oberbaudeputation im klassizistischen Stil errichtet. Die Fassade mit Quaderung in Fugenschnittputz, geschoßtrennenden Gesimsen, durchgehenden Sohlbankgesimsen, Fensterverdachung im zweiten Geschoß und betonter Mittelachse.

*Linke Seite: Greifswald, Domstraße 15–18, ehem. Kirchendienerbuden*

*Rechte Seite: Greifswald, Domstraße 29, ehem. Wohnhaus*

Ehem. HOFGERICHT (Kirchenmusikschule) Nr. 20 a. 1709 nach Entwurf von George Wolfram erbaut. Zweigeschossiger Putzbau mit Walmdach; dreiachsiger Mittelrisalit, Eckrustizierung. Ein geschoßtrennendes Gesims und eine klassizistische Haustür in der Mitte. Schleppgauben aus den 30er Jahren des 20. Jh., 1952 innere Umbauten, Anbau von 1976.

Ehem. GASTHAUS »DOMBURG« Nr. 21. Dreigeschossiges dreiachsiges Traufenhaus aus Ziegelfachwerk mit verputzter Fassade, um 1800 erbaut. Die Fenster fassadenbündig, in der ersten Achse eine klassizistische Haustür.

WOHNHAUS Nr. 22. Zweieinhalbgeschossiges fünfachsiges Traufenhaus aus verputztem Backstein, um 1860 erbaut. Im Erdgeschoß Fugenschnitt, in der fünften Achse die Haustür mit Kassettierung und Oberlicht. Geschoßtrennende Gesimse, Faschenrahmung und Verdachung der Fenster des zweiten Geschosses.

WOHN- UND GESCHÄFTSHAUS Nr. 26. Zweigeschossiges Traufenhaus von vier Achsen im Obergeschoß zur Domstraße, Backstein verputzt, der Giebel zur Martin-Luther-Straße in Fachwerk. Fassade aus der 1. H. 19. Jh., das Haus im Kern älter. Im Erdgeschoß Ladeneinbau und ein korbbogiges Portal mit Putzleistenrahmung mit Keilstein und gerader Verdachung. Horizontale Gesimse.

WOHNHAUS Nr. 27. Im Kern 16./17. Jh., mehrfache Umbauten im 19. Jh., zuletzt 1875. Zweigeschossiges Traufeneckhaus mit fünf Achsen zur Domstraße und vier Achsen zur Martin-Luther-Straße aus verputztem Backstein. Im Erdgeschoß Quaderung in Fugenschnittputz. Geschoßtrennende Gesimse, im Obergeschoß Eckrustizierung, die Fenster mit Faschenrahmung. An der Rückseite ein fünfachsiger Anbau.

WOHNHAUS Nr. 28. 1. H. 19. Jh. erbaut, die Fassade in der 2. H. 19. Jh. verändert. Zweigeschossiges fünfachsiges Traufenhaus aus verputztem Backstein. Horizontale geschoßtrennende Gesimse, ein schweres Traufgesims mit Konsolen. Mittige Haustür mit Kassettierung, die Fenster des zweiten Geschosses mit Faschen und durch feine Verdachungen zusammengefaßt. Hofseitiger Gebäudeflügel in Fachwerk.

Ehem. WOHNHAUS Nr. 29. 1802 von J. G. Quistorp erbauter zweigeschossiger fünfachsiger Putzbau. Ein reicher Fassadendekor mit vertikalen Mäanderbändern, einem horizontalen geschoßtrennenden Gesims mit Teller- und Bandmuster unterhalb der Fenster. Klassizistische Haustür mit Segmentbogenschluß und Oberlicht.

Ehem. WOHNHAUS Nr. 30. Dreigeschossiger siebenachsiger Putzbau mit schlichter Fassadengestaltung durch Gesimse. Eingangsbereich in der fünften Achse mit kassettierter Tür und Verdachung auf Konsolen. 2. H. 19. Jh. errichtet.

Ehem. STADTBUCHHALTERHAUS Nr. 33. Wohl 1752 erbaut. Dreigeschossiges dreiachsiges Haus aus verputztem Backstein. In der dritten Achse eine segmentbogig abschließende barocke Tür. Unterhalb der Fenster gemalte Felder, gemalte gequaderte Ecklisenen. Im Keller

und in den Erdgeschoßmauern mittelalterliche Bausubstanz.

Ehem. WOHNHAUS Nr. 34. Zweigeschossiges, im Obergeschoß dreiachsiges Gebäude aus verputztem Backstein, das Erdgeschoß mit Toreinfahrt. Wohl M. 19. Jh. erbaut.

WOHNHÄUSER Nr. 39, 39 a, 40. Gegen E. 19. Jh. erbaute zweigeschossige Traufenhäuser aus verputztem Backstein mit historistischer Fassadengestaltung.

WOHNHAUS Nr. 49. Zweigeschossiger fünfachsiger Putzbau, 1. H. 19. Jh. erbaut. Im Erdgeschoß Fugenschnittputz, geschoßtrennende Gesimse, die Obergeschoßfenster mit Faschenrahmung und durchgehendem Sohlbankgesims. In der ersten Achse urspr. Haustür.

PFARRHAUS der Nikolaigemeinde Nr. 54. 1833 erbaut. Zweigeschossiges fünfachsiges Traufenhaus aus verputztem Backstein. In der ersten Achse eine klassizistische Haustür mit stark profilierter Rautenmusterung, davor drei Stufen. Die Rechteckfenster schlicht, einfache Gesimse.

*Greifswald, Fischstraße 16, Wohnhaus*

WOHNHÄUSER Nr. 55, 56, 57. Langgestrecktes eingeschossiges Traufenhaus von acht Achsen aus verputztem Backstein, auf mittelalterlichen Gebäuderesten im 17. Jh. errichtet. Die Haustüren in der ersten, sechsten und siebten Achse von Westen den klassizistischen Vorbildern nachempfunden. Im Keller Tonnengewölbe und rundbogige Wandnischen; die Flurtür von Nr. 57 noch aus der 2. H. 17. Jh., im oberen Feld eine Rundbogenarkade mit Schuppenmustern auf den seitlichen Pilastern und Rankenwerk in den Zwickeln.

Ehem. WOHNHAUS des Unterkaplans (Universitätsverwaltung) Nr. 58. 1503 errichtetes zweigeschossiges fünfachsiges Traufenhaus aus verputztem Backstein. Die jetzige Gestalt weitgehend vom 1747 erfolgten Umbau. Die Fassade schlicht mit achtgeteilten Fenstern, Eingangstür in der fünften Achse. Im östlichen Giebel zwei Reihen rundbogiger Blenden des mittelalterlichen Vorgängerbaues.

WOHNHÄUSER Nr. 60 u. 61. Zwischen 1828 und 1833 errichtete vierachsige Traufenhäuser aus verputztem Backstein. Klassizistische Haustüren mit Segmentbogenschluß.

*Fischstraße*

WOHNHAUS Nr. 10. Zweigeschossiges Eckhaus von neun zu vier Achsen aus verputztem Backstein. Das Gebäude 1838 errichtet, 1853 rechts um drei Achsen erweitert. Der siebenachsige Dachhecht und die seitlichen Gauben wohl aus dem 20. Jh. Schlichte Fassadengliederung durch Fugenschnittputz, Gesimse, flache Pilaster und Faschen. Die Haustür klassizistisch.

WOHNHAUS Nr. 11. Zweigeschossiges fünfachsiges Giebelhaus aus verputztem Backstein, 1. H. 18. Jh. über mittelalterlichem Vorgängerbau errichtet, von dem sich Reste an der Brandwand zu Nr. 10 erhalten haben. Das heutige Erscheinungsbild und die Geschoßgrundrisse von 1854. 1916 Dachbrand und Erneuerung des Dachstuhls, 1921 Sitz der Druidenloge »Hilda zum Hain«. Fassadengestaltung durch einen Treppengiebel mit neogotischem Dekor und zwei Speichergeschossen, im Erdgeschoß Fugenschnitt, zwischen den Geschossen Gesimse. In der Mitte ein weit zurückgesetztes korbbogiges Portal mit klassizistischer Haustür, die Fenster des zweiten Geschosses mit Faschen und Verdachung sowie Vierpaßfriesen unterhalb der Sohlbänke.

WOHNHAUS Nr. 16. Dreigeschossiger fünfachsiger Putzbau, wohl von J. G. Quistorp E. 18. Jh. erbaut, das dritte Geschoß später. Die Fassade mit schlichtem Baudekor im Zopfstil, das segmentbogige Portal in der Mitte mit Quaderung in Fugenschnittputz, die Tür kassettiert, davor eine Freitreppe. Eckrustizierung, Faschenrahmung mit Keilstein, das mittlere Fenster durch Putzleisten mit Glockenblumenblüten gerahmt. Unter den Fenstern liegen vertieft rechteckige Putzspiegel.

WOHNHAUS Nr. 17. Dreigeschossiges fünfachsiges Traufenhaus aus verputztem Backstein, um 1800 erbaut, im Kern wohl älter. Die Fassade mit Quaderung in Fugenschnittputz, Gesimse, die Fenster mit Faschenrahmung und Verdachung. Die Haustür in der dritten Achse aus dem 19. Jh.

WOHNHAUS Nr. 24. Traufständiges zweigeschossiges zehnachsiges Gebäude aus verputztem Backstein, 1808 von J. G. Quistorp erbaut. Die rechten drei Achsen urspr. eine Wagenremise, die 1849 gekauft und im Obergeschoß zu einem Saal ausgebaut wurde. 1933 Neuverputzung und Vereinfachung der Fassade. Klassizistische Haustür. Im Inneren haben sich ein klassizistisches Treppenhaus und die Saalgestaltung der Entstehungszeit erhalten.

*Fleischerstraße*

WOHNHAUS Nr. 3. Zweigeschossiges Giebelhaus aus verputztem Backstein, die hofseitige Giebelseite in Fachwerk. Im Kern wohl noch 16. Jh., Spuren der urspr. rundbogigen Fenster im Mauerwerk erkennbar. Barocke Haustür, die Fassade im 19. Jh. verändert.

WOHNHAUS Nr. 3 a. Dreigeschossiges Giebelhaus aus verputztem Backstein, 1589 errichtet. 1750 wurden der straßenseitige Giebel und das Gebäudeinnere verändert. Der dreigeschossige Pfeilergiebel mit geschweiftem Abschluß und Lisenengliederung, Rechteckfenster, um 1750. An der Rückseite zwei Reihen korbbogiger Speicherluken. Im Erdgeschoß Ladeneinbau aus dem 20. Jh., im Obergeschoß Fenster des 18. Jh.

WOHN- UND GESCHÄFTSHAUS Nr. 15. Dreigeschossiges Eckhaus von fünf zu zwei Achsen in den Obergeschossen mit schiefergedecktem Mansarddach, 1903 erbaut. Die Fassade mit Jugendstildekor. Erker, Frontispiz mit Fachwerk und geschweiftem Abschluß, Ecktürmchen mit geschweifter Haube als gestalterische Akzente eingesetzt. Die Eingangsbereiche besonders pointiert, die Schaufenster mit Vorhangbogenmotiv gestaltet. Die Fenster der oberen Geschosse mit profilierter Laibung und mit konvexen und konkaven Formen an den Ecken. Horizontale Gesimse und aufgelegte Putzbänderung, die Gauben mit geschweiften kleinen Dächern.

An der Domstraße grenzt ein zweigeschossiges Gebäude aus verputztem Backstein an, das zusammen mit dem Vorgängerbau von Nr. 15 erbaut wurde. Die Balkeninschrift von 1702 gilt als die einzige überlieferte Bauinschrift von Greifswald.

WOHNHAUS Nr. 16. Zweigeschossiges fünfachsiges Traufenhaus aus verputztem Backstein mit Mansarddach, M. 18. Jh. erbaut. In der Gebäudemitte ein korbbogiges Eingangsportal mit klassizistischer Eingangstür. Die Fenster mit profilierter Faschenrahmung. Die Gauben aus jüngerer Zeit.

WOHNHAUS Nr. 18. Zweigeschossiges sechsachsiges Traufenhaus aus verputztem Backstein, um 1800 erbaut. Die Fenster mit Faschenrahmung, zwischen den Geschossen ein Gesims, in der vierten Achse eine korbbogig abschließende Haustür im Zopfstil mit den Initialen des Erbauers Friedrich Findius im Oberlicht, davor eine Freitreppe. Auf dem Dach drei neue Gauben.

STADTVILLA Nr. 22. Freistehendes, um 1910 erbautes zweigeschossiges Wohnhaus aus verputztem Backstein mit Mansarddach. Kolossalpilastergliederung. Jede Seite mit Mittenbetonung durch Utlucht, Balkon oder Fensterumrahmung. Die Fenster mit der zeittypischen kleinteiligen quadratischen Versprossung im Oberlicht. Die Gauben mit halbrundem Abschluß.

*Friedrich-Loeffler-Straße*

WOHNHAUS Nr. 21. A. 19. Jh. als Handwerkerwohnhaus erbaut. Zweigeschossiges fünfachsiges Traufenhaus aus Fachwerk mit massiver verputzter Fassade. Die mittige Tür mit Rautenmusterung urspr. Die Fenster fassadenbündig. Im Inneren die Raumstruktur sowie die Türen und der Treppenaufgang original erhalten.

WOHNHAUS Nr. 22. Als Handwerkerwohnhaus in der 1. H. 19. Jh. erbautes zweigeschossiges vierachsiges Fachwerkgebäude mit massiver verputzter Fassade.

In der 2. H. 19. Jh. wurden an der westlichen Friedrich-Loeffler-Straße Klinikbauten und Medizinische Universitätsinstitute errichtet. Im Mittelalter befanden sich dort das Schwarze Kloster und die Wassermühle des Rates, davor dehnte sich ein großer See aus. Aufgrund des morastigen Untergrundes mußten die Gebäude auf Pfahlgründungen errichtet werden.

INNERE MEDIZIN und CHIRURGIE Nr. 23. 1856–1859 nach Entwurf von Felix Niemeyer errichtet. Monumentales Gebäude aus Backstein auf L-förmigem Grundriß, dreigeschossig mit Drempelgeschoß und flachem Walmdach und mit einer klaren schlichten Fassadengestaltung in der Nachfolge des Schinkelschen Rundbogenstils. An der Innenhofseite ein barockisierendes Portal aus Kunstsandstein. An den rückwärtigen Gebäudeflügel schließt das Gebäude der Chirurgie an, ein monumentaler, aus drei Gebäudeflügeln bestehender Bau, 1898 bis 1903 in neogotischen Formen auf dem Gelände der ehem. Stadtmauer sowie auf dem Schuterhagen, einer versandeten Hafenanlage, errichtet. Kennzeichnend sind das backsteinsichtige Mauerwerk aus Handstrichziegeln, Stufengiebel, weiß verputzte Blenden und Friese. An der Ecke Loefflerstraße/Hunnenstraße 4/5 das ehem. Heizhaus des Klinikkomplexes.

ANATOMIE Nr. 23 c. 1853/55 nach Entwurf von G. Müller in der Nachfolge des Schinkelschen Rundbogenstils entworfenes Institutsgebäude für die Anatomie, 1955 aufgestockt und erweitert. Kubischer Baukörper aus Backstein mit erhöhtem Mittelrisalit, durch sieben Fensterachsen an der Vorder- und Rückseite klar gegliedert. Im Erdgeschoß mit Segmentbogenabschluß, im zweiten Geschoß rundbogig, die Fenstergewände und die Mauerwerksbänderung in gelbem Backstein. Als Giebelzier ein Relief mit dem Greifenmotiv sowie drei Skulpturen, Reichsadler und zwei Greifen. Die vorder-

*Greifswald, Friedrich-Loeffler-Str. 23 d,*
*Institut für Pharmakologie und Toxikologie*

seitige Fassade ist durch das vorgesetzte verputzte Eingangsportal repräsentativer gestaltet, darüber drei hohe Rundbogenfenster mit seitlich eingestellten Säulen. Im Inneren haben sich das Treppenhaus mit gußeisernem Treppengeländer und antikisierender Wandbemalung erhalten und der Hörsaal mit der originalen Bestuhlung. Zwei weitere von G. Müller entworfene Institutsgebäude für die PHARMAKOLOGIE und TOXIKOLOGIE Nr. 23 d (1865/71) und für die PATHOLOGIE Nr. 23 e (1869/71) mit ähnlicher baukörperlicher Gestaltung wie die Anatomie, jedoch in Neorenaissanceformen erbaut. Bemerkenswert die Treppenhausgestaltung. Zugehörig eine kleine Totenkapelle mit einem repräsentativ gestalteten antikisierenden Eingangsportal aus Kunstsandstein.

PFARRHAUS von St. Marien Nr. 67/68. 1802/04 nach Plänen von J. G. Quistorp für zwei Geistliche der Kirche erbaut. Zweigeschossiges zwölfachsiges Traufenhaus aus verputztem Backstein mit Krüppelwalmdach. In der vierten und neunten Achse ins Gebäude zurückversetzte klassizistische Haustüren. Die Fassade wird durch helle senkrechte Putzbänder zwischen den faschengerahmten Fensterachsen gegliedert.

*Hunnenstraße*

WOHNHAUS Nr. 16. Zweigeschossiges sechsachsiges Traufenhaus aus Ziegelfachwerk mit einer massiven verputzten Fassade, wohl im 2. V. 19. Jh. erbaut. Die Fassade mit Fugenschnittputz, zwischen den Geschossen ein Gesims. In der dritten Achse eine klassizistische Haustür.

SPEICHER Nr. 19. Zweigeschossiger, um 1800 erbauter Speicher aus Backstein mit fachwerksichtiger Rückseite. An der Straßenseite ein doppelgeschossiger Fachwerkaufbau und Lastenaufzug, vier Speichertüren, Luken mit Holzläden.

SPEICHER Nr. 22. Langgestreckter zweigeschossiger Speicher aus verputztem Backstein mit Mansarddach, urspr. mit 36 Gauben, die 1977 im Zuge der Dachinstandsetzung entfernt wurden. Der Speicher 1802 erbaut. Große korbbogige Tore, Luken z. T. in Blenden sitzend. An der Giebelseite zur Friedrich-Loeffler-Straße ein Lastenaufzug mit geschnitzten Konsolen.

*Johann-Sebastian-Bach-Straße*

Ehem. ZOOLOGISCHES MUSEUM (Institut für Zoologie) Nr. 11/12. Aus zwei zu einem Institut verbundenen zweigeschossigen verputzten Traufenhäusern von sechs (Nr. 11) und sieben (Nr. 12) Achsen bestehend, 1923 gemeinsam aufgestockt. Nr. 11 seit 1897 Institutsgebäude, das Gebäude wohl im 3. V. 19. Jh. errichtet. Die nördlichen Achsen leicht vortretend. Sämtliche Fenster mit Faschenrahmung und in den Obergeschossen mit Verdachung, zwischen den Geschossen Gesimse. Unterhalb der Aufstockung verbindet ein plastisch vortretendes profiliertes Gesims beide Gebäude miteinander. Der Eingangsbereich in der vierten Achse. Nr. 12 im Kern das Haus der ehem. Schonenfahrerkompanie, wohl urspr. im spätbarocken Stil errichtet, seit 1836 Institutsgebäude der Universität, aus dieser Zeit auch die Fassade. Eckgebäude von sieben zu vier Achsen. Die Fassade symmetrisch angelegt und durch Pilaster gegliedert. Oberhalb der mittleren drei Achsen ein Dreiecksgiebel mit Okulus, zwischen den Geschossen Gesimse, in der Mitte der Eingangsbereich. Im Keller ein Gewölbe des 18. Jh.

WOHNHAUS Nr. 16. Zweigeschossiges vierachsiges verputztes Traufenhaus, der Giebel in Fachwerk. 1806 anstelle des vormals hier stehenden Hauses der Bergenfahrerkompanie errichtet. Der Dachausbau später. Fenster mit Faschen, geschoßtrennendes Gesims. Die Haustür in der ersten Achse wohl E. 19. Jh.

WOHNHAUS Nr. 17. Zweigeschossiges vierachsiges Traufenhaus aus verputztem Backstein mit Mansarddach, wohl um 1800 erbaut. Fassadendekor vereinfacht. Klassizistische Haustür mit halbrundem versproßten Oberlicht. Gedenktafel für Ernst Moritz Arndt.

WOHNHAUS Nr. 20. Zweigeschossiges dreiachsiges Traufenhaus aus verputztem Backstein, 1733 erbaut, mittelalterliche Keller und Brandmauern erhalten. Der Eingangsbereich windfangartig gebildet. Das Portal mit korbbogigem Abschluß und faschengerahmt, das Gewände mit Säulchen mit Kapitellen. Die Haustür wohl um 1800. Im Inneren die originale Raumstruktur und Treppe des 18. Jh. erhalten.

WOHN- UND GESCHÄFTSHAUS Nr. 23. Zweigeschossiges, im Obergeschoß vierachsiges Traufenhaus aus verputztem Backstein, wohl um 1800 errichtet. Im Obergeschoß Fugenschnittputz, Erdgeschoß mit gründerzeitlichem Ladeneinbau. Mittelalterliche Keller und ein klassizistisches Stabwerkgeländer im Inneren des Hauses.

WOHN- UND GESCHÄFTSHAUS Nr. 24. Zweigeschossiges vierachsiges Traufenhaus aus verputztem Backstein, wohl um 1800 erbaut, der Fassadendekor verlorengegangen. Geschäftseinbau um 1900.

WOHNHAUS Nr. 25. Zweigeschossiges vierachsiges Traufenhaus aus verputztem Backstein, wohl um 1800 über mittelalterlichem Vorgängerbau errichtet, von dem sich Kellergewölbe und die nördliche Brandmauer erhalten haben. Die Fassade mit Fugenschnittputz, einem geschoßtrennenden Gesims und einem durchgehenden Sohlbankgesims. In der zweiten Achse eine klassizistische Eingangstür. Hofseitig ein Fachwerkanbau von 1874.

WOHNHAUS Nr. 33. Zweigeschossiges sechsachsiges Gebäude aus verputztem Backstein mit Mansarddach, 1803 nach Entwurf von J. G. Quistorp erbaut. Die Fassade mit Baudekor im Zopfstil. Eingangsachse und Toreinfahrt korbbogig abschließend mit Blumenranken als Bekrönung, die Türen der Entstehungszeit erhalten. Fenster mit heruntergezogenen Faschen. Horizontale Mäanderbänder und Lisenen mit Putzquaderung.

*Knopfstraße*

Ehem. WOHNHAUS Nr. 13. 1802 von Johann Gottlieb Quistorp als Wohnhaus erbaut, in der 1. H. 20. Jh. Umbau zum Kino mit rückwärtigem Saalanbau (abgerissen). Zweigeschossiges siebenachsiges Traufenhaus aus verputztem Backstein. Das Obergeschoß mit einer feinen Putzornamentik im Zopfstil und fassadenbündig abschließenden Kreuzstockfenstern.

WOHNHAUS Nr. 15. E. 18. Jh. unter Einbeziehung mittelalterlicher Bausubstanz erbaut. Zweigeschossiges dreiachsiges Traufenhaus aus verputztem Backstein. Die Kreuzstockfenster fassadenbündig mit einem durchgehenden Sohlbankgesims, die doppelflügelige Tür mit Rautenmusterung und Oberlicht aus der Entstehungszeit.

Ehem. WOHNHÄUSER Nr. 18–20. Seit 1980 zur Kreis- und Stadtbibliothek zusammengefaßt und gemeinsam durchgebaut.

Ehem. WOHNSPEICHERHAUS Nr. 18. Wohl 17. Jh., in der 2. H. 19. Jh. stark durchgebaut und die Fassade verändert. Zweigeschossiges Giebelhaus von fünf Achsen mit Sockel und dreigeschossigem Dreiecksgiebel aus verputztem Backstein. Die Fassade klar gegliedert durch horizontale Gesimse und segmentbogig abschließende langgestreckte Fenster, in der Mitte die Eingangstür. Die ehem. Luken jetzt verglast. Oberhalb der Fenster seitlich heruntergezogene segmentbogige Verdachungsleisten, zwischen den Erdgeschoßfenstern Pilaster, die Fenster des Obergeschosses mit Faschenrahmung. Gedenktafel für Dr. G. Beseler (Prof. der Rechte in Greifswald 1812 – 1859).

Ehem. WOHNHAUS Nr. 19. Zweigeschossiges fünfachsiges Traufenhaus aus verputztem Backstein. Die Fassade M. 19. Jh., die mittlere Achse leicht vortretend mit Giebel und Konsolgesims, im Erdgeschoß eine breite doppelflügelige Haustür mit Säulenrahmung, im zweiten Geschoß wird das Fenster durch je zwei Pilaster gerahmt. Kalkstuckreliefs mit floralen Motiven zwischen den Pilastern und in den Spiegeln unterhalb der Fenster des Obergeschosses. Das Erdgeschoß mit Fugenschnittputz, die Fenster faschengerahmt, im Obergeschoß mit aufgelegten Rustikaquadern.

Ehem. WOHNSPEICHERHAUS Nr. 20. Dreigeschossiges fünfachsiges Giebelhaus mit einem vierstöckigen Volutengiebel aus verputztem Backstein. Im Kern 17. Jh., die Fassade der Hauptgeschosse in der 2. H. 19. Jh. umgestaltet. Der Giebel mit drei Speicherböden im reichen Dekor der flandrischen Spätrenaissance. Die Hauptgeschosse durch horizontale Gesimse und die

*Greifswald, Kuhstraße 25, Speicher*

regelmäßige Anordnung segmentbogig abschließender faschengerahmter Fenster gestaltet.

SCHULE Nr. 26. Dreigeschossiger gelber Klinkerbau von elf Achsen, 1902 in neogotischen Bauformen errichtet. Die vier linken Achsen, leicht vorgesetzt und etwas höher mit Walmdachabschluß. Fassade mit Ziegelbänderung in braunem Backstein, unter der Traufe ein Rundbogenfries. Fenster segmentbogig, im Obergeschoß des Risalites rundbogig. Der Eingangsbereich mit Spitzbogenportal und vorgesetzt mit kleinem fialenartigen Abschluß.

SPEICHER Kuhstraße 25. Wohl um 1680 erbauter Speicher aus Ziegelfachwerk mit massivem Erdgeschoß, an der Traufseite geschoßweise abgebunden. Die Sparrenabstände des Kehlbalkendaches deuten auf ein ehem. rohrgedecktes Dach hin. Der verputzte dreiachsige doppelgeschossige Giebel im 19. Jh. vorgesetzt.

INSTITUT für GERICHTSMEDIZIN Kuhstraße 30. 1760 erbaut, 1781 als Landeslazarett genutzt, von 1831 – 1858 die erste klinische Einrichtung der Universität, 1906 – 1922 Fechthalle. Traufständiges eingeschossiges fünfachsiges Gebäude aus verputztem Backstein mit Krüppelwalmdach. Tür und Fenster 19. Jh.

*Lange Straße*

WOHNHAUSZEILE Nr. 2, 4, 6. Drei dreigeschossige verputzte Backsteinbauten, wohl aus der 2. H. 19. Jh. Eckhaus Nr. 2 an der linken Seite vorgezogen mit breitem Erdgeschoßfenster und je zwei auf Putz gemalten Fenstern in den Obergeschossen. Hinterhaus in Fachwerk. Die Fassaden aller drei Häuser mit Fugenschnittputz, Obergeschoßfenster mit Faschenrahmung, zwischen den Geschossen Gesimse. Eingangsbereiche von Nr. 2 und Nr. 4 als große doppelflügelige Toreinfahrten gebildet, die Fenster oberhalb breiter. Neuere Gauben.

Ehem. WOHNHAUS Nr. 9. Zweigeschossiges, im Obergeschoß siebenachsiges verputztes Traufenhaus, wohl 1. H. 19. Jh. erbaut. In der Gebäudemitte ein fünfachsiger Dachausbau mit Giebelabschluß, geschoßtrennende Gesimse. Ein von Pilastern gerahmtes Portal mit Architrav in der Gebäudemitte, in der siebten Achse eine segmentbogig abschließende Toreinfahrt. Neue Ladeneinbauten, die Obergeschoßfenster von Pilastern eingefaßt.

WOHNHAUS und ehem. BÄCKEREI Nr. 11. Dreigeschossiges vierachsiges Traufenhaus mit einer reichen historistischen Putzfassade, 1880 errichtet. Fugenschnittputz, Faschenrahmung der Fenster und Tür, gerade und giebelartige Fensterverdachungen, Gesimse, Putzspiegel und ein Rankenfries unter der Traufe bilden den Fassadendekor. Die originale Ladensituation von 1881 im wesentlichen erhalten. An der Rückseite das Backhaus von 1930.

WOHNHAUS Nr. 12. Um 1910 erbautes dreigeschossiges verputztes Eckhaus mit Backsteinsockel und Mansarddach in Formen des Jugendstils mit einem akzentuierenden fünfseitigen Eckerker mit Spitzdach in den beiden Obergeschossen.

Ehem. WAISENHAUS Nr. 14. 1821–1823 nach Plänen von J. G. Quistorp von Stadtzimmermeister Thurow als zweigeschossiges neunachsiges verputztes Traufenhaus errichtet. Betonung der Portalachse durch Putzrustika im Erdgeschoß und Pilasterrahmung des Obergeschoßfensters. Klassizistische Haustür und Treppe.

Ehem. BÜRGERSCHULE Nr. 14 a. 1829–1831 errichteter zweigeschossiger vierachsiger Putzbau. Im Erdgeschoß rustizierte Ecklisenen, klassizistische Haustür.

HINTERHAUS Nr. 21. In einer Zeile urspr. gleichartiger Gebäude an der Nordseite von St. Jakobi gelegenes, zweigeschossiges fünfachsiges Haus aus Backstein. Fenster und Türöffnungen segmentbogig mit gesimsartiger Verdachung.

WOHNHAUS Nr. 42. Zweigeschossiges vierachsiges verputztes Traufenhaus mit Mansarddach, wohl 2. H. 18. Jh. erbaut. Barocke Haustür. Zwei Hinterhausanbauten in Ziegelfachwerk.

Ehem. WOHNHAUS Nr. 44. Im Obergeschoß vierachsiges verputztes Giebelhaus, im Kern mittelalterlich, wohl im 18. Jh. verändert. Weitere Umbauten 1896 und 20. Jh. Fenster mit Faschen, neuzeitlicher Ladeneinbau. Kellergewölbe.

WOHN- UND GESCHÄFTSHAUS Nr. 48 a. Dreigeschossiger fünfachsiger Putzbau, M. 19. Jh. mit neoklassizistischem Fassadendekor, bestehend aus Fenster-

verdachungen auf Konsolen, Gesimen, Faschen, Putzspiegeln, Palmettenfries und Konsolgesims. In ähnlicher Gestaltung, aber etwas jünger
WOHN- UND GESCHÄFTSHAUS Nr. 50.

HOSPITAL ST. SPIRITUS (Altenheim). Wahrscheinlich zwischen 1250 und 1262 gegründet, Ersterwähnung 1262. Eine aus frommen Schenkungen entstandene städtische Stiftung für arme, alte und kranke Bürger. Die Kirche wird zur ersten Mal 1322 genannt.

Nr. 43/ Ecke Rotgerberstraße. Dreigeschossiger fünf- zu neunachsiger Putzbau. 1819/21 als Erweiterung des ehem. St.-Spiritus-Hospitales erbaut. An der Fassade die Portalachse mit Verdachung auf Konsolen. Der Sturz palmettenverziert, darüber Dreiecksgiebel. Die Fenster mit Segmentbogenschluß, zwischen den Geschossen Gesimse, oberhalb des dritten Geschosses ein Rankenfries. Klassizistische Haustür. – Nr. 49 (Soziokulturelles Zentrum). Zweigeschossiger neunachsiger klassizistischer Putzbau, 1819–1821 errichtet. Dreiachsiger flacher Mittelrisalit, die mittige Portalumrahmung mit akanthusverziertem Sturz auf Konsolen, unter diesen Blütengehänge. Geschoßtrennendes Gesims und ein Zahnschnittfries unterhalb der Traufe. – An der rückseitigen Fassade die Glocke, die Herzog Philipp Julius 1623 für die vor dem Steinbeckertor gelegene und im 30jährigen Krieg zerstörte Klosterfiliale stiftete.

Rückseitig, reizvoll um einen Innenhof gruppiert, kleine eingeschossige Fachwerkreihenhäuser aus dem 17. Jh., der östliche Teil 1733 neu errichtet. Die Wohneinheiten bestehen aus Zimmer, Flur und Hinterflurküche.

Ein 1885 gebauter Erweiterungsbau steht in der Rotgerberstraße 12–14. Er befindet sich auf dem Grundstück des ehem. ältesten Klosterteils, dem Elendenhaus. Dreigeschossiger zehnachsiger Klinkerbau mit vierachsigem Mittelrisalit. Fenster mit Segmentbogenschluß und glasiertem Gewände, im Obergeschoß paarweise angeordnet, z. T. spitzbogig. Maßwerkartige Friese.

Bei dem Gebäude Nr. 51 handelt es sich wohl um die ehem. KLOSTERKIRCHE, die 1322 erstmalig erwähnt wird. Der Kern des jetzigen Baus wohl aus dem 15. Jh. Im 17. Jh. Umbau und Nutzung als Wohnhaus und Bäckerei, aus dieser Zeit die Fenster. Das hohe Portal

mit Resten eines rundbogig geschlossenen Gewändes und oberem Teil in flacher Wandvorlage mit Gesimsabschluß, wohl 15. Jh., die barocke Tür mit Rautenmusterung und korbbogigem Oberlicht. Kreuzrippengewölbter Kellerraum mit Wandnischen.

WOHN- UND GESCHÄFTSHAUS Nr. 53. Zweigeschossiges verputztes Traufenhaus aus der 1. H. 19. Jh., im Kern wohl 17. Jh. Schlichte Fassadengestaltung durch profilierte Faschen und geschoßtrennende Gesimse. Im Erdgeschoß neuere Ladeneinbauten.

WOHN- UND GESCHÄFTSHAUS Nr. 54. Dreigeschossiges, in den Obergeschossen vierachsiges verputztes Giebelhaus mit Treppengiebel, im Kern 16. Jh. Die Fassade und ein Erweiterungsbau 19. Jh. Fassadendekor mit Fugenschnittputz, gesimsartigen Verdachungen und durchgehenden Gesimsen. An der Traufseite zwei spätgotische Fenster freigelegt.

*Linke Seite:*
*Greifswald,*
*Lange Straße 51,*
*ehem. Kirche von*
*St. Spiritus*

*Rechte Seite:*
*Greifswald,*
*Blick von*
*St. Spiritus auf*
*den Turm von*
*St. Nikolai*

WOHN- UND GESCHÄFTSHAUS Nr. 55. Dreigeschossiges vierachsiges verputztes Traufenhaus mit klassizistischem Fassadendekor, 1844 gebaut. An der Rückseite Fachwerk mit einem für Greifswald einmaligen Zierverband, die Fenster z. T. mit rautenförmiger Bleiverglasung. Dreigeschossiges achtachsiges HINTERHOFGEBÄUDE aus Ziegelfachwerk mit einer massiven Fassade zur Nikolaikirche hin, Pilastergliederung und Deutsches Band. Segmentbögen schließen die Fenster zu Zweiergruppen zusammen. Im Keller und ersten Geschoß eine Seifensiederei, 18. Jh., die der Familie Caspar David Friedrichs gehörte. Das Kellergewölbe z. T. aus Buckelquadern. Ein Ofen mit zwei Heizmöglichkeiten, ein Kessel sowie Brunnenanlagen haben sich erhalten.

WOHN- UND GESCHÄFTSHAUS Nr. 60. Dreigeschossiges siebenachsiges verputztes Traufenhaus, 1. H. 18. Jh. erbaut, im 19. Jh. aufgestockt und mit historisierendem Dekor versehen. Im Erdgeschoß neue Ladeneinbauten, innen ein klassizistisches Treppenhaus.

Ehem. WOHNHAUS Nr. 68. Zweigeschossiges, im Obergeschoß fünfachsiges verputztes Giebelhaus mit zweigeschossigem Volutengiebel. Die Fassade E. 17. Jh., im Kern älter. An der rechten Seite urspr. eine Utlucht. 2. H. 19. Jh. und 1919 durch Ladeneinbauten und Verlust von Fassadendekor das originale äußere Erscheinungsbild verändert.

WOHN- UND GESCHÄFTSHAUS Nr. 69. Dreigeschossiges fünfachsiges verputztes Traufenhaus. Im Erdgeschoß neue Ladeneinbauten, in den Obergeschossen Gliederung durch Kolossalpilaster korinthischer Ordnung. Unterhalb der Fenster des ersten Obergeschosses Putzspiegel mit Greifendarstellungen.

Ehem. WOHNHAUS Nr. 71. Zweigeschossiges vierachsiges verputztes Traufenhaus, wohl 1. H. 19. Jh. Fassade in jüngerer Zeit stark vereinfacht. Historistische Tür.

KAUFHAUS Nr. 73. Wohl um 1920 durch Umbau eines älteren Gebäudes errichtetes Kaufhaus. Dreigeschossiges verputztes Eckgebäude, die beiden Obergeschosse zur Langen Straße hin mit hohen Fensterbändern. Diese durch schmale Holzstützen mit ornamentierten Pilastern in jeweils drei Fenster gegliedert. Die Fenster erneuert. Eingangsbereich backsteinsichtig.

*Linke Seite: Greifswald, Lange Straße 92, Wohn- und Geschäftshaus*

*Rechte Seite: Greifswald, Markt, nord- und ostseitige Bebauung*

Ehem. WOHNHAUS Nr. 75. A. 19. Jh. erbautes dreigeschossiges vierachsiges verputztes Giebelhaus mit Treppengiebel. Rückseitiger Flügelanbau. Plastische Gesimse und breite Pilaster zwischen den Obergeschoßfenstern.

UNIVERSITÄTSBUCHHANDLUNG Nr. 77. Zweigeschossiges dreiachsiges verputztes Giebelhaus mit reicher neogotischer Bemalung und dreiteiligem Pfeilertreppengiebel. Der Gebäudekern wohl 15. Jh.

Zeile von WOHN- UND GESCHÄFTSHÄUSERN Nr. 79, 81, 83, 85, 87. Zweigeschossige verputzte Häuser, 1. H. 19. Jh. erbaut, z. T. unter Einbeziehung mittelalterlicher Bauteile. Klassizistische Fassadengestaltung, neue Geschäftseinbauten.

WOHN- UND GESCHÄFTSHAUS Nr. 88. Zwischen 1850 und 1870 errichteter dreigeschossiger fünfachsiger Putzbau mit neoklassizistischer Fassadengestaltung. Neue Geschäftseinbauten.

WOHN- UND GESCHÄFTSHAUS Nr. 89. Im 18. Jh. errichtetes, urspr. zweigeschossiges verputztes Traufenhaus mit schlichter Fassadengestaltung. Die Aufstockung und die neogotische Giebelgestaltung mit Katzentreppengiebel 19. Jh.

WOHN- UND GESCHÄFTSHAUS Nr. 91. Wohl um 1800 auf mittelalterlichen Kellern errichtetes zweigeschossiges verputztes Wohnhaus mit sechs Achsen im Obergeschoß und schlichtem klassizistischen Fassadendekor. Neue Schaufenster. Im Inneren eine klassizistische Tür und ein Treppenhaus aus der Zeit um 1800.

Ehem. BUDE (Wohn- und Geschäftshaus) Nr. 92. Zweigeschossiges dreiachsiges verputztes Traufenhaus. Im 16. Jh. erbaut, um 1800 umgebaut. Mittige Tür mit Archivoltenabschluß, kleine Rechteckfenster, Hauswappen.

WOHN- UND GESCHÄFTSHAUS Nr. 93. Dreigeschossiges siebenachsiges verputztes Traufenhaus, wohl M. 19. Jh. als zweigeschossiges Haus errichtet, 1868 aufgestockt. Im Erdgeschoß Geschäftseinbau, die Fenster mit Faschen und Verdachung. An der Hoffassade Pfeilervorlagen, wohl noch mittelalterlich. Mittelalterlicher Keller.

WOHN- UND GESCHÄFTSHAUS Nr. 95. Viergeschossiger vierachsiger Putzbau, wohl 2. H. 19. Jh. Die Fenster mit profilierten Faschen und Verdachungen auf Konsolen. Im Obergeschoß ein Fensterband.

Ehem. KIRCHENBEDIENSTETENBUDE Marienkirchplatz 1/2. Doppelgeschossiger sechsachsiger Bau aus verputztem Ziegelfachwerk, wohl 18. Jh. In der zweiten und dritten Achse je ein Eingangsbereich, davor mehrere Stufen.

*Markt*

APOTHEKE Nr. 1. Dreigeschossiges Eckgebäude aus verputztem Backstein von 3:5 Achsen mit neogotischer Fassadengestaltung. Kernbau aus dem 15. Jh., seit 1589 Stadtapotheke. Der Ursprungsbau zweigeschossig mit spätgotischem Pfeilergiebel. 1881/84 Aufstockung und neogotische Fassadengestaltung sowie Veränderungen im Inneren.

Ehem. WOHNHAUS und CAFE Nr. 2. Dreigeschossiges Eckhaus von 7:9 Achsen aus verputztem Backstein mit klassizistischer Fassadengestaltung, wohl M. 19. Jh., später stark überarbeitet. An der Seite zur Bachstraße Kolonnaden. Mittelalterliche Keller.

Ehem. WOHNHAUS Nr. 3. Viergeschossiges fünfachsiges Haus aus verputztem Backstein, 2. H. 19. Jh. erbaut auf einem mittelalterlichen Vorgängerbau. Die mittelalterliche Brandmauer zum Haus Markt 2 erhalten.

Ehem. WOHNSPEICHERHAUS Nr. 4. Zweigeschossiges fünfachsiges Giebelhaus aus verputztem Backstein. Der

Kernbau aus dem 14. Jh., 1742 umgebaut. Treppengiebel mit heruntergezogenen Gesimsen, Fugenschnittputz, Faschenrahmung, durchgehende Sohlbankgesimse. Mittige Tür. An der Rückseite backsteinsichtiger Giebel mit gestaffelten Spitzbogenblenden und Resten der Luchtöffnung zur ehem. Diele.

Ehem. WOHNHAUS Nr. 6. Dreigeschossiges dreiachsiges Traufenhaus aus verputztem Backstein mit weit vorkragender Traufe. Schlichte Fassadengestaltung. Das Haus 1816 erbaut, Deckenmalereien der Entstehungszeit erhalten. Im Keller mittelalterliche Brandmauern.

Ehem. WOHNHAUS Nr. 7/8. Zweigeschossiges siebenachsiges Haus aus verputztem Backstein, um 1800 erbaut. Zwei dreiachsige abgetreppte Giebel 1926 vorgeblendet. Reste zweier mittelalterlicher Giebelhäuser haben sich im Kern erhalten, mittelalterliche Brandmauern und tonnengewölbte Keller.

Ehem. WOHNHAUS Nr. 9. Zweigeschossiges dreiachsiges Traufenhaus aus verputztem Backstein, A. 19. Jh. erbaut. Im Kern ein mittelalterliches Giebelhaus, Brandmauern erhalten.

Ehem. WOHNSPEICHERHÄUSER (Bankgebäude) Nr. 10. Zweigeschossiges Gebäude aus verputztem Backstein mit zwei ungleich gestalteten barocken Giebeln. Im Kern zwei mittelalterliche Giebelhäuser, 1661

Umbau und Erhaltungsmaßnahmen sowie die jetzige Giebelgestaltung. 1912/14 Vereinheitlichung der unteren Geschosse. Die Blenden der Speicherböden z. T. geschlossen. Im Inneren stark durchgebaut.
Ehem. WOHNSPEICHERHAUS Nr. 11. A. 15. Jh. errichtet, 1855/56, 1957 und seit 1981 Instandsetzungsarbeiten. Innerer Umbau 1924/30. Der hohe Treppenpfeilergiebel setzt unmittelbar auf dem fünfachsigen massiven Erdgeschoß auf. Spitzbogiges Portal mit profilierter Laibung, die Fenster mit Segmentbogenabschluß und

Verdachung. Die Rahmung z. T. mit glasierten Formsteinen, die auch im Schichtenwechsel am Treppengiebel Verwendung finden. Der siebenachsige Schmuckgiebel mit durchbrochenem Maßwerk und Fialen mit Kreuzblumen. Hofseitige Fassade im Erdgeschoß massiv rekonstruiert, in den Obergeschossen Fachwerk. Zweigeschossiges verputztes Hinterhaus.
Ehem. WOHNSPEICHERHAUS Nr. 12. Dreigeschossiges Traufenhaus mit verputzter Fassade von fünf Achsen und mittigem Eingangsbereich. Die Rückseite massiv und unverputzt. Urspr. zwei gotische Vorgängerbauten des 15. Jh. mit einem dreigeschossigen Schildgiebel über den zwei Wohngeschossen. 1863 Abriß des Schildgiebels und teilweise Gebäudeneubau.
Ehem. WOHNSPEICHERHAUS Nr. 13. Giebelhaus aus dem 14./15. Jh. Im 19. Jh. Fassadenänderungen, 1957 Rekonstruktion eines Treppengiebels. Seit 1992 erneute Restaurierung. Erdgeschoß verputzt mit zwei großen segmentbogigen Ladeneinbauten und Eingangstür. Darüber spitzbogige Fenster mit profilierter Laibung sowie Streifen mit glasierten Ziegeln. In der Giebelmitte oberhalb der fünf Spitzbogenfenster des zweiten Geschosses eine durch alle Speichergeschosse reichende Blende. Oberhalb des dritten Geschosses Dreiergruppen von schmalen Dreipaßblenden. An der Rückseite Fachwerk und ein zweigeschossiger Kemladen. Im Keller Tonnengewölbe des 18. Jh.
Ehem. WOHNSPEICHERHAUS Nr. 14. 1772 durch Umbau eines mittelalterlichen Giebelhauses errichtet. Traufenständiger zweigeschossiger verputzter Eckbau mit vier Achsen zur Marktseite. Mansardwalmdach mit zweiachsigem Ausbau und Dreiecksgiebel. Giebelseite nach der Mühlenstraße urspr. fünfachsig, nachträglich um vier Achsen erweitert. Fassadendekor vereinfacht. Tonnengewölbe im Keller.
POST Nr. 15–19. 1894–1896 in neogotischen Formen erbauter zweigeschossiger Klinkerbau. Die Fassade

*Linke Seite: Greifswald, Markt 10, ehem. Wohnspeicherhäuser; Markt 11, ehem. Wohnspeicherhaus*

*Rechte Seite: Greifswald, Markt 13, ehem. Wohnspeicherhaus*

1930 durch Wegnahme des mittigen Staffelgiebels und Ersatz des Spitzturmes durch ein Pyramiddach vereinfacht. Im Erdgeschoß Spitzbogen-, das Obergeschoß mit Segmentbogenfenstern. Glasierte Ziegel als Bänderung und Fenstereinfassung. – An der rechten Gebäudeseite der Bau des Fernmeldeamtes von 1930.

KAUFHAUS Nr. 20/21. Um 1910 erbaut. Kubischer Baukörper mit klarer Fassadengliederung durch große Schaufenster, die die Fassade auflösen. Putz mit Fugenschnitt, unter der Traufe Festons. Mansarddach, zweiachsiger Dachausbau mit halbrundem Giebelabschluß mit Fialen, kleine Dachgauben mit Giebeln. Als Einraum gestaltete Geschosse mit gußeisernen Stützen.

WOHNHAUS Nr. 22. Dreigeschossiges dreiachsiges Haus aus verputztem Backstein, wohl 18. Jh. erbaut. Das Erdgeschoß A. 20. Jh. verändert.

WOHN- UND GESCHÄFTSHAUS Nr. 23. Dreigeschossiges dreiachsiges Haus mit Drempelgeschoß. Im Erdgeschoß neuer Geschäftseinbau, die beiden Obergeschosse mit historistischem Putzdekor, 2. H. 19. Jh.

WOHNHAUS Nr. 24. In der 2. H. 19. Jh. erbaut. Dreigeschossiges Traufenhaus aus verputztem Backstein von fünf Achsen mit vorgesetzter und durch den Dekor betonter Eingangsachse. Historistischer Fassadendekor. Erdgeschoß und Dachausbau aus dem 20. Jh.

WOHNHAUS Nr. 25. 1561 erbaut, 1670 umgebaut und 1861 stark verändert, 1974/75 Erneuerungen im Gebäudeinneren. Zweieinhalbgeschossiges verputztes Eckgebäude mit viergeschossigem Treppengiebel zum Fischmarkt hin mit neogotischem Putzdekor. Zwei doppelstöckige Utluchten. Rückseite in Fachwerk.

Ehem. WOHNHAUS Nr. 26. 1709 erbaut, die Fassadengliederung im 20. Jh. z. T. verändert. Zweigeschossiges dreiachsiges Backsteinhaus mit doppelstöckiger Utlucht und Treppengiebel.

Ehem. WOHNHAUS Nr. 27. Im Kern mittelalterlich, 1594 umgebaut, das Erdgeschoß durch Ladeneinbau verändert. Zweigeschossiges vierachsiges verputztes Giebelhaus mit dreigeschossigem Volutengiebel, die einzelnen Geschosse durch starke, mehrfach profilierte Geschosse unterteilt. Renaissanceportal mit Rundbogenschluß aus Archivolten.

Ehem. WOHNHÄUSER Nr. 28 u. 29. Wohl A. 19. Jh. erbaut. Zweigeschossige Traufenhäuser aus verputztem Backstein, im 20. Jh. miteinander verbunden. Hinterhofbebauung aus dem A. und E. 19. Jh., z. T. auf den Grundmauern eines mittelalterlichen Kemladens. Mittelalterliche Brandwände und tonnengewölbte Keller erhalten.

Ehem. WOHNHAUS Nr. 30. In der 2. H. 18. Jh. erbautes, dreigeschossiges fünfachsiges Traufeneckhaus aus verputztem Backstein mit Mansarddach. Die Fassade durch Faschenrahmung, teilweise Verdachungen und Pilasterrahmung gestaltet. Das Erdgeschoß durch neue Ladeneinbauten verändert.

*Martin-Luther-Straße*

AUGUST-BEBEL-SCHULE Langgestrecktes zweigeschossiges Traufenhaus mit hohem Sockelgeschoß von 19 Achsen aus gelbem Backstein mit einem flachen Walmdach, um 1865 erbaut. Die fünfte bis siebte Achse als Risalit gebildet, das Obergeschoß durch ionische Säulen auf Postamenten gegliedert, mit hochrechteckigen, halbrund abschließenden Fenstern. Über den Fenstern ein kräftiger Architrav. In der 15. Achse Portalrisalit. Die Rundbogenportale unter einer vorgestellten Säulenattika mit breitem Architrav und Lünettengiebel. Geschoßtrennende Gesimse, die Fenster im Sockelgeschoß rechteckig, im Erdgeschoß segmentbogig und im Obergeschoß rundbogig. Die Aula mit Spiegelgewölbe, reicher Stuckierung und Loggien.

WOHNHAUS Nr. 2. Eingeschossiges vierachsiges verputztes Traufenhaus für zwei Familien mit zweiachsigem Dachaufbau, wohl 1. H. 19. Jh. Das Erdgeschoß mit je einer Tür in der ersten und vierten Achse.

WOHNHAUS Nr. 5. Zweigeschossiges vierachsiges verputztes Haus, wohl 1. H. 19. Jh. erbaut. Klassizistische Fassadengestaltung.

WOHNHAUS (Institutsgebäude) Nr. 6. 1846 erbautes siebenachsiges dreigeschossiges verputztes Gebäude mit spätklassizistischem Fassadendekor. Pilastergliederung, Wächterköpfe und Konsolgesims. Eingangsportal kassettiert, mit halbrundem Oberlicht.

KAUFMÄNNISCHE BERUFSSCHULE (Volksschule)

Nr. 7 a. Dreigeschossiger achtachsiger Klinkerbau mit Segmentbogenfenstern und Bänderung mit schwarzglasierten Ziegeln, um 1900 erbaut. In der ersten Achse der Eingangsbereich. Auf dem Hof ein eingeschossiger Turnhallenanbau.

LUTHERHOF Nr. 8. Um 1890 erbauter Klinkerbau mit neogotischer Fassadengestaltung und Mansarddach. Zweigeschossiger neunachsiger Bau, oberhalb des Eingangsbereiches ein Erker auf Streben in Säulenform. An der rechten Seite ein dreiachsiger giebelständiger Bau, sog. Lutherhalle.

WOHNHAUS Nr. 10. Als Wohnhaus und Observatorium des Universitätsbaumeisters Andreas Mayer, 1743/45 erbaut. 1864/65 umgebaut und aufgestockt. Dreigeschossiges fünfachsiges verputztes Traufenhaus mit Mansarddach. Die Fenster fassadenbündig, das Erdgeschoß mit Fugenschnitt, die Obergeschosse mit Lisenengliederung und rustizierten Ecken. Tonnengewölbter Keller.

*Mühlenstraße*

WOHNHAUS Nr. 5. 1805 erbaut. Zweigeschossiges vierachsiges Gebäude aus verputztem Backstein. Der Eingangsbereich in der zweiten Achse halbrund abschließend, die klassizistische Tür mit Oberlicht zurückversetzt und über zwei Stufen zu begehen. Blockzargenfenster mit Beschlägen, fassadenbündig eingesetzt.

WOHNHAUS Nr. 7. Zweigeschossiges vierachsiges Haus aus verputztem Fachwerk mit massiver Fassade und einem sehr hohen steilen Dachstuhl. Die Fassade wohl im 19. Jh. vorgeblendet. Der Kern des Hauses und der Dachstuhl möglicherweise noch E. 17. Jh.

WOHNHAUS Nr. 12. Zweieinhalbgeschossiges vierachsiges Traufenhaus aus verputztem Backstein mit klassizistischer Fassadengestaltung, in den 60er Jahren des 19. Jh. erbaut. Im Keller mittelalterliche Brandmauer.

WOHNHAUS Nr. 13. Zweigeschossiges achtachsiges Haus aus verputztem Backstein mit zwei segmentbogig abschließenden Gauben. Mittiger segmentbogiger Eingangsbereich, die Haustür zurückversetzt. Im Kern wohl noch 18. Jh., 1823 und im 19. Jh. Umbauten. Zwischen Nr. 12 und Nr. 13 befindet sich eine mittelalterliche Brandmauer mit Nischen, die bis zur Höhe des Firstes von Nr. 13 reicht.

*Greifswald, Mühlenstraße 15, ehem. Schule*

Ehem. KNABENMITTELSCHULE (Kindergarten) Nr. 15. Zweigeschossiges Traufenhaus von siebzehn Achsen aus verputztem Backstein, 1793–1796 von J. G. Quistorp auf den Fundamenten der ehem. Franziskanerklosterkirche errichtet. Urspr. ein eingeschossiger Bau mit Mansarddach und zweigeschossigen Seitenrisaliten mit Walmdach. Reiche barocke Fassadengestaltung. 1846 wurde das zweite Geschoß im Mittelbau aufgesetzt, dabei der Mittelrisalit mit Dreiecksgiebel gebildet und die Fassadengliederung vereinfacht. Aus der ehem. vertikalen Betonung durch Pilaster wurde eine waagerechte Gliederung mit Gesimsen. Die Fenster im Erdgeschoß des Mittelbaus rundbogig mit einmal gestufter Laibung, sonst rechteckig mit Faschenrahmen und geraden Verdachungen; das rundbogige Mittelportal mit klassizistischer zweiflügeliger Tür über Freitreppe zugänglich.

Ehem. KIRCHENBEDIENSTETENBUDE Nr. 21. Wohl um 1700 erbautes, schmales zweigeschossiges vierachsiges Traufenhaus aus verputztem Backstein. Die Fassade mit den Fenstern des Obergeschosses und die Tür mit Rautenmusterung A. 19. Jh. Rückseite neu aufgemauert, die Innenstruktur des 17. Jh. erhalten.

WOHN- UND GESCHÄFTSHAUS Nr. 30. Um 1900 erbautes, freistehendes neoklassizistisches Gebäude von drei Geschossen aus verputztem Backstein. Die Ecken abgerundet, die Fassaden mit Rustizierung im Erdgeschoß. Im zweiten Geschoß stark plastisch gebildete Fensterumrahmungen mit Pilastern und Giebelverdachungen auf Konsolen sowie ein Erker. Das Obergeschoß mit schlichter Faschenrahmung und gerader Verdachung.

ALTENHEIM »GRAUES KLOSTER« Rakowerstraße 9. 1843/45 anstelle der E. 18. Jh. abgetragenen westlichen Klausurgebäude des ehem. Franziskanerklosters errichtet. Um einen schmalen Innenhof errichteter dreigeschossiger Vierflügelbau aus verputztem Backstein mit Sockel von 17 zu 11 Achsen mit klassizistischer Fassadengestaltung. An jeder Fassadenseite Mittelrisalite mit bekrönendem Dreiecksgiebel und Pilastergliederung. Flach gebildeter Fassadendekor, Fugenschnittputz, Faschenrahmungen und Verdachungen.

RUBENOW-PLATZ Grünanlage, namensgebend das Rubenow-Denkmal in der Platzmitte. Urspr. der Markt der Neustadt, um 1800 Umpflanzung mit Lindenbäumen. Nach 1815 bildete der Platz das Exerzierfeld für das zweite Pommersche Bataillon.

RUBENOW-DENKMAL Rubenowplatz. Aus bronziertem Zinkguß 1856 für den Universitätsmitbegründer und Bürgermeister Heinrich Rubenow anläßlich der 400-Jahrfeier der Universität errichtet. Der architektonische Aufbau von August Stüler, die sitzenden Figuren von B. Afinger, die stehenden Figuren von W. Stürmer. Ein in seinem unteren Teil viereckiger Turmaufbau in neogotischem Stil. Auf den Postamenten sitzen die Figuren von Johannes Bugenhagen und den Professoren David Mevius, Friedrich August Berndt und Ernst Moritz Arndt, in den Nischen unter den Wimpergen stehen die Statuen der Herzöge Wartislaw IX. und Bogislaw XIV. sowie von Friedrich I. von Schweden und König Friedrich Wilhelm III. von Preußen. Am Sockel die Bildnisplakette von Dr. Heinrich Rubenow und lat. Inschrift.

*Rubenowstraße*

VORLESUNGSGEBÄUDE und KARZER Nr. 1. Um 1880 erbaut. Zweigeschossiger elfachsiger symmetrisch gestalteter Klinkerbau mit Walmdach. Die seitlichen drei Achsen risalitartig vorgezogen, die Fenster mit Segmentbogenabschluß, breiter Fensterbank, Bänderung mit schwarzen Ziegeln, Traufgesims. Rückseite mit Seitenrisaliten und halbrundem Mittelbau mit Kegeldach. Karzer mit Malereien von 1885 bis 1914.

AUGENKLINIK Nr. 2. 1885/87 nach Entwurf von C. Schneider auf dem Gelände des ehem. Botanischen Gartens hinter dem Universitätshauptgebäude errichtet. Dreigeschossiger dreizehnachsiger, symmetrisch angelegter Backsteinbau mit Bänderung in grünglasierten Ziegeln und flachem Walmdach. Die äußeren drei Achsen an beiden Seiten risalitartig vorgezogen, unter der Traufe ein Bogenfries. Im Inneren ein Treppenhaus mit gußeisernem Geländer.

PHYSIOLOGISCHES INSTITUT Nr. 3. 1886/88 nach Entwurf von K. Hesse nach dem Vorbild des Berliner Instituts von 1856 entstanden. Backsteingebäude aus drei Gebäudeteilen: zweigeschossiges Hauptgebäude, eineinhalbstöckiger Mittelbau mit niedrigen Galerien und ein eingeschossiger Hinterbau. Baukünstlerische Gestaltung durch grünglasierte Ziegelbänderung, Gesimse und Bogenfriese sowie Terrakottakacheln mit Rosettenornament.

UNIVERSITÄTSBIBLIOTHEK Nr. 4. 1880–1882 nach einem Entwurf von M. Gropius und H. Schmieden errichteter Magazinbibliotheksbau in der Nachfolge der Schinkelschen Bibliotheksentwürfe. Backsteingebäude von elf zu drei Achsen mit gelber Ziegelbänderung auf rechteckigem Grundriß mit flachem Walmdach. An den Schmalseiten die äußeren Achsen als Blendfenster gestaltet. Urspr. als siebenachsiges Gebäude errichtet, 1890/92 um vier Achsen nach Süden erweitert. Die Innenraumgliederung am Außenbau nicht sichtbar, gußeiserne Treppe von 1884. Anbauten von 1956/58.

*Schuhhagen*

WOHNHAUS Nr. 1. Zweigeschossiges neunachsiges Traufenhaus aus verputztem Backstein mit einem urspr.

nach beiden Seiten abgewalmten Dach (Westseite umgebaut) und einem fünfachsigen Dachausbau mit mittigem Flachgiebel. Wohl um 1800 nach Entwurf von J. G. Quistorp erbaut. Die Ladeneinbauten im Erdgeschoß E. 19. Jh.

WOHNHAUS Nr. 2. Zweigeschossiges neunachsiges Traufenhaus aus verputztem Backstein mit schlichter Fassadengliederung. Wohl M. 19. Jh. erbaut, 1939 entscheidend erneuert. Mit Schuhhagen 1 durch ein zweiachsiges zweigeschossiges Giebelhaus verbunden.

WOHNHAUS Nr. 3. Traufständiges zweigeschossiges Gebäude aus Ziegelfachwerk mit massiver verputzter Fassade von fünf Achsen mit Krüppelwalmdach und einem Fachwerkhinterhaus. Der Bau wurde 1756 auf den Grundmauern eines mittelalterlichen Hauses neu errichtet. Seit dem 19. Jh. Nutzung als Gasthaus.

WOHN- UND GESCHÄFTSHAUS Nr. 5. Zweigeschossiges fünfachsiges verputztes Backsteinhaus, wohl M. 19. Jh. Der Ladeneinbau A. 20. Jh.

WOHN- UND GESCHÄFTSHAUS Nr. 6. Zweigeschossiges dreiachsiges Gebäude aus verputztem Backstein, um 1830 durch Umbau eines älteren Gebäudes, von dem Keller des 15./16. Jh. erhalten sind, erbaut. Von der Innenstruktur des 19. Jh. die Treppenanlage und die Türen erhalten.

WOHN- UND GESCHÄFTSHAUS Nr. 8. Dreigeschossiges vierachsiges verputztes Traufenhaus, wohl M. 19. Jh. über älterem Vorgängerbau errichtet.

WOHN- UND GESCHÄFTSHAUS Nr. 10. Zweigeschossiger fünfachsiger verputzter Backsteinbau. Im Erdgeschoß Mittelflur, seitlich je zwei Geschäftseinbauten wohl der Zeit um 1910/20, geradeaus führt eine Tür mit neogotischem Maßwerk in den Wohnbereich. Die Obergeschoßfenster mit Faschenrahmung. In der 1. H. 19. Jh. errichtet, im Kern wohl noch ältere Bausubstanz.

WOHN- UND GESCHÄFTSHÄUSER Nr. 19 u. 20. Zweigeschossige, im Obergeschoß vierachsige Putzbauten, z. T. noch in Fachwerk. Nr. 19 im Erdgeschoß verändert, das Obergeschoß mit historistischer Gestaltung, Faschen und gesimsartige Fensterverdachungen auf Konsolen, Konsolgesims, Gauben mit seitlichen Voluten. Nr. 20 mit schlichter Fassade, die bauzeitliche kassettierte Haustür zurückversetzt, seitlich Schaufenster. Die Häuser im Kern wohl noch 18. Jh., die Fassaden 2. H. 19. Jh.

WOHN- UND GESCHÄFTSHAUS Nr. 21. Dreigeschossiges Eckhaus aus verputztem Backstein. 1801 als zweigeschossiges Gebäude über einem mittelalterlichen Ursprungsbau, von dem Keller des 14./15. Jh. und die südliche Brandwand bis zur Höhe des ersten Obergeschosses erhalten sind, erbaut. 1879 Aufstockung und gründerzeitliche Fasssadengestaltung, der Dekor 1960 beseitigt. Im Inneren die Struktur und Türen des klassizistischen Hauses teilweise erhalten.

WOHN- UND GESCHÄFTSHAUS Nr. 28. Zweigeschossiges Eckhaus aus verputztem Backstein von vier zu fünf Achsen, wohl M. 19. Jh. erbaut. Im Erdgeschoß Ladeneinbauten, in der abgeschrägten Ecke des Erdgeschosses ein Eingangsbereich. Keller mit einem der größten Tonnengewölbe der Stadt, wohl 18./19. Jh.

WOHN- UND GESCHÄFTSHAUS Nr. 30. Doppelgeschossiges Eckgebäude aus verputztem Backstein mit Mezzanin und flachem Satteldach, urspr. mit umgehender Balustrade, 1839 erbaut. Klare klassizistische Fassadengliederung, das halbrund abschließende Eingangsportal mit Torwächterköpfen.

*Steinbeckerstraße*

Ehem. AUSSPANNE Nr. 1. 1698 erbautes zweigeschossiges fünfachsiges verputztes Ziegelfachwerkhaus mit zwei rückwärtigen fachwerksichtigen Gebäudeflügeln. In der dritten Achse eine frühklassizistische Haustür mit hölzerner Portalumrahmung. Traufgesims mit bogenförmigem Konsolfries. Die urspr. Raumstruktur mit den Originaltüren erhalten. Drei Speicherböden mit Lastenaufzugsrad. 1889 Aufstockung des südlichen Seitenflügels und neue Gestaltung der Nordfassade.

Ehem. STADTMATERIALLAGER Nr. 10. 1. H. 19. Jh. errichtetes dreigeschossiges neunachsiges Traufenhaus aus verputztem Backstein. Fassadengliederung durch Quaderpilaster und faschengerahmte Fenster. Mittige Eingangstür mit Verdachung auf Konsolen.

WOHNHAUS (Institutsgebäude) Nr. 15. 1800 von v. Vahl erbaut, 1817 um drei Fensterachsen von J. G. Qui-

*Linke Seite: Greifswald, Steinbeckerstraße 15, ehem. Wohnhaus*

*Rechte Seite: Greifswald, Steinbeckerstraße 31, ehem. Wohnspeicherhaus*

storp erweitert und mit einer einheitlichen Fassadengestaltung versehen. Mäanderbänder, Schmuckfries, profilierte Faschenrahmung, Spiegel, gequaderte Pilaster als Fassadendekor eingesetzt. Mansarddach mit segmentbogigen Gauben. Klassizistische Haustür.

WOHN- UND GESCHÄFTSHAUS Nr. 16. In der 2. H. 19. Jh. errichteter dreigeschossiger vierachsiger Putzbau. Die Fassade mit Quaderung in Fugenschnittputz und profilierten Faschen, durchgehende Sohlbankgesimse, Konsolgesims. Das Erdgeschoß durch neue Geschäftseinbauten verändert.

WOHN- UND GESCHÄFTSHAUS Nr. 18. 1830 erbaut, 1853 grundlegend umgebaut und aufgestockt, Seitenflügelanbau von 1863, 1904 Ausbau zum Café. Mittelalterliche Brandmauern und Keller bei den Umbauten mit einbezogen. Dreigeschossiges Gebäude aus verputztem Backstein. Fugenschnittputz, Gesimse und Faschenrahmung als Fassadendekor eingesetzt. Im zweiten Geschoß die ehem. Caféhausfenster.

WOHN- UND GESCHÄFTSHAUS Nr. 19. Dreigeschossiges dreiachsiges Gebäude mit historistischer Fassadengestaltung, 2. H. 19. Jh. Übergiebelter Eingangsbereich in der ersten Achse, darüber drei Segmentbogenfenster mit profilierten Faschen und Dreiecksverdachung auf Konsolen. Segmentbogige Obergeschoßfenster mit gerader Verdachung, Traufgesims mit Konsolen und Girlandenfries.

WOHN- UND GESCHÄFTSHAUS Nr. 20. Dreigeschossiger vierachsiger Putzbau, 2. H. 19. Jh. errichtet. Fenster mit gesimsartiger Verdachung, Konsolgesims. Im Erdgeschoß Geschäftseinbau.

WOHN- UND GESCHÄFTSHAUS Nr. 21. 1816/17 unter Einbeziehung mittelalterlicher Bausubstanz als Speicher erbaut, 1910 zum Wohnhaus umgebaut. Dreigeschossiges fünfachsiges Traufenhaus aus verputztem Backstein. Mittelrisalit, korbbogiger Eingangsbereich. Die Fenster mit Faschenrahmung, Verdachung und Putzspiegeln, unter der Traufe ein Triglyphenfries. Kreuzgratgewölbter Keller und Teile einer mittelalterlichen Brandwand erhalten.

WOHNHAUS Nr. 25. 1. H. 19. Jh. wohl auf den Grundmauern eines mittelalterlichen Vorgängerbaues erbaut. Zweigeschossiges fünfachsiges Traufenhaus, die mittige Haustür weit ins Haus zurückversetzt, davor mehrere Treppenstufen.

Ehem. WOHNSPEICHERHAUS Nr. 27. Zweigeschossiges, im Kern spätgotisches Giebelhaus aus verputztem Backstein. Der urspr. Stufengiebel mit den halbrund abschließenden Fenstern im Giebel erkennbar. 1810 klassizistische Überformung.

Ehem. WOHNSPEICHERHAUS Nr. 28. Zweigeschossiges dreiachsiges Giebelhaus aus verputztem Backstein, wohl 2. H. 18. Jh., mit typischer klassizistischer Giebelgestalt, Fassadendekor nicht mehr vorhanden. Im Kern wohl noch mittelalterliche Bausubstanz.

WOHNHAUS Nr. 29. Zweigeschossiges vierachsiges Traufenhaus aus verputztem Backstein, wohl durch Umbau eines mittelalterlichen Hauses um 1800 entstanden.

Ehem. WOHNSPEICHERHAUS Nr. 30. Zweigeschossiges Giebelhaus aus verputztem Backstein mit einer klassizistischen Fassadengestaltung, um 1800 wohl unter Einbeziehung älterer Bauteile errichtet. Rückseite in Fachwerk.

WOHNSPEICHERHAUS Nr. 31. M. 16. Jh. erbaut. Zweigeschossiges Giebelhaus aus Backstein mit vier Achsen im ersten Geschoß, vier Speichergeschossen und einem Stufengiebel mit Aufsätzen. Im Speicherbereich Bänderung mit glasierten Ziegeln. Speicherluken mit halbrundem Abschluß und abgestuftem Gewände. Der Wohnbereich und das erste Speichergeschoß im 19. Jh. umgebaut und mit klassizistischem Fassadendekor versehen.

WOHN- UND GESCHÄFTSHAUS Nr. 33/34. Ehem. zwei dreiachsige verputzte Backsteinhäuser, später durch ein gemeinsames Dach verbunden. Die Eingänge in der dritten und sechsten Achse, unterhalb der Fenster ein durchgehendes Sohlbankgesims. Das Erdgeschoß des linken Hauses durch Bäckereieinbau verändert. Die Fenstergrößen an den beiden Häusern im Obergeschoß leicht unterschieden. Wohl um 1800 errichtet, möglicherweise im Kern älter.

WOHNHAUS Nr. 35. Sog. Gesterdingsches Wohnhaus, 1804 wohl von J. G. Quistorp erbaut. Zweigeschossiges Eckhaus von sieben zu vier Achsen aus verputztem Backstein, Fassadengestaltung vereinfacht. Klassizistische Haustür.

WOHNHAUS Nr. 43. Im 18. Jh. als Stadthaus für die Familie v. Vahl errichtet, im 19. Jh. wesentlicher Umbau. Dreigeschossiges neunachsiges Haus aus verputztem Backstein mit Mansarddach. Die mittleren drei Achsen risalitartig vorgezogen. Das Erdgeschoß mit Fugenschnittputz, die Fenster mit Verdachungen. Der Eingangsbereich mit qualitätvoller Jugendstil-Stuckierung.

Ehem. FRANZISKANERKLOSTER (Museum) Theodor-Pyl-Straße 1. Von dem 1242 von den Grafen von Gützkow gestifteten Kloster haben sich das in der 1. H. 14. Jh. entstandene Konventsgebäude und das Guardianshaus aus dem E. 15. Jh. erhalten. Nach der Säkularisation im Jahre 1556 richtete der Rat 1561 eine Schule im östlichen Teil des Klosterkomplexes ein, im westlichen ein Armenhaus. 1593 Beschädigungen und teilweiser Abbruch der Klosterkirche, 1789/92 weitere Abrisse, 1800 innerer Umbau des Guardianshauses für Schulzwecke. 1819 Abbruch der westlichen Konventsgebäude. Seit 1929 Nutzung als Stadtmuseum, das 1937 und 1955/56 umgebaut wurde. 1981 Beendigung der Rekonstruktion unter Verwendung originaler Bauteile.

GUARDIANSHAUS Das ehem. Wohnhaus des Abtes ist ein dreigeschossiger Backsteinbau mit vier Strebepfeilern an den Traufseiten und einem an der östlichen Giebelseite, der das breite Blendfenster unterhalb des rekonstruierten Blendgiebels durchteilt. Der westliche Giebel mit sieben gestaffelten Korbbogenblenden. Die

traufseitigen Fenster aus dem 18./19. Jh. rekonstruiert, in der Mitte ein ehem. Spitzbogenfenster im Mauerwerk erkennbar. Das Innere zuletzt 1977–1981 stark verändert. Bei dem Einbau des neuen Treppenhauses wurden gotische Tonfiguren aufgefunden.
KONVENTSGEBÄUDE Eingeschossiger, z. T. verputzter Backsteinbau, in der Ostwand Reste des gotischen Mauerwerks (spitzbogige Wandnischen), darin die später eingefügten rundbogig geschlossenen Fenster. Das Mauerwerk der Nordwand im Erdgeschoß noch mittelalterlich. Das Innere ist nur im Erdgeschoß kreuzgewölbt, ein gewölbter Raum mit Mittelstütze im Keller erhalten.

*Wollweberstraße*
FRAUENKLINIK Nr. 1. 1874–1878 erbauter neogotischer Klinkerbau auf unregelmäßigem Grundriß. Erweiterungsbauten 1899–1902 sowie 1950/52. Segmentbogenfenster mit profilierten Gewänden. Rautenfries und vorgeblendeter Rundbogenfries unterhalb der Traufe.
WOHNHAUSZEILE Nr. 11–15. Reihe von eingeschossigen Buden von fünf Achsen, A. 19. Jh. Schlichte Fassadengestaltung mit Traufgesims, mittige doppelflügelige Haustür. Verschiedenartige Dachausbauten.
Ehem. STÄDTISCHES ARBEITSHAUS Nr. 19/20. Freistehender doppelgeschossiger elfachsiger Putzbau mit

Krüppelwalmdach, 1828/30 erbaut. 1925 Nutzung als Kaserne, 1927 Einbau von Notwohnungen. Schlichte Fassadengestaltung mit Gesimsen und Faschenrahmung. Die sechste und elfte Achse vorgezogen.

## Bau- und Kunstdenkmale in den Vorstädten und Ortsteilen

### Fettenvorstadt

Die Fettenvorstadt umfaßt das bebaute Gebiet westlich des Bahnhofs und der Bahnlinie entlang der Grimmer Straße und Grimmer Landstraße sowie der Loitzer Landstraße. 1862 begann die Belegung des Neuen Friedhofs, 1864 entstand die Brauerei. 1875 errichtete die Universität das Botanische Institut und den Botanischen Garten, 1903–1913 schlossen sich südlich davon weitere Universitätsbauten an. Lange Zeit behielt der Stadtteil seinen stark ländlich geprägten Charakter. Die größte Neubebauung fand nach 1934 mit der Errichtung der Stadtrandsiedlung an der Loitzer Landstraße statt.

KINDERHEIM BETHLEHEMSTIFT Bugenhagenstraße 3. Zweigeschossiges, aus gestaffelten Baukörpern bestehendes symmetrisches Haus aus verputztem Backstein mit Walmdach. Mittelrisalit mit segmentbogigem Eingangsbereich und vorgelagerter Treppe, im Obergeschoß ein Fensterband mit dreieckigen, sich nach unten verjüngenden Pilastern und Muschelornament.

*Linke Seite: Greifswald, Theodor-Pyl-Straße 1, Guardianshaus des ehem. Franziskanerklosters (Museum)*

*Rechte Seite: Greifswald, Neuer Friedhof, Krematorium*

NERVENKLINIK Ellernholzstraße 1/2. Monumentaler Backsteinbau 1903–1906 in historisierenden Formen errichtet. Die gestaffelten Baukörper mit Sattel- und Walmdächern. Segmentbogenfenster und verputzte Partien.
Auf dem Gartengelände die ehem. LEICHENHALLE (jetzt Turnhalle). Ein kleiner Backsteinbau mit Staffelgiebeln mit neuzeitlichen Fensterveränderungen und einem Anbau. Zum Klinikkomplex gehörig das ehem. Direktorenwohnhaus mit der gleichen architektonischen Gestaltung wie der Klinikbau.

VILLA der Brauerei Grimmer Straße 84. Um 1864 errichteter freistehender eingeschossiger neoklassizistischer Putzbau mit Souterrain und Mansarddach. Die Fassade sechsachsig mit Mittelrisalit, dieser mit zweiachsigem Zwerchhaus und segmentbogigem Giebel mit Palmette. Die Gebäudeecken rustiziert, Segmentbogenfenster mit Faschen. Die Mittelfenster mit rahmenden Pilastern und Gesimsverdachung, im Souterrainbereich Konsolen. Die Schmalseiten mit großflächiger Putzquaderung und reliefierten figürlichen Medaillons. An der rechten Seite der pilastergerahmte Eingangsbereich, davor eine zweiläufige Treppe. An der Rückseite Wintergartenvorbau. Umgehendes Sohlbankgesims und Zahnschnittfries unterhalb der Traufe, segmentbogig abschließende Gauben.

BOTANISCHES INSTITUT und BOTANISCHER GARTEN Grimmer Straße 85–88. Auf einem Winkelgrundriß gelegenes massives Eckgebäude mit flachem Dach. Das in der Mitte 19. Jh. als Gartenlokal errichtete Haus mit Eckbetonung durch einen Risalit wird seit 1883 als Botanisches Institut genutzt. 1893 und 1954 Erweiterungen und Umbauten.
Der Botanische Garten, der sich seit 1763 hinter dem Universitätshauptgebäude befand, wurde 1883 unter

Julius Münter an die Grimmer Straße verlegt. Die Gewächshäuser von 1885, teilweise 1951–1955 erweitert.
Zum Botanischen Institut gehören zwei freistehende VILLEN Münterstraße 1 und 2. Putzbauten im Stil neoklassizistischer italienischer Landhäuser, 1875 von Landbaumeister Paul Hoffmann als Wohnhäuser erbaut.
NEUER FRIEDHOF Am neuen Friedhof. 1862 eröffnet. Auf dem von Bäumen eingefaßten Areal befindet sich in der Hauptachse das erhöht liegende Krematorium. Alleen unterschiedlicher Baumarten säumen die Wege. Historisch bedeutsam die beiden Bezirksfriedhöfe der Roten Armee des ersten und zweiten Weltkrieges, Ehrenhaine für Kriegsgefallene 1914/18 und internationale Kriegsopfer 1939/45 sowie eine VdN-Gedenkstätte. Einige denkmalwerte Grabanlagen.
KREMATORIUM 1913 wohl nach Plänen der Stadtbaubeamten F. Haas und G. Bastel errichtet. Flachgedeckter kubischer Kernbau aus Sandstein mit Portiken an der

Vorder- und den beiden Nebenseiten. In der Mitte ein quadratischer, an den Ecken mit pfeilerartigen Schornsteinen besetzter Oberlichtturm mit kupfergedeckter Kuppel. Der nach Südosten gerichteten Hauptfront ein übergiebelter Säulenportikus mit Eingang zur Feierhalle vorgelegt, davor eine breite Freitreppe. An den Seiten jeweils ein Portikus mit Kolumbarium. An der Rückseite Utlucht mit drei Fenstern. Unter der Feierhalle das Krematorium mit zwei Verbrennungsöfen.

*Soldtmannstraße*

KINDERKLINIK Nr. 15. Der Komplex besteht aus einem dreigeschossigen, 1912/13 erbauten Haus, der sog. Peiper-Station, und einem zweigeschossigen achtachsigen Gebäude, dem Säuglingsheim, 1914/15 erbaut. Beide Häuser aus verputztem Backstein mit Mansard- bzw. Krüppelwalmdach, im Garten hinter den Häusern pavillonartige Bauten.

CHEMISCHES INSTITUT Nr. 16/17. 1904–07 in neogotischen Bauformen errichteter Gebäudekomplex.

WOHNHAUS Nr. 18. In den 20er Jahren im Stil des Neuen Bauens errichtet. Kubischer Baukörper aus verputztem Backstein mit backsteinsichtigem Sockelgeschoß und Türeinfassung, Flachdach.

## Fleischervorstadt

Das Gebiet der Fleischervorstadt erstreckt sich von der südlichen Altstadtgrenze in Richtung Gützkow und wird von der Gützkower Straße als Hauptachse durchschnitten. Die Bahnlinie Greifswald–Pasewalk zerlegt das Vorstadtgebiet in zwei Teile, den Raum zwischen südlicher Altstadt, Lange Straße und Bahngelände sowie das Gebiet an der Gützkower Landstraße. Mit der Errichtung der Eisenbahnlinie und der Eisenbahnwerkstatt 1863 entstand ein starker Zuzug von Handwerkern, Beamten und Arbeitern, so daß neuer Wohnbedarf entstand. Das erforderliche Gelände wurde im Anschluß an die südliche Altstadtgrenze östlich der Bahnlinie bereitgestellt. Beiderseits der Gützkower Straße entstanden Straßenzüge zunächst mit ein- oder zweistöckigen Gebäuden, zuletzt mit drei- bis vierstöckigen Mietshäusern.
Der südlich der Bahnlinie gelegene Vorstadtteil hat nur noch wenige kleinere Wohnbauten. An der Ostseite erstreckt sich der Komplex der Johanna-Odebrecht-Stiftung, an der Westseite befinden sich Industrieanlagen.

*Arndtstraße*

WOHNHAUSZEILE Nr. 2–11. Häuserreihe mit Bauten der Jahrhundertwende, in unterschiedlichen Stilen errichtet.

WOHNHAUS Nr. 6. Zwischen 1905 und 1910 erbaut. Traufständiger dreigeschossiger Putzbau mit Loggia und Balkon in der ersten Achse, einer Mittenbetonung durch ein preolitgedecktes Mansardwalmdach über den zwei Mittelachsen sowie schmalen hochrechteckigen Fenstern oberhalb der Eingangstür. Der Putz mit figürlicher und floraler Jugendstilornamentik.

INSTITUTSGEBÄUDE Nr. 9. Zweigeschossiger neogotischer Klinkerbau, wohl E. 19. Jh. Der rechte Gebäudeteil mit blendengegliedertem Dreiecksgiebel mit Fialenaufsätzen. Breite Spitzbogenfenster im Erdgeschoß, spitzbogiges Eingangsportal. Die vier segmentbogigen Obergeschoßfenster zu Zweier- und Dreiergruppen zusammengefaßt, Bänderung durch glasierte Ziegel, oberhalb der Drillingsgruppe ein Maßwerkfries.

*Greifswald, Arndtstraße 37, Schule*

MIETSHAUS Nr. 29/30 u. Burgstraße 4 a. In den 30er Jahren erbautes dreigeschossiges 16achsiges verputztes Gebäude mit einer Rundführung zur Burgstraße hin. Drei Eingangsbereiche mit rundbogiger Tür, profiliertem Gewände und einem oberhalb gelegenen Balkon, der über eine französisches Fenster zu begehen ist. Die Fenster fassadenbündig und achtfach gesproßt. Regelmäßige Gaubenreihe mit segmentbogigem Abschluß.

ERNST-MORITZ-ARNDT-SCHULE Nr. 37. 1932 errichteter traufständiger dreigeschossiger Putzbau mit Walmdach. Die vorderseitige Fassade in allen drei Geschossen oberhalb des verklinkerten Sockels durch querrechteckige sechsgeteilte Fenster regelmäßig gegliedert. Mittige Eingangsachse. Vor der Tür ein Dachüberstand auf gemauerten Pfeilern, darüber ein dreigeteiltes bis in den Dachbereich hineinragendes hochrechteckiges Fenster. Die rückseitige symmetrisch angelegte Fassade mit einem 20fenstrigen Dachausbau in der Gebäudemitte, eine Rhythmisierung durch unterschiedliche Fenstergrößen und zwei Eingangsbereiche.

*Bahnhofstraße*

STADTPALAIS Nr. 2. In der 2. H. 19. Jh. erbautes verputztes Traufenhaus. Die mittleren fünf Achsen mit seitlich je zwei dreigeschossigen Seitenflügeln. Die Fassade mit gründerzeitlichem Baudekor, symmetrisch angelegt. An der Rückseite ein sechseckiger fünfgeschossiger Turm.

BUDENREIHE Nr. 3–6. M. 19. Jh. errichtete traufständige eingeschossige Wohnhäuser aus verputztem Ziegelfachwerk. In späterer Zeit Ausbau des Daches. Nr. 4 noch mit der originalen Tür.

WOHNHAUS Nr. 9. Um 1850 erbautes Handwerkerwohnhaus aus verputztem Ziegelfachwerk. Traufständiger zweigeschossiger fünfachsiger Bau ohne Fassadendekor, die Tür mit Rautenmusterung, urspr. Hinterhausflügel in Sichtfachwerk. Die originale Raumstruktur erhalten.

Ehem. WAISENHAUS und KLOSTER der Kirche St. Josef Nr. 12/13. 1925/27 nach Plan des Berliner Architekten Kühne erbaut. Freistehender dreigeschossiger acht- zu siebenachsiger Klinkerbau mit Walmdach. Die Fassade mit Mittenbetonung durch Pilaster, die aus übereinandergesetzten Quadern gestaltet sind, sowie einem Dreiecksgiebel mit Lünettenfenster im Dachbereich. Fenstereinfassungen mit vorstehenden Steinen, wie die Gesimse farblich gefaßt. Der kirchseitige Eingangsbereich mit Loggia.

WOHNHAUS (Romanistisches Institut) Nr. 19. Zweigeschossiger siebenachsiger Putzbau mit einer repräsentativen historistischen Onamentik, 2. H. 19. Jh. erbaut.

WOHNHAUS Nr. 31/32. Repräsentatives Wohnhaus aus der 2. H. 19. Jh. Zweigeschossig, achtachsig mit historistischem Fassadendekor. Hinter dem Haus eine ehem. Remise, Stallungen und eine Schmiede (?) in Ziegelfachwerk mit Teerpappendächern.

WOHNHAUS Nr. 33/34. Um 1910 erbautes dreigeschossiges verputztes Backsteingebäude mit Mansardwalmdach. An der Straßenseite die mittleren drei Achsen vorgewölbt, Dachausbau mit mittigem Giebelabschluß. An der Rückseite ein doppelstöckiger Wintergarten.

Ehem. WOHNHAUS (Konsistorium) Nr. 35. Verputztes zweigeschossiges siebenachsiges Gebäude mit Walmdach. Die Fenster mit Faschen, im Erdgeschoß mit Dreiecks-, im Obergeschoß mit Gesimsverdachung. An der fünfachsigen Schmalseite Mittelrisalit mit Dreiecksgiebel. Davor der Eingangsbereich mit Altan aus Pfeilern mit zwei eingestellten Säulen mit ionischen Kapitellen, im Obergeschoß ein Balkon. Wohl 1870/80 erbaut.

BAHNHOF Nr. 43. 1867/68 erbaut. Zweigeschossiger 16achsiger gelber Backsteinbau mit roten Fenstereinfassungen, die Achsen 14 und 15 erhöht. Fenster und Eingangstüren im Erdgeschoß rundbogig abschließend. An der linken Giebelseite eine vorgesetzte Holzverdachung aus der Erbauungszeit. An der Rückseite die gleiche Gestaltung wie an der Fassade ohne farbliche Differenzierung, vorgeblendetes Dach aus Wellblech.

KAW-HALLEN des ehem. Reichsbahnausbesserungswerkes (Bankgebäude). 1911 errichteter Stahlbetonbau, aus vier Hallenschiffen unterschiedlicher Größe bestehend. Die ehem. Montagehallen mit flachbogigem Dach und gläsernem Oberlichtausbau. An den Giebelseiten rasterartig versproßte Fenster.

WOHNHAUS (Institut für Kunstwissenschaft) Nr. 46/47. E. 19. Jh. errichtetes doppelgeschossiges sechsachsiges Gebäude aus verputztem Backstein mit historistischer Fassadengestaltung. Die rechten beiden Seiten als Risalit mit Giebelfeld gebildet.
WOHNHAUS Nr. 48/49. Zweigeschossiges verputztes Traufenhaus, 2. H. 19. Jh. erbaut. Die mittleren beiden Achsen risalitartig mit einem dritten Geschoß. Schlichte historistische Fassadengestaltung.
Ehem. AKADEMISCHE MENSA (Ausstellungszentrum) Nr. 50. Um 1860/70 errichteter neogotischer Klinkerbau. Traufständiger zweigeschossiger fünfachsiger Bau mit durch Pfeilergiebel betonter erster Achse. Ein abgetreppter Spitzbogenfries und ein breiter Rautenfries sowie Segmentbogenfenster als Fassadendekor eingesetzt.
WOHNHAUS Nr. 52. 2. H. 19. Jh. erbautes zweigeschossiges achtachsiges Gebäude aus verputztem Backstein mit zwei doppelfenstrigen Zwerchhäusern. Die Fassade mit einer klaren klassizistischen Gliederung. In der ersten Achse eine halbrund abschließende Tür mit Oberlicht. Der Eingangsflur mit aufwendiger historistischer Ausstattung.
WOHNHAUS Baustraße 8. Dreigeschossiges sechsachsiges Gebäude aus verputztem Backstein. Die Fassade mit aufwendiger historistischer Gestaltung, E. 19. Jh. erbaut.
WOHNHAUS Baustraße 14. Traufständiges zweigeschossiges sechsachsiges Wohnhaus aus verputztem Backstein, M. 19. Jh. Schlichte Fassadengestaltung mit Gesimsen und profilierter Faschenrahmung der Obergeschoßfenster.

*Burgstraße*

WOHNHAUS Nr. 10. Um 1900 errichtetes Mehrfamilienhaus aus Backstein. Das dreigeschossige, in den beiden Obergeschossen sechsachsige Eckhaus mit Drempel. Oberhalb der beiden Mittelachsen Segmentbogengiebel mit Voluten. Fassadendekor mit Blenden in Kreis-, Herz- und Bandform. Haustür mit hohem Oberlicht in der vierten Achse, Fenster im Erdgeschoß segment- und z. T. rundbogig, in den beiden Obergeschossen gerade abschließend, Drempel mit Lünetten-, im Giebel liegendes Ovalfenster.

*Greifswald, Burgstraße 31–34, Fuchsstraße 1–7 u. Steinstraße 26–29, Mietshausensemble (Abschnitt Steinstraße)*

MEHRFAMILIENHÄUSER Nr. 11–23. Gegen E. 19. Jh. errichtete dreigeschossige verputzte Wohnhäuser mit serienmäßig hergestelltem historistischen Fassadendekor.
WOHNHAUS Nr. 27. In der 2. H. 19. Jh. errichtetes zweigeschossiges fünfachsiges Wohnhaus aus verputztem Backstein mit dreiachsigem Frontispiz. Klare historisierende Fassadengestaltung, im Eingangsflur qualitätvolle historistische Deckenbemalung.
MIETSHAUSENSEMBLE Nr. 31–34, Fuchsstraße 1–7 und Steinstraße 26–29. Lt. Inschrift 1897 durch den Spar- und Bauverein errichtetes Häuserensemble in Blockbauweise. Kubische dreigeschossige Baukörper aus Backstein mit flach ausgebildetem Fassadendekor aus Kunstsandstein. Die Eingangsachse leicht vorgesetzt, ihre Fenster- und Gesimshöhe gegenüber den anderen Achsen verändert.

WOHNHAUS Erich-Böhmke-Straße 23/24. Eingeschossiges achtachsiges Doppelhaus aus verputztem Backstein, in der 2. H. 19. Jh. erbaut. Flache zweiachsige Seitenrisalite mit einem zweiten Geschoß. Schlichte neoklassizistische Fassadengestaltung.

FRIEDRICH-LUDWIG-JAHN-GYMNASIUM Ernst-Thälmann-Platz 1. Von 1868–1870 erbauter dreigeschossiger Gebäudekomplex aus gelbem Backstein mit roter Bänderung, mit einem fünfachsigen Mitteltrakt und zwei niedrigeren, schräg zurücktretenden Seitenflügeln. Der Mitteltrakt mit vorgesetzter 1. und 5. Achse, im Erdgeschoß je ein Rundbogenportal mit Rahmung durch kannelierte Säulen. Die doppelflügelige Tür weit ins Gebäude hineingesetzt. Im Obergeschoß rahmende Pilaster als Gliederungselement eingesetzt. Die Fenster des Erdgeschosses segmentbogig, in den Obergeschossen rundbogig, das 2. Geschoß mit maßwerkartigem Oberlicht. An der Rückwand des Mitteltraktes seitlich zwei polygonale turmartige Anbauten, ein größerer rechteckiger Anbau auch am äußeren Ende der Rückseite des östlichen Seitenflügels.

WOHNHAUS Goethestraße 1 a/b. Freistehendes großes dreigeschossiges Gebäude aus verputztem Backstein mit Walmdach, um 1910 als Mehrfamilienwohnhaus erbaut. Der Baukörper wird durch halbrunde oder rechteckige Utluchten sowie Zwerchhäuser gegliedert. Die Eingangsseite mit Knickgiebel, im Erdgeschoß eine korbbogige Eingangsvorhalle.

HÄUSERZEILE Goethestraße 1–12. Zwischen 1910 und 1920 errichtete dreigeschossige vier- bis fünfachsige Häuser aus verputztem Backstein mit Mansardwalmdach. Die straßenseitige Fassade ist durch einen abgewalmten Giebel und eine Utlucht akzentuiert. Die Giebel dekorativ gestaltet. An den Gartenseiten z. T. Wintergärten.

*Gützkower Straße*

WOHN- UND GESCHÄFTSHAUS Nr. 1. Um 1910 erbautes dreigeschossiges Eckgebäude aus verputztem Backstein mit je zehn Achsen an jeder Seite und einem Ecktürmchen sowie einem Mansardwalmdach. Putzornamentik mit floralen Motiven und Wappen.

WOHNHAUS Nr. 18. Um die M. 19. Jh. erbautes eingeschossiges sechsachsiges Wohnhaus aus verputztem Backstein. Schlichte Fassadengliederung mit profilierten Faschen und Gesimsen. Haustür aus der Entstehungszeit über Stufen zugänglich.

WOHNHAUS Nr. 26. E. 19. Jh. errichtetes Eckhaus aus verputztem Backstein mit Walmdach. Eckbetonung durch Erker mit Zwiebeltürmchen, die Fassadengliederung schlicht. Der Eingangsflur mit aufwendiger Dekkenmalerei und Konsolgesims: Rosensträucher, Wappen und Spruchbänder.

WOHNHAUS Nr. 27–28. Zweigeschossiges Eckhaus aus verputztem Backstein, wohl E. 19. Jh. erbaut. Historistische Fassadengestaltung.

WOHNHAUS Nr. 32. Zweigeschossiges verputztes Traufenhaus mit dreiachsigem flachen Mittelrisalit mit Giebelfeld, E. 19. Jh. Symmetrische Fassadengestaltung, Fenster mit profilierten Faschen und Dreiecksverdachung, Putzspiegel mit Putti.

WOHNHAUS Nr. 33. Zweigeschossiges sechsachsiges Haus aus verputztem Backstein mit Mansardwalmdach. Die beiden äußeren Achsen mit einem dritten Geschoß im Dachbereich mit Giebelabschluß. Die Fassade mit reichem repräsentativen historistischen Fassadendekor.

WOHNHAUS Nr. 67. Zweigeschossiges siebenachsiges Haus aus verputztem Backstein, wohl M. 19. Jh. Schlichte Fassadengestaltung, der Baudekor zum größten Teil verloren. Qualitätvolle Biedermeierhaustür.

BUDENREIHE Nr. 70–72. Eingeschossige Wohnhauszeile aus verputztem Backstein. Die drei kassettierten Türen urspr., mehrfenstrige Gauben aus späterer Zeit.

BUDEN Nr. 76 und 77. Zwei eingeschossige Wohnhäuser aus verputztem Backstein, um 1850 erbaut. Die originalen Haustüren erhalten.

WOHNHÄUSER Nr. 86, 86 a, 87. Drei zweigeschossige Wohnhäuser aus verputztem Backstein, E. 19. Jh. erbaut. Repräsentative historistische Fassadengestaltung.

STADTVILLA (Bankgebäude) Nr. 92. Um 1900 erbautes freistehendes doppelstöckiges Wohnhaus aus gelbem Backstein mit roter Ziegelmusterung und Walmdach. Drei Giebel mit weit ausladendem Dach auf Konsolen und Holzschnitzarbeiten. Der Eingangsbereich mit Verdachung auf gußeisernen Säulen, schmiedeeisernes Gitter.

SPEICHER Gützkower Landstraße 7–8. Bauliche Anlage mit vier Speichern aus Backstein mit Lisenengliederung, um 1915 errichtet. Zugehörig ein kleines Wohnhaus aus Backstein, Zierfachwerk und Walmdach in Formen des Heimatstiles.

ODEBRECHTSTIFTUNG (Krankenhaus für Psychiatrie), Gützkower Landstraße 69. Stiftung der Johanna Odebrecht für »Gefallene Mädchen«. 1901–1903 nach Entwurf von Seiss und Drews erbaut. Der Komplex aus sieben Gebäuden von einem Lattenzaun mit Mauerpfeilern umgeben. Sämtliche Häuser aus Backstein mit Krüppelwalmdach. Die Fassadengestaltung zeittypisch mit neogotischen Friesen und verputzten Partien. Das Hauptgebäude doppelgeschossig auf U-förmigem Grundriß mit Mittelrisalit und Dachreiter über der Kapelle sowie seitlichen Wintergärten. Hinter dem Hauptgebäude ein ehem. Waschhaus und ein Stallgebäude, die anderen Häuser Unterkunftsbauten und ein Pförtnerhaus.

*Greifswald, Hans-Fallada-Straße 1, ehem. Wohnhaus*

*Hans-Fallada-Straße*

WOHNHAUS Nr. 1. A. 20. Jh. errichtetes zweigeschossiges Gebäude aus sandsteinverblendetem Backstein in Jugendstilformen. Die Fassade durch Fensterstaffelung, Erkertürmchen, Schweifgiebel gestaltet, an der rechten Giebelseite Zierfachwerk und ein zurückgesetzter Eingangsbereich.

WOHNHAUS Nr. 7. In den 20er Jahren im Stil des Neuen Bauens errichtetes zweigeschossiges Gebäude aus verputztem Backstein über hohem backsteinsichtigen Sockel. Kubischer Baukörper, zeittypische geschwungene Balkongestaltung mit originalem Geländer.

WOHNHÄUSER Nr. 8 und 9. Zwei freistehende zweigeschossige Wohnhäuser aus verputztem Backstein mit Zierfachwerk an den Giebeln, um 1910 in den Formen des Heimatstils erbaut.

WOHNHÄUSER Karl-Marx-Platz 7, 13, 15, 16, 17. Um eine Grünanlage erbaute zwei- bzw. dreigeschossige Wohnhäuser aus verputztem Backstein mit historistischem Fassadendekor aus der 2. H. 19. Jh.

MIETSHÄUSERENSEMBLE Lange Reihe 39–42 und Neunmorgenstraße 21–22. Um 1900 im Auftrag des Spar- und Bauvereins errichtetes Mietshäuserensemble auf winkelförmigem Grundriß. Dreigeschossige Backsteinbauten mit Putzdekor. Die einzelnen Häuser fünfachsig mit betonter Mittelachse. Die Fassadengestaltung unterschiedlich, die Gebäudeecke abgeschrägt mit Giebelabschluß.

*Steinstraße*

Ehem. SIECHENHAUS (Behindertenheim) Nr. 15–17. 1883/84 von Stadtbaumeister Haas im Stil der Berliner Schule gebaut. Umbauten, Fensterveränderungen und rückseitige Anbauten aus neuerer Zeit. Traufständiges zweigeschossiges elfachsiges Gebäude aus Backstein mit turmartiger Mittenbetonung und risalitartiger Gestaltung der jeweils äußeren beiden Achsen. Glasierte Ziegel als Gesimsbänder und Ornamente, sparsame Verwendung von Formziegeln.

WOHNHAUS Nr. 46. Dreigeschossiges fünfachsiges Wohnhaus aus verputztem Backstein. Historistischer Fassadendekor aus serienmäßig hergestellten Putzelementen.

WOHNHAUS Nr. 48. 1906/07 in Formen des Jugendstils erbautes dreigeschossiges verputztes Mehrfamilienwohnhaus. Fassadengestaltung durch Erker und Balkone. Der Eingangsbereich sowie die Treppe und die Wohnungstüren aufwendig gestaltet.
WOHNHAUS Nr. 49 und 50. Zwei- bzw. dreigeschossige Wohnhäuser aus verputztem Backstein mit reichem historistischen Fassadendekor und Mansardwalmdach, E. 19. Jh. erbaut.
WOHNHAUS Nr. 58. Geburtshaus des Schriftstellers Hans Fallada (1893–1947). 1888/89 erbautes zweigeschossiges sechsachsiges Wohnhaus aus verputztem Backstein mit Mansarddach und historistischem Fassadendekor.

WOHNHAUS Stephanistraße 8. Dreigeschossiges Eckhaus aus verputztem Backstein auf winkelförmigem Grundriß. Historistische Fassadengestaltung. Die abgeschrägte Ecke mit doppelstöckigem Erker und Balkon auf Atlanten.

## Mühlenvorstadt

Die Mühlenvorstadt ist der Altstadt östlich vorgelagert. Sie wird nördlich durch den Ryck begrenzt, im Osten bildet der Karl-Liebknecht-Ring bis zur Anklamer Straße die Grenze, im Süden die Franz-Mehring-Straße und im Westen die Lange Reihe. Die beiden Hauptachsen sind die Anklamer Straße und die Wolgaster Straße. In der zweiten Hälfte des 19. Jh. begann die Bebauung, zunächst an den vorhandenen Wegen. Ab der Jahrhundertwende wurden planmäßige Straßen und Fluchtlinien festgelegt. Der erste Bauabschnitt war das Gebiet an der Wolgaster Straße zwischen dem Alten Friedhof und der Walther-Rathenau-Straße von 1900–1914. 1915 wurde der ehem. Viehmarkt vor dem damals schon nicht mehr vorhandenen Mühlentor zu einem zentralen Verkehrsplatz umgestaltet und bekam durch die Errichtung des Theaters einen bedeutenden Akzent. Es folgte von 1920 bis 1940 das Gebiet der Wolgaster Straße zwischen der Walther-Rathenau-Straße und dem St. Georgsfeld mit seinen Nebenstraßen. Nach 1945 erfolgte eine Einfamilienhausbebauung zwischen Billrothstraße und dem 1927 eingeweihten Volksstadion. Die Mühlenvorstadt ist abgesehen von der Fleischerei an der Wolgaster Straße und der ehem. Eisengießerei, Schiff- und Maschinenbaufabrik in der Brinkstraße, ein reines Wohngebiet mit Klinik- und Universitätsbauten. Vielfältige Wohnhausbebauung unterschiedlicher Geschoßhöhe und Stile.

Nachfolgend beschriebene Häuser wurden 1926 nach Plänen von August Bastel im Rahmen kommunaler Wohnungsbaumaßnahmen errichtet.

*Am St. Georgsfeld*
WOHNHAUS Nr. 39–41. Zweigeschossiges zehnachsiges Traufenhaus aus verputztem Backstein auf hohem Sockel mit Walmdach und halbrunden Dachgauben. Vor den segmentbogigen Eingangsbereichen in der dritten und achten Achse hohe Freitreppen. An der südlichen Schmalseite ein leicht überhöhter Eingangsanbau von zwei Achsen Tiefe mit zwischen seitlichen Gesimsen eingerücktem Dreiecksgiebel. Im Obergeschoß ein durchgehendes Gesims. Vorgärten.
WOHNHAUS Nr. 42–46. Zweigeschossiges neunachsiges Mehrfamilienhaus aus verputztem Backstein im Erdgeschoß, mit Walmdach und sechs halbrunden Dachfenstern. Die mittlere Türachse als leicht überhöhter Risalit mit zwischen seitlichen Gesimsen eingerücktem Dreiecksgiebel. Weitere Wohnungseingänge in der dritten und siebten Achse in rechteckigen Vorbauten, davor Freitreppen. Die beiden äußeren Erdgeschoßfenster breiter mit Klappläden. Unterhalb der Obergeschoßfenster ein durchgehendes Gesims. Vorgärten.
WOHNHÄUSER Nr. 61–63 und 64–65. Zweigeschossiges 17achsiges Mehrfamilienhaus aus verputztem Backstein mit Walmdach. Die Gebäudekanten rustiziert, ebenso die rechteckigen Portalrahmungen in der 2. und 15. Achse, über ihnen einfache Balkons auf Kragarmen. Das mittlere Portal von zwei rustizierten Pfeilern flankiert, die einen vor das Obergeschoß gelegten rustizierten und übergiebelten Erker tragen. An der rückwärtigen

Traufseite die Eingänge in zweigeschossigen Risaliten mit kräftigem Gesims, über den Haustüren kleine Fenster. Nr. 64–65 um fünf Achsen kürzer, beide Bauten durch eine Mauer mit Balustrade verbunden. Gärten hinter dem Haus.

*Anklamer Straße*

Ehem. ACKERBÜRGERHAUS Nr. 10/12. Das Wohnhaus eingeschossig und fünfachsig aus verputztem Backstein und Krüppelwalmdach mit einer repräsentativen historistischen Putzornamentik. Die originale Haustür erhalten. Hinterhofgebäude backsteinsichtig mit Walmdach, mittige Toreinfahrt.

WOHN- UND GESCHÄFTSHAUS Nr. 17. Im Stil des Neuen Bauens errichteter, aus zwei Gebäudeteilen bestehender Backsteinbau mit Flachdach und überdachter Hofeinfahrt.

TANKSTELLE und GESCHÄFTSHAUS Nr. 32. Tankstelle um 1937/38 im Stil des Neuen Bauens errichtet mit flach schwingendem Dach auf sechs Beton-Rundpfeilern. Das Mitarbeiterhaus rückwärts gelegen. Der rechts gelegene, in den Höhen gestaffelte Gebäudekomplex durch Umbau der ehem. Brauereigebäude 1941 in den Formen des Neuen Bauens errichtet.

VORSTADTVILLA (Post) Nr. 32 a. 1910 als repräsentatives Wohnhaus des Besitzers der dort gelegenen Brauerei in den Formen des Heimatstils erbaut. Verputztes Backsteingebäude mit Walmdach, Zierfachwerk und Putzornamentik, Erker und Ecktürmchen.

REICHSBAHNDIREKTIONSGEBÄUDE Nr. 75/76. Zweigeschossiges Backsteingebäude von 20 Achsen mit Mittel- und Seitenrisaliten in neogotischen Formen, E. 19. Jh. errichtet. Dachausbauten und rückseitige Anbauten aus neuerer Zeit. Auf dem Hof eingeschossiges Wohnhaus aus der Entstehungszeit.

WOHNHAUS und ehem. BÄCKEREI Nr. 104. Eingeschossiges Gebäude aus verputztem Ziegelfachwerk, in der 2. H. 19. Jh. erbaut. Rechts neben der Haustür das Schaufenster der ehem. Bäckerei. Der Fachwerkhinterhausflügel mit der Backstube.

THEATER- UND KREISKULTURHAUS Nr. 106. 1915 nach Plänen von H. Iwan und E. und R. Trehde im Stil der Reformarchitektur erbauter neoklassizistischer Putzbau aus gestaffelten Baumassen. Das Theater zweigeschossig mit Mezzanin, der Eingangsbereich mit übergiebeltem Portikus auf sechs Säulen. Das quadratische Bühnenhaus höher, mit einer niedrigen quadratischen Laterne. Westlich der Anbau des Kreiskulturhauses mit zwei mehrstufigen Treppenanlagen, an der Anklamer Straße zweiläufig. An der Ecke ein Theatercafé mit vorgelagertem Garten. Der Anbau der Anklamer Straße mit Arbeits- und Probenräumen 1958 hinzugefügt. 1960 Verkleinerung des Zuschauerraumes, seit 1987 Sanierung.

KARL-KRULL-SCHULE Bleichstraße 36. Zweigeschossiger Putzbau mit hohem Sockelgeschoß und ausgebautem Mansarddach von 14 Achsen. 1914–1916 vermutlich von A. Bastel errichtet. An der vorder- und rückseitigen Fassade haben die fünfte und zehnte Achse Eingangsbereiche und sind als in den Dachbereich hineinragender Risalit mit Mansardwalmdach gebildet. Die über Freitreppen zugänglichen Portale an der Fassade von Doppelsäulen mit Architrav und gesprengtem Giebel, an der Hoffront von kannelierten Pilastern und flachen Verdachungen begleitet. Die rechteckigen Fenster glatt in die Wand eingeschnitten.

Ehem. STEPHANIENKONVENT (Bürogebäude) Brinkstraße 20. 1840 für die Alten- und Krankenpflege errichtetes Gebäude. Massives Eckhaus auf winkelförmigem Grundriß. Die Ecke mit dem Eingangsbereich und die drei äußeren Achsen durch einen Giebelabschluß betont. Segmentbogenfenster, Friese und Lisenen gliedern die Fassade. Rückseite mit dreiseitig gebildeter Ecke und zweigeschossigen flankierenden einachsigen Gebäudeteilen.

Im Garten wohl das ehem. LEICHENHAUS. Ein kleines Backsteingebäude auf winkelförmigem Grundriß mit sechseckigem Mittelteil.

WOHNHAUS Brinkstraße 37/38. Zweigeschossiges achtachsiges verputztes Doppelhaus. Erdgeschoß mit Quaderung in Fugenschnittputz, profilierte Faschen und Gesimse als Fassadendekor eingesetzt. Die Giebelecken durch Pilaster betont.

*Greifswald, Fleischmannstraße 42/44, Klinik*

KLINIKGEBÄUDE Fleischmannstraße 42/44. Dreigeschossiger 30achsiger Backsteinbau mit Mezzanin und Walmdach. 1927/29 als Hautklinik errichtet. Die Achsen 10–12 und 21–23 als Risalite mit Treppengiebel gebildet mit mittigem Eingangsbereich. Die Türen original mit Rautenmusterung und beleuchtetem Oberlicht. Die Fenster achtteilig gesproßt. Die Fassade mit der zeittypischen Backsteinbänderung.

UNIVERSITÄTSKOMPLEX (Naturwissenschaftliche Sektionen) Friedrich-Ludwig-Jahn-Straße 15–17. 1956/61 als symmetrische Anlage errichteter Komplex, der sich in der Grundrißstruktur an den Cours d'honneur barocker Schloßbauten anlehnt. Die Gebäude aus verputztem Backstein, z. T. backsteinsichtig mit Fenster- und Türrahmungen in Sandsteinimitation. Im Giebelfeld des Mittelrisalits das Wappen der Universität in Sgraffito-Technik.
UNIVERSITÄTSAPOTHEKE Friedrich-Ludwig-Jahn-Straße 20. 1958 erbaut. Zweigeschossiges verputztes Backsteingebäude. Die Ecke mit verglastem, mit deutlicher Zäsur aus dem Gebäude gelöstem vorgelagerten Gebäudeteil mit Flugdach auf dünnen Stützen, davor eine mehrstufige Treppenanlage.

MIETSHÄUSERENSEMBLE Franz-Mehring-Straße 1–23. Mietshäuserensemble der 30er Jahre in Hufeisenform angelegt, mit Seitenflügeln und Vorgärten. Planung durch unterschiedliche Architekten, u. a. A. Bastel und Sauerbrey, z. T. im Auftrag des Spar- und Bauvereins durchgeführt. Grundtyp aus verputztem Backstein, dreigeschossig mit betonter mittiger Eingangsachse. Als Fassadendekor ein backsteinsichtiger Sockel, Betonung der Eingangsachse durch Verschiebung und unterschiedliche Größe der Fenster, z. T. Portalrahmung in Backstein.

SPEICHER Hafenstraße 32. Viergeschossiger neunachsiger Backsteinspeicher mit segmentbogigen Speicherluken, 1870 erbaut. Mittelachse mit größeren Luken und Lastenaufzug. Im Obergeschoß Lisenengliederung. An der Rückseite Anbau eines um 1910 erbauten ZOLLHAUSES aus verputztem Backstein mit einem dreiachsigen Zwerchhaus und Krüppelwalmdach.
SPEICHER Hafenstraße 33. Fünfgeschossiger neunachsiger Backsteinspeicher mit segmentbogigen Luken, betonter Mittelachse und Lastenaufzug. 1870 erbaut.
SPEICHER Hafenstraße 37. Hohes Speichergebäude aus verklinkertem Stahlbeton mit steilem Satteldach und kleinen Speicherluken, 1937 erbaut.

WOHNBAUTENANLAGE (Altersheim) Johann-Stelling-Straße 19 – 26. Gebäudekomplex von drei traufständigen dreigeschossigen Gebäuden aus verputztem Backstein mit Walmdach, um einen Innenhof mit gestalteter Gartenanlage gruppiert. 1926/27 erbaut. Die Fassaden der beiden an der Straße gelegenen Gebäude mit betonten Eingangsachsen, das rückwärtig gelegene Gebäude schlichter.
Ehem. REICHSBAHNDIREKTIONSGEBÄUDE Johann-Stelling-Straße 30. 1934 nach Plänen von Regierungsbaurat Andreay (Stettin) erbaut. Traufständiger viergeschossiger Putzbau mit Walmdach. Die Fassade mit regelmäßiger Fensterreihung, mittiger Eingangsbereich mit Ziegeleinfassung und Ziegelbänderung im Erdgeschoß. Die Mittelachse an den Giebelseiten in den Dachbereich hineinragend und halbrund gebildet.
STADTVILLA Käthe-Kollwitz-Straße 4. 1913/14 von Fritz Buckow erbauter, freistehender giebelständiger

zweigeschossiger Putzbau mit Mansardwalmdach. Erker, Zwerchhaus mit halbrundem Giebel, zurückgesetzter Eingangsbereich und Wintergarten.
STADTVILLA Käthe-Kollwitz-Straße 5. 1914 nach Entwurf von Tietz erbaute freistehende giebelständige zweigeschossige Villa mit Mansardwalmdach und Ecktürmchen, Wintergarten und Giebel in Zierfachwerk.

Ehem. ACKERBÜRGERHAUS Lange Reihe 23. A. 19. Jh. erbaut. Eingeschossiges fünfachsiges Gebäude mit seitlicher Toreinfahrt aus Ziegelfachwerk mit massiver Fassade und Krüppelwalmdach. Die Fassade mit Pilastergliederung, originale quadratische Fenster. Die Wirtschaftsgebäude im Hinterhof in Ziegelfachwerk.

WOHNHAUS Marienstraße 17–19. Traufständiges zweigeschossiges 15achsiges Wohnhaus aus verputztem Backstein mit Walmdach, zwischen 1925 und 1930 als Mietshaus erbaut. Fassadengestaltung durch betonte Eingangsachsen.
Ehem. ELEKTRIZITÄTSWERK (Wohnhaus und Turnhalle) Marienstraße 22–24. 1902 erbaut. Dreigeschossiges siebenachsiges Backsteinhaus mit Krüppelwalmdach. Die Mittelachse durch Risalit und von Säulen gerahmten Eingangsbereich betont. Friese, Lisenen, Segmentbogenfenster und verputzte Mauerpartien als Fassadendekor eingesetzt. An der Rückseite ein eingeschossiger Flügelanbau für die Gleichstromanlage.

Ehem. KASERNE (Kreisverwaltung) Martin-Andersen-Nexö-Platz 1. Ehem. Kaserne des Ausbildungsbataillons des 5. Infanterie-Regiments. 1888–1891 im Auftrag des Militärbauamtes Stralsund errichtet. Langgestreckter Klinkerbau, ein viergeschossiger Mitteltrakt mit turmartig überhöhten seitlichen Achsen und zwei als Risalite stark vortretende viergeschossige Seitenflügel von jeweils drei Achsen werden durch dreigeschossige, dreiachsige, auch gegen den Mitteltrakt zurückgesetzte Flügel verbunden. Segmentbogenfenster, unter dem Traufgesims ein Konsolfries, als oberer Abschluß ein geschlossener Zinnenkranz. Davor der ehem. Exerzierplatz (jetzt Parkplatz).

Ehem. LUFTWAFFENLAZARETT (Militär-Medizinische-Sektion) Pappelallee 1. Vor Beginn des 2. Weltkrieges errichteter Komplex von Backsteinbauten auf dem Grundriß in der Form eines Flugzeuges.

VILLA (Praxis) Robert-Blum-Straße 1. Gegen E. 19. Jh. erbauter freistehender zweigeschossiger Putzbau mit Mansardwalmdach, Eckrundturm mit Kegeldach und barockisierender Eingangsachse.
Die anderen Häuser der Robert-Blum-Straße in der Zeit zwischen 1910 und 1925 als repräsentative freistehende Mehrfamilienhäuser mit umgebendem Garten erbaut. Stilistisch sowohl Häuser im Heimatstil als auch neoklassizistische Formen vertreten.

WOHNHAUS Rudolf-Breitscheid-Straße 3. Siebenachsiges verputztes Backsteinhaus mit Mansardwalmdach, E. 19. Jh. erbaut. Reiche historistische Fassadengestaltung, die Eingangsachse turmartig gebildet.

WOHNSIEDLUNG und GARTENANLAGE Rudolf-Petershagen-Allee. Um eine Gartenanlage gruppierte Wohnsiedlung aus den 50er Jahren des 20. Jh. Die Gebäude aus verputztem Backstein. An der Nordseite eine langgestreckte dreigeschossige Häuserzeile. An der Südseite hintereinandergestaffelte, giebelseitig zur Straße ausgerichtete dreigeschossige Einzelblöcke mit Walmdach, durch eingeschossige Ladenbauten mit Flachdach verbunden.

Ehem. FABRIKGEBÄUDE (Fuhrunternehmen) Vulkanstraße 1. Wohl 1872 im Zuge der Gründung der »Baltischen Waggon-und Maschinenfabrik-AG«, die aus der 1840 gegründeten »Eisengießerei, Maschinen- und Schiffsbau-Anstalt« von Kessler hervorging, erbaut. Traufständiges Backsteingebäude mit Lisenengliederung, gelber Backsteinbänderung und fialenartigen Aufsätzen. Die Fenster mit segmentbogigem Abschluß, an beiden Traufseiten große Toreinfahrten.

KLINIKGEBÄUDE Walther-Rathenau-Straße 43–45. Zweieinhalbgeschossiges Klinikgebäude aus Backstein mit Walmdach als Flügelanlage auf H-förmigem Grundriß, zwischen 1933 und 1935 als Hals-Nasen- und Ohrenklinik erbaut. Die Türen und Fenster mit der originalen Sprosseneinteilung erhalten. Oberhalb des Haupteingangsbereiches ein Stufengiebel mit Ziegelbänderung durch vorgezogene Backsteine. An der Hofseite Rhythmisierung der Fassaden durch Eingangsachsen mit kleineren Fenstern. Im Hof ein eingeschossiges Verwalterhaus mit Walmdach.

SGRAFFITI Walter-Schlaak-Straße 1/3, 7/9, 11/13. Zwischen 1953 und 1956 geschaffene Sgraffiti oberhalb der Hauseingänge und an Türgewänden mit Handwerksmotiven und Ornamenten.

*Wolgaster Straße*

WOHNHAUS Nr. 1. E. 19. Jh. erbautes zweigeschossiges Wohnhaus aus verputztem Backstein mit historistischem Fassadendekor. Der Eingangsbereich an der Giebelseite.

WOHNHAUS Nr. 9/10. Dreigeschossiges verputztes Backsteinhaus von zehn Achsen mit Mansardwalmdach, um 1910 erbaut. In den beiden Obergeschossen dreiseitige Utluchten mit darüberliegendem Zwerchgiebel und seitlichen Balkonen mit originalem Gitter. Fenster mit ornamentierten Faschen, Fugenschnittputz. Jugendstilfenster im Treppenhaus mit floralen Motiven.

ALTER FRIEDHOF 1818 nach Plan von J. G. Quistorp auf dem Gelände der Ziegelei der Marienkirche angelegt. Die Friedhofsanlage symmetrisch gestaltet und von einer neogotischen gelben Backsteinmauer eingefaßt. Auf der runden Rasenfläche in der Mitte stand bis 1986 die 1821 bis 1826 von G. Chr. Giese erbaute Kapelle auf achteckigem Grundriß, einer der frühen neogotischen Backsteinbauten Norddeutschlands. An allen vier Seiten führte eine Allee auf die Kapelle zu. Auf dem Friedhof bedeutende Greifswalder Persönlichkeiten bestattet. Architektonisch bemerkenswert das Erbbegräbnis Vahl-Gesterding von 1823 in der Formensprache des Berliner Klassizismus der Friedrich-Gilly-Schule. Niedriges, breit gelagertes verputztes Backsteingebäude mit flachem Dreiecksgiebel und einem halbkreisbogig gemauerten und gestaffelten, jetzt vermauerten ehemaligen Eingangsbereich mit den Wappen der Bestatteten. – Die antikisierende Gruftkapelle der von Weigel und Schütz von 1886 besonders wegen der sechs Freimaurerzeichen am Giebel bemerkenswert.

WOHNHÄUSER Nr. 19 und 20. Dreigeschossiges zehnachsiges Doppelhaus aus verputztem Backstein mit historistischer Fassadengestaltung, E. 19. Jh.

WOHNHÄUSER Nr. 46–51. Um 1910 errichtete ein- bzw. zweigeschossige Häuser aus verputztem Backstein mit Sattel- bzw. Krüppelwalmdächern. Der Fassadendekor mit Schmuckgiebeln, Utluchten, Balkonen und Putzdekor in Formen des Jugendstils. Die Eingangsbereiche an den Giebelseiten.

WOHNSIEDLUNG Nr. 91–102. 1925 von der Volkshilfe nach Plänen von A. Bastel in Anlehnung an die Gartenstadtbewegung erbaut. Zweigeschossige Wohnsiedlung auf U-förmigem Grundriß aus verputztem Backstein mit Walmdach. Die Eingangsbereiche jeweils paarweise nebeneinanderliegend mit giebelartiger Gesimsverdachung, die Türgewände abgeschrägt, davor Treppen. An der südlichen Giebelseite der langgestreckten Häuser ein flacher einachsiger Erker mit Putzbänderung, Segmentbogenfenster und vegetabilem Dekor im Giebelfeld. Der Kopfbau mit eingeschossigen Utluchten an den Giebelseiten. Vorgärten. Der Zugang wird durch Pfeiler mit Skulpturen flankiert.

SCHLACHTHOF Nr. 113–115. 1885–1889 erbaute, urspr. geschlossene, um einen Innenhof gruppierte Anlage, bestehend aus Direktoren- und Tierarztwohnhaus, Kühlräumen, Ställen und Schlachthäusern. Die einzelnen Gebäude aus Backstein, An- und Umbauten aus neuerer Zeit.

WOHNHAUS Nr. 131. Zweigeschossiges sechsachsiges Haus aus Klinkern mit schiefergedecktem Pultdach, E. 19. Jh. erbaut. Mittelrisalit, der Giebel mit obeliskartigen Aufsätzen in Sandstein. Eckrustizierung, Fenster und Türgewände aus Sandstein.

WOHNHAUS Nr. 133. 1873/74 als repräsentatives Wohnhaus mit neoklassizistischem Dekor errichtet. Zweigeschossiger verputzter Backsteinbau von sieben Achsen. Der dreiachsige Mittelrisalit mit Pilastergliederung und Festons in den Putzspiegeln, im Giebelfeld Rundrelief mit der Darstellung einer weiblichen antiken Gottheit. Fugenschnittputz und reiche Ornamentfriese als horizontale Gliederung eingesetzt. An der rückwärtigen Traufseite ein einachsiger Anbau.

WOHNHAUS Nr. 142. Um 1850 erbautes eingeschossiges sechsachsiges Wohnhaus aus Lehmfachwerk mit vorgeblendeter Klinkerfassade. Die Fenster und Türen mit Segmentbogenschluß, unter der Traufe ein Gesims. Neogotische Tür. Rückseitiger Wintergartenanbau. Im Eingangsbereich Stuckfiguren mit Motiven der 12 Monate sowie Medaillons mit Darstellungen von Tag und Nacht.

WOHNHAUS (Kindergarten) Nr. 144. Repräsentatives Eckgebäude aus verputztem Backstein auf winkelförmigem Grundriß mit flachem Walmdach, 1886 von Benno Dankert erbaut. Fassadengestaltung im Stil der Neorenaissance. An der Wolgaster Straße Seitenrisalite. Die ehem. pilastergerahmte Tordurchfahrt am rechten Flügelbau zugemauert.

VILLA (Bürogebäude) Nr. 146. 1914 nach Entwurf von H. Pohlers erbauter zweigeschossiger Villenbau aus verputztem Backstein mit Mansarddach und aufwendiger historistischer Fassadengestaltung.

WOHNHAUSZEILE An den Wurthen 10–16. Zeile von dreigeschossigen verputzten Backsteinhäusern über verklinkertem Sockel, um 1910 in Formen des Heimatstils mit Walmdächern und Fachwerkgiebel oder Utlucht erbaut. Die Fenster mit der zeittypischen kleinteiligen Versprossung.

WOHNHÄUSER An den Wurthen 18 und 20. Um 1910 errichtetes zweigeschossiges achtachsiges Doppelwohnhaus aus verputztem Backstein. Eingangsbereiche in der ersten und achten Achse, in der zweiten und siebten Achse polygonale zweigeschossige Utluchten. Geschoßtrennender Rautenfries.

## Ostseeviertel

Das Ostseeviertel umfaßt das Gebiet der Wolgaster Straße hinter dem Volksstadion in Richtung Eldena, das von 1956 bis 1963 mit 350 Wohneinheiten bebaut wurde.

WOHNHÄUSER Ostseestraße 1–4. Die ersten der im »Nationalen Aufbauwerk« 1956–1962 in Greifswald errichteten neuen Wohnbauten. Zweigeschossige Traufenhäuser aus verputztem Backstein von fünf Achsen an der Fassade und acht Fensterachsen an der Rückseite. Mittige Eingangstür, das Fenster darüber liegt zwischen den Geschossen. Drei mittige Gauben mit Segmentbogenschluß.

## Steinbeckervorstadt

Die Steinbeckervorstadt erstreckt sich nördlich der Altstadt entlang der Stralsunder Straße und Stralsunder Landstraße sowie an der Salinenstraße. Es handelt sich wohl um die älteste Stadterweiterung Greifswalds. 1836 wurde die Kunststraße Berlin – Greifswald – Stralsund gebaut, an der die ersten Häuser entstanden. Aufgrund des morastigen Baugrundes fand keine große Stadtausdehnung statt, so daß die Steinbeckervorstadt bis heute einen geschlossenen Vorstadtcharakter bewahrt hat.

WOHNHAUSZEILE Salinenstraße 46, 47, 48. Zeile von drei zweigeschossigen Wohnhäusern aus Backstein mit Mansarddächern, um 1900 erbaut. Segmentbogenfenster, Fassadendekor durch Friese und Gesimse. Haus Nr. 48 mit Fenstergewänden in Sandstein.

WINDMÜHLE (Museum) Stralsunder Landstraße. Erdholländermühle in Holzkonstruktion (Achtständerbau), die Holzschindeln durch Teerpappe ersetzt. Die Windmühlenflügel demontiert, ab 1950 elektrisch betrieben.

BARNEKOW-STEIN Stralsunder Landstraße. 1470 aufgestellter kleiner Kalkstein, Sühnestein zum Gedenken an den 1453 begangenen Mord an dem herzoglichen Landvogt von Rügen, Raven von Barnekow.

## Südstadt

KASINO Hans-Beimler-Straße 7. Putzbau mit Walmdach. Die Straßenseite mit fünf schmalen hochrechteckigen Fenstern und mittigem Portal. Sockel, Faschen, Portalumrahmung und Eckrustizierung in Muschelkalk, 1936/38 erbaut. In späterer Zeit ein winkelförmiger Gebäudeteil angefügt.

KASERNEN und OFFIZIERSBAUTEN Hans-Beimler-Straße 63–67, 69–71, 73–77, 79–83, 85. Fünf dreigeschossige Kasernen aus verputztem Backstein mit Walmdach, 1936/38 erbaut. Betonte Eingangsachsen, die Türen mit Rahmung oder Vorbau in Muschelkalk. Regelmäßige Fensterreihung und Gaubenreihe.

## Greifswald-Eldena

KLOSTERRUINE 1199 Gründung des Zisterzienserklosters Hilda. 1204 Bestätigung durch Papst Innozenz III. Baubeginn der Klosterkirche im 2. V. 13. Jh. als dreischiffige Basilika mit Querhaus, vier Chornebenkapellen und einem quadratischen Chorjoch im gebundenen System. 1249 ist das quadratische Chorjoch mit Chor, Querhaus und dem östlichen Langhausjoch fertiggestellt. In der 2. H. 13. Jh. Baubeginn des südlich der Kirche gelegenen Westflügels der Klausur, bis 1300 der an das südliche Querhaus der Kirche anschließende Ostflügel fertiggestellt. 1280 urkundliche Erwähnug eines »domus pauperum«. Um 1300 Bau des fünfseitigen polygonalen Chorschlusses mit Strebepfeilern. In der 1. H. 14. Jh. Abschluß der Klausur durch einen Südflügel mit dem Refektorium, Bau der vier Kreuzgangflügel mit dem Brunnenhaus. E. 14. Jh. wird das Langhaus der Kirche um acht Joche verlängert und mit dem Bau der Westfassade am Beginn des 15. Jh. abgeschlossen. 1533 Aufhebung des Klosters und Umwandlung in ein »Fürstliches Amt«, das im 30jährigen Krieg rapide verfällt. Für eine Befestigung an der Ryckmündung und die Festungswerke von Greifswald und Stralsund werden in der 2. H. 17. Jh. weite Teile des Kirchengebäudes abgetragen. 1728 Zerstörung des polygonalen Chorschlusses

*Eldena, Klosterruine, Westseite der Kirche; Kloster, Grundriß-Rekonstruktion*

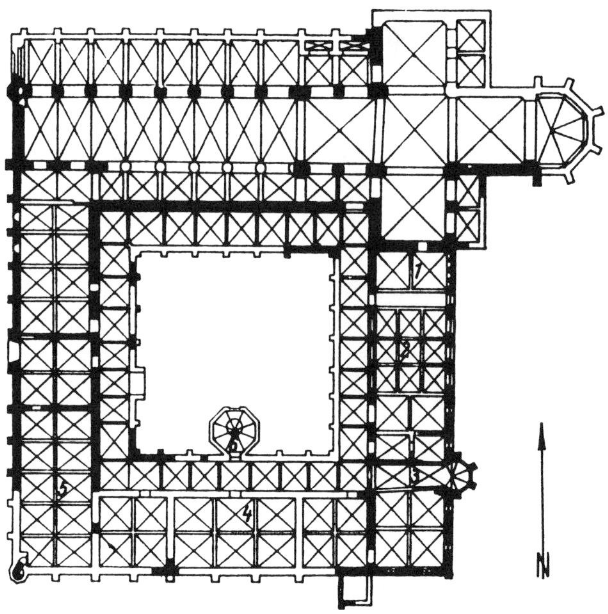

*Eldena, Klosterruine, östlicher Klausurflügel nach Süden; Langhaus und südliches Querschiff der Kirche; Grabplatte des Abtes A. Schinkel; Säulenbasis*

und Verwendung der Steine für Universitätsbauten. 1828–1832 entstand die erste Gartenanlage auf dem Ruinengelände. Die Gestaltung erfolgte durch Christian Friedrich Halliger, Teile des abgelehnten Planes von Peter Joseph Lenné wurden einbezogen. 1926/27 Ausgrabung und zeichnerische Rekonstruktion durch Hans Kloer, die zutage getretenen Architekturfragmente jetzt im Museum Greifswald. 1968 Errichtung einer Freilichtbühne im östlichen Klausurflügel, alle Öffnungen der Ostwand zugesetzt, im nördlichen Teil Einbau einer niedrigen Bühne.

KLOSTERKIRCHE ST. MARIA Backsteinbau. Dreischiffige Pfeilerbasilika mit Querschiff und polygonalem Chorschluß, die Ostteile nach dem gebundenen System angelegt. Die unteren Teile der Chorsüdwand mit den Ansätzen der geraden Ostwand der 1. Bauphase und dem späteren polygonal geschlossenen Chorschluß erhalten. Der südliche Querhausflügel in den Umfassungswänden im Süden und Westen vorhanden, im Süden einschließlich des unteren Giebelbereiches. Der Dreiecksgiebel hat nicht ganz die Stärke der Wand und ist zur Mitte hin stufenweise verstärkt. In der Ostwand liegen die beiden Spitzbogenarkaden zu den nicht mehr vorhandenen Chornebenkapellen mit einmal abgestuften Laibungskanten und eingestelltem Viertelstab. Über der südlichen Arkade umfaßt das Mauerwerk noch den in den unteren zwei Dritteln erhalten gebliebenen, aus einem Dreiviertel-Rundstab gebildeten Schildbogen des ehem. Kreuzrippengewölbes. Über der Spitzbogenarkade die südliche Laibung eines schlanken Spitzbogenfensters. Die Spitzbogenpforte im oberen Bereich der Südwand, die das ehem. Dormitorium und die Kirche miteinander verbindet, ist an der dem Querschiff zugewendeten Seite abgestuft und mit einem Rundstab versehen. Von ihr führt in der westlichen Wand eine spitztonnenüberwölbte Treppe steil empor und mündet in der hochgelegenen Nische im südlichen Drittel der Westwand. An der Außenseite der Westwand ist der Ansatz des Pultdaches des Seitenschiffes erkennbar, außerdem die Schildbogenreste des nordöstlichen Kreuzganges. Vom nördlichen Querhausflügel sind die südlichen zwei Drittel der Westwand stehengeblieben mit der Querhaus und Seitenschiff verbindenden Spitzbogenöffnung, darüberliegender Öffnung zu den Gewölben und dem Dachansatz des Seitenschiffes. Die Vierungspfeiler sind keine selbständigen Bauglieder, sondern den Ecken des Querhauses vorgelegt. Ihre reichen Profile aus Runddiensten, Rechteckvorlagen und kräftigen Halbsäulen unterschiedlich gebildet. Der südwestliche Pfeiler bis oberhalb der Kämpferzone erhalten, an der Langhausseite eine Vorlage mit Halbsäule und Kapitell, in halber Höhe abgefangen. Vom Langhaus Teile des Mittelschiffes stehengeblieben, erhalten zwei Arkaden an der Nord- und Südwand vom östlichen Joch. Die Südwandarkaden mit abgestufter Kante, in die ein Dreiviertelrundstab gelegt ist, und zwei dicht nebeneinanderliegenden kräftigen halbrunden Wulsten, die gemeinsam mit den übrigen Gliedern der Laibung von einem schmalen Kämpferwulst umzogen werden. An der östlichen Arkade der Nordwand sind die Wulste um eine Steinbreite voneinander abgerückt, an der westlichen Arkade fehlten die Wulste, sie wurden analog erneuert. Oberhalb der südöstlichen Arkaden der Ansatz eines Obergadenfensters. An der Nordseite haben sich vier Pfeilerstümpfe auf achtseitigem Grundriß mit einem abgeschrägten Sockelbereich erhalten. Im Bereich der westlichen Langhausjoche liegen die südlichen Mittelschiffsarkaden in der ehemaligen Nordwand des Konversenhauses, dessen Satteldachansatz an der äußeren Südwand zu erkennen. Die Arkaden mit glatten Laibungen, deren Kanten abgestuft und mit einer Fase. Auf der dem Mittelschiff zugekehrten Seite ist über der westlichsten Arkade der untere Teil einer großen spitzbogigen Wandblende mit schräger Sohlbank und dreimal abgestuftem Gewände erhalten geblieben, die zum Giebelschmuck des Konversenhauses gehörte. An der Rückseite ein schlankes Segmentbogenfenster, im Erdgeschoß die Schildbögen der Seitenschiffgewölbe erhalten.

Die Westwand mit Ausnahme des Giebels vollständig erhalten. In der Mitte ein hohes Spitzbogenfenster mit einem Gewändeprofil aus mehreren Viertelstäben und Kehlen, unter dem Fenster war die Wand geschlossen. Im Bereich des Bogens wird das Fenster von zwei Spitzbogenblenden mit eingestelltem Rundstab begleitet. An der nördlichen Fassadenseite ein polygonaler Treppenturm. Im unteren Bereich bis zu einer von zwei Wulsten begrenzten Frieszone schmucklos, der obere Bereich in vier Zonen mit Blendmaßwerk versehen, das sich aus Resten von gekoppelten Dreipaßblenden unter Wimpergen und trennenden Vierpaßfeldern zusammensetzt. An der Nordseite ein pfeilerartiger Maueransatz mit einem Eckprofil aus gebündelten, im Wechsel aus glasierten und unglasierten Steinen gemauerten Rundstäben, der wohl zum Gewände eines in das nördliche Seitenschiff führenden Portals gehörte. Am südlichen Ende des

Westgiebels ein Strebepfeiler, der auf halber Höhe schräg abgestuft ist. In der unteren Hälfte mit einer schlanken Spitzbogenblende gefüllt, darüber eine Blende mit Kleeblattbogenverzierung. Auf der dem Mittelschiff zugekehrten Seite liegt die Laibung des Fensters mit vor die Kante gestelltem Viertelstab in einer bis zum Erdboden reichenden Spitzbogennische, die von zwei schmaleren Spitzbogenblenden begleitet wird, die nördliche mit Zugang zum Treppenturm.

KLAUSURFLÜGEL Die Klausurgebäude befinden sich um den Kreuzgang gruppiert an der Südseite der Kirche und sind im üblichen Schema angelegt. Der an das Südquerhaus angrenzende Ostflügel beherbergte von Norden nach Süden hintereinander: Sakristei, Gang, Kapitelsaal, Auditorium mit einer abgeschlossenen Zelle im Osten und einer Treppe im Westen, Kapelle mit polygonalem Ostschluß, Parlatorium. Im zweiten Geschoß befand sich das Dormitorium. Im Südflügel lag im Osten das Calefactorium, anschließend das Refektorium der Mönche, die Küche und im Innenhof des Kreuzganges das Brunnenhaus, angrenzend im Westflügel das Laienrefektorium. Heute nur noch der Ostflügel und geringe Reste des Westflügels vorhanden. Vom östlichen Klausurflügel sind die vier Umfassungswände erhalten, die Süd-, West- und Ostwand nicht mehr in der ursprünglichen Höhe und im oberen Teil stark ergänzt. Die Strebepfeiler an der Außenseite der Westwand nach Abtragen des östlichen Kreuzgangflügels angesetzt. Die Schildbogenansätze des Kreuzrippengewölbes des Kreuzganges erhalten. Die Öffnungen der Ostwand 1968 zugesetzt. Die Nordwand (Südwand des Kirchenquerhauses) mit doppeltem Deutschen Band und seitlichen Wandvorlagen, der untere lisenenverzierte Teil des Giebels erhalten.

Im Mauerwerk sind im Erdgeschoßbereich zwei halbrunde Schildbögen für das flache Kreuzrippengewölbe der Sakristei und ein segmentbogig abschließendes Portal (nachmittelalterliche Veränderung des Bogens), sowie im Obergeschoß der Ansatz der hölzernen Tonnendecke des Dormitoriums und der spitzbogige Zugang zur Kirche erhalten. Die große vermauerte korbbogenartige Öffnung aus der Zeit der Nutzung der Klausur als Scheune in der Barockzeit. Das vermauerte Sakristeiportal der Westwand an der dem Kreuzgang zugewendeten Seite noch original mit Spitzbogenabschluß und Halbrundstäben in der Laibung. Der ehem. Gang mit je einer spitzbogigen Türöffnung im Osten und im Westen, an der Innenseite der Ostwand der Ansatz eines Tonnengewölbes. Der südlich anschließende Kapitelsaal mit neun Kreuzrippengewölben auf vier achteckigen Säulen mit Blattkapitellen überwölbt. Die ausgegrabenen Kapitelle und Teile der Säulenschäfte jetzt im Stadtmuseum Greifswald. Die drei Arkaden der Westseite haben an der Außenwand zwei abgestufte Kanten und eingesetzte Dreiviertelstäbe. Das mittlere ist der ehem. Eingang. Die Arkaden an der Außenseite der Ostwand mit abgeschrägtem Gewände, der Bogen aus polygonalen Formsteinen. Von dem kreuzrippengewölbten Auditorium haben sich an der Westwand eine spitzbogige Türlaibung und in der Ostwand ein schlankes Spitzbogenfenster mit außen und innen abgeschrägter Laibung erhalten, das gleiche, daneben befindliche Fenster gehörte zu der vom Auditorium aus zugänglichen Zelle. Das Fundament des polygonalen Chores, der sog. Abtskapelle, wurde ergraben, an der West- und Ostwand jeweils eine Spitzbogenöffnung erhalten. Das Parlatorium war mit vier auf einer Mittelsäule ruhenden Kreuzrippengewölben überdeckt, die auf Wandkonsolen aufruhten. An der Westseite zum Calefactorium wohl der ursprüngliche Zugang. An der Ostwand zwei Spitzbogenfenster, das eine in nachmittelalterlicher Zeit als Tür benutzt. An der Südwand zwei weitere zugesetzte Spitzbogenfenster, außen mit aufwendigem, zweimal gestuftem Gewände mit in die Stufen gelegten Rundstäben.

Von der ehem. Ausstattung haben sich Grabplatten aus gotländischem Kalkstein aus dem 14./15. Jh. erhalten.

Grabplatte Nicolaus Frieso, M. 14. Jh. mit eingeritzter Verkündigung unter zwei gekuppelten Kleeblattbogenarkaden mit Wimperg. Umschrift aus eingetieften Unzialen.

Grabplatte Martin von Lepel, 1388, Darstellung zweier liegender barhäuptiger Männer im Harnisch und mit Schwert unter aufwendig dekorierten Baldachinarchitekturen. Wappen der Familie v. Lepel. Von Evangelistensymbolen in den Ecken durchbrochene Minuskelumschrift.

Grabplatte Albert Schinkel, 1397. Eingeritzte Darstellung eines Mönches mit vor der Brust gefalteten Händen unter einem auf Konsolen ruhenden Kleeblattbogen und darüber angedeutetem Dach. Ausgegründete Minuskel-Inschrift von vegetabilen Motiven unterbrochen.

Grabplatte Gherhard Warschow, 1413. Ritzzeichnung einer von kleinen Rundbogenöffnungen durchbrochenen Rahmenarchitektur mit einem Mönch mit Kappe, der Kelch und Hostie trägt. Minuskelumschrift, an den Ecken von Evangelistensymbolen unterbrochen.

Grabplatte des Abtes Johannes VII. Humatus, 1473. Ausgegründete und eingeritzte Darstellung eines barhäuptigen Abtes mit Stab (urspr. in Bronze) und Buchbeutel, über ihm eine Architektur mit kielbogigem Baldachin. In den Ecken Vertiefungen für bronzene Plaketten mit den Evangelistensymbolen. Zweizeilig geführte Umschrift in leonischen Strophen in kalligrafischen Minuskeln.

Bruchstücke der Grabplatte des Abtes Lambert von Werle, um 1500. Ritzzeichnung eines Mönches mit Abtsstab und Spruchband (Majuskeln) in einem architektonischen Rahmen. Zu seinen Füßen ein sitzender Hund, dessen Name AJAX auf einem gesonderten Spruchband genannt wird. Umlaufende Minuskelumschrift an den Ecken von Evangelistensymbolen unterbrochen.

Blattkapitell einer Säule des 14. Jh. als Weihwasserbecken an dem nordwestlichen Vierungspfeiler eingemauert.

Ehem. KLOSTERSCHEUNE an der Wolgaster Straße gelegen. Backsteinbau des 14. Jh. Längswände von kräftigen Strebepfeilern gestützt, mit je sieben hohen Spitzbogenöffnungen an jeder Seite, Vermauerung wohl aus dem 17. Jh. Der obere Bereich mit Fries und Fensterluken aus nachmittelalterlicher Zeit. Stirnwände aus dem 19. Jh. Flaches Satteldach mit Teerpappendeckung.

Ehem. KLOSTERMAUER des 14. Jh. nur noch in kurzen Abschnitten erhalten. An der Außenseite kräftige Strebepfeiler, in der Mauer liegen in unregelmäßigen Abständen schmale Luken.

AKADEMIEGEBÄUDE (Forstamt) Hainstraße 5. 1834–1836 nach Plänen von C. A. Menzel als verputztes doppelgeschossiges Backsteingebäude mit flachem schiefergedeckten Walmdach erbaut. Die Fassadengestaltung urspr. klassizistisch, das Belvedere mit Uhren und Fahne in der Dachmitte verloren. Im Treppenhaus eine qualitätvolle Ölmalerei mit antikisierenden Motiven erhalten.

AGRAR- UND INGENIEURSCHULE (Berufsschule) Hainstraße 13. 1910 erbauter doppelgeschossiger 13achsiger Klinkerbau mit verputzten Partien als Fassadendekor und Krüppelwalmdach. Mittel- und Seitenrisalite, mittiger Eingangsbereich. Der einachsige Mittelrisalit mit Pfeilergiebel, in der Dachmitte ein sechseckiger Schieferturm mit geschweifter Haube, seitlich Fledermausgauben. Fenster mit Segmentbogenabschluß, die Mauerpartien darunter als Rautennetz aus glasierten Ziegeln gestaltet. An der Rückseite Mittel- und Seitenflügel. Links an den Mittelteil ist ein kleines Hausmeisterhaus mit Krüppelwalmdach angebaut.

WOHNHAUS Wolgaster Straße 14. Doppelgeschossiges siebenachsiges Traufenhaus aus verputztem Backstein mit klassizistischem Fassadendekor und einem flachen, weit vorkragenden Satteldach, M. 19. Jh. erbaut. In der Gebäudemitte klassizistische kassettierte Haustür, Verdachung mit Palmettenornament auf Konsolen. Sämtliche Fenster mit Faschenrahmung, im Erdgeschoß mit Verdachung, im Obergeschoß mit Sohlbänken auf Konsolen und darüberliegendem Mäanderfries.

## Greifswald-Friedrichshagen

Ehem. SCHULE Friedrichshäger Straße 2. Siebenachsiger Lehmfachwerkbau mit rohrgedecktem Krüppelwalmdach, einige Gefache in Backstein ersetzt. Mittige Haustür urspr., darüber Fledermausgaube. Wohl um 1800 erbaut.

## Greifswald-Ladebow

OFFIZIERSBAUTENSIEDLUNG 1936 für die Offiziersfamilien des Fliegerhorstes erbaut. Siedlung aus doppel-

geschossigen Mehrfamilienhäusern aus verputztem Backstein über einem Klinkersockel. Die Eingangsbereiche risalitartig gestaltet mit kleinem Giebelabschluß und mit scharriertem Kratzputz, Türeinfassung mit geriefelten Sandsteinplatten. Große flachbogige Toreinfahrten. An den Rückseiten Balkons, z. T. zu Wintergärten umgestaltet. An einem Gebäude zwei Reliefs in Sgraffitotechnik aus den 50er Jahren mit ländlichen Szenen.

## Greifswald-Insel Riems

FORSCHUNGSINSTITUT der Seuchenforschung von Friedrich Loeffler. Erster Bau das Wohnhaus Friedrich Loefflers von 1910. 1925–1929 Errichtung einer planmäßigen Anlage. Ein Casino als Kopfbau mit flankierenden Gebäuden ( Ärzte- und Beamtenhaus) liegt einer Wohnbautenanlage von vergleichbarem Grundriß gegenüber. Das Casino, ein doppelgeschossiger neunachsiger Bau aus verputztem Backstein über Klinkersockel mit symmetrischer Fassadengestaltung und Walmdach, mittigem kupfergedeckten Dachreiter, fünf stehenden Gauben sowie vier Fledermausgauben. Im Erdgeschoß über eine Treppe zugänglich ein mittiger Eingangsbereich, an den äußeren Gebäudeachsen sechsseitige Utluchten, davor eine Terrasse mit Brüstung. Die obere Fensterreihe kleiner mit Klappläden und durchgehendem Sohlbankgesims.
Ärzte- und Beamtenhaus in ähnlichen Bauformen, dreiachsig, doppelgeschossig mit Walmdach. Die Wohnbautenanlage ist in den Bauformen schlichter.

## Greifswald-Schönwalde

WASSERWERK 1913/14 erbaut. Geschlossene Anlage aus Backstein, bestehend aus einem eingeschossigen

*Linke Seite:*
*Wieck,*
*Bugenhagenkirche*
*von Südosten;*
*Altar*

*Rechte Seite:*
*Wieck,*
*Bugenhagenkirche,*
*Inneres nach*
*Osten*

siebenachsigen Wohnhaus mit Krüppelwalmdach und Zwerchhaus, einem an der rechten Rückseite angebauten Kohleschuppen mit sieben Öffnungen mit halbrundem Radoberlicht, an diesen im rechten Winkel Pumpwerk und Filterhaus angebaut. Links neben dem Wohnhaus ein kleines Trafohäuschen mit Walmdach. Das Pumpwerk eingeschossig sechsachsig mit großen Rundbogenfenstern mit Metallversprossung. Die Filterhalle in der Giebelmitte mit drei schmalen hohen Fenstern in Rundbogenblenden, die architektonische Gestaltung erinnert an Sakralarchitektur. In den 50er Jahren Ergänzung durch ein Verdüsungshaus aus Backstein und einige bauliche Veränderungen, u. a. Entfernung der Holzfilterkaskaden.

## Greifswald-Wieck

BUGENHAGENKIRCHE 1882/83 nach Entwürfen von Hoffmann und Callenberg (Berlin) als neoromanischer Rechteckbau aus Backstein mit polygonaler Apsis, Südostsakristei und vorgesetztem quadratischen Westturm mit Rhombendach als Ersatz eines Vorgängerbaus errichtet. Unter dem Traufgesims von Schiff und Apsis Rundbogenfriese, die Fenster rundbogig (Abb. S. 452 u. 453).
Ausstattung: Altaraufsatz A. 17. Jh., dreiteiliger Flügelaltar mit Gemälden. Orgel 1885 von Friedrich A. Mehmel, Stralsund. Kelch 17. Jh. Zwei Kelche u. eine Oblatendose, Messing versilbert, 19. Jh. Zwei Patenen 16. Jh. u. 1658. Patene, Messing versilbert, 19. Jh. Oblatendose, Silber, 18. Jh. Kollektenschale, Messing, 1714.

Kännchen, Messing versilbert, 19. Jh. Kanne, Silber, 19. Jh. Kollektenschale, Kupfer, 18. Jh. Zwei Kronleuchter, Weißblech, 19. Jh. Votivschiff, 1868. Glocke, 1882 von Voß, Stettin.

KLAPPBRÜCKE Hölzerne Klappbrücke von 1886 (1994 rekonstruiert).

*Dorfstraße*

FISCHERHAUS Nr. 12/13. Doppelhaus aus verputztem Backstein mit rohrgedecktem Krüppelwalmdach. Mittelflurhaus. 1. H. 19. Jh. erbaut.

HAUS Nr. 57. Siebenachsiger verputzter Backsteinbau mit mittiger segmentbogiger kassettierter Eingangstür und Krüppelwalmdach. Fassade mit Putzquaderung. Wohl 1. H. 19. Jh.

FISCHERHAUS Nr. 58/59. Vierachsiges giebelständiges verputztes Backsteinhaus mit rohrgedecktem Krüppelwalmdach, 1. H. 19. Jh. Der urspr. Eingangsbereich in der zweiten Achse an die Traufseite verlegt. Fenster erneuert.

FISCHERHAUS Nr. 84. Dreiachsiges Traufenhaus aus verputztem Backstein mit rohrgedecktem Krüppelwalmdach. Eingang an der Giebelseite, hölzerner Anbau. Wohl A. 19. Jh. erichtet.

FISCHERHAUS Nr. 86. Doppelhaus aus Ziegelfachwerk mit rohrgedecktem Krüppelwalmdach. Neuzeitlicher Anbau, wohl A. 19. Jh.

FISCHERHAUS Nr. 88. Giebelständiger dreiachsiger Backsteinbau mit Krüppelwalmdach aus der 1. H. 19. Jh. Mittiger Eingangsbereich.

FISCHERHAUS Nr. 91. Giebelständiges vierachsiges verputztes Backsteinhaus mit rohrgedecktem Krüppelwalmdach. Die klassizistische Eingangstür in der 2. Achse mit Rahmung. Fenster mit durchgehendem Sohlbankgesims. Wohl A. 19. Jh. erbaut.

WOHNHAUS Rosenstraße 16. Zweiständriges Hallenhaus mit rohrgedecktem Walmdach. Vermutlich E. 17. Jh. errichtet, das stark verräucherte Gerüst teilweise erhalten. In neuerer Zeit Veränderungen.

*Linke Seite: Wieck, Klappbrücke*

*Rechte Seite: Wieck, Dorfstraße 57, Wohnhaus; Dorfstraße 84, Fischerhaus*

# Rügen

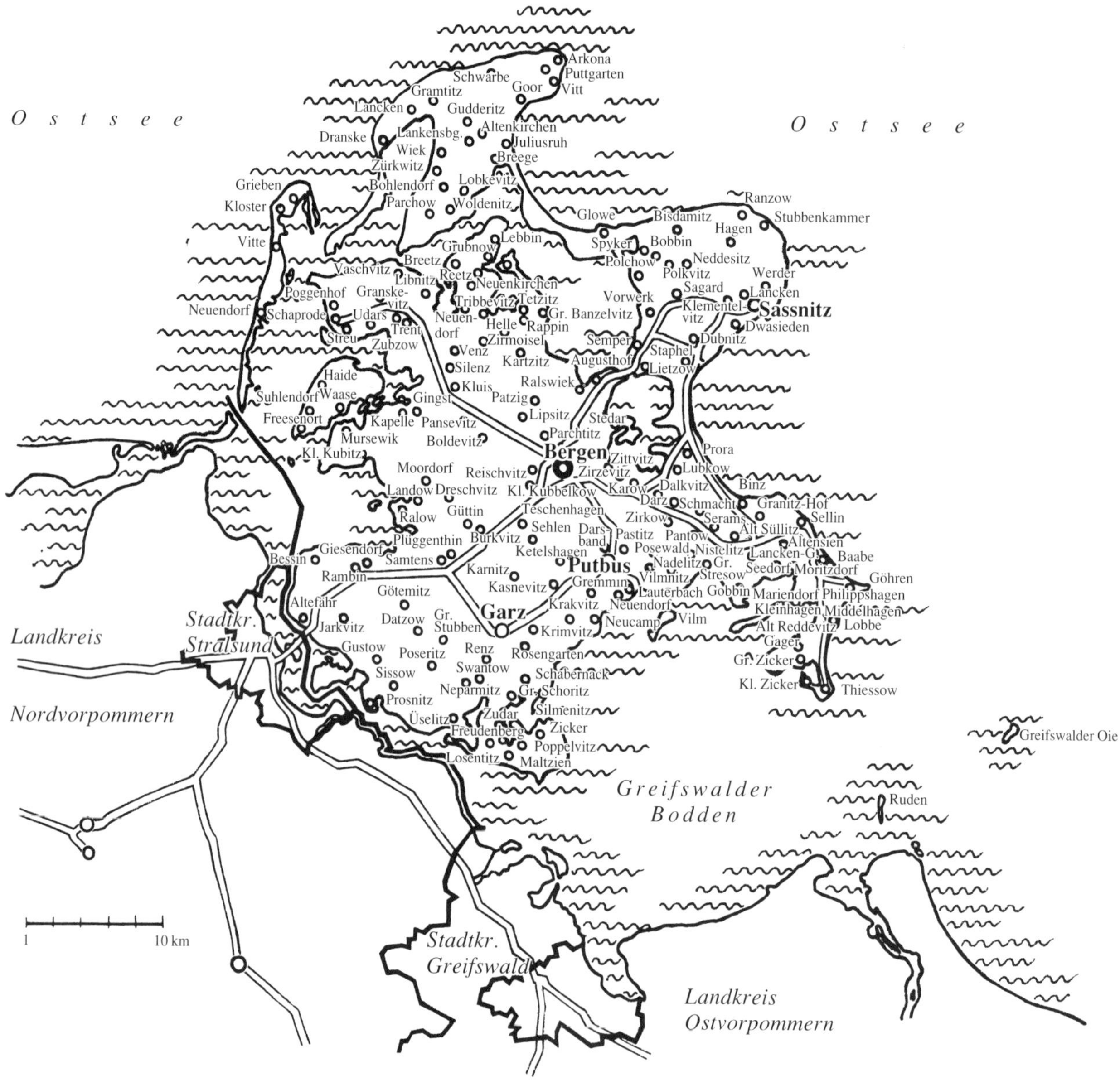
Ostsee
Ostsee
Arkona
Puttgarten
Vitt
Schwarbe
Goor
Gramtitz
Lancken
Gudderitz
Altenkirchen
Dranske
Lankensbg.
Juliusruh
Wiek
Breege
Zürkwitz
Bohlendorf
Lobkevitz
Grieben
Kloster
Parchow
Woldenitz
Ranzow
Glowe
Bisdamitz
Stubbenkammer
Hagen
Vitte
Lebbin
Spyker
Bobbin
Grubnow
Polchow
Neddesitz
Breetz
Vaschvitz
Polkvitz
Werder
Libnitz
Reetz
Neuenkirchen
Poggenhof
Granske-vitz
Sagard
Lancken
Tribbevitz
Tetzitz
Vorwerk
Klementel-vitz
Sassnitz
Neuendorf
Schaprode
Udars
Neuen-dorf
Helle
Gr. Banzelvitz
Rappin
Dwasieden
Trent
Streu
Zubzow
Zirmoisel
Semper
Dubnitz
Venz
Kartzitz
Augusthof
Staphel
Silenz
Lietzow
Haide
Kluis
Ralswiek
Suhlendorf
Waase
Gingst
Patzig
Freesenort
Kapelle
Pansevitz
Lipsitz
Stedar
Mursewik
Boldevitz
Parchtitz
Prora
Kl. Kubitz
Bergen
Zittvitz
Moordorf
Reischvitz
Zirzevitz
Lubkow
Landow
Dreschvitz
Kl. Kubbelkow
Karow
Dalkvitz
Binz
Darz
Schmacht
Granitz-Hof
Ralow
Güttin
Teschenhagen
Zirkow
Serams
Sellin
Sehlen
Dars-band
Pastitz
Pantow
Alt Süllitz
Plüggenthin
Burkvitz
Altensien
Giesendorf
Ketelshagen
Posewald
Nistelitz
Lancken-G.
Baabe
Bessin
Samtens
Putbus
Nadelitz
Gr. Stresow
Seedorf
Moritzdorf
Rambin
Karnitz
Göhren
Gremmin
Vilmnitz
Kasnevitz
Lauterbach
Gobbin
Mariendorf
Philippshagen
Götemitz
Neuendorf
Altefähr
Krakvitz
Kleinhagen
Middelhagen
Stadtkr. Stralsund
Gr. Stubben
Garz
Neucamp
Vilm
Datzow
Alt Reddevitz
Lobbe
Jarkvitz
Krimvitz
Gager
Landkreis
Gustow
Poseritz
Renz
Rosengarten
Gr. Zicker
Swantow
Sissow
Schabernack
Kl. Zicker
Neparmitz
Gr. Schoritz
Thiessow
Prosnitz
Nordvorpommern
Silmenitz
Üselitz
Zudar
Freudenberg
Zicker
Greifswalder Oie
Poppelvitz
Losentitz
Maltzien
Greifswalder Bodden
Ruden
1
10 km
Stadtkr. Greifswald
Landkreis Ostvorpommern

# Landkreis Rügen

**Altefähr**
Seit 1240 als Fährort genannt. 1855 erste Dampffähre von Stralsund, von 1883 bis zur Fertigstellung des Rügendammes 1936 Eisenbahn-Trajektfähre; Reste der Fähranlage und des Fährbahnhofes blieben östlich des Dorfes erhalten.

DORFKIRCHE ST. NIKOLAUS Backsteinbau mit eingestreuten Findlingen, 2. H. 13. Jh., aus dem rechteckigen Schiff mit Strebepfeilern, die ebenso am eingezogenen Rechteckchor mit Nordsakristei vorkommen, sowie dem quadratischen Westturmuntergeschoß; der nördliche Schiffsanbau neben der Sakristei ist jünger, das zweite Turmgeschoß mit kleinen Blendenreihen ist 1692 verändert worden, und das Turmobergeschoß aus verbrettertem Fachwerk mit dem vorkragenden achtseitigen Helm wurde 1912/13 erneuert. Die Fenster spitzbogig, das der Chornordwand dreiteilig, die übrigen zweiteilig, Sakristei und Schiffsanbau mit Segmentbogenfenstern; die spitzbogigen Portalgewände sind abgestuft, das segmentbogige ehem. Schiffssüdportal liegt mit dem Fenster darüber in einer gemeinsamen Blende. Den Chorgiebel mit Fußfialen und bekrönendem Türmchen und den westlichen Schiffsgiebel gliedern steile zweiteilige Spitzbogenblenden mit Scheitelrhomben. – Im Innern über dem Schiff flache Holztonne von 1737 und hölzerne Zuganker, über dem Chor gleichzeitige Bretterdecke mit Schablonenmalerei von 1912/13, die Sakristei mit Kreuzrippengewölbe. Von der 1674 geschaffenen figürlichen und ornamentalen Ausmalung Sewald Bärstenbütters blieben nur Reste der Fensterumrahmungen und einige Schriftkartuschen erhalten. Tür zur Sakramentsnische, 15. Jh., mit drei schmiedeeisernen Bändern.
*Ausstattung:* Altaraufsatz 1746 von Michael Müller, Stralsund. Architektonischer Aufbau mit Säulen und

*Altefähr, Dorfkirche von Südosten*

Bandelwerk-Akanthusohren am Hauptfeld und geschweiftem Giebel, auf seitlichen Konsolen bzw. dem Architrav vier Evangelistenfiguren, im Giebel Auge Gottes im Strahlenkranz, darüber der auferstandene Christus und Putten, im Sockel gemalte Emmausszene, als Hauptbild das Abendmahl nach Rubens. Altarschranke gleichzeitig. Kanzel mit Aufgang und viereckigem Schalldeckel, 3. V. 17. Jh. Auf den Brüstungsfeldern des polygonalen Korbes gemalt die vier Evangelisten, unten und oben Landschaften, die Felder des Aufganges mit emblematischen Grisaillemalereien; unter dem Schalldeckel gemalte Cherubköpfe, die bekrönende Engelgruppe mit der Taube wohl eine Zutat Michael Müllers von um 1740. Taufe, Kalkstein, 14. Jh., an der Kuppa Rundbogenarkaden, der obere Rand von 1913, der Schaft fehlt. Taufe, Kunststein, M. 19. Jh. mit neogotischem Maßwerkdekor. Weihwasserbecken, Kalkstein, 14. Jh. Orgel, der neogotische Prospekt 3. V.

19. Jh., das Werk 1913 von B. Grüneberg, Stettin, die Orgelempore A. 19. Jh. mit Brüstungsmalerei von 1913. Kruzifix, A. 15. Jh. (urspr. Kapelle Bessin, jetzt Pfarrhaus). Lesepult, M. 18. Jh. Engelfigur auf Podest mit Volutenfüßen, das Pult auf Kopf und Nacken tragend. Zwei Fragmente eines Schnitzaltars, um 1500, »Heimsuchung« und »Flucht nach Ägypten«. Gemälde mit der Grablegung Christi, A. 17. Jh., urspr. wohl ein Altarbild. Bild der Abundantia, A. 17. Jh., in Ädikula-Rahmen (auf der Lukentür zum Sakristeiboden). Brustbild Christi als Weltenrichter, wohl von 1674, auf der Sakristeitür, darunter gemalte Lilie in Vase. Pastorenporträt M. C. Decenius, gest. 1765. Rest einer Emporenbrüstung mit Feldereinteilung, 2. H. 17. Jh., zu Seiten des Altaraufsatzes. Zwei Beichtstühle, um 1700, oben offene Verschläge. Zwei Kastengestühle, die Rückwände wohl 18. Jh., die Brüstung des südlichen mit gemalten Rundbogenarkaden 17. Jh., die des nördlichen analog von 1913. Gemeindegestühl, 1913. Kelch und Patene, 1633, am Kelch getriebener Weinlaubdekor und Wappen Duwall. Kelch und Patene, 2. V. 17. Jh., am Kelch Cherubköpfchen und getriebener vegetabiler Dekor. Krankenkelch, Silber, um 1770. Runde Oblatendose, Silber, M. 17. Jh. Weinkanne, Silber, um 1770/1825, konischer Körper mit schlanker Tülle und geschweiftem Henkel, gegossener Weinlaubdekor; 1825 umgearbeitet. Kollektenschale, Messing, 1753. Taufschale, Zinn, 1. H. 19. Jh. Taufschale, Messing, 1913, im Spiegel getriebenes Segelschiff. Taufwasserkanne, Messing versilbert, 19. Jh. Zwei Kronleuchter, Messing, A. 18. Jh. und 1729. Zwei Wandleuchter, Messing, 19. Jh. Leuchterpaar, Messing, 1781, gewundene Balusterschäfte. Vier Schiffsmodelle als Votivgaben: Brigg »Malte Scheel«, nach 1840; Bark, um 1900; Raddampfer »Altefähr I«, 1918; Motorschiff »Altefähr II«, um 1930. Glocke, gegossen 1595 von Hans Thurmann, Stralsund. Zwei Grabplatten: H. v. Bohlen 1566 und Burmeister 1580. Auf dem Friedhof fünf Grabwangen aus dem 18./19. Jh.

Ehem. HOTEL »PUTBUSER HOF« am Fährbahnhof, M. 19. Jh. Zweieinhalbgeschossiger unverputzter Backsteinbau von acht zu fünf Achsen Fassadenlänge, mit

*Linke Seite: Altefähr, Dorfkirche, Inneres, Blick in den Chor*

*Rechte Seite: Altenkirchen, Dorfkirche von Südosten und Blick auf Chor und Apsis*

flachem Pappdach, die Geschosse durch Putzgesimse getrennt; Veränderungen in jüngster Zeit.

Ehem. HOTEL »AM SUND« am Fährbahnhof, um 1880. Zweigeschossiges Traufenhaus von acht Achsen, mit flachem Satteldach; die mittleren zwei Achsen der Straßenfront mit frontispizartiger Überhöhung leicht vorgezogen, die Geschosse durch ein breites Putzband getrennt, die Fenster im Obergeschoß unter flachen Verdachungen.

PFARRHAUS Bahnhofstr. 20, um 1660. Eingeschossiges Traufenhaus von urspr. fünf Achsen, mit Krüppelwalmdach; die Fassaden durch geputzte Fensterfaschen und Friese gegliedert; 1959 um die südliche Achse verkürzt.

WOHNHAUS Kirchweg 7, um 1870. Zweigeschossiger Putzbau aus zwei im rechten Winkel aneinanderstoßenden kurzen Flügeln mit Stufengiebeln und Satteldächern, an der Gebäudeecke dreieinhalbgeschossiger polygonaler Turm mit achtseitigem Helm. Freitreppe mit Brüstung aus glasierten Formsteinen, in der Fassade darüber zwei Plaketten mit allegorischen Szenen.

**Altenkirchen**

DORFKIRCHE Dreischiffige, turmlose Pfeilerbasilika von sechs Jochen, der eingerückte quadratische Chor mit Apsis, Nordsakristei und Südvorhalle. Der um 1200 begonnene Backsteinbau zunächst nur aus dem Chor mit Apsis und dem urspr. nur vierjochigen Mittelschiff mit zugesetzten Scheidbogenarkaden bestehend. Im 14. Jh. Anbau der Seitenschiffe und Verlängerung des Langhauses um zwei westliche Joche mit Blendengliederung und Treppentürmchen in der Westwand, die Außenwände bis zur halben Höhe aus Feldsteinen; gleichzeitig wurden die Rundbogenfenster der Obergaden zugesetzt und alle Schiffe unter einem Satteldach vereinigt. Spätmittelalterlich ist auch die Nordsakristei aus Feldsteinen mit nördlichem Blendengiebel aus Backstein, wohl aus

dem 17. Jh. sind die plumpen Stützpfeiler, und im 19. Jh. erhielten die meisten Fenster ihre segmentbogige Gestalt, und der nachmittelalterliche südliche Choranbau mit Pultdach wurde verändert. An Chor und Apsis Lisenen und reicher Dekor aus Stromschichten, sich kreuzenden Bogen- oder Dreieckfriesen auf Kopfkonsolen, Rautenblenden und ein glasierter Palmettenfries über dem Sockel. – Das Innere mit z. T. im 17. Jh. erneuerten Kreuzrippengewölben des 14. Jh. Im Chor gehören zur ältesten Bauphase die Kalotte und der abgestufte Bogen der Apsis mit einem am Triumphbogen wiederkehrenden umlaufenden Wulst als Kämpferprofil, die auf Kopfkonsolen aufsitzenden rundbogigen Blenden der Apsisfenster, je zwei gekoppelte Spitzbogennischen mit Mittelsäule in den Chorseitenwänden und der Triumphbogen mit einem von seitlichen Wandvorlagen getragenen kräftigen Unterzug. Die einmal abgestuften Scheidbogenarkaden des Mittelschiffes ruhen auf Kreuzpfeilern mit einfachem Kämpferprofil, im Osten auf zwei an dänische Kirchenbauten erinnernden Wandsäulen mit Schaftring und Trapezkapitell, von denen nur die südliche in veränderter Gestalt erhalten blieb; in den Obergaden liegen die Nischen der zugesetzten Rundbogenfenster. Die Rekonstruktion der romanischen Architekturfarbigkeit im Chorbereich und der urspr. Fassung der Gewölbe des 14. Jh. mit farbigen Rippen und begleitenden Krabbenleisten beruht auf Untersuchungsbefunden der Restaurierung von 1966 bis 1969. Gleichzeitig wurde spätmittelalterliche Wandmalerei freigelegt: Im Chor ein Kreuz, ein Medaillon mit Christuskopf sowie zwei Drolerien am Gewölbe, im Langhaus über dem Triumphbogen ein Pelikan und an der Nordwand ein Wappenschild mit Wildschwein. Vertikal-Sonnenuhr, Steinplatte um 1800, als Stufe zur Südvorhalle umfunktioniert.

*Ausstattung:* Altaraufsatz, 1724 von Elias Keßler, Stralsund. Architektonischer Aufbau mit hohem Sockel und gesprengtem Giebel; das Gemälde »Petrus versinkt in den Wellen« im von Säulenpaaren flankierten Hauptfeld schuf 1863 Karl Gottfried Pfannschmidt, Berlin; in der

*Linke Seite: Altenkirchen, Dorfkirche, Inneres nach Osten und Taufstein*

*Rechte Seite: Altenkirchen, Wohnhaus Werner-Seelenbinder-Straße 6*

Bekrönung kleines Gemälde mit Gethsemane-Szene; als figürlicher Dekor Posaunenengel und Engelputten mit Wappen, daneben Kartuschen und Blattgehänge. Neogotische Kanzel mit Aufgang und Schalldeckel, 1861. Taufstein, Kalkstein, künstlerisch beachtenswertes Stück von um 1240. Torso eines Taufengels, um 1730 aus der Werkstatt Elias Keßlers, Stralsund. Orgelprospekt E. 19. Jh., das Werk um 1980 erneuert. Triumphkreuz, Corpus E. 14. Jh., Kreuz 1836 erneuert; beide 1976 restauriert und neu aufgestellt. Fünf Porträtgemälde: G. Klempse 1601; J. Runge, gest. 1638; C. Schwarze 1697; D. Rudolphi, gest. 1721; L. G. Kosegarten, um 1800 wohl nach einer Miniatur. Italienische Ledertapete, um 1600, aus mehreren Teilen zusammengesetzt, versilbert, mit Masken, Akten und floralen Motiven bemalt und gepunzt. Westempore, im Kern von um 1730, der Mittelteil 1797 ergänzt; 1968/69 umgebaut, dabei auf den Brüstungsfeldern emblematische Bilder freigelegt und durch Bilder eines zerstörten Beichtstuhls ergänzt. Kirchenkasten, 16. Jh. Neogotisches Gemeindegestühl. Kelch, um 1650; Kelch und Patene, 1685; Patene, um 1770; Oblatendose, Silber, 1688; Weinkanne, Neusilber, E. 19. Jh.; Taufschale, Messing, wohl 16. Jh. und aus einer Nürnberger Werkstatt, im Spiegel getriebenes Relief der Apokalyptischen Madonna. Zwei Kollektenschalen, Messing, 1710.

Slawischer Grabstein, Granit, vor 1168; Flachrelief eines bärtigen Mannes mit gegürtetem Rock und spitzer Mütze, in beiden Händen ein Horn haltend.
Grabplatte, Kalkstein, um 1450, mit abgetretener Minuskelumschrift.

KIRCHHOF Das Backsteinportal 18. Jh., mit Torbogen und Eingangspforte. Freistehender Glockenstuhl, Fachwerk verbrettert, 17. Jh., die Glocke 15. Jh. Grabplatte Boeckler, gest. 1800. Grabplatte Buchten 1810. Einundsechzig Grabstelen von 1798 bis 1861, darunter die für L. G. Kosegarten, gest. 1818, und H. C. Baier, gest. 1822.

WOHNHAUS Straße des Friedens 4. Eingeschossiger Backsteinbau von fünf Achsen mit Krüppelwalmdach, 1. H. 19. Jh., eine Giebelwand verputzt.

WOHNHAUS Werner-Seelenbinder-Straße 1. Eingeschossiges Giebelhaus aus verputztem Backstein mit rohrgedecktem Krüppelwalmdach, 1. H. 19. Jh. Fenster und Türen erneuert.

WOHNHAUS Werner-Seelenbinder-Straße 6. Eingeschossiges Traufenhaus aus verputztem Backstein mit rohrgedecktem Krüppelwalmdach, 1. H. 19. Jh. Im linken Giebel Reste von Fachwerk mit Lehmausfachung erhalten, zwei rückwärtige Anbauten ebenfalls aus Fachwerk.

PFARRHAUS Eingeschossiges Fachwerkhaus mit Krüppelwalmdach, 3. V. 18. Jh. Der traufseitige Mitteleingang zugesetzt und mit einer seitläufigen Freitreppe in die östliche Giebelwand verlegt; die nördliche Schleppgaube aus jüngerer Zeit.

KRIEGERDENKMAL für die Gefallenen des 1. Weltkrieges 1914/18, um 1920. Granitmonolith mit Inschrift.

## Altensien

BAUERNHOF Nr. 6 am Dorfausgang nach Neuensien. Als Wohnhaus ein eingeschossiges Giebelhaus (»Zukkerhut«) aus später weitgehend durch Backsteinwände ersetztem Fachwerk, um 1800; gleichzeitig der Stall aus Fachwerk und jüngeren Backsteinwänden; beide Gebäude mit rohrgedeckten Krüppelwalmdächern und nachträglich verändert; Feldstein-Einfriedung und gepflasterter Hof.

**Alt Reddevitz**

*Dorfstraße*

BAUERNHOF Nr. 6. Das Wohnhaus ein eingeschossiges Traufenhaus aus Backstein mit südlichem Fachwerkgiebel, das Krüppelwalmdach mit Rohrdeckung, 2. V. 19. Jh.; die gleichzeitige Stallscheune aus Backstein mit traufseitigem Mitteltor und rohrgedecktem Satteldach; gepflasterter Hof.

BAUERNHOF Nr. 22. Das Wohnhaus ein eingeschossiges dreiachsiges Traufenhaus, die Fachwerkwände später in verputztem Backstein erneuert, mit rohrgedecktem Krüppelwalmdach, der Kern angeblich 1. H. 18. Jh.; im Inneren Lehmstaken-Fachwerkwände und Reste des alten Dachstuhls. Altenteilerwohnung und Stall sind gemeinsam in einem eingeschossigen Traufenhaus A. 18. Jh. mit rohrgedecktem Krüppelwalmdach untergebracht; urspr. aus Fachwerk errichtet, die Außenwände später jedoch größtenteils in Backstein erneuert.

BAUERNHOF Nr. 23. Die stattliche Scheune, ein Backsteinbau mit rohrgedecktem Krüppelwalmdach, wurde 1938 errichtet und dient jetzt als Gaststätte.

ALTE SCHULE Nr. 27. Eingeschossiges Traufenhaus von fünf Achsen, verputzt und mit rohrgedecktem Krüppelwalmdach, 1850. Im Innern Fachwerkwände mit Lehmstaken; 1930 um drei südliche Achsen unter einem Satteldach erweitert. Das zugehörige Stall- und Scheunengebäude, verputzt und mit rohrgedecktem Krüppelwalmdach, ebenfalls 1850.

BAUERNHOF Nr. 45. Als Wohnhaus eingeschossiges Traufenhaus aus verputztem Fachwerk, mit rohrgedecktem Krüppelwalmdach und schöner alter Haustür 1. H. 19. Jh.; auch im Innern weitgehend unverändert; vor der rechten Giebelwand niedriger Anbau mit Walmdach.

BAUERNHOF Nr. 46. Kübbungsdielenscheune, das Fachwerk mit Lehmstaken, später teilweise durch Backsteinwände ersetzt, das rohrgedeckte Dach mit einem Krüppel- und einem Vollwalm, 1835.

*Linke Seite: Arkona, Alter Leuchtturm (links) und neuer Leuchtturm*

*Rechte Seite: Baabe, Pfarrkirche an der Strandstraße*

**Alt Süllitz**

BAUERNHOF an der Allee zum Jagdschloß Granitz. Das Wohnhaus modifiziert dem Zeitstil entsprechend den architektonischen Anspruch der Bauten Johann Gottfried Steinmeyers im Umkreis des Jagdschlosses Granitz. Aus Backstein mit horizontaler Bänderung und Formsteinfriesen errichtetes eingeschossiges Traufenhaus mit Drempelgeschoß, Satteldach, im Drempel Okuli, 3. V. 19. Jh. – Der zugehörige Stall gleichzeitig, langgestreckter eingeschossiger Backsteinbau mit Granitsockel, flaches Satteldach mit Teerpappe; die innere Struktur erhalten, der vordere Giebelbereich zweigeschossig.

**Arkona**

ALTER LEUCHTTURM Dreigeschossig über quadratischem Grundriß, Backstein unverputzt, die kräftigen Gesimse mit Zahnschnittfries und Deutschem Band, hochrechteckige Fenster mit größeren Blenden. Über dem flachen Dach Umgang mit Balustrade und gläserne Laterne, ihr Kegeldach mit Kupferblech gedeckt. 1825 bis 1827 nach Plänen Karl Friedrich Schinkels durch Michaelis und Lübke errichtet; seit 1918 ohne technische Ausstattung.

NEUER LEUCHTTURM Sechsgeschossiger, nach oben leicht verjüngter runder Turm aus Klinkermauerwerk, der hohe achteckige Sockel aus Feldsteinen, 1901/02. Die zweigeschossige Laterne mit zwei auskragenden Umgängen und Kegeldach.

**Augustenhof**

FORSTHOF urspr. Meierei. Das Wohnhaus ein eingeschossiges Traufenhaus; Backstein mit hohem Granitsockel und durch ein Gesimsband verbundenen Ecklisenen, rohrgedecktes Krüppelwalmdach, das Dachgeschoß ausgebaut, M. 19. Jh.; vor der Haustür Freitreppe mit Wangen. – Im rechten Winkel dazu eine zeitgleiche stattliche Stallscheune aus Ziegelfachwerk, das rohrgedeckte Krüppelwalmdach z. T. eingestürzt.

**Baabe**

PFARRKIRCHE Strandstraße, um 1920. Architektonisch interessantes, traditionelles Formengut in die zeitgenössische Kirchenbaukunst geschickt einbeziehender Saalbau aus verputztem Backstein, das Satteldach über dem polygonalen Chorschluß abgewalmt, am Westgiebel ein Dachtürmchen mit spitzer Haube für die Glocke, vor dem Westportal eine offene Halle; Fenster und Arkaden schlank und spitzbogig. Im Innern ein homogen spitz zulaufendes Gewölbe, die einheitliche Ausstattung aus der Bauzeit.

WOHNHAUS Am Brook 20. Eingeschossiges Traufenhaus von fünf Achsen, aus z. T. verputztem Backstein, rohrgedecktes Krüppelwalmdach, 1862.

BAUERNHOF FRANZ Am Selliner See. STALLSCHEUNE Langgestreckter Bau, das urspr. Fachwerk weiß geschlämmt an Hoffront und rechter Giebelwand erhalten, die anderen zwei Wände mit unverputztem Backstein erneuert, rohrgedecktes Krüppelwalmdach, 2. H. 18. Jh.; die hofseitige Scheuneneinfahrt durch jüngere Schleppgaube erhöht.

FISCHERHAUS Birkenallee 1. Eingeschossiges Traufenhaus von fünf Achsen mit Querflur, Backstein verputzt, ausgebautes rohrgedecktes Krüppelwalmdach, um 1850, im Innern weitgehend unverändert. Wohl gleichzeitig die sog. Scheunendiele, Backsteinbau mit Trokkenboden für die Fischernetze.

Ehem. BÜDNEREI (»Zuckerhut«) Birkenallee 2. Eingeschossiges Längsdielenhaus über annähernd quadrati-

schem Grundriß, die urspr. Fachwerkwände seit 1936 schrittweise in Backstein erneuert, hohes rohrgedecktes Walmdach, 2. H. 18. Jh.; jetzt äußerlich und in der Raumstruktur sehr verändert.

WOHNHAUS Bollwerkstraße 16. Eingeschossiges Traufenhaus von acht Achsen, Backstein verputzt, Krüppelwalmdach mit Rohrdeckung, 2. H. 18. Jh.; die Außenwände wohl urspr. aus Fachwerk, im Dachstuhl das Dach eines ehem. Zuckerhutes erkennbar.

BÜDNEREI Dorfstraße 8. Eingeschossiger Fachwerkbau mit Mittelflur und Querdiele am Wirtschaftsende. Typ des Märkischen Dielenhauses, rohrgedecktes Dach mit Krüppel- und Vollwalm, 2. H. 18. Jh.; die Umfassungswände zur Hälfte in Backstein erneuert, die innere Raumstruktur erhalten.

Ehem. GRUNDSCHULE Dorfstraße 16. Backsteinbau über unregelmäßigem T-förmigen Grundriß, der Hauptflügel mit breitem zweiachsigen Dreieckgiebel über der rechten Hälfte der straßenseitigen Trauffront zweigeschossig und mit Walmdach, der in sich gestufte Querflügel eingeschossig mit ausgebauten Dachgeschossen, 1912; die Außenwände im unteren Drittel unverputzt.

WOHNHAUS Fritz-Reuter-Straße 8. Traufständiges eingeschossiges Blockhaus aus Holz auf unverputztem Backsteinsockel, das ausgebaute Satteldach mit Rohrdeckung, gartenseitige Veranda, um 1930.

BAHNHOF Göhrener Straße. Eingeschossiger Putzbau über annähernd quadratischem Grundriß, ausgebautes Krüppelwalm-Mansarddach, 1895 bis 1899. Der angebaute langgestreckte Lagerschuppen mit flachem Satteldach ist wie das gegenüberliegende Bahnhofsklosettgebäude ebenfalls eingeschossig und zeitgleich.

BAUERNHOF Göhrener Straße 4. Das Wohnhaus ein anderthalbgeschossiges Traufenhaus aus Backstein, das flache Satteldach mit Teerpappe gedeckt, M. 19. Jh. – Zwei Stallscheunen mit rohrgedeckten Krüppelwalmdächern, die eine M. 19. Jh. und aus Ziegelfachwerk, die andere E. 19. Jh. und aus Backstein.

TRANSFORMATORENHAUS Seestraße. Kapellenartiger Backsteinbau mit hohen Schweifgiebeln, blechgedecktem Satteldach und Dachreiter mit Isolatorenkranz, um 1920 und damit selten gewordenes Beispiel seiner Art.

GASTSTÄTTE »INSELPARADIES« Standpromenade. Über einem im Grundriß quadratischen Untergeschoß aus Beton ein rundum verglastes, weit auskragendes Obergeschoß, seine Schalenbetondecke nur von einer Mittelsäule getragen. 1966 nach einem Entwurf von Ulrich Müther errichtet, für die DDR-Architektur ein bahnbrechendes frühes Beispiel einer freitragenden Betonschalendecke. Innen zentrale Wendeltreppe zum Obergeschoß.

PAVILLON AN DER STRANDPROMENADE Strandstraße. Rundum verglaster Rundbau auf Backsteinsockel, die Schalenbetondecke ruht auf einer zentralen Säule; um 1970, Projekt von Ullrich Müther, gutes Beispiel diaphaner Kleinarchitektur jener Zeit in der DDR.

*Waldstraße*

Hier blieben Zeugnisse einfacher »Bäderarchitektur« aus der Frühzeit der Entwicklung Baabes zum Seebad erhalten; zumeist zwei- oder dreigeschossige massive Traufenhäuser, denen an der Straßenfront vorwiegend aus Holz oder Fachwerk errichtete Loggien und Veranden mit dominierendem architektonischen Mittelakzent, großen Fenstern und handwerklich oft sehr qualitätsvollen Stützkonstruktionen vorgesetzt wurden. Typische Beispiele sind die WOHNHÄUSER und PENSIONEN Nr. 7 (Haus Meeresgruß), Nr. 9, Nr. 13 und Nr. 17 aus dem 1. V. 20. Jh. sowie das anders strukturierte Haus Nr. 15 von um 1930, ein Traufenhaus aus Backstein mit vorgelagerten Loggien und breiter Gaube mit Dreieckgiebel im flachen Walmdach.

*Linke Seite: Baabe, Büdnerei Dorfstraße 8 und Pavillon an der Strandstraße*

*Rechte Seite: Baabe, Pensionshaus Waldstraße 17; Bergen, Vedoute der Stadt aus der Karte des Eilhard Lubin von 1618*

**Bergen**

Ihren Ausgang nahm die jetzige Kreisstadt von der von westslawischen Ranen bewohnten Siedlung Gatmund in dichter Nachbarschaft zum damaligen Burgwall der Fürsten von Rügen auf dem Rugard. Nach der Eroberung Rügens durch die Dänen begann Fürst Jaromar I. um 1180 in Gatmund mit dem Bau einer Hofkapelle, zu der wohl auch eine neue Pfalz geplant war, die jedoch schon 1193 in einem damals gegründeten Benediktinenkloster aufgingen. Gleichzeitig begann die schrittweise Entwicklung der Siedlung zur Ackerbürger- und Handwerkerstadt, die 1314 erstmals urkundlich »villa montis« genannt wurde, A. 15. Jh. schon der Hauptort der Insel war und 1613 Stadtrecht erhielt. Zu bemerkenswerter städtebaulicher Entwicklung und wirtschaftlicher Be-

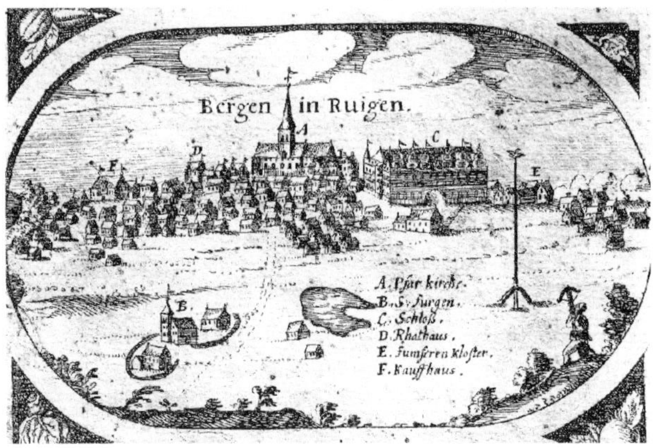


deutung gelangte Bergen indessen erst seit der M. 19. Jh., nachdem 1848 mit dem Ausbau der Kreisstraße begonnen wurde und 1883 sein Anschluß an das Eisenbahnnetz erfolgte. Seit der M. 20. Jh. expandierte die Stadt infolge einer verstärkten Industriealisierung und der damit verbundenen starken Zunahme der Einwohnerzahl städtebaulich durch periphere Neubaugebiete, verlor aber zugleich im Altstadtbereich sehr viel an gewachsener Bausubstanz.

STADTPFARRKIRCHE ST. MARIEN Unmittelbar nach der Erorberung und Christianisierung Rügens unter dem

dänischen Bischof Absolom von Roeskilde um das Jahr 1180 als Burgkirche der Fürsten von Rügen begonnen und bald danach 1193 zur Nonnenklosterkirche bestimmt, haben sich in den bisher erhalten gebliebenen Baugliedern der im Spannungsfeld deutscher und dänischer Machtinteressen entstandenen romanischen Pfeilerbasilika mit kreuzförmigem Grundriß auch die jeweiligen Einflüsse dänischer und niedersächsischer Kirchenbaukunst niedergeschlagen. Mit dem A. 14. Jh. zur dreischiffigen gewölbten Stufenhalle veränderten fünfjochigen Langhaus besteht die aus Backstein errichtete Kirche jetzt aus einem einjochigen Chor von Mittelschiffsbreite mit eingerückter, im 14. Jh. polygonal erhöhter Apsis, dem einschiffigen Querhaus nach dem gebundenen System, einer Sakristei zwischen Chor und nördlichem Querhausflügel, vier Nebenkapellen am nördlichen Langhausseitenschiff und am querrechteckigen Westwerk von Langhausbreite mit darüber errichtetem zweigeschossigen Mittelturm. Der urspr., wohl bis zum A. 13. Jh. baulich fortgeführten, jedoch unvollendet gebliebenen kreuzförmigen Pfeilerbasilika gehören der wie das Querhaus damals flachgedeckte Chor mit dem bis zur Sohlbank der jetzigen Spitzbogenfenster erhaltenen unteren Teil der halbrunden Apsis, das dreijochige Querhaus mit rundbogiger Priesterpforte in der Südwand und je einer im 14. Jh. durch die Sakristei bzw. ein neues Fenster ersetzten Nebenapsis in der Ostwand der Flügel sowie die untere Hälfte der Langhaussüdwand und das eingewölbte zweigeschossige Westwerk mit rundbogigem Stufenportal an. Über dem Sockel mit geschweiftem Abschlußprofil werden die romanischen Wände im Apsisbereich von Rundstäben auf schmalen Vorlagen, am Chor und der Ostseite des Querhauses durch breite Lisenen vertikal gegliedert; die Lisenen verbindet im Traufbereich mit Deutschem Band ein auch an den Westwänden der Querhausflügel vorkommender Rundbogenfries, den Kreuzbogenfries der Südwand des Westwerks besaß urspr. auch dessen Nordwand, Opus spicatum und eingelegte Deutsche Bänder zieren die Querhausgiebel. Rundbogenfenster mit konischer Laibung blieben offen oder zugesetzt noch an vielen Teilen der Kirche erhalten, ebenso zwei sich nach innen weitende westliche Schlitzfenster im Obergeschoß des Westwerkes. Der das Erscheinungsbild der Kirche wesentlich verändernde Umbau A. 14. Jh. brachte die Erhöhung des basilikalen Langhauses zur Stufenhalle mit Pultdächern über den Seitenschiffen, die Errichtung des polygonalen Chorschlusses über dem urspr. Apsisrund und des quadratischen Mittelturmes über dem Westwerk mit Blendenschmuck und Friesen in beiden Geschossen; die bekrönende Turmbalustrade und der dem Vorgänger des 17. Jh. nachgebildete spitze Helm

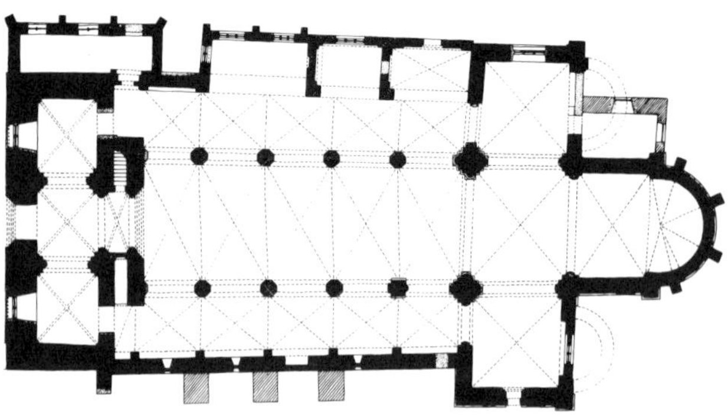

*Linke Seite: Bergen, Pfarrkirche St. Marien von Südosten und Grundriß der Kirche*

*Rechte Seite: Bergen, Pfarrkirche St. Marien, Erdgeschoßhalle im Westturmwerk, Blick nach Norden*

kamen 1845/46 hinzu. Die mit Ausnahme der hohen Spitzbogenfenster des Chorschlusses im 14. Jh. wohl segmentbogig ausgebildeten Fenster blieben nur in den Chorseitenwänden erhalten, sonst veränderte sie die letzte umfassende Restaurierung von 1896 bis 1902 unter Ernst v. Haselberg. Wohl nachmittelalterlich ist das einheitliche Satteldach des Langhauses, die Firstangleichung der bisher separaten Satteldächer der Querhausflügel vom E. 19. Jh. Im 4. V. 15. Jh. kamen die Sakristei und vier Kapellen am nördlichen Langhausseitenschiff und der Nordwand des Westwerkes sowie ein Spitzbogenfenster hinzu. Die Sakristei und die beiden östlichen Kapellen besitzen Pultdächer, die beiden westlich anschließenden Kapellen Satteldächer mit nach Norden gekehrten Blendengiebeln, ihre Fenster und Portale sind mit Ausnahme der Spitzbogenfenster der »Barnekowkapelle« segmentbogig. Im Innern der Kirche besitzen vor allem die Räume des auf Kommunikation nach Osten hin konzipierten romanischen Westwerkes weitgehend noch ihre urspr. Gestalt und Struktur. Zwei parallel zueinander verlaufende, später im Bereich der Langhausseitenschiffe abgetragene Mauerzüge bilden die Ostwand. Zwischen ihnen liegt in der Achse des Langhausmittelschiffes eine flache Portalhalle mit Kreuzgewölbe und einem nach Osten gewandten, gedrückt spitzbogigen Gewändeportal, von der zwischen den Mauerzügen beiderseits Treppen ins Obergeschoß führten, deren nördliche z. T. erhalten blieb. Die westlich davor gelegene queroblonge untere Turmhalle besitzt zwischen vier kreuzförmigen Wandpfeilern mit Trapezkapitellen auf vorgesetzten Halbsäulen ein von breiten Scheidbogen mit untergezogenen Gurten begrenztes mittleres und zwei seitliche Joche, deren mit dem Bau entstandene Kreuzgewölbe von Rundstabrippen zwischen seitlichen Wulsten getragen werden. Im Obergeschoß liegt über der flachen Portalhalle eine wohl als Herrschaftsempore konzipierte, gedrückt spitzbogige Arkade mit einem vorn und hinten von Gurtbögen auf Säulchen begrenzten Tonnengewölbe. Den dahinter gelegenen Raum teilten rundbogige Gurte auf Wandvorlagen in drei Joche mit auf Eckdiensten bzw. Konsolen ruhenden Kreuzgratgewölben, von denen nur das mittlere erhalten blieb oder fertiggestellt wurde; das südliche Joch hat ein Kreuzgratgewölbe, das nördliche ist ungewölbt. Ein rundbogiges Stufenportal mit Tympanon in der Südwand führte zum südlich anschließenden (nicht mehr erhaltenen) Pfalz- oder Klausurgebäude, zwei weitere saßen urspr. in Wandvorlagen mit flankierenden Säulchen und öffneten sich zu den nach unten bzw. in einen wohl nur geplanten romanischen

*Linke Seite: Bergen, Pfarrkirche St. Marien, Blick durch das Mittelschiff nach Westen;*

*Rechte Seite: Bergen, Pfarrkirche St. Marien, romanische Wandmalerei an der Chorsüdwand*

Mittelturm führenden Treppen zwischen den zwei Mauerschalen. Nach dem Umbau der Kirche A. 14. Jh. und ihrer gotischen Einwölbung ist sonst nur noch im Querhaus dessen romanischer Charakter deutlicher erkennbar geblieben. Die kreuzförmigen Vierungspfeiler besitzen verkröpfte Basen mit Eckknollen, ihnen vorgelegt sind kräftige Halbsäulen mit schlanken Trapezkapitellen, deren oberes Abschlußprofil als Wulst die Pfeiler umläuft; von den romanischen Vierungsbögen mit untergelegten Gurten blieben nur der südliche und nördliche erhalten. Kürzere Halbsäulen an den westlichen Vierungspfeilern und an den gegenüberliegenden Seitenschiffswänden tragen bzw. trugen die Scheidbogen zum jeweils östlichsten Seitenschiffsjoch; über den Halbsäulen stehen auf der Westseite der Vierungspfeiler seit A. 14. Jh. dreiseitige Pfeilervorlagen, die mit den gleichzeitig errichteten achseitigen Freipfeilern des Langhauses über flachen Kämpferplatten die Scheidbogen und im Mittelschiff unter die Ansätze der Kreuzrippengewölbe gestellte kurze Wandvorlagen tragen; in den Seitenschiffen gehen die Gewölbe an den Außenwänden direkt aus ihnen hervor, im Querhaus ruhen sie auf Konsolen. Daß im 13. Jh. beim Fortbau des basilikalen Langhauses ein Wechsel in der Gestalt der Pfeilervorlagen zumindest geplant war, bezeugen die bei der Vermauerung des wohl unvollendet gebliebenen südöstlichsten romanischen Freipfeilers ausgesparten, einen Kantenstab einfassenden beiden Dreiviertelsäulen auf einem aus Fußplatte, drei Halbsäulchen und wulstförmigem Kissen bestehenden Sockel, die an Vorbilder aus dem dänischen Seeland erinnern; einen entsprechenden Vergleich läßt zudem ein kämpferartiges Profil zu, das die Rundbogenöffnungen der ehem. Nebenapsiden des Querhauses mit den östlichen Vierungspfeilern verbindet. Die jetzt von den gotischen Gewölben überschnittene szenische Wandmalerei in Chor und Querhaus wurde um 1200 geschaffen, 1896 bis 1902 entdeckt, restauriert und frei ergänzt. Die Chorseitenwände tragen großflächige Darstellungen von Paradies und Hölle, darüber Bildzonen mit Szenen des Marienlebens und eschatologischen Themen, die Querhauswände in vier übereinanderliegenden Bildreihen Ereignisse aus den Lebensgeschichten Mose und Christi, daneben einzelne Heiligengestalten. Die figürliche und ornamentale Bemalung der Gewölbe kam mit Aussnahme der Deesis vom E. 15. Jh. am östlichsten Mittelschiffsgewölbe um 1900 neu hinzu. Die inkrustationsartige Architekturfarbigkeit der urspr. romanischen Bauglieder wurde nach geringen Befunden um 1900

rekonstruiert, die gemalte Quaderung der Wände wiederholt den Zustand vom A. 14. Jh., die ornamentale Malerei in Langhaus und Apsis greift die Reste mittelalterlicher Befunde auf.

*Ausstattung:* Altarrückwand mit seitlichen Durchgängen, Bandelwerkdekor und von Säulen getragenen Segmentbogengiebeln über Architraven, um 1730. Im Hauptfeld ein Gemälde mit der Kreuzigung Christi, darunter ein kleineres mit dem Abendmahl; das von Pilastern und Ohren gerahmte hohe Bekrönungsfeld mit gemalter Berglandschaft kam um 1770 hinzu, gleichzeitig die Figuren einer Himmelfahrtsgruppe und seitliche Cherubköpfe mit Gesetzestafeln bzw. Abendmahlskelch. – Die Schranke mit gewundenen Säulen entstand um 1730. Kanzel mit Portal, Aufgang und Schalldeckel 1775 von Jacob Freese, Stralsund. Die Brüstungen von Aufgang und Kanzel sind in Felder gegliedert, dazu Rocailledekor; den Korb stützt eine Volutenkonsole mit Engelwolke und Inschriftkartusche, vor der Brüstung mit dem Wappen der v. Putbus sitzen die Figuren der Evangelisten; an der Rückwand mit Klappsitz ein Kruzifix aus dem 19. Jh. Auf dem Giebel des Schalldeckels sitzen Engelputten, auf den Voluten der Strebekrone allegorische Frauenfiguren unter einer Engelwolke mit Gesetzestafeln und Auge Gottes. Den Giebel des Aufgangsportals bekrönt die Figur des segnenden Christus, die Tür schmückt außen als Relief ein Obelisk mit aufgeschlagenem Buch, innen eine gemalte Inschriftkartusche. Taufe, die achtseitige Kuppa aus Granit mit prismatischem Unterteil 14. Jh., Schaft und Fuß aus Holz sind spätere Ergänzungen. Orgel. Dem neobarocken Prospekt von 1896 wurden zwei weibliche Figuren und Ornamentteile eines Prospektes von 1720 eingefügt. Das Werk schuf 1909 Barnim Grüneberg, Stettin, und veränderte zuletzt 1955 Barnim Grüneberg, Greifswald. – Die neogotische Orgelempore aus Backstein wurde 1896 errichtet. Altarkruzifix E. 17. Jh. mit Elfenbein-Korpus und Kreuz aus Ebenholz, in den silbernen Rollwerkbeschlägen gefaßte Rubine. Uhrziffernblatt, M. 18. Jh., von zwei Genien gehalten und einem Totengerippe bekrönt, darunter ein gemaltes Blattgehänge. Zwei eine geschnitzte Draperie haltende Engelfiguren, A. 18. Jh., wohl von einem Altar- oder Orgelprospekt. Pastorenporträts um 1740. Auf einem Gemälde die Brustbilder von A. Ritter, J. J. Pistorius, gest. 1732, B. Gebhard und A. Brunnemann in schmalen Rahmen um einen Kruzifixus angeordnet. Porträt C. L. Droysen, 1828 von J. Neitmann. Gemälde »Gethsemane«, 1856 von A. Kaselowski, Berlin. Glasmalerei um 1900. Der »Gute Hirte« in Architekturrahmung. Teil des Rücklakens einer Ehrenbank, um 1300 wohl in einer Lübecker Werkstatt geschaffen. Leinentuch mit Woll- und Seidenstickerei, zwei Reihen achteckig gerahmter szenischer Darstellungen aus einem Ritterepos. Drei Kelchtücher, Leinen, 1634, 1644 und 18. Jh. mit Plattstickerei in Seide mit Gold- bzw. Silberfäden; zwei Kelchtücher, Seide, 18. Jh. und 1788, mit Plattstickerei, als Dekor florale Motive und Kreuzeslamm. Emporenbrüstung vom 1623 abgebrochenen Bürgerchor unter der Orgel, A. 17. Jh., die Rundbogenfelder der Brüstung auf seitlichen Pilastern. Zwei ehem. Beichtstühle um 1730. Verschläge, die Brü-

*Bergen, Pfarrkirche St. Marien, gotisches Rücklaken mit szenischer Stickerei (Ausschnitt) sowie romanischer Kelch und slawische Grabplatte an der Außenseite der Turmwestwand*

stungen mit Felderteilung, der Oberteil zwischen Pilastern verglast, über dem Architrav Lunettengiebel mit Akanthus, Lambrequins, Wappen und reichem figürlichem Dekor. Zwei Truhen, wohl 16. Jh., mit Eisenbändern. Kelch, Gold und Silber vergoldet mit Perlen und Halbedelsteinen, um 1275 wohl in einer Lübekker Werkstatt geschaffen. Fuß, Schaft, Knauf und die mit flachen Frauenköpfen besetzte Kuppa sind rund und mit gegossenen Stegen sowie filigranem Rankendekor aus gekörntem Golddraht in symmetrischen Mustern belegt, dazwischen sitzen die gefaßten Perlen und Halbedelsteine. Zwei Kelche 1582 und 16. Jh. Der erste trägt am Fuß getriebene Reliefszenen aus der Passion Christi, am Schaft Wappen und Vegetabilien, Knauf und Kuppakorb sind mit getriebenen Fruchtbündeln, Schweifwerk und Cherubköpfchen dekoriert;

den zweiten zieren Wappenreliefs und vegetabilischer Dekor. Krankenkelch, Silber, 18. Jh. Zwei Patenen, Silber, 1744 und 1832. Zwei Kelche, Zinn, 18. Jh., der eine mit Patene. Ovale Oblatendose, Silber, M. 17. Jh. Weinkanne, Silber, 1624, der zylindrische Körper mit gewölbtem Fuß, geschweiftem Henkel und abgestuftem Deckel, der Schweifwerkdekor und zwei Figürchen auf dem Deckel und seinem Scharnier sind gegossen, ovale Medaillons am Kannenkörper mit Landschaften und allegorischen Figuren graviert. Taufschale, Messing, 18. Jh., im Spiegel ein springender Hirsch. Zwei Taufschalen, Silber, M. 17. Jh. und 1843. Kollektenschale, Messing, 18. Jh. Zwei Leuchterpaare, Messing, 2. V. 17. Jh. und 18. Jh. Das ältere mit stark gewölbtem Fuß, Knauf am säulenförmigen Schaft und tiefem Tropfteller, dazu getriebener Dekor aus Blattleisten und Eierstab. Drei Kronleuchter, Messing, 1611, M. 17. Jh. und 1691. An den Schäften Doppeladler, Löwenkopf mit Zugring aus zwei Delphinen, Ritterfiguren und stilisierte Seepferdchen, an den Armen flache bärtige Männerköpfe. Drei Wandleuchter, Messing gegossen, 1614, 1627, 1670. Vor dem runden Wandteller jeweils ein Haupt- und zwei abzweigende Nebenarme, als Dekor Cherubkopf oder die Arme als Delphine ausgebildet oder eine geschmiedete Ranke als Strebe. Wandleuchter, Messing getrieben, 1705, am Wandteller Blumendekor, am Mittelarm Zunftwappen. Zweiarmiger Wandleuchter, Schmiedeeisen, M. 17. Jh. Drei Glocken, 1445; 1849 von Simon Zach und 1859 von Eduard Zach, beide Stralsund. Sog. Wolf, Eisen, 15. Jh., großes zangenartiges Werkzeug zum Aufheben schwerer Lasten. Slawische Grabplatte, Granit, 3. V. 12. Jh., annähernd spitzbogige Platte mit dem Relief eines Mannes mit kaftanartigem Gewand, spitzer Mütze und vor dem Oberkörper gefalteten Händen, die ein wohl nachträglich ausgearbeitetes Kreuz halten. Vier Grabplatten: Für Äbtissin Elisabeth v. Pommern-Wolgast, gest. 1473, mit eingeritzter frontaler Darstellung der Verstorbenen unter einem Baldachin; für J. v. Barnekow, gest. 1580, und für L. v. Barnekow, gest. 1610, jeweils mit ausgegründeten Allianzwappen und Inschriften; für Ph. v. Krassow und Frau um 1800, das Allianzwappen und die Inschrift ausgegründet. Epitaph H. B. v. Quatzen, gest. 1744. Sein Wappen mit Trophäenschmuck, Akanthus- und Bandelwerkdekor, die Inschrift darunter ist als Draperie ausgebildet. Nördlich von der Kirche der Grabstein für C. Warnkros, gest. 1802, die Grabplatte für C. Ph. G. Gunther, gest. 1827, sowie 12 Grabstelen von 1742 bis 1829.

KLOSTERHOF Von der etwas nördlicher gelegenen Klausur des 1193 gegründeten Nonnenklosters und den nach dessen Umwandlung in ein weltliches Fräuleinstift 1538 auf dem benachbarten Klosterhof errichteten Gebäuden (die ehem. Propstei wurde 1605–1611 zum herzoglichen Jagdschloß ausgebaut und diente später als Amtshaus) ist mit Ausnahme der vormals zum Refektorium gehörenden Umfassungswände eines als Pförtnerhaus bezeichneten eingeschossigen Backsteingebäudes mit Krüppelwalmdach praktisch nichts erhalten geblieben. Zwei im rechten Winkel zueinander stehende zweigeschossige TRAUFENHÄUSER aus verputztem Backstein von 1732 bis 1736 mit Eckquaderung, Krüppelwalmdächern und rückwärtigen Aborterkern enthalten jeweils vier über beide Geschosse reichende Wohnungen, deren Raumstruktur fast unverändert blieb. – Die »Klostermauer« aus dem 18. Jh.

KATHOLISCHE KIRCHE um 1912 begonnen und 1938 fertiggestellt. Neogotische dreijochige Saalkirche mit hoher westlicher Portalvorhalle, ungleich breiten Seitenschiffen und querschiffartigem Zwischenbau vor dem Chor mit polygonalem Ostschluß und Nordsakristei; am nördlichen Seitenschiff ein polygonaler Treppenturm, über der »Vierung« ein Dachreiter; die Dächer nach Norden und Osten gewalmt. Im Innern Kreuzgratgewölbe und ein Sterngewölbe über der »Vierung«. – Die Ausstattung nach 1938 erneuert.

### *Wohn-, Geschäfts- und Amtsgebäude*

Die Entwicklung der Stadt ging auch in Bergen vom Markt und den seit Jahrhunderten annähernd radial auf ihn zulaufenden sechs urspr. Zugangsstraßen aus. Das Alter der bis heute erhaltenen Wohnhäuser geht mit Ausnahme weniger Gebäude am Markt und vereinzelten Kellern an den Zugangsstraßen höchstens bis in das 18. Jh. zurück, die älteren Gebäude verschwanden schon in den vorausgegangenen Jahrhunderten durch Stadtbrände oder reguläre Substanzerneuerungen. In den Randbezirken der Altstadt dominierten fünfachsige Traufenhäuser, im Stadtkern des hier kostbareren Baugrundes wegen zumindest seit dem A. 19. Jh. die Giebelhäuser. In der Regel sind sie alle eingeschossige Fachwerkgebäude mit verputzten Fassaden; sie haben durchgehende Mittelflure und ausgebaute Dachgeschosse, wobei die Traufenhäuser nur selten einen Frontispiz besitzen und an den Giebelhäusern die Straßengiebel meistens architektonisch hervorgehoben sind, die Küchen aber in rückwärtigen Anbauten liegen bzw. lagen.

*Bahnhofstraße*

Die kontinuierlich ansteigende Straße verbindet annähernd geradlinig den nordwestlich der Stadt gelegenen Bahnhof mit der auf dem Gipfel des Hügels gelegenen Altstadt. Ihre beidseitige Bebauung aus Mehrfamilienhäusern mit Ladengeschäften, Mietshäusern, wenigen Villen ist uneinheitlich und vorwiegend in der 2. H. 19. Jh. entstanden.

WOHNHAUS Nr. 37. Zweigeschossiges vierachsiges

Traufenhaus, ein Putzbau aus dem 4. V. 19. Jh. Der Grundriß wird durch einen risalitartigen Vorbau im Bereich der rechten Achse und einen in dessen Flucht gelegenen eingeschossigen rückwärtigen Flügel mit Drempelgeschoß bereichert. Das Erdgeschoß ist durch kräftigen Fugenschnitt hervorgehoben, die Fenster im Obergeschoß besitzen Faschen und Verdachungen, die Satteldächer sind mit Teerpappe gedeckt.

WOHNHAUS Nr. 45. Zweigeschossiger vierachsiger Putzbau von um 1925/30, die übereinanderliegenden Fensterachsen beider Geschosse werden durch schlanke Rundbogenblenden zusammengefaßt, im Walmdach liegt straßenseitig eine Fledermausgaube.

WOHNHAUS Nr. 48. Zweigeschossiger fünfachsiger Putzbau, von um 1900, mit hohem Sockelgeschoß und Terrassendach, die zwei linken Achsen der Straßenfront sind als Loggia mit Schleppdach vorgezogen, ein einachsiger Vorbau an der linken Hauswand erweitert das Treppenhaus, die Eckbossierungen, Gesimse und faschengerahmten Fenster unter Verdachungen sind dunkel gegen die hellen Wandflächen abgesetzt.

WOHN- UND GESCHÄFTSHAUS Nr. 50. Neobarocker zweigeschossiger und fünfachsiger Backsteinbau vom 19. Jh. mit Krüppelwalmdach. Die Segmentbogenfenster im verputzten Erdgeschoß sind z. T. Schaufenster, die rechteckigen Fenster in den darüber gelegenen steinsichtigen Geschossen sind faschengerahmt, zwei zur Bahnhofstraße gewandte Zwerchhäuser besitzen geschweifte Giebel, der polygonale Eckerker eine geschweifte Haube.

BAHNHOF am unteren Ende der Bahnhofstraße, 1883 mit dem Eisenbahnanschluß Bergens errichtet. – Das zweigeschossige Empfangsgebäude, ein neunachsiges Traufenhaus aus gelbem Backstein mit einem drei- bzw. vierachsigen, mit seinem Giebel die durchlaufende Traufe überragenden Seitenrisalit und straßenseitig einem weiteren, turmartig vortretenden Risalit besitzt gut proportionierte, im Bogenbereich von roten Backsteinen eingefaßte Rundbogenfenster. Sie kehren an dem eingeschossigen, zehnachsigen östlichen Seitenflügel mit zweiachsigem Risalit wieder. Der wohl etwas jüngere eingeschossige westliche Seitenflügel von fünf Achsen Länge und mit gleisseitigem einachsigen Vorbau ist verputzt und hat Segmentbogenfenster, die flachen Satteldächer sind mit Teerpappe gedeckt; den Bahnsteig überdeckt ein Pultdach auf Holzstützen. – Zum Bahnhof gehören noch weitere Funktionsbauten und technische Einrichtungen zur Abwicklung des Eisenbahnbetriebes.

KRANKENHAUS Calandstraße 8. Neogotischer, im 3. D. 19. Jh. errichteter zwölfachsiger Backsteinbau mit drei Geschossen und einem Drempelgeschoß unter dem Flachdach. Dunklerer Backstein im Erdgeschoß und eine gleichmäßige dunklere Bänderung in den oberen Geschossen sowie ein Formsteinfries unter der Traufe bestimmen mit den auf Konsolen ruhenden Türmchen an den Ecken und dem von einem Dreieckgiebel bekrönten Mittelrisalit der Straßenfront die Gliederung der Fassaden.

*Linke Seite: Bergen, Wohnhaus Bahnhofstraße 48*

*Rechte Seite: Bergen, Wohn- und Geschäftshaus Bahnhofstraße 50*

WOHNHAUS Billrothstraße 3. Dreigeschossiger Putzbau von um 1900, dessen im Kern rechteckiger Grundriß durch mehrere Anbauten mit separaten Giebeldächern verunklärt wird.

LANDRATSAMT Billrothstraße 5. Um 1900 errichteter zweigeschossiger und neunachsiger Putzbau mit flachem Walmdach, straßenseitigen Lukarnen und einem rechts im rechten Winkel anschließenden dreiachsigen Seitenflügel. Am Hauptbau sind die drei mittleren Achsen beider Traufseiten unter einem Frontispiz mit Dreieckgiebel leicht vorgezogen, das Erdgeschoß überzieht ein kräftiger Fugenschnitt, im Obergeschoß liegen die von Faschen gerahmten Fenster unter Dreiecksverdachungen, die mittlere Achse des Obergeschosses öffnet sich hier straßenseitig auf einen von Säulen getragenen Altan, unter dem der Eingang liegt.

*Dammstraße*

Die den Stadthügel von Südwesten erklimmende, auf den Markt führende alte Zufahrtsstraße ist wohl seit dem 16. Jh. bebaut gewesen; jetzt bestimmen in ihrem oberen Teil schmale Parzellen mit dicht gereihten eingeschossigen und vorwiegend giebelständigen Häusern aus dem 19. Jh. das Straßenbild. Ihre Sockel und Treppenpodeste gleichen das starke Gefälle der Straße aus.

WOHNHAUS Königstraße Nr. 2. Es besitzt eine gut erhaltene Haustür vom A. 19. Jh.

*Markt*

Urspr. wohl nur von repräsentativen Gebäuden umstellt, bietet der geräumige, nach Südosten bis zur Marktstraße reichende Platz heute das Bild einer sehr unterschiedlichen Bebauung. Die ältesten erhaltenen Häuser stehen im nordöstlichen Bereich des Marktes und stammen im Kern noch aus dem 17. und 18. Jh., die übrigen architektonisch bemerkenswerten Häuser wurden zumeist im 19. Jh. und im frühen 20. Jh. errichtet.

WOHNHAUS Nr. 6. Das dreigeschossige Eckgebäude vom A. 20. Jh. ist ein reich gegliederter Putzbau von neun zu vier Achsen mit die Ecken der zum Markt gerichteten Hauptfront betonenden zweigeschossigen polygonalen Erkern vor den Obergeschossen und entsprechenden balkonartigen Loggien in der Mitte der Fronten. Das Mansarddach ist ausgebaut und hat zum Markt einen breiten mittleren Frontispiz; Lukarnen und ein niedriges turmartiges Geschoß mit Helmdach über dem Eckerker ergänzen den Ausbau.

GASTSTÄTTE UND WOHNHAUS Nr. 14. Ein um 1900 errichtetes dreigeschossiges Traufenhaus aus rotem Backstein mit aufgeputzten hellen Lisenen, Gesimsen, Fensterfaschen und -rahmungen. Vor der Mittelachse des Obergeschosses liegt ein dreiseitiger Erker, der einen vor dem zweiten Obergeschoß gelegenen Altan trägt; über der zweiten und vierten Achse erheben sich schmale Blendgiebel, dahinter über den mittleren drei Achsen ein hohes Walmdach; seitlich liegen flache Satteldächer; der dreiachsige Vorbau im Erdgeschoß ist möglicherweise jünger.

GASTHAUS »RATSKELLER« Bis 1862 Rathaus; ein zweigeschossiger Putzbau, dessen in Fachwerk errichte-

ter Kern wohl um 1700 entstand, danach aber im 19. Jh. und bis in die Gegenwart mehrere Um- und Ausbauten erfuhr.

Sog. HÄNGENDE GÄRTEN hinter den Häusern Marktstraße 9–15. Der hier steil abfallende Stadthügel wurde wohl schon seit der 2. H. 15. Jh. durch die Anlage von Terrassen mit Stützmauern aus Feldstein oder Backstein für Gärten nutzbar gemacht.

RADDAS-PARK am Ende der Raddasstraße. Der ehem. Stadtanger im Nordwesten von Bergen wurde 1830 in eine hügelig bewegte Parklandschaft mit festen Wegen und Treppen, waldartigem Baumbestand und weitem Blick nach Westen umgestaltet.

AMTSGERICHT UND GEFÄNGNIS an der Schul- und der Billrothstraße. Das um 1900 errichtete Amtsgericht ist ein neogotischer zweigeschossiger Backsteinbau mit einer durch zwei große dreiteilige Obergeschoßfenster in Spitzbogenblenden und einen Stufengiebel reich gegliederten Giebelwand zur Schulstraße. Die Traufseite zur Billrothstraße läßt an veränderten Fenstergruppierungen und einem dazwischengesetzten Stufengiebel zwei zeitlich wenig differierende Bauphasen erkennen. In der Schulstraße stellt ein zweigeschossiger neogotischer Rundturm mit spitzem Helm und einem kurzen Anbau die Verbindung zu einem siebenachsigen zweigeschossigen Putzbau her, an den sich der ebenfalls aus Backstein errichtete dreigeschossige Gefängnisbau mit vier paarweise angeordneten schlanken Fensterblenden, segmentbogigen Zellenfenstern und zwei mit Türmchen besetzten Dreieckgiebeln anschließt.

*Linke Seite: Bergen, Gaststätte und Wohnhaus Markt 14 und Amtsgericht Schulstraße 1 von Südosten*

*Rechte Seite: Bergen, Wohnhaus (Superintendentur) Billrothstraße 1 sowie Wohnhaus Joachimsberg 9 und Küsterhaus Kirchplatz 1*

Den Typus der vor allem in der ersten Hälfte des 19. Jh. errichteten eingeschossigen, in der Regel fünfachsigen Traufenhäuser aus Fachwerk mit massiv verblendeten und verputzten Straßenfronten und einem Krüppelwalmdach vertreten in unterschiedlicher Vollkommenheit heute noch in der *Billrothstraße*

WOHNHAUS Nr. 1, das Gebäude der SUPERINTENDENTUR. Siebenachsiger Putzbau von 1752 mit qualitätvoller Dielenverglasung von um 1900.

WOHNHAUS Nr. 6. Putzbau vom E. 18. Jh. mit straßenseitigem zweiachsigen Frontispiz.

WOHNHAUS Nr. 12. Putzbau von um 1800.

WOHNHAUS Nr. 17. Geburtshaus des Chirurgen Theodor Billroth, stattlicher neunachsiger Putzbau aus dem 18. Jh. mit Krüppel-Mansarddach.

In der Dammstraße WOHNHAUS Nr. 29. Fachwerkbau. WOHNHAUS Nr. 31. Putzbau; beide aus der 1. H. 19. Jh.

In der Kirchstraße Nr. 3, das PFARRHAUS. Fachwerkgebäude aus dem 3. D. 18. Jh.

In der Marktstraße WOHNHAUS Nr. 16 aus dem 2. D. 19. Jh. mit einem Frontispiz.

In der Vieschstraße WOHNHAUS Nr. 9 aus dem 1. D. 19. Jh.

Eingeschossige Traufenhäuser mit Satteldächern sind in der Bahnhofstraße WOHNHAUS Nr. 64, 2. H. 19. Jh.

In der Dammstraße WOHNHAUS Nr. 8. Putzbau aus der 1. H. 19. Jh.

In der Gadmundstraße WOHNHAUS Nr. 8 aus dem 1. D. 19. Jh.

Am Joachimsberg WOHNHAUS Nr. 3 von 1886 und WOHNHAUS Nr. 9. Putzbau aus der 1. H. 19. Jh. mit rückwärtigen Hofgebäuden aus Fachwerk.

Am Kirchplatz WOHNHAUS Nr. 1, das nach einem Inschriftbalken auf 1582 datierte PFARRWITWENHAUS, ein sechsachsiger Fachwerkbau.

In der Ringstraße WOHNHAUS Nr. 46 aus dem 1. D. 19. Jh. mit einem hofseitigen Fachwerkanbau.

Vor allem im Bereich des Marktes, an seinen Straßeneinmündungen und in der Bahnhofstraße wurden im 19. Jh. nicht selten auch zweigeschossige Traufenhäuser

als Putzbauten mit in der Regel durch Putzquaderung, kräftige Gesimse, Fensterfaschen und -verdachungen gegliederten Straßenfassaden und flachen Satteldächern errichtet. Einige davon blieben bis auf erneuerte Fenster und spätere Ladeneinbauten verhältnismäßig unverändert erhalten.

In der *Bahnhofstraße* WOHNHAUS Nr. 2. Siebenachsiger Putzbau aus der M. 19. Jh.

WOHNHAUS Nr. 5. Sechsachsiger Putzbau vom E. 19. Jh.

WOHNHAUS Nr. 18. Sechsachsiger Putzbau aus der 2. H. 19. Jh. mit einem Drempelgeschoß und einer über der Mittelachse gelegenen giebelartigen Anhebung der Traufe.

WOHNHAUS Nr. 29. Vierachsiger schlanker Putzbau vom E. 19. Jh., im hohen Krüppelwalmdach ein zweiachsiger Frontispiz, einem niedrigeren seitlichen Anbau ist straßenseitig eine zweigeschossige laubenartige Loggia vorgelegt.

WOHNHAUS Nr. 35. Sechsachsiger Putzbau vom E. 19. Jh. mit lisenengegliedertem Obergeschoß.

WOHNHAUS Nr. 51. Sechsachsiger Putzbau aus der 2. H. 19. Jh. mit einachsigem Frontispiz.

WOHNHAUS Nr. 53. Vierachsiger Putzbau mit einem Zeltdach, ein links anschließender zweiachsiger Anbau von gleicher Höhe ist flach gedeckt.

WOHNHAUS Nr. 54. Sechsachsiger Putzbau aus der 2. H. 19. Jh., die Straßenfront wird durch eine kräftige Mittellisene geteilt.

WOHNHAUS Nr. 57. Fünfachsiger Putzbau aus dem 3. V. 19. Jh., über der Mittelachse liegt im Dach eine große Gaube.

WOHNHAUS Nr. 61. Sechsachsiger Putzbau aus dem 3. D. 19. Jh., mit Drempelgeschoß, großformigem Putzschnitt und Segmentbogenfenstern im Erdgeschoß und in der linken Achse gelegenem Eingang.

In der Billrothstraße WOHNHAUS Nr. 2. Sechsachsiger Putzbau aus der 2. H. 19. Jh., die Straßenfront wenig gegliedert, die Rückfront sehr verbaut.

In der Breitsprecherstraße WOHNHAUS Nr. 1. Fünfachsiger Putzbau aus dem 3. V. 19. Jh.

In der Dammstraße WOHNHAUS Nr. 19. Fünfachsiger Putzbau aus der M. 19. Jh.

WOHNHAUS Nr. 47. Sechsachsiger Fachwerkbau mit verputzter Straßenfront, um 1880, am linken Ende eine Torfahrt.

*Am Markt* WOHNHAUS Nr. 1, die ehem. MOLKEREI. Vierachsiger Putzbau aus dem E. 19. Jh., mit hohem Krüppelwalmdach und einem rückwärtigen Anbau in Fachwerk.

WOHNHAUS Nr. 17. Stattlicher fünfachsiger Fachwerkbau aus der M. 18. Jh., die Straßenfront wurde verputzt und modern durchgebaut.

WOHNHAUS Nr. 21. Sechsachsiger Fachwerkbau von um 1800, die Straßenfront ist verputzt.

In der Marktstraße WOHNHAUS Nr. 10. Fünfachsiger Putzbau von um 1835, die Straßenfront mit einem zweiachsigem mittleren Frontispiz.

Auch für die vor allem am Marktplatz über das 18. und 19. Jh. hin mit unterschiedlich aufwendig gestalteten Hauptfronten errichteten Giebelhäuser gilt, daß sie zumeist als Fachwerkbauten errichtet wurden und dann zuweilen rundum verputzt wurden, häufiger aber eine in der Regel architektonisch gegliederte Straßen- oder Platzfassade aus verputztem Backstein vorgeblendet er-

*Linke Seite: Bergen, Wohnhaus Dammstraße 44*

*Rechte Seite: Bergen, Wohnhaus Markt 23*

hielten. Als typische Beispiele können trotz partieller Veränderungen noch folgende Giebelhäuser gelten.

In der Bahnhofstraße WOHNHAUS Nr. 60. Eingeschossiger vierachsiger Putzbau aus der M. 19. Jh., mit einem an der rechten Traufseite gelegenen jüngeren Anbau aus polygonaler Veranda, überdachtem Altan und darübergelegenem Frontispiz.

In der *Dammstraße* WOHNHAUS Nr. 43. Eingeschossiger fünfachsiger Backsteinbau vom E. 19. Jh., mit verputztem, durch Pilaster, Gesimse und Fensterfaschen kräftig gegliederten Straßengiebel; vor dem Haus liegt eine seitliche Freitreppe, rückseitig ein gleichzeitiges Hofgebäude aus Fachwerk.

WOHNHAUS Nr. 44. Eingeschossiger fünfachsiger Backsteinbau aus der 2. H. 19. Jh., den verputzten Straßengiebel zieren breite Einfassungsbänder, Fensterfaschen und Verdachungen; vor dem Haus liegt ein breites Podest mit seitlicher Treppe.

Am Joachimsberg WOHNHAUS Nr. 5. Zweigeschossiger dreiachsiger Fachwerkbau von um 1800, das Erdgeschoß des Straßengiebels wurde in Backstein erneuert.

In der Kirchenstraße WOHNHAUS Nr. 1. Urspr. auch als Bäckerei dienender zweigeschossiger sechsachsiger Putzbau aus der 2. H. 19. Jh., der straßenseitige Stufengiebel mit einem großen Schaufenster kam 1930 hinzu; im Innern die über beide Geschosse reichende Backstube mit dem urspr. Backofen und die Treppe mit Traillengeländer.

In der Königstraße WOHNHAUS Nr. 18. Eingeschossiger vierachsiger Putzbau aus der 1. H. 19. Jh., im aus der Mittelachse gerückten Eingang die urspr. Haustür, rechts schließt ein zurückgesetzter gleichzeitiger Nebenflügel an.

*Am Markt* WOHNHAUS Nr. 4. Zweigeschossiger fünfachsiger Putzbau vom E. 19. Jh., den marktseitigen Stufengiebel zieren ein neogotischer steigender Fischblasenbogenfries und Ecktürmchen.

WOHNHAUS Nr. 9. Zweigeschossiger fünfachsiger Putzbau aus der 1. H. 19. Jh. mit Krüppelwalmdach und von ungewöhnlicher Länge, der marktseitige Giebel jedoch stark verändert.

WOHNHAUS Nr. 15. Zweigeschossiger fünfachsiger Putzbau von 1746 bis 1755 mit einem Walmdach, der marktseitige Giebel mit Lisenengliederung erhielt im Erdgeschoß zwei Schaufenster, hinter dem Haus schließt ein zweigeschossiger Fachwerkflügel mit Satteldach an.

WOHNHAUS Nr. 16. Zweigeschossiger vierachsiger Fachwerkbau aus der M. 18. Jh., die vorgeblendete marktseitige Putzfassade von um 1860 ist durch Gesimse und faschengerahmte Fenster unter Verdachungen gegliedert.

WOHNHAUS Nr. 18. Eingeschossiger fünfachsiger Fachwerkbau aus der M. 18. Jh., die vorgeblendete Marktfront besitzt einen leicht geschweiften Giebel mit kräftiger Gesimsteilung und Lünettenbekrönung.

WOHNHAUS Nr. 23. Zweigeschossiger vierachsiger Fachwerkbau wohl noch aus dem 17. Jh. (eine Balkeninschrift mit »1538« datiert wohl zu früh) mit Krüppelwalmdach, im Erdgeschoß des marktseitigen Giebels liegen jetzt die zwei Schaufenster eines Ladengeschäftes, zwei dreigeschossige Anbauten mit parallelen Satteldächern am rückwärtigen Giebel des Hauses bewirken zugleich eine Giebelverbreiterung um eine Achse.

WOHNHAUS Nr. 28. Zweigeschossiger vierachsiger Putzbau, wohl aus dem 18. Jh., der Keller mit Kreuzgratgewölben und Teile der Umfassungswände stammen noch aus dem 16. Jh., die zweiflügelige Haustür aus dem A. 19. Jh.

In der *Marktstraße* WOHNHAUS Nr. 14. Eingeschossiger fünfachsiger Putzbau aus dem 2. V. 19. Jh. mit Krüppelwalmdach und z. T. verändertem Erdgeschoß am marktseitigen Giebel, dessen aus der Mittelachse gerückter Eingang noch die urspr. Haustür besitzt; die Dielenverglasung mit qualitätvollem Dekor vom E. 19. Jh., an die Rückseite des Hauses schließen zwei zweigeschossige Backsteingebäude an.

WOHNHAUS Nr. 15. Zweigeschossiger vierachsiger Fachwerkbau aus dem 2. V. 19. Jh. mit vorgeblendeter Marktfront, stark durchgebautem Erdgeschoß und klar gegliedertem Giebel, an die Rückfront schließen ein Backstein- und ein Fachwerkflügel an.

In der *Vieschstraße* WOHNHAUS Nr. 3. Eingeschossiger fünfachsiger Putzbau aus der 2. H. 19. Jh. mit einem kräftig gegliederten straßenseitigen Giebel.

WOHNHAUS Nr. 4. Eingeschossiger, urspr. vierachsiger Putzbau aus dem 3. D. 19. Jh. mit kräftigem Fugenschnitt, Segmentbogenfenstern im Erdgeschoß und dominierenden rechteckigen Fenstern zwischen kleinen Rundbogenfenstern im reich durch Lisenen, Gesimse, Putzblenden und faschengerahmte Fenster gegliederten straßenseitigen Giebel.

MAHNMAL für die Opfer des antifaschistischen Widerstandes am Stedaler Weg und der Vieschstraße. Am Schnittpunkt dreier Parkwege gelegen, steht ein behauener Granitblock mit Inschrift und OdF-Symbol innerhalb eines Rondells auf einem Erdhügel mit Freitreppe.

EHRENFRIEDHOF für die hier bestatteten Soldaten der Roten Armee am unteren Ende der Bahnhofstraße. Hochliegendes, über eine Freitreppe zugängliches und parkartig umgrenztes Rondell mit schlichtem Monument, einem Gemeinschaftsgrab, Einzelgräbern und

plattenbelegtem Vorplatz mit zwei flankierenden gemauerten Pfeilern.

DENKMAL für die hier bestatteten Toten der Befreiungskriege 1812 bis 1815 auf dem Rugard, 1853 errichtet und 1913 erneuert. Ein auf zwei hohen Stufen stehendes Podest trägt eine Säule ohne Kapitell mit zwei Inschriften.

KRIEGERDENKMAL Auf dem Rugard, wohl nach 1920 errichtet. Über eine Freitreppe erschlossener und von einer Ringmauer mit fünf in sie integrierten jeweils die Namen der in einem der Kriegsjahre gefallenen deutschen Soldaten tragenden dreiseitigen Pfeilern umschlossener Platz. In seiner Mitte eine Linde, bei der Treppe ein weiterer Pfeiler mit »1914–1918«.

RUGARD Der bis um 1830 unbewaldete mächtige Burgwall der slawischen Rügenfürsten wurde danach unter Fürst Malte von Putbus parkartig aufgeforstet. Im Innern des Walles steht auf seiner höchsten Stelle der ERNST-MORITZ-ARNDT-TURM Auf einem gärtnerisch gestalteten Hügel mit Freitreppe 1869 bis 1878 nach Plänen von Hermann Eggert errichteter viergeschossiger runder Aussichtsturm aus Backstein. Das ausladende Sockelgeschoß mit umlaufender Galerie gliedern Segmentbogennischen, das zweite Geschoß belichten hohe Rundbogenfenster, die im dritten Geschoß zu Rundbogenarkaden einer gedeckten Galerie wurden, das vierte Geschoß mit gußeiserner Wendeltreppe und Aussichtsgalerie trägt eine Dachkuppel.

## Bessin

KAPELLE Leicht gestreckter Achteckbau aus Backstein über verputztem Sockel, unter dem polygonalen Walmdach ein Putzband, zwei der Spitzbogenfenster mit profilierter Laibung und das Westportal zugesetzt, 3. V. 15. Jh. Vor der westlichen Dachfläche ein hölzerner Glockenerker aus dem 17. Jh. mit Satteldach. Im Innern barock bemalte Bretterdecke mit Engelgruppe und Wolken, Weihwasserbecken mittelalterlich, unter den Fenstern Wandnischen. Kanzelaltar 1742 von Michael Müller, Stralsund, Gestühlreste, Glocke 15. Jh.

## Binz

Aus einem Dorf am Schmachter See hervorgegangen, entwickelte sich hier seit dem 3. V. 19. Jh. zum Ostseestrand hin das bedeutendste Seebad Rügens mit zum guten Teil noch wenig veränderten Pensions- und Hotelgebäuden von spezifischem Charakter und oft hoher architektonischer Qualität.

*Linke Seite: Bergen, Ernst-Moritz-Arndt-Turm auf dem Rugard*

*Rechte Seite: Bessin, Kapelle von Südwesten; Binz, Kirche in der Bahnhofstraße*

KIRCHE Bahnhofstraße. Die neogotische Saalkirche ohne Ost-West-Orientierung wurde 1913/14 nach einem Entwurf von O. Reichert aus Backstein errichtet. Ihr quadratischer Treppenturm mit je vier als Anklang an den Baustil der Neuen Sachlichkeit zu wertenden sehr schmalen und paarweise geordneten Spitzbogenblenden auf allen Seiten und einem Zeltdach steht nordöstlich und birgt den Chor der Kirche. Das Innere überdeckt eine Spitztonne mit Gurtrippen, die Ausstattung aus der Bauzeit wurde durch neuere Stücke ergänzt.

*Bahnhofstraße*

Die beidseitige Bebauung der Straße mit fünf- bis siebenachsigen, zwei- oder dreigeschossigen Pensionsbauten aus verputztem Backstein und dementsprechenden Loggiengeschossen an der Vorderfront setzte vor allem gegen Ende des 19. Jh. mit dem Anschluß des Badeortes an die Kleinbahn ein und entwickelte sich mehr und mehr auf den Bahnhof zu.

STALLSCHEUNE MIT WOHNTEIL Nr. 27. Das um 1800 errichtete Giebelhaus aus Fachwerk mit durchgehenden Ständern und rohrgedecktem Krüppelwalmdach ist als einziges Zeugnis des ehem. Dorfes erhalten geblieben.

HOTEL (leerstehend) Nr. 38. Die Straßenfront des um 1930 errichteten dreigeschossigen, elfachsigen Putzbaus auf hohem Sockel bestimmen zwei zu querliegenden Satteldächern gehörende Dreieckgiebel über den äußeren Fensterachsen und die Rahmung der weiter innen liegenden Fenster durch kräftige dreieckige Wandvorlagen, die auf Konsolen bzw. gewirtelten Säulchen stehen. Das Walmdachgeschoß wurde nachträglich ausgebaut, straßenseitig liegt vor der linken Hälfte des Hauses eine verglaste eingeschossige Veranda, an der Rückseite als Putzbau ein mit dem Haus verbundener achtseitiger Pavillon mit Zeltdach.

BAHNHOFS-EMPFANGSGEBÄUDE Nr. 58. Zwischen zwei jüngeren Putzbauten liegt das 1895 errichtete Empfangsgebäude aus Holz mit einer Halle, deren sichtbares Dachwerk von Holztstützen getragen wird und deren ihre ganze Breite einnehmende segmentbogige Öffnungen zur Straße und zum Bahnsteig im Bogenbereich architektonisch überzeugend verglast sind. Zu beiden Seiten schließen niedrigere einachsige Bauglieder mit Funktionsräumen an.

BUSWARTEHALLE Dollahner Straße/Proraer Chaussee. Um 1970 errichtet, gehört die aus einem als Hyparschalenkonstruktion errichteten, frei tragenden, quadratischen Dach und den verglasten Wänden auf Backsteinsockel bestehende kleine Halle zu den ersten in der DDR errichteten Bauten dieser Art.

PENSIONSHAUS »FRITHJOW« Dünenstraße 1, um 1900. Den vierachsigen vorderen Traufseiten zweier im rechten Winkel zueinander stehender zweigeschossiger verputzter Gebäudeflügel sind (jetzt verglaste) hölzerne Loggien mit vorkragenden giebeligen Überdachungen und reich verziertem, in seiner Ursprünglichkeit erhaltenem Fachwerk vorgesetzt. Den Vorgarten umgrenzt ein eisernes Gitter mit Jugendstildekor.

PENSION »VILLA HOFFNUNG« Dünenstraße 3, um 1900. Dem aus zwei rechtwinklig zueinander stehenden verputzten dreigeschossigen Kernbau mit die Traufe wenig überragenden flachen Mittelrisaliten sind zu beiden Seiten des viergeschossigen Eckturmes mit Helmdach dreigeschossige hölzerne Loggien mit verzierten Knaggen am Fachwerk vorgesetzt.

PENSIONSHAUS Dünenstraße 4, um 1900. Der Traufseite des zweigeschossigen Putzbaus ist eine zweigeschossige, jetzt im Obergeschoß verglaste und in der Mitte frontispizartig erhöhte Loggia vorgesetzt, deren schlichtes Maßwerk mit freistehenden Bögen architektonisch gut durchgebildet erscheint und wie das gesamte Haus typisch für die einfachere Binzer Bäderarchitektur ist.

PENSIONSHAUS Elisenstraße 1, E. 19. Jh. Ein zweigeschossiger Putzbau mit straßenseitig vorgesetzter zweigeschossiger Loggia aus Holz, die im Erdgeschoß zur verglasten Veranda wurde und auch im Obergeschoß mit Ausnahme der leicht überhöhten mittleren zwei Achsen mit vorkragendem, an der Front maßwerkverziertem Giebeldach und zwei hohen Arkaden verglast wurde.

PENSIONSHAUS Elisenstraße 2, um 1900. Der Kern des Hauses besteht aus zwei unterschiedlich breiten und tiefen, im Innern miteinander verbundenen dreigeschossigen Putzbauten mit flachen Dächern. An der Elisenstraße ist den beiden Obergeschossen eine auf gemauerten Pfeilern ruhende hölzerne Architektur mit verglasten, im zweiten Obergeschoß unter Dreieckgiebeln liegenden seitlichen Veranden, zwei offenen mittleren Loggien im ersten Obergeschoß und einem darüber gelegenen Verbindungsgang vorgestellt; vor den Obergeschossen des zur Hauptstraße gekehrten Gebäudeteiles liegen vor Risaliten zwei separate, wohl nachträglich verglaste hölzerne Loggien bzw. Veranden, deren Giebeldächer dekorierte Stirnbretter besitzen; auch an den Seiten verglaste Veranden; im Erdgeschoß ist die Architektur durch einen modernen Vorbau gestört.

*Hauptstraße* (ehem. Wilhelmstraße). Die zu den frühen Straßen des aufstrebenden Badeortes gehörende jetzige Hauptstraße von Binz führt vom Schmachter See im

*Linke Seite: Binz, Bahnhofs-Empfangshalle Bahnhofstraße 58 und Pension »Villa Hoffnung« Dünenstraße 3*

*Rechte Seite: Binz, Pensions- und Geschäftshaus Hauptstraße 9*

rechten Winkel auf die am Wasser gelegene Strandpromenade zu; an ihr wurden seit 1892 systematisch vorwiegend größere Pensions- und Hotelbauten, an den Ecken der sie kreuzenden Straßen auch mehrgeschossige Wohn- und Geschäftshäuser errichtet, deren oft aufwendig verzierte gemauerte Risalite oder Loggien und Balkone aus Holz und Metall das Erscheinungsbild der im Kern meist einfachen Gebäude wesentlich bereichern. Baumreihen trennen Straße und Gehsteige.

PENSIONS- UND GESCHÄFTSHAUS Nr. 9, um 1900. Dreigeschossiger sechsachsiger Putzbau mit verglasten hölzernen Loggien vor den beiden Obergeschossen, die jeweils mit den beiden äußersten Achsen risalitartig vortreten und hier unter flachen Dreieckgiebeln besonders reich dekoriert sind; das Erdgeschoß ist mit großen Schaufenstern baulich verändert.

PENSIONS- UND GESCHÄFTSHAUS Nr. 10, um 1900. Zweigeschossiger fünfachsiger Putzbau mit faschengerahmten Fenstern, dessen äußerste Achsen risalitartig vortreten und im Obergeschoß durch eine Loggia mit Balustrade verbunden sind; das Erdgeschoß mit großen Schaufenstern baulich verändert; der rechte Risalit besitzt ein drittes Halbgeschoß und tritt auch an der Rückseite vor die Hausfront, der eine hölzerne, im Obergeschoß verglaste Loggia mit je zwei rundbogigen Achsen und reichem laubsägeartigen Dekor vorgesetzt wurde.

PENSIONS- UND GESCHÄFTSHAUS Nr. 16, 1909/10. Zweigeschossiger neunachsiger Putzbau mit zwerchhausartigem Mittelgiebel über der Mittelachse der Straßenfront. Die vorgesetzte, z. T. verglaste zweigeschossige Loggia mit überhöhten, unter einem flachen Dreieckgiebel gelegenen drei Mittelachsen besitzt gußeiserne Stützen mit reichem Jugendstildekor. Das Erdgeschoß ist rechts zum Laden ausgebaut.

PENSIONS- UND GESCHÄFTSHAUS »VESTA« Nr. 18, um 1900. Dreigeschossiger sechsachsiger Putzbau mit turmartig überhöhter linker Gebäudeecke unter einem Terrassendach. Das Erdgeschoß ist an der Hauptstraße zu Läden ausgebaut, die verglasten zwei Loggiengeschosse darüber sind im ersten Obergeschoß segmentbogig geöffnet und haben im zweiten Obergeschoß links einen Dreieckgiebel über gestaffelten rundbogigen und rechts einen Segmentbogengiebel über segmentbogigen Öffnungen.

PENSIONS- UND GESCHÄFTSHAUS »ZOBLER« Nr. 19, um 1900. Dreigeschossiger Putzbau mit Ladengeschäften im Erdgeschoß und vorkragenden Loggien vor den Obergeschossen, deren verglaste seitliche Achsen mit Pilastergliederung und Blendbalustraden unter Zwerchhäusern mit Neorenaissance-Baudekor und -Giebeln liegen und offene Balkone mit Jugendstildekor flankieren; im Innern eine geschwungene Treppe mit Traillengitter. Das dreigeschossige Hinterhaus besitzt seitliche Loggien aus Holz.

*Heinrich-Heine-Straße* (ehem. Victoriastraße). Die Bebauung an der die Hauptstraße und Putbuser Straße über eine parkartige Niederung hin verbindenden Heinrich-Heine-Straße erfolgte zum größeren Teil erst am A. 20. Jh. Die hier errichteten Gebäude besitzen trotz Loggien und Balkonen eher den Charakter städtischer Villen.

PENSIONSHAUS Nr. 3, um 1900. Die Straßenfront des zweigeschossigen sechsachsigen Putzbaus mit Krüppelwalmdach bestimmen drei dreigeschossige Bauglieder: der polygonale Eckturm mit Spitzhelm, der ebenso polygonale dreiachsige Mittelrisalit mit flacher Haube und der rechteckige rechte Seitenrisalit mit einem zum ausgebauten Dachgeschoß gehörenden hohen Giebeldach; die Fenster sind faschengerahmt, an der linken Giebelseite steht ein dreigeschossiger Anbau mit Flachdach.

WARMBAD Nr. 7. Bei dem um 1900 errichteten eingeschossigen sechsachsigen Kernbau mit breiten Segmentbogenfenstern und Mansarddach treten die linken zwei Achsen risalitartig vor und liegt an der vierachsigen linken Schmalseite ein halbkreisförmiger dreiachsiger Anbau; die rechte Achse der Hauptfront ist um ein Geschoß höher und ebenfalls leicht vorgezogen. An sie schließt sich nach rechts ein jüngerer sechsachsiger zweigeschossiger Wohnflügel mit Frontispiz und seitlich davon gelegenen Veranden an, während sich an der linken Rückseite des Kerngebäudes ein langgestreckter niedrigerer Flügel anschließt; im Hof stehen weitere Funktionsgebäude, zu denen zwei viereckige Heizungsschornsteine gehören.

PENSIONSHAUS Nr. 8, um 1900. Dem zweigeschossigen sechsachsigen Putzbau mit hohem Krüppelwalmdach ist eine reich gegliederte, z. T. verglaste zweigeschossige hölzerne Loggia vorgesetzt, die über den mittleren beiden Achsen ein frontispizartiges drittes Geschoß erhielt, dessen Fachwerk besonders vielfältig dekoriert ist.

PENSION »HAUS ZUM HOPFENKRANZ« Jasmunder Straße 1, um 1900. An diesem zweigeschossigen Putzbau mit die Tiefe des Hauses einnehmendem linken dreigeschossigen Seitenrisalit liegen die dreigeschossigen hölzernen Loggien an den Giebelseiten, die Giebelscheitel zieren dekorierte Stirnbretter.

PENSIONSHAUS Jasmunder Straße 3, um 1900. Dreigeschossiger vierachsiger Putzbau mit Fugenschnitt, Gesimsen und faschengerahmten Fenstern sowie einem linken einachsigen Seitenrisalit, dessen viertes Halbgeschoß unter einem flachen Satteldach liegt; ihm entspricht die rechte Achse der der übrigen Straßenfront vorgelegten dreigeschossigen, z. T. verglasten Loggia mit laubenartig gezimmertem Maßwerk und Brettbalustraden; gleiche Loggien besitzen auch die Rückseite und die Giebelseiten des Hauses.

Ehem. ELEKTRIZITÄTSWERK Jasmunder Straße 13, 1904. Dem zweigeschossigen dreiachsigen Putzbau des Hauptgebäudes mit Lisenen, Gesimsen und um die hohen Rundbogenfenster gelegten Rahmungen aus rotem Backstein ist ein vergleichbar gestalteter eingeschossiger Anbau von urspr. drei Doppelachsen Länge (zwei davon an einer Traufseite durch hohe Einfahrten ersetzt) angefügt.

PENSIONSHAUS »WILHELMSHÖHE« Klünderberg 4, um 1910. Zweigeschossiger sechsachsiger Putzbau, dem eine zweigeschossige, bis auf zwei rechte Erdgeschoßarkaden verglaste hölzerne Loggia mit flachen Dreieckgiebeln über den äußeren Achsen an der Straßenfront vorgesetzt wurde.

PENSIONSHAUS »POSEIDON« (jetzt Gaststätte) Lottumstraße 1, um 1875 und damit wohl das älteste Pensionsgebäude in Binz. Zweigeschossiger siebenachsiger Fachwerkbau mit verputzten Gefachen, zweiachsigen Seitenrisaliten unter flachen Satteldächern und kleinen Dächern über den die Traufe überschneidenden Oberge-

*Binz, Pensionshaus Heinrich-Heine-Straße 8 und Pensionshaus »Poseidon« Lottumstraße 1*

schoßfenstern der drei mittleren Achsen. Vor den Traufseiten stehen zweigeschossige hölzerne Loggien; dem Erdgeschoß ist an der Traufseite eine modernisierte verglaste Veranda vorgesetzt, die wohl urspr. nur ein Schutzdach aus Holzstützen mit verzierten Knaggen war.

PENSION »HAUS LOTTUM« Lottumstraße 3, E. 19. Jh. Zweigeschossiger fünfachsiger Putzbau, dessen rechte Achse als dreigeschossiger Seitenrisalit mit Eckrustika, Gesims, Fensterfaschen und -verdachung die Tiefe des Hauses hat. Im übrigen bestimmen verglaste, an der Straßenfront zweigeschossige, an den Gebäudeseiten dreigeschossige hölzerne Loggien mit segmentbogigen Arkaden und nur z. T. erhaltenem Schnitzdekor den Charakter des Hauses.

PENSION »VILLA CONCORDIA« Lottumstraße 23, um 1890. Zweigeschossiger sechsachsiger Putzbau mit einem dreigeschossigen, zur Lottumstraße als flach gedeckter Turm mit Eckquaderung und großen Rechteckfenstern unter Verdachungen vortretendem einachsigen Seitenrisalit, der unter einem Satteldach über die Tiefe des Hauses geführt ist. Links von ihm eine fünfachsige zweigeschossige hölzerne Loggia mit im Obergeschoß verglasten rundbogigen Arkaden und ausgesägtem Dekor in den Zwickelfüllungen; ihr entspricht an der zur Mukraner Straße gelegenen Traufseite des Risalites eine dreigeschossige vierachsige Loggia. Im Innern blieb das alte Treppengeländer erhalten.

WOHNHAUS »WASSERHUHN« Margaretenstraße 8, 1926/30. Das eingeschossige Giebelhaus aus Holz besteht aus zwei gegeneinander versetzten Baukörpern unter ausgebauten steilen Satteldächern; jüngere Erweiterungsbauten wurden z. T. in Backstein aufgemauert. Veranden, eine Loggia und ein um die Gebäudeecken herumgeführtes Fensterband bestimmen das in der Küstenlandschaft ungewohnte architektonische Bild des Hauses.

PENSION »MEERESGRUSS« Margaretenstraße 19, E. 19. Jh. Dreigeschossiger Putzbau aus zwei jeweils sechsachsigen Flügeln zur Margareten- und Marienstraße. Ihnen sind straßenseitig überwiegend verglaste zweigeschossige, vor den Mittelachsen, der Ecke und

der an der Marienstraße gelegenen Giebelwand dreigeschossige hölzerne Loggien mit rundbogigen bzw. rechteckigen Fachwerköffnungen und ornamentierten Schmuckfüllungen vorgesetzt; die dritten Loggiengeschosse haben flache Satteldächer. Die reich dekorierte zweiflügelige Haustür aus der Bauzeit und im Innern die Treppe, die Türen und die alte Raumstruktur blieben unverändert.

PENSIONSHAUS »OSADA« Marienstraße 3, um 1900. Dreigeschossiger sechsachsiger Putzbau mit straßenseitig vorgesetzter massiver, dreigeschossiger sechsachsiger Loggia, deren äußeres Achsenpaar jeweils unter einem abgestuften flachen Schildgiebel liegt; die segment- oder rundbogigen bzw. rechteckigen Öffnungen sind jetzt verglast; eine massive, dreiachsige dreigeschossige Loggia vor der rechten Giebelwand und eine hölzerne an der linken sind eine zusätzliche architektonische Bereicherung.

PENSIONSHAUS »GLÜCKAUF« Marienstraße 5, um 1900. Verputztes dreigeschossiges Eckhaus mit hohem

Sockelgeschoß, einem Flügel zur Wylichstraße und einem dreigeschossigen quadratischen Loggien-Eckturm mit Lisenengliederung, floralem Dekor und flachem Dach mit attikaartiger Balustrade. An ihn schließen sich jetzt an beiden Straßenfronten zweigeschossige gemauerte, an der Wylichstraße vor die Flucht des Turmes tretende Loggien an, deren drittes Geschoß aus flachen Giebeldächern auf reich verzierten gußeisernen Stützen besteht und so wohl urspr. auch anstelle der gemauerten Loggien vorkam. Die schräge linke Ecke an der Marienstraße trägt im zweiten Obergeschoß einen Erker mit spitzem Helm, der angrenzenden Giebelwand ist eine dreigeschossige und dreiachsige hölzerne Loggia mit reich verziertem Fachwerkdekor vorgesetzt.

Ehem. hotel Paulstraße 2, um 1900. Dreigeschossiger, mit den Hauptfronten zur Elisenstraße und Hauptstraße gelegener Putzbau mit Drempelgeschoß und abgeschrägter Ecke zur Hauptstraße und Elisenstraße, die im Erdgeschoß einen rundbogigen Eingang und darüber einen zweigeschossigen polygonalen Erker mit Zwiebelhaube trägt. Putzrustika im Erdgeschoß, Gesimse und faschengerahmte Fenster gliedern die Fassaden, an der dreiachsigen Front zur Hauptstraße gehören die korbbogigen äußeren Fensterpaare der Obergeschosse zu jetzt verglasten Loggien, an der achtseitigen Front zur Elisenstraße wurden den Obergeschossen offene loggienartige Balkone aus reich dekorierten Gußeisenelementen vorgelegt, an der linken Seite der rückwärtigen Giebelwand zwei Holzloggien. Erhalten blieben die Haustür und im Innern das alte Treppengeländer, am Vorgarten zur Elisenstraße das Gitter mit Jugendstildekor.

PENSIONSHAUS »GERTRUD« Pestalozzistraße 1 a, um 1910. Dreigeschossiger Putzbau mit zwei unter flachen Satteldächern gelegenen, vorn und hinten vortretenden risalitartigen Seitenflügeln, zwischen die jeweils dreigeschossige vierachsige hölzerne Loggien gestellt wurden; das Obergeschoß der Loggien ist leicht überhöht und unter ein flaches Satteldach gelegt.

*Putbuser Straße*

An dieser den alten Dorfkern von Binz mit dem Strand verbindenden Straße wurden etwa seit 1870 die ersten Bädervillen und Pensionen errichtet. Begonnen wurde am Dorfrand mit noch bescheidenen ein- oder zweigeschossigen Häusern mit vorgelegten hölzernen Galerien und Loggien. Zum Strand hin nimmt die nur bis zur Klünderstraße geführte Bebauung an Geschoßzahl und Repräsentanz des architektonischen Erscheinungsbildes zu. Zuweilen sind die jetzt als Hintergebäude erscheinenden Pensionshäuser früher als die an der Straße stehenden Gebäude entstanden. Die Häuser besitzen Vorgärten, an der Straße stehen kugelig beschnittene Kastanien.

PENSIONSHAUS Nr. 3 a, um 1885. Vor dem dreigeschossigen Giebelhaus, einem fünfachsigen Putzbau, steht eine gemauerte dreigeschossige vierachsige Loggia mit Säulenarkaden und Balustraden in den beiden unteren Geschossen, einem von Säulen getragenen Architrav und einfacher Brüstung im zweiten Obergeschoß mit flachem Dreieckgiebel und Akroterien.

PENSIONSHAUS »DIEKMANN« Nr. 5, um 1875. Zweigeschossiger siebenachsiger Putzbau mit Gesimsen und faschengerahmten Fenstern mit Verdachungen; davor liegt straßenseitig eine zweigeschossige hölzerne Loggia, die im Erdgeschoß zu Seiten der breiten korbbogigen Eingangsachse verglast ist, in der entsprechenden mittleren Achse des Obergeschosses aber überhöht wurde und einen flachen Dreieckgiebel trägt.

VILLA Nr. 11, A. 20. Jh. Zweigeschossiges Holzhaus über T-förmigem Grundriß. Fenster und Türen besitzen farbig abgesetzte, stark geschwungene Holzfaschen, alle Brüstungen mit Brettbalustern; Sattel- und Krüppelwalmdach sind mit Teerpappe gedeckt. Der straßenseitigen Giebelfront ist eine im Erdgeschoß verglaste Loggia mit gedrungenem viereckigen Turm unter einem Helmdach vorgesetzt, dem nach links vortretenden Gebäudeteil mit Walmdach und der entgegengesetzten Seite des Hauses wurden überdachte Altane auf hohen Stützen vorgelegt.

PENSIONSHAUS »AHLBECK« Nr. 13, um 1875. Dem zweigeschossigen Putzbau ist straßenseitig eine zweige-

*Linke Seite: Binz, Pensionshaus Putbuser Straße 3a sowie Villa (Holzhaus) Putbuser Straße 11 und Pension »Ahlbeck« Putbuser Straße 13*

*Rechte Seite: Binz, Pension »Haus Eden« Putbuser Straße 14 sowie Pensionshäuser Putbuser Straße 14 und 16 und Pensionshaus Putbuser Straße 27*

schossige neunachsige Loggia vorgesetzt worden; die drei äußeren Achsen sind in beiden Geschossen jeweils verglast und liegen unter flachen Satteldächern, die offenen drei mittleren Achsen unter Pultdächern.

PENSION »HAUS EDEN« Nr. 14, um 1880. Dreigeschossiger Putzbau mit gemauerter, die Traufe unter einem flachen Dreieckgiebel leicht überragender dreigeschossiger Loggia vor den mittleren zwei Achsen. An sie schließen seitlich dreigeschossige, jetzt verglaste hölzerne Loggien an, die sich an der rechten Giebelseite des Hauses fortsetzen. Ein siebenachsiger zweigeschossiger Putzbau im Hof besitzt ebenfalls hölzerne Loggien.

PENSIONSHAUS Putbuser Straße 19, um 1880. Zweieinhalbgeschossiger fünfachsiger Putzbau mit geschoßtrennenden Gesimsen und Fensterfaschen. Die vor die Straßenfront gesetzte fünfachsige zweigeschossige hölzerne Loggia mit verglasten Rundbogenarkaden und reich dekorierten Zwickelfüllungen trägt über der Mittelachse ein drittes, frontispizartiges Geschoß mit flachem Satteldach.

PENSIONSHAUS Nr. 27, um 1885. Hoch gelegener, über zwei Freitreppen und Zwischenpodest erreichbarer dreigeschossiger Putzbau mit Lisenengliederung, Gesimsen, Fensterfaschen und niedriger Attika; die Rückwand ist aus Fachwerk. Der Straßenfront ist in ganzer Breite eine bis unter die Attika reichende dreigeschossige hölzerne, jetzt verglaste Loggia vorgesetzt.

*Schillerstraße*

Ehem. HOTEL UND »CAFE GERMER« Nr. 2/Ecke Hauptstraße, A. 20. Jh. Das Eckhaus ist ein dreigeschossiger sechsachsiger Putzbau mit einem vor die beiden Obergeschosse gelegten, die Traufe um ein Geschoß überragenden polygonalen Erker mit bekrönendem Reliefband und flachem Dach an der Ecke zur Hauptstraße und einem dreiachsigen, lisenengegliederten linken Seitenrisalit mit geschweiftem Giebel; die Geschosse trennen kräftige Gesimse, die faschengerahmten Fenster liegen unter giebelförmigen Verdachungen. Im Erdgeschoß befinden sich Geschäfte und Gasträume, aus der Bauzeit stammt hier eine Windfangtür; die an

die einachsige Giebelfront an der Hauptstraße anschließenden beiden Hausachsen mit großen Rechteckfenstern und zurückgesetzten Obergeschossen gehören einem jüngeren Anbau an.

PENSIONSHAUS Nr. 10, E. 19. Jh. Dreigeschossiger siebenachsiger Putzbau, dem straßenseitig in ganzer Breite eine dreigeschossige hölzerne, z. T. verglaste Loggia vorgesetzt wurde; die korbbogige breite Mittelachse im dritten Geschoß überdacht ein über der Traufe liegender flacher Dreieckgiebel, eine altanartige Loggia steht auf hohen Stützen, auch vor der rechten Giebelwand.

PENSIONSHAUS »METROPOL« Nr. 11, um 1900. Urspr. drei-, jetzt viergeschossiger Putzbau mit polygonalen Ecktürmen an der dreiachsigen Schillerstraßenfront, deren Portale und rundbogige bzw. rechteckige Fenster unter geschweiften Verdachungen liegen; die Fassade zur Margaretenstraße hat einen linken Seitenrisalit mit von Geschoß zu Geschoß wechselnden Fensterformen, und vor den zwischen Risalit und Eckturm liegenden Gebäudeachsen steht hier eine schmiedeeiserne Loggia mit drei z.T. verglasten, unterschiedlich hohen Geschossen. An die Rückseiten des Hauses sind über gemauerten Sockelgeschossen weitere dreigeschossige Loggien aus Holz gesetzt worden. Bei der Aufstockung des Gebäudes gingen wesentliche architektonische Details verloren, erhalten blieben im Innern das alte Treppengeländer und mehrere Türen aus der Bauzeit.

WOHNHAUS »WALDESLUST« Nr. 14, um 1900. An einen Hang gesetztes eingeschossiges Traufenhaus aus Holz mit hohem hofseitigen Backsteinsockel und rohrgedecktem Walmdach. Am Hof liegt unter einem von hohen Holzstützen getragenen Aufbau mit Lünettengiebel und weit vorkragendem Satteldach als rechtwinkelig ansetzendes Bauglied der allseitig verglaste, über eine Terrasse erreichbare Haupteingang.

PENSION »VILLA ESPERANCE« Nr. 15/Ecke Wylichstraße, um 1900. Dem Eckhaus, einem dreigeschossigen achtachsigen Putzbau mit zweiachsiger, durch Putzquaderung, Lisenen, Gesimse und Verdachungen betonter und in der schrägstehenden Achse in den beiden Obergeschossen erkerartig leicht vortretender, über die Traufe hinausgeführter Ecklösung sind zur Schillerstraße hin den Obergeschossen sechsachsige Balkone aus Schmiedeeisen mit Holzbrüstungen vorgelegt worden; vor den Giebelseiten stehen verglaste dreigeschossige hölzerne Loggien.

*Strandpromenade*

Die überwiegend sehr repräsentativen Pensionshäuser und Hotels an der jenseits eines Dünenstreifens unmittelbar am Strand verlaufenden, extrem langen Promenade entstanden vor allem zwischen 1880 und 1910, nachdem Putbuser Straße und Hauptstraße schon weitgehend ihre Bebauung erhalten hatten. Begonnen wurde im südöstlichen Bereich, in dem auch das Strandhotel stand; dann folgte eine kontinuierliche Fortführung der Bebauung nach Nordwesten hin; dabei setzte sich immer mehr ein verbindlicher Baukanon für die meistens dreigeschossigen Gebäude mit Loggien und Risaliten und reichem gründerzeitlichen bzw. dem Jugendstil zuzurechnenden Dekor durch. Die z. T. erst im 2. V. 20. Jh. errichteten Häuser am letzten Abschnitt der Strandpromenade haben einen sehr unterschiedlichen Charakter, zu ihnen gehören das repräsentative Kurhaus, einige jüngere Pensionshäuser und villenartige Holzhäuser aus der Zeit um 1930. Nach 1945 wie die übrigen Binzer Pensionshäuser und Hotels für Kriegsflüchtlinge zur Wohnung bestimmt, sind die Häuser bisher zumeist in dieser Nutzung geblieben.

STRANDHOTEL MIT SAALBAU Nr. 7 und 7 a, 1867/70. Wohl der älteste Hotelbau an der Strandpromenade. Die Fassade des langgestreckten dreigeschossigen zwanzigachsigen Fachwerkbaus mit verputzten Gefachen und Feldsteinsockel wird durch die gitterförmige Struktur des Fachwerks und zwei vor der siebten und fünfzehnten Achse gelegene zweigeschossige verputzte Eingangsvorbauten mit Altan vor dem zweiten Obergeschoß gegliedert, die sechs bzw. fünf äußeren Achsen liegen jeweils unter flachen Dreieckgiebeln mit zwei Fenstern; an den Schmalseiten stehen einachsige Risalite mit weiteren Eingängen und dreiteiligen Fenstern, wie sie auch an der Rückseite des Hauses in den mittleren Achsen des ersten Obergeschosses zu finden sind.

Aus der Bauzeit blieben ebenso die innere Raumstruktur mit langen Mittelfluren und einige Türen und Treppengeländer erhalten. Rechts davon liegt der zugehörige langgestreckte, verandaartige eingeschossige Saalbau »Taverne«, ein verglaster Holzbau, und das hinter seinem rechten Ende angebaute zweigeschossige Giebelhaus aus Backstein. – 1995 abgerissen!

VILLA »SEENIXE« Nr. 10, um 1910. Zweigeschossiger Putzbau mit backsteinsichtigem Sockelgeschoß und hohem Walmdach mit unregelmäßig aus ihm hervorgehenden Krüppelwalm- und Satteldachsegmenten, die optisch wirksam mit grün glasierten und roten Dachziegeln gedeckt sind. Der Eingang liegt in einem halbrunden Vorbau, verschiedenförmige Fenster gliedern die Fassaden abwechslungsreich. Im Innern zeugen das erhaltene Treppengeländer und die Türen mit Beschlägen in den Formen des Jugendstils von der hohen architektonischen Qualität des Gebäudes.

PENSIONSHAUS »SIRENE« Nr. 11, um 1910. Dreigeschossiges, in seiner Tiefe durch einen Anbau wesentlich verlängertes, verputztes Traufenhaus mit

*Binz, Pension »Haiderose« Strandpromenade 14*

aufwendiger, zwei Achsen tiefer Loggienfront zur Strandpromenade, deren drei mittlere Achsen polygonal vortreten und die sich an der rechten Gebäudeseite zweiachsig fortsetzt. Die Fenster an den Seitenwänden des Hauses und im Erdgeschoß der Loggienfront sind meistens segmentbogig, die Loggien rundbogig geöffnet und mit einer Balustrade geschlossen, die als abgestufte attikaartige Bekrönung wiederkehrt und in der Mitte eine Neptunfigur trägt; über den Frontloggien sind im Putzgrund maritime Szenen erkennbar; die Dächer sind mit Teerpappe gedeckt. Im Innern blieben der lange achsiale Flur und zwei Treppen aus der Bauzeit erhalten.

PENSION »HAUS HAIDEROSE« Nr. 14, E. 19. Jh. Dreigeschossiger Putzbau von unregelmäßigem Grundriß und mit An- und Aufbauten aus übertünchtem Fachwerk. An der Straßenfront ein turmartiger linker Seitenrisalit mit überhöhtem Obergeschoß und flachem Dach, links davon und an der linken Gebäudeseite zweigeschossige dreiachsige Loggien aus Holz, z. T. mit Dekorteilen aus Metall; die Wände mit Gesimsen, vor dem Risalit ein polygonaler Vorbau, darüber ein Altan mit kunstvollen eisernen Gittern und Dachstützen, die Fenster mit Faschenrahmen; die flachen Dächer mit Teerpappe gedeckt.

PENSIONSHAUS »GLÜCKSPILZ« Nr. 16, A. 20. Jh. Zweigeschossiger neogotischer Dreiflügelbau aus Backstein mit durchfenstertem hohen Sockelgeschoß und ausgebauten Terrassen-, Walm- und Satteldächern mit Giebeln; Gauben unter Schieferersatzdeckung. Zwischen den Hauptgeschossen und unter der Traufe liegen kräftige Gesimse mit Zahnschnitt, die Fenster- und Türlaibungen sind glatt in die Wände eingeschnitten. Dem Mittelflügel vorgelegt ist ein Loggienbau mit Stufengiebel über der dreifenstrig polygonal vortretenden Mittelachse und verglasten seitlichen Loggien, auf denen vor dem Dachgeschoß Altane mit schmiedeeisernen Gittern und Stützen für die Verglasung stehen. Der Haupteingang mit Freitreppe und schmiedeeisernem Geländer; der rechte Flügel hat zwei Eingänge über hohen Freitreppen; dem von einem polygonal gewölbten Vor-

dach bekrönten Mittelgiebel dieses Flügels ist ein eiserner Balkon vorgelegt. Im Innern blieben ein geräumiges Treppenhaus, die Traillengeländer und die alten Windfänge erhalten.

PENSIONSHAUS »HOFBURG« Nr. 20, A. 20. Jh. Zweigeschossiger sechsachsiger Putzbau mit dreigeschossigem einachsigem Mittelrisalit unter hohem Giebeldach, polygonalem rechten Eckturm mit geschweifter Haube vor dem ausgebauten Dachgeschoß und tiefem rückwärtigen Anbau. Im Mittelrisalit und der rechten Seite der Straßenfront lagen ehem. wohl Loggien, links und an den seitlichen Gebäudefronten blieben Terrassen, Veranden und eiserne Balkone mit Jugendstildekor erhalten, an der Rückseite ein polygonaler mittlerer Anbau.

PENSION UND GASTSTÄTTE »DÜNENHAUS« Nr. 23, A. 20. Jh. Dreigeschossiger Putzbau mit vierachsigem, in den Obergeschossen zu Loggien geöffnetem Mittelrisalit, in den vorderen zwei Achsen durch Gesimse und giebelförmigen Verdachungen über den faschengerahmten Fenstern gegliederten Seitenfronten und einer Baluster-Attika mit zwei bekrönenden Skulpturen, Hermes und wohl Herakles. Der Mittelrisalit mit niedrigen Brüstungen und von Säulen bzw. Pilastern getragenen Architraven liegt unter einem flachen Dreieckgiebel, sein Erdgeschoß wurde beim Ausbau des Restaurantes in ganzer Gebäudebreite und der Ergänzung seitlicher Geschosse in späterer Zeit verändert. – Der wohl um 1925 als Bettenhaus errichtete zweigeschossige Putzbau »Petra« besitzt hölzerne Loggien.

KURHAUS Nr. 27. 1908 nach dem Entwurf von Otto Spalding als Putzbau um einen weiten Binnenhof errichtete zweigeschossige Dreiflügelanlage mit hohem Sockelgeschoß, lisenengegliederten Fassaden und Mansarddächern mit Gauben. Die mittleren drei Achsen der Hoffront des Querflügels mit dem Haupteingang betont ein bis in die Dachzone reichender, leicht konvexer Risalit mit großer Rundbogennische, gekoppelten seitlichen Lisenenpaaren, Architrav und Lünettengiebel mit Ochsenauge; in der Nische liegt über dem Rundbogenportal ein von Säulen getragener Altan mit segmentbogig vortretender Brüstung, über dem Risalit als Bekrönung ein zweigeschossiger quadratischer Dachturm mit Geländer und dahinter zurückgesetztem polygonalen Belvedere unter hohem Kuppeldach. Das seeseitige Ende der Seitenflügel ist jeweils als zweiachsiger Pavillon mit über Pultdächern leicht zurückgesetzten weiteren zwei Geschossen ausgebildet, dessen Zeltdach durch eingeschobene Drempel unterbrochen wird. Die faschengerahmten Fenster sind im Sockel- und Erdgeschoß rund- oder segmentbogig, die Achsen im Obergeschoß als rechteckige Türöffnungen (jetzt unten zugesetzt) mit davorgelegenen Balkonen aus Metall ausge-

*Linke Seite: Binz, Pension »Hofburg« Strandpromenade 20*

*Rechte Seite: Binz, Kurhaus Strandpromenade 27, Seeseite*

bildet. Im Innern Speisesäle im Erdgeschoß, seeseitig gelegene Zimmer und rückwärtige Gänge im Obergeschoß. – Rückseitig der durch einen Gang angeschlossene jüngere Saalbau mit abgerundeten Gebäudekanten und vier vertikalen Fensterschlitzen, innerem Treppenhaus und dem großen Saal mit durchfensterter flacher Tonnendecke, seitlichen Emporen, aedikulagerahmter Bühne und durch ausgelegten Putzdekor hervorgehobener Rückwand. Ein halbrunder eingeschossiger Pavillon mit hochrechteckigen Fenstern rechts neben dem Kurhaus schuf urspr. die Verbindung zum nicht mehr erhaltenen »Kaiserhof«.

VILLA Nr. 30, um 1900. Zweigeschossiges Holzhaus von unregelmäßigem Grund- und Aufriß; das Erscheinungsbild bestimmen zwei hohe Dreieckgiebel mit weit vortretendem Satteldach und weiß gestrichenen Fachwerk-Verstrebungen und ein polygonaler Turm mit geschweifter Haube.

PENSION »HAUS RUSHA« Nr. 31, A. 20. Jh. Dreigeschossiger Holzbau mit seitlichen Anbauten und zwei risalitartigen Vorbauten an der Straßenfront, deren Satteldächer über den Giebelseiten weit vorkragen und auf allen Seiten ein oder zwei Reihen hölzerner Balkone und kleinen Loggien Schutz bieten.

VILLA »SILBERNER FISCH« Nr. 32, um 1910. Zweigeschossiger Holzbau über T-förmigem Grundriß. Am querliegenden Gebäudeteil mit Walmdach kragen die Obergeschosse an den Giebelseiten leicht vor, am straßenseitigen Flügel mit Schopfdach besitzt der architektonisch der Neuen Sachlichkeit zuzurechnende risalitartige Vorbau zwei Bänder aus dicht gereihten hochrechteckigen Fenstern im Erdgeschoß und dicht unter der Traufe gelegenen niedrigeren im Obergeschoß. An der Rückseite des Hauses ein niedriger Anbau.

VILLA »DREI ROSEN« Nr. 32 a, um 1930. Zweigeschossiges verputztes Giebelhaus mit einmal geknicktem Satteldach und verbretterten Giebeln.

PENSION »HAUS LISSEK« Nr. 33, um 1900. Dreigeschossiger Putzbau mit straßenseitig in drei dicht aneinandergestellte Risalite mit Flachdach gegliederter Front und sechsachsigem rückwärtigen Baukörper. Der mittlere Frontrisalit ist dreiseitig, an den zwei flankierenden Risaliten sind nur die ihm zugekehrten Wände schräg; kräftige Gesimse bilden den Baudekor, hinter den jetzt als Segmentbogenfenster erscheinenden Öffnungen liegen Loggien. – Ein zweigeschossiger hofseitiger Anbau mit rückwärtiger, als Halbrund vortretender Mittelachse und Blendattika kam wohl um 1920 hinzu.

PENSIONSHAUS »BELVEDERE II« Nr. 37, um 1900. Zweigeschossiger traufständiger Putzbau mit zur Lottumstraße gelegener Hauptfront, Mittelrisalit mit Loggien und über die Giebel vortretendem, von ornamentierten Windbrettern abgeschlossenem Satteldach. Die von Pilastern, Gesimsen und mit Brüstungen abgeschlossenen Segment- bzw. Rundbogenarkaden gegliederte Front des Risalits ist im Erdgeschoß einachsig, im Obergeschoß über einer gedrungenen Mittelsäule zweiachsig, und besitzt einen zweistufigen geschweiften Neorenaissancegiebel vor einem firstgleichen Satteldach. Der rückwärtige giebelständig anschließende Teil des Hauses besitzt an seiner rechten Seite im Erdgeschoß in ganzer Länge einen verandaartigen Anbau, im Obergeschoß eine hölzerne Loggia mit grazilem Maßwerk.

PENSIONSHAUS »TANNENHEIM« Wylichstraße 5, um 1900. Zweigeschossiger Putzbau mit straßenseitig vorgesetzter zweigeschossiger fünfachsiger, z.T. verglaster Loggia aus Holz, deren mittlere Achse überhöht und von einem flachen Satteldach überdeckt ist. Die Füllungsbretter des feingliedrigen Maßwerks sind verziert.

POSTGEBÄUDE Zeppelinstraße 7, um 1925. Zweigeschossiger zwölfachsiger und architektonisch karger Putzbau mit drei im linken Drittel der Straßenfront gelegenen, einen Risalit andeutenden und um ein Geschoß mit Dreieckgiebel erhöhten Achsen, in deren Erdgeschoß sich drei Spitzbogenarkaden zur Vorhalle öffnen; ihnen entspricht ein fünfachsiges Geschoß mit flachem Dreieckgiebel über der Traufe der Rückseite. Im hohen Walmdach liegen an den Längsseiten einachsige, an den Schmalseiten breitere Gauben. In der Schalterhalle blieben die Schwingtüren und die Telefonzellen aus der Bauzeit erhalten.

PENSION Zeppelinstraße 8, um 1900. Viergeschossiger sechsachsiger Putzbau mit überwiegend segmentbogigen Fenstern und Walmdach, dessen zur Straße hin gelegene Hälfte der Schmalseite etwas vortritt und eine viergeschossige Loggia mit von Geschoß zu Geschoß wechselnden Arkadenbögen vorgesetzt erhielt; die unter flachen Dreieckgiebeln gelegenen äußersten Achsen der Loggiengeschosse mit Scheinbalustraden sind breiter und verglast, das Erdgeschoß insgesamt, während die übrigen vier Arkaden der drei Obergeschosse offen sind und auf Säulen ruhen.

**Binz-Granitzhof**

Ehem. JAGDSCHLOSS (Museum). Auf dem höchsten Punkt des Granitzhügels 1836–1844 nach Plänen Johann Gottfried Steinmeyers d. J. im Stil der Tudorgotik errichteter zweigeschossiger Putzbau auf hohem Sockelgeschoß über annähernd quadratischem Grundriß mit vier runden dreigeschossigen Ecktürmen und einem großen, 1844 nach dem Entwurf Karl Friedrich Schinkels in den zentralen Lichthof gestellten, den übrigen Bau um fünf Geschosse überragenden runden Aussichtsturm. Zwischen den Geschossen liegt ein kräftiges Kaffgesims, unter der Traufe ein die Ecktürme einbeziehender breiter Konsolfries, den oberen Abschluß der Türme bilden von Konsolen getragene Zinnenkränze. Die Fenster im Sockelgeschoß sind rechteckig, die Rundbogenfenster mit pofiliertem Gewände haben in den Hauptgeschossen einen Mittelpfosten und Maßwerk im Bogenschluß; dem über eine breite Freitreppe er-

*Binz-Granitzhof, ehem. Jagdschloß von Norden*

reichbaren rundbogigen Hauptportal in der Vorderseite des unteren Hauptgeschosses liegt auf der Rückseite des Hauses ein über alle drei Geschosse gehender halbrunder Ausbau gegenüber. Im Innern führen vier kreuzförmig angeordnete Treppen vom Keller bis ins zweite Hauptgeschoß, eine gußeiserne Wendeltreppe mit ornamental durchbrochenen Trittstufen im mittleren Turm auf dessen bekrönende Aussichtsplattform. Die Innendekoration der Räume mit Kaminen, Kachelwänden, Paneelen, bemalten und stuckierten Decken geht z. T. auf Entwürfe Friedrich August Stülers zurück; besonders reich ist die Ausstattung des Marmorsaales mit Inkrustationen, Boiserien, kassettierter Stuckdecke und einem großen Marmorkamin. Die jüngste Restaurierung ist noch nicht abgeschlossen.

Ehem. GAST- UND FORSTHAUS 1847 begonnener, aus zwei unterschiedlichen Gebäudeteilen bestehender Putzbau. Der rechte mit rundbogigen Fenstern ist ein zweigeschossiger neoromanischer Rechteckbau mit höherem polygonalen Eckturm und großem rundbogigen Stufenportal in der einachsigen vorderen Schmalseite, der Konsolfries am Turm und der vorderen Schmalseite entspricht dem am benachbarten Jagdschloß. Der links anschließende Teil des Gebäudes ist ein eingeschossiges Giebelhaus über T-förmigem Grundriß, seine Fenster sind segmentbogig, die Gebäudekanten haben Putzrustizierung, und unter der Traufe liegt ein flacher Zahnschnittfries.

FÜRSTENBERG Um 1760 für den Bau eines (nicht erhalten gebliebenen) Belvederes am Granitzhügel angelegte Terrassen südlich des jetzigen Jagdschlosses; erhalten blieb davon ein steinerner Tisch.

TORHAUS zum Granitzer Forst, an der Straße von Binz zum Jagdschloß Granitz. 1853/56 nach dem Entwurf von J. Gottfried Steinmeyer errichteter anderthalbgeschossiger Backsteinbau mit Feldsteinsockel auf gleicharmigem T-förmigem Grundriß. Die Wände sind mit gelben Ziegeln gebändert, die Geschosse trennt ein umlaufendes Gesims, die Fenster und Türen in Hauptgeschoß und Giebeln sind segmentbogig, im Drempelgeschoß Okuli.

**Bisdamitz**

Große vierseitige GUTSANLAGE. Das jetzige Gutshaus hat Landhauscharakter, ein architektonisch beachtliches eingeschossiges Traufenhaus aus verputztem Backstein über Feldsteinsockel, 1912. Das ausgebaute Dachgeschoß am östlichen Giebel mit Krüppelwalmdach, der westliche Vollgiebel wie der des zweiachsigen Mittelrisalits vor der Hoffront aus Fachwerk, eine Gebäudeecke als Loggia ausgebildet. – Zwei Kübbungsdielenscheunen aus Fachwerk mit Krüppelwalmdächern, 2. H. 19. Jh.; die eine mit Wellasbestdach und z. T. in Backstein erneuerten Wänden, die andere rohrgedeckt und nur zu einem Viertel erhalten. Der gleichzeitige Stall, ein langgestreckter Backsteinbau mit Krüppelwalmdach und Wellasbestdeckung. Zugehörig auch zwei eingeschossige Gutsarbeiterhäuser aus Feldstein und Backstein, die Satteldächer (nur ein Krüppelwalmdach) mit Wellasbest gedeckt.

**Bobbin**

DORFKIRCHE ST. PAULUS Der um 1400 errichtete stattliche einschiffige Feldsteinbau mit eingezogenem zweijochigem Rechteckchor und Nordsakristei; die von Vorlagen und Zwillingsblenden gegliederten Giebel, die im 15. bzw. 18. Jh. z. T. veränderten spitzbogigen Fenster- und Portalgewände sowie der Baudekor und die Strebepfeiler sind aus Backstein; M. 15. Jh. wurde der eingezogene Westturm aus Backstein mit eingestreuten Findlingen angefügt, sein unverändertes Westportal begleiten zwei breite Zwillingsblenden, darüber ein hohes Fenster und in den zwei jüngeren Obergeschossen mit Pyramidenhelm und Wetterfahne »1657« zahlreiche in Blenden gelegene Schalluken; etwa gleichzeitig der im 17. Jh. als Zugang zur Patronatsloge veränderte südliche Choranbau. Im Innern Chor und Sakristei mit Kreuzrippengewölben, zum Schiff abgestufter Triumphbogen und eine mehrfach veränderte Bretterdecke im Schiff. In der Chorostwand Sakramentsnische mit gemauertem Wimperg und alter Eichenholztür.

*Ausstattung:* Altaraufsatz, architektonischer Aufbau mit Sockel und reich dekorierter Bekrönung, wohl 1668; drei Altarbilder: Abendmahl, Kreuzigung und Auferste-

*Bobbin, Dorfkirche, gemalte Kreuzigungsgruppe auf der Innenseite der Tür zum Sakramentsschrein und Dorfkirche von Nordosten*

hung Christi. Die Schranke gleichzeitig. Kanzel mit Zugang und Schalldeckel, 1662; die Brüstungsfelder mit gemalten biblischen Gestalten vor Landschaftshintergründen, auf dem Schalldeckel Figuren des Salvator mundi und kleiner Engel (ehem. mit Leidenswerkzeugen). Taufstein, Kalkstein, Kuppa mit Blendarkaden um 1300, Schaft und Fuß jünger. Orgel mit neogotischem Prospekt, das Werk 1842 von Carl August Buchholz, Berlin; 1878, 1918 und 1960 durch B. Grüneberg, Stettin bzw. Greifswald, umgebaut. Gemälde, 18. Jh. Bildnis Carl Gustav v. Wrangel, Kupferstich von N. Pitau, 2. H. 17. Jh.; mit langer Laudatio. Sakramentsschrank in der Sakristeiwand, um 1400; die Außentür bemalt, außen zwei Engel mit Monstranz, innen Kreuzigungsgruppe, die Zwickel über der inneren Gittertür mit Engelreliefs. Ehem. Patronatsloge, 3. V. 17. Jh. Westempore, 17. Jh., die Brüstungsfelder mit Malerei; die seitlichen Schiffsemporen 18. Jh. Beichtstuhl, 1745 von Michael Müller, Stralsund, reicher Schnitzdekor, alte Verglasung, die Brüstungsfelder mit emblematischen Bildern und Beischriften von Johann Oesler, Stralsund. Gemeindegestühl, 19. und 20. Jh. Schrank und Kastentruhe, um 1600. Kelch und Patene, M. 17. Jh. Patene, Dose und reich dekorierte Weinkanne, 1679. Krankenkelch, 1740. Taufschale aus Messing, um 1700. Glocke, 1664 von Adam Lehmeyer, Stralsund. Zwei Grabplattenfragmente, 1320 ud 1405. Grabplatte M. und H. v. Jasmund, 1440, mit Resten gravierter Konturen der stehend dargestellten Verstorbenen. Zwei Grabplatten für B. v. Jasmund und seine Kinder, 1618, Wappenreliefs und Inschrift stark abgetreten. Sarg des C. v. Jasmund in der Gruft unter dem Chor, Zinn, 1649, der reiche figürliche und ornamentale Dekor und die Inschriftkartuschen gegossen und aufgelegt.

Auf dem FRIEDHOF 56 Grabstelen mit Symbolen und Inschriften, aus der Zeit zwischen 1755 und 1849; bemerkenswert die für C. H. Fock (1833) und J. F. Helm (1849). Ein rundes Holzmedaillon mit Vanitas-Relief und Inschrift vom abgetragenen Gruftbau J. C. Bayer von 1782. Kleiner Findling mit Monogramm, 1766.

*Wohnbauten*

Weilerartiges Dorf entlang der steil zur Kirche emporführenden Straße. Die eingeschossigen Traufenhäuser aus Backstein mit zugehörigen bescheidenen Wirtschaftsgebäuden sind vier- bis sechsachsig, meistens verputzt und besitzen in der Regel Krüppelwalmdächer. WOHNHAUS Nr. 2 (rohrgedeckt) und WOHNHAUS Nr. 7 backsteinsichtig und mit Krüppelwalmdach. WOHNHAUS Nr. 4 (rohrgedeckt und mit Fledermausluken) und WOHNHAUS Nr. 10 verputzt und mit Krüppelwalmdach.

WOHNHAUS Nr. 3 und Nr. 9 verputzt und mit Satteldach.

PFARRHOF Das Pfarrhaus ein eingeschossiges fünfachsiges Traufenhaus, mit Ausnahme des Sockels aus verputztem Backstein, 1. V. 20. Jh., in jüngerer Zeit modernisiert; im Satteldach nach vorn Frontispiz, nach hinten wohl jüngere Gaube, vor den Eingängen Freitreppen mit Wangen. Im parkartigen Garten einige Solitätbäume. – Der kleine Stall beim Pfarrhaus ein Fachwerkbau mit rohrgedecktem Krüppelwalmdach, 1. H. 19. Jh. – Der Stall des Pfarrhofes ein langgestreckter anderthalbgeschossiger Backsteinbau, 2. H. 19. Jh., die Traufe des flachen Statteldaches mit Pappdeckung ist über den Ladeluken des Halbgeschosses giebelartig angehoben. – Die Kübbungsdielenscheune ist ein Fachwerkbau, das Krüppelwalmdach mit Wellasbest gedeckt, 1. H. 19. Jh.

**Bohlendorf**

GUTSHAUS Eingeschossiger verputzter Backsteinbau von 13 Achsen Länge, mit Krüppelwalmdach und Frontispiz über den leicht vortretenden drei mittleren Achsen der Hoffront, 1793; das kräftige Traufgesims greift auf die Giebelseiten über, die urspr. Putzquaderung blieb nach einer 1990 erfolgten umfassenden Außenrenovierung nur dort erhalten. – Von zwei zeitgleichen, seitlich stehenden eingeschossigen Kavaliershäusern mit Krüppelwalmdach blieb das nördliche als unscheinbarer Putzbau erhalten. Vor dem Gutshaus eine Eichenallee, westlich davon Reste eines im Kern barocken, im 19. Jh. z. T. im englischen Stil veränderten Parks.

**Boldevitz**

GUTSHAUS (Wohnungen und Kindergarten). Um 1635 errichteter, annähernd quadratischer dreigeschossiger Putzbau von fünf Achsen, die geschweiften Volutengiebel der für Rügen einmaligen zwei parallelen Satteldächer werden von vertikalen Doppelgesimsen gegliedert, die Gebäudekanten sind rustiziert, die Fenster haben Faschenrahmen. Nach der Mitte des 18. Jh. Umbau des Innern und symmetrische Erweiterung des Hauses im Bereich des südlichen Giebelpaares durch verputzte zweigeschossige Seitenflügel von fünf Achsen

und mit halbem Walmdach; zum 1784 in das erste Obergeschoß verlegten hofseitigen Hauptportal führt nun eine zweiläufige Auffahrt. Im Mitteltrakt liegt der nach 1760 neu gestaltete geräumige Festsaal mit stuckierter Decke, seine 1762 – 1764 von Philipp Hackert gemalten Landschaftstapeten werden z. Z. im Jagdschloß Granitz aufbewahrt. Jüngere Um- und Ausbauten stammen aus dem 19. und 20. Jh., die letzte umfassende Restaurierung war 1922.

Der wohl noch im 17. Jh. angelegte, in Resten erhalten gebliebene GUTSPARK wurde im 19. Jh. zum Englischen Garten mit Teich umgestaltet. Hier liegt die in ihrer architektonischen Gestalt auf Rügen einmalige klassizistische KAPELLE von 1839, ein giebelständiger rechteckiger Putzbau mit flachem Satteldach und eingezogener Apsis; der in der Aedikula gelegene Eingang mit alter Kassettentür; drei Außenwände werden von hohen Rechteckblenden gegliedert, und die Fenster sind rundbogig, die Apsis und der Frontgiebel haben Okuli. Im Innern eine flache Bretterdecke, der mosaikartige Fliesenfußboden, das einfache Patronats- und Pastorengestühl und die Bänke stammen wohl aus der Entstehungszeit der Kapelle, die Glocke ist von 1656; Kelch und Patene mit gravierten Allianzwappen von 1654 bzw. aus dem 17. Jh. und ein Leuchterpaar aus Messing, 18. Jh., werden im Pfarrhaus von Patzig aufbewahrt.

»KUTSCHERHAUS« Eingeschossiger giebelständiger Fachwerkbau A. 19. Jh. mit Krüppelwalmdach und mittlerem Frontispiz über der zum Gutshof gelegenen Traufseite.

*Linke Seite: Bobbin, Wohnhaus Dorfstraße 10; Bohlendorf, Gutshaus, Hoffront*

*Rechte Seite: Boldevitz, Gutshaus von Nordosten sowie Gutshaus von Südosten und Gutskapelle*

*Linke Seite:
Breege, Wohnhäuser an der Dorfstraße und ehem. Schulgebäude Dorfstraße 39*

*Rechte Seite:
Datzow/Götemitz, Siedlungshof von 1934*

**Breege**
Das Ortsbild prägen Schiffer- und Kapitänshäuser aus der 2. H. 19. Jh., eingeschossige, zumeist fünfachsige Traufenhäuser aus verputztem Backstein mit ziegelgedeckten Krüppelwalmdächern. Fast unverändert blieben in der Dorfstraße:
WOHNHAUS Nr. 29 und das sechsachsige WOHNHAUS Nr. 43 mit zweiachsigem Frontispiz im Satteldach; beide Häuser mit Eckquaderung und putzgegliederten Fassaden.
WOHNHAUS Nr. 32. Ein unverputztes dreiachsiges Giebelhaus mit Rohrdach.
STALLSCHEUNE Nr. 19. Stattlicher giebelständiger Fachwerkbau auf Feldsteinsockel, 1. H. 19. Jh., mit Durchfahrtsdiele, das rohrgedeckte Dach an der Vorderseite mit Krüppelwalm, an der Rückseite mit Vollwalm.
SCHULE Nr. 39. Um 1900 errichtetes zweigeschossiges, siebenachsiges Traufenhaus aus unverputztem Backstein, die Geschosse an den Traufseiten durch Deutsche Bänder getrennt, das Dachgeschoß unter dem flachen Satteldach wurde ausgebaut.

**Breetz**
Ehem. GUTSHAUS (Wohnungen), eingeschossiger Backsteinbau von sieben Achsen, M. 19. Jh., das Krüppelwalmdach rohrgedeckt; in jüngster Zeit Haustür und drei Fenster verändert.

**Burkvitz**
Ehem. LANDARBEITERKATEN (Wohnhaus) Landstraße 84. Eingeschossiges siebenachsiges Traufenhaus aus unverputztem Backstein, 2. V. 19. Jh., die Haustür aus der Entstehungszeit, das Walmdach rohrgedeckt.

## Dalkvitz

Ehem. GUTSHAUS, E. 19. Jh. Zweigeschossiger Backsteinbau mit kräftigem Sockel, Drempelgeschoß und kleinem Eingangsvorbau.

## Darsband

Ehem. GUTSHAUS, E. 18. Jh. Eingeschossiger Fachwerkbau mit hohem Mansarddach, in der vorgeblendeten Hoffassade aus verputztem Backstein ein Mittelrisalit mit Frontispiz; Freitreppe und Haustür sowie ein Teil der Fenster und Innentüren stammen noch aus der Bauzeit. Das Haus ist jetzt unbewohnt und baufällig.

## Darz

GUTSHOF 3. D. 19. Jh. – GUTSHAUS, über einem Feldsteinsockel zweigeschossiger siebenachsiger Backsteinbau mit gelber Bänderung, mehreren Reihen Deutscher Bänder als geschoßtrennender Fries und ornamentalem Fries unter der Traufe, mittlerem Eingang mit Freitreppe an der Hoffront, Segmentbogenfenster unter einer Rollschicht; im Innern neobarocke Türen mit Beschlägen.
SCHEUNE, Feldstein mit breitem Backsteinstreifen unter der Traufe und flachem Satteldach. – STALL, langgestreckter Backsteinbau mit z. T. rohrgedecktem Krüppelwalmdach, Stallfenstern mit Eisenrahmen, Holztüren.

## Datzow

Fünf SIEDLUNGSHÖFE Nr. 10, 11, 14 bis 16, 1934. Im Zuge der damaligen neuen Siedlungspolitik nach Plänen von Willi Erdmann, Berlin, errichtet (vgl. Götemitz). Zumeist winkelförmige, sonst langgestreckte Wohn- und Wirtschaftsräume vereinigende eingeschossige Putzbauten mit verbrettertem Wirtschaftsteil und gemauerten bzw. Fachwerkgiebeln im hohen Satteldach mit Rohrdeckung; vor den Eingängen oft kurze Loggien, die Fenster mit Sprossenteilung, Faschen und Holzläden. Die innere Aufteilung in vier zur Wohnung gehörende Räume, Stall und Tenne blieb überall erhalten, das Dach wurde nachträglich ausgebaut.

## Dranske

BUSWARTEHALLE Karl-Liebknecht-Straße, um 1975. Nach Plan von Ulrich Müther, Binz, über dreieckigem Grundriß errichtet und aus gemauerter Brüstung, verglastem Oberteil und freitragender Stahlbeton-Hyparschalenkonstruktion als Dach bestehend.

## Dreschvitz

STALLSPEICHER Dorfstraße 2, 1768. Großer Fachwerkbau mit Lehmstaken- bzw. Backsteinausfachungen, verbretterten Giebelspitzen und Satteldach mit jüngerer Blechdeckung.
WOHNHAUS Gingster Chaussee 17, 1. H. 19. Jh. Eingeschossiges fünfachsiges Traufenhaus aus Fachwerk auf Feldsteinsockel und mit rohrgedecktem Krüppelwalmdach; jetzt die Hoffront und Teile der Giebelwände in Backstein erneuert. Im Innern die urspr. Raumaufteilung und die Herdglocke erhalten.
KATEN Lehmkuhle 3, M. 19. Jh. Eingeschossiges vierachsiges Fachwerkhaus auf Feldsteinsockel, mit rohrgedecktem Krüppelwalmdach; der Eingang in der Mitte der hofseitigen Traufwand, Fenster mit Kreuzstock, rückseitig zwei Anbauten mit Schleppdach.

WOHNHAUS Lehmkuhle (nordöstlich des Dorfkernes isoliert stehend), 2. D. 19. Jh. Eingeschossiges fünfachsiges Traufenhaus aus verputztem Fachwerk mit Krüppelwalmdach; über der Mitte der Vorderfront ein einachsiger Frontispiz mit Walmdach, rückseitig eine Schleppgaube, die Gebäudeecken mit Putzquaderung. – Parallel zum Haus steht dahinter ein Stall- und Schuppengebäude mit blechgedecktem Satteldach.
WOHNHAUS Moorberg 4, 1. H. 19. Jh. Eingeschossiger fünfachsiger Putzbau mit rohrgedecktem Krüppelwalmdach, vor dem hofseitigen Mitteleingang ein hölzerner Windfang, die Fenster mit Läden.
WOHNHAUS Pagelsdorfer Weg 2, 1. H. 19. Jh. Eingeschossiger Backsteinbau auf Feldsteinsockel, mit rohrgedecktem Krüppelwalmdach; an der Vorderseite das urspr. Fachwerk erhalten.

**Dubkevitz**

GUTSHAUS 18. Jh. Zweigeschossiger Putzbau mit Drempelgeschoß und Mittelrisalit an der Vorderfront; hier liegt das Hauptportal mit Uhr im gesprengten Giebel, unter der Traufe eine Wappenkartusche, der urspr. Risalitabschluß fehlt. Fassaden mit Eckrustika, unter den faschengerahmten Fenstern barocke Putzschürzen.
Südlich vom Gutshaus ein urspr. barocker Garten 1835 zum Englischen Park umgestaltet.

**Dubnitz**

GUTSHOF 3. D. 19. Jh. – GUTSHAUS. Zweigeschossiger siebenachsiger Backsteinbau auf hohem Feldsteinsockel, mit einachsigem Mittelrisalit an der Vorderfront und asbestgedecktem Satteldach; das Obergeschoß niedriger. Vorderfront und Giebelseiten von Pilastern gegliedert, über ihnen ein zwischen den Pilastern unten segmentbogig eingezogenes Gesims mit ornamentalem Abschlußband, das tiefer geschoßtrennend wiederkehrt und über der mittleren Achse der rechten Giebelwand höher gesetzt ist. An der Rückwand führt eine hohe Freitreppe zu einer zwischen den Geschossen liegenden Tür; die Fassade ist hier einfacher gegliedert, die urspr. Fenster sind segmentbogig; auf dem Risalit jetzt statt des ehem. Frontispiz ein Altan, darüber ein jüngerer dreiachsiger Dachhecht. Am davor gelegenen Gutshof parallel zueinander stehend ein Stall und eine Scheune aus Backstein mit rohrgedeckten Krüppelwalmdächern.

**Dwasieden**

Ehem. GUTSHAUS (Ruine). Vom 1873–1876 nach einem Entwurf von Friedrich Hitzig, Berlin, errichteten, architektonisch bemerkenswerten Neorenaissancebau aus französischem Sandstein blieben nach 1950 nur eingeschossige Teile der Seitenflügel erhalten: hohe Sockelgeschosse aus Feldstein und darüber gelegene loggienartige Hallen mit Fugenschnitt, Eckpilastern, freistehenden Säulen und darüberliegendem Architrav. – Weitere Architekturreste im gleichzeitig an Stelle eines Waldstückes angelegten weiträumigen Landschaftsparks.
Ehem. MARSTALL Um 1880 wohl nach Plänen von Friedrich Hitzig, Berlin, aus Sandstein errichtetes zweigeschossiges fünfzehnachsiges Gebäude auf hohem Sockelgeschoß aus Granit, mit flachem Dach und über Konsolen vorkragender Attika; die mittleren fünf Achsen beider Traufseiten als Risalite mit flachem Dreieckgiebel und Akroteren leicht vortretend. Die Fassaden mit Quaderung, im Erdgeschoß rundbogige Portale (z. T. zugesetzt oder verkleinert) und Fenster, die Rechteckfenster des Obergeschosses liegen in den Mittelrisaliten zwischen Pfeilern.

**Freesenort**

WOHNHAUS »HASENBURG« 2. H. 17. Jh. Nach erhaltenen Resten urspr. in Fachwerk errichteter eingeschossiger Putzbau vom Typus der »Rügenschen Zuckerhüte« über fast quadratischem Grundriß, mit tief herabreichendem rohrgedecktem Walmdach und leicht aus der Mittelachse gerücktem Eingang mit jüngerer Tür, die Fenster quadratisch.

**Freudenberg**

KATEN Dorfstraße 2, 1. H. 19. Jh. Eingeschossiger zwölfachsiger Fachwerkbau auf Feldsteinsockel mit rohrgedecktem Krüppelwalmdach, an der Straßenfront vier Türen und acht Fenster und eine breite Schleppgaube.

KATEN Dorfstraße 3, 1. H. 19. Jh. Eingeschossiger elfachsiger, z. T. verputzter Fachwerkbau über Feldsteinsockel mit rohr- bzw. asbestgedecktem Krüppelwalmdach und Fledermausgaube auf der Straßenseite.

**Gager**

1360 erstmals erwähnter Weiler am Nordgang des Bakenberges mit Bauern-, Schiffer-, Lotsen- und Fischerhäusern.

*Höftstraße*

WOHNHAUS Nr. 27, 1. D. 19. Jh. Eingeschossiger Fachwerkbau auf Feldsteinsockel mit rohrgedecktem Krüppelwalmdach; Teile der Lehmstaken-Ausfachung blieben erhalten, die nördliche Giebelwand und die rückwärtige Traufseite wurden in Backsteinmauerwerk ersetzt.

BAUERNHOF Nr. 45. Wohnhaus, 1. V. 19. Jh. Eingeschossiges Giebelhaus aus Backstein mit rohrgedecktem Krüppelwalmdach. – Ehem. WOHNHAUS (später Scheune, jetzt z. T. eingestürzt), 1. H. 18. Jh. Niederdeutsches Hallenhaus aus Backstein auf Feldsteinsockel, urspr. wohl aus Fachwerk mit Lehmstakengefachen; im rohrgedeckten, zur Hälfte eingestürzten Krüppelwalmdach »Eulenlöcher«, im rückwärtigen Anbau wohl urspr. die Küche. Im Innern Zweiständerbau mit Kübbungsdiele und -sparren. – Stall 1918. Eingeschossiger Backsteinbau auf Feldsteinsockel mit Krüppelwalmdach; Türen, Fenster und Luken sind segmentbogig.

HÄUSLEREI Nr. 51, um 1835. Eingeschossiges Traufenhaus aus Fachwerk mit verputzten Gefachen auf Feldsteinsockel und mit in Backstein erneuerter rechter Giebelwand am Wirtschaftsteil; das Krüppelwalmdach rohrgedeckt mit je einer Fledermausluke in den Traufseiten.

BÜDNEREI Nr. 57, 1852. Eingeschossiges fünfachsiges Backsteinhaus auf Feldsteinsockel mit rohrgedecktem Krüppelwalmdach, urspr. wohl in Fachwerk errichtet. Der Wirtschaftsteil lag in der östlichen Hälfte des Hauses.

*Freesenort, Wohnhaus »Hasenburg«;*
*Gager, Häuslerei Höftstraße 51*

## Garz

Die um 1240 nordöstlich des damals schon zur bedeutenden Burganlage der rügenschen Fürsten ausgebauten ehem. slawischen Burgwalles an der Kreuzung der Straße Glewitzer Fähre – Arkona und Altefähr – Mönchgut entstandene deutsche Siedlung wurde 1317 mit Stadtrecht belehnt. Die Bebauung erfolgte überwiegend an diesen beiden Straßen, in der Blütezeit der Stadt im 14. und 15. Jh. auch schon an sie verbindenden Nebenstraßen. 1765 zerstörte ein Stadtbrand das alte Garz weitgehend, das seitdem den Charakter eines Marktfleckens behielt.

PFARRKIRCHE ST. PETRI Im 1900 eingemeindeten Stadtteil Wendorf, einer wohl E. 12. Jh. am Kirchhügel entstandenen slawischen Siedlung, gelegener gotischer Backsteinbau mit eingestreuten Feldsteinen am dreijochigen Schiff und dem dreigeschossigen quadratischen Westturm. Die zwei westlichen Joche des eingezogenen Chores mit Priesterpforte und Nordsakristei M. 14. Jh. die zwei östlichen und die Portalvorhalle mit Schleppdach wohl E. 15. Jh. hinzugefügt. Die Längswände des Chores gliedern ein Kaffgesims und Putzbänder, die Spitzbogenfenster sind jetzt unterschiedlich gegliedert und profiliert; die Mauerkrone, der Ostgiebel mit Fialtürmchen und der Sakristeigiebel wurden 1741 erneuert. Das Schiff aus der 2. H. 14. Jh.; von seinen Giebeln mit Fialtürmchen wurde der östliche 1910 erneuert, die Fenster haben Dreieckschluß; Chor und Schiff besitzen Strebepfeiler. Der Westturm M. 15. Jh., sein Westportal ist wie die z. T. vermauerten Fenster und die Blendnischen spitzbogig mit gestuften, abgefasten Laibungen, die über einem Putzband gelegenen schmalen Fenster des dritten Geschosses sind paarweise in Blenden zusammengefaßt; das Zeltdach M. 17. Jh.

Im Innern ruhen die Kreuzrippengewölbe im Chor auf barocken Stuckkonsolen in Gestalt von Vasen und schwebenden Engeln, im Schiff gehen sie aus der Wand hervor, in der Turmhalle bestehen die Rippen aus Normalsteinen. Das Sakristeiportal ist segmentbogig, der Triumphbogen leicht spitz, die Fenster liegen im Schiff in bis zum Boden reichenden Spitzbogennischen; die große Öffnung zum Turm ist korbbogig und wohl von 1741, ihre nördliche Laibung birgt eine Nische mit Fenster zum Schiff.

*Ausstattung:* Altarretabel, 1724, Werkstatt Elias Keßler, Stralsund. Architektonischer Aufbau mit Säulen auf Postamenten, seitlichen Volutenkonsolen, Rollwerkkartuschen, Muscheln, Akanthusohren, verkröpftem Gesims, gesprengtem Giebel und schlankem Bekrönungsstück zwischen Pilastern. Als Figuren Moses und Aaron, Engelputten mit Wappenkartuschen und Feston, Engelwolke und der zum Himmel fahrende Christus; im Hauptfeld ein Gethsemane-Gemälde vom E. 19. Jh. Kanzel mit Portal, Aufgang und Schalldeckel, 1707/08, Werkstatt Hans Broder, Stralsund. Den polygonalen Kanzelkorb mit vier Evangelistenreliefs und Ecksäulen auf Konsolen trägt eine Moses-Figur, die Aufgangsbrüstung mit Vasenrelief und Bandelwerk von 1741; unter dem Schalldeckel eine schwebende Taube, auf ihm die Strebekrone mit Allianzwappen und die Figur des triumphierenden Christus auf der Weltkugel; als Dekor Cherubköpfe und Akanthuslaub. Taufstein, Granit, die runde Kuppa 1. H. 13. Jh., an der gewölbten unteren Hälfte gegenständig gewundene Wulste; Fuß und Schaft

1857 erneuert. Taufengel, 2. H. 18. Jh. von Martin Becker, Stralsund. Schwebende Figur mit Muschelschale. Orgel, im neogotischen Prospekt ein 1914 von Barnim Grüneberg, Stettin, wohl mit Teilen einer Orgel von 1836 gebautes Werk. Altarkruzifix M. 19. Jh., der Korpus aus Gips. Zwei Pastorenbildnisse: Superintendent Ahlborg, 1920 von H. Freese, und W. T. Ziemßen († 1881) von Agnes Ziemßen. Westempore 1912/13. Im Chor vier Kastengestühle: a) aus Resten der Nordempore 17. Jh. mit Rundbogenfeldern zwischen Pilastern; b) um 1700 mit geschweiften Rahmenfeldern zwischen Pilastern; c) von 1722 mit zwei Reihen achteckiger Rahmenfelder und Inschriften; d) 18. Jh. mit rechteckigen und achteckigen Rahmenfeldern und Inschriften 1822. Bankgestühl von 1914. Patronatsgestühl A. 18. Jh., Verschlag mit geschweiftem Dach, die Brüstungen von Pilastern und gewundenen Halbsäulen gegliedert. Kelch und Patene, 1647. Ovale Oblatendose, Silber 1746. Krankenabendmahlsgerät 18. Jh.: Kelch und Patene aus Silber, Oblatendose aus Holz, alle drei Stücke im hölzernen Etui. Taufschale, Messing, A. 17. Jh., im Spiegel die getriebene Darstellung der Verkündigung Mariae. Zwei Kollektenteller, Messing, 1695. Leuchterpaar mit

*Linke Seite: Garz, Pfarrkirche St. Petri von Nordosten*

*Rechte Seite: Garz, Pfarrkirche St. Petri, Inneres, Blick zum Chor*

Balusterschaft, Messing, 17. Jh. Sechsarmiger Kronleuchter, Messing, 1724, am Balusterschaft Doppeladler und Kugel. Zwei Grabsteine: G. Malchow, E. 14. Jh., mit eingeritzter Figur des Geistlichen sowie Ehepaar J. J. Rudolphi und S. C. Rudolphi († 1826 und 1828).
Auf dem von einer Feldsteintrockenmauer umgebenen KIRCHHOF u. a. zwei Grabsteine: H. S. Copas und Sohn D. C. G. Copas († 1813 und 1814); G. E. Mellahn und G. D. Mellahn († 1823 und 1837). Zwei Grabmale: C. F. Starck († 1817), schmiedeeiserne Stele mit eingeschlagener Inschrift; Dr. F. S. T. Pritzbuer († 1819). Sechs Grabstelen: A. H. Albrecht (1814); C. F. Schnoor mit Gemahlin († 1815 und 1920); B. F. Rudolphi († 1828); M. E. Florig († 1829); J. Groth († 1830); G. Moritz und C. M. E. Zech († 1874). Vier Grabkreuze, Schmiedeeisen, 19. Jh., das älteste für C. L. Stumpfelt († 1838). Vier Grabkreuze, Gußeisen, 18. Jh.

KATHOLISCHE KIRCHE Neogotischer Saalbau aus Backstein, um 1920. Das spitzbogige Westportal in einer Wandvorlage mit Dreieckgiebel, im Westgiebel drei gestaffelte Schalluken, an der Nordseite ein polygonaler Anbau als Taufkapelle. Die Ausstattung aus der Bauzeit.

ERNST-MORITZ-ARNDT-MUSEUM An den Anlagen 1, 1936/37. Nach Plänen von Erhard Schmidt, Berlin, errichtetes eingeschossiges dreiachsiges Traufenhaus aus Fachwerk mit hohem Walmdach und Dachgauben; der Eingang liegt in einer tiefen rechteckigen Nische.

EISENBAHNERWOHNHÄUSER Bergener Straße 22 und 23. In der architektonischen Gestalt gleiche, eingeschossige dreiachsige Traufenhäuser aus Backstein, mit ausgebauten hohen Krüppel-Mansarddächern. Die Eingänge zu den Erdgeschoßwohnungen in den Giebelseiten, die Fenster mit Läden; der Eingang zum Dachgeschoß am linken Ende der rückwärtigen Traufwand, in der angrenzenden Giebelwand drei steigende schmale Fenster des zugehörigen Treppenhauses; in den Traufseiten des

*Linke Seite: Garz, Wohnhaus Hunnenstraße 20 und Rathaus Lindenstraße 5*

*Rechte Seite: Garz, ehem. Pfarrwitwenhaus Wendorfer Straße 5 und Pfarrhaus Wendorfer Straße 17*

Daches mehrachsige Gauben, in den Giebeln weitere Fenster.

WOHNHAUS Hunnenstraße 20, M. 19. Jh. Eingeschossiger fünfachsiger Putzbau mit Krüppelwalmdach, Treppe vor dem straßenseitigen Mitteleingang, die Fenster mit Läden.

ALTE APOTHEKE Lindenstraße 4, 3. V. 18. Jh. Eingeschossiger neunachsiger Fachwerkbau mit gemauerter und verputzter Straßenfront, der Eingang mit vorgelegten Stufen in der dritten Achse von rechts, die beiden ersten Achsen ehem. die Schaufenster der Apotheke. Die Rückseite in Fachwerk um ein Obergeschoß erhöht und im Bereich der Apotheke über der Traufe ein schmales Satteldach mit Fenster; vor dem Erdgeschoß zwei windfangähnliche Kellereingänge.

RATHAUS Lindenstraße 5, 1927. Zweigeschossiges fünfachsiges Giebelhaus aus Backstein nach Plänen von W. Schwark, Stralsund, im expressionistischen Baustil errichtet. Straßenseitig treten die äußeren Achsen als Risalite mit Eckrustika und kräftig auskragendem Hauptgesims vor, zwischen ihnen eine dreiachsige Loggia mit dreieckig geschlossenen Durchgängen zwischen rahmenden Graten und Gesimsen, darüber ein Altan; der Stufengiebel mit gestufter Innenblende und konkav ausschwingenden Giebelstufen.

SCHULE Lindenstraße 27, 1848. Zweigeschossiger siebenachsiger Backsteinbau mit quadratischem, von Ecktürmchen und Konsolfries bekröntem Uhrturm mit kleinen Rundbogenfenstern und Okuli sowie drei runden Zifferblättern über der leicht vortretenden Mittelachse der Straßenfront, in der das gestufte rundbogige Portal und im Obergeschoß ein Rundbogenfenster liegen; Ecklisenen und flache Gesimse sowie Putzfriese zwischen den Geschossen und unter der Traufe gliedern die Fassaden, die faschengerahmten Fenster sind rechteckig.

Die turnhalle ist ein vierachsiger Putzbau mit Lünettenblenden über den Fenstern. – Aus Fachwerk auf Feldsteinsockel ist ein weiteres Nebengebäude.

KATEN Poggendorfer Straße 13, 1. D. 19. Jh. Eingeschossiger siebenachsiger Putzbau auf Feldsteinsockel mit Fachwerkgiebeln und Krüppelwalmdach, der stra-

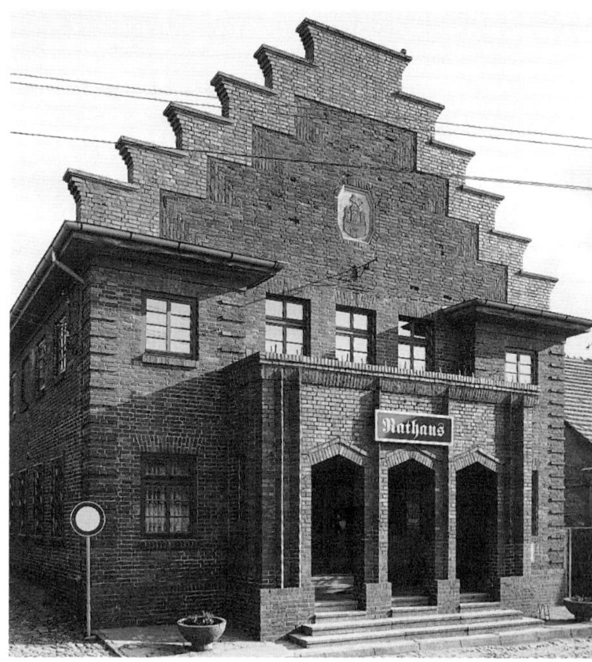

ßenseitige Zugang in der zweiten linken Achse, rückseitig mehrere Eingänge. Im Innern Lehmstaken-Fachwerkwände.

ALTERSHEIM »ROTHBART-STIFT« Poggendorfer Straße, 1911. Nach Plänen von Paul Rothbart, Garz, errichtetes zweigeschossiges Backsteinhaus auf winkelförmigem Grundriß, mit hohem Sockelgeschoß und risalitartig betonter abgeschrägter Ecke; im rückwärtigen Gebäudewinkel ein polygonales Treppenhaus mit Walmdach. Die zwei äußeren Achsen des linken Flügels unter einem querliegenden kurzen Walmdach und nach hinten vor die Flucht tretend, an der unter einem Satteldach gelegenen schrägen Eckachse mit Portalnische und großem Fenster im Obergeschoß vor allem im Giebelbereich dicht gereihte steigende Putzblenden, die als schmale vertikale Bände an den fünfachsigen Trauffronten achstrennend wiederkehren; Fenster und Portale mit Dreieckschluß. Im Innern viele kleine Wohnungen.

WOHNHAUS Putbuser Straße 25, um 1900. Eingeschossiger fünfachsiger Backsteinbau mit Krüppelwalmdach und straßenseitigem Mitteleingang, die rechteckigen Fenster hier mit Läden.

Ehem. PFARRWITWENHAUS Wendorfer Straße 5, E. 18. Jh. Eingeschossiges vierachsiges Giebelhaus aus verputztem Backstein mit Krüppelwalmdach.

PFARRHAUS Wendorfer Straße 17, M. 18. Jh. Stattlicher eingeschossiger Fachwerkbau von acht zu vier Achsen auf Feldsteinsockel mit rohrgedecktem Krüppelwalmdach und seitlichen niedrigeren Anbauten unter Pult- bzw. Satteldächern; der vordere Eingang mit vorgelegter Freitreppe aus der Mitte nach links gerückt, die Fenster mit Läden, im Dach jüngere Gauben. – Der langgestreckte Stall des Pfarrhofes aus Fachwerk.

DENKMAL für die gefallenen deutschen Soldaten des Weltkrieges 1914 – 1918, um 1920. Rundes, am Hang des ehem. Burgwalles aus behauenen Feldsteinen massiv gemauertes turmartiges Monument mit Gedenktafel in einer gemauerten hangseitigen Vorlage.

DENKMAL für die am deutsch-französischen Krieg 1870/71 beteiligten Garzer Soldaten. Auf vierstufigem Podest aus Sandsteinplatten und quadratischem Sockel ein oben flach zugespitzter Obelisk mit Inschrift. Am ehem. Burgwall über eine breite zweiläufige Treppe zugänglich.

**Giesendorf**

WOHNHAUS Dorfstraße 1, 2. D. 18. Jh. Eingeschossiges vierachsiges Fachwerkhaus mit verputzten Gefachen auf Feldsteinsockel, in Backstein erneuerter (in jüngster Zeit veränderter) rückwärtiger Traufseite und rohrgedecktem Krüppelwalmdach; die rechte Giebelwand mit Anbau von um 1970. Im Innern die Raumaufteilung weitgehend unverändert, der Mittelflur urspr. Durchfahrt, Rauchkammer mit Glocke.

## Gingst

Der als Angerdorf 1232 erstmals genannte spätere Marktflecken an der die Halbinseln Wittow und Ummanz verbindenden Landstraße war im Mittelalter Sitz eines Gardevogtes und bis 1806 des kirchlichen Praepositus, vom 16. bis 19. Jh. eines der Zentren der Damastweberei in Pommern. Im 30jährigen Krieg und bei Brandkatastrophen in den Jahren 1726 und 1950 wurden die meisten älteren Gebäude zerstört; seine jetzige Größe erreichte Gingst im 19. Jh.

KIRCHE ST. JACOB Dreischiffige Hallenkirche aus Backstein mit eingesprengten Granitquadern; der eingezogene Reckteckchor von um 1300, das jetzige Langhaus um 1400 angefügt, der eingerückte quadratische Westturm um 1450 errichtet und gleichzeitig das südliche Langhausseitenschiff um ein zum Chor offenes Joch nach Osten verlängert, die Nordsakristei am Chor 1816 verändert und verlängert. Am Chor liegen gestufte Strebepfeiler, die profilierte Mauerkrone wurde nach 1726 erneuert und der Ostgiebel durch einen Krüppelwalm ersetzt, die breiten Spitzbogenfenster E. 19. Jh. erneuert; das spitzbogige Gewände des Sakristeiportals ist gestuft, zwei Segmentbogenportale im östlichen Teil der Chorlängswände sind vermauert. Am vierjochigen Schiff sind die Mauerkrone und die Spitzbogenfenster wie am Chor 1726 bzw. E. 19. Jh. erneuert worden, das Nordportal und das jetzt zugestellte Südportal sind spitzbogig, das Westportal barock verändert, von den beiden Langhausgiebeln nur der blendengegliederte westliche teilweise erhalten. Der viergeschossige Westturm mit umlaufenden Friesen und achtseitiger glockenförmiger Haube hat nur im obersten Geschoß Spitzbogenblenden mit Schalluken, in den übrigen Geschossen schmale Lichtschlitze; das westliche Stufenportal bezieht das darüber gelegene Fenster mit ein und wurde im 18. Jh. korbbogig verändert. An der Chorsüdwand ein Ziegel mit eingeritzter (mittelalterlicher?) Sonnenuhr; an der Langhausseitenwand eine Sonnenuhr aus dem 18. Jh. Im Innern blieben nach dem Brand von 1726 die achteckigen Langhauspfeiler mit den Scheidbögen und die Kreuzrippengewölbe in den Seitenschiffen erhalten, barock erneuert wurden der Triumphbogen und die stukkierten flachen Decken in Mittelschiff und Chor mit gerahmten Spiegeln und Eckkartuschen. An der Triumphbogenwand als Stuckreliefs der gekreuzigte und der auferstandene Christus, hinter der Kanzel und den Patronatsgestühlen gemalte große Draperien.

*Ausstattung:* Altaraufsatz von 1776, dreigeschossige Holzarchitektur; im Hauptfeld Gemälde der Himmelfahrt Christi, flankiert von Säulenpaaren und den Figuren Spes und Fides, in der bekrönenden Ädikula eine Uhr im Strahlenkranz, darüber eine Engelwolke mit Auge Gottes in Strahlengloriole; als plastischer Dekor Vasen, Festons, Bandwerk und Voluten. Kanzel mit Portal, Aufgang und Schalldeckel, 1743 wohl von Martin Becker, Stralsund, geschaffen; am Aufgangsportal Relieffigur des Petrus, darüber eine Inschriftkartusche; die Brüstung des Aufganges und des Korbes auf Konsole gliedern Pilaster, dazwischen ovale Medaillons mit den gemalten Halbfiguren Martin Luthers und der Evangelisten; am Schalldeckel mit Volutenkrone Taube des Hl. Geistes, Cherubköpfe und bekrönender Posaunenengel; als plastischer Dekor Bandwerk, Akanthus und florale Elemente. Taufständer, wohl von 1735; hölzerne Platte mit Cherubköpfen und Lambrequins, darunter drei Volutenfüße mit Akanthus und Inschriftkartuschen; der Deckel mit Strebekrone und Pinienzapfen als Knauf. Orgel, das Werk 1790 von Christian Kindt, Stralsund, geschaffen und zuletzt 1957 von Hermann Eule, Bautzen, restauriert; den gleichzeitigen, reich gegliederten und im Zopfstil dekorierten Prospekt mit Vasen über den Pedaltürmen und eine Wolke mit Zymbelstern flankierenden Posaunenengeln als Bekrönung schuf Nathanael Freese, Stralsund; die anschließende Gliederung der Westwand durch Pilaster, Architrav und Inschriftfelder ergänzen den Prospekt. Altarkruzifix, Zinnguß, um 1800. Truhe, 17. Jh., mit Eisenbändern beschlagen und mit gewölbtem Deckel. Orgelempore, 1798, die Brüstung der auf Säulen ruhenden Empore ist im Mittelschiff geschwungen und außer begrenzenden Profilen und einer Inschrifttafel glatt, in den Seitenschiffen in

*Linke Seite:*
*Gingst, Pfarrkirche St. Jacob von Südosten und Inneres, Blick zum Chor*

*Rechte Seite:*
*Gingst, Pfarrkirche, Kanzel und Patronatsstuhl*

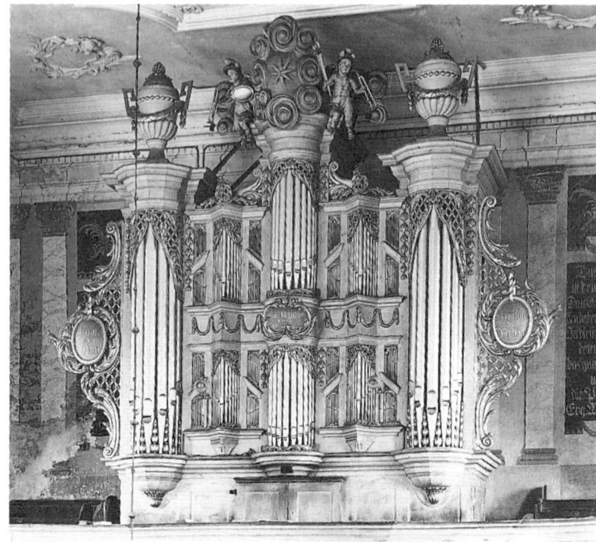

*Gingst, Pfarrkirche, Orgelempore mit Orgel*

Felder gegliedert; zugehörig zwei auf Konsolen vor den angrenzenden Mittelschiffspfeilern stehende Vasen. Zwei Patronatsstühle, um 1730 wohl von Michel Müller oder Martin Becker, beide Stralsund, geschaffene Verschläge mit pilastergegliederten Brüstungen und Blattgehängen mit Cherubköpfen zwischen den Fenstern; die Abschlußgesimse mit Akanthus- und Bandelwerkkämmen, Wappen- und Inschriftkartuschen, mit von Engeln flankiertem »Auge Gottes« im Strahlenkranz bzw. schwebender Engelfigur. Gemeindegestühl, um 1730 gebautes Kastengestühl. Zwei Kelche mit Patenen, 1620 und 1. H. 17. Jh., mit Sechspaßfüßen und -knäufen, an der Kuppa des einen graviertes Allianzwappen, der andere mit aufgelegtem Spangenwerk, in das an der Kuppa Cherubköpfe und die Leidenswerkzeuge Christi eingefügt sind. Zwei Krankenkelche mit Patenen, 18. Jh. und M. 19. Jh. Kelch, Zinn, A. 19. Jh. Oblatendose, 1777. Weinkanne, Silber, 1645, zylindrischer Körper mit geschwungenem Henkel, auf dem Deckel Johannesfigürchen. Schale, Messing, 18. Jh. Leuchterpaar, Zinn, E. 18. Jh., der dreiseitige Sockel auf Löwenfüßen trägt einen Balusterschaft mit Cherubköpfen. Drei Kronleuchter, Messing, 1738 und zwei vom E. 19. Jh., »Flämische Kronen«. Zwei Wandleuchter, Schmiedeeisen, 17. und 18. Jh., der ältere mit bemalter Blechkartusche, der andere mit einer Schere. Altardecke, 1696, Brokat mit gemaltem Dekor, Silberborte und gemustertem Futter. Altardecke, 1847, Samt mit Goldstickerei und Goldborte. Kelchtuch, 1772, Seide mit Gold- und Silberfadenstickerei und Goldborte. Drei Grabplatten: A. Bonow, um 1450, eingeritztes Wappen, Umschrift, Evangelistensymbole in den Ecken; Krassow, 1735, ausgegründeter Bandelwerkrahmen, Allianzwappen und Inschrift; R. D. Buschmann, geb. Schlichtkrull, † 1725. Epitaphplatte R. D. Buschmann, geb. Schlichtkrull, † 1725 und J. G. Buschmann, † 1737, auf barockem Podest mit stuckiertem Rahmen.

Auf dem KIRCHHOF: Gotische Mordwange, Kalkstein, als Grabstele für A. M. v. d. Osten, † 1738 und E. B. v. d. Osten, † 1718, wiederverwendet. Fünf Grabstelen von 1695, 1810 für J. G. Picht, 1811 und 1828 für M. D. C. Hase, 1857 für A. W. Picht. Schmiedeeisernes Grabkreuz von 1863.

WOHNHAUS »EFEUHAUS« Karl-Marx-Straße 19, um 1800. Eingeschossiges fünfachsiges, als Fachwerkbau errichtetes und wohl bald an der Vorderfront und anderen Hausteilen in Backstein massiv erneuertes Traufenhaus mit rohrgedecktem Satteldach und Fledermausgaube, die Giebel verbrettert; Fenster und Türen aus der Bauzeit, die Haustür in gequadertem Holzrahmen, die Türfüllungen mit aufgelegten Rosetten und Sternen. Im Innern die Raumstruktur erhalten.

WOHNHAUS (Museum) Karl-Marx-Straße 20, um 1800. Eingeschossiger fünfachsiger Putzbau mit rohrgedecktem Krüppelwalmdach und Eulenlöchern unter dem First; eine Giebelwand steht zur Straße, der Mitteleingang in der linken Trauffront und hier die Fenster mit Läden. Die innere Raumstruktur blieb erhalten. – Zugehörig eine Stallscheune von um 1800. Eingeschossiger Fachwerkbau mit rohrgedecktem Satteldach, die Giebel verbrettert, die rechte Giebelwand und der angrenzende Teil der rückwärtigen Traufwand massiv in Backstein erneuert. An der Vorderseite zwei große Toreinfahrten, über der rechten ist das Dach korbbogig angehoben.

PFARRHAUS Kirchplatz, 1738. Eingeschossiges siebenachsiges Fachwerkhaus auf Feldsteinsockel, das Krüppel-Mansarddach mit Fledermausgauben und zwei Frontispizen über der zweiten und sechsten Achse der Rückfront. In den Trauffronten Mittelportale, davor an der Rückfront Terrasse und Freitreppe; an der Vorderfront eine zweite Tür in der äußersten rechten Achse, die Rechteckfenster an der Vorderfront mit Holzfaschen und Läden, die Backsteingefache ornamental verlegt. An der linken Giebelwand ein kleiner Anbau aus dem 19. Jh. Im Innern die Raumstruktur mit großem Mittelflur weitgehend erhalten.

LANDWARENHAUS Mühlenstraße 39, 1955/57. Nach Entwürfen von Rudolf Schwanz und Joachim Horbach, Stralsund, um einen offenen Innenhof errichteter weitläufiger eingeschossiger Dreiflügelbau aus verputztem Backstein mit Walmdächern. In den Seitenflügeln und der linken Hälfte des Mittelbaus Ladengeschäfte mit von Lisenen getrennten, dicht gereihten Schaufenstern unter Verdachungen und ein Mitteleingang; im rechten Teil des Mittelbaus leicht zurückgesetzt Büroräume, das vorkragende Dach hier von schlanken eisernen Stützen getragen. Die Rückseiten ohne Fenster.

DENKMAL zur Erinnerung an den Wiederaufbau der 1950 brandzerstörten Teile des Ortes, 1976 von Hans-Peter Jäger, Stralsund. Auf gemauertem Sockel und Postament ein großer Würfel aus Spritzguß mit umlaufenden, gestalterisch komprimierten Szenen aus Zerstörung und Wiederaufbau des Ortes.

**Glowe**

WOHNHAUS Alt Glowe 119, 3. V. 19. Jh. Eingeschossiger sechsachsiger Putzbau auf Feldsteinsockel mit linkem Fachwerkgiebel und Krüppelwalmdach; der Eingang in der dritten Achse von rechts.

SCHULE Hauptstraße 88, um 1880. Zweigeschossiger siebenachsiger Putzbau auf hohem Sockelgeschoß; die mittleren drei Achsen an den Traufseiten unter breiten Dreieckgiebeln mit zwei gekoppelten Rundbogenfenstern, das flache Satteldach mit Dachpappe gedeckt. Die Geschosse durch Gesimse getrennt; die Rechteckfenster in den Hauptgeschossen mit Faschen, an der Vorderfront die drei mittleren im Erdgeschoß durch Dreieckgiebel-Verdachungen hervorgehoben und in der linken Achse der Eingang mit vorgelegter Freitreppe; an beiden Traufseiten die Fenster im Obergeschoß unter einfachen Verdachungen. Vor dem Erdgeschoß der Rückseite leicht eingezogen eine verglaste Veranda auf gemauertem hohem Sockelgeschoß und mit flachem Dach, über dem Mitteleingang ein Dreieckgiebel mit verziertem Stirnbrett, davor eine doppelläufige eiserne Treppe mit gemauertem brückenartigen Podest.

FEUERWEHR-SPRITZENHAUS Hauptstraße, 4. V. 19. Jh. Kleines eingeschossiges Giebelhaus aus Backstein, das Satteldach mit Teerpappe gedeckt, straßenseitig ein breites Tor; die Wände durch Lisenen und Friese gegliedert.

RESTAURANT »OSTSEEPERLE« Am Strand, 1968. Nach dem Entwurf von Ulrich Müther und Hubert Nutz errichteter transparenter zweigeschossiger Baukörper mit einem als angekippte Hyparschale ausgebildeten freitragenden Spannbetondach und feststehender Glasfassade auf verputzten Backsteinbrüstungen. Als Zugang zum emporenartigen Obergeschoß eine eiserne Freitreppe mit Podest.

### Gobbin

GUTSHAUS 2. D. 19. Jh. Eingeschossiger siebenachsiger Putzbau mit hohem Granit-Sockelgeschoß und Drempelgeschoß, die mittleren drei Achsen der Vorderfront treten leicht vor und werden über dem hier die Traufe durchdringenden Obergeschoß von einem Schweifgiebel mit Ochsenauge bekrönt. Fassadengliederung durch Eckquaderung, Gesimse und Verdachungen über den Rechteckfenstern, in den Seitengiebeln Lünettenfenster, in der Mitte der Vorderfront das Portal mit vorgelegter Freitreppe. Die Rückseite des Hauses ist ungegliedert.
Links ein um 1900 aus Backstein errichteter Anbau mit Lisenengliederung, das flache Satteldach mit Teerpappe gedeckt. Der rechte Anbau aus Backstein war wohl ein Stall oder Schuppen.

### Göhren

Das 1270 erstmals erwähnte Bauerndorf wuchs erst in der 1. H. 19. Jh. durch den Zuzug von Fischern auf 26 Häuser an. Seit 1877 anerkanntes Seebad, wurde Göhren danach schnell zum Badeort ausgebaut und 1899 zur Endstation der Kleinbahn.

DORFKIRCHE Neue Kirchstraße. 1929/30 nach einem Entwurf von A. Jürgens, Berlin, in kubisch-klarer Gestalt aus verputztem Backstein errichteter Rechteckbau mit im Erdgeschoß weit ausladender westlicher Doppelturmfront. Die einheitliche Ausstattung gleichzeitig, älter die Vasa sacra, Neusilber, 1913, und ein Votivschiff, 1933/34 von P. Strübing, Göhren.
BAHNHOF, nördlich des Ortes in Strandnähe gelegen. Die mit dem Anschluß Göhrens an die Kleinbahn entstandene Bahnhofsanlage besteht aus dem Empfangsgebäude von 1899, einem eingeschossigen Fachwerkbau mit Pultdach und gleisseitiger überdeckter Vorhalle, dem 1912 aus verputztem Backstein errichteten Abfertigungsgebäude mit ausgebautem Mansarddach und

einem zweigeschossigen Wohnhaus von um 1910 mit Fachwerk-Drempelgeschoß.
PENSION »HAUS RENZ« Berliner Straße/Alte Kirchstraße, um 1905. Zweigeschossiger Putzbau mit Drempelgeschoß. Die faschengerahmten Fenster der traufständigen sechsachsigen Straßenfront haben giebelartige Verdachungen. Vor der linken Giebelseite liegt über dem gemauerten Erdgeschoß eine verglaste zweigeschossige Loggia aus Holz, deren wesentlich schmaleres zweites Geschoß ein firstgleiches Satteldach besitzt, vor der rechten Giebelseite über dem gemauerten Untergeschoß eine eingeschossige eiserne Loggia.
PENSION »HAUS MÖVE« Carlstraße 4, um 1900. Zweigeschossiger fünfachsiger Putzbau mit faschengerahmten Fenstern, kräftigem Gesims zwischen den Geschossen und verglasten zweigeschossigen hölzernen Loggien vor den seitlichen Achsenpaaren der Straßenfront; der Windfang vor dem Mitteleingang ist jünger; an der Rückseite eine auf Pfeilern stehende gemauerte Loggia vor der Mittelachse des Obergeschosses.
PENSION »VILLA CONCORDIA« Friedrichstraße, um 1905. Dreigeschossiger, durch Hanglage rückwärtig zweigeschossiger Putzbau mit farbig abgesetzten groß-

formigen Putzblenden an den Giebelseiten; vor der sechsachsigen Straßenfront eine gemauerte dreigeschossige dreiachsige Loggia, im Erdgeschoß mit Säulen, im Mittelgeschoß verglast und im obersten Geschoß korbbogig geöffnet.

PENSION »VILLA AM MEER« Friedrichstraße, um 1910. Zweigeschossiger siebenachsiger Putzbau mit straßenseitig vorgelegter fünfachsiger, von Pilastern gegliederter Loggienfront mit niedriger Attika, deren mittlere Achse unter dem Dreieckgiebel nochmals leicht vortritt; entsprechende dreiachsige Loggien liegen auch an den Schmalseiten des Gebäudes.

PENSION »VILLA SEEFRIEDEN« Friedrichstraße 8, um 1910. Zweigeschossiger fünfachsiger Putzbau mit einer der Hauptfront vorgesetzten zweigeschossigen hölzernen Loggia, deren mittlere Achse im Obergeschoß ein über der Traufe liegendes Satteldach trägt und reich dekorierte Füllbretter besitzt.

Das FELDSTEINPFLASTER der Friedrichstraße ist denkmalgeschützt.

PENSION »SPERANZA« Gartenweg 1, um 1905. Zweigeschossiger sechsachsiger Putzbau mit Drempelgeschoß und an der Vorderfront risalitartig vortretenden zwei bzw. drei Mittelachsen, deren drittes Geschoß unter einem Satteldach die Traufe überragt; Eckpilaster, Gesimse, Fensterfaschen und -verdachungen gliedern die Fassaden.

PENSION »HAUS IRMA« Gartenweg 2, um 1900. Zweigeschossiges Haus mit verputztem Erd- und Fachwerk-Obergeschoß über T-förmigem Grundriß, die faschengerahmten Erdgeschoßfenster sind segmentbogig. Dem traufständigen rechten Teil der Straßenfront ist eine im Erdgeschoß gemauerte, im Obergeschoß hölzerne Loggia vorgesetzt, der mit dem Giebel zur Straße stehende einachsige linke Teil des Hauses tritt risalitartig vor und besitzt eine größere Tiefe.

PENSION »HAUS RUGIA« Kastanienallee 4, um 1910. In einem weiten Gartenareal gelegener zweigeschossiger fünfachsiger Putzbau. Seiner Vorderfront ist eine zweigeschossige dreiachsige Veranda aus Holz vorgelegt, deren mittlere Achse leicht vortritt und im Obergeschoß ein über der Traufe liegendes flaches Satteldach

*Linke Seite: Göhren, Pension Renz Berliner Straße/ Alte Kirchstraße*

*Rechte Seite: Göhren, Pension »Villa Seefrieden« Friedrichstraße 8 und Pension »Haus Rugia« Kastanienallee 4*

besitzt. Die Verglasungsrahmen sind bemerkenswert grazil.

Das FELDSTEINPFLASTER der Kastanienallee ist denkmalgeschützt.

PENSION »HEIMKEHR« Katharinenstraße 3 und 4, um 1910. Zweigeschossiger Putzbau aus zwei durch einen Verbindungstrakt verbundenen Traufenhäusern mit Putzgliederung. Der Straßenfront ist eine zweigeschossige dreiachsige gemauerte Loggia mit Pilastergliederung und Gesimsen vorgesetzt, deren mittlere Achse mit verglasten korbbogigen Öffnungen risalitartig vortritt und ein flaches Satteldach trägt. Auf der linken Seite des Verbindungstraktes kragt im Obergeschoß ein loggienartiger hölzerner Balkon vor. Einen entsprechenden Anbau besitzt auch das hintere Gebäude an seiner Vorderseite, auf der Rückseite ist beiden Geschossen eine hölzerne Loggia auf niedrigen Pfeilern vorgesetzt worden.

PENSIONSHAUS »RHEINSCHLÖSSCHEN« Katharinenstraße 5, um 1900. Ehem. doppelt so langes zweigeschossiges Traufenhaus mit putzgequadertem Erdgeschoß und Fachwerkobergeschoß mit Drempel, dessen Fachwerkstruktur durch farbige Absetzung gliedernd wirkt; die jetzige rechte Giebelwand mit jüngerem Schornstein ist glatt verputzt. Der vorderen Traufseite und der linken Giebelfront ist jeweils ein hölzerner Altan auf Ständern vorgesetzt, deren Knaggen reich ornamentiert sind.

PENSIONSHAUS »HANNI« Katharinenstraße 6, 1886. Zweigeschossiger Putzbau mit Drempelgeschoß und Giebeln in Fachwerk, ein dreiachsiges Giebelhaus mit faschengerahmten Segmentbogenfenstern und Fugenschnitt am Erdgeschoß. Der vorderen Giebelfront ist eine hölzerne Erdgeschoßloggia mit Altan vor dem Obergeschoß und ein Balkon mit firstgleichem breitem Satteldach vor dem Drempelgeschoß vorgebaut; ihnen entspricht eine dreigeschossige hölzerne Loggia mit gemauerter mittlerer »Trägerachse« an der rückwärtigen Giebelseite. An den fünfachsigen Traufseiten treten die mittleren drei Achsen leicht vor, ihr drittes Geschoß mit Satteldach ragt als Frontispiz über das Drempelgeschoß hinaus.

WOHNHAUS Max-Dreyer-Straße 1. Das angeblich 1900 auf der Pariser Weltausstellung erworbene zweigeschossige Haus hat ein am Hang liegendes gemauertes und verputztes Untergeschoß mit Verandenvorbau und darauf gelegener Terrasse sowie ein hölzernes Obergeschoß mit hohem, im unteren Drittel stumpfwinklig abknikkenden Satteldach, das mit Teerpappe gedeckt ist; dem Obergeschoß wurde wohl 1910 straßenseitig ein gemauerter und verputzter Anbau mit kleinem Vordach angefügt; im Innern ist das Obergeschoß voll getäfelt.

GEDENKSTEIN Friedrich Ludwig Jahn an der Max-Dreyer-Straße. 1928 aufgestellter Granitfindlung mit Inschrift. Dahinter eine gleichzeitig gepflanzte Eiche.

SIGNALMAST an der Max-Dreyer-Straße, um 1900. Hoher kreuzförmiger Stahlmast mit kleinen Signalelementen für die Schiffahrt.

PENSIONSHAUS »FORTUNA« Nordperdstraße 4, um 1910. Dreigeschossiger achtachsiger Putzbau mit hohem Sockelgeschoß und straßenseitig vortretenden zweiach-

*Linke Seite: Göhren, Pension »Hanni« Katharinenstraße 6*

*Rechte Seite: Göhren, Wasserturm Nordperdstraße und Hotel »Brandenburg« Strandstraße 7, Mittelrisalit*

sigen Seitenrisaliten, deren in den Obergeschossen rundbogig geöffnete Loggien jetzt verglast sind; zwischen ihnen offene Loggiengeschosse mit von Säulen getragenem Architrav; die gesamte Front ist durch Putzdekor gegliedert. – Durch einen Gang mit dem Hauptbau verbunden ist ein rückwärtiges eingeschossiges Saalgebäude mit Lisenengliederung, breitem Hauptgesims und Rundbogenfenstern, die doppelflügeligen Eingangstüren haben ein lünettenförmiges Oberlicht.

WASSERTURM an der Nordperdstraße, um 1900. Runder dreigeschossiger Backsteinturm mit Konsolfries, dem ein ausladender Wasserbehälter aus Betonfertigteilen aufgesetzt ist; das flache Kegeldach trägt eine niedrige Laterne mit Windrose.

PENSION »VILLA MINNA« Poststraße 4, um 1900. Zweigeschossiger Putzbau, ein zweiflügeliges Eckhaus von fünf und sieben Achsen, denen in ganzer Länge zweigeschossige hölzerne Loggien vorgesetzt sind; an der abgeschrägten Ecke zur Lindenstraße ist die Loggia des Obergeschosses wesentlich überhöht und von einem über der Traufe liegenden flachen Satteldach bedeckt.

Ehem. SCHULE (Gemeindeverwaltung) Schulstraße 8, A. 20. Jh. Zweigeschossiges siebenachsiges Backstein-Traufenhaus mit geschoßtrennendem Gesims und Konsolfries unter der Traufe; an der Straßenfront ein dreiachsiger Mittelrisalit, dessen drittes Geschoß den an den Giebelseiten erkennbaren Dachausbau ergänzt und ebenfalls einen Dreieckgiebel mit abgestufter Spitze trägt.

MUSIKPAVILLON an der Strandpromenade. Halbkreisförmige hölzerne Platzumgrenzung von um 1925 mit zentraler, von schlanken Türmchen flankierten, halbrund gewölbten Konzertpodiumsmuschel und überdachten Verbindungsgängen zu zwei polygonalen, zum Platz hin offenen Eckpavillons mit flachem Zeltdach.

*Strandstraße*

»HOTEL BRANDENBURG« Nr. 7. Der dreigeschossige Putzbau von 1878 mit vorgelegten gußeisernen Loggien

– der älteste Hotelbau Göhrens – wurde A. 20. Jh. durch einen repräsentativen dreigeschossigen, in den Formen des Jugendstils gestalteten Anbau mit pilastergegliederter fünfachsiger Front erweitert. Deren mittlere drei Achsen treten risalitartig vor, die mittelste ist im Erd- und ersten Obergeschoß nochmals konvex vorgewölbt und trägt über dem großen Ovalfenster des zweiten Obergeschosses einen von fialenartigen Verlängerungen der seitlichen Lisenen flankierten, einmal abgestuften Segmentbogengiebel, ihre Fenster und die zweiflügelige Eingangstür sind feinteilig verglast; die zweite und vierte Achse haben große liegende Rechteckfenster. Im Innern wird das Treppenhaus durch zwei stark farbige Fenster und das Treppengeländer der Bauzeit bestimmt. Eine Inschrifttafel erinnert an Hans Brandenburg, den »Gründer« des Badeortes Göhren.

PENSION »VILLA GRANITZ« Nr. 9, 1896. Zweigeschossiger siebenachsiger Putzbau mit Drempelgeschoß, die Fassaden gliedern Gesimse, Pilaster und faschengerahmte Fenster. Vor den straßenseitig leicht vortretenden mittleren Achsen mit einachsigem Frontispiz und firstgleichem Satteldach liegt im Erdgeschoß eine einfache Veranda, darüber ein verglaster Altan vor dem Obergeschoß; der rechten Giebelseite ist eine zweigeschossige vierachsige, im Obergeschoß jetzt verglaste hölzerne Loggia vorgelegt, deren Arkadenzwickel und das Frontbrett des darüberliegenden flachen Satteldaches reich dekoriert sind.

BAUERNHOF (Museum) Strandstraße 18. Das Wohnhaus ist, nach den erhaltenen Resten in der linken Hälfte der hofseitigen Traufwand und der linken Giebelwand zu urteilen, ein um 1800 aus Fachwerk errichtetes, später in Backstein massiv verändertes eingeschossiges fünfachsiges Traufenhaus mit rohrgedecktem Krüppelwalmdach und hofseitiger Fledermausgaube; die Haustür ist aus der Bauzeit.

Die KÜBBUNGSDIELENSCHEUNE mit Stallteil und rohrgedecktem Walmdach wurde um 1680 in Fachwerk errichtet und ist zehn Gefach lang; an der vorderen Giebelseite drei Stalltüren und eine große seitliche Einfahrt, die Fenster sind klein, im Innern hat das Ständergerüst gebogene Kopfbänder.

Der STALL ist ein im 19. Jh. errichtetes eingeschossiges Backsteingebäude mit Walmdach, kleinen Fenstern und einer Holztür an den Giebelseiten. – Den gepflasterten Hof umgibt eine Feldsteinmauer.

PENSIONHAUS »MINERVA« Nr. 27, 1913. Zweigeschossiger Putzbau mit siebenachsiger, durch Fugenschnitt im Erdgeschoß, Gesimse und faschengerahmte, zweimal unter flachen Giebeldächern paarweise geordnete Fenster gegliederter Fassade zur Straßenseite. Vor die äußeren Achsen der zur Marienstraße gekehrten Front wurde je eine zweigeschossige, risalitartig vortretende hölzerne Loggia mit firstgleichem Satteldach gestellt, deren Brüstungen und Fachwerk reich dekoriert sind. Der travertinverkleidete eingeschossige Geschäftsanbau in der Strandstraße ist neu.

PENSIONHAUS »MEERESGRUSS« Nr. 30, um 1900. Zweigeschossiger sechsachsiger Putzbau mit straßenseitig vorgesetzter, jetzt z. T. verglaster zweigeschossiger Loggia, deren mittlere Achse im Obergeschoß überhöht ist und unter einem firstgleichen Satteldach liegt; die Knaggen des Maßwerkes und das Giebelbrett sind reich dekoriert.

*Göhren, Pension »Minerva« Strandstraße 27*

*Thießower Straße*

HOFSTELLE DAMP Nr. 7. Rückwärtig gelegen ein kleines HALLENHAUS vom Typus der »Zuckerhüte«, um 1700 als schwellenloser Zweiständerbau aus Fachwerk errichtet und 1974 gründlich restauriert; als Rauchhaus hat es Rauchabzugslöcher unter dem extrem kurzen First des tief heruntergezogenen Walmdaches mit Rohrdeckung, an der vorderen Schmalseite das weit zurückgesetzte Dielentor, an der Rückseite »Klöndören«.

An der Straße ein FISCHERHAUS von M. 19. Jh., eingeschossiger Putzbau mit rohrgedecktem Krüppelwalmdach und jüngeren Fledermausgauben, straßenseitig die verglaste Haustür aus der Bauzeit. – Im Hof ein Ziehbrunnen.

FISCHERHAUS Nr. 26, um 1800. Eingeschossiger dreiachsiger Putzbau mit rohrgedecktem Krüppelwalmdach, die seitlichen Anbauten jünger.

BÜDNEREI KOOS Nr. 28, 1. V. 19. Jh. Eingeschossiger sechsachsiger Fachwerkbau mit Querflur und rohrgedecktem, über der hofseitigen Tür und einem hier gelegenen Lünetten-Dachfenster gaubenartig angehobenen Krüppelwalmdach; die Straßenfront in Backstein massiv erneuert, die Fenster unterschiedlich groß.

PENSION »VILLA SEEBLICK« Nr. 32, um 1900. Zweigeschossiger Putzbau mit Drempelgeschoß, die Fassaden durch Gesimse und faschengerahmte Fenster mit Verdachungen gegliedert; der Straßenfront und der rechten Seitenfront sind zweigeschossige eiserne Veranden vorgesetzt.

GEDENKSTEIN an das hier 1812 gelegene Lager hessischer Soldaten am Südstrand. Granitfindling mit kurzer Inschrift.

DENKMAL für die im Weltkrieg 1914 – 1918 gefallenen deutschen Soldaten, um 1920, breite Inschrift-Stele auf Plinthe und Sockel.

PENSION »HAUS HALLIGER« Waldpromenade 5, A. 20. Jh. Dreigeschossiger Putzbau von annähernd quadratischem Grundriß und mit großflächigem Putzdekor im vorderen Bereich; dem hohen Walmdach mit Ziegeldeckung ist ein querliegendes Satteldach über dem rückwärtigen Gebäudeteil zugeordnet. Den äußeren Achsen der Hauptfront ist jeweils eine gemauerte dreigeschossige Loggia mit kleinem Dreieckgiebel und putzdekorierten Brüstungen vorgestellt, ihr erstes Obergeschoß ist korbbogig geöffnet; die dazwischen gelegenen ungegliederten Loggien sind aus Holz, eine unter dem Giebel der rechten Gebäudeseite stehende dreigeschossige Loggia hat ein gemauertes Erdgeschoß mit tragenden Säulen, darüber zwei hölzerne Geschosse mit reich verziertem Fachwerk.

PENSION »VILLA ERIKA« Waldstraße 8, 1891. Zweigeschossiger Holzbau auf T-förmigem Grundriß, mit späteren Anbauten vor und zwischen den Gebäudeflügeln, zwei hohen Fachwerk-Krüppelwalmgiebeln und einem Dreieckgiebel über der Hauptfront. Die Fertigteilwände gliedern ein konstruktiv genutztes Lattengerüst und sparsam verwendetes Fachwerk. Vor dem reich gegliederten Fachwerkgiebel der Vorderfront liegen im Erdgeschoß eine verglaste Veranda, darüber etwas zurückgesetzt eine rundbogig geöffnete Loggia. Die eingeschossigen Anbauten vorne rechts und links und der rückwärtige Erker vor den Obergeschossen kamen um 1900 hinzu, die beiden Anbauten an der Rückseite erst im 3. D. 20. Jh.

VILLA »RHEINGOLD« Waldstraße 9. 1894 und A. 20. Jh. Zweigeschossiger Putzbau über kreuzförmigem Grundriß mit vorn rechts eingestelltem quadratischem Treppenturm. Putzquaderung; die Ziegeldächer mit verschiedenen Giebelschlüssen. Vor dem Obergeschoß der giebelständigen Straßenfront eine verglaste hölzerne Loggia auf Pfeilern, die zweigeschossige rückwärtige hat eine eiserne Stützkonstruktion mit feinteiligem Jugendstildekor; von den seitlichen Flügeln besitzt der rechte an der Rückseite des Obergeschosses eine verglaste Loggia, der linke ein großes Korbbogenfenster. – Im Vorgartenzaun ein reich verziertes schmiedeeisernes Tor.

WOHNHAUS »DOKTORHAUS« Waldstraße 12, um 1900. Zweigeschossiger sechsachsiger Putzbau, an der Straßenfront zwei zweiachsige Seitenrisalite mit hohen Dreieckgiebeln und kräftiger Eckquaderung, Pilastern, Gesimsen und faschengerahmten Fenstern. Zwischen den Risaliten eine zweigeschossige eiserne Loggia mit filigranem Gitterdekor. An der Rückseite mehrere jüngere Anbauten.

PENSION »VILLA WALDBLICK« Wilhelmstraße 6, um 1900. Dreigeschossiger fünfachsiger Putzbau mit von Gesimsen und faschengerahmten Fenstern gegliederten Fassaden. Vor den Obergeschossen der Straßenfront in ganzer Breite eine zweigeschossige, auf gemauerten Pfeilern ruhende, jetzt verglaste hölzerne Loggia, ihre im zweiten Obergeschoß überhöhten zwei mittleren Achsen tragen ein flaches Satteldach.

**Goor**

GUTSHAUS M. 19. Jh. Eingeschossiger siebenachsiger Backsteinbau auf Feldsteinsockel mit Krüppelwalmdach, die drei Achsen der Vorderfront leicht vortretend, darüber ein etwas schmalerer zweiachsiger Frontispiz mit Satteldach und Dreieckgiebel. Die Fassaden durch Lisenen, vertiefte Wandfelder unter den Rechteckfenstern, kräftige Gesimse und einen Tröpfchenfries unter der Traufe gegliedert. Dem Eingang in der Mitte der Vorderfront ist eine Freitreppe vorgelegt. Hof und Park umgibt eine weithin intakte Feldstein-Packmauer.

**Götemitz**

GUTSHOF. – GUTSHAUS, M. 18. Jh. und A. 20. Jh. Eingeschossiger siebenachsiger Backsteinbau mit Krüppel-Mansarddach und hofseitigem dreiachsigem Frontispiz von um 1910 mit Schweifgiebel, der darunter gelegene Windfang des Mitteleinganges ebenfalls mit geschweiftem Giebel. Bis auf zwei Lisenen am Frontispiz jetzt glatt verputzt, die Fenster modernisiert. Z. T. zweigeschossiger Anbau mit Altan vor der linken Giebelwand, rechts angeschlossen ein weiteres eingeschossiges Wohnhaus. – Der GUTSSTALL, M. 19. Jh., langgestreckter eingeschossiger Backsteinbau mit Konsolfries unter der Traufe, Stufengiebeln und Satteldach mit Asbestdeckung. – Der im 19. Jh. umgestaltete Gutspark ist stark überwachsen.
SIEDLUNGSHÖFE Nr. 1 bis 9, 15, 17 und 24–27, 1934 (vgl. Datzow, Siedlungshöfe ).

**Gramtitz**

HÄUSLEREI Dorfstraße 5, M. 18. Jh. Eingeschossiges Traufenhaus auf Feldsteinsockel mit rohrgedecktem Krüppelwalmdach; der Wohnteil noch weitgehend in Fachwerk mit verputzten Gefachen und verbrettertem Giebel, der Wirtschaftsteil mit Stall und Querdiele bis auf den Fachwerkgiebel in Backstein errichtet. Die Fenster z. T. verändert, über dem Dielentor die Traufe etwas angehoben. Im Innern ein durchlaufender Querflur, die Küche mit Herdglocke.
WOHNHAUS Dorfstraße 15, M. 18. Jh. Eingeschossiger vierachsiger Putzbau mit rohrgedecktem Krüppelwalmdach; an der vorderen Traufseite ein breiter Anbau mit Flachdach, an der linken Giebelwand ein kleiner Anbau mit Pultdach. – Die zugehörige KÜBBUNGSDIELE von um 1800 mit seitlichen Durchfahrtstoren ist ein Fachwerkbau auf Feldsteinsockel mit Lehmstakengefachen, das Walmdach ist nur noch z. T. mit Rohr gedeckt.

**Granskevitz**

GUTSHOF Ältester Teil ist der von einem Graben umgebene Ringwall aus dem 15. oder 16. Jh. mit Gutshaus, Pferdestall und Resten eines Parkes, östlich davon jüngere Wirtschaftsgebäude.
GUTSHAUS Keller E. 15. Jh., Hauptbauzeit A. 17. Jh., danach vom 18. Jh. bis 1939 mehrfach erweitert und verändert, 1990/91 restauriert. Zweigeschossiger siebenachsiger Putzbau auf hohem Sockelgeschoß mit Krüppelwalmdach; vor der Mitte der Hoffront ein runder Treppenturm mit dem Treppenlauf folgender Fensterreihung, jüngerem polygonalen obersten Geschoß mit schlanker geschweifter Haube aus Kupferblech; seitlich vor der zweiten und sechsten Achse Risalite mit Satteldach und Okulus im Giebel, ein gleicher Risalit an der Rückfront links; aus dem 19. Jh. ein aus zwei gegeneinander versetzten anderthalbgeschossigen Häusern bestehender Anbau hinten rechts, von 1920 Freitreppe und Terrasse vor den vorderen Risaliten. Als Baudekor Eckrustika und kräftige Gesimse, die segmentbogigen Fensteröffnungen mit schmalen Putzfaschen und z. T. nachträglich verändert. Das Innere durchgebaut, im Kellergeschoß ein 1507 vermauerter Raum.
Der ehem. STALL, wohl um 1920 errichtet, ist ein eingeschossiger Putzbau mit Fachwerkgiebeln und wellblechgedecktem Krüppelwalmdach.

Zwei BRÜCKEN mit einfachen Pfostengeländern führen auf die Ringwallinsel und von dieser nach Osten zum Wirtschaftshof.
KÜBBUNGSDIELENSCHEUNE um 1850. Eingeschossiger Fachwerkbau auf Feldstein-Backstein-Sockel, das Krüppelwalmdach ist mit Wellasbest gedeckt; die innere Holzkonstruktion blieb weitgehend erhalten.
Weiter gehören ein zweigeschossiger SPEICHER aus verputztem Backstein und eine SCHMIEDE aus Backstein mit Vorlaube und das gesamte Gebäude überdeckendem Satteldach zum Gutshof.

**Gremmin**
FORSTHAUS um 1920. Eingeschossiger vierachsiger Fachwerkbau auf Feldsteinsockel mit zwei Gauben im Satteldach und Windfang-Vorbau an der Vorderfront; die Rechteckfenster mit vielfach geschweiften hölzernen Faschenrahmen.

*Granskevitz, Gutshaus, Hoffront;*
*Groß Schoritz, Gutshaus (Geburtshaus von E. M. Arndt)*

**Grieben**
WOHNHAUS Dorfstraße 2, 2. H. 18. Jh. Eingeschossiger dreiachsiger Putzbau mit rohrgedecktem Krüppelwalmdach und giebelseitigem jüngeren Vorbau unter einem Schleppdach und links anschließendem kleinen Anbau mit flachem Dach. Im Innern blieb der Queraufschluß erhalten.

**Groß Banzelvitz**
GUTSHAUS E. 19. Jh. Eingeschossiger elfachsiger Backsteinbau mit verputztem Sockel und Drempelgeschoß unter flachem Satteldach mit Teerpappendeckung. Über dem Mitteleingang der Vorderfront ein von vier Säulen getragener Altan vor dem Obergeschoß und ein über der Traufe gelegenes Satteldach mit Dreieckgiebel.

**Groß Schoritz**
GUTSHAUS (Geburtshaus von Ernst Moritz Arndt) Dorfstraße, M. 18. Jh. Eingeschossiger siebenachsiger Putzbau mit hohem Sockelgeschoß, Krüppelwalmdach und einachsigem Frontispiz mit geschweiftem Giebel über dem in der Mitte der Hoffront gelegenen Segmentbogenportal, dem eine zweiläufige Freitreppe mit Zwi-

*Linke Seite: Groß Stresow, Denkmal für den Sieg der Preußen von 1715 (oberer Teil)*

*Rechte Seite: Groß Zicker, Dorfkirche, Kabinettscheiben*

schenpodesten vorgesetzt ist; die Fassade gliedern Eckpilaster und die leicht vortretende mittlere Achse. Am Giebel des Frontispiz Metallplatte von 1913 mit dem Porträtrelief E. M. Arndts von K. Brusch, Berlin. Im Innern die Raumstruktur gut erhalten. – Den kleinen Park umgibt eine Feldsteinmauer mit Parktor.

KATEN Dorfstraße 28–31, M. 19. Jh. Eingeschossiger achtachsiger Fachwerkbau auf Feldsteinsockel mit rohrgedecktem Krüppelwalmdach.

WOHNHAUS Dorfstraße 33, 3. V. 19. Jh. Eingeschossiger sechsachsiger Putzbau auf Feldsteinsockel mit rohrgedecktem, über die Giebel weit vortretendem und auf hölzernen Konsolstützen ruhendem Satteldach, in das am rechten Ende der Straßenfront über der leicht vortretenden ersten Achse ein querstehendes kleines Satteldach einschneidet. Die Giebelseiten durch Lisenen, Deutsches Band und kräftigen Stufenfries am Ortgang gegliedert, die Fenster liegen in flachen Segmentbogennischen.

SCHMIEDE Dorfstraße, A. 19. Jh. Eingeschossiger dreiachsiger Fachwerkbau mit Schleppgaube im Satteldach.

## Groß Stresow

WOHNHAUS Dorfstraße 3, 3. V. 19. Jh. Eingeschossiger Fachwerkbau mit rohrgedecktem Krüppelwalmdach, je einer Fledermausgaube über den Traufseiten und stellenweise in Ziegelmauerwerk erneuerten Wänden.

KATEN Dorfstraße 4, 2. V. 19. Jh. Eingeschossiger, urspr. sechsachsiger Putzbau mit rohrgedecktem Satteldach und Fledermausgauben; der straßenseitige Eingang in der dritten Achse von links, eine Fensterachse jetzt vermauert.

DENKMAL auf den Sieg der Preußen in der Schlacht von Stresow 1715. Das 1855 von Wilhelm Stürmer, Berlin, geschaffene Monument besteht aus einer Granitsäule mit Inschrift auf hohem Podest und Postament und der überlebensgroßen Sandsteinfigur König Friedrich Wilhelms I. von Preußen; gestiftet von König Friedrich Wilhelm IV. Das Denkmal derzeit in Restaurierung.

## Groß Zicker

DORFKIRCHE Um 1400 aus Backstein und eingestreuten Feldsteinen errichteter einschiffiger Rechteckbau mit eingezogenem, polygonal geschlossenen zweijochigen Chor, wenig jüngerer Nordsakristei und 1835 erneuertem verbretterten Glockenturm mit polygonalem Helm über dem Westteil des Schiffes; Strebepfeiler besitzt nur der Chor. Die Spitzbogenfenster sind am Schiff ungeteilt und mit glatter Laibung, am Chor zweiteilig mit Zwickelokulus und gestuftem Gewände, das über der Priesterpforte mit dieser in einer gemeinsamen Laibung zusammengefaßt ist; das westliche Stufenportal wurde 1935 mit dem Schiffswestgiebel teilweise erneuert. Am Chor eine Sonnenuhr aus dem 18. Jh., eine weitere solche Uhr an der Schiffssüdwand um 1800 von Hinke, Putbus, gebaut. Im Innern ein runder Triumphbogen, der Chor auf Eckdiensten und Wandvorlagen kreuzrippengewölbt, das Schiff mit flacher Putzdecke, in der zum Chor offenen Sakristei eine Spitztonne und Stichkappen; die Fenster liegen im Chor in Spitzbogennischen, weitere Nischen im Chorpolygon und der Triumphbogenwand; die Architekturfarbigkeit der Bauzeit wurde 1976 freigelegt und restauriert.

*Ausstattung:* Mittelalterlicher Altarblock. Kanzel mit

Portal, Aufgang und Schalldeckel 1653 von Jörg Meyer; an der Aufgangsbrüstung Rautenfelder, die Brüstung des polygonalen Kanzelkorbes mit sechseckigem Fuß gliedern Pilaster und Rundbogenfelder unter Dreieckgiebeln, auf dem Schalldeckel eine Strebekrone; die mehrfarbige urspr. Fassung wurde 1977/78 freigelegt und restauriert. Sakramentshaus, 15. Jh., Teil eines Baumstammes, mit Eisenbändern und Überwürfen, Sockel und oberer Abschluß fehlen. Kelchförmige Taufe, Granit, 1859. Orgel mit neogotischem Prospekt, 1864 von Barnim Grüneberg, Stettin. Altarkruzifix, Korpus um 1500, das Kreuz erneuert. Acht Kabinettscheiben, um 1600, mit Reitern, Schiffen und Gewandschneiderwappen. Gemälde, E. 18. Jh., Mutter mit Kind bzw. Christi Geburt; evtl. Kopie. Neogotische Westempore von 1835. Gemeinde-Bankgestühl von 1913. Kelch und Patene von 1633. Kelch und Patene, Silber, um 1680. Oblatendose, Silber, 1732. Taufschale, Messing, 1669. Taufkanne, Zinn, 1839, in Lekythosform. Wandleuchter, Messing, 1664. Standleuchterpaar und Radleuchterpaar, Eisen vernickelt, 1868. Grabstele P. Schon, †1794. Grabstein J. Looks, †1814. Zehn Grabsteine, gespaltene kleine Granitblöcke mit Hausmarken, Namen und Jahreszahlen von 1744 bis 1842.

Auf dem FRIEDHOF 80 Grabstelen aus dem 19. und 20. Jh. und 16 gußeiserne Grabkreuze aus dem 19. Jh.

*Boddenstraße*

BÜDNEREI Nr. 7, 1. H. 19. Jh. Eingeschossiger vierachsiger Putzbau auf Feldsteinsockel mit rohrgedecktem Krüppelwalmdach. Im Innern Lehmstaken-Fachwerkwände, die Wirtschaftsräume zu Wohnzwecken adaptiert.

KATEN Nr. 19, 2. H. 18. Jh. Eingeschossiges, urspr. in Fachwerk errichtetes Traufenhaus auf Feldsteinsockel, mit rohrgedecktem Walm- bzw. Krüppelwalmdach und Fledermausluke am First; der Grundriß fast quadratisch, einfache Zugänge in allen vier Wänden; die vordere Traufwand und Teile der Giebelwände in verputztem Backstein erneuert.

KATEN Nr. 20, um 1750. Eingeschossiger giebelständiger Putzbau auf Feldsteinsockel mit rohrgedecktem Krüppelwalmdach und Eulenlöchern am First; die Fenster jetzt erneuert und vergrößert.

PFARRHAUS Nr. 21, 1854 und 1910/11. Eingeschossiger fünfachsiger Backsteinbau auf hohem Feldsteinsockel und mit risalitartigem Vorbau an der Mittelachse der Vorderfront, sein zweites Geschoß mit Satteldach liegt über der Traufe des Hauses; an der linken Giebelwand ein eingeschossiger Anbau. Als Baudekor Deutsches Band und ein glattes Traufgesims; die Fenster und die Tür mit vorgesetzter Freitreppe am Risalit rundbogig, sonst rechteckig.

STALLGEBÄUDE des Bauernhofes Nr. 22, M. 19. Jh. Eingeschossiger Fachwerkbau auf Feldsteinsockel mit rohrgedecktem Krüppelwalmdach, darin Schleppgaube zum Hof und Eulenlöcher am First.

BAUERNHOF Nr. 23 – Wohnhaus, 3. D. 19. Jh. Eingeschossiger dreiachsiger Backsteinbau mit Satteldach. An der rechten Giebelwand ein verputzter Anbau mit Flachdach; vor dem Haus zwei miteinander verwachsene Linden als dendrologische Kuriosität.

STALL, E. 19. Jh. Eingeschossiger langgestreckter Backsteinbau auf Feldsteinsockel mit rohrgedecktem Krüppelwalmdach; in der Mitte der Hoffront ist die Traufe über einem verbretterten Giebel gaubenartig angehoben.

BÜDNEREI Nr. 29, um 1800. Eingeschossiges Giebelhaus aus verputztem Lehmstaken-Fachwerk auf Feldsteinsockel mit rohrgedecktem Krüppelwalmdach zur Straße und neuerem rückwärtigen Dreieckgiebel; der wenig höhere Wirtschaftsteil mit quergestelltem Satteldach und Teerpappedeckung schließt an die Rückseite des Wohnteils an.

WOHNHAUS Nr. 33, M. 19. Jh. Eingeschossiger dreiachsiger Backsteinbau auf Feldsteinsockel, die rechte Giebelwand in Fachwerk, Krüppelwalmdach mit Rohrdeckung. Die straßenseitige Haustür aus der Bauzeit. – An der Straße eine niedrige Feldstein-Packmauer.

Ehem. PFARRWITWENHAUS (Museum) Nr. 35, 1721/23. Eingeschossiges Niederdeutsches Hallenhaus vom Typ der rügenschen Zuckerhüte. Der auf einem Feldsteinsockel auf verputztem Fachwerk errichtete Zweiständerbau von vier Gefach Länge besitzt einen annähernd quadratischen Grundriß, im rohrgedecktem Walmdach mit Eulenlöchern am First vorn und hinten tiefe Einschnitte für die zwischen Abseiten gelegene Haustür und das Tor der Pseudodurchgangsdiele. Die Innenwände aus Lehmstaken-Fachwerk, die Küche in Abseitenlage.

WOHNHAUS Nr. 46, 1. H. 18. Jh. und um 1850. Eingeschossiges Mittelflur-Giebelhaus aus Backstein auf Feldsteinsockel mit rohrgedecktem Krüppelwalmdach und Eulenlöchern am First; der rückwärtige Giebel und Teile der linken Traufwand noch in Fachwerk. Im Innern mit Lehmstaken-Fachwerkwänden die Raumstruktur fast unverändert, der Stall im rückwärtigen Teil des Hauses erhalten.

## Grubnow

GUTSHAUS um 1925. Eingeschossiger neunachsiger Putzbau mit hohem Sockelgeschoß und als Wohngeschoß ausgebautem hohem Krüppelwalmdach. An der Vorderfront mit Lisenengliederung vor den mittleren drei Achsen ein halbrunder Vorbau mit Freitreppe und Haupteingang und einem Altan vor dem dreiachsigen Frontispiz mit Okulus im Dreieckgiebel; an der Rückfront zwei seitliche Vorbauten mit gewalmten Schleppdächern, dazwischen eine Terrasse mit Freitreppe; an der rechten Giebelwand am Erdgeschoß ein Erker mit halbem Walmdach, an der linken Giebelwand analog ein einfacher Anbau; die hochrechteckigen Fenster mit Sohlbank und einfacher Verdachung, im Dach auf beiden Traufseiten hohe Gauben mit Satteldächern.

## Gudderitz/Lankensburg

FRIEDHOFSKAPELLE um 1900. Neogotischer Backsteinbau mit Satteldach, Spitzbogenportalen in beiden Giebelwänden, Spitzbogenfenstern und einem Dachreiter über dem vorderen Giebel; die Giebelschrägen mit kräftigem Stufenfries auf seitlichen Lisenen.

## Gustow

DORFKIRCHE Einschiffiger dreijochiger Backsteinbau A. 14. Jh. mit eingezogenem zweijochigen Rechteckchor vom E. 13. Jh., barockem hölzernen Dachreiter über dem westlichen Schiffsgiebel und einem selbständigen Fachwerk-Vorbau für den Glockenstuhl von 1858. Die unteren Mauerschichten aus behauenen Granitquadern, ein Sockel nur am Chor und der Schiffsostwand, ebenso nur hier Lisenen und ein abgestuftes Hauptgesims unter der Traufe bzw. ein Kleeblattbogenfries unter dem blendengegliederten Ostgiebel des Chores, dem ein seit dem 14. Jh. unter dem Schiffsdach liegender Chorwestgiebel entspricht. Die Mauerkrone des Schiffes wurde im 1. D. 18. Jh. erneuert, die blendengegliederten Schiffsgiebel damals erhöht; an der Südseite der Schiffswestwand ein in den Giebelfuß reichender polygonal vortretender Treppenturm. Die Spitzbogenfenster des Chores sind bis auf das Ostfenster erneuert, die Fenster im Schiff besitzen einen Dreieckschluß und zwei einfache Rippen. In einer Wandvorlage der Chorsüdwand die spitzbogige Priesterpforte mit reich profiliertem Gewände, davor ein Fachwerk-Vorbau vom A. 20. Jh., in der Chorwand ein wieder vermauertes Segmentbogenportal zur abgerissenen Sakristei, von den drei

*Gustow, Dorfkirche, Inneres, Blick zum Chor und barocker Altaraufsatz*

einfachen Spitzbogenportalen des Schiffes ist das nördliche vermauert. – Im Innern ist das reiche Profil des Triumphbogens zum im 13. Jh. geplanten dreischiffigen Langhaus nur noch im spitzbogigen Arkadenbereich erhalten geblieben; die noch im 13. Jh. gemauerten Kreuzrippengewölbe des Chores ruhen auf kleinen Konsolen, die erst 1517 eingezogenen Kreuzrippengewölbe im Schiff gehen aus der Wand hervor und gipfeln in verzierten runden Schlußsteinen. In der Chorostwand eine spitzbogige Sakramentsnische, in der Chorsüdwand eine Nische mit Kleeblattbogenschluß. – Im Chor und an der nördlichen Schiffswand um 1420 gemalte Apostel, kniende Stifter, Wappen und Inschriftbänder; 1935 freigelegt und restauriert.

*Ausstattung:* Altaraufsatz, um 1720, architektonischer Aufbau mit Postamenten für Figuren und gewundenen Säulen, Knorpelwerkrohren sowie kräftig profilierten ovalen und quadratischen Rahmen; als Dekor Cherubköpfe und Akanthus. Im Hauptfeld Gemälde mit dem Abendmahl und seitlich die Figuren von Johnannes Ev. und Markus, im Feld darüber Gemälde des Gekreuzigten zwischen den Figuren von Matthäus und Lukas, als Bekrönung die Figur des triumphierenden Christus. Kanzel im Zopfstil mit Portal, Aufgang und Schalldeckel, 1784 von Christoph Nathanael Freese, Stralsund. Der rechteckige Korb mit gewölbtem blattverzierten Boden, kannelierten Kanten und einfacher Felderteilung ruht auf einer Volutenkonsole; in den beiden sichtbaren Feldern plastische Draperien und runde Medaillons mit gemalten emblematischen Darstellungen, an der Aufgangsbrüstung eine Medaillonkette; die kannelierte Rückwand ist über den Schalldeckel als Pfeiler weitergeführt und von einem Christuskind mit dem Kreuz bekrönt; den polygonalen kissenartigen Schalldeckel schmückt Schleifenwerk. Kuppa eines Taufsteines, M. 14. Jh.; zugehörig der Rest einer runden Deckplatte aus Kalkstein, 17. Jh., mit In- und Umschrift. Taufengel, 1766 von Jacob Freese, Stralsund. Unterlebensgroße Figur auf drei Volutenfüßen mit Akanthusdekor, in den vorgestreckten Armen ein Lorbeerkranz für die Taufschüssel, zwischen den Flügeln ein Lesepult. Orgel mit neogotischem Prospekt von A. Fischer, Demmin. Triumphkreuzgruppe, M. 15. Jh., die Evangelistensymbole M. 17. Jh. in den Kreuzenden gemalt. Anna-Selbdritt-Gruppe, um 1500; Halbrelief, Fassung von 1930. Vesperbild, E. 15. Jh., stark ergänzt, Fassung von 1930. Zwei Glasgemälde, 1914 von Werkstatt Busch, Berlin, »Anbetung der Hirten« und »Verklärung Christi«. Drei Emporen im Schiff: a) mit sechsseitigen Brüstungsfeldern und geschweiften Spiegeln, 18. Jh.; b) mit gemalten quadratischen Brüstungsfeldern und Wappen, A. 19. Jh.; c) mit hochrechteckigen Brüstungsfeldern zwischen Rundstäben, E. 19. Jh. Beichtstuhl, 1820, oben offener Verschlag, die Brüstungen mit Felderteilung, der Oberteil verglast. Zwei Kastengestühle mit eingekerbten Inschriften, 1681, die Brüstungsfelder von unterschiedlicher Gestalt, eines E. 18. Jh. mit St. Georg und dem Drachen bemalt; am oberen Rand eines Holzgitters Reliefs von Fabelwesen und Ranken; hinter dem südlichen Gestühl Wandbespannung mit gemalter Draperie. Kastengestühl im Schiff, 18. Jh., mit achtseitigen oder rechteckigen Brüstungsfeldern. Opferstock, 17. Jh., ausgehöhlter, mit Eisenbändern beschlagener Holzblock. Kelch und Patene, 17. Jh. Kelch und Patene, Silber, 3. V. 19. Jh. Weinkanne, Silber mit goldenem Rand, 1685, bauchiger Körper auf rundem Fuß. Zwei Oblatendosen, Silber, 3. V. 19. Jh. Taufschale, Messing, 1768. Leuchterpaar, Messing, 1746; getriebener vegetabilischer Dekor am Fuß, Balusterschaft und Tropfschale. Kronleuchter, Bronze, 1683, 12 Arme am Balusterschaft mit Doppeladler und Kugel. Kronleuchter, Messing, 1913, »Flämische Krone«. Zwei Grabplatten: G. Saxteleven, † 1350, mit Wappen und ringförmiger Umschrift in Unzialen; Unbekannt, † 1513. Zwei Grabplatten, Gußeisen, M. R. und J. J. Bödcher, † 1829 und 1838.

Auf dem KIRCHHOF hölzerner Glockenstuhl, M. 17. Jh., mit zwei Glocken: 1650 von J. F. Lohmeyer, Stralsund, und 1767 von L. H. Schwerdmann, Stralsund. Mordwange für Th. Norenberch, † 1510, auf der Vorderseite als Ritzzeichnung ein kniender Mann unter einem Schwert über dem Kopf vor dem von Engeln flankierten Kruzifix, seitlich davon Wappen und Kelch dargestellt, darunter längere Inschrift. Vier Grabstelen, 19. Jh., nach 1945 neu genutzt.

GUTSHAUS 2. H. 18. Jh. und M. 19. Jh. Urspr. eingeschossiger achtachsiger Putzbau mit Mansarddach. Der Hoffront wurde M. 19. Jh. eine zweigeschossige Schaufassade im Tudorstil mit Walmdach vorgelegt; erhalten blieb davon das geschoßtrennende Gesims, der Konsolfries unter der Traufe und die Gliederung des Obergeschosses mit zwischen den Segmentbogenfenstern liegenden Pilastern auf Putzpostamenten; im Mansarddach der ungegliederten Rückfront zwei breite Gauben mit Dreieckgiebel. Die jetzige Gestalt ist das Ergebnis einer kürzlich erfolgten Renovierung. – Durch einen Gang mit dem Hauptbau verbunden links ein eingeschossiges Giebelhaus mit Lünettenfenster unter der leicht angehobenen Giebelspitze.

**Güttin**

GUTSHOF, die zugehörigen Gebäude vor allem um ein Heckenrondell mit zentraler Linde angeordnet. Das GUTSHAUS E. 19. Jh. Eingeschossiger zehnachsiger Putzbau, der zweiachsige hofseitige Mittelrisalit mit laubenartigem Erdgeschoß und Satteldach; hier liegt das Hauptportal, die hohen Fenster segmentbogig, zu Seiten des Risalits je zwei Gauben.

PFERDESTALL 1913. Eingeschossiger Backsteinbau, das Krüppelwalmdach auf beiden Traufseiten mit zwei Reihen breiter Dachhechte; alle vier Seiten mit Türen ins Innere, vor allem an den Giebelseiten zahlreiche kleine Stallfenster.

Drei SCHAFSTÄLLE um 1900. Langgestreckte eingeschossige Putzbauten mit hohen Satteldächern, die Giebelseiten in Fachwerk.

SCHMIEDE um 1900. Eingeschossiger achtachsiger

Backsteinbau mit flachem Satteldach und überdeckter seitlicher Vorlaube für den Hufbeschlag.
SPRITZENHAUS E. 19. Jh. Kleiner Bau mit seitlichen Feldsteinwänden und den Giebelfronten in Backsteinmauerwerk mit großen Portalen.

**Hagen**
WOHNHAUS Dorfstraße 17, um 1800. Eingeschossiger fünfachsiger Backsteinbau mit rückwärtigem Fachwerkgiebel und rohrgedecktem Krüppelwalmdach; an der rechten Traufseite mit dem Eingang ist über der zweiten Achse von rechts das Dach für eine Luke mit Brettertür wie eine Fledermausgaube angehoben.

**Haide**
KATEN Dorfstraße 12, um 1800. Eingeschossiges Wohnstallhaus, z. T. massiv aus Backstein, vor allem am Stallteil aber in Fachwerk errichtet, das rohrgedeckte Krüppelwalmdach mit Eulenlöchern am First, die Stalltür in der entsprechenden Giebelwand.

**Helle**
GUTSHAUS 1700 und 1842. Eingeschossiger vierachsiger Backsteinbau mit eingesprengten Feldsteinen und Feldsteinsockel, ein Giebelhaus mit Krüppelwalmdach und Wellasbestdeckung; an beiden Traufseiten kleinere Anbauten mit Satteldächern, der älteste von 1842. Eckquaderung, die Fensterfaschen mit Ohren, in den Giebelwänden je ein Portal, das Hauptportal korbbogig und mit Rustika am Oberlicht. Im Innern Lehmstaken-Fachwerkwände. Zugehörig sind eine Scheune, ein Stall und zwei Stallspeicher vom A. 20. Jh., alle aus Backstein mit teerpappegedecktem flachen Satteldach; einer der Stallspeicher ist zweigeschossig.

**Jarkvitz**
KATEN Dorfstraße, 1. D. 19. Jh. Eingeschossiger fünfachsiger Fachwerkbau mit verputzten Gefachen und rohrgedecktem Krüppelwalmdach; einige Wandteile massiv erneuert und verputzt.

**Juliusruh**
PARK des vormaligen Gutes, um 1800 im französischen Stil mit zentraler Wegachse und Parterren angelegt, um 1840 in der linken Hälfte als Landschaftspark im englischen Geschmack umgestaltet. Nach 1895 Kurpark des damals entstandenen Seebades und seit 1945 durch Wild- und Flugbesamung mehr und mehr überwuchert und entstellt.

**Kapelle**
Ehem. GUTSHAUS (Altersheim) 1843/44, 1914 neobarock umgebaut. Zweigeschossiger, an der Hoffront dreizehnachsiger Putzbau mit Mansarddach. Vor der Mitte der Hoffront im Erdgeschoß ein flacher Vorbau, darin das von Fenstern flankierte Hauptportal mit von Säulen getragenem halbrunden Giebel und Inschriftkartusche; davor eine Terrasse mit Freitreppe, darüber im Dach eine zweiachsige Gaube; rechts vom Portal ein zweigeschossiger zweiachsiger Risalit, links ein dreigeschossiger halbrunder Treppenturm mit Kegeldach und Wappenkartusche. Die drei mittleren Achsen der neunachsigen Gartenfront treten als Risalit mit rustizierten Lisenen und über der Traufe gelegenem Schweifgiebel vor, den ein von Löwen gehaltener Wappenschild mit Helmzier bekrönt, vor dem Mitteleingang eine Terrasse mit Freitreppe, vor der zweiten und achten Achse des Obergeschosses Balkone. – Der zugehörige Gutspark ist jetzt stark überwachsen.

*Karnitz, ehem. Gutshaus, Vorderfront*

## Karnitz

GUTSHAUS bzw. JAGDSCHLOSS 1834/35. Zweigeschossiger Putzbau mit Drempelgeschoß und flachem Walmdach, die neunachsige neugotische Hauptfront mit vorgelegter Terrasse, dreigeschossigen polygonalen Ecktürmen, oberem Zinnenabschluß und flachem wappengeschmückten Stufengiebel. Die im Erdgeschoß hohen, im Obergeschoß gedrungenen Fenster sind spitzbogig, ebenso die drei von Säulen getragenen Durchgänge der in einer hohen Spitzbogenblende mit Blendmaßwerk und Okulus gelegenen mittleren Portalvorhalle; Reste von Maßwerk blieben erhalten. Hinter der Fassade ist der gesamte Baukörper kubisch einfach.

## Karow

WOHNHAUS an der nach Trips führenden Straße, 1. H. 19. Jh. Eingeschossiger vierachsiger Backsteinbau mit Resten einer alten Fachwerkwand und rohrgedecktem Krüppelwalmdach; vor der sechsten Giebelwand ein niedriger Anbau.

## Kartzitz

GUTSHOF. – Gutshaus um 1750. Als Corps de logis ein eingeschossiger Putzbau mit hohem Feldstein-Sockelgeschoß und Krüppel-Mansarddach. Über den leicht vortretenden mittleren drei Achsen der siebenachsigen Hoffront ein zweites Geschoß als Frontispiz mit Ochsenauge im flachen Dreieckgiebel, vor dem hier gelegenen korbbogigen Hauptportal mit Putzquaderrahmen und Tür aus der Bauzeit eine doppelläufige Freitreppe; die Gebäudeecken mit Putzquaderung, zwischen den Geschossen ein breites Gesimsband, das sich seitlich als Traufgesims fortsetzt, die Fenster segmentbogig und mit Putzfaschen. Die rückwärtige Gartenfront achtachsig mit zweiachsigem mittleren Frontispiz unter eingezogenem halbrunden Giebel. Fenster und Türen hier rechteckig, die breite Terrasse wohl jünger. Über dem Kellereingang der rechten Giebelwand eine Inschrifttafel aus Stein. Mit dem Hauptbau links durch einen zum Park hin viertelkreisförmigen kurzen jüngeren Flügel mit Dachterrasse, rechts durch eine Mauer mit segmentbogigem Durchgang verbunden sind zwei einen Ehrenhof begrenzende eingeschossige Kavaliershäuser, Putzbauten von annähernd quadratischem Grundriß und mit Mansarddach, Putzquaderung und faschengerahmten Segmentbogenfenstern wie am Hauptbau. Die Wirtschaftsgebäude sind jünger.– Der weitläufige Park hinter dem Gutshaus mit altem Baumbestand und Teich ist z. Z. stark überwachsen.
Ein Gutsstall aus Backsteinfachwerk besitzt ein Krüppelwalmdach mit Wellasbestdeckung, der Südgiebel wurde in Backstein massiv erneuert.

## Kasnevitz

DORFKIRCHE Der dreijochige Backsteinbau aus der 2. H. 14. Jh. mit behauenen Feldsteinen im oben unter-

*Linke Seite: Kartzitz, Gutshaus, Hoffront mit den Kavaliersflügeln*

*Rechte Seite: Kasnevitz, Dorfkirche von Süden und Inneres, Blick nach Westen*

schiedlich profilierten Sockel besitzt einen polygonal geschlossenen zweijochigen Chor mit Nordsakristei; der architektonisch aufwendige neogotische Westturm von 1864 ersetzt einen Vorgängerbau, seine polygonalen zwei Obergeschosse mit massivem Spitzhelm sind gegen die längsrechteckigen zwei unteren Geschosse etwas zurückgesetzt. Als Baudekor Kaffgesims und Deutsches Band, das Traufgesims wurde barock erneuert. Die spitzbogigen Fenster liegen im Chor paarweise in Putzblenden, im Schiff sind sie breiter und z. T. mit Mittelrippe. Die Spitzbogenportale mit reich profiliertem Gewände liegen auf der Südseite in Wandvorlagen, das nördliche Schiffsportal mit Segmentbogensturz und eingemauertem Weihwasserbecken ist zugesetzt. Auf dem blendengegliederten Westgiebel des Chores sitzt jetzt über einem Entlastungsbogen der ebenfalls blendengegliederte jüngere Ostgiebel des Schiffes; der Sakristeigiebel ist einfach. Der Schiffswestgiebel wurde 1864 mit dem Turmneubau glatt erneuert. Im Innern bilden Wandpfeiler und Schildbögen hohe Spitzbogennischen, in denen die Fenster liegen, die Kreuzrippengewölbe ruhen auf Konsolen, der Triumphbogen ist spitzbogig.

*Ausstattung:* Ehem. Kanzelaltar, 1746 von Johann Artmer, die Figuren wohl von Martin Becker, Stralsund. Architektonischer Aufbau mit Inschrifttafel im Sockel; über seitlichen Säulen auf Postamenten ein verkröpftes Gebälk und halbrunder Giebel, auf ihnen die Figuren Johannes d. Täufers und Moses und eine Kartusche mit dem Bild des Jacobus min; als Dekor Engelsköpfe,

Akanthuswangen und Bandelwerk. Der achtseitige Kanzelkorb mit geschweiften Felderspiegeln, Engelköpfchen und hölzerner Sanduhr ist jetzt separat aufgestellt, dafür am Altaraufsatz eine um 1960 geschaffene Kreuzigungsgruppe von Max Uecker, Greifswald. Die Altarschranken barock mit geschweiften Füllungen in den Brüstungsfeldern und ornamentiertem Mittelfeld. Taufe, um 1860, achteckiger Ständer aus Bronze mit ausladendem Becken und neogotischem Dekor. Orgel, 1902, von Barnim Grüneberg, Stettin, mit neogotischem Prospekt. Altarkruzifix, Eisenguß, um 1820, am Podest Weinlaubkranz, am Kreuzfuß Totenschädel und Schlange. Sechs Kabinettscheiben, 16. und 18. Jh., mit Wappen. Pastorenporträt, um 1900. Zwei Emporen, 18. Jh. a) mit sechseckigen Brüstungsfeldern; b) Brüstung mit Sockelzone und Rechteckfeldern zwischen Pilastern. Brüstungsfragment, 17. Jh., von Arkaden gerahmte Felder mit kannelierten Pilastern und Beschlagwerkdekor. Gemeindegestühl von um 1865. Kelch und Patene, 1711. Am Kelch gravierter Kruzifix, plastisches Weinlaub und Eierstab. Kelch, 1718. Kelch 1762, mit getriebenem Rocailledekor, an der Kuppa Kartusche mit Kruzifix. Patene, 19. Jh. Ovale Oblatendose, Silber, 1642, mit Füßen und graviertem Fruchtgehänge. Taufschale, Messing, 17. Jh. Taufkanne, Kupfer versilbert, um 1800. Zwei Leuchter, Messing, 1697 und 1716, gewundene Schäfte mit Knauf, Fuß und Tropfschale gewölbt und mit getriebenem Ornament. Leuchterpaar, Messing, um 1860, neobarocke Form. Zwei Kronleuchter, Messing, um 1865. Der westliche mit neogotisch gestaltetem Schaft und Rankenarmen, der östliche mit dichtem Akanthusdekor. Tafel mit Aufzählung der bisher in Kasnevitz amtierenden Pastoren, 1733. Glocke, 1837 von Simon Zach, Stralsund.

PFARRWITWENHAUS Dorfstraße 36, um 1800. Eingeschossiger fünfachsiger Fachwerkbau mit Feldsteinsockel, verputzten Gefachen und rohrgedecktem Krüppelwalmdach. Über der Tür Balken mit »1772«, faschengerahmte Fenster. Im Innern blieb die Herdglocke erhalten. – Zur Straße eine Feldsteinmauer mit segmentbogiger Backsteinbekrönung, rückwärtig ein Fachwerkstall.

PFARRHAUS Dorfstraße 37, 1. V. 19. Jh. Eingeschossiger fünfachsiger Putzbau auf Feldsteinsockel mit Krüppelwalmdach. Über dem hofseitigen Mitteleingang mit schmalen seitlichen Fenstern und vorgelegter Freitreppe ein zweiachsiger Frontispiz mit flachem Satteldach, an der Rückseite links eine Laube mit Pultdach; die Rechteckfenster der Hofseite mit Läden. Im Innern geräumige Diele und Türen aus der Bauzeit. – An der linken Giebelwand ein jüngerer vierachsiger Anbau mit Satteldach.

WOHNHAUS Dorfstraße 46, 2. H. 19. Jh. Eingeschossiger dreiachsiger Backsteinbau mit an der vierachsigen Rückseite sehr hohem Feldsteinsockel und rohrgedecktem Krüppelwalmdach; vor der rückwärtigen Tür eine siebenstufige Freitreppe.

## Ketelshagen

FORSTHAUS außerhalb des Dorfes, um 1900. Eingeschossiger fünfachsiger Backsteinbau auf Feldsteinsockel, die segmentbogigen Fenster paarweise in großen querrechteckigen Mauerblenden.

## Kleinhagen

BAUERNHOF Dorfstraße 31. Wohnhaus von 1717. Niederdeutsches Durchgangsdielenhaus, eingeschossi-

ger Putzbau auf Feldsteinsockel von annähernd quadratischem Grundriß, das rohrgedeckte Walmdach an der Vorderseite zwischen den Abseiten ausgeschnitten und mit Eulenlöchern unter dem First, an der Rückseite ein halber Walm. – Zugehörig ein Stallgebäude und ein Bienenhaus.

BAUERNHOF Dorfstraße 39. Wohnhaus 3. V. 17. Jh. Niederdeutsches Hallenhaus, ein eingeschossiger siebenachsiger Backsteinbau auf Feldsteinsockel, das rohrgedeckte Krüppelwalmdach mit Eulenlöchern unter dem First und Dachhengel, der rückwärtige Giebel in Fachwerk. In der vorderen Giebelwand ein aus der Achse nach rechts gerücktes Dielentor, daneben die Stalltür. – Zugehörig ein kleines Stallgebäude aus Fachwerk mit Satteldach.

BÜDNEREI Dorfstraße 41, 2. V. 18. Jh. Niederdeutsches Hallenhaus, ein eingeschossiger Backsteinbau mit rohrgedecktem Krüppelwalmdach und Eulenlöchern unter dem First. In den Seitenwänden Reste von Fachwerk, das Tor zur Pseudo-Durchgangsdiele aus der Achse verschoben, daneben die Stalltür.

HÄUSLEREI am Ende der Dorfstraße beim Teich, M. 19. Jh. Eingeschossiger fünfachsiger Putzbau mit rohrgedecktem Satteldach; die Rückwand unverputzt; rechts ein jüngerer Anbau.

*Linke Seite: Kasnevitz, Pfarrwitwenhaus*

*Rechte Seite: Kasnevitz, Wohnhaus (Zuckerhut) Dorfstraße 46*

**Klein Kubbelkow**

Ehem. GUTSHAUS (Landhaus), 1908. Eingeschossiger Putzbau mit hohem Klinkersockel über im Kern rechteckigem Grundriß, das hohe Walmdach mit in den Gefachen geputzten Fachwerk-Ausbauten als über Konsolen vorkragendes Wohngeschoß genutzt. An der Vorderfront rechts über einem segmentbogigen Vorbau ein erkerartiges zweigeschossiges Zwerchhaus mit firstgleichem Satteldach; links eine Loggia als Portalhalle mit Freitreppe und verglastem Vordach als filigran im Jugendstil gestaltete Eisenkonstruktion, darüber ein zweiachsiger Frontispiz mit Schleppdach; an der Rückfront ein zweiachsiger mittlerer Anbau mit dreiachsigem Obergeschoß und firstgleichem Walmdach; vor der linken Giebelwand ein einachsiger dreigeschossiger Anbau mit Pultdach. Die rechteckigen Fenster sind gleich breit und hoch. Im Innern Reste von Vertäfelung, Treppengeländer mit gedrehten Balustern und ein von Säulen gerahmtes Portal erhalten.

**Klein Zicker**

STALL Dorfstraße 22, 1. H. 19. Jh. Langgestreckter Backsteinbau mit sechs Türen und rohrgedecktem, an der rückseitigen Traufe zweimal gaubenartig angehobenem Satteldach.

WOHNHAUS Dorfstraße 25, 2. D. 19. Jh. Eingeschossiger fünfachsiger Putzbau mit rohrgedecktem Krüppelwalmdach.

**Klementelvitz**

KREIDEWERK 1958–1962. Nach Plänen von Günter Andrasch und Kurt Höflich errichtete langgestreckte dreigeschossige Fabrikationshalle in monolithischer Stahlbetonskelettbauweise und ein dreigeschossiges dreizehnachsiges Verwaltungsgebäude aus Backstein mit Flachdach. Weiter ein hoher Schornstein, ein zweigeschossiges Transformatorenhaus und eine eingeschossige Eingangsbaracke aus Backstein.

**Kloster** (Hiddensee)

Ehem. KLOSTERTOR Am Klostertor. Backstein, 15. Jh., mit segmentbogiger Durchfahrt und seitlicher rundbogiger Fußgängerpforte; die angrenzende Klostermauer aus Mischmauerwerk noch auf ca. 50 m erhalten. – Reste des 1298 gegründeten, 1536 aufgehobenen Zisterzienserklosters Hiddensee; die Klostergebäude im 30jährigen Krieg zerstört, im 19. Jh. ganz abgetragen, 1954 bis 1970 im Grundriß wieder ergraben.

DORFKIRCHE Um 1400 als Taufkapelle des damaligen Klosters errichteter rechteckiger Putzbau mit Strebepfeilern an der Nordwand, Glockenstuhl im südseitigen Eingangsvorbau und Satteldächern. Die Segmentbogenfenster und -türen liegen innen in tiefen segmentbogigen Wandnischen; bei einer umfassenden Erneuerung wurde 1781 im Innern die hölzerne Tonnendecke eingezogen, die ornamentale Bemalung von 1913.

*Ausstattung:* Der Kanzelaltar, 1781, vereinigt organisch um 1700 geschaffene Teile und einen polygonalen Kanzelkorb aus dem 17. Jh. mit reich dekorierten Rundbogenarkaden in den Brüstungsfeldern; auf den flankierenden Säulen Flammenvasen, Rocaille-Akanthusohren, am polygonalen Schalldeckel ein Akanthuskamm. Die Schranke mit Balustern wohl von 1781. Runder Taufsteinfuß und -schaft, Kalkstein, 13. Jh. Achtseitiger Taufständer, Holz, 18. Jh., Fuß und Platte ausladend, Balusterschaft, der Deckel mit Strebekrone, Akanthusdekor. Schwebender Taufengel, 1. H. 18. Jh. Orgel, 1943 von Alexander Schuke, Potsdam; gotisierender Prospekt, die Schleierbretter mit geschnitztem Sanddornlaub von A. Pavelt, Köslin. Kruzifix, der Korpus wohl E. 14. Jh., das Kreuz erneuert. Votivschiff, Holz, 1976 von C. Rosenow, Kloster, Nachbildung eines Wikingerschiffes. Gemälde »Schiffbrüchige«, nach 1900 von Rosenow jun. Westempore, um 1780. Oben offener Sakristeieinbau, Holz, 18. Jh., im Oberteil verglaste Fenster, darüber zwei geschnitzte Bekrönungen mit Engeln und Inschriftkartuschen. 2 Kastengestühle, A. 20.

*Linke Seite: Kloster/Hiddensee, Dorfkirche, Inneres nach Osten*

*Rechte Seite: Kloster/Hiddensee, Friedhof, Grabstelen aus dem 18. und 19. Jh. und Grabstele von 1760*

Jh., mit gitterartig geöffneten Brüstungen. Bankgestühl, A. 20. Jh. Truhe, Holz, 18. Jh. mit eisernen Griffen und Beschlägen. Kastenschloß, Schmiedeeisen, 18. Jh., die Deckplatte mit durchbrochen gearbeitetem Akanthusdekor. Kelch, Zinn, 1677. Kelch und Patene, 1783. Oblatendose, Silber, M. 18. Jh. Abendmahlskanne, Messing, 18. Jh., mit bauchigem Körper. Taufschale, Messing, 1694. Kollektenbeutel, Messing, 18. Jh., nur Ring, Hülse und Holzstab erhalten. Leuchterpaar, Messing, 1680, Fuß und Tropfteller gleich ausladend und wie der Knauf am gewundenen Schaft mit getriebenem Dekor. Kronleuchter, Messing, 18. Jh., am Balusterschaft mit Kugel und Doppeladler, zwölf Arme in zwei Reihen. Glocke, 1702 von Paul Roth, Stralsund. Epitaph S. Vöhsen († 1611), Tafelbild mit dem vor einer Seestadtvedute knienden Verstorbenen unter dem Kruzifixus mit Lamm und Kreuzesfahne; darunter eine längere Inschrift. Grabplatte J. Runnenberg († 1475), vor vertieftem Grund die gravierte Standfigur eines Abtes im Maßwerkgehäuse und Minuskelumschrift mit Evangelistensymbolen in den Ecken. Zwei Grabplatten für J. Hansen († 1619) und C. Hahn († 1673) mit Inschriften.

Auf dem Kirchhof 32 Grabstelen mit meist maritimem Dekor und längeren Sinnsprüchen sowie Findlinge mit Hausmarken, M. 19. Jh. – Weiter die Gräber von G. Hauptmann († 1946) und W. Felsenstein († 1975).

WOHNHAUS Am Klostertor 3, M. 19. Jh. Eingeschossiger vierachsiger Backsteinbau mit verputzter Straßenfront und ausgebautem Dachgeschoß. Erste Wohnung G. Hauptmanns auf Hiddensee.

WOHNHAUS Biologenweg 4, um 1920. Eingeschossiges, im Kernbau fünfachsiges Holzhaus auf z. T. in den Hang gesetztem Sockelgeschoß aus Backstein und mit ausgebautem Krüppelwalmdachgeschoß, darin eine Gaube mit Satteldach. Vor einer der Giebelfronten eine geräumige hölzerne Veranda auf Backsteinsockelgeschoß mit breitem segmentbogigen Zugang, deren Dach als Terrasse vor dem Dachgeschoß dient; die breiten Fenster sind hier segmentbogig geschlossen.

WOHNHAUS Biologenweg 5, 1925 nach Plänen von Max Taut errichteter eingeschossiger Backsteinbau mit hohem Sockelgeschoß und Walmdach. Die Wände gliedern unter den bis zur Traufe reichenden, dicht gereihten und um zwei Gebäudeecken geführten Fenstern drei umlaufende horizontale Kragschichtbänder; vor den Haustreppen mehrstufige Freitreppen, die rückwärtige mit linker Wangenmauer führt auf eine Terrasse; über den beiden vorderen Dachgraten ist die Dachhaut zu

*Linke Seite: (oben) Kloster/Hiddensee, Villa »Seedorn« (Gerhart-Hauptmann-Gedenkstätte), jüngerer Teil des Hauses mit »Kreuzgang« und Pavillon mit dem Arbeitszimmer und älterer Hausteil mit »Kreuzgang«; (unten) Arbeitszimmer und Vestibül*

*Rechte Seite: Kloster/Hiddensee, Villa »Seedorn« (Gerhart-Hauptmann-Gedenkstätte), »Kreuzgang« und Wohnhaus »Lietzenburg«*

niedrigen Gaubenschlitzen angehoben. – Das zugehörige »Seminargebäude« ist ein um 1930 errichteter eingeschossiger Putzbau mit kurzen Seitenflügeln, von denen der linke ein unverputztes Sockelgeschoß besitzt; zwischen ihnen liegt eine Terrasse mit Freitreppe, in den Seitenflügeln die Haupteingänge. Die breiten mehrsprossigen Fenster der Vorderfront bilden am Mitteltrakt ein Fensterband; das Mansarddach und die Flachdächer der Seitenflügel sind mit Teerpappe gedeckt.

WOHNHAUS Biologenweg 20, 1925 nach Plänen des Architekten Firle am Hang errichtetes eingeschossiges Traufenhaus mit urspr. unverglastem, mittelrisalitartigem Anbau unter firstgleichem Satteldach an der Rückseite und seitlicher Veranda mit als Altan genutztem Flachdach an der Vorderseite. Das nur unter der linken Gebäudehälfte gelegene Sockelgeschoß und die das rohrgedeckte Satteldach mit vorderseitiger Fledermausgaube leicht überragenden Giebelwände sind massiv gemauert und verputzt, die übrigen Wände bestehen aus

nur von Ständern getragenem Fachwerk, in dem dreiteilige querrechteckige Fenster liegen. Zur vor der Vorderfront mit dem Haupteingang gelegenen Terrasse führt eine Freitreppe.

FERIEN-WOHNHAUS »Walter Felsenstein« Hochuferweg. Um 1930 errichtetes eingeschossiges Holzhaus mit verputztem massiven Sockelgeschoß, weitgehend verglastem halbrunden Verandenanbau und rohrgedeckten Walmdächern mit Segmentbogengauben.

»VILLA SEEDORN« (Gerhart-Hauptmann-Gedenkstätte) Kirchweg. Der Kernbau wurde A. 20. Jh. als zweigeschossiges fünfachsiges Giebelhaus errichtet, später kamen die eingeschossigen Veranden, die Verbretterung des Obergeschosses und die Veränderung zum Krüppelwalm-Mansarddach hinzu. Nach Erwerb des Hauses durch den Schriftsteller Gerhart Hauptmann ließ dieser 1931/32 nach den Plänen von A. Schelcher, Berlin, ein geräumiges eingeschossiges Nebengebäude aus Backstein mit rechteckigem Grundriß und flachem Mansarddach errichten, in dem das Eßzimmer und das an zwei Seiten weithin verglaste Arbeitszimmer liegen; beide Häuser wurden durch einen eingeschossigen Verbindungsgang mit hölzernen Kreuzgewölben verbunden, davor eine große Terrasse mit südlicher Mauerbegrenzung. Die Innenräume weitgehend unverändert, das urspr. Mobiliar in situ.

WOHNHAUS »LIETZENBURG« am Nordende des Ortes, in der Nähe des Steilufers. 1904/05 nach Plänen von Otto W. Spalding und Alfred Grenander in Anlehnungen an Bauten von Hermann Muthesius aus mehreren ein- und zweigeschossigen Gebäudeteilen errichteter Backsteinbau mit großen Putzflächen um die Fensterzone. Zwei ungleich hohe Traufenhäuser mit steilen Satteldächern, Loggien, Veranden sowie Rechteck- und Halbrundfenstern von unterschiedlicher Größe sind über einen Zwischentrakt mit einem dritten Gebäudeteil verbunden. Im Innern gehen die Räume organisch ineinander über.

Ehem. SEENOTRETTUNGSSTATION (Museum) um 1890. Zweigeschossiger Putzbau über rechteckigem Grundriß und mit einem flachen Teerpappendach; land- und seeseitig je zwei z. T. vermauerte große Segmentbogenportalöffnungen, darüber je ein Fenster.

LEUCHTTURM AM DORNBUSCH 1888 errichtet. Schlanker fünfgeschossiger Turm, urspr. rund und auf achtseitigem Feldsteinsockel, 1927 mit einem zehnseitigen Betonmantel umgeben; die Laterne mit Kuppel und leicht auskragender offener Galerie.

**Kluis**

KATEN Dorfstraße 1, um 1800. Eingeschossiger vierachsiger Backsteinbau mit Feldsteinsockel und rohrgedecktem Krüppelwalmdach; nur die rechte Giebelwand ist noch im urspr. Fachwerk mit geputzten Gefachen erhalten.

Zwei KATEN Dorfstraße 3 und 11, um 1800. Eingeschossige Putzbauten mit Feldsteinsockel und rohrgedecktem Krüppelwalmdach. Nr. 3 dreiachsig, Nr. 11 fünfachsig mit nach 1950 der Haustür vorgesetztem Anbau unter teerpappegedecktem flachem Pultdach.

**Krakvitz**

BAUERNHOF PINTZ 1. H. 19. Jh. Einer der wenigen in der Grundstruktur intakt erhaltenen Dreiseitenhöfe. Das Wohnhaus ist ein eingeschossiger fünfachsiger Fachwerkbau mit Feldsteinsockel und rohrgedecktem Dach, das rechts einen Krüppelwalm, links einen Dreieckgiebel besitzt; die rückwärtige Traufwand und die linke Giebelwand wurden massiv erneuert und verputzt. – Die Wände des urspr. in Fachwerk errichteten langgestreckten Stalles sind jetzt überwiegend in Backstein massiv erneuert worden, das rohrgedeckte Satteldach erhielt dabei unterschiedliche Neigungswinkel und Firsthöhen. Die stattliche Fachwerkscheune mit rohrgedecktem Krüppelwalmdach ist z. T. baufällig.

**Krimvitz**

GUTSHAUS M. 19. Jh. Eingeschossiger siebenachsiger Backsteinbau mit hohem Sockelgeschoß. In der Hoffront ein dreiachsiger zweigeschossiger Mittelrisalit mit flachem Dreieckgiebel, darin die über eine Freitreppe zugängliche Haustür, der eine rückwärtige Tür und Freitreppe entsprechen. Die Gebäudekanten betonen kräftige Eckpilaster, die Fassaden gliedern Lisenen und ein profiliertes Band in Traufhöhe. – Die zugehörige Fachwerk-Kübbungsscheune aus der M. 19. Jh. besitzt auf den Giebelseiten je ein großes Tor und ein z. Z. stark beschädigtes Krüppelwalmdach mit Rohrdeckung.

**Lancken (bei Dranske)**

Ehem. GUTSHAUS (jetzt baulich stark gefährdet). 1720/30 errichteter, z. T. unterkellerter zweigeschossiger Backsteinbau von acht Achsen mit Feldsteinsockel und eingesprengten Feldsteinen; die Fassaden gliedern schmale Gesimse zwischen den Geschossen und unter der Traufe, das aus der Achse der Hoffront gerückte ebenerdige Segmentbogenportal wird von einer wenig jüngeren Putzrustika gerahmt, die schlanken Fenster sind nur im Obergeschoß der Hofseite rechteckig, sonst segmentbogig, im hohen Satteldach mit drei Schornsteinen liegen mehrere Fledermausgauben; seitlich und an der Rückfront Spuren ehem. Anbauten. Im Innern sind trotz Devastierung die bemalte Bohlendecke des Treppenhauses sowie Reste von Tapeten und Wandbespannungen aus der Erbauungszeit und im Obergeschoß Stuckdecken von einer Umgestaltung um 1800 erhalten geblieben. – Vom wohl um 1730 angelegten rechteckigen GUTSPARK blieben die auf halber Höhe rondellartig geweitete und zu einem ehem. Teich führende mittlere Lindenallee, die seitlich begrenzenden Feldsteinmauern und zwei an ihnen stehende Baumreihen aus alten Ulmen und Linden erhalten.

**Lancken-Granitz**

DORFKIRCHE A. 15. Jh. errichteter Backsteinbau mit Feldsteinsockel und eingesprengten Feldsteinen, das Schiff dreijochig, der wenig ältere eingerückte Rechteckchor zweijochig mit gewölbtem nördlichen Sakristeianbau und einem zwischen ungenutzten Wandverzahnungen gelegenen südseitigen jüngeren Anbau vor der Priesterpforte; der stark eingerückte Westturm mit quadratischem Grundriß kam um 1500 hinzu. Die breiten Spitzbogenfenster von Schiff und Chor sind drei- bzw. vierbahnig, die Sakristeifenster segmentbogig, die Portale am Schiff und die Priesterpforte spitzbogig, am Westturm und den beiden Choranbauten segmentbogig; rechts vom Chor-Ostfenster ist ein Wandtabernakel aufgemauert, unter der Traufe von Chor und Schiff liegt ein vertieftes Putzband; den Giebel der Sakristei und den Chorgiebel mit flankierenden und bekrönenden Fialtürmchen gliedern gestaffelte schlanke Spitzbogenblenden, die Schiffsgiebel sind glatt. Das Untergeschoß des Westturmes umläuft in halber Höhe ein Deutsches Band, sein hohes Obergeschoß gliedern an den freistehenden Seiten je fünf schlanke Spitzbogenblenden, das Pyramidendach ist mit neuen Mönch- und Nonne-Steinen gedeckt. An der Chorsüdwand eine wohl mittelalterliche eingeritzte Sonnenuhr, am südlichen Anbau eine Steinplatte mit Vertikalsonnenuhr von um 1800. Die Kreuzrippengewölbe gehen von den in das Innere von Chor und Schiff gezogenen, zu tiefen spitzbogigen Wandnischen verbundenen Strebepfeilern aus, der Triumphbogen ist gedrückt rundbogig; in der Chorostwand liegt eine rechteckige Sakramentsnische mit eisenbeschlagener Tür, in der Sakristeinordwand eine Piscina mit Abfluß; der Glockenstuhl im Westturm wurde 1651 errichtet. Wandmalerei vom A. 15. Jh. wurde um 1975 in den Zwickeln und der östlichsten Kappe der Chorgewölbe freigelegt und restauriert: Drolerien mit Inschriften und ein Schweißtuch der Veronika.

*Lancken-Granitz, Dorfkirche von Nordwesten*

*Ausstattung:* Kanzel von 1598, mit Aufgang, Rückwand und Schalldeckel. Den auf einer verschalten Konsole ruhenden polygonalen Kanzelkorb gliedern vor die Kanten gelegte Säulen auf Postamenten und die Felder rahmende Arkaden unter Dreieckgiebeln, die Aufgangsbrüstung und das ädikulaartige Portal einfache Felder. In die Füllungen sind als Halbfigur die Bildnisse Christi, einiger Apostel und eines Pastors gemalt, auf die Türfüllung die Ganzfigur des Apostels Andreas; unter den Bildern des Korbes Monogramme mit Hausmarken, an den Säulen-

*Linke Seite: Lancken-Granitz, Dorfkirche, Tafelmalerei auf der Kanzeltür sowie Fayence-Weinkanne und Kabinettscheibe mit Sündenfall*

*Rechte Seite: Lancken-Granitz, Dorfkirche, gotisches Gestühl und Pfarrhaus*

postamenten Wappen, dazu plattdeutsche Bibelsprüche und an der Portalädikula großformige Akanthusmalerei mit Engelkopf im Giebelfeld. An der Rückwand Bildnisse von Luther und Melanchthon, auf dem sternförmigen Schalldeckel akroterartige Zierstücke. Schwebender Taufengel, 1. H. 18. Jh. Taufständer, Holz, M. 19. Jh. Orgel, der neogotische Prospekt M. 19. Jh., das Werk unter Verwendung älterer Teile 1909 von Barnim Grüneberg, Stettin. Kruzifix, 15. Jh., das Kreuz mit näpfchenartigen seitlichen Scheiben und quadratischen Platten an den vier Enden. Drei Kabinettscheiben, 17. Jh.: Wappenscheibe mit Herkules und dem Löwen, Sündenfall und Vertreibung Adams und Evas; Grisaillemalerei wohl nach Stichen Albrecht Dürers. Patronatsempore, E. 18. Jh., über vier Säulen halbrund vortretend, mit rechteckigen Brüstungsfeldern, darüber vergitterte Felder mit kräftigem Abschlußgesims. Westempore; der mittlere Teil als Orgelempore M. 19. Jh., die beiden als Viertelrund anschließenden seitlichen Teile in Anlehnung an die Patronatsempore wohl A. 19. Jh. Chorgestühl, 1522. Brüstung und hohe Rückwand mit einfacher Felderteilung, die Füllungen mit unterschiedlichem Faltwerkdekor, als Bekrönung der Rückwand Felder mit Vierpässen, Rankenwerk und einer Minuskelinschrift; eine separate Stalle noch mit Seitenwangen, Misericordie des Klappsitzes und Pultbrett. Kastengestühl, M. 19. Jh., die Brüstung mit Feldergliederung. Gemeinde-Bankgestühl, M. 19. Jh. Opferstock, 17. Jh., viereckig behauener Baumstamm mit Eisenbändern. Kelch und Patene, 1639. Krankenkelch und Patene, 19. Jh. Oblatendose, Silber, um 1680, oval und mit zartgliedrigem Schleifen- und Blattwerk. Sieblöffel, Silber, E. 19. Jh. Taufschale, Messing, 1694, auf dem Boden geschrotete Darstellung der Taufe Christi, am Rand eine gepunzte Umschrift. Taufkanne, Fayence, um 1700, bauchige Flasche mit schlankem Hals und Griff, in Glasurmalerei Christus und die Samariterin am Brunnen und Blattornamente. Klingelbeutel, 1681, Ring und Hülse Messing versilbert, Stock und Beutel erneuert. Glocke, 15. Jh.

Auf dem FRIEDHOF Grabplatte C. J. Blumenthal, 1804, mit langer empfindsamer Inschrift. Weiter etwa 20 Grabwangen von 1782 bis M. 19. Jh., davon die meisten

zerschlagen oder als Treppenstufen verwendet. KRIEGSGEFALLENENDENKMAL, 1920/30. Um ein hohes Kreuz, dessen Sockel Inschriften trägt, sind kissenförmige Steine mit den Namen der Toten angeordnet. PFARRHAUS, 2. H. 18. Jh. Am Hang errichteter eingeschossiger siebenachsiger Fachwerkbau mit z. T. sehr hohem, ausgleichendem Feldsteinsockel und rohrgedecktem Krüppelwalmdach mit zwei Schleppgauben. Über der Mittelachse der Vorderfront mit über eine Freitreppe zugänglicher Haustür und schmalen Seitenfenstern ein breiter Frontispiz mit Dreieckgiebel, die linke Giebelwand im Erdgeschoßbereich massiv erneuert und durch einen Anbau mit Freitreppe und halbem Walmdach ergänzt, an der rechten Giebelwand ein weiterer Ausgang und daneben ein kleiner massiver Anbau mit teerpappegedecktem Pultdach, die Mittelachse der Rückfront wurde nachträglich zur Veranda erweitert; die Fenster sind z. T. verändert. Im Innern des Hauses blieb die alte Raumstruktur unverändert erhalten. Rückwärtig schließt im rechten Winkel ein massiver Schuppenflügel an.
WOHNHAUS Dorfstraße 16, 2. H. 18. Jh. Eingeschossiger fünfachsiger Fachwerkbau mit Feldsteinsockel und rohrgedecktem Krüppelwalmdach mit Fledermausgaube über der wohl im 3. V. 19. Jh. in Backstein massiv erneuerten Vorderfront. – Zum Hof gehören weiter ein Bretterschuppen mit rohrgedecktem Dach, ein Stallgebäude aus Backstein mit verbretterten Giebeln und rohrgedecktem Dach sowie eine begrenzende niedrige Feldsteinmauer.

## Lanckensburg

Ehem. GUTSSPEICHER und STALL, um 1920. Giebelständiger viergeschossiger neunachsiger Putzbau mit drei abgestuften Dachgeschossen, davon zwei mit steilen Pultdächern und Teerpappendeckung, das oberste mit Satteldach, Dreieckgiebel und beiderseits je einer jüngeren großen Gaube. Vor dem Erdgeschoß der Giebelseiten überdachte bzw. ins Gebäude gezogene Verladerampe, in den weiteren Geschossen Dreiergruppen von rundbogigen zwischen rechteckigen Luken. – Zu beiden Seiten schließen langgestreckte anderhalbgeschossige Stallflügel an, Putzbauten unter hohen, mit Wellasbest gedeckten Krüppelwalmdächern, mit einfachen Stallfenstern und Holztüren, Eckquaderung und Putzgesimsen unter dem Drempelgeschoß, dessen Luken unter der hier angehobenen Traufe liegen; der eine Flügel wurde später stark verändert.

**Landow**

DORFKIRCHE Um 1400 mit dem polygonal geschlossenen zweijochigen Chor begonnener Backsteinbau mit behauenen Granitquadern und eingesprengten Feldsteinen. Das etwas breitere rechteckige Schiff und die Sakristei an der Chornordseite wurden in der 2. H. 15. Jh. angefügt; in der Südwand des Schiffes wurden jedoch Fachwerkreste eines wohl älteren Kirchengebäudes freigelegt. Abgestufte Strebepfeiler besitzen Chor und Schiff, ihre Westgiebel und der Giebel der Sakristei werden von gestaffelten Spitzbogenblenden gegliedert, die Wände sind mit Ausnahme des vertieften Putzbandes unter dem Schiffswestgiebel, von Resten eines vertieften Formstein-Vierpaßfrieses auf der Nordseite der Kirche und den profilierten Traufgesimsen ungegliedert, die Fenster und Portale sind überwiegend spitzbogig. Der die Glocke tragende quadratische Dachturm aus Fachwerk mit geschweifter Haube über dem Westteil des Schiffes wurde wohl 1733 aufgesetzt, gleichzeitig erhielt das auf ein nicht ausgeführtes Gewölbe vorbereitete Schiff eine z. Z. ausgelagerte Bretterdecke, die Johann Oesler, Stralsund, ornamental bemalte. Die Kreuzrippengewölbe im Chor und der Sakristei gehen aus den Wänden auf, der Triumphbogen ist rundbogig, und unter den Fenstern ist die Wand in Chor und Schiff durch tiefe Segmentbogennischen gegliedert.

*Ausstattung:* Der zeitweilige Plan, die damals baufällige Kirche aufzugeben, führte zur Auslagerung fast aller transportabler Ausstattungsstücke. In der Kirche verblieben zwei mittelalterliche Altarplatten und von der

1724 von Elias Keßler, Stralsund, geschaffenen Kanzel der vierseitige Korb mit eingezogenen Ecken und kräftigem Gesims und zwei Relieffiguren von Aposteln in den von Voluten gerahmten Brüstungsfeldern. Orgel, 1872, von J. A. Mehmel, Stralsund, (nicht mehr spielbar). Orgelempore, 2. H. 19. Jh. Glocke, 1617, von Adam Lehmeyer, Stralsund. Grabplatte A. Ehle († 1804).
Auf dem FRIEDHOF vier Grabstelen aus der Zeit von 1759 bis 1814.

### Lanken-Blieschow

TORHAUS an der Kastanienallee von Lancken-Granitz. 1852/53 nach einem Entwurf J. Gottfried Steinmeyers wohl analog zum Torhaus Binz-Granitzhof als eingeschossiges Gebäude auf gleichschenkligem T-förmigen Grundriß errichtet und vermutlich 1890 und 1930 in die heutige Gestalt gebracht. Zweigeschossiger sechsachsiger Backsteinbau auf Feldsteinsockel mit einachsigen risalitartigen Vorbauten mit firstgleichen Satteldächern vor der ersten und fünften Gebäudeachse; die Wände mit geschoßtrennendem Gesims und darüberliegenden Blendokuli sind an der Vorderfront und den Seiten mit gelben Ziegeln gebändert, die Segmentbogenfenster im Erdgeschoß glatt in die Wände eingeschnitten. Das Obergeschoß kam wohl 1930 hinzu, der verputzte Einbau zwischen den Risaliten und der rückwärtige Anbau nach 1950. – Im Hof ein Stall aus Backstein auf Feldsteinsockel mit traufseitigen Fachwerkwänden eines Drempelgeschosses, z. T. in jüngerer Zeit verputzt und verändert.

### Lauterbach

BAHNHOF Chausseestraße, um 1900. Im Kern zweigeschossiger Backsteinbau mit dreigeschossigem Treppenhaus und anderthalbgeschossigen Seitenflügeln, die Walm- und Satteldächer sind mit Teerpappe gedeckt. Die rund- oder segmentbogigen Fensterschlüsse sind durch Rollschichten hervorgehoben, die Fensteröffnungen jetzt jedoch z. T. zugesetzt oder verändert; die Wandflächen werden durch eingelegte Backsteinmuster aus hellen Backsteinen belebt.
WOHNHAUS Chausseestraße 5, um 1900. Zweigeschossiger fünfachsiger Backsteinbau mit geschoßtrennendem Zahnschnittfries und an der Vorderfront leicht hervorgehobener Mittelachse mit flachem Dreieckgiebel.
BADEHAUS Zur Goor, 1817–1830. Zweigeschossiger sechzehnachsiger Putzbau mit vorgelegter balkengedeckter Kollonade und drei Freitreppen. Die Wände mit Pilastergliederung und schlanken Rechteckfenstern und -türen in Faschenrahmen; unter dem Hauptgesims der Kollonade und der Seitenwände ein Triglyphenfries. Die urspr. Gestalt und räumliche Aufteilung in Gesell-

*Linke Seite: Lanckenburg, ehem. Gutsspeicher; Landow, Dorfkirche von Südwesten*

*Rechte Seite: Lauterbach, ehem. Badehaus Zur Goor*

schafts-, Logier- und Baderäume gehen auf Pläne Johann Gottfried Steinmeyers zurück; 1958 erfolgte ein durchgreifender Umbau und die Erweiterung durch moderne Anbauten an der Rückfront nach Plänen von Rudolf Schwanz. – Zugehörig ist die auf das Badehaus zuführende ALLEE. Rechts von ihr ein GEDENKSTEIN an den antifaschistischen Publizisten Julius Fučik.

**Lebbin**

Ehem. GUTSANLAGE Von der vormals großzügig konzipierten Gutsanlage ist das wohl im 18. Jh. errichtete Gutshaus nicht mehr erhalten, die um 1900 errichteten Wirtschaftsgebäude sind aber noch erhalten. – Speichergebäude, zweigeschossiger siebenachsiger Backsteinbau mit Satteldach; die Geschosse trennt ein Deutsches Band, über den segmentbogigen Fenstern liegen gekrümmte Abschlaggesimse. – Stall, langgestreckter Backsteinbau mit Natursteinsockel, Drempelgeschoß und Satteldach; die Geschosse trennt ein Deutsches Band, in den Giebeln je drei Okuli, über den urspr. Segmentbogenfenstern liegen gekrümmte Abschlaggesimse, andere Fenster sind nachträglich eingebrochen worden. – Scheune, langgestreckter Backsteinbau mit Natursteinsockel, Drempelgeschoß und Satteldach; zwischen den Geschossen liegt ein Deutsches Band, die Fenster sind z. T. verändert oder zugesetzt.

TRANSFORMATORENHAUS, um 1925. Kleiner eingeschossiger Putzbau über quadratischem Grundriß, das geschweifte Satteldach trägt als Dachreiter ein mit Kupferblech verkleidetes quadratisches Türmchen mit geschweifter Haube.

**Libnitz**

GUTSHOF Weitläufige, um 1912 weitgehend erneuerte Gutsanlage mit Wohnhäusern, Wirtschaftsgebäuden und weitläufigem Park.

GUTSHAUS, um 1912. Stattlicher, unter dem stilistischen Einfluß der Reformarchitektur führender norddeutscher Architekten konzipierter zweigeschossiger Backsteinbau mit zwei im rechten Winkel angeordneten Flügeln über hohem Souterraingeschoß und einem mit mehreren Gauben besetzten Walmdach. Sämtliche Fronten besitzen bestimmende architektonische Details. Die nach Osten gewandte Hoffront mit geschwungener Auffahrt und hofseitiger Freitreppe gliedern zwei nebeneinander vor das Dachgeschoß gelegte Schweifgiebel, die konkav ausschwingende Wand der Treppenhalle mit reichem Dekor an der rundbogigen Portalnische und dicht gereihten Fensterbahnen sowie eine Auslucht, der zweite Eingang und ein Treppenturm am rechts anschließenden Fassadenschnitt; die risalitartig vortretenden mittleren Achsen der nördlichen Gebäudefront bekrönt wieder ein vor dem Dachgeschoß stehender Schweifgiebel, die zum Garten gekehrte Westfront mit breitem Dreieckgiebel bereichert ein Erker, und an der repräsentativen südlichen Fassade steht zwischen ungleich hohen Ecktürmen eine dreiarkadige Loggia mit Altan, vor der sich eine Terrasse mit Begrenzungsmauer erstreckt. Neben mehreren architektonisch wichtigen Rundbogenfenstern dominieren indessen die schlanken Rechteckfenster; zwei Steinreliefs mit landwirtschaftlicher Thematik an den Brüstungspfeilern des Altans und eine Wappentafel neben dem Haupteingang bilden den Baudekor. Im Innern blieb die Raumstruktur trotz Wohnungseinbauten nach 1950 weithin unverändert, ebenso das großzügige Interieur der Eingangshalle aus Balkendecke, Podesttreppe mit reich gestaltetem Geländer und Galerie, zehn Szenen des Landlebens darstellenden Glasmalereien der Berliner Werkstatt Heinersdorff und einer großen Deckenampel. – Im Gutspark, der einer gründlichen Rekonstruktion bedarf, steht das MAUSOLEUM der Familie Meyer-Sarnow, ein wohl bald nach 1912 als antikisierender Prostylos über hohem Podest mit Freitreppe errichteter Putzbau mit Quaderung. Neben dem »antiken« Baudekor kommen eine Amphorenvase mit Lorbeerkranz, das Christogramm und eine Balustrade vor; der Raum über der Gruft ist mit Marmor verkleidet.

INSPEKTORENHAUS, 1936. Eingeschossiger dreiachsiger Backsteinbau mit hohem Sockelgeschoß und Krüppelwalmdach mit zweiachsiger rückwärtiger Schleppgaube; die leicht vortretende mittlere Achse der Vorderfront mit einer von Seitenwangen begrenzten Freitreppe und rundbogiger Haustür besitzt ein frontispizartiges Obergeschoß mit Schweifgiebel.

Ehem. PFERDESTALL, wohl nach 1912. Langgestreckter anderthalbgeschossiger Backsteinbau mit Heuboden, die Türen und Fenster sind segmentbogig, das auf der Hofseite stark vorkragende, mit Wellasbest gedeckte Satteldach stützen eiserne Streben.

Ehem. KUHSTALL, um 1930. Langgestreckter zweigeschossiger Backsteinbau, die Türen segmentbogig, im Obergeschoß Luken und Dreiergruppen von Lüftungsschlitzen, das flache Satteldach ist mit Asbest gedeckt.

STALLGEBÄUDE, um 1920. Zweigeschossiger Backsteinbau, Türen, Fenster und Luken sind segmentbogig, das flache Satteldach mit Asbest gedeckt. – Östlich schließt ein wohl gleichzeitiger viergeschossiger Speicher aus Backstein an. Die Hoffront gliedern Gesimse und ein Zahnfries unter dem obersten Geschoß. Die breiten Tore und die Luken in den oberen Geschossen sind segmentbogig; auf dem mit Wellasbest gedeckten Satteldach steht ein quadratisches Elevatortürmchen mit aufgesetztem Helm.

STALLGEBÄUDE, um 1930. Eingeschossiger langgestreckter Backsteinbau, die Giebelwände mit je zwei Lisenen, ihre ehem. gewalmten Spitzen verbrettert; in der Mitte des mit Wellasbest gedeckten jetzigen Satteldaches eine flachgedeckte Gaube.

Ehem. HÜHNERHAUS (jetzt Wohnhaus), um 1925. Zweigeschossiger Backsteinbau mit Krüppelwalmdach und risalitartig vor die Hoffront tretendem dreigeschossigen Turm mit auf dem Zeltdach stehendem quadratischen Uhrtürmchen; die Segmentbogenfenster jetzt rechteckig verändert.

SCHEUNE, wohl nach 1912. Langer, wellasbestgedeckter Backsteinbau, in der rechten Hälfte anderthalbgeschossig mit flachem Tonnendach, in der wohl veränderten linken Hälfte eingeschossig mit flachem Satteldach; Segmentbogentore, Luftschlitze in Dreiergruppen. Die Wände durch Gesimse gegliedert.

## Liddow

GUTSHAUS Zwei eingeschossige, zu unterschiedlichen Zeiten errichtete und im rechten Winkel aneinanderstoßende Putzbauten mit eigenen Krüppelwalmdächern. Das ältere, wohl aus der M. 17. Jh. stammende fünfachsige Haus mit ins Mauerwerk eingesprengten Feldsteinen, hat ein hohes Kellergeschoß, und an den Gebäudekanten blieb Putzquaderung erhalten; die Rechteckfenster wurden nachträglich verändert. Das jüngere, achtachsige Haus von um 1750 birgt wohl ältere Gebäudereste, ist nur z.T. unterkellert, besitzt Eckquaderung und ein Korbbogenportal mit Putzquaderrahmung; die Fenster wurden auch hier verändert. Im Innern blieben barocke Füllungstüren erhalten.

Ehem. SCHWEINESTALL, 4. V. 19. Jh. Eingeschossiger Backsteinbau, das Krüppelwalmdach mit Wellasbest gedeckt; als Wandgliederung ein Zahnschnittfries, die Fenster und Türen sind segmentbogig.

Ehem. KUHSTALL, 1894. Langgestreckter, anderthalbgeschossiger Backsteinbau, die Giebel und das Drempelgeschoß aus Fachwerk, das flache Satteldach mit Teerpappe gedeckt.

## Lietzow

»SCHLÖSSCHEN«, um 1868. Getreuer Nachbau des 1839 durch den Umbau eines mittelalterlichen Burggebäudes entstandenen Schlosses Lichtenstein bei Reutlingen in Württemberg. Am Hang über dem kleinen Jasmunder Bodden gelegener zweigeschossiger neogotischer Putzbau über hohem Kellergeschoß, mit Stufengiebeln und viergeschossigem rundem Eckturm mit Zinnenkranz; die Fenster an der vorderen Giebelfront und am Turm spitzbogig, sonst rechteckig.

BAHNHOF Dorfstraße, um 1920. Eingeschossiger Putzbau mit drei straßenseitigen Rundbogenfenstern und Rundbogentür; das Satteldach mit Teerpappe gedeckt.

KATEN Dorfstraße 37, 2. H. 19. Jh. Eingeschossiger Fachwerkbau mit rohrgedecktem Krüppelwalmdach, die Traufseiten in Backstein massiv erneuert und die Fenster verändert.

GUTSANLAGE SEMPER, 1916–1922 nach Plänen von Georg Steinmetz, Berlin, baulich völlig erneuert. Das GUTSHAUS, ein zweigeschossiger, aus zwei im rechten Winkel angeordneten vierachsigen Flügeln bestehender neobarocker Putzbau, besitzt Mansarddächer mit segmentbogigen Gauben; die Eckquaderung, die Putzfaschen der Fenster mit Keilstein im Sturz und die Putz-

spiegel zwischen den Geschossen sind farbig hervorgehoben. Die zum abfallenden Hang gekehrten Rückseiten mit neuen Verandaanbauten liegen über einem Souterraingeschoß, eine modernisierte Giebelwand ist bis zur Giebelspitze glatt.
ORANGERIE und GÄRTNERHAUS, um 1915. Eingeschossiger dreizehnachsiger neobarocker Putzbau mit Fledermausgauben im Krüppelwalmdach. Die drei mittleren Achsen der Vorderfront unter einem breiten Lünettengiebel treten leicht vor, ihnen entspricht auf der Rückseite ein Risalit mit Dreieckgiebel; die Fassaden werden von Pilastern mit Putzrustika und den von Putzfaschen gerahmten Fenstern gegliedert, die breiten urspr. Portalöffnungen wurden zu Türen verkleinert.
WOHNHAUS, um 1915. Eingeschossiger neobarocker Putzbau, durch abgefaste Ecken achteckig wirkend; das Mansarddach wurde nachträglich stark ausgebaut, farbig hervorgehobene Gesimse und Fensterfaschen gliedern die Fassaden.
WOHNHAUS, um 1915. Eingeschossiger neobarocker Putzbau mit Walmdach. Die Putzfaschen an den Gebäudeecken und die geputzten Fensterfaschen mit Keilstein im Sturz sind farbig hervorgehoben.
TURMRUINE aus Feldstein. Runder Turmstumpf mit anschließendem kurzen Mauerstück, wohl nach 1915 als romantisierendes Versatzstück in der bewaldeten Nachbarschaft des Gutes errichtet.

### Lipsitz

GUTSHAUS, E. 19. Jh. Eingeschossiger neunachsiger Backsteinbau mit Fachwerkgiebeln und Krüppelwalmdach. Über den mittleren Achsen der Hoffront mit einer von Wangenmauern begrenzten Freitreppe und der Haustür liegt ein vierachsiger breiter Frontispiz mit firstgleichem Satteldach und Lünettenfenster im Dreieckgiebel; durch das Hauptgesims verbundene Pilaster betonen die Gebäudekanten der Hoffront. – Im zugehörigen Gutspark sind Reste des alten Baumbestandes erhalten geblieben.

### Lobbe

WOHNHAUS Dorfstraße 11, um 1800. Eingeschossiger sechsachsiger Backsteinbau mit rohrgedecktem Krüppelwalmdach, der Stallteil im linken Teil des Hauses wurde zur Wohnung ausgebaut, die Fenster der hinteren Traufwand sind stark verändert; angeblich das mehrfache Ferienquartier des Malers Ph. O. Runge.
WOHNHAUS Dorfstraße 20, um 1800. Eingeschossiger siebenachsiger Putzbau mit Resten der urspr. Fachwerkwände und rohrgedecktem Krüppelwalmdach, die Fenster von unterschiedlicher Größe.
Ehem. ZOLLHAUS Dorfstraße 23, 1847. Eingeschossiger sechsachsiger Fachwerkbau mit Lehmstaken-Gefachen und rohrgedecktem Satteldach. Die Außenwände wurden wohl nachträglich mit Brettern verkleidet; der

*Linke Seite: Lobbe, Windschöpfwerk*

*Rechte Seite: Maltzien, Gutshaus von Westen*

breite Dachhecht in der vorderen Dachfläche und die beiden rückwärtigen Fledermausluken sind das Ergebnis eines Dachausbaus in jüngster Zeit. Die beiden Wohnungen sind über Türen in den äußersten Achsen der Vorderfront zugänglich.

SALZHAUS in den Dünen, M. 19. Jh. Zum Einsalzen der gefangenen Heringe dienender eingeschossiger Backsteinbau mit rohrgedecktem Satteldach und zwei Holztoren.

WIND-SCHÖPFWERK, um 1900. Eiserner Gittermast mit einer Galerie in halber Höhe, großem Windrad und zwei hölzernen Steuerflügeln; es treibt eine Schneckenpumpe an und ist jetzt das einzige erhalten gebliebene derartige Schöpfwerk auf Rügen.

**Losentitz**

GUTSANLAGE Das an einen Hang gebaute GUTSHAUS von 1899 ist ein zweigeschossiger sechsachsiger Klinkerbau mit z. T. wie ein Souterrain wirkendem hohen Sockelgeschoß, Drempel und flachem, einseitig gewalmtem Satteldach. An der Vorderfront tritt die zweite Achse von rechts als verputzter Treppenhaus-Risalit mit die Traufe überragendem Schweifgiebel leicht vor die Gebäudeflucht, der dreiachsigen rechten Hausfront ist ein verputzter mittlerer Portalvorbau angefügt, dessen flaches Dach vor dem Obergeschoß als Altan mit gemauerter Balustrade dient, eine weitere Balustrade umgrenzt die vor dieser Gebäudeseite gelegene Terrasse. Die Wände gliedern eingelegte gemusterte Mauerschichten aus dunkel glasierten Klinkern, die segmentbogigen Fenster behielten ihre urspr. Gesalt. Im Innern blieb ein Teil des mit dem Bau entstandenen Interieurs erhalten, u. a. das Treppenhaus mit gußeisernem Geländer sowie stuckierte preußische Kappendecken in den Mittelfluren.

Im zugehörigen hügeligen LANDSCHAFTSPARK mit einem Teich, verzweigten Wasserläufen und Wegen stehen mehrere dendrologisch interessante Baumgruppen.

SPEICHER 2. H. 19. Jh. Zweigeschossiger langgestreckter Backsteinbau mit Feldsteinsockel, flachem Satteldach und zum Hof gekehrtem Mittelrisalit mit Dreieckgiebel; die Ortgänge der vorkragenden Dächer ruhen auf

hölzernen Stützen, die Fenster sind überwiegend segmentbogig, die großen Toreinfahrten jetzt zugesetzt.

KATEN rechts vom Gutshaus, 1. H. 19. Jh. Eingeschossiger zwölfachsiger Fachwerkbau mit Feldsteinsockel, einige Fenster noch mit Holzfaschen, die rückwärtige Traufseite wurde z. T. massiv in Backstein erneuert.

**Lubkow**

WOHNHAUS, M. 19. Jh. Eingeschossiger fünfachsiger Fachwerkbau mit hohem Feldsteinsockel, die Vorderfront mit Haustür, vorgelegter Freitreppe und Fledermausluke im rohrgedeckten Krüppelwalmdach. – Zugehörig ist eine rückwärtige Stallscheune der M. 19. Jh., teils Fachwerk, teils Putzbau mit verbrettertem linken Giebel, rohrgedecktem Krüppelwalmdach und über dem Scheunentor angehobener Traufe.

**Maltzien**

GUTSHAUS, 2. H. 19. Jh. Eingeschossiger, aus zwei T-förmig angeordneten Flügeln bestehender neogotischer Bau aus gelben Klinkern auf hohem Sockelgeschoß, mit Drempel, Stufengiebel mit Ecktürmchen vor den schiefergedeckten Satteldächern, zweigeschossigen Risaliten und polygonalem turmartigen Anbau mit drei Geschossen an der Giebelfront des Hofflügels. Die Wände umziehen Bänder aus roten Backsteinschichten, dazu Konsolfriese zwischen Sockel und Erdgeschoß, unter der Traufe und als Bekrönung des turmartigen Anbaus mit

Uhr-Ziffernblatt und zwei Löwenköpfen. Das rundbogige Portal im hofseitigen Risalit des Hauptflügels und die von entsprechenden verdachungsartigen Kragschichten begleiteten segmentbogigen oder rundbogigen Fenster der Hauptgeschosse besitzen profilierte Gewände. – Neben Resten der ehem. Gutsmauer blieben vom ehem. Gutspark nur wenige Solitärbäume erhalten.

### Mariendorf

Ehem. TANGSCHEUNE, unmittelbar am Wasser, 1936/37. Urspr. in Holz errichteter, 1966 mit massiven Wänden erneuerter eingeschossiger Putzbau mit verbretterten Giebeln und rohrgedecktem Krüppelwalmdach; als Durchfahrtsscheune mit je einem großen Holztor in den Giebelwänden.

*Dorfstraße*

BÜDNEREI Nr. 2, 2. V. 19. Jh. Eingeschossiger fünfachsiger Backsteinbau mit rohrgedecktem Krüppelwalmdach, der westliche Giebel ist noch aus Fachwerk.

BÜDNEREI Nr. 4, 2. V. 19. Jh. Zur Straße eingeschossiger, an der Rückseite aufgestockter, langgestreckter Backsteinbau mit einer Gaube im rohrgedeckten, jetzt einseitig als Krüppelwalm ausgebildeten Dach; der rechte Wohnteil hebt sich vom linken Stallteil durch hellen Backstein ab.

BÜDNEREI Nr. 5, 1823 und um 1900. Aus zwei aneinandergebauten Häusern bestehend. Das ältere ist ein eingeschossiger Putzbau mit drei unterschiedlich großen Fenstern und einer schmalen Tür in der straßenseitigen Traufwand und rohrgedecktem Walmdach, dessen Walm im Westen bis auf die hier unverputzte Backsteinwand heruntergeschleppt ist; die Innenwände sind aus Lehm. Der östliche jüngere, breitere Gebäudeteil ist ein eingeschossiger Backsteinbau mit rohrgedecktem Satteldach; seine östlichen Gebäudekanten sind mit Pilastern verstärkt, der Eingang liegt in der östlichen Giebelwand und der östliche Giebel über einem einfachen Fries.

SPEICHER Nr. 13, E. 19. Jh. Zweigeschossiger giebelständiger Backsteinbau mit Feldsteinsockel und rohrgedecktem Krüppelwalmdach. Die Giebelfront mit drei Reihen kleiner segmentbogiger Luken und schmaler Türöffnung, das Tor liegt in der linken Traufwand.

### Martinshafen

FRIEDHOF der Namenlosen. Nach 1945 angelegte, von einem Lattenzaun eingefriedete Rasenfläche mit einheitlichen Holzkreuzen für hier bestattete nicht identifizierte Tote des Zweiten Weltkrieges.

### Middelhagen

DORFKIRCHE Im 15. Jh. errichteter einheitlicher Backsteinbau mit Findlingsbereichen und eingesprengten Feldsteinen. Die Wände des Schiffes und des schmaleren einjochigen Chores mit polygonalem Ostschluß stützen Strebepfeiler und jüngere Stützpfeiler, der Giebelbereich der Schiffswestwand mit begrenzenden Pilastern, der halbrunde Treppenturm mit Kegeldach und der aus verbrettertem Fachwerk errichtete quadratische Dachturm mit Pyramidenhelm kamen im 3. D. 18. Jh.

hinzu, die jetzt polygonale Sakristei an der Chornordseite wurde 1906 erneuert. Alle Fenster mit urspr. tiefer liegenden Sohlbänken haben Dreieckschlüsse, die segmentbogige Priesterpforte ist zugesetzt, das südliche Schiffsportal ist rundbogig, das Westportal mit Segmentbogensturz liegt in einer Spitzbogenblende; den Schiffsostgiebel gliedern auf der Innenseite Segmentbogenblenden. Im Innern trennt ein halbrunder Triumphbogen den Chor mit von flachen Wandpfeilern aufgehenden Kreuzrippengewölben und vermauertem Ostfenster vom Schiff mit einer wohl um 1770 eingezogenen hölzernen Tonnendecke mit Stichkappen und einem aufgeputzten Netz aus flachen Bändern und Rosetten zwischen den zu spitzbogigen Nischen verbundenen Wandpfeilern.

*Linke Seite: Middelhagen, Dorfkirche von Südwesten*

*Rechte Seite: Middelhagen, Dorfkirche, Inneres, Blick in den Chor und Schnitzaltar*

*Ausstattung:* Vierflügeliger Altaraufsatz, um 1480. Im Mittelschrein mit geschnitzten Maßwerkschleiern und einem bekrönenden Kreuzblumenkamm mit Inschrift steht die Figur der Hl. Katharina zwischen kleineren Apostelfiguren, in den Kastenflügeln Reliefszenen aus der Katharinenlegende; auf ihren Außenseiten und den Innenseiten des zweiten Flügelpaares entsprechende gemalte Szenen und bei geschlossenen Flügeln die Bilder der Hl. Katharina und Barbara; die hohe Predella mit gemaltem Maßwerk und Akanthuslaub kam wohl im 19. Jh. hinzu, die Altarschranke mit Traillengitter 1749. Kanzel, um 1650, mit Aufgang, Rückwand und Schalldeckel. Den polygonalen Kanzelkorb auf geschweifter Fußkonsole gliedern kräftige Gesimse und ädikulaartige Arkaden in den Brüstungsfeldern, an der Aufgangsbrüstung sind es einfache Rahmenfelder und ein abschließender Konsolfries wie am Korb; auf die ausgeschnittenen Ohren der Rückwand ist Knorpelwerkdekor gemalt, und den sechsseitigen Schalldeckel zieren Konsolfriese und bekrönende Ornamentstücke. Taufe, Kalkstein, um 1860. Orgel, nach 1856 von Barnim Grüneberg, Stettin; mit gleichzeitigem neogotischen Prospekt. Kruzifix, 15. Jh., das Kreuz mit quadratischen Platten an den Kreuzenden und stilisierten Krabben; die Fassung von 1970. Votivschiff, 1842, Modell einer getakelten Brigg von Martin oder Thomas Tietz, Göhren. Opferstock, 17. Jh., aus einem Stück Baumstamm und mit Eisenbändern beschlagen. Orgelempore, M. 19. Jh., die Brüstung mit Felderteilung. Kastengestühl, 17. Jh., in Schiff und Chor, jeweils mit Arkaden in den Tür- und Brüstungsfeldern, die im Schiff Beschlagwerkdekor tragen. Vor der Chorsüdwand ein Beichtstuhl aus dem 18. Jh. mit geschweiften Füllungen in den Brüstungsfeldern und einem durch Fenster verschließbaren Oberteil mit Gesims und geschweiftem Giebel. Im Schiff weiteres einfaches Kastengestühl von 1838. Kelch und Patene, 1597; auf dem Sechseckfuß sechs getriebene allegorische Figuren christlicher Tugenden. Oblatendose, 1. H. 18. Jh., auf dem Deckel plastischer Korpus auf graviertem Kreuz. Leuchterpaar, Messing, 1668, der Schaft gewunden, Fuß und Tropfteller mit getriebenem Dekor. Drei Stahlglocken, 1924. Zwei Grabplatten für A. und I. Rachow († 1666) und Frau v. Krassow († 1769) mit Widmungsinschriften.

Auf dem FRIEDHOF zwei gleiche Grabstelen für A. v. Blessingh († 1810) und M. C. C. v. Blessingh († 1831), konisch verjüngte Platten mit der Widmungsinschrift und dem Relief einer Vase mit um sie gewundener Schlange. Drei weitere Grabstelen aus der 1. H. 19. Jh.

PFARRHOF Wenig verändertes Ensemble aus Wohnhaus, Pfarrgarten und Wirtschaftsgebäude. Pfarrhaus um 1856, wohl nach Plänen von Johann Gottfried Steinmeyer errichteter eingeschossiger siebenachsiger Putzbau mit horizontalem Putzschnitt; Tür und Fenster sind auffällig schmal, auf der Vorderseite ein wohl etwas jüngerer Verandenanbau und eine schmale Dachgaube. Zugehörig der von einer Feldsteinmauer begrenzte Pfarrgarten mit in die Gestaltung einbezogenen Gehölzgruppen. – Stallscheune 2. V. 19. Jh. Eingeschossiger Fachwerkbau mit rohrgedecktem Satteldach; der Scheunenteil ist quer erschlossen, über dem Einfahrtstor die Traufe wesentlich angehoben.

Ehem. KÜSTERHAUS (Schulmuseum), M. 17. Jh. Eingeschossiger fünfachsiger Fachwerkbau mit rohrgedecktem Walmdach; vor der Haustür eine Freitreppe mit Wangenmauern, die urspr. Fenster ungleich groß; die innere Raumstruktur mit dem Schulzimmer blieb erhalten.

BAUERNHAUS Dorfstraße, 17. Jh. Eingeschossiges Hallenhaus aus Backstein und mit rohrgedecktem Krüppelwalmdach; am Wohnteil große Fenster, in der Giebelwand des Stall- und Scheunenteils ein hohes Holztor. Die urspr. Fachwerk-Umfassungswände wurden wohl im 19. Jh. massiv in Backstein erneuert. Im Innern blieb das Zweiständergerüst des Hallenhauses mit gewachsenen Hölzern als Kopfbänder und Hahnebalken vollständig erhalten. – Zugehörig ein kleines Backhaus aus der M. 19. Jh., ein eingeschossiger fensterloser Backsteinbau mit rohrgedecktem Satteldach.

WOHNHAUS Dorfstraße 21, 2. H. 18. Jh. Eingeschossiger Fachwerkbau mit Walm- bzw. Krüppelwalmdach, die Fachwerkwände z. T. massiv in Backstein ersetzt. Im Innern blieben wesentliche Teile des Ständergerüstes und der Raumstruktur erhalten.

## Moordorf

WOHNHAUS Dorfstraße 9 (zeitweilig als Schule genutzt), 2. H. 18. Jh. Eingeschossiger siebenachsiger Fachwerkbau mit rohrgedecktem Krüppelwalmdach.

## Nadelitz

Zwei gleichartige LANDARBEITERHÄUSER Dorfstraße 11 und 12, 2. H. 19. Jh. Eingeschossige fünfachsige Backsteinbauten mit Drempel, drei pilasterartigen Frontispizen mit Dreieckgiebel über der ersten, dritten und fünften Achse und einem mit Teerpappe gedeckten Satteldach. Die Fassaden gliedern Pilaster, die an den Giebelfronten durch gleichbreite Bänder unter den Dachschrägen verbunden sind, sowie ein breites Friesband über dem Erdgeschoß; die Fenster sind alle verändert.

GUTSSCHEUNE an der Dorfstraße, M. 19. Jh. Langgestreckter giebelständiger Feldsteinbau mit wellasbestgedecktem Satteldach; die Giebelspitzen aus Backstein lassen ein ehem. Walmdach vermuten, die jüngeren Schleppgauben gehören zu einem Dachausbau für Wohnzwecke.

**Neddesitz**

GUTSHOF mit auf das Wohnhaus zuführender Allee und mehreren Wirtschaftsgebäuden. – GUTSHAUS von 1901. In Anlehnung an spätbarocke Gutshäuser konzipierter, zweigeschossiger neunachsiger Putzbau mit hohem Souterraingeschoß auf Feldsteinsockel, hofseitigem mittleren Portalrisalit mit einer von Wangenmauern begleiteten Freitreppe und flachem Altan vor dem Obergeschoß, vierachsigem Frontispiz mit von einer Kartusche zwischen Festons gefülltem Dreieckgiebel und einem Krüppelwalmdach mit Schleppgauben; die Gartenfront hat im Erdgeschoß eine dreiachsige Veranda unter flachem Walmdach und eine ihr vorgelagerte Terrasse mit Freitreppe, ist im Obergeschoß zehnachsig und trägt im Dachbereich zwei seitliche Frontispize unter geschweiften Lünettengiebeln. Die Fassaden gliedern Gesimse, Putzspiegel zwischen den Geschossen und Kolossalpilaster mit Sezessionsdekor. Im Innern blieb das Interieur des über beide Geschosse reichenden Vestibüls mit über ein Zwischenpodest zur umlaufenden Galerie im Obergeschoß führender breiter Holztreppe und Balkendecke fast unverändert erhalten. Im Erdgeschoß ein zweischaliger Wandbrunnen, darüber ein Mosaik mit pflanzlichen Motiven, unter der Decke liegt ein ornamentaler Mosaikfries.
Ein weitläufiger, großzügig gestalteter GUTSPARK schließt sich nördlich dem Gutshaus an. Am Gutshof der GUTSSTALL, 3. V. 19. Jh. Anderthalbgeschossiger Backsteinbau mit wellasbestgedecktem Satteldach und drei im gleichmäßigen Abstand an beiden Längsseiten die Traufe überragenden frontispizartigen Ausbauten unter flachen Satteldächern; zwischen den Geschossen liegt ein vertieftes Putzband, die Stallfenster der Rückseite blieben unverändert. Ihm gegenüber die stattliche GUTSSCHEUNE, 3. V. 19. Jh. Langgestreckter eingeschossiger Backsteinbau mit zwei die Traufe überragenden frontispizartigen Einbauten mit Satteldach; den Bereich unter der Traufe gliedern breite Putzspiegel.

**Neparmitz**

GUTSHAUS, 3. V. 19. Jh. Jetzt verputzter zweigeschossiger siebenachsiger Backsteinbau mit urspr. gelben Klinkerbändern, Drempelgeschoß und vorkragendem, von geschnitzten Kopfbändern gestütztem flachen Walmdach. Die drei mittleren Achsen der Vorderfront sind über dem Obergeschoß als breiter Frontispiz mit Lünettenfenstern im flachen Dreieckgiebel ausgebildet; hier liegt im Erdgeschoß die breite Segmentbogentür zum Gartensaal, davor eine von Brüstungsmauern umgebene Terrasse mit Freitreppe. Den Haupteingang an der vorderen Schmalseite mit vorgelegter geschwungener Auffahrt betonte bis nach 1960 ein Vorbau, der einen Altan vor dem Obergeschoß trug; an der rückwärtigen Schmalseite wurde etwa zur gleichen Zeit am dort stehenden halbrunden Treppenturm der Zinnenkranz abgetragen. Die Fassaden gliedern Lisenen unter verbindenden Putzbändern, schmale Gesimse und ein breites Kranzgesims mit Konsolfries unter dem Drempelgeschoß; die faschengerahmten Rechteckfenster blieben zumeist unverändert, und an der rückwärtigen Traufseite liegt das einhüftig rundbogige große Fenster des Treppenhauses mit einer Jugendstilverglasung vom A. 20. Jh. – Zugehörig ist ein jetzt noch der Pflege bedürftiges geräumiges Parkareal.

**Neuendorf** (bei Neuenkirchen)

Ehem. GUTSHAUS, M. 19. Jh. Einen zentralen Lichthof umschließender eingeschossiger neunachsiger Putzbau mit hohem Sockelgeschoß, Drempel und flachen Satteldächern; die seitlichen zwei Achsen hof- und gartenseitig mit einem zweiten Vollgeschoß risalitartig betont, in der Mitte der Hoffront liegen das Hauptportal und über der Traufe der quadratische Turm des Treppenhauses, auf der Gartenseite eine Terrasse mit Freitreppe und ein von kräftigen Pfeilern getragener Portikus mit Dreieckgiebeln, an der linken Schmalseite vor Sockel- und Erdgeschoß ein polygonaler Anbau. Das Haus ist im Verfall, die Fassadengliederung mit Lisenen, kräftigen Gesimsen, aufgeputzten Verdachungen und Giebeln nur noch an Hoffront mit Turm und der linken Schmalseite erhalten geblieben.

**Neuendorf** (bei Putbus)
*Dorfstraße*
WOHNHAUS Nr. 3, M. 19. Jh. Eingeschossiger siebenachsiger Putzbau auf hohem Feldsteinsockel, über den drei mittleren straßenseitigen Achsen mit Haustür und Giebelverdachungen liegt ein breiter Frontispiz mit flachem Satteldach.
Ehem. SCHULE und WOHNHAUS Nr. 8, 1838. Eingeschossiger sechsachsiger Backsteinbau auf Feldsteinsockel, mit Resten der urspr. Fachwerkwände und Krüppelwalmdach; die segmentbogigen Fenster der Straßenfront sind verschieden groß, die der Rückseite erneuert.- Zugehörig ein rückwärtiger Backsteinstall mit wellasbestgedecktem Krüppelwalmdach.
STALLGEBÄUDE Nr. 14, um 1800. Eingeschossiger getünchter Fachwerkbau mit rohrgedecktem Satteldach.
WOHNHAUS Nr. 15, um 1800. Eingeschossiges giebelständiges Fachwerkhaus mit verputzten Gefachen und rohrgedecktem Krüppelwalmdach; ein Teil der Wände wurde massiv erneuert; rechts anschließend ein jüngerer Anbau mit Satteldach. – Zugehörig ein rückwärtiges Stallgebäude mit Giebelwänden aus Feldsteinen, Giebeln in Fachwerk und Traufwänden aus Backstein; das Satteldach ist mit Rohr gedeckt.
WOHNHAUS Nr. 20, um 1800. Eingeschossiges Traufenhaus mit rohrgedecktem Krüppelwalmdach; das urspr. Fachwerk mit geputzten Gefachen wurde z. T. massiv erneuert, die Fenster sind aus der Erbauungszeit, jedoch verschieden groß. – Zugehörig ein rückwärtiges Stallgebäude mit rohrgedecktem Krüppelwalmdach, die geputzten Fachwerkwände wurden etwa zur Hälfte massiv erneuert.

*Linke Seite: Neuendorf-Plogshagen/Hiddensee, Wohnhaus Nr. 6 und Leuchtturm auf dem Gellen*

*Rechte Seite: Neuenkirchen, Dorfkirche, Chorgiebel*

**Neuendorf-Plogshagen** (Hiddensee)
Als lose Ansiedlung von Fischern und Häuslern etwa seit A. 18. Jh. entstanden, sind die inzwischen zusammengewachsenen beiden Dörfer jetzt weitgehend zum Ferienort geworden. Ihre vorwiegend eingeschossigen Häuser mit Rohrdach gehen wohl zumeist noch auf das 19. Jh. zurück, sind aber im Verlauf des 20. Jh. immer mehr dem Zweck der Beherbergung von Feriengästen angepaßt und dabei stark verändert worden. Seine urspr. Gestalt und innere Raumstruktur behielt bisher u. a. Haus Nr. 6, ein etwas abseits gelegenes eingeschossi-

ges Fischerhaus von 5 Achsen, aus verputztem Backstein und mit rohrgedecktem Krüppelwalmdach.
LEUCHTTURM auf dem Gellen, südlich von Neuendorf, 1906 gebauter niedriger runder Turm aus genieteten Eisenplatten, auf hohem polygonalen Feldsteinsockel; über der eisernen Galerie liegt die Laterne mit dem Leuchtfeuer unter einem Kegeldach mit bekrönendem Knopf.

**Neuenkirchen**

DORFKIRCHE, A. 15. Jh. wohl unter Verwendung der aus Feldsteinen gemauerten Umfassungswände eines Vorgängerbaus aus Backstein errichtet, ein dreigeschossiges Schiff mit schmalerem zweijochigen Rechteckchor und Sakristei an der Chornordwand; das neogotische westliche Glockenhaus kam nach 1900 hinzu. Am Schiff Strebepfeiler, in seiner Südwand blieb die vermauerte große Rundbogenöffnung zu einer wieder abgetragenen Kapelle erkennbar; die Fenster besitzen vorwiegend spitz zulaufende Segmentbogenschlüsse mit Keilsteinen im Scheitel, das segmentbogige Chorostfenster und zwei einhüftige Rundbogenfenster in der Schiffswestwand wurden vermauert; die segmentbogigen, im Westen und Norden des Schiffes zugesetzten Portale liegen in Spitzbogenblenden; den Chorgiebel und den Schiffswestgiebel gliedern gestaffelte Spitzbogenblenden, am Schiffswestgiebel sind sie rundbogig und zugesetzt. Im Innern gehen die auf Konsolen ruhenden Kreuzgratgewölbe im Chor unmittelbar von den Wänden, im Schiff von den zu Spitzbogennischen verbundenen Wandpfeilern aus; in der Chorostwand liegt eine rechteckige Sakramentsnische, zur Sakristei führt eine jetzt zugesetzte Segmentbogenpforte, die Sakristei besitzt schmale Fensterschlitze und eine später geschlossene Piscina, am südwestlichen Strebepfeiler eine Steintafel mit vertikaler Sonnenuhr. – Als Rest von Wandmalerei des 15. Jh. ein Schweißtuch der Veronika.
*Ausstattung:* Altar von 1787, architektonischer Aufbau, im Hauptfeld mit seitlichen Säulen auf Postamenten und Gebälk ein Gemälde vom A. 18. Jh. mit einer Kreuzigungsgruppe (aus der Kirche in Ranzin, Kreis Ostvorpommern), im geschweiften Giebelfeld das »Auge Gottes« und ein Medaillon mit Jahreszahl. Kanzel von 1562, aus der Marienkirche in Bergen, mit Portal, Aufgang und Schalldeckel. Den polygonalen Korb trägt ein mit Pilastern besetzter Fuß, die Brüstung gliedern kräftige Gesimse, vor die Kanten gesetzte Säulen auf Postamenten und auf jeder Seite zwei übereinanderliegende Rundbogenarkaden zwischen Rechteckfeldern unten und oben; Portal und Aufgangsbrüstung sind ähnlich gegliedert, jedoch nur mit Pilastern. Der im Grundriß einem sechsarmigen Kreuz mit abgefasten Enden vergleichbare Schalldeckel mit kräftigen Profilen und in die Ecken gelegten Muscheln kam 1685 hinzu. Die farbige Fassung wurde nach Befund erneuert. Taufständer, Gußeisen, M. 19. Jh. Weihwasserbecken, Kalkstein, wohl 15. Jh. Orgel mit neugotischem Prospekt, das Werk 1891 von Guido Knauf, Gotha, geschaffen und 1970 durch Rudolf Böhm, Gotha, klanglich umgestellt.

Gemälde, um 1800, Kreuzabnahme, Kopie nach Joh. Heinrich Tischbeins Altargemälde in der Stralsunder Jakobikirche. Gemälde, M. 19. Jh., »Der Gute Hirte«, bis 1977 das Altarbild. Altardecke, Samt mit Goldfransen und Goldfadenstickerei, 1855. Orgelempore, um 1850, mit gotisierender Felderteilung. Drei Patronats-Kastengestühle: a) im Chor, von 1636, Brüstungen und hohe Rückwände mit Rundbogenarkaden, Beschlagwerkdekor, Konsolfries und geschnitzter Inschrift; b) im Schiff, von 1637, an der Brüstung Hermenpilaster und Rundbogenarkaden mit Beschlagwerk, darüber eingeschnittene Inschriften; c) im Chor, von 1684, die Rechteckfelder der Brüstung mit achtseitigen Füllungen, der obere Aufbau ist nicht mehr vorhanden. Gemeinde-Kastengestühl von um 1800, in den Rechteckfeldern der Brüstung z. T. geschweifte Füllungen. Kelch und Patene, um 1750. Kelch und Patene, 1857. Oblatendose, Messing versilbert, um 1900. Weinkanne, Dublee, 1856, mit bauchigem Körper und geschweiftem Hals. Taufschale, Zinn, 1840. Taufkanne, Zinn, 1840, mit walzenförmigem Körper. Leuchter, Zinn, 1639, mit Balusterschaft, steilem Fuß und Tropfteller. Glocke, 1367, die gotische Majuskelinschrift beim Umguß 1901 wieder übernommen. Epitaph Usedom; Granit, Alabaster, Lindenholz und Stuck; 1646, aus dem Werkstattumkreis des Hans Lucht, Stralsund, kommend. Große ovale Schieferplatte mit vorgelegter portalartiger Architektur aus Pilastern mit Resten einer Ahnenprobe, Säulen und Architrav, darin knien vor dem Kruzifix die Figuren der beiden Verstorbenen, im oberen Teil die sitzenden Allegorien von Fides und Spes, Cherubköpfe und bekrönend die Büste Gottes in einer Engelwolke; unten eine Kartusche mit

Widmungsinschrift. Wappenepitaphfragment, Holz, M. 17. Jh. Grabplatte G. Rudolphi († 1661) mit eingetiefter Inschrift.

Auf dem FRIEDHOF mit umgrenzender Feldstein-Trockenmauer blieben 16 Grabstelen aus der Zeit von 1782 bis 1882 erhalten, davon sind fünf intakte aufgestellt.

PFARRHAUS, 1843. Eingeschossiger siebenachsiger Putzbau mit Feldsteinsockel und je einer Schlepp- und Fledermausgaube im rohrgedeckten Krüppelwalmdach. Die Raumstruktur im Innern ist weitgehend unverändert geblieben.

WOHNHAUS Dorfstraße 25, 1. H. 19. Jh. Eingeschossiger fünfachsiger Putzbau mit Feldsteinsockel und rohrgedecktem Krüppelwalmdach. – Zugehörig ein Fachwerkstall mit Feldsteinsockel und rohrgedecktem Krüppelwalmdach.

LIDDOWER BRÜCKE am Abfluß des Teetziter Sees gelegen, wohl 1. V. 20. Jh. In der originalen Gestalt wiederhergestellte Holzbrücke nach der Halbinsel Liddow mit eng stehenden Pfosten und Verstrebungen, Bohlenbelag und hölzernem Geländer.

**Neukamp**

KATEN Dorfstraße 5, 2. D. 19. Jh. Eingeschossiger vierachsiger Fachwerkbau mit rohrgedecktem Krüppelwalmdach und Lünettenfenster unter dem angehobenen Walm des rechten Giebels; je eine Trauf- und Giebelseite wurden massiv erneuert.

DENKMAL zur Erinnerung an die Landung Kurfürst Friedrich Wilhelms von Brandenburg im Krieg gegen die Schweden am 13. 9. 1678. 1854 von Wilhelm Stürmer, Berlin, unmittelbar am Strand errichtet. Siebenstufiger gemauerter Unterbau, darauf eine hohe Säule mit quadratischem Postament, auf dem das überlebensgroße Standbild des Kurfürsten in Feldherrenpose steht. Postament und Säulenschaft tragen Inschriften, z. Z. zur Restaurierung abgebaut.

*Linke Seite: Neuenkirchen, Dorfkirche, Inneres, Blick nach Osten und Epitaph Usedom*

*Rechte Seite: Neuenkirchen, Pfarrhaus*

**Nistelitz**

*Dorfstraße*

BAUERNHOF Nr. 3 mit Wohnhaus und Wirtschaftsgebäude.

WOHNHAUS, 1. H. 19. Jh. Eingeschossiges verputztes Giebelhaus mit Feldsteinsockel und rohrgedecktem Krüppelwalmdach; das urspr. Fachwerk blieb in Resten nur an der vorderen Giebelwand mit der urspr. Haustür erhalten. – Zugehörig eine um 1900 errichtete Backsteinscheune mit rohrgedecktem Krüppelwalmdach; in den Traufwänden liegen die Fenster und Türen in flachen Segmentbogenblenden, von den großen Toren in den Giebelwänden wurde das rückwärtige zum Fenster umgebaut.

BÜDNEREI Nr. 4, 1. H. 19. Jh. Eingeschossiger Backsteinbau mit rohrgedecktem Krüppelwalmdach, am Wirtschaftsteil des Hauses nur wenige Fenster.

KATEN Nr. 8, 1826. Eingeschossiger dreiachsiger Fachwerkbau mit verputzten Lehmstakengefachen und rohrgedecktem Krüppelwalmdach. Im Innern blieb die alte Raumstruktur erhalten.

BÜDNEREI Nr. 10, 1. H. 19. Jh. Eingeschossiger Fachwerkbau mit verputzten Gefachen und rohrgedecktem Krüppelwalmdach; der Wirtschaftsteil wurde massiv in Backstein erneuert und z. T. getüncht.

## Pansevitz

GUTSHAUS-RUINE Vormals aus drei U-förmig angeordneten, im Kern aus dem E. 16. Jh. stammenden, in der Folgezeit mehrfach umgebauten und partiell erneuerten Flügeln bestehend, die Spätrenaissance-, hochbarocke und Neorenaissancearchitekturen vereinten. In Resten erhalten blieben der westliche Renaissancegiebel- und -treppenturm des Südflügels und der westliche Treppenturm des nördlichen Neorenaissanceflügels von 1859 bis 1870 mit Putzrustika und plastischem Bukranienfries.

KAVALIERSHAUS, E. 18. Jh. Eingeschossiges fünfachsiges Traufenhaus aus verputztem Fachwerk mit Walmdach und hofseitigen Schleppgauben.

Ehem. GUTSPARK Von der nördlich und östlich vom Gutshaus gelegenen, im 17. Jh. angelegten und im 19. Jh. zum Englischen Park umgestalteten Anlage mit zwei Alleen, einem Teich und dendrologischen Solitärbäumen blieb wenig erkennbar.

## Pantow

WOHNHAUS Dorfstraße 9, 2. H. 19. Jh. Eingeschossiger vierachsiger Putzbau mit rohrgedecktem Krüppelwalmdach und rückseitiger neuer Fledermausgaube; der rechten Giebelwand ist ein etwas hinter die Vorderfront zurücktretender Stall mit rohrgedecktem Schleppdach angebaut. Im Innern blieben Fachwerkwände mit Lehmstakenausfachungen, Decken mit Lehmwickeln und zwei Herdglocken erhalten.

## Parchow

GUTSANLAGE mit Wohnhäusern und Wirtschaftsgebäude. Neben einem später abgetragenen Renaissancebau das Gutshaus (»Altes Haus«), wohl um 1840. Eingeschossiger siebenachsiger Putzbau mit Feldsteinsockel und Krüppelwalmdach; über den drei mittleren Achsen der Hoffront mit korbbogiger Haustür in gequaderter Rahmung und vorgelegter Freitreppe liegt ein dreiachsiger Frontispiz mit Okulus im hohen Dreieckgiebel. Die Fassade gliedern Ecklisenen mit Fugenschnitt, ein Kaffgesims und das durchlaufende Traufgesims, die faschengerahmten Fenster sind im Erdgeschoß rechteckig, im Frontispiz segmentbogig. – Rechts schließt ein jüngerer eingeschossiger Putzbau mit Satteldach an, der einen Saal ersetzte, links ist das Gutshaus über einen zweiachsigen Neubau mit einem wohl ebenfalls im 2. V. 19. Jh. errichteten Wohnhaus, einem eingeschossigen, fünfachsigen Putzbau mit Feldsteinsockel und Krüppelwalmdach, verbunden; auch hier finden sich Ecklisenen mit Fugenschnitt und ein mittleres korbbogiges Portal mit Freitreppe. – Zugehörig sind weiter ein wohl um 1920 errichtetes eingeschossiges Wohnhaus aus verputztem Backstein mit einem Dachreiter für Gutsglocke und -uhr und ein unmittelbar angebautes, auf 1922 datiertes Stallgebäude mit giebelartig überdeckter mittlerer Bodenluke auf beiden Traufseiten. – Vor dem Gutshaus liegt eine Rasenparterre zwischen hohen Kastanien, östlich ein alter Baumbestand, der auf einen ehem. Gutspark schließen läßt.

## Parchtitz

BAUERNHOF, dreiseitig mit Wohnhaus und Wirtschaftsgebäuden bebaut.

WOHNHAUS, 2. D. 19. Jh. Eingeschossiger, an der Hoffront dreiachsiger, rückseitig fünfachsiger Backsteinbau mit Feldsteinsockel und rohrgedecktem Krüppelwalmdach. – Rechts davon ein langgestrecktes eingeschossiges STALLGEBÄUDE aus Fachwerk aus der M. 19. Jh. mit z. T. massiv in Backstein erneuertem Mauerwerk und Krüppelwalmdach mit Wellasbestdeckung; links vor dem Gutshaus eine FACHWERKSCHEUNE aus der M. 19. Jh. mit Feldsteinsockel und rohrgedecktem Walmdach; der zum Wohnhaus hin gelegene, massiv aus Backstein errichtete Teil kam wohl erst um 1900 hinzu.

## Pastitz

FORSTHAUS M. 19. Jh. im Stil der Tudorgotik errichteter eingeschossiger siebenachsiger Putzbau mit zweigeschossigem zweiachsigen Mittelrisalit von der Tiefe des Hauses und mit Zinnenkranz; vor die Gebäudekanten sind polygonale Ecktürmchen mit flachen Hauben gesetzt; die Fenster wurden verändert, der Fassadendekor abgenommen.

BAHNHOF der Strecke Bergen–Putbus, 1895. Kleiner rechteckiger Fachwerkbau; die rechts anschließende offene Wartehalle mit floral dekorierten Zwickelfüllungen in dem das flache Pultdach tragenden vorderen Fachwerkgerüst.

**Patzig**

DORFKIRCHE Anstelle eines Vorgängerbaus in der 2. H. 15. Jh. als Backsteinbau mit behauenen Feldsteinen im unteren Mauerbereich errichtet. Dem 1466 vollendeten dreijochigen Chor mit polygonalem Ostschluß, Nordsakristei und Strebepfeilern folgte das nur wenig breitere Schiff und um 1500 der eingerückte viergeschossige, im Untergeschoß weitgehend aus Feldsteinen errichtete Westturm mit steilem Walmdach. Die einfachen Spitzbogenfenster haben am Schiff abgestufte Laibungen, die mittleren Rundbogenfenster in Süd- und Nordwand sind jünger; die spitzbogigen Portale am Chor und den Schiffslängswänden sind vermauert, das Schiffs-Westportal im Bogenschluß mit dem darüber gelegenen Fenster durch einen Mauerdurchbruch zur Orgelempore zerstört, erhalten blieb das westliche Turmportal mit abgestufter Laibung. Unter der Traufe von Chor und Schiff liegt ein vertieftes Putzband; in sich gegliederte Spitzbogenblenden im Schiffswestgiebel werden z. T. vom Westturm verdeckt, dessen Obergeschosse an drei Seiten gereihte Spitzbogenblenden gliedern; auf der Westseite des oberen Turmgeschosses eine Uhr. Im Innern gehen die flachen Kreuzrippengewölbe unvermittelt von den zu spitzbogigen Nischen verbundenen Wandpfeilern aus, der Triumphbogen ist gedrückt rundbogig, zur Sakristei mit Kreuzrippengewölbe und Segmentbogenfenstern führt eine Segmentbogentür. Freigelegte Teile der mittelalterlichen Wandmalerei zeigen neben ornamentalem Dekor in mehreren Gewölbezwickeln rot konturierte Drolerieköpfe.

*Ausstattung:* Flügelaltar M. 15. Jh. Im Mittelschrein und den Kastenflügeln die zentrale Figur der Hl. Margarethe zwischen 12 kleinen, in zwei Reihen übereinander angeordneten Heiligen- und Apostelfiguren, die 1936 z.T. falsche Attribute erhielten. Auf den Außenseiten der Flügel vier gemalte Szenen aus der Margarethenlegende; geschnitzte Baldachine und Schleierbretter, im bekrönenden Kamm eine Inschrift, darüber ein Kruzifix mit in Quadraten endenden Armen und stilisierten Krabben. Die Predella 2. V. 17. Jh. mit gemaltem Abendmahl zwischen Wappen und Beischriften. Die Altarschranke 1. H. 18. Jh., mit Traillen zwischen Pilastern. Kanzel, 1. H. 17. Jh., mit Aufgang, Rückwand und Schalldeckel. Über einer geschwungenen Konsole der polygonale Kanzelkorb mit hoher Sockelzone und zwischen Eckpilastern gelegenen Rundbogenarkaden in den Brüstungsfeldern, die Aufgangsbrüstung mit Rautenfeldern; den sechseckigen Schalldeckel bekrönen drei durchbrochene Beschlagwerk-Aufsatzstücke; wohl im 18. Jh. wurden dem Aufgang Teile eines Uhrgehäuses von um 1650 mit Lutherbild auf der Türfüllung, einer Ornamentsbekrönung und langer Widmungsinschrift vorgesetzt. Taufstein, Granit, M. 13. Jh., grob aus einem quadratischen Block gehauen, mit Fuß, wulstförmigem Schaft und einer von vier konischen Eckgraten eingefaßten runden Kuppa. Taufständer, Zinkguß, 2. H. 19. Jh., in Neorenaissanceform. Orgel, 1846, mit neogotischem Pro-

*Patzig, Dorfkirche von Süden*

*Patzig, Dorfkirche, Inneres, Blick nach Osten und Schnitzaltar*

spekt, das Werk von Johann Friedrich Nerlich und Haase, Stralsund. Gemälde »Auferweckung der Tochter des Jairus«, Kopie von 1889 nach C. Richter, bis 1936 Altarbild. Orgelempore, 17. Jh., in den Brüstungsfeldern Rundbogenarkaden. Nordempore für das Gut Gnies, 1755, auf drei Säulen, die Brüstung mit aufgelegten geschweiften Füllungen, in den zwei mittleren Monogramme. Beichtstuhl, M. 18. Jh., die Brüstungsfelder mit geschweiften Füllungen, verglaster Oberteil mit Pilastern und kräftigem Hauptgesims. Kastengestühl, M. 18. Jh., mit geschweiften Füllungen in den rechteckigen Brüstungsfeldern und Türen. Lesepult, 17. Jh., Schrankpult mit intarsienartig gemalten Grotesken. Opferkasten, 1741, mit Eisenbändern beschlagene Truhe. Kelch und Patene, 1598, der konische Sechspaßfuß mit getriebenen Reliefs von Eherner Schlange, Kruzifix und den Evangelisten im Architekturrahmen, Schaft und Knauf ebenfalls mit Dekor. Kelch und Patene, A. 18. Jh., als Dekor Rauten und Akanthus. Kelch und Patene, 1857, am Fuß als getriebene Reliefs Geburt und Taufe Christi, Gethsemane und Kreuzigung zwischen Blumen und Bandwerk. Ovale Oblatendose, 2. V. 18. Jh. Taufschale, Zinn, um 1800. Zwei Kollektenteller, Messing, 1757. Klingelbeutel, 1. H. 18. Jh., Ring und Hülse Eisenblech, blauer Samtbeutel mit Goldstickerei, gedrechselter Stab. Drei Glocken, Stahl, 1923 von Ulrich, Apolda, und Weule, Bockenem. Leuchterpaar, Eisenguß, A. 19. Jh., als Lichtträger Engelhermen auf rundem Fuß. Kronleuchter, Messing, 1725, Schaft mit Kugel und Doppeladler und 12 Armen in zwei Reihen. Epitaph v. Passow († 1651), gerahmte Inschrifttafel mit Dreieckgiebel. Grabplatte Peter von Patzig († 1339), Ritzzeichnung eines Geistlichen mit Kelch und Oblate im architektonischen Gehäuse, die Umschrift in Unzialen, in den Ecken Dreipässe.

Auf dem FRIEDHOF mit Feldstein-Trockenmauer Grabstele A. C. Adlersträhle († 1803), im Unterteil das Relief einer Vase, darüber zwei Wappen, im Oberteil mit flachem Giebel die Widmungsinschrift. Stelenpaar für J. Wallmann († 1813) und S. A. Wallmann († 1822) mit Inschriften in vertieften Spitzbogenfeldern.

GUTSHAUS, 1867. Zweigeschossiger elfachsiger Putzbau mit Souterraingeschoß. Die mittleren drei Achsen der Hoffront bilden den Risalit mit Uhr im Dreieckgiebel; dem hier gelegenen segmentbogigen Haupteingang ist eine Freitreppe mit Wangenmauern und Podest zugeordnet, die mittleren drei schmalen Fensterbahnen im Obergeschoß werden von einer erkerartigen Wandvorlage mit neogotischem Dekor gerahmt. An der Gartenfront des Hauses liegt eine kleine Terrasse mit Freitreppe, an den Giebelseiten des Hauses flache Wandvorlagen. Kräftige Gesimse, ein Dreipaßfries als Hauptgesims, Vierpaßfelder und ein Zinnenfries sowie gemauerte Türmchen am Fuß und der Spitze der Giebel sind der Baudekor.

**Philippshagen**

BAHNHOF der rügenschen Kleinbahn, zwischen 1895 und 1900. Das Empfangsgebäude ist ein kleiner Fachwerkbau mit teerpappegedecktem Satteldach und einem halben freitragenden Walmdach über dem in der vorderen Giebelwand gelegenen Schalter. – Zugehörig ist die Bahnhofsgaststätte »Tannenheim«, ein eingeschossiger, zur Rückseite hin in der Höhe einmal abgestufter Fachwerkbau mit Pultdächern; an der zum Bahnsteig gekehrten Vorderseite liegt eine offene Loggia aus verputztem und getünchtem Backstein mit einem die Traufe durchbrechenden Mittelgiebelchen und einem die linken zwei Achsen einnehmenden geschlossenen Raum.

**Plüggenthin**

GUTSHAUS, M. und E. 18. Jh. Zweigeschossiger, am jetzigen Hauptflügel neunachsiger Putzbau mit Krüppelwalm- und Satteldächern, der durch mehrere ebenfalls zweigeschossige, z. T. ältere rückwärtige Anbauten von unterschiedlicher Höhe einen Z-förmigen Grundriß besitzt. Die hofseitige mittlere Achse des Hauptflügels mit einer das Hauptportal rahmenden Ädikula tritt leicht vor und wird durch zwei Kolossalpilaster betont, die urspr. hier gelegene Fledermausgaube wurde in jüngster Zeit durch einen breiten Dachhecht ersetzt. Seit einer Neugestaltung der Fassaden am E. 19. Jh. besitzen sie Fugenschnitt und werden durch kräftige Gesimse und Fa-

schenrahmen um die überwiegend rechteckigen Fenster gegliedert. Im Innern blieben in der über zwei Geschosse gehenden Halle die Treppe und die umlaufende Galerie mit Brettbalustern im Geländer, im Erdgeschoß mehrere Räume mit zartgliedrigem Stuckdekor, jüngeren schweren Stuckdecken, einer Kassettendecke und z. T. wohl noch aus dem 18. Jh. stammenden Vertäfelungen und Portalrahmungen erhalten.

TRANSFORMATORENHAUS an der Einfahrt zum Gut, um 1910. Niedriger quadratischer Backsteinbau mit geschweiftem Satteldach und einem mit Zinkblech beschlagenen Dachreiter mit geschweifter Haube.

**Poggendorf**

GUTSHAUS, 3. V. 19. Jh. Eingeschossiges fünfachsiges Giebelhaus aus verputztem Backstein mit Feldsteinsockel, Mezzaningeschoß und mit Wellasbest gedecktem Satteldach zwischen zwei neogotischen, ein zweites Vollgeschoß vortäuschenden Stufengiebeln, die von auf Blattkonsolen stehenden quadratischen Fialen und einem Konsolfries als Hauptgesims gegliedert werden. Zwischen den Geschossen liegt ein breites Gurtgesims, zum in der Mitte der Vorderfront gelegenen Hauseingang mit zweiflügeliger Tür aus der Erbauungszeit führt eine Freitreppe mit Wangenmauern und Podest, die faschengerahmten Fenster sind rechteckig; an der rechten Seite liegt ein jüngerer Anbau mit Pultdach.

**Polchow**

KATEN Dorfstraße 8, M. 19. Jh. Eingeschossiger siebenachsiger Putzbau mit rohrgedecktem Dach, das einen Giebel und einen Krüppelwalm besitzt.

**Polkvitz**

GUTSHAUS, M. 19. Jh. Eingeschossiger siebenachsiger Fachwerkbau mit Feldsteinsockel, massiver Vorderfront und Satteldach; Rechteckfenster besitzen an der Vorderfront geputzte Faschen.

**Poppelvitz (bei Altefähr)**

GUTSHAUS, 1. H. 19. Jh. Eingeschossiger siebenachsiger Putzbau mit Feldsteinsockel, Krüppelwalmdach und rückwärtiger Fledermausgaube; die Fassaden mit Fugenschnitt und profiliertem Hauptgesims, die rechteckigen Fenster mit Putzfaschen.

**Poseritz**

DORFKIRCHE Backsteinbau mit Feldsteinfundament, einfachem Sockel und vertieftem Putzband unter der Traufe des Chores. Das A. 14. Jh. begonnene Schiff war als dreischiffiges Hallenlanghaus geplant, wurde aber als dreijochiger Saalbau mit Strebepfeilern ausgeführt, um 1400 der zweijochige Rechteckchor mit Nordsakristei und glattem Ostgiebel; der quadratische zweigeschossige Westturm mit vier Schildgiebeln kam M. 15. Jh. hinzu, sein achtseitiger Helm 1580. Die hohen Spitzbogenfenster mit abgestufter Laibung sind in der unteren Hälfte zugesetzt, in der Schiffsostwand und am Chor mit Ausnahme des Fensters über der Priesterpforte ganz zugesetzt bzw. vermauert. Von den Spitzbogenportalen des Schiffes mit profilierten Gewänden ist das nördliche vermauert, im segmentbogigen Westportal blieb eine alte genagelte Rautentür erhalten, die Türen im Chor sind zugesetzt bzw. verändert worden. Die Schrägen der Schiffsgiebel werden von in sich gegliederten, steigenden Spitzbogenblenden begleitet; drei Seiten der durch vertiefte Putzbänder getrennten Turmgeschosse und die

Schildgiebel werden von gereihten Spitzbogen- und einigen Kreisblenden gegliedert. Im Innern gehen die Kreuzrippengewölbe im Chor und der Sakristei unmittelbar aus der Wand auf, im Schiff von den zu Spitzbogennischen verbundenen kräftigen Wandpfeilern aus; der breite Triumphbogen ist gedrückt spitzbogig, ein runder Dienst in der Nordostecke des Schiffes gehört zum geplanten Hallenlanghaus.

*Ausstattung:* Altar von 1703, reich dekorierter architektonischer Aufbau mit Abendmahlsbild im Sockel, plastischer Kreuzigungsgruppe mit Schächern und Maria Magdalena im von gewundenen Säulen und Akanthusohren flankierten Hauptfeld, Auferstehungsgruppe im ebenso gestalteten Bekrönungsfeld, darüber Himmelfahrtsgruppe mit Wolkenkranz und Engeln; dazu kleine Medaillons mit Geburt und Taufe Christi, Wappen und Monogramm König Karls XII. von Schweden. In der gleichzeitigen Altarschranke kleine Säulchen, auf den Pfeilern Putti mit den Leidenswerkzeugen Christi. Kanzel mit Portal, Aufgang und Schalldeckel, 1755 von Jacob Freese, Stralsund; auf einer Konsole der runde Kanzelkorb mit kräftigem Fußgesims, das Portal und die Brüstung von Aufgang und Korb mit reichem, flach aufgelegtem Rocailledekor und einem Relief der Himmelfahrt Christi; auf dem Schalldeckel sitzende Putten und eine Strebekrone mit Wolke und »Auge Gottes« im Strahlenkranz. Taufsteinfragment, 14. Jh., die Kuppa durch spitz zulaufende Kleeblattbogen und Vierpässe gegliedert, der runde Fuß mit Schaftansatz. Orgel, 1855 von Fischer, Demmin, mit neogotischem Prospekt. Triumphkreuzgruppe von um 1500. Figur Johannes d. Täufers, 17. Jh. Opferstock, 15. Jh., ausgehöhlter, quadratisch behauener Baumstamm mit Eisenbändern. Schiffsemporen von 1936, die Brüstungen nach dem Vorbild einer Empore von 1610 in zwei Arkadenreihen gegliedert; Wiederverwendung fanden dabei zwei Wappenreliefs E. 18. Jh., und an der Orgelempore die Reste des um 1740 wohl von Martin Becker, Stralsund, geschaffenen »Benzer Stuhles« mit Blattgehängen, geschweiften Füllungen zwischen Akanthus und einem Relief des Hl. Georg zu Pferd im Kampf mit dem Drachen. Patronatsgestühl von 1598, in den durch Pilaster getrennten Brüstungsfeldern Rundbogenarkaden mit geschnitzten Grotesken und ein gemaltes Doppelwappen, darüber eine geschnitzte Inschrift. Patronatsgestühl von um 1610, die Arkaden der Brüstungsfelder und der Rückwand mit geschnitzten Grotesken, an der z. T. ergänzten Rückwand weiter ein von Chimären gehaltenes Wappen. Tür eines Kastengestühls von um 1610, Brüstungsfeld mit gemaltem Zahnschnittfries und Rundbogenarkade, darin Kreuzeslamm und eingekerbte Inschrift. Beichtstuhl von 1747, die Brüstung mit geschweiften Füllungen und der verglaste Oberteil werden von Pilastern gegliedert. Gemeinde-Kastengestühl von

*Linke Seite: Plüggenthin, Gutshaus von Süden*

*Rechte Seite: Poseritz, Dorfkirche, Altaraufsatz und Kanzel*

1936. Kelch von 1485, am Sechseckfuß eine aufgesetzte Kreuzigungsgruppe, zwischen den Rotuli des Knaufes Maßwerk und Christusköpfchen. Kelch und Patene, um 1650 und 1850. Leuchterpaar, Messing, 17. Jh., Fuß und Tropfteller mit getriebenem Dekor, der gewundene Schaft mit Knauf. Leuchterpaar, Silber, 1862; schlanker Schaft auf Volutenfüßen. Sechs Leuchter, Zinn, 19. Jh. Kronleuchter, Messing, 17. Jh., Schaft mit Kugel und Doppeladler und 12 Armen in zwei Reihen. Glocke von um 1500, mit Minuskelinschrift und Abgüssen von Pilgerzeichen und Münzen. Epitaph I. Lemcke, um 1600; Tafel mit geschwungenem Giebel und Inschriftfeld, im Hauptfeld ein Tafelbild mit dem vor einer Stadtlandschaft knienden Verstorbenen mit Ehefrau und Kind unter dem Kruzifix. Wappenepitaph A. v. Langen († 1678), wohl von Elias Keßler, Stralsund; Draperie mit von Adlern gehaltenem Wappen in einem Architekturrahmen mit weinenden Putten auf dem unteren Gesims, darunter die Inschrifttafel. Sieben Grabplatten: H. Badis († 1329) und J. Badis († 1336), konisch, mit Wappen und Unzialumschrift; L. und G. Dyrkop († 1350), mit Wappen, Evangelistensymbolen und Unzialumschrift; H. v. Platen († 1543), mit Wappen und Beischriften; v. Langen († 1730), mit von Adlern gehaltenem Allianzwappen und Beischrift; L. v. Bandelin († 1739) und L. S. Volckmann, mit Allianzwappen und Inschrift; J. Brunst († 1744), mit Inschrift; G. v. Usedom († 1844), mit Inschrift.

PFARRHAUS Lindenstraße, 1. H. 19. Jh. Eingeschossiger siebenachsiger Fachwerkbau mit Feldsteinsockel und Krüppelwalmdach. Die innere Raumaufteilung blieb weitgehend unverändert.

PFARRWITWENHAUS bei der Kirche, M. 19. Jh. Eingeschossiger vierachsiger Fachwerkbau mit Feldsteinsockel und rohrgedecktem Krüppelwalmdach.

**Posewald**

GUTSHAUS, M. 19. Jh. Wohl nach Plänen Johann Gottfried Steinmeyers errichteter zweigeschossiger fünfachsiger Putzbau mit Kellergeschoß auf Feldstein und einachsigen Seitenrisaliten, die an der Vorderfront in weiter vortretende, dreigeschossige quadratische Türme mit (auch am Zwischenbau vorkommenden) zinnenartigem Hauptgesims aus Terrakottaplatten auf Konsolen und flachen Zeltdächern übergehen; zwischen den Geschossen an der Vorder- und den Seitenfronten Gurtgesimse und Konsolfriese, die Segmentbogenfenster liegen unter Abschlaggesimsen. – Der kleine Gutspark geht vielleicht auf Pläne Peter Josef Lennés zurück.

**Prora**

Ehem. FORSTHAUS, 2. D. 19. Jh. Zweigeschossiger dreiachsiger Putzbau mit rundem dreigeschossigen Eckturm und Zinnenkranz auf Konsolen; an den Kernbau schließen sich an den zwei vom Turm abgewandten Seiten eingeschossige Flügel mit Zinnenkranz und je zwei entsprechenden polygonalen Ecktürmen an. Die faschengerahmten Rundbogenfenster haben profilierte Gewände, das rundbogige Portal mit Freitreppe liegt in einer Wandvorlage mit Zinnenbekrönung. Mehrere bauliche Veränderungen stammen aus jüngster Zeit. – Das zugehörige Wirtschaftsgebäude ist ein eingeschossiger Putzbau mit Satteldach und zweigeschossigem mittleren Schildgiebel zwischen flankierenden Mauertürmchen

*Linke Seite:*
*Prora,*
*ehem. Forsthaus,*
*Vorderfront*

*Rechte Seite:*
*Prora,*
*ehem. »Kraft-durch-Freude«-Ferienheim,*
*seeseitige Gebäudeflucht und Theaterbau*

mit zinnenkranzartigem Abschluß, wie sie gedrungener an den Gebäudekanten wiederkehren. Die urspr. Fenster und Türen sind segmentbogig, die Türen liegen z. T. in Wandvorlagen mit Zinnenkämmen; das kräftige Gurtgesims unter den Giebeln vereint Zahnschnitt- und Konsolfries.

Ehem. »KRAFT-DURCH-FREUDE«-FERIENHEIM zwischen Binz und Mukran in der »Schmalen Heid« an der Prorer Wiek gelegen. Von 1936 bis 1943 nach den Plänen von Clemens Klotz errichteter, unvollendet gebliebener ausgedehnter Komplex aus acht 500 m langen Feriengästehäusern, Festplatzbauten und Angestelltenwohnhäusern, der nach 1945 als militärisches Kasernen- und Ausbildungsareal genutzt wurde. – Die sechsgeschossigen Feriengästehäuser mit flachen Walmdächern sind verputzte Stahlbetonbauten, liegen unmittelbar am

Strand und besitzen nur dorthin gelegene Zimmer; sie werden zur See durch je zwei gleichhohe 14achsige »Risalite« mit sieben urspr. offenen Balkonen in jedem Geschoß gegliedert, auf der Landseite durch zehn im rechten Winkel dazu stehende Flügel mit Treppenhäusern erschlossen, zwischen denen die hier weit vortretenden zwei Untergeschosse der Häuser liegen. – Der große »Festplatz« liegt zwischen dem vierten und fünften Feriengästehaus; von den hier geplanten Gemeinschaftsbauten kamen nur das seeseitig gelegene Theater mit einem runden Kopfbau und eine unvollendet gebliebene loggienartige Pfeilerhalle – Bauten aus Stahlbeton und Backstein – zur Ausführung. – Dem Festplatz vorgelagert und durch strandseitige Freitreppen erschlossen ist ein weit ins Wasser führender Kai, eine mit Granitplatten, Klinkern und Feldsteinen verblendete Stahlbetonkonstruktion. – Das Angestellten-Wohnhaus ist ein langgestreckter zweigeschossiger Putzbau mit Walmdach und dicht gereihten Gauben; die Eingänge besitzen weit vorkragende Überdächer auf Pfeilern, die Fenster haben liegendes Format. Ein parallel dazu stehendes Haus wurde später aufgestockt und verändert. – Das sog. Bauleiterhaus ist ein eingeschossiger Putzbau mit einem gaubenbesetzten Walmdach, einem breiten querrechteckigen Fenster in der Vorderfront und einer die Gebäudekante umgreifenden großflächigen rückseitigen Verglasung.

Ehem. REICHSARBEITSDIENSTLAGER, um 1935. Sechs giebelständig zu beiden Seiten der Straße parallel zueinander errichtete eingeschossige elfachsige Putzbauten mit Walmdach. Zwischen ihnen liegen verbindende Wände mit einem rundbogigen Durchgang und auf Holzpfeilern ruhendem Vordach. Zugehörig ist ein kleines Wasserwerk mit ähnlicher baulicher Gestalt.

**Prosnitz**

Ehem. SCHANZE Wohl um 1630 von den Schweden an der engsten Stelle des Strelasunds als »Neufährschanze« angelegte Fortifikation aus Erdwällen, 1808 von den Franzosen als »Fort Napoléon« erweitert und M. 19. Jh. von den Preußen erneut ausgebaut; erhalten blieben die Erdwälle.

**Putbus**

Am Ort einer wohl noch vor dem 12. Jh. im Schutz einer burgartigen Anlage entstandenen, urspr. sehr kleinen Siedlung errichteten die Herren von Putbus ein 1371 erstmals genanntes »Steinernes Haus«, aus dem durch Um- und Anbauten das 1962 abgetragene Residenzschloß der Grafen und späteren Fürsten von Putbus wurde. Die bis zum A. 19. Jh. nur wenige Gebäude umfassende zugehörige Ortschaft wurde seit 1808 unter Wilhelm Malte I. planmäßig nordöstlich des Schloßbezirkes zum Residenz- und Badeort ausgebaut. Stadtrecht seit 1823. An die Bebauung der Alleestraße am Rande des Schloßparkes schlossen sich seit 1825 die Anlage des rechteckigen Marktplatzes in Nachbarschaft des Theaters (1819) und der Louisenstraße (heute August-Bebel-Straße) nordöstlich vom Markt für die Häuser der Handwerker und Gewerbetreibenden an. Gleichzeitig wurden im Schloßpark mehrere zur Hofhaltung gehörende bzw. dem geselligen Vergnügen der exklusiven Badegäste dienende Gebäude errichtet.

*Alleestraße*

Urspr. Teil der entlang des Schloßparkes verlaufenden Landstraße nach Stralsund, die 1735 mit Linden bepflanzt und nach 1808 als erster Teil des geplanten Badeortes einseitig bebaut wurde. Die repräsentativeren, mehrgeschossigen Wohnhäuser – zumeist traufständige klassizistische Palais und Hotels – besaßen alle einen architektonisch betonten straßenseitigen Mitteleingang, der später an eine der Schmalseiten verlegt wurde; mehrstufige Rundbogenblenden über den Rundbogenfenstern sind ein typischer Baudekor.

Ehem. »HOTEL DU NORD« Nr. 1, 1823 und 1834. Zweigeschossiger zwölfachsiger Putzbau aus zwei rechtwinklig zueinander stehenden Flügeln mit abgeschrägter Ecke; am hohen Sockelgeschoß Putzquaderung und Lünettenfenster, die Hauptgeschosse mit rechteckigen Fenstern werden durch Pilaster und Gesimse gegliedert, über der Eckschräge liegt ein Dreieckgiebel.

Ehem. HOTEL »SCHWARZER ADLER« Nr. 3, um 1810. Zur Straße zweigeschossiger, zum Hof eingeschossiger achtachsiger Putzbau mit unter Dreieckgiebeln leicht vortretender dritter und sechster Achse,

*Putbus, Theater,*
*Front zur Alleestraße und*
*Zuschauerraum*

die Fenster mit Faschenrahmen, die Geschosse durch Gesimse getrennt; der zweigeschossige vierachsige Anbau rechts mit Attika und dreieckigem Scheingiebel über den rechten drei Achsen ist wohl jünger, sein Schaufenster aus jüngster Zeit.

THEATER Nr. 9 a, 1819–1821. Wohl nach Plänen W. Steinbachs begonnener, 1835 nochmals veränderter zweigeschossiger neunachsiger Putzbau mit einer Giebelseite zum Markt. Die Fassaden gliedern Putzquaderung, profilierte Gesimse und schlanke Rechteckfenster mit drei Keilsteinen im Sturz, von denen im Obergeschoß den mittleren ein Frauenköpfchen ziert; der flach gerahmte Eingang liegt in der Mitte des Erdgeschosses der Marktfront, das breite Rechteckfenster mit ornamentierter Verdachung im Obergeschoß ist durch Pilasterpfeiler dreigeteilt, im Giebel mit Eckakroteren und bekrönender Lyra fünf unter Rundbogenblenden gelegene gekoppelte Rundbogenfenster mit betontem Kämpfer, darüber eine runde Uhr; vor den drei von Kolossalpilastern gerahmten mittleren Achsen der Straßenfront ein hoher Säulenportikus mit Dreieckgiebel und Akroteren, über den hier im Erdgeschoß gelegenen drei alten Portalen ein Relieffries von Apoll bei den Musen. Im Innern marktseitig das zweigeschossige Vestibül mit neuer Treppenführung, dahinter der hohe Zuschauerraum mit erneuertem, mit Stuckleisten-Dreiecken symmetrisch belegten Spiegelgewölbe, einer von Säulen getragenen Rangempore mit architektonisch betonter Mittelloge und dem zurückliegenden zweiten Rang; die Rückwände gliedern gestufte Rundbogenblenden auf Halbsäulen bzw. Pilastern, die samtbezogenen Brüstungen der

Ränge zieren zartformige Palmetten aus vergoldetem Eisenblech; vor der im hinteren Drittel des Gebäudes gelegenen Bühne übereinander je zwei seitliche Proszeniumslogen.

HOTEL »FÜRSTENHOF« Nr. 10, 1819–1834. Nach einem später erweiterten Plan Johann Gottfried Steinmeyers errichteter langgestreckter dreigeschossiger, zur Straße hin 15achsiger Putzbau mit Putzquaderung im Erdgeschoß, geschoßtrennenden Gesimsen und flachem Walmdach; die Rechteckfenster sind an der 21achsig Hoffront zumeist paarweise geordnet, an der Straßenfront tritt die Mittelachse leicht vor.

Ehem. PALAIS LOTTUM Nr. 14, 1815 bis 1819, 1865. Zweigeschossiger fünfachsiger Putzbau mit Drempelgeschoß und Walmdächern. Der straßenseitig unter einem Dreieckgiebel leicht vortretenden Mittelachse ist im Obergeschoß ein von Säulen getragener Altan mit Balustrade vorgelegt, an der Rückseite des Hauses sind jeweils die äußeren zwei Achsen als seitenflügelartige Risalite ausgebildet. Kräftige Eckrustika, Lisenen und die unter segmentbogigen bzw. dreieckigen Giebelverdachungen paarweise geordneten Rechteckfenster gliedern die Fassaden architektonisch aufwendig. – Auf dem Hof des Grundstückes Nr. 14 ein weiteres zweigeschossiges WOHNHAUS aus der 2. H. 19. Jh., ein Putzbau mit giebelständiger linker Achse und auf Holzkonsolen vorkragendem verbrettertem Obergeschoß, das an der Vorderfront eine offene Loggia besitzt; eine Auslucht im Erdgeschoß und ein brüstungsartiges Band im Obergeschoß sind aus in den Gefachen hell geputztem Fachwerk.

WOHNHAUS Nr. 15. Zweigeschossiger fünfachsiger Putzbau mit Mansarddach. Unter den faschengerahmten rechteckigen Fenstern läuft ein im Erdgeschoß nur durch die mittlere Eingangstür unterbrochenes Gesims durch; über Tür und Fenstern liegen flache Verdachungen.

Ehem. VÖLSCHOWSCHE BRAUEREI Nr. 19, 1808 bis 1810. Eines der ersten an der Alleestraße errichteten Häuser, ein zweigeschossiger 15achsiger Putzbau mit Ecklisenen und Mansarddach; die mittleren drei Achsen der Straßenfront sind um ein drittes Geschoß mit jüngerem Schleppdach erhöht, hier auch der Haupteingang mit Freitreppe und architravartiger Verdachung; auf der Rückseite in unsymmetrischer Lage ein unverputzter zweiachsiger Frontispiz mit Satteldach.

KURSAAL (Gasthaus) Nr. 20, 2. H. 19. Jh. Als Hauptgebäude ein hoher rechteckiger Putzbau von fünf Achsen mit großen Lünettenfenstern im oberen Teil der Traufwände und einer Attika mit kleinen Blendarkaden.

Seitlich vorgesetzt zwei quadratische Pavillons mit hohen straßenseitigen Rundbogenöffnungen im Erdgeschoß und zurücktretenden Obergeschossen mit gekoppelten kleinen Rundbogenöffnungen und Zeltdach; zwischen ihnen und vor dem Hauptgebäude eine verglaste eingeschossige Veranda mit Eingang und flachem Dach. KINDERHEIM Nr. 21, 1914. Gebäudekomplex aus einem zweigeschossigen siebenachsigen mittleren Hauptbau mit straßenseitig durch rahmende Kolossalpilaster und einen Frontispiz mit Dreieckgiebel betonter Mittelachse, in der auch der über eine zweiläufige Freitreppe zugängliche Haupteingang liegt; ihr entspricht ein rückwärtiger polygonaler Treppenhausanbau mit angeschlepptem Walmdach, die Fenster im Obergeschoß sind hier korbbogig. Vor die Schmalseiten sind nach beiden Seiten vortretende eingeschossige Giebelhäuser gestellt, deren straßenseitiger Teil hohe Rundbogenfenster besitzt, die Rückseite des rechten Flügels aber polygonal geschlossen ist. Alle Gebäude besitzen ein hohes Sockelgeschoß und Walmdächer mit kleinen Gauben. Im Innern blieben Treppengeländer und mehrere Türen aus der Bauzeit erhalten.

Den Typus der um 1820 gebauten einfacheren Wohnhäuser mit Sattel- oder Krüppelwalmdach, faschengerahmten Rechteckfenstern und vor der Haustür liegenden Stufen vertreten in der Alleestraße die eingeschossigen Häuser Nr. 2 mit Eckrustika und durch rustizierte Pilaster betonter Haustür. Nr. 4 ebenfalls mit von Pilastern eingefaßter Tür. Nr. 11 mit zweiachsigem Mittelrisalit und Nr. 13 mit kräftigen Fenstersohlbänken und -verdachungen. Unter den zweigeschossigen Wohngebäuden sind es das im Erdgeschoß veränderte Haus Nr. 8 von um 1830, mit Pilastern und zweiachsigem Frontispiz. Nr. 12 mit aus der Erbauungszeit stammender Haustür und Kolossalpilastern und Nr. 15 von um 1815, mit kräftigen Verdachungen über den Erdgeschoßfenstern und Krüppel-Mansarddach.

*August-Bebel-Straße* (ehem. Louisenstraße)
Sie verbindet in nordöstlicher Richtung Markt und Berger Straße. An ihr errichteten nach 1830 vorwiegend Handwerker ihre Wohnhäuser, eingeschossige Putzbauten von fünf oder sieben Achsen mit durch Putzquaderung, Pilaster oder Lisenen betontem Mitteleingang, kräftigem Hauptgesims und Krüppelwalmdach; Putzquaderung findet sich oft auch im unteren Wandbereich und an den Gebäudeecken, sockelartige Kellergeschosse machten zuweilen ein- oder zweiläufige Freitreppen erforderlich. Typische, zumindest außen wenig veränderte Häuser sind: Nr. 1, um 1830. Nr. 3, 1831. Nr. 5, 1831. Nr. 7 a, um 1833, ausnahmsweise mit zweiachsigem Frontispiz unter Dreieckgiebel. Nr. 8, um 1833, mit breiten Fensterfaschen. Nr. 9, 1833. Nr. 11, um 1834. Nr. 13, 1836, mit breiten Fensterfaschen und unbetonter Mittelachse. Eine besondere Betonung der mittleren Eingänge findet sich an den Häusern Nr. 36, um 1836. Nr. 38, um 1860 (beide mit fassadengliedernden Putzspiegeln) und Nr. 39, um 1834. Haus Nr. 12, wohl 1834, ist vom Typus vergleichbar, jedoch unverputzt und mit Rosettenfries aus Terrakotta unter der Traufe und zwischen den Fenstern.

*Linke Seite: Putbus, ehem. Palais Lottum Alleestraße 14 und Wohnhaus Alleestraße 15*

*Rechte Seite: Putbus, Wohnhaus August-Bebel-Straße 36*

Eine andere Gestalt besitzen:
WOHNHAUS Nr. 4, um 1860. Zweigeschossiger vierachsiger Putzbau mit Fugenschnitt im Erdgeschoß, kräftigen Gesimsen, die über den Fenstern des Obergeschosses zu Verdachungen werden, einer über den zwei mittleren Achsen zwischen Pfeilern aufgestuften Attika und nach hinten abfallendem Pultdach.
ENGELBRECHTSCHE STIFTUNG (Wohnhaus) Nr. 14, 1836/37. Zweigeschossiger siebenachsiger Backsteinbau mit Feldstein-Sockelgeschoß und Krüppelwalmdach; die Fassaden mit Ecklisenen, geschoßtrennenden Gesimsen und Zahnschnittfries unter der Traufe, Mittelportal mit Freitreppe und Segmentbogenfenstern unter einer Rollschicht.
WOHNHAUS Nr. 15, 1835 und um 1860. Zur Straße zweigeschossiger, an der Rückseite eingeschossiger siebenachsiger Putzbau, der wohl vorn aufgestockt wurde. Die Straßenfront mit Mitteleingang und Freitreppe wird durch Gesimse und faschengerahmte Fenster gegliedert; die drei Achsen des Obergeschosses liegen in einer flachen Wandvorlage, darüber ein zweiachsiger Frontispiz mit Lisenengliederung und flachem Stufengiebel, über den seitlichen Achsen eine niedrige Attika.

*Bahnhofstraße*
Sie verbindet Bahnhof und Circus; an ihrem steil ansteigenden stadtnahen Teil stehen repräsentative Villen aus verschiedenen Erbauungszeiten.
BAHNHOF am Beginn der Bahnhofstraße, um 1900. Langgestreckter Backsteinbau mit gelber Bänderung. Der Mittelteil zweigeschossig mit gleisseitig links zum Giebeldreieck angehobenem Zeltdach, straßenseitig links ein halb vor die Flucht tretender quadratischer dreigeschossiger Turm mit steilem Walmdach. Seitlich anschließend eingeschossige fünfachsige Flügel, der straßenseitig linke am äußeren Ende mit querliegendem Satteldach; gleisseitig der gesamte Bahnsteig auf Holzstützen überdacht. Dazu eingeschossige Funktionsbauten. Das Abfertigungsgebäude ist ein winkelförmiger eingeschossiger Fachwerkbau, der giebelständige gleisseitige Flügel in der vorderen Hälfte eine offene Halle auf Holzstützen.
VILLA Nr. 6, 4. V. 19. Jh. Eingeschossiger vierachsiger Putzbau mit von Segmentbogenfenstern belichtetem hohen Feldstein-Sockelgeschoß und zweigeschossigem quadratischen Eckturm mit Helmdach; Eckrustizierung, Gesimse, Fensterfaschen und Putzspiegel sind rot gegen den hellen Putzgrund abgesetzt; vor den durch vorgesetzte, reich verzierte hölzerne Blendarchitekturen bereicherten Giebeln des Dachgeschosses befinden sich hölzerne Balkone, die auch an den Längsseiten unter entsprechenden Giebeln wiederkehren.
WOHNHAUS Berger Straße 22, um 1840. Eingeschossiger siebenachsiger Putzbau mit Mitteltür, die seitlichen Fensterachsen liegen in gemeinsamen Putzspiegeln.

*Circus*
An diesem kreisrunden, am Anfang der Alleestraße gelegenen Platz wurden von 1828 bis 1845 ausschließlich repräsentative, palaisartige Wohnhäuser errichtet. Es sind zwei- und dreigeschossige, fünf- bis siebenachsige Putzbauten mit sparsam gegliederten, für die klassizistische Architektur der Stadt typischen Fassaden; faschengerahmte Rechteckfenster mit Verdachungen, auch rundbogige Fenster mit abgestuften Faschen über dem Bogenschluß, kräftige Gesimse und niedrige Attika vor den flachen Satteldächern bestimmen das Platzbild. Die jetzige gärtnerische Gestalt des Platzes mit auf einen zentralen Obelisken ausgerichteten keilförmigen Rasenflächen und einem Stern breiter, von beschnittenen Kugeleichen gesäumter Wege löste nach 1843 eine von zwanglos geführten Wegen durchzogene, von Pappeln umgebene Rasenfläche ab. Die Spitze des 1845 zur Erinnerung an die 1810 erfolgte Gründung des Badeortes Putbus errichteten OBELISKEN auf dreistufigem Sockel und hochrechteckigem Postament mit Inschriften bildet eine vergoldete Fürstenkrone.
WOHNHAUS Nr. 1/Ecke Bahnhofstraße, um 1860. Dreigeschossiger, an beiden Straßenfronten fünfachsiger Putzbau mit niedrigem Sockelgeschoß; zwischen den beiden Fronten vermittelt ein breiter abgeschrägter Fassadenteil mit der rundbogigen Haustür, einem Balkon mit schmiedeeisernem Gitter im ersten Obergeschoß und drei Fenstern im zweiten. Die Fassade gliedern Pila-

ster, ein kräftiges Gurtgesims, ein attikaartiges Kranzgesims und vor die Gebäudekanten gelegte polygonale Mauertürmchen mit Zinnenkranz, die Fenster sind im Erdgeschoß segmentbogig, im ersten Obergeschoß rundbogig und im zweiten spitzbogig. – Ein zugehöriger Anbau am Circus ist ein eingeschossiger Putzbau von fünf Achsen mit die Fassade gliedernden Wandpfeilern, Gurt- und Kranzgesimsen und einer hohen Attika mit Putzfeldern.

WOHNHAUS Nr. 2, um 1855. Dreigeschossiger siebenachsiger Putzbau, die mittlere und die beiden äußersten Achsen treten risalitartig leicht vor und werden im ersten Obergeschoß durch flache Scheingiebel bzw. einen Architrav betont; das Erdgeschoß mit Putzschnitt, darüber ein kräftiges Gurtgesims, die Fenster des ersten Obergeschosses liegen unter Verdachungen, die des zweiten Obergeschosses in abgestuften rechteckigen Putzblenden, das Dach hinter einer niedrigen Attika. – Ein zugehöriger zweigeschossiger dreiachsiger Anbau am Circus ist ein Putzbau mit hoher Attika, die zwischen zwei aufgemalten Scheinfenstern eine Rundbogennische mit der Figur eines bärtigen Mannes in altertümlicher Kleidung besitzt.

WOHNHAUS Nr. 3, um 1840. Dreigeschossiger siebenachsiger Putzbau mit unverputztem Sockelgeschoß und dreiachsigem Mittelrisalit mit flachem Dreieckgiebel. Die Geschosse trennen Gurtgesimse, das Erdgeschoß besitzt Fugenschnitt und eine mittlere Wandvorlage für das Rundbogenportal, im ersten Obergeschoß liegen die Fenster unter kräftigen Verdachungen, und als Traufgesims dient ein Konsolfries. Der schmucklose rückwärtige Anbau von ganzer Gebäudebreite kam wohl um 1930 hinzu.

WOHNHAUS Nr. 4 a, um 1840. Eingeschossiger dreiachsiger Putzbau mit hoher Attika und bekrönenden Vasen.

WOHNHAUS Nr. 4, um 1845. Dreigeschossiger siebenachsiger Putzbau mit auf der Rückseite hohem Sockelgeschoß aus Feldstein. Die mittlere und die beiden äußersten Achsen mit die Traufe überragenden Zinnenfriesen treten risalitartig leicht vor. Die Fassade gliedern Lisenen und Gurtgesimse; das mittlere Rundbogenportal mit gestuftem Gewände und die Segmentbogenfenster des ersten Obergeschosses liegen unter Verdachungen, die Spitzbogenfenster des zweiten Obergeschosses, mit Ausnahme der Pilaster, zwischen schmalen Spitzbogenblenden.

*Putbus, Wohnhaus Circus 5*

WOHNHAUS Nr. 5, um 1845, wohl nach Plänen Johann Gottfried Steinmeyers d. J. errichteter dreigeschossiger siebenachsiger Putzbau. Die äußeren zwei Achsen treten jeweils leicht vor, zwischen den Geschossen liegen Gurtgesimse, die Haustür und die Fenster sind im Erdgeschoß segmentbogig, sonst rechteckig und unter Verdachungen, im zweiten Obergeschoß jedoch kleiner und seitlich zu Dreiergruppen zwischen Scheinfenstern zusammengerückt; das Dach liegt hinter einer niedrigen Attika mit bekrönenden Vasen.

WOHNHAUS Nr. 6/7, um 1840. Zweigeschossiger achtachsiger Putzbau mit Drempelgeschoß und zwei unterschiedlich hohen Anbauten an der rechten Schmalseite; von der vormals reicheren Fassadengliederung blieben nur die breiten Lisenen erhalten.

WOHNHAUS Nr. 8. 1843 wohl nach Plänen Johann Gottfried Steinmeyers d. J. errichteter zweigeschossiger siebenachsiger Putzbau mit Drempelgeschoß und Satteldach. Die mittleren drei Achsen treten platzseitig als Risalit mit hohen Rundbogenfenstern im ersten Obergeschoß und flachem Dreieckgiebel leicht vor, die Gebäudekanten sind durch Pilaster mit Fugenschnitt betont, zwischen Erd- und Obergeschoß liegt ein kräftiges Gurtgesims mit Zahnschnitt, die faschengerahmten Fenster unter geraden Verdachungen. Die Türen des nachträglich in einen linken Anbau verlegten Hauseinganges haben auffallend dekorierte Eisengußplatten als Füllungen, alternierend zwischen einer Palmette, in die ein Medaillon mit Knabenkopf gesetzt ist, und einem Rechteckfeld mit auffliegendem Schwan.

WOHNHAUS Nr. 9, 1836. Zweigeschossiger siebenachsiger Putzbau mit auf der Rückseite hohem Sockelgeschoß und sichtbarem Satteldach. Die mittlere Achse ist platzseitig leicht vorgezogen, die Gebäudekanten sind durch breite Pilaster betont, zwischen den Geschossen und unter der Traufe liegen breite Gesimse und über den Fenstern des Obergeschosses dicht gereihte gerade Verdachungen.

*Linke Seite: Putbus, Wohnhäuser Circus 8 und Circus 10*

*Rechte Seite: Putbus, Wohnhäuser Circus 11 und Circus 12*

WOHNHAUS Nr. 10, 1836/37. Zweigeschossiger siebenachsiger Putzbau mit Drempel und einer hohen Attika mit Putzdekor. Das Erdgeschoß mit zwei Haustüren in den äußersten Achsen besitzt Putzschnitt, zwischen den Geschossen und unter der platzseitigen Traufe liegen kräftige Gesimse, die Fenster unter geraden Verdachungen.

WOHNHAUS Nr. 11, 1836 bis 1842. Zweigeschossiger siebenachsiger Putzbau mit sichtbarem Satteldach und jüngeren Gauben. Zwischen den Geschossen und unter der Traufe liegen kräftige Gesimse, die faschengerahmten Rechteckfenster besitzen im Obergeschoß ornamentierte geschweifte Giebel und über dem Gurtgesims liegende Schürzen aus Terrakotta.

WOHNHAUS Nr. 12, 1835/36. Zweigeschossiger siebenachsiger Putzbau mit Sockelgeschoß und sichtbarem Satteldach. Über dem Gurtgesims ist die Fassade des

Obergeschosses durch neben und zwischen den Fenstern liegende gerahmte Rechteckfelder und zwei Reihen von Terrakottarosetten gegliedert.
WOHNHAUS Nr. 13, 1835/36. Dreigeschossiger siebenachsiger Putzbau mit Sockelgeschoß. Unter den Fenstern des Erdgeschosses liegt ein Kaffgesims, zwischen den Geschossen Gurtgesimse, die Rechteckfenster besitzen gerade Verdachungen; wohl aus Kalkstuck oder Terrakotta geformte Schürzen unter den Fenstern des ersten Obergeschossen tragen vegetabilen Dekor. Das dritte Geschoß kam in der 2. H. 19. Jh. hinzu, gleichzeitig wurde der Hauseingang in einen seitlichen Anbau verlegt.
WOHNHAUS Nr. 14. 1834 nach Plänen von Johann Gottfried Steinmeyer d. J. erbauter zweigeschossiger siebenachsiger Putzbau mit Walmdach, neuer Schleppgaube und rechtsseitigem Anbau. Die Gebäudekanten werden von Lisenen betont, ein breites Gurtgesims und das mehrfach gestufte Kranzgesims bestimmen die Horizontale. Das Erdgeschoß besitzt Fugenschnitt und ein Kaffgesims unter den hier segmentbogigen Fenstern, das Obergeschoß gliedern um die hohen Rundbogenfenster gelegte, flach abgestufte Rundbogenarkaden auf Pilastern und in die Zwickel gesetzte Terrakottarosetten.
WOHNHAUS Nr. 15, 1835/36. Zweigeschossiger Putzbau mit sichtbarem Satteldach. Breite Lisenen, die in einem breiten Putzband unter der Traufe münden, bilden Rahmen, in denen die an der Platzfront paarweise zusammengerückten faschengerahmten Fenster liegen; gliedernde Rahmen besitzen auch die Giebelwände des Hauses.
Ehem. PAEDAGOGIUM (Schule) Nr. 16. 1827 bis 1836 vor allem als höhere Lehranstalt für die Söhne des rügenschen Landadels errichteter dreigeschossiger 15achsiger Putzbau mit gequadertem Sockel, Drempel und frontispizartiger dreiachsiger Gaube mit Dreieckgiebel über den drei mittleren Achsen der Platzfront. Dem in der Mittelachse gelegenen rundbogigen Hauptportal mit reich dekorierter Rahmung und auf Volutenkonsolen ruhender balkonartiger Verdachung ist eine vierstufige breite Freitreppe vorgelegt. Die Geschosse werden von schmalen Kaffgesimsen getrennt, das Traufgesims ruht auf Terrakottakonsolen über einer Reihe von Terrakottarosetten, und die Fenster besitzen gerade Verdachungen. 1889/90 kam ein achtachsiger zweigeschossiger Verbindungsflügel zum »Hotel du Nord« (Alleestraße 1) hinzu, dessen Fassade durch Lisenen gegliedert wird; zwischen denen die Fenster im Erdgeschoß in flachen Putzblenden liegen, das Hauptgesims unter der niedrigen Attika ist verkröpft. Weitere, dem Baustil des Paedagogiums

angenäherte Hofgebäude kamen zwischen 1894 und 1906 hinzu.

TOR zur Landstraße nach Bergen, 1846–1855. Zwei im Nordosten des Circus die Einmündung der Straße flankierende gemauerte, etwa quadratische Pfeiler mit Putzquaderung.

WOHN- UND GESCHÄFTSHAUS Gartenstraße 1/Ecke Güstelitzer Straße, M. 19. Jh. Zweigeschossiger Putzbau mit vier Achsen zur Gartenstraße und turmartigem Anbau mit Schaufenster und hohem Zeltdach vor der einjochigen Abschrägung zur an der Güstelitzer Straße gelegenen Front; das flache Dach ist hinter einer Attika verborgen, die rechteckigen Fenster besitzen Faschenrahmen.

WOHNHAUS Lauterbacher Chaussee 1, M. 19. Jh. Zweigeschossiger achtachsiger Putzbau im Stil der Tudorgotik. Straßenseitig treten die rechten drei Achsen als Risalit mit einem die Traufe überragenden dritten Geschoß und Dreieckgiebel leicht vor, die linke Achse des Hauses ist als querrechteckiger dreigeschossiger Turm mit flachem Dach und Attika vor die Gebäudeflucht gestellt; ein polygonaler massiver Anbau vor dem Erdgeschoß der linken Schmalseite des Hauses trägt eine dem Obergeschoß zugeordnete verglaste Veranda. Die Fassade gliedern breite, am Erdgeschoß rustizierte Pilaster, gleichartig ausgebildete Gurt- und Kranzgesimse mit konsolartigen Zapfen und Rundbogenfriese; die segmentbogigen Fenster liegen im Obergeschoß in faschengerahmten Rundbogenöffnungen, in den dritten Geschossen sind es gekoppelte Spitzbogenfenster.

Das zugehörige Stallgebäude ist ein eingeschossiger Fachwerkbau mit Satteldach. An der Vorderseite hat er eine angehobene Traufe über einem hölzernen Stützgerüst.

WOHNHAUS Lauterbacher Chaussee 2, 3. V. 19. Jh. Zweigeschossiger sechsachsiger Putzbau mit Drempel und über kopfbandartigen Konsolen vorkragenden, teerpappegedeckten Satteldächern. Die linken zwei Achsen der Straßenfront treten unter einem Satteldach als Risalit vor, dem auf der Rückseite ein ebensolches Bauglied entspricht; die linke Giebelfront ist fünfachsig und besitzt einen dreiachsigen Mittelrisalit mit eisernem Balkon vor dem Obergeschoß. Ein breites Gurtgesimsband umzieht das gesamte Haus, die Rechteckfenster liegen im Obergeschoß unter von Konsolen getragenen geraden Verdachungen, an den Risaliten sind sie von einem Rahmengerüst aus Lisenen und flachen Architraven umgeben.

WOHNHAUS Marienstraße 3, um 1900. Zweigeschossiger, aus unterschiedlich strukturierten Baukörpern mit separaten Dächern bestehender Putzbau über unregelmäßigem Grundriß und hohem Sockelgeschoß; der höchste Teil des Hauses besitzt ein Satteldach mit Fachwerkgiebeln. Die straßenseitige Front bestimmen auf der rechten Seite eine jetzt verglaste Veranda im Erdgeschoß mit einem darüber gelegenen Altan vor dem Obergeschoß, in der Mitte ein rechteckiger Vorbau mit Altan und turmartigem polygonalen Aufsatz unter geschweifter Haube vor dem Obergeschoß; links die zur Haustür führende hohe Freitreppe und die dort stehende Figur eines Kriegers. Vor der Rückseite des Hauses liegt ein zweigeschossiger weiterer polygonaler Anbau.

VILLA Marienstraße 9, M. 19. Jh. Zweigeschossiger fünfachsiger Putzbau mit Sockelgeschoß, einachsiger Abschrägung mit rechteckigem Vorbau und darüber gelegenem Altan an der linken Seite der Straßenfront, eingeschossigem Windfang an der rechten Seite des Hauses und vorkragendem flachem teerpappegedecktem Dach. Unter den faschengerahmten Rechteckfenstern liegen Kaffgesimse, die Wände sind im Erdgeschoß kräftig, im Obergeschoß sparsam durch horizontale Putzbänder gegliedert und unter den Fenstern des Obergeschosses in Rechteckfelder aufgeteilt. Eine verglaste hölzerne Veranda vor dem Erdgeschoß der linken Hausfront wurde später angebaut.

POSTGEBÄUDE Marienstraße 13, 1898. Zweigeschossiger fünfachsiger Putzbau mit an der Rückseite hohem Sockelgeschoß, betonter straßenseitiger Mittelachse mit breiteren Fenstern und steilem Dreieckgiebel und mit Teerpappe gedecktem Terrassendach und Gauben. Die Fassaden mit Fugenschnitt gliedern zudem ein Gurtgesims und das Hauptgesims, die Fenster sind im Erdgeschoß rundbogig, im Obergeschoß unter einer geraden Verdachung rechteckig.

*Markt*

Der nach 1825 durch umfangreiche Planierung zum Marktplatz umgestaltete bisherige Ellernbruch wurde seitdem in kurzer Zeit mit meist repräsentativen zweigeschossigen Häusern umbaut und öffnet sich nach Süden zum Park und etwa der Mitte der Alleestraße. Die Fassaden der hier errichteten sieben- oder achtachsigen Wohn- und Geschäftshäuser wurden durch aufgeputzte Lisenen, Pilaster und Friese gegliedert, mehrfach kommen auch Rundbogenfenster mit abgestuften Bogenrahmungen vor; im Bogen oder gebrochen an den Innenwänden der Treppenhäuser entlanggeführte Holztreppen blieben im Innern der Häuser mehrfach erhalten, äußerlich wurden die gleichen Gebäude jedoch häufig durch Ein- und Umbauten entstellt. Die von Wegen durchzogenen Rasenflächen des Marktplatzes sind von Baumreihen und niedrigen Hecken umgeben.

KRIEGERDENKMAL in der Mitte des Marktes, 1885 zu Ehren der in den Kriegen 1864, 1866 und 1870/71 gefallenen Soldaten aus der Grafschaft Putbus errichtete, reich dekorierte Säule auf einem quadratischen Postament mit Widmungsinschriften und fünfstufigem Sokkel.

HOTEL »DEUTSCHES HAUS« Nr. 2. Bald nach 1825 als eingeschossiger Putzbau errichteter, seit einem umfassenden Umbau von 1898 zweigeschossiger 13achsiger Putzbau mit straßenseitiger, über drei Freitreppen zugänglicher Terrasse und einer in Rundbogenarkaden aufgelösten, das flache Dach verbergenden Attika. Die rechten zwei äußeren Achsen sind zu einem leicht vortretenden quadratischen dreigeschossigen Turm mit Ladengeschäft und steilem Terrassendach ausgebaut, die entsprechende linke Gebäudeachse tritt ohne Erhöhung leicht vor. In der von Pilastern und breitem Gurtgesims gegliederten Fassade liegen die paarweise angeordneten Rechteckfenster. – Im Hof stehen mehrere zugehörige zweigeschossige Backsteinbauten von großer Länge.

WOHN- UND GESCHÄFTSHAUS Nr. 4, E. 19. Jh. Zweigeschossiges verputztes Giebelhaus mit im Stil der Tudorgotik gegliederter straßenseitiger Giebelwand und Krüppelwalmdach; das Erdgeschoß ist durch zwei neue Schaufenster ganz geöffnet.

WOHN- UND GESCHÄFTSHAUS Nr. 7, um 1825/30. Zweigeschossiger siebenachsiger Putzbau mit Walmdach, neuer straßenseitiger Schleppgaube und einem Schaufenster anstelle des rechten äußersten Erdgeschoßfensters. Die mittlere Achse mit breiteren Fenstern wird von seitlichen Pilastern begrenzt, zwischen den Geschossen blieben Teile eines Gurtgesimses erhalten. Der rechts anschließende zweiachsige zweigeschossige Anbau mit einem Schaufenster im Erdgeschoß besitzt einen flachen Stufengiebel.

RATHAUS Nr. 8, um 1825. Zweigeschossiger siebenachsiger Putzbau mit Walmdach und neuen Dachgauben. Das Erdgeschoß besitzt kräftigen Fugenschnitt, darüber liegen ein die Geschosse trennendes Gurtgesims und ein Kaffgesims, das in der Mitte des Erdgeschosses gelegene Hauptportal und die Rechteckfenster des Obergeschosses besitzen gerade Verdachungen. – An die Rückseite des Hauses ist ein wohl jüngerer, im Erdgeschoß z. T. massiv erneuerter und verputzter Fachwerkbau angefügt. Ein weiterer, eingeschossiger Fachwerkbau mit mehreren gleichwertigen Eingängen zu Wohnungen und mit einem Satteldach steht im Hof und entstand wohl M. 19. Jh.

WOHN- UND GESCHÄFTSHAUS Nr. 10, um 1825. Eingeschossiger siebenachsiger Putzbau mit Satteldach und einem vierachsigen Frontispiz mit Dreieckgiebel über den jetzt durch zwei Schaufenster veränderten drei mittleren Erdgeschoßachsen; die äußeren Gebäudekanten betonen Pilaster, den Frontispiz Lisenen, ein Gurtgesims und ein Gesims unter den Giebelschrägen.

WOHNHAUS Nr. 11, 1839/40. Zweigeschossiger siebenachsiger Putzbau mit Satteldach und neuem straßenseitigen Dachausbau. Lisenen an den Gebäudekanten, ein schmales Gurtgesims und ein Kranzgesims mit Konsolfries gliedern die Vorderfront mit den im Obergeschoß faschengerahmten Rechteckfenstern, an den Giebelwänden drei Lisenen.

WOHN- UND GESCHÄFTSHAUS Nr. 12, um 1825. Urspr. eingeschossiger, seit 1840 dreigeschossiger siebenachsiger Putzbau mit Gurtgesims, Kaffgesims und einer das flache Dach verdeckenden Attika; die Rechteckfenster liegen im ersten Obergeschoß unter geraden

Verdachungen, in den Schmalseiten des Hauses sind sie als Blindfenster ausgebildet; gut erhalten blieb die aus der Erbauungszeit stammende zweiflügelige Kassettentür mit Rosetten in den Füllungen.
Als eingeschossige WOHNHÄUSER aus dem 2. V. 19. Jh. mit Lisenen, gliedernden Gesimsen und Krüppelwalmdach sind weiter die Nr. 1 und die nachträglich mit Ladengeschäften ausgestatteten Häuser Nr. 3 und Nr. 9 mit schmalem Frontispiz zu nennen.
Ehem. SCHLOSSPARK Als Rest des um 1725 vor dem damaligen Schloß angelegten Barockgartens blieb nur die 1808 und 1830 an beiden Enden verlängerte und jetzt vom Circus ausgehende breite Kastanienallee erhalten. An der Planung des zwischen 1805 und 1830 vom Gartenarchitekten Christian Friedrich Halliger angelegten großen Landschaftsparks mit dendrologischen Besonderheiten, der dann um 1870 nochmals nach Süden und Osten erweitert wurde, war wohl Fürst Wilhelm Malte I. aktiv beteiligt. Die 1730 angelegte Lindenallee der späteren Alleestraße wurde 1827 in den Park einbezogen; in seinem östlichen Teil stehen an einem der Verbindungswege zwei gemauerte Pfeiler mit Terrakottakopien antiker Statuen, am östlichen Parkausgang blieben vom sog. Fechtertor nur die gemauerten Pfeiler erhalten. Westlich vom Park liegt der 1815 geschaffene, 1833 umgestaltete TIERGARTEN mit reichem Wildbestand, die Pfeiler seines nördlichen Tores tragen zwei nach dem Modell von Christian Daniel Rauch in Bronze gegossene liegende Hirsche.
DENKMAL Wilhelm Malte I., Marmor. 1859 von Friedrich Drake, Berlin, geschaffene überlebensgroße Standfigur des Fürsten in Uniform; am Postament vier Reliefs mit Szenen aus dessen Leben.
Ehem. SCHLOSS Das aus einem mittelalterlichen »Steinhaus« über rund fünf Jahrhunderte durch Um- und Ausbauten entstandene klassizistische Schloß brannte 1865 aus und wurde danach durch J. Pavelt, Berlin, im Stil der Gründerzeit wiederhergestellt, 1962 aber abge-

*Linke Seite: Putbus, Schloß und Schloßpark, Lithographie um 1850 und Denkmal Fürst Wilhelm Malte I. im Schloßpark*

*Rechte Seite: Putbus, Orangerie, Parkseite, und ehem. Kursalon (Kirche), Parkseite*

rissen. Erhalten blieben neben den mit Bauschutt verfüllten Kellergeschossen nur die am Schwanenteich gelegene rückwärtige Terrasse und die auf den Podesten der zwei zum Teich führenden gegenläufigen Freitreppen stehenden Reste einer Säulenpergola.

Ehem. MARSTALL (Konzertsaal), 1821 bis 1824. Hoher, bis auf den östlichsten Teil eingeschossiger 19achsiger Putzbau mit Feldsteinsockel und flachem Satteldach. Vorderfront und Seitenwände besitzen Fugenschnitt und Lisenengliederung, die hohen Rundbogenfenster mit Faschenrahmen sind nur z. T. unverändert geblieben, ebenso die Rundbogenportale und Türen; in den Giebeln blieben die Dreiergruppen rundbogiger Fenster erhalten. Das Innere wurde nach der unterschiedichen Nutzung vergangener Jahrzehnte jetzt als Konzert- und Theaterhalle adaptiert; im Bereich der zwei östlichsten Achsen sind von Anbeginn zwei Wohngeschosse eingerichtet, die von der östlichen Giebelwand mit faschengerahmter Tür und einem darüber gelegenen Terrakotta-Tondo mit einem Pferderelief erschlossen sind.

ORANGERIE 1824 angeblich nach Plänen Karl Friedrich Schinkels errichteter, 1853 zur heutigen Gestalt gebrachter Putzbau mit flachem Satteldach, flach gedecktem Mittelrisalit und Seitenrisaliten mit Satteldach und Dreieckgiebel. Die straßenseitig zweigeschossige Fassade mit Rechteckfenstern wird durch Lisenen und ein Gurtgesims gegliedert, die dritten Geschosse der Risalite sind architektonisch hervorgehoben. Das an der rückwärtigen Gebäudefront gelegene eingeschossige Gewächshaus ist mit verglasten, zwischen den Risaliten auf schlanken gußeisernen Säulen ruhenden hohen Arkaden zum Park hin geöffnet; der Mittelrisalit tritt hier dreiseitig mit ornamental geputzten Wandfeldern vor, alle drei Risalit-Obergeschosse sind architektonisch hervorgehoben, der Mittelrisalit mit drei Niken als Zinkgußreliefs und in Rundbogennischen stehenden Figuren. Vor der Parkfront liegt eine über Treppen erschlossene Terrasse, den mittleren Eingang flankieren zwei steinerne Löwenfiguren auf Postamenten. – Den zur Alleestraße gekehrten Hof vor der Orangerie begrenzten

neben einer Mauer zwei Torhäuser mit Rundbogenblenden, Pilastern und Satteldächern, dazwischen zwei Torpfeiler mit bekrönenden Adlern aus Gußeisen, von denen nur einer erhalten blieb.

Ehem. KURSALON (PFARRKIRCHE) 1844–1846 nach Plänen Friedrich August Stülers und Johann Gottfried Steinmeyers als zweigeschossiger Kursalon mit im Obergeschoß als Emporen zum durch beide Geschosse reichenden mittleren Tanzsaal ausgebildeten Seitenschiffen und Anbauten an den Schmalseiten errichtet. 1891/92 wurde das Gebäude zur Kirche umgebaut und durch den Abbau der seitlichen Emporengeschosse in die jetzige Gestalt gebracht. Dreischiffiger spätklassizistischer Putzbau mit hohem Mittelschiff, dreigeschossigem Glockenturm mit einem Untergeschoß von der Breite des Mittelschiffes, ädikulaartigem Vorbau und Satteldach mit Dreieckgiebel über dem dritten Geschoß; an der rückwärtigen Schmalseite ein zweigeschossiger Anbau von der Höhe der Seitenschiffe mit Gemeindesaal und Pfarrerwohnung. An den Gebäudekanten liegen kräftige Eckpilaster, der Glockenturm besitzt am Erdgeschoß und den Eckpilastern Fugenschnitt, und über den kräftigen Traufgesimsen liegen niedrige Balustraden bzw. balustradenartig gegliederte Attiken, dahinter die flachen Dächer; die rundbogigen Fenster und Türen rahmen im Erdgeschoß profilierte Rundbogenblenden über Pilastern, am Mittelschiff sind sie zwischen bis zur Traufe reichende Pilaster gesetzt, die rechteckigen Fenster auf der Südseite des rückwärtigen Anbaus sind von 1844. Im Innern trennen rundbogige Pfeilerarkaden mit auf vorgelegten Pilastern ruhenden gestuften Rundbogenblenden das Mittelschiff von den Seitenschiffen, wo die gleiche Gliederung auch an den Außenwänden vorkommt und die Gurtbögen des Tonnengewölbes trägt; sie ist auch an den Wänden des Mittelschiffes zu finden, die unter den Fenstern ein breites Gesimsband umzieht, in sein Spiegelgewölbe schneiden über den Fenstern liegende Stichkappen ein.

*Ausstattung* zum größten Teil von 1892/93: Altar, aus Marmor, Sandstein und Stuck; einheitlicher architektonischer Aufbau, der Altarblock auf dreistufigem Podest, dahinter eine Ädikula, darin in einer reich profilierten Rundbogenblende als Altargemälde die Kopie einer Pietà nach dem Original von Daniel Crespi, Mailand, aus dem 1. V. 17. Jh. Kanzel mit Fuß, Rückwand und Schalldeckel, eine Nachbildung der Renaissancekanzel von S. Croce, Florenz, mit einem siebensäuligen Fuß auf hohem Sockel und polygonalem Kanzelkorb mit vor die Kanten gestellten Säulchen, einer ornamentierten Tür zum Kanzelabgang und einem polygonalen Schalldeckel mit niedriger Laterne. Taufständer, als Träger der Taufschale dient eine halblebensgroße Holzfigur Johannes d. Täufers von um 1500. Die Orgel von Barnim Grüneberg, Stettin, mit Neorenaissance-Prospekt; 1970 von Rudolf Böhm, Gotha, klanglich verändert. Schnitzfigur eines Diakons, um 1500, jetzt als Osterleuchter genutzt. Gemälde, wohl 19. Jh., Bildnis eines Mannes mit Kind und Vanitassymbol. Bildnis Fürst Wilhelm Malte I., um 1815, im rechteckigen Rahmen. Bildnis Fürst Wilhelm Malte II., 1863 von Richard Lauchert, Kniestück im ovalen Rahmen. Orgelempore auf kannelierten Säulen, die Brüstung mit Felderteilung. Gemeinde-Bankgestühl mit seitlichen Wangen, beides E. 19. Jh. Kelch, 1771, an Fuß und Knauf getriebener figürlicher und vegetabilischer Dekor, der Kuppakorb aus Rippen und gegosse-

*Linke Seite: Putbus, ehem. Kursalon (Kirche), Innenraum mit Blick zum Altar*

*Rechte Seite: Putbus, ehem. Villa Löwenstein, Vorderfront*

nem Weinlaub. Neogotischer Kelch, Silber, E. 19. Jh. Patene, Neusilber, E. 19. Jh. Weinkanne, 1839, am walzenförmigen Körper mit Rocaillehenkel als gravierter Dekor Kreuzigungsgruppe und Widmungsinschrift in Blattkränzen. Zwei Taufschalen, Messing, um 1700, im Spiegel getriebene Darstellungen des Sündenfalles bzw. der Verkündigung an Maria. Taufkanne, Zinn, M. 19. Jh., in Form eines Lekythos. Leuchterpaar, Messing, E. 18. Jh., am dreiseitigen Fuß gegossene Reliefs. Drei Glocken, Stahl, E. 19. Jh.

Ehem. VILLA LÖWENSTEIN (Gaststätte). 1828/29 nach Plänen von Johann Gottfried Steinmeyer errichtetes, verputztes fünfachsiges Giebelhaus. Die Lisenen an den Gebäudekanten und am etwas vortretenden breiten Portal in der vorderen Giebelfront mit vorgelegter Freitreppe haben Fugenschnitt und sind durch ein breites Putzband unter Giebel und Traufe verbunden; Fenster und Türen sind rechteckig, im Frontgiebel fünfteilig mit trennenden Pfeilern und Architrav und von zwei faschengerahmten Okuli flankiert; unter der Giebelspitze eine gußeiserne Wappentafel. 1918 kamen ein fünfachsiger rückwärtiger Anbau mit Flachdach und ein Hofflügel hinzu.

MAUSOLEUM 1846–1855. Neogotischer Zentralbau aus Backstein; an den quadratischen Kern mit schiefergedecktem Zeltdach schließen sich drei rechteckige und ein polygonal geschlossener niedrigerer Flügel mit Strebepfeilern an; im westlichen Flügel ein kielbogiges Gewändeportal, sonst Kielbogenfenster, in den Giebeln liegen große Okuli mit Rahmen aus im Wechsel weißen und schwarzen Platten und Fünfpaßmaßwerk.

DENKMAL zur Ehrung der gefallenen Soldaten des Weltkrieges 1914–1918. Um 1925/30 am Hang errichtetes offenes Arkadenrondell aus Feldstein mit Feldsteinpflasterung; darin aus der Mitte gerückt ein sarkophagartiger Monolith mit auf ihm liegender vergrößerter Nachbildung eines Stahlhelmes; in die Außenwand des Rondells und die zum Denkmal führenden Stufen sind die Jahreszahlen 1914 – 1918 eingelassen.

WEGWEISER nach Neuendorf und Wreechen am Fechtertor. Einer der zahlreichen um 1825 in der Grafschaft Putbus aufgestellten Wegweiser von gleicher Gestalt: ein leicht konischer Granitpfeiler trägt die schmiedeeiserne Stütze für die Schrifttafel.

Im Schloßpark im 19. Jh. errichtete Gebäude sind auch das Affenhaus und das Fasanenhaus, die inzwischen weitgehend zu Ruinen wurden, sowie das an seiner Rückseite völlig modernisierte »Rendantenhaus«. – Eine Zinkgußkopie der hellenistischen Skulptur des »Sterbenden Galliers« vor der Orangerie und eine Gedenktafel für drei beim Reitsport tödlich verunglückte Herrenreiter sind nicht als Denkmal erfaßt.

BÜDNEREI Teichstraße 6, 1. H. 19. Jh. Eingeschossiger sechsachsiger Fachwerkbau; zur Haustür führt eine kleine Freitreppe. Zugehörig ist eine zweigeschossige Stallscheune mit Backstein-Untergeschoß, Fachwerk-Obergeschoß und flachem Satteldach.

Ehem. WASSERWERK am Wreechener Weg, 2. V. 19. Jh. Eingeschossiger kleiner Putzbau ; die Wände haben

Fugenschnitt, unter Giebel und Traufe liegt ein kräftiges Kranzgesims, in den Giebeln jeweils drei kleine faschengerahmte Rundbogenfenster. Die technische Ausstattung ist außer Betrieb.
WASSERTURM auf dem Tannenberg am Gränensteig, um 1900. Achteckiger Turm aus verputztem Backstein mit Zeltdach; unterhalb eines Gurtgesim'ses werden die Wände mit ihren Fenstern und gegeneinander versetzten Lichtschlitzen von einem hochrechteckigen Rahmengerüst gegliedert, über dem Gesims liegen Rundbogenblenden mit runden Lichtöffnungen.

**Putgarten**
GUTSHAUS, um 1900. Eingeschossiges neunachsiges Traufenhaus aus gelblichem Backstein, mit Feldsteinsockel und Krüppelwalmdach. Die mittlere Achse der Hoffront tritt als möglicherweise erst nachträglich eingefügter, an den Seiten abgerundeter Risalit mit einer Freitreppe vor dem Hauseingang und Dreieckgiebel mit Lünette deutlich vor; Lisenen und ein breites Band unter der Traufe sind wie die Faschen der von ihnen gerahmten, paarweise angeordneten Segmentbogenfenster aus dunkelrotem Backstein.
GUTSSTALL, um 1900. Langgestreckter zweigeschossiger Backsteinbau mit flachem Satteldach, der untere Teil der Umfassungswände ist aus Feldsteinen; im unteren Geschoß liegen dicht gereihte kleine Rechteckfenster, im Obergeschoß wechseln große Segmentbogenluken mit Dreiergruppen von Lüftungsschlitzen, was auf eine Entstehungszeit im 2. V. 20. Jh. weist.
WOHNHAUS Dorfstraße 20, um 1900. Eingeschossiger fünfachsiger Backsteinbau mit Krüppelwalmdach und straßenseitiger Fledermausgaube; die Gebäudekanten und den in der Fassadenmitte gelegenen Hauseingang rahmen dunkler getönte Lisenen, die segmentbogigen Fenster ebensolche Faschen und Sohlbänke mit Tröpfchenfries.
FEUERWEHRGEBÄUDE Dorfstraße, E. 19. Jh. Eingeschossiger Backsteinbau mit Satteldach und neogotischem blendengegliederten Stufengiebel mit Deutschem Band über der vorderen Giebelfront mit zwei großen Segmentbogentoren; die Traufseiten sind durch Lisenen und ein kräftiges Hauptgesims mit Konsolfries in hohe Rechteckfelder gegliedert.

**Ralow**
GUTSHAUS, 1707 und 2. V. 19. Jh. Zweigeschossiger, urspr. neunachsiger Putzbau mit an der Nordseite vorgesetzter neogotischer Stufengiebelwand und Dach mit südlichem Krüppelwalm. Die Gebäudekanten bilden gegeneinander versetzte rechteckige Granitquader, zwischen den Geschossen liegt ein einfaches Putzband, das Korbbogenportal in der von Pilastern gerahmten Mittelachse der Vorderfront hat seine zweiflügelige Tür mit geschnitztem Rocailledekor behalten, und von den faschengerahmten rechteckigen Fenstern sind die nördlichen drei Achsen in beiden Traufwänden vermauert; die Spitzbogenfenster der neogotischen Giebelwand besitzen im Erdgeschoß, wie auch die zwischen ihnen gelegene Tür, Maßwerk. – M. 19. Jh. wurde neben dem barocken Haus ein eingeschossiger Putzbau mit Souterraingeschoß und hohem Satteldach errichtet, in dem der Festsaal mit Neorenaissance-Stuckdecke und ein Wintergarten liegen. Der Verbindungsgang zwischen beiden Häusern wurde nach 1960 abgetragen. – Der nordöstlich anschließende schmale Gutspark mit sehr altem Baumbestand ist verwildert, erhalten blieben zwei gemauerte Torpfeiler.

**Ralswiek**
GUTSHAUS, um 1665 und 1890. Zweigeschossiger achtachsiger, aus zwei unterschiedlich hohen Gebäudeteilen bestehender Putzbau mit gaubenbesetzten Satteldächern. Die Fassaden des älteren dreiachsigen nördlichen Teiles mit Feldsteinen im starken Mauerwerk und einem Keller mit Tonnen- und Kreuzgratgewölben gliedern die Putzquaderung an den Gebäudekanten, faschengerahmte Rechteckfenster und ein kräftiges Traufgesims, den nördlichen Giebel mit z. T. zugesetzten Segmentbogenfenstern Gesimse und Pilaster; der südöstliche Eingang mit vorgelegter Freitreppe ist jünger. Der fünfachsige südliche Gebäudeteil von nach 1890 ist architektonisch dem nördlichen angeglichen; die südliche Giebelwand mit abgestuftem Welschen

Giebel und spitzbogiger Portalblende wiederholt das Vorbild des hier zuvor abgetragenen mittelalterlichen Gebäudes in seiner Gestalt vom E. 16. Jh.

NEUES GUTSHAUS Oberhalb der alten Gutsanlage und des Jasmunder Boddens nach 1890 vorgelegten Plänen G. Strohs, Berlin, im Stil der Neorenaissance errichteter schloßartiger, zweigeschossiger Putzbau mit hohem Sockelgeschoß aus behauenen Granitquadern und mit Gauben besetztem Terrassendach. Die nach Osten gekehrte boddenseitige, neunachsige Schaufront flankieren zwei dreigeschossige Rundtürme mit Kegeldach, und vor die mittleren drei Achsen ist eine gemauerte Loggia gesetzt, die einen dem Obergeschoß zugeordneten Altan trägt, darüber ein der Traufe aufgesetzter hoher Schweifgiebel; zugehörig ist eine breite Terrasse mit halbrund vortretendem Mittelteil, Freitreppen und Balustraden. Den schmaleren Süd- und Westfronten des rechteckigen Gebäudes sind flache Risalite mit hohem

*Ralswiek, altes Gutshaus, jüngerer südlicher Teil und neues Gutshaus (Schloß), Parkseite*

mehrteiligem Fenster bzw. einer Loggia im Obergeschoß und Schweifgiebeln vorgelegt; die Mitte der Hoffront bestimmt ein vortretender viergeschossiger polygonaler Treppenturm mit Welscher Haube und Laterne, in dem das architektonisch gerahmte Hauptportal mit breiter Freitreppe liegt. Nach links schließt in nordwestlicher Richtung ein mit seinen äußersten Achsen nach Westen abgeknickter Flügel mit dem Speisesaal an, der wiederum einen Schweifgiebel und einen polygonal vortretenden Treppenturm mit sechsseitigem Zeltdach besitzt. Die Fenster sind im Sockel- und Erdgeschoß segmentbogig, im Obergeschoß zumeist schlank-rechteckig und in den über der Traufe gelegenen Geschossen der Giebel und Türme rundbogig. Im Innern blieb die reiche Ausstattung der ehem. Repräsentationsräume und des Treppenhauses erhalten. – 1913 wurde nach Plänen von Franz Jahres, Stralsund, dem nordwestlichen Flügel ein zweigeschossiger siebenachsiger Marstall mit stilistischen Reminiszenen an gotische Architekturformen angefügt.
Der urspr. nur kleine GUTSPARK nördlich vom Gut wurde vor allem nach 1891 unter Einbeziehung vorhandener Waldbestände zum weitläufigen englischen Landschaftspark mit durch hügeliges Gelände führenden Wegen, weiten Wiesenflächen mit wirkungsvollen Gehölzgruppen und dendrologisch wertvollen Solitärbäumen ausgedehnt.
KAPELLE am Ortseingang. 1907 als Geschenk aus Schweden importiertes und wohl auch zu dieser Zeit gebautes kleines Giebelhaus auf Feldsteinsockel, mit sauber gefügten Bretterwänden, faschengerahmten Fenstern und einem mit Teerpappe gedeckten Dach, das hinten einen Walm, vorn einen Krüppelwalm mit darüberstehendem offenen Glockentürmchen besitzt; vor dem Eingang ist eine offene Vorhalle mit Satteldach auf Holzstützen errichtet.
WOHNHAUS am Eingang zum Park, um 1900. Eingeschossiger Putzbau über winkelförmigem Grundriß, das Dachgeschoß aus Fachwerk, dazu ein Krüppelwalmdach; in der Ecke zwischen den beiden Gebäudeteilen steht ein die Traufe überragender runder Treppenturm mit Welscher Haube.
WOHNHAUS Dorfstraße 28, 1. H. 19. Jh. Eingeschossiges Traufenhaus mit Krüppelwalmdach, die Wände wohl urspr. nur aus Fachwerk, jetzt sind eine Trauf- und eine Giebelwand aus verputztem Mauerwerk; die rechteckigen Fenster sind unterschiedlich groß.
KATEN außerhalb des Ortes am Ende einer Lindenallee, A. 19. Jh. Eingeschossiges dreiachsiges Fachwerkhaus mit Feldsteinsockel und rohrgedecktem Krüppelwalmdach.

GEDENKSTEIN an die gefallenen Soldaten des Krieges 1914 – 1918. Auf einem von behauenen Granitsteinen gerahmten Podest steht ein Findling mit Jahreszahlen und dem Relief eines Stahlhelmes, dahinter eine Blautanne.

## Rambin

DORFKIRCHE, Backsteinbau aus dem 14. Jh. Dem um 1300 errichteten zweijochigen Rechteckchor mit Nordsakristei wurde nach M. 14. Jh. das breitere rechteckige Schiff mit gestuften Strebepfeilern angebaut. Die Wände umzieht ein Sockel, das Hauptgesims wurde barock erneuert; die Giebel von Chor und Sakristei und den Westgiebel des Schiffes gliedern gestaffelte Spitzbogenblenden, die am Sakristeigiebel und bei dem über einem vertieften Putzband gelegenen Schiffsgiebel durch zweiteilige Binnenblenden und eine Scheitelblende bereichert werden. Die (in der Schiffsnordwand fehlenden) spitzbogigen Fenster besitzen gegabelte Mittelpfosten und einen Scheitelokulus, das Chorostfenster drei gestaffelte spitzbogige Bahnen, das Sakristeifenster ist segmentbogig; die Spitzbogenportale mit abgestuften Gewänden sind am Schiff zugesetzt, in der Priesterpforte blieb die barocke Tür mit Pilastern und Kastenschloß erhalten. Über dem Westende des Schiffes steht ein hölzerner Dachreiter mit achtseitigem Helm. Im Innern wurde der mittelalterliche Triumphbogen um 1700 durch einen neuen runden Bogen ersetzt; die Kreuzrippengewölbe im Chor und ihre Schildbögen ruhen auf Konsolen, das Schiff bedeckt eine barocke hölzerne Tonnendecke. In der Chorostwand liegt die spitzbogige Sakramentsnische, in der Sakristeinordwand die der

ehem. Piscina und in der Schiffsnordwand drei gliedernde Nischen.
*Ausstattung:* Altar, 1738, wohl von Martin Becker, Stralsund, geschaffen; architektonischer Aufbau mit Säulenpaar, Gebälk und Segmentbogengiebel, Akanthusohren und Blattgehängen; zwischen den Säulen zwei weibliche Figuren, ein Gemälde mit dem »Abendmahl« und eine Schrifttafel, am Gebälk »Auge Gottes« im Strahlenkranz und im schlanken Bekrönungsfeld ein Gemälde »Christus in Gethsemane«, darüber die Figur des triumphierenden Christus. Kanzel mit Aufgang und Schalldeckel; um 1738 wohl von Martin Becker, Stralsund, geschaffen; den auf großen Konsolen ruhenden bauchigen Kanzelkorb zieren wie die Aufgangstür und -brüstung reicher Akanthus- und Bandelwerkdekor mit Cherubköpfen, auf der Aufgangstür die Relieffigur des Petrus; auf dem annähernd quadratischen Schalldeckel mit Lambrequins und Strebekrone als symbolische Versatzstücke Feuersäule, Gesetzestafeln, Kelch und Wolkensäule der Wüstenwanderung Israels. Taufstein 2. H. 13. Jh., runder Fuß und Schaft, die kugelige Kuppa ist zwischen Graten in zehn tropfenförmige Felder geteilt. Orgel, 1972 vom Orgelbaubetrieb Sauer, Frankfurt/Oder, gebaut. Triumphkreuz, um 1500; am Kreuz blieb nur das obere Medaillon mit dem Adlersymbol Johannes d. Täufers erhalten. Madonnenfigur, E. 15. Jh., auf einer Konsole. Zwei Pastorenbildnisse: D. Harder († 1746) und Karl Harder, um 1750; Kniestücke mit langen Widmungsinschriften. Zwei Votivschiffe: Modell der Brigg »Christiana«, 1824; Modell der Fregatte »Venus«, 1830 von M. E. Sonntag gestiftet und wohl auch gebaut. Kirchenkasten, um 1600; mit Deckel, innen und außen mit Eisenbändern und -blechen beschlagen. Orgelempore, M. 19. Jh., an der Brüstung aufgelegtes einfaches Blendmaßwerk; durch sie hindurch sind die kräftigen Holzstützen des Dachreiters geführt. Nordempore, um 1630 und um 1700; den älteren Brüstungsteil mit reichem Schnitzwerkdekor gliedert ein Gesims in zwei Zonen, die von Lisenen oder Pilastern in Felder geteilt werden, darin unten T-förmige Rahmen, oben Pilasterarkaden; den jüngeren Teil gliedern gekuppelte Pilasterpaare und Rundbogenblenden, in ihnen liegen Rahmenfüllungen

*Rambin, Dorfkirche von Südwesten*

mit Ohren oder Segmentbogengiebeln; als Stützen dienen Säulen, den Aufgang rahmen zwei toskanische Säulen mit Gebälk und gesprengtem Segmentbogengiebel. Beichtstuhl, um 1700; die Wände des offenen Verschlages gliedern Lisenen mit aufgesetzten Rosetten in rechteckige Brüstungsfelder und verglaste Öffnungen, über dem kräftigen Hauptgesims liegen Rundbogengiebel und muschelförmige Eckakrotere. Drei separate Brüstungsfelder eines Beichtstuhles mit emblematischen Bildern und erläuternden Beischriften, um 1700. Gemeinde-Kastengestühl, A. 19. Jh. mit rechteckiger Felderteilung. Etwas älteres Gestühl auch an beiden Chor-

wänden. Zwei Kelche und Patenen, 1726 und 1754. Kelch und Patene und kelchförmiges Oblatengefäß, Silber, um 1830. Ovale Oblatendose, Silber, 1740. Taufschale, Messing, 1693. Kollektenbecken, Messing, 1693. Klingelbeutel, Ring und Hülse Eisen, Samtbeutel mit Silberfadenstickerei, 1841. Leuchterpaar, Messing, 1693, mit getriebenen Buckeln und Früchten, der Schaft ist gewunden. Zwei Glocken: a) 1554, von Hans Koler, Stralsund, mit Minuskelinschrift, Eulen mit Wappenkartusche, Meisterzeichen sowie vier gegossenen Reliefs (Strahlenkranz-Madonna, zwei Kreuzigungsgruppen, Sündenfall), Münzabgüssen und bärtigen Männerköpfen an der Krone; b) 1891 von Gustav Collier, Zehlendorf. Erinnerungstafel an die im Krieg 1914 – 1918 gefallenen Gemeindemitglieder. Drei Grabplatten: D. Dorpen († 1335), im spitzbogigen Mittelfeld rautenförmiger Hintergrund und die eingeritzte Figur eines Priesters mit Kelch, dazu eine ausgegründete Minuskelinschrift; C. v. Ahnen († 1599), mit zentralem Allianzwappen zwischen Kapitalen-Inschriften in vertieften Bändern; c) E. v. Velde († 1624), mit zentralem Wappenrelief und Kapitalen-Inschriften.

Ehem. PFARRWITWENHAUS Hauptstraße 24, 1763. Eingeschossiger fünfachsiger verputzter Fachwerkbau mit rohrgedecktem Krüppelwalmdach; die Straßenfront ist massiv aufgemauert. Im Innern mit Lehmstaken-Fachwerkwänden blieben die Raumstruktur, aber auch die Fußbodenplatten der Diele und einige Türen aus der Erbauungszeit erhalten.

Ehem. SCHULE Hauptstraße 36, 2. H. 18. Jh. und M. 19. Jh. Eingeschossiger sechsachsiger Fachwerkbau mit rohrgedecktem Krüppelwalmdach mit Fledermausgaube; ihm schließt sich unter dem gleichen Dach nach rechts ein etwas eingerückter vierachsiger, massiv aus

Backstein gemauerter Teil mit Fachwerkgiebel aus der M. 19. Jh. an, in dem die Schule untergebracht war. Die innere Raumstruktur blieb in beiden Gebäudeteilen erhalten.

PFARRHAUS Hauptstraße, 1. H. 19. Jh. Eingeschossiger siebenachsiger Fachwerkbau mit rohrgedecktem Krüppelwalmdach und zwei Reihen von Fledermausgauben an der Vorderseite; ein Teil der Wände ist jetzt in Backstein massiv erneuert worden; dem mittleren Eingang wurde ein verglaster laubenartiger Windfang vorgesetzt.

NEUE SCHULE zwischen Ortskern und Kloster St. Jürgen, um 1960. Weiträumige Dreiflügelanlage aus eingeschossigen Putzbauten mit Satteldächern. Die Klassenräume werden durch jeweils vier Rechteckfenster belichtet, im Mittelbau mit weit vorkragendem, von Holzpfeilern gestütztem Dach liegen drei Eingänge, im rechten Flügel unter einem weit vortretenden Satteldach mit Fachwerkgiebel und Holzstützen der breite Durchgang zum Sportplatz.

Ehem. LEPROSENSPITAL »KLOSTER ST. JÜRGEN VOR RAMBIN« mit Kapelle und Wohnhäusern.

Ehem. KAPELLE Einheitlicher Putzbau aus der M. 15. Jh. mit rechteckigem Schiff und eingerücktem quadratischen Chor mit polygonalem Schluß und Strebepfeilern. Im Schiffswestgiebel mit kleinen Fußtürmchen liegen seitliche Spitzbogenblenden, vor der Mitte der Westwand eine jüngere turmartige Wandvorlage mit vermauertem Portal, Spitzbogenfenster, Spitzbogenblenden und firstgleichem Dreieckgiebel. Die Portale und Fenster sind spitzbogig, die Fenster 1773 vergrößert und im 2. V. 19. Jh. mit Maßwerk ausgestattet. Im Innern wurde das flach gedeckte Schiff wohl im 16. Jh. durch eine Wand vom Chor mit hölzernem Kreuzrippengewölbe abgetrennt und spätestens 1773 durch Trennwände und Zwischendecken für Wohnzwecke umgebaut.

*Linke Seite: Rambin, Dorfkirche, Inneres, Blick in den Chor sowie Kanzel und Votivschiff*

*Rechte Seite: Rambin, ehem. Spital St. Jürgen, Wohnhaus von 1830*

WOHNHAUS, um 1730. Eingeschossiger achtachsiger Backsteinbau, das Satteldach mit neuen Dachhechten. Die am Fuß und der Spitze abgestuften Giebel stehen über vertieften Putzbändern, im östlichen liegt eine große Lünettenblende mit den Resten eines Reliefs des Hl. Georgs zu Pferd im Kampf mit dem Drachen, das um 1800 Nathanael Freese, Stralsund, schuf. Die rechteckigen Fenster sind weitgehend erneuert.

WOHNHAUS, 1830 wohl nach einem von Karl Friedrich Schinkel, Berlin, beeinflußten Plan errichteter zweigeschossiger kubischer Backsteinbau mit Mezzaningeschoß und flachem Zeltdach. Die Geschosse werden von kräftig profilierten Gurtgesimsen und entsprechenden Lisenen in schmale und breite Rahmenblenden gegliedert, in denen in der West- und Ostwand die spitzbogigen, im Mezzanin querrechteckigen Fenster mit neogotischem Maßwerk liegen; der rundbogige Hauseingang in der dreiachsigen Westwand. Im Innern nur wenig verändert

WOHNHAUS, 1. H. 19. Jh. Eingeschossiger fünfachsiger Backsteinbau mit Fachwerkgiebeln, Krüppelwalmdach.

WOHNHAUS, 3. V. 19. Jh. Zweigeschossiger dreiachsiger Putzbau mit hohem, im unteren Teil aus Feldstein gemauerten Sockelgeschoß und Drempel unter dem flachen Satteldach. Nur an der Vorderfront gliedern Kaffgesims, Gurtgesims und Fugenschnitt im Erdgeschoß

noch die Fassade, die faschengerahmten Rechteckfenster behielten hier im Obergeschoß noch gerade Verdachungen, das mittlere einen Dreieckgiebel.
KATEN An den Anlagen 6, 2. V. 19. Jh. Eingeschossiger vierachsiger, an der Vorderfront verputzter Backsteinbau mit rohrgedecktem Krüppelwalmdach; die Achsenzahl und die Fenstergrößen sind von Seite zu Seite unterschiedlich. – Zugehörig ist ein wohl gleichzeitiger Stall aus Backstein mit Fachwerkrückwand und rohrgedecktem Satteldach.
KATEN Hauptstraße 22, um 1800. Eingeschossiger vierachsiger Backsteinbau mit wesentlichen Resten der urspr. Fachwerkwände und rohrgedecktem Krüppelwalmdach.

**Ranzow**
GUTSHAUS, wohl A. 20. Jh. Zweigeschossiger burgartiger Putzbau auf hohem Feldsteinsockelgeschoß, der rechteckige Kernbau besitzt ein hohes Satteldach mit Treppengiebel und Krüppelwalm; an den Schmalseiten des südlichen Anbaus mit Schleppdach liegen links ein hoher runder Turm mit Zinnenkranz, rechts ein niedrigerer quadratischer Turm.

**Rappin**
DORFKIRCHE Im 14. Jh. errichteter Backsteinbau mit rechteckigem dreijochigen Schiff, eingerücktem zweijochigen Rechteckchor und Nordsakristei unter Satteldächern und einem vor die Priesterpforte gelegten südlichen Anbau mit Schleppdach. Ältester, um 1300 errichteter Teil der Kirche sind die aus behauenen Granitquadern gemauerten unteren zwei Drittel der Chorwände mit kräftigem Sockelprofil, das obere Drittel aus Backstein wurde mit dem Chorgiebel nach der M. 14. Jh. aufgesetzt, das Schiff mit Feldsteinsockel, die Sakristei und der südliche Choranbau kamen um oder nach 1400 hinzu. Die Fenster mit abgestufter Laibung und einfachen Rippen sind am Schiff zumeist spitzbogig, am Chor und der Sakristei segmentbogig; die segmentbogigen Schiffsportale und die über ihnen gelegenen Fenster umgibt eine gemeinsame Blende, das Westportal flankieren Spitzbogenblenden mit gestaffelten Binnenblenden; die Traufgesimse sind an Chor, Sakristei und Schiff unterschiedlich profiliert, die Giebel mit kleinen Fialentürmchen an Fuß und Spitze und einem vertieften Putzband unter dem westlichen Schiffsgiebel werden von Blenden gegliedert. Im Innern gehen die Kreuzrippengewölbe mit einfachen Schlußsteinen im Chor von Wandkonsolen, im Schiff von flachen Vorlagen aus, die zu spitzbogigen Wandnischen verbunden sind. Über dem Triumphbogen liegt an der Schiffsostwand ein rundes, wohl barockes Stuckmedaillon, in der Chorostwand die Sakramentsnische, neben ihr eine korbbogige Nische; die Sakristei ist kreuzrippengewölbt, die südliche Vorhalle war dafür vorbereitet.
Ausstattung: Altar, 1669. Reich dekorierter architektonischer Aufbau aus Sockel und einem von Säulen getragenen verkröpften Gebälk. Am Sockel eine Inschrift, im Hauptfeld als Gemälde eine seitenverkehrte Kopie von Peter Paul Rubens' »Abendmahl«, in den seitlichen Knorpelwerkohren kleine Gemälde mit Szenen aus der Passion Christi, im bekrönenden Rundbogenfeld als weiteres Gemälde Johannes und die Marien unter dem Kreuz, daneben und darüber die Figuren des triumphierenden Christus und zweier Engel mit den Leidenswerkzeugen. – Die Altarschranke mit Balustrade entstand

wohl ebenfalls um 1670. Kanzel von 1702, mit Portal, Aufgang und Schalldeckel; den polygonalen Kanzelkorb mit vor die Kanten gestellten Säulen und Engelputtenköpfen trägt ein Engel mit Posaune; an den Brüstungen reicher Akanthusdekor, in den rundbogigen Brüstungsfeldern des Korbes Tafelbilder mit der Anbetung der Könige, der Kreuzigungsgruppe, der Auferstehung und Himmelfahrt Christ, an den Aufgangstüren Petrus und eine zur Sonne blickenden Frau; auf der Strebekrone des polygonalen Schalldeckels steht der triumphierende Christus, über den Ecken die knienden Evangelisten und ein Allianzwappen. Taufstein, 2. H. 13. Jh., vierpaßförmig, die Kuppa mit zwölf nach unten schmaler werdenden Rundbogenfeldern zwischen vier oben in menschlichen Köpfchen endenden konischen Wulsten. Orgel, 1859 von Guido Knauf, Gotha, gebaut, mit neogotischem Prospekt. Zehn Kabinettscheiben mit Stifternamen, um 1700; fünf mit Genreszenen und floralem Dekor, fünf mit Wappen. Opferstock, behauener Holzstamm, wohl 15. Jh., Rest eines vierkantigen Sakramentshauses, die Tür mit Eisenbändern beschlagen. Orgelempore, M. 19. Jh., mit unterschiedlichen Brüstungsfeldern zwischen Pilastern. Beichtstuhl, 1702, oben offener Verschlag, die Wände gliedern Pilaster und hohe, oben und unten eingeklinkte Ovalfelder, darüber Felder mit durchbrochenem Akanthuslaub; in den Ovalfeldern emblematische Tafelbilder; die Bekrönung aus großformigem Akanthuslaub mit Engelputtenköpfen schließt drei ovale Inschrifttafeln ein. Kastengestühl, M. 18. Jh., mit rechteckigen Brüstungsfeldern, z. T. mit entsprechend gegliederten hohen Rückwänden, eines der Gestühle durch einen verglasten Aufsatz mit bekrönendem Schweifgiebel zum Pastorengestühl umfunktioniert. Kelch, um 1400, am runden Fuß ein aufgelegtes Kruzifix. Kelch und Patene, A. 15. Jh., am Sechseckfuß ein aufgelegter gekreuzigter Andreas mit Assistenzfiguren. Kelch und Patene, 1648, Sechspaßfuß und Kuppa mit getriebenem bzw. aufgelegtem Schweifwerkdekor und Cherubkopf, als Schaft eine Engelfigur, an der Kuppa eine kyrillische Inschrift. Runde Oblatendose, Silber, 1666, der Deckel mit gravierter Inschrift und Kruzifix. Ovale Oblatendose, Silber, E. 17. Jh., Wände und Deckel mit getriebenem Akanthus- und Blütendekor. Weinkanne, Silber, 1747, der birnenförmige Körper mit Bügelhenkel und stark eingezogenem Fuß. Leuchterpaar, Messing, 1667, mit getriebenem vegetabilischen Dekor, Buckeln und Perlschnüren. Kronleuchter, Messing, 1675, Schaft mit Doppeladler und Kugel und zwölf

*Linke Seite: Rappin, Dorfkirche von Südosten*

*Rechte Seite: Rappin, Dorfkirche, Inneres, Blick zum Chor und Kelch von 1648*

Armen in zwei Reihen. Kronleuchter, Messing, E. 19. Jh., acht Arme mit reichem Akanthus- und Rocailledekor. Zwei Wappenepitaphe, um 1700: für F. W. v. Gagern, Wappen mit Helmzier und Decke, darunter die Inschrifttafel; für A. A. v. Norman, an einer gemeinsamen Stange Wappen mit Helmzier und Decke, darunter eine Inschriftkartusche. Zwei Grabplatten: H. Krassow und D. Norman, 1622, Doppelwappen und Inschrift; Norman, 1697, Allianzwappen mit zahlreichen Anfangsbuchstaben hier bestatteter Angehöriger der Familien Norman und Quatzen.

Auf dem FRIEDHOF mit umfriedender Feldsteinmauer freistehender Glockenstuhl, 1635, Balkengerüst mit Bretterverkleidung und hohem Walmdach. Glocke, 1701 von Otto Strüwe, Hamburg. Glocke, 1855 von Eduard Zach, Stralsund. Sechs Grabplatten mit Wappen oder Allianzwappen und Inschriften: M. A. v. Krassow († 1732) und Ehefrau v. Braunen († 1738); G. v. Krassow und E. C. v. Krassow (beide † 1753); E. C. v. d. Lancken († 1777); C. H. v. Gagern († 1789) und M. T. v. Gagern († 1790) und Ch. v. Krassow († 1794); M. H. v. Krassow († 1786) und G. A. v. Krassow († 1793); C. R. v. Gagern und M. S. v. Gagern, 2. H. 18. Jh. Weiter 13 Grabstelen, 1. H. 19. Jh., zumeist mit symbolischem Dekor.

ALTES PFARRHAUS Dorfstraße 16, 1777. Eingeschossiger siebenachsiger Fachwerkbau mit Feldsteinsockel und Krüppelwalmdach; die Rückfront und die linke Giebelwand wurden in Backstein massiv erneuert, an der Rückseite auch eine Schleppgaube.

KATEN (wohl ehem. Schule) Dorfstraße, südlich von der Kirche, 1. H. 19. Jh. und um 1900. Eingeschossiger, urspr. fünfachsiger Fachwerkbau mit Feldsteinsockel und rohrgedecktem Krüppelwalmdach; ein Teil der Wände wurde massiv in Backstein erneuert. Um 1900 erfolgte die Erweiterung durch einen aus Backstein errichteten zweiachsigen Teil mit Satteldach.

KATEN Dorfstraße, östlich von der Kirche, 2. H. 19. Jh. Eingeschossiger sechsachsiger Backsteinbau mit Feldsteinsockel und rohrgedecktem Krüppelwalmdach mit Fledermausgaube an der Vorderseite. – Zugehörig ein kleines Stallgebäude aus Fachwerk und mit rohrgedecktem Satteldach. Ein weiteres Wirtschaftsgebäude aus Backstein und Fachwerk mit rohrgedecktem Krüppelwalmdach wurde zum Wohnhaus umfunktioniert.

**Reetz** (bei Neuenkirchen)

TRANSFORMATORENHAUS, um 1910. Kleiner Backsteinbau mit geschweiftem Satteldach und einem mit Kupferblech beschlagenen Dachreiter unter geschweifter Haube.

**Reischvitz**

GUTSHAUS, A. 20. Jh. Aus zwei eingeschossigen siebenachsigen Putzbauten mit hohen Sockelgeschossen und Krüppelwalmdächern bestehend, die im rechten Winkel zueinander stehen und durch einen niedrigeren Verbindungsbau mit Rundbogenportal und Ochsenauge untereinander verbunden sind. Das mit der Traufe zum Hof gekehrte Haus besitzt auf der Vorder- und Rückseite je einen zweiachsigen mittleren Frontispiz mit firstgleichem Satteldach und Dreieckgiebel; auf der Rückseite ein Gartenportal mit vorgelegter Freitreppe. In der Mitte der Traufseite des anderen, giebelständigen Hauses liegt in einem risalitartigen Vorbau der Haupteingang unter einem hohen Rundbogenfenster. Die Fassaden beider Häuser gliedern Eckpilaster, Fugenschnitt und neobarocker Stuckdekor; die Fenster sind rechteckig. – Wohl gleichzeitig ist der eiserne Vorgartenzaun zwischen gemauerten Pfeilern errichtet worden. Ein jetzt stark entstellter englischer Landschaftspark mit großem Teich liegt westlich vom Gutshaus.

**Renz**

Ehem. GUTSHAUS, A. 17. Jh. Im Kern wohl aus dem E. 16. Jh. stammender zweigeschossiger fünfachsiger Putzbau aus Backstein- und Feldsteinmauerwerk, mit z. T. noch gewölbtem hohen Sockelgeschoß, aus der Mittelachse gerücktem polygonalen zweigeschossigen Treppenturm und runden Ecktürmen an der nach Osten gekehrten Hoffront, Krüppelwalmdach und rückwärtiger Gaube. Den rechten Eckturm und die entsprechende nordwestliche Gebäudekante stützen abgestufte mächtige Pfeiler, zum im Treppenturm gelegenen rundbogigen Haupteingang führt eine erneuerte Freitreppe; die recht-

eckigen Fenster sind z. T. verändert und haben neue Rahmen erhalten, an den drei jetzt flach gedeckten Türmen wurden die Hauben abgetragen. Im Innern blieb die urspr. Raumstruktur teilweise erhalten, im Erdgeschoß besitzt der südöstliche Raum zwei Kreuzgratgewölbe. An der Rückseite schließt seit M. 19. Jh. ein niedriger zweigeschossiger Flügel mit Krüppelwalmdach an.
VERWALTUNGSGEBÄUDE des Gutshofes, östlich vom Gutshaus, M. 19. Jh. Eingeschossiger siebenachsiger Backsteinbau mit hohem Sockelgeschoß und zweigeschossigen Seitenrisaliten mit firstgleichen Satteldächern. Die Fenster des Hauptgeschosses und das hofseitige Hauptportal mit vorgelegter Freitreppe sind segmentbogig und besitzen segmentbogige Abschlaggesimse, die Wände gliedern das Sockelprofil und flache Gurt- und Traufgesimse, die Risalitgiebel ein kräftiger Stufenfries. – Im stark überwachsenen benachbarten Gutspark sind noch dendrologisch bedeutende Solitärbäume erhalten geblieben.

**Rosengarten**

GUTSHAUS, 1. V. 19. Jh. Eingeschossiger elfachsiger Putzbau mit Feldsteinsockel, einem die Hoffront betonenden fünfachsigen zweigeschossigen Risalit und Krüppelwalmdach. Im nur wenig vortretenden Risalit liegt der hohe rechteckige Haupteingang, in seinem flachen Dreieckgiebel die Gutsuhr. Die Gebäudekanten werden von starker Putzrustika betont, das umlaufende Traufgesims ist reich profiliert, die wenigen unverändert gebliebenen Rechteckfenster sind von Faschen gerahmt und liegen an den Giebelseiten unter geraden Verdachungen bzw. zwischen Kreisblenden.
Im rechten Winkel zum Gutshaus steht ein wohl zeitgleiches WOHNHAUS. Der eingeschossige siebenachsige Putzbau mit Satteldach und vierachsigem Frontispiz über der hofabgewandten Vorderfront besitzt Ecklisenen, ein karniesförmiges Traufgesims und einen Zahnschnittfries an den Giebelschrägen; die im Erdgeschoß segmentbogigen, sonst rechteckigen Fenster werden von Faschen gerahmt.

**Sagard**

Die möglicherweise schon im 12. Jh. neben einer slawischen Tempelburg entstandene Ortschaft hatte seit dem 16. Jh. überwiegend eine handwerkliche Bevölkerung. Der Versuch, E. 18. Jh. in der »Brunnenaue« ein Kurbad einzurichten, blieb erfolglos; einen Aufschwung nahm der Ort durch den Bau der Chaussee Bergen – Saßnitz in der 2. H. 19. Jh.

PFARRKIRCHE ST. MICHAEL Backsteinbau aus zu unterschiedlichen Zeiten errichteten Baukörpern. Das »Mittelschiff« des jetzt dreischiffig erscheinenden vierjochigen Langhauses benutzt die Längswände und die Triumphbogenwand des rechteckigen Schiffes eines A. 13. Jh. errichteten romanischen Vorgängerbaus. Erkennbar blieben davon außen die durch Kreuzbogen- bzw. gekreuzte Dreieckfriese verbundenen Ecklisenen und die unter dem Dach an der Nordwand gut erhaltene Reihung von Rundbogenfenstern und -blenden, im Innern

*Sagard, Pfarrkirche St. Michael, Südseite mit barockem Anbau und Westturm*

*Sagard, Pfarrkirche St. Michael, Inneres, Blick zum Chor*

unter bzw. über den um 1500 eingezogenen Kreuzrippengewölben die in Blendenrahmen liegenden, später zugesetzten Rundbogenfenster. Das nördliche Schiff mit Spitzbogenfenstern kam wohl M. 15. Jh. hinzu; hierfür wurden in die nördliche »Mittelschiffswand« drei Spitzbogenarkaden eingebrochen und über beide Schiffe ein gemeinsames Satteldach gelegt. Vom seitenschiffartigen dreijochigen südlichen Anbau wurde das östliche Joch schon im 15. Jh. als Kapelle errichtet, die beiden weiteren Joche und ihre Einwölbung kamen 1786 hinzu, ebenso die hohen Spitzbogenarkaden zum »Mittelschiff«; von außen erscheint der dreiachsige Anbau mit Rechteckfenstern zweigeschossig, im von Kolossalpilastern begrenzten und leicht vortretenden Mittelrisalit mit geschweiftem Dreieckgiebel liegen ein Rundbogenportal und ein Segmentbogenfenster, über den seitlichen Achsen jeweils ein Walmdach. Der langgestreckte Chor mit polygonalem Ostschluß, gestuften Strebepfeilern und spitzbogiger Priesterpforte ersetzte um 1400 einen Vorgänger, dessen Triumphbogen in der Schiffsostwand erhalten blieb. Die unter den spitzbogigen Chorfenstern mit gegabelten Mittelrippen gelegenen spitzbogigen Wandnischen erhielten in jüngerer Zeit segmentbogige Fenster; für ein Kreuzrippengewölbe vorbereitet, erhielt der Chor eine um 1880 erneuerte flache Decke. Die nördlich angebaute, unter einem Walmdach gelegene Sakristei aus dem 18. Jh. ist zweigeschossig und ersetzte einen spätmittelalterlichen Vorgängerbau. Das Mauerwerk des um 1500 errichteten zweigeschossigen Westturmes mit über die Mittelschiffsbreite hinausgehendem quadratischen Grundriß ist in den unteren Schichten mit Findlingen und großen Feldsteinen vermischt. Im Untergeschoß liegt das spitzbogige Westportal mit vielfach gestuftem Gewände, darüber ein und an den Seitenwänden je zwei Spitzbogenfenster mit neogotischem Maßwerk; das Obergeschoß mit hohem Zeltdach von 1633 besitzt auf drei Seiten je drei zweiteilige Spitzbogenblenden mit Schalluken.

*Ausstattung:* Altar, 1726/27 von Elias Keßler, Stralsund; hoher architektonischer Aufbau mit einem gesprengten Giebel auf Säulenpaaren; als szenische Reliefs Abendmahl, Kreuzigung und Grablegung Christi, ergänzt durch die bekrönende Figur des triumphierenden Christus, »Auge Gottes« im Strahlenkranz, Heiligenfiguren, Engel und weibliche Tugendallegorien. Kanzel mit Aufgang und Schalldeckel, um 1830; den Korb trägt eine gedrungene Säule, seine Brüstung und die des Aufganges gliedern einfache Rechteckfelder, dazu wie am glockenförmigen Schalldeckel sparsamer Palmetten- und Blütendekor; an der Rückwand hängt ein zeitgleiches Kruzifix. Taufständer, Holz, um 1830, in Kelchform, als Dekor Kanneluren, Palmetten und stilisierte Blumenranken. Orgel, das Werk 1796 von Christian Kindt, Stralsund, gebaut, der gleichzeitige Prospekt ist im Stil der Zopfzeit dekoriert, dazu Flammenvasen und ein von Adlern flankiertes Wappen. Korpus vom Triumphkreuz, 2. H. 15. Jh. Drei Pastorenbildnisse: E. Buschmann († 1701), mit längerer Inschrift; C. T. Schwarz († 1750) und G. Christenius († 1755), beide 1739/40 gemalt. Geldkasten, Holz, E. 18. Jh., dreieckige

Kiste mit Einwurfschlitz. Orgelempore, um 1830, auf Säulen, am konkav eingezogenen Mittelteil zwischen plastischem Akanthus ein von Wilden Männern gehaltenes Wappen. Zwei Beichtstühle, um 1720, oben offene Verschläge; der Oberteil mit zu öffnenden Feldern ist mit gemalten Bibelzitaten und Beichtsätzen überzogen, die hohen Brüstungsfelder mit hochovalen Akanthusrahmen und emblematischen Bildern und Beischriften bemalt; Reste des plastischen Dekors aus der Werkstatt Elias Keßlers, Stralsund. Gemeinde-Kastengestühl, um 1830, Brüstungen und Türen mit hochrechteckigen Füllungsspiegeln. Zwei Kelche und eine Patene, 17. Jh., an den Sechspaßfüßen jeweils ein aufgelegter plastischer Korpus. Krankenkelch und Patene, A. 19. Jh., Patene, Silber, 1835. Ovale Oblatendose, Silber, 1723, auf dem Deckel graviertes Kruzifix und Bandelwerk. Runde Oblatendose, Silber, A. 19. Jh. Abendmahlskanne, Silber, 1739, mit bauchigem Körper auf rundem Fuß. Taufkanne, Silber, 1745, mit birnenförmigem Körper und langer Tülle. Löffel, Silber, 18. Jh. Taufschale, Messing, M. 17. Jh., im Spiegel getrieben Sündenfall und Minuskelumschrift. Leuchterpaar, Eisenguß, teilvergoldet, als Lichtträger Engelhermen. Glocke, 19. Jh. Grabplatte H. Normann († 1613) und C. Paselichs († 1623), Schweifwerkrahmen mit Inschriften und Doppelwappen, in den Ecken Wappen, Umschriften.

Auf dem von einer Feldsteinmauer umgebenen FRIEDHOF: Grabplatte E. v. Willich († 1827) mit Ehefrau und vier Kindern, Gußeisen mit Inschriften. Acht Grabstelen mit Inschriften, Wappen und Symbolen: C. L. Barnekow († 1830); W. M. C. und B. C. L. Vahl (wohl beide 1832); unbekannt († 1854); J. C. Stahnke († 1871); J. M. Rogge († 1873); unbekannt († 1874); M. C. W. Muhs († 1876); behauener Feldstein mit »H. St. 1754«.

PFARRHAUS bei der Kirche, M. 18. Jh. Eingeschossiger neunachsiger Putzbau mit Feldsteinsockel, Resten von Fachwerk und Krüppelwalmdach, die drei mittleren Achsen der Vorderfront sind als Risalit mit Dreieckgiebel und firstgleichem Satteldach leicht vorgezogen; die zweiflügelige Haustür stammt aus der Erbauungszeit.

WOHNHAUS Apollonienmarkt 12, A. 19. Jh. Eingeschossiger sechsachsiger Fachwerkbau auf Feldsteinsockel, massive, verputzte Straßenfront, mit Stallteil und Krüppelwalmdach; links schließt ein niedrigerer und weniger tiefer, nur z. T. verputzter Backsteinschuppen mit Satteldach an.

WOHNHAUS August-Bebel-Straße 1, 2. H. 19. Jh. Zweigeschossiger sechsachsiger Putzbau mit Sockelgeschoß und flachem Satteldach. Die Fassaden gliedern Lisenen, Fugenschnitt, Gurtgesimse, ein Putzband vor dem Drempel und Putzspiegel; über den faschengerahmten Fenstern liegen im Obergeschoß Giebelverdachungen auf seitlichen Konsolen, vor dem Hauseingang eine Freitreppe mit eisernem Geländer.

SCHULGEBÄUDE Ernst-Thälmann-Straße 32, um 1900. Zweigeschossiger siebenachsiger Putzbau mit Sockelgeschoß und Drempel. Die Straßenfront gliedern ein kräftiges Gurtgesims, Lisenen und ein unter der Traufe den Drempel rahmendes breites Band mit Putzspiegeln. Die Fenster liegen in Segmentbogenblenden, vor dem Mitteleingang im Erdgeschoß ein Podest mit doppelter Freitreppe.

WOHNHAUS Ernst-Thälmann-Straße 37, E. 19. Jh. Zweigeschossiger fünfachsiger Putzbau mit Kellergeschoß. Die äußeren Achsen der Straßenfront und die mittlere Achse der Seitenfronten treten leicht vor; zwischen den Geschossen liegen kräftige Gurtgesimse, unter der Traufe ein breites Kranzgesims, die Segmentbogenfenster unter gekrümmten dünnen Abschlaggesimsen.

SCHEUNE Ernst-Thälmann-Straße 47, M. 19. Jh. Eingeschossiger Fachwerkbau mit seitlichem Einfahrtstor in der vorderen Giebelwand und rohrgedecktem Krüppelwalmdach.

DENKMAL, um 1913. Zur Erinnerung an die Völkerschlacht vor 100 Jahren errichtetes Monument aus mehreren Findlingen, mit in Bronze gegossenem Eisernen Kreuz und den Jahreszahlen 1813 und 1913.

WOHNHAUS Kapellerstraße 16, 2. V. 19. Jh. Eingeschossiger fünfachsiger Putzbau mit Resten von Fachwerk und rohrgedecktem Krüppelwalmdach; die rechteckigen Fenster haben an der Straßenfront Faschenrahmen.

*Linke Seite: Sagard, Saalbau Markt 3*

*Rechte Seite: Samtens, Dorfkirche von Süden sowie Inneres, Blick in den Chor und Engelkonsole von Hans Lucht*

WOHNHAUS Kapellerstraße 32, 2. V. 19. Jh. Eingeschossiger fünfachsiger Putzbau mit rohrgedecktem Krüppelwalmdach; die Giebelwände sind aus Fachwerk, die Rechteckfenster der Straßenfront haben Faschenrahmen.
SAALBAU Markt 3, E. 19. Jh. Hoher dreiachsiger Putzbau mit niedrigem Sockel und hinter einer Attika verborgenem flachen Dach. Die Fassade gliedern Fugenschnitt und drei vom Sockel bis zur Traufe reichende schmale Rechteckfenster mit Faschenrahmen und geraden Verdachungen.
BAHNHOFSGEBÄUDE, um 1900. Einem zweigeschossigen vierachsigen Backsteinbau mit Mezzaningeschoß, straßenseitig risalitartig vortretender rechter Achse, Walmdach und einem eingeschossigen Vorbau am Bahnsteig ist rechts ein eingeschossiger vierachsiger Gaststättenflügel mit Mezzaningeschoß angebaut; die Fassaden gliedern Gurtgesimse und schmale Abschlaggesimse über den Segmentbogenfenstern. An der linken Seite des Empfangsgebäudes liegt ein langgestreckter eingeschossiger Lagerschuppen aus Backstein.
Ehem. WINDMÜHLE, um 1900. Als »Paltrockmühle« urspr. mit einem Rollenkranz auf dem Feldsteinsockel drehbarer dreigeschossiger, mit Schindeln auf Bretterschalung verkleideter Fachwerkkörper mit eingezogenem dritten Geschoß und Krüppelwalmdach; von der technischen Einrichtung blieb nur das Windrad erhalten.
PARK »Brunnenaue«. 1794 für das geplante Kurbad angelegt; im jetzigen Wäldchen sind nur noch Reste dieser Anlage erkennbar.

## Samtens

DORFKIRCHE Einheitlicher Backsteinbau vom A. 15. Jh. mit dreijochigem rechteckigen Schiff, eingerücktem zweijochigen Rechteckchor und Nordsakristei; in der Schiffswestwand liegt links ein unten polygonal, oben halbrund vortretendes Treppentürmchen, über dem westlichen Schiffsjoch ein Fachwerk-Dachreiter von 1703 mit Zeltdach. Das Feldsteinfundament reicht bis in die untersten Mauerschichten, mehrere Kragschichten bilden das Traufgesims, und die Giebel von Chor und Schiff mit Fialtürmchen an Fuß und Spitze werden von gestaffelten Spitzbogenblenden gegliedert, unter dem Chorgiebel liegt ein vertieftes Putzband. Die im Scheitel leicht spitzen Segmentbogenfenster mit einfachen Rippen wurden z. T. nachträglich zugesetzt oder verändert, die spitzbogigen Portale sind in der Chorsüdwand zugesetzt, in der Süd- und Westwand des Schiffes durch spätere Baumaßnahmen im Scheitel zerstört worden. Im Innern ist der Triumphbogen leicht spitzbogig, die Kreuzrippengewölbe ruhen im Chor auf Wandkonsolen, im Schiff gehen sie von zu Spitzbogennischen verbundenen Wandpfeilern aus und reichen hier mit ihren Scheiteln über die Mauerkronen hinaus, so daß sie zwei unter ihnen sichtbar gebliebene Dachbalken umschließen. Die dekorative Ausmalung aus der Barockzeit besteht aus Beschlagwerkbändern und von Engeln gehaltenen ausladenden Draperien und Baldachinen; zarte Blattornamente begleiten die mit Bandornamenten bemalten Gewölberippen. Aus der M. 15. Jh. stammt die gemalte Darstellung des Hl. Christopherus mit Kind und Stifterfigur. *Ausstattung:* Altar. Vom ehem. Aufsatz blieben die um 1770 geschaffenen, auf Rocaillekonsolen stehenden Figuren von Fides und Caritas aus der Werkstatt Jacob Freese, Stralsund, erhalten; siehe Triumphkreuz. Kanzel, um 1880; die Brüstung des auf vier Stützen stehenden polygonalen Kanzelkorbes gliedern hochrechteckige Felder. Taufengel, um 1700, wohl von Martin Becker, Stralsund; auf drei hohen Akanthusranken stehende Engelfigur mit einem Lesepult auf den gebreiteten Flüchten und einem Lorbeerkranz für die Taufschale in den vorgestreckten Händen. Orgel; das Werk 1884 von Barnim Grüneberg, Stettin, gebaut, der neogotische Prospekt ist zeitgleich. Triumphkreuz (jetzt auf dem Altar); der Korpus, 15. Jh., ist jetzt ohne Perücke, das Kreuz mit breiteren Enden wurde im 18. Jh. erneuert. Engelkonsole, Sandstein, 1635 wohl von Hans Lucht, Stralsund, geschaffen; die Konsole mit Blattmaske, darauf ein kniender Engel, der sich auf einen Wappenschild stützt und eine Platte trägt, auf der urspr. ein Küraß stand. Opferstock, wohl 17. Jh.; achtseitig behauener Teil eines Baumstammes, ausgehöhlt, jetzt jedoch ohne Tür. Orgelempore, um 1880; auf vier Stützen stehend, die Brüstung mit einfacher Felderteilung. Gemeinde-

*Samtens, Dorfkirche, Epitaph H. v. der Osten und Friedhof, Familiengruft v. der Lancken*

Kastengestühl, um 1935. Zwei Kelche und Patenen, 1646 und um 1700. Krankenkelch mit Patene, E. 18. Jh.; in einem gedrechselten Holzkasten aufbewahrt. Ovale Oblatendose, 18. Jh., auf dem Deckel ein graviertes Kreuzeslamm. Weinkanne, 1860, in Lekythosform. Taufschale, Messing, um 1700. Zwei Kollektenschalen, Messing, um 1700 und 1749. Klingelbeutel, 18. Jh., Ring und Hülse aus Messing, Samtbeutel mit Goldfäden, der Holzstab gedrechselt. Leuchterpaar, Gußeisen, E. 19. Jh., mit neogotischem Dekor. Kronleuchter, Messing, 1667. Schaft mit Kugel und Doppeladler und 16 Arme in zwei Reihen. Kronleuchter, Messing, E. 19. Jh., in Gestalt eines flämischen Kronleuchters mit 22 Armen in zwei Reihen. Blakerpaar, Messing, 2. H. 18. Jh., die Grundplatten mit getriebenem vegetabilischen Dekor, davor je zwei Arme. Glocke, 1473, mit erhaben gegossener Minuskelinschrift. Glocke, 1817, umgegossen von Johann Gottlieb Metzler, Stralsund, mit erhaben gegossener langer Antiqua-Inschrift. Epitaph v. d. Osten, 1602; architektonisch reich gerahmtes Tafelbild mit der Familie des Verstorbenen unter der Kreuzigung Christi; in der Bekrönung zwei Felder mit Wappen, unter dem Bild eine jetzt leere Inschrifttafel. Epitaph H. v. d. Osten, Sandstein, nach 1612; vor zwei gekuppelten Rundbogenblenden stehen die Relieffiguren des Verstorbenen und seiner Frau A. Lewezow; darüber und darunter Inschriftkartuschen, die seitlichen Rollwerkohren sind aus Holz. Epitaph G. v. d. Osten († 1621), Sandstein; auf einer von Kopfkonsolen getragenen Platte knien vor einer Rundbogenarchitektur mit Gebälk, gesprengtem Giebel und Knorpelwerkohren unter ihren Wappen die Relieffiguren des Verstorbenen und seiner Frau B. v. Blankenburg vor dem Kruzifix; Inschriften sind im Gebälk, auf einer Platte hinter dem Kreuz und in einer unteren Kartusche untergebracht. Grabplatte für H. W. († 1412) und G. v. d. Osten († 1534); innerhalb einer älteren Minuskelumschrift im vertieften Band liegen ein jüngeres Wappen und die zugehörige Kapitalen-Inschrift. Grabplatte B. v. d. Osten († 1564) und M. v. d. Osten († 1574) mit Wappen und Kapitalen-Inschrift, Grabplatte P. Wiese († 1572), mit Kelch in Ritzzeichnung und Kapitalen-Inschrift.

Auf dem FRIEDHOF mit umgrenzender Feldsteinmauer.
FAMILIENGRUFT v. d. Lancken, 1. H. 19. Jh. Niedriger Feldsteinbau mit rückwärtiger Backsteinwand; in der verputzten Vorderfront liegen in der Mitte ein Spitzbogenportal unter Stufengiebel, seitlich je zwei Spitzbogenblenden mit Binnengliederung; das flache Satteldach ist mit Kupferblech gedeckt.

ALTES PFARRHAUS, abseits vom Ort gelegen, 2. D. 19. Jh. Eingeschossiger siebenachsiger Fachwerkbau mit Feldsteinsockel, massiver Gartenfront aus Backstein und Krüppelwalmdach; über den Traufseiten liegt jeweils ein zweiachsiger mittlerer Frontispiz, der auf der Hofseite ein jüngeres Schleppdach erhielt, an der Gartenfront leicht vortritt und sein Satteldach mit flachem Dreieckgiebel behielt. Die Fenster sind rechteckig, der Hauseingang liegt in der vorderen Giebelfront, von wo das Innere über einen Längsflur erschlossen wird. – Zugehörig sind zwei seitliche Stallgebäude mit Satteldach.

Ehem. KÜSTERHAUS (jetzt Pfarrhaus), Kastanienallee 10, 1. H. 19. Jh. Eingeschossiger siebenachsiger Fachwerkbau mit hohem Feldsteinsockel, an den Giebelseiten und einem Teil der Traufwände in Backstein massiv erneuerte Wände und Krüppelwalmdach; die meisten Fenster besitzen noch ihre Holzläden.

WOHNHAUS Stralsunder Straße 5, A. 20. Jh. Eingeschossiger vierachsiger Putzbau mit Feldsteinsockel und Krüppelwalmdach. In der Mitte der Gartenfront liegt ein zweigeschossiger zweiachsiger Mittelrisalit mit Krüppel-Mansarddach, die linke Achse ist als nach vorn und zur Seite offene Loggia ausgebildet; die rechteckigen Fenster haben zumeist ihre urspr. Gestalt behalten. An der rückwärtigen Hofseite schließt im rechten Winkel ein parallel zur Straße liegender niedrigerer Wirtschaftsflügel mit Mansarddach an.

BAHNHOF Stralsunder Straße, um 1900. Langgestreckter eingeschossiger Fachwerkbau mit Teerpappendeckung, aus dem Empfangsgebäude und dem Güterschuppen bestehend. Zum Vorplatz hin ist dem Hauptzugang ein Windfang mit Uhr vorgebaut, auf der Rückseite ist das Dach auf dünnen Stützen bis zur Bahnsteigkante vorgezogen.

**Sassnitz**

1906 wurde das am Unterlauf des Steinbaches gelegene bisherige Fischerdorf mit dem auf dem Steilufer gelegenen Häuslerdorf Crampas zur Stadt vereint. Einen bescheidenen Seebadebetrieb gab es in beiden Orten seit 1835, logiert wurde in den Häusern der Einwohner. Die um 1860 beginnende schrittweise Entwicklung zum vielbesuchten Seebadeort Sassnitz/Crampas führte zum Bau ein- und zweigeschossiger Pensionshäuser entlang des Westhanges zum Hochufer und der baulichen Erweiterung vieler Wohnhäuser. Nach 1870 folgten größere Hotel-Neubauten und der Ausbau bestehender Pensionshäuser und Hotels im von der Rosenstraße, Böttcherstraße, Standpromenade, Rosa-Luxemburg-Straße und Bergstraße umgrenzten Quartier, dessen den Hang emporführende Straßen z.T. treppenförmig angelegt sind. Die Hotel- und Pensionsbauten sind in der Regel aus verputztem Backstein und seltener aus Fachwerk errichtete zwei- bis viergeschossige Traufenhäuser von fünf bis acht Achsen Breite mit flachen Satteldächern. Charakteristisch sind die den Geschossen vorgelegten hölzernen, z. T. verglasten Loggien, deren oft aufwendig ausgebildete Stützkonstruktionen zuweilen reich ornamentiert sind. – Der Ausbau des Hafens seit 1883 und der Anschluß an das Eisenbahnnetz 1891 führten zudem zur Errichtung von zahlreichen Wohnhäusern für Beamte und Angestellte westlich vom Bahnhof und an der Merkelstraße.

PFARRKIRCHE ST. JOHANNES 1880/83 nach Plänen von Adolf Gerstenberg, Berlin, im neogotischen Stil errichteter, nicht geosteter Backsteinbau mit rechteckigem Schiff, eingerücktem und polygonal geschlossenem Chor und achtseitigem schlankem Glockenturm. Über der Eingangsfront des vierjochigen Schiffes mit Spitzbogenportal in architektonischer Rahmung und großer Fensterrosette liegt ein breiter Stufengiebel mit gestaffelten Spitzbogenblenden, an den Traufseiten stehen gestufte Strebepfeiler, und den rückwärtigen Dreieckgiebel gliedern ebenfalls Blenden, die Fensteröffnungen sind spitzbogig, das Hauptgesims bilden zwei Stromschichten; die drei Geschosse des an der linken Kante

*Sassnitz, Pfarrkirche, Eingangsfront*

der Eingangsfront stehenden Treppenturmes mit schlanken Fensterschlitzen und Schalluken trennen Gurtgesimse. Im Innern besitzt das Schiff eine Bretterdecke, der kurze Chor ein Kreuzrippengewölbe.
Die neogotische *Ausstattung* stammt aus der Erbauungszeit. Orgel, 1899 von Gebrüder Dinse, Berlin, gebaut und 1959 durch Barnim Grüneberg, Greifswald, klanglich umgestimmt. Leuchterpaar, Zinn, 18. Jh., der dreiseitige Sockel mit Cherubköpfen in Akanthuslaub unter dem Balusterschaft steht mit seinen Klauenfüßen auf Kugeln. Zwei Glocken, 1924 und um 1930.
Auf dem FRIEDHOF u. a. zwei Denkmale:
Kriegerdenkmal 1914–1918. Nach 1918 auf einem Hügel aus Feldsteinen aufgerichteter hoher Granitfindling mit eingemeißeltem Eisernen Kreuz und Inschrift; um diesen Block stehen kleine Grabsteine mit den Namen der Gefallenen. – Als politisches Denkmal gilt das Grabdenkmal für Hermann Bebert (am 3. Mai 1945 als Antifaschist ermordet). Granitplatte mit Namen und Lebensdaten; umgeben von einer gestalteten Nadelbaumgruppe.

BAHNHOF Bahnhofstraße, um 1900. Backsteinbau mit mehreren unterschiedlich hohen Gebäudeteilen. An einen achtachsigen zweigeschossigen Kernbau mit Walmdach, achsenverschobenen Frontispizen zur Straße und dem Bahnsteig, straßenseitigem Eingangsvorbau mit weit vorkragendem Schutzdach und rückwärtiger Dachgaube schließt sich links ein als Gaststätte genutzter eingeschossiger Flügel mit Walmdach an, rechts ein dreigeschossiger Turm mit Walmdach. Weiter rechts liegt das langgestreckte eingeschossige Gebäude der Güterabfertigung mit Rampe und mehreren Toren. An seiner zum Bahnsteig gekehrten rückwärtigen Seite ist dem Bahnhof fast in ganzer Länge ein weitgehend verglaster verandaartiger Anbau vorgesetzt.

*Bergstraße*

KIOSK Nr. 8, E. 19. Jh. Eingeschossiger dreiachsiger Holzbau mit Pultdach. Die Fassade gliedern ornamental gemusterte Lisenen und ein Band unter dem kräftigen Hauptgesims mit Mittelgiebel; die verglaste Tür und die beiden seitlichen Schaufenster mit giebelförmigen Verdachungen werden von Faschen gerahmt.

WOHNHAUS Nr. 9. Von 1874 bis 1889 aus einem urspr. eingeschossigen Fischerhaus zu seiner jetzigen Gestalt gebrachter zweigeschossiger vierachsiger Putzbau mit flachem Satteldach. Die mittleren zwei Achsen des Obergeschossen treten an der Vorderfront, auf zwei Pfeiler gestützt, weit vor und besitzen einen flachen Dreieckgiebel, die darunter gelegene offene Vorhalle ist mit maritimen Szenen von Gustav Bohrmann, Sassnitz, ausgemalt; von den seitlichen Loggien sind die des Erdgeschosses kürzlich massiv geschlossen worden.

PENSIONSHAUS Nr. 15, E. 19. Jh. Der Straßenfront des aus zwei leicht versetzt im rechten Winkel aneinandergebauten dreigeschossigen dreiachsigen Flügeln mit flachen Satteldächern bestehenden Putzbaus mit hohem Sockelgeschoß sind in allen Hauptgeschossen hölzerne Loggien mit reichem Schnitzdekor an den Arkadenwänden und Brüstungen vorgelegt; zum hinter der untersten rechten Loggia gelegenen Hauseingangs führt eine hohe Freitreppe. Zwei balkonartige weitere Loggien hängen vor der Front eines linken Anbaus.

HOTEL »KAISERHOF« (Lindenhof), Nr. 21, 1885. Dreigeschossiger vierachsiger Putzbau mit Terrassendach und zweigeschossigen zweiachsigen Seitenflügeln, deren Dächer als Terrasse genutzt werden. Vor dem Kernbau liegt straßenseitig ein über zwei Geschosse reichender Saalbau mit Dachterrasse, vor den Obergeschossen der Seitenflügel Balkone mit eisernen Gittern. Eckquaderung, Konsolfries und die drei zwischen Pilastern gelegenen großen Panoramafenster des Saalbaus gliedern die Fassaden, die Segmentbogenfenster haben Faschenrahmen mit Keilsteinen.

Ehem. FISCHERHAUS Böttcherstraße 1, um 1800. Eingeschossiger fünfachsiger Putzbau mit Fachwerkgiebeln und einem über den zwei rechten Achsen der Straßenfront gelegenen firstgleichen Frontispiz aus Fachwerk mit Dreieckgiebel. Das einzige unverändert erhalten gebliebene Beispiel für die vor M. 19. Jh. den Bedürfnissen des entstehenden Badelebens angepaßten Fischerhäuser.

PENSIONSGEBÄUDE Johannes-Brahms-Straße 6, 4. V. 19. Jh. Dreigeschossiger sechsachsiger Putzbau mit hohem Sockelgeschoß, Fugenschnitt im Erdgeschoß, flachem Gurtgesims und faschengerahmten Rechteckfenstern. Auf der Vorder- und Rückseite sind den Fronten hölzerne Loggien vorgesetzt, die an der Straßenfront mit Hauseingang und hoher Freitreppe durch reichen Schnitzdekor hervorgehobene Brüstungen und spitzbogige Arkadenwände besitzen und weitgehend verglast sind.

*Hauptstraße*

DENKMAL zur Erinnerung an die Durchreise W. I. Lenins auf dem Rückweg nach Rußland 1917, um 1960. Drei symmetrisch angeordnete Granitblöcke, am mittleren eine Inschrifttafel.

DENKMAL für auf See gebliebene Fischer, um 1970. Dreistufiges Podest und rechteckiger Granitblock mit Inschrift, darauf die Plastik einer stilisierten Woge mit sinkendem Boot. Dahinter eine Mauer aus auf Lücke liegenden Steinplatten.

DENKMAL zu Ehren antifaschistischer Widerstandskämpfer. 1973 von Reinhard Schmidt geschaffene Betonstele auf glattem Sockel mit Inschrift und Relief von Not und Befreiung der KZ-Häftlinge; im weiten Kreis von einer niedrigen Mauer umgeben.

POSTGEBÄUDE, um 1890. Zweigeschossiger siebenachsiger Backsteinbau mit Terrassendach und Dachgauben. Die mittleren drei Achsen der Vorderfront treten unter einem über der Traufe liegenden schlanken Stufengiebel als Risalit leicht vor; an der linken Seite ein eingeschossiger Anbau mit Attika, an der Rückfront liegt ein wohl jüngerer eingeschossiger Anbau mit flachem Dach. Die Fassaden sind durch Schichten von schwarz glasierten Ziegeln gebändert, Gurtgesims und Traufgesims kräftig profiliert, die Fenster segmentbogig.

RATHAUS, A. 20. Jh. Zweigeschossiger dreizehnachsiger Putzbau mit Souterraingeschoß und Krüppel-Mansarddach. Die mittleren fünf Achsen treten als repräsentativ gestalteter dreigeschossiger Mittelrisalit mit den

Giebel freilassendem firstgleichem Mansarddach vor, ihm ist ein auf rustizierten Pfeilern ruhender, dem Obergeschoß zugeordneter Altan vorgesetzt; im Giebel wird ein die Traufe durchstoßendes dreiteiliges Fenster von einer großen Rundbogenblende eingefaßt. Die Fassaden besitzen reichen Baudekor aus Mauerbänderung, Putzspiegeln, Fugenschnitt und Fensterverdachungen, die Fenster sind rechteckig, im Obergeschoß der Rückseite breit und korbbogig. – Büste des russischen Politikers W. I. Lenin († 1924); im Rathaus aufbewahrter Rest der aufgegebenen Lenin-Gedenkstätte von um 1975.

WOHN- UND GESCHÄFTSHAUS Nr. 23, um 1930. Zweigeschossiger fünfachsiger Klinkerbau mit vier von ornamentierten Rahmen umgebenen Schaufenstern und mittlerem Ladeneingang im Erdgeschoß der Straßenseite, umlaufendem Kaffgesims und kräftigem Traufgesims; an der linken Seite des Hauses liegt das halbrund vortretende Treppenhaus mit Attika, an der Rückseite ein weit vortretender Mittelrisalit zwischen Balkonen mit schmiedeeisernen Gittern; von den auf allen Seiten des Walmdaches gelegenen Gauben besitzt die straßenseitige einen halbrunden Mittelteil mit kupferblechgedecktem spitzen Helm. Die teils rechteckigen, teils rundbogigen Fenster sind von unterschiedlicher Größe.

WOHN- UND GESCHÄFTSHAUS Nr. 25, 4. V. 19. Jh. Dreigeschossiger neunachsiger Putzbau mit Ladengeschäften im Erdgeschoß. Die äußeren Achsenpaare treten jeweils als Seitenrisalite vor, zwischen ihnen ist das Erdgeschoß massiv aufgemauert und bildet den Unterbau für eine Galerie vor dem zweiten Geschoß, die Galerie des dritten Geschosses ist frei zwischen die Risalite gespannt; die Fassaden werden durch Eckrustika, das Gurtgesims und die faschengerahmten Rechteckfenster gegliedert.

Ehem. GESCHÄFTSHAUS Nr. 51, E. 19. Jh. Eingeschossiger siebenachsiger Putzbau mit kräftigem Sockel und Traufgesims; in der mittleren Achse liegt der von Säulenpaaren, Gebälk und Dreieckgiebel gerahmte Eingang mit der bauzeitlichen Haustür; die äußersten Achsen sind risalitartig durch über das Traufgesims angehobene Dreieckgiebel mit Okuli betont.

WOHNHAUS Nr. 52, 3. D. 19. Jh. Zweigeschossiger fünfachsiger Putzbau, dessen straßenseitig leicht vortretende mittlere Achse mit einem weiteren Halbgeschoß unter eigenem Satteldach die Traufe durchstößt und vor dem Obergeschoß einen Balkon mit bauchiger Brüstung trägt; die Fassade gliedern farbig abgesetzte Eckrustika, ein Gurtgesims sowie die faschengerahmten Fenster und Türen.

*Linke Seite: Sassnitz, Rathaus, Vorderfront und Pensionshaus Karl-Liebknecht-Straße 16*

*Rechte Seite: Sassnitz, Pensionshaus Ringstraße 19*

WOHNHAUS Nr. 53, E. 19. Jh. Zweigeschossiger fünfachsiger Putzbau mit Eckrustika, Gurtgesims und faschengerahmten Fenstern, die farbig abgesetzt sind; vor dem Hauseingang in der Mitte des Erdgeschosses liegt eine Freitreppe.

PENSIONSHAUS Karl-Liebknecht-Straße 16, E. 19. Jh. Zweigeschossiger, an der Straßenfront siebenachsiger Putzbau aus einem traufständigen und einem giebelständigen Gebäudeteil mit Sockelgeschoß; die Fassaden sind durch aufgeputzte Eckrustika, Gesimse und großformige Rahmenfelder gegliedert, die Rechteckfenster von Faschen gerahmt. Der Straßenfront sind in ganzer Breite und vor beiden Geschossen hölzerne, jetzt überwiegend verglaste Loggien mit Knaggen und geschnitztem Dekor an den rundbogigen Arkadenwänden vorgelegt, zum Eingang führt eine hohe Freitreppe; vor der rückwärtigen Giebelwand liegen ebenfalls in beiden Geschossen einfache hölzerne Loggien.

HOTEL »TORIST« Saalanbau an der Marktstraße 7, 4. V. 19. Jh. Zweigeschossiger vierachsiger Putzbau mit von Lisenen und Bändern gegliederter Fassade und flachem Stufen-Blendgiebel. Ihm vorgelegt ist ein eingeschossiger Saalbau mit hohem Sockel, abgeschrägten Kanten, Pilastergliederung und großen Rundbogenfenstern, dessen Dach als Terrasse mit zwischen gemauerten Pfeilern liegenden eisernen Geländern dient.

»VILLA HERMES« Ringstraße 6, um 1875. Zweigeschossiger Putzbau mit hohem Sockelgeschoß, rechteckigen Anbauten vor der Vorderfront und den Giebelwänden und einem flachen Satteldach. Dem Erdgeschoß der rückwärtigen Trauffront sind in ganzer Breite drei hölzerne Loggien auf Pfeilern vorgesetzt, die mittlere tritt leicht vor und trägt über sich eine die Traufe überragende weitere Loggia mit hohem Satteldach; die Vorbauten der Giebelwände tragen dem Dachgeschoß zugeordnete Loggien, neben dem Treppenhaus-Vorbau der Vorderfront mit bunt verglasten Fenstern liegt eine überdachte Laube mit gut erhaltenem neogotischen Buntglasfenster und gußeisernem Geländer. Im Innern blieben die urspr. Raumstruktur und einige Stuckdecken erhalten. – Zwischen zwei kräftigen Pfeilern mit einer aufgesetzten eisernen Schale auf Volutenfüßen liegt eine zeitgleiche schmiedeeiserne Gittertür.

PENSIONSHAUS Ringstraße 19, 4. V. 19. Jh. Dreigeschossiger sechsachsiger Putzbau mit Sockelgeschoß und in der Mitte der Straßenfront gelegenem quadratischen Treppenturm, der die Traufe des Hauses übersteigt und flach gedeckt ist. Der seeseitigen Rückfront sind drei hölzerne Loggiengeschosse mit reichem geschnitztem Dekor und einer über der Traufe liegenden mittleren Verdachung vorgelegt.

PENSIONSHAUS »Villa Stöver«, Rosa-Luxemburg-Straße 1, 1876/77. Zweigeschossiger sechsachsiger Putzbau mit Mezzaningeschoß, über die Traufe hinausgehendem zweiachsigem Risalit an der Straßenseite; die Fassaden gliedern Eckquaderung, Gurtgesimse und faschengerahmte Rechteckfenster. Die Rückseite des Hauses ist über einem massiven Unterbau in drei Geschossen durch bescheidene hölzerne Loggien von unterschiedlicher Gestalt verdeckt. Im Innern blieben das Treppenhaus und alle Türen aus der Erbauungszeit erhalten.

WOHNHAUS Rosenstraße 1, 4. V. 19. Jh. Zweigeschossiges dreiachsiges Traufenhaus mit verputztem massivem Untergeschoß und Fachwerkobergeschoß; die Eckquaderung des Erdgeschosses und die Faschen der hier gelegenen Rechteckfenster sind farbig abgesetzt.
PENSIONSHAUS Rosenstraße 4, die jetzige Gestalt von 1894. Dreigeschossiger sechsachsiger Putzbau mit Ecklisenen, Gurtgesimsen und faschengerahmten Fenstern. Der seeseitigen Front sind drei Loggiengeschosse mit reich geschnitztem Dekor an den Kopfbändern und in den Zwickeln vorgelegt, deren mittlerer Teil im dritten Geschoß über die Traufe hinausreicht und besonders aufwendig dekoriert wurde. An der Rückseite des Hauses liegt der Eingang in einem Treppenturm aus Fachwerk; im Innern ist die alte Raumstruktur mit Mitteltreppe erhalten geblieben.
PENSIONSHAUS Rosenstraße 6, 1893. Dreigeschossiger sechsachsiger Putzbau mit Ecklisenen und Gurtgesimsen. Über einer seeseitigen, durch die Abschüssigkeit der Straße bedingten Terrasse erheben sich drei z. T. verglaste hölzerne Loggiengeschosse mit reichem Schnitzwerkdekor an den rundbogigen Arkadenwänden des Erdgeschosses und einem über die Traufe des Hauses hinausreichenden, von einem flachen Dreieckgiebel bekrönten mittleren Abschnitt des obersten Loggiengeschosses.

PENSIONSHAUS Uferstraße 8, um 1880. Zweigeschossiger fünfachsiger Putzbau mit Mezzaningeschoß. Seeseitig sind der Trauffront zwei sechs Achsen breite hölzerne Loggiengeschosse mit einem dritten mittleren Loggiengeschoß von zwei Achsen Breite und mit flachem Satteldach vorgesetzt. An der zur Uferstraße gelegenen Giebelseite sind es zwei Loggiengeschosse.

PENSIONSHAUS Weddingstraße 35, um 1900. Zweigeschossiger Putzbau mit hohem Sockelgeschoß, Eckpilastern und Gurtgesimsen. Ihm sind an der seeseitigen Traufseite über einem massiven Unterbau zwei verglaste Loggiengeschosse vorgelegt, in deren Mitte im Erdgeschoß die Vorhalle des Hauseinganges liegt, während das Obergeschoß hier einen flachen Dreieckgiebel trägt.

## Schabernack

KATEN Dorfstraße 4, um 1800. Eingeschossiger dreiachsiger Fachwerkbau mit Feldsteinsockel und rohrgedecktem Krüppelwalmdach; die rückwärtige Giebelwand ist massiv in Backstein erneuert und verputzt.

## Schaprode

DORFKIRCHE Backsteinbau aus einem vor der M. 13. Jh. errichteten einjochigen Chor mit leicht eingerückter halbrunder Apsis und Teilen der Ostwand des dreischiffigen romanischen Langhauses mit Nebenapsiden, das um 1400 durch einen einschiffigen vierjochigen Neubau ersetzt wurde; die nördliche Portalvorhalle am Schiff und die Nordsakristei des Chores sind wenig jünger. Die Wände des Chores und der Apsis gliedern ein Sockel, Lisenen und das Traufgesims aus Wulst, Deutschem Band und einem Kreuzbogenfries auf Konsolen mit Köpfchen, ein steigender Spitzbogenfries begleitet die Schrägen des Giebels; von den Rundbogenfenstern wurde das südliche gotisch verändert. An der Schiffsostwand blieben Spuren von Lisenen und der südlichen Nebenapsis erkennbar. Am gotischen Schiff mit halbrund vortretendem Treppenturm am linken Ende der Westwand fanden in den unteren Mauerschichten auch quadratische behauene Granitfindlinge Verwendung. Die dreiteiligen Spitzbogenfenster besitzen zwei ungegabelte Rippen, von den spitzbogigen Portalen mit gestuften Gewänden ist das südliche vermauert, das westliche am Gewände verändert, und im nördlichen Portal wie im Portal seiner Vorhalle blieben die mittelalterlichen Türen mit aufgelegten Leistenfeldern und Andreaskreuzen erhalten. Den Westgiebel gliedern wie die Giebel von Sakristei und Nordvorhalle gestaffelte Blenden, der Schiffsostgiebel wurde im 19. Jh. erneuert. Das quadratische Glocktürmchen mit achtseitigem Helm über dem Westende des Schiffes wurde 1668 aufgesetzt, der niedrige Fachwerkanbau vor der Schiffswestwand ist wohl noch jünger. Im Innern behielt der Chor sein kuppeliges romanisches Kreuzgratgewölbe; die Apsiskalotte liegt über einem Kämpferwulst, der verdoppelt auch die Wand unter dem Apsisbogen umgreift, und unter dem Triumphbogen liegt eine vorkragende Hohlkehle als

*Schaprode, Dorfkirche Ansicht von Südosten und Kanzel*

Kämpfer. Von den Rundbogennischen in den Chorwänden blieben die zwei südlichen erhalten, an der Schiffsostwand ein Rest des Wandpfeilers und Abrißspuren der abgetragenen nördlichen Arkadenwand des romanischen Langhauses. Schiff, Sakristei und Portalvorhalle besitzen Kreuzrippengewölbe, die im Schiff von zu Spitzbogennischen verbundenen kräftigen Wandpfeilern ausgehen. In der Chorostecke steht ein Sakramentshaus aus Backstein mit derbem Wimperggiebel, eisernem Gitter und Spuren figürlicher Malerei auf der Holztür.

*Ausstattung:* Altar, 1. D. 18. Jh., zweigeschossiger architektonischer Aufbau mit gewundenen Säulen, verkröpftem Gebälk und Ohren aus Akanthuslaub; dazu die vier Evangelisten und ein bekrönender Pelikan als wohl von Thomas Phalert, Stralsund, geschaffener figürlicher Dekor und drei Tafelbilder mit dem Abendmahl, der Kreuzigung und der Himmelfahrt Christi. Die Altarschranke mit einfacher Felderteilung in der Brüstung ist wohl zeitgleich. Kanzel mit Portal, Aufgang, Rückwand und Schalldeckel, 1723 von Hans Broder und dem Maler Franz Rose, beide in Stralsund, geschaffen; als Kanzelträger eine Petrus-Figur, die Brüstungen mit Inschriften in der Sockelzone sind am Aufgang in rhombische, am Kanzelkorb in Rundbogenfelder mit reichem Rahmenwerk aufgeteilt, in die als Tafelmalerei Brustbilder M. Luthers und J. Bugenhagens sowie Szenen aus dem Alten und dem Neuen Testament gesetzt wurden; zwischen ihnen liegen Blattschnüre bzw. gewundene Säulen auf Konsolen; auf die Tür des Aufgangsportals sind ein kniender Geistlicher unter der Hand Gottes und lange Inschriften gemalt, an die Rückwand Christus mit den Gesetzestafeln; das Kanzelpult trägt ein Adler, auf der aus Akanthusstreben und -versatzstücken gebildeten Krone des sechsseitigen Schalldeckels steht ein Engel mit Gesetzestafel. Taufständer, um 1725 wohl von Hans Broder, Stralsund, geschaffen; auf einem gewölbten Fuß mit Akanthusdekor kniet die Figurengruppe des Christus taufenden Johannes, über ihnen die Vierpaßplatte für die Taufschale. Orgel, das Werk 1895 von der Firma Knauf, Gotha, mit einem neogotischen Prospekt. Triumphkreuzgruppe, um 1500, am erneuerten Kreuz wurden die durchbrochenen Kreuzblumen und die Vierpaßendigungen mit den Evangelistensymbolen übernommen. Kruzifix, 15. Jh., Arme, Dornenkrone und Kreuz wurden erneuert. Geldtruhe, A. 17. Jh., mit gewölbtem Deckel und dicht mit Eisenbändern beschlagen. Westempore, A. 17. Jh., die ehem. zu einer Patronatsempore gehörende Brüstung ist über einer Sockelzone durch Pilaster in Felder mit Rundbogenarkaden gegliedert; zwei durchlaufende Holzpfeiler tragen den Glockenturm. Gestühlsrest, 15. Jh., Brüstungsfeld mit einem als Fiale mit Kreuzblume ausgebildeten Eckpfosten. Patronatsgestühl, 1742; siebenachsige hölzerne Wand und Pultdach zwischen zwei Wandpfeilern mit einfacher Felderteilung an der Brüstung, verglastem Oberteil und kräftigem Abschlußgesims, die Fassade besitzt eine stilisierte marmorierende Bemalung, in den geschweiften Brüstungsfeldern abwechselnd Wappen und emblematische Bilder mit Beischriften. Beichtstuhl, 1722 von Hans Broder und dem Maler Franz Rose, beide in Stralsund; offener Verschlag, in den hohen Brüstungsfeldern liegen innen und außen ovale Füllungen mit emblematischen Bildern und Beischriften, die querrechteckigen Felder im Oberteil haben Füllungen mit durchbrochenem Akanthuslaub, über den beiden frei stehenden Seiten liegen von Putten gehaltene ovale Schriftkartuschen in Akanthus. Küsterstuhl, E. 17. Jh., davon blieben nur die Tür mit Arkadenfüllung und einige von Pilastern gegliederte Brüstungsfelder erhalten. Gemeinde-Kastengestühl, 18. Jh., mit schmalen, oben in einem runden Knopf endenden Wangen. Kelch und Patene, wohl um 1500, mit graviertem Kreuz am sechseckigen Fuß, am Knauf Rotuli und Rosetten. Kelch und Patene, wohl um 1500, auf dem Sechspaßfuß mit durchbrochenem Rand ein aufgelegtes Kruzifix, am Knauf Rotuli. Ovale Oblatendose, Messing, 1686, auf dem Deckel und der Wand getriebene und gepunzte Blumen und Ranken. Weinkanne, messingplattiertes Eisen, 1833, mit bauchigem Körper. Taufkanne, Messing, A. 19. Jh., mit gedrückt-bauchigem Körper. Taufschale, Messing, 1650, im Spiegel ein springender Hirsch zwischen Blattranken. Klingelbeutel, 1754, Ring und Hülse Messing versilbert, Glöckchen, Samtbeutel mit Goldfadenstickerei, gedrechselter Holzstab. Leuchterpaar, Messing, 1691, runder Fuß, gewundener Schaft mit Knauf und achtseitiger Tropfteller, der florale Dekor getrieben und gepunzt. Drei Glocken: a) wohl 15. Jh., am Mantel Meisterzeichen und Stralsundisches Wappen; b) 1609, mit Kapitalen-Umschrift; c) 1728 von Joachim Metzker, Stralsund, gegossen, mit Akanthusornament und Kapitalen-Umschrift. Wappenepitaph v. Platen, 1716; von reichen Draperien umgebene Kartusche mit Wappen und Helmzier in Akanthusdekor, darunter eine gemalte Inschrift. Sargbeschlag für A. Richter († 1833), Inschriftkartusche aus Blei. Grabplatte R. v. Platen († 1368); im Mittelfeld das ausgegründete Wappen, darüber eingeritzter Topfhelm, in den Ecken die Evangelistensymbole, dazwischen Minuskelumschrift. Grabplatte H. v. Platen, 1403; im Mittelfeld der Wappenschild mit Topfhelm eingeritzt, in den Ecken die Evangelistensymbole, dazwischen eine Minuskelumschrift. Grabwange J. Tode († 1658), Eichenholz; in der Bekrönung mit Palmette das gemalte Brustbild des

Toten, auf dem Stelenschaft das Bild seiner Familie unter dem Kruzifix, darunter ein rechteckiges Feld mit einer eingekerbten Antiqua-Inschrift, darunter die Hausmarke.

Auf dem FRIEDHOF mit umgrenzender Feldsteinmauer Grabplatte A. J. G. Schultz († 1784) und G. C. Schultz († 1787) mit vertiefter Inschrift. Zwei Feldsteine mit Inschriften »IKF 1766« und »1751«.

SÜHNESTEIN am nördlichen Dorfeingang, 1368. Hochrechteckige Stele, der scheibenförmige obere Teil besitzt zwei runde Ohren, beiderseits sind verwitterte Reste eines Kruzifixreliefs und einer Minuskelinschrift noch erkennbar.

KRIEGERDENKMAL 1914–1918, um 1920. Auf einem gemauerten Sockel steht ein hoher Granitfindling mit eingemeißelter Inschrift im runden Medaillon mit Lorbeerkranz.

*Linke Seite: Schaprode, Dorfkirche, Patronatsstuhl*

*Rechte Seite: Schaprode, Haustür Dorfstraße 11 und Wohnhaus und Nebengebäude Dorfstraße 22, Hofseite*

*Dorfstraße*

HAUSTÜR Nr. 11, um 1830. Zweiflügelige Füllungstür mit liegenden Sphinxen, Rosetten und Rosettenketten.

WOHNHAUS Nr. 15, 2. V. 19. Jh. Eingeschossiger fünfachsiger Putzbau mit Krüppelwalmdach und zweiflügeliger Haustür aus der Erbauungszeit.

WOHNHAUS Nr. 22, 2. V. 19. Jh. Eingeschossiger fünfachsiger Putzbau mit Krüppelwalmdach, die Fassade gliedern Eckquaderung und faschengerahmte Rechteckfenster, die zweiflügelige Haustür stammt aus der Erbauungszeit (ähnlich wie die Haustür Dorfstraße 11). An der linken Seite des Hauses liegt ein eingeschossiger, im rechten Winkel vortretender Anbau mit Satteldach, an der linken Giebelwand ein weiterer, etwas zurückgesetzter Anbau.

WOHNHAUS Nr. 29, 3. V. 19. Jh. Eingeschossiger fünfachsiger Backsteinbau auf Feldsteinsockel; unter der Traufe ein kräftiger Konsolfries, ähnliche Konsolfriese liegen als Verdachung über den segmentbogigen Fenstern und der Tür.

SCHULGEBÄUDE Nr. 31, 1907. Eingeschossiges vierachsiges Giebelhaus aus Backstein mit rückwärtigem

einachsigem Frontispiz mit Dreieckgiebel; im rückwärtigen Bereich schließt rechts ein zweigeschossiger zweiachsiger Quertrakt mit dem Eingang und firstgleichem Satteldach an. Der Eingang und die urspr. Fenster sind segmentbogig.

KATEN Nr. 34, 3. V. 19. Jh. Eingeschossiger vierachsiger Backsteinbau mit Feldsteinsockel, rohrgedecktem Krüppelwalmdach und zwei Wohnungen.

KATENREIHE Nr. 37, 1. H. 19. Jh. Langgestreckter eingeschossiger neunachsiger Fachwerkbau mit rohrgedecktem Krüppelwalmdach und drei Haustüren.

WOHNHAUS Nr. 55, A. 19. Jh. Eingeschossiger fünfachsiger Putzbau mit rohrgedecktem Krüppelwalmdach. Die beiden vorderen Gebäudekanten betonen gequaderte Lisenen, Fenster und Türen sind faschengerahmt; die linke Giebelwand mit verputztem Gurtgesims ist backsteinsichtig. Im Innern blieb die urspr. Raumstruktur weitgehend erhalten.

HAUSTÜR Nr. 59, um 1830. Zweiflügelige Füllungstür mit Blattkettenleisten unter Lünettenblenden.

**Schmacht**

BAUERNHAUS, 2. V. 19. Jh. Eingeschossiger fünfachsiger Fachwerkbau mit hohem Feldsteinsockel und rohrgedecktem Krüppelwalmdach; die Vorderfront und die Wand unter dem rechten Giebel sind massiv erneuert und verputzt; vor der rückwärtigen Tür liegt eine Freitreppe, vor der vorderen eine neuzeitliche Terrasse.

**Seedorf**

KATEN Dorfstraße 16/17, 2. V. 19. Jh. Aus zwei eingeschossigen, wohl nicht gleichzeitig entstandenen Traufenhäusern mit rohrgedeckten Dächern zusammengewachsen. Das ältere ist ein fünfachsiger Backsteinbau mit Krüppelwalm an der freistehenden Giebelwand, seine Wände wurden erneuert oder mit neuen Steinen verblendet; das jüngere verputzt.

**Sehlen**

DORFKIRCHE 1864–1866 über einem hohen Feldsteinsockel errichteter neogotischer Backsteinbau mit geräumigem sechsachsigen Schiff, polygonaler Apsis und schlankem viergeschossigem Westturm mit schiefergedecktem Helm. Zwischen den abgestuften Strebepfeilern liegen hohe zweiteilige Spitzbogenfenster, am Schiff darunter weitere kleine Spitzbogenöffnungen; am Westturm mit hohem Westportal liegen die schlanken Lichtöffnungen in Spitzbogenblenden. Im Innern hat das Schiff eine der Dachform folgende Bretterdecke, die Apsis ein halbes sechsteiliges Rippengewölbe.

*Ausstattung:* Altar, Kanzel, Taufe, Emporen und Gestühl in neogotischen Formen sind mit dem Bau entstanden. Orgel, 1887 von Friedrich Mehmel, Stralsund, gebaut, mit einem neogotischen Prospekt. Zwei Altarkruzifixe, Eisenguß, M. 19. Jh. Kelch, Patene und Oblatendose aus Neusilber, 1869. Abendmahlskanne mit bauchigem Körper und die Taufschale aus Zinn, 1869; eine weitere Taufschale aus Neusilber, 1865. Leuchterpaar, Messing, M. 19. Jh. Zwei Glocken: 1866 von Eduard Zach, Stralsund, gegossen, und 1913.

PFARRHAUS Dorfstraße, 3. V. 19. Jh. Eingeschossiger fünfachsiger Backsteinbau mit zweigeschossigem Mittelrisalit an der Hofseite und Drempel; an der linken

Seite der Hoffront ist wohl nachträglich ein im rechten Winkel vortretender niedriger Wirtschaftsflügel angefügt worden.

WOHNHAUS Dorfstraße 25, 2. V. 19. Jh. Eingeschossiger fünfachsiger Fachwerkbau mit Feldsteinsockel und rohrgedecktem Krüppelwalmdach; die Wände wurden z. T. in Backstein massiv erneuert, an der Rückseite liegt ein niedriger zweiachsiger Anbau.

KATEN Grüner Weg 1, 2. V. 19. Jh. Eingeschossiger vierachsiger Backsteinbau mit Feldsteinsockel und rohrgedecktem Krüppelwalmdach. Zugehörig ein eingeschossiges Stall- und Schuppengebäude aus Fachwerk und Backsteinmauerwerk mit rohrgedecktem Satteldach und ein Ziehbrunnen.

*Linke Seite: Schaprode, Wohnhaus Dorfstraße 55*

*Rechte Seite: Sehlen, Dorfkirche von Südwesten*

KATEN Grüner Weg 12, 2. V. 19. Jh. Eingeschossiger, urspr. vierachsiger Backsteinbau mit Feldsteinsockel und rohrgedecktem einseitigem Krüppelwalmdach; der linken Giebelseite wurde ein Stall angebaut, über den das Dach weit heruntergeschleppt ist.

**Sellin**

Aus einem Dorf mit M. 19. Jh. ca. 30 Büdner- und Kossatenstellen entwickelte sich erst seit um 1880, dann aber sehr schnell, ein vielbesuchter Seebadeort. Damit verbunden war der Bau zahlreicher meist dreigeschossiger Pensionsgebäude und Hotels mit vorgesetzten Balkonen und Loggien; begonnen wurde damit vor allem an der zum Strand führenden Hauptstraße.

PFARRKIRCHE Am Sportplatz/August-Bebel-Straße. 1912/13 errichteter Putzbau, ein neobarocker achtseitiger Zentralbau mit rechteckigen Anbauten für Altar und Eingang, achtseitigem Mansarddach mit einer offenen Laterne unter geschweifter Haube und Walmdächern über den Anbauten; an den Gebäudekanten liegen glatte Eckpilaster, unter den Rundbogenfenstern rechteckige Putzschürzen. Das Innere erhielt nach einem Brand 1960 ein neues achtteiliges Brettergewölbe und eine neue Orgelempore. Die 1915 gebaute Orgel wurde 1964 durch Wilhelm Sauer, Frankfurt/Oder, klanglich erweitert und erhielt einen neuen Prospekt; das Gemeindegestühl ist von um 1915.

KATHOLISCHE KIRCHE, nördlich des alten Ortskernes im Hochwald. 1912 als verputzter neogotischer Zentralbau mit Walmdächern über gleichschenkelig kreuzförmigem Grundriß errichtet. Der Chorflügel mit hohen Spitzbogenfenstern ist polygonal geschlossen, der Westflügel durch eine hohe Giebelwand mit Portalvorbau und großer Fensterrose begrenzt. Neben Strebepfeilern umgeben die Kirche halbhohe Anbauten mit Schleppdach, die nur kleine Obergadenfenster zulassen; über der »Vierung« steht seit um 1975 ein viereckiger offener Dachreiter mit Zeltdach. Im Innern dominiert ein zentra-

*Sellin, Pfarrkirche*

les Sterngewölbe, sonst Kreuzrippengewölbe auf Wandkonsolen mit Wappentafeln, darunter ist die Wand in Spitzbogenarkaden zu den Anbauten geöffnet. Altar, Lesepult, Chorschranke, Beichtstuhl, Orgelempore und Gemeindegestühl stammen aus der Bauzeit der Kirche; die bunte Verglasung der Chorfenster mit Maßwerkschluß ist neu, ebenso sind es die vasa sacra.

WOHNHAUS Am Hochufer 5, um 1900. Eingeschossiges, aus vorgefertigten Teilen zusammengesetztes Holzhaus über einem z. T. hohen verputzten Sockelgeschoß und urspr. T-förmigem Grundriß, der durch später in die Ecken gesetzte, flach gedeckte und weitgehend verglaste Veranden verunklärt wurde; an der rückwärtigen Giebelfront liegt eine offene Terrasse mit Geländer, die durch einen auf ihr stehenden Anbau wiederum eingeengt ist. Der Hauptbau hat ein Satteldach, der Flügel ein halbes Walmdach. – Zugehörig ist ein weiteres kleines Holzhaus wohl aus der gleichen Zeit, die sog. Jägerhütte.

*August-Bebel-Straße*

PENSIONSHAUS »WALDROSE« Nr. 2, um 1900. Eingeschossiger fünfachsiger Putzbau mit Feldsteinsockel, Krüppelwalmdach und straßenseitigem zweiachsigen Frontispiz mit Dreieckgiebel. Vor der Fassade steht eine filigrane hölzerne Loggienarchitektur mit Rundbogenarkaden und einem reich dekorierten Giebel über der dem Frontispiz zugeordneten oberen Loggia.

PENSION »FERIENKLAUSE« Nr. 11/Ecke Hermannstraße, um 1900. Zweigeschossiger, aus zwei zur Bebel- und zur Hermannstraße gelegenen Flügeln mit Mansarddächern bestehender Putzbau, dessen Ecke durch einen dreigeschossigen quadratischen Turm mit flachem Dach und Laterne betont wird. Den beiden Straßenfronten sind zur Hermannstraße drei, zur Bebelstraße zwei Loggiengeschosse und zwei Dachgauben vorgesetzt worden, die im Erdgeschoß gemauert, in den Obergeschossen aus Holz sind und z. T. eine feinformige Architektur mit reichem Schnitzdekor besitzen.

PENSION »NEPTUN« Nr. 21, A. 20. Jh. Zweigeschossiges fünfachsiges Giebelhaus aus verputztem Backstein mit einem seitlichen Anbau im hinteren Bereich der linken Traufwand und flachem Satteldach. Der vorderen Giebelfront ist eine gemauerte zweigeschossige Loggia mit flachem Stufengiebel vorgelegt, die im Erdgeschoß verglast ist und im Obergeschoß drei gestaffelte mittlere Rundbogenarkaden besitzt.

PFLEGEHEIM Nr. 30, um 1910. Dreigeschossiger dreiflügeliger Putzbau mit repräsentativem dreiachsigen Mittelrisalit, Balkonen in den straßenseitigen Ecken zwischen den stumpfwinkelig aneinanderstoßenden Flügeln und einem dem Grundriß folgenden Satteldach mit Schleppgauben. Dem Mittelrisalit sind in den beiden Obergeschossen und im breiten Spitzbogengiebel Loggien mit dicht gereihten fensterartigen Rundbogen- bzw. Spitzbogenarkaden integriert; im Erdgeschoß entstand so eine Portalvorhalle mit spitzbogigem Eingang; an den Gebäudekanten und zwischen den schlanken Rechteckfenstern liegen breite Putzlisenen, die Giebelwände mit niedrigen Anbauten und hölzernen Loggien gliedern großformige vertikale Putzbänder, die ornamental in eine Art Sockelzone einbezogen sind.

*Granitzer Straße*

PENSION »STERNBLICK« Nr. 7, um 1900. Zweigeschossiger neunachsiger Putzbau mit Fachwerk-Obergeschoß und flachem Satteldach. Den mittleren drei Achsen der Straßenfront mit Portalhalle ist eine weit vortretende zweigeschossige hölzerne Loggia mit rundbogiger Arkadenwand vorgesetzt, die im Erdgeschoß von verandaartigen dreiachsigen Vorbauten flankiert wird und im Obergeschoß eine Brüstung mit Brettbalustern und eine im Giebelfeld reich dekorierte Überdachung besitzt.

PENSION »KÄTE« Nr. 15, um 1900. Zweigeschossiger fünfachsiger Putzbau mit faschengerahmten Rechteckfenstern. Der Straßenfront ist ein zweigeschossiger hölzerner Vorbau mit Mittelrisalit, seitlichen Erdgeschoßveranden und Loggien mit sehr reichem Schnitzdekor im Obergeschoß vorgesetzt worden, dem über der Mitte des Obergeschosses ein flacher Dreieckgiebel zugeordnet ist. Die innere Raumstruktur und einige urspr. Türen blieben erhalten.

WOHNHAUS »WIKING HALL« Nr. 36, 1904–1906. Zweigeschossiger, im Kern rechteckiger Putzbau mit Souterraingeschoß und Walmdach mit jüngeren Gauben. An der Vorderfront liegt links ein eingeschossiger dreiachsiger Vorbau, der einen zum Obergeschoß gehörenden überdachten Altan trägt, an den sich nach rechts ein hölzerner Erker anschließt; vor der rechten Gebäudekante steht ein dreigeschossiger runder Turm mit Kegeldach. An der im Obergeschoß altanartig eingezogenen rechten Hausfront liegt in einem kleinen Vorbau der über eine Freitreppe erreichbare Haupteingang, der linken Hausfront ist ein dreieckiger Erker angebaut, über dem drei hohe, sehr schmale Fenster liegen. Die gliedernden Friese und die Faschen um die vorwiegend rundbogigen Türen und Fenster zeigen den unverputzten Backstein. Im Innern blieb u. a. ein Speisenaufzug aus der Erbauungszeit erhalten.

PENSIONSHAUS Nr. 38, E. 19. Jh. Zweigeschossiger Putzbau mit Sockel und Drempelgeschoß. Der Straßenfront ist in beiden Hauptgeschossen eine jetzt verglaste hölzerne Loggienarchitektur vorgebaut.

PENSIONSHAUS Nr. 39, um 1900. Zweigeschossiger siebenachsiger Putzbau mit Feldsteinsockel. Der Straßenfront ist eine gemauerte, zum großen Teil verglaste zweigeschossige Loggienarchitektur mit gliedernden Säulen über kräftigen Brüstungen vorgestellt, die über den mittleren zwei Achsen des Obergeschosses einen Frontispiz mit Satteldach trägt. An der rechten Giebelwand sind dem Obergeschoß und dem Dachgeschoß hölzerne Loggien vorgehängt.

*Hauptstraße*

Ehem. BÜDNEREI (Pension) Nr. 8, M. 19. Jh. Eingeschossiger fünfachsiger Putzbau mit faschengerahmten Rechteckfenstern. E. 19. Jh. wurde ihm beim Durchbau zum Badegastlogis eine einfache Fachwerkloggia mit erhöhtem Mittelteil unter einem im Frontfeld mit Schnitzwerk verzierten Satteldach vorgesetzt.

PENSION »WALDBLICK« Nr. 9, E. 19. Jh. Zweigeschossiger Putzbau; der Straßenfront ist eine verglaste zweigeschossige Loggia mit flachem firstgleichen Satteldach über der Mitte des Obergeschosses vorgebaut.

HÄUSLEREI Nr. 11, um 1817. Eingeschossiger, jetzt fünfachsiger Backsteinbau mit Feldsteinsockel, rohrgedecktem Krüppelwalmdach und linkem Fachwerkgiebel; die Rückwand ist völlig erneuert, und urspr. war das Haus wohl zwei Achsen länger, die durch einen Neubauteil ersetzt wurden. – Zugehörig ist ein zweigeschossiges langgestrecktes Speicher- und Schuppengebäude aus Fachwerk mit flachem Satteldach.

PENSIONSHAUS Nr. 14, E. 19. Jh. Zweigeschossiger fünfachsiger Putzbau mit faschengerahmten Rechteckfenstern. In der der Straßenfront vorgelegten zweigeschossigen Loggia mit einfacher Fachwerk-Arkadenwand liegt in der Mitte des Obergeschosses ein verglaster mittlerer Raum mit flachem Satteldach.

PENSIONSHAUS Nr. 18, E. 19. Jh. Zweigeschossiger Putzbau mit faschengerahmten Rechteckfenstern. Vor der Straßenfront liegt eine zweigeschossige hölzerne Verandenarchitektur, der im Mittelteil ein über die Traufe hinausreichendes drittes Geschoß mit firstgleichem flachen Satteldach aufgesetzt wurde.

PENSION »MÖWE« Kirchenstraße 1, um 1900. Zweigeschossiger fünfachsiger Putzbau mit faschengerahmten Rechteckfenstern. Der Straßenfront ist eine zweigeschossige hölzerne Loggienarchitektur mit feinteiligen Rundbogenarkaden und einer überhöhten Mittelachse mit flachem Satteldach im Obergeschoß vorgesetzt.

PENSIONSHAUS Luftbadstraße 6, um 1900. Zweigeschossiger fünfachsiger Putzbau mit an der Rückseite hohem Sockel. Die beiden äußersten Achsen der Straßenfront treten mit einem Drempelgeschoß und flachen Satteldächern risalitartig vor und flankieren zwei zwischen ihnen gelegene hölzerne Loggiengeschosse; ihre breiten, in den Risaliten korbbogigen Fenster sind verglaste Loggienarkaden.

BÜDNEREI Seestraße 19, 1. V. 19. Jh. Eingeschossiger fünfachsiger Backsteinbau mit Feldsteinsockel und rohrgedecktem Krüppelwalmdach.

BÜDNEREI Seestraße 21, 1. V. 19. Jh. Eingeschossiger fünfachsiger Backsteinbau mit rohrgedecktem Krüppelwalmdach und hofseitiger Fledermausgaube; die zweiflügelige Haustür von um 1900 besitzt im verglasten Oberteil schöne schmiedeeiserne Jugendstilgitter. – Zugehörig ist eine rechts vor dem Wohnhaus stehende Stallscheune aus Backstein mit zwei großen hofseitigen Toren und rohrgedecktem Krüppelwalmdach; im rückwärtigen Teil blieben Fachwerkreste erhalten.

FEUERWEHRSCHUPPEN Waldstraße 5, 1907. Eingeschossiger Backsteinbau aus einem mittleren Teil mit flachem Satteldach und Attika, dem seitlich je ein etwas niedrigerer Seitenflügel mit querliegendem Satteldach angefügt ist; in jedem Bauglied liegt ein zweiflügeliges Tor. Hinter dem Schuppen steht ein hoher eiserner Gitterwerkmast mit zentralem Heizrohr zum Trocknen der Schläuche.

Ehem. WARMBAD Warmbadstraße 4, um 1900. Ältestes Bauglied ist der eingeschossige verputzte Mittelteil mit einer portikusartigen Säulenhalle unter hohem wappengeschmückten Dreieckgiebel und links anschließendem zweiachsigen Raum, an dessen vorderer Kante übereck ein zweigeschossiger Turm mit schlankem Helm steht. An beiden Seiten sind später zwei sich weit nach hinten erstreckende Anbauten hinzugekommen, rechts ein zweigeschossiger Flügel mit straßenseitigem Krüppelwalm, links ein zweigeschossiger Flügel mit flachem Dach.

*Wilhelmstraße*

PENSION »JOHANNESHORST« Nr. 7, 1908. Dreigeschossiger sechsachsiger Putzbau. Der Straßenfront ist eine dreigeschossige Loggia vorgelegt; die linken bei-

*Linke Seite: Sellin, Pension »Haus Sellin« Wilhelmstraße 9*

*Rechte Seite: Sellin, Pension »Ingeborg« Wilhelmstraße 18*

den Achsen sind massiv gemauert und liegen unter einem geschweiften Giebel, die rechts anschließenden Loggien aus Holz haben rundbogige Arkaden; entsprechende Loggien liegen auch vor den Obergeschossen der rechten Giebelwand, sie ruhen auf dem Vorbau des Hauseinganges.

PENSION »HAUS SELLIN« Nr. 9/Ecke Kirchstraße, um 1900. Dreigeschossiger T-förmiger Zweiflügelbau aus verputztem Backstein von jeweils vier zu zwei Achsen. Die Fassaden gliedern hell gegen den roten Putzgrund abgesetzte Pilaster, Lisenen, breite Gurtgesimse, Fensterfaschen, giebelförmige Verdachungen und eine balustradenartige Attika über dem Flügel an der Kirchstraße; dem Flügel an der Wilhelmstraße ist eine dreigeschossige Loggia vorgelegt, deren massiv gemauerte zwei untere Geschosse Säulen und Brüstungen besitzen, das dritte aber gußeiserne Arkaden und ein filigranes eisernes Geländer.

PENSION »INGEBORG« Nr. 18, 1906. Zweigeschossiger sechsachsiger Putzbau mit an der straßenseitig rechten Gebäudekante gelegenem quadratischen Turm mit flachem Dach und einem modernen Vorbau an der rechten Giebelwand. Der Straßenfront ist eine dreigeschossige hölzerne Loggia mit reich dekorierter Arkadenwand vorgesetzt, das dritte Geschoß ist schmaler und liegt unter einem flachen Satteldach.

PENSION »HAUS EINTRACHT« Nr. 20, um 1900. Zweigeschossiger fünfachsiger Putzbau. Die linken beiden Achsen der Straßenfront treten als Risalit mit Satteldach und Rundfenster weit vor; rechts anschließend zwei hölzerne, im Erdgeschoß z. T. verglaste Loggiengeschosse und vor dem Dach eine frontispizartige einachsige Loggia mit Satteldach mit filigranem Dekor im Arkadenbereich; weitere Loggien liegen vor der linken Giebelwand.

PENSION »HAUS AM MEER« Nr. 31, um 1900. Zweigeschossiger Putzbau mit hohem Sockelgeschoß. Die linken drei Achsen der Straßenfront treten als dreigeschossiger Risalit vor, gehören aber zu einem Gebäudetiefe besitzenden dreigeschossigen Bauglied; mit ihm fluchtet die Fassade einer auffällig flachen zweigeschossigen Loggia mit über die Traufe hinausreichendem frontispizartigen dritten Geschoß. Weitere Loggien liegen vor der linken Gebäudefront, an der rechten Giebelwand der Hauseingang mit seitlich vorgelegter hoher Freitreppe. Vor dem Sockelgeschoß wurde wohl um 1930 ein eingeschossiger verputzter Verandenbau errichtet. – Im Innern des Hauses blieben das alte Treppengeländer und einige Türen aus der Erbauungszeit erhalten.

PENSIONS- UND GESCHÄFTSHAUS Nr. 33, um 1880. Dreigeschossiger sechsachsiger Putzbau. Jeweils die zwei äußeren Achsen treten an der Straßenfront unter flachen Dreieckgiebeln leicht vor; zwischen ihnen liegt vor dem ersten Obergeschoß eine loggienartige Portalvorhalle mit Pfeilern und Säulen, zu der eine von gußeisernen Geländern begleitete hohe Freitreppe führt,

*Sellin, Pension »Villa Odin« in der Wilhelmstraße*

Arkaden und Gitter der Loggia vor dem zweiten Obergeschoß sind ebenfalls aus Gußeisen; im Erdgeschoß befinden sich moderne Geschäftsausbauten. Die Fassaden gliedern in den Obergeschossen gequaderte Ecklisenen, kräftige Gurtgesimse und die faschengerahmten schlanken Rechteckfenster mit geraden Verdachungen.

PENSION »VINETA« Nr. 34, um 1900. Dreigeschossiger fünfachsiger Putzbau mit faschengerahmten Fenstern. An der Straßenfront sind beiden Obergeschossen hölzerne, auf zwei in der Mitte des Erdgeschosses stehenden Säulenpaaren mit Architrav und dicht gereihten Kragbalken ruhende Loggien vorgesetzt, deren Arkadenwände reich verziert sind und in der Mitte des zweiten Obergeschosses von einem gaubenartigen Aufsatz mit Satteldach bekrönt werden. Im Innern blieb das urspr. Treppenhaus mit verglastem Windfang erhalten.

WOHNHAUS Nr. 35, um 1910. Eingeschossiges, wohl als Fertigbau aus Finnland bezogenes, aus hochkant gestellten Bohlen gezimmertes Holzhaus mit massiv gemauertem Sockelgeschoß, einem firstgleichen risalitartigen Flügel auf der rechten Seite der Vorderfront und Satteldächern mit allseitig weitem Überstand.

PENSION »SEE-ROSE« Nr. 36, um 1900. Dreigeschossiger fünfachsiger Putzbau mit Gurtgesimsen und faschengerahmten Rechteckfenstern. Der Straßenfront ist eine dreigeschossige Loggia vorgesetzt, deren massiv gemauerte zwei Seitenrisalite in den Obergeschossen rundbogige Säulenarkaden auf ornamentierten Brüstungen besitzen und unter Satteldächern liegen; den vorderen Abschluß der zwischen den Risaliten gelegenen hölzernen Loggien bildet über den Brüstungen ein aus kurzen Stäben zusammengesetztes »Maßwerk« auf schlanken Achteckstützen, über der mittleren Arkade des zweiten Obergeschosses liegt ein flaches Satteldach.

PENSIONS- UND GESCHÄFTSHAUS Nr. 39, um 1910. Zweigeschossiges Giebelhaus aus verputztem Backstein. Der Giebelfront sind im Erdgeschoß zu Seiten des Mitteleinganges zwei tiefe Schaufenster und am Obergeschoß und dem Giebel Loggien mit dünnen eisernen Stützen vorgesetzt.

PENSION »VILLA FERNSICHT« Nr. 41/Ecke Kirchstraße, um 1900. Dreigeschossiger achtachsiger Putzbau mit Gurt- und Traufgesimsen, faschengerahmten Rechteckfenstern und einer das flache Dach verdeckenden Attika; die Gebäudekante an der Straßenkreuzung ist abgeschrägt. Vor der zur Wilhelmstraße gekehrten Hausfront liegt eine dreigeschossige hölzerne Loggia mit reichem Dekor im Zwickelbereich der Arkaden und überhöhtem Mittelteil mit Satteldach im dritten Loggiengeschoß; vor der vierachsigen Front zur Kirchstraße liegt ebenfalls eine dreigeschossige Loggia mit reichem Dekor. Im Innern blieben die alte Treppe mit Geländer und ein Fliesenfußboden erhalten.

PENSIONS- UND GESCHÄFTSHAUS Nr. 42, um 1900. Zweigeschossiger fünfachsiger Putzbau. Der Straßenfront ist in ganzer Breite eine zweigeschossige Loggia mit reichem Dekor im Zwickelbereich der Arkaden vorgesetzt worden, deren linker Teil im Erdgeschoß zum

Ladengeschäft umfunktioniert wurde; der mittleren Achse ist ein drittes, über der Traufe des Hauses gelegenes Loggiengeschoß mit Satteldach aufgesetzt worden; eine ähnliche dreigeschossige Loggia liegt vor der linken Giebelfront des Hauses. Das Grundstück begrenzt eine niedrige Mauer mit Pfosten und schmiedeeisernem Gitter von um 1900.

PENSION »VILLA ODIN«, um 1900. Wilhelmstraße. Dreigeschossiger Putzbau mit gartenseitig hohem Sockelgeschoß und mit vor die Gebäudekante gesetztem Turm mit Rundbogenfenstern und flachem Kegeldach. Die Geschosse durch breite Gurtgesimse gegliedert. Der gartenseitigen Front ist eine dreiachsige massive Loggia mit kräftigen Säulen und Dreieckgiebel vorgesetzt, der Front zur Wilhelmstraße eine ebenfalls dreigeschossige, sechsachsige Loggia mit schlanken Säulen und flachem Pultdach, die in den beiden Obergeschossen weitgehend verglast ist.

BAHNHOF »SELLIN WEST« der Kleinbahn, Westbahnstraße, 1896. Eingeschossiger Fachwerkbau mit Pultdach; in der gleisseitigen Vorderwand liegen eine Rundbogentür und rundbogige Fenster. Die Rückseite wurde als Putzbau erweitert, dabei die rechte Fachwerkwand z. T. massiv erneuert. – Zugehörig ist ein kleines Toilettenhaus aus Fachwerk.

BAHNHOF »SELLIN OST« der Kleinbahn, am Ortsausgang Richtung Baabe, um 1900. Eingeschossiger Backsteinbau mit teerpappegedecktem Pultdach und im Bereich der Abfertigungsräume auf Holzstützen ruhendem Schutzdach auf der Bahnsteigseite; links schließt die Gepäckabfertigung mit bahnsteigseitiger massiver Wand und Laderampe an.

### Serams

WOHNHAUS, M. 19. Jh. Eingeschossiger siebenachsiger Backsteinbau mit hohem Sockelgeschoß aus Feldsteinen. Die Fassade gliedern Eckpilaster, Lisenen und ein breites Mauerband unter der Traufe, das hofseitige Mittelportal mit Freitreppe ist segmentbogig, die Fenster wurden rechteckig verändert. – Auf das Haus führt eine alte Kastanienallee zu.

### Silenz

GUTSHOF mit altem und neuem Wohnhaus, Scheune und Stall.

ALTES GUTSHAUS, 2. H. 18. Jh. Zweigeschossiger sechsachsiger Fachwerkbau mit Feldsteinsockel und Krüppelwalmdach; auf der Hofseite liegt ein einachsiger Risalit mit Aufzugsbalken, Luke und Satteldach; die Fenster sind erneuert, an der rechten Giebelfront liegt ein flacher Verbindungsbau zum neuen Gutshaus.

NEUES GUTSHAUS, A. 19. Jh. Eingeschossiger elfachsiger Putzbau mit eingestreuten Feldsteinen im Sockel und Krüppelwalmdach. Über den mittleren Achsen der Längsfronten liegen breite Frontispize mit Lünettenfenstern, auf der Hofseite der Haupteingang mit Freitreppe; die schlanken Rechteckfenster haben Putzfaschen, von den seitlichen Anbauten mit Flachdach bindet der rechte an das alte Gutshaus an.

KÜBBUNGSDIELENSCHEUNE, 1. V. 19. Jh. Eingeschossiger langgestreckter Fachwerkbau mit Feldsteinsockel und rohrgedecktem Satteldach. – STALLGEBÄUDE 1887. Anderthalbgeschossiger langgestreckter Backsteinbau mit flachem Satteldach; die Geschosse trennt ein Zahnschnittfries, die segmentbogigen Tore und Fenster sind z. T. zugesetzt oder verändert.

Ehem. PARK, um 1600. Westlich vom Gutshof gelegen und von einer Lindenallee begrenzt; erhalten blieben Wege, ein Teich und mehrere Baumgruppen.

### Sissow

Ehem. GUTSHAUS Im Kern wohl aus dem 17. Jh. stammender neunachsiger, urspr. eingeschossiger Putzbau mit Feldsteinsockel. A. 20. Jh. wurde die Hoffront um ein Geschoß erhöht und das Krüppelwalmdach nach vorn zum Walmdach mit breitem Dreieckgiebel über den fünf mittleren Achsen verändert; über dem Haupteingang ruht auf Säulen ein dem Obergeschoß zugeordneter Altan, in der linken Giebelfront mit Resten von Eckrustika liegt ein frühbarockes Korbbogenportal mit architektonischem Rahmen und Treppe. Im Innern des Hauses blieben die Treppenhalle und ein Kamin erhalten.

Ehem. VERWALTERHAUS, 2. V. 19. Jh. Eingeschossiger sechsachsiger Fachwerkbau mit hohem Feldsteinsockel und rohrgedecktem Krüppelwalmdach; die Fenster wurden wohl nachträglich vergrößert.

TRANSFORMATORENHAUS von um 1900 mit geschweiftem Satteldach.

Nördlich vom Gutshaus blieben die Reste eines ehem. Parkes erkennbar.

**Spyker**

Ehem. HERRENHAUS E. 16. Jh. Dreigeschossiger sechsachsiger Putzbau mit Feldsteinfundament, eingestreuten Feldsteinen im Mauerwerk und hohem Kellergeschoß; zwei der vier runden Ecktürme mit geschweiften Hauben, der aus der Mittelachse der Hoffront gerückte viergeschossige Treppenrisalit und das hohe Satteldach mit zahlreichen neuen Gauben gehen auf Umbauten in der M. 17. Jh. zurück. Die Fassaden gliedern schmale Gurtgesimse, ein kräftiges Traufgesims und die Segmentbogenfenster mit reich profilierten Faschen, die Giebelspitzen bilden Rechteckfelder unter geschweiften Lünetten; das mehrfach abgestufte Spitzbogenportal im Treppenrisalit kam erst 1819 hinzu, die Treppe ist neu. Das Innere wurde 1964–1970 weitgehend umgebaut. Erhalten blieben die Kreuzgratgewölbe des Kellergeschosses und in neuer räumlicher Anordnung die M. 17. Jh. von Antonius Lohr und Nils Eriks-

*Spyker, ehem. Herrenhaus von Südosten und Stuckdecke mit den Elementen »Wasser« und »Herbst«*

son geschaffenen Stuckdecken im ersten Obergeschoß mit den Darstellungen von Perseus und Andromeda, dem Parisurteil, den vier Elementen, den vier Jahreszeiten und Paradiesvögeln in reichem ornamentalen Dekor; einfachere Stuckdecken und Türen aus dem 17. Jh. wurden an verschiedenen Stellen des Hauses neu eingebaut.

**Staphel**

WASSERWERK, 1954/55. Zweigeschossiger Putzbau aus zwei unterschiedlich hohen, im rechten Winkel aneinandergefügten Gebäudeteilen mit z. T. hohem Sokkelgeschoß, betonten Giebelfronten unter flachen Dreieckgiebeln. Die schlanken Rechteckfenster sind jeweils zu faschengerahmten Dreiergruppen zusammengefaßt und an den lisenengegliederten Traufseiten im Erdgeschoß höher, an den Giebelfronten jedoch den sehr hohen oberen Fenstern untergeordnet; unter der Traufe des höheren Flügels liegen jeweils sieben runde Lüftungsöffnungen.

**Stedar**

GUTSHAUS, 3. V. 19. Jh. Neogotischer eingeschossiger siebenachsiger Backsteinbau mit Feldsteinsockel, durch gelbe Steine gebänderte Wände, zweigeschossigem dreiachsigen Mittelrisalit an der Hoffront, Satteldach und Stufengiebeln; die Segmentbogenfenster liegen unter gekrümmten Abschlaggesimsen, unter der Traufe ein Spitzbogenfries.

GUTSSTALL, M. 19. Jh. Langgestreckter eingeschossiger Putzbau; an den von niedrigen Pfeilern flankierten Giebelfronten blieben jeweils die zwei Lisenen und der Treppenfries unter den Giebelschrägen unverputzt. – Zugehörig ist ein seiner Anlage nach noch erkennbarer, jetzt ungepflegter ehem. Gutspark.

LANDARBEITERHAUS, E. 19. Jh. Eingeschossiger zwölfachsiger Backsteinbau mit Feldsteinsockel und Satteldach mit neuen Gauben; die Fenster sind segmentbogig, die Giebelfronten von Lisenen und Deutschem Band gegliedert.

**Streu b. Schaprode**

GUTSHAUS Urspr. ein im 3. V. 18. Jh. errichteter eingeschossiger neunachsiger Putzbau mit Feldsteinsockel, unterkellerter rechter Hälfte. 1871 wurde das Haus gründlich verändert, die linke Gebäudehälfte um ein Geschoß erhöht und die mittlere Portalachse an beiden Traufseiten zu einem dreigeschossigen Risalit mit drei blendengegliederten Staffelgiebeln umgestaltet. Die jetzt z. T. zugesetzten Fenster und Portale waren wohl immer segmentbogig, das rustikagerahmte Gartenportal mit Terrasse und Freitreppe korbbogig; Putz und Eckrustika stammen von 1871, ebenso die zwei blendengegliederten Stufengiebel der Schmalseiten; Wappenplatten, Wappensteine in den Fensterschlüssen, Inschrifttafeln und ein möglicherweise noch barockes Terrakottarelief einer Saujagd sind weiterer Bauschmuck. – Zugehörig ein eingeschossiges STALLGEBÄUDE aus Fachwerk vom E. 19. Jh. – Südlich vom Gutshaus blieb unter starkem Wildwuchs noch der ehem. Park mit Teich und Lindenalleen und der Rest seiner Feldsteinmauer erkennbar.

**Stubbenkammer**

Ehem. WASSERAMT und spätere Funkstation, 1. V. 20. Jh. Eingeschossiger langgestreckter Fachwerkbau mit massiv gemauertem Sockel und mit Schiefer gedecktem Walm- bzw. Satteldach. Die Fachwerkbalken sind dekorativ gegen die verputzten Gefache abgesetzt, die Fenster hochrechteckig. Der die Traufe des Hauses überragende Fachwerkturm mit Zeltdach diente wohl als Transformatorenhaus. – Zugehörig ist ein eingeschossiger, annähernd quadratischer Fachwerkbau mit Zeltdach auf hohem Feldsteinsockel und mit einem Einfahrts-Vorbau.

WOHNHAUS, 1. V. 20. Jh. Eingeschossiger sechsachsiger Putzbau mit auf der Rückseite hohem Sockelgeschoß aus Feldsteinen. Die Krüppelwalmgiebel der Schmalseiten und des straßenseitigen zweiachsigen Frontispizes sind aus ornamental verwendetem Fachwerk; auf der Rückseite des Hauses im Dach eine türmchenartige Gaube; die beiden Eingänge zu Seiten des Frontispizes sind unter das Dach loggienartig zurückgesetzt.

## Suhrendorf

WOHNHAUS PEPLOW, unmittelbau am Strand gelegen, 1. H. 19. Jh. Eingeschossiger fünfachsiger Putzbau mit rohrgedecktem Krüppelwalmdach. – Zugehörig ein eingeschossiges STALLGEBÄUDE aus Backstein mit rohrgedecktem Satteldach.

WOHNHAUS Nr. 5, unmittelbar am Strand, 1. H. 19. Jh. Eingeschossiger vierachsiger Putzbau mit rohrgedecktem Dach, der linke Krüppelwalmgiebel mit Fachwerkständern, die rechte Seite mit Vollwalm ist eine nachträgliche Verlängerung mit Stall und Wirtschaftsräumen und z. T. verputzt.

## Swantow

*Swantow, Dorfkirche, Triumphkreuz vom Altar*

DORFKIRCHE Einheitlicher Backsteinbau aus der 2. H. 15. Jh. mit langgestrecktem dreijochigen Schiff und polygonal geschlossenem Chor mit Nordsakristei unter dem Pultdach; das Untergeschoß des quadratischen Westturmes wurde um 1500 aus Feldsteinen errichtet, die zwei Fachwerkgeschosse mit hohem Zeltdach kamen 1785 hinzu. An Chor und Schiff sind die untersten Mauerteile aus Feldsteinen, die in der Schiffsnordwand auch weiter oben vorkommen; an den Außenwänden stehen Strebepfeiler; die urspr. Fenster sind spitzbogig mit abgetreppter Laibung, am Chor mit einer Mittelrippe, am Schiff haben sie zwei Rippen und sind z. T. segmentbogig verändert worden; die seitlichen Schiffsportale wurden vermauert und die zugehörigen Fenster darüber verändert, die Gewände der Spitzbogenportale in den Westwänden von Schiff und Turm sind zweimal gestuft; den Schiffswestgiebel gliedern drei gestaffelte Blenden. Im Innern mit gedrückt rundbogigem Triumphbogen gehen die Kreuzrippengewölbe in Schiff und Sakristei unmittelbar aus den Wänden auf, der Chor erhielt 1785 ein über den sichtbar gebliebenen Dachbalken gelegenes Spiegelgewölbe. Unter den Chorfenstern und in den Schiffswänden liegen Segmentbogennischen, neben dem vermauerten Schiffsnordportal eine Kleeblattnische mit Weihwasserbecken. Im Chor blieben Wandmalereireste vom E. 15. Jh. erhalten: farbig betonte innere Fasen der Fensterlaibungen und floraler Dekor und eine Vase mit Bockskopf am Triumphbogen; in der Sakristei farbige Rippen und begleitende Krabbenleisten.

*Ausstattung:* Kanzel mit Aufgang, 1705. Als Kanzelträger eine Petrusfigur, die Rundbogenfelder des polygonalen Kanzelkorbes und am Aufgang trennen auf Konsolen stehende Säulen; auf der Krone des sechsseitigen Schalldeckels steht die Figur des triumphierenden Christus, als Dekor Kartuschen und Akanthuslaub, unter dem Anstrich Spuren älterer Inschriften. Taufständer, Kunststein, E. 19. Jh. Triumphkreuzgruppe (auf der Altarmensa) aus Poseritz. Der Korpus und das Kreuz mit Blattkrabben und den Evangelistensymbolen in Vierpaßendigungen von um 1400, als Assistenzfiguren ein Bischof und eine gekrönte weibliche Heilige mit Buch oder Kästchen (Hl. Hedwig?) wohl aus der M. 15. Jh. Orgel, das Werk 1846 von Friedrich Nerlich und Haase, Stralsund, gebaut, der neogotische Prospekt wohl gleichzeitig. Westempore und Gemeindegestühl von 1892. Kelch, 1502. Der Sechspaßfuß mit aufgelegtem Kruzifix, am Schaft gravierte Rosetten, in den Rotuli durchbrochenes Fischblasenmaßwerk und rautenförmige Schmelzfüllungen. Patene, 1709, mit Stockholmer Beschau. Krankenkelch und Patene, A. 19. Jh. Ovale Obla-

tendose, Silber, 1692. Weinkanne, 1716, mit bauchigem Körper. Taufschale, Messing, E. 19. Jh. Taufkanne, Neusilber, 19. Jh., in Lekythosform. Kollektenteller, Messing, 1729, mit getriebenen Buckeln und gepunztem Pflanzenornament. Klingelbeutel, 1743, Ring und Hülse Silber, der Beutel Roter Samt mit Silberfadenstickerei. Kronleuchter, Messingguß, 1911; in Form der Flämischen Kronen, 10 Arme in zwei Reihen. Leuchterpaar, Messingguß, 1839 von Gustav Wolff, Berlin; reich profilierter Fuß, runder Schaft mit neogotischem Maßwerk und rundem Tropfteller. Glocke, 1929, Breslauer Glokkengießerei, mit Inschriften. Zwei Wappen Krakvitz und Rothermund, Holz, 18. Jh., aus einem größeren Zusammenhang stammend. Acht Sargbeschläge der Familie v. Colmar, Blei, 1827 bis 1873; Inschrifttafeln in Draperien oder vegetabilischem Dekorrahmen.
Auf dem FRIEDHOF
Ehem. Erbbegräbnis 2. D. 19. Jh. Eingeschossiger rechteckiger Backsteinbau mit Putzquaderung an der vorderen Giebelfront, Rundbogenportal in reicher Putzrahmung, je zwei Spitzbogenfenstern an den Traufseiten und mit flachem Dreieckgiebel; vor der zweiflügeligen Tür ein Gitter aus aufgerichteten Lanzen. Grabplatte J. M. Tiedemann († 1825) mit langer Inschrift in Kapitalen. 13 Grabstelen aus dem 18. und 19. Jh. Fünf Grabkreuze, Gußeisen, das älteste für E. L. F. v. Kahlden († 1834).

PFARRHOF mit Wohnhaus, Stall und Garten – Pfarrhaus, 1745. Eingeschossiger fünfachsiger Fachwerkbau mit Feldsteinsockel und rohrgedecktem Krüppelwalmdach mit Fledermausgauben über jeder Traufseite; die Fenster mit Faschenrahmen. Zugehörige Bauten sind
Pfarrstall, um 1800. Eingeschossiger langgestreckter Fachwerkbau mit rohrgedecktem Krüppelwalmdach und zahlreichen Türen in der hofseitigen Traufwand. – Pfarrgarten, um 1800, jetzt stark überwachsen und der alte Baumbestand abgängig; das Buchsbaumrondell von um 1920 nur noch in Resten erkennbar.
PFARRWITWENHAUS Dorfstraße 8, 2. D. 19. Jh. Eingeschossiger siebenachsiger Fachwerkbau mit Feldsteinsockel und rohrgedecktem Krüppelwalmdach mit großer Gaube auf der rechten Seite der Rückfront. An der rechten Seite wurde das Haus massiv und verputzt wohl um eine Achse verlängert und ebenfalls unter das Rohrdach gelegt; hier auch noch ein jüngerer Anbau mit flachem Dach.

**Teschenhagen**
BAHNHOF, um 1900. Aus mehreren Baukörpern bestehendes Gebäude mit Satteldächern. Es dominiert ein zweigeschossiger dreiachsiger Mittelbau aus Backstein, an den zu beiden Seiten eingeschossige Flügel von gleisseitig unterschiedlicher Tiefe anschließen; der rechte Flügel aus Fachwerk dient der Gepäckabfertigung; die Fenster sind überwiegend segmentbogig.

**Tetzitz**
Ehem. GUTSHAUS (baufällig), 1746. Eingeschossiger siebenachsiger Putzbau mit Feldsteinsockel, hohem Souterraingeschoß mit kräftigem Gurtgesims, hofseitigem einachsigen Mittelrisalit mit Dreieckgiebel und einem Krüppelwalmdach; unter dem Putz sind eingesprengte Feldsteine erkennbar. Wohl erst einem Umbau von 1865 ist der zweigeschossige rechteckige Treppenturm mit Dreieckgiebel an der linken Giebelseite und ein bis zur Hoffront reichender gleich tiefer und wohl urspr. offener Anbau mit Pultdach zuzurechnen; noch jünger sind ein plumpes anderthalbgeschossiges, zweiachsiges Dachhaus über der rückwärtigen Traufseite und ein davor gelegener Anbau mit Freitreppe, Veranda und dem Dachgeschoß zugeordnetem Altan. Die Fassaden werden neben der Putzrustika des Souterraingeschosses von Lisenen und den schlanken Rechteckfenstern gegliedert. Im Innern blieben außer einem Tonnengewölbe im Souterraingeschoß aufwendige Türrahmungen, Fenster-Klappläden, Holzvertäfelungen, Wandtextilien, Deckendekor auf Pappmaché und Kachelöfen als Reste des barocken Interieurs erhalten.
Der benachbarte GUTSPARK ist jetzt verwahrlost, die Umfassungsmauer aus Feldsteinen wurde weitgehend abgetragen, die Wege sind zugewachsen, die Teiche versumpft und ein Teil der dendrologisch interessanten, um 200 Jahre alten Baumgruppen abgängig.

GUTSSTALL, M. 19. Jh. Eingeschossiger langgestreckter Fachwerkbau mit Feldsteinfundament und rohrgedecktem Krüppelwalmdach.
GÖPELSCHEUNE, um 1800. Achteckiger eingeschossiger Fachwerkbau mit Zeltdach. Im Innern ist der freitragende Dachstuhl gut erhalten, der Göpel aber abgebaut.

**Thiessow**

LOTSEN-WACHSTATION, um 1920. Auf der von einem eisernen Gerüst getragenen, hoch liegenden Plattform eine hölzerne Schutzhütte mit Fensterbändern auf drei Seiten und einem flachen Dach.
Ehem. LOTSENHAUS Hauptstraße 54, 1907. Eingeschossiger Putzbau mit zwei zur Straße gekehrten Seitenrisaliten, unverputztem Sockel und hohem Walm- bzw. Krüppelwalmdach, das über die seitlichen Eingänge heruntergezogen ist; das unter dem straßenseitig weit ausgeschnittenen Dach sichtbare zweite Geschoß des Mittelbaus ist wie die Risalitgiebel durch Schmuckfachwerk gegliedert, die urspr. Rechteckfenster sind dreiteilig; im Dach Schleppgauben und ein rückwärtiges dreieckiges Zwerchhaus. Zwischen den Risaliten liegt eine verglaste Veranda mit Pultdach. – Zugehörig ist ein eingeschossiges verputztes STALL- UND SCHUPPENGEBÄUDE mit Schmuckfachwerk in den Giebeln und Krüppelwalmdach.
WOHNHAUS Hauptstraße, E. 19. Jh. Eingeschossiger fünfachsiger Putzbau mit faschengerahmten Rechteckfenstern und Satteldach. Vor den mittleren drei Achsen der Straßenfront liegt eine hölzerne Veranda mit flachem Pultdach, deren mittlere Türachse durch einen flachen Dreieckgiebel, ein Lünettenfenster und ausgesägte Dekorfelder hervorgehoben wird. Vor dem Haus ein Lattenzaun zwischen steinernen Pfeilern.
WOHNHAUS Hauptstraße 68, um 1900. Eingeschossiger achtachsiger Putzbau mit Bänderung durch Schichten roter Steine, Feldsteinsockel und Satteldach; die Fenster sind segmentbogig, vierachsige mittlere Frontispize über beiden Traufseiten stammen wohl aus jüngerer Zeit. – Zugehörig ist ein zweigeschossiges BACKSTEIN-SCHUPPENGEBÄUDE mit roter Bänderung und flachem Satteldach.

**Trent**

DORFKIRCHE Aus Backstein errichtete dreischiffige, dreijochige Hallenkirche mit zweijochigem Rechteckchor von Mittelschiffsbreite, Nordsakristei, südlicher Kapelle mit Treppentürmchen und nördlicher Portalvorhalle am Langhaus und quadratischem viergeschossigen Westturm; das Fundament und die unteren Mauerschichten sind aus Feldsteinen, die Wände stützen Strebepfeiler aus verschiedenen Entstehungszeiten. Ältestes Bauglied ist der um 1400 errichtete Chor mit Sockel, segmentbogiger Priesterpforte mit eisenbeschlagener Tür in einer Spitzbogenblende, Spitzbogenfenstern und einem Ostgiebel mit gestaffelten Spitzbogenblenden; das südwestliche, dreiteilige Chorfenster wurde E. 15. Jh. mit Dreieckschluß verändert. Von einem A. 15. Jh. errichteten, möglicherweise einschiffigen Langhaus blieb nur die Nordwand mit Sockelprofil, einem Spitzbogenportal mit reich profiliertem Gewände, breiten zweiteiligen Spitzbogenfenstern und vertieftem Putzband unter dem 1602 rundum erneuerten Traufgesims erhalten; wohl aus der gleichen Zeit stammen die

*Linke Seite: Tetzitz, Göpelscheune*

*Rechte Seite: Trent, Dorfkirche von Südosten*

östlich angrenzende Nordsakristei des Chores mit von Fialtürmchen flankiertem blendengegliederten Dreieckgiebel sowie die unter einem Schleppdach gelegene nördliche Portalvorhalle mit spitzbogigem Stufenportal und blendengegliederten Halbgiebeln, da beide unter den Giebeln ebenfalls das vertiefte Putzband besitzen. E. 15. Jh. erfolgte ein weitgehender Neubau des dreischiffigen Hallenlanghauses mit dem unter einem Schleppdach gelegenen Kapellenanbau am Ostende der Südwand; von den zwei unterschiedlich gestalteten Spitzbogenfenstern der Südwand ist das rechte mit dem darunter gelegenen, jetzt zugesetzten Spitzbogenportal in einer Segmentbogennische zusammengefaßt, das dreiteilige Fenster der Südkapelle ist segmentbogig. Im zweigeschossigen glatten Unterteil des mit dem Langhaus E. 15. Jh. errichteten Westturmes liegt ein Spitzbogenportal mit gestuftem Gewände, die beiden Obergeschosse über vertieften Putzbändern gliedern paarweise geordnete Spitzbogenblenden, die untere Reihe unter Kreisblenden; die geschweifte Haube mit Laterne und schlanker Spitze und Kupferdeckung läuft zu den Turmecken spitz aus. Im Innern gehen die Kreuzrippengewölbe aus den quadratischen, schmucklosen Schiffspfeilern und den Außenwänden glatt auf; der Triumphbogen, die Scheidbogenarkaden und die Arkade zur Südkapelle sind gleichartig spitzbogig. In der Chornordwand liegt jetzt ein jüngerer Wanddurchbruch zur Sakristei, darüber drei Spitzbogenblenden; in der Chorostwand sechs rechteckige bzw. segmentbogige Wandnischen mit Holztüren, die nördliche Segmentbogennische mit eisenbeschlagener Tür und einer auf die geputzte Rückwand gemalten Kreuzigungsgruppe; in der Südkapelle als Rest einer barocken Ausmalung eine von zwei Engeln gehaltene Draperie.

*Ausstattung:* Altar, 1752/54 von Michel Müller und Maler Gerlach, Stralsund; breiter architektonischer Aufbau aus konkav zurückschwingenden Seitenwänden mit rundbogigen Durchlässen und einem ädikulaartigen Mittelteil; auf Postamenten stehende Säulen tragen Architrave und einen bekrönenden Segmentbogengiebel. Im Sockel ein Gemälde mit dem Abendmahl Christi; als figürlicher Schmuck im Hauptfeld der Gekreuzigte zwischen Moses und Aaron, über den seitlichen Säulen und auf dem Giebel vier weibliche Allegorien der Kardinaltugenden und über einer Kartusche mit Strahlenglorie die von Engelputten getragene Weltkugel mit der auf ihr thronenden Dreieinigkeit, dazu Cherubköpfchen, Rocaillen, Blumengehänge und Akanthus. Die Brüstungsfelder der gleichzeitigen Altarschranke füllen durchbrochene Ornamentfelder aus Bändern und Akanthus. Kanzel mit Aufgang, Rückwand und Schalldeckel, A. 17. Jh.; auf einer paukenförmigen Wandkonsole ruht der polygonale Kanzelkorb, seine Brüstung und die des Aufganges besitzen eine Sockelzone und als Abschlußgesims einen kräftigen Konsolfries, die rhombisch gegliederten Felder des Aufganges trennen Pilaster, auf Postamenten stehende Säulen die des Korbes; in diese sind unter ädikulaartigen Verdachungen die vier Evangelisten gemalt, auf die äußere Tür des Aufganges der lehrende Christus und auf die Kanzelrückwand das

*Trent, Dorfkirche, Inneres, Blick in den Chor und barocker Taufständer*

Brustbild des »Salvator mundi«. Ein kräftiger Konsolfries, Dreieckgiebel über den Seiten und kleine Vasen über den Ecken sind der Dekor des polygonalen Schalldeckels. Taufstein, Granit, um 1300. Ein monolither zylindrischer Körper, zwischen dem niedrigen Fuß und der Kuppa ist der Schaft leicht eingezogen. Taufständer, Holz, 1753 wohl von Michel Müller, Stralsund. Dreiseitige, auf kräftigen Volutenfüßen mit Akanthus und Cherubköpfen ruhende Platte mit Lambrequins, darunter drei Felder mit Inschrift, Wappen und Bandwerkdekor. Am Deckel mit Volutenkrone und Pinienzapfen das Lesepult mit Inschrift. Orgel, 1862 von Friedrich A. Mehmel, Stralsund, gebaut, mit neogotischem Prospekt. Tafelbild, 1. H. 18. Jh., Christus am Kreuz, davor eine kniende Frau und emblematische Inschrift; urspr. zu einem Beichtstuhl gehörend. Vier Pastorenporträts, z. T. mit Beischriften: J. Brauer († 1620); Unbekannt († um 1700); J. Nestius († 1766); C. F. Wüsthof († 1896), gemalt nach 1910 von W. Schmidt, Carweser-Bergen. Kollektenbrett »Bedelt«, Holz, um 1500, mit der kleinen Figur des Hl. Georg. Kirchenkasten, 1598, mit Eisenbändern beschlagene Truhe mit gewölbtem Deckel. Empore, E. 18. Jh. und 1862. Auf schlanken Säulen ruhend; in den Seitenschiffen sind die rechteckigen barocken Brüstungsfelder erhalten geblieben, die mit Maßwerkblenden belegte Brüstung im Mittelschiff kam mit der Orgel hinzu. Beichtstuhl, 1754 von Michel Müller, Stralsund. Zwischen den Brüstungsfeldern mit geschweiften Füllungen und Akanthusdekor liegen Pilaster, zwischen den Fenstern des Oberteiles Blattgehänge mit Blüten; das kräftige Abschlußgesims ist an der Längsseite zum Lünettengiebel mit Inschrift aufgebogen, dazu ein Rocaillekamm, »Auge Gottes« und »Ohr Gottes« in Wolken mit Strahlenkranz sowie die Figuren von David, Saul und Manasse; im Innern umlaufende Bänke und Inschriften. Ein ähnlicher Stuhl ohne Dekor, M. 18. Jh., verstellt den Durchgang zur Sakristei. Patronatsgestühl, 2. H. 18. Jh., Verschlag mit geschweiftem Walmdach, rechteckigen Brüstungsfeldern und versenkbaren Fenstern. Patronats-Kastengestühl, 19. Jh.; die Brüstung gliedern aufgelegte Leisten, dazu Spuren von gemalten Wappen. Gemeinde-Kastengestühl, 2. H. 18. Jh. Die Füllungen der Brüstungsfelder und Türen haben gekehlte Ecken, auf einer Tür ein emblematisches Bild mit Inschrift von 1779. Kelch und Patene, 1613; am Achtpaßfuß und Schaft als gravierter Dekor Kruzifix, zwei Wappen, Rosetten und Vegetabilien, am Knauf gegossene Cherubköpfchen. Kelch, um 1650. Krankenkelch und Patene, Silber, um 1850. Runde Oblatendose, 1653; auf dem Deckel graviertes Allianzwappen und Inschriften. Weinkanne, 1690; mit bauchigem Körper und sehr langer Tülle. Taufschale, Messing, 2. H. 19. Jh. Zwei Kollektenteller, Messing, 1740; auf den Rändern gepunztes Rankenornament. Altardecke, Roter Samt, 1848; als Gold- und Silberfadenstickerei das Lamm mit Kreuzesfahne, 1848 im Blattkranz, Initialen und Krone. Leuchterpaar, Messing, M. 17. Jh.; Balusterschaft mit drei Knäufen, Fuß und Tropfteller achteckig; als Dekor getriebene Buckel und Perlenschnüre und gepunzte Bögen. Zwei Kronleuchter, Messingguß, 1698; Balusterschaft mit Kugel und Doppeladler und Armen in zwei Reihen, dazwischen ausgeschnittene Zierstücke: a) von 14 Armen nur acht erhalten; b) kleiner, von zwölf Armen nur fünf erhalten. Glocke, 1822 von Simon Zach, Stralsund, gegossen; mit langer Widmungsinschrift in Kapitalen zwischen Bändern aus Pflanzenornamenten. Grabplatte B. v. Platen († 1576) und I. v. Jasmund. Reste einer Minuskelinschrift zeugen von einer Zweitverwendung; zwei Wappen in einer Doppelarkade, darunter und darüber ausgegründete Inschriften in Kapitalen, in den Ecken Vanitassymbole. Grabplatte H. v. Platen († 1624); Wappen, darüber eine Widmungsinschrift in Kapitalen. Grabplatte W. v. Platen und I. Slediges, 1665; zwei ausgegründete Wappen, dazwischen die Widmungsinschrift in Fraktur und Kapitalen. Grabstele C. D. v. Platen († 1797), R. L. v. Platen und J. B. v. Platen (beide † 1793); über rechteckigem Sockel konisch verjüngt und von einer Urne mit Bildnismedaillon bekrönt, dazu lange Widmungsinschrift in Kapitalen. Epitaph für Unbekannt, Holz, E. 16. Jh.; architektonischer Rahmen mit Pilastern und Gebälk und entsprechendem Oberteil, überwuchert von Roll- und Beschlagwerkornament, Masken und Vegetabilien; im Hauptfeld Tafelbild der Kreuzigungsgruppe, in der Bekrönung Tafelbild mit der Auferstehung Christi; Seitenwangen und Inschrifttafel fehlen. Epitaph A. Kluke († 1676); auf einem Brett mit reicher Kontur das separat gerahmte Tafelbild einer vor dem Kruzifix knienden Familie, darunter die Widmungsinschrift. Vier Wappenepitaphe v. Platen, Holz, jeweils ein großer Wappenschild mit Helmzier und Helmdecke aus Akanthuslaub, darunter Inschriftkartuschen in unterschiedlichen Rahmen: a) M. v. Platen († 1698), die Inschrifttafel vor einem seitlich gerafften Vorhang; b) W. v. Platen († 1699), die Inschrifttafel vor einem von Engeln gehaltenen Vorhang; c) J. L. v. Platen († 1701), in der Helmdecke sechs Rundbildchen mit symbolischen Darstellungen und lateinischen Beischriften, die Inschrifttafel im Lorbeerkranz; J. L. v. Platen († 1703).

DENKMAL zu Ehren der im Krieg 1914–1918 gefallenen Soldaten aus der Gemeinde, auf dem Friedhof. Vor einem Feldsteinhügel steht eine polierte Granitplatte im steinernen Rahmen mit den Namen der Gefallenen, darüber eine Kalksteinstele mit den Reliefs eines Stahlhelms und gekreuzter Schwerter.

PFARRHAUS, um 1900. Eingeschossiger, zur Hälfte unterkellerter, sechsachsiger Backsteinbau mit Feldsteinsockel, aus der Mitte gerücktem Eingang mit Freitreppe und Satteldach. – Zugehörig ist ein eingeschossiger FACHWERKSCHUPPEN- UND STALLGEBÄUDE aus dem 2. V. 19. Jh. mit Feldsteinsockel und rohrgedecktem Satteldach. Die Fachwerkscheune und der Stall des Pfarrgehöftes besitzen beide rohrgedeckte Satteldächer, sind aber sonst stark verändert.

BÜDNEREI Dorfstraße 43, M. 19. Jh. Eingeschossiger fünfachsiger Putzbau mit Krüppelwalmdach und Fledermausluke; in den Giebeln blieben Reste von Fachwerk erhalten.

BÜDNEREI Dorfstraße 44, M. 19. Jh. Eingeschossiger sechsachsiger Putzbau mit Feldsteinsockel und rohrgedeckten Krüppelwalmdächern mit Eulenlöchern; im linken Giebel sind noch Reste von Fachwerk erkennbar.

*Tribbevitz, Gutshaus von Westen*

**Tribbevitz**

Ehem. GUTSHAUS, M. 19. Jh. Eingeschossiger elfachsiger Putzbau mit Feldsteinsockel und Satteldach. Die mittleren drei Achsen der Traufseiten treten als zweigeschossige Risalite mit Zinnengiebeln leicht vor; die seitlichen Giebel des Hauses sind gleichartig gestaltet, im übrigen aber in jüngster Zeit durch die Veränderung der urspr. Spitzbogenfenster in größere Rechteckfenster und Vereinfachung des Baudekors der neogotische Charakter verunklärt. An beiden Schmalseiten des Hauses liegen gartenseitig weiter vortretende, niedrigere giebelständige Nebenflügel mit Zinnengiebeln, die durch kurze Verbindungstrakte mit dem Haupthaus verbunden sind. Im Innern blieben das Treppenhaus und einige Türen aus der Erbauungszeit unverändert erhalten.

Ehem. INSPEKTORENHAUS, E. 19. Jh. Eingeschossiger sechsachsiger Fachwerkbau mit Feldsteinsockel und Satteldach. Im rechten Winkel dazu steht ein ebenfalls eingeschossiger, massiv aus Backsteinen gemauerter und teilweise verputzter Wirtschaftsflügel mit Stall, verbretterter Scheune und Satteldach.

**Udars**

Ehem. GUTSHAUS, M. 18. Jh. Zweigeschossiger neunachsiger, im Kern möglicherweise älterer Putzbau mit Feldsteinsockel, eingesprengten Feldsteinen im aufgehenden Mauerwerk und Mansarddach mit Gauben über einem kräftig vortretenden hölzernen Traufgesims. Über den drei mittleren Achsen der Trauffronten liegt jeweils ein eingeschossiger Frontispiz mit einem die beiden kräftig gerahmten Dreieckgiebel verbindenden firstgleichen Satteldach. Die Gebäudekanten werden von Putzrustika betont, die Rechteckfenster von Faschen mit Ohren gerahmt, in den Frontispizgiebeln liegen je ein Okulus und ein von kleinen Rechteckfenstern begleitetes hochgestelltes Ochsenauge unter geschwungenen Verdachungen; vor den mittleren Eingängen der Hof- und Gartenfront liegen Freitreppen, zwei kleinere Türen auch in den Giebelwänden. – Der GUTSPARK ist stark überwachsen. Reste eines Ringgrabens und -walles von um 1700 blieben erhalten und sind auf beiden Seiten mit Kastanien bepflanzt.

**Üselitz**

RUINE DES EHEM. GUTSHAUSES, 2. V. 17. Jh. Dreigeschossiger siebenachsiger Putzbau mit Feldsteinsockel und zwei jetzt bis auf Giebelreste zerstörten parallelen Satteldächern. Die Fassaden gliedern Kaff- und Gurtgesimse, die Fenster mit einmal gestuften Laibungen sind im Erd- und ersten Obergeschoß segmentbogig, im zweiten Obergeschoß rechteckig; das korbbogige Portal in der Mitte der Hoffront rahmen Pilaster und ein Dreieckgiebel. Im Innern blieben im Keller Tonnengewölbe, im Erdgeschoß Reste von Kreuzgratgewölben erhalten.

*Udars, Gutshaus von Südwesten; Venz, Gutshaus, Hoffront*

**Vaschvitz**

GUTSHAUS, 1. D. 19. Jh. Eingeschossiger elfachsiger Putzbau mit Feldsteinsockel und Satteldach. Über der Mitte der Trauffronten mit den leicht vortretenden Eingängen liegt jeweils ein dreiachsiger Frontispiz mit Okuli im kräftig gerahmten Dreieckgiebel, auf beiden Seiten jeweils begleitet von drei kleinen Gauben mit Dreieckgiebeln. Die Fassaden gliedern Fugenschnitt und Eckpilaster, die Fenster sind z. T. verändert.

**Venz**

Ehem. GUTSHAUS, im Kern 3. D. 16. Jh. Zweigeschossiger fünfachsiger Putzbau mit hohem Kellergeschoß aus Feldsteinen, eingesprengten Feldsteinen im aufgehenden Mauerwerk und einem im 3. V. 17. Jh. aufgebrachten hohen Satteldach mit durch kräftige Gesimse gegliederten zweigeschossigen Schweifgiebeln. Über der Mitte der Trauffronten liegt jeweils ein dreiachsiger Frontispiz mit von Belastungspyramiden begleiteten, von Lisenen und kräftigen Gesimsen gegliederten Schweifgiebeln, in denen die flachen Schornsteine liegen. Die Fenster sind rechteckig, vor dem korbbogigen Hofportal mit gequaderter Rahmung liegt eine Freitreppe mit Podest. Urspr. besaß das Haus zwei parallele Satteldächer, und in der rechten vorderen Gebäudeecke wurden schon im 16. Jh. die Reste eines wohl mittelalterlichen Wohnturmes überbaut. Im Innern blieben die Reste einer bemalten Holztreppe mit Brettbalustern, Spuren von abgetragenen Kaminen und Öfen und ein Keller aus dem 16. Jh. erhalten. – Zugehörig ist ein 1940 errichteter langgestreckter eingeschossiger Backsteinbau, der zugleich als Stall, Scheune und Speicher diente. Er besitzt T-förmigen Grundriß und ein hohes Satteldach mit Gauben verschiedener Gestalt und Größe. Weiterhin ein M. 19. Jh. errichteter eingeschossiger KATEN aus Fachwerk mit Krüppelwalmdach und ein schlankes turmartiges TRANSFORMATORENHAUS aus Backstein vom A. 20. Jh.

**Vilmnitz**

DORFKIRCHE Stattlicher Backsteinbau. Von einem im 3. V. 13. Jh. errichteten Kirchengebäude blieb der langgestreckte einjochige Rechteckchor mit quadratischer Nordsakristei erhalten; das dreijochige Schiff mit nach innen gezogenen Wandpfeilern ersetzt seit M. 15. Jh. das nur noch im Bereich der jetzigen Ostwand in Resten nachweisbare, etwas schmalere urspr. Schiff; der quadratische dreigeschossige Westturm wurde E. 15. Jh. vollendet. Der Sockel von Chor und Sakristei ist aus behauenen Feldsteinen und endet in einem glasierten Backsteinprofil, an den freistehenden Gebäudekanten liegen Lisenen, den oberen Wandabschluß bildet am Chor ein glasierter Rundbogenfries auf Konsolen, an der Sakristei ein Treppenfries mit darüber gelegenem Deut-

schen Band, der unter dem Schiffsdach verborgene westliche und der östliche Chorgiebel werden wie der Sakristeigiebel von gestaffelten schlanken Spitzbogenblenden gegliedert. Die Priesterpforte mit mehrfach gestuftem profilierten Gewände ist innen zugesetzt, ein spitzer Schildbogen und ungenutzt gebliebene Mauerverzahnungen lassen auf eine nicht ausgeführte Portalvorhalle schließen; die Fenster waren urspr. in der Höhe in gestaffelte spitzbogige Bahnen gegliedert und sind entweder um 1600 zugesetzt oder z. T. vermauert, das Ostfenster wie die Schiffsfenster im 19. Jh. mit ungegabelten Pfosten versehen worden; nur die Nordwand der Sakristei besitzt noch ihr unverändert gebliebenes kleines Spitzbogenfenster, die Westwand wurde erneuert und an der Ostwand 1769 ein erkerartiger Vorbau errichtet. Am Schiff liegt unter den hohen Spitzbogenfenstern ein Kaffgesims, das um die Scheitel der spitzbogigen Portalgewände mit Segmentbogensturz herumgeführt wurde; die Blendengliederung des Schiffswestgiebels ist z. T. vom Westturm verdeckt. Das Gewände des spitzbogigen Turm-Westportals ist mehrfach abgestuft, ein Spitzbogenfenster darüber jetzt vermauert; zwischen den drei Turmgeschossen liegen als trennende Friese Deutsche Bänder, das zweite Geschoß gliedern hohe Spitzbogenblenden, das dritte gedrungenere Rundbogenblenden und -luken mit abgestuften Gewänden, zwischen denen Kreisblenden liegen; der achtseitige Helm ist durch vier Ecksporne dem quadratischen Grundriß des Turmes angeglichen. Ein in der 2. H. 18. Jh. errichteter Anbau an der Schiffssüdseite mit von zwei Pilastern flankierter Südwand, abgestuftem Traufgesims, einem Korbbogenportal mit bekrönender Attika, urspr. zwei einfachen Rechteckfenstern in allen drei Wänden und Walmdach diente als Treppenhaus zur im Schiff gelegenen Patronatsempore; am rechten Pilaster der Südwand ist eine gleichzeitige Sonnenuhr aus Holz angebracht. Im Innern ruhen das stark gebuste Kreuzrippengewölbe des Chores und das der Sakristei sowie die den hohen Triumphbogen überschneidenden flacheren Gewölbe des Schiffes und das des Turmuntergeschosses auf Konsolen, die im Schiff vor den zu tiefen Spitzbogennischen verbundenen Wandpfeilern liegen; in den Seitenwänden und der Südwand der Sakristei befinden sich breite Nischen mit unterschiedlichen Bogenschlüssen, in der Nordwand eine Piscina. Alle architektonischen Details in Schiff und Chor wurden im 18. Jh. mit einem feinteiligen Putz überarbeitet und geglättet. Die Gruft der Herren v. Putbus unter dem wohl im 18. Jh. um zwei Stufen erhöhten Chorfußboden besitzt Kreuzgratgewölbe zwischen breiten Gurtbögen und ist über eine Treppe mit Falltür zugänglich.

*Ausstattung:* Altar, Sandstein, 1603 wohl von Claus Midow, Güstrow. Architektonischer Aufbau aus Sockel mit seitlichen Postamenten, einem von Säulen und Gebälk gerahmten Hauptfeld mit Rundbogenarkade und einem bekrönenden Aufsatz. Im Sockel das Relief des Abendmahls Christi zwischen zwei Wappen, darüber eine figürliche Triumphkreuzgruppe, im quadratischen Bekrönungsfeld als Relief die Noli-me-tangere-Szene und darüber in einem hochovalen Medaillon ein kleinfiguriges Relief mit der Himmelfahrt Christi; auf seitlichen Konsolen und dem Gebälk stehen oder sitzen die Figuren der vier Evangelisten, der weiblichen Verkörpe-

*Linke Seite: Vilmnitz, Dorfkirche von Süden*

*Rechte Seite: Vilmnitz, Dorfkirche, Kanzel und Epitaph v. Putbus und Epitaph für Erdmann, Herr zu Putbus*

rungen von Glaube und Hoffnung, Karyatiden und ein Putto; als Dekor dominieren Beschlagwerk und Diamantbossen; das Kruzifix wurde im 19. Jh. erneuert. Kanzel mit Portal, Aufgang und Schalldeckel, 1708/09 von Hans Broder, Stralsund. Der polygonale Korb ruht auf einer Moses-Figur; an Aufgang und Kanzel mit kräftigem Fuß- und Abschlußgesims überwiegt rahmender Akanthusdekor, in den Brüstungsfeldern des Korbes stehen die Figuren der vier Apostel mit Muschelnimben, das Kanzelpult ruht auf einem Cherubköpfchen. Über den Ecken des sechseckigen Schalldeckels stehen sechs weibliche Symbolfiguren der Tugenden, zwischen ihnen Versatzstücke aus Akanthuslaub und bekrönend eine Engelfigur mit aufgeschlagenem Buch. Das Portal mit seitlichen Pilastern, Gebälk mit seitlichen Vasen und einer Tür mit kräftig profiliertem hochovalen Füllungsfeld gehört zum unmittelbar anschließenden ehem. Beichtstuhl. Taufe, Kunststein, M. 19. Jh. Fuß, Schaft und die paukenförmige Kuppa sind rechteckig und besitzen großformigen neogotischen Maßwerkdekor. Ehem. Weihwasserbecken, Granit, wohl noch vor 1150. Urspr. eine slawische Handmühle mit länglicher Mulde und geglätteten Seiten, ein Ende ist abgebrochen. Orgel, 1866 von Friedrich August Mehmel, Stralsund, gebaut, mit neogotischem Prospekt. Altarkruzifix, Messingkorpus und hölzernes Kreuz, um 1900. Zwei Gemälde, um 1700, mit den Brustbildern von zwei nicht identifizierten Bischöfen. Gemälde, 1838 von Veström, Kopie der »Kreuzabnahme« von Johann Heinrich Tischbeins Altarbild in der Stralsunder Jakobikirche. Zwei Kelchtücher: a) A. 19. Jh., hellgelbe Seide mit gestickten Blumen- und Architekturmotiven; b) 1833, Blauer Samt, Silberfadenstickerei mit Kreuzeslamm und Vegetabilien, Silberfransen als Randborte. Altarbibel, 1662, Folioausgabe von Christoph und Paul Endter, Nürnberg, mit Kupferstichen; im Ledereinband mit Messingbeschlägen. Truhe, Holz, 16. Jh., mit gewölbtem Deckel und dicht mit Eisenbändern beschlagen. Pult, Holz, 17. Jh., aus urspr. nicht zusammengehörenden, meist älteren Teilen zusammengesetzt. Südempore, um 1700. Auf schlanken Holzsäulen; die Brüstung des westlichen Teiles mit einfacher Felderteilung; der östliche Teil tritt als

Patronatsloge dreiseitig vor, an der Brüstung Pilaster auf Konsolen und kräftige Rahmenfelder mit zwei Wappen vom 19. Jh., der Oberteil besitzt versenkbare Fenster. Westempore, 1866 für die Orgel errichtet, die Brüstung gliedern schmale Maßwerkfelder. Beichtstuhl, 1722 von Hans Broder, Stralsund. Offener Verschlag, die Brüstung mit feldergegliedertem Sockel, einem von Pilastern gegliederten hohen Mittelteil mit kräftigen hochovalen Rahmenfüllungen und als oberer Abschluß Felder mit Akanthusdekor; die Tür ist zugleich der Kanzelzugang. Kastengestühl, A. 19. Jh. mit einfachen Felderfüllungen. Als Gemeindegestühl dienen Bankreihen mit geschwungenen Seitenwangen. Kelch und Patene, 1597, mit Sechspaßfuß, Rollwerkdekor und Köpfchen am runden Knauf und halbkugeliger Kuppa. Kelch und Patene, Silber, 1726, der Sechspaßfuß mit aufgelegtem Weinlaubfries. Runde Oblatendose, Silber, E. 18. Jh., auf dem Deckel eine gravierte Blüte. Ovale Oblatendose, E. 18. Jh. Rechteckige Oblatendose, E. 19. Jh., auf Kugelfüßen. Abendmahlskanne, Silber und Glas, 19. Jh. Den walzenförmigen Körper aus Glas mit geschliffenen Facetten fassen silberne Weinlaubleisten; am Deckel aus dem 18. Jh. eine Medaille von Georg Hautsch von nach 1689 mit Porträtbüste, Triumphwagen und Türkenschlachtszene. Abendmahlskanne, Neusilber, um 1900, der walzenförmige Körper mit eingezogenem Fuß und winkeligem Henkel. Taufschale, Messing, 1722. Taufkanne, Messing, 20. Jh., steilwandige Henkelkanne. Sieblöffel, Silber, um 1800. Klingelbeutel, Silber, 18. Jh., am Ring eine gravierte Blütenranke und ein Cherubkopf, der gedrechselte Stab mit Glöckchen, der Beutel erneuert. Leuchterpaar, Zinn, um 1700, Fuß und Tropfteller rund, der Schaft mit Knauf und zwei Wirteln. Leuchterpaar, Zinn, um 1800, am Balusterschaft zwei vergoldete Cherubköpfe. Kronleuchter, Messingguß, um 1700. Balusterschaft mit Kugel, von zwölf Armen in zwei Reihen blieben nur die unteren sechs erhalten. Kronleuchter, Holz, A. 19. Jh. An Ketten hängende Schale mit sechs in Engeln mit Lichtertüllen endenden Armen; der aufgelegte klassizistische Dekor ist aus Zinn gegossen. Kronleuchter, Gußeisen, 2. H. 19. Jh., in Art des zweiten Rokokos. Glocke, 1554 von Hans Timmermann gegossen, mit Inschrift, einem Münzabdruck der Hl. Katharina, zwei Wappenschilden und Maßwerkdekor. Vier Epitaphe für Angehörige des Hauses Putbus: Ludwig († 1594), Anna Maria († 1595), Erdmann († 1622) und Sabine Hedwig († 1631). 1599–1601 von Claus Midow und seiner Güstrower Werkstatt geschaffene, im architektonischen Aufbau übereinstimmende Monumente: Über dem Sockel mit Inschriftplatte, ein verkröpftes Gesims tragenden seitlichen Konsolen und einer untergehängten Inschriftkartusche liegt das Hauptfeld mit hochrechteckiger Nische zwischen breiten Pfeilern mit Muschelnischen und auf Konsolen ruhendem breiten Architrav, den oberen Abschluß bildet eine zwischen seitliche Versatzstücke gestellte kleine Ädikula mit Dreieckgiebel. In der Mittelnische die Figur der zu ehrenden verstorbenen Person, auf den seitlichen Postamenten und neben der Ädikula bei den Männern vier manierierte Kriegerfiguren, bei den Frauen jeweils vier entsprechende weibliche Symbolfiguren der Tugenden; die seitlichen Ohren des Hauptfeldes tragen als Relief die Halbfiguren von Sirenen, Kriegern, Mädchen und Engeln, in den Ädikulen liegen szenische Reliefs mit David und Goliath, Simson mit dem Löwen, der Verkündigung an Maria und der Anbetung der Hirten. Als Dekor überwiegt Beschlag- und Rollwerk, daneben Engel- und Löwenköpfchen, Festons, Fruchtgehänge, Diamantquader und Zahnschnittleisten. Zwei Wappenschilde mit Helmzier und in Akanthuslaub aufgelöster Helmdecke: a) wohl von einem Epitaph für E. L. v. Putbus († 1671), ein zugehöriges Porträtbild des Verstorbenen wird separat aufbewahrt; b) wohl von einem Epitaph für E. L. v. Putbus († 1702), ein zugehöriger unterer Teil ging verloren. Zwei Sarkophage für M. Graf zu Putbus und seine Frau M. J. Gräfin zu Putbus, Kalkstein, um 1730. Gleichartig gestaltet: als Dekor im flachen Relief an den Ecken kauernde Löwen, Festons, Wappenreihen, verschlungene Monogramme und eine von Engeln bekrönte Herme zwischen Totengerippe und Vase bzw. eine trauernde Frau; am Deckel Rankenleisten und ein Rankenrahmen mit einem Schädel unter dem Kruzifix und Kapitale-Inschriften in schwedischer Sprache. 27 Särge in der Familiengruft des Hauses Putbus unter dem

Chor. Vom Freiherrn W. v. Putbus († 1637) bis zu Fürst W. M. zu Putbus († 1856) wurden die meisten der in Putbus lebenden Angehörigen der Familie hier in Särgen aus Holz, Zinn oder Zink und von unterschiedlicher Gestalt bestattet, deren Reichtum der Ausstattung im 17. Jh. am größten war; besonders bemerkenswert ist der Sarg des E. L. v. Putbus († 1677). Grabplatte für J. v. Putbus († 1533), Wappen und Inschrift in einem architektonischen Rahmen. Fünf Grabplatten, 17. und 18. Jh. In einem nach unten und oben abgerundeten Mittelfeld die Inschriften, zuweilen auch Wappen: a) J. Serovius († 1633) mit Ehefrau M. v. Reten, im Mittelfeld ein von Engeln gehaltenes Wappen, dazu wappenartig zusammengestellt ein Flammenherz unter einem Schädel, als Helmzier ein Herz; b) G. Giese († 1650), im Mittelfeld zwei von einem Engel gehaltene Wappen; c) M. Belcovius († 1653); d) Th. Macht († 1689); e) Chr. Voss († 1700). Grabplatte, 17. Jh., ein Wappen und die Inschrift sind abgetreten und undeutbar.
Auf dem FRIEDHOF mit umgrenzender Feldsteinmauer 86 Grabsteine, zumeist aus der 1. H. 19. Jh., sowie zwölf gußeiserne Grabkreuze von 1847 und jünger. – An der Südseite des Chores der Kirche eine Gedenktafel für K. Moschau († 1699), Kalkstein; auf Konsolen eine Inschrifttafel mit breitem Rahmen.

Ehem. KÜSTERHAUS, M. 19. Jh. Eingeschossiger siebenachsiger Backsteinbau mit hohem Sockelgeschoß und rohrgedecktem Krüppelwalmdach mit je einer großen Fledermausluke auf beiden Seiten. Das Dachgeschoß ist neuerdings durchgebaut, die innere Raumstruktur blieb jedoch weitgehend erhalten; in der Rückwand liegen jetzt zwei verglaste neue Türen.

KATEN an der Dorfstraße, um 1800. Eingeschossiger neunachsiger Fachwerkbau mit Feldsteinsockel und rohrgedecktem Krüppelwalmdach. Die Giebelwände wurden z. T. massiv in Backstein erneuert. Die Raumstruktur der zwei im Haus untergebrachten Wohnungen blieb unverändert, auch die Fachwerkwände, Stampflehm- bzw. Ziegelfußböden und die Decken mit Lehmstaken erhalten.

SCHULGEBÄUDE, 2. H. 19. Jh. Neogotischer eingeschossiger vierachsiger Backsteinbau mit hohem Feldsteinsockel und Satteldächern. Die linke Achse ist über die Tiefe des Hauses als leicht vortretender Risalit ausgebildet, seine hohen Dreieckgiebel sind wie der dritte Giebel am Fuß und der Spitze mit Fialtürmchen besetzt, den straßenseitigen Giebel dominiert zudem eine große Spitzbogenblende mit in Binnenblenden gelegenen Fenstern; über der Mitte des traufständigen Gebäudeteils liegt eine kleine Gaube; alle Fenster sind segmentbogig.
WOHNHAUS am Dorfplatz, 2. H. 19. Jh. Zweigeschossiges Giebelhaus mit massiv gemauertem und verputztem Erdgeschoß, Fachwerkobergeschoß und flachem Satteldach. Die Fenster im Erdgeschoß sind verändert.

*Dorfstraße*

KÜBBUNGSDIELENSCHEUNE, 2. H. 19. Jh. Eingeschossiger Backsteinbau mit rohrgedecktem Satteldach; das große Scheunentor liegt ganz an der Seite, in den Traufwänden blieben Reste vom Fachwerk erhalten.
BAUERNHOF THEES, 2. V. 19. Jh. Typisches, gut erhaltenes Beispiel eines rügenschen Bauernhofes mit Wohnhaus und die Seiten des vor ihm gelegenen Hofes begrenzenden Wirtschaftsgebäuden. – WOHNHAUS Eingeschossiger fünfachsiger Backsteinbau mit Feldsteinsockel und rohrgedecktem Krüppelwalmdach; im rechten Giebel sind noch Reste von Fachwerk erhalten, über dem Hauseingang mit einer doppelflügeligen Tür aus der Erbauungszeit liegt im Dach eine Fledermausgaube. Zugehörig ein STALL, ein eingeschossiger Backsteinbau mit z. T. noch rohrgedecktem Satteldach; Reste von Fachwerk blieben in den Traufwänden erhalten. – Die SCHEUNE ist ein hoher giebelständiger Bau mit seitlichem Scheunentor und flachem Satteldach; die unteren zwei Drittel der Umfassungswände sind massiv aus Backstein gemauert, das obere Drittel aus Fachwerk.
BAUERNHOF Nr. 8, 2. H. 19. Jh. – STALL, langgestreckter eingeschossiger Fachwerkbau mit hohem rohrgedeckten Krüppelwalmdach, dessen Traufe auf der Hofseite zweimal zu rechteckigen Luken angehoben wurde; die rückwärtige Traufseite wurde massiv in Backstein erneuert. – SCHEUNE, eingeschossiges Fach-

werkgebäude mit rohrgedecktem Krüppelwalmdach; die vordere Giebelwand ist nach einer Verkürzung des Gebäudes in jüngerer Zeit massiv in Backstein erneuert worden.

WOHNHAUS Nr. 17, M. 19. Jh. Eingeschossiger vierachsiger Backsteinbau mit Feldsteinsockel und rohrgedecktem Krüppelwalmdach, die Giebelflächen sind verputzt; die Haustür liegt in einer Wandvorlage, außer einem Segmentbogenfenster in der linken Giebelwand sind die Fenster rechteckig.

**Vitt**

STRANDKAPELLE 1816 eingeweihter, wohl nach einem Entwurf Karl Friedrich Schinkels errichteter achtseitiger Zentralbau aus verputzten Feldsteinen und Backstein für die architektonischen Details; die Fenster mit Dreieckschluß, zwei einfachen Rippen und doppelten Fensterläden, das achtseitige Zeltdach ist mit Rohr gedeckt. Ein rechteckiger Sakristeibau und sein niedrigerer Verbindungsgang zur Kapelle liegen unter rohrgedeckten Satteldächern und kamen 1852 hinzu. Das Innere der Kapelle überdeckt ein verputztes achtseitiges

Klostergewölbe aus Holz. – Kanzelaltar, Sandstein, 1882, zum Kanzelpult führt eine zweiläufige Treppe, unter der Mensa stehen zwei neuromanische Säulen. Altarkruzifix, Eisenguß, A. 19. Jh. Gemälde, um 1970 von Erich Kliefert, Stralsund, verkleinerte Kopie nach Philipp Otto Runges Bild »Christus wandelt auf dem Meer«. Bankgestühl, 19. Jh. Leuchterpaar, Zinkguß, um 1870, mit Balusterschaft. Glocke von 1865.

FISCHERHAFEN, im jetzigen Zustand wohl A. 19. Jh., mit Backsteinmole und hölzernem Landungssteg.

FISCHERHAUS, 2. H. 19. Jh., eingeschossiger fünfachsiger Backsteinbau mit Krüppelwalmdach und von geputzten Lisenen begleiteter mittlerer Haustür.

FISCHERHAUS, M. 19. Jh., eingeschossiger fünfachsiger Backsteinbau mit rohrgedecktem Krüppelwalmdach. An der rechten Giebelseite steht ein verputzter neuer zweigeschossiger Anbau mit Pultdach.

**Vitte** (Hiddensee)

WOHNHAUS Nr. 90, 1896/97. Eingeschossiger fünfachsiger Putzbau mit Feldsteinsockel und rohrgedecktem Krüppelwalmdach mit Fledermausluken. An der Vorderseite eine einfache und eine doppelflügelige Haustür, die Tür- und Fensterlaibungen sind glatt in die Wände eingeschnitten. – Das Grundstück begrenzt ein Spriegelzaun.

DOPPELWOHNHAUS Nr. 92, 1872 und 1924. Eingeschossiger siebenachsiger Putzbau mit verbretterten Giebeln und rohrgedecktem Satteldach mit mehrachsigen Dachhechten auf beiden Traufseiten. Die jetzige Gestalt des Hauses stammt von 1924, als der Berliner Architekt Hermann Muthesius den rechten Teil anfügte und den Innenausbau mit einer zwischen beiden Wohnungen gelegenen Halle mit umlaufender Galerie vornahm, der rückwärtige Anbau mit flachem Pultdach und dicht gereihten großen Fenstern ist wohl noch jünger. – Das Grundstück begrenzt ein Spriegelzaun.

*Linke Seite: Vitt, Strandkapelle*

*Rechte Seite: Vitte/Hiddensee, »Karussell« (Asta-Nielsen-Haus) Zum Seglerhafen 7; Haus »Nordperd« Zum Seglerhafen 13*

WOHNHAUS Nr. 140, 1872 und 1907–1912. Eingeschossiger vierachsiger Putzbau mit aus der Mitte der Vorderfront nach links gerücktem Eingang, frontispizartiger großer Mittelgaube mit Segmentbogenfenster und rohrgedecktem Walmdach, das an der linken Seite gegen einen 1907–1912 angefügten zweigeschossigen vierachsigen, vier Achsen tiefen Gebäudeteil mit flachem Satteldach stößt. Der ältere Bauteil besitzt auch an der Rückseite einen hier ganz seitlich gelegenen weiteren Eingang, an der rechten Giebelseite einen niedrigen Anbau mit Tür und in der Seitenwand gelegenem Fenster.

WOHNHAUS »BLAUE SCHEUNE« Nr. 175, M. 19. Jh. Angeblich urspr. ein Hallenhaus, jetzt ein eingeschossiger fünfachsiger Putzbau mit rohrgedecktem Krüppelwalmdach mit Eulenlöchern, Fledermausluken in den giebelseitigen Walmen und der rückwärtigen Traufseite sowie einem großen Atelierfenster auf der Vorderseite; die Fenster unterschiedlich groß.

Ehem. WINDMÜHLE zwischen Norderende und Strand, 1907. Dreigeschossiger, nach oben konisch verjüngter achteckiger Körper einer Holländer-Windmühle aus bretterverschaltem Fachwerk auf Backsteinsockel, mit geschweifter Haube. Das Innere wurde 1962 für Wohnzwecke adaptiert; die Steuereinrichtung blieb erhalten, die Flügel fehlen.

WOHNHAUS Sprenge 30, E. 18. Jh. Eingeschossiger dreiachsiger Putzbau, das rohrgedeckte Krüppelwalmdach mit Eulenlöchern; die Wände urspr. aus Fachwerk. Im Innern die alte Küche in Seitenvorlage erhalten.

*Süderende*

WOHNHAUS Nr. 35, A. 19. Jh. Eingeschossiger fünfachsiger Putzbau mit Feldsteinsockel und rohrgedecktem Krüppelwalmdach. Über dem etwa in der Mitte der Vorderseite gelegenen Eingang ist die Traufe zu einer frontispizartigen Gaube mit großem neuen Fenster angehoben, die urspr. übrigen Fenster sind unterschiedlich groß, aber alle auffällig klein. Zwischen den beiden linken Fenstern ist als Trophäe ein großer Dorschkopf angebracht.

WOHNHAUS des Arztes, Nr. 57, 1914 nach einem Entwurf des Berliner Architekten Holländer errichteter eingeschossiger sechsachsiger Backsteinbau mit Krüppelwalmdach. Über den vier mittleren Achsen der straßenseitigen Trauffront liegt ein eingeschossiger zweiachsiger Frontispiz mit Dreieckgiebel, daneben und auf der Rückseite Schleppgauben. Die Gebäudekanten werden von Pilastern mit stark profilierten Kämpfern betont. – Zugehörig ist ein eingeschossiges zweitüriges STALLGEBÄUDE mit Traufgesims an den Giebelseiten .

WOHNHAUS, sog. HEXENHAUS Nr. 60, 1. H. 19. Jh. Eingeschossiger Putzbau mit Feldsteinsockel und rohrgedecktem Walmdach mit Eulenlöchern und Fledermausgaube auf der vorderen Traufseite. Der Eingang liegt in der hier unter das Dach als rechtwinklige Nische zurücktretenden vorderen linken Ecke des Hauses.

WOHNHAUS Nr. 73, 1810 und 1922. Eingeschossiges vierachsiges Giebelhaus aus verputztem Backstein, im rohrgedeckten Krüppelwalmdach mit Eulenlöchern liegen auf beiden Traufseiten unterschiedlich große Fledermausluken. Das Haus besitzt Eingänge in der vorderen Giebelwand und auf der rechten Traufseite. Beim Umbau durch den Berliner Architekten Hermann Muthesius erhielt das Haus seine jetzige Gestalt und im Innern eine Wohnhalle mit Kamin.

ASTA-NIELSEN-HAUS, sog. KARUSSELL Zum Seglerhafen 7. 1922 nach einem Entwurf des Berliner Architekten Max Taut errichteter eingeschossiger Putzbau mit ausgebautem Dach. Der annähernd quadratische Grundriß besitzt zwei diagonal gegenüberliegende Rundungen und zwei rechtwinklige Ecken, von denen halbhohe Mauern diagonal abstrebend schräg nach unten abfallen. Eingang und Fensterbänder sind auf die Rundungen und Ecken des Hauses konzentriert, dazwischen liegen über dem Sockelbereich gebänderte, abwechselnd putzfarbige und blaue Wandteile. Das weit überkragende Zeltdach folgt dem Grundriß, über der Rundung mit dem Eingang liegt eine breite Fledermausluke, über der rückwärtigen Rundung ein aus dem Dach ausgesparter Balkon.

»HAUS NORDPERD« Zum Seglerhafen 13, 1923. Eingeschossiger Putzbau mit Walmdach. Der im Kern unsymmetrisch-rechteckige Grundriß hat an den Ecken kleine rechteckige Ausbuchtungen, an einer Schmalseite eine backsteinsichtige halbrunde Veranda und entspricht deutlich expressionistischen Stiltendenzen. Die Wände in der unteren Hälfte hell, in der oberen ockerfarben gestrichen und mit kleinen quadratischen Fenstern. Das weit überkragende Walmdach überdeckt mit geraden Traufen die zwischen den Eckvorbauten liegenden Rücksprünge der Fassade, folgt über der Veranda aber deren Rundung; auf der nördlichen Traufseite liegt eine breite Gaube mit extrem flachem Satteldach und einem architektonisch gestalteten Schutzgitter.

GAST- UND WOHNHAUS an der Straße nach Neuendorf, 1. V. 20. Jh. Eingeschossiger Putzbau mit verbretterten Giebeln und einem Krüppelwalmdach mit Fledermausluken. Der vorderen Traufseite und dem linken Giebel ist wohl erst in jüngerer Zeit ein breiter Gastraum mit Fensterbändern und flachem Dach vorgebaut worden.

### Vorwerk

GUTSHAUS, M. 19. Jh. Eingeschossiger siebenachsiger Backsteinbau mit hohem Sockelgeschoß; die rückwärtige Front hat acht Fensterachsen und wurde nachträglich um ein zweites Obergeschoß mit Drempel erhöht. Die drei mittleren Achsen der Hoffront treten als zweigeschossiger Risalit mit flachem Dreieckgiebel und Uhr leicht vor, das zweiflügelige Portal mit einer von Wangenmauern begleiteten Freitreppe liegt in einem zusätzlichen Vorbau. Die Fassade gliedern Eckpilaster und ein kräftiges Trauf- bzw. Gurtgesims mit Zahnschnitt- und Konsolfriesen, und die Segmentbogenfenster mit Sohlbänken liegen unter gekrümmten Abschlaggesimsen. Im Erdgeschoß blieb die geräumige zentrale Eingangshalle erhalten.

GUTSSTALL, 3. V. 19. Jh. Zweigeschossiger siebzehnachsiger Backsteinbau mit einem breiten Risalit am linken Ende und zwei einachsigen Risaliten in der Mitte und am rechten Ende der Hoffront, von denen die seitlichen auch die Rückfront bestimmen. Fenster, Türen und Tore sind segmentbogig, im Obergeschoß jedoch paarweise geordnete kleine Rechteckfenster; die Geschosse trennt ein einfaches Gurtgesims, das Traufgesims ruht auf Konsolen.

### Waase

DORFKIRCHE Von dem nach M. 15. Jh. aus Backsteinen auf einem Feldsteinsockel und mit ins Mauerwerk eingestreuten Feldsteinen errichteten kleinen Kirchengebäude blieben der zweijochige Rechteckchor mit etwas jüngerer Nordsakristei und die wohl E. 15. Jh. fertiggestellte Schiffswestwand mit spitzbogiger Blendengliederung und dem rechteckigen, in einer hohen Spitzbogenblende gelegenen, von schmalen Blenden begleiteten Westportal erhalten. Das annähernd die Breite des Chores besitzende jetzige Schiff mit niedrigeren seitenschiffartigen Anbauten ist aus Ziegelfachwerk in den Außenwänden und stammt trotz mehrfacher Erneuerungen in seinen ältesten Teilen wohl noch aus dem 16. Jh. Die hinter einer im 18. Jh. angefügten Vorhalle mit Schleppdach und Korbbogenportal verborgene Priesterpforte des Chores und seine breiten Fenster mit einfacher Mittelrippe sind spitzbogig, unter dem Giebel liegt ein vertieftes Putzband, Chor- und Sakristeigiebel sind glatt, die Sakristeifenster segmentbogig verändert. Das Schiff wird durch niedrige, über den Pultdächern der »Seitenschiffe« gelegene Fensterbänder belichtet, am westlichen Ende des Chor und Schiff einheitlich überdeckenden Satteldaches steht ein kleiner verbretterter Dachreiter mit geschweifter Haube. Im Innern ruhen die Kreuzrippengewölbe von Chor und Sakristei auf Konsolen, die im Chor vor den zu Spitzbogennischen verbundenen Wandpfeilern liegen, der flachbogige Triumphbogen ist weit gespannt. Die »Mittelschiffswände« sind über den Kämpferprofilen der hölzernen Sützen mit Kopfbändern mit spitzbogigen Holzblenden arkadenartig verkleidet, die Bretterdecke liegt über den sichtbaren Dachbalken, die seitlichen sind unter den Dachsparren verschalt. Um 1470 entstandene Wandmalerei stellt in z. T. dünnformigen Blattrankenschleifen an der Chorostwand das Jüngste Gericht mit Deesis, über dem Triumphbogen den Hl. Christophorus und ein Stifterpaar dar; mit gleichen Ranken und einer halben Rosette ist auch der gemauerte mittelalterliche Sakramentsschrein bemalt; die 1934 geschaffene Rankenmalerei an der Bretterdecke des Schiffes lehnt sich an geringe barocke Befunde an.

*Ausstattung:* Altar, um 1520 in einer Antwerpener Werkstatt entstandener Flügelaltar mit vier paarweise verbundenen großen und zwei dem hohen Mittelteil des Schreines zugeordneten kleineren Flügeln und einer Predella mit gemalten verschlungenen Schriftbändern. Der Schrein mit reichem Maßwerkdekor stellt in viel-

*Waase, Dorfkirche von Nordwesten und Kanzel*

figurigen Szenen in drei unteren Feldern Episoden aus dem Leben des Hl. Thomas Beckett, darüber Kreuzigung und Kreuzabnahme Christi, dazu in seitlichen Maßwerktabernakeln sechs kleine, die katholischen Sakramente symbolisierende Szenengruppen und weitere Passionsszenen dar. Die Bilder auf den Innenseiten der großen Malflügel ergänzen mit Abendmahl, Gefangennahme und Auferstehung und dem Pfingstgeschehen, die kleinen Malflügel mit »Noli me tangere« und dem Emmaus-Gang die Szenen des Schreines. Sind die Flügel geschlossen, sind oben die »arma Christi«, auf den großen Flügeln die Gregorsmesse, seitlich Melchisedek und Abraham und die Mannahlese in der Wüste dargestellt. Aus dem 18. Jh. stammt die Altarschranke mit Balustrade. Kanzel mit Portal und Aufgang, 1572. Als Kanzelfuß dient eine Balustersäule auf einem Podest mit Reliefdarstellungen des Herakles, einer Karyatide und zweier Blattgrotesken. In den von Säulen mit Postamenten getrennten rundbogigen Feldern der polygonalen Kanzelbrüstung mit breitem Sockel und architravartiger oberer Abschlußzone liegen szenische Reliefs der Erschaffung Evas, der Geburt und der Auferstehung Christi; die zwischen Pilastern gelegenen, rhombisch verschobenen Rundbogenfelder der Aufgangsbrüstung sind mit Intarsien in Gestalt von turmartigen Architektur-

*Linke Seite: Waase, Dorfkirche, Antwerpener Flügelaltar in geöffnetem Zustand*

*Rechte Seite: Waase, Dorfkirche, Antwerpener Flügelaltar, Mittelteil des Schreines mit Kreuzigung und Altar in geschlossenem Zustand*

stücken und Arabesken belegt, darüber liegt ein ausgegründetes Inschriftband. Die ebenfalls mit Arabesken-Intarsien verzierte Tür des Kanzelportals rahmen zwei reich dekorierte Säulen und ein breiter Architrav. Den insgesamt sehr reichen plastischen Dekor aus Löwenköpfen, Masken, Blattmasken, Fruchtgehängen, Blattwerk, Beschlag- und Rollwerk ergänzen zudem weitere kleinere Arabesken-Intarsien. Taufständer, Holz, 1931, mit kelchförmiger Gestalt. Orgel, 1924 von Wilhelm Sauer, Frankfurt/Oder, gebaut, der gleichzeitige Prospekt zeigt den Stil der Neuen Sachlichkeit. Kruzifix einer Triumphkreuzgruppe, um 1500, im 18. und 19. Jh. wurden einzelne Teile erneuert. Opferstock, 16. Jh., bearbeiteter Abschnitt eines Baumstammes, die Rundbogentür mit Eisenbeschlägen und Eisenbändern. Westem-

*Linke Seite: Waase, Dorfkirche, gotischer Marienleuchter*

*Rechte Seite: Wiek, Dorfkirche, westliche Giebelfront*

pore, M. 17. Jh., als Maler wird Hans Rose, Stralsund, vermutet. Die Brüstung ist in einen Sockelstreifen, die Hauptzone mit gliedernden Säulen und das Abschlußgesims aufgeteilt; in den Rundbogenfeldern liegen Tafelbilder mit den vier Evangelisten und emblematischen Darstellungen vom A. 18. Jh. mit erläuternden Beischriften im Sockel. Kastengestühl, M. 18. Jh. Die Füllungen besitzen z. T. geschweifte Spiegel. Ein Gestühlblock wurde durch aufgesetzte Wände zum Beichtstuhl adaptiert. Kelch, 2. H. 14. Jh., mit rundem Fuß, gefaltetem Knauf und trichterförmiger Kuppa. Kelch und Patene; der Schaft mit Knauf um 1500, Fuß und Kuppa 18. Jh. Kelch und Patene, Zinn, um 1800, mit graviertem zarten Linienornament. Patene, 19. Jh. Runde Oblatendose, Neusilber, um 1920; auf dem Deckel das Relief einer Hansekogge. Weinkanne, Silber, 19. Jh.; der bauchige Körper mit gewundener Kannelierung. Kelchtuch, Seide, 1771; in Gold- und Silberfadenstickerei ein Kranz mit Krone, ein Reichsapfel, Initialen. Kronleuchter, Bronzeguß, 15. Jh. Als Schaft ein sechsseitiger Maßwerktabernakel mit Madonnenfigur und Engelfigürchen; davon ausgehend in zwei Reihen zwölf S-förmige Arme mit Ranken und Vierpaßblättern, die Lichttüllen wurden z. T. im 17. oder 18. Jh. erneuert. Zwei Kronleuchter, Messingguß: a) von 1632; am Schaft oben ein sitzender Löwe mit Tartschenschild, unten ein doppelgesichtiger Löwenkopf mit Griffring; nur zwei von urspr. zweimal sechs Armen erhalten; b) von 1663, Schaft mit Kugel und Doppeladler und zwölf geschwungenen Armen in zwei Reihen. Glocke, 1605 von Albrecht Huve, Stralsund, gegossen; mit langer Inschrift, zwischen den Wörtern Rosetten und zwei Medaillons mit Widderreliefs. Zwei Grabplatten in Zweitverwendung: a) für Z. K. Bardens († 1606) mit Kelch und Stralsunder Wappen als Relief, Inschriftzeilen; b) für R. Möllers († 1657) mit Inschrift und Hausmarke.

Auf dem FRIEDHOF mit umgrenzender Feldsteinmauer der freistehende Glockenstuhl von um 1970. Weiter vier Grabstelen aus dem 18. und 19. Jh. und fünf Feldsteine mit eingeschlagenen Initialen bzw. kurzen Inschriften mit Jahreszahl.

PFARRHAUS, um 1800, 1924 außen erneuert. Eingeschossiges Giebelhaus von vier Achsen Breite aus verputztem Backstein mit Feldsteinsockel und Krüppelwalmdach. 1924 nach einem Brand die Außenwände erneuert, die innere Raumstruktur und ein Teil der inneren Fachwerkwände erhalten.

Zugehörig ist die PFARRSCHEUNE, 2. H. 17. Jh., in der 1. H. 19. Jh. verlängert. Langgestreckter Zweiständerbau aus Fachwerk mit seitlicher Kübbung und rohrgedecktem Krüppelwalmdach; die eine Traufseite ist jetzt mit Brettern verkleidet. Im Innern haben die Ständer z. T. zwei übereinanderliegende Kopfbänder.

*Neue Straße*

KÜSTERHAUS 1. H. 19. Jh. Eingeschossiger fünfachsiger Fachwerkbau mit Feldsteinsockel und rohrgedecktem Krüppelwalmdach; die Rechteckfenster mit hölzernen Faschenrahmen, die Türen und die sie umgebenden Gefache erneuert. – Zugehörig ein eingeschossiges STALLGEBÄUDE aus Backstein.

GASTHAUS 3. V. 19. Jh. Eingeschossiger fünfachsiger Putzbau; über den mittleren Achsen der Vorderfront liegt ein zweiachsiger Frontispiz mit firstgleichem Satteldach, die faschengerahmten Fenster mit Sohlbänken rechteckig. An der Rückseite schließen im rechten Winkel nebeneinander ein kürzerer Wirtschaftstrakt und ein langgestreckter Saalbau mit blendengegliederten Backsteinwänden an.

KATEN Nr. 13, um 1700. Eingeschossiges längserschlossenes Mittelflurhaus aus verputztem Backstein mit rohrgedecktem Krüppelwalmdach; die kleinen Fenster in den Traufwänden urspr., die anderen Fenster später vergrößert. Im Innern blieben die alte Raumstruktur und die Lehmstakenwände erhalten.

KATEN Nr. 14, E. 18. Jh. Eingeschossiges längsaufgeschlossenes Mittelflurhaus aus verputztem Backstein mit rohrgedecktem Krüppelwalm- bzw. Halbwalmdach; im vorderen Giebel blieben Reste von Fachwerk erhalten, die Eingangstür liegt in einem hölzernen Faschenrahmen.

KATEN, 1. H. 19. Jh. Zweihieschiger eingeschossiger, fünfachsiger Fachwerkbau mit rohrgedecktem Krüppelwalmdach.

### Werder

FORSTHAUS, E. 19. Jh. Zweigeschossiger siebenachsiger Backsteinbau mit Feldsteinsockel, schlanke Segmentbogenfenster. An der Vorderfront tritt die mittlere Achse mit dem Hauseingang, einem darüber gelegenen Rundbogenfenster und einem firstgleichen Satteldach risalitartig leicht vor; an der Rückseite ist der Mittelrisalit dreiachsig, und das weit vorkragende Dach wird durch ein hölzernes Sprengwerk gestützt, an der linken Seite der Rückfront eine Terrasse mit Freitreppe. – Zugehörig ein zweigeschossiges STALL- UND SCHUPPENGEBÄUDE aus Feldsteinen, Backstein und mit an den Traufseiten mit Brettern verkleidetem Obergeschoß und flachem Satteldach.

### Wiek

PFARRKIRCHE St. Georg. Backsteinbau auf einem sorgfältig bearbeiteten Feldsteinsockel. Breit proportionierte dreischiffige, vierjochige Langhaushalle mit eingezogenem zweijochigen Chor, an dessen Nordseite ein über die gesamte Länge der Chorwand reichender Sakristeianbau mit Pultdach, an der Südseite des Chores Portalvorhalle und Gruft. Der Chor um 1400, das Langhaus wenig später errichtet. Die urspr. Sakristei im 19. Jh. weitgehend erneuert. Die südliche Vorhalle aus dem 15. Jh., 1787 wurde östlich eine Gruft (jetzt Leichenhalle) angebaut. 1886 gründliche Instandsetzung.

Portale an der Nord-, Süd- und Westseite. Die Priesterpforte mit zweifach abgetreppter Laibung und eingestellten Rundstäben. Die Schiffsportale in spitzbogigen Öffnungen, die Laibung über der Schräge dreimal abgetreppt mit abgefasten Kanten, deren innere den Segmentbogensturz der Seitenportale trägt; am Westportal ist die Portalöffnung separat, in der verputzten Blende über dem Segmentbogen ein Blendokulus, links vom Portal ein kleiner Treppenturm. Spitzbogenfenster, die

Fenster außen und innen einmal abgetreppt, außen abgefast mit zwei ungegabelten Stäben. Umlaufendes Kaffgesims am Langhaus, unterhalb der Traufe ein vertiefter Putzfries, Strebepfeiler. Die Giebel des Langhauses und der östliche Chorgiebel mit reicher Blendengliederung. Gestaffelte verputzte Spitzbogenblenden mit eingeschriebener Zwillingsblende und Okulus im Zwickel. An den Ecken des Westgiebels fialenartige Aufsätze, die Spitze mit oktogonalem Dachreiter.

Im Inneren Kreuzrippengewölbe, im Langhaus auf Achteckpfeilern, im Chor auf Wandpfeilern mit bis in Kämpferhöhe in die Kanten eingelegten Rundstäben, darüber ein abgefaster Schildbogen. Auf Kämpferhöhe umlaufender Wandabsatz. Im Langhaus über breitgelagerten Sockeln achteckige Stützen, Stuckpalmetten unter dem Kämpferprofil; dreifach abgetreppte Arkadenbögen über dem Kämpfer. Ornamentale Wandmalerei und Weihekreuze.

In der Südvorhalle Kreuzgewölbe, in der anschließenden Leichenhalle Längstonne.

*Ausstattung:* Hölzerne Mensa, 18.Jh. Der Aufsatz 1747/48 von Michael Müller, Stralsund. Architektonischer Aufbau. Mittelrelief (Gethsemane, in den Wolken zwei Engel mit Kreuz und Kelch) eingefaßt von zwei gekoppelten Kompositsäulen, darunter Abendmahlsrelief. Vor und neben den Säulen freiplastische Figuren von Moses, Aaron, Paulus und Johannes. Den Oberteil bilden zwei schwere Voluten, die einen eingeknickten Segmentgiebel tragen, die Seitenwangen in Form geraffter Draperien. Gottvater auf dem Wolkenthron und Engel an den Draperien als Freifiguren. Kanzel mit Aufgang und Schalldeckel, 1826. Fünte, M. 13. Jh. Taufe, Lindenholz, um 1730. Vierkantfuß mit lambrequinartig ornamentierten Seiten, die oben in Voluten enden. An einer Verstärkung des Schaftes sind zwei Wappenreliefs und eine Kartusche mit Alabasterrelief mit Kopf der Stifterin angebracht. Orgel, 1826 von B. Grüneberg, Stettin. Neogotischer Prospekt. Gestühl und Emporen von 1826. Zwei Beichtstühle, A. 18. Jh., 1826 umgebaut. Triumphkreuzgruppe, Eichenholz, die Figuren erst nachträglich zu einer Gruppe zusammengefaßt; Korpus, um 1300, Kopf wohl 1826 ergänzt; Maria, um 1500, Johannes d. T., 2. H. 15. Jh. Maria und Johannes von einer Kreuzigungsgruppe, um 1500. Ritter Georg zu Pferde, Eichenholz, 1. H. 15. Jh. Sieben Gemälde mit Bildnissen, 1638, 1696, 17. Jh., 1702, 1722, 1774, um

1800. Kelch und Patene, 1624. Drei Kelche und zwei Patenen, 1744. Kelch und Patene, Zinn, 1712. Weinkanne, 1752. Taufschüssel, Messing getrieben, 1653. Drei Kollektenbecken, Messing, 17.–18. Jh. Kronleuchter, Messing, 1702. Altarleuchterpaar, Zinn gegossen, 18. Jh. Altarleuchterpaar, Kupfer versilbert, 1849. Altarleuchterpaar, Messing versilbert, um 1860. Klingelbeutel, Silber, 1760. Wappenfenster, um 1600. Zwei Epitaphien, Eichenholz, um 1600 und 1619. Drei Wappenepitaphien, 1701 sowie 1725 und 1727 von Elias Keßler, Stralsund. Zwei Sporen, Eisen vergoldet, 18. Jh. Sargbeschläge, Zinn, 1734–1847. Vier Grabplatten, 1578, 16. Jh., 1655, 1752. Grabstein, 1725. Zwei Glocken, gotisch und 1757. Truhe, Eichenholz, 17. Jh. Schiffsmodell, vor 1860.

FRIEDHOF mit freistehendem verbretterten Glokkenstuhl, um 1600, mit Walmdach. Zwei Glocken, Stahl, 1920 von C. Voß und Sohn, Stettin. Im Glockenstuhl werden etwa 40 Stelen aus dem 18./19. Jh. gelagert.

SCHEUNE Friedensplatz 4, um 1800. Langgestreckter Fachwerkbau auf Feldsteinsockel mit seitlich liegender Toreinfahrt und Krüppelwalmdach.

HAUSTÜR Friedensplatz 8, E. 18. Jh.

KATEN Gerhart-Hauptmann-Straße 10, 3. V. 19. Jh. Eingeschossiger fünfachsiger Backsteinbau mit Feldsteinsockel und Krüppelwalmdach; unter den Giebeln liegt ein vertieftes Mauerband. – Zugehörig ist ein aus Backstein errichtetes Stallgebäude mit Feldsteinsockel und Satteldach.

WOHNHAUS Hauptstraße 13, 2. H. 18. Jh. Eingeschossiger Putzbau mit Krüppelwalmdach; die Fenster nachträglich vergrößert. Im Inneren der Mittelflur und das Zweiständergefüge erhalten.

PFARRHAUS Hauptstraße, wohl um 1700. Eingeschossiger fünfachsiger Putzbau mit Feldsteinsockel; die Rechteckfenster vergrößert. Im Inneren blieben ein älterer Rauchfang, ein Kamin in der Südostecke des Hauses und Füllungstüren vom A. 19. Jh. erhalten.

KRIEGERDENKMAL 1914–1918 Hauptstraße, um 1925. In der Mitte eines quadratischen Feldsteinplateaus mit vier zwischen Wangenmauern gelegenen Freitreppen steht auf einem dreistufigen Podest und quadratischem Sockel eine nach oben verjüngte turmartige Stele mit zwei kräftigen Gesimsen und bekrönendem Kugelknauf; im unteren Bereich auf jeder Seite eine Tafel mit den Namen der Gefallenen.

*Linke Seite: Wiek, Dorfkirche, barocker Altaraufsatz und Figur des Hl. Georg zu Pferde*

*Rechte Seite: Wiek, Kinderheim, Wohnhäuser und Blick auf das Verwaltungs- und Wirtschaftsgebäude*

KINDERHEIM am südlichen Ortseingang. Schrittweise von 1925-1935 nach Plänen von Oskar Menzel und Gustav Waldo Wenzel errichtete weitläufige Anlage mit insgesamt 26 Gebäuden. Im wesentlichen zweigeschossige Backstein- und Stahlskelettbauten mit weiß getünchter Bretterverschalung und sehr flachen Mansarddächern mit Teerpappendeckung. Das im Grundriß quadratische Pförtnerhaus ist eingeschossig; an dem die Anlage dominierenden Wirtschafts- und Verwaltungsgebäude hat der risalitartige Mittelteil eine über beide Geschosse reichende Fensterwand mit schlanken Fensterbahnen, die Seitenflügel mit offenen Eingangsvorhallen im Erdgeschoß haben z.T. große Rechteckfenster, sonst Fenster verschiedenen Formates; an diese Seitenflügel schließen beidseitig einfache eingeschossige Trakte an. Der freistehende hohe und leicht konische Wasserturm mit vertikalen schmalen Fensterbändern auf jeder Seite und verglastem Aussichtsplateau. Über dem Erdgeschoß eine eiserne Galerie auf schlanken Stützen. Die langgestreckten Wohngebäude mit nicht ganz symmetrischem Grundriß umgeben einen weiten Hof. Sie besitzen jeweils im Erdgeschoß einen Laubengang, an den Kopfenden gleichartige Loggien auch im Obergeschoß, Treppenhäuser mit drei schlanken Fenstern, sonst aber Wohnräume, Schlafsäle und Korridore mit um die Gebäudekanten herumgeführten niedrigen Fensterbändern oder Einzelfenstern; Fensterbänder und Simse sind wie die Kanten des Wasserturmes dunkelgrün gestrichen. Ein als Krankenstation errichteter Pavillon über unregelmäßigem Grundriß und drei rechteckige Pavillons mit sehr flachem Satteldach, in denen die Isolierstation untergebracht ist, sind wiederum eingeschossig.
KREIDEHAFEN 1912/15 angelegt, jedoch nicht in Betrieb genommen. Eine Mole aus Feldsteinen und eine aus Zementplatten gemauerte zweite Mole begrenzen das Hafenbecken, in das eine hoch ansteigende Brücke mit schlanken Stützen und einem aus Zementteilen errichteten massiven Brückenbogen hineinführt.

**Wittower Fähre** bei Vaschow, am Fährhaken zwischen Breeger Bodden und Rassower Strom. Seit dem 15. Jh. Fährort zur Halbinsel Wittow. Wohl seit 1896 auch als Trajekt für den inzwischen wieder eingestellten Kleinbahnverkehr nach Wiek bzw. Nonnevitz genutzt. An beiden Fährufern gleichartige Hafenanlage mit Zufahrt, Schranke, einem älteren Krantor aus Gittermasten und einem Gitterbalken, einer vorgelegten jüngeren Toranlage und einer aus eingerammten Baumstämmen gebildeten Schiffseinfahrt.

**Woldenitz**

GUTSHAUS, um 1800. Eingeschossiger siebenachsiger Putzbau mit Feldsteinsockel und Krüppelwalmdach; die Rechteckfenster haben schmale Faschenrahmen.

**Zicker**

Ehem. GUTSHAUS (Wohnhaus). Eingeschossiger zehnachsiger Backsteinbau, errichtet M. 19. Jh. Aufwendige Gliederung durch vierachsigen Mittelrisalit mit vorgelegter Terrasse und Freitreppe. Der Risalit zweigeschossig mit Attika. Fenster zwischen Putzlisenen, unterhalb des Traufgesimses ein Putzband. Über den Fenstern Putzbekrönungen mit Voluten, Vasen und Tierköpfen. Achtachsige Rückseite mit zweigeschossigem zweiachsigen Mittelrisalit mit Dreieckgiebel und Eckpilastern. Die Obergeschoßfenster rundbogig. Unter der Traufe Konsolfries, Deutsches Band unterhalb der Fenstersohlbänke. Der Vorbau vor dem Risalit abgetragen, hier die Erdgeschoßzone verändert. Flache Tonnengewölbe im Keller. Seitlich ein eingeschossiger Backsteinanbau.

**Zirkow**

DORFKIRCHE St. Johannes d. Täufer. Rechteckiger dreijochiger Backsteinbau auf Granitsockel mit eingezogenem zweijochigen Rechteckchor mit Nordsakristei und schmalem Westturm. Der Chor wohl A. 15. Jh., die Sakristei und das Langhaus mit Turm einige Jahre später. An der Chorostseite ein vermauertes breites Segmentbogenfenster, außerdem eine Spitzbogennische mit einmal abgetreppter Laibung, an der Nordwand oberhalb der Sakristei Verzahnungen bis zur Traufe, an der Ostwand das Schiff ungenau an die Verzahnungen des Chores angesetzt. Die Tür an der Ostwand der jetzigen Leichenkammer modern. Chor und Langhaus mit zwei-

und Schildbögen, groteske Köpfe um die Entlüftungslöcher der Gewölbezwickel, rosettenförmige Ornamente in den Bogenscheiteln. Inschrift auf Gewölbekappe mit Datierung 1417.

*Ausstattung:* Kanzelaltar. Gemauerte Mensa, die mittelalterliche Mensa bei Aufstellung des Kanzelaltars verbreitert. Aufsatz aus der 1. H. 18. Jh. Architektonischer Aufbau, der schlichte Kanzelkorb ist beiderseits eingefaßt von je zwei großen Kompositsäulen mit verkröpftem Gebälk. Schalldeckel mit reichem Akanthuswerk. Die Altarrückwand ist durch zwei Treppenbrüstungen verbunden, auf der Südseite die Kanzeltreppe. Altarschranke mit gewundenen kleinen Säulen, um 1700. Taufengel, A. 18. Jh., verm. von Martin Becker, Stralsund. Taufstein von 1912, Sandstein. Achtkant in gotisierenden Formen. Fragmente eines Orgelprospektes, 1. H. 18. Jh. Zwei Leinwandbilder auf Holzrahmen, die vor den Prospekt der gotischen Orgel geklappt wurden. Auf den Innenseiten die Könige David und Salomo. Die Außenseiten in Felder geteilt und mit Ranken in Grau-

geteilten Segmentbogenfenstern, in der Mitte der Langhausseitenwände je ein Spitzbogenportal, darüber ein Spitzbogenfenster. Die Giebel von Chor und Sakristei mit drei breiten und zwei schmalen verputzten Spitzbogenblenden, der Westgiebel mit steigenden schmalen Spitzbogenblenden. Der schmale Westturm mit dem Mauerwerk der Westseite verzahnt; oberhalb des Spitzbogenportals ein zweigeteiltes Spitzbogenfenster, die oberen drei Geschosse blendengeschmückt, der schindelgedeckte Pyramidhelm erhebt sich über drei Fachwerkgiebeln.

In Schiff, Chor und Sakristei Kreuzrippengewölbe, im Turmuntergeschoß eine Tonne. Gewölbe im Chor auf Kragsteinen, im Schiff auf spitzbogig verbundenen Wandpfeilern, Gewölbescheitel bis in den Dachstuhl reichend. Triumphbogen segmentbogig, in der Wandfläche darüber an der Westseite neun Dreiecknischen, die breite mittlere mit flachem Segmentbogen. Beträchtliche Reste mittelalterlicher Wand- und Gewölbemalereien freigelegt und ergänzt: Blattfriese an den Rippen

*Zirkow, Dorfkirche von Südosten; Inneres, Blick in den Chor*

*Linke Seite: Zirkow, Museumshof Binzer Straße 43 a*

*Rechte Seite: Zubzow, Gutshaus, Hoffront*

braun bemalt. Orgel, nach 1859 wohl von A. Mehmel, Stralsund, mit neogotischem Prospekt. Westempore, E. 19. Jh. Gestühl, M. 19. Jh. Zwei Beichtstühle, um 1750. Oben offene Verschläge, im unteren Teil schlichte Felderteilung, im oberen versenkbare Fenster zwischen einfachen Pilastern. Gemälde mit Darstellung des Geistlichen Musselius, 1706. Kelch u. Patene, 18. Jh. Sechspaßfuß, runder Nodus und steile Kuppa, Patene mit graviertem Signaculum. Oblatendose, Silber, 1653. Kronleuchter, Messing, um 1630. Zwei Altarleuchterpaare, Messing, um 1650, und Holz, A. 19. Jh. Klingelbeutel, 19. Jh., gedrechselter Stab mit Messingtülle und rotem Samt. Drei Grabplatten, grauer Kalkstein, 1650, 1704 und 1706. Zwei Glocken, 1469 und 1929, Stahl.
Auf dem umgebenden FRIEDHOF zahlreiche Grabstelen aus der Zeit von 1787 bis 1885 und eiserne Grabkreuze, das älteste von 1854.

BAUERNHAUS Binzer Straße 43. Wohl um 1730 auf Feldsteinsockel errichteter eingeschossiger Fachwerkbau von fünf Achsen. Die Gefache z. T. mit Backstein, teilweise mit Lehmstaken ausgefacht und verputzt. Mittiger Eingang, darüber im rohrgedeckten Krüppelwalmdach eine Fledermausgaube. Innen Querflur zur Küche, ehem. mit offener Herdstelle und Rauchabzug in Glokkenform. Die inneren Wände überwiegend aus Lehmfachwerk errichtet. Zugehörig eine SCHEUNE (Museum), 1727 erbaut. Der ehem. als Bauernhaus entstandene, nach Errichtung des Wohnhauses umgenutzte giebelständige Fachwerkbau eingeschossig, die Gefache mit Feldstein, Backstein und Lehmstaken ausgefacht, teilweise verputzt. Der Bau in der Art niederdeutscher Hallenhäuser errichtet. Rohrgedecktes Walmdach, an der vorderen rechten Seite mit Traufeinschnitt und großem Tor. An der hinteren Seite Krüppelwalm. Giebelbretter mit Pferdeköpfen. Innen zwei Ständerreihen mit größtenteils originalen Verblattungen, rechts Kübbungsdiele und Kammer, links ehem. Ställe.
LANDWARENHAUS an der B 196. Eingeschossiger Backsteinbau mit Krüppelwalmdach auf T-förmigem Grundriß, der rückwärtige Bauteil mit Satteldach. Leicht vorgezogener Mittelteil mit Reihung von Schaufenstern, darüber in ganzer Breite Schleppgaube im Dach. An den Giebelseiten hervortretende Fensterrahmen auf Konsolen. Links kleiner Anbau, hier der Eingang. Errichtet um 1950.
Ehem. MTS-VERWALTUNGSGEBÄUDE Darzer Weg 70. Über L-förmigem Grundriß errichteter Putzbau aus der M. 20. Jh. Der vordere Teil zweigeschossig, zehnachsig, die Fenster paarweise angeordnet. Die Giebelseiten vierachsig, links zweiachsige segmentbogige Portalnische mit vorgelegter Freitreppe. Umlaufendes stark profiliertes Traufgesims. In den Giebeln je ein Lünettenfenster mit vorkragendem Schlußstein und Sohlbank auf Konsolen. Der rückwärtige Teil eingeschossig.
BAUERNHAUS Putbuser Straße 11. Eingeschossiges niederdeutsches Hallenhaus, errichtet wohl 1. H. 18. Jh. An den Giebelseiten Fachwerkreste, z. T. mit Lehmstakenausfachungen, die Traufseiten massiv erneuert. Rohrgedecktes Krüppelwalmdach. Innen Querflur, die

Küche mit glockenförmigem Rauchabzug über dem Herd. Diele mit Ständern. Ställe und Kübbungsscheune.

Ehem. PFARRWITWENHAUS (Wohnhaus) Putbuser Straße 24. Eingeschossiges Mittelflurhaus auf Feldsteinsockel. Verputzter giebelständiger Fachwerkbau mit rohrgedecktem Krüppelwalmdach. An der vorderen Giebelseite mittiger Eingang, flankiert von zwei hochrechteckigen Fenstern. Über der Tür ein ebensolches Fenster. Fledermausgaube im vorderen Walm. Der Bau in der 1. H. 18. Jh. errichtet.

WOHNHAUS Putbuser Straße 26. In der 1. H. 18. Jh. als Mittelflurhaus errichtetes giebelständiges Gebäude, urspr. Fachwerk. Umbau um 1900, die Außenmauern massiv erneuert. Eingeschossiger Bau mit Rohrdach, am hinteren Giebel vortretendes Backsteinband. In der vorderen Giebelseite mittig zweiflügelige Haustür, M. 19. Jh.

**Zirmoisel**

Ehem. GUTSHAUS (Wohnhaus). Zweigeschossiger Putzbau von elf Achsen mit Krüppelwalmdach, errichtet im 2. V. 19. Jh. Die Gebäudekanten gequadert, umlaufendes Putzband. An der Vorderseite der dreiachsige Mittelteil leicht vortretend. Korbbogige Portalnische. Die Fenster des Erdgeschosses in Putzfaschen. An der linken Seite kleiner eingeschossiger Anbau. Rechts hinter dem Gutshaus eingeschossiges WOHNHAUS, Putzbau mit Krüppelwalmdach aus der gleichen Zeit. Zugehörig ein heute verwilderter PARK mit Resten von Wall und Graben.

BAUERNHAUS Nr. 12. Holsteinerhaus. Giebelständiger eingeschossiger Putzbau mit Krüppelwalmdach. Der vordere Giebel dreiachsig mit zweiteiliger Haustür. Nach hinten Stallteil und Scheune angeschlossen, letztere mit hohem, in die Traufe einschneidenden Holztor. Errichtet zu Beginn des 2. D. 20. Jh. Auf dem Hof ein verputztes STALLGEBÄUDE.

**Zirzevitz**

BÜDNEREI Eingeschossiger, z. T. massiv erneuerter Fachwerkbau mit rohrgedecktem Krüppelwalmdach. An der Vorderseite mittiges Einfahrtstor, hier die Traufe leicht angehoben. Um 1850 erbaut.

**Zittvitz**

WOHNHAUS Nr. 23. Um 1850 entstandener eingeschossiger Backsteinfachwerkbau von fünf Achsen. Die Gefache der Rückseite backsteinsichtig, ansonsten in jüngerer Zeit mit Rauhputz versehen. Rohrgedecktes Krüppelwalmdach. Die Fenster z. T. erneuert, der rückwärtige Anbau später hinzugefügt.

**Zubzow**

Ehem. GUTSHAUS von 1871. Über unregelmäßigem Grundriß errichteter zweigeschossiger Putzbau auf hohem gequaderten Sockel und mit Walmdach. Die Gebäudekanten rustiziert. Links ein dreigeschossiger Eckturm mit geschoßtrennenden und Sohlbankgesimsen. Seine urspr. vorhandene Haube abgetragen. Daneben Mittelrisalit mit Volutengiebel und Portal in Ädikularahmung. Rechts ein Erker im Obergeschoß. Die Gar-

tenseite vierachsig. Hier Terrasse mit Freitreppe vor rückspringenden Gebäudeteil gelegt. Der linke vortretende Bauteil dem vorderen Risalit ähnelnd. Im Innern Halle mit einfacher Holztreppe, die Räume z. T. stukkiert. An der rechten Giebelseite schmaler zweigeschossiger Anbau.

### Zudar

DORFKIRCHE Dreijochiger Rechteckbau aus Backstein über einem Feldsteinsockel, mit eingezogenem, polygonal geschlossenen Chor, Nordsakristei und vorgesetztem hölzernen Westturm mit Welscher Haube. Einmal abgestufte Strebepfeiler an Langhaus und Chor, im unteren Bereich von Schiff und Chor teilweise eingestreute Feldsteine. Die Schiffsostwand läuft am Zusammenschluß von Chor und Schiff ohne Verbund durch, was auf einen nachträglichen Choranbau schließen läßt; die Sakristei steht im Verbund mit dem Chor. Das Schiff wohl aus dem 3. V. 14. Jh., Chor und Sakristei etwas später, die Einwölbung um 1400. Der Turm 1665 bezeugt, seit 1724 mit barocker Haube, 1806 umfassend instandgesetzt. 1906 obere Wandteile des Schiffes erneuert und Chor mit Ringanker versehen. 1982 Innenrauminstandsetzung, 1991/93 Dachinstandsetzungsarbeiten.

Die Fenster breit und spitzbogig mit ungegabeltem Mittelpfosten, die Laibung innen und außen einmal abgetreppt, das mittlere Chorfenster vermauert. Die segmentbogigen Sakristeifenster nicht mehr urspr., unter dem Nordostfenster des Chores ein kleines Tabernakelhaus mit Pultdach. Spitzbogenportale, das nördliche und südliche Schiffsportal sowie das Chorsüdportal vermauert, die Schiffsportale mit dreimal abgetreppter Laibung und in die Kanten gesetzten Rundstäben. Der Schiffsostgiebel wurde in neuerer Zeit einer Fachwerkwand vorgeblendet. Der Westgiebel urspr. mit breiten Spitzbogenblenden geschmückt, die mittleren beschnitten. Der Westturm verbrettert und leicht geböscht mit kupfergedeckter Welscher Haube.

Im Inneren weitgespannte Kreuzrippengewölbe, die tief auf schwachen inneren Wandpfeilern aufliegen, die oben spitzbogig zusammenlaufen. Die Gewölbe wohl später eingezogen, da die Schildbögen z. T. die Wandnischen überschneiden. Der Triumphbogen annähernd rundbogig, die Kanten abgefast. In der Sakristei ein Kreuzrippengewölbe auf Ecklisenen.

*Ausstattung:* Altar. Gemauerte mittelalterliche Mensa, die 1707 nach Osten und Süden vergrößert wurde. Altaraufsatz 1707 von Hans Broder, Stralsund. Architektonischer Aufbau. Zwei gewundene Kompositsäulen mit dünnem verkröpften Gebälk fassen ein oben halbrundes Ölbild mit Abendmahlsdarstellung von J. Pieron ein, 1726. Ein oberes Bild mit Gethsemane-Darstellung, darüber Kruzifix mit Maria und Johannes und als weitere Freifiguren Moses und Johannes d. T., Akanthusdekor. Auf den Säulenpostamenten und Wangen kleinere Ölbilder (Geißelung, Ecce Homo, Auferstehung und Himmelfahrt). Altarschranke mit schlichter Feldereinteilung, in den Feldern achteckige Ölbilder mit Unterschriften. Kanzel von 1756, wohl Michel Müller, Stralsund. Runder Korb, durch Voluten mit der als Stütze dienenden gewundenen Säule verbunden. Brüstung mit Flachreliefs und Allegoriedarstellungen. Auf dem Schalldeckel Putto und Auge Gottes im Strahlenkranz. Kanzeltreppe nüchtern verkleidet. Taufe, Holz, A. 19. Jh. Orgel, 1884 von F. A. Mehmel, Stralsund. Neogotischer Prospekt unter Verwendung barocker gewundener Halbsäulen und zweier Engelsfiguren aus dem 18. Jh., 1918 teilweise Erneuerung. Gestühl und Westempore, 1918. Brüstungsfelder eines Beichtstuhles, A. 18. Jh., mit Ölbildern und geschweiften Inschriften. Tafelbild, Pastorenporträt (unbekannt), um 1600. Wappentafel, um 1800. Opferstock, 16. Jh., Eichenholz. Wappenscheibe, um 1700. Kelch, 1667. Kelch und Patene, E. 17. Jh. Krankenkelch und Patene, Kupfer und Silber plattiert, E. 19. Jh. Oblatendose, Silber, 1651. Kollektenteller, Messing, um 1650. Altarleuchterpaar, Neusilber, 1871. Wappenepitaph Normann, 1708. Glocke, 1931.

Auf dem FRIEDHOF blieben erhalten: Grabstein Kahlden, 1786. Grabplatte Weisenborn, 1823. Grabplatte Kahlden, 1794.

PFARRHOF Gehöft, bestehend aus Pfarrhaus, Stall und Scheune, entstanden im 18. Jh. Das PFARRHAUS M. 18. Jh. in Garz erbaut und 1770 nach Zudar versetzt. Über Feldsteinsockel errichteter eingeschossiger Fachwerkbau, z. T. massiv erneuert und verputzt. Das siebenachsige Gebäude unter Krüppelwalmdach. 1985 restauriert. Die SCHEUNE als Fachwerkbau wohl um 1800 errichtet, mit rohrgedecktem Walmdach, teilweise durch Wellasbest ersetzt. In gleicher Zeit der STALL als Fachwerkbau mit Lehm- und Backsteinausfachungen erbaut. Sein Krüppelwalmdach rohrgedeckt.

WOHNHAUS Dorfstraße 14. Eingeschossiger Fachwerkbau von drei Achsen, überwiegend mit Lehmstakenausfachungen und rohrgedecktem Krüppelwalmdach, 1788 errichtet. Mittige zweiflügelige Kassettentür. Auf der Rückseite das rechte Drittel des Hauses zurückspringend. Am Gebäude Inschriftstein mit Erbauungsjahr, Familienwappen und Initialen.

Ehem. SCHULE (Wohnhaus/Gemeindehaus). Eingeschossiger Backsteinbau vom E. 19. Jh. bestehend aus einem Haus mit Krüppelwalmdach und einem etwas später rechtwinklig angefügten Gebäudeteil mit Satteldach. In beiden Bauteilen Segmentbogenfenster.

*Linke Seite: Zudar, Dorfkirche von Südosten*

*Rechte Seite: Zudar, Dorfkirche, Inneres, Blick zum Chor und Tafelbild eines unbekannten Pfarrers, um 1600*

**Zürkvitz**

Ehem. GUTSHAUS (Wohnhaus). Errichtet im 2. V. 19. Jh. Eingeschossiger Putzbau über verputztem Feldsteinsockel mit Krüppelwalmdach. Leicht vortretender zweigeschossiger Mittelrisalit mit vor die Portalnische gelegter Freitreppe. Stark profiliertes geschoßtrennendes Gesims, im Obergeschoß zwei gekuppelte Rundbogenfenster. Die Fenster des Gebäudes z. T. in Putzfaschen. Rechts ein eingeschossiger, flach gedeckter Anbau als Verbindung zu einem später entstandenen Landarbeiterhaus. Durch bauliche Veränderungen die Rückseite des Gutshauses stark beeinträchtigt.

# Anhang

## Ortsregister

## Straßenregister

### *Greifswald*

## *Stralsund*

## Objektregister

### *Greifswald*

*Stralsund*

## Künstlerregister

## Literatur

*Inventare*

Die Baudenkmäler der Provinz Pommern. Regierungsbezirk Stralsund. Bearbeitet von E. von Haselberg. Stettin 1881 – 1902
Kreise Franzburg, Greifswald, Grimmen, Rügen, Stadtkreis Stralsund
Lemcke, Hugo: Die Bau– und Kunstdenkmäler des Regierungsbezirkes Stettin. Heft IV, Der Kreis Usedom-Wollin. Stettin 1900
Baier, Gerd; Ohle, Walter: Die Kunstdenkmale des Kreises Rügen. Leipzig 1963
Baier, Gerd; Ende, Horst; Krüger, Renate: Die Denkmale des Kreises Greifswald. Leipzig 1973

*Nachschlagewerke, ausgewählte Einzeldarstellungen*

Altermann, Albert, u. a.: 700 Jahre Stadt Wolgast. Wolgast 1957
Baier, Gerd; Buske, Norbert: Dorfkirchen in der Landeskirche Greifswald. Berlin 1984
Benthien, Bruno, u.a.: Werte der Deutschen Heimat. Greifswald und seine Umgebung. Berlin 1968
Biederstedt/Mohr/Schröder: Greifswald. Menschen und Bauwerke im Stadtzentrum. In: Neue Greifswalder Museumshefte 12/1985
Bock, Sabine; Buske, Norbert: Schlösser und Herrenhäuser auf Rügen. Mit Aufnahmen von Thomas Helms. Bremen 1994

Buske, Norbert; Helms, Thomas: Greifswald. Innenansichten. Rostock 1993
Dehio, Georg: Handbuch der deutschen Kunstdenkmäler. Mecklenburg. Die Bezirke Neubrandenburg, Rostock, Schwerin. Überarbeitet von der Abteilung Forschung des Instituts für Denkmalpflege im Einvernehmen mit der Dehio-Vereinigung. München/Berlin 1990
Duncker, Alexander: Die ländlichen Wohnsitze, Schlösser und Residenzen der Ritterschaftlichen Grundbesitzer in der Preußischen Monarchie (16 Bände). Berlin 1852/53 – 1881/83
Ewe, Herbert: Kostbarkeiten hinter Klostermauern. Zur Geschichte, Restaurierung und Nutzung des Franziskanerklosters St. Johannis zu Stralsund. Rostock 1990
ders.: Geschichte der Stadt Stralsund. Weimar 1985
Grümbke, Johann Jacob: Streifzüge durch das Rügenland. Hrsg. und bearb. von Albrecht Burkhardt (Klassische Reisen). Leipzig 1988
Haese, Klaus: Zum Stralsunder Backsteinbau des 19. und 20. Jahrhunderts. In: Mittelalterliche Backsteinarchitektur und bildende Kunst im Ostseeraum. Spezifik-Rezeption-Restaurierung. (Wissenschaftliche Beiträge der Universität Greifswald). Greifswald 1987
Hösch, Karin: Krummin-Karlshagen-Peenemünde. (Peda Kunstführer 119/1994). Passau 1994
Hoge, Hermann: Der Berliner Baumeister und Architekt Johann Gottfried Steinmeyer – Sein Schaffen auf Rügen im 19. Jahrhundert. In: Küstenbilder. Beiträge zur Heimatgeschichte und zur Denkmalpflege im Bezirk Rostock. 1988
Krauß, Neidhardt; Fischer, Egon: Unterwegs zu Burgen, Schlössern und Parkanlagen in Vorpommern. Rostock 1991
Möller, Hans-Otto, u.a.: Architekturführer Bezirk Rostock. Berlin 1978
Noske, Kurt: Grimmen. Ein Stadtrundgang. Rostock 1987
Prost, Dietrich W.: Die Stellwagenorgel in der Marienkirche zu Stralsund. In: Greifswald-Stralsunder Jahrbuch, Band 6/1966.
Scheffler, Ingo; Trost, Heinrich: Rügen – Hiddensee. Landschaft und Kultur. Berlin 1991
Trost, Heinrich: Stralsund. 1973
Wurlitzer, Bernd: Mecklenburg-Vorpommern. Köln 1992
Zaske, Nikolaus: Die gotischen Kirchen Stralsunds und ihre Kunstwerke. Kirchliche Kunstgeschichte von 1250 bis zur Gegenwart. Berlin 1964

## Bildnachweis

Die Mehrzahl der Aufnahmen, insgesamt 534, ist von Thomas Helms, dem ehemaligen Fotografen der Arbeitsstelle Schwerin des Instituts für Denkmalpflege, zwischen 1983 und 1986 angefertigt worden.

Die nachfolgend aufgeführten 183 Aufnahmen hat der derzeitige Fotograf des Landesamtes, Achim Bötefür, zwischen 1993 und 1995 zur Aktualisierung des Bildteiles angefertigt: S. 21, S. 39, S. 40, S. 49 (2), S. 59 unten, S. 64, S. 69 (2), S. 70 links oben, S. 81 (2), S. 82, S. 85 oben, S. 93 (2), S. 128, S. 131, S. 133, S. 134 (3), S. 135 (3), S. 139, S. 142 (zwei oben), S. 143, S. 145, S. 171 links, S. 179 oben rechts, S. 183 (2), S. 242 (2), S. 244 links, S. 245, S. 248 (2), S. 249 (4), S. 261, S. 262, S. 263 (3), S. 265, S. 266, S. 267, S. 269, S. 270, S. 272, S. 276, S. 277, S. 286, S. 289 rechts, S. 290, S. 293 (2), S. 295 (2), S. 297 (2), S. 298 (2), S. 299, S. 300 (2), S. 301 (2), S. 303 (2), S. 304, S. 305 (2), S. 308, S. 312 unten, S. 313, S. 315 oben rechts, S. 316, S. 320, S. 328, S. 344 (2), S. 348, S. 350, S. 375, S. 378, S. 379, S. 380, S. 381, S. 389, S. 392 rechts, S. 393 oben links, S. 397, S. 400, S. 401, S. 403 links, S. 414, S. 418, S. 423, S. 425, S. 426 rechts, S. 427, S. 436, S. 438, S. 440, S. 443, S. 457, S. 459 (2), S. 463, S. 464 unten rechts, S. 465 oben links, S. 472, S. 473, S. 474 (2), S. 475 Mitte und unten, S. 479 (2), S. 480 (2), S. 481 (2), S. 483 (2), S. 484, S. 486 (3), S. 487 (3), S. 493, S. 496 oben, S. 497 oben rechts und unten, S. 498 unten, S. 499, S. 504 (2), S. 510, S. 511 (2), S. 512, S. 513 (2), S. 514, S. 536 links, S. 540, S. 541, S. 554, S. 557 (2), S. 563, S. 564 (2), S. 565 (2), S. 571, S. 581, S. 584, S. 586 unten, S. 588, S. 590 oben links, S. 591, S. 595 (2), S. 596, S. 597, S. 600, S. 601, S. 602, S. 612, S. 613 links, S. 623 links, S. 627, S. 631.

Weitere Aufnahmen lieferten: Landesamt für Denkmalpflege Mecklenburg-Vorpommern, R. Schmidt: S. 100, S. 101, S. 120, S. 129, S. 135 unten links, S. 142, S. 144, S. 148 oben, unten links und Mitte, S. 154 unten, S. 160, S. 169, S. 179 unten, S. 192, S. 388, S. 467, S. 469, S. 470 (3); S. 559; J. Fritz: S. 291, S. 332, S. 333, S. 376, S. 384, S. 408, S. 409 (2), S. 410, S. 415, S. 416, S. 420, S. 422, S. 424, S. 432, S. 448 oben und unten rechts; Dr. W. Ohle: S. 288 unten, S. 466 oben; Archiv: S. 147, S. 233, S. 234, S. 235 (4), S. 236, S. 568 oben links.

Die ersten beiden Aufnahmen auf dem Schutzumschlag, Stralsund, Marienkirche und Ralswiek, neues Gutshaus, von Thomas Helms, die übrigen von Joachim Bötefür.

O s t s e e
(Altkreis
Ribnitz-Damgarten)
(Altkreis
Stralsund)
L a n d k r e i s
N o r d v o r p o m m e
Landkreis
Bad Doberan
Landkreis
Güstrow